全国高等卫生职业教育高素质技能型
人才培养“十三五”规划教材
供药物制剂技术、药学、化学制药技术、生物制药技术、中药学等专业使用

药物制剂

主　编　杨凤琼　徐芳辉　江荣高
副主编　李雪倩　王　琳　王　峰
张立峰　崔春利
编　者　(以姓氏笔画为序)
王立青　重庆三峡医药高等专科学校
王莉楠　辽宁医药职业学院
王　峰　辽宁医药职业学院
王　琳　苏州卫生职业技术学院
兰小群　广东岭南职业技术学院
江荣高　重庆三峡医药高等专科学校
汤　洁　合肥职业技术学院
李雪倩　鹤壁职业技术学院
杨凤琼　广东岭南职业技术学院
张立峰　邢台医学高等专科学校
范高福　合肥职业技术学院
周振华　永州职业技术学院
秦春梅　广东岭南职业技术学院
徐芳辉　益阳医学高等专科学校
黄翠翠　枣庄科技职业学院
崔春利　陕西中医药大学
舒洁倩　广东岭南职业技术学院

華中科技大學出版社
http://www.hustp.com
中国·武汉

内 容 简 介

本书是全国高等卫生职业教育高素质技能型人才培养"十三五"规划教材。

本书基于药品生产企业药物制剂技术、生产和医疗单位的制剂、调剂岗位的职业活动，将课程内容划分为六大教学模块，即药学制剂概论、液体类制剂、固体制剂、其他制剂、制剂新技术与新剂型、医院药学与药学服务。本书安排了贯穿整个教学内容的综合实训项目，将课程总目标落实到各个教学模块中。

本书可供药物制剂技术、药学、化学制药技术、生物制药技术、中药学等专业学生使用，也可供其他层次相关专业的学生、教师和临床工作者参考。

图书在版编目(CIP)数据

药物制剂/杨凤琼，徐芳辉，江荣高主编. —武汉：华中科技大学出版社，2016.8（2020.1重印）
全国高等卫生职业教育高素质技能型人才培养"十三五"规划教材. 药学及医学检验专业
ISBN 978-7-5680-1806-7

Ⅰ.①药…　Ⅱ.①杨…　②徐…　③江…　Ⅲ.①药物-制剂-高等职业教育-教材　Ⅳ.①TQ460.6

中国版本图书馆 CIP 数据核字(2016)第 103133 号

药物制剂　　杨凤琼　徐芳辉　江荣高　主编
Yaowu Zhiji

策划编辑：史燕丽
责任编辑：史燕丽　张　琴
封面设计：原色设计
责任校对：曾　婷
责任监印：周治超
出版发行：华中科技大学出版社(中国·武汉)
武昌喻家山　邮编：430074　电话：(027)81321913
录　　排：华中科技大学惠友文印中心
印　　刷：武汉华工鑫宏印务有限公司
开　　本：880mm×1230mm　1/16
印　　张：29.25
字　　数：1027 千字
版　　次：2020 年 1 月第 1 版第 4 次印刷
定　　价：78.00 元

全国高等卫生职业教育高素质技能型
人才培养“十三五”规划教材
（药学及医学检验专业）

前言

QIANYAN

本教材是在华中科技大学出版社的统一组织下，依据全国高职高专医药院校药学及医学检验技术专业教学指导委员会专家的指导性意见，对接国家职业岗位标准，针对制药企业、医疗单位的岗位技能要求，由《药物制剂》教材编写组编写的高职高专教材。在本教材的编写过程中，在“十二五”规划教材《药物制剂》基础上，结合《中国药典》(2015 版)、新版《GMP》(2010 年制订，2015 年底前全面实施)及 2015 年执业药师考试政策改革，与时俱进对相关内容进行修订。本教材可供高职高专及应用型本科药学类专业(包括：药物制剂技术、药学、化学制药技术、生物制药技术、中药学等)的教学使用，也可作为医药行业相关岗位的技术、生产、制剂、调剂等岗位人员的业务培训教材。

本教材以“必需、够用”为原则，确定相关应用知识，整合、序化教学内容，突出职业技能的培养，同以往同类教材相比，本教材具有如下一些特点。

(1) 本教材基于药品生产企业药物制剂技术、生产和医疗单位的制剂、调剂岗位的职业活动，将课程内容划分出六大教学模块。即药物制剂概论、液体类制剂、固体制剂、其他制剂、制剂新技术与新剂型、医院药学与药学服务。还安排了贯穿整个教学内容的综合实训项目，将课程总目标落实到各个教学模块中。每一教学模块又由若干项目组成，每一项目以各剂型典型实例制备操作任务为核心，以与其相关必备的知识、拓展迁移的知识为依托整合教学内容。建议拓展迁移的知识部分以学生自学为主，教材编排有利于实施项目导向和任务驱动方式的教学改革，以强化学生职业能力和自主学习能力。

(2) 本教材实训操作任务既有常规剂型的制备，如丸剂、散剂、颗粒剂、片剂、栓剂、软膏的制备；又有新剂型的制备，如新剂型制备和制剂新技术的应用，如包合技术、微囊化技术等。每一项目根据具体的工作任务配以所需的必备知识、拓展知识，并配以达标检测题检查学生学习情况。使学生在动手实践能力训练提高的同时，培养其科学创新性思维。

(3) 正文中插入课堂互动、实例解析、知识链接等模块。目的是为了提高学生学习的目的性和主动性，增强教材的知识性和趣味性，强化知识的应用和技能的培养，提高学生分析问题、解决问题的能力。

(4) 本教材融理论与实践为一体，“教、学、做”结合。具体施教时，各学校根据自身教学条件可采用理论与实践一体化，“教、学、做” 结合的体验式教学模式组织课堂教学，使学生在“做中学，学中做”；也可将理论、实践分开教学，以具体的实训操作任务为案例，以案例式教学模式组织理论教学。

(5) 本教材分两个学期教学，在每学期完成各模块教学项目的教学后安排有综合测试实训项目，具体测试实训项目分别见综合实训项目一和综合实训项目二的操作任务。建议由学生分组完成抽签确定剂型的设计(包括处方、制法、质量检查、包装、说明书、推广方案设计等)、组长安排小组成员分工，并组织组员进行制备、实训总结和推广活动。成绩评定由教师评分、各小组互评分数和组长给组员的评分三部分组成。

教学中希望加强实操的训练和实训各环节的考核力度，建议实操评分标准如下。

除特别指出外，实训各环节占总分的权重如下：

考勤	称量	操作过程	操作结果	清场	团结协作	实训报告(含思考题、总结)
10%	5%	30%	15%	10%	15%	15%

(6) 教材编写内容涉及药物制剂生产、医院药学及零售药房药学服务知识与技能，各院校可根据专业培养目标自选相关内容施教。

本教材与“十二五”规划教材《药物制剂》相比，主要结合《中国药典》2015 版、新版《GMP》及 2015 年执业药师考试改革，在如下方面做了改进。

(1) 本教材各项目的各剂型中的“质量评定”、“质量检查项目”及“质量检查法”，均更改为《中国药典》

2015 版相应的"质量通则项目"或"质量检查法"。

(2) 洁净室的级别按照新版《GMP》要求划分洁净级别，如"灭菌与无菌制剂"中医药工业洁净厂房的空气洁净度等级变更为 GMP(2010)的 A、B、C、D 四个等级，药厂洁净区分为 A、B、C、D。

(3) 增加了"药物动力学"项目，并增加"药物稳定性及有效期"、"药品包装与储存"，两者与"药物制剂配伍变化"一起整合入"药物制剂稳定性与安全性"项目。

(4) 本教材各项目的各剂型中都增加了"临床应用与注意事项"，强化学生各剂型临床应用知识和技能的学习，使其能结合所学知识对消费者或患者进行用药指导。

(5) 各模块、项目以及剂型也与 2015 年执业药师考试大纲相一致，例如：液体制剂中拓展只是部分的"不同给药途径用液体制剂"，原介绍了"搽剂、涂膜剂、洗剂、滴鼻剂、滴耳剂、含漱剂、滴牙剂、合剂"八个剂型，本教材增加了"涂剂"和"灌肠剂"两个剂型；"灭菌与无菌制剂"由原来的"无菌制剂"更名，且介绍的相关剂型中增加了"冲洗剂"。

本书编写分工如下表。

模　　块	项　　目	编写人
模块一　药物制剂概论	项目一　药物制剂工作依据	李雪倩
	项目二　药物制剂稳定性与安全性	张立峰
模块二　液体类制剂	项目三　中药浸出制剂	徐芳辉
	项目四　液体制剂	范高福
	项目五　灭菌制剂与无菌制剂	杨凤琼
模块三　固体制剂	项目六　散剂、颗粒剂与胶囊剂	黄翠翠
	项目七　片剂	崔春利
	项目八　滴丸剂与中药丸剂	兰小群
模块四　其他制剂	项目九　乳膏剂与凝胶剂	王峰
	项目十　栓剂	周振华
	项目十一　膜剂与涂膜剂	周振华
	项目十二　气雾剂、喷雾剂与粉雾剂	李雪倩
模块五　制剂新技术与新剂型	项目十三　药物制剂新技术	江荣高
	项目十四　缓释、控释制剂	王琳
	项目十五　经皮吸收制剂	王莉楠
	项目十六　靶向制剂	汤洁
	项目十七　生物技术药物制剂	杨凤琼
模块六　医院药学与药学服务	项目十八　生物药剂学	秦春梅
	项目十九　药物动力学	舒洁倩
	项目二十　药学服务与药品调剂	王立青

目前，我国的高等职业教育教材正处于探索发展阶段，以上是我们在《药物制剂》教材编写过程中的一些探索与体会，有偏差和错误之处，请原谅并指正。

杨凤琼

目录

MULU

模块一　药物制剂概论

项目一　药物制剂工作依据

学习目标

能力目标

能按不同分类方法进行剂型分类。

会查阅《中国药典》。

会进行处方药及非处方药类别判定。

能正确选择称量器具进行药品称量与量取。

知识目标

掌握：药物制剂及常用术语；药物剂型分类方法；药品标准的概念及其作用；处方药与非处方药的概念及区别。

熟悉：药典的概念及收载品种的特点；GMP、GLP、GCP的概念，实施目的、意义及适用范围。

了解：药物剂型与药效之间的关系；药物制剂的发展史；常用的外国药典。

操作任务

查阅和使用《中国药典》

一、操作目的

通过查阅《中国药典》(2015年版)有关项目和内容的练习，掌握《中国药典》的使用方法，熟悉《中国药典》的基本结构。

二、查阅工具

(1) 电子版《中国药典》(2015年版)；

(2) 纸质版《中国药典》(2015年版)。

三、操作内容

按照下列各项要求(表1-1)，分组查阅药典并写出所查阅项目所在药典部数、页数及查阅结果。

表1-1　查阅和使用《中国药典》

顺序	查阅项目	药典页数	查阅结果
1	丁公藤(浸出物的检查方法及限量)	部　页	
2	眼用制剂质量检查项目	部　页	

续表

顺序	查阅项目	药典页数	查阅结果
3	葡萄糖注射液规格	部　　页	
4	微生物限度检查法	部　　页	
5	盐酸吗啡类别	部　　页	
6	热原检查法	部　　页	
7	密闭、密封、冷处、阴凉处的含义	部　　页	
8	柴胡口服液(检查项目)	部　　页	
9	伤寒疫苗的成品检定内容	部　　页	
10	甘草浸膏制备方法	部　　页	
11	丸剂重量差异检查方法	部　　页	
12	流浸膏剂制备方法	部　　页	
13	细粉	部　　页	
14	吲哚美辛制剂项目	部　　页	
15	滋心阴口服液的含量测定法	部　　页	
16	人用狂犬疫苗禁忌	部　　页	
17	重金属检查法	部　　页	
18	制药用水(类型)	部　　页	
19	甲型肝炎灭活疫苗(人二倍体细胞)禁忌	部　　页	
20	三七片(含量测定方法)	部　　页	

注意事项

(1) 药品可在品名目次查阅,按药品名称笔画顺序查阅(同笔画的字按起笔笔形一丨丶フ的顺序),也可在英文索引或中文索引(按汉语拼音的顺序)中查阅。

(2) 制剂通则、一般鉴别试验、物理常数测定法、一般杂质检查法、分光光度法、色谱法等多种分析方法以及试液、试纸、指示液与指示剂、缓冲液等的配制、滴定液的配制及标定和指导原则等其他内容在三部、四部中查阅。

四、思考题

(1)《中国药典》附录中最低装量检查的方法有哪些?

(2) 药典中怎样规定细粉、最细粉、极细粉?

(3) 2015 版《中国药典》共分几部?每部各记载了什么内容?药典的凡例、正文、索引各指什么?

相关知识

一、概述

(一) 课程的性质和任务

药物制剂是研究药物制剂的生产理论、处方设计、制备工艺、质量控制和合理使用等内容的综合性应用技术科学,是药学专业的一门主要专业课程。其基本任务是研究将原料药物(包括化学药、中药和生物技术药物)制成适用于疾病的治疗、预防或诊断的适宜剂型,保证以质量优良的制剂来满足医疗卫生工作的需要。

(二) 常用术语

1. 药物　可用于诊断、治疗、预防各种疾病的活性物质,但不能直接用于患者,必须制备成适宜"剂型"之后才能使用。可分为中药与天然药物、化学药物(包括抗生素)、生物技术药物三大类。

2. 剂型 为适应诊断、治疗或预防疾病的需要而制备的不同给药形式，是临床使用的最终形式，如胶囊剂、片剂、注射剂、软膏剂等。同一种剂型可以有不同的药物，如片剂中有扑热息痛片、阿司匹林片、麦迪霉素片、尼莫地平片等；同一药物也可制成多种剂型，如红霉素可制成红霉素片剂供口服给药，也可制成红霉素眼膏剂用于眼部给药。

3. 药品 经国家批准的具有药理活性的原料药和制剂产品。

4. 制剂 根据药典或药品监督管理部门批准的标准，为满足临床治疗或预防的需要而制备的药物应用形式(剂型)的具体品种，称为药物制剂，简称制剂。根据制剂命名原则，制剂名＝药物通用名＋剂型名，如头孢克洛胶囊、罗红霉素片、维生素C注射剂、甲硝唑栓、醋酸氟轻松软膏、盐酸异丙肾上腺素气雾剂等。

5. 辅料(赋形剂) 在制剂中除了具有活性成分的药物外，还包括其他成分，这些成分统称为辅料或赋形剂。如在片剂中用到的填充剂、黏合剂、崩解剂、润滑剂等，一些液体制剂中用到的溶媒(溶剂)、增溶剂、乳化剂、助悬剂、pH值调节剂、等渗剂、防腐剂、矫味剂等。

6. 方剂 方剂是根据医师处方专为某一患者配制的或为某种疾病配制的药剂。方剂具有明确的使用对象、剂量和用法，可以直接应用于患者。方剂的配制一般都在医院制剂室中进行。

7. 医疗机构制剂 医疗机构根据本单位临床需要，经批准而配制的自用的固定处方制剂，称为医疗机构制剂。

8. 新药 新药是指未曾在中国境内上市销售的药品。

9. 成药 成药是根据疗效确切、性质稳定、应用广泛的处方，将原料药物加工配制成的具有一定剂型和规格的制剂。其特点是一般使用通俗名称(如清凉油、去痛片、伤湿止痛膏、银翘解毒片等)并标明其作用、用法、用量等。

10. 毒药 毒药是指药理作用剧烈、治疗剂量与中毒剂量相近，使用不当会致人中毒或死亡的药品，如洋地黄毒苷、砒霜等。

11. 中草药 中草药一般是指我国民间根据经验所用的有效植物药材(也包括一些动物和矿物药材)。它们大都是天然的且没有被收载于经典著作中的物质。

12. 中药 中药是指我国经典著作收载的，为中医师传统使用的天然药材，有的在使用前需进行人工炮制。中药往往也包括所制成的著名传统中药剂型，如丸、丹、膏、散等。

13. 特殊药品 国家对麻醉药品、精神药品、医疗用毒性药品和放射性药品实行特殊管理。这四类药品被称为特殊管理的药品，简称特殊药品。

(三) 药物制剂的发展

1. 国外药物制剂的发展 国外药物制剂发展最早的是古埃及与古巴比伦王国(今伊拉克地区)，约公元前1552年的著作《伊伯氏纸草本》记载有散剂、硬膏剂、丸剂、软膏剂等剂型和一些药物的处方和制备方法等。被西方各国认为是药剂学鼻祖的格林(Galen，公元131—201年)在其著作中记述了散剂、丸剂、浸膏剂、溶液剂、酒剂等。1498年由佛罗伦萨学院出版的《佛罗伦萨处方集》被视为欧洲第一部法定药典。到了18世纪，人们开始从植物中提取吗啡、咖啡因等单体药物；伴随着有机化学的发展，药物从天然物质逐步转变为化学药物。1843年 William Brockedon 首次发明压片机，1847年 Murdock 发明了硬胶囊剂，1886年 Limousin 发明了安瓿，使注射剂也得到了迅速发展。

随着科学技术与基础学科的发展以及学科分工的细致化，以剂型和制备为中心的药剂学成了一门独立学科。20世纪50年代物理化学的部分理论如溶解理论、流变学、粉体学等知识进一步促进了药剂学的发展。20世纪60年代至80年代，高分子材料、生物技术、电子技术、信息技术、纳米技术等学科的发展和应用，大大拓宽了药物制剂的设计思路，使剂型的处方设计、制备工艺和临床应用进入了系统化和科学化阶段，剂型的概念得以进一步延伸，从而诞生了给药系统的概念。80年代开始，生物药剂学与药代动力学开始发展起来，使原来的从体外化学标准来评价药物制剂转向体内外相结合，将药物剂型的设计和研制推入了生物药剂学和临床药剂学时代。同时，新辅料、新工艺和新设备的不断出现，也为药剂学的发展奠定了十分重要的基础。

2. 国内药物制剂的发展 我国中医药的发展历史悠久，夏商周时期的医书《五十二病方》、《甲乙经》、《山海经》中已有汤剂、丸剂、散剂、酒剂、膏剂等剂型的记载。东汉张仲景的《伤寒论》(公元142—219年)和《金匮要略》中又增加了栓剂、洗剂、软膏剂、糖浆剂等剂型，并记载了可以用动物胶、炼制的蜂蜜和淀粉糊为黏合剂制成丸剂。唐代《新修本草》是我国第一部，也是世界最早的法定药典。公元 15 世纪，明代药学家李时珍编著了《本草纲目》，其中收载了药物 1892 种，剂型 61 种。

从 19 世纪初到新中国成立之前，国外医药技术对我国药剂学的发展产生了一定影响，如引进了一些技术并建立了一些药厂，但规模较小、水平较低、产品质量较差。新中国成立后我国的医药事业有了飞速发展。

改革开放以来，我国在药用辅料、生产技术和设备、新剂型与新技术等方面都有突破，具体表现如下。

(1) 药用辅料方面　开发出了一系列材料，如稀释剂有微晶纤维素、可压性淀粉，黏合剂有聚维酮，崩解剂有羧甲基淀粉钠、低取代羟丙基纤维素，薄膜包衣材料有丙烯酸树脂系列产品，优良的表面活性剂有泊洛沙姆、蔗糖脂肪酸酯，栓剂基质有半合成脂肪酸酯等。

(2) 生产技术和设备方面　新型辅料的研制成功和高速旋转压片机的应用使粉末直接压片技术得到广泛的应用；在制粒技术方面，流化喷雾制粒和高速搅拌制粒技术的广泛应用提高了固体制剂的产量和质量；空气净化技术与 GMP 的实施使注射剂的质量大大提高。

(3) 新剂型与新技术方面　逐渐缩小与国际水平的差距，缓释制剂、透皮给药制剂的新产品上市；脂质体、微球、纳米粒等靶向给药系统及蛋白多肽类等生物技术制剂也得到了深入发展。

二、药物剂型与辅料

(一) 剂型与药效

剂型和药效之间存在着辨证关系，药物本身的疗效虽然是主要的，但在一定条件下，剂型对药物疗效作用的发挥和毒副作用的控制亦起着重要的作用，有的药物制成不同的剂型，可呈现不同的治疗作用。例如：庆大霉素只有将其制备成注射剂方可发挥全身作用，而口服给药只能对机体消化道起到杀菌消炎的作用；灰黄霉素水中溶解度较低，如研磨成微粉制成片剂，其疗效可大大增加，若将灰黄霉素高度分散在水溶性基质聚乙二醇 6000 中制成滴丸，口服后在血液中的药物含量比微粉片剂又可高出一倍以上，且疗效确切，副作用小。由此可见，药物剂型的不同，可以直接影响到药物的作用性质、效果、安全性等。

任何药物在供临床使用前都必须制成适合于医疗预防应用的给药形式，即药物剂型。药物剂型的选择需要综合考虑各个方面的因素，例如疾病的急缓、药物的性质及药理作用的强弱、服用、生产、携带、运输和储存等的方便性以及给药途径等。

(1) 药物剂型是根据医疗上的需要设计的。由于病有急缓，病情各异，所以对剂型的要求亦有不同，如对急症患者，为使药效迅速，宜采用注射剂、气雾剂、栓剂和舌下片等；对于需要药物作用持久、延缓的患者，则可用混悬剂、丸剂、缓释制剂、控释制剂或长效制剂等。

(2) 药物剂型设计时，还应考虑到药物的性质以及药物在剂型中的作用强弱和持续时间。例如：药剂中若含有毒药或刺激性药物时，宜制成缓释片剂或其他长效剂型，使其在体内缓缓释放药物，既可延长药物作用，也能防止过强的刺激或中毒；在胃中不稳定的药物，如胰酶遇胃酸易失效，不能采用普通口服剂型，可制成肠溶胶囊或肠溶片服用，使其在小肠内发挥效用。

(3) 药物剂型设计时，也要考虑服用、生产、携带、运输和储存等的方便。如将儿童用的药剂制成色、香、味俱佳的药剂或栓剂等，则可使儿童乐于用药；又如将中草药浸出的有效成分，制成药酒、片剂、注射剂等剂型后，可以减少体积、便于服用。

(4) 药物剂型的选择与给药途径密切相关。人体有 20 余个给药途径，如口腔、舌下、颊部、胃肠道、直肠、子宫、阴道、尿道、鼻腔、咽喉、支气管、肺部、皮内、皮下、肌肉、静脉、动脉、皮肤、眼部等。例如：口服给药可以选择多种剂型，如乳剂、溶液剂、混悬剂、颗粒剂、片剂、胶囊剂等；直肠给药应选择栓剂；眼部给药途径可以选择液体、半固体剂型。总之，药物剂型必须与给药途径相适应。

(二) 药物剂型的分类

随着药剂学的发展，药物的新剂型不断呈现，种类也逐渐增多，分类方法有多种。

1. 按形态分类

(1) 固体剂型　如散剂、颗粒剂、胶囊剂、片剂、丸剂等。

(2) 半固体剂型　如软膏剂、眼膏剂等。

(3) 液体剂型　如溶液剂、乳剂、注射剂、洗剂、搽剂、芳香水剂等。

(4) 气体剂型　如气雾剂、喷雾剂等。

2. 按给药途径分类

(1) 经胃肠道给药剂型　药物经口服后进入胃肠道,起局部或经吸收而发挥全身作用的剂型称为经胃肠道给药剂型,例如溶液剂、乳剂、混悬剂、散剂、颗粒剂、片剂、胶囊剂等。

(2) 非经胃肠道给药剂型　除口服给药途径以外的所有其他剂型统称为非经胃肠道给药剂型,该类剂型可在给药部位起局部作用或被吸收后发挥全身作用。

① 注射给药:此类剂型经注射途径给药,一般较胃肠道给药起效快,生物利用度高,如静脉注射剂、肌内注射剂、皮内注射剂、皮下注射剂及腔内注射剂等。

② 皮肤给药:如外用洗剂、搽剂、溶液剂、软膏剂、贴剂和糊剂等。该途径给药方便,可以起局部和全身治疗作用。

③ 口腔给药:如漱口剂、含片、舌下含片、膜剂等。

④ 鼻腔给药:如滴鼻剂、喷雾剂、粉雾剂等。

⑤ 肺部给药:如吸入剂、喷雾剂、吸入气雾剂、吸入粉雾剂等。此类剂型可以起局部治疗作用,也可以起全身治疗作用。

⑥ 眼部给药:如滴眼剂、眼膏剂、眼用凝胶等。

⑦ 直肠、阴道和尿道给药:如栓剂、灌肠剂等。

3. 按分散系统分类

(1) 溶液型　药物以分子或离子状态(直径小于 1 nm)分散于分散介质中所形成的均匀分散体系,又称为低分子溶液,如芳香水剂、溶液剂、甘油剂、注射剂等。

(2) 胶体溶液型　药物以高分子(直径在 1～100 nm)分散在分散介质中所形成的均匀分散体系,又称为高分子溶液,如涂膜剂、火棉胶剂、胶浆剂等。

(3) 乳剂型　油类药物或药物油溶液以液滴状态分散在分散介质中所形成的非均匀分散体系,如口服乳剂、静脉注射乳剂、有些搽剂等。

(4) 混悬液型　固体药物以微粒状态分散在分散介质中所形成的非均匀分散体系,如混悬剂、合剂、洗剂等。

(5) 气体分散型　液体或固体药物以微粒状态分散在气体分散介质中所形成的分散体系,如气雾剂、喷雾剂等。

(6) 固体分散型　固体药物以聚集状态存在的分散体系,如散剂、颗粒剂、胶囊剂、丸剂等。

(7) 微粒分散型　药物以不同大小微粒呈液体或固体状态分散,如微囊、微球、脂质体、纳米粒等。

4. 按制法分类

(1) 浸出制剂　用浸出方法制成的各种剂型,一般是指中药剂型,如流浸膏剂、浸膏剂、酊剂等。

(2) 无菌制剂　用灭菌方法或无菌技术制成的剂型,如注射剂、滴眼剂等。

5. 按作用时间分类　包括普通、速释、缓控释、肠溶靶向制剂等。这种分类方法直接反映了用药后起效的快慢和作用持续时间的长短,因而有利于合理用药。

以上剂型分类方法各有特点,但均不完善,或不全面,各有其优缺点。本教材根据医疗、生产实践、科研教学等方面的习惯,采用综合分类的方法。

药物剂型分类练习

将实训室现有制剂产品或多媒体视频制剂产品分别按形态、分散系统、给药途径、制法对给出的制剂产品进行分类练习。

(三) 药物剂型的作用和重要性

适宜的药物剂型可以发挥出良好的药效,剂型的作用和重要性表现在以下几个方面。

(1) 可改变药物的作用性质　多数药物的药理活性与剂型无关,但有些药物与剂型有关。如硫酸镁制成溶液剂口服时有致泻作用,如将其制成静脉注射剂,则具有镇静、解痉作用,临床用于抗惊厥、子痫等病症。

(2) 可调节药物的作用速率　如注射剂、吸入气雾剂等,发挥药效很快,常用于急救;丸剂、缓控释制剂、植入剂等属于长效制剂,可延长药物的作用时间。

(3) 可降低(或消除)药物的不良反应　如氨茶碱治疗哮喘有很好的疗效,但易引起心跳加快的毒副作用,若制成栓剂则可以消除这种毒副作用。

(4) 可产生靶向作用　如静脉注射用脂质体是具有微粒结构的剂型,在体内能被网状内皮系统的巨噬细胞所吞噬,使药物在肝、脾等器官浓集性分布,而在肝、脾局部发挥疗效。

(5) 可提高药物的稳定性　同种主药制成固体制剂的稳定性高于液体制剂,对于主药易发生降解的,可以考虑制成固体制剂。

(6) 可影响疗效　固体剂型如片剂、颗粒剂、丸剂的制备工艺不同会对药效产生显著的影响,药物晶型、药物粒子大小的不同,也可直接影响药物的释放,从而影响药物的治疗效果。

(四) 药用辅料分类、功能与一般质量要求

药用辅料系指生产药物制剂时使用的赋形剂或附加剂,是除活性成分以外,含在药物制剂中的所有物质。

1. 药用辅料分类

(1) 按来源可分为天然物、合成物和半合成物。

(2) 按作用和用途可分为溶剂、抛射剂、增溶剂、助溶剂、乳化剂、着色剂、黏合剂、崩解剂、填充剂、润滑剂、润湿剂、渗透压调节剂、稳定剂、助流剂、矫味剂、防腐剂、助悬剂、包衣材料、芳香剂、抗黏合剂、整合剂、渗透促进剂、pH 值调节剂、缓冲剂、增塑剂、表面活性剂、发泡剂、消泡剂、增稠剂、包合剂、保湿剂、吸收剂、稀释剂、絮凝剂与反絮凝剂、助滤剂、释放阻滞剂等。

(3) 按给药途径可分为口服、注射、黏膜、经皮或局部给药、经鼻或口腔吸入给药和眼部给药等。

2. 药用辅料功能　辅料是制剂中不可或缺的重要组成部分,可以说"没有辅料就没有剂型"。其作用主要体现在:①使制剂具有形态特征:如溶液剂中加入溶剂;软膏剂、栓剂中加入基质使之成形;片剂中加入稀释剂、黏合剂等使制剂具有形态特征。②使制备过程顺利进行:如液体制剂中加入助溶剂、助悬剂、乳化剂等;片剂制备中加入助流剂、润滑剂可改善颗粒的粉体性质,使压片顺利进行。③提高药物的稳定性:制剂中往往加入化学稳定剂、物理稳定剂(助悬剂、乳化剂等)、生物稳定剂(防腐剂)等,如维生素 C 注射剂中加入焦亚硫酸钠作为抗氧化剂,复方硫黄洗剂中加入甘油作为助悬剂。④提高药物疗效:如将胰酶制成肠溶衣片,不仅可以使其免受胃酸破坏,还可保证其在肠中充分发挥作用。⑤降低药物毒副作用:如以硬脂酸钠和虫蜡为基质制成的芸香草油肠溶滴丸,既可掩盖药物的不良臭味,也可避免对胃的刺激。⑥调节药物作用:如胰酶肠溶衣片具有助脂肪消化功效,注射液则可用于治疗胸腔积液、血栓性静脉炎和毒蛇咬伤。又如选用不同的辅料,可使制剂具有速释性、缓释性、肠溶性、靶向性、生物降解性等。⑦增加患者用药的顺应性:如口服液体制剂中加入矫味剂,可改善药物的不良口味,提高患者用药顺应性。

3. 药用辅料的质量要求　药用辅料是药品的重要组成部分,直接影响药品的质量,其一般质量要求包括:①对人体无毒害作用,几乎无副作用;②化学性质稳定,不易受温度、pH 值、保存时间等的影响;③与主药无配伍禁忌,不影响主药的疗效和质量检查;④不与包装材料相互发生作用;⑤尽可能用较小的用量发挥较大的作用。

辅料的应用不仅仅是制剂成型以及工艺过程顺利进行的需要,而且是制剂多功能化发展的需要。随着科学技术的发展、社会的进步,新型、优质、多功能的药用辅料不断涌现,对制剂质量的提高、制剂性能的改造、新剂型的开发、生物利用度的提高具有非常关键的作用。因此,药用辅料的更新换代越来越成为药剂工作者关注的热点。

三、药物制剂的质量控制

(一) 药典

1. 概述　药典是一个国家记载药品标准、规格的法典,一般由国家药典委员会组织编辑、出版,并由政府颁布、执行,具有法律约束力。药典收载的品种是那些疗效确切、副作用小、质量稳定的常用药品及其制剂,并明确规定了这些品种的质量标准。显然,药典在保证人民用药安全有效,促进药物研究和生产上起到重要作用。一个国家的药典在一定程度上还可以反映出这个国家药品生产、医疗和科学技术的水平。

2. 中华人民共和国药典　第一部《中国药典》编纂于 1953 年,并于 1963 年、1977 年、1985 年分别颁布了第二、三、四部《中国药典》,随后每隔五年修订一次。现行版为 2015 年版《中国药典》(Ch. P 2015),分为

四部，共收载品种 5608 种。一部分为两部分，第一部分收载药材和饮片、植物油脂和提取物，第二部分收载成方制剂和单味制剂，品种共计 2598 种，其中新增品种 440 种。二部也分为两部分，第一部分收载化学药品、抗生素、生化药品，第二部分收载放射性药品及其制剂，品种共计 2603 种，其中新增品种 492 种。三部收载生物制品，品种共计 137 种，其中新增品种 13 种、修订品种 105 种。并首次将 2010 年版药典附录整合为通则，并与药用辅料单独成卷作为药典四部。四部收载通则总数 317 个，其中制剂通则 38 个、检测方法 240 个、指导原则 30 个、标准物质和对照品相关通则 9 个；药用辅料收载 270 种，其中新增 137 种、修订 97 种。

3. 外国药典 据不完全统计，世界上已有近 40 个国家编制了国家药典，另外还有 3 种区域性药典和世界卫生组织（WHO）编制的《国际药典》。国际上最有影响力的药典是《美国药典》、《英国药典》、《日本药局方》、《欧洲药典》和《国际药典》。

知识链接

外国药典官方网站

1. 美国国家药典委员会官方网站 http://www.usp.org/。

2.《英国药典》官方网站 http://www.pharmacopoeia.org.uk/。

3.《日本药局方》官方网站

（1）日文版网站 http://www.mhlw.go.jp/topics/bukyoku/iyaku/yakkyoku/index.html。

（2）英文版网站 http://www.mhlw.go.jp/topics/bukyoku/iyaku/yakkyoku/english.html。

4.《欧洲药典》官方网站 http://www.pheur.org/。

（二）国家药品标准

国家药品标准，是由国家食品药品监督管理局（SFDA）颁布的《中华人民共和国药典》、药品注册标准和其他药品标准，其内容包括质量指标、检验方法以及生产工艺等技术要求。

药品注册标准，是指国家食品药品监督管理局批准给申请人特定药品的标准，生产该药品的药品生产企业必须执行该注册标准。目前药品所有执行标准均为国家注册标准，主要包括：

（1）药典标准；

（2）卫生部中药成方制剂一至二十一册；

（3）卫生部化学、生化、抗生素药品第一分册；

（4）卫生部药品标准（二部）一至六册；

（5）卫生部药品标准藏药第一册、蒙药分册、维吾尔药分册；

（6）新药转正标准 1 至 88 册（正不断更新）；

（7）国家药品标准化学药品地标升国标一至十六册；

（8）国家中成药标准汇编；

（9）国家注册标准（针对某一企业的标准，但同样是国家药品标准）；

（10）进口药品标准。

（三）药品质量管理法规

医药商品在其生产、经营和销售的全过程中，由于内外因素作用，随时都有可能发生质量问题，必须在所有这些环节上采取严格措施，才能从根本上保证医药商品质量。因此，许多国家制定了一系列法规来保证药品质量，在实验室阶段实行 GLP，新药临床阶段实行 GCP，生产阶段实行 GMP，推行这些法规是保证人民用药安全有效的重要措施。

1. 药品非临床研究质量管理规范（GLP） 《药品非临床研究质量管理规范》（Good Laboratory Practice，GLP）亦称临床前（非人体）研究工作的管理规范，于 1999 年 11 月 1 日起施行。药物的非临床研究是指在实验室条件下，通过动物实验进行包括单次给药的毒性试验、反复给药的毒性试验、生殖毒性试验、致突变试验、致癌试验、刺激性试验、依赖性试验等在内的各种毒性试验，用于评价药物的安全性。

2. 药物临床试验管理规范(GCP) 《药物临床试验管理规范》(Good Clinical Practice,GCP)适用于任何在人体(患者或健康志愿者)进行的系统性研究,以证实或揭示试验用药品的作用及不良反应等。GCP是临床试验全过程的标准规定。制定GCP目的在于保证临床试验过程的规范,结果科学可靠,保护受试者的权益并保障其安全。临床试验前必须经过"伦理道德委员会"的批准方可进行。

3. 药品生产质量管理规范(GMP) 《药品生产质量管理规范》(Good Manufacturing Practice,GMP)是药品生产过程中,用科学、合理、规范化的条件和方法来保证生产优良药品的一整套系统的、科学的管理规范,是药品生产和质量管理的基本准则,适用于药品制剂生产的全过程、原料药生产中影响成品质量的关键工序,也是新建、改建和扩建医药企业的依据。GMP的检查对象是人、生产环境和制剂生产全过程。"人"是实行GMP管理的软件,也是关键的管理对象,而"物"是GMP管理的硬件,是必要条件,缺一不可。

国家食品药品监督管理局为了加强对药品生产企业的监督管理,采取监督检查的手段,即规范GMP认证工作,由国家食品药品监督管理局药品认证管理中心承办,经资料审查与现场检查审核,报国家食品药品监督管理局审批,对认证合格的企业(或车间)颁发药品GMP证书,并予以公告,有效期5年(新开办的企业为1年,期满复查合格后为5年),期满前3个月内,按药品GMP认证工作程序重新检查、换证。

(四) 处方药与非处方药

《中华人民共和国药品管理法》规定了国家对药品实行处方药与非处方药的分类管理制度,这也是国际上通用的药品管理模式。

1. 处方药 必须凭执业医师或执业助理医师的处方才可调配、购买,并在医生指导下使用的药品。处方药只准在专业性医药报刊上进行广告宣传,不准在大众传播媒介进行广告宣传。

2. 非处方药 由专家遴选的、不须执业医师或执业助理医师处方并经过长期临床实践被认为,患者可以自行判断、购买和使用并能保证安全的药品。在非处方药的包装上,必须印有国家指定的非处方药专有OTC标识,每个销售基本单元包装必须附有标签和说明书。

处方药和非处方药不是药品本质的属性,而是管理上的界定。无论是处方药,还是非处方药都是经过国家药品监督管理部门批准的,其安全性和有效性是有保障的。

处方药和非处方药认知训练

判定下列药品是属于处方药还是非处方药,并说明处方药和非处方药的区别。

①甘露醇注射液;②头孢氨苄胶囊;③艾司唑仑片;④小儿氨酚黄那敏颗粒;⑤氨苄西林胶囊;⑥左氧氟沙星滴眼液;⑦维生素C片;⑧硝酸咪康唑阴道软胶囊;⑨消炎止咳片;⑩红霉素软膏。

四、称量与量取技术

称量操作的准确性,对于保证药剂质量和疗效具有重大意义,因此称量操作是制剂工作的基本操作技术之一。

(一) 称量操作

主要用于固体或半固体药物的称量。常用的量器是天平。常用的天平类别如下。

1. 架盘天平(1/10) 最大称量可达5000 g,常用500 g、1000 g两种。

2. 扭力天平(1/100) 其称量一般为100 g,分度值可达0.01 g。

3. 电子天平(1/1000) 实验室用的电子天平最大称量一般为500 g;可读性,0.01 g;重复性,≤±0.01 g;线性,≤±0.02 g;称盘尺寸,ϕ125 mm。

操作注意事项如下。

(1) 按药物的轻重和称量的允许误差,正确选用天平。

(2) 称重时,首先应检验天平的正确性和灵敏性。检查天平各部分的灵活性及是否呈平衡状态,调整指针使停于零点。

(3) 任何药品不得直接称于托盘中,应放置于药纸、表面皿或微量烧杯中。在称取腐蚀性或液体药物时,应将药物置于表面皿或微量烧杯中。被称药物应放在左盘,砝码放在右盘,还应防止称重时药物撒落,损坏天平。

(4) 称取药物时左手执药瓶和瓶塞，右手执牛角匙进行称量。药瓶标签应向上，近平衡时，右手中指敲动牛角匙，使药物慢慢加下，达到平衡时，应注意将瓶塞和药瓶一起拿在手中，不要放在桌子上，用毕立即上塞，以免弄混药塞，造成药物污染。

(5) 称重完毕注意砝码、天平的还原，平时还应保持天平的清洁和干燥。

(二) 量取操作

一般用于液体药物的量取，常用的量器有量筒、量杯、量瓶、滴定管、移液管等。

操作注意事项如下。

(1) 用量筒或量杯量取液体时，一般左手持量器和瓶盖，右手持试剂瓶，瓶签朝上，取用后立即盖回原瓶。

(2) 量取时应保持量器垂直、保证正确读数：一般透明液体以液体凹面最低处为准，不透明或深色液体，则以表面为准，以免产生视线误差。

(3) 量取液体时，应按所需液量、容器精确度，选用适当大小的量器，一般以不少于量器总量的五分之一为度。

(4) 药液注入量器，应将瓶口紧靠量器边缘，沿其内壁缓慢注入，以防止药液溅溢量器外，如注入过量，多余部分不得注回原瓶。

(5) 量取黏稠性药液如流浸膏、糖浆、甘油等，不论注入或倾出，均须以充分时间使其按刻度流尽，以保证容量的准确。

 **拓展知识** ……

新药制剂的研究与申报

一、药品注册申请

药品注册，是指国家食品药品监督管理局根据药品注册申请人的申请，依照法定程序，对拟上市销售的药品的安全性、有效性、质量可控性等进行系统评价，并决定是否同意其申请的审批过程。药品注册申请包括新药申请、仿制药申请、进口药品申请及其补充申请和再注册申请。

二、注册药品的分类

《药品注册管理办法》中规定了药品的注册分类。药品分为中药及天然药物、化学药物和生物制品三大类(表 1-2)。

表 1-2　注册药品的分类

药　品	注 册 分 类
中药及天然药物	①未在国内上市销售的从植物、动物、矿物等物质中提取的有效成分及其制剂。②新发现的药材及其制剂。③新的中药材代用品。④药材新的药用部位及其制剂。⑤未在国内上市销售的从植物、动物、矿物等物质中提取的有效部位及其制剂。⑥未在国内上市销售的中药、天然药物复方制剂。⑦改变国内已上市销售中药、天然药物给药途径的制剂。⑧改变国内已上市销售中药、天然药物剂型的制剂。⑨仿制药
化学药物	①未在国内外上市销售的药品。②改变给药途径且尚未在国内外上市销售的制剂。③已在国外上市销售但尚未在国内上市销售的药品。④改变已上市销售盐类药物的酸根、碱基(或者金属元素)，但不改变其药理作用的原料药及其制剂。⑤改变国内已上市销售药品的剂型，但不改变给药途径的制剂。⑥已有国家药品标准的原料药或者制剂

续表

药　品	注册分类
生物制品	①未在国内外上市销售的生物制品。②单克隆抗体。③基因治疗、体细胞治疗及其制品。④变态反应原制品。⑤由人的、动物的组织或者体液提取的，或者通过发酵制备的具有生物活性的多组分制品。⑥由已上市销售生物制品组成新的复方制品。⑦已在国外上市销售但尚未在国内上市销售的生物制品。⑧含未经批准菌种制备的微生态制品。⑨与已上市销售制品结构不完全相同且国内外均未上市销售的制品（包括氨基酸位点突变、缺失，因表达系统不同而产生、消除或者改变翻译后修饰，对产物进行化学修饰等）。⑩与已上市销售制品制备方法不同的制品（例如采用不同表达体系、宿主细胞等）。⑪首次采用 DNA 重组技术制备的制品（例如以重组技术替代合成技术、生物组织提取或者发酵技术等）。⑫国内外尚未上市销售的由非注射途径改为注射途径给药，或者由局部用药改为全身给药的制品。⑬改变已上市销售制品的剂型但不改变给药途径的生物制品。⑭改变给药途径的生物制品（不包括上述 12 项）。⑮已有国家药品标准的生物制品

三、申请新药需上报的项目

申请新药需上报的项目包括综述资料、药学资料、药理毒理资料和临床资料方面的内容，见表 1-3。

表 1-3　申请新药需上报的项目

项目	内　容
综述资料	①新药名称（包括通用名、化学名、英文名、汉语拼音。凡新制定的名称，应说明依据），选题的目的与依据，国内外有关该品研究现状或生产、使用情况的综述。②研制单位研究工作的综述。③产品包装、标签设计样稿。④使用说明书样稿
药学资料	⑤原料药生产工艺的研究资料及文献资料；制剂处方及工艺的研究资料及文献资料。⑥确证化学结构或组分的试验资料及文献资料。⑦质量研究工作的试验资料及文献资料，包括理化性质、纯度检查、溶出度、含量测定等。⑧质量标准草案及起草说明，并提供标准品或对照品。⑨临床研究用的样品及其检验报告书（申请临床时报送）或生产的样品 3～5 批及其检验报告书（申请生产时报送）。⑩稳定性研究的试验资料及文献资料。⑪产品包装材料及其选择依据
药理毒理资料	⑫主要药效学试验资料及文献资料。⑬一般药理研究的试验资料及文献资料。⑭急性毒性试验资料及文献资料。⑮长期毒性试验资料及文献资料。⑯局部用药毒性研究的试验资料及文献资料，全身用药的过敏性、溶血性、血管刺激性等试验资料及文献资料。⑰复方制剂中多种组分药效、毒性、药代动力学相互影响的试验资料及文献资料。⑱致突变试验资料及文献资料。⑲生殖毒性试验资料及文献资料。⑳致癌试验资料及文献资料。㉑依赖性试验资料及文献资料。㉒药代动力学试验资料及文献资料
临床资料	㉓供临床医生参阅的药理、毒理研究及文献的综述。㉔临床研究计划及研究方案。㉕临床研究总结资料（包括知情同意书、伦理委员会批准件）

四、申报新药制剂的主要内容

药物必须制成适宜的剂型，并制成制剂处方设计合理、工艺达到安全、有效、质量稳定、方便使用的制剂，才能用于临床。因此，在申报新药制剂时的主要内容是第 5 项资料（制剂处方及工艺的研究）。其中，剂型是药物应用的形式，适宜的剂型是保证药效的前提。因此，选择适宜的剂型至关重要。

辅料是除主药外其他一切辅助材料的总称，是制剂处方的重要组成部分。应根据剂型、制剂成型后的性质、辅料是否与主药相互作用或影响主药含量测定以及给药途径的要求，选择适宜的辅料。制剂处方中使用的辅料，原则上应使用国家标准的辅料。对制剂中使用的其他辅料，应提供依据并制订相应的质量标准；对国外药典收载及国外制剂中已使用的辅料，如特殊需要且用量不大，应提供国外药典资料、国外制剂中使用的依据及有关质量标准与检验结果；对食品添加剂，应提供质量标准和使用依据。改变给药途径的辅料，应制订相应的质量标准。凡国内外未使用过的辅料，应按新辅料申报。化学试剂不得作药用辅料。工艺设计应积极采用新技术、新工艺，以求提高制剂的质量和劳动生产率，降低成本。

项目小结

<table>
<tr><th colspan="2">教 学 提 纲</th><th rowspan="2">主要内容简述</th></tr>
<tr><th>一级</th><th>二级</th></tr>
<tr><td rowspan="3">一、概述</td><td>（一）课程的性质和任务</td><td>药物制剂课程的性质、任务</td></tr>
<tr><td>（二）常用术语</td><td>药物、剂型、药品、制剂等常用术语</td></tr>
<tr><td>（三）药物制剂的发展</td><td>国内、外药物制剂的发展</td></tr>
<tr><td rowspan="4">二、药物剂型与辅料</td><td>（一）剂型与药效</td><td>剂型与药效之间的关系</td></tr>
<tr><td>（二）药物剂型的分类</td><td>药物剂型按形态、给药途径、分散系统、制法、作用时间的具体分类</td></tr>
<tr><td>（三）药物剂型的作用和重要性</td><td>药物剂型的作用和重要性</td></tr>
<tr><td>（四）药用辅料分类、功能与一般质量要求</td><td>药用辅料的概念、分类、功能与质量要求</td></tr>
<tr><td rowspan="4">三、药物制剂的质量控制</td><td>（一）药典</td><td>药典的概念及作用；《中国药典》、《美国药典》、《英国药典》、《日本药局方》、《欧洲药典》和《国际药典》</td></tr>
<tr><td>（二）国家药品标准</td><td>国家药品标准的概念</td></tr>
<tr><td>（三）药品质量管理法规</td><td>GLP、GCP、GMP 的概念及其实施的目的和意义</td></tr>
<tr><td>（四）处方药与非处方药</td><td>处方药与非处方药的概念及区分</td></tr>
<tr><td rowspan="2">四、称量和量取技术</td><td>（一）称量操作</td><td>主要用于固体或半固体药物的称量；常用的量器及操作注意事项</td></tr>
<tr><td>（二）量取操作</td><td>一般用于液体药物的量取；常用的量器及操作注意事项</td></tr>
</table>

达标检测题

一、名词解释

1. 药品　2. 辅料　3. 剂型　4. 制剂　5. 非处方药　6. 处方药

二、选择题

（一）单项选择题

1. 一个国家药品规格标准的法典称为（　　）。

A. 部颁标准　B. 地方标准　C. 药物制剂手册

D. 药典　E. 药品使用手册

2.《中国药典》是（　　）。

A. 由国家颁布的药品集

B. 由国家制定的药品标准

C. 由卫生部制定的药品标准

D. 由国家组织药典委员会编写并由政府颁布施行的药品规格标准的法典

E. 由国家、地方共同制定并颁布施行的药品标准

3. 下列关于剂型重要性的叙述错误的是（　　）。

A. 剂型可改变药物的作用性质　B. 剂型可改变药物的作用速度

C. 剂型可降低药物的毒副作用　D. 剂型可改变药物在体内的半衰期

E. 剂型可产生靶向作用

4. 剂型的分类不包括（　　）。

A. 按给药途径分类　B. 按处方分类　C. 按分散系统分类

D. 按制法分类　　E. 按作用时间分类

5.《药品生产质量管理规范》是药品生产和质量管理的准则，英文缩写为(　　)。

A. GLP　　B. GCP　　C. GMP　　D. GFP　　E. GAP

6. 下列关于剂型的表述错误的是(　　)。

A. 剂型系指为适应治疗或预防的需要而制备的不同给药形式

B. 同一种剂型可以有不同的药物

C. 剂型系指某一药物的具体品种

D. 阿司匹林片、对乙酰氨基酚片、麦迪霉素片、尼莫地平片等均为片剂剂型

E. 同一种药物可以有不同的剂型

7. 下列关于剂型的叙述中，不正确的是(　　)。

A. 药物剂型必须适应给药途径

B. 同一种原料药可以根据临床的需要制成不同的剂型

C. 同一种原料药可以根据临床的需要制成同一种剂型的不同制剂

D. 多数情况下同一种药物不同剂型的临床应用是相同的

E. 同一种剂型可以有不同的药物

8. 各国的药典经常需要修订，《中国药典》是每几年修订一次？(　　)

A. 2 年　　B. 4 年　　C. 5 年　　D. 10 年　　E. 15 年

9. 我们把注射剂称为(　　)。

A. 药品　　B. 剂型　　C. 制剂　　D. 医疗机构制剂　　E. 药物

10. 碘酊属于哪一种类型的液体制剂？(　　)

A. 胶体溶液型　　B. 混悬液型　　C. 乳浊液剂　　D. 溶液型　　E. 合剂

(二) 配伍选择题

题 1～5

A. 剂型　　B. 制剂　　C. 药物制剂课程

D. 药典　　E. 处方

1. 药物的给药形式是(　　)。

2. (　　)是综合性应用技术学科。

3. 药剂调配的书面文件是(　　)。

4. 阿司匹林片为(　　)。

5. 说明药品质量规格和标准的法典是(　　)。

题 6～10

A. 按给药途径分类　　B. 按分散系统分类　　C. 按制法分类

D. 按形态分类　　E. 按作用时间或释药部位分类

6. (　　)这种分类方法与临床使用密切结合。

7. (　　)这种分类方法便于应用物理化学的原理来阐明各类制剂特征。

8. (　　)可分为缓释、肠溶制剂。

9. (　　)可分为固体或液体制剂。

10. (　　)可分为浸出制剂和无菌制剂。

(三) 多项选择题

1. 下列属于液体制剂的是(　　)。

A. 盐酸丁卡因胶浆　　B. 大黄流浸膏　　C. 注射用细胞色素

D. 沙丁胺醇气雾剂　　E. 甘草浸膏

2. 我国主要参考的国外药典为(　　)。

A. 美国药典(USP)　　B. 英国药典(BP)　　C. 日本药局方

D. 国际药典(Ph. Int)　　E. 西方药典

3. 按分散系统分类，可将液体制剂分为(　　)。

A. 溶液型　　B. 混悬型　　C. 乳剂型　　D. 胶体溶液型　　E. 混合型

4. 制备药物剂型的目的是（ ）。

A. 满足临床需要　B. 适应药物性质需要　C. 使美观

D. 便于应用、运输、储存　E. 更经济

5. 下列关于处方药与非处方药的表述错误的为（ ）。

A.《中华人民共和国药品管理法》规定：国家对药品实行处方药与非处方药的分类管理制度

B. 处方药与非处方药由医生自行界定

C. 处方药和非处方药不是药品本身的属性，而是管理上的界定

D. 处方药是经过国家药品监督管理部门批准的，非处方药不必批准，但必须保障安全性和有效性

E. 处方药必须凭执业药师或执业助理医师处方才可调配

6. 下列关于非处方药的叙述正确是（ ）。

A. 必须凭执业药师或执业助理医师处方才可调配、购买并在医生指导下使用的药品

B. 应针对医师等专业人员作适当的宣传介绍

C. 目前，OTC 已成为全球通用的非处方药的俗称

D. 非处方药主要是用于治疗各种消费者容易自我诊断、自我治疗的常见轻微疾病

E. 非处方药不必经过国家药品监督管理部门批准

三、填空题

1.《中国药典》(2015 年版)一、二、三部是由________、________、________三部分内容组成的。

2. GMP 是保证生产优良药品的一整套系统的、科学的管理规范，是药品生产和管理的基本准则，其检查对象是________、________、________。

四、简答题

1. 药物剂型的重要性表现在哪些方面？

2. 药用辅料的作用有哪些？

3. 为保证药品质量，分别在何阶段实行 GMP、GLP、GCP？

（李雪倩）

项目二　药物制剂稳定性与安全性

学习目标

能力目标

会分析一般药物稳定性的影响因素，并能采取措施提高其稳定性。

会制定一般药物的有效期。

会分析药物制剂配伍变化发生的原因，在发生配伍变化后能正确处理。

能按照要求进行药品的储存和养护。

知识目标

掌握：影响药物稳定性的因素和增加药物稳定性的方法；药物稳定性的变化分类；药物制剂稳定性的实验方法；药物制剂配伍的目的；药物制剂配伍变化的内容、分类；配伍禁忌的预防与处理方法；常见药品包材分类及药品储存和养护要求。

熟悉：药物制剂稳定性的研究范围；注射剂的配伍变化；药品包装作用；常见药包材的质量要求；药品有效期定义和标注。

了解：了解药物制剂稳定性的意义；配伍变化的研究目的。

操作任务

维生素 C 注射液稳定性考察

一、操作目的

(1) 掌握影响维生素 C 注射液稳定性的主要因素。

(2) 了解处方设计中稳定性实验的一般方法。

二、器材与药品

托盘天平、721 型可见分光光度计、pH 计、水浴锅、电炉、量瓶；维生素 C 等、碳酸氢钠、注射用水、硫酸铜、硫酸铁、依地酸二钠、蒸馏水等。

三、操作内容

（一）加热时间影响因素的考察

取购买的 20 支维生素 C 注射液（安瓿包装）放入沸水中煮沸，间隔一定时间取出 5 支安瓿，放入冷水中冷却后，将每次取出的 5 支安瓿内的样液置于小烧杯中混合均匀，以蒸馏水作空白，用 721 型可见分光光度计，在 420 nm 波长处测定各样液的透光率，计算透光率比，将结果记录于表 2-1 中。

表 2-1　加热时间对维生素 C 注射液稳定性的影响

煮沸时间/min	透光率/(%)		透光率比
	加热前	加热后	
0			
15			
30			
60			

（二）重金属离子影响因素的考察

配成 250 g/L 维生素 C 注射液 80 mL，精密量取 15 mL 置于 25 mL 量瓶中，共 4 份，按下表所示，加入各种试剂，用注射用水稀释至刻度，立即测定每一份样液的透光率。然后将每份注射液放入沸水中煮沸 40 min 后取出，以蒸馏水作空白测定透光率，计算透光率比，将结果填于表 2-2 中。

表 2-2　重金属离子对维生素 C 注射液稳定性的影响

样品编号	添加试剂	透光率/(%)		透光率比
		加热前	加热后	
1	0.002 mol/L $CuSO_4$ 2.5 mL			
2	0.002 mol/L $FeSO_4$ 2.5 mL			
3	0.002 mol/L $CuSO_4$ 5.0 mL+ 50 g/L EDTA-Na_2 1.0 mL			
4	0.002 mol/L $FeSO_4$ 2.5 mL+ 50 g/L EDTA-Na_2 1.0 mL			

（三）pH 值影响因素的考察

称取维生素 C 15 g，配成 125 g/L 溶液 120 mL。精密量取注射液 20 mL 置于 50 mL 烧杯中，共量取 6 份。分别加碳酸氢钠粉末 0.2 g、0.6 g、0.8 g、1.0 g、1.2 g、1.3 g 左右，调节 pH 值为 4.0，5.0，5.5，6.0，6.5，7.0(用 pH 计测定)，立即测定每一份样液透光率，然后将它们放入沸水中煮沸 40 min 后取出，冷却，以蒸馏水为空白，测定透光率，计算透光率比，并将结果填于表 2-3 中。

表 2-3　pH 值对维生素 C 注射液稳定性的影响

样品编号	pH 值	透光率/(%)		透光率比
		加热前	加热后	
1	4.0			
2	5.0			
3	5.5			
4	6.0			
5	6.5			
6	7.0			

（四）空气中的氧及抗氧化剂影响因素的考察

取注射用水 500 mL 煮沸，放冷至室温，备用。取维生素 C 20 g，加放冷至室温的注射用水溶解并稀释至 400 mL 制成 5%的维生素 C 注射液，取注射液 150 mL，加碳酸氢钠调节 pH 值至 6.0，取 50 mL 分成三份，用 2 mL 安瓿灌装 2 mL 后熔封，共灌 8 支；用 2 mL 安瓿灌装 1 mL 后熔封，共灌 12 支；于 2 mL 安瓿灌装 2 mL 后，通入 CO_2(约 5 s)，立即熔封，共灌 8 支。用于考察不同含氧量对维生素 C 注射液稳定性的影响。

取剩余的 100 mL 注射液分成两份，每份 50 mL，一份加入焦亚硫酸钠 0.12 g，另一份做对照，分别用 2 mL 安瓿灌装 2 mL 后熔封，每份灌 8 支。沸水浴中加热 40 min，观察注射液颜色变化，测定透光率，计算透光率比，并将结果填于表2-4中。

表2-4　氧及抗氧化剂对维生素C注射液稳定性的影响

样品编号	氧及抗氧化剂	透光率/(%)		透光率比
		加热前	加热后	
1	灌装2 mL			
2	灌装1 mL			
3	灌装2 mL，通CO_2			
4	加焦亚硫酸钠			
5	对照			

四、思考题

(1) 维生素C注射液的稳定性主要受哪些因素的影响？

(2) 如何储存维生素C注射液？

相关知识

一、药物稳定性及有效期

(一) 药物制剂稳定性及其变化

1. 药物制剂稳定性研究的目的、意义和任务　药物制剂的稳定性是指原料药及制剂保持其物理、化学、生物学和微生物学性质的能力。通过稳定性试验，考察药物不同环境条件(如温度、湿度、光线等)下制剂特性随时间变化的规律，以认识和预测制剂的稳定趋势，为制剂生产、包装、储存、运输条件的确定和有效期的建立提供科学依据。稳定性研究是评价药品质量的主要内容之一，在药品的研究、开发和注册管理中占有重要地位。对保证用药的安全性、有效性，避免药品变质，减少损失，合理组方、设计工艺及推动中药制剂的整体提高有重要意义。揭示稳定性变化的实质，探讨其影响因素，并采取相应措施避免或延缓制剂的稳定性变化，确定其有效期，是药物制剂稳定性研究的基本任务。

2. 药物制剂稳定性变化分类　药物制剂稳定性变化一般包括化学、物理和生物学三个方面。

(1) 化学不稳定性是指药物由于水解、氧化、还原、光解、异构化、聚合、脱羧，以及药物相互作用产生的化学反应，使药物含量(或效价)、色泽产生变化。

(2) 物理不稳定性是指制剂的物理性能发生变化，如混悬剂中药物颗粒结块、结晶生长，乳剂的分层、破裂，胶体制剂的老化，片剂崩解度、溶出速度的改变等。制剂物理性能的变化，不仅使制剂质量下降，还可以引起化学变化和生物学变化。

(3) 生物学不稳定性是指由于微生物污染滋长，引起药物的霉败分解变质。可由内在和外部两方面的因素引起。内在因素主要系指某些活性酶的作用，使某些成分酶解。其外部因素一般是指制剂由于受微生物污染，引起发霉、腐败和分解，其结果可能产生有毒物质，降低疗效或增加毒副作用，使服用剂量不准确，甚至不能供药用，危害性极大。

(二) 制剂稳定性影响因素与稳定化方法

通过对药物降解动力学及降解机制的研究，在了解影响制剂降解因素的前提下，才能采用相应的措施来防止药物制剂的降解，从而使设计的处方及生产工艺能生产出稳定的药物制剂。影响药物化学稳定性的因素，包括处方因素和非处方因素，以及相应的稳定化措施。

1. 处方因素对药物制剂稳定性的影响及稳定化方法　制备任何一种制剂，首先要进行处方设计，因处方的组成对制剂稳定性影响很大。pH值、广义的酸碱催化、溶剂、离子强度、表面活性剂等因素，均可影响易于水解的药物的稳定性。溶液pH值与药物氧化反应也有密切关系。半固体、固体制剂的某些赋形剂或附加剂，有时对主药的稳定性也有影响，都应加以考虑。

(1) pH值的影响　许多酯类、酰胺类药物常受H^+或OH^-催化水解，这种催化作用也叫专属酸碱催化或特殊酸碱催化，此类药物的水解速度，主要由pH值决定。

确定最稳定的 pH 值是溶液型制剂的处方设计中首先要解决的问题。pH_m 可以通过式(2-1)计算：

$$pH_m = \frac{1}{2}pK_w - \frac{1}{2}\lg\frac{k_{OH^-}}{k_{H^+}} \tag{2-1}$$

一般是通过实验求得。pH 值调节要同时考虑稳定性、溶解度和药效三个方面。如大部分生物碱在偏酸性溶液中比较稳定，故注射剂常调节在偏酸范围。但将它们制成滴眼剂时，就应调节在中性附近范围，以减少刺激性，提高疗效。pH 值调节剂常用的是盐酸与氢氧化钠。为了不再引入其他离子而影响药液的澄明度等原因，生产上常用与药物本身相同的酸和碱，如氨茶碱用乙二胺、马来酸麦角新碱用马来酸、硫酸卡那霉素用硫酸来调节 pH 值。此外，为了保持药液的 pH 值不变，常用磷酸、枸橼酸、醋酸及其盐类组成的缓冲系统来调节，但是使用这些酸碱时应注意广义酸碱催化的影响。

（2）广义酸碱催化的影响　按照质子酸碱理论，给出质子的物质称为广义的酸，接受质子的物质称为广义的碱。药物被广义的酸碱催化水解称为广义的酸碱催化。为了使药物的 pH 值更稳定，在药物处方中往往加入缓冲剂。常用的缓冲剂如醋酸盐、磷酸盐、枸橼酸盐、硼酸盐均为广义的酸碱。HPO_4^{2-} 对青霉素 G 钾盐有催化作用。因此在药物设计时应加以考虑，如选择没有催化作用的缓冲系统，或降低缓冲盐的浓度等。

综上所述，所有药物均有最适 pH 值范围，无论易水解的药物还是易氧化的药物，必须调整 pH 值至一定范围，以确保药物的稳定。pH 值调节要同时兼顾稳定性、溶解度和疗效三个方面。

（3）溶剂的影响　对于水解的药物，有时采用非水溶剂，如乙醇、丙二醇、甘油等而使其稳定。含有非水溶剂的注射液，如苯巴比妥注射液、地西泮注射液等。

（4）离子强度的影响　在制剂处方中，往往加入电解质调节至等渗，或加入盐（如一些抗氧化剂）防止氧化，加入缓冲剂调节 pH 值。因而存在离子强度对降解速度的影响。

（5）表面活性剂的影响　一些容易水解的药物，加入表面活性剂可使稳定性增加，这是因为表面活性剂在溶液中形成胶束，形成一层所谓的"屏障"，阻碍 OH^- 进入胶束。如苯佐卡因易受碱催化水解，在 5% 的十二烷基硫酸钠溶液中，30 ℃时的 $t_{1/2}$ 增加到 1150 min，不加十二烷基硫酸钠时则为 64 min。但要注意，表面活性剂有时反而使某些药物分解速率加快，如聚山梨酯 80 使维生素 D 稳定性下降。故须通过实验，正确选用表面活性剂。

（6）处方中基质或赋形剂的影响　一些半固体制剂，如软膏剂、霜剂中药物的稳定性与制剂处方的基质有关。有人考察了一系列商品基质对氢化可的松稳定性的影响，结果聚乙二醇能促进该药物的分解，有效期只有 6 个月。栓剂基质聚乙二醇也可使乙酰水杨酸分解，产生水杨酸和乙酰聚乙二醇。维生素 U 片采用糖粉和淀粉为赋形剂，则产品变色，若应用磷酸氢钙，再辅以其他措施，产品质量则有所提高。一些片剂的润滑剂对乙酰水杨酸的稳定性有一定影响。硬脂酸钙、硬脂酸镁可能与乙酰水杨酸反应形成相应的乙酰水杨酸钙及乙酰水杨酸镁，提高了系统的 pH 值，使乙酰水杨酸溶解度增加，分解速率加快。因此生产乙酰水杨酸片时不应使用硬脂酸镁这类润滑剂，而须用影响较小的滑石粉或硬脂酸。

2. 外界因素对药物制剂稳定性的影响及稳定化方法　外界因素包括温度、光线、空气（氧）、金属离子、湿度和水分、包装材料等。这些因素对于制订产品的生产工艺条件和包装设计都是十分重要的。其中温度对各种降解途径（如水解、氧化等）均有较大影响，而光线、空气（氧）、金属离子对易氧化药物影响较大，湿度、水分主要影响固体药物的稳定性。

（1）温度的影响　一般来说，温度升高，反应速率加快。根据 Van't Hoff 规则，温度每升高 10 ℃，反应速率增加 2～4 倍。然而不同反应增加的倍数可能不同，故上述规则只是一个粗略的估计。温度对于反应速率常数的影响，Arrhenius 提出如下方程：$K=Ae^{-E_a/RT}$。式中：K 为反应速率常数；A 为频率因子；E_a 为活化能；R 为摩尔气体常数；T 为绝对温度，这就是著名的 Arrhenius 指数定律，它定量地描述了温度与反应速率之间的关系，是预测药物稳定性的主要理论依据。

药物制剂在制备过程中，往往需要加热溶解、灭菌等操作，此时应考虑温度对药物稳定性的影响，制订合理的工艺条件。有些产品在保证完全灭菌的前提下，可降低灭菌温度，缩短灭菌时间。那些对热特别敏感的药物，如某些抗生素、生物制品，要根据药物性质，设计合适的剂型（如固体剂型），生产中采取特殊的工艺，如冷冻干燥、无菌操作等，同时产品要低温储存，以保证产品质量。

（2）光线的影响　在制剂生产与产品的储存过程中，还必须考虑光线的影响。光能激发氧化反应，加速药物的分解。有些药物分子受辐射（光线）作用活化而分解，此种反应叫光化降解，其速度与系统的温度无关。这种易被光降解的物质叫光敏感物质。硝普钠是一种强效、速效降压药，临床效果肯定。本品对热稳定，但对光极不稳定，临床上用 5%的葡萄糖配制成 0.05%的硝普钠溶液静脉滴注，在阳光下照射 10 min 就分解 13.5%，颜色也开始变化，同时 pH 值下降。室内光线条件下，本品半衰期为 4 h。

光敏感的药物还有氯丙嗪、异丙嗪、核黄素、氢化可的松、泼尼松、叶酸、维生素 A、B 族维生素、辅酶 Q10、硝苯吡啶等。

对光敏感的药物制剂，在制备过程中要避光操作，选择包装甚为重要。有人对抗组胺药物用透明玻璃容器做加速实验，8 周含量下降 36%，而用棕色瓶包装几乎没有变化。因此，这类药物制剂宜采用棕色玻璃瓶包装或容器内衬垫黑纸，避光储存。

(3) 空气(氧)的影响　大气中的氧是引起药物制剂氧化的主要因素。大气中的氧进入制剂的主要途径有：①氧在水中有一定的溶解度，在平衡时，0 ℃为 10.19 mL/L，25 ℃为 5.75 mL/L，50 ℃为 3.85 mL/L，100 ℃水中几乎没有氧。②在药物容器空间的空气中也存在着一定量的氧。各种药物制剂几乎都有与氧接触的机会，因此除去氧气对于易氧化的品种，是防止氧化的根本措施。生产上一般在溶液中和容器空间通入惰性气体如二氧化碳或氮气，置换其中的空气。若通气不够充分，对成品质量影响很大，有时同一批号注射液，其色泽深浅不同，可能是由于通入气体有多有少的缘故。对于固体药物，也可采取真空包装等。

为了防止易氧化药物的自动氧化，在制剂中必须加入抗氧化剂。一些抗氧化剂本身为强还原剂。抗氧化剂可分为水溶性抗氧化剂与油溶性抗氧化剂两大类。此外还有一些药物能显著增强抗氧化剂的效果，通常称为协同剂，如枸橼酸、酒石酸、磷酸等。焦亚硫酸钠和亚硫酸氢钠常用于弱酸性药液，亚硫酸钠常用于偏碱性药液，硫代硫酸钠在偏酸性药液中可析出硫的细粒，故只能用于碱性药液中，如磺胺类注射液。近年来，氨基酸抗氧化剂已引起药剂科学工作者的重视，有人用半胱氨酸配合焦亚硫酸钠使 25%的维生素 C 注射液储存期得以延长。此类抗氧化剂的优点是毒性小、本身不易变色，但价格稍贵。油溶性抗氧化剂如 BHA、BHT 等，用于油溶性维生素类(如维生素 A、D)制剂有较好效果。另外维生素 E、卵磷脂为油脂的天然抗氧化剂，精制油脂时若将其除去，就不易保存。使用抗氧化剂时，还应注意主药是否与此发生相互作用。

(4) 金属离子的影响　制剂中微量金属离子主要来自原辅料、溶剂、容器以及操作过程中使用的工具等。微量金属离子对自动氧化反应有显著的催化作用，如 0.0002 mol/L 的铜能使维生素 C 氧化速度增大 1 万倍。铜、铁、钴、镍、锌、铅等离子都有促进氧化的作用，它们主要是缩短氧化作用的诱导期，增加游离基生成的速度。

要避免金属离子的影响，应选用纯度较高的原辅料，操作过程中不要使用金属器具，同时还可加入螯合剂，如依地酸盐或枸橼酸、酒石酸、磷酸、二巯乙基甘氨酸等附加剂。

(5) 湿度和水分的影响　空气中湿度与物料中含水量对固体药物制剂稳定性的影响特别重要。无论是水解反应，还是氧化反应，微量的水均能加速乙酰水杨酸、青霉素 G 钠盐、氨苄青霉素钠、对氨基水杨酸钠、硫酸亚铁等的分解。药物是否容易吸湿，取决于其临界相对湿度(CRH)的大小。氨苄青霉素极易吸湿，经实验测定其临界相对湿度仅为 47%，如果在相对湿度(RH)75%的条件下，放置 24 h，可吸收水分约 20%，同时粉末溶解。这些原料药物的水分含量必须特别注意，一般水分含量在 1%左右比较稳定，水分含量越高分解越快。

(6) 包装材料的影响　药物储藏于室温环境中，主要受热、光、水蒸气及空气(氧)的影响。包装设计就是排除这些因素的干扰，同时也要考虑包装材料与药物制剂的相互作用，通常使用的包装容器材料有玻璃、塑料、橡胶及一些金属。

玻璃的理化性能稳定，不易与药物相互作用，气体不能透过，为目前应用最多的一类容器。塑料是聚氯乙烯、聚苯乙烯、聚乙烯、聚丙烯、聚酯、聚碳酸酯等一类高分子聚合物的总称。为了便于成型或防止老化等原因，常常在塑料中加入增塑剂、防老剂等附加剂。有些附加剂具有毒性，药用包装塑料应选用无毒塑料制品。但塑料容器也存在三个问题：①有透气性；②有透湿性；③有吸附性。包装材料的选择十分重要，高密度聚乙烯的刚性、表面硬度、拉伸强度大，熔点、软化点高，水蒸气与气体透过速度下降，常用于片剂、胶囊剂的包装。鉴于包装材料与药物制剂稳定性关系较大。因此，在产品试制过程中要进行“装样试验”，对各种不同包装材料进行认真的选择。

3. 药物制剂稳定化的其他方法

(1) 改进药物剂型或生产工艺

①制成固体剂型。在水溶液中不稳定的药物，可制成固体制剂提高其稳定性。口服给药可制成片剂、胶囊剂、颗粒剂、干糖浆等，如阿司匹林片、维生素 C 片等；注射给药可制成注射用无菌粉末，如青霉素 G 钾

(钠)粉针、头孢拉啶粉针等。此外还可将药物制成膜剂,成膜材料可隔绝水分、氧气等,提高药物稳定性,如将硝酸甘油制成膜剂较片剂稳定性好。

②制成微囊或包合物。有些药物制成微囊可防止药物氧化、挥发性成分挥发,提高药物的稳定性。如β-胡萝卜素、维生素A、维生素C、硫酸亚铁等制成微囊后稳定性明显提高。还有一些药物用环糊精制成包合物后,可防止药物氧化、光解、水解及挥发性成分挥发,提高药物的稳定性。

③采用直接压片或包衣工艺。对一些遇湿热不稳定的药物制成片剂时,可以采用直接压片或干法制粒压片工艺,如维生素C采用直接压片工艺。片剂包衣可隔绝氧气、水分及阻挡光线,它是解决片剂稳定性的常规方法之一,如对氨基水杨酸钠、氯丙嗪、异丙嗪等,均制成包衣片。

(2) 制成难溶性盐或酯　药物发生水解反应的速度取决于药物在溶液中的浓度,对不稳定药物进行结构改造,如制成难溶性盐、酯类、酰胺类或高熔点衍生物等,可提高药物的稳定性。如青霉素G钾盐制成普鲁卡因青霉素G(水中溶解度为1∶250),苄星青霉素G即长效西林(水中溶解度为1∶6000),稳定性显著提高。

(三) 药物稳定性实验方法

稳定性实验的目的是考察原料药或药物制剂在温度、湿度、光线的影响下随时间变化的规律,为药品的生产、包装、储藏、运输条件提供科学依据,同时通过实验建立药品的有效期。

稳定性实验的基本要求如下。

(1) 稳定性实验包括影响因素实验(适用于原料药的考察,用一批原料药进行)、加速实验与长期实验(适用于原料药与药物制剂,要求用三批供试品进行)。

(2) 原料药供试品应是一定规模生产的,供试品的量相当于制剂稳定性实验所要求的批量,其合成工艺路线、方法、步骤应与大生产一致。药物制剂的供试品应是一定规模生产的(如片剂或胶囊剂在10000片(粒)左右,特殊剂型、特殊品种所需数量根据具体情况灵活掌握),其处方与生产工艺应与大生产一致。

(3) 供试品的质量标准应与临床前研究、临床试验及长期实验所使用的供试品质量标准一致。

(4) 加速实验与长期实验所用供试品的容器和包装材料及包装应与上市产品一致。

(5) 研究药物稳定性,要采用专属性强、准确、精密、灵敏的药物分析方法与有关物质(含降解产物和其他变化所生成的产物)的检查方法,并对方法进行确证,以保证药物稳定性结果的可靠性。在稳定性实验中,应重视有关物质的检查。

1. 影响因素实验　影响因素实验是在比加速实验更激烈的条件下进行的。其目的是探讨药物的固有稳定性、了解影响其稳定性的因素及可能的降解途径与降解产物,为制剂生产工艺、包装、储藏条件与建立有关物质分析方法提供科学依据。供试品可以用一批原料药进行,将供试品置于适宜的开口容器(如称量瓶或培养皿)中,摊成5 mm以下的薄层,疏松原料药摊成10 mm以下的薄层,进行以下实验。

(1) 高温实验　供试品开口置于适宜的洁净容器中,60 ℃温度下放置10天,于第5天、第10天取样,按稳定性重点考察项目进行检测,同时准确称量实验前后供试品的重量,以考察供试品失重的情况。若供试品有明显变化(如含量下降5%以上),则在40 ℃条件下同法进行实验;若60 ℃无明显变化,不再进行40 ℃实验。

(2) 高湿度实验　供试品开口置于恒湿密闭容器中,在25 ℃分别于相对湿度90%±5%条件下放置10天,于第5天、第10天取样,按稳定性重点考察项目要求检测,同时准确称量实验前后供试品的重量,以考察供试品的吸湿潮解性能。若吸湿增重5%以上,则在相对湿度75%±5%条件下,同法进行实验;若吸湿增重5%以下且其他条件符合要求,则不再进行此项实验。恒湿条件可在密闭容器如干燥器下部放置饱和盐溶液。根据不同相对湿度的要求,可以选择NaCl饱和溶液(相对湿度75%±1%,15.5～60 ℃)、KNO_3饱和溶液(相对湿度92.5%,25 ℃)。

(3) 强光照射实验　供试品开口放置在装有日光灯的光照箱或其他适宜的光照装置内,于照度为5000±500 lx的条件下放置10天,于第5天、第10天取样,按稳定性重点考察项目进行检测,特别要注意供试品的外观变化。

药物制剂稳定性研究,首先应查阅原料药稳定性的有关资料,了解温度、湿度、光线、pH值等对原料药稳定性的影响,并在处方筛选与工艺设计过程中,根据药物主要的性质,进行必要的影响因素实验。

2. 加速实验　加速实验是在超常的条件下进行的。其目的是通过加速药物(或药物制剂)的化学或物理变化，探讨药物稳定性，为制剂处方设计、工艺改进、质量研究、药品包装、运输及储藏提供必要的资料。供试品要求3批，按市售包装，在温度40±2 ℃、相对湿度75%±5%的条件下放置6个月，所用设备应能控制温度±2 ℃、相对湿度±5%，并能对真实温度与湿度进行监测。在实验期间第1个月、第2个月、第3个月、第6个月末取样一次，按稳定性重点考察项目检测。在上述条件下，如6个月内供试品经检测不符合制订的质量标准，则应在中间条件下，即在温度30±2 ℃、相对湿度60%±5%的情况下(可用$NaNO_2$饱和溶液，25～40 ℃，相对湿度61.5%～64%)进行加速实验，时间仍为6个月。

对温度特别敏感的药物(或药物制剂)，预计只能在冰箱(4～8 ℃)内保存使用，此类药物(或药物制剂)的加速实验，可在温度25±2 ℃、相对湿度60%±10%的条件下进行，时间为6个月。

乳剂、混悬剂、软膏剂、眼膏剂、栓剂、气雾剂、泡腾片及泡腾颗粒宜直接采用温度30±2 ℃、相对湿度60%±5%的条件进行实验，其他要求与上述相同。

对于包装是半透性容器的药物制剂，如塑料袋装溶液，塑料瓶装滴眼剂、滴鼻剂等，则应在相对湿度20%±2%的条件下(可用$CH_3COOK \cdot 1.5H_2O$饱和溶液，25 ℃，相对湿度22.5%)进行实验。

3. 长期实验 长期实验是在接近药物(或药品)实际储藏条件25±2 ℃下进行，其目的是为制订药品的有效期提供依据。要求供试品3批，市售包装，在温度25±2 ℃、相对湿度60%±10%的条件下放置12个月。每3个月取样一次，分别于0、3、6、9、12个月，按稳定性重点考察项目进行检测。12个月以后，仍需继续考察，分别于18、24、36个月取样进行检测。将结果与0月时进行比较以确定药品的有效期。如3批统计分析结果差别较小，则取其平均值为有效期限；若差别较大，则取其最短的为有效期。如果数据表明，测定结果变化很小，说明是很稳定的药品，不作统计分析。

对温度特别敏感的药品，长期实验可在温度6±2 ℃的条件下放置12个月，按上述时间要求进行检测，12个月以后，仍需按规定继续考察，制订在低温储藏条件下的有效期。

凡药品使用时需与其他药物配伍或稀释，均需进行配伍后的稳定性实验。

4. 稳定性重点考察项目 稳定性重点考察项目见表2-5。

表2-5 原料药及药物制剂稳定性重点考察项目表

剂　型	稳定性重点考察项目
原料药	性状、熔点、含量、有色物质、吸湿性以及根据品种性质选定的考察项目
片剂	性状、含量、有关物质、崩解时限或溶出度
胶囊剂	性状、内容物色泽、含量、有关物质、崩解时限或溶出度、水分，软胶囊需要检查内容物有无沉淀
注射液	外观色泽、含量、pH值、澄明度、有关物质
栓剂	性状、含量、软化和融变时限、有关物质
软膏剂	性状、含量、均匀性、粒度、有关物质(乳膏还应检查分层现象)
眼膏剂	性状、含量、均匀性、粒度、有关物质
滴眼剂	如为澄清液，应考察性状、澄明度、含量、pH值、有关物质；如为混悬液，不检查澄明度，检查再悬浮性、颗粒细度
丸剂	性状、含量、色泽、有关物质，溶散时限
糖浆剂	性状、含量、澄清度、相对密度、有关物质、pH值
口服溶液剂	性状、含量、色泽、澄清度、有关物质
口服乳剂	性状、检查有无分层、含量、有关物质
口服混悬剂	性状、含量、沉降体积比、有关物质、再分散性
散剂	性状、含量、粒度、外观均匀度、有关物质
吸入气雾剂	容器严密性、含量、有关物质、每揿主药含量，有效部位药物沉积量
颗粒剂	性状、含量、粒度、有关物质、溶化性
透皮贴片	性状、含量、有关物质、释放度
搽剂	性状、含量、有关物质

注：有关物质(含降解产物及其他变化所生成的产物)应说明其生成产物的数目及量的变化，如有可能应说明有关物质中何者为原料中间体，何者为降解产物，稳定性实验中重点考察降解产物。

（四）药品有效期和 $t_{0.9}$

药品有效期是指该药品被批准使用的期限，表示该药品在规定的储存条件下能够保证质量的期限。它是控制药品质量的指标之一。

对于药物降解，常用降解10%所需的时间，称为一分之一衰期。记作 $t_{0.9}$，通常定义为有效期。恒温时"$t_{0.9}=0.1054/k$"。

药品标签中的有效期应当按照年、月、日的顺序标注，年份用四位数字表示，月、日期用两位数表示。其具体标注格式为："有效期至××××年××月"或者"有效期至××××年××月××日"，也可以用数字和其他符号表示为"有效期至××××.××."或者"有效期至××××/××/××"等。有效期若标注到日，应当为起算日期对应年月日的前一天，若标注到月，应当为起算月份对应年月的前一月。例如，有效期至2006/07/08，则该药品可使用至2006年7月8日。

为了保证患者能在有效期内使用药品，建议标注时将有效期的年、月、日均标注出来。例如药品生产日期为2004年10月20日，有效期两年，则有效期标注为"有效期至2006年10月19日"，对于患者来说将有效期标注到年、月、日比只标注到年月容易理解和判断药品具体的失效日期。

二、药物制剂配伍变化和相互作用

（一）配伍使用与配伍变化

在临床治疗上，为了针对不同的症状和病情变化，达到有效治疗的目的，往往将几种甚至更多种类的药物同时或先后用于患者。药物的合理配伍能达到以下的目的：①使配伍的药物产生协同作用，以增强疗效。如复方乙酰水杨酸片等。②提高疗效，减少副作用，减少或延缓耐药性的发生。如阿莫西林与克拉维酸配伍联用。③利用药物间的拮抗作用以克服某些药物的毒副作用，如用吗啡镇痛时常与阿托品配伍，以消除吗啡对呼吸中枢的抑制作用等。④预防或治疗合并症。

随着新药、新剂型不断涌现，中西药结合治疗、中西药物联合组方的制剂日益增多，带来了药物配伍的许多新问题，易出现重复用药、剂量增加等现象。如蟾酥、罗布麻等含有强心苷或强心物质，若与洋地黄类强心药合用则总剂量增加，可引起强心苷中毒。甘草、鹿茸具有糖皮质激素样作用，与水杨酸钠合用能诱发或加重消化道溃疡的发病率，与胰岛素同服时能产生相互拮抗而减弱降糖药的效应。

研究药物制剂配伍变化的目的：根据药物和制剂成分的理化性质和药理作用，探讨其产生的原因和正确处理或防止的方法，设计合理的处方、工艺，对可能发生的配伍变化则有预见性，进行制剂的合理配伍，避免不良的药物配伍，保证用药的安全、有效。

药物配伍变化又称药物配伍相互作用，系指药物配伍后在理化性质或生理效应方面产生的变化。而配伍禁忌仅指在一定条件下，产生的不利于生产、应月和治疗的配伍变化。

（二）配伍变化及其类型

药物的配伍变化，从不同的角度，有不同的分类方法。

1. 按配伍变化性质分类　分为疗效学配伍变化和物理化学配伍变化。有些药物配伍往往同时发生上述两种变化，如：因产生化学变化，结果使效价下降或产生有毒物质，也引起疗效的变化。

疗效学配伍变化是指药物合用或先后应用的其他药物、内源性化学物质、附加剂或食物等而使药效发生变化的现象。

物理化学配伍变化系指药物配伍后产生物理化学的改变，如物理状态、溶解性能、物理稳定性及化学稳定性的变化，可分为物理配伍变化和化学配伍变化。

(1) 物理配伍变化是指药物配伍时发生了物理性质的改变，如沉淀、潮解、液化、结块、分散状态、粒径等变化。例如：含树脂的醇性制剂在水性制剂中析出树脂；剂量较小的药物与吸附性较强的固体粉末（如活性炭、白陶土等）配伍时，因被吸附而在机体内不完全释放。物理配伍变化，如果条件改变，有些还可能恢复制剂的原来形式。

(2) 化学配伍变化是指药物之间发生化学反应，使药物产生了不同程度的质变化。一般表现为产生沉淀、变色、润湿、液化、产气、爆炸或燃烧等现象，亦有许多药物的分解、取代、聚合、加成等化学变化难以从外观看出来。

应当指出，不应把有意进行的配伍变化都看作配伍禁忌。有些配伍变化是制剂配制的需要，如泡腾片利用碳酸盐与酸反应产生 CO_2，使片剂迅速崩解。临床上利用药物之间拮抗作用来解救药物中毒，如有机磷轻度中毒时采用阿托品；利用拮抗作用消除另一药物副作用，如麻黄素治哮喘时用巴比妥类药物对抗其中枢神经兴奋作用等。许多药物配伍制成某些剂型后，在储存及应用过程中发生物理的或化学的变化，而降低了稳定性。不过由于条件不同（如 pH 值、温度等），有时分解快些，有时分解慢些，只有在一定时间内变化的量达到一定程度后，才不能用于临床。所以在分析药物配伍变化是否会影响制剂质量及治疗效果时，需要对具体问题具体分析。

2. 按药物的特点及临床用药情况分类 分为中药的配伍变化、药理学配伍变化、药剂学配伍变化。

3. 按配伍变化发生的部位分类 分为体外配伍变化和体内药物相互作用，体内药物相互作用又可分为药物动力学相互作用和药效学相互作用。

（三）注射液的配伍变化

注射液中产生配伍变化的因素很多，主要有以下五个方面。

1. 输液的种类 常用的输液有 5%葡萄糖注射液、等渗氯化钠注射液、复方氯化钠注射液、葡萄糖氯化钠注射液、右旋糖酐注射液、转化糖注射液及各种含乳酸钠的制剂等，这些单糖、盐、高分子化合物的溶液一般都比较稳定，常与注射液配伍。有些输液由于其特殊性质，而不适于某些注射液的配伍。

1）血液 血液不透明，在产生沉淀混浊时不易观察。血液成分极复杂，与药物的注射液混合后可能引起溶血、血球凝聚等现象。

2）甘露醇 甘露醇注射液含 20%以及 25%甘露醇，为一过饱和溶液。20 ℃时，甘露醇在水中溶解度为 1∶5.5(18%)，故 20%甘露醇注射液是过饱和溶液，但一般不易析出结晶（如有结晶析出，可加温到 37 ℃使之完全溶解后应用）。这种溶液加入某些药物如氯化钾、氯化钠等溶液能引起甘露醇结晶析出。

3）静脉注射用脂肪油乳剂 这种制品要求油的分散程度很细，油相直径在几个微米以下，这类制品与其他注射液配伍应慎重。因乳剂的稳定性受许多因素影响，加入药物往往能破坏乳剂的稳定性，产生乳剂破裂、油相合并或油相凝聚等现象。

2. 输液与添加注射液间的相互作用

1）溶剂组成的改变 注射剂中有时为了有利于药物溶解、稳定而采用非水性溶剂如乙醇、丙二醇、甘油等。当这些非水性溶剂的注射剂加入输液（水溶液）中时，由于溶剂组成的改变而析出药物。如氯霉素注射液（含乙醇、甘油等）加入 5%葡萄糖注射液中时往往析出氯霉素。但输注液中氯霉素的浓度低于0.25%则不致析出沉淀。

2）pH 值的改变 在不适当的 pH 值下，有些药物会产生沉淀或加速分解。如 5%硫喷妥钠 10 mL 加于 5%葡萄糖注射液 500 mL 中则产生沉淀。因此，对制剂的 pH 值及其范围应有足够的注意。

3）缓冲容量 pH 值的变化对于产生配伍禁忌影响虽然很大，但药液混合时的 pH 值是受注射中所含成分的缓冲能力决定的（有些加入缓冲剂）。有些输液中含有阴离子如乳酸根等，它们有一定缓冲容量。在酸性溶液中沉淀的药物，在含有缓冲能力的弱酸溶液中常会出现沉淀。如 5%硫喷妥钠 10 mL 加入生理盐水或林格氏液（500 mL）中不产生变化，但加入 5%葡萄糖或含乳酸盐的葡萄糖液中则析出沉淀。

4）离子作用 有些离子能加速某些药物的水解反应。如乳酸根离子能加速氨苄青霉素的水解。

5）直接反应 某些药物可直接与输液中一种成分反应。如四环素与含钙盐的输液在中性或碱性条件下，会形成螯合物而产生沉淀。

6）电解质的盐作用 例如两性霉素 B 在水中不溶，在强酸性及强碱性溶液中能溶解（1 mg/mL）本品的注射用水的溶液为胶体分散系，只能加在 5%葡萄糖注射液中静脉滴注。如果在大量电解的输液中则能被电解质盐析出来，以致胶体粒子凝集而产生沉淀。

7）聚合反应 有些药物在溶液中可能形成聚合物。如氨苄青霉素 10%的浓储备液虽储于冷暗处，但放置期间 pH 值稍有下降便出现变色，溶液变黏稠，甚至会产生沉淀。这是由于形成聚合物所致。

8）药物与机体中某些成分的结合 如青霉素与蛋白质能结合，这种结合可能会增重变态反应，所以这种物质加入蛋白质类输液中使用是不妥当的。

3. 注射液之间的相互作用 除将两种以上的注射液混合以外，还常常将两种以上的注射液加入输液中一起作静脉滴注。两种注射液混合后的药物浓度变化较大，因而更容易出问题。这方面的配伍变化，大部分是由于 pH 值改变的影响。由于两种注射液的 pH 值稳定范围差较大，例如盐酸四环素注射液的 pH 值为 1.8～2.98，而磺胺嘧啶钠的注射液的 pH 值为 8.5～10.5，如混合容易产生配伍变化。许多有机碱类、有机酸类(如氯丙嗪、磺胺类等)在水中难溶，需制成盐才能配成溶液。所以这类注射液与其他碱性液或酸性液配伍后，由于混合液 pH 值的变化而往往容易产生沉淀。如盐酸四环素注射液与乳酸钠注射液配伍时，则使盐酸四环素注射液 pH 值上升而析出四环素的沉淀。

4. 配伍工艺的影响

1) 配合量　配合量的多少影响到药物浓度，一些药物在一定浓度下才出现沉淀。在输液中加入两种以上的注射液，也可能由于最后体积的增加而增加了溶解量，以致有时不出现沉淀。如间羟胺注射液与氢化可的松琥珀酸钠注射液，在等渗氯化钠或 5% 葡萄糖注射液中各为 100 mg/L 时，观察不到变化，但氢化可的松琥珀酸钠浓度为 300 mg/L、间羟胺浓度为 200 mg/L 时则出现沉淀。

2) 反应时间　有些药物在溶液中的反应很慢，在短时间内用完是可以的。如输入的量较大时可分为几次输入，每次重新配制，这样还可减少输液被污染的机会。

3) 混合的顺序　有些药物混合时产生沉淀的现象可用改变混合顺序的方法来克服。如 1 g 氨茶碱与 300 mg 烟酸配合，先将氨茶碱用输液稀释至 100 mL，再慢慢加入烟酸则可达到澄明的溶液，如先将两种药液混合后稀释则会析出沉淀。

5. 配伍环境的影响

1) 温度　反应速率受温度影响很大。通常输液过程中温度波动不大，但须注意注射液混合至注射(输入)前这段时间要短。如粉针剂配成储备浓溶液待用应储存于冷暗处，防止因温度过高或时间过长变质。

2) 空气(氧、二氧化碳与水分)　有些药物的注射液须在安瓿内充填惰性气体，防止被氧化；有些药物如苯妥英钠、硫喷妥钠等注射液，可因吸收空气中的 CO_2 而有析出沉淀的可能。吸湿性强的固体药物如配制时在空气中放置过久，则可能因潮解而不便于使用。

3) 光线　许多药物对光是敏感的，如硝普钠、两性霉素 B、呋喃妥因钠、维生素 B_1、雌性激素类等药物。两性霉素 B 的液体应以黑纸遮盖，避免强光照射。

(四) 配伍禁忌的预防与处理

1. 处理原则　处理的一般原则是：在审查处方发现疑问时，首先应该与处方医师联系，了解用药意图，明确对象及给药的途径这些配发的基本条件，例如患者年龄、性别、病情及其严重程度、用药途径等，对患有合并症的患者审方时应注意禁忌证。再结合药物的物理、化学和药理等性质，分析可能产生的不利因素和作用，对成分、剂量、发出量、用法等各方面加以全面的审查，使药剂能在具体条件下，较好地挥发疗效并使患者使用方便，保证用药安全。

2. 处理方法　药理的配伍禁忌，必须在了解医师用药意图后共同加以矫正和解决。但物理的或化学的配伍禁忌的处理，一般可在上述的原则下按如下方法进行。

(1) 改变储存条件　有些药物在患者使用过程中，由于储存条件如温度、空气、光线、氧等影响会加速沉淀、变色或分解，故应在密闭及避光的条件下，储于棕色瓶中，发出的剂量不宜多。

(2) 改变调配次序　改变调配次序往往可克服一些不应产生的配伍禁忌。

(3) 改变溶剂或添加助溶剂　改变溶剂是指改变溶剂容量或改变成混合溶剂。此法常用于防止或延缓溶液剂的析出沉淀或分层。

(4) 调整溶液 pH 值　pH 值的改变能影响很多微溶性药物溶液的稳定性。

(5) 改变用药途径、调整药量和临床观察及监测　如分开服用或注射，可克服直接的物理或化学反应和大多数影响药物吸收的配伍；调整药量主要指相加作用的配伍；临床观察及监测(血生化监测、血药浓度监测等)主要指可能增加毒副作用的配伍。

(6) 改变有效成分或改变剂型　在征得医师的同意下可改换药物，但改换的药物疗效应力求与原成分类似，用法也尽量一致。注射剂间有物理化学配伍禁忌通常不能配伍使用，可分别注射或建议医师用其他的注射剂。

(7) 拒绝调剂　主要指无法用药剂方法解决的配伍，应禁止配伍使用，请医师修改后再行调剂。在药物合用中应特别注意审查下列几类药物：剂量小而作用强的药物(如降糖药、抗心律失常药、抗高血压药等)；毒性和血药浓度密切相关的药物(如氨基苷类、强心苷类、细胞毒素类)；作用降低有危险性的药物(这类药物的作用降低可引起发病或治疗失败，如抗心律失常药、抗生素、抗癫痫药)；产生严重毒副作用的药物。

临床工作者经长期实践编制了多种药物配伍变化表，如《256种注射液物理化学配伍禁忌表》、《八十种中草药浸出液配伍变化表》以及药物配伍变化计算机软件。这些资料对临床判断配伍变化有重要的参考价值，但应注意判断的情况是否与资料中的情况一致，如浓度、配合量、pH值、温度、溶剂及附加剂等。同一药物制剂各厂制备的处方组成可能不同，往往产生不同的结果，要特别注意。

三、药品包装与储存

（一）药品包装及其作用

1. 药品包装的含义 药品的包装系指选用适当的材料或容器，利用包装技术将药物制剂的半成品或成品进行分（灌）、封、装、贴签等操作，为药品提供质量保护、签定商标与说明的一种加工过程的总称。药品包装按其在流通领域中的作用可分为内包装和外包装两大类。

内包装系指直接与药品接触的包装（如安瓿、注射剂瓶、铝箔等）。内包装应能保证药品在生产、运输、储存及使用过程中的质量，并便于医疗使用。对于药品内包装材料、容器的选择，应使所选用药品内包装材料和容器的材质，经稳定性实验，考察其与药品的相容性。

外包装系指内包装以外的包装。按由里向外分为中包装和大包装。外包装应根据药品的特性选用不易破损的包装，以保证药品在运输、储存、使用过程中的质量。

2. 药品包装的作用

（1）保护功能：药品在生产、运输、储存与使用过程中常经历较长时期。由于包装不当，可能使药品的物理性质或化学性质发生改变，使药品减效、失效、产生不良反应。保护功能主要包括以下四个方面。①阻隔作用：视包装材质与方法不同，包装能保证容器内药物不穿透、不泄漏，也能阻隔外界的空气、光、水分、热、异物与微生物等与药品接触。②缓冲作用：药品包装具有缓冲作用，可保护药品在运输、储存过程中，免受各种外力的震动、冲撞和挤压。

（2）方便应用：药品包装应能方便患者的临床使用，能帮助医师和患者科学、安全用药。①标签、说明书与包装标志：标签是药品包装的重要组成部分，它向公众科学而准确地介绍具体药品的基本内容和商品特性；药品说明书应包含有关药品的安全性、有效性等基本科学信息；包装标志是为了帮助患者识别药品而设的特殊标志。非处方药药品标签、使用说明书、内包装、外包装上必须印有非处方药专有标识。②便于取用和分剂量：随着包装材料与包装技术的发展，药品包装呈多样化。如剂量化包装，方便患者使用，亦适合于药房发售药品，如旅行保健药盒，内装风油精、去痛片、黄连素等常用药；如冠心病急救药盒，内装硝酸甘油片、速效救心丸、麝香保心丸等。

（3）商品宣传：药品属于特殊商品。首先应重视其质量和应用；从商品性看，包装的科学化、现代化程度，在一定程度上有助于显示药品的质量、生产水平，能给人以信任感、安全感，有助于营销宣传。

（二）常用包装材料的种类和质量要求

1. 药品的包装材料的分类 药品的包装材料（简称药包材）可分别按使用方式、材料组成及形状进行分类。

（1）按使用方式，药包材可分为Ⅰ、Ⅱ、Ⅲ三类。Ⅰ类药包材指直接接触药品且直接使用的药品包装用材料、容器（如塑料输液瓶或袋、固体或液体药用塑料瓶等）。Ⅱ类药包材指直接接触药品，但便于清洗，在实际使用过程中，经清洗后需要并可以消毒灭菌的药品包装用料、容器（如玻璃输液瓶，输液瓶胶塞，玻璃口服液瓶等）。Ⅲ类药包材指Ⅰ、Ⅱ类以外其他可能直接影响药品质量的药品包装用材料、容器（如输液瓶铝盖、铝塑组合盖等）。

（2）按形状，药包材可分为容器（如塑料滴眼剂瓶）、片材（如药用聚氯乙烯硬片）、袋（如药用复合膜袋）、塞（如丁基橡胶输液瓶塞等）、盖（如口服液瓶撕拉铝盖）等。

2. 药品的包装材料的质量要求 根据药品的包装材料的特性，药品的包装材料的标准主要包含以下项目。

（1）材料的确认（鉴别）：主要确认材料的特性，防止掺杂，确认材料来源的一致性。

（2）材料的化学性能：检查材料在各种溶剂（如水、乙醇和正己烷）中浸出物（主要检查有害物质、低相对分子质量物质、未反应物、制作时带入物质、添加剂等）、还原性物质、重金属、蒸发残渣、pH值、紫外吸收度等；检查材料中特定的物质，如聚氯乙烯硬片中氯乙烯单体、聚丙烯输液瓶中催化剂、复合材料中溶剂残留；

检查材料加工时的添加物，如橡胶中硫化物、聚氯乙烯膜中增塑剂(邻苯二甲酸二辛酯)、聚丙烯输液瓶中抗氧化剂等。

(3) 材料容器的使用性能检查：容器需检查密封性、水蒸气透过量、抗跌落性、滴出量(对于有定量功能的容器)等；片材需检查水蒸气透过量、抗拉强度、延伸率；如该材料、容器需组合使用，需检查热封强度、扭力、组合部位的尺寸等。

(4) 材料、容器的生物安全检查：微生物数，根据该材料、容器应用于何种剂型，测定各种类微生物的量、安全性，根据该材料、容器被用于何种剂型，需选择检查异常毒性、溶血细胞毒性、眼刺激性、细菌内毒素等项目。

(三) 药品储存和养护的基本要求

新修订的《药品经营质量管理规范》(以下简称药品 GSP)按照完善质量管理体系的要求，从药品经营企业的人员、机构、设施设备、体系文件等质量管理要素各个方面，对采购、验收、储存、养护、销售、运输、售后管理等环节都做出了规定。

1. 药品储存 药品储存系指药品在从生产到消费领域的流通过程中，经过多次停留而形成的储备，是药品流通过程中必不可少的重要环节。

企业应当根据药品的质量特性对药品进行合理储存并符合以下要求：①按包装标示的温度要求储存药品，包装上没有标示具体温度的按照《中华人民共和国药典》规定的储藏要求进行储存；②储存药品相对湿度为 35%～75%；③在人工作业的库房储存药品，按质量状态实行色标管理：合格药品为绿色，不合格药品为红色，待确定药品为黄色；④储存药品应当按照要求采取避光遮光、通风、防潮、防虫防鼠等措施；⑤搬运和堆码药品应当严格按照外包装标示要求规范操作，堆码高度符合包装图示要求，避免损坏药品包装；⑥药品按批号堆码，不同批号的药品不得混垛，垛间距不小于 5 cm，与库房内墙、顶、温度调控设备及管道等设施间距不小于 30 cm，与地面间距不小于 10 cm；⑦药品与非药品、外用药与其他药品分开存放，中药材和中药饮片分库存放；⑧特殊管理的药品应当按照国家有关规定储存；⑨拆除外包装的零货药品应当集中存放；⑩储存药品的货架、托盘等设施设备应当保持清洁，无破损和杂物堆放；⑪未经批准的人员不得进入储存作业区，储存作业区内的人员不得有影响药品质量和安全的行为；⑫药品储存作业区内不得存放与储存管理无关的物品。

2. 药品养护 药品养护是指运用现代科学技术与方法，研究药品储存与养护技术和储存药品质量变化规律，防止药品变质，保证药品质量，确保用药安全、有效的一门实用性技术科学。

养护人员应当根据库房条件、外部环境、药品质量特性等对药品进行养护，主要内容是：①指导和督促储存人员对药品进行合理储存与作业；②检查并改善储存条件、防护措施、卫生环境；③对库房温、湿度进行有效监测、调控；④按照养护计划对库存药品的外观、包装等质量状况进行检查，并建立养护记录；对储存条件有特殊要求的或者有效期较短的品种进行重点养护；⑤发现有问题的药品及时在计算机系统中锁定和记录，并通知质量管理部门处理；⑥对中药材和中药饮片按其特性采取有效方法进行养护并记录，所采取的养护方法不得对药品造成污染；⑦定期汇总、分析养护信息。

拓展知识

配伍变化的研究方法

判断药物配伍变化，首先根据药物的物理化学性质、药理性质、制剂处方、工艺和用药的对象、剂量、浓度、医师用药的意图，以及配伍变化产生的各种医素、规律等作出判断。可通过实验研究是否发生外观上的变化、有无观察不到的变化、稳定性和有无新物质生成等。机体效价、毒性、药效和动力学性质的变化，则需用微生物学、药效学和药物动力学实验才能弄清产生变化的原因及影响因素。

具体配伍变化的研究方法如下。

一、可见性配伍变化的实验方法

可见性配伍变化是指药物配伍后，产生物理化学上的物理状态、溶解性能、物理稳定性及化学稳定性等方面肉眼可见的外观变化，如润湿、液化、硬结、变色、混浊、沉淀、结晶、产生气体甚至爆炸或燃烧等现象。这方面的实验方法较多，主要是将两种药液混合，在一定时间内肉眼观察有无混浊、沉淀、结晶、变色、产气等现象。对产生沉淀或混浊的配伍，有时再加入酸或碱调节 pH 值，观察沉淀是否消失，或将沉淀滤出，用紫外光谱等方法观察是否形成了新物质。

二、测定变化点的 pH 值

许多注射液的配伍变化是由于 pH 值的改变引起的，所以有人提出用注射液变化点的 pH 值作为预测配伍变化的参考。其方法如下：取 10 mL 注射液，先测其 pH 值。主药是有机酸的盐用 0.1 mol/L HCl(pH=1)，主药是有机碱的则用 0.1 mol/L NaOH(pH=13)缓缓滴于注射液中，观察其间发生的变化(如混浊、变色等)。当发现有显著变化时，测其 pH 值，此 pH 值即为变化点的 pH 值，记录所用酸或碱的量。如果酸碱的用量达到 10 mL 也未出现变化，则认为酸碱对该注射液不引起变化。测定 pH 值一般在室温下进行，并记录其 pH 值移动范围，列成表，如表 2-6 所示。

表 2-6 pH 值移动发生变化的注射液

注射液名称	成品 pH 值	变化点 pH 值	pH 值移动数	0.1 mol/L NaOH	0.1 mol/L HCl	变化情况
盐酸去甲肾上腺素	1.2	8.6	+6.4	0.7	—	变色
盐酸氯丙嗪	4.6	6.3	+1.7	0.1	—	白色混浊
盐酸苯海拉明	6.4	7.4	+1.0	0.1	—	白色混浊
维生素 C 50 mg	6.7	9.9	+3.2	2.5	—	变色
维生素 C 100 mg	6.7	10.0	+3.3	5.5	—	变色
细胞色素 c	4.8	2.15	−2.65	—	1.6	变褐色
对氨基水杨酸钠	7.1	6.4	−0.7	—	2.0	结晶沉淀
硫喷妥钠	11.1	8.8	−2.3	—	0.7	结晶沉淀

如果 pH 值移动范围大，说明该药液不易产生配伍变化，如果 pH 值移动范围小，则该药液容易产生配伍变化。酸或碱的消耗量，则说明药液的缓冲容量的大小。缓冲容量大的药液与其他药液配伍时，溶液的 pH 值偏近于前者。如果两种注射液混合后的 pH 值都不在两者的变化区内，一般不会发生变化。如混合后的 pH 值在其中一种注射液变化区内，则有可能产生变化。测定变化 pH 值法在配伍变化研究中很实用，但有终点不易判定、误差大的缺点。

三、稳定性实验

药物在输液中不稳定比较多见，因为输液的时间比较长，而且药物加入到输液后的 pH 值并非是最合适的，同时也往往含有催化作用的离子使药物降解。若在规定的时间内(如 6 h 或 24 h)药物效价或含量的降低不超过 10%，一般认为是可允许的。用化学动力学方法可以深入研究药物的降解反应规律，了解各种影响因素(如 pH 值、温度、离子强度等)之间的关系，探讨合理的配伍方法。

四、仪器分析法的应用

利用紫外光谱、薄层层析、GC、HPLC 等分析可以鉴定配伍产生的沉淀物成分。如维生素 B_1 注射液与利血平注射液混合后析出的沉淀物，其紫外光谱与单独的维生素 B_1 或利血平不一致，说明沉淀物是配伍后产生的新物质。

项目小结

教学提纲		主要内容简述
一级	二级	
一、药物稳定性及有效期	(一)药物制剂稳定性及其变化	药物制剂稳定性研究的目的、意义和任务;药物制剂稳定性变化分类
	(二)制剂稳定性影响因素与稳定化方法	处方因素、外界因素对药物制剂稳定性的影响及稳定化方法
	(三)药物稳定性实验方法	影响因素实验;加速实验;长期实验;稳定性重点考察项目
	(四)药品有效期和 $t_{0.9}$	药品有效期定义及计算
二、药物制剂配伍变化和相互作用	(一)配伍使用与配伍变化	药物的合理配伍的目的;研究药物制剂配伍变化的目的
	(二)配伍变化及其类型	按配伍变化性质分类;按药物的特点及临床用药情况分类;按配伍变化发生的部位分类
	(三)注射液的配伍变化	注射液中产生配伍变化的因素
	(四)配伍禁忌的预防与处理	处理原则及处理方法
三、药品包装与储存	(一)药品包装及其作用	药品包装含义及分类;包装作用
	(二)常用包装材料的种类和质量要求	药品包装材料种类及质量要求
	(三)药品储存和养护的基本要求	药品储存要求;药品养护要求

达标检测题

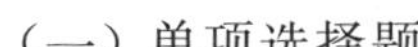

一、选择题

(一)单项选择题

1. 下列不属于影响药物制剂稳定性的处方因素是(　　)。

A. 溶剂　B. 包装材料　C. 离子强度　D. 溶液的 pH 值　E. 辅料

2. 下列不属于胶囊剂稳定性重点考查项目的是(　　)。

A. 外观　B. 主药含量　C. 硬度　D. 崩解时限　E. 水分

3. 影响药物制剂稳定性的外界因素不包括(　　)。

A. 温度　B. 辅料　C. 光线　D. 包装材料　E. 空气

4. 制备维生素 C 注射液应选用哪种抗氧化剂?(　　)

A. 硫代硫酸钠　B. 亚硫酸钠　C. 亚硫酸氢钠　D. 碳酸钠　E. 碳酸氢钠

5. 药物的有效期通常是指(　　)。

A. 药物在室温下降解一半所需要的时间

B. 药物在室温下降解百分之十所需要的时间

C. 药物在高温下降解一半所需要的时间

D. 药物在高温下降解百分之十所需要的时间

E. 药物在室温下降解百分之五十所需要的时间

6. 若测得某药物在 50 ℃,k 为 0.346/h,则其半衰期是(　　)。

A. 3.5 h　B. 3 h　C. 2 h　D. 1 h　E. 1.5 h

7. 下列属于物理配伍变化的是(　　)。

A. 产气　B. 发生爆炸　C. 分解破坏、疗效下降

D. 潮解、液化和结块　E. 变色

8. 下列属于化学配伍变化的是(　　)。

A. 变色　B. 液化　C. 粒径变化　D. 潮解　E. 结块

9. 某些溶剂性质不同的制剂相互配合使用时,析出沉淀或分层属于(　　)。

A. 物理配伍变化　B. 化学配伍变化　C. 药理配伍变化

D. 生物配伍变化　E. 液体配伍变化

10. 下列属于化学配伍变化的是(　　)。

A. 分散状态变化　B. 潮解、液化和结块

C. 发生爆炸　D. 粒径变化

E. 某些溶剂性质不同的制剂相互配合使用时,析出沉淀

11. 硫酸锌在弱碱性溶液中,析出沉淀属于(　　)。

A. 物理配伍变化　B. 化学配伍变化　C. 药理配伍变化

D. 生物配伍变化　E. 环境配伍变化

12. 变色属于(　　)。

A. 药理配伍变化　B. 化学配伍变化　C. 物理配伍变化

D. 生物配伍变化　E. 环境配伍变化

13. 生物碱盐的溶液与鞣酸相遇时产生沉淀属于(　　)。

A. 物理配伍变化　B. 环境配伍变化　C. 生物配伍变化

D. 药理配伍变化　E. 化学配伍变化

14. 当某些含非水溶剂的制剂与输液配伍时会使药物析出,是由于(　　)。

A. 溶剂组成改变引起　B. pH 值改变引起　C. 离子作用引起

D. 盐析作用引起　E. 直接反应引起

15. 两性霉素 B 注射液为胶体分散系统,若加入到含大量电解质的输液中出现沉淀,是由于(　　)。

A. 离子作用引起　B. 直接反应引起　C. 溶剂组成改变引起

D. 盐析作用引起　E. pH 值改变引起

(二) 配伍选择题

题 1～4

A. 高温实验　B. 高湿度实验　C. 强光照射实验

D. 加速实验　E. 长期实验

1. (　　)供试品要求三批,按市售包装,在温度 40±2 ℃,相对湿度 75%±5%的条件下放置 6 个月。

2. (　　)是在接近药品的实际储存条件 25±2 ℃下进行,其目的是为制订药物的有效期提供依据。

3. (　　)供试品开口置于适宜的洁净容器中,在温度 60 ℃的条件下放置 10 天。

4. (　　)供试品开口置于恒湿密闭容器中,在相对湿度 75%±5%及 90%±5%的条件下放置 10 天。

题 5～8

A. E　B. K　C. $\mathrm{pH_m}$　D. $t_{1/2}$　E. $t_{0.9}$

5. (　　)表示药物制剂的最稳定 pH 值。

6. (　　)表示药物的有效期。

7. (　　)表示药物半衰期。

8. (　　)表示药物降解的速率常数。

题 9～11

A. 处方中加入 $EDTA\text{-}Na_2$　B. 采用棕色瓶密封包装　C. 制备过程中充入氮气

D. 调节溶液的 pH 值　E. 产品冷藏保存

9. 光照射可加速药物氧化,为提高药物稳定性可采用(　　)的方法。

10. 氧气存在加速药物降解,为提高药物稳定性可采用(　　)的方法。

11. 所制备的药物溶液对热极为敏感,为提高药物稳定性可采用(　　)的方法。

（三）多项选择题

1. 主要降解途径是水解的药物有（　　）。

A. 酯类　　B. 酚类　　C. 烯醇类　　D. 芳胺类　　E. 酰胺类

2. 药物降解主要途径是氧化的有（　　）。

A. 酯类　　B. 酚类　　C. 烯醇类　　D. 酰胺类　　E. 芳胺类

3. 以下对于药物稳定性的叙述中，错误的是（　　）。

A. 易水解的药物，加入表面活性剂都能使稳定性增加

B. 在制剂处方中，加入电解质或盐所带入的离子，均可增加药物的水解速度

C. 需通过试验，正确选用表面活性剂，使药物稳定

D. 聚乙二醇能促进氢化可的松药物的分解

E. 滑石粉可使乙酰水杨酸分解速率加快

4. 影响药物制剂降解的处方因素有（　　）。

A. pH 值　　B. 溶剂　　C. 温度　　D. 离子强度　　E. 光线

5. 防止药物氧化的措施有（　　）。

A. 驱氧　　B. 制成液体制剂　　C. 加入抗氧化剂

D. 加金属离子配位剂　　E. 选择适宜的包装材料

6. 稳定性影响因素实验包括（　　）。

A. 高温实验　　B. 高湿度实验　　C. 强光照射实验

D. 在 40 ℃、RH75％条件下实验　　E. 长期实验

7. 药物制剂稳定性研究的范围包括（　　）。

A. 化学稳定性　　B. 物理稳定性　　C. 生物稳定性

D. 体内稳定性　　E. 生物利用度稳定性

8. 影响固体药物氧化的因素有（　　）。

A. pH 值　　B. 光线　　C. 离子强度　　D. 温度　　E. 溶剂

9. 下列属于物理配伍变化的是（　　）。

A. 分散状态变化

B. 某些溶剂性质不同的制剂相互配合使用时，析出沉淀

C. 硫酸锌在弱碱性溶液中，析出沉淀

D. 潮解、液化和结块

E. 粒径变化

10. 下列属于化学配伍变化的是（　　）。

A. 粒径变化

B. 生物碱盐的溶液与鞣酸相遇时产生沉淀

C. 某些溶剂性质不同的制剂相互配合使用时，析出沉淀

D. 产气

E. 分散状态变化

二、填空题

1. 药物的稳定性一般包括________、________、________稳定性三个方面。

2. 药物降解的两个主要途径为________和________。

3. 影响药物制剂稳定性的外界因素有________、________、________、________、________、________的影响等。

4. 影响药物制剂稳定性的处方因素有________、________、________、________、________等。

5. 药物配伍的目的有________、________、________、________等。

6. 配伍变化按性质分类分为________配伍变化和________配伍变化。

7. 配伍环境的影响主要有________、________、________。

三、简答题

1. 影响药物制剂稳定性的因素有哪些？稳定化措施有哪些？

2. 下述药物能否配伍使用？为什么？

(1) 氨茶碱、烟酸、葡萄糖输液；

(2) 氯霉素注射液、葡萄糖输液。

(张立峰)

模块二　液体类制剂

项目三　中药浸出制剂

学习目标

能力目标

能进行常用浸出制剂的制备。

会设计汤剂、酊剂、流浸膏剂的生产工艺流程。

知识目标

掌握：浸出制剂的概念、特点；常用浸出方法；常用浸出制剂的概念、特点、制备等。

熟悉：药材中有效成分的浸出过程及影响浸出的主要因素；浸出液的蒸发与干燥方法。

了解：浸出制剂的溶剂与附加剂；浸出制剂的质量控制。

操作任务

Ⅰ　酊剂与流浸膏剂的制备

一、操作目的

(1) 能进行常用酊剂与流浸膏剂等浸出制剂的制备。

(2) 能进行浸渍法、渗漉法的操作并注意操作要点。

(3) 能根据影响浸出的主要因素并结合实验条件，在浸出制剂的制备中采取有效措施来提高浸出效能。

二、器材与药品

具塞广口瓶、圆锥形渗漉筒、木槌、纱布、脱脂棉、滤纸、接收瓶、蒸馏瓶、球形冷凝管及酒精温度计等；干燥橙皮(粗粉)、桔梗(粗粉)、70%乙醇。

三、操作内容

(一) 橙皮酊的制备

[处方]　橙皮(粗粉)　20 g　　70%乙醇　适量

　　　　共制成　100 mL

[制法]　按浸渍法制备。称取干燥橙皮(粗粉)20 g，置广口瓶中，加70%乙醇100 mL，密盖，浸渍3～5日，倾取上层清液，用纱布过滤，压榨残渣，压榨液与滤液合并，加70%乙醇至全量，静置24 h，过滤，即得。

[注解]

(1) 本品为芳香健胃药。口服，一次2～5 mL，一日3次。一般不单独使用，常做矫味剂。

(2) 新鲜橙皮与干燥橙皮的挥发油含量相差较大，故规定用干橙皮投料。

(3) 浸出制剂乙醇的浓度不宜过高，以防橙皮中树脂、黏胶质浸出过多。

(4) 本品乙醇量应为48%～58%，久置产生沉淀时，在乙醇量符合规定的情况下，可滤除沉淀。

(5) 在浸渍期间，应注意适宜的温度并加以振摇，以利于有效成分的浸出。

(二) 桔梗流浸膏的制备

[处方] 桔梗(粗粉) 60 g 70%乙醇 适量

共制成 100 mL

[制法] 按渗漉法制备。称取桔梗(粗粉)60 g，加70%乙醇适量使均匀湿润、膨胀后，分次均匀填装于渗漉筒内，加70%乙醇浸渍48 h。以每分钟1～3 mL的速度缓缓渗漉，先收集50 mL初漉液，另器保存，继续渗漉，待可溶性成分完全漉出，收集续漉液，滤过，60 ℃以下低温蒸发至成稠膏状，加入初漉液，混合后，加70%乙醇使成100 mL，混匀，静置数天，滤过，即得。

[注解]

(1) 本品为镇咳祛痰药。口服，常用量一次1～2 mL，一日3次。

(2) 本品乙醇量应为50%～60%，久置产生沉淀时，在乙醇量符合规定的情况下，可滤除沉淀。

(3) 桔梗的有效成分为皂苷，在酸性水溶液中煮沸，则生成桔梗皂苷元及半乳糖。故桔梗不宜采用低浓度乙醇作溶剂，以避免苷类水解，且浓缩时温度不宜过高。若必须用稀醇浸出时，应加入氨溶液调整至微碱性，以延缓苷的水解。

四、思考题

(1) 试比较浸渍法和渗漉法的特点与适应性，操作中分别应注意哪些问题？

(2) 渗漉法制备流浸膏剂时，粗粉先用溶剂润湿，浸渍一定时间并先收集药材量85%的初漉液另器保存。请分析其原因。

Ⅱ 煎膏剂的制备

一、操作目的

(1) 能进行煎膏剂的制备。

(2) 能进行煎煮法的操作并注意操作要点。

(3) 能进行煎膏剂的质量检查。

二、器材和药品

煎煮容器、电炉、蒸发皿；益母草、红糖。

三、操作内容

(一) 制备益母草煎膏

[处方] 益母草 50 g 红糖 12.5 g

[制法] 取益母草切碎，加水煎煮两次，每次1 h，合并煎煮液，滤过，滤液浓缩至相对密度1.21～1.25(50～85 ℃热测)的清膏，取红糖20 g进行炒糖，再与10 g清膏加热混匀、浓缩至规定的相对密度，即得。

[注解]

(1) 收膏时加入的糖或蜂蜜须经过炼制，糖或蜂蜜加入过多、蔗糖转化率不适当均可导致煎膏出现返砂现象，用量一般不超过清膏量的3倍。

(2) 收膏时稠度增加，火力应减小，并不断搅拌和捞去泡沫。

(3) 煎膏剂应趁热分装于洁净、干燥的大口容器中，待充分冷却后加盖，以免长霉、变质，且便于取用。

(4) 收膏稠度视季节气候而定，但成品不宜含水过多，否则易发霉变质。

（二）煎膏剂的质量检查

1. 性状 应为棕黑色稠厚的半流体；气微，味苦、甜。

2. 鉴别 采用薄层色谱法鉴别本品中的盐酸水苏碱。

3. 检查

（1）相对密度：取本品 10 g，加水 20 mL 稀释后，按《中国药典》（2015 年版）四部通则中相对密度测定法测定，应为 1.10～1.12；

（2）不溶物：取本品 5 g，加热水 200 mL，搅拌使溶解，放置 3 min 后观察，不得有焦屑等异物（微量细小纤维，颗粒不在此限）；

（3）微生物限度：按《中国药典》（2015 年版）四部通则中微生物限度检查法检查，应符合规定。

四、思考题

（1）煎膏剂有何优点？

（2）煎膏剂与流浸膏、浸膏剂有何区别？

（3）如何防止煎膏出现返砂现象？

相关知识

一、概述

（一）浸出制剂的概念

浸出制剂是指用适宜的浸出溶剂和方法，从药材中浸出有效成分所制成的供内服或外用的制剂，浸出制剂可直接用于临床，亦可用作其他中药制剂的原料。

知识链接

中药剂型的改革

据记载，商代伊尹首创汤剂，其后又相继出现酒剂、酊剂、煎膏剂等剂型。近几十年来，随着科学技术的发展和中医药理论的深入研究，本着坚持中医中药理论、提高药效、继承和创新，以治疗急症重症为重点、安全有效等原则，根据临床治疗、药物性质以及生产、运输、携带、储藏、服用的需要进行了剂型的改革，研制开发了许多中药新制剂，如中药口服液、中药合剂、中药颗粒剂（冲剂）、中药片剂、中药注射剂、中药滴丸剂、中药微型胶囊等剂型，使浸出制剂的质量和疗效有了很大提高。

（二）浸出制剂的分类与特点

1. 浸出制剂的分类 浸出制剂因溶剂、浸出方法和制成剂型不同，可分为如下几种。

（1）水性浸出制剂 水性浸出制剂是指在一定加热条件下，药材加水浸出而制成的制剂，如汤剂、中药口服液与中药合剂等。

（2）醇性浸出制剂 醇性浸出制剂是指在一定条件下，药材用不同浓度的乙醇或酒浸出制成的制剂，如酊剂、酒剂、大部分流浸膏剂等。

（3）精制浸出制剂 精制浸出制剂是指用适宜溶剂浸出后，浸出液经过适当精制处理而制成的制剂，如中药注射剂、中药片剂、中药滴丸剂等。

（4）含糖浸出制剂 含糖浸出制剂一般是在水性浸出制剂的基础上，经浓缩等处理后，加入适量炼制的糖（蜂蜜）或其他辅料制成，如煎膏剂（膏滋）、中药颗粒剂等。

2. 浸出制剂的特点 浸出制剂组成比较复杂，成品除含有效成分、辅助成分外，往往还含有一定量的无效成分，一般具有如下特点。

（1）浸出制剂具有药材所含各种成分的综合作用，有利于发挥药材成分的多效性。浸出制剂与同一药材中提取的单体化合物相比，有着单体化合物所不具有的治疗效果。例如，以阿片为原料制成的阿片酊中含有多种生物碱，具有镇痛和止泻功能，但从阿片粉中提出的吗啡虽有强烈的镇痛作用，却无明显的止泻功效。

(2) 浸出制剂药效比较缓和持久，毒性较低。例如，洋地黄叶中的强心苷是与鞣酸结合成盐存在的，其作用缓和且毒性较小，当将洋地黄制成浸出制剂后，强心苷仍以鞣酸结合成盐存在，故其作用也较缓和而毒性较小；但若经提取精制得到洋地黄毒苷单体化合物后，由于不再与鞣酸结合成盐存在，故作用较强烈、毒性大且维持药效时间较短。

(3) 与原药材相比，浸出制剂由于除去了大部分药材杂质及部分无效成分，相应地提高了制剂中有效成分的浓度，减少了服药体积，增加了制剂的稳定性，有利于药效的发挥。

(4) 浸出制剂中一般都含有一定量的无效杂质，如淀粉、蛋白质、黏液质、多糖、酶类等，这些无效成分在浸出制剂的储藏过程中，易产生沉淀或霉变，有时会严重影响制剂的质量和药效。因此，制备浸出制剂时应尽可能除去无效或有害成分，最大限度地保留有效成分。

（三）浸出制剂的常用溶剂与附加剂

用于浸出药材中有效成分的液体称为浸出溶剂。浸出后所得到的液体称为浸出液，浸出后的残留物称为药渣。在浸出过程中，浸出溶剂的选择特别重要，它关系到药材中有效成分的浸出和制剂的稳定性、安全性、有效性及经济效益等。为了保证浸出制剂的质量，浸出溶剂应达到以下要求：①应能最大限度地溶解和浸出有效成分，而尽量避免无效成分或有害物质的浸出；②本身无药理作用；③不与药材中有效成分发生不应有的化学反应，不影响含量测定；④经济、易得、使用安全等。

水是最常用的极性浸出溶剂，其本身无药理作用，能溶解生物碱盐、苷类、水溶性有机酸、蛋白质、黏液质、树胶、鞣质、部分多糖及色素等，但水的化学活性强，能促进有效成分水解、氧化。水无防腐能力，浸出液易霉败变质。乙醇为半极性溶剂，能溶解生物碱及其盐、苷类、有机酸、鞣质、树脂、挥发油及色素等。含醇量达 20%以上具有防腐作用，但乙醇有一定药理作用，易燃、易挥发。乙醚、氯仿、石油醚等非极性浸出溶剂常用于有效成分的提纯与精制。

在进行浸出操作时，有时为了增加浸出效能，增加浸出成分的溶解度以及制品的稳定性，除去或减少某些杂质，常加入一些附加剂（浸出辅助剂）。常用的附加剂有酸（如盐酸、硫酸、醋酸、枸橼酸和酒石酸等）、碱（如氨水、氢氧化钙、碳酸钠等）、表面活性剂（如聚山梨酯 80、聚山梨酯 20 等）、甘油、酶等。制备浸出制剂时，应根据药材所含成分的特性和工艺要求，合理选用浸出溶剂及附加剂。

二、浸出操作与设备

（一）药材的预处理

1. 药材质检

(1) 药材来源与品种的鉴定　药材种属不同，成分各异，其药效和所含成分也有很大差异。如果药材品种未经鉴定，即使处方恰当，工艺稳定，亦很难保证制剂质量稳定和预期的有效性。因此，使用药材前应了解其来源并进行品种鉴定。

(2) 有效成分或总浸出物的测定　药材的产地、植株年龄、采集季节、药用部位、炮制方法与储存方法等不同，对药材的质量和有效成分含量会有很大影响。为了加强全面质量管理，正确核实药材的投料量，必要时要对有效成分已明确的药材进行化学成分的含量测定，对有效成分尚未明确的药材，可测定药材总浸出物量作为参考指标。

(3) 含水量的测定　药材含水量关系到有效成分的稳定性和各批投料量的准确性，水分大易发霉变质。药材含水量一般为 9%～16%，大量生产时应根据药材的组织和成分的特性，结合实际生产经验，定出含水量的控制标准。

2. 药材的粉碎　药材的粒度是影响浸出的主要因素之一。药材应用前进行适当的粉碎，有利于有效成分的浸出。有关粉碎的目的、原理、方法等内容将在后面的章节进行介绍。

（二）浸出过程

浸出过程是指溶剂进入药材细胞组织，溶解或分散有效成分后形成浸出液的全部过程。树脂类和矿物类药材无细胞结构，其成分可直接溶解或分散于溶剂中。植物类药材的有效成分、辅助成分与无效成分并存于植物组织细胞中，细胞膜是控制物质进出细胞的门户，它有选择性地让某些分子进入或排出细胞。构成植物细胞壁的主要成分是纤维素，它具有支持和保护细胞的功能，药材经粉碎后，细胞受到一定程度的破坏，扩大了细胞内成分与溶剂的接触面而有利于各成分的浸出。超微粉碎几乎能使多数细胞壁破碎，从而有利于细胞内有效成分的浸出，但同时浸出液中杂质含量也会增加。对于具有完整细胞结构的中药材，其浸出过程一般分为以下四个阶段。

1. 浸润与渗透阶段 当浸出溶剂加入到药材中，溶剂首先附着于药材表面使其润湿，然后通过毛细管或细胞间隙渗透进入细胞中。浸出溶剂能否附着于药材表面使其润湿并进入细胞组织中，取决于浸出溶剂与药材的性质及两者间的界面情况。因此浸出溶剂能否润湿并渗透进入药材是将药材中有效成分浸出的首要条件。

含有蛋白质、果胶、糖类、纤维素等极性成分的药材，易被水或乙醇等极性或半极性溶剂润湿；含脂溶性成分较多的药材，则需用氯仿、石油醚等非极性溶剂浸提或脱脂后再用极性溶剂提取。非极性溶剂也不易润湿含水量多的药材，应将药材先行干燥后再提取。

2. 解吸附与溶解阶段 药材中有效成分往往被植物组织吸附，具有一定的亲和力。浸出溶剂须对有效成分具有更大的亲和力才能引起脱吸附而转入溶剂中，这种作用称为解吸作用。选用复合溶剂如水、乙醇或添加适量浸出辅助剂有助于解吸附。

浸出溶剂通过毛细管或细胞间隙渗透进入细胞中，已解吸附的各种成分转入溶剂中，此为溶解阶段。溶剂性质不同，溶解的成分也不同。水能溶解晶质，胶体物质因胶溶作用亦可溶于水中，形成胶体溶液，而乙醇浸出液含胶质少，非极性溶剂浸出液则不含胶质。

3. 扩散阶段 浸出溶剂在细胞中溶解大量可溶性成分后，细胞内溶液浓度显著增高，具有较高的渗透压，从而细胞内、外出现较高的浓度差，使细胞内高浓度的溶液不断向细胞外低浓度方向扩散；同时细胞内较高的渗透压，又促进溶剂不断地由细胞外进入细胞内，直至整个浸出体系中浓度相等，达到动态平衡时扩散终止。由此可见，浓度差是渗透和扩散的推动力。

浸出成分的扩散速度可用 Ficks 扩散式(3-1)来说明：

$$dM = -DFk\left(\frac{-dc}{dx}\right)dt \tag{3-1}$$

式中：M 为扩散物的质量；t 为扩散时间；F 为扩散面积，代表药材的粒度和表面状态；D 为扩散系数；dc/dx 为浓度梯度，负号表示药物扩散方向与浓度梯度方向相反。

由式(3-1)可知，dM 值与药材的粗细、扩散过程中的浓度梯度、扩散时间与扩散系数成正比。当 D、F、t 值一定时，浓度梯度(dc/dx)若能在浸出过程中保持最大，则扩散速度快，浸出效率高。

4. 置换阶段 由式(3-1)可知，浸出的关键在于保持最大的浓度梯度，为提高浸出推动力和浸出效率，浸出时应加强搅拌或采用流动溶剂浸出，使新鲜溶剂或稀浸出液随时置换药材粉粒周围的浓浸出液，创造良好的浓度梯度，提高浸出效率。

浸出过程是由浸润与渗透、解吸附与溶解、扩散、置换等连续进行又相互联系的四个阶段组成的。当浸出溶剂与药材接触后，前三个阶段均是自发进行，而最后一个阶段则需要人工辅助进行。

（三）影响浸出的主要因素

1. 浸出溶剂 浸出过程中，除根据各种被浸出物质的理化性质选择适宜的溶剂外，浸出溶剂的用量和 pH 值与浸出结果密切相关。增加浸出溶剂的用量，可以延长药物成分扩散达到平衡的时间，有利于药物成分的充分浸出，但用量过大会给后续工艺操作带来不便。为了提高溶剂的浸出效果，或提高制品的稳定性，有时亦应用一些浸出辅助剂。例如，适当用酸，可以促进生物碱的浸出；适当用碱，可以促进某些有机酸的浸出。溶剂具有适宜的 pH 值也有助于增加制剂中某些成分的稳定性。

2. 药材的粉碎粒度 由 Ficks 扩散公式可知，药材粉碎得越细，其扩散面积 F 越大，浸出效果越好。但实践证明，粉碎需要有适当的限度，粉碎过细常致大量细胞破裂，细胞内不溶性高分子物质被大量洗出，增加制品的杂质，增大浸出液的黏度而影响扩散速度，并造成过滤困难。因此，药材的粉碎粒度应根据浸出溶剂、药材性质及浸出方法而定。

3. 浸出时间 浸出过程的完成需要一定的时间，浸出时间愈长，浸出愈完全。但当扩散达到平衡时，时间即不起作用。此外，长时间的浸出可使无效成分浸出量增加，并能引起某些有效成分的水解失效和水性浸出液的霉败。因此，浸出时间应适宜。

4. 浸出温度 温度升高，有利于溶剂向药材内部渗透和对药材成分的解吸附，有利于溶解与扩散，促使有效成分的浸出。同时，温度升高可使细胞内蛋白质凝固，酶被破坏，有利于制剂稳定。但温度过高，能使药材中某些不耐热的成分或挥发性成分分解、变质或挥发。一般药材的浸出温度在溶剂沸点温度下或接近于沸点温度时对药材浸出比较有利，但温度必须控制在药材有效成分不被破坏的范围内。此外，升高浸出温度，无效成分的浸出量也增加，会给后续操作带来困难，故浸出时应控制适宜的温度。

5. 浓度梯度 浓度梯度是扩散作用的主要动力，浓度梯度越大，浸出速度越快。在浸出过程中可以通过更换新鲜溶剂、加强搅拌、采用渗漉、循环式或罐组式动态提取等方法来提高浸出效率。

6. 浸出压力 药材组织坚实，浸出溶剂较难浸润，提高浸出压力有利于加快浸润和渗透过程，缩短浸出时间。同时，在加压下的渗透可使部分细胞壁破裂，有利于浸出成分的扩散；但加大压力对组织松软、容易润湿的药材影响不明显。

7. 新技术的应用 应用超声波浸取、流化浸出、电磁场浸出、电磁振动浸出、脉冲浸出、超临界二氧化碳萃取等强化浸出方法，可以缩短浸出时间、提高浸出效果和制剂质量。

（四）浸出方法及设备

1. 煎煮法 煎煮法是指药材加水煎煮后去渣取汁的一种方法。此法适用于有效成分能溶于水，且对湿、热较稳定的药材。煎煮法简单易行，能煎煮出大部分有效成分，但煎出液中杂质较多，容易霉变、腐败，一些不耐热及挥发性成分在煎煮过程中易被破坏或挥发而损失。由于煎煮法符合中医用药的习惯，因而对于有效成分尚未清楚的中草药或方剂进行剂型改革时，仍采用煎煮法提取，然后将煎出液进一步精制。

煎煮法操作工艺流程见图 3-1。

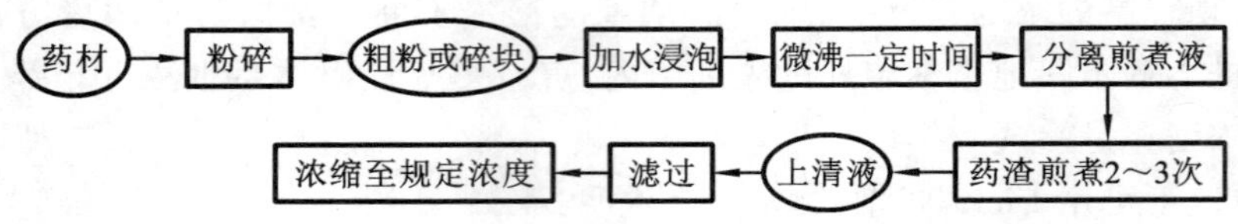

图 3-1 煎煮法操作工艺流程图

(1) 操作方法 取药材，适当切碎或粉碎，置适宜煎煮器中，加适量水浸没药材，浸泡适宜时间后加热至沸，保持微沸状态一定时间，分离煎出液，药渣依次煎煮 2～3 次，合并各次煎出液，离心或沉降滤过后，低温浓缩至规定浓度，再制成各种制剂。

(2) 操作注意事项 煎煮法所用的水应是经过处理的饮用水，水的用量应视药材的性质而定，第一次煎煮的用水量一般为药材量的 7～10 倍，第二次煎煮为 5～8 倍，对质地疏松的药材可适当增加用水量，相反质地坚硬的药材可适当减少。具体用水量还应根据煎煮时间、所用设备等因素综合考虑。加热前应先用冷水将药材饮片浸泡一段时间，使药材组织充分软化膨胀，以利于溶剂的渗透及有效成分的浸出。若开始就采用沸水浸泡或直接进行煎煮，则药材表面所含的蛋白质凝固、淀粉糊化，妨碍水分进入细胞内部，影响有效成分的浸出。煎煮容器应选择化学稳定性及保温性好的材料制成的煎煮器具，小量生产可选用陶制器具或砂锅进行直火加热，煎煮火候要求是沸前用大火（武火），沸后用小火（文火）。大量生产宜选用不锈钢或搪瓷制器具，一般不宜采用铜、铁制器具，加热方式常采用蒸汽加热，煮沸前可适当增加加热蒸汽的流量，煮沸后可适当减少蒸汽流量保持微沸。煎煮时间和次数通常根据药材的性质、投料量确定。几种药材合煎时，应根据药材性质来决定入药顺序。

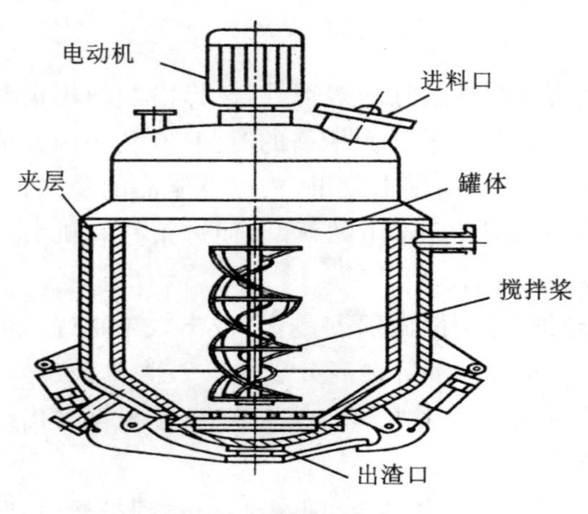

图 3-2 多功能提取罐示意图

(3) 常用设备 小量生产常用敞口倾斜式夹层锅、搪玻璃罐、不锈钢罐等。多功能提取罐（图 3-2）是目前中药生产企业普遍采用的提取设备，适用于多种有效成分的提取，可以进行常压常温提取、加压高温提取或减压低温提取。无论水提、醇提、提取挥发油、回收药渣中溶剂均能适用。

2. 浸渍法 浸渍法是将药材用适当的溶剂在常温或温热条件下浸泡，使其所含有效成分浸出的一种方法。此法为静态浸出过程，操作简单，所需时间长，有效成分浸出不完全。浸渍法适用于黏性的药材、无组织结构的药材、新鲜药材及易于膨胀的药材的浸取，尤其适用于有效成分遇热易挥发或易破坏的药材。此法不适用于贵重药材、毒性药材、有效成分含量低的药材的提取或制备较高浓度的制剂。

浸渍法操作工艺流程见图 3-3。

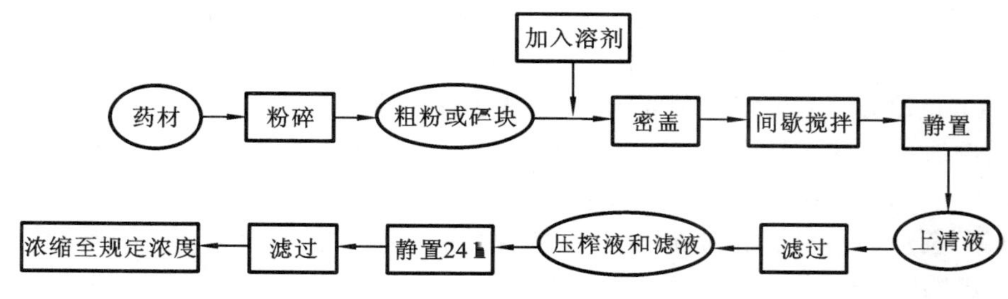

图 3-3 浸渍法操作工艺流程图

(1) 操作方法　根据浸渍温度与次数的不同，浸渍法可分为冷浸渍法、热浸渍法和重浸渍法。冷浸渍法的操作一般为：取适当粉碎的药材，置于有盖容器中，加入定量溶剂密盖，在室温下浸渍 3～5 天或规定的时间，时常搅拌或振摇，使有效成分充分浸出，倾取上清液，滤过，压榨药渣，压榨液与滤液合并，静置 24 h，滤过，即得。该法常用于酊剂、酒剂的制备。若将滤液进一步浓缩至规定程度，可制备流浸膏剂、浸膏剂、颗粒剂、片剂等。热浸渍法与上法基本相同，不同之处在于浸渍温度较高，用水浴或蒸汽加热，一般在40～60 ℃进行浸提，以缩短浸出时间。重浸渍法是将全部浸出溶剂分成几份，药材用第一份溶剂浸出后，收集浸出液，药渣再以第二份溶剂浸渍，如此重复 2～3 次，最后将各份浸出液合并处理，即得。重浸渍法可将有效成分尽量多地浸出，克服由药材吸液而引起的成分损失，较一次浸渍效果好。

(2) 操作注意事项　浸渍法所用溶剂多为乙醇，也可以用水、酸水等，以水为浸出溶剂时应采用热浸渍法，以免浸渍过程中霉败。溶剂的用量一般按处方规定用量，若无规定者，一般为药材量的 10 倍左右，可根据药材性质适当加减。浸渍容器应选用化学性质稳定性并具密封盖的容器，若带搅拌功能、有夹层更好。压榨药渣时，易使药渣细胞破裂，并使相当量的不溶性成分进入浸出液中，故应静置一段时间再滤过使成品澄清。

(3) 常用设备　浸渍法所用的主要设备为浸渍器和压榨器。凡用于煎煮的设备均可进行浸渍，如多功能提取罐等。压榨器是用于挤压药渣中残留的浸出液，小量生产可用螺旋压榨器，大量生产时宜采用水压机。

3. 渗漉法　渗漉法是将药材适当粉碎后置于渗漉器内，浸出溶剂从渗漉器上部添加，溶剂渗过药材层往下流动过程中浸出的方法。此法属于动态浸出过程，浸出溶剂渗入药材细胞中溶解大量可溶性物质之后，浓度增高，浸出液相对密度增大而向下移动，上层的浸出溶剂或稀浸出液置换其位置。渗漉法在浸出过程中能始终保持良好的浓度梯度，使扩散能较好地自动连续进行，且溶剂用量较浸渍法少，可省去浸出液与药渣的分离操作，其浸出效果优于浸渍法。渗漉法适用于高浓度浸出药剂的制备，亦用于提取贵重药材、毒性药材、有效成分含量低的药材，但不适用于新鲜、易膨胀的药材及无组织结构药材。

渗漉法操作工艺流程见图 3-4。

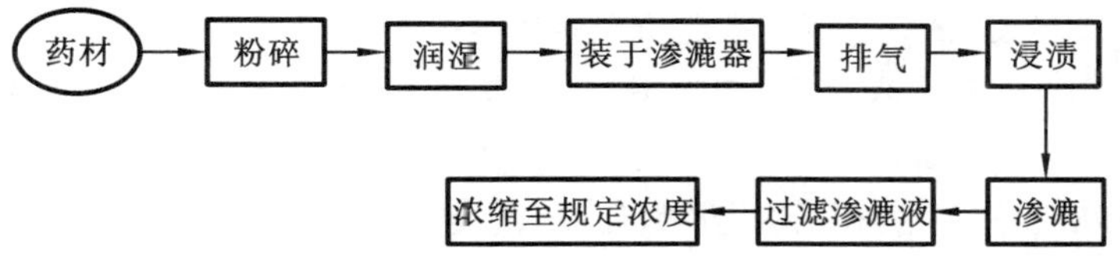

图 3-4 渗漉法操作工艺流程图

(1) 操作方法　渗漉法包括单渗漉法、重渗漉法、加压渗漉法和逆流渗漉法等。

操作时将药材粗粉置于有盖容器内，加入规定量溶剂均匀润湿后密闭，放置一定时间，使药材充分膨胀；在筒(罐)的底部先做一个假底，将已润湿的药粉分次均匀装入渗漉筒中(一般不超过容积的 2/3)；每次投入后均匀压平、压匀，使其松紧适度，药粉装填完毕应在药面上加适当的重物，防止加入溶剂后药材粉末漂浮影响渗漉。装筒完毕后，先打开渗漉筒下部浸出液出口的活塞，从上部缓缓加入溶剂以排除筒内空气，待出口处流出液不再出现气泡时关闭出口。将流出液倒入筒内，并继续添加溶剂至高出药面数厘米，加盖放置浸渍 24～48 h 后，适当开启渗漉筒出口进行渗漉。漉液流出速度除另有规定外，一般以 1000 g 药材每分钟流出 1～3 mL(慢速渗漉)或 3～5 mL(快速渗漉)为宜。漉液的收集与处理方法应根据制剂的种类而定。制备流浸膏剂时，先收集药材量 85%的初漉液另器保存，续漉液应在低温条件下浓缩 15%，与初漉液合并，取上清液分装。制备浸膏剂时，应将全部渗漉液低温浓缩至稠膏状，加稀释剂或继续浓缩至规定标准；制备酊剂、酒剂时，待规定溶剂全部用完或漉液量达到欲制备量的 3/4 时即停止渗漉，压榨残渣，压出液与漉液合并，滤过，添加适量乙醇至规定浓度和体积后，静置滤过即得。

(2) 操作注意事项　药材粉碎粒度应适宜。过细时，容易堵塞孔隙，妨碍溶剂通过；过粗时，溶剂流动太快，有效成分浸出不完全，影响浸出效率。一般药材以粉碎成粗粉或中粉为宜。

药粉在装筒(罐)前应先用浸出溶剂湿润，并应放置足够的时间使其充分膨胀，以避免在装筒(罐)后药粉膨胀形成堵塞，妨碍渗漉操作的进行。装筒(罐)时药粉应分次投入、层层均匀压平，以保证粉柱松紧度适宜。若粉柱过松，溶剂很快通过药粉，浸出不完全，并导致溶剂浪费；若粉柱过紧，易使流出口堵塞，溶剂难以通过，渗漉过程无法进行；装筒(罐)时粉柱应不超过筒(罐)的 2/3，以留下一定的空间存放溶剂，便于连续渗漉操作。在整个渗漉过程中，自加溶剂后至渗漉结束之前，应始终保持溶剂高于药粉面，以防止药粉层干涸开裂。渗漉速度应适宜。若渗漉速度太快，则有效成分来不及扩散和浸出，导致药液浓度过低；太慢则影响设备利用率和产量。

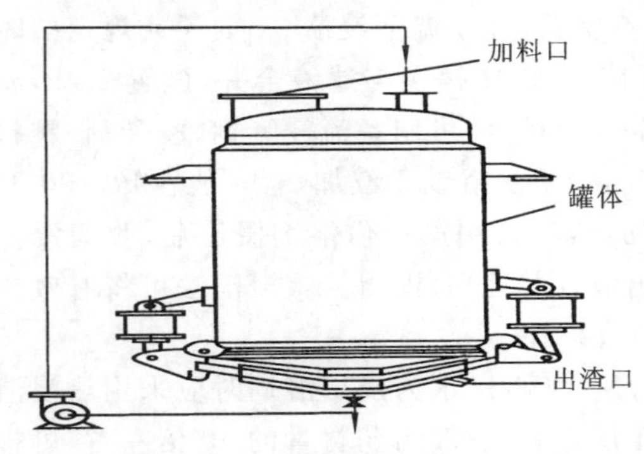

图 3-5　大型圆筒形渗漉罐示意图

(3) 常用设备　实验室所用的渗漉筒多由陶瓷、玻璃、搪瓷及不锈钢等材料制成，形状有圆锥形、圆柱形两种。易膨胀的药粉宜选用圆锥形以适应其膨胀变异，不易膨胀的药粉则选用圆柱形。选用溶剂不同，渗漉筒的形状选择也不同。以水为溶剂时，水易使药材膨胀，宜采用圆锥形渗漉筒；而以乙醇为溶剂时，药材不易膨胀，宜采用圆柱形筒。工业生产常采用不锈钢制成的渗漉罐(图 3-5)。

(五) 浸出液的蒸发与干燥

药材经过适当方法浸提与分离后常得到大量的浓度较低的浸出液，既不能直接应用，亦不利于制备其他制剂。因此常通过蒸发与干燥等过程，来获得体积缩小的浓缩液或固体产物。

1. 蒸发　蒸发是指借加热作用使溶液中的溶剂汽化并被除去，从而提高溶液浓度的工艺操作。该过程中要不断地向溶液供给热能，并不断地去除所产生的溶剂蒸气。

知识链接

影响蒸发的因素

1. 溶液的蒸发面积　在一定温度下，单位时间内溶剂的蒸发量与蒸发面积成正比，面积越大蒸发越快。故常压蒸发时多采用直径大、锅底浅的广口蒸发锅。

2. 蒸气浓度　在湿度、液面压力、蒸发面积等因素相同的条件下，蒸发速率与蒸发时液面上大气中的蒸气浓度成反比。蒸气浓度大，蒸发速率慢；反之加快。故在浓缩、蒸发车间使用电扇、排风扇等通风设备及时排除液面的蒸气，以加速蒸发的顺利进行。

3. 液体表面的压力　液体表面压力越大，蒸发速率越慢。因此采用减压蒸发可提高蒸发效率。

4. 传热温度差(ΔT_m)　提高传热温度差，可以提高浓缩效率。实际工作中可采用适当提高加热蒸汽的压力，同时进行减压蒸发的方法，使传热温度差加大，在促进蒸发浓缩的同时，避免了热敏性成分的破坏。

5. 传热系数(K)　提高 K 值是提高蒸发器效率的主要手段。增大 K 值的主要途径是减少各部分热阻，如加强搅拌、定期去除沉积物、改进浓缩设备等方法。

蒸发操作可分为自然蒸发和沸腾蒸发。自然蒸发时，溶剂在低于沸点的情况下气化。沸腾蒸发时，溶液的溶剂在沸腾条件下气化。由于沸腾蒸发的速率远远超过自然蒸发的速率，因此生产中多采用沸腾蒸发。常用的蒸发方法如下。

(1) 常压蒸发　常压蒸发是溶液在一个大气压下进行蒸发的操作。适用于耐热有效成分溶液的蒸发，而溶剂为水，多用夹套式蒸发锅，可旋转倾倒，以便出料。

(2) 减压蒸发　减压蒸发是在密闭的蒸发器中，通过抽真空以降低其内部的压力，使溶液沸点降低的操作。由于溶液的沸点降低，能防止和减少热敏性物料的分解，蒸发效率高，故适用于有效成分不耐热的浸出液蒸发，在药剂生产中应用较广泛。

(3) 薄膜蒸发　薄膜蒸发是使液体形成薄膜状态而快速进行蒸发的操作。薄膜蒸发具有极大的气化表面，热的传播快而均匀，没有液体静压的影响，药液蒸发温度低、时间短、蒸发速率快，能较好地避免药物的过热现象，可连续操作并可缩短生产周期，故适用于热敏性物料的处理。

薄膜蒸发有两种方式：①使液膜快速流过加热面而蒸发；②使液体剧烈沸腾产生大量泡沫而蒸发。根据物料在器内的流动方向和成膜方式的不同分为升膜式蒸发器、降膜式蒸发器、刮板式蒸发器、离心薄膜蒸发器等。

2. 干燥　干燥是借助热能使物料中的湿分(水分或其他溶剂)除去，从而获得干燥产品的操作。干燥的目的在于使物料便于加工、运输、储藏和使用，保证药品的质量和提高药物的稳定性。因此干燥常应用于药物的除湿，新鲜药材的除水，以及丸剂、颗粒剂、散剂、提取物等的干燥生产。然而物料的形状、空气的温度、适当的干燥方法、干燥的湿度与压力等因素会影响干燥过程。常用的干燥方法如下。

(1) 常压干燥　该方法简单易行，但干燥时间长，温度较高，易因过热引起成分破坏，且干燥物较难粉碎。常压干燥包括接触干燥和空气干燥。滚筒式干燥器是接触干燥的一种设备，将已蒸发到一定稠度的药液涂于滚筒加热面上使成薄层进行干燥；其蒸发面及受热面较大，可缩短干燥时间，减少受热影响，可连续生产。空气干燥是将被干燥物料暴露在温热空气或干燥空气中进行，如晒干、晾干、烘干等。最常用的是烘干，其温度可以控制，干燥速率较快，因此主要用于药材提取物以及丸剂、散剂、片剂、颗粒剂的干燥，亦常用于新鲜药材的干燥，常用厢式干燥器。

(2) 减压干燥　又称真空干燥，是指在密闭的容器中抽去空气后进行干燥的方法。减压干燥的温度低，干燥速度较快，被干燥物料疏松易于粉碎，由于抽去空气，减少了药物与空气接触的机会，从而保证产品的质量。此法常用于不耐高温的药物以及易氧化药物的干燥。减压干燥器主要由干燥箱、冷凝器、冷凝液接收器及真空泵组成。减压干燥效果取决于负压的高低(真空度)和被干燥物料的堆积厚度。

(3) 喷雾干燥　喷雾干燥是直接将浸出液喷雾于干燥室内的热气流中，使水分迅速蒸发而得粉末状或颗粒状物料的方法。该法具有瞬间干燥的特点，物料干燥温度低(约为 50 ℃)，干燥后物料多为松脆的空心颗粒，溶解性能好。因此喷雾干燥技术在药剂生产中应用广泛，特别适用于热敏性物料的干燥及片剂、颗粒剂等的制备。

(4) 冷冻干燥　冷冻干燥是指在低温低压条件下，利用水的升华性能而进行的一种干燥方法。即在干燥器中将药液完全冻结，并抽气减压至一定真空度，使水分由冰直接升华而与药物分离，从而药物得到干燥。本法特别适用于易受热分解的药物。干燥后的制品一般具有多孔性，疏松而易碎。故生物制品、抗生素以及注射用无菌粉末，多用此法干燥。

此外，还有沸腾干燥、微波干燥、红外线干燥等。

三、常用的浸出制剂

(一) 汤剂

1. 概述　汤剂是指药材加水煎煮，去渣取汁制成的液体剂型，亦称煎剂，主要供内服，少数外用可供洗浴、熏蒸、含漱用。它是我国使用最早、应用最广泛的一种剂型。汤剂制备简单、吸收快、能迅速发挥药效。汤剂多为复方，有利于发挥药材成分的多效性和综合作用，能充分体现中医辨证论治、随证加减的原则。但汤剂使用时须临时煎煮，存在口服体积大、味苦、儿童难以服用、久储易发霉及发酵等缺点。

2. 制备方法　汤剂的制备采用煎煮法。一般先将药材加适量水浸泡适当时间，再加热至沸并维持微沸一定时间，滤取煎出液，药渣再依法重复操作 1～2 次，合并各次煎液即得。

为了提高汤剂的质量，确保疗效，制备汤剂时，除选择适宜的煎煮器、掌握煎煮时间与次数、控制煎煮火候等，尚需根据药材的特性进行特殊入药处理（表 3-1）。

表 3-1　汤剂制备时药材的特殊入药处理

类　型	方　法	品　种
先煎	某些药材先煎一定时间，再加其他药物共煎的方法	①如石膏、牡蛎、鳖甲等质地坚硬，水不能渗入细胞组织内，有效成分不易煎出的药材 ②生川乌、生半夏等毒性药材 ③党参、黄芪等滋补性药材 ④火麻仁、天竺黄、石斛等药材只有先煎才能发挥药效
后下	在其他药材煎毕前加入某些药物的方法	①薄荷、砂仁等含挥发性成分的药材 ②大黄、麦芽、鸡内金等不宜久煎的药材
包煎	某些药材需装入袋中与其他药材共煎的方法	①青黛、蒲黄、苏子、葶苈子等易浮于水面的药材 ②车前子等含淀粉，黏液质较高的药材 ③旋覆花等附绒毛的药材
另煎	单独煎煮，其汁再与煎出液混合的方法	人参、鹿茸等贵重药材
烊化	熔化后，与煎液混合的方法	①阿胶、龟板胶等胶类药材 ②糖、蜂蜜及芒硝等易熔性药材
冲服	制成细粉，用其他煎液冲服的方法	麝香、羚羊角、马宝、雄黄、三七、人参、珍珠、沉香等贵重药材，挥发性极强或不溶性药材

3. 典型汤剂实例分析

例：麻黄汤

［处方］　麻黄　9 g　　桂枝　6 g　　甘草　3 g　　杏仁　9 g

［制备］　将麻黄先煎约 15 min，再加入甘草、杏仁合煎约 15 min 后，最后加入桂枝一起煎煮 15 min，滤取煎液；滤过后的药渣第二次煎煮约 25 min，滤取煎液；将上述二次煎液合并，为 200～300 mL，即得。

［注解］

(1) 本品用于辛温发表，治风寒感冒、风寒发热无汗、咳嗽、气喘等症。

(2) 药材在煎煮前需用冷水浸泡。

(3) 麻黄中麻黄碱多存在于茎中心的髓部，故宜酌情先煎。杏仁宜于沸汤下药，可减少因酶解致使杏仁苷的分解，桂枝含挥发性成分宜后下。

（二）酒剂

1. 概述　酒剂又称药酒，是指药材用蒸馏酒提取制成的澄清液体制剂。酒剂为了矫味或着色可酌加适量糖或蜂蜜。酒剂多供内服，少数外用，也有内外兼用者。酒剂在我国应用已有数千年历史，酒剂的处方多数是由中医成方或民间验方经长期医疗实践逐渐修改而成的复方，药味繁多。酒剂因含醇量高，可久储不变质。酒本身具有行血通络，易于吸收、发散和助长药效的特性，故酒剂尤其适用于治疗风寒湿痹、跌打损伤、血瘀作痛之症，但不适于小儿、孕妇、心脏病及高血压患者服用。

2. 制备方法　除另有规定外，酒剂一般采用浸渍法、渗漉法制备。所用蒸馏酒的浓度和用量、浸渍温度和时间、渗漉速度以及成品含醇量等，均因品种而异。一般配制后的酒剂须静置澄清，滤过后分装于洁净的容器中。除另有规定外，酒剂应密封，置阴凉处储存，在储存期间允许有少量摇之易散的沉淀。

知识链接

蒸馏酒的选择

生产酒剂所用的蒸馏酒，应符合国家关于蒸馏酒质量标准的规定。内服酒剂以谷类酒为原料。酒的浓度一般以乙醇的百分含量（体积比）来表示，通常用度来代替，如含乙醇 60%（mL/mL）的酒，即为 60 度（60°）的酒。

3. 典型酒剂实例分析

例:舒筋活络酒

[处方]	木瓜	45 g	玉竹	240 g	川牛膝	90 g	川芎	60 g
	独活	30 g	防风	60 g	蚕沙	60 g	甘草	30 g
	桑寄生	75 g	续断	30 g	当归	45 g	红花	45 g
	羌活	30 g	白术	90 g	红曲	180 g		

[制法] 以上15味,除红曲外,其余木瓜等14味粉碎成粗粉,然后加入红曲;另取红糖555 g,溶解于白酒1110 g中,参照渗漉法,用红糖酒作溶剂,浸渍48 h以后,以每分钟1~3 mL的速度缓缓渗漉,收集漉液,静置,滤过,即得。

[注解] 本品祛风除湿,活血通络,养阴生津;用于风湿阻络,血脉瘀阻兼有阴虚所致的痹病,症见关节疼痛,屈伸不利,四肢麻木。

(三) 酊剂

1. 概述 酊剂是指药物用规定浓度的乙醇提取或溶解制成的澄清液体制剂,亦可用流浸膏稀释制成。酊剂的浓度除另有规定外,含有毒性药品的酊剂,每100 mL相当于原药材10 g;其他酊剂每100 mL相当于原药材20 g;其有效成分明确者,应根据其半成品的含量加以调整,使符合各酊剂项下的规定。乙醇对药材中各成分的溶解性不同,制备酊剂时应根据有效成分的溶解性选用适宜浓度的乙醇。故酊剂中的杂质较少,成分较纯净,剂量小、服用方便,且不易生霉。但乙醇有一定的药理作用,临床应用受到一定限制。

2. 制备方法 酊剂以不同浓度的乙醇为浸出溶剂,根据原料的不同,可采用不同的制备方法。以药材饮片为原料制备酊剂主要采用浸渍法、渗漉法;以流浸膏或浸膏为原料可采用稀释法制备酊剂;以化学药物或中药有效成分提纯品制备酊剂则采用溶解法。

酊剂应检查乙醇量。酊剂久置产生沉淀时,在乙醇量和有效成分含量符合各品种项规定的情况下,可滤过除去沉淀。除另有规定外,酊剂应置遮光容器内密封,于阴凉处储存。

试比较酊剂与酒剂的异同点。

3. 典型酊剂实例分析

例:复方土槿皮酊

[处方]	土槿皮	20 g	水杨酸	6 g
	苯甲酸	12 g	乙醇(75%)	适量
	共制	200 mL		

[制法] 取土槿皮(粗粉),加75%乙醇90 mL,浸渍3~5日,滤过,残渣压榨,滤液与压榨液合并,静置24 h,滤过,自滤器上添加75%乙醇,搅匀,将水杨酸及苯甲酸加入滤液中溶解,加适量75%乙醇使成200 mL,搅匀,滤过,即得。

[注解] 本品具有软化角质、杀菌、治疗癣症的作用,可用于汗疱型、糜烂型的手足癣及体股癣等。湿疹起泡或糜烂的急性炎症期忌用。

(四) 流浸膏剂与浸膏剂

1. 概述 流浸膏剂是指药材用适宜的溶剂浸出有效成分,蒸去部分溶剂,调整浓度至规定标准而制成的制剂。除另有规定外,流浸膏剂每1 mL相当于原药材1 g。流浸膏剂大多作为配制合剂、酊剂、糖浆剂、颗粒剂等的原料。流浸膏剂多以不同浓度的乙醇为溶剂,少数以水为溶剂,但后者成品中应酌加乙醇作防腐剂。流浸膏剂的有效成分含量比酊剂高,因此其服用量较酊剂减少。流浸膏剂在蒸发除去部分溶剂时,对热不稳定的有效成分可能受到破坏,故有效成分对热不稳定的药材不宜制成流浸膏剂。

浸膏剂是指药材用适宜溶剂浸出有效成分,除去大部分或全部溶剂,调整浓度至规定标准所制成的膏状或粉末状的固体制剂。除另有规定外,浸膏剂1 g相当于原药材2~5 g。浸膏剂除少数直接用于临床外,多用于散剂、颗粒剂、片剂、丸剂、栓剂、软膏剂等的原料。浸膏剂按其干燥程度不同分为稠浸膏剂和干浸膏剂两种:稠浸膏剂为半固体,具黏性,含水量为15%~20%,可不加赋形剂制备丸剂或软膏剂;干浸膏为干燥粉末,含水量约5%,其中有含稀释剂或不含稀释剂。浸膏剂不含溶剂或含极少量溶剂,有效成分含量高、体积小、疗效确切。但浸膏剂在其制备过程中有效成分需长时间受热，受热破坏或挥发损失的可能性较流浸膏剂大，但溶剂的副作用较流浸膏剂小。

2. 制备方法 流浸膏剂除另有规定外，一般都以不同浓度乙醇为溶剂，用渗漉法制备，亦可用浸膏剂加规定溶剂稀释制成。流浸膏剂久置发生沉淀时，在乙醇量和有效成分含量符合规定时，可滤除沉淀。

浸膏剂可用渗漉法或煎煮法制备，所得的漉液或煎液用低温浓缩至稠膏状，加入适当的稀释剂或继续浓缩至规定标准。因干浸膏剂易吸湿结块及受热软化，稠浸膏剂易失水硬化，故浸膏剂应密封储存于阴凉处。

3. 典型流浸膏剂与浸膏剂实例分析

例：当归流浸膏

［处方］ 当归 1000 g 乙醇（70%） 适量
共制 1000 mL

［制法］ 取当归（粗粉）1000 g，照渗漉法用70%乙醇作溶剂，浸渍48 h，缓缓渗漉，收集初漉液850 mL，另器保存，继续渗漉，至渗漉液近无色或微黄色为止，收集续漉液，在60 ℃下浓缩至稠膏状，加入初漉液850 mL，混匀，用70%乙醇稀释至1000 mL，静置数日，滤过，即得。

［注解］ 本品养血调经，常用于血虚血瘀所致的月经不调，痛经。

例：颠茄浸膏

［处方］ 颠茄草（粗粉） 1000 g 稀释剂 适量 乙醇（70%） 适量

［制法］ 取颠茄草（粗粉）1000 g，按渗漉法，用70%乙醇作溶剂，浸渍48 h后，以每分钟1～3 mL的速度缓缓渗漉，收集初漉液850 mL，另器保存。继续渗漉，待生物碱完全漉出，续漉液作下一次渗漉的溶剂用。将初漉液在60 ℃减压回收乙醇，放冷至室温，分离除去叶绿素，滤过，滤液在60～70 ℃蒸发至稠膏状，加10倍量的乙醇，搅拌均匀，静置，待沉淀完全，分离上清液，在60 ℃减压回收乙醇后，浓缩至稠膏状，取出约3 g，测定生物碱的含量，加稀释剂适量，使生物碱的含量符合规定，低温干燥，研细，过四号筛，即得。

［注解］ 本品为抗胆碱药，解除平滑肌痉挛，抑制腺体分泌；可用于胃及十二指肠溃疡、胃肠道、肾、胆绞痛等。

（五）煎膏剂

1. 概述 煎膏剂又称膏滋，是指药材用水煎煮，去渣浓缩后，加炼糖或炼蜜制成的半流体制剂，供内服。煎膏剂以滋补为主，兼有缓慢的治疗作用（如调经、止咳等）。煎膏剂因经浓缩后，具有浓度高、体积小、便于服用等优点。由于煎膏剂需要经过较长的时间加热浓缩过程，因此凡受热易变质及含挥发性有效成分的中药材，不宜制成煎膏，或采用其他形式如研末或提取挥发油，待收膏时加入。

2. 制备方法 一般采用煎煮法制备，浓缩至规定相对密度得到清膏，加入炼糖（炼蜜）于清膏中，收膏即得。收膏时，要掌握炼糖（炼蜜）的用量、控制火候、注意收膏稠度等。炼蜜根据炼制程度不同有嫩蜜、中蜜、老蜜三种规格；炼糖的原料常用蔗糖、冰糖、红糖、饴糖等，采用传统炒糖法或转化糖法来炼制。

3. 典型煎膏剂实例分析

例：益母草膏

［处方］ 益母草 125 g 红糖 31.5 g

［制法］ 取益母草洗净切碎，置锅中，加水高于药材3～4 cm，煎煮两次，每次0.5 h，合并煎液，滤过，滤液浓缩成相对密度为1.21～1.25（80～85 ℃）的清膏。称取红糖，加糖量1/2的水及0.1%酒石酸，加热熬炼，不断搅拌至呈金黄色时，加入上述清膏，继续浓缩至相对密度1.4左右，即得。

［注解］ 本品活血调经，常用于经闭、痛经及产后瘀血腹痛。

四、浸出制剂的质量控制

浸出制剂的质量如何，不仅影响其疗效的发挥，同时还影响到以此为原料的其他制剂的质量，如中药片剂、胶囊剂、颗粒剂等，故浸出制剂必须严格控制其质量。浸出制剂的质量与药材的质量、制备方法等密切相关，但由于药材成分的复杂性，故浸出制剂的质量控制是一个极其复杂的问题。目前主要从以下几个方面进行控制。

（一）严格控制药材的质量

药材是制备浸出制剂的物质基础，其质量优劣直接关系到以药材为原料的浸出制剂及其他中药制剂的质量。我国幅员辽阔，由于各地区和民族习惯的不同，药材品种混乱的现象较多，因此制备浸出制剂必须严格控制药材的质量，药材的来源、品种与规格应严格遵循国家药品标准。特别是在目前大多数浸出制剂尚无含量测定方法的情况下，认真控制药材的质量，具有重要的现实意义。我国于 2002 年 6 月颁布并实施了《中药材生产质量管理规范》(GAP)，使药材从生长环境、种植栽培、采收加工、包装储存、运输等环节都受到严格的控制，以确保药材质量。

（二）严格控制提取过程

浸出制剂的制备，须经过药材的提取过程。要根据浸出制剂的种类、药材及有效成分的性质，选择适宜的提取方法(浸出工艺)，使有效成分充分浸出。有效成分明确的药材，在提取过程中应控制有效成分的含量，使浸出制剂达到质量标准的要求。对有效成分不明确的药材，必须严格控制浸出工艺条件的一致性，如浸出溶剂的种类和用量、提取时间、蒸发浓缩的温度等，以保证每一批提取物具有相同的质量和药效。

（三）严格控制浸出制剂的理化指标

1. 含量控制

(1) 化学测定法　采用化学手段测定有效成分含量的方法。本法适用于药材成分明确且能通过化学方法进行定量测定的浸出制剂，如颠茄浸膏、阿片酊等。

(2) 仪器分析测定法　随着科学技术的发展和进步，现代分析技术已广泛用于浸出制剂的含量测定。如应用高效液相色谱法测定甘草流浸膏中甘草酸的含量，薄层色谱扫描法测定益母草膏中盐酸水苏碱的含量，气相色谱法测定十滴水中含樟脑和桉油的含量。浸出制剂含有多种成分，高效液相色谱仪是一种现代分析分离仪器，通过此仪器进行分离，根据有效成分的峰高，可以进行定量。其他如微量升华法、荧光分析法等亦有应用。

(3) 生物测定法　利用药材浸出成分对动物机体或离体组织所发生的反应，确定浸出制剂含量(效价)标准的方法。此法适用于尚无化学测定方法及仪器测定方法的毒性药材的制剂，如乌头属药材的含量(效价)测定。生物测定法要求选用标准品作测定对照依据，所用动物品种、个体差异和实验方法与条件对测定结果有一定影响，所以本法较化学测定法复杂。

(4) 药材比量法　浸出制剂若干体积或重量相当于原药材多少重量的测定方法。因为多数药材的成分还不明确，又无适宜的测定方法，以此作为参考指标在制剂生产上具有一定的指导意义。但须在药材标准严格控制、制备方法固定的情况下，药材比量法才能在一定程度上反映有效成分含量的高低。如《中国药典》(2015 年版)对酊剂、流浸膏剂、浸膏剂等仍以此法来控制质量。

2. 含醇量控制　许多浸出制剂是以不同浓度的乙醇制备的，其中所含成分的溶解度随乙醇含量的变化而变化，故浸出药剂的含醇量对这些制剂的质量有着明显的影响。含醇量的稳定可以使制剂质量保持一定程度的稳定，因此《中国药典》(2015 年版)对含醇液体浸出药剂如酊剂、酒剂及大部分流浸膏剂等均规定检查乙醇量。

3. 其他检查　浸出制剂还应有水分、挥发性残渣、相对密度、灰分、酸碱度等检查，以控制制剂质量。

知识链接

中药指纹图谱

中药指纹图谱是指中药材或中药制剂经适当处理后，采用一定的分析手段，得到的能够标示其化学特征的色谱图或光谱图。以指纹图谱作为中药提取物及其制剂的质量控制方法，目前已成为国际共识，各种符合中药特色的指纹图谱控制技术体系正在研究和建立。

中药指纹图谱是一种综合的、可量化的鉴定手段，它建立在中药化学成分系统研究的基础上，主要用于评价中药材以及中药制剂半成品质量的真实性、优良性和稳定性。建立中药指纹图谱将能较为全面地反映中药及其制剂中所含化学成分的种类与数量，进而对药品质量进行整体描述和评价。

拓展知识

中药巴布剂

一、概述

（一）中药巴布剂的概念

中药巴布剂是指药材提取物、药物与适宜的亲水性基质混匀后涂布于布上制成的外用制剂。中药巴布剂所选用的药物如超微粉碎的中药粉体、水提取或乙醇提取的中药浸膏、经浸泡后的中药药泥等，与巴布剂基质混合搅拌均匀后，经加工制成中药巴布剂。

知识链接

巴布剂的研究进展

巴布剂是一种既新又古老的剂型。巴布剂是在泥罨剂的基础上发展起来的。巴布剂与泥罨剂共有一个拉丁学名——Cataplasma，20世纪70年代首先在日本开发成功。巴布剂作为外用透皮贴剂，已在欧美、日、韩等国大量使用。中药巴布剂的研究在我国始于20世纪80年代。

上海雷允上制药厂于20世纪90年代初从日本引进一套巴布剂生产设备，计划生产出治疗风湿病的中药巴布剂产品。1999年雷允上集团的复方紫荆消伤膏获国内第一个巴布剂新药证书，至今已有多个产品在全国上市。中药巴布剂的研究和应用多集中在软组织挫伤、变形性关节炎、肩周炎、腱鞘炎等外伤和骨疾病方面，如复方紫荆消伤膏、关节镇痛膏等。

我国从事巴布剂研究和开发的单位有中国中医研究院中药研究所、中国医药研究开发中心、天津大学药物科学与技术学院、四川大学医学院、南京中医院等多家机构。1994年由奚念朱主编的高等医药院校第三版教材《药剂学》中对这一剂型作了简单的介绍，《中国药典》（2000年版）一部制剂通则项下增加了巴布剂剂型。

目前，中药巴布剂新药在我国尚处于实验阶段，市场上的几个巴布剂产品不同程度上存在着诸如外观差、黏着力小、膏体外溢等缺点。在这些研究和产业化问题没有得到很好解决的情况下，近年来国内越来越多的企业涉足中药巴布剂，使这个在研究领域里尚未完全成熟的技术在市场应用中却呈过热趋势。

（二）中药巴布剂的分类

中药巴布剂可分为：泥状巴布剂和定型巴布剂两类。

1. 泥状巴布剂 它是将有效成分与甘油、明胶、水或其他液体物质混合，涂布于脱脂棉上3～5 mm厚，贴于患处，以绷带固定，起到保温和防止污染衣物的作用。

2. 定型巴布剂 它是将药物与甘油、明胶、甲基纤维素、聚丙烯酸钠等良好的水溶性高分子物质的基质混合，涂布于无纺布做的背衬上；表面覆盖聚乙烯或聚丙烯薄膜，按使用要求裁成不同规格，装入塑料袋或纸袋内。

（三）中药巴布剂的特点

1. 生物利用度高 可避免胃肠道中pH值及酶等因素对药物的降解和肝脏的首过效应的影响，减少由此引起的个体差异。

2. 使用方便 可随时使用或停止药物治疗，较适用于因各种原因不易口服给药的患者或口服给药作用不明显的疾病。

3. 具有缓释、长效作用 一次用药可使药物长时间以恒定速率进入体内，起到长效、缓释作用。

4. 通经活络,起全身作用 可通过穴位经络吸收,疏通经络脏腑,在全身发挥作用。

知识链接

巴布剂与橡胶膏剂、软膏剂等贴膏剂相比具有特有的优势

(1) 独特的水溶性大分子生物基质。

(2) 包容药量更大。

(3) 透皮效果更强。

(4) 缓释、控释技术先进。

(5) 透气性能更好。

(6) 对皮肤的亲和力更密切。

(7) 不会对皮肤产生刺激。

(8) 黏度可控,可反复揭贴。

(9) 基质与各种药物的亲和力更好。

(10) 工艺先进、成熟,可工业化规模生产。

同时由于生产过程中不使用汽油和其他有机溶剂,既避免了中药的挥发性成分在生产过程中的损失,保证了药效,又避免了汽油对环境的污染。

巴布剂符合中医药的内病外治法:中药巴布剂不仅能应用于外伤疾病,还可用于许多内科疾病,譬如可以用于肝脏疾病、急性心血管疾病、儿科的急性胃肠道疾病、晕车、晕船、痛经、急性前列腺炎、乳腺炎等。

因此,中药巴布剂将具良好开发价值和市场应用前景,例如,传统中药的二次开发,即利用巴布剂对皮肤刺激性小、敷贴舒适等优点把我国现有的膏药、酒剂、酊剂、软膏剂等传统透皮吸收品种进行改良,开发成现代巴布剂;另外,可以将植物药提取物中治疗心脑血管疾病、降糖、镇痛、抗癌作用的有效部位或有效单体制备成中药一、二类新药的巴布剂,发挥巴布剂载药量大、缓释、长效等特点,做到内病外治,提高用药安全性。

二、巴布剂的基本结构及组成

(一) 巴布剂的基本结构

1. 支持层 又称底材或裱被,主要起膏体的载体作用,一般选用人造棉布、无纺布、法兰绒等。

2. 膏体层 膏体层即基质和主药部分,在贴敷中产生适度的黏附性使之与皮肤密切接触,以达到治疗的目的。

3. 背衬层 背衬层即膏体表面的覆盖物,一般选用聚丙烯及聚乙烯薄膜、玻璃纸、聚酯等。

(二) 巴布剂的基质

巴布剂的基质对主药的作用影响很大,在选择基质时,应注意以下几点。

(1) 对主药稳定性没有影响,无副作用。

(2) 有适当的弹性和黏性。

(3) 不在皮肤上残存。

(4) 能保持巴布剂的形状。

(5) 不因汗水作用而软化。

(6) 在一定时间内稳定,并且有保湿性。

透皮巴布剂的载药基质是亲水性基质。亲水性基质的组成主要包括胶黏剂、保湿剂、赋形剂、软化剂等。

1. 胶黏剂 一般为水溶性高分子物质,包括明胶、淀粉、琼脂、甘露聚糖、海藻酸、聚丙烯酸、聚丙烯酸盐类、糊精、甲基纤维素、PVP、甲基乙烯基醚和顺丁烯二酸酐的共聚物、阿拉伯胶、西黄耆胶、梧桐胶、槐树豆胶等,也可用以上物质的金属盐和以上物质与有机或无机交联剂的交联产品。具体某一胶黏剂凝胶基质中常使用一种或多种高分子物质,其用量为0.5%～50%,最好为5%～25%。

胶黏剂凝胶基质中含水量应为10%～70%，最好为20%～50%。为更有效地保持胶黏剂凝胶中的含水量，可使用一些吸水性很强的高分子物质。例如，淀粉和丙烯腈的接枝聚合物、淀粉和丙烯酸的接枝聚合物、聚乙烯醇的交联产品、丙烯酸-醋酸乙烯酯共聚物的皂化产品、聚乙二醇二丙烯酸酯的交联产品等。在胶黏剂凝胶基质中常用范围为0～20%，最好为0.01%～10%。

2. 保湿剂 为改善巴布剂基质的稠度，避免贴敷后膏面干燥而结成硬膜，常加入保湿剂使巴布剂具有适宜的稠度。保湿剂也可防止胶黏剂凝胶基质中水分的挥发，使含水量在储藏和使用中保持恒定，这是因为水分的挥发将会影响药物的释放速率。常用保湿剂有：乙二醇类或糖类，如乙二醇、二甘醇（一缩二乙二醇）、聚乙二醇、甘油、山梨醇、丙二醇、1,3-2-丁二醇等。保湿剂常用范围为1%～70%，最好为10%～60%。

3. 赋形剂 可选用高岭土及黏土、滑石粉、碳酸钙、氧化锌等无机盐。高岭土作为赋形剂具有吸附性，可吸附挥发性药物以降低其损失。高岭土的用量占药物的5%～20%为理想范围。

4. 软化剂 软化剂可增强巴布剂的柔软性和耐寒性，常选用蓖麻油及其他油脂。其用量为药物总量的1%～10%。

5. 其他附加剂 必要时也可用一些传统的吸收剂，如水杨酸、透明质酸、油酸、N,N-二乙基-m-苯甲酰胺、n-硬脂酸丁酯、棕榈酸异丙酯、聚丙二醇、克罗他米通、月桂醇等，还可在凝胶基质中用表面活性剂。此外，防腐剂、抗氧化剂等也可适量加入，其用量和类型取决于是否影响药物的控制释放和对皮肤的刺激性。

（三）巴布剂的透皮促进剂

从实验结果可以看出，一般中药的透皮吸收率为10%～18%，主要原因可能是由于中药有效成分均为大分子物质，不易透过角质层和类脂双分子层所致。因此要进一步研究和开发新的透皮促进剂，增加透皮吸收率。

以往的贴膏剂多选用二甲基亚砜和二甲基亚酰胺（DMF）作为透皮促进剂，但由于其对皮肤的刺激性，令人恶心的气味以及局部使用会引起全身性毒性损害，其使用已受到限制。近年来采用氮酮（Azone）较为普遍，其特点是无色、无臭，对人体黏膜刺激较小，有效浓度低，对亲水性、亲油性药物均有促进作用。其使用浓度一般在2%～10%。2-吡咯烷酮和N-甲基-2-吡咯烷酮（NP）被认为与氮酮一样具有用量少、毒性小、促透作用强等优点。

透皮吸收促进剂单独使用有时效果不是很理想，故经常联合使用，称为二组分系统，一般由一种亲水性分子和一种亲油性分子共同组成，对药物渗透有较好的协同作用。氮酮-丙二醇系统是常见的二组分系统，在氮酮中加入少量丙二醇可以影响皮肤亲油层和连续性通道而增加药物的渗透性。

中外学者还对中药透皮促渗作用进行了研究，发现某些芳香性中药的脂溶性成分也具有促渗作用；还有学者通过苍白试验、兔在体及离体透皮试验，发现薄荷醇能明显增加氟轻松、水杨酸、氟尿嘧啶的透皮吸收。

三、巴布剂的制备工艺

巴布剂的制备工艺流程如下：基质原料→粉碎过筛→混合→加温软化→加主药混合→药膏→加温软化涂布于背衬→加衬垫裁切→包装→成品。

巴布剂基质膏体的制备，在工艺条件方面，有三个重要因素：一是搅拌炼和时间，它是使多组分膏体均匀混合的关键；二是炼和时膏体的温度，它与时间相辅相成，温度高，时间长则混合均匀，但温度太高、时间太长又会使膏体黏性下降；三是各基质组分的添加顺序，与具体成分有关。

四、巴布剂的质量评价

（一）感官指标

感官指标是指将所制备的样品贴在健康人身体的某个部位（一般为活动关节或根据病种选择合适的部位），通过身体对药物的感觉及药物贴至皮肤后的反应，诸如对皮肤的贴敷性、对活动关节的追随性、对皮肤的刺激性等来判断制剂的优劣。

（二）理化指标

中药巴布剂体外质量评价的理化指标包括药物黏着性、赋形性、稳定性、皮肤刺激性、药物释放度等方面的内容。

1. 剥离黏着力 按GBZ771-2-81规定的测定方法，剪取宽12 mm、长250 mm的成型巴布剂5块，37 ℃预热30 min，取出贴于酚醛板上，用重850 g的橡胶圆筒滚压三次，放入37 ℃恒温箱中保持30 min，取出后以300 mm/min的速度作180°剥离，数据为五个样品测定均值。

2. 膜残留性 取成型巴布剂五片，180°剥离后，残留在聚乙烯薄膜上的量。

3. 柔软性 该项指标属于感官感觉。

4. 涂展性 用自制涂布器涂布时，抛锚性好，膏体均匀不断条为佳。

5. 膏体均匀性 所制备的膏体均匀、细白、无颗粒状胶团。

6. 皮肤追随性 该项指标借鉴日本评价巴布剂的方法，将成型巴布剂贴于手腕背部，用力甩10下不脱落为佳。

7. 耐热试验 样品贴于酚醛塑料板上，45～47 ℃恒温30 min，揭开膏体，外观应保持完整。

8. 耐寒试验 样品置于0～5 ℃环境中1 h，取出进行黏着试验，黏度不应有明显下降，不得小于原黏度的80%。

（三）生物学指标

我国学者用药物体外透皮吸收率、药效学等生物学指标来评价中药巴布剂的质量。例如，通过研究含马钱子巴布膏在离体豚鼠皮肤上的渗透试验，探索出以高效液相色谱（HPLC）法测定透皮吸收液中士的宁的透过量。其结果表明巴布膏中的士的宁可透过皮肤且士的宁的透过量随巴布膏中士的宁的量增加而增多。

药物的临床疗效是制剂质量评价中最重要的内容。南京市中医院的癌痛宁巴布剂经105例患者的临床研究表明，对各种癌性疼痛的总有效率达81%，尤其适用于癌症引起的躯体疼痛。

五、典型中药巴布剂实例

例：宝方糖可贴

本产品为应用世界新的降糖理论，采用世界新型改良巴布剂技术，改变了治疗糖尿病给药途径的外用增敏剂。

[产品原材料主要组成] 甘油、动植物胶、冰片、水溶性大分子、虎杖、知母、蒸馏水等。

[形成和构造] 宝方糖可贴所采用的宝方新型改良巴布剂，结构上可分为七层：第一层为巴布剂保护层，第二层为油脂性防护层，第三层为药物控释层，第四层为助渗透剂层，第五层为药库层，第六层为背料层，第七层为防反渗透层。

[效能] 预防、缓解、治疗Ⅱ型糖尿病：近万例临床资料总结，选用在治疗前一个月内三次检测空腹血糖及尿糖均在一定水平的患者进行临床试用，按照惯例对治疗过程中的患者进行三次检测，宝方糖可贴和优降糖都明显地降低了患者的血糖情况（$P<0.05$），同时只有宝方糖可贴明显降低了患者的尿糖值。

知识链接

中药巴布剂的进一步研究

中药巴布剂的许多研究还有待进一步深入，应着重做好以下三方面的工作。

1. 质量标准的研究工作 中药巴布剂多为复方制剂，药味多、基质多、有效成分含量少，为了确保疗效，必须对有效成分进行含量测定。因此，要摸索出不同药物、不同基质配方下的含量测定方法。

2. 新的透皮促进剂的开发 从实验结果可以看出，一般中药的透皮吸收率为10%～18%，主要原因可能是由于中药有效成分均为大分子物质，不易透过角质层和类脂双分子层所致。所以要进一步研究和开发新的透皮促进剂，增加透皮吸收率。

3. 制剂设备的研究工作 我国巴布剂生产设备与国外相比相差甚远，国内尚无定型设备生产，制约了巴布剂的产业化，应抓紧新设备的研究和开发，从根本上提高我国巴布剂新药的质量水平。

项目小结

教学提纲		主要内容简述
一级	二级	
一、浸出制剂概述	(一)浸出制剂的概念	概念
	(二)浸出制剂的分类与特点	分类、特点
	(三)浸出制剂的常用溶剂与附加剂	常用的浸出溶剂;附加剂(浸出辅助剂)
二、浸出操作与设备	(一)药材的预处理	药材质检、药材的粉碎
	(二)浸出过程	浸润与渗透阶段、解吸附与溶解阶段、扩散阶段、置换阶段
	(三)影响浸出的主要因素	浸出溶剂、药材的粉碎粒度、浸出时间、浸出温度、浓度梯度、浸出压力、新技术的应用
	(四)浸出方法及设备	煎煮法、浸渍法、渗漉法
	(五)浸出液的蒸发与干燥	蒸发、干燥
三、常用的浸出制剂	(一)汤剂	概述、制备方法、处方举例
	(二)酒剂	概述、制备方法、处方举例
	(三)酊剂	概述、制备方法、处方举例
	(四)流浸膏剂与浸膏剂	概述、制备方法、处方举例
	(五)煎膏剂	概述、制备方法、处方举例
四、浸出制剂的质量控制	(一)严格控制药材的质量	药材质量
	(二)严格控制提取过程	浸出工艺
	(三)严格控制浸出制剂的理化指标	含量控制、含醇量控制及其他检查

达标检测题

一、选择题

(一) 单项选择题

1. 下列有关浸出药剂特点的叙述,错误的是(　　)。

A. 有利于发挥药材成分的多效性　　B. 成分单一,稳定性好

C. 服用体积减小,方便临床使用　　D. 药效比较缓和持久

2. 在浸出过程中有效成分扩散的推动力是(　　)。

A. 粉碎粒度　　B. 浓度梯度　　C. pH 值　　D. 表面活性剂

3. 主要以水为溶剂制备的浸出药剂是(　　)。

A. 酒剂　　B. 酊剂　　C. 流浸膏剂　　D. 煎膏剂

4. 下列浸出方法中,属于动态浸出过程的是(　　)。

A. 煎煮法　　B. 冷浸渍法　　C. 渗漉法　　D. 热浸渍法

5. 渗漉法的正确操作为(　　)。

A. 粉碎→润湿→装筒→浸渍→排气→渗漉

B. 粉碎→润湿→装筒→浸渍→渗漉→排气

C. 粉碎→装筒→润湿→浸渍→排气→渗漉

D. 粉碎→润湿→装筒→排气→浸渍→渗漉

6. 装渗漉容器时,药粉容积一般不超过渗漉容器容积的(　　)。

A. 1/4　　B. 1/3　　C. 1/2　　D. 2/3

7. 提取中药挥发油常选用的方法是(　　)。
A. 浸渍法　B. 渗漉法　C. 煎煮法　D. 水蒸气蒸馏法
8. 酒剂的浸出溶剂是(　　)。
A. 蒸馏酒　B. 红酒　C. 95%乙醇　D. 75%乙醇
9. 酊剂制备方法不包括(　　)。
A. 煎煮法　B. 浸渍法　C. 稀释法　D. 渗漉法
10. 利用热空气流使湿颗粒悬浮呈流态化的干燥方法是(　　)。
A. 减压干燥　B. 鼓式干燥　C. 沸腾干燥　D. 冷冻干燥
11. 旋覆花在煎煮时应采用的入药方式是(　　)。
A. 包煎　B. 先煎　C. 后下　D. 烊化
12. 除另有规定外，含有毒性药品的酊剂，每 100 mL 应相当于原药材(　　)。
A. 1 g　B. 5 g　C. 10 g　D. 20 g
(二) 配伍选择题
题 1～5
A. 石膏　B. 砂仁　C. 苏子　D. 羚羊角　E. 阿胶
1. 需烊化的药材是(　　)。
2. 需另煎或冲服的药材是(　　)。
3. 需先煎的药材是(　　)。
4. 需包煎的药材是(　　)。
5. 需后下的药材是(　　)。
(三) 多项选择题
1. 可作为浸出辅助剂使用的是(　　)。
A. HCl　B. 氨水　C. 甘油　D. 石油醚　E. 表面活性剂
2. 与浸出过程有关的阶段包括(　　)。
A. 浸润与渗透　B. 解吸与溶解　C. 扩散　D. 置换　E. 浓缩
3. 适用于热敏性物料的干燥方法有(　　)。
A. 烘干干燥　B. 喷雾干燥　C. 减压干燥　D. 红外线干燥　E. 冷冻干燥
4. 薄膜蒸发的特点有(　　)。
A. 增大汽化表面积　B. 热传播快且均匀　C. 无液体静压影响
D. 浓缩效率高　E. 液体受热时间短
5. 浸出药剂的含量的测定方法有(　　)。
A. 化学测定法　B. 生物测定法 、　C. 药材比量法
D. 仪器测定法　E. 溶出度测定法

二、填空题

1. 常用的浸出方法有________、________和________。
2. 渗漉法适用于________药材、________药材或________药材的浸出，以及________药剂的制备。
3. 酊剂的制备方法有________、________、________和________。
4. 为了提高汤剂质量，常依据药材特性进行特别处理，其入药方法：阿胶类应________，薄荷应________，石膏、牡蛎等应________。
5. 流浸膏剂除另有规定外，每毫升相当于原药材________ g；浸膏剂每克相当于原药材________ g。

三、简答题

1. 简述影响浸出的主要因素。
2. 简述渗漉法制备浸出制剂应注意的问题。

四、实例分析题

大黄流浸膏制法如下。
[制法]　取大黄(最粗粉)1000 g，按照渗漉法提取，用 70%乙醇作溶剂，浸渍 24 h，以每分钟 1～3 mL的

速度缓缓渗漉，收集初漉液 850 mL，另器保存，继续渗漉，至渗漉液色淡为止，收集续漉液，浓缩至稠膏状，加入初漉液，混匀，用 70%乙醇稀释至 1000 mL，静置，澄清，滤过，即得。

1. 按渗漉法制备大黄流浸膏时，为何将大黄粉碎成最粗粉？
2. 写出大黄流浸膏制备工艺流程。
3. 请解释上述工艺流程中渗漉、漉液收集与处理工艺的设计依据。

（徐芳辉）

项目四 液体制剂

学习目标

能力目标

能正确选用和使用表面活性剂、溶剂和附加剂。

能计算表面活性剂 HLB 值、做溶液的浓度换算和熟悉液体制剂的浓度表示法。

能根据各类液体制剂特点、临床应用与注意事项合理指导用药。

能正确制备液体制剂并能进行质量检查。

能分析典型处方并能解决生产中遇到的问题。

知识目标

掌握:常用液体制剂的分类、特点、一般质量要求、常用溶剂与要求、典型处方分析;表面活性剂的分类、特点、毒性及应用;溶液剂、混悬剂、乳剂的分类、特点、质量要求、临床应用与注意事项。

熟悉:其他液体制剂的概念、分类、特点、质量要求、临床应用与注意事项、典型处方分析、制备方法;液体制剂的附加剂的种类和作用;混悬剂常用稳定剂的性质、特点与应用;乳剂的组成,乳化剂与乳剂稳定性。

了解:液体制剂的包装与储存的注意事项。

操作任务

Ⅰ 溶液型液体制剂的制备

一、操作目的

(1) 能进行溶液型液体制剂(溶液)的制备。

(2) 能进行液体制剂制备过程中的各项基本操作。

二、器材与药品

研钵,烧杯,锥形瓶,碘量瓶,试剂瓶,玻璃漏斗,量筒,量杯,天平等;碘,碘化钾,薄荷油,滑石粉,蔗糖,硫酸亚铁,枸橼酸,薄荷醑等。

三、操作内容

(一) 溶液的制备方法

1. 制备方法 常见方法有溶解法、稀释法和化学反应法。

(1) 溶解法 此法适用于较稳定的化学药物,多数溶液都采用此法制备。制备时,一般将药物用溶剂总体积的 1/2～3/4 溶解,过滤,再自滤器上添加溶剂至全量,搅匀,过滤后的药液应进行质量检查。制得的药物溶液应及时分装、密封、贴标签及进行外包装,即得。制备流程是:药物的称量→溶解→过滤→混合→调整容量→质量检查→包装等步骤。

(2) 稀释法　本法适用于高浓度溶液或易溶性药物的浓储备液等原料。临用前需用稀释法调至所需浓度后方可使用。如浓氨水(质量分数)含 NH_3 25%～35%，而医疗上常用的氨溶液浓度为 0.095～0.105 g/mL，因而只能用稀释法制备。又如工业上生产的浓过氧化氢溶液(质量分数)含过氧化氢(H_2O_2)为 26%～28%，而临床常用浓度为 0.025～0.035 g/mL。用稀释法制备溶液时，应弄清原料浓度和所需稀释溶液的浓度，计算时应细心，还应注意浓度单位。

对有较大挥发性和腐蚀性的浓溶液如浓氨水，稀释操作要迅速，操作完毕应立即密塞，以免过多挥散损失，影响浓度的准确性。此外，还应注意量取操作的准确性。

(3) 化学反应法　此法适用于原料药缺乏或质量不符合要求的情况。将两种或两种以上的药物，通过化学反应制成新的药物溶液的方法，待化学反应完成后，滤过，自滤器上添加溶剂至全量，即得。如复方硼砂溶液等。

2. 制备复方碘溶液　复方碘溶液临床上可调节甲状腺功能，用于缺碘引起的疾病，如用于甲状腺肿和甲状腺功能亢进症等辅助治疗。

[处方]　碘　2.5 g　　碘化钾　5.0 g　　蒸馏水　加至 50 mL

[制法]　取碘化钾置于容器内，加蒸馏水 5 mL，搅拌使溶解，再将碘加入溶解后，加蒸馏水至全量，混匀，即得。

[注解]

(1) 碘具有腐蚀性和挥发性，称量时可用玻璃器皿或蜡纸，不宜用纸，并不得接触皮肤与黏膜，在空气中暴露时间不宜过长。

(2) 处方中碘化钾起助溶剂和稳定剂作用，因碘具有挥发性又难溶于水(1：2950)，碘化钾(或碘化钠)可与碘生成易溶性配合物而溶解，同时此配合物可减少刺激性。

(3) 在制备时，为使碘能迅速溶解，先将碘化钾加适量蒸馏水(1：1)，配成近饱和溶液。

(4) 碘溶液具氧化性，应储存于磨口玻璃塞瓶内，不得直接与木塞、橡胶塞及金属塞接触。为避免被腐蚀，可加一层玻璃纸衬垫。

(二) 芳香水剂的制备

1. 芳香水剂的制备方法　常见的有溶解法、稀释法及水蒸气蒸馏法。

(1) 溶解法　采用溶解法制备芳香水剂时，应使挥发性药物与水的接触面积增大，以促进其溶解。一般可用以下两种方法：a. 振摇溶解法。取挥发性药物 2 mL(或 2 g)于容器中，加入蒸馏水 1000 mL，强力振摇一定时间使之溶解成饱和溶液，用蒸馏水润湿的滤纸过滤，初滤液如混浊，应重滤至澄清、自滤器上添加蒸馏水至足量，即得。b. 加分散剂溶解法。取挥发性药物 2 mL(或 2 g)置于乳钵中，加入精制滑石粉 15 g(或适量的滤纸浆)，混研均匀，移至容器中加入蒸馏水 1000 mL，振摇一定时间，用润湿滤纸滤至澄清，自滤器上添加蒸馏水至足量，即得。

加入滑石粉(或滤纸浆)作为分散剂，目的是使挥发性药物被分散剂吸附，增加挥发性药物的表面积，促进其分散与溶解；此外，滤过时分散剂在滤过介质上形成滤床吸附剩余的溶质和杂质，起助滤作用，利于溶液的澄清。所用的滑石粉不应过细，以免通过滤材使溶液混浊。

(2) 稀释法　取浓芳香水剂 1 份，加蒸馏水若干份稀释而成。

(3) 水蒸气蒸馏法　取适量含挥发性成分的植物药材拣洗处理，适当粉碎后，置蒸馏器中，加适量的蒸馏水浸泡一定时间，通入蒸汽蒸馏，至馏液达到规定量。一般为药材重的 6～10 倍，除去过量未溶解的挥发油，必要时滤过澄清，使成澄明溶液，即得。

2. 薄荷水的制备

本品为芳香矫味药与祛风药，或可作为分散剂使用。

[处方]　薄荷油　0.2 mL　　滑石粉　1.5 g　　蒸馏水　加至 100 mL

[制法]　取薄荷油加精制滑石粉 1.5 g，在研钵中研匀，加少量蒸馏水移至 150 mL 锥形瓶中，加入蒸馏水(约 80 mL)，加盖振摇 10 min 后用润湿的滤纸过滤，初滤液若混浊，应反复过滤至滤液澄清，再自滤器上添加适量蒸馏水使成 100 mL，即得。

［注解］

(1) 薄荷油中含薄荷脑及薄荷酮等成分，水中溶解度为 0.05%(kg/mg)，处方用量为溶解量的 4 倍，配制时不能完全溶解。

(2) 分散溶解法是制备芳香水剂的常用方法，处方中滑石粉为分散剂，应与薄荷油充分研匀，以利于溶解。

(3) 本品可加适量非离子型表面活性剂如聚山梨酯 80 作为增溶剂。

（三）糖浆剂的制备

1. 糖浆剂的制备方法 常见有热溶法、冷溶法和混合法。

(1) 热溶法 此法适用于制备对热稳定的药物糖浆和有色糖浆。即将蔗糖加入沸蒸馏水中，加热溶解后，再加可溶性药物，混合、溶解、过滤，从滤器上加适量蒸馏水至规定容量，混合均匀即得。其优点是蔗糖容易溶解，趁热容易滤过，所含高分子杂质如蛋白质加热凝固而被滤除，制得的糖浆易于滤清，同时在加热过程中杀灭微生物，使糖浆易于保存。但加热过久或超过 100 ℃时，使转化糖含量增加，糖浆剂的颜色容易变深。因此，最好在水浴或蒸汽浴上进行，一经煮沸即停止加热，溶解后，趁热过滤。难以滤清的糖浆，可在加热前加入少许鸡蛋清（一般 500 mL 糖浆中，加鸡蛋清两个）或其他澄清剂（骨炭、精制滑石粉、硅藻土等）充分搅匀，然后加热至 100 ℃，蛋白遇热凝固时能将杂质微粒吸附，并浮于表面，放置稍冷，用 3～4 层纱布过滤，除去凝固蛋白可得澄清的糖浆溶液（或在 900 kg 糖浆中，加入 24 g 蛋白粉亦可）。

(2) 冷溶法 此法适用于主要成分对热不稳定的药物或挥发性药物的糖浆的制备。在室温下将蔗糖溶于蒸馏水或含药物的溶液中，待完全溶解后，过滤即得。其特点是可制得色泽较浅或无色的糖浆，转化糖较少。但蔗糖溶解慢，需时较长，卫生条件要求严格，以免染菌。

(3) 混合法 将药物与单糖浆均匀混合制得。此法操作简便，质量稳定，应用广泛，但制成的含药糖浆含糖量低，应特别注意防腐。

2. 单糖浆的制备 本品主要用于矫味剂，也可用作混悬剂中的助悬剂。

［处方］ 蔗糖 85 g 蒸馏水 加至 100 mL

［制法］ 取蒸馏水 45 mL 煮沸，加蔗糖搅拌溶解后，继续加热至 100 ℃，趁热保温滤过，自滤器上添加适量热蒸馏水，使其冷至室温，再加蒸馏水至 100 mL，搅匀即得。

［注解］

(1) 单糖浆含蔗糖 85%(g/mL)或 64.7%(g/g)。

(2) 蔗糖品质的优劣对本品的质量有很大影响，必须选用药用白糖做原料。

(3) 制备时温度升至 100 ℃之后的时间不易太长，否则蔗糖可水解为果糖和葡萄糖（转化糖），转化糖含量过高，在储存期间易发酵，故《中国药典》(2015 年版)规定蔗糖中转化糖的含量不得超过 3%。加热时间太短，达不到灭菌目的。

3. 硫酸亚铁糖浆的制备 本品为抗贫血药，用于缺铁性贫血。

［处方］ 硫酸亚铁 1.5 g 枸橼酸 0.1 g 蒸馏水 5.0 mL 薄荷酊 0.1 mL
单糖浆加至 50 mL

［制法］ 取枸橼酸溶于全量蒸馏水中，加入预先研细的硫酸亚铁，搅拌溶解、过滤，滤液与适量单糖浆混匀，滴加薄荷酊，边加边搅拌，再加单糖浆至 50 mL，搅匀，即得。

［注解］ 硫酸亚铁置空气中吸潮后易氧化生成黄棕色碱式硫酸铁，不能供药用，其反应式如下：

$$4FeSO_4 + O_2 + 2H_2O \longrightarrow 4Fe(OH)SO_4$$

其水溶液长期放置同样有此变化，本品中所加枸橼酸，主要使部分蔗糖转化成具有还原性的果糖和葡萄糖，以防止硫酸亚铁的氧化变色。

（四）其他低分子溶液的制备方法

1. 酊剂的制备方法 常用溶解法和蒸馏法。

(1) 溶解法 将挥发性药物直接溶解于乙醇中制得，如樟脑酊、氯仿酊的制备。

(2) 蒸馏法 将挥发性药物溶于乙醇后再进行蒸馏，或将经化学反应制得的挥发性药物加以蒸馏而制得，如芳香氨酊。

2. 甘油剂的制备方法 常用溶解法和化学反应法。

(1) 溶解法　将药物直接溶于甘油中制成(必要时加热),如碘甘油等。

(2) 化学反应法　将药物溶于甘油中发生化学反应制得的液体制剂,如硼酸甘油等。

3. 硼砂甘油剂的制备　本品为无刺激性的缓和消毒药,用于黏膜如耳、鼻、喉部位和慢性中耳炎。

[处方]　硼酸　31 g　甘油　适量　共制　100 g

[制法]　取甘油 46 g 置于称定质量的蒸发皿中,在砂浴上加热至 140～150 ℃后,分次加入硼酸粉,边加边搅拌,溶解后继续同温加热,并时时搅拌,破开液面上结成的薄膜,待质量减至 52 g,再缓缓加入适量甘油,边加边搅拌,使全量成 100 g,趁热倾入适宜的干燥瓶中,密闭,即得。

[注解]

(1)本品为硼酸甘油的甘油溶液,硼酸与处方中的部分甘油反应生成硼酸甘油。其反应如下:

$$C_3H_5(OH)_3 + H_3BO_3 \rightleftharpoons C_3H_5BO_3 + 3H_2O$$

(2) 加热有利于反应进行并能除去生成的水分,但加热温度不宜超过 150 ℃,否则甘油会分解成丙烯醛,使所制得的制剂呈黄色或棕色,并增加刺激性。

(3) 本品易吸潮,吸潮后或加入水能析出硼酸,故本品应用干燥容器包装,趁热灌装,密闭保存。

(五) 质量检查

1. 外观

(1) 溶液型液体制剂的外观应均匀、透明,无可见微粒和纤维等异物。

(2) 复方碘溶液应为深棕色的澄明液体,有碘臭。

(3) 薄荷水应为无色澄明或几乎澄明的液体,有薄荷味。

(4) 单糖浆应为无色或淡黄色澄清的黏稠液体,味甜。

(5) 硫酸亚铁糖浆应为淡黄绿色澄清的黏稠液体,具薄荷香气,味甜。

(6) 硼酸甘油应为白色或微黄色的黏稠液体。

2. 鉴别　按《中国药典》(2015 年版)或有关制剂手册各制剂项下检查方法检查,应符合规定。

(六) 实验结果

将溶液型液体制剂的质量检查结果记录于表 4-1 中。

表 4-1　溶液型液体制剂的质量检查结果

品　名	色泽	臭味	澄明度
复方碘溶液			
薄荷水			
单糖浆			
硫酸亚铁糖浆			
硼酸甘油			

四、思考题

(1) 碘化钾在复方碘溶液处方中有何作用?

(2) 试提出制备硫酸亚铁糖浆的新工艺。

(3) 制备薄荷水时,使成品澄清的关键是什么?

(4) 硼酸甘油液体制剂的制备方法是什么,如何提高产品的产量?

Ⅱ　胶体型液体制剂的制备

一、操作目的

(1) 掌握高分子溶液与溶胶剂的性质及制备方法。

(2) 熟悉胶体型液体制剂的质量评价方法。

二、仪器与材料

烧杯，量筒，量杯，水浴，天平等；胃蛋白酶，甲酚，羧甲基纤维素钠，甘油，植物油，稀盐酸，氢氧化钠，软皂，5%羟苯乙酯醇溶液，单糖浆，橙皮酊等。

三、操作内容

（一）胃蛋白酶合剂的制备

本品为助消化药，用于缺乏胃蛋白酶或病后消化机能减退引起的消化不良相关症状。

［处方］ 胃蛋白酶 1.5 g 稀盐酸 1.0 mL
单糖浆 5.0 mL 橙皮酊 1.0 mL
5%羟苯乙酯醇溶液 0.5 mL 蒸馏水 加至 50.0 mL

［制法］ 取约 40 mL 蒸馏水加稀盐酸、单糖浆，搅匀；再将橙皮酊与羟苯乙酯醇溶液缓缓加入，边加边搅拌，然后将胃蛋白酶撒布在液面上，待其自然膨胀溶解后，再加蒸馏水使成 50 mL，轻轻混匀，分装，即得。

［注解］

(1) 本品中的胃蛋白酶消化力为 1∶3000，pH 值在 1.5～2.5 时活性最大，故处方中加稀盐酸调节 pH 值。但胃蛋白酶不得与稀盐酸直接混合，须加蒸馏水稀释后配制，因含盐酸量超过 5%时，胃蛋白酶活性降低。

(2) 本品不宜用热水配制（或加热），不宜剧烈搅拌，以免影响活力，宜新鲜配制。

(3) 本品亦可加适量甘油（10%～20%）代替单糖浆，以增加胃蛋白酶的稳定性，可加酊剂矫味，合剂的含醇量不应超过 10%。

(4) 本品不宜过滤，若必须过滤时，滤材需先用相同浓度的稀盐酸润湿，以饱和滤材表面电荷，消除对胃蛋白酶活力的影响，然后过滤。

（二）甲酚皂溶液的制备

本品为消毒防腐药，用于皮肤消毒一般为 1%～2%的水溶液；消毒敷料、器械和处理排泄物时，常用 5%～10%的水溶液。具体处方见表 4-2。

［处方］

表 4-2 甲酚皂溶液

处方一		处方二	
甲酚	25 mL	甲酚	25 mL
植物油	8.65 g	钾肥皂（或钠肥皂）	25 g
氢氧化钠	1.35 g	蒸馏水	加至 50 mL
蒸馏水	加至 50 mL		

［制法］ 处方一：取氢氧化钠 1.35 g，加蒸馏水 10 mL 溶解后，放冷至室温，不断搅拌下加入植物油中，使其皂化；放置约 20 min 后置水浴上慢慢加热，当颜色加深呈透明状时，再进行搅拌，并检查是否皂化完全（方法：取溶液 1 滴，加蒸馏水 9 滴，混匀，如溶液澄清且无油滴析出，即为完全皂化）；若皂化完全，趁热加甲酚搅拌，混合均匀，放冷，最后补加蒸馏水至全量，摇匀即得。

处方二：将甲酚、钾肥皂（或钠肥皂）加入适量蒸馏水中，搅拌均匀（必要时可在水浴中加热），即得。

［注解］

(1) 甲酚（亦称煤酚）与酚的性质相似，但杀菌力较酚强。

(2) 甲酚在水中溶解度小（1∶50），实验中利用钾肥皂（或钠肥皂）增溶作用，制成 50%甲酚皂溶液，所以该溶液是肥皂的缔合胶体。

（三）羧甲基纤维素钠胶浆的制备

本品为润滑剂，用于腔道、器械检查，起润滑作用。

［处方］ 羧甲基纤维素钠 1.0 g 甘油 12 mL
5%羟苯乙酯醇溶液 0.5 mL 蒸馏水 加至 40 mL

［制法］ 取羧甲基纤维素钠撒布于盛有适量蒸馏水的烧杯中，先让其自然溶胀，然后稍加热使其完全溶解，将羟苯乙酯醇溶液与甘油加入到烧杯中，最后补加蒸馏水至全量，搅拌均匀，即得。

［注解］

(1) 配制羧甲基纤维素钠胶浆时，应使羧甲基纤维素钠在适量冷水中充分溶胀，然后再稍加热促溶。

(2) 羧甲基纤维素钠遇阳离子型药物及碱土金属、重金属盐会发生沉淀，故不宜用季铵盐类和汞类防腐剂。

(3) 甘油(或丙二醇)可以起到保湿、增稠和润滑的作用。本品在 pH 值为 5～7 时黏度最高。

(四) 质量检查

(1) 外观 胃蛋白酶合剂为微黄色胶体溶液。甲酚皂溶液为微黄色的溶液。羧甲基纤维素钠胶浆为无色黏稠性液体。

(2) pH 值测定 用精密 pH 试纸测定各溶液的 pH 值，将结果记录于表 4-3 中。

(3) 胃蛋白酶活力测定

①醋酸钠缓冲溶液的制备：取冰醋酸 92 g 和氢氧化钠 43 g，分别溶于适量蒸馏水中，将两液混合，并加蒸馏水稀释至 1000 mL，此溶液的 pH 值为 5。

②牛乳醋酸钠混合液的制备：取等体积的醋酸钠缓冲溶液和鲜牛奶混合均匀即得。此混合液在室温密闭储存，可保存 2 周。

③活力试验：精密吸取胃蛋白酶合剂 0.1 mL 置于试管中，另用吸管加入牛乳醋酸钠混合液 5 mL，从开始加入时计起，迅速加完，混匀，将试管倾斜，注视沿管壁流下的牛乳液，至开始出现乳酪蛋白的絮状沉淀为止，计时，记录凝固牛乳所需的时间。以上试验全部需在 25 ℃进行。

④计算活力单位：胃蛋白酶活力愈强，凝固牛乳愈快，即凝固牛乳液所需时间愈短；故规定能使牛乳液在 60 s 末凝固的胃蛋白酶活力强度为 1 个活力单位(例如：在 20 s 末凝固，则为 60/20，即 3 个活力单位，再换算成每 1 mL 供试液的活力单位)。将测定结果记于表 4-3 中。

胃蛋白酶活力测定也可参照《中国药典》(2015 年版)胃蛋白酶品种项下规定的方法。

四、试验结果

(1) 将胶体型液体制剂的质量检查结果记录于表 4-3 中。

表 4-3 胶体型液体制剂的质量检查结果

品 名	色泽	pH 值	胃蛋白酶活力
胃蛋白酶合剂			
甲酚皂溶液(处方 1)			
甲酚皂溶液(处方 2)			
羧甲基纤维素钠胶浆			

(2) 试比较用处方 1 与处方 2 分别制得的甲酚皂溶液能否加水任意稀释而得到澄明溶液。

五、思考题

(1) 简述亲水胶体制备过程及制备特点。

(2) 影响胃蛋白酶活力的因素有哪些？

(3) 何谓增溶？试以甲酚皂溶液为例说明增溶的原理。

(4) 制备羧甲基纤维素钠胶浆时应注意哪些问题？

Ⅲ 混悬剂的制备

一、操作目的

(1) 掌握混悬剂的一般制备方法。

(2) 熟悉稳定剂的作用及选择。

(3) 熟悉混悬剂的质量评价方法。

二、仪器与材料

研钵，量筒，量杯，具塞试管，烧杯，天平等；炉甘石，沉降硫黄，氧化锌，硫酸锌，甘油，羧甲基纤维素钠，三氯化铝，枸橼酸钠，聚山梨酯 80，5%苯扎溴铵溶液，樟脑醑等。

三、操作内容

(一) 炉甘石洗剂的制备(见表 4-4)

本品有轻度收敛止痒作用，局部涂搽常用于急性湿疹、亚急性皮炎。

[处方]

表 4-4 炉甘石洗剂

处　方	1	2	3	4	5
炉甘石(7 号筛粉)/g	3.0	3.0	3.0	3.0	3.0
氧化锌(7 号筛粉)/g	1.5	1.5	1.5	1.5	1.5
甘油/g	1.5	1.5	1.5	1.5	1.5
羧甲基纤维素钠/g	0.15	—	—	—	—
三氯化铝/g	—	0.036	—	—	—
枸橼酸钠/g	—	—	0.15	—	—
聚山梨酯 80/g	—	—	—	0.6	—
蒸馏水加至/mL	30	30	30	30	30

[制法]

(1) 制备稳定剂

①称取羧甲基纤维素钠 0.15 g，加约 20 mL 蒸馏水，加热溶解使成胶浆。

②称取聚山梨酯 80 0.6 g，配成 10%的水溶液备用。

③称取枸橼酸钠 0.15 g，加蒸馏水 10 mL 溶解，备用。

④三氯化铝配成 0.36%的水溶液，取用 10 mL。

(2) 制备混悬剂：上述 5 个处方，均采用加液研磨法制备。称取过 120 目筛的炉甘石、氧化锌于研钵中，加甘油研磨至糊状后，再加入处方中其他成分，最后加蒸馏水至全量，搅匀即得。

[注解]

(1) 炉甘石是指含有适量(0.5%～1%，g/g)氧化铁(着色剂)的碱式碳酸锌或氧化锌，略带微红色，用前应和氧化锌混合过 120 目筛。

(2) 炉甘石和氧化锌为亲水性药物，可被水湿润；加适量的分散剂研磨成糊状，使其分散。

(3) 炉甘石洗剂是一种混悬剂，若配制方法不当或选用的助悬剂不适宜，就不易保持混悬状态，涂用时会有沙砾感。久储沉淀的颗粒易聚结，振摇亦难再分散。

(4) 炉甘石洗剂的处方拟定时，应注意稳定剂的使用。如：应用高分子物质(如纤维素衍生物等)作助悬剂；应用三氯化铝作絮凝剂；应用聚山梨酯 80 在混悬颗粒周围形成电性保护膜；应用枸橼酸钠作反絮凝剂等来提高混悬剂的稳定性。

(二) 复方硫黄洗剂的制备(见表 4-5)

本品具有保护皮肤与抑制皮脂分泌的作用,适用于皮脂溢出、痤疮及酒渣鼻等。

[处方]

表 4-5　复方硫黄洗剂

处　方	1	2	3
沉降硫黄/g	3.0	3.0	3.0
硫酸锌/g	3.0	3.0	3.0
樟脑醑/mL	25	25	25
甘油/mL	10	10	10
5%苯扎溴铵溶液/mL	0.4	—	—
聚山梨酯 80/mL	—	—	0.25
蒸馏水加至/mL	100	100	100

[制法]

处方 1:取沉降硫黄置研钵中加甘油研匀,缓缓加入硫酸锌水溶液(将硫酸锌溶于 25 mL 水中,过滤即得)研匀,然后缓缓加入樟脑醑,边加边研,最后转移至量杯中加蒸馏水至全量,搅拌均匀即得。

处方 2:取沉降硫黄置研钵中加甘油和 5%苯扎溴铵溶液研匀,缓缓加入硫酸锌水溶液研匀,再缓缓加入樟脑醑,边加边研,最后转移至量杯中加蒸馏水至全量,搅拌均匀即得。

处方 3:同处方 2 的操作方法,只将 5%苯扎溴铵溶液改为聚山梨酯 80 即可。

[注解]

(1) 硫黄为典型的疏水性药物,但能被甘油湿润,所以在制备时应先加入甘油与之充分研磨,使其充分润湿后再与其他液体研和,以利于硫黄的分散。

(2) 由于软皂与硫酸锌可生成不溶性的锌皂,所以在复方硫黄洗剂中不宜选用软皂做稳定剂。

(3) 樟脑醑为樟脑的乙醇溶液,应以细流缓缓加入,并急速搅拌,使樟脑不致析出大颗粒。

(三) 质量检查及稳定剂效果评价

(1) 沉降体积比的测定　将按 5 个处方制成的炉甘石洗剂或按 3 个处方制成的复方硫黄洗剂分别倒入有刻度的具塞试管中,密塞,用力振摇 1 min,记录混悬液的开始高度 H_0,放置并按表 4-6、表 4-7 所规定的时间测定沉降物的高度 H,计算各个放置时间的沉降体积比(H/H_0),记录于相应表 4-6 和表 4-7 中。沉降体积比在 0～1 之间,其数值愈大,混悬剂愈稳定。

(2) 再分散性试验　将上述分别装有炉甘石洗剂或复方硫黄洗剂的具塞试管放置(48 h 或 1 周,也可依条件而定),使其沉降,然后将试管倒置翻转(一反一正为一次),并将试管底部沉降物重新分散所需翻转次数记录于 4-8 和表 4-9 中。所需翻转的次数愈少,表明再分散性愈好。若始终未能分散,记录为“结块”。

四、试验结果

将炉甘石洗剂与复方硫黄洗剂质量检查及稳定剂效果评价结果即 2 h 内的沉降体积比(H/H_0)记录于表 4-6 和表 4-7 中。

表 4-6　炉甘石洗剂 2 h 内的沉降体积比(H/H_0)

时间	处方 1	处方 2	处方 3	处方 4	处方 5
5 min					
15 min					
30 min					
1 h					
2 h					

表 4-7　复方硫黄洗剂 2 h 内的沉降体积比（H/H_0）

时间	处方 1	处方 2	处方 3
5 min			
15 min			
30 min			
1 h			
2 h			

表 4-8　炉甘石洗剂再分散性测定数据

比较项目	处方 1	处方 2	处方 3	处方 4	处方 5
翻转次数					
再分散性					

表 4-9　复方硫黄洗剂再分散性测定数据

比较项目	处方 1	处方 2	处方 3
翻转次数			
再分散性			

五、思考题

(1) 分析炉甘石洗剂和复方硫黄洗剂在制备方法上有何不同。

(2) 比较 5 个处方的炉甘石洗剂质量上有何不同，并分析其原因。

(3) 比较 3 个处方的复方硫黄洗剂质量上有何不同，并分析其原因。

(4) 将樟脑醑加到水中，注意有什么现象发生．如何使产品微粒不致太大？

(5) 混悬剂的稳定性与哪些因素有关？

Ⅳ　乳剂的制备

一、操作目的

(1) 掌握乳剂的一般制备方法及乳剂类型的鉴别。

(2) 掌握混合乳化剂的使用及 HLB 值的计算。

二、仪器与材料

研钵，量杯，具塞试剂瓶，具塞试管，刻度离心管，离心机，显微镜，恒温水浴，天平等；液体石蜡，阿拉伯胶，鱼肝油，植物油，聚山梨酯 80，司盘 80，5%羟苯乙酯醇溶液，氢氧化钙等。

三、操作内容

（一）液体石蜡乳的制备

本品为轻泻剂，用于治疗便秘，尤其适用于高血压、动脉瘤、痔、疝气及手术后便秘的患者，可以减轻此类患者排便的痛苦。

［处方］　液体石蜡　12 mL　阿拉伯胶（细粉）　4 g
　　　　5%羟苯乙酯醇溶液　0.1 mL　蒸馏水　加至 30 mL

［制法］

(1) 干胶法　在干燥研钵中加入 12 mL 液体石蜡，分次加入阿拉伯胶，研匀，加蒸馏水 8 mL，迅速沿同一方向研磨，直至发出“噼啪”声，即成初乳。再加蒸馏水适量研磨后，转移至量杯中，加入5%羟苯乙酯醇溶液，并补加蒸馏水至全量，搅匀即得。

(2) 湿胶法　取8 mL蒸馏水置于烧杯中，加4 g阿拉伯胶细粉配成胶浆，置研钵中，作为水相；再将12 mL液体石蜡分次加入水相中，边加边研，使之成初乳状。再加蒸馏水适量研磨后，转移至量杯中，将5%羟苯乙酯醇溶液加入，最后加水至30 mL，搅匀即得。

[注解]

(1) 干胶法简称干法，适用于乳化剂为细粉者。湿胶法简称湿法，所用的乳化剂可以不是细粉，但应能制得胶浆，湿法所用的胶浆(胶与水的比例为1∶2)应提前制好，备用。

(2) 制备初乳时，干法应选用干燥乳钵，油相与胶粉(乳化剂)充分研匀后，按油、胶、水的比例为3∶1∶2比例一次性加水，迅速沿同一方向旋转研磨，否则不易形成O/W型乳剂，或形成后也不稳定。

(3) 在制备初乳时添加水量过多，则外相水液的黏度较低，不利于油分散成油滴，制得的乳剂也不稳定，易破乳。

(4) 在制备时，必须待初乳形成后，方可加水稀释。

(5) 使用合成乳化剂(如聚山梨酯80或司盘80)制备乳剂时，可不考虑混合顺序，即将油相、水相、乳化剂混合，用振摇法或其他器械制成。

(二) 鱼肝油乳的制备

本品主要用于补充人体所需的维生素D。

[处方]　鱼肝油　　30 mL　　阿拉伯胶(细粉)　7.5 g
　　　　蒸馏水　　加至60 mL

[制法]　将鱼肝油倾入已放有阿拉伯胶细粉的干燥研钵中，研磨使其成均匀的油胶混悬液；将15 mL蒸馏水一次加入，迅速沿同一方向研磨，制成初乳；将初乳倾入量杯中，分次用少量蒸馏水冲洗研钵，加入量杯中，最后加蒸馏水至全量，搅匀即得。

[注解]

(1) 先在干燥、粗糙的研钵中制备初乳，初乳的油、水、胶的比例为4∶2∶1。

(2) 加入水后应沿一个方向强力研磨。

(三) 石灰搽剂的制备

本品用于轻度烫伤，具有收敛、止痛、润滑、保护等作用。

[处方]　植物油　10 mL　　氢氧化钙溶液 10 mL

[制法]　量取植物油及氢氧化钙溶液各10 mL，置具塞的试剂瓶中，用力振摇至乳剂生成。

[注解]　石灰搽剂是由氢氧化钙与植物油中所含的少量游离脂肪酸进行皂化反应形成钙皂(新生皂)作乳化剂，再乳化植物油而制成W/O型乳剂。植物油可为菜油、芝麻油、花生油、棉籽油等。

(四) 乳化植物油所需HLB值的测定

[处方]　植物油　　10 mL　　混合乳化剂(司盘80与聚山梨酯80)　1.0 g
　　　　蒸馏水　　加至20 mL

[测定方法]

(1) 用司盘80(HLB值为4.3)、聚山梨酯80(HLB值为15.0)配成6组混合乳化剂各1.0 g，使其HLB值分别为4.3、6.0、8.0、10.0、12.0和14.0。计算各乳化剂的用量(g)。并记录于表4-10中。

(2) 取6支具塞刻度试管，各加入植物油10 mL，再分别加入上述不同HLB值的混合乳化剂各1.0 g，然后加蒸馏水至20 mL，加塞，振摇2 min，即成乳剂。放置5 min、10 min、30 min、60 min后，分别测量其水层高度，记录表4-11中，并判断哪一个处方较稳定，由此确定乳化植物油所需的HLB值。

表4-10　混合乳化剂中各组乳化剂的用量

乳化剂	混合乳化的HLB值					
	4.3	6.0	8.0	10.0	12.0	14.0
聚山梨酯80用量/g						
司盘80用量/g						

表 4-11 乳剂稳定性测定数据

处方号	HLB 值	水层高度/mm	放置时间			
			5 min	10 min	30 min	60 min
1	4.3	水层高度/mm				
2	6.0	水层高度/mm				
3	8.0	水层高度/mm				
4	10.0	水层高度/mm				
5	12.0	水层高度/mm				
6	14.0	水层高度/mm				

[注解]

(1) 测定植物油乳化所需 HLB 时，其 6 支试管在手中振摇的强度和时间应尽可能一致。

(2) 试验中所用植物油可为花生油、芝麻油、豆油等。

(五) 乳剂类型鉴别

(1) 稀释法　取试管 2 支，分别加入液体石蜡乳、鱼肝油乳和石灰搽剂各 1 滴，再加入蒸馏水 5 mL，振摇混合，观察混匀情况，能在水中分散均匀融为一体者为 O/W 型乳剂，否则为 W/O 型乳剂。

(2) 染色镜检法　用玻璃棒蘸取液体石蜡乳、鱼肝油乳和石灰搽剂少许分别涂于载玻片上，用亚甲蓝溶液(水溶性染料)和苏丹Ⅲ溶液(油溶性染料)分别染色一次，并在显微镜下观察着色情况，使亚甲蓝均匀分散者为 O/W 型乳剂，使苏丹Ⅲ均匀分散者为 W/O 型乳剂，由此可判断乳剂所属类型。

(六) 乳剂稳定性考察

(1) 离心法　取 3 支刻度离心管，分别装 5 mL 液体石蜡乳、鱼肝油乳和石灰搽剂，以 4000 r/min 速度离心 15 min，若不分层则认为质量较好。

(2) 快速加热试验　取 5 mL 液体石蜡乳、鱼肝油乳和石灰搽剂，分别装于 3 支具塞试管中并塞紧，60 ℃(或 80 ℃)的恒温水浴 60 min(或 30 min)，若不分层则乳剂稳定。

(3) 冷藏法　分别取 5 mL 液体石蜡乳、鱼肝油乳和石灰搽剂，分别装于具塞试管中并塞紧，于冰箱冷藏(或冷冻)60 min(或 30 min)，若不分层(或不粗化)则表明乳剂稳定。

(4) 加入两相均溶解的溶剂　取液体石蜡乳、鱼肝油乳和石灰搽剂各 3 mL，分别加入 3 mL 丙酮观察现象。

四、试验结果

(1) 将液体石蜡乳、鱼肝油乳和石灰搽剂三种乳剂类型鉴别结果记录于表 4-12。

(2) 将液体石蜡乳、鱼肝油乳和石灰搽剂三种乳剂稳定性考察结果记录于表 4-13。

表 4-12 三种乳剂类型鉴别结果

比较项目	液体石蜡乳		鱼肝油乳		石灰搽剂	
	内相	外相	内相	外相	内相	外相
亚甲蓝						
苏丹Ⅲ						
乳剂类型						

表 4-13 三种乳剂稳定性考察结果

制　剂	离心法	加热法	冷藏法	加两相均溶解的溶剂
液体石蜡乳				
鱼肝油乳				
石灰搽剂				

五、思考题

(1) 影响乳剂稳定性的因素有哪些？

(2) 乳剂类型主要取决于什么因素？有哪些方法可判断乳剂的类型？

(3) 石灰搽剂制备的原理是什么？它属于何种类型的乳剂？

相关知识

一、药物溶液的形成理论

(一) 药用溶剂的种类及性质

物质溶解过程中，溶解的物质（溶质）分子与分散介质（溶剂）分子发生相互作用，如果溶剂分子与溶质分子间的相互作用力大于溶质分子间的相互作用力，则溶质分子从溶质上脱离，然后在溶剂中扩散，最终达到平衡状态，即溶质的溶解速度与其结晶速度相等。因此物质的溶解是溶质和溶剂的分子或离子相互作用的过程。通常其相互作用力从强到弱主要有偶极力、氢键力和范德华力。溶解的一般规律为：相似者相溶，指溶质与溶剂极性程度相似的可以相溶。

物质按极性程度不同可以分为极性和非极性，处于两者之间的为半极性。

1. 极性溶剂 常用的极性溶剂有水、甘油、二甲基亚砜等。最常用的溶剂是水，为强极性溶剂，可溶解电解质和极性化合物，如多种无机盐、醛酮类化合物、多羟基化合物、胺类化合物等。水分子与溶质间的相互作用力有：与某些强电解质离子产生离子-偶极力，与极性溶质中的氧原子或氮原子形成氢键，与极性羟基化合物产生范德华力（定向力）。同一溶解过程中，可能单一作用力发生作用，也可能多种作用力共同发生作用。由于离子-偶极力作用最强，因此在水中电解质的溶解度较大。如果溶剂的极性减弱，则其与极性物质的相互作用力减小，溶解度亦减小，如在极性比水小的醇中一些电解质就不易溶解。如果溶质的极性减弱，则其在水中的溶解度随其分子中非极性基团数量的增加而显著降低，如分子中含有酯基、烃链等非极性基团的溶质，在极性比水弱的醇等溶剂中则有较大的溶解度，但此时溶质与溶剂间的相互作用力主要是色散力。

2. 非极性溶剂 常用的非极性溶剂有氯仿、苯、液体石蜡、植物油、乙醚等，它们只能溶解非极性物质，这是由于非极性溶剂分子内部产生的瞬时偶极克服了溶质分子间内聚力而致。如脂肪、油能够溶于苯和四氯化碳中。

3. 半极性溶剂 一些有一定极性的溶剂如乙醇、丙二醇、聚乙二醇和丙酮等，能诱导非极性分子产生一定的极性而溶解，其相互作用力包括诱导力和定向力，这类溶剂又称为半极性溶剂。半极性溶剂因其有诱导作用而可与某些极性或非极性溶剂混合使用，其可以作为中间溶剂使本不相溶的极性溶剂和非极性溶剂混溶，也可以用于极性溶剂中以提高一些非极性溶质的溶解度。例如：丙酮可以增大酯和乙醚在水中的溶解度；乙醇可以用作蓖麻油和水的中间溶剂，能够增大氢化可的松在水中的溶解度；丙二醇可以增大薄荷油、利血平等在水中的溶解度。

另外，物质在溶解的同时还可能产生热效应（放热或吸热）或体积效应（体积增大或减小）。

(二) 药物的溶解度

1. 溶解度的概念 溶质以分子或离子状态均匀分散在溶剂中形成溶液的过程即为溶解。溶解度是指药物在一定温度（气体在一定压力）下，在一定量溶剂中能溶解药物的最大量。《中国药典》(2010 年版）关于溶解度有 7 种要求，即极易溶解、易溶、溶解、略溶、微溶、极微溶解、几乎不溶或不溶。溶解度一般以一份溶质（1 g 或1 mL）溶于若干毫升溶剂中表示。如苦杏仁苷在水中的溶解度为 1∶12，即 1 g 苦杏仁苷溶于 12 mL 水中。

药物能否发挥疗效，除与溶解度有关外，还与溶解速度有关，药物在单位时间内的溶解量即为溶解速度。对于难溶性固体药物，其显效的快慢基本上取决于药物的溶出速度。

2. 影响药物溶解度的因素 影响药物溶解度的因素很多，主要有以下几个方面。

1) 药物 药物的极性和晶格引力的大小均可影响药物的溶解度。药物极性的大小对溶解度有很大的影响，药物的结构决定极性的大小，其极性与溶剂的极性遵循相似者相溶的规律。药物晶格引力的大小对溶解度也有影响，如顺式丁烯二酸（马来酸）熔点为 130 ℃、溶解度为 1∶5，反式丁烯二酸（富马酸）熔点为

200 ℃、溶解度为 1∶150。

2）溶剂　溶剂通过降低药物分子或离子间的引力，使药物分子或离子溶剂化而溶解，是影响药物溶解度的重要因素。极性溶剂可破坏盐类药物的离子结合，其分子与药物离子由于离子-偶极力结合产生溶剂化；极性溶剂与极性药物形成永久偶极-永久偶极结合产生溶剂化；极性较弱的药物分子中的极性基团与水形成氢键而致溶解；非极性溶剂分子与非极性药物分子形成诱导偶极-诱导偶极结合；非极性溶剂分子与半极性药物分子形成诱导偶极-永久偶极结合。

3）温度　温度对溶解度的影响很大，其关系可用式(4-1)表示。

$$\ln C = \frac{\Delta H_f}{R}\left(\frac{1}{T_f} - \frac{1}{T}\right) \tag{4-1}$$

式中：C 为溶解度(摩尔分数)；ΔH_f为摩尔熔化热；R 为摩尔气体常数；T_f为药物的熔点；T 为溶解时的温度。

由式可知，$\ln C$ 与 $1/T$ 呈线性关系。当 ΔH_f 为正时，溶解度随温度升高而增大；当 ΔH_f为负时，溶解度随温度升高而减小。当 $T_f > T$ 时，ΔH_f愈小、T_f愈低，则溶解度愈大。

4）药物的晶型　药物有结晶型和无定型之分，药物常有一种以上的晶型，称为多晶型。多晶型中最稳定的一种称为稳定型，其他的称为亚稳定型。多晶型药物，成分相同，晶格结构不同，溶解度、溶出速度、熔点、密度等物理性质也不同。一般情况下，药物的亚稳定型结晶比稳定型结晶有较大的溶解度、溶出速率以及较低的熔点、稳定性，而结晶型相同的药物溶解度差异不大。如氯霉素棕榈酸酯有 A 型、B 型和无定型，无定型和 B 型为有效型，其溶解度大于 A 型。

5）粒子的大小　一般情况下溶解度与粒子大小无关，但当药物粒径为微粉状态时，根据 Hixson-Crowell 方程式，可知粒径愈小溶解度愈大。该式又称溶出立方根定律。

6）第三种物质　加入助溶剂、增溶剂等附加剂可增加药物溶解度，如碘在水中溶解度为 1∶2950，加入1%的碘化钾，则碘在水中的浓度可达 1∶20。同离子效应会降低药物溶解度，如加入氯化钠可致盐酸黄连素溶液析出结晶。

（三）增加药物溶解度的方法

1. 加入增溶剂　药物在水中因加入表面活性剂而使溶解度增加的现象称为增溶。具有增溶作用的表面活性剂称为增溶剂。生物碱、抗生素、脂溶性维生素、磺胺类、挥发油、甾体激素等均可用此法增溶。

1）影响增溶的因素　①增溶剂的种类：增溶剂的种类不同可以影响增溶量的多少，即使属于同系物的增溶剂，也常因相对分子质量的差异而有不同的增溶效果，增溶剂的碳链越长(同系物)，其增溶量也越多。增溶剂的 HLB 值(亲油亲水平衡值)一般应在 15～18 之间，目前认为，对于极性或半极性药物，非离子型增溶剂的 HLB 值越大，其增溶效果也越好。但对极性低的溶质，结果相反。例如聚山梨酯类对于非极性的维生素 A 的增溶作用是 HLB 值越大，增溶效果越好，但对弱极性的维生素 A 棕榈酸酯却相反。②被增溶物质(药物)的性质：一般在同系物中，被增溶物质的相对分子质量越大，被增溶量越小，因为增溶剂所形成的胶团体积是固定的，被增溶物质的相对分子质量越大，则其摩尔体积也越大，在增溶剂浓度一定时，被增溶量越小。③加入顺序：一般是将增溶剂先加入到被增溶物质中，然后再加溶剂稀释至全量；否则增溶效果不好。④增溶剂的用量：增溶剂的用量至少要在 CMC(临界胶团浓度)以上才能发挥增溶作用，随着增溶剂用量增大，增溶质的溶解度也增大。

2）使用增溶剂的注意事项　①表面活性剂的毒副作用：内服制剂应选用毒性较小的表面活性剂作增溶剂，而注射液则选用毒性与溶血性更小的表面活性剂作增溶剂。②增溶剂对药物作用及稳定性的影响：含有增溶剂的制剂常能改善药物的吸收和增强其生理作用，被增溶药物包藏在增溶剂胶团内，因与外界隔绝，防止药物氧化、水解，增加制剂的稳定性。

3）增溶剂的使用方法　先将增溶剂与被增溶物质混合，必要时加入少量的水，使其完全溶解，再与吸附剂及溶剂混合，可使增溶量增加。若将增溶剂先溶于水，再加入被增溶物质，则不容易达到预期结果。例如用聚山梨酯 80 为增溶剂，对维生素 A 棕榈酸酯进行增溶，试验表明如将聚山梨酯 80 先溶于水，再加入维生素 A 棕榈酸酯，维生素 A 棕榈酸酯几乎不溶；而先将维生素 A 棕榈酸酯与聚山梨酯 80 混合，待完全溶解后，再加入水中稀释能很好溶解。

2. 加入助溶剂　助溶是指由于第三种物质的存在而增加难溶性药物在某种溶剂(一般为水)中溶解度而不降低活性的现象。这“第三种物质”称为助溶剂，一般认为，助溶剂能与难溶性的药物形成络合物、有机分子复合物和通过复分解而形成可溶性盐类等而增加药物溶解度。例如碘在水中的溶解度为1∶2950，而在10％碘化钾水溶液中可制成含碘达5％的水溶液，这是因为碘化钾与碘形成可溶性络合物而增大碘在水中的溶解度。咖啡因在水中的溶解度为1∶50，用苯甲酸钠可生成苯甲酸钠咖啡因复合物，其溶解度增大到1∶1.2；茶碱在水中的溶解度为1∶120，加入乙二胺可形成氨茶碱，溶解度为1∶5。

常用的助溶剂有：一些有机酸及其钠盐，如枸橼酸、水杨酸钠、苯甲酸钠等；酰胺化合物，如乌拉坦、尿素、乙酰胺、乙二胺等；一些水溶性高分子，如聚乙二醇、羧甲基纤维素钠等。有时一些无机盐如硼砂、碘化钾、氯化钾也可用做助溶剂。

3. 制成可溶性盐类 一些难溶性的弱酸、弱碱，可使其成盐而增大溶解度。对于弱酸性药物如含有磺酰氨基、亚氨基、羧基等酸性基团者，常用碱或有机胺，与其作用生成溶解度较大的盐。对于弱碱性药物常用无机酸或有机酸，与其作用生成盐。同一种弱酸性或弱碱性药物用不同的碱或酸制成盐，其溶解度不同。一般来说，有机酸的钠盐或钾盐的溶解度都很大。

对于不同的弱酸或弱碱成盐后除考虑到溶解度满足临床应用外，还应考虑溶液pH值、稳定性、吸湿性、毒性、刺激性及疗效等因素。

4. 使用潜溶剂 有的溶质在混合溶剂中的溶解度要比其在各单一溶剂中的溶解度大，这种现象称为潜溶，所使用的混合溶剂称为潜溶剂。例如，氯霉素在水中的溶解度为0.25％，若用水中含有25％的乙醇和55％甘油的混合溶剂，则可制成12.5％的氯霉素溶液供注射用，且具有一定的防冻能力。这种现象被认为是由于两种溶剂对分子间不同部位的作用而致。

常用的潜溶剂是由水和一些极性溶剂组成，如乙醇、丙二醇、甘油、聚乙二醇等。在生产中主要根据使用目的来选择潜溶剂。如苯巴比妥难溶于水，制成钠盐能溶于水，但水解后产生沉淀和变色，若用聚乙二醇与水的混合溶剂，溶解度增大而且稳定。

5. 引入亲水基团 某些难溶性药物常在其分子结构中引入亲水性基团，增加其在水中的溶解度。但要注意，有些药物引入亲水基团后，水溶性增大，其药理作用可能有所改变。

二、液体制剂分类和基本要求

（一）液体制剂概述

液体制剂系指药物分散在适宜的分散介质中制成的可供内服或外用的液体形态的制剂。

在液体制剂中，药物称为分散相，药物可以是固体、液体或气体，在一定条件下以分子、离子、小液滴、不溶性微粒、胶粒等形式分散于分散介质中形成液体分散系。液体制剂的理化性质、稳定性、药效甚至毒性等均与药物粒子的大小有密切关系。一般药物在分散介质中的分散度愈大体内吸收愈快，呈现的疗效也愈高。为改善药物的分散状态、提高产品的稳定性、掩盖其不良臭味等，液体制剂中常加入增溶剂、助悬剂、防腐剂等附加剂。

1. 液体制剂的分类

（1）按分散系统分类：根据药物的分散状态，液体制剂可分为均相分散系统、非均相分散系统。在均相分散系统中药物以分子或离子状态分散，如低分子溶液剂、高分子溶液剂；在非均相分散系统中药物以微粒、小液滴、胶粒分散，如溶胶剂、乳剂、混悬剂等。按分散系统分类见表4-14。

表4-14 分散系统分类

液体类型	分散相大小/nm	特征
低分子溶液剂	＜1	以小分子或离子分散，无界面，均相澄明溶液，稳定，能透过滤纸和某些半透膜
高分子溶液剂（胶体溶液）	1～100	以高分子化合物分散，无界面，均相溶液，稳定，能透过滤纸，不能透过半透膜
溶胶剂（胶体溶液）	1～100	以胶粒分散，有界面，非均相溶液，不稳定，能透过滤纸，不能透过半透膜
混悬剂	＞500	以固体微粒分散，有界面，非均相，不稳定
乳剂	＞100	以液体微粒分散，有界面，非均相，不稳定

（2）按给药途径分类：按照给药途径，液体制剂可分为以下几类。

①内服液体制剂：经胃肠道给药、吸收发挥全身作用，如糖浆剂、乳剂、混悬剂等。

②外用液体制剂：皮肤用液体制剂（如洗剂、搽剂等）；五官科用液体制剂（如洗耳剂、滴耳剂、滴鼻剂、含漱剂等）；直肠、阴道、尿道用液体制剂（如灌肠剂、灌洗剂等）。

2. 液体制剂的特点

（1）液体制剂的优点

①与固体制剂相比，药物以分子或微粒状态分散在介质中，分散度大，接触面积大，吸收快，能迅速发挥疗效。

②给药途径广泛，既可用于内服，也可用于皮肤、黏膜和腔道给药。

③便于分取剂量，特别适用于婴幼儿和老年患者。

④减少某些药物的刺激性，某些固体药物如溴化物、碘化物等口服后，由于局部浓度过高，对胃肠道有刺激性，制成液体制剂，通过调整浓度可减少刺激。

（2）液体制剂的缺点

①化学稳定性差，药物之间容易发生作用而致减弱或失去原有的效能。

②非均相液体制剂，分散粒子比表面积大，易产生物理稳定性问题。

③以水为溶剂者易发生水解或霉败；非水溶剂多有一定不良的药理作用，且成本高。

④携带、运输、储存不方便等。

3. 液体制剂的一般质量要求

①均相液体制剂应是澄明溶液；非均相液体制剂的药物粒子应分散均匀。

②口服液体制剂应外观良好，口感适宜；外用液体制剂应无刺激性。

③液体制剂的分散介质以水为首选，其次为乙醇、甘油、植物油等。

④液体制剂应有一定的防腐能力，在保存和使用过程中不应发生霉变。

⑤液体制剂的包装容器适宜，方便患者携带和使用。

（二）液体制剂包装与储存

1. 液体制剂的包装 液体制剂的包装关系到产品的质量、运输和储存。通常液体制剂体积大、易流出、稳定性差、易被微生物污染，即使产品质量合格，但如果包装不当，则运输与储存较为困难，且容易引起药物变质或损失。因此，包装容器的选择（包括容器的材料、种类、形状及封闭的严密性等）极为重要。液体制剂包装的选择，除了应符合《国家药品管理法》中有关包装的规定，还应针对液体制剂的特点、化学稳定性、隔光性及运输与储存的方便性等。

液体制剂包装材料主要有：容器（如玻璃瓶、塑料瓶等）、瓶塞（如软木塞、塑料塞、橡胶塞等）、瓶盖（如金属盖、塑料盖等）、标签、说明书、塑料盒、纸盒、纸箱、木箱等。

知识链接

常用液体制剂包装选择

口服液体制剂、乳剂、含醇制剂及含芳香挥发性成分制剂等，常采用琥珀色玻璃瓶包装；洗剂、滴眼剂等，较多选用塑料瓶容器包装。另外，医院液体制剂的投药瓶上还根据其用途贴上不同颜色的标签，习惯上内服液体制剂标签为白底蓝字或黑字，外用液体制剂标签为白底红字或黄字。

2. 液体制剂的储存 液体制剂（尤其是以水为分散介质者）在储存中，易受外界因素（如温度、光线、空气、微生物等）的影响，发生溶解度降低、粒子聚结或水解、氧化等物理化学变化，而产生沉淀、变色、药物含量下降或酸败等现象。因此，液体制剂在储存中，应注意控制储存室的温度、光线及卫生条件等。

液体制剂一般应密闭储存于洁净、阴凉干燥处；一些量少、对热敏感的液体制剂，可置于冰箱冷藏；对光敏感者，应避光储存。液体制剂的储存期，可根据制剂说明书中的规定实施。医院液体制剂应尽量临用临配或减少生产批量，以缩短存放时间，利于保证液体制剂的质量。

(三)液体制剂常用溶剂

液体制剂的溶剂,对溶液剂来说可称为溶剂。对溶胶剂、混悬剂、乳剂来说药物并不是溶解而是分散,因此称作分散介质。溶剂对液体制剂的性质和质量影响很大,故制备时应选择优良的溶剂。优良的溶剂的要求是:①对药物具有较好的溶解性和分散性;②化学性质稳定,不与药物、附加剂发生反应,不影响药效的发挥和含量测定;③毒性小、无刺激性、无不适的臭味。完全符合这些条件的溶剂很少,所以需要根据药物的性质及用途选择适宜的溶剂,尤其应注意混合溶剂的应用。

常用的溶剂按其极性大小分为极性溶剂、半极性溶剂和非极性溶剂。

1. 极性溶剂

(1)水为最常用溶剂,本身无任何药理及毒理作用。能与乙醇、甘油、丙二醇等溶剂以任意比例混合,能溶解大多数的无机盐和极性大的有机药物,能溶解药材中的生物碱盐类、苷类、糖类、树胶、黏液质、鞣质、蛋白质、酸类及色素等。但有些药物在水中不稳定,易霉变,不宜久储。配制水性液体制剂时应使用蒸馏水或精制水,不宜使用常水,因其含杂质较多。

(2)甘油为无色黏稠性澄明液体,味甜,毒性小,能与水、乙醇、丙二醇等以任意比例混合。可内服,也可外服,其中外用制剂应用较多。甘油能溶解许多不易溶于水的药物,如硼酸、鞣质、苯酚等。无水甘油有吸水性,对皮肤黏膜有刺激性,但含水10%的甘油无刺激性,且对一些刺激性药物可起到缓和作用。甘油多作为黏膜用药的溶剂,如苯酚甘油、硼酸甘油、碘甘油等。在外用液体制剂中,甘油还有防止干燥(作保湿剂)、滋润皮肤、延长药物局部疗效等作用。在内服浸出溶液中含甘油0.12 g/mL以上时,不但使制剂带有甜味,且能防止鞣质的析出。此外,含30%以上甘油有防腐作用。

(3)二甲基亚砜(dimethyl sulfoxide,DMSO)为无色澄明液体,具大蒜臭味,有较强的吸湿性,能与水、乙醇、甘油、丙二醇等溶剂以任意比例混合,一般用其40%～60%的水溶液为溶剂。本品溶解范围很广,有"万能溶剂"之称。本品对皮肤和黏膜的穿透能力很强,尚有一定的消炎、止痒与治疗风湿病的作用。对皮肤有轻度刺激性,高浓度可引起皮肤灼烧感、瘙痒及发红,本品孕妇禁用。

2. 半极性溶剂

(1)乙醇　通常是指95%乙醇(体积分数)可与水、甘油、丙二醇等溶剂以任意比例混合,能溶解大部分有机药物和药材中的有效成分,如生物碱及其盐类、苷类、挥发油、树脂、鞣质、有机酸和色素等。其毒性比其他有机溶剂小,含20%以上的乙醇即具有防腐作用,40%以上可延缓某些药物水解作用。外用时有利于某些药物发挥局部作用。但乙醇有一定的药理作用,有易挥发、易燃烧等缺点。为防止乙醇挥发,制剂应密闭储存。乙醇与水混合时,由于化学作用生成水合物而产生热效应,并使体积缩小,故在稀释乙醇时应使其凉至室温(20 ℃)后,再调至需要量。

(2)丙二醇　制药用品是1,2-丙二醇,性质与甘油相似,但黏度较甘油小,可作为内服及肌内注射用药的溶剂。丙二醇毒性及刺激性小,可与水、乙醇、甘油任意混合,能溶解很多有机药物,如磺胺类药、局部麻醉药、维生素A、维生素D及性激素等。丙二醇与水的等量混合液能延缓某些药物的水解,增加其稳定性。丙二醇对药物在皮肤和黏膜的吸收有一定的促进作用。本品因其价格较贵,一般较少应用。

(3)聚乙二醇(polyethylene glycol,PEG)　液体制剂中常用聚乙二醇300～600,为无色澄明液体,理化性质稳定,能与水、乙醇、丙二醇、甘油等溶剂任意混合。聚乙二醇不同浓度的水溶液是良好溶剂,能溶解许多水溶性无机盐和水不溶性的有机药物。本品对一些易水解的药物有一定的稳定作用。在洗剂中,能增加皮肤的柔韧性,具有与甘油类似的保湿作用。

3. 非极性溶剂

(1)脂肪油　为常用非极性溶剂,如麻油、豆油、花生油、橄榄油等植物油。脂肪油能溶解油溶性药物,如激素、挥发油、游离生物碱和许多芳香族药物。脂肪油易酸败,也易与碱性物质起皂化反应而变质。脂肪油多为外用制剂的溶剂,如洗剂、搽剂、滴鼻剂等。本品不能与水、乙醇、甘油等混合。

(2)液体石蜡　从石油产品中分离得到的液状烃的混合物,分为轻质和重质两种。前者相对密度为0.828～0.860,后者为0.860～0.890。液体石蜡为无色澄明油状液体,无色无臭,化学性质稳定,但接触空气能被氧化,产生令人不快的臭味,可加入油性抗氧化剂。本品能与非极性溶剂混合,能溶解生物碱、挥发油及一些非极性药物等。本品在肠道中不分解也不吸收,有润肠作用,可作口服制剂和搽剂的溶剂。

(3)乙酸乙酯　无色油状液体,微臭,相对密度(20 ℃)为0.897～0.906。有挥发性和可燃性。在空气中容易氧化、变色，需加入抗氧化剂。能溶解挥发油、甾体药物及其他油溶性药物。常作为搽剂的溶剂。

(4) 肉豆蔻酸异丙酯　本品系由异丙醇和肉豆蔻酸酯化而得，为透明、无色、流动液体。密度 0.846～0.854 g/mL，黏度(25 ℃)为 0.7 Pa·s，酸值≤1，皂化值 202～212，碘值≤1。本品化学性质稳定，不会酸败，不易氧化和水解。可与液体烃类、蜡、脂肪及脂肪醇等混合，在 20 ℃时，1 份可溶于 3 份 90%乙醇中，不溶于水、甘油和丙二醇。本品常用作外用药物的溶剂，特别当药物需要与患部直接接触或渗透时更为理想。本品刺激性极低，无过敏性，效果优于麻油和橄榄油。

(四) 液体制剂的附加剂及作用

1. 液体制剂的防腐剂

(1) 优良防腐剂的条件　①在抑菌浓度范围内对人体无害、无刺激性、内服者应无特殊臭味；②在水中有较大的溶解度，能达到防腐需要的浓度；③不影响制剂的理化性质和药理作用；④不受制剂中药物的影响；⑤对大多数微生物有较强的抑制作用；⑥防腐剂本身的理化性质和抗微生物性质稳定，不易受热和 pH 值的影响；⑦长期储存应稳定，不与包装材料起作用。

(2) 影响防腐作用的因素　不同的药剂应选用不同的防腐剂，使用的浓度亦不相同。防腐剂抑菌作用的强弱，除了与防腐剂本身的性质有关外，还受药物剂型、pH 值条件、微生物的数量、温度、湿度以及是否含有利于微生物生长的营养性物质等因素的影响。如硝酸苯汞使用浓度为 0.001%时，在 pH 值为 2～7 条件下无效，而在 pH 值为 8～10 条件下则显效；而三氯叔丁醇作用浓度为 0.5%，在 pH 值为 2～4 条件下显效，而在 pH 值为 5～10 条件下无效。

知识链接

液体制剂的防腐

1. 防腐的重要性

液体制剂易为微生物所污染，尤其是含有营养物质如糖类、蛋白质等时，微生物更易在其中滋生与繁殖。即使是抗生素和一些化学合成的消毒防腐药的液体制剂，有时也会染菌生霉。这是因为各种抗菌药物对本身抗菌谱以外的微生物不起抑菌作用所致。液体制剂一旦染菌长霉，会严重影响药剂质量而危害人体健康，不能再供临床应用。《中国药典》(2015 年版)关于药品微生物限度标准，对液体制剂规定了染菌数的限量要求，按微生物限度标准，对液体制剂进行微生物限度检查，对提高液体制剂的质量，保证用药安全有效具有重要意义。

2. 防腐措施

(1) 防止污染　防止微生物污染是防腐的重要措施，特别是容易引起发霉的一些真菌，如青霉菌、筛状菌、酵母菌等。在尘土和空气中常引起污染的细菌有枯草杆菌、产气杆菌等。为了防止微生物污染，在制剂的整个配制过程中，应尽量注意避免或减少污染微生物的机会。例如：缩短生产周期和暴露时间；缩小与空气的接触面积；加防腐剂前不宜久存；用具、容器最好进行灭菌处理，瓶盖、瓶塞可用水煮沸 15 min 后烘干或临用前取出拎干；灌装时瓶口内少留空气并密塞，可防止一些需氧菌的生长和繁殖；还应加强制剂室的环境卫生和操作者的个人卫生；成品应在阴凉、干燥处储存，以防长霉变质。

(2) 添加防腐剂　尽管在配制过程中注意了防菌，但并不能完全保证不受细菌的污染。因此加入适量防腐剂用以抑制微生物的生长繁殖，甚至杀灭已存在的微生物，也是有效防腐措施之一。

2. 常用防腐剂

(1) 对羟基苯甲酸酯类　也称尼泊金类，系一类优良的防腐剂，常用的有对羟基苯甲酸甲酯、乙酯、丙酯、丁酯等四种。它们无毒、无味、无臭，化学性质稳定，在 pH 值为 3～8 范围内能耐 100 ℃、2 h 灭菌。在酸性溶液中作用较强，对大肠杆菌作用最强。药液 pH 值超过 7 时作用减弱，是由于酚羟基解离所致。羟苯酯类的抑菌作用随烷基碳数增加而增强，但溶解度则随烷基碳数增加而减少，常用的四种以丁酯抗菌力最强，溶解度却最小。本类防腐剂配伍使用有协同作用，常是乙酯和丙酯(1∶1)或乙酯和丁酯(4∶1)合用，浓度均为 0.01%～0.25%。表面活性剂对本类防腐剂有增溶作用，能增大在水中的溶解度，但不增加其抑菌效能。遇铁能变色，遇强酸或弱碱易水解，可被塑料包装材料吸附。

(2) 苯甲酸与苯甲酸钠　在水中溶解度为0.29%，乙醇中为43%(20 ℃)，通常配成20%醇溶液备用。用量一般为0.03%～0.1%。苯甲酸未解离的分子抑菌作用强，所以在酸性溶液中抑菌效果较好，最适pH值是4。溶液pH值增高时解离度增大，防腐效果降低。苯甲酸防霉作用较尼泊金类弱，而防发酵能力则较尼泊金类强。苯甲酸0.25%和尼泊金0.01%～0.25%联合应用对防止发霉和发酵最为理想，特别适用于中药液体制剂，苯甲酸钠在酸性溶液中的防腐作用与苯甲酸相当。

(3) 山梨酸　为白色至黄白色结晶性粉末，有微弱特异臭味。其溶解度为：水(30 ℃)0.125%，沸水3.8%，丙二醇(20 ℃)5.5%，无水乙醇或甲醇12.9%，甘油0.13%。对细菌最低抑菌浓度为0.2%～0.4%(pH<6)，对酵母菌、真菌最低抑菌浓度为0.8%～1.2%。山梨酸起防腐作用的是未解离的分子，故在pH值为4的水溶液中抑菌效果较好。山梨酸与其他抗菌剂合用产生协同作用。

(4) 苯扎溴铵　又称新洁尔灭，为阳离子表面活性剂，淡黄色黏稠液体，低温时形成蜡状固体，极易潮解，有特臭、味极苦，无刺激性，溶于水和乙醇，微溶于丙醇和乙醚。本品在酸性和碱性溶液中稳定，耐热压。对金属、橡胶、塑料无腐蚀作用。作防腐剂时的使用浓度为0.02%～0.2%。

(5) 其他防腐剂　醋酸氯乙啶，又称醋酸洗必泰，为广谱杀菌剂，用量为0.02%～0.05%。邻苯基苯酚微溶于水，具杀菌和杀霉作用，用量为0.005%～0.2%。桉叶油使用浓度为0.01%～0.05%。桂皮油为0.01%，薄荷油0.05%。

3. 液体制剂的矫味剂与着色剂

(1) 矫味剂　亦称调味剂，是一种能改变味觉的物质。用在药剂中常用来掩盖药物的不良臭味，也可用来改进药剂的味道。有些矫味剂同时兼有矫臭作用，而有些则需另加芳香剂矫臭。选用矫味剂必须通过小量试验，不要过于特殊，以免使人产生厌恶感。药剂中常用的矫味剂有甜味剂、芳香剂、胶浆剂及泡腾剂等。

①甜味剂。包括天然的和合成的两大类。天然的甜味剂蔗糖和单糖浆应用最广泛，具有芳香味的果汁糖浆，如橙皮糖浆及桂皮糖浆等不但能矫味，而且也能矫臭。天然甜味剂甜菊苷，为微黄白色粉末，无臭、有清凉甜味，其甜度比蔗糖大约甜300倍，在水中溶解度(25 ℃)为1∶10。pH值为4～10时加热也不被水解，常用量为0.025%～0.05%，本品甜味持久且不被吸收，但甜中带苦，故常与蔗糖和糖精钠合用。人工甜剂常用的为糖精钠，可用于糖尿病患者，甜度为蔗糖的200～700倍，常用量为0.03%，水溶液长时间放置，甜味可降低。本品在体内不被吸收，无营养价值，常与单糖浆、蔗糖或甜菊苷合用，为成味药常用的甜味矫味剂。阿司帕坦，也称蛋白糖，为二肽类甜味剂，又称天冬甜精，甜度比蔗糖高150～200倍，不致造成龋齿，可以有效地降低热量，适用于糖尿病、肥胖症患者。

② 芳香剂。在药剂中添加适量香料和香精能改善药剂的气味和香味，这些香料与香精称为芳香剂。香料分为天然香料和人造香料两大类。天然香料常用天然芳香性挥发油，如薄荷油、橙皮油、桂皮油、茴香油或其制剂如桂皮水、枸橼酊、复方橙皮酊等。天然芳香性挥发油多为芳香族有机化合物。根据天然芳香剂的组成由人工合成制得的芳香性物质一般叫作香精，亦称调和香料，如香蕉香精、橘子香精等，通常一种香精是由很多种成分组成的。目前在液体制剂中，以水果味的香精最为常用，其香气浓郁且稳定。

③胶浆剂。胶浆剂具有黏稠缓和的性质，可以干扰味蕾的味觉而能矫味，如阿拉伯胶、羧甲基纤维素钠、琼脂、明胶、甲基纤维素等的胶浆。如在胶浆剂中加入适量糖精钠或甜菊苷等甜味剂，则增加其矫味作用。

④泡腾剂。在制剂中加有碳酸氢钠和有机酸如酒石酸或枸橼酸等，可产生二氧化碳，而二氧化碳溶于水呈酸性，能麻痹味蕾而矫味。对盐类的苦味、涩味、咸味有所改善，使患者乐于服用，故常用于苦味制剂中。有时与甜味剂、芳香剂合用，可得到清凉饮料类的佳味。

(2) 着色剂　又称色素和染料，可分为天然色素和人工合成色素两大类。应用着色剂能改善制剂的外观颜色，可用来识别制剂品种。区分应用方法和减少患者对服药的厌恶感。尤其是选用的颜色与矫味剂能够配合协调，更易为患者所接受。如薄荷味用绿色，橙皮味用橙黄色。可供食用的色素称为食用色素，只有食用色素才可用作内服药剂的着色剂。

①天然色素。常用的有植物性和矿物性色素，可做食品和内服制剂的着色剂。植物性色素有甜菜红、胡萝卜素、叶绿素、焦糖等。矿物性色素有氧化铁，外用呈皮肤色。

②人工合成色素。特点是色泽鲜艳，价格低廉，大多数毒性比较大，用量不宜过多。我国批准的内服合成色素有苋菜红、柠檬黄、胭脂红、胭脂蓝和日落黄，通常配成1%储备液使用，用量不得超过万分之一。外用色素有伊红(亦称曙红，适用于中性或弱碱性溶液)、品红(适用于中性或弱酸性溶液)以及美蓝(亦称亚甲

蓝，适用于中性溶液）等。使用着色剂时应注意：药剂所用的溶剂、pH 值均对色调产生影响；大多数色素往往由于曝光、氧化剂、还原剂的作用而褪色；不同色素相互配色可产生多样化的着色剂。

4. 液体制剂的其他附加剂 在液体制剂中为了增加难溶性药物的溶解度或溶解速度，有时需要加入增溶剂、助溶剂、潜溶剂等；为了增加稳定性，有时需要加入抗氧化剂、pH 值调节剂、金属离子络合剂等。

三、表面活性剂

（一）表面活性剂概述

物质的相与相之间的交界面称为界面。在界面表面上所发生的一切物理化学现象称为界面现象（表面现象）。凡能够显著降低两相间界面张力（或表面张力）的物质称为表面活性剂。此外，表面活性剂具有增溶、乳化、润湿、去污、杀菌、消泡、起泡等作用。而有些物质如乙醇、甘油等低级醇或无机盐等，不完全具备这些作用，因此不属于表面活性剂。

表面活性剂之所以能显著降低界面（表面）张力，主要取决于结构上的特点。表面活性剂结构中同时含有亲水性和疏水性两种性质的基团。一端为亲水的极性基团，如羧酸、磺酸、氨基及它们的盐，也可是羟基、酚氨基、醚键等；另一端为亲油的非极性烃链，烃链的长度一般在 8 个碳原子以上。因此表面活性剂具有很强的表面活性。亲水基团易溶于水或易被水湿润，故称为亲水基；疏水基团具有亲油性，故称为亲油基。例如，肥皂（主要成分为硬脂酸钠）的碳氢链 R 为亲油基团，—COOH 为亲水基团。如图 4-1 所示为硬脂酸钠的结构示意图。

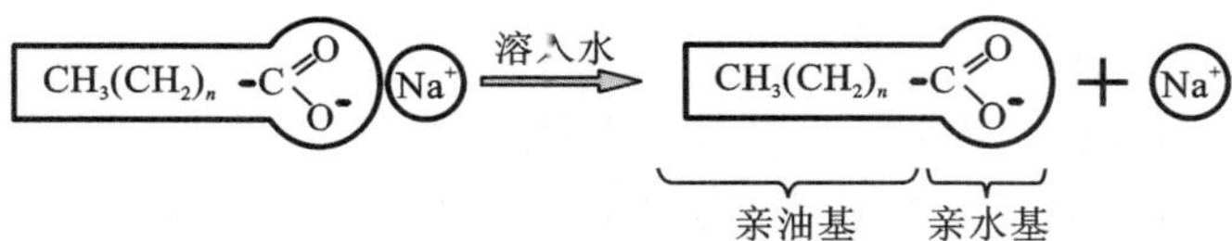

图 4-1 表面活性剂的化学结构（硬脂酸钠的结构示意图）

将表面活性剂加入水中，低浓度时可被吸附在溶液表面，亲水基团朝向水中，亲油基团朝向空气中，在表面（或界面）定向排列。由于表面活性剂分子存在于水表面，而改变了水的表面性质，使表面张力降低。此时表面活性剂在溶液表面层达到饱和浓度，表面活性剂分子即转入溶液内部，因其具备的两亲性，致使表面活性剂分子亲油基团之间相互吸引、缔合形成胶团。

（二）表面活性剂的分类

表面活性剂按其解离情况可分为离子型和非离子型两大类，其中离子型表面活性剂又分为阴离子型、阳离子型和两性离子型三类。常用表面活性剂如下。

1. 阴离子型表面活性剂 本类表面活性剂超表面活性作用的是阴离子，即带负电荷，主要包括肥皂类、硫酸化物和磺酸化物。

（1）肥皂类 肥皂类为高级脂肪酸的盐，其分子结构通式为$(RCOO^-)_nM^{n+}$。常用脂肪酸的烃链在 C_{11}～C_{18}之间。以硬脂酸、油酸、月桂酸等较常用。根据其金属离子 M^{n+} 的不同，可分为碱金属皂如硬脂酸钠、硬脂酸钾等；碱金属皂如硬脂酸钙等；有机胺皂如三乙醇胺皂等。本类表面活性剂的共同特点是具有良好的乳化能力，容易被酸所破坏，碱金属皂还可被钙盐、镁盐等破坏，电解质可使之盐析，具有一定的刺激性，一般用于外用制剂。

（2）硫酸化物 硫酸化物为硫酸化油和高级脂肪醇硫酸酯类，其分子结构通式为 $R\cdot O\cdot SO_3^-M^+$，其中 R 在 C_{12}～C_{18}之间。常用硫酸化物如硫酸化蓖麻油，俗称土耳其红油，为黄色或橘黄色黏稠液体，有微臭，可与水混合，为无刺激性的去污剂和润湿剂，可代替肥皂洗涤皮肤，也可作载体使挥发油或水不溶性杀菌剂溶于水中；高级脂肪醇硫酸酯类，如十二烷基硫酸钠（月桂硫酸钠）、十六烷基硫酸钠（鲸蜡醇硫酸钠）、十八烷基硫酸钠（硬脂醇硫酸钠）等，其乳化能力很强，较肥皂类稳定，常用作外用软膏的乳化剂。

（3）磺酸化物 磺酸化物主要有脂肪族磺酸化物、烷基芳基磺酸化物、烷基萘磺酸化物等，其分子结构通式为 $R\cdot SO_3^-M^+$，其水溶性和耐钙盐、镁盐的能力虽比硫酸化物稍差，但不易水解，特别在酸性水溶液中稳定。常用磺酸化物如脂肪族磺酸化物，如二辛基琥珀酸磺酸钠（商品名阿洛索-OT）等；烷基芳基磺酸化物，如十二烷基苯磺酸钠，均为目前广泛应用的洗涤剂。

2. 阳离子型表面活性剂 本类表面活性剂起表面活性作用的是阳离子部分。分子结构中含有一个五价的氮原子，也称为季铵盐型阳离子表面活性剂，其水溶性大，在酸性与碱性溶液中均较稳定，具有良好的表面活性和杀菌作用，但对人体有害，因此，本类表面活性剂主要用于杀菌和防腐。常用的有苯扎氯铵(洁尔灭)、苯扎溴铵(新洁尔灭)等。

3. 两性离子型表面活性剂 这类表面活性剂的分子结构中同时具有正、负离子基团，在不同 pH 值介质中可表现出阳离子或阴离子表面活性剂的性质，在碱性水溶液中呈现阴离子表面活性剂的性质，具有起泡性、去污力；在酸性水溶液中则呈现阳离子表面活性剂的性质，具有杀菌能力。这类活性剂有天然的，也有人工合成制品。

(1) 天然的两性离子型表面活性剂 包括卵磷脂和豆磷脂，常用的是卵磷脂，其分子结构由磷酸酯型的阴离子部分和季铵盐型阳离子部分组成，因卵磷脂有两个疏水基团，故不溶于水，但对油脂的乳化能力很强，可制成油滴很小不易被破坏的乳剂。常用于注射用乳剂及脂质体的制备。

(2) 合成的两性离子型表面活性剂 本类表面活性剂的阴离子部分主要是羧酸盐，阳离子部分主要是铵盐或季铵盐。由铵盐构成者即为氨基酸型，由季铵盐构成者即为甜菜碱型。氨基酸型在等电点(一般微酸性)时，亲水性减弱，可产生沉淀；甜菜碱型不论在酸性、碱性或中性溶液中均易溶解，在等电点时也无沉淀，适用于任何 pH 值环境。

4. 非离子型表面活性剂 本类表面活性剂在水中不解离，其分子结构中亲水基团多为甘油、聚乙二醇和山梨醇等多元醇，亲油基团多为长链脂肪酸或长链脂肪醇以及烷基或芳基等，它们以酯键或醚键相结合，因而有许多不同的品种。由于其不解离，不受电解质和溶液 pH 值影响，毒性和溶血性小，能与大多数药物配伍，在药剂上应用广泛，常用作增溶剂、分散剂、乳化剂、混悬剂。这类活性剂可供外用或内服，个别品种可做注射剂的附加剂。

(1) 脂肪酸山梨坦类(司盘类) 为脱水山梨醇脂肪酸酯类，即山梨醇与各种不同的脂肪酸所组成的酯类化合物，商品名为司盘类(spans)。由于山梨醇羟基脱水位置不同，故有各种异构体，脂肪酸山梨坦类一般用以下通式表示。

O, CH_2OOCR, HO, OH, OH

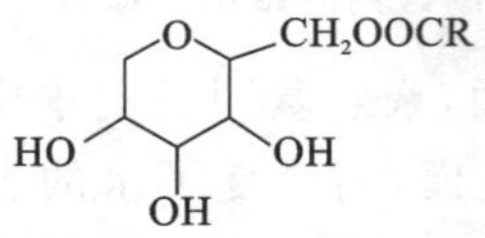

注：

1. $RCOO^-$ 为脂肪酸根；

2. 山梨醇为六元醇，因脱水而环合

脂肪酸山梨坦类亲油性较强，HLB 值为 1.8～8.6，为油溶性，一般用作 W/O 型乳剂的乳化剂或O/W型乳剂的辅助乳化剂。司盘 20 和司盘 40 与聚山梨酯类配伍常作 O/W 型乳剂的混合乳化剂。

根据所结合的脂肪酸种类和数量的不同，本类表面活性剂有以下常用品种：司盘 20(月桂酸山梨坦)、司盘 40(棕榈酸山梨坦)、司盘 60(硬脂酸山梨坦)、司盘 80(油酸山梨坦)、司盘 85(三油酸山梨坦)等。

(2) 聚山梨酯类(吐温类) 为聚氧乙烯脱水山梨醇脂肪酸酯类，这类表面活性剂是在脂肪酸山梨坦类的剩余—OH 的基础上，再结合聚氧乙烯基而制得的醚类化合物，商品名为吐温(Tween)。聚山梨酯类是黏稠的黄色液体，对热稳定，但在酸、碱和酶作用下也会水解。由于分子中含有大量亲水性的聚氧乙烯基，故其亲水性显著增强，成为水溶性表面活性剂。它主要用作增溶剂、O/W 型乳化剂、润湿剂和助分散剂。聚山梨酯类一般用以下通式表示。

O, CH_2OOCR, $H_n(OC_2H_4)O$, $O(C_2H_4O)_nH$, $O(C_2H_4O)_nH$

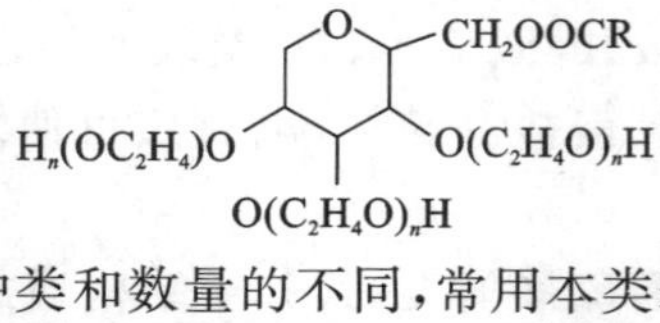

注：$(C_2H_4O)_nO^-$ 为聚氧乙烯基

根据所结合脂肪酸种类和数量的不同，常用本类表面活性剂如下：吐温 20(单月桂酸酯)、吐温 40(单棕榈酸酯)、吐温 60(单硬脂酸酯)、吐温 80(单油酸酯)、吐温 85(三油酸酯)等。

(3) 聚氧乙烯脂肪酸酯类(卖泽类) 为聚乙二醇与长链脂肪酸缩合而成，商品名为卖泽类(Myrij)，通式为 $R\cdot COO\cdot CH_2\cdot (CH_2OCH_2)_n\cdot CH_2OH$ 表示，其中，$-(CH_2OCH_2)_n-$ 是聚乙二醇形成的聚氧乙烯基，n 是聚合度。该类表面活性剂的水溶性和乳化性很强，常用作 O/W 型乳剂的乳化剂。

(4) 聚氧乙烯脂肪醇醚类(苄泽) 为聚乙二醇与脂肪醇缩合而成的醚类，通式用 $R\cdot O(CH_2OCH_2)_nH$ 表示，商品名为苄泽(Brij)。因聚氧乙烯基聚合度和脂肪醇的不同而有不同的品种。药剂上常将其用作乳化剂或增溶剂。常用的有西土马哥(由聚乙二醇与十六醇缩合而成)、平平加-O(由 15 个单位聚乙烯与油醇形成的缩合物)、埃莫尔弗(由 20 个单位以上的氧乙烯与油醇形成的缩合物)等。

(5) 聚氧乙烯-聚氧丙烯共聚物(泊洛沙姆) 为聚氧乙烯与聚氧丙烯聚合而成，又称泊洛沙姆

(Poloxamer)。聚氧乙烯具有亲水性，而聚氧丙烯基随着相对分子质量的增大而亲油性增强，具有亲油性。常用的有泊洛沙姆188，商品名称普流罗尼克(Plurcnic)。该类表面活性剂对皮肤无刺激性和过敏性，对黏膜刺激性极小，毒性也比其他非离子型表面活性剂小，可用作静脉注射剂的乳化剂。

(三) 表面活性剂的基本性质

1. 胶团的形成

(1) 临界胶团浓度　表面活性剂溶于水形成正吸附达到饱和后，溶液表面不能再吸附，表面活性剂分子即转入溶液内部，因其具备的两亲性，致使表面活性剂分子亲油基团之间相互吸引、缔合形成胶团，即亲水基团朝外、亲油基团朝内、大小不超过胶体粒子范围(1～100 nm)，并在水中稳定分散的聚合体。表面活性剂分子缔合形成胶团的最低浓度称为临界胶团浓度(CMC)。单位体积内胶团数量几乎与表面活性剂的总浓度成正比。到达临界胶团浓度时，分散系统由真溶液变成胶体溶液，同时会发生表面张力降低，增溶作用增强，起泡性能和去污力加大，渗透压、导电度、密度和黏度等突变，出现丁达尔现象等理化性质的变化。形成胶团的临界浓度通常在0.02%～0.5%。

(2) 胶团的结构　当表面活性剂在一定浓度范围时，胶团呈球状结构，其表面为亲水基团，亲油基团上与亲水基团相邻的一些次甲基排列整齐形成栅状层，而亲油基团则紊乱缠绕形成内核，有非极性液态性质。水分子通过与亲水基团的相互作用可深入栅状层内。随着表面活性剂浓度的增大，胶团结构还可呈现棒状、束状、板状及层状等(图4-2)。

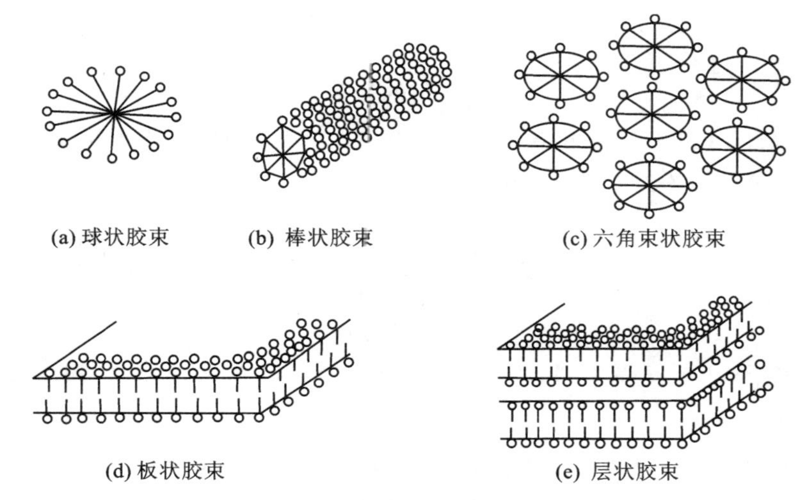

图4-2　胶束的形态

2. 亲水亲油平衡值　表面活性剂亲水亲油的强弱取决于其分子结构中亲水基团和亲油基团的多少。表面活性剂亲水亲油的强弱，可以用亲水亲油平衡值(HLB值)表示。表面活性剂的HLB值愈高，其亲水性愈强；HLB值越低，其亲油性愈强。现在一般非离子型表面活性剂的HLB值限定在0～40。不同HLB值的表面活性剂具有不同的用途，HLB值在15～18甚至以上的表面活性剂适合用作增溶剂，HLB值在8～16的表面活性剂适合用作O/W型乳化剂，HLB值在3～8的表面活性剂适合用作W/O型乳化剂，HLB值在7～9的表面活性剂适合用作润湿剂。

非离子型表面活性剂的HLB值有加和性，混合表面活性剂的HLB值计算如式(4-2)：

$$HLB_{AB} = \frac{HLB_A \times W_A + HLB_B \times W_B}{W_A + W_B} \tag{4-2}$$

注意：不能用于混合离子型表面活性剂的HLB值的计算。式中：HLB_A为A乳化剂的HLB值；W_A为A乳化剂的重量；HLB_B为B乳化剂的HLB值，W_B为B乳化剂的重量；HLB_{AB}为混合乳化剂的HLB值。常用表面活性剂的HLB值见表4-15。

表4-15　常用表面活性剂的HLB值

表面活性剂	HLB值	表面活性剂	HLB值	表面活性剂	HLB值
十二烷基硫酸钠	40.0	乳化剂OP	15.0	司盘20	8.6
阿特拉斯G-263	25.0～30.0	吐温60	14.9	阿拉伯胶	8.0

续表

表面活性剂	HLB值	表面活性剂	HLB值	表面活性剂	HLB值
油酸钾(软皂)	20.0	吐温21	13.3	司盘40	6.7
油酸钠	18.0	乳白灵A	13.0	单油酸二甘酯	6.1
苄泽35	16.9	西黄蓍胶	13.0	蔗糖酯	5.0～13.0
苄泽52	16.9	聚氧乙烯烷基酚	12.8	司盘60	4.7
吐温20	16.7	油酸三乙醇胺	12.0	司盘80	4.3
西马土哥	16.4	卖泽45	11.1	单硬脂酸甘油酯	3.8
聚氧乙烯月桂醇醚	16.0	吐温85	11.0	司盘83	3.7
卖泽51	16.0	吐温65	10.5	单硬脂酸丙二酯	3.4
泊洛沙姆188	16.0	吐温81	10.0	卵磷脂	3.0
吐温40	15.6	明胶	9.8	司盘65	2.1
吐温80	15.0	吐温61	9.6	司盘85	1.8
卖泽49	15.0	苄泽30	9.5	二硬脂酸乙二酯	1.5

实例解析

HLB值的计算

例:用司盘80(HLB值4.3)和吐温20(HLB值16.7)制备HLB值为9.5的混合乳化剂100 g,问两者应各用多少?该混合物可作何用?

解:

$$9.5 = \frac{4.3 \times W_A + 16.7 \times (100 - W_A)}{100}$$

$$W_A = 58.1$$

应使用司盘80 58.1 g,吐温20 41.9 g。该混合物可作O/W型乳化剂、润湿剂等使用。

3. 表面活性剂的毒性 表面活性剂的毒性顺序为:阳离子型表面活性剂>阴离子型表面活性剂>非离子型表面活性剂。两性离子型表面活性剂的毒性和刺激性均小于阳离子型表面活性剂。非离子型表面活性剂口服一般认为无毒性,例如成人每天口服4.5～6.0 g吐温80,连服28天,有的人服用达4年之久,都未见明显的毒性反应。表面活性剂用于静脉给药的毒性大于口服。

阳离子型表面活性剂和阴离子型表面活性剂不仅毒性较大,而且还具有较强的溶血作用。非离子型表面活性剂的溶血作用较轻微,其中吐温类的溶血作用通常比其他含聚氧乙烯基的表面活性剂小。溶血作用的顺序为:聚氧乙烯烷基醚>聚氧乙烯芳基醚>聚氧乙烯脂肪酸酯>吐温20>吐温60>吐温40>吐温80。外用时表面活性剂呈现较小的毒性。仍以非离子型对皮肤和黏膜的刺激性为最小。

知识链接

影响增溶的因素——温度

1. 克氏点(Krafft点)

离子型表面活性剂,随温度的升高,其溶解度和增溶质在胶团中的溶解度增大。当温度升高到一定值时,离子型表面活性剂的溶解度会急剧升高,该温度点即称克氏点。其对应的溶解度即为该离子表面活性剂的临界胶团浓度。

克氏点是离子表面活性剂的特征值,临界胶团浓度随克氏点的升高而降低,应用表面活性剂只有在温度高于克氏点时才能产生更大的作用。如十二烷基磺酸钠的克氏点约为70 ℃,故其表面活性在室温时发挥不够充分。

2. 昙点(浊点)

某些含聚氧乙烯基的非离子型表面活性剂的溶解度,随温度的升高而增大,当达到某一温度时,其溶解度急剧下降,溶液变混浊或分层,但冷却后又恢复澄明,这种溶液由澄明变混浊的现象称为起昙,起昙的温度称为昙点(浊点)。

起昙是由于含聚氧乙烯基的表面活性剂(如聚山梨酯)在水中,其亲水基团(聚氧乙烯基)能与水发生氢键缔合,从而与溶液发生分离的状态。当温度升高到昙点时,聚氧乙烯链与氢键断裂,使表面活性剂溶解度急剧下降并析出,溶液出现混浊。在聚氧乙烯链相同时,碳氢链越长,昙点越低;在碳氢链相同时,聚氧乙烯链越长,昙点越高。大多数此类表面活性剂的昙点在70～100 ℃,但有的含聚氧乙烯基的表面活性剂没有昙点,如聚氧乙烯-聚氧丙烯共聚物(如普流罗尼克),极易溶于水,在达到沸腾点时也没有起昙现象。

含有可能产生起昙现象的表面活性剂的制剂,由于加热灭菌等影响而导致表面活性剂的增溶或乳化能力下降,使被增溶物质析出。因此,含此类表面活性剂的制剂应注意加热灭菌温度的影响。

(四) 表面活性剂在药物制剂中的应用

表面活性剂在药物制剂中有着广泛的应用,常用于难溶性药物的增溶、油的乳化、混悬剂的润湿和助悬,可以增加药物的稳定性、促进药物的吸收,是制剂中常用的附加剂。其中阳离子型表面活性剂还可用于消毒、防腐及杀菌等。

1. 增溶剂 在药物制剂中,一些难溶性维生素、甾体激素、挥发油等许多难溶性药物在水中的溶解度很小,达不到治疗所需浓度,可利用表面活性剂的增溶作用提高药物的溶解度而增加药物治疗浓度。这种起增溶作用的表面活性剂称为增溶剂。

2. 乳化剂 一般来说,亲水亲油平衡值(HLB值)在3～8的表面活性剂适合用作W/O型乳化剂;HLB值在8～16的表面活性剂适合用作O/W型乳化剂。阳离子型表面活性剂由于其毒性和刺激性比较大,故不作为内服乳剂的乳化剂使用;阴离子型表面活性剂一般作为外用制剂的乳化剂;两性离子型表面活性剂,如琼脂、阿拉伯胶等可作为内服制剂的乳化剂;非离子型表面活性剂不仅毒性低,且生物相容性好,不易发生配伍变化,对pH值的改变及电解质均不敏感,可外用或用于内服制剂。

3. 润湿剂 促进液体在固体表面铺展或渗透的作用称为润湿作用,能起润湿作用的表面活性剂为润湿剂。润湿剂的最适HLB值为7～9,并且在合适的温度下才能够起到润湿作用。

4. 起泡剂和消泡剂 具有发生泡沫作用和稳定泡沫作用的物质称为起泡剂和稳定剂。表面活性剂可降低液体表面张力,使泡沫稳定,因而具有气泡剂和稳泡剂的作用。表面活性剂作为起泡剂主要用于腔道给药及皮肤给药。与起泡剂相反,可以消除泡沫的物质为消泡剂。一些含有皂苷、树胶、蛋白质及其他高分子化合物的溶液,当发生剧烈搅拌时可产生泡沫,给操作带来困难,这时为了破坏泡沫,可加入一些表面张力小且水溶性也小的表面活性剂,其HLB值通常为1～3,表面活性剂与泡沫液层的起泡剂争夺膜面,并可吸附于泡沫表面上,取代原来的起泡剂,而其本身碳链短不能形成坚固的液膜,从而使泡沫破坏。

5. 去污剂 用于去除污垢的表面活性剂称为去污剂。去污剂的最适HLB值通常为13～16,去污能力以非离子型表面活性剂最强,其次是阴离子型表面活性剂。常用的去污剂有钠肥皂、钾肥皂、油酸钠、十二烷基硫酸钠及其他烷基磺酸钠等。

6. 消毒剂和杀菌剂 大多数阳离子型和两性离子型表面活性剂都可以用作消毒剂,少数阴离子型表面活性剂也有类似作用。根据需要使用不同浓度的表面活性剂,可分别用于手术前的皮肤消毒,伤口或黏膜消毒、器械消毒和环境消毒等。

四、低分子溶液剂

低分子溶液剂是指小分子药物以分子或离子状态分散在溶剂中形成的均匀的可供内服或外用的液体制剂,包括溶液剂、芳香水剂、糖浆剂、酊剂、甘油剂等。

(一) 溶液剂

1. 概述 溶液剂是指药物溶解于溶剂中形成的澄明液体制剂。溶液剂的溶质一般为不挥发性化学药物，溶剂多为水，也可用不同浓度乙醇或油为溶剂。根据需要可以加入增溶剂、助溶剂、防腐剂等附加剂。

2. 临床应用与注意事项

(1) 临床应用　溶液剂主要适用于化学药物或非挥发性药物制成澄明液体制剂，属于均相分散体系。可供内服或外用。

(2) 注意事项　①溶液剂应保持澄清，不得有沉淀、混浊、异物等；②药物制成溶液剂后可以用量取代替称取，使剂量准确，服用方便，特别对小剂量或毒性大的药物更为重要；③内服者应注意其剂量准确，并适当改善其色、香、味，外用者应注意其浓度和使用部位的特点；④有些性质稳定的常用药物，为了便于调配处方，亦可制成高浓度的储备液(又称倍液)，如50%硫酸镁、50%溴化钠溶液等，供临床调配应用。

3. 制法与举例　溶液剂的制备方法有三种，即溶解法、稀释法和化学反应法。化学反应法较少用(具体见实操内容)。

例：对乙酰氨基酚口服液

[处方]	对乙酰氨基酚	30 g	PEG400	70 mL
	L-半胱氨酸盐酸盐	0.3 g	糖浆	200 mL
	甜蜜素	1 g	香精	1 mL
	8%羟苯丙酯-乙酯(1∶1)-乙醇溶液	4 mL	纯化水	加至1000 mL

[处方分析]　对乙酰氨基酚为主药，糖浆、甜蜜素为矫味剂，香精为芳香剂，羟苯丙酯和羟苯乙酯乙醇溶液为防腐剂，PEG400为助溶剂和稳定剂。

[注解]　对乙酰氨基酚在pH值为5～7的溶液中稳定，故制备其口服溶液时需加入适量的枸橼酸，调节溶液的pH值为5.5左右，使口服液口感更好，易于儿童服用。为加快药物的溶解，配制时应适当加热，但温度不得超过55 ℃，温度过高，主药易分解。

[临床适应证]　为乙酰苯胺类解热镇痛药，毒副作用小，使用安全。其退热速度快，效果好，临床多用于迅速解除儿童高热。

(二) 芳香水剂

1. 概述　芳香水剂是指芳香挥发性药物(多为挥发油)的饱和或近饱和水溶液。亦可用水与乙醇的混合溶剂制成浓芳香水剂。芳香性植物药材经水蒸气蒸馏法制得的内服澄明液体制剂称为露剂。

2. 临床应用与注意事项

(1) 临床应用　芳香水剂主要适用于挥发性药物(多为植物挥发油)制成澄清饱和水溶液制剂，属于均相液体分散体系。可供矫味、内服或外用，具有祛痰止咳、平喘和解热镇痛等治疗作用。

(2) 注意事项　①芳香水剂应澄明，必须具有与原料药物相同的气味，不得有异臭、沉淀或杂质；②芳香水剂大多易分解、变质甚至霉变，所以不宜大量配制和久储；③一般药物浓度低，常作矫味、矫臭和分散剂使用。

3. 制法与举例　芳香水剂的制法因原料不同而异。纯净的挥发油或化学药物多用溶解法或稀释法，含挥发性成分的植物药材则多用水蒸气蒸馏法(具体见实操内容)。

例：薄荷水

[处方]　薄荷油　2 mL　　滑石粉　15 g　　蒸馏水　加至1000 mL

[处方分析]　薄荷油为主药，滑石粉作为薄荷油的分散剂，与薄荷油共研使其被吸附在滑石粉颗粒周围，加水振摇时，易使挥发油均匀分布于水中以增加溶解速度。

[注解]　滑石粉还具有吸附作用，过量的挥发油过滤时因吸附在滑石粉表面而被滤除，起到助滤作用，因此，滑石粉不宜过细。

[临床适应证]　本品具有提神解郁、治感冒头痛、疏热解毒、消炎止痒、防腐去腥的功效。

(三) 糖浆剂

1. 概述　糖浆剂是指含有药物、药材提取物或芳香物质的浓蔗糖水溶液。除另有规定外，糖浆剂含蔗糖量应不低于45%。单纯蔗糖的近饱和水溶液称为单糖浆。糖浆剂中的糖和芳香剂能掩盖某些药物的苦、咸及其他不适气味，便于服用，深受儿童欢迎。

糖浆剂根据其组成和用途的不同可分为以下几类：

(1) 单糖浆　不含任何药物，除供制备含药糖浆外，一般可作矫味糖浆，如橙皮糖浆、姜糖浆等，有时也用作助悬剂。

(2) 药用糖浆　又称含药糖浆，主要用于治疗疾病，如磷酸可待因糖浆、五味子糖浆等。

(3) 芳香糖浆　为芳香性物质或果汁的浓蔗糖水溶液。主要用作液体制剂的矫味剂，如橙皮糖浆等。

2. 临床应用与注意事项

(1) 临床应用　糖浆剂主要适用于化学药物、中药材提取物及芳香物质制成的具有甜味的液体制剂，属于均相分散体系。可供内服，特别是儿童用药。

(2) 注意事项　①糖浆剂应澄清，在储存期间不得有酸败、异臭、产生气体或其他变质现象；含有药材提取物的糖浆，允许有少量轻摇易散的沉淀；②糖浆剂可加入适宜的附加剂，必要时可添加适量的乙醇、甘油或其他多元醇；如需加入色素，其品种和用量应符合有关规定，且注意避免对检验产生干扰；③蔗糖溶液以接近饱和浓度为最好，因其含糖量高，渗透压高，抑制微生物生长，具有防腐作用；若浓度过高，储存时易析出糖的结晶，致使糖浆变成糊状甚至变成硬块；若浓度低，易致微生物污染，故应添加防腐剂，一般选用苯甲酸及羟苯酯类。

3. 制法与举例　糖浆剂的制备方法有溶解法，分为热溶法和冷溶法两种(具体见实操内容)。

例：复方磷酸可待因糖浆

［处方］	磷酸可待因	2 g	盐酸异丙嗪	1.25 g
	pH 值调节剂	24 g	维生素 C	0.125 g
	焦亚硫酸钠	1 g	防腐剂	2.5 g
	蔗糖	650 g	乙醇	70 mL
	纯化水	适量		

［处方分析］　磷酸可待因和盐酸异丙嗪为主药，维生素 C 和焦亚硫酸钠为抗氧化剂，蔗糖为矫味剂，乙醇和水为溶剂。

［注解］　复方磷酸可待因糖浆是新型镇咳抗组胺药，内含磷酸可待因和盐酸异丙嗪，经临床两药联用，疗效协同作用明显，且毒副作用未见增强。

［临床适应证］　镇咳，祛痰平喘。

(四) 酊剂

1. 概述　酊剂是指挥发性药物(多为挥发油)的浓乙醇溶液。凡用于制备芳香水剂的药物一般都可以制成酊剂。

2. 临床应用与注意事项

(1) 临床应用　酊剂主要适用于挥发性药物，多为植物挥发油，制成含酒精的液体制剂，属于均相分散体系。可供内服和外用。

(2) 注意事项　①酊剂中药物浓度一般为 5%～20%，乙醇浓度一般为 60%～90%，当酊剂与水性制剂混合或制备过程中与水接触时，会因乙醇浓度降低而发生混浊现象。②因酊剂中挥发油易氧化、酯化或聚合，久储会变色，甚至出现黏性树脂物沉淀，故应储于密闭容器中，且不易久储。

3. 制法与举例　酊剂的制备方法有溶解法和蒸馏法(具体见实操内容)。

例：复方樟脑酊

［处方］	薄荷脑	3 g	苯酚	5 g
	乙醇	630 g	蒸馏水	加至 1000 mL

［处方分析］　薄荷脑和苯酚为主药，乙醇和水为溶剂。

［注解］　薄荷脑能选择性地刺激人体皮肤或黏膜的冷觉感受器，产生冷觉反射和冷感，引起皮肤黏膜血管收缩，起到消炎、止痛、止痒，促进血液循环，减轻水肿等作用。

［临床适应证］　本品作用于皮肤或黏膜，有清凉止痒作用。

讨论酊剂与芳香水剂的异同点。

(五) 甘油剂

1. 概述　甘油剂是指药物溶于甘油中制成的溶液剂。甘油具有黏稠性、防腐性和吸湿性，对皮肤黏膜有滋润作用，能使药物滞留于患处而起延长药物局部疗效的作用。

2. 临床应用与注意事项

(1) 临床应用 甘油剂主要适用于溶于甘油的化学药物制成液体制剂，属于均相分散体系。专供外用，特别是口腔、耳鼻喉科疾病。

(2) 注意事项 甘油剂吸湿性较大，应密闭保存。

3. 制法与举例 甘油剂的制备方法有溶解法和化学反应法。

例：碘甘油

[处方]				
	碘	1.0 g	碘化钾	1.0 g
	纯化水	1.0 mL	甘油	加至 100 mL

[处方分析] 碘为主药，碘化钾为助溶剂，水为润湿剂，甘油为溶剂。

[注解] 甘油作为碘的溶剂可缓和碘对黏膜的刺激性，甘油易附着于皮肤或黏膜上，使药物滞留患处，起到延效作用；本品不易用水稀释，配制时宜控制水量，必要时用甘油稀释以免增加刺激性。

[临床适应证] 适用于口腔黏膜溃疡、牙龈炎及冠周炎。

五、高分子溶液剂

(一) 概述

高分子溶液剂是指高分子化合物溶解于溶剂中制成的均匀分散的液体制剂。高分子溶液剂以水为溶剂，则称为亲水性高分子溶液剂或胶浆剂，以非水溶剂制备的高分子溶液剂，称为非水性高分子溶液剂。高分子溶液剂属于热力学及动力学稳定系统。

(二) 高分子溶液剂的性质

1. 带电性 很多高分子化合物在溶液中带有电荷，其带电原因主要是由于高分子化合物结构中的某些基团解离所致。由于高分子化合物的种类不同，溶液中所带的电荷也不一样，如带正电的壳聚糖，带负电的阿拉伯胶、海藻酸钠，带两性电荷的蛋白质等。带两性电荷的蛋白质分子随溶液 pH 值不同，可带正电或负电。当溶液的 pH 值等于等电点时其分子呈中性，此时溶液的黏度、渗透压、溶解度、导电性等都变得最小。当溶液的 pH 值大于等电点时，则蛋白质带负电荷；当溶液的 pH 值小于等电点时，则蛋白质带正电荷。由于高分子化合物在溶液中带电，所以具有电泳现象。利用电泳法可测得高分子化合物所带电荷的种类。

2. 渗透压 亲水性高分子溶液剂具有较高的渗透压，大小与浓度有关。

3. 黏度 高分子溶液剂为黏稠性流动液体。但一些高分子溶液剂，如明胶和琼脂的水溶液等，在温热条件下，为黏稠性流动的液体，但当温度降低时，呈链状分散的高分子形成网状结构，把分散介质水全部包在网状结构中，形成了不流动的半固体状物，称为凝胶。如软胶囊的囊壳就是这种凝胶，形成凝胶的过程称为胶凝。凝胶失去网状结构中的水分时，体积缩小，形成的干燥固体称干胶。如阿胶、龟板胶、鹿角胶及硬胶囊等都是干胶的存在形式。

4. 稳定性 高分子溶液剂的稳定性主要是由高分子化合物水化作用和电荷两方面决定的。高分子化合物含有大量亲水基，如—OH，—COOH，—NH_3等，能与水形成牢固的水化膜，水化膜能阻碍高分子化合物分子之间的相互凝聚，这是高分子溶液剂稳定的主要原因。

(三) 高分子溶液剂的临床应用与注意事项

1. 临床应用 高分子溶液剂主要适用于高分子药物制成液体制剂，属于均相分散体系，所用分散介质大多数为水。在药物制剂中，几乎所有的剂型都与高分子溶液有关。例如：液体制剂中胃蛋白酶合剂；血浆代用品中的右旋糖酐注射液、聚氧乙烯吡咯烷酮注射液、羧甲基淀粉钠注射液；滴眼剂中的荧光素钠滴眼剂；作助悬剂的如明胶溶液、甲基纤维素溶液、甲基纤维素钠溶液等；片剂辅料中的黏合剂如淀粉浆、片剂量的薄膜衣、肠溶衣材料，以及栓剂、软膏剂、胶囊剂、缓释与控释制剂、膜剂等剂型的制备均需应用大量各种高分子溶液剂。

2. 注意事项

(1) 高分子溶液剂不如低分子溶液剂稳定，在放置过程中，会自发地聚集而沉淀或漂浮在表面，称为陈化现象。

(2) 高分子溶液剂由于其他因素如光线、空气、盐类、pH 值、絮凝剂、射线等的影响，使高分子先聚集成大粒子而后沉淀或漂浮在表面的现象，称为絮凝现象。这种现象在液体浸出制剂的放置过程中也经常发生。

(3) 起稳定作用的水化膜容易被破坏，如亲水胶体溶液中加入大量脱水剂(如乙醇、丙酮等)，可使胶粒失去水化层而沉淀；加入大量的电解质(如盐类及其浓溶液)，不仅能中和胶粒的电荷，而且更由于电解质的强烈水化作用，还夺去了高分子质点中水化膜的水分而使其沉淀。这一过程称为盐析。

(4) 高分子所带电荷也影响其稳定性，如带相反电荷的两种高分子溶液剂混合时，由于相反电荷中和而产生凝结沉淀。

(四) 高分子溶液剂的制备

制备高分子溶液剂时首先要经过溶胀过程。溶胀是指水分子渗入到高分子化合物分子间的空隙中，与高分子中的亲水基团发生水化作用而使体积膨胀，结果使高分子空隙间充满了水分子，这一过程称有限溶胀。由于高分子空隙间存在水分子降低了高分子分子间的作用力(范德华力)，溶胀过程继续进行，最后高分子化合物完全分散在水中形成高分子溶液剂，这一过程称为无限溶胀。无限溶胀常需搅拌或加热等过程才能完成。形成高分子溶液的这一过程称为胶溶。

(五) 典型高分子溶液剂实例分析

例：胃蛋白酶合剂

[处方]				
[处方]	胃蛋白酶	2 g	单糖浆	10 mL
	5%羟苯乙酯乙醇液	1 mL	橙皮酊	2 mL
	稀盐酸	2 mL	纯化水	加至 100 mL

[处方分析] 胃蛋白酶为主药，单糖浆、橙皮酊为矫味剂，5%羟苯乙酯乙醇液为防腐剂，稀盐酸为 pH 值调节剂，纯化水为溶剂。

[注解] 本品一般不宜过滤，因为胃蛋白酶带正电荷，而润湿的滤纸或棉花带负电荷，过滤时易吸附胃蛋白酶。

[临床适应证] 本品为助消化药，可消化蛋白质。用于缺乏胃蛋白酶或病后消化机能减退引起的消化不良。

六、溶胶剂

(一) 概述

溶胶剂是指固体药物微细粒子分散在水中形成的非均匀状态液体分散体系，又称疏水胶体溶液。溶胶剂微粒的大小一般在 1～100 nm，属热力学不稳定系统。胶粒是多分子聚集体，有极大的分散度。目前溶胶剂应用很少，但其性质对药剂学却有着重要意义。

(二) 溶胶剂的构造和性质

1. 溶胶剂的双电层结构 溶胶剂中的固体微粒由于本身某些基团的解离或吸附溶液中的某种离子而带有电荷，带电的固体微粒由于电性的作用，必然吸引带相反电荷的离子，称为反离子，部分反离子密布于固体粒子的表面，并随之运动，形成所谓胶粒。胶粒上的吸附离子与反离子构成吸附层。另一部分反离子散布于胶粒的周围，离胶粒愈近，反离子愈密集，形成了与吸附层电荷相反的扩散层。带相反电荷的吸附层与扩散层构成了双电层。双电层之间的电位差称为 ξ 电位，双电层之间的电位差只有在胶粒与其周围的分散介质做相对运动时才表现出来，故又称为动电位。ξ 电位的高低，取决于反离子在吸附层和扩散层分布量的多少，吸附层中反离子愈多则扩散层的反离子愈少，ξ 电位愈低，相反，进入吸附层的反离子愈少，ξ 电位就愈高，故 ξ 电位的高低与分散介质中的电解质浓度密切相关。由于双电层中离子具有水化作用，使胶粒外形成水化膜，胶粒的电荷愈多，扩散层就愈厚，水化膜也就愈厚。水化膜的存在和胶粒电荷之间的排斥作用，可防止胶粒发生聚结而沉淀，使溶胶剂稳定。ξ 电位愈大，溶胶剂愈稳定。

2. 溶胶剂的性质 溶胶剂的外观与溶液一样为透明的液体，但由于是以多分子聚集体作为分散相的质点，具有与一般溶液剂不同的特征。

(1) 光学性质 当强光线通过溶胶剂时从侧面可见到圆锥形光束，这种现象称为丁达尔效应。这是由于胶粒的粒度小于自然光波长引起光散射所产生的。溶胶剂量的混浊程度用浊度表示，浊度愈大表明散射光愈强。

(2) 电学性质　溶胶剂由于双电层结构而荷电，可以荷正电，也可以荷负电。在电场的作用下胶粒或分散介质产生移动，在移动过程中产生电位差，这种现象称为界面动电现象。溶胶剂的电泳现象就是界面动电现象所引起的。

(3) 动力学性质　溶胶剂中的胶粒在分散介质中有不规则的运动，这种运动称为布朗运动。这种运动是由于胶粒受溶剂水分子不规则地撞击产生的。溶胶剂粒子的扩散速度、沉降速度及分散介质的黏度等都与溶胶剂的动力学性质有关。

(4) 稳定性　溶胶剂属热力学不稳定系统，主要表现为有聚结不稳定性和动力不稳定性。但由于胶粒表面电荷产生静电斥力，以及胶粒荷电所形成的水化膜，都增加了溶胶剂的聚结稳定性。由于重力作用，胶粒产生沉降，但由于胶粒的布朗运动又使其沉降速度变得极慢，增加了动力稳定性。

（三）溶胶剂的临床应用与注意事项

1. 临床应用　溶胶剂主要适用于固体药物制成液体制剂，属于非均相分散体系。在药物制成溶胶剂后可改善药物的吸收，使药效出现增大或异常，对药物的刺激性也会产生影响。如粉末状的硫不被肠道吸收，但制成胶体则极易吸收，可产生毒性反应甚至中毒死亡。具有特殊刺激性的银盐制成具有杀菌的胶体蛋白银、氯化银、碘化银则刺激性降低。

2. 注意事项

(1) 溶胶剂对电解质极其敏感，加入电解质中和胶粒的电荷，使 ξ 电位降低，同时也因电荷的减弱而使水化层变薄，使溶胶剂产生凝聚而沉淀。

(2) 将带相反电荷的溶胶剂混合，也会产生沉淀。但与电解质作用不同之处是只有当两种溶胶的用量恰使电荷相反的胶粒所带的总电荷量相等时，才会完全沉淀，否则可能部分沉淀，甚至不会沉淀。

(3) 向溶胶剂加入亲水性高分子溶液，使溶胶剂具有亲水胶体的性质而增加稳定性，加入的亲水胶体称为保护胶体。如制备氧化银胶体时，加入血浆蛋白作为保护胶而制成稳定的蛋白银溶液。

（四）溶胶剂的制备

1. 分散法

(1) 机械分散法　常采用胶体磨进行制备。分散药物、分散介质以及稳定剂从加料口处加入胶体磨中，胶体磨以 1000 r/min 转速高速旋转将药物粉碎，使之达到胶体粒子范围。可以制成质量很好的溶胶剂。

(2) 胶溶法　它是使新生的粗分散粒子重新分散的方法。如新生的氯化银粗分散粒子加稳定剂，经再分散可制得氯化银溶胶剂。

(3) 超声分散法　用 20000Hz 以上超声波所产生的能量使分散粒子分散成溶胶剂的方法。当超声波进入粗分散体系后，可产生相同频率的振动波，而使粗分散相粒子分散成胶体粒子。

2. 凝聚法

(1) 物理凝聚法　改变分散介质的性质使溶解的药物凝聚成为溶胶剂。

(2) 化学凝聚法　借助于氧化、还原、水解、复分解等化学反应制备溶胶剂的方法。如硫代硫酸钠溶液与稀盐酸作用，产生新生态的硫分散于水中，形成溶胶。这种新生态硫具有很强的杀菌作用。

（五）典型溶胶剂实例分析

例：纳米银溶胶剂

[处方]　1×10^{-3} mol/L $AgNO_3$溶液　500 mL　1%柠檬酸钠溶液　13 mL

[处方分析]　$AgNO_3$为主药，柠檬酸钠为还原剂。

[注解]　本处方中，还原剂量多少直接影响生成纳米银的质量，一般反应温度为 50 ℃，反应时间为 60 min 最宜。

[临床应用]　光谱抗菌、增效抗菌剂。以纳米银溶胶剂为抗菌剂制得纳米银抗菌内墙涂料。

七、混悬剂

（一）概述

混悬剂是指难溶性固体药物以微粒状态分散在分散介质中形成的非均相液体制剂。其中也包括干混悬剂，即难溶性固体药物与适宜辅料制成的粉状物或颗粒状物，使用时加水振摇即可分散成混悬液。混悬剂中药物微粒一般在0.5～10 μm之间或大于10 μm,甚至达50 μm。混悬剂属于热力学、动力学均不稳定体系,所用的分散介质多为水,也可用植物油等。混悬剂可以内服、外用、注射、滴眼等。

1. 混悬剂的特点

(1) 有助于难溶性药物制成液体制剂,并提高药物的稳定性。混悬剂中药物以固体微粒的形式存在,可以提高药物的稳定性。

(2) 相比固体制剂更加便于服用。混悬剂属于粗分散体系,可以掩盖药物的不良气味。

(3) 产生长效作用,混悬剂的难溶性药物的溶解度低,从而导致药物的溶出速度慢,达到长效作用。

2. 混悬剂的质量要求

(1) 药物本身的化学性质稳定,使用或储存期间含量符合要求;

(2) 颗粒细腻均匀,大小符合剂型要求;

(3) 颗粒的沉降速度要慢,沉降后不应结块,经轻摇后能均匀分散,以保证剂量的准确性;

(4) 黏稠度应符合要求,便于倾倒且不沾瓶壁;

(5) 口服混悬剂的色、味、香应适宜,储存期间不得霉败;外用混悬剂应可均匀涂布,不易流散,能较快干燥,干燥后能留下不易擦掉的保护层;标签应注明"用时振摇"或"服前振摇"。

(二) 混悬剂的临床应用与注意事项

1. 临床应用 混悬剂主要适用于难溶性药物制成液体制剂,属于粗分散体系,所用分散介质多数为水,也可用植物油。在药物制剂中搽剂、洗剂、注射剂、滴眼剂、气雾剂、软膏剂和栓剂等都有混悬剂的存在。

2. 注意事项

(1) 使用前需要摇匀后才可使用;

(2) 混悬剂应放在低温避光的环境中保存,避免其发生不可逆的变化。

(三) 混悬剂的稳定剂

为减少药物的不良臭味、提高药物稳定性等,在混悬剂制备时常加入稳定剂,包括润湿剂、助悬剂、絮凝剂或反絮凝剂等。

1. 润湿剂 润湿剂能降低药物微粒与分散介质之间的界面张力,增加疏水性药物的亲水性,有助于疏水性药物的润湿与分散。常用的润湿剂是HLB值在7～9的表面活性剂,如聚山梨酯类、磷脂类、泊洛沙姆、脂肪酸山梨坦类等。此外,乙醇、甘油也有一定润湿作用。

2. 助悬剂 助悬剂能增加分散介质的黏度,降低药物微粒的沉降速度;能被吸附在微粒表面,增加微粒的亲水性的附加剂。其种类主要包括以下几种。

(1) 低分子助悬剂 如甘油、糖浆等,糖浆常作为内服混悬剂使用,兼有矫味作用;而甘油常作为外用混悬剂使用。

(2) 高分子助悬剂 分为天然高分子助悬剂和合成或半合成高分子助悬剂两类。

①天然高分子助悬剂 常用的有阿拉伯胶、西黄蓍胶、果胶、海藻酸钠、琼脂、脱乙酰甲壳素等。阿拉伯胶可用其粉末或胶浆,用量为5%～15%,西黄蓍胶用其粉末或胶浆,因黏度大,一般用量可为0.5%～1.0%,使用天然的高分子助悬剂制备时,应加入防腐剂,如苯甲酸类、尼泊金类或酚类等。

②合成或半合成高分子助悬剂 主要有纤维素类,如甲基纤维素、羧甲基纤维素钠、羟丙基纤维素、卡波普、聚维酮等。它们的水溶液均透明,一般用量为0.1%～1.0%,性质稳定,受pH值影响小,但与某些药物有配伍变化,如羧甲基纤维素与氯化铁、硫酸铝等有禁忌。

(3) 触变剂 常作为混悬剂注射液、滴眼液的助悬剂,如2%硬脂酸铝在植物油中可形成触变剂。触变剂是指在一定温度下,静置时,逐渐变为半固体溶液,当振摇时,又变成可流动的胶体溶液。胶体溶液的这种性质称为触变性,这种胶体称为触变胶。

(4) 硅藻土 常作为外用混悬剂的助悬剂。为胶体水合硅酸铝,分散在水中可带负电荷,能吸收大量水形成高黏度液体,防止微粒聚集合并,不需要加防腐剂。常用量为2%,当混悬液中含硅藻土5%以上时具有显著的触变性,但遇酸或酸式盐能降低其水化性,制成的混悬剂在pH值为7以上时更稳定。

3. 絮凝剂与反絮凝剂 絮凝剂与反絮凝剂可以是不同的电解质,也可以是同一电解质由于用量不同而起絮凝或反絮凝作用。其中絮凝是指混悬剂中微粒间的排斥力稍低于吸引力,形成疏松的絮状聚集体,经振摇可恢复成均匀分散状态的现象;反絮凝是指阻碍微粒之间的碰撞聚集过程的现象。常用絮凝剂和反絮凝剂有:枸橼酸盐(酸式盐或正盐)、酒石酸盐(酸式盐或正盐)、磷酸盐及一些氯化物(如氯化铝)等。

(四) 混悬剂的制备

混悬剂的制备应使固体药物有适当的分散度,微粒分散均匀,并加入适当的稳定剂,使混悬剂处于稳定状态。混悬剂的制备方法有分散法和凝聚法。

1. 分散法 将固体药物粉碎成符合混悬剂要求的微粒,再分散于分散介质中制成混悬剂。小量制备可用乳钵,大量生产时可用乳匀机、胶体磨等机械。

2. 凝聚法 凝聚法是借助物理方法或化学方法将离子或分子状态的药物在分散介质中聚集制成混悬剂的方法。

(1) 物理凝聚法(微粒结晶法) 此法一般是选择适当溶剂将药物制成热饱和溶液,在急速搅拌下加到另一种不同性质的冷溶剂中,使之快速结晶,可以得到 10 μm 以下(占 80%~90%)的微粒,再将微粒分散于适宜介质中制成的混悬剂。如醋酸可的松滴眼剂的制备。

(2) 化学凝聚法 将两种药物的稀溶液,在低温下相互混合,使之发生化学反应生成不溶性药物微粒悬浮于分散介质中制成混悬剂的一种方法。为使微粒细小均匀,反应中应急速搅拌。如用于胃肠道透视的钡餐制备。

知识链接

混悬剂的质量评定

混悬剂的质量优劣,应按质量要求进行评定,评定的方法如下。

1. 微粒大小的测定 混悬剂中微粒大小及其分布情况直接关系到混悬剂的稳定性。隔一定时间测定粒子大小以分析粒径及粒度分布的变化,可大概预测混悬剂的稳定性。测定混悬剂粒子大小常采用显微镜法、库尔特计数法。

(1) 显微镜法 用光学显微镜观测混悬剂中微粒大小及其分布。如用显微镜照相法拍摄微粒照片,方法更简单、可靠,具有保存性。通过不同时间所拍摄照片的观察对比,更确切地对比出混悬剂储存过程中的微粒变化情况。

(2) 库尔特计数法 常用库尔特计数器测定。库尔特计数器的基本传感元件是小孔管,小孔管下端有小孔,小孔的直径由几十微米到 1000 μm。将小孔管浸没于待测样品在适宜电解质溶液的混悬液中,在小孔管的内、外各加一电极,使样品的混悬液通过小孔管而流动,当混悬液中的粒子通过小孔时,因为粒子不导电,两个电极间的电阻瞬间增大,产生一个其大小与粒子体积相关的电压脉冲,经处理而换算成球形粒子的体积,并求得粒径。可在很短时间内测量 10 万个粒子的粒径,并可打印或绘制出若干个粒径组的分布数据或分布曲线。

2. 沉降容积比的测定 沉降容积比是指沉降物的容积与沉降前混悬剂的容积之比。测定方法:将混悬剂放于量筒中,混匀,测定混悬剂的总容积 V_0,静置一定时间后,观察沉降面不再改变时沉降物的容积 V,其沉降容积比 F 为:

$$F=\frac{V}{V_0}=\frac{H}{H_0}$$

式中:沉降容积比也可用高度表示。H_0 为沉降前混悬液的高度;H 为沉降后沉降面的高度。F 值愈大,混悬剂愈稳定,F 值为 0~1。混悬微粒开始沉降时,沉降高度 H 随时间而减小。以沉降容积比 H/H_0 为纵坐标,沉降时间 t 为横坐标作图,可得沉降曲线,曲线的起点最高点为 1,以后逐渐缓慢降低并与横坐标平行。根据沉降曲线的形状可以判断混悬剂处方设计的优劣。沉降曲线比较平和、缓慢降低可认为处方设计优良。但较浓的混悬剂不适用于绘制沉降曲线。

3. 絮凝度的测定 絮凝度是比较混悬剂絮凝程度的重要参数,用下式表示:

$$\beta=\frac{F}{F_\infty}=\frac{V/V_0}{V/V_\infty}=\frac{V}{V_\infty}$$

式中:F 为絮凝混悬剂的沉降容积比;F_∞ 为去絮凝混悬剂的沉降容积比;V_∞ 为去絮凝混悬剂的沉降物容积;絮凝度 β 表示由絮凝所引起的沉降物容积增加的倍数。

4. 重新分散试验 优良的混悬剂经过储存后再振摇,沉降物应能很快重新分散,这样才能保证服用时的均匀性和分剂量的准确性。试验方法：将混悬剂置于100 mL量筒内，以20 r/min的速度转动，经过一定时间的旋转，量筒底部的沉降物应重新均匀分散。重新分散所需旋转次数越少，说明混悬剂再分散性越良好。

5. 流变学测定　流变学测定主要是用旋转黏度计测定混悬液的流动曲线，由流动曲线的形状，确定混悬液的流动类型，以评价混悬液的流变性质。若为触变流动、塑性触变流动和假塑性触变流动，能有效地减缓混悬剂微粒的沉降速度。

（五）典型混悬剂实例分析

例：布洛芬口服混悬剂

[处方]				
	布洛芬	20 g	羟丙基甲基纤维素	20 g
	山梨醇	250 g	甘油	30 mL
	枸橼酸	适量	蒸馏水	加至1000 mL

[处方分析]　布洛芬为主药，甘油为润湿剂，羟丙基甲基纤维素为助悬剂，山梨醇为甜味剂，枸橼酸为pH值调节剂，水为溶剂。

[注解]　布洛芬口服易吸收，但受饮食影响较大。而混悬剂因颗粒分布均匀，受食物影响小，对胃肠道刺激小，尤其易于分剂量给药，患者顺应性好。

[临床适应证]　本品具有解热镇痛抗炎作用，主要用于风湿性关节炎。

八、乳剂

（一）概述

乳剂是指两种互不相溶的液体混合，其中一种液体以细小液滴的形式均匀分散在另一种液体中形成非均相液体分散体系。乳剂中水或水性溶液称水相（用W表示），另与水不混溶的相则称为油相（用O表示）。其中分散成液滴称为分散相、内相或不连续相；包在液滴外面的液体则称为分散介质、外相或连续相。液体分散相分散于不相混溶介质中形成乳剂的过程称为乳化。

1. 乳剂的组成　油相（O）、水相（W）和乳化剂是构成乳剂的基本成分，三者缺一不可。其中乳化剂在乳剂的形成与稳定中发挥着极其重要的作用。此外，为增加乳剂的稳定性，乳剂中还可加入辅助乳化剂、防腐剂及抗氧化剂等附加剂。

2. 乳剂的分类

(1) 按分散系统的组成分类：乳剂可分为单乳和复乳两类。

①单乳：包括水包油型乳剂（O/W型）与油包水型乳剂（W/O型）两种，前者是外相为水，内相为油的乳剂；后者是外相为油，内相为水的乳剂。乳剂的类型鉴别见表4-16。

②复乳：在O/W型或W/O型乳剂的基础上进一步乳化形成，常以W/O/W或O/W/O表示，可通过两步法乳化完成。

表4-16　乳剂类型的鉴别

鉴别方法	O/W型	W/O型
外观	乳白色	与油颜色近似
皮肤触感	无油腻感	有油腻感
稀释法	被水稀释	被油稀释
导电法	导电	几乎不导电
染色法（水性染料）	外相染色	内相染色
染色法（油性染料）	内相染色	外相染色

(2) 按乳滴大小分类：乳剂可分为普通乳、亚微乳及纳米乳，其中纳米乳和亚微乳总称为微乳。

①普通乳：粒子直径大小在1～100 μm之间，呈乳白色不透明液体。属于热力学不稳定系统，受热等因素的影响易出现破乳、分层不稳定现象。

②亚微乳：粒径在 0.1～1.0 μm 之间，外观不透明，呈混浊或乳状，稳定性不如纳米乳，可热压灭菌，但灭菌时间太长或重复灭菌，也会分层，属于热力学不稳定系统。

③纳米乳：粒径在 10～100 nm 之间，其乳滴多为球形，大小比较均匀，透明或半透明，属于热力学稳定体系，经热压灭菌或离心也不能使之分层。

3. 乳剂的特点 乳剂作为一种药物载体，其主要的特点如下：

(1) 乳剂中液滴的分散度很大，药物吸收快、药效发挥快及生物利用度高。

(2) O/W 型乳剂可掩盖药物的不良气味，并可以加入矫味剂。

(3) 减少药物的刺激性及毒性作用。

(4) 可增加难溶性药物的溶解度，如纳米乳，提高药物的稳定性。

(5) 外用乳剂可改善药物对皮肤、黏膜的渗透性。

(6) 静脉注射乳剂，可使药物具有靶向作用，提高疗效。

但乳剂也存在一些不足，因大部分属于热力学不稳定体系，在储存过程中易受影响，出现分层、破乳或酸败等现象。

(二) 乳化剂

乳化剂是指乳剂制备时，除油相与水相外，尚需要加入能促使分散相乳化并保持稳定的物质。它是乳剂的重要组成部分，在乳剂的形成、稳定及药效的发挥等方面均具有重要的作用。

1. 优良乳化剂应具备以下条件

(1) 乳化能力强，能显著降低油水两相之间的界面张力，并能在液滴周围形成牢固的乳化膜。

(2) 乳化剂本身应稳定乳化剂对不同的 pH 值、电解质、温度的变化等，应具有一定的耐受性。

(3) 对人体无害，不应对身体产生近期的毒副作用，无刺激性，且来源广、价廉。

2. 乳化剂的种类

(1) 天然乳化剂 天然乳化剂多为高分子化合物，具有较强亲水性，能形成 O/W 型乳剂，由于黏性较大，能增加乳剂的稳定性。天然乳化剂容易被微生物污染，故宜新鲜配制或加入适宜防腐剂。

①阿拉伯胶：主要含阿拉伯胶酸的钾、钙、镁盐。可形成 O/W 型乳剂。适用于乳化植物油、挥发油，因阿拉伯胶羧基离解，形成的多分子膜带负电荷，可形成物理障碍和静电斥力而阻止乳滴的集聚，多用于制备内服乳剂。阿拉伯胶的常用浓度为 10%～15%，稳定 pH 值为 2～10。因内含氧化酶，易使胶腐败或与一些药物有配伍禁忌，故使用前应在 80 ℃加热 30 min 使之破坏。在阿拉伯胶作乳化剂的产品中，西黄蓍胶和琼脂通常被用作增稠剂。

②西黄蓍胶：为 O/W 型乳化剂，其水溶液黏度大，pH 值为 5 时黏度最大。由于西黄蓍胶乳化能力较差，一般不单独作乳化剂，而是与阿拉伯胶合并使用。

③明胶：可作为 O/W 型乳化剂使用，用量为油量的 1%～2%。明胶为两性化合物使用时需注意 pH 值的变化及其他乳化剂(如阿拉伯胶等)的电荷，防止产生配伍禁忌。

④磷脂：由卵黄提取的卵磷脂或由大豆提取的豆磷脂，能显著降低油水界面张力，乳化能力强，为 O/W 型乳化剂。可供内服或外用，精制品可供静脉注射用。常用量为 1%～3%。

⑤其他：如果胶、桃胶、海藻酸钠、琼脂、酪蛋白、胆固醇等，有些在乳剂中作为辅助乳化剂。

(2) 合成乳化剂 主要是表面活性剂，其种类多，乳化能力强，性质稳定，应用广，逐渐替代天然乳化剂。

①阴离子型表面活性剂：常用的有一价碱金属皂(O/W 型)，二价金属皂(W/O 型)，有机胺皂(O/W 型)，十六烷基硫酸钠和十二烷基硫酸钠等，后两者常与鲸蜡醇合用。

②阳离子型表面活性剂：因毒性大，不如阴离子表面活性剂应用广泛。但这类表面活性剂很多具有抗菌活性，如溴化十六烷基三甲铵或溴化十四烷基三甲铵，与鲸蜡醇合用，同时具有防腐作用。

③非离子型表面活性剂：常用的有聚山梨酯类(即吐温类，如吐温 20、40、60、80 等，O/W 型)和脂肪酸山梨坦类(即司盘类，如司盘 20、40、60、80 等，W/O 型)。这类物质毒性、刺激性均较小，性质稳定，应用广泛。且这类乳化剂可单独使用，也可与其他离子型乳化剂合用。HLB 值决定乳剂的类型，HLB 值 3～8 的表面活性剂适用作 W/O 型乳化剂；HLB 值在 8～16 的表面活性剂适用作 O/W 型乳化剂。

(3) 固体微粒乳化剂 这类乳化剂为不溶性固体微粉，可聚集于液液界面上形成固体微粒膜而起乳化作用。此类乳化剂形成的乳剂类型是由接触角 θ 决定的。当 $\theta<90°$时，被水润湿，形成 O/W 型乳剂，如氢氧

化镁、氢氧化铝、二氧化硅、皂土等；当$\theta>90°$时易被油润湿，则形成 W/O 型乳剂，如氢氧化钙、氢氧化锌、硬脂酸镁等。固体微粒乳化剂不受电解质影响，若与非离子型表面活性剂合用效果更好。

（4）辅助乳化剂　与乳化剂合并使用能增加乳剂稳定性的乳化剂。辅助乳化剂的乳化能力一般很弱或无乳化能力，但能提高乳剂的黏度，并能增强乳化膜的强度，防止乳滴合并。

①增加水相黏度的辅助乳化剂：甲基纤维素、羧甲基纤维素钠、羟丙基纤维素、海藻酸钠、琼脂、西黄蓍胶、阿拉伯胶、果胶、皂土等。

②增加油相黏度的辅助乳化剂：鲸蜡醇、蜂蜡、单硬脂酸甘油酯、硬脂酸、硬脂醇等。

3. 乳化剂的选择　乳化剂的种类很多，应根据乳剂的使用目的、药物的性质、处方的组成、制备乳剂的类型、乳化方法等综合考虑，适当选择。

（1）根据乳剂的类型选择　在乳剂的处方设计时应先确定乳剂类型，根据乳剂类型选择所需的乳化剂。O/W 型乳剂应选择 O/W 型乳化剂，W/O 型乳剂应选择 W/O 型乳化剂。乳化剂的 HLB 值为这种选择提供了重要的依据。

（2）根据乳剂给药途径选择　口服乳剂应选择无毒的天然乳化剂或某些亲水性高分子乳化剂，如阿拉伯胶、西黄蓍胶、白及胶、吐温类、卵磷脂、琼脂、果胶等。外用乳剂应选择对局部无刺激性、长期使用无毒性的乳化剂，如肥皂类及各种非离子型表面活性剂等。一般不用高分子溶液作乳化剂，因易于结成膜。一般表面活性较强的物质，可以引起刺激性，产生过敏和皮炎。外用乳剂可以有不同的稠度，可以是 O/W 型或 W/O 型。注射用乳剂应选择磷脂、泊洛沙姆等乳化剂。

（3）根据乳化剂性能选择　乳化剂的种类很多，其性能各不相同，应选择乳化性能强、性质稳定、受外界因素（如酸、碱、盐、pH 值等）影响小、无毒无刺激性的乳化剂。

（4）混合乳化剂的选择　乳化剂混合使用有许多特点，可改变 HLB 值，以改变乳化剂的亲油亲水性，使其有更大的适应性，如磷脂与胆固醇混合比例为 10∶1 时，可形成 O/W 型乳剂，比例为 6∶1 时则形成 W/O 型乳剂；可增加乳化膜的牢固性，如油酸钠为 O/W 型乳化剂，与鲸蜡醇、胆固醇等亲油性乳化剂混合使用，可形成络合物，增强乳化膜的牢固性，并增加乳剂的黏度及其稳定性。非离子型乳化剂可以混合使用，如聚山梨酯、脂肪酸山梨坦等。非离子型乳化剂可与离子型乳化剂混合使用。但阴离子型乳化剂和阳离子型乳化剂不能混合使用。乳化剂混合使用，必须符合油相对 HLB 值的要求，若油的 HLB 值为未知，可通过实验加以确定。

（三）乳剂的稳定性

乳剂属于热力学不稳定的非均相分散体系，其不稳定现象主要表现在以下几个方面。

1. 分层　分层也称乳析，内相液滴的聚集体比其单个颗粒具有更大的趋势上浮到乳剂顶部或下沉到底部。这种聚集体的形成称为乳剂的分层。乳剂中分层的部分可通过振摇使其分散均匀，但在给一定剂量之前聚集体很难被再分散，或振摇不充分时，可导致内相中剂量的不准确。而且，药物乳剂的分层使其产品变得不美观，不易被消费者接受。更重要的是，它增加了液滴合并的危险。根据 Stokes 方程，乳剂中分散相的分层速度与一些因素有关，如分散相的粒子大小、各相间的密度差异以及外相的黏度。重要的是必须意识到内相粒子大小的增加、较大的两相密度差异以及外相黏度的降低会导致分层速度增加。因此，要增加乳剂的稳定性，其液滴或粒子的大小必须尽可能地降低到最低程度，内外相的密度差异应最小，外相的黏度在合理范围内应最大。增稠剂如西黄蓍胶和微晶纤维素经常被用于乳剂以增加外相的黏度。内相密度小于外相密度的不稳定 W/O 型或 O/W 型乳剂易在上部发生分层；在乳剂底部分层则发生与之相反的不稳定乳剂中。

2. 絮凝　乳剂中内相的乳滴发生可逆的聚集现象称为絮凝。但由于乳滴电荷以及乳化膜的存在，阻止了絮凝时乳滴的合并。发生絮凝的条件是：乳滴的电荷减少，使ξ电位降低，乳滴发生聚集而絮凝。絮凝状态仍保持乳滴及其乳化膜的完整性。乳剂中的电解质和离子型乳化剂的存在是产生絮凝的主要原因，同时絮凝与乳剂的黏度、相容积比以及流变性有密切关系。由于乳剂的絮凝作用，限制了乳滴的移动并产生网状结构，可使乳剂处于高黏度状态，有利于乳剂稳定。絮凝与乳滴的合并是不同的，但絮凝状态进一步变化也会引起乳滴的合并。

3. 转相　由于某些条件的变化而改变乳剂的类型称为转相。由 W/O 型转变为 O/W 型或 O/W 型转变为 W/O 型，转相主要是由于乳化剂的性质改变而引起的。如油酸钠是 O/W 型乳化剂，遇氯化钙后生成油酸钙，变为 W/O 型乳化剂，乳剂则由 O/W 型变为 W/O 型。向乳剂中加入相反类型的乳化剂也可使乳剂转相，特别是两种乳化剂的量接近相等时，更容易转相。转相时两种乳化剂的量比称为转相临界点。在转相临界点上乳剂不属于任何类型，处于不稳定状态，可随时向某种类型乳剂转变。

4. 合并与破裂 比分层更具有破坏性的是乳剂内相液滴的合并，从而产生相分离形成不同的液层。乳剂中内相的分离称为乳剂的“破坏”。此时乳剂则被描述成“破裂”。这是不可逆的变化，因为对内相液滴具有保护性的液层已不复存在，即使对分离的两相进行搅拌一般也无法重新制成乳剂。要重新将其制成乳剂，通常必须另外加入乳化剂，再通过适当的设备重新进行处理。通常乳剂需要小心保存，避免过冷或过热。冷冻和解冻会导致乳剂粒子的合并，有时会造成乳剂的破裂。过热也会产生相同的后果。

5. 酸败 乳剂在放置的过程中，受外界因素（如光、热、空气等）及微生物的作用，使乳剂中的油或乳化剂发生变质的现象称为酸败。乳剂中添加抗氧化剂或防腐剂可防止酸败。

（四）乳剂的临床应用与注意事项

1. 临床应用 乳剂主要适用于两种互不相溶液体药物制成液体制剂，多数属于热力学不稳定体系。由于微粒的粒径大小不同，可分为普通乳、亚微乳及纳米乳。其中普通乳在临床上可供内服或外用；亚微乳常作为胃肠外给药的载体，也可作为静脉注射乳剂（粒径控制在 0.25～0.4 μm 之间）；纳米乳，属于热力学稳定体系，常用作脂溶性药物和对水解敏感性药物的载体。纳米乳可促进药物经皮的吸收及靶向作用，常制成经皮给药制剂及靶向制剂用于临床。

2. 注意事项 乳剂由于种类较多，给药途径与用途不一，目前尚无统一的质量标准。一般要求乳剂分散相液滴大小均匀，粒径符合规定；外观乳白色（普通乳、亚微乳）或半透明、透明（纳米乳），无分层现象；无异臭味，内服口感适宜，外用与注射用无刺激性；有良好的流动性；具有一定的防腐能力，在储存与使用中不易霉变。

（五）乳剂的制备

根据所需乳剂的要求及乳化剂的性质，可以选用以下方法制备。

1. 干胶法 干胶法又叫油中乳化剂法。本法先取油与胶粉的全量，同置于干燥乳钵中研匀，然后一次加入一定比例量的水迅速沿同一方向旋转研磨，至稠厚的乳白色初乳形成为止，再逐渐加水稀释至全量，研匀，即得。

2. 湿胶法 湿胶法又称水中乳化剂法。采用本法时，油、水、胶的比例与干胶法相同，但混合的次序不同，并且在制备初乳过程中成分的比例可根据操作者的需要而修改。通常可将阿拉伯胶颗粒与两倍于其重量的水在研钵中研碎来形成胶浆剂，然后按比例将油缓慢加入，研磨使油乳化。如果在此过程中混合物黏度太大，可在继续加入油之前补充一些水。当所有的油都加完后，将所得的混合物完全混合几分钟，以保证其均匀性。然后同干胶法，将乳剂转移至量筒中，加水至一定体积。

知识链接

干胶法与湿胶法的制备要点

（1）先制备初乳，初乳中油、水、胶三者的比例应分别为：植物油、水、胶为 4∶2∶1；液体石蜡、水、胶为 3∶2∶1；挥发油、水、胶为 2∶2∶1。

（2）干胶法适用于乳化剂为细粉者。注意：用干燥乳钵，一次加入比例适当的水，应向同一方向研磨。

（3）湿胶法不必是细粉，可制成胶浆（水胶比例为 2∶1）即可，油相分次加入胶浆中。

3. 新生皂法 将油水两相混合时，两相界面上生成的新生皂类产生乳化的方法。植物油中含有硬脂酸、油酸等有机酸，加入氢氧化钠、氢氧化钙、三乙醇胺等，在高温下（70 ℃以上），生成的新生皂为乳化剂，经搅拌即形成乳剂。生成的一价皂则为 O/W 型乳化剂，生成的二价皂则为 W/O 型乳化剂。本法多用于乳膏剂的制备。

4. 两相交替加入法 向乳化剂中每次少量交替地加入水或油，边加边搅拌，即可形成乳剂。天然胶类、固体微粒乳化剂等可用本法制备乳剂。当乳化剂用量较多时,本法是一个很好的方法。

5. 机械法 将油相、水相、乳化剂混合后用乳化机械制备乳剂的方法。机械法制备乳剂时可不用考虑混合顺序,借助于机械提供的强大能量,很容易制成乳剂。乳化机械主要有高速搅拌机、乳匀机、胶体磨、超声波乳化装置等。

6. 纳米乳(微乳)的制备 纳米乳除含有油相、水相和乳化剂外,还含有辅助成分。薄荷油、丁香油及维生素 A、维生素 D、维生素 E 等均可制成纳米乳。纳米乳的乳化剂,主要是表面活性剂,其 HLB 值应在 15~18 范围内,乳化剂和辅助成分应占乳剂的 12%~25%,通常选用吐温 60 和吐温 80 等。制备时取 1 份油加 5 份乳化剂混合均匀,然后加于水中,如不能形成澄明乳剂,可增加乳化剂的用量。如能很容易形成澄明乳剂可减少乳化剂的用量。

7. 复合乳剂的制备 采用两步乳化法制备,第一步先将水、油、乳化剂制成一级乳,再以一级乳为分散相与含有乳化剂的水或油再乳化制成二级乳。如制备 W/O/W 型复合乳剂,先选择亲油性乳化剂制成W/O型一级乳剂,再选择亲水性乳化剂分散于水相中,在搅拌下将一级乳剂加于水相中,充分分散即得W/O/W型乳剂。

知识链接

乳剂的质量评定

乳剂的种类很多,其用途与给药途径不一,目前尚无统一的评价乳剂的质量标准。因乳剂属于热力学不稳定体系,主要是评价乳剂的稳定性,方法具体如下。

1. 乳剂粒子大小的测定 乳剂粒径大小是衡量乳剂质量的重要指标。不同用途的乳剂对粒径大小的要求不同,如静脉注射乳剂,其粒径应在 0.5 μm 以下。其他用途的乳剂粒径也都有不同要求。乳剂粒径的测定方法如下。

(1) 显微镜测定法 用光学显微镜可测定粒径范围在 0.2~100 μm 的粒子,测定粒子数不少于 600 个。

(2) 库尔特计数器测定法 库尔特计数器可测定粒径范围为 0.6~150 μm 粒子和粒度分布。方法简便,速度快,可自动记录并绘制分布图。

(3) 激光散射光谱法 样品制备容易,测定速度快,可测定 2 μm 以下范围的粒子,最适于静脉乳剂的测定。

(4) 透射电镜法 可测定粒子大小及分布,可观察粒子形态。测定粒径范围为 0.01~20 μm。

2. 分层现象的观察 将乳剂以 4000 r/min 离心处理 15 min,如不分层则认为质量较好,也可用加速试验法进行乳剂分层考察,将乳剂放于 3750 r/min 半径为 10 cm 的离心机中,离心 5 h,相当于因密度不同放置一年产生分层的效果。也可将乳剂置于刻度试管中,加以染色,再于室温、高温、低温放置一定时间,观察颜色变化,以判断乳剂分层程度。

3. 测定乳滴合并时间 将含有亲油性乳化剂的油相小心地倒入含有亲水性乳化剂的水面上,形成油-水界面,再取油一滴,注入到油-水界面下一定距离处,该油滴就浮到油相界面,然后停止,直到合并,观察该油滴与油相合并所需时间。合并时间越长,乳剂越稳定。

4. 黏度测定 采用圆锥平板型黏度计定器测定乳剂的黏度,以黏度的对数与相应的时间的对数作图,可表示黏度随时间变化的关系。如黏度不随时间变化,表示乳剂稳定,相反如乳剂的黏度先增加,随后下降,提示该乳剂不稳定。

(六) 典型乳剂实例分析

例:鱼肝油乳剂

[处方]	鱼肝油	500 mL	阿拉伯胶细粉	125 g
	西黄蓍胶细粉	7 g	糖精钠	0.1 g
	挥发杏仁油	1 mL	羟苯乙酯	0.5 g
	纯化水	加至 1000 mL		

[处方分析] 处方中，鱼肝油为主药、油相，阿拉伯胶为乳化剂，西黄蓍胶为稳定剂，糖精钠、杏仁油为矫味剂，羟苯乙酯为防腐剂。

[注解] 本药与醋酸曲安奈德配成复方乳膏剂，具有消炎及快速缓解真菌感染症状的双重作用。

[临床适应证] 用于预防和治疗维生素 A 及维生素 D 的缺乏症，如佝偻病、夜盲症及小儿手足抽搐症。

例:脂肪乳注射液

[处方]				
	注射用大豆油	50 g	中链甘油三酯	50 g
	卵磷脂	12 g	甘油	12 g
	注射用水	加至 1000 mL		

[处方分析] 注射用大豆油、中链甘油三酯为油相，卵磷脂为乳化剂，甘油为等渗调节剂，注射用水为水相。

[注解] 本品为复方制剂，系由注射用大豆油经注射用卵磷脂乳化并加注射用甘油制成的灭菌乳状液体。原料中应考虑油相及乳化剂，油相通常选用植物来源的长链甘油三酯，如大豆油等，但需精制并于 4 ℃长期放置以除去蜡状物，并尽可能减少含氢化油及饱和脂肪酸等；中链甘油三酯，是指含 6～12 个碳原子的脂肪酸甘油酯，在水中的溶解度比长链的大 100 倍，能提高脂溶性药物在乳剂中的浓度，常与长链甘油三酯合用，制剂效果会更佳。作为乳化剂的卵磷脂可辅助治疗动脉粥样硬化、脂肪肝、小儿湿疹及神经衰弱症。在药用辅料中还起到增溶剂、油脂类抗氧化剂的作用。

[临床适应证] 营养补充药，用于胃肠外能量及必需脂肪酸的补充，预防和治疗人体必需脂肪酸缺乏症，也适用于经口服途径不能维持和恢复正常必需脂肪酸水平的患者使用。30%脂肪乳注射剂更适合输液量受限制和能量需求高度增加的患者。

拓展知识 ……

不同给药途径用液体制剂

一、搽剂

搽剂一般是指专供皮肤表面用的液体制剂。其分散介质一般为乙醇或油。搽剂有镇痛、收敛、保护、消炎、防腐及抗刺激作用。凡起镇痛、抗刺激作用的搽剂多用乙醇作溶剂，使用时用力揉搓，可增加药物的穿透性。凡起保护作用的搽剂多用油、液体石蜡为溶剂，搽用时润滑、无刺激性，使用时涂于皮肤后搓搽或涂于敷料上再贴于患处。一般不用于破损或擦伤的皮肤表面，因为其可引起高浓度刺激。搽剂有溶液型、乳剂型及混悬液型制品。乳剂型的搽剂多用肥皂为乳化剂，搽用时润滑且乳化皮脂而有利于药物的穿透。

二、涂膜剂

涂膜剂是指涂于口腔、喉部黏膜的液体制剂。多为消毒、消炎药物的甘油溶液，也有用其他溶剂者。甘油可使药物滞留于局部，并且有滋润作用，对喉炎、扁桃体炎等均能起辅助治疗作用。

三、洗剂

洗剂一般指专供涂、敷于皮肤或冲洗用的外用液体制剂。其分散剂多为水和乙醇。应用时涂于皮肤患处或涂于敷料上再施于患处。亦有用于冲洗皮肤伤患处或腔道等。一般有清洁、消毒、消炎、止痒、收敛及保护等局部作用。

根据分散系统不同，洗剂包括有溶液型、乳剂型、混悬型及它们的混合液，其中以混悬型的洗剂居多。混悬型洗剂中所含水分在皮肤上蒸发时，有冷却及收缩血管的作用，能减轻急性炎症。留下的干燥粉末有保护皮肤免受刺激的作用。洗剂中常加乙醇，目的是促进蒸发、增加冷却作用，且能增加药物的穿透性。有时加入甘油，目的是待水分蒸干后，剩留的甘油能使药物粉末不易脱落。助悬剂和界面活性剂等的发展和应用，使洗剂的质量也得到了进一步的提高，如复方硫黄洗剂、苯甲酸苄酯洗剂。

四、灌肠剂

灌肠剂是指经灌肠器从肛门将药液注于直肠的一类液体制剂。根据其应用目的可分为以下三类。

1. 泻下灌肠剂 又称清除灌肠剂，主要为清除粪便，降低肠压，使肠道恢复正常功能，这类药剂使用后必须排出。如生理盐水、5%软肥皂溶液、1%碳酸氢钠溶液等。一次用量为 250～1000 mL，使用时必须温热并缓慢灌入。

2. 含药灌肠剂 又称保留灌肠剂，是指较长时间保留在直肠内起局部作用或经吸收发挥全身作用的液体制剂。可加入适量附加剂以增加其黏度。如 0.1%醋酸、0.1%～0.5%鞣酸、10%水合氯醛溶液等。

3. 营养灌肠剂 也称保留灌肠剂，是指患者不能经口摄取营养而应用的含有营养成分的液体制剂。如葡萄糖、鱼肝油及蛋白质等液体药剂。

五、滴鼻剂

滴鼻剂是指专供滴入鼻腔使用的液体制剂。滴鼻剂常以水、丙二醇、液体石蜡和植物油为溶剂。一般为溶液，也有乳剂和混悬液者，水溶液易与鼻腔黏液相混合，易分散于鼻黏膜表面，但维持作用时间短。为促进吸收并防止黏膜水肿，应适当调节其渗透压、pH 值及黏稠度。油溶液与液体石蜡刺激性小，作用持久，但不易与鼻腔黏液混合，药物不易透入，用量过多，易被吸入肺部而引起肺炎。正常人鼻腔液的 pH 值一般为 5.5～6.5，炎症或病变时呈碱性，pH 值甚至高达 9，有利于细菌增殖，影响鼻腔分泌物的溶菌作用及纤毛正常活动，所以有些滴鼻剂如蛋白银溶液，因呈碱性，不宜久用。

六、滴耳剂

滴耳剂是指供滴入耳腔内的外用液体制剂。一般以水、乙醇和甘油为溶剂，也有的以丙二醇、聚乙二醇为溶剂。以乙醇为溶剂的溶液，穿透性及杀菌作用较强，但有刺激性，用于鼓膜穿孔时，常能引起疼痛。以甘油为溶剂的制剂，作用缓和，药效持久，并有吸湿性，但穿透性较差，且易使患处堵塞。以水为溶剂者，作用缓和，但穿透性差，因此往往使用混合溶剂。

滴耳剂一般用作消毒、止痒、收敛、消炎及润滑作用。患慢性中耳炎时，由于黏稠分泌物的存在，使药物很难达到中耳部，但若与溶菌酶、透明质酸酶、纤维致活酶等酶类并用时，能使分泌物液化，促进药物的分散，加速肉芽组织再生。外耳道发炎时，其 pH 值多在 7.1～7.8，所以外耳道所用的药物最好呈弱酸性。

七、含漱剂

含漱剂是指清洁口腔用的液体制剂。用于口腔，具有清洗、防腐、去臭、杀菌、消毒及收敛等作用。多为水溶液，也有含少量乙醇及甘油的溶液。含漱剂中常加适量着色剂，表示外用漱口不可咽下。含漱剂的 pH 值要求呈弱碱性。有利于除去微酸性分泌物和溶解黏液蛋白。为了方便，有时配成浓溶液，临用时稀释。个别品种可发给患者粉末，临用时加水溶解。

八、滴牙剂

滴牙剂是指用于局部牙孔的液体制剂。其特点是药物浓度较大，往往不用溶剂或仅用少量的溶剂稀释。因其刺激性和毒性较大，应用时不能接触黏膜。滴牙剂一般不发给患者，由医护人员给予患者。

九、合剂

合剂是指以水为溶剂含有一种或一种以上药物成分的内服液体制剂。在临床上除滴剂外所有的内服液体制剂都属于合剂。合剂中的药物可以是化学药物，也可是中药材的提取物。合剂中的溶剂，主要是水，有时为了溶解药物可加少量的乙醇。合剂中可加入矫味剂、着色剂、香精等。合剂可以是溶液型、混悬型、乳剂型的液体制剂，如复方甘草剂等。口服液目前应用得较多，口服液必须是澄明溶液或允许含有极少量的一摇即散的沉淀物。口服液主要是以水为溶剂，少数口服液中含有一定量的乙醇。调配合剂时，还应注意以下几点：

(1) 胶体型合剂一般不宜过滤，以免因带电荷不同而被滤纸吸附。

(2) 不溶性药物如为亲水性药物或质地疏松者，可不加助悬剂；如为疏水性药物或质地较硬者，因不易分散均匀，应加适宜助悬剂。

(3) 两种药物混合时可发生沉淀者，可分别溶解，稀释后再混合，并酌加糖浆或甘油等以避免或延缓沉淀的产生。

(4) 酊剂、流浸膏剂、酯剂等醇性制剂在与水混合时，应以细流将其缓慢加入，并不断搅拌或加入适量的黏性物质，使其易于混悬，减少混浊或沉淀。高浓度盐类溶液与含醇量高的溶液配伍时宜分别稀释后再混合，以免产生沉淀；含树脂性成分的醇溶液，可酌情加助悬剂，混匀后再缓慢加水稀释。

(5) 凡水溶性药物应先溶于水，醇溶性药物应先溶于醇或醇溶液，然后混合，以防止或减少沉淀。

(6) 合剂中含有易氧化变质的药物时，可酌情加适量的抗氧化剂(硫代硫酸钠、焦亚硫酸钠、亚硫酸钠等)。合剂宜新鲜配制，如需大量储备时，可酌情加防腐剂。为了便于服用和区别，对某些含有刺激性或味苦不易服用的药物，可加入适量的矫味剂和着色剂，以调节其色、香、味。

(7) 混悬液型合剂必须在标签上注明“服用前摇匀”字样。

项目小结

教学提纲		主要内容简述
一级	二级	
一、药物溶液的形成理论	(一)药用溶剂的种类及性质	极性、非极性、半极性溶剂的种类及性质
	(二)药物的溶解度	溶解度的概念；影响药物溶解度的因素
	(三)增加药物溶解度的方法	加入增溶剂；加入助溶剂；制成可溶性盐类；使用潜溶剂；引入亲水基团
二、液体制剂分类和基本要求	(一)液体制剂的概述	液体制剂的分类、特点、质量要求
	(二)液体制剂包装与储存	包装容器(如玻璃瓶、塑料瓶等)、瓶塞(如橡胶塞、塑料塞等)、瓶盖(金属盖、塑料盖等)、标签说明书等；一般应密闭并储于阴凉、干燥处，储存期不宜过久
	(三)液体制剂常用溶剂	常用溶剂的分类及常用品种的性质、特点和应用
	(四)液体制剂的附加剂及作用	液体制剂的防腐剂防腐的重要性和措施，常用防腐剂的性质、特点和应用，矫味剂和着色剂的分类，常用矫味剂和着色剂的性质、特点和应用
三、表面活性剂	(一)表面活性剂概述	概念；结构特点
	(二)表面活性剂的分类	离子型和非离子型两大类，其中离子型表面活性剂又分为阴离子型、阳离子型和两性离子型三类
	(三)表面活性剂的基本性质	胶团的形成；亲水亲油平衡值；表面活性剂的毒性
	(四)表面活性剂在药物制剂中的应用	增溶、乳化、润湿、起泡和消泡、去污、消毒及杀菌
四、低分子溶液剂	(一)溶液剂	概述(概念、特点)、临床应用与注意事项、制法与举例
	(二)芳香水剂	概述(概念、特点)、临床应用与注意事项、制法与举例
	(三)糖浆剂	概述(概念、特点)、临床应用与注意事项、制法与举例
	(四)酯剂	概述(概念、特点)、临床应用与注意事项、制法与举例
	(五)甘油剂	概述(概念、特点)、临床应用与注意事项、制法与举例
五、高分子溶液剂	(一)概述	概念、特点与质量要求
	(二)高分子溶液剂的性质	带电性；渗透压；黏度；稳定性
	(三)高分子溶液剂的临床应用与注意事项	临床应用与注意事项
	(四)高分子溶液剂的制备	有限溶胀；无限溶胀
	(五)典型高分子溶液剂实例分析	胃蛋白酶合剂

续表

教学提纲		主要内容简述
一级	二级	
六、溶胶剂	(一)概述	概念;特点
	(二)溶胶剂的构造和性质	溶胶剂的双电层结构;溶胶剂的性质(光学性质、电学性质、动力学性质、稳定性)
	(三)溶胶剂的临床应用与注意事项	临床应用与注意事项
	(四)溶胶剂的制备	分散法(机械分散法、胶溶法、超声分散法);凝聚法(物理凝聚法、化学凝聚法)
	(五)典型溶胶剂实例分析	纳米银溶胶剂
七、混悬剂	(一)概述	概念、特点及质量要求
	(二)混悬剂的临床应用与注意事项	临床应用与注意事项
	(三)混悬剂的稳定剂	润湿剂;助悬剂;絮凝剂与反絮凝剂
	(四)混悬剂的制备	分散法、凝聚法(物理凝聚法、化学凝聚法)
	(五)典型混悬剂实例分析	布洛芬口服混悬剂
八、乳剂	(一)概述	乳剂的概念、组成、分类及特点
	(二)乳化剂	乳化剂的基本要求及选择原则;乳化剂的种类
	(三)乳剂的稳定性	分层;絮凝;转相;合并与破裂;酸败
	(四)乳剂的临床应用与注意事项	临床应用与注意事项
	(五)乳剂的制备	干胶法;湿胶法;新生皂法;两相交替加入法;机械法;纳米乳(微乳)的制备;复合乳剂的制备
	(六)典型乳剂实例分析	鱼肝油乳剂;脂肪乳注射液

达标检测题

一、选择题

(一)单项选择题

1. 下列药剂属于均相液体药剂的是(　　)。

A. 普通乳剂　B. 纳米乳剂　C. 溶胶剂　D. 高分子溶液　E. 混悬剂

2. 关于液体制剂特点的说法,错误的是(　　)。

A. 分散度大,吸收快

B. 给药途径广,可内服也可外服

C. 易引起药物的化学降解

D. 携带运输方便

E. 易霉变,需加入防腐剂

3. 有关液体制剂质量要求错误的是(　　)。

A. 液体制剂均应是澄明溶液

B. 口服液体制剂应口感好

C. 外用液体制剂应无刺激性

D. 液体制剂应浓度准确

E. 液体制剂应具有一定的防腐能力

4. 制备液体制剂首选的溶剂是(　　)。

A. 乙醇　B. 丙二醇　C. 蒸馏水　D. 植物油　E. PEG

5. 下列溶剂属于极性溶剂的是(　　)。

A. 丙二醇　B. 聚乙二醇　C. 二甲基亚砜　D. 液体石蜡　E. 乙醇

6. 属于非极性溶剂的是(　　)。

A. 甘油　B. 乙醇　C. 丙二醇　D. 液体石蜡　E. 聚乙二醇

7. 下列物质常用作防腐剂的是(　　)。

A. 甘油 B. 苯甲酸 C. 丙二醇 D. 单糖浆 E. 聚乙二醇

8. 不适宜用作液体制剂矫味剂的是( )。

A. 糖精钠 B. 单糖浆 C. 薄荷水 D. 山梨酸 E. 泡腾剂

9. 关于表面活性剂的叙述中正确的是( )。

A. 能使溶液表面张力降低的物质
B. 能使溶液表面张力增高的物质
C. 能使溶液表面张力不改变的物质
D. 能使溶液表面张力急剧降低的物质
E. 能使溶液表面张力急剧增高的物质

10. 月桂醇硫酸钠属于( )。

A. 阳离子型表面活性剂 B. 阴离子型表面活性剂 C. 非离子型表面活性剂
D. 两性表面活性剂 E. 抗氧化剂

11. 属于非离子型表面活性剂的是( )。

A. 肥皂类 B. 高级脂肪醇硫酸酯类 C. 脂肪族磺酸化物
D. 聚山梨酯类 E. 卵磷脂

12. 下列属于阴离子型表面活性剂的是( )。

A. 司盘 80 B. 卵磷脂 C. 吐温 80
D. 十二烷基磺酸钠 E. 单硬脂酸甘油酯

13. 下列属于阳离子型表面活性剂的是( )。

A. 卵磷脂 B. 苯扎溴铵 C. 吐温 80
D. 十二烷基苯磺酸钠 E. 泊洛沙姆

14. 在表面活性剂中,一般毒性最小的是( )。

A. 阴离子型表面活性剂
B. 阳离子型表面活性剂
C. 氨基酸型两性离子表面活性剂
D. 甜菜碱型两性离子表面活性剂
E. 非离子型表面活性剂

15. 制备难溶性药物溶液时,加入吐温的作用是( )。

A. 助溶剂 B. 增溶剂 C. 潜溶剂 D. 乳化剂 E. 分散剂

16. 聚氧乙烯脱水山梨醇单油酸酯的商品名称是( )。

A. 吐温 20 B. 吐温 40 C. 吐温 80 D. 司盘 60 E. 司盘 85

17. 吐温类溶血作用由大到小的顺序为( )。

A. 吐温 80>吐温 40>吐温 60>吐温 20
B. 吐温 20>吐温 60>吐温 40>吐温 80
C. 吐温 80>吐温 60>吐温 40>吐温 20
D. 吐温 20>吐温 40>吐温 60>吐温 80
E. 吐温 20>吐温 80>吐温 40>吐温 60

18. 关于表面活性剂作用的说法,错误的是( )。

A. 具有增溶作用 B. 具有乳化作用 C. 具有润湿作用
D. 具有氧化作用 E. 具有去污作用

19. 主要用作消毒剂或杀菌剂的表面活性剂是( )。

A. 十二烷基硫酸钠 B. 聚山梨酯 C. 卵磷脂
D. 泊洛沙姆 E. 苯扎溴铵

20. 关于芳香水剂的叙述错误的是( )。

A. 芳香水剂系指芳香挥发性药物的饱和或近饱和的水溶液
B. 芳香挥发性药物多数为挥发油
C. 芳香水剂应澄明
D. 芳香水剂制备方法有溶解法、稀释法和蒸馏法
E. 芳香水剂宜大量配制储存

21. 关于糖浆剂的说法错误的是( )。

A. 可作矫味剂、助悬剂
B. 蔗糖浓度高时渗透压大,微生物的繁殖受到限制
C. 糖浆剂为高分子溶液

D. 糖浆剂系指含有药物或芳香物质的蔗糖水溶液
E. 单纯蔗糖的近饱和水溶液为单糖浆

22. 下列物质不能作混悬剂的助悬剂的是（　　）。
A. 西黄蓍胶　B. 海藻酸钠　C. 硬脂酸钠
D. 羧甲基纤维素钠　E. 硅皂土

23. 有关高分子溶液叙述不正确的是（　　）。
A. 高分子溶液是热力学稳定系统　B. 以水为溶剂的高分子溶液也称为胶浆剂
C. 制备高分子溶液首先要经过溶胀过程　D. 高分子溶液是黏稠性流动液体
E. 高分子水溶液不带电荷

24. 溶胶剂与溶液剂之间最大的不同是（　　）。
A. 药物分子大小　B. 药物分散形式　C. 溶剂种类
D. 体系荷电　E. 临床用途

25. 制备复方碘溶液时，加入的碘化钾的作用是（　　）。
A. 助溶剂　B. 增溶剂　C. 极性溶剂　D. 潜溶剂　E. 消毒剂

26. 常用的 W/O 型乳剂的乳化剂是（　　）。
A. 吐温 80　B. 乙二醇　C. 卵磷脂　D. 司盘 80　E. 月桂醇硫酸钠

27. 常用的 O/W 型乳剂的乳化剂是（　　）。
A. 吐温 80　B. 卵磷脂　C. 司盘 80
D. 单硬脂酸甘油酯　E. 卡波姆 940

28. 最适于作疏水性药物的润湿剂的 HLB 值是（　　）。
A. HLB 值在 3～8 之间　B. HLB 值在 7～9 之间　C. HLB 值在 7～13 之间
D. HLB 值在 8～16 之间　E. HLB 值在 13～18 之间

29. 有关表面活性剂的正确表述是（　　）。
A. 表面活性剂的浓度要在临界胶团浓度(CMC)以下，才有增溶作用
B. 表面活性剂用作乳化剂时，其浓度必须达到临界胶团浓度
C. 非离子型表面活性剂的 HLB 值越小，亲水性越小
D. 表面活性剂均有很大毒性
E. 阳离子型表面活性剂具有很强的杀菌作用，故常用作杀菌和防腐剂

30. 乳剂合并进一步发展使乳剂分为油、水两相称为乳剂的（　　）。
A. 分层　B. 絮凝　C. 转相　D. 合并　E. 破裂

31. 有关乳剂特点的错误表述是（　　）。
A. 乳剂中的药物吸收快，有利于提高药物的生物利用度
B. 水包油型乳剂中的液滴分散度大，不利于掩盖药物的不良味道
C. 油性药物制成乳剂能保证剂量准确、使用方便
D. 外用乳剂能改善药物对皮肤、黏膜的渗透性，减少刺激性
E. 静脉注射乳剂具有一定的靶向性

32. 关于药物制成混悬剂的条件的不正确表述是（　　）。
A. 难溶性药物需制成液体制剂供临床应用时
B. 药物的剂量超过溶解度而不能以溶液剂形式应用时
C. 两种溶液混合时药物的溶解度降低而析出固体物质时
D. 毒剧药或剂量小的药物应制成混悬剂使用
E. 需要产生缓解作用时

33. 在混悬剂中起润湿、助悬、絮凝或反絮凝作用的附加剂是（　　）。
A. 润湿剂　B. 反絮凝剂　C. 絮凝剂　D. 助悬剂　E. 稳定剂

34. 专供揉搽皮肤表面用的液体制剂称为（　　）。
A. 合剂　B. 乳剂　C. 搽剂　D. 涂剂　E. 洗剂

（二）配伍选择题

题 1～5

A. 极性溶剂　B. 半极性溶剂　C. 非极性溶剂　D. 着色剂　E. 防腐剂

1. 甘油属于(　　)。
2. 聚乙二醇属于(　　)。
3. 液体石蜡属于(　　)。
4. 水属于(　　)。
5. 丙二醇属于(　　)。

题 6～8

A. 卵磷脂　B. 吐温 80　C. 司盘 80　D. 卖泽　E. 十二烷基硫酸钠

6. (　　)属于脂肪酸山梨坦类非离子型表面活性剂。
7. (　　)属于聚山梨酯类非离子型表面活性剂。
8. (　　)属于两性离子型表面活性剂。

题 9～10

A. 溶液型　B. 胶体溶液型　C. 乳浊型　D. 混悬型　E. 固体分散型

9. 药物以离子状态在分散介质中所构成的体系属于(　　)。
10. 药物以液滴状态在分散介质中所构成的体系属于(　　)。

题 11～14

A. 絮凝　B. 增溶　C. 助溶　D. 潜溶　E. 盐析

11. 药物在一定比例混合溶剂中溶解度大于在单一溶剂中溶解度的现象是(　　)。
12. 碘酊中碘化钾的作用是(　　)。
13. 钾酚皂溶液(来苏)中硬脂酸钠的作用是(　　)。
14. 在混悬剂中加入适当电解质,使混悬微粒形成疏松聚集体的过程是(　　)。

题 15～18

A. 羟苯酯类　B. 阿拉伯胶　C. 阿司帕坦　D. 胡萝卜素　E. 氯化钠

15. 用作乳剂的乳化剂是(　　)。
16. 用作液体制剂的甜味剂是(　　)。
17. 用作液体制剂的防腐剂是(　　)。
18. 用作改善制剂外观的着色剂是(　　)。

题 19～20

A. 硬脂酸　B. 液体石蜡　C. 吐温 80　D. 羟苯乙酯　E. 甘油

19. 可用作乳剂型基质防腐剂的是(　　)。
20. 可用作乳剂型基质保湿剂的是(　　)。

（三）多项选择题

1. 下列哪些制剂属于均相液体制剂？(　　)

A. 低分子溶液　B. 高分子溶液　C. 溶胶剂　D. 乳剂　E. 混悬剂

2. 属于半极性溶剂的有(　　)。

A. 聚乙二醇　B. 丙二醇　C. 脂肪油　D. 二甲基亚砜　E. 醋酸乙酯

3. 下列辅料中,可作为液体制剂防腐剂的有(　　)。

A. 甘露醇　B. 苯甲酸钠　C. 甜菊苷　D. 羟苯乙酯　E. 琼脂

4. 下列辅料中,属于抗氧化剂的有(　　)。

A. 焦亚硫酸钠　B. 硫代硫酸钠　C. 依地酸二钠　D. 生育酚　E. 亚硫酸氢钠

5. 非离子型表面活性剂不包括(　　)。

A. 卵磷脂　B. 苯扎氯铵　C. 十二烷基硫酸钠

D. 单脂肪酸甘油酯　E. 脂肪酸山梨坦

6. 表面活性剂可用作(　　)。

A. 稀释剂　B. 增溶剂　C. 乳化剂　D. 润湿剂　E. 成膜剂

7. 吐温类表面活性剂具有(　　)。

A. 增溶作用　B. 助溶作用　C. 润湿作用　D. 乳化作用　E. 润滑作用

8. 疏水胶体的性质是(　　)。

A. 存在强烈的布朗运动　B. 具有双分子层

C. 具有聚结不稳定性　D. 可以形成凝胶

E. 具有 Tydall 现象

9. 有关高分子溶液剂的表述,正确的有(　　)。

A. 高分子溶液系指高分子药物溶解于溶剂中制成的均匀分散的液体制剂

B. 亲水性高分子溶液与溶胶不同,有较高的渗透压

C. 制备高分子溶液要经过有限溶胀和无限溶胀过程

D. 无限溶胀过程,常需加以搅拌或加热等步骤才能完成

E. 形成高分子溶液的过程称为胶溶

10. 液体制剂常用的防腐剂有(　　)。

A. 尼泊金类　B. 苯甲酸类　C. 脂肪酸　D. 山梨酸　E. 苯甲酸

11. 在以下对乳剂的叙述中,正确的是(　　)。

A. 乳剂可能出现分层现象　B. 乳剂属于热力学不稳定的非均相体系

C. 乳剂可能出现絮凝现象　D. 乳剂不能外用

E. 静脉乳剂具有靶向性

12. 乳剂的变化有(　　)。

A. 分层　B. 絮凝　C. 转相　D. 合并　E. 破裂

13. 关于混悬剂的说法正确的有(　　)。

A. 制备成混悬剂后可产生一定的长效作用

B. 毒性或剂量小的药物不应制成混悬剂

C. 沉降容积比小说明混悬剂稳定

D. 絮凝度越大,混悬剂越稳定

E. 干混悬剂有利于解决混悬剂在保存过程中的稳定问题

14. 可用作混悬剂中稳定剂的有(　　)。

A. 增溶剂　B. 助悬剂　C. 乳化剂　D. 润湿剂　E. 絮凝剂

15. 乳剂属热力学不稳定非均相分散体系,其不可逆变化有(　　)。

A. 絮凝　B. 分层　C. 酸败　D. 合并　E. 破裂

二、填空题

1. 复方碘溶液处方中的碘化钾起________作用。

2. 溶液的制备方法分为溶解法和________。

3. 芳香水剂是指芳香挥发性药物的________水溶液。

4. 酊剂的含乙醇量一般为________。

5. 向高分子溶液中加入大量的电解质,使高分子聚集而沉淀,这种过程称为________。

6. 有些高分子溶液,在温热条件下为黏稠性流动液体,但在温度降低时,高分子溶液就形成网状结构,分散介质水可被全部包含在网状结构中,形成不流动的半固体状物,称为________。

7. 对溶胶剂的稳定性起主要作用的是胶粒表面所带的________,胶粒表面的________仅起次要作用。

8. 混悬剂的稳定剂包括________、________、________和________。

9. 加入适当的电解质,使微粒间的 ξ 电位降低到一定程度,微粒形成絮状聚集体的过程称为________。

10. 乳剂在放置过程中出现分散相粒子上浮或下沉,这个现象称为________。

11. O/W 型乳剂可用________稀释,而 W/O 型乳剂可用________稀释。当用油溶性染料染色时,________型乳剂外相染色;用水溶性染料染色时,________型乳剂外相染色。

12. O/W 型乳剂转成 W/O 型乳剂,或者相反的变化称为________。

13. 乳剂的类型主要是由乳化剂决定,________性强的乳化剂易形成________型乳剂,________性强的

乳化剂易形成________乳剂。

14. 常用乳化剂可分为表面活性剂类、天然高分子类和________。

15. 乳剂由________、________和________三部分组成。分为________型、________型及复合型乳剂。

16. 乳剂中分散相的乳滴发生可逆的聚集现象，称为________。

三、简答题

1. 液体制剂有何特点？
2. 芳香水剂和酯剂有何不同？
3. 简述表面活性剂的分类，并列举每类有哪些。
4. 试述表面活性剂的应用与 HLB 值的关系。
5. 分析糖浆剂容易出现的问题及原因。
6. 影响混悬剂稳定性的因素有哪些？混悬液稳定剂的种类有哪些？它们的作用是什么？
7. 制备混悬剂时选择药物的条件有哪些？混悬剂的质量要求有哪些？
8. 简述乳剂中药物的加入方法。
9. 乳剂制备时，影响其稳定性的主要因素有哪些？
10. 简述溶胶剂的概念、性质及维持稳定性的作用因素。

四、实例分析题

1. 胃蛋白酶合剂

处方	胃蛋白酶	20 g	稀盐酸	120 mL
	橙皮酊	50 mL	单糖浆	100 mL
	纯化水	适量	共制	1000 mL

根据处方回答下列问题：

(1) 处方中各成分有何作用？

(2) 制备注意事项有哪些？

2. 复方硫黄洗剂

处方	沉降硫黄	5 g	樟脑丸	5 mL
	西黄芪胶	1 g	氢氧化钙溶液	适量
	共制	100 g		

根据处方回答下列问题：

(1) 本品属于何分散系统？调配要点是什么？

(2) 为提高本品稳定性可采取哪些措施？

3. 鱼肝油乳剂

处方	鱼肝油	365 mL	聚山梨酯	12.5 g
	西黄芪胶	9 g	甘油	19 g
	苯甲酸	1.5 g	糖精	0.3 g
	杏仁油香精	2.8 g	香蕉油香精	0.9 g
	纯化水	适量	共制	1000 mL

根据处方回答下列问题：

(1) 处方中各成分有何作用？

(2) 制备注意事项有哪些？

（范高福）

项目五 灭菌制剂与无菌制剂

学习目标

能力目标

能进行灭菌制剂与无菌制剂典型处方分析。

能根据各类无菌制剂特点、临床应用与注意事项合理指导用药。

能进行典型注射剂的小试制备和可见异物检查(灯检)操作。

会设计注射剂、输液、粉针剂、滴眼剂的生产工艺流程。

知识目标

掌握:溶解度和溶出速度影响因素;增加溶解度和溶出速度的方法;注射剂的概念、分类、特点、一般质量要求、临床应用与注意事项、典型处方分析、制备方法。

熟悉:其他无菌制剂的概念、分类、特点、一般质量要求、临床应用与注意事项、典型处方分析、制备方法;注射剂、滴眼剂常用溶剂、附加剂的种类和作用,热原的组成与性质、污染途径与除去方法;洁净室的管理和空气净化技术。

了解:灭菌制剂与无菌制剂的质量检查方法;注射剂的等渗与等张调节。

操作任务 ……

注射剂的制备和质量检查

一、操作目的

(1) 能进行注射剂的处方分析和小试制备;

(2) 会可见异物检查(灯检)操作;

(3) 能正确使用熔封器、澄明度检测仪等设备。

二、器材与药品

熔封器、安瓿、微孔滤膜、澄明度检测仪;维生素 C、碳酸氢钠、$EDTA\text{-}Na_2$、焦亚硫酸钠、丹参、乙醇、亚硫酸氢钠、市售和自制注射剂、输液、滴眼液等。

三、操作内容

(一) 制备维生素 C 注射液(抗坏血酸)

维生素 C 注射液临床上用于预防及治疗坏血病,并用于出血性疾病,鼻、肺、肾、子宫及其他器官的出血。肌内注射或静脉注射,一次 0.1～0.25 g,一日 0.25～0.5 g。

[处方]				
	维生素 C	5.2 g	碳酸氢钠	2.42 g
	$EDTA\text{-}Na_2$	0.05 g	焦亚硫酸钠	0.2 g

注射用水　加至 100 mL

［制法］ 取维生素 C 加注射用水约 80 mL，溶解后分次缓缓加入碳酸氢钠，搅拌使完全溶解，另将焦亚硫酸钠和依地酸二钠溶于适量注射用水中；将两液合并，搅匀，调 pH 值为 6.0～6.2，加注射用水到 100 mL。用膜滤器过滤澄明，灌注于 10 mL 安瓿中，熔封，100 ℃，30 min 灭菌，检漏，灯检。

［注解］

(1) 维生素 C 分子中有烯二醇式结构，显强酸性，注射时刺激性大，产生疼痛，故加入碳酸氢钠（或碳酸钠）调节 pH 值，以避免疼痛，并增强本品的稳定性。

(2) 本品易氧化水解，原辅料的质量，特别是维生素 C 原料和碳酸氢钠，是影响维生素 C 注射液的关键。空气中的氧气、溶液 pH 值和金属离子（特别是铜离子）对其稳定性影响较大。因此处方中加入抗氧化剂（亚硫酸氢钠）、金属离子络合剂及 pH 值调节剂，工艺中采用充惰性气体等措施，以提高产品稳定性。但实验表明，抗氧化剂只能改善本品色泽，对制剂的含量变化几乎无作用，亚硫酸盐和半胱氨酸对改善本品色泽作用显著。

(3) 本品稳定性与温度有关。实验表明，用 100 ℃流通蒸气 30 min 灭菌，含量降低 3%；而 100 ℃流通蒸气 15 min 灭菌，含量仅降低 2%，故以 100 ℃流通蒸气 15 min 灭菌为宜。

（二）检查可见异物

将检漏合格的安瓿或输液瓶冲洗干净后用干布擦净，放在检测仪下，按照《中国药典》（2015 年版）附录中可见异物检查法目视检查，不得有易见到的玻璃屑、纤维、白点等。结果记录于表 5-1 中。

表 5-1　可见异物检查结果记录

总检支数	废品支数							合格成品支数	成品率
	漏气	玻璃屑	纤维	白点	白块	焦头	其他		

四、思考题

(1) 用 $NaHCO_3$ 调节维生素 C 注射液的 pH 值，应注意什么问题？为什么？

(2) 影响药物氧化的因素有哪些？如何防止？

(3) 分析维生素 C 注射液处方，说明其临床应用与注意事项。

相关知识

一、概述

（一）灭菌与无菌制剂概述

灭菌与无菌制剂主要是指直接注入体内或直接接触创伤面、黏膜等的一类制剂。根据人体对环境微生物的耐受程度，《中国药典》（2015 年版）对不同给药途径的药物制剂大体分为：规定无菌制剂和非规定无菌制剂（即限菌制剂）。限菌制剂是指允许一定限量的微生物存在，但不得有规定控制菌存在的药物制剂，如口服制剂不得含大肠杆菌、金黄色葡萄球菌等有害菌。

根据药物制剂除去活微生物的制备工艺，将其分为灭菌制剂与无菌制剂。灭菌制剂系指采用某一物理、化学方法杀灭或除去所有活的微生物繁殖体和芽胞的一类药物制剂。无菌制剂系指采用某一无菌操作方法或技术制备的不含任何活的微生物繁殖体和芽胞的一类药物制剂。

知识链接

灭菌与无菌技术

采用灭菌与无菌技术的主要目的是：杀灭或除去所有微生物繁殖体和芽胞，最大限度地提高药物制剂的安全性，保护制剂的稳定性，保证制剂的临床疗效。因此，研究、选择有效的灭菌方法，对保证产品质量具有重要意义。灭菌法可分为三大类：物理灭菌法、化学灭菌法、无菌操作法。最常用的灭菌与无菌技术为物理灭菌法。

不论无菌制剂和非无菌制剂都规定有染菌的限度，前者要求不得检出活菌，后者限制染菌的种类与数量。

物理灭菌技术

利用蛋白质与核酸具有遇热、射线不稳定的特性，采用加热、射线和过滤方法，杀灭或除去微生物的技术称为物理灭菌法，亦称物理灭菌技术。该技术包括干热灭菌、湿热灭菌、过滤灭菌和射线灭菌。

药物制剂中规定的无菌制剂包括：①注射用制剂，如注射剂、输液、注射粉针等；②眼用制剂，如滴眼剂、眼用洗剂、眼用注射剂、眼用膜剂、软膏剂和凝胶剂等；③植入型制剂，如植入片等；④创面用制剂，如溃疡、烧伤及外伤用溶液、软膏剂和气雾剂等；⑤手术用制剂，如止血海绵剂等。这里主要介绍注射用制剂（包括注射剂、输液、注射粉针）和眼用液体制剂（以滴眼剂为主）。

由于这类制剂直接作用于人体血液系统，在使用前必须保证处于无菌状态，因此，生产和储存该类制剂时，对设备、人员及环境有特殊要求。下面介绍与灭菌和无菌制剂生产密切相关的洁净室设计、管理与空气净化技术相关知识。

（二）医药工业洁净室与空气净化技术

1. 洁净室的洁净度等级 医药工业洁净厂房的空气洁净度等级见 GMP（2010），规定为 A、B、C、D 四个等级。

A 级区：高风险操作区，如灌装区，放置胶塞桶，敞口安瓿，敞口西林瓶的区域及无菌装配线或连接操作的区域。通常用层流操作台（罩）来维持该区的环境状态。层流系统在其工作区域必须均匀送风，风速为 0.36～0.54 m/s（指导值）。应有数据证明层流的状态并需要验证。在密闭的隔离操作区或手套箱内，可使用单向流或较低的风速。

B 级区：无菌配制和灌装等高风险操作 A 级区所处的背景区域。

C 级区和 D 级区：生产无菌药品过程中重要的程度较低的洁净操作区。

空气悬浮粒子的标准规定如表 5-2。

表 5-2 空气悬浮粒子的标准规定

洁净度级别	悬浮粒子最大允许数/立方米			
	静态		动态	
	≥0.5 μm	≥5.0 μm	≥0.5 μm	≥5.0 μm
A 级	3520	20	3520	20
B 级	3520	29	352000	2900
C 级	352000	2900	3520000	29000
D 级	3520000	29000	不作规定	不作规定

注：A 级、B 级相当于百级，A 级的背景环境要高一些，要求更严一些，C 级相当于万级，D 级相当于十万级

为确认 A 级洁净区的级别，每个采样点的采样量不得少于 1 m^3。A 级洁净区空气悬浮粒子的级别为 ISO 4.8，以大于或等于 5.0 μm 的悬浮粒子为限度标准。B 级洁净区（静态）的空气悬浮粒子的级别为 ISO 5，同时包括表中两种粒径的悬浮粒子。对于 C 级洁净区（静态和动态）而言，空气悬浮粒子的级别分别为 ISO 7 和 ISO 8。对于 D 级洁净区（静态）空气悬浮粒子的级别为 ISO 8。测试方法可参照 ISO14644-1。

医药工业 A、B、C、D 洁净区工作环境要求见表 5-3。

表 5-3 医药工业 A、B、C、D 洁净区工作环境要求

项　目	A 级洁净区	B 级洁净区	C 级洁净区	D 级洁净区
空气温度/℃	20～24	20～24	20～24	18～26
房间换气次数/（次/小时）	—	≥25	≥25	≥15

续表

项　目	A级洁净区	B级洁净区	C级洁净区	D级洁净区
相对室外压差/Pa	—	≥10	≥10	≥10
空气相对湿度	45%～60%	45%～60%	45%～60%	45%～60%
水平风速/(m/s)	≥0.54	≥0.54	≥0.54	≥0.54
垂直风速/(m/s)	≥0.36	≥0.36	≥0.36	≥0.36
高效过滤器的检漏	>99.97%	>99.97%	>99.97%	>99.97%
照度/lx	>300～600	>300～600	>300～600	>300～600
噪声(动态测试)/db	≤75	≤75	≤75	≤75

2. 洁净室的净化管理

1）人员净化管理

（1）基本要求　操作人员进入洁净室前必须洗手、洗脸、沐浴，更衣、帽、鞋，空气吹淋（风淋）等；着专用工作服，并尽量盖罩全身。

（2）人员净化程序图　人员进出一般生产区更衣操作程序，见图5-1。

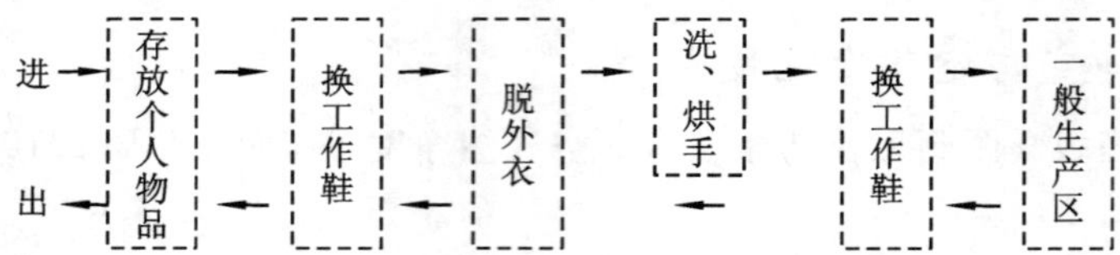

图5-1　人员进出一般生产区更衣操作程序图

人员进出非无菌洁净室（区）的净化操作程序，见图5-2。

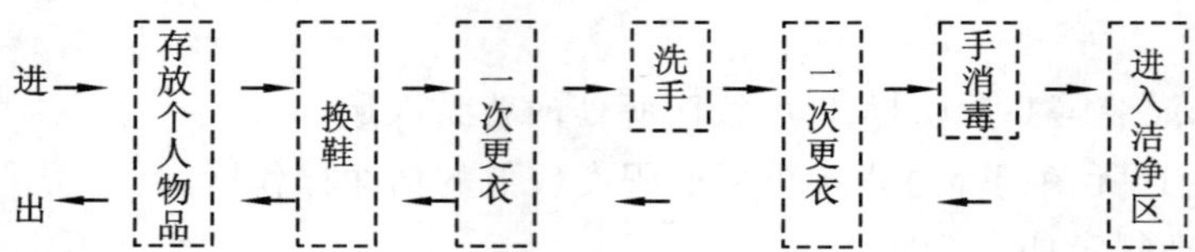

图5-2　人员进出非无菌洁净室（区）的净化操作程序图

人员进出无菌洁净室（区）的净化操作程序，见图5-3。

图5-3　人员进出无菌洁净室（区）的净化操作程序图

2）物的净化管理　凡在洁净室使用的原料、仪器、设备等在进入洁净室前均需清洁处理，按一次通过方式，边灭菌边利用各种传递带、传递窗或灭菌柜将物料送入洁净室内。

3. 空气净化技术　空气净化系指以创造洁净空气为目的的空气调节措施。空气净化技术系指为达到某种净化要求所采用的净化方法。空气净化技术是创造空气洁净环境，保证和提高产品质量的一项综合性技术。主要是应用粗效、中效和高效滤过器三次滤过，将空气中的微粒滤除，得到洁净空气，再以均匀速度平行或垂直地沿着同一个方向流动，并将其周围带有微粒的空气冲走，从而达到空气洁净的目的。

知识链接

空气净化技术分类

根据不同行业的要求和洁净标准，可分为工业净化和生物净化。

工业净化系指除去空气中悬浮的尘埃粒子，以创造洁净的空气环境，如电子工业等。

生物净化系指不仅除去空气中悬浮的尘埃粒子，而且要求除去微生物等以创造洁净的空气环境。如制药工业、生物学实验室、医院手术室等均需要生物净化。

1）室内空气净化方法　常见的可分为三大类。

（1）一般净化　以温度、湿度为主要指标的空气调节，可采用初效过滤器。

（2）中等净化　除对温度、湿度有要求外，对含尘量和尘埃粒子也有一定指标（如允许含尘量为0.15～0.25 mg/m^3，尘埃粒子不得大于或等于1.0 μm）。可采用初、中效二级过滤。

（3）超净净化　除对温、湿度有要求外，对含尘量和尘埃粒子有严格要求，含尘量采用计数浓度。该类空气净化必须经过初、中、高效过滤器才能满足要求。

2）净化技术的空气处理流程　见图5-4。

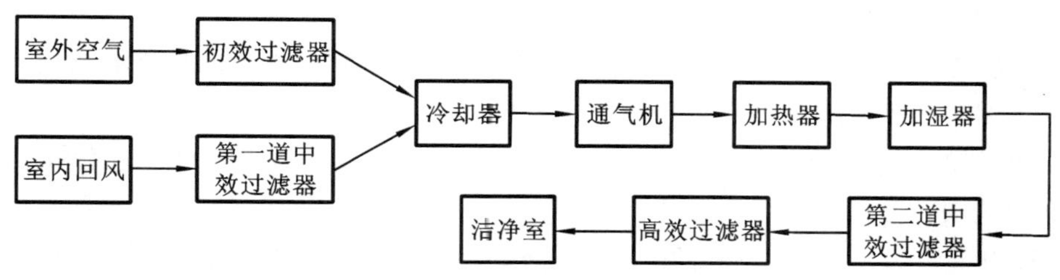

图5-4　净化技术的空气处理流程图

二、注射剂

（一）概述

注射剂是指药物与适宜的溶剂或分散介质制成的供注入体内的溶液、乳浊液或混悬液，及供临用前配制或稀释成溶液或混悬液的粉末或浓溶液的无菌制剂。注射剂俗称针剂，是临床应用最广泛的剂型之一。注射给药是一种不可替代的临床给药途径，对抢救用药尤为重要。

近年来，注射制剂技术的研究取得了较大的突破，脂质体、微球、微囊等新型注射给药系统已实现商品化，无针注射剂亦即将面市。

注射剂分为如下三类。

1. 注射液　注射液是指药物制成的供注入体内的无菌溶液型注射液、乳状液型注射液或混悬液型注射液。溶液型包括水溶液和油溶液，如安乃近注射液、二巯丙醇注射液等；混悬型包括水或油的混悬液，如醋酸可的松注射液、鱼精蛋白胰岛素注射液、喜树碱静脉注射液等；乳剂型由水相、油相和乳化剂组成，如静脉营养脂肪乳注射液等。

2. 注射用无菌粉末　注射用无菌粉末是指采用无菌操作法或冻干技术制成的注射用无菌粉末或块状制剂，如青霉素、阿奇霉素、蛋白酶类粉针剂等。

3. 注射用浓溶液　注射用浓溶液是指药物制成的在临用前稀释供静脉滴注用的无菌浓溶液。

注射剂有如下特点。

1. 药效迅速、作用可靠　注射剂在临床应用时均以液体状态直接注射入人体组织、血管或器官内，因此吸收快或无吸收过程，作用迅速。特别是静脉注射，药液可直接进入血液循环，更适于抢救危重患者之用，且因注射剂不经胃肠道，不受消化系统及食物的影响，因此剂量准确，作用可靠。

2. 适用于不能口服给药的患者　在临床上常遇到昏迷、抽搐、惊厥等状态的患者，或消化系统障碍的患者均不能口服给药，通过注射给药，提供营养或治疗，可达到治疗和维持患者生命的作用。因此，注射给药成为这些患者有效的给药途径。

3. 适用于不宜口服的药物　某些药物由于本身的性质不易被胃肠道吸收，或具有刺激性，或易被消化液破坏，制成注射剂可解决这些问题。如：链霉素口服不易吸收；青霉素、酶及蛋白质类等药物可被消化液破坏，常制成注射剂。

4. 局部定位作用　如局部麻醉药、注射封闭疗法、穴位注射药物均可产生局部特殊疗效。有些注射剂具有延长药效的作用，还有些可用于疾病诊断等。

注射剂亦存在一些缺点：①使用不便且产生较强的疼痛感；②生产环境净化级别、原辅料质量要求高，制造过程复杂，生产费用较大，价格较高；③质量要求比其他剂型更严格，使用不当更易发生危险，不如其他剂型安全；④所以使用注射剂时，应根据医嘱由技术熟练的人注射，以保证安全。

注射剂的质量要求如下。

1. 无菌 注射剂成品中不得含有任何活的微生物。

2. 无热原 无热原是注射剂的重要质量指标，特别是供静脉及脊椎注射的制剂，均需进行热原检查，合格后方能使用。

3. 可见异物检查 检查存在于注射剂和滴眼剂中，在规定条件下目视可以观察到的不溶性物质，这些物质粒径或长度通常大于 50 μm。

4. 安全性 注射剂不能引起对组织的刺激性或发生毒性反应，特别是一些非水溶剂及一些附加剂，必须经过必要的动物实验，以确保安全。

5. 渗透压 其渗透压要求与血浆的渗透压相等或接近。供静脉注射的大剂量注射剂还要求具有等张性。

6. pH 值 注射剂的 pH 值要求尽量与血液 pH 值（约为 7.4）相等或接近，但一般情况下根据药物性质可以控制在 4～9 的范围。

7. 稳定性 注射剂多为水溶液，稳定性问题比较突出，故要求注射剂具有必要的物理稳定性和化学稳定性，以确保产品在储存期内安全、有效。

8. 其他 注射剂中降压物质、有效成分含量、最低装量及装量差异等，均应符合药品标准要求。

在注射剂的生产过程中常常遇到的问题是可见异物、化学稳定性、无菌及无热原等问题，在生产过程中应注意产生上述问题的原因及解决办法。

（二）注射剂的常用溶剂

制备注射剂必须采用注射用原料，且必须符合药典或国家药品标准。获得注射用原料后，为防止批号间的质量差异，生产前需做小样试制，各项检验合格后方可使用。注射剂的处方组成除注射用原料外，还包括注射用溶剂、注射用附加剂。

注射用溶剂包括注射用水、注射用油、其他注射用非水溶剂。

1. 注射用水 《药品生产质量管理规范》确定的工艺用水，包括饮用水、纯化水、注射用水及灭菌注射用水。《中国药典》规定：①注射用水为纯化水经蒸馏所得的蒸馏水；②灭菌注射用水为经灭菌后的注射用水；③纯化水为原水经蒸馏法、离子交换法、反渗透法或其他适宜的方法制得的供药用的水。

只有注射用水才可配制注射剂，注射用水可作为配制注射剂的溶剂或稀释剂及直接接触药品的设备、容器用具的最后清洗剂，也可作为配制滴眼剂的溶剂，还用于无菌原料药的精制。灭菌注射用水主要用做注射用无菌粉末的溶剂或注射液的稀释剂。纯化水不得用于注射剂的配制，可作为配制普通药剂的溶剂或试验用水。

2. 注射用油 注射用油有麻油、大豆油、茶油等植物油，主要使用的是供注射用的大豆油。《中国药典》规定注射用油的质量要求为：无异臭，无酸败味；色泽不得深于黄色 6 号标准比色液；在 10 ℃时应保持澄明；碘值为 79～128；皂化值为 185～200；酸值不得大于 0.56。碘值、皂化值、酸值是评价注射用油质量的重要指标。矿物油和碳水化合物因不能被机体代谢吸收，故不能供注射用。油性注射剂只能供肌内注射。

3. 其他注射用非水溶剂 丙二醇、聚乙二醇、二甲基乙酰胺、乙醇、甘油、苯甲醇等，由于能与水混溶，一般可与水混合使用，以增加药物的溶解度或稳定性。

（三）注射剂的常用附加剂

为确保注射剂的安全、有效和稳定，除主药和溶剂外还可加入其他物质，这些物质统称为“附加剂”。附加剂在注射剂中的主要作用是：①增加药物的理化稳定性；②抑制微生物生长，尤其对多剂量注射剂更要注意；③减轻疼痛或对组织的刺激性等；④增加主药的溶解度。注射剂常用附加剂主要有：缓冲剂、增溶剂、抑菌剂、等渗调节剂、局麻剂、抗氧化剂等。常用的附加剂见表 5-4。

表 5-4 注射剂常用附加剂

附加剂类型	举 例
缓冲剂	醋酸，醋酸钠；枸橼酸、枸橼酸钠；乳酸；酒石酸，酒石酸钠；磷酸氢二钠，磷酸二氢钠；碳酸氢钠，碳酸钠
抑菌剂	苯甲醇；羟丙甲酯；羟丙丁酯；苯酚；三氯叔丁醇；硫柳汞
等渗调节剂	氯化钠；葡萄糖；甘油
局麻剂	利多卡因；盐酸普鲁卡因；苯甲醇；三氯叔丁醇
抗氧化剂	亚硫酸钠；亚硫酸氢钠；焦亚硫酸钠；硫代硫酸钠
螯合剂	EDTA-Na_2
增溶剂、润湿剂、乳化剂	聚氧乙烯蓖麻油；吐温 20；吐温 40；吐温 80；聚维酮；聚乙二醇 40 蓖麻油；卵磷脂
助悬剂	明胶，果胶；甲基纤维素；羧甲基纤维素
填充剂	乳糖；甘氨酸；甘露醇
稳定剂	肌酐；甘氨酸；烟酰胺；辛酸钠
保护剂	乳糖；蔗糖；麦芽糖；人血白蛋白

1. 分析如下注射剂处方，说明处方中各附加剂分别起什么作用。

维生素 C 注射剂

[处方]	维生素 C	5.2 g	碳酸氢钠	2.42 g
	EDTA-Na_2	0.05 g	焦亚硫酸钠	0.2 g
	注射用水	加至 100 mL		

2. 安钠咖注射剂

[处方]	苯甲酸钠	1300 g	咖啡因	1301 g
	EDTA-Na_2	2 g	注射用水	加至 10000 mL

（四）热原

1. 热原的含义与性质

热原（pyrogen）是注射后能引起人体特殊致热反应的物质。它是微生物的一种内毒素（endotoxin），是磷脂、脂多糖和蛋白质的复合物，存在于细菌的细胞膜和固体膜之间。脂多糖是内毒素的主要成分，因而大致可认为热原＝内毒素＝脂多糖。脂多糖组成因菌种不同而不同，热原的相对分子质量一般为 1×10^6 左右。大多数细菌都能产生热原，霉菌甚至病毒也能产生热原，致热能力最强的是革兰阴性杆菌。含热原的注射液注入体内后，半小时左右就能产生发冷、寒战、体温升高、恶心呕吐等不良反应，严重者出现昏迷、虚脱，甚至有生命危险。

热原主要有如下性质。

1）耐热性　热原在 60 ℃加热 1 h 不受影响，100 ℃加热也不降解，但在 250 ℃、30～45 min；200 ℃、60 min 或 180 ℃、3～4 h 可使热原彻底破坏。一般热压灭菌法不易破坏注射剂的热原。

2）过滤性　热原直径小，为 1～5 nm，一般的滤器均可通过，微孔滤膜也不能截留，但能被活性炭吸附。

3）水溶性　因磷脂结构上连接有多糖，所以热原能溶于水。

4）不挥发性　热原本身不挥发，但蒸馏时可随水蒸气中的雾滴带入蒸馏水，故应设法防止。

5）其他　热原能被强酸强碱破坏，也能被强氧化剂（如高锰酸钾或过氧化氢等）破坏，超声波及某些表面活性剂（如去氧胆酸钠）也能使之失活。

知识链接

热原的主要污染途径

1. 生产过程中的污染

1）从溶剂中带入

2）从原辅料中带入

3）从容器、用具、管道与设备等带入

4）制备过程中的污染

2. 使用过程中的污染

临床使用的输液器具污染会带入热原，引起热原反应。配药室或临床科室配药过程中，由于环境、操作、用品、混入的其他药品等的污染也可能带入热原。因此尽量使用全套或一次性输液器，包括插管、导管、调速、加药装置、末端滤过、排除气泡及针头等，并在输液器出厂前进行灭菌。

2. 热原的去除方法

1）高温法　能经受高温加热处理的容器与用具，如针头、针筒或其他玻璃器皿，在洗净后，一般于250℃加热30 min以上，可破坏热原。

2）酸碱法　玻璃容器、用具（如配液用玻璃、搪瓷器皿等），可用重铬酸钾硫酸清洗液或稀氢氧化钠液处理，可将热原破坏，热原亦能被强氧化剂破坏。

3）吸附法　活性炭性质稳定、吸附性强兼具助滤和脱色作用，活性炭可以吸附部分热原，故广泛用于注射剂生产过程，常用量为0.1%～0.5%，将0.2%活性炭与0.2%硅藻土合用于处理20%甘露醇注射液，去除热原效果较好。应注意吸附可能造成的主药的损失。

4）离子交换法　国内有用#301弱碱性阴离子交换树脂10%与#122弱酸性阳离子交换树脂8%，成功地除去丙种胎盘球蛋白注射液中的热原。临床使用的一次性注射器、输液器都普遍使用该方法，效果可靠、产品具有较长的有效期。

5）凝胶过滤法　热原相对分子质量为1×10^6左右，采用二乙氨基乙基葡聚糖凝胶（分子筛）可除去部分热原，从而制备无热原去离子水。

6）反渗透法　用反渗透法通过三醋酸纤维膜除去热原，这是近几年发展起来的有使用价值的新方法。

7）超滤法　一般用3.0～15 nm孔径的超滤膜除去部分热原，如超滤膜过滤10%～15%的葡萄糖注射液可除去热原。Sulliven等采用超滤法除去β-内酰胺类抗生素中内毒素等。

8）其他方法　如采用离子交换法、反渗透法、微波法等可破坏热原，也可通过吸附或滤过作用去除部分热原。

（五）注射剂的临床应用与注意事项

1. 临床应用　注射剂在临床上的给药途径如下。

1）皮内注射（intradermal injection，ID）　注射于表皮与真皮之间，一次剂量在0.2 mL以下，常用于过敏性试验或疾病诊断，如毒霉素皮试液、白喉诊断毒素等。

2）皮下注射（hypodermic injection，HD）　皮下注射剂主要是水溶液，药物吸收速度稍慢。注射于真皮与肌肉之间的松软组织内，一般用量为1～2 mL。由于人体皮下感觉比肌肉敏感，故具有刺激性的药物混悬液，一般不宜作皮下注射。

3）肌内注射（intramuscular injection，IM）　注射油溶液、混悬液及乳浊液具有一定的延效作用，且乳浊液有一定的淋巴靶向性。注射于肌肉组织中，一次剂量为1～5 mL。

4）静脉注射（intravenous injection，IV）　油溶液、混悬液或乳浊液易引起毛细血管栓塞，一般不宜静脉注射，但平均直径<1 μm的乳浊液，可作静脉注射。注入静脉内，一次剂量自几毫升至几千毫升，且多为水溶液。凡能导致红细胞溶解或使蛋白质沉淀的药液，均不宜静脉给药。

5）脊椎腔注射（vertebra caval injection）　由于神经组织比较敏感，且脊椎液缓冲容量小、循环慢，故脊椎腔注射剂必须等渗，pH值在5.0～8.0之间，注入时应缓慢。注入脊椎四周蜘蛛膜下腔内，一次剂量一般不得超过 10 mL。

6) 动脉内注射(intra-arterial injection) 注入靶区动脉末端,如诊断用动脉造影剂、肝动脉栓塞剂等。

7) 其他 包括心内注射、关节内注射、滑膜腔内注射、穴位注射以及鞘内注射等。

通常在以下情况下需使用注射剂。

(1) 患者存在吞咽困难或明显的吸收障碍(如呕吐、严重腹泻、胃肠道病变、手术后不能进食等),一般要注射给药。

(2) 口服生物利用度低的药物,如:庆大霉素口服吸收较差,除治疗胃肠道相关疾病外,一般要注射给药。

(3) 患者在病情严重、病情进展迅速的紧急情况下,注射给药,一般能较好地发挥药效。

(4) 没有合适口服剂型的药物,如氨基酸或胰岛素,只能使用注射给药。

2. 注意事项

(1) 因药物配成溶液后的稳定性受到很多因素影响,所以注射剂一般要临用前配制以保证疗效和减少不良反应,且应注意 pH 值对注射剂稳定性的影响。

(2) 当其他给药途径能够达到治疗效果时就尽量不使用注射给药。

(3) 应尽量减少注射次数,应病情采取序贯疗法(即急性或禁忌情况下先用注射剂,病情控制后马上改为口服给药)。

(4) 应尽量减少注射剂联合使用的种类,以避免不良反应和配伍禁忌的出现。

(5) 在不同注射途径的选择上,能够肌内注射的就不静脉注射给药。

(6) 应严格掌握注射剂量和疗程。

(六) 注射剂的制备

1. 注射用水的制备 注射用水的质量必须符合《中国药典》(2015 年版)规定,应为无色的澄明溶液,除氯化物、硫酸盐、钙盐、硝酸盐、亚硝酸盐、二氧化碳、易氧化物、不挥发物与重金属及微生物限度检查均应符合规定外,还规定 pH 值应为 5.0~7.0,氨含量不超过 0.00002%,热原检查应符合规定,并规定应于制备后 12 h 内使用。

1) 原水处理(纯化水的制备)

(1) 离子交换法 我国医药生产中,常用的树脂有两种,一种是 762 型苯乙烯强酸性阳离子交换树脂,另一种是 717 型苯乙烯强碱性阴离子交换树脂。

阳、阴树脂在水中是解离的,当原水通过阳树指时,水中阳离子被树脂所吸附,树脂上的阳离子 H^+ 被置换到水中,并和水中的阴离子组成相应的无机酸;含无机酸的水再通过阴树脂时,水中阴离子被树脂所吸附,树脂上的阴离子 OH^- 被置换到水中,并和水中的 H^+ 结合成水。如此原水不断地通过阳、阴树脂进行交换,得到纯化水。离子交换法制备纯化水的工艺流程如图 5-5 所示。

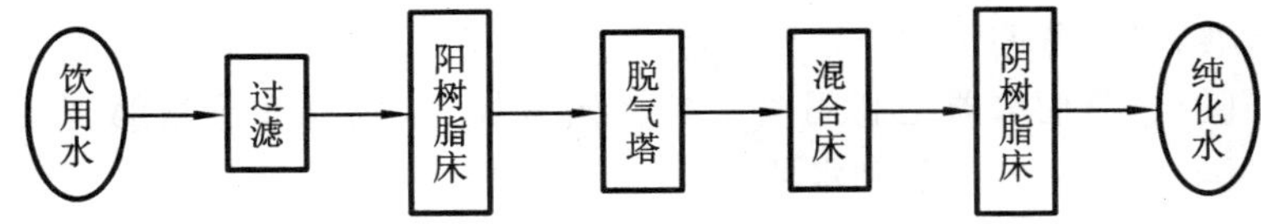

图 5-5 离子交换法制备纯化水的工艺流程图

(2) 反渗透法 用一个半透膜将 U 形管内的纯化水与盐水隔开,则纯化水就透过半透膜扩散到盐溶液一侧,这就是渗透过程。两侧液柱产生的高度差,即表示此盐溶液所具有的渗透压。但若在渗透开始时就在盐溶液一侧施加一个大于此盐溶液渗透压的力,则盐溶液中的水将向纯水一侧渗透,结果水就从盐溶液中分离出来,这一过程就称作反渗透。实践证明,一级反渗透装置除去氯离子的能力达不到药典的要求,只有二级反渗透装置才能较彻底地除去氯离子。相对分子质量大于 300 的有机物几乎全部除去。热原的相对分子质量在 1000 以上,故可除去。

反渗透法制备纯化水的流程如图 5-6,进入渗透器的原水可用离子交换、过滤等方法处理。只要原水质量较好,此种装置可较长期地使用,必要时可定期消毒。

反渗透法是在 20 世纪 60 年代发展起来的新技术,国内目前主要用于原水处理,但若装置合理,也能达到注射用水的质量要求,所以,《美国药典》23 版已收载该法为制备注射用水法定方法之一。

(3) 电渗析法 当原水含盐量高达 3000 mg/L 时,离子交换法不宜制纯化水,但可采用电渗析法处理。

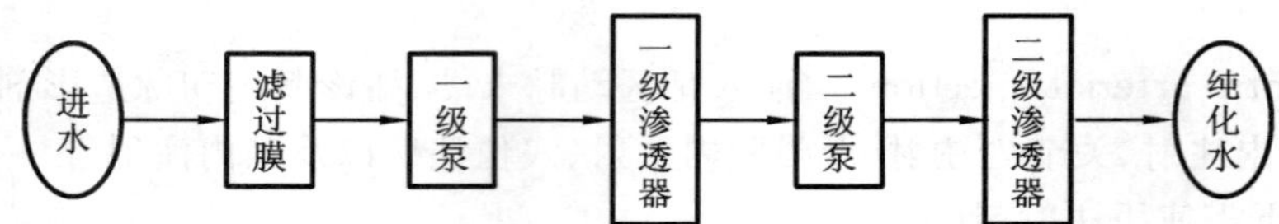

图 5-6 反渗透法制备纯化水的工艺流程

本法原理如图 5-7 所示，阳离子交换膜装在阴极端，显示负电场；阴离子交换膜装在阳极端，显示正电场。在电场作用下，负离子向阳极迁移，正离子向阴极迁移，从而去除水中的电解质而制得纯化水。

离子交换法制得的去离子水可能存在热原、乳光等问题，主要供蒸馏法制备注射用水使用，也可用于洗瓶，但不得用来配制注射液。电渗析法与反渗透法广泛用于原水预处理，供离子交换法使用，以减轻离子交换树脂的负担。

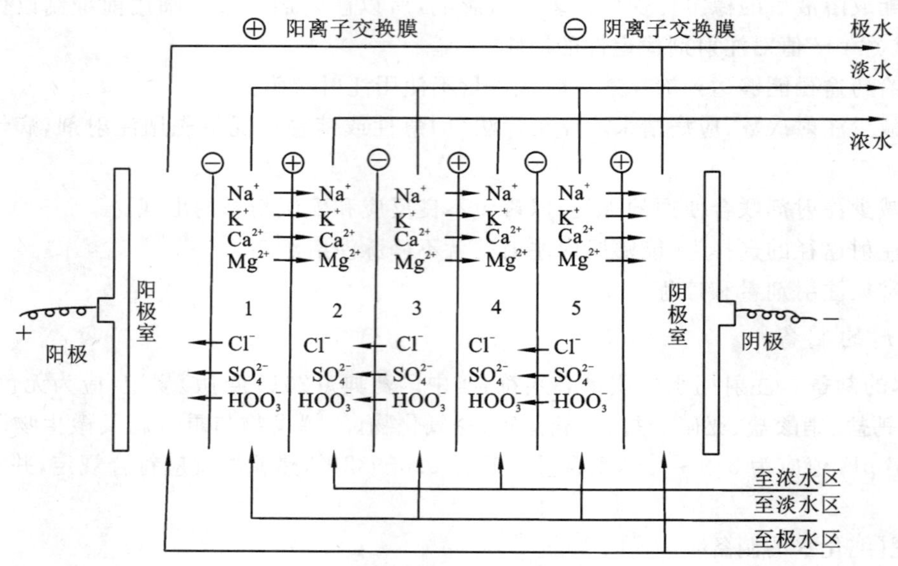

图 5-7 电渗析器工作原理示意图

2) 注射用水的制备

(1) 蒸馏法 蒸馏法是我国药典法定的制备注射用水的方法，供制备注射用水的原水必须是纯化水。

制备注射用水的蒸馏水器，其原理是利用热交换管中的高压蒸汽在热交换中，作为蒸发进料原水的能源，而本身同时冷凝成为一次蒸馏水，将此一次蒸馏水导入蒸发锅中作为进料原水，然后又被热交换管中的高压蒸汽加热汽化再冷凝成二次蒸馏水。因此，实际所出之水已是二次蒸馏水。生产上制备注射用水的设备主要包括塔式蒸馏水器、多效蒸馏水器、气压式蒸馏水器。塔式蒸馏水器因耗能多，效率低，出水质量不稳定，故已停止生产。气压式蒸馏水器是利用离心泵将蒸汽加压，以提高蒸汽的利用率，且无需冷却水，但耗能大，现已较少用。目前多采用多效蒸馏水器。

多效蒸馏水器是最近发展起来制备注射用水的主要设备，其特点是耗能低，产量高，质量优。多效蒸馏水器可视为将多个单效蒸馏水器(由圆柱形蒸馏塔、冷凝器及一些控制元件组成蒸发锅与冷凝器)相互串联，目的是提高生产能力，充分利用热能。多效蒸馏水器的性能取决于加热蒸汽的压力和级数，压力越大，则产量越高，效数越多，热利用率越高。以三效塔(图 5-8)为例，去离子水先进入冷凝器预热后再进入各效塔内，一效塔内去离子水经高压蒸汽加热(130 ℃)而蒸发，蒸汽经隔沫装置进入二效塔内的加热室作为热原加热塔内蒸馏水，塔内的蒸馏水经过加热产生的蒸汽再进入三效塔作为三效塔的加热蒸汽加热塔内蒸馏水产生水。二效塔、三效塔的加热蒸汽冷凝和三效塔内的蒸汽冷凝后汇集于蒸馏水收集器而成为蒸馏水。效数更多的蒸馏水器的原理相同。

(2) 反渗透法

《美国药典》已收载本法为制备注射用水的法定方法，但《中国药典》仍没收载。

何谓注射用水？制备时主要采用哪些方法和设备？

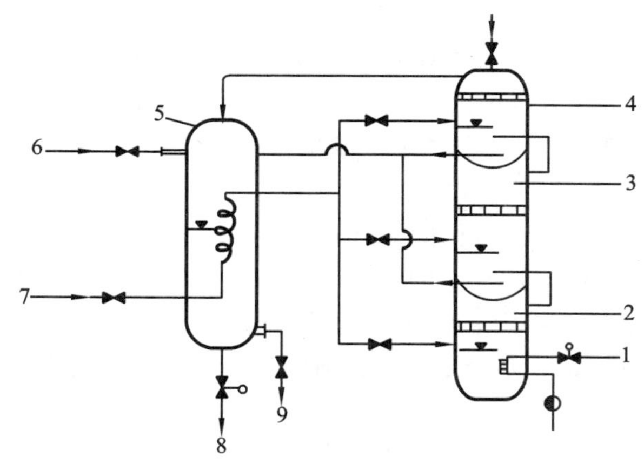

图 5-8　三效蒸馏水器生产示意图

1—蒸汽；2—第一节蒸发器；3—第二节蒸发器；4—第三节蒸发器；5—冷凝器；
6—冷却水进口；7—预滤无盐水；8—蒸馏水出口；9—冷却水出口

2. 注射剂的制备　注射剂为无菌制剂，不仅要按照生产工艺流程进行生产，还要严格按照 GMP 进行生产管理，以保证注射剂的质量和用药安全。液体安瓿剂一般生产工艺流程见图 5-9。

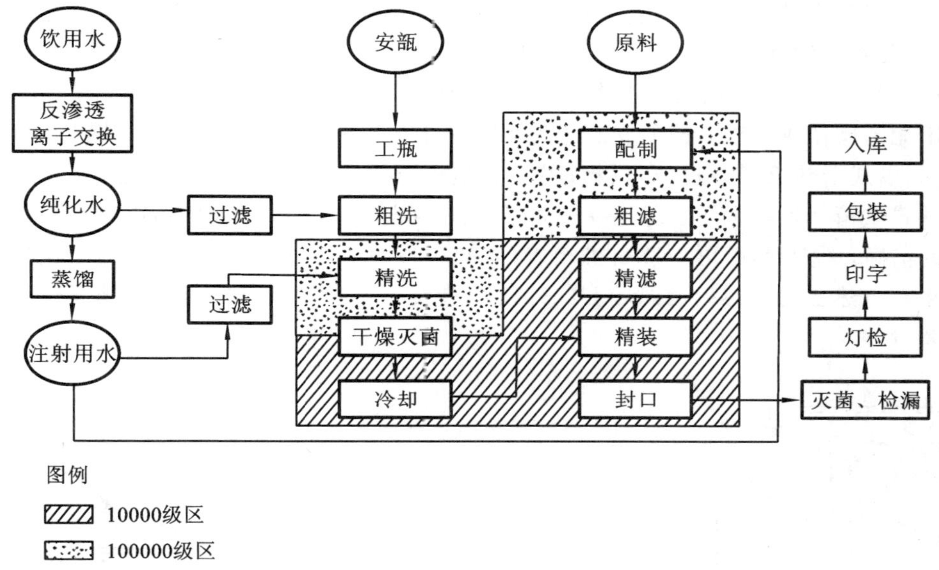

图 5-9　液体安瓿剂一般生产工艺流程及环境区域划分示意图

1）原、辅料的准备　供注射剂生产所用原料必须符合《中国药典》(2015 年版)及国家有关对注射剂原料质量标准的要求。辅料也应符合《中国药典》(2015 年版)或国家其他有关质量标准，若有注射用规格，应选用注射用规格。对医疗上确实需要，但专供注射用的原料有时不易获得，而必须用化学试剂时，应严格控制质量，加强检验，特别是水溶性有毒物质，还应进行安全试验，证明无害并经有关部门批准后方可使用。某些品种，可另行制定内控标准。在大生产前，均应作小样试制，检验合格后方能使用。

2）常用注射剂容器的处理　注射剂容器一般是指由硬质中性玻璃制成的安瓿或西林小瓶，亦有塑料容器。

(1) 安瓿　安瓿的式样包括曲颈安瓿和粉末安瓿两种，其容积通常为 1、2、5、10、20 mL 等几种规格。粉末安瓿用于分装注射用固体粉末或结晶性药物，现已基本淘汰。国家食品药品监督管理局(SFDA)已强行推行使用曲颈易折安瓿。新国标 GB2637—1995 规定水针剂使用的安瓿也一律为曲颈易折安瓿。曲颈易折安瓿有点刻痕易折安瓿和色环易折安瓿两种，安瓿多为无色，有利于检查药液的可见异物。对需要遮光的药物，可采用琥珀色玻璃安瓿。

(2) 西林小瓶　包括管制瓶与模制瓶两种。管制瓶的瓶壁较薄，厚薄比较均匀，而模制瓶正好相反，西林小瓶常见容积为 10 mL 和 20 mL，应用时都需配有橡胶塞，外面有铝盖压紧，有时铝盖上再外加一个塑料盖，这种小瓶主要用于分装注射用无菌粉末，如青霉素等抗生素类粉针剂多采用此容器包装。

注射剂玻璃容器应达到以下质量要求：①应无色透明，以利于检查药液的澄明度、杂质以及变质情况；②应具有低的膨胀系数、优良的耐热性，使之不易冷爆破裂；③熔点低，易于熔封；④不得有气泡、麻点及砂粒；⑤应有足够的物理强度，能耐受热压灭菌时产生的较高压力差，并避免在生产、装运和保存过程中所造成的破损；⑥应具有高度的化学稳定性，不与注射液发生物质交换。

安瓿的处理过程如下。

(1) 安瓿的洗涤　安瓿属于二类药包材，除去外包装经洗涤后使用，粗洗用水应是纯化水，精洗用水应是新鲜注射用水。安瓿一般使用离子交换水灌瓶蒸煮，质量较差的安瓿须用 0.5%的醋酸水溶液、灌瓶蒸煮(100 ℃、30 min)热处理。一方面是为了洗涤干净，同时也是一种化学处理，让玻璃表面的硅酸盐水解，微量的游离碱和金属盐溶解，提高安瓿的化学稳定性。目前国内使用的安瓿洗涤方法常用的有：甩水洗涤法、加压气水喷射洗涤法和超声洗涤法。

目前常用的洗涤设备有喷淋式安瓿洗瓶机、加压气水喷射洗瓶机(图 5-10)、超声波安瓿洗瓶机三种，洗涤方法有甩水洗涤法和加压气水喷射洗涤法，其中超声洗涤法是采用超声波洗涤与气水喷射式洗涤相结合的方法，具有清洗洁净度高、速度快等特点。

①甩水洗涤法：将安瓿灌满经滤过可见异物符合要求的纯化水，再将水甩出，反复三次，最后一次用可见异物合格的注射用水。此法适用于 5 mL 以下安瓿。

②加压气水喷射洗涤法：适用于 10 mL 以上安瓿。所用洗涤用水和压缩空气均应事先精滤合格，由针头交替喷进颠倒的安瓿内进行洗涤，反复 4～8 次，最后一次应是滤过空气。本法的关键是气，一是应有足够的压力，二是一定要将气滤纯净。洗涤用水应是新鲜注射用水，但比配制用水要求可略低。

(2) 安瓿的干燥和灭菌　一般安瓿洗净后要在烘箱内 120～140 ℃温度下进行干燥，以避免存放时滋长微生物。若用于无菌操作或低温灭菌的安瓿还需 180 ℃干热灭菌 1.5 h。安瓿的干燥与灭菌常用的设备有两大类：一类是间歇式干热灭菌设备，即烘箱；另一类是连续式干热灭菌设备，即隧道式烘箱。大生产中多采用后者。隧道式烘箱都是整个输送隧道在密封系统内，可避免空气中微粒的污染，设有 100 级层流净化空气以保持空气的洁净。它们前端可与洗瓶机相连，后端可设在 1 万级洁净区与灌封机相连，组成联动生产线。隧道式烘箱有电热层流干热灭菌烘箱和红外线加热灭菌烘箱(图 5-11)两种，干燥和灭菌后的安瓿存放时间不应超过 24 h。

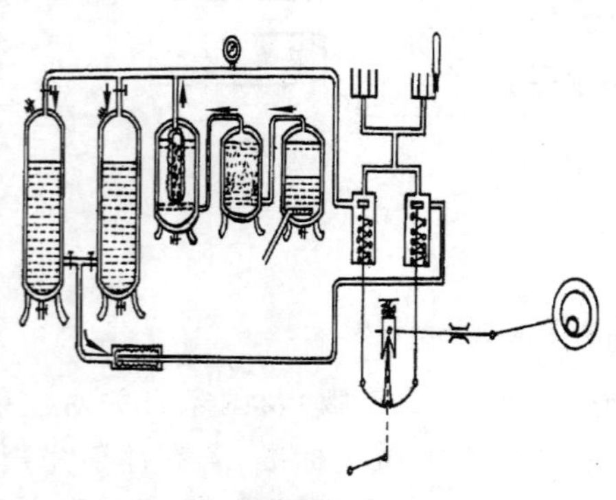
图 5-10　加压气水喷射洗涤机

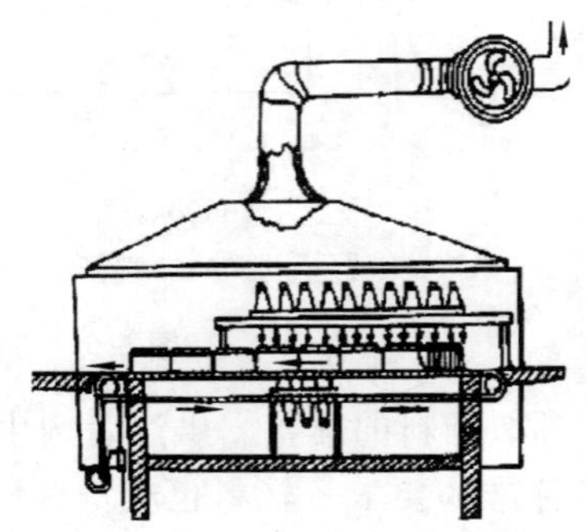
图 5-11　隧道式红外线加热灭菌烘箱

(3) 安瓿的检查　为了保证注射剂的质量，安瓿必须按药典要求进行检查，包括物理、化学和装药试验检查。物理检查内容主要包括有安瓿外观、尺寸、应力、清洁度、热稳定性检查等；化学检查内容主要有容器的耐酸性、耐碱性和耐中性检查等。装药试验检查主要是检查安瓿与药液的相容性，无影响方能使用。

3) 注射剂的配制与过滤

(1) 注射液的配制

知识链接

注射剂配制投料量计算

投料量可按下式计算：

$$原料(附加剂)实际用量=\frac{原料(附加剂)理论用量\times 成品标示量百分数}{原料(附加剂)实际含量}$$

$$原料(附加剂)用量=实际配液量\times 成品含量\%$$

$$实际配液量=实际灌注量+实际灌注时损耗量$$

成品标示量百分数通常为100%，有些产品因灭菌或储藏期间含量会有所下降，可适当增加投料量（即提高成品标示量的百分数）。

①配制用具的选择与处理大量生产时常用不锈钢夹层配液罐，既可通蒸汽加热，又可通冷水冷却。配液用具和容器的材料宜采用玻璃、不锈钢、搪瓷、耐酸耐碱陶瓷和无毒聚氯乙烯、聚乙烯塑料等，不宜采用铝、铁、铜质器具。配制浓的盐溶液不宜选用不锈钢容器；需加热的药液不宜选用塑料容器。配液的所有用具和容器在使用前均应用硫酸-重铬酸钾清洗液或其他适宜洗涤剂清洗，然后用纯化水反复冲洗，最后用新鲜的注射用水荡洗或灭菌后使用。操作完毕后立即刷洗干净所有用具。

配制油性注射液时，其器具必须干燥，注射用油在应用前需经 150～160 ℃、1～2 h 时灭菌，冷却后使用。

②配制方法：分为浓配法和稀配法两种。将全部药物加入部分溶剂中配成浓溶液，加热或冷藏后过滤，然后稀释至所需浓度，此谓浓配法，此法可使溶解度小的杂质滤过除去。将全部药物加入所需溶剂中，一次配成所需浓度，再进行过滤，此谓稀配法，可用于优质原料。配制的药液，需经过 pH 值、含量等项检查，合格后进入下一工序。

知识链接

注射剂配制注意事项

(1) 配制注射液时应在洁净的环境中进行，不要求无菌，但所用器具及原料附加剂尽可能无菌，以减少污染。

(2) 配制剧毒药品注射液时，应严格称量与校核，谨防交叉污染。

(3) 对不稳定的药物更应注意调配的顺序（先加稳定剂或通惰性气体等），有时要控制温度与避光操作。

(4) 对于不易滤清的药液可加 0.1%～0.3%活性炭处理，活性炭常选用一级针用炭或 767 型针用炭，以确保注射液质量。使用活性炭时应注意其对药物（如生物碱盐等）的吸附，应通过加炭前后药物含量的变化，确定能否使用。活性炭最好在酸性条件使用，因活性炭在酸性溶液中吸附作用较强，在碱性溶液中有时出现“胶溶”或脱吸附，反而使溶液中杂质增加。

(2) 注射液的过滤　影响过滤速度的因素：①操作压力越大，滤速越快；②孔隙越窄，阻力越大，滤速越慢；③过滤速度与滤器的表面积成正比（这是在过滤初期）；④黏度愈大，滤速愈慢；⑤滤速与毛细管长度成反比，因此沉积的滤饼量愈多，滤速愈慢。

增加滤速的方法：①加压或减压以提高压力差；②升高滤液温度以降低黏度；③先进行预滤，以减少滤饼厚度；④设法使颗粒变粗以减少滤饼阻力等。

注射剂生产中常用的滤器有。

①垂熔玻璃滤器：有垂熔玻璃滤球、垂熔玻璃滤棒和垂熔玻璃漏斗三种滤器。在注射剂生产中主要用于精滤或膜滤前的预滤。垂熔玻璃滤器有不同厂家规格、不同型号，3 号和 G2 号多用于常压过滤，4 号和 G3 号多用于减压或加压过滤，6 号以及 G5、G6 号作无菌过滤用。

垂熔玻璃滤器的优点是化学性质稳定，吸附性低，一般不影响药液的 pH 值，不易出现裂漏、碎屑脱落等现象，且易洗净。缺点是价格高，脆而易破。这种滤器，操作压力不得超过 98.06 kPa($1\ kg/cm^2$)，可热压灭菌。垂熔漏斗使用后要用纯化水抽洗，并以 1%～2%硝酸钠硫酸液浸泡 12～24 h。

②微孔滤膜过滤器：微孔滤膜是用高分子材料制成的薄膜过滤介质，常用的有圆盘形和圆筒形两种，其孔径为 0.025～14 μm，常用于注射液的精滤和过滤除菌（0.22 μm）。常用的微孔滤膜材质有硝酸纤维膜、醋

酸纤维膜、醋酸纤维和硝酸纤维混和酯膜、聚四氟乙烯膜、聚酰胺膜、聚砜膜和聚氯乙烯膜等。使用前应进行膜与药物溶液的配伍试验，证实无相互影响才能选用。

微孔滤膜孔径小，孔隙率高，截留能力强，滤速快，不滞留药液，不影响药液的 pH 值，有利于提高注射液的澄清度。其缺点是易于堵塞。

目前使用微孔滤膜生产的品种有葡萄糖大输液、右旋糖酐注射液、维生素(C、K 等)、肾上腺素、硫(盐)酸阿托品、盐酸异丙嗪等。对不耐热的产品，可用 0.3 μm 或 0.22 μm 的滤膜作无菌过滤，如胰岛素。

③板框式压滤机：由多个滤框和滤板交替排列在支架上组成，是一种在加压下间歇操作的过滤设备。此种滤器的过滤面积大，截留固体多，适于大生产，常用于滤过黏性大、滤饼可压缩的各种物料的过滤，也可用于注射液的粗滤。

④砂滤棒：国产的主要有两种，一种是硅藻土滤棒，另一种是多孔素瓷滤棒。砂滤棒价廉易得，滤速快，适用于大生产中粗滤。但砂滤棒易于脱砂，对药液吸附性强，难清洗，且有改变药液 pH 值现象，砂滤棒用后要进行处理。

⑤其他：另外还有钛滤器、多孔聚乙烯烧结管过滤器等。

在注射剂生产中，一般采用二级过滤，即先将药液用常规的滤器如砂滤棒、垂熔玻璃漏斗、板框压滤器或加预滤膜等办法进行粗滤后才能使用滤膜过滤，即可将膜滤器串联在常规滤器后作精滤之用。但还不能达到除菌的目的，过滤后还需灭菌。

知识链接

过滤介质与助滤剂

1. 过滤介质

过滤介质亦称滤材，为滤渣的支持物。过滤介质应由惰性材料制成，耐酸、耐碱、耐热，适用于过滤各种溶液；过滤阻力小、滤速快、可反复应用、易清洗；应具有足够的机械强度；价廉、易得。常用的过滤介质有：①滤纸；②脱脂棉；③织物介质；④烧结金属过滤介质；⑤多孔塑料过滤介质；⑥垂熔玻璃过滤介质；⑦多孔陶瓷；⑧微孔滤膜。

2. 常用的助滤剂

①硅藻土；②活性炭；③滑石粉；④纸浆。

4) 注射剂的灌封　滤液经检查合格后进行灌封，即灌装和封口。封口有拉封与顶封两种，拉封对药液的影响偏小。故目前都主张拉封。粉针用安瓿或具有广口的其他容器均采用拉封。

灌封操作分为手工灌封和机械灌封两种。手工灌封主要用于小试，生产上多采用全自动灌封机，我国已有洗、灌、封联动机和割、洗、灌、封联动机，生产效率有很大提高。但灭菌包装还没有联动化。安瓿自动灌封机因封口方式不同而异，但它们灌注药液均按下列动作协调进行：安瓿传送至轨道，灌注针头上升、药液灌装并充气，封口，然后由轨道送出产品。灌液部分装有自动止灌装置，当灌注针头降下而无安瓿时，药液不再输出，以避免污染机器和浪费。

知识链接

灌装注射液注意事项

(1) 灌装时为保证注射用量不少于标示量，可按《中国药典》附录要求适当增加药液量。根据药液的黏稠程度不同，在灌装前，应用精确的小量筒校正注射器的吸液量，试装若干支，经检查合格后再行灌装。

(2) 为防止灌注器针头“挂水”，活塞中心有毛细孔，可使针头挂的水滴缩回并调节灌装速度，以避免速度过快时药液易溅至瓶壁而沾瓶。

(3) 通惰性气体时一般采用空安瓿先充惰性气体，灌装药液后再充一次，这样既可以避免药液溅至瓶颈，又使安瓿空间空气除尽。可在通气管路上装有报警器以检查充气效果，也可用 CY-2 型测氧仪检测残余氧气。

(4) 在安瓿灌封过程中出现焦头，主要因安瓿颈部沾有药液，熔封时炭化而致，产生原因有：①灌药室给药太急，溅起药液在安瓿瓶壁上；②针头往安瓿里灌药时不能立即回缩或针头安装不正；③压药与打药行程不配合等。应逐一分析原因，然后予以解决。

(5) 充 CO_2 时应调整好充气量和充气速度，避免发生瘪头、爆头。

5) 注射剂的灭菌与检漏

(1) 灭菌　注射液的灭菌是杀灭微生物，以保证用药安全；避免药物的降解，以防影响药效。除采用无菌操作生产的注射剂外，一般注射液在灌封后必须在规定时间内进行灭菌，以保证产品的无菌。选择适宜的灭菌法对保证产品质量非常重要。在避菌条件较好的情况下生产一般采用流通蒸汽灭菌，1～5 mL 安瓿常用流通蒸汽 100 ℃、30 min 灭菌；10～20 mL 安瓿常用 100 ℃、45 min 灭菌。

(2) 检漏　若安瓿未严密熔合，有毛细孔或微小裂缝存在，为避免药液被微生物与污物污染或药物泄漏，污损包装，应予以剔除。灭菌后的安瓿应立即进行漏气检查。一种方法是在灭菌后，趁热立即放色水于灭菌锅内，安瓿遇冷内部压力收缩，色水即从漏气的毛细孔进入而被检出。另一种方法是采用灭菌和检漏两用灭菌器，灭菌后稍开锅门，同时放进冷水淋洗安瓿使温度降低，再关紧锅门并抽气，漏气安瓿内气体亦被抽出，当真空度为 640～680 mmHg(85326～90657 Pa)时，停止抽气，开色水阀，至有色溶液(0.05%曙红或亚甲蓝)盖没安瓿时止，开放气阀，再将色液抽回储器中，开启锅门、用热水淋洗安瓿后，剔除带色的漏气安瓿。深色注射液的检漏，可将安瓿倒置后再进行热压灭菌，灭菌时安瓿内气体膨胀，将药液从漏气的细孔挤出，从而使药液减少或成空安瓿而被剔除。除上述方法外还可用仪器检查安瓿隙裂。

6) 注射剂的印字与包装　注射剂的印字可避免生产多品种时产生混药或临床使用时发生差错，对保证用药安全是非常重要的。注射剂的印字内容包括注射剂名称、规格及批号等。目前广泛使用的印字包装机为印字、装盒、贴签及包装等联成一体的半自动生产线，提高了安瓿的印字与包装效率。完成灭菌的产品，经质量检查合格后，每支安瓿或每瓶注射液均需及时印字或贴签，包装盒内应放入说明书，盒外应贴标签。说明书和标签上必须注明药品的名称、规格、生产企业、批准文号、生产批号、生产日期、有效期、主要成分、适应证、用法、用量、禁忌、不良反应和注意事项等。

知识链接

注射剂的质量检查

每种注射剂均有具体规定的质量检查，包括含量、pH 值以及特定的检查项目。除此之外，尚需符合《中国药典》(2015 年版)注射剂项下的各项规定，包括装量、可见异物、热原或内毒素检查等。

1. 装量　按《中国药典》(2015 年版)附录规定，注射液及注射用浓溶液需进行装量检查。

检查方法：标示装量不大于 2 mL 者取供试品 5 支，2 mL 以上至 50 mL 者取 3 支，将内容物分别用相应体积的干燥注射器及注射针头抽尽，然后注入经标化的量具内(量具的大小应使待测体积至少占额定体积的 40%)，在室温下检视，每支装量均不得少于其标示装量。

测定油溶液和混悬液的装量时，应先加温摇匀，再同前法操作，放冷检视。

标示装量为 50 mL 以上的注射液及注射用浓溶液，照《中国药典》(2015 年版)附录中最低装量检查法检查，应符合规定。

2. 可见异物　注射剂在出厂前，均应采用适宜的方法逐一检查，并剔除不合格产品。可见异物检查，不仅可保证用药安全，而且可以发现生产中的问题。

我国药典对可见异物检查规定，所用装置、人员条件、检查数量、检查方法、时限与判断标准等均有详细规定。目前仍为目力检查。国内外正在研究全自动检查机。可见异物检查法有灯检法和光散射法。一般常用灯检法，检测条件要求与检查方法如下。

1) 光照度　灯检法应在暗室中于规定的检查装置下进行，光照度可在 1000～4000 lx 范围内调节。无色注射液光照度应为 1000～1500 lx；透明塑料容器或有色溶液注射液的检查光照度应为 2000～3000 lx；混悬型注射液的光照度为 4000 lx，仅检查色块、纤毛等可见异物。

2) 检查人员条件　远距离和近距离视力测验，均为 4.9 或 4.9 以上(矫正视力应为 5.0 或 5.0 以上)，无色盲。

3) 检查法　取供试品 20 支(瓶)，除去标签，擦净容器外壁，手持供试品颈部轻轻旋转和翻转使药液中存在的可见性异物悬浮，注意不使药液产生气泡，置供试品于检查装置的遮光板边缘处，分别在黑色背景和白色背景下在明视距离(指供试品至人眼的距离，通常为 25 cm)内，用目检视。

4) 结果判定　20 支(瓶)供试品中均不得检出可见异物，如检出可见性异物的供试品不超过 1 支，应另取 20 支(瓶)同法检查，均不得检出可见异物。

混悬型注射液均不得检出色块、纤毛等可见异物。

3. 热原检查

1) 家兔法　由于家兔对热原的反应与人基本相似，试验成本相对比较低，试验结果比较可靠，所以目前家兔法仍为各国药典规定的检查热原的法定方法之一。

家兔法系将一定剂量的供试品，静脉注入家兔体内，在规定时间内，观察家兔体温升高的情况，以判定供试品中所含热原的限度是否符合规定。检查结果的准确性和一致性取决于试验动物的状况、实验室条件和操作的规范性。供试验用家兔应按药典要求进行选择，以免影响结果。家兔法检测内毒素的灵敏度约为 0.001 μg/mL，试验结果接近人体真实情况，但操作烦琐费时，不能用于注射剂生产过程中的质量监控，且不适用于放射性药物、肿瘤抑制剂等细胞毒性药物制剂。

2) 细菌内毒素检查法(鲎试剂法)　细菌内毒素检查法系利用鲎试剂来检测或量化由革兰阴性菌产生的细菌内毒素，以判断供试品中细菌内毒素的限量是否符合规定的一种方法。细菌内毒素的量用内毒素单位(EU)表示。此法检查内毒素的灵敏度约为 0.0001 μg/mL，比家兔法灵敏 10 倍，操作简单易行，实验费用低，结果迅速可靠，适用于注射剂生产过程中的热原控制和家兔法不能检测的某些细胞毒性药物制剂，但其对革兰阴性菌以外的内毒素不灵敏，目前尚不能完全代替家兔法。细菌内毒素检查包括凝胶法和光度测定法两种方法，前者系利用鲎试剂与细菌内毒素产生凝集反应的原理来检测或半定量内毒素，后者包括浊度法和显色基质法，系分别利用鲎试剂与内毒素反应过程中的浊度变化及产生的凝固酶使特定底物释放出呈色团的多少来测定内毒素。供试品检测时可使用其中任何一种方法进行试验，当测定结果有争议时，除另有规定外，以凝胶法结果为准。

4. 无菌检查　任何注射剂在灭菌操作完成后，必须抽出一定数量的样品进行无菌检查，以确保制品的灭菌质量。采用无菌生产工业制备的注射剂更应注意无菌检查的结果。具体检查照《中国药典》(2015 年版)附录，无菌检查法检查，应符合规定。

5. 其他检查　除以上检查外，有的尚需进行有关物质检查、降压物质检查、异常毒性检查、pH 值测定、刺激性试验、过敏试验及抽针试验等。

(七) 典型注射剂实例分析

例:维生素 B_2 注射液

本品为维生素类药，参与体内生物氧化作用，用于预防和治疗口角炎、舌炎、结膜炎、脂溢性皮炎等维生素 B_2 缺乏症。

[处方]

维生素 B_2	2.575 g	烟酰胺	77.25 g
乌拉坦	38.625 g	苯甲醇	7.5 mL
注射用水	加至 1000 mL		

[制法]　将维生素 B_2 先用少量注射用水调匀待用，再将烟酰胺、乌拉坦溶于适量注射用水中，加入活性炭 0.1 g，搅拌均匀后放置 15 min，粗滤脱炭，加注射用水至约 900 mL，水浴加热至 80～90 ℃，慢慢加入已用注射用水调好的维生素 B_2，保温 20～30 min，完全溶解后冷却至室温。加入苯甲醇，用 0.1 mol/L 的盐酸调节 pH 值至 5.5～6.0，调整体积至 1000 mL，然后在 10 ℃以下放置 8 h，过滤至澄明、灌封，100 ℃流通蒸气灭菌 15 min 即可。

[注解]

(1) 维生素 B_2 在水中溶解度小，0.5%的浓度已为过饱和溶液，所以必须加入大量的烟酰胺作为助溶剂。此外还可用水杨酸钠、苯甲酸钠、硼酸等作为助溶剂。如 10%的 PEG600 以及 10%的甘露糖醇能增加其溶解度,乌拉坦为局麻剂,苯甲醇为防腐剂。

(2) 维生素 B_2 水溶液对光极不稳定,在酸性或碱性溶液中都易变成酸性或碱性感光黄素。所以在制造本品时,应严格避光操作,产品也需避光保存。酰脲和水杨酸钠能防止维生素 B_2 的水解和光解作用。

(3) 本品还可制成长效混悬注射剂,如加 2%的单硬脂酸铝制成的维生素 B_2 混悬注射剂,一次注射 150 mg,能维持疗效 45 天,而注射同剂量的水性注射剂只能维持药效 4～5 天。

例:板蓝根注射液

本品清热解毒,凉血利咽,消肿。用于扁桃体炎,咽喉肿痛;防治传染性肝炎等。肌内注射,一次 2 mL,一日一次。

[处方]	板蓝根	500 g	苯甲醇	10 mL
	聚山梨酯 80	10 mL	注射用水	加至 1000 mL

[制法] 将板蓝根饮片加 6～7 倍量水煎煮 1 h,过滤,药渣再加 5 倍量水煎煮 1 h,过滤,合并煎煮液浓缩至 600～700 mL,加 95%乙醇使含醇量达 60%,放置 48 h,过滤,回收乙醇,使体积为 500 mL,药液冷藏 24 h,过滤,滤液在搅拌下加浓氨溶液调整 pH 值至 7.0～8.0,冷藏 24 h,过滤,使 pH 值至 5.8～6.0,冷藏,过滤,用 10%碳酸钠溶液调 pH 值至 7.0～7.5,冷藏,过滤,加聚山梨酯 80、苯甲醇及注射用水制成 1000 mL,精滤至澄明,灌封,100 ℃流通蒸汽灭菌 30 min,即得。

[注解]

(1) 板蓝根主要成分为菘蓝苷、B-古甾醇、靛红、芥子苷、木多糖及多种氨基酸等,本品以水提醇沉法提取有效成分。

(2) 加氨处理主要除去鞣质、蛋白质、无机盐等,其沉淀初步分析有钾、钠、钙、镁等。

(3) 用碳酸钠调节 pH 值至弱酸性,是使菘蓝苷分子中的酮基葡萄糖酸成盐,增加其在水中的溶解度。

(4) 药液中含有聚山梨酯 80,灭菌后应注意及时振摇,防止产生混浊现象而影响注射剂澄明。

课堂互动

板蓝根注射剂在纯化时,各步操作的目的是什么?

例:柴胡注射液

本品为柴胡挥发油的灭菌溶液,清热解表。用于治疗感冒、流行性感冒及疟疾等的解热止痛。肌内注射,一次 2～4 mL,一日 1～2 次。

[处方]	北柴胡	1000 g	氯化钠	8.5 g
	吐温 80	10 mL	注射用水	加至 1000 mL

[制法] 取柴胡(饮片或粗粉)1000 g 加 10 倍量的水,加热回流 6 h 后蒸馏,收集初蒸馏液 6000 mL 后,重蒸馏至 1000 mL。含量测定(276 nm 处光密度为 0.8)后,加氯化钠和吐温 80,使全部溶解,过滤、灌封,100 ℃灭菌 30 min 即得。

[注解]

(1) 本品所用原料为伞形科柴胡属植物。

(2) 柴胡根及果实中含微量挥发油并含脂肪酸约 2%,挥发油为柴胡醇。

(3) 柴胡中挥发油用一般蒸馏法很难提尽,故先加热回流 6 h 后二次蒸馏,使得组织细胞中的挥发油在沸腾状态下溶于水中,提高了含量。

(4) 吐温 80 为非离子型表面活性剂,对挥发油的增溶效果并不强,可用丙二醇代替。

(5) 也可以将柴胡重蒸馏后的蒸馏液用乙醚抽提,乙醚液经无水硫酸钠脱水后,回收乙醚,得到柴胡油,将柴胡油溶于注射用油重配成 4%的柴胡油注射液。

三、输液

(一) 概述

大容量注射剂通常称为大输液(简称输液),是由静脉滴注输入体内的大剂量注射液。通常包装于玻璃或塑料的输液瓶或袋中,不含防腐剂或抑菌剂。使用时通过输液器调整滴速,持续而稳定地进入静脉,用以补充体液、电解质或提供营养物质。

输液分为如下类型。

1. 电解质输液 主要用以补充体内水分、电解质，纠正体内酸碱平衡失调。如氯化钠注射液、乳酸钠注射液等。

2. 营养输液 主要用于不能口服吸收营养的患者。分为糖类输液、氨基酸输液、脂肪乳输液等，糖类输液中最常见的是葡萄糖注射液。

3. 胶体输液 主要用于调节体内渗透压。胶体输液有多糖类、明胶类、高分子聚合物类等，如右旋糖酐、淀粉衍生物、明胶、聚乙烯吡咯烷酮(PVP)等输液。

4. 含药输液 含有药物的输液，可用于临床治疗，如替硝唑、苦参碱等输液。

输液的质量要求与注射剂基本一致，但由于注射剂量较大，特别强调的是：①对无菌、无热原及可见异物检查，应更加注意；②含量、色泽、pH 值也应符合要求，pH 值应在保证疗效和制品稳定的基础上，力求接近人体血液的 pH 值，过高或过低都会引起酸碱中毒；③渗透压应调为等渗或偏高渗，不能引起血象的任何异常变化；④不得含有引起过敏反应的异性蛋白及降压物质，输入人体后不会引起血象的异常变化，不损害肝、肾等；⑤不得添加任何抑菌剂，在储存过程中质量稳定。

（二）输液的临床应用与注意事项

1. 临床应用 静脉输液速度随临床需求而改变，如静脉滴注氧氟沙星注射液速度宜慢，24～30 滴/分，否则易发生低血压；复方氨基酸滴注过快可致恶心、呕吐；林可霉素类滴注时间要维持 1 h 以上。

2. 注意事项

(1) 由于药物配成溶液后稳定性受很多因素影响，所以一般要临用前配制以保证疗效和减少不良反应。

(2) 规范临床合理科学配伍用药，以降低患者和护理人员在多药“配伍试验”中的风险。

(3) 规范和加强治疗室输液配制和病房输液过程中的管理。

(4) 加强输液器具管理，避免使用包装破损、密闭不严、漏气污染和超过使用期的输液器。

（三）输液的制备

因其用量大且直接进入血液，故质量要求高，生产工艺等也与小剂量注射剂有一定差异。

大容量注射剂虽有玻璃容器与塑料容器两种包装，但其制备工艺流程大致相同。见图 5-12。

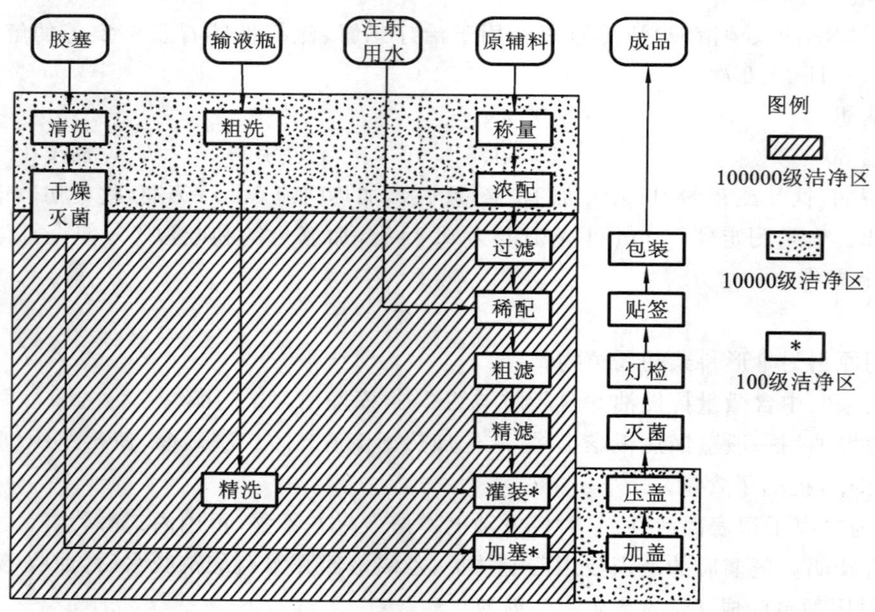

图 5-12 大容量注射剂生产流程及洁净区域划分示意图

1. 输液容器及其他包装材料的处理 玻璃输液瓶，物理化学性质稳定，其质量要求应符合国家标准，在储存期间，应避免污染长菌。输液瓶口内径必须符合要求，光滑圆整，大小合适，否则将影响密封程度。注射剂用丁基胶塞的各项技术要求均应符合国家颁布的一系列注射剂用丁基胶塞的相关标准规定。涤纶隔离膜，应理化性质稳定，耐酸、耐热性好，有一定机械强度。

1）输液瓶处理　输液瓶洗涤工艺的设计应与容器的洁净程度有关。一般有直接水洗、酸洗、碱洗等方法。一般洗瓶是水洗与碱洗法相结合，碱洗法是用2%氢氧化钠溶液（50～60 ℃）冲洗，也可用1%～3%的碳酸钠溶液，碱洗法操作方便，易组织流水线生产，也能消除细菌与热原。目前，采用滚动式洗瓶机和箱式洗瓶机，提高了洗涤效率和洗涤质量。在药液灌装前，必须用微孔滤膜滤过的注射用水倒置冲洗。如果生产输液瓶的车间达到规定净化级别要求，瓶子出炉后，立即密封，使用时只要用滤过注射用水冲洗即可。塑料袋采用无菌材料直接压制，不必洗涤。

2）胶塞、隔离膜处理　输液剂使用的丁基胶塞，采用全自动胶塞清洗机，将原来胶塞的洗涤、硅化、烘干等人工独立操作的多道工序，改在全封闭清洗箱中，从进料到出料，分工序连续一机操作完成。同时整个操作过程由可编程序控制，全自动操作，也可用手动操作。胶塞的洗涤、灭菌及出料，由于在一机内连续完成，无中间转序环节，避免了交叉污染，洗涤时又采用了先进的超声技术，清洗质量十分可靠，可直接用于生产。

药用丁基胶塞在使用时应注意：应在洁净区域打开包装。药品生产企业应在100000级洁净区打开外包装，在10000级洁净区打开内包装。采用注射用水进行清洗，清洗次数不宜超过两遍，最好采用超声波清洗，清洗过程中切忌搅拌，应尽可能地减少胶塞间的摩擦。干燥灭菌最好采用湿热灭菌法，121 ℃、30 min即可。如果条件不允许湿热灭菌，只能干热灭菌，则时间最好不要超过2 h。在胶塞干燥灭菌的过程中，应尽量设法减少胶塞间的摩擦。

涤纶膜使用前用乙醇浸泡或于纯化水中112～115 ℃热处理30 min，临用前用滤清的注射用水动态漂洗。

2. 输液的配制和滤过　大容量注射剂配液多用浓配法，即先配成浓溶液，滤过后再加新鲜注射用水稀释至所需浓度。输液配制时，通常加入针用活性炭，活性炭有吸附热原、杂质和色素的作用，并在过滤时作为助滤剂。大容量注射剂配液具体操作方法和工艺要求与小容量注射剂基本相同。为确保无热原，输液配液过程应尽量缩短，一般从配液到灌装结束不宜超过4 h。配制用容器、滤过装置及输送管道，必须认真清洗。使用后应立即清洗干净，并定时进行灭菌。

输液剂的滤过装置常采用加压三级滤过，即按照板框式过滤器、垂熔玻璃滤器、微孔滤膜滤器的顺序进行粗滤、精滤和终端过滤。加压滤过既可以提高滤过速度，又可以防止滤过过程中产生的杂质或碎屑污染滤液，对高黏度药液可采用较高温度滤过。

3. 输液的灌封和灭菌　输液灌封灌注设备有多种形式，常用的有量杯式负压灌装机、计量泵注射式灌装机、恒压式灌装机等。玻璃瓶输液的灌封包括灌注、塞胶塞、轧铝盖等操作。灌封要按照操作规程连续完成，即药液灌装至符合装量要求后，立即塞入丁基胶塞，轧紧铝盖。灌封要求装量准确，铝盖封紧。滤过和灌装均应在持续保温（50 ℃）条件下进行，防止细菌粉尘的污染。目前多采用自动灌封、放塞、落盖轧口联动机组机械化生产。灌封完成后，应进行检查，剔出轧口不严的输液剂，以免灭菌时冒塞或储存时变质。

灭菌要及时，输液从配制到灭菌的时间，一般不超过4 h。输液灭菌开始应逐渐升温，一般预热20～30 min，否则温度骤升，易引起输液瓶爆炸。待达到灭菌温度115 ℃、68.64 kPa（0.7 kg/cm^2）时维持30 min，然后停止升温；待柜内压力降到零，放出柜内蒸汽，至柜内压力与大气相等后，温度降至80 ℃以下才可缓慢打开灭菌柜门。严禁带压操作，以避免造成严重的人身安全事故，对于塑料袋装输液，灭菌条件为109 ℃热压灭菌45 min。

（四）输液主要存在的问题及解决办法

1. 输液剂生产中存在的问题及解决办法

1）染菌　输液生产过程中严重污染、灭菌不彻底、瓶塞松动、漏气等原因，致使输液剂出现染菌现象。

2）热原反应　关于热原的污染途径和防止办法见“二、注射剂”中“（四）热原”部分。

2. 可见异物与微粒的问题及解决办法

（1）按照输液用的原辅料质量标准，严格控制原辅料的质量。

（2）提高丁基胶塞及输液容器质量。

（3）尽量减少制备生产过程中的污染，严格控制灭菌条件，严密包装。

（4）合理安排工序，加强工艺过程管理，采取多种措施，及时除去制备过程中产生的污染微粒。

（5）在输液器中安置终端过滤器（0.8 μm孔径的薄膜），可解决使用过程中微粒污染的问题。

知识链接

输液的质量检查

按照《中国药典》(2015年版)规定需进行以下项目检查。

1. 可见异物及不溶性微粒检查　按《中国药典》(2015年版)附录规定进行检查,应符合规定。

2. 热原及无菌检查　按《中国药典》(2015年版)附录规定进行检查,应符合规定。

3. 最低装量　标示装量为50 mL以上的注射液及注射用浓溶液,照《中国药典》(2015年版)附录中最低装量检查法检查,应符合规定。

4. 其他　如pH值、含量测定及其他特定的检查项目,应按各品种项下规定进行检查。

(五) 输液的包装与储存

输液瓶一般为玻璃瓶和塑料瓶。玻璃瓶由无色透明的硬质中性玻璃制成,需配有胶塞(含隔离膜者)、铝盖或外层塑料盖,其耐热、耐腐蚀、物理化学性质稳定、阻隔性好;塑料瓶由聚丙烯制成,其质轻、无毒、耐热、耐腐蚀、化学稳定性高、机械强度高,并且可热压灭菌,抗碎性更是玻璃瓶无法比拟的,但其透明度及阻隔性较玻璃瓶差。最近,用于软包装输液剂包装采用的无毒聚氯乙烯(PVC)塑料软袋和非PVC复合膜软袋,特别是非PVC复合膜软袋,现已广泛取代玻璃瓶和塑料瓶。

胶塞(及含隔离膜者)主要用于粉针剂、输液剂等制剂瓶包装封口,胶塞可分为天然橡胶塞和合成橡胶塞。合成的丁基胶塞以其优良的气密性和化学稳定性被广泛使用。为避免与药液接触后,影响药物制剂质量,故有生产企业在胶塞与药液间仍衬垫隔离膜。目前国内使用的隔离膜主要是涤纶膜,某些碱性药液,可使用聚丙烯薄膜。

玻璃输液瓶铝盖有多种形式,现常用铝塑组合盖,系在铝盖之上再加一塑料盖。

输液剂经质量检验合格后,应立即贴上标签,标签上应印有品名、规格、批号、日期、使用事项、制造单位等项目,以免发生差错,并供使用者随时备查。贴好标签后装箱,封妥,送入仓库。包装箱上亦应印上品名、规格、生产厂家等项目。装箱时应注意装严装紧,便于运输。

(六) 典型输液实例分析

例:葡萄糖输液

5%、10%葡萄糖输液,具有补充体液、营养、强心、利尿、解毒作用,用于大量失水、血糖过低、高热、中毒等症;25%、50%的溶液,因其渗透压高,能将组织内体液引出循环系统并由肾脏排出,而用于急性中毒、虚脱、尿闭症、肾脏性或心脏性水肿以及需要降低颅内压的患者。高浓度的葡萄糖还可与氨基酸输液混合输注,用做高能营养。

[处方]					
	葡萄糖	50 g	100 g	250 g	500 g
	盐酸	适量	适量	适量	适量
	注射用水	加至1000 mL			

[制法]　取处方量葡萄糖投入煮沸的注射用水中,使其成50%~70%浓溶液,用盐酸调节pH值至3.8~4.0,同时加0.1%(g/mL)的活性炭混匀,煮沸约20 min,趁热过滤脱炭,滤液加注射用水至所需量。测pH值及含量,合格后滤至澄明,即可灌装封口,115 ℃热压灭菌30 min。

[注解]

(1) 葡萄糖输液有时出现云雾状沉淀,造成可见异物不合格。通常是由于原料不纯或过滤操作不当所致。故一般采用浓配法,微孔滤膜滤过,并加入适量盐酸,中和胶粒上的电荷,加热使糊精水解、蛋白质凝聚,用活性炭吸附滤除。原料较纯净时活性炭用量为0.1%~0.8%,若杂质较多,则需提高用量至1%~2%。

(2) 颜色变黄、pH值下降:有人认为葡萄糖在酸性液中的降解反应如下。

$CH_2OH(CHOH)_4CHO$ → ⇌ 可逆产物
葡萄糖

→ HC — CH ; HOH_2CC (O) C — CHO（5-羟甲基呋喃甲醛结构）→ 有色物质
→ $CH_3CO(CH_2)_2COOH + HCOOH$
乙酰丙酸　　蚁酸

由于生成酸性产物，所以 pH 值下降。灭菌温度和时间、溶液的 pH 值是影响本品稳定性的主要因素，应从严把关。因此，一方面要严格控制灭菌温度和时间，同时要调节溶液的 pH 值在 3.8～4.0。

葡萄糖输液有时产生云雾状沉淀的原因是什么？如何解决？

例：静脉注射用脂肪乳

静脉注射用脂肪乳是一种浓缩的高能量肠外营养液，可供静脉注射，能完全被机体吸收，它具有体积小、能量高、对静脉无刺激等优点。因此本品可供不能口服食物和严重缺乏营养的患者(如外科手术后或大面积烧伤或肿瘤等患者)的需要。

[处方]　精制大豆油　150 g　　精制大豆磷脂　15 g
　　　　注射用甘油　25 g　　注射用水　加至 1000 mL

[制法]　称取精制大豆磷脂 15 g，高速组织捣碎机内捣碎后，加注射用甘油 25 g 及注射用水 400 mL，在氮气流下搅拌至形成半透明状的磷脂分散体系；放入二步高压匀化机，加入精制大豆油与注射用水，在氮气流下匀化多次后经出口流入乳剂收集器内；乳剂冷却后，于氮气流下经垂熔滤器过滤，分装于玻璃瓶内，充氮气，瓶口中加盖涤纶薄膜、橡胶塞密封后，加轧铝盖；水浴预热 90 ℃左右，于 121 ℃灭菌 15 min，浸入热水中，缓慢冲入冷水，逐渐冷却，置于 4～10 ℃下储存。

[注解]

(1) 制备此乳剂的关键是选用高纯度的原料及毒性低、乳化能力强的乳化剂，采用合理的处方，严格的制备技术，制得油滴大小适当、粒度均匀、稳定的乳状液，并需要适当设备。原料一般选用植物油，如麻油、棉籽油、豆油等，所用油必须精制，提高纯度，减少副作用，并应有质量控制标准，例如碘价、酸价、皂化值、过氧化值、黏度、折光率等。静脉用脂肪乳常用的乳化剂有蛋黄磷脂、大豆磷脂、普朗尼克 F-68 等数种。国内多选用大豆磷脂，是由豆油中分离出的全豆磷脂经提取精制而得，主要成分为卵磷脂，比其他磷脂稳定而且毒性小，但易被氧化。

(2) 注射用乳剂除应符合注射剂项下各规定外，还应符合以下条件：①乳滴直径$<1\ \mu m$，大小均匀，也允许有少量粒径达 5 μm；②成品能耐受高压灭菌，在储存期内乳剂稳定，成分不变；③无副作用，无抗原性，无降压作用和溶血反应。因此成品需经过显微镜检查，测定油滴分散度，并进行溶血试验、降压试验、热原试验，并检查油及甘油含量、过氧化值、酸价、pH 值等项。

静脉注射用脂肪乳应用于临床时，会出现恶心、呕吐、胃肠痛、发热等急性反应，以及轻度贫血、肝脾肿大、胃肠功能障碍等慢性反应。输注时应缓慢，冬季时应预先温热本品。慢性反应往往由于长期给药致血脂过高而引起。所以，在连续使用时须经常进行生物学检查。

例：右旋糖酐输液(血浆代用品)

中分子右旋糖酐与血浆具有相同的胶体特性，可以提高血浆渗透压，增加血浆容量，维持血压。用于治疗血容性休克，如外伤性出血性休克。低分子右旋糖酐有扩容作用，但作用时间短。本品还能改变红细胞电荷，可避免血管内红细胞凝聚，减少血栓形成，增加毛细血管的流量，改善微循环。

[处方]　右旋糖酐(中分子)　60 g　　氯化钠　9 g
　　　　注射用水　加至 1000 mL

[制法]　将注射用水加热至沸，加入处方量的右旋糖酐，搅拌使溶解，配制成 12%～15%的溶液，加入 1.5%的活性炭，保持微沸 1～2 h，加压过滤脱炭，加注射用水稀释成 6%的浓度，然后加入氯化钠使溶解，冷却至室温，测定含量和 pH 值，pH 值应控制在 4.4～4.9，再加入 0.5%的活性炭，加热至 70～80 ℃，过滤至药液澄明后灌装，112 ℃灭菌 30 min 即得。

［注解］

(1) 血浆代用品在有机体内有代替血浆的作用，但不能代替全血，对于血浆代用液的质量，除应符合注射剂有关规定外，代血浆应不妨碍血型试验，不得在脏器中蓄积。右旋糖酐是用蔗糖经过特定细菌发酵后产生的葡萄糖聚合物。

(2) 因右旋糖酐经生物合成，易夹杂热原，故活性炭用量较大。同时因本品黏度较大，需在高温下过滤，本品灭菌一次，其相对分子质量下降 3000～5000，受热时间不能过长，以免产品变黄。本品在储存过程中易析出片状结晶，主要与储存温度和相对分子质量有关。

四、注射用无菌粉末

(一) 概述

注射用无菌粉末又称粉针剂，临用前用灭菌注射用水溶解后注射，是一种较常用的注射剂型。依据生产工艺不同，可分为注射用无菌分装产品和注射用冷冻干燥制品。注射用无菌分装产品是将已经用灭菌溶剂法或喷雾干燥法精制而得的无菌药物粉末在无菌操作条件下直接分装于洁净灭菌的小瓶或安瓿中密封而成，常见于抗生素药品，如青霉素；注射用冷冻干燥制品是将灌装了药液的安瓿进行冷冻干燥后封口而得，常见于生物制品，如辅酶类。

注射用无菌粉末的质量除应符合《中国药典》(2015 年版)对注射用原料药物的各项规定外，还应符合下列要求：①粉末无异物，配成溶液或混悬液后可见异物检查合格；②粉末细度或结晶度应适宜，便于分装；③无菌、无热原。

(二) 注射用无菌粉末的临床应用与注意事项

1. 临床应用 适用于在水中不稳定的药物，特别是对湿热敏感的抗生素(如青霉素 G、先锋霉素类)及酶(如胰蛋白酶、辅酶 A 等)或血浆等生物制品。一般制剂稳定化技术较难得到满意的注射剂产品时，可考虑制成固体形态的注射剂。

2. 注意事项 注射用无菌粉末生产必须在无菌环境中进行，尤其是一些关键工序，如灌封等需采用较高的层流洁净措施来确保环境的洁净度。另外需严格控制原料质量、处理方法和环境。为了防止其吸潮变质，需要检查橡胶塞的密封率，若是铝盖则在压紧后进行烫蜡。

(三) 注射用无菌粉末的制备

由于多数情况下，制成粉针的药物稳定性较差，因此，粉针的制备一般没有灭菌的过程，因而对无菌操作有较严格的要求，特别在灌封等关键工序，最好采用层流洁净措施，以保证操作环境的洁净度。

1. 注射用无菌分装产品的制备 无菌分装粉针剂的生产工艺常采用直接分装法。系将精制的无菌粉末，在无菌条件下直接进行分装，目前多采用容量分装法。生产工艺流程见图 5-13。

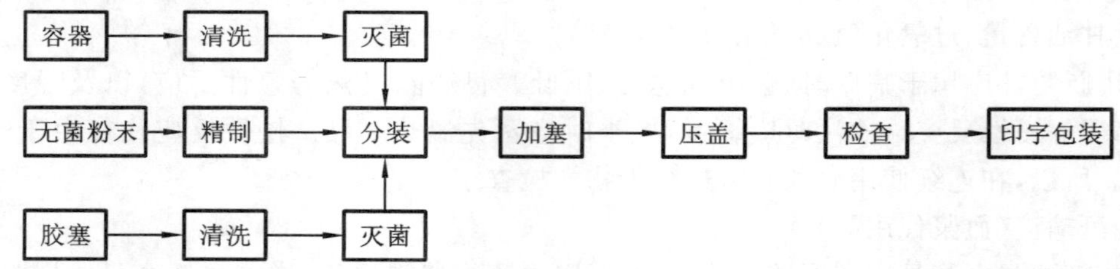

图 5-13　注射用无菌分装产品生产工艺流程(精制和分装为 100 级或局部 100 级)

1) 药物的准备

为制定合理的生产工艺，需要掌握药物的物理化学性质。主要测定：①物料的热稳定性，以确定产品最后能否进行灭菌处理；②物料的临界相对湿度，用以设计生产中分装室的相对湿度；③物料的粉末晶型与松密度，从而选择适宜的分装容器和分装机械。

无菌原料可用灭菌结晶法或喷雾干燥法制备，必要时需进行粉碎、过筛等操作，在无菌条件下制得符合注射用的无菌粉末。安瓿或玻璃瓶及胶塞的处理按注射剂的要求进行，但均需进行灭菌处理。

2) 分装

药物的分装及安瓿的封口必须在高度洁净的无菌室中按无菌操作法进行。分装后小瓶应立即加塞并用铝盖密封。分装的机械设备有插管分装机、螺旋自动分装机、真空吸粉分装机等。此外,青霉素与其他抗生素不得轮换进行分装,以防交叉污染。

3) 灭菌及异物检查

对于不耐热品种,必须严格无菌操作。对于耐热的品种,如青霉素,为确保安全,一般可按照前述条件进行补充灭菌。异物检查一般在传送带上用目检视。应从流水线上将不合格品剔除。

4) 贴签与包装　同固体制剂包装。

2. 注射用冻干制品的制备

制备冻干无菌粉末冷冻干燥前药液的配制基本与水性注射剂相同,根据冷冻干燥过程最终产品的成型方式不同,可将冻干粉针剂的工艺分为托盘冻结干燥和西林瓶冻结干燥两种。托盘冻结干燥工艺是将药物经溶解、无菌过滤后注入广口托盘内冷冻干燥,干燥品按无菌分装粉针剂的生产工艺制备。西林瓶冻结干燥的工艺流程如图 5-14。

冻干粉末的制备(以西林瓶冻结干燥工艺为例)分为药液配制、过滤、灌装、预冻、减压、升华、干燥、封口、轧盖等处理过程。

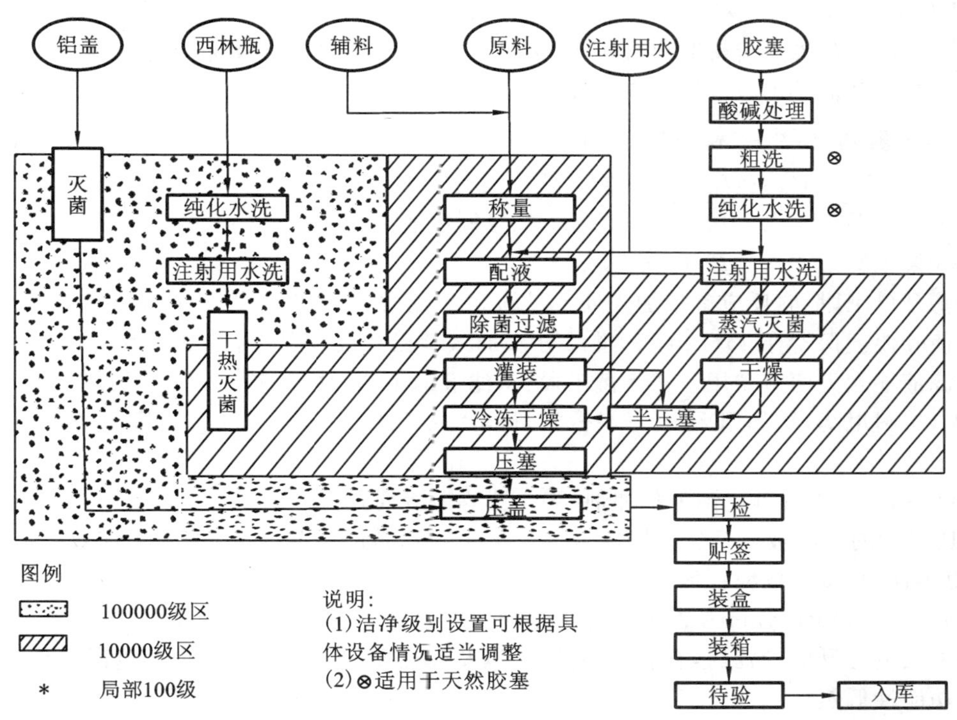

图 5-14　注射用冻干无菌粉末制品西林瓶冻结干燥工艺流程图

1) 配液、过滤和灌装　将主药和辅料溶解在适当的溶剂中,先用不同孔径的滤器对药液分级过滤,最后通过 0.22 μm 级微孔膜滤器进行除菌过滤。将已经除菌的药液灌注到容器中,并用无菌胶塞半压塞。

2) 冷冻干燥　在无菌环境中把半压塞容器转移至冻干箱内进行预冻。预冻是恒压降温过程,首先运行冻干机,药液随温度的下降冻结成固体。然后是在抽气条件下,恒压升温,使固态水升华逸去。通常采用反复冷冻升华法,通过反复升温降温处理,制品晶体的结构被改变,由致密变为疏松,有利于水分的升华。升华完成后,是再干燥过程,使温度继续升高,具体温度根据制品的性质确定,如 0 ℃或 25 ℃,并保持一段时间,可使已升华的水蒸气或残留的水分被进一步抽尽。可保证冻干制品含水量低于 1%,并有防止回潮作用。

3) 封口　冷冻干燥完毕,通过安装在冻干箱内的液压或螺杆升降装置全压塞。为此还有专门设计的橡皮塞,在分装液体后,橡皮塞被放置瓶口上,因橡皮塞下部分有一些缺口,可使水分升华逸出。

4) 轧盖　将已全压塞的制品容器移出冻干箱,用铝盖轧口密封。

(四) 注射用无菌粉末制备中常见问题与解决方法

1. 无菌分装工艺中存在的问题及解决办法

1) 装量差异　主要原因是物料流动性差,应根据具体情况分别采取措施。

2）可见异物问题　应严格控制原料质量和生产环境，防止污染。

3）无菌度问题　为解决此问题，一般都采用层流净化装置。

4）吸潮变质问题　进行胶塞密封性能的测定，选择性能好的胶塞，且压紧铝盖后瓶口要烫蜡，以防水气透入。

2. 冷冻干燥中存在的问题及解决方法

1）含水量偏高　容器内装入药液过厚，升华干燥过程中供热不足，冷凝器温度偏高或者真空度不够，都可能导致含水量偏高。可采用旋转冷冻机进行冷冻干燥，或针对以上影响因素采取相对应的方法解决。

2）喷瓶　若供热太快，受热不均或预冻不完全，则易在升华过程中使制品部分液化，在真空减压条件下产生喷瓶。为防止喷瓶，必须控制预冻温度在共熔点以下 10～20 ℃以确保冷冻完全，同时加热升华，注意温度不宜超过共熔点。

3）产品外形不饱满或萎缩　一些黏稠的药液由于结构过于致密，在冻干过程中内部水蒸气逸出不完全，冻干结束后，制品会因潮解而萎缩，遇到这种情况通常可在处方中加入适量甘露醇、氯化钠等填充剂，并采取反复预冻法，以改善制品的通气性，产品外观即可得到改善。

4）出现可见异物　注射用冷冻干燥制品生产在无菌室内进行，应加强人流、物流与工艺的管理。严格控制环境污染。有的产品重新溶解时出现可见异物，主要是原料的质量及冻干前处理工作上有问题，可通过使粉末温度不超过产品共熔点等措施来解决。

（五）典型注射用无菌粉末实例分析

例：注射用苯巴比妥钠（注射用无菌分装制品）

［处方］

苯巴比妥	1000 g	氢氧化钠	172 g
80%乙醇	26000 mL		

［制法］①开口工段：向反应釜中加入处方量的 80%乙醇，在不断搅拌下加入氢氧化钠使全溶；反应釜夹层通冷却水使其温度保持在 45～50 ℃，继续分次加入苯巴比妥使其全溶，加活性炭恒温搅拌 20 min，粗滤脱炭、精滤，滤液输入无菌室备用。②无菌工段：精滤液输至洁净反应釜中，78 ℃加热回流 1～2 h，析出结晶，冷却至室温，出料甩滤，结晶用无水乙醇洗涤，母液回收乙醇，结晶经干燥后过筛，即可供分装用。

［注解］

（1）苯巴比妥为主药，氢氧化钠为附加剂，80%乙醇为溶剂。

（2）苯巴比妥钠的水溶液放置后，易发生水解，析出苯乙基醋酰脲沉淀，即失去疗效。在游离碳酸存在时，发生沉淀更迅速，故多制成粉针剂使用。

例：注射用辅酶 A（coenzyme A 的无菌冻干制剂）

本品为体内乙酰化反应的辅酶，有利于糖、脂肪以及蛋白质的代谢。用于白细胞减少症、原发性血小板减少性紫癜及功能性低热。

［处方］

辅酶 A	56.1 U	水解明胶	5 mg
甘露醇	10 mg	葡萄糖酸钙	1 mg
半胱氨酸	0.5 mg		

［制法］将上述各成分用适量注射水溶解后，无菌过滤，分装于安瓿中，每支 0.5 mL，冷冻干燥后封口，漏气检查即得。

［注解］

（1）水解明胶、甘露醇和葡萄糖酸钙为填充剂，半胱氨酸为稳定剂。

（2）本品为静脉滴注，一次 50 U，一日 50～100 U，临用前用 5%葡萄糖注射液 500 mL 溶解后滴注。肌内注射，一次 50 U，一日 50～100 U，临用前用生理盐水 2 mL 溶解后注射。

（3）辅酶 A 为白色或微黄色粉末，有吸湿性，易溶于水，不溶于丙酮、乙醚、乙醇，易被空气、过氧化氢、碘、高锰酸盐等氧化成无活性二硫化物，故在制剂中加入半胱氨酸等，用甘露醇、水解明胶等作为赋形剂。

（4）辅酶 A 在冻干工艺中易丢失效价，故投料量应酌情增加。

五、眼用液体制剂

（一）概述

1. 眼用液体制剂的概念与分类　眼用液体制剂系指供洗眼、滴眼或眼内注射用以治疗或诊断眼部疾病的液体制剂。以水溶液为主，少数为混悬液或油溶液。

作用于眼的药物多采用局部给药，药物溶液滴入结膜囊内后主要经过角膜和结膜两条途径吸收。一般认为，常用的滴入方法，使大部分药物在结膜的下穹隆中，借助毛细血管、扩散或眨眼等进入角膜前的薄膜层，渗入角膜。当滴入给药吸收太慢时，可将其注射入结膜下或眼角后的眼球囊(特农氏囊)，药物可通过虹膜进入眼内，对睫状体、脉络膜和视网膜起作用。若将药物注射于球后，则药物进入眼后段，对球后神经及其他结构起作用。

眼用液体药剂按用法不同可分为滴眼剂、洗眼剂和眼用注射剂三类。本书以滴眼剂为主进行介绍。

1) 滴眼剂　滴眼剂系指将药物制成供滴眼用的水性、油性澄明溶液和水性混悬液。滴眼剂主要发挥局部治疗作用，有的也可发挥全身治疗作用。如氯霉素滴眼液、醋酸氢化可的松滴眼液等。

2) 洗眼剂　供冲洗眼部异物或分泌液、中和外来化学物质的眼用灭菌液体制剂，如 2%硼酸溶液、生理盐水等。

3) 眼用注射剂　供眼周围组织或眼内注射用的无菌液体制剂。可用于球结膜下、筋膜下、球后、前房、玻璃体内注射等局部给药，以提高眼内的药物浓度，增加疗效。

2. 滴眼剂的质量要求　滴眼剂的质量要求类似注射剂。《中国药典》(2015 年版)规定，滴眼剂应符合下列要求。

1) 无菌　供角膜创伤或手术用的滴眼剂，必须无菌，以无菌操作法制成单剂量制剂，且不得加抑菌剂；其他用途的滴眼剂，为多剂量滴眼剂，必须加抑菌剂，不得检出铜绿假单胞菌和金黄色葡萄球菌。

2) 可见异物　滴眼剂应为澄明的溶液，要求比注射剂稍低；肉眼观察应无玻璃屑、较大纤维和其他不溶性异物。混悬液型滴眼剂不得有超过 50 μm 直径的粒子，15 μm 以下的颗粒不得少于 90%。

3) pH 值　pH 值不当可引起刺激性，增加泪液的分泌，导致药物流失，甚至损伤角膜。应控制在5.0～9.0 之间。

4) 渗透压　应尽量与泪液相近，但一般能适应相当于浓度为 0.5%～1.6%的氯化钠溶液。

5) 稳定性　应具有一定的稳定性，可加入适宜的稳定剂以保证在使用期限内的稳定。

6) 黏度　以 4.0～5.0 Pa·s 为宜，适当大的黏度使滴眼液在眼内停留时间延长，并减少刺激性。

3. 滴眼剂的原、辅料　滴眼剂的原、辅料包括原料、溶剂和附加剂。

1) 滴眼剂的原料　无杂质、纯度高，最好用注射用原料，或在使用前进行精制，使所用原料应符合注射用标准。

2) 滴眼剂的溶剂　注射用水必须符合《中国药典》(2015 年版)对注射用水的质量要求；注射用非水溶剂必须符合注射用标准，一般用花生油、芝麻油、橄榄油、蓖麻油等。

3) 滴眼剂的附加剂　设计滴眼剂处方时，在考虑发挥滴眼剂的最佳疗效时，也要考虑减少滴眼剂的刺激性，因此必要时可添加附加剂，但选用的附加剂的品种与用量应符合《中国药典》(2015 年版)标准，常用的附加剂见表 5-5，根据需要，滴眼剂还可以添加抗氧化剂、增溶剂、助溶剂等附加剂。

表 5-5　常用滴眼剂的附加剂

类　别	举　例
pH 值调整剂	巴氏硼酸盐缓冲液、硼酸缓冲液、沙氏磷酸盐缓冲液
抑菌剂	硝酸苯汞、硫柳汞、苯扎氯铵、苯扎溴铵、氯己定(洗必泰)、对羟基苯甲酸甲酯、乙酯、丙酯、山梨酸、三氯叔丁醇
渗透压调节剂	氯化钠、葡萄糖、硼酸
助悬剂与增稠剂	甲基纤维素、羟丙甲纤维素(HPMC)、羧甲基纤维素、聚乙烯醇(PVA)

(二) 滴眼剂的临床应用与注意事项

1. 临床应用

(1) 尽量单独使用一种滴眼剂，若有需要，间隔 10 min 以上再使用另一种滴眼剂。若同时使用眼膏剂和滴眼剂，需先使用滴眼剂。

(2) 滴眼剂主要用于治疗眼部疾病，如：氯霉素滴眼液主要用于结膜炎、沙眼、角膜炎等眼部感染；人工泪液主要用于干燥综合征患者，起滋润眼睛的作用。

(3) 眼用制剂应一人一用。

2. 注意事项

(1) 使用滴眼剂前后需要清洁双手，并将眼内分泌物和部分泪液用已消毒棉签拭去，从而避免减少药物浓度。

(2) 眼用半固体制剂涂布之后需按摩眼球以便药物扩散。

(3) 使用滴眼剂时需轻压泪囊区，以减少药物引发的全身效应。

(4) 使用混悬滴眼剂前需充分混匀。

(5) 制剂性状发生改变时禁止使用。

(三) 滴眼剂的制备

滴眼剂生产工艺流程如图 5-15 所示。

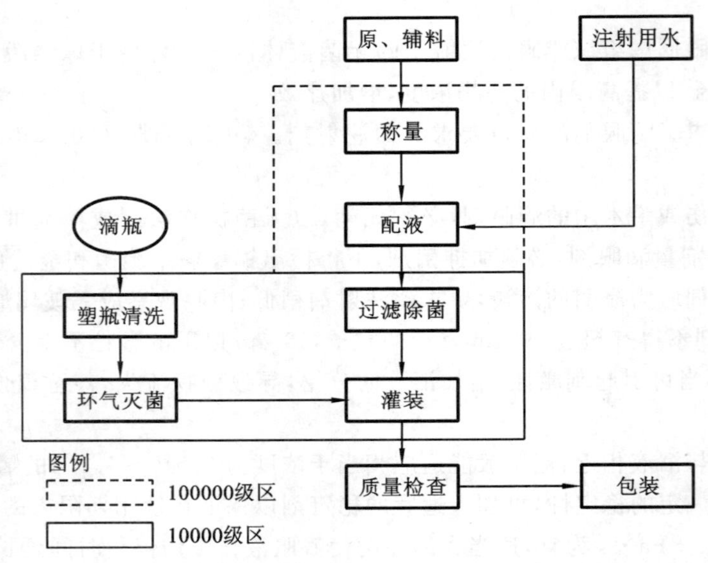

图 5-15 滴眼剂生产工艺流程

滴眼剂的制备与注射剂基本相同。药物性质稳定者一般在无菌环境中配制、分装，可加抑菌剂。包装容器为可直接滴药的塑料瓶，最终产品根据主药的热耐受性决定是否采用热压灭菌法补充灭菌；用于眼部手术或眼外伤的滴眼剂按小容量注射剂生产工艺进行操作，单剂量包装，保证完全无菌，不加抑菌剂或缓冲剂。洗眼液用输液瓶包装，按输液工艺制备。滴眼剂的具体制备过程如下。

1. 容器的处理 滴眼剂有塑料瓶和玻璃瓶两种包装形式，洗涤和灭菌方法亦不同。

大多数滴眼剂采用塑料瓶包装。塑料滴眼瓶系用聚烯烃塑料经吹塑制成，当时封口，不易污染。塑料瓶的洗涤可按如下法进行：切开封口，按安瓿洗涤法处理，然后用环氧乙烷气体灭菌，避菌保存备用。有些药厂在同一洁净度环境中自己生产塑料瓶，以减轻容器清洗、干燥、灭菌等处理工序的负担。玻璃滴眼瓶一般用于易氧化药物的滴眼剂，一般为中性玻璃瓶，以橡胶帽塞、铝盖密封，并配有滴管。玻璃滴眼瓶、塞的洗涤灭菌方法与小容量注射剂容器的洗涤灭菌方法相同，用前再用纯化水及新鲜的注射用水洗净。

2. 配制 眼用溶液的配制可采用稀配法，即将药物与附加剂加入所需要的溶剂中，一次配成所需要的浓度。现多采用浓配法，即将药物、附加剂依次加入适量溶剂中溶解，配成浓溶液，必要时可加 0.05%～0.3%药用活性炭加热过滤，加溶剂至全量，此法适用于需加热助溶的滴眼剂。

眼用混悬液的配制，可先将药物微粉化处理后灭菌，另取表面活性剂、助悬剂与适量注射用水配成黏稠液，再与主药用乳匀机搅匀，添加注射用水至全量。

配制完成后，要进行半成品检验，包括 pH 值、含量等，合格后才能过滤、灭菌、分装。

3. 过滤 滴眼剂的过滤与注射剂过滤操作几乎相同，经滤棒、垂熔玻璃滤球与膜滤器三级过滤至澄明。如需除菌过滤，滤膜宜选用 0.22～0.45 μm 孔径，如工艺仅要求单纯除去异物时，滤膜可选用 0.8 μm 孔径。

4. 无菌灌装 滴眼剂生产中药液的灌装方法大多采用减压灌装。将已洗净灭菌的滴眼空瓶瓶口向下，排列在一平底盘中，将盘放入真空箱内，由管道将药液从储液瓶定量地放入盘中(稍多于实际灌装量)，密闭箱门，抽气并调节真空度，即可调节灌装量，瓶中空气从液面下的小口逸出，然后通入洁净空气，恢复常压，药液即灌入滴眼瓶中，取出盘子，立刻封口即可。一般滴眼剂，每一容器的装量，除另有规定外应为 5～8 mL，不应超过 10 mL。

5. 质量检查 检查可见异物、粒度、沉降体积比、无菌、微生物限度等。

（四）典型眼用液体制剂实例分析

例：醋酸可的松滴眼液（混悬液）

本品用于治疗急性和亚急性虹膜炎、交感性眼炎、小泡性角膜炎、角膜炎等。

［处方］				
	醋酸可的松（微晶）	5.0 g	吐温 80	0.8 g
	硝酸苯汞	0.02 g	硼酸	20.0 g
	羧甲基纤维素钠	2.0 g	注射用水	加至 1000 mL

［制法］ 取硝酸苯汞溶于处方量 50%的注射月水中，加热至 40～50 ℃，加入硼酸、吐温 80 使溶解，用 3 号垂熔玻璃滤器滤过备用；另将羧甲基纤维素钠溶于处方量 30%的注射用水中，用垫有 200 目尼龙布的布氏漏斗滤过，加热至 80～90 ℃，加醋酸可的松微晶搅匀，保温 30 min，冷至 40～50 ℃，再与硝酸苯汞溶液合并，加注射用水至全量，200 目尼龙筛滤过两次，在搅拌下分装，封口，100 ℃流通蒸气灭菌 30 min 即得。

［注解］

(1) 醋酸可的松微晶的粒径应在 5～20μm 之间，过粗易产生刺激性，降低疗效，损伤角膜。

(2) 羧甲基纤维素钠为助悬剂，配液前需精制；硝酸苯汞为抑菌剂；硼酸为等渗调节剂，因氯化钠能使羧甲基纤维素钠黏度显著下降，促使结块沉降，故不能使用。使用 2%的硼酸既能克服降低黏度的缺点，又能减轻药液对眼黏膜的刺激性。本品 pH 值为 4.5～7.0。

(3) 灭菌过程中应振摇，以防止结块，或采用旋转灭菌设备，灭菌前后均应检查有无结块。

例：氯霉素滴眼液

本品用于治疗砂眼、急慢性结膜炎、眼睑缘炎、角膜溃烂、麦粒肿、角膜炎等。

［处方］				
	氯霉素	0.25 g	氯化钠	0.9 g
	尼泊金甲酯	0.023 g	尼泊金丙酯	0.011 g
	蒸馏水	加至 100 mL		

［制法］ 取尼泊金甲酯、尼泊金丙酯，加沸蒸馏水溶解，于 60 ℃时溶入氯霉素和氯化钠，过滤，加蒸馏水至足量，灌装，100 ℃灭菌 30 min。

［注解］

(1) 氯霉素对热稳定，配液时加热以加速溶解，用 100 ℃流通蒸汽灭菌。

(2) 处方中可加硼砂、硼酸作缓冲剂，亦可调节渗透压，同时还可增加氯霉素的溶解度，但此处不如用生理盐水为溶剂者更稳定及刺激性小。

例：人工泪液

本品能代替或补充泪液、湿润眼球。用于治疗无泪液患者及干燥性角膜炎、结膜炎。

［处方］				
	羟丙基甲基纤维素	3.0 g	氯化钾	3.7 g
	氯化苯甲烃铵溶液	0.2 mL	氯化钠	4.5 g
	硼酸	1.9 g	硼砂	1.9 g
	蒸馏水	加至 1000 mL		

［制法］ 称取羟丙基甲基纤维素溶于适量蒸馏水中，依次加入硼砂、硼酸、氯化钾、氯化钠、氯化苯甲烃铵溶液，再添加蒸馏水至全量，搅匀，过滤，滤液灌装于滴眼瓶中，密封，于 100 ℃流通蒸汽灭菌 30 min 即得。

［注解］

(1) 研究表明，羟丙基甲基纤维素溶液具有澄明度好，用于眼药水较甲基纤维素等更理想。

(2) 羟丙基甲基纤维素(4500)宜用 2%溶液，在 20 ℃时黏度为 3750～5250 Pa·s 者。

(3) 处方中的氯化苯甲烃铵溶液系氯化苯甲烃铵的 50%水溶液。

例：依地酸二钠洗眼液

本品含依地酸二钠（乙二胺四乙酸二钠）应为 0.38%～0.42%(g/mL)。本品能络合多种金属离子，用于治疗石灰烧伤、角膜钙质沉着及角膜变性等。

［处方］ 依地酸二钠 4 g 注射用水 加至 1000 mL

［制法］ 取依地酸二钠溶于适量注射用水中，用氢氧化钠液(0.1 mol/L)或 0.1%碳酸氢钠溶液将 pH 值调节至 7～8，加注射用水至 1000 mL，搅匀，过滤，灌封，115 ℃灭菌 30 min，即得无色澄明液体。

［注解］

(1) 依地酸二钠为一种氨羧络合剂，性质稳定，能与多种金属离子络合，生成稳定的可溶性络合物。眼科局部作用治疗因石灰烧伤而引起的钙质沉着的角膜混浊。用本品冲洗眼睛 15 min 后可显示出溶解钙质的作用。但可引起暂时性轻度角膜和结膜水肿及虹膜充血。当碱性烧伤或角膜溃疡时，组织产生胶原质酶，溶解角膜实质层的胶原组织，而使组织破坏或使溃疡扩展。依地酸二钠有抑制胶原质酶作用，从而可控制病情发展。碳酸氢钠起调节 pH 值的作用。

(2) 依地酸二钠的水溶液显酸性，pH 值为 5.3，须加碱调节至规定 pH 值。

(3) 本品在配制和储存过程中禁止与金属器皿接触。

拓展知识

六、植入剂

(一) 概述

植入剂系指将药物与辅料制成的供植入体内的无菌固体制剂。植入剂一般采用特制的注射器植入，也可以用手术切开植入。植入剂释放的药物经皮下吸收直接进入血液循环起全身作用，避开首过效应，生物利用度高。本系统给药后作用时间较长，但需医生进行植入和取出。

植入剂是缓控释制剂的一个重要组成部分，因其具有使药物生物活性增强、药物作用时间延长、生物利用度提高等特点，越来越被行业所重视，研发种类也越来越多，应用范围也越来越广。已经扩大到各类疾病的治疗。如肿瘤、心血管、胰岛素、眼科等方面的治疗。植入剂可分为植入泵、高分子聚合物植入系统及可降解型注射式原位植入给药系统；根据药物释放的机制和药物在体内的过程，可分为植入缓释剂和植入控释剂两类。

(二) 植入剂的临床应用与注意事项

1. 临床应用 主要用于抗肿瘤药、胰岛素给药、激素给药、心血管疾病的治疗、眼部用药以及抗成瘾性等。如氟尿嘧啶植入剂用于食管癌、结肠癌、直肠癌和胃癌等；醋酸戈舍瑞林缓释植入剂主要用于治疗前列腺癌、乳腺癌和子宫内膜异位症。

2. 注意事项 若植入剂的材料没有较好的降解性，容易引起炎症反应，需进行手术取出，导致患者的顺应性较差。若植入剂移位会导致难以取出。若使用不当还可能出现多聚物的毒性反应。

(三) 典型植入剂实例分析

例：地塞米松植入剂

本品常用于白内障摘除并植入人工晶体后引起的术后眼内炎症。

［处方］	醋酸地塞米松	30 份
	聚 D-乳酸(数均相对分子质量 9000)	58 份
	聚乙二醇(数均相对分子质量 1000)	12 份

［注解］ 醋酸地塞米松是一种难溶性药物，聚 D-乳酸是骨架材料，聚乙二醇作为改良剂，起到促溶、致孔、增塑、润滑、增强、增韧等作用。本品的内外包装只允许在临用前，且在无菌手术室内方可拆开。

［注解］ 喃氟啶聚甲基丙烯酸羟乙酯［P-(HEMA)］-胶原蛋白缓释植入剂是将喃氟啶包裹于 P-(HEMA)中，以植入的方式提高喃氟啶的局部药物浓度和延长有效血药浓度时间，以达到杀伤癌细胞的最佳效果。

七、冲洗剂

(一) 概述

冲洗剂是指用于冲洗开放性伤口或腔体的无菌制剂。

冲洗剂的质量要求如下。

(1) 冲洗剂应无毒、无局部刺激性、无菌。

(2) 冲洗剂可由药物、电解质或等渗调节剂溶解在注射用水中制成,也可以为注射用水,标签注明为供冲洗用。通常冲洗剂应调节至等渗。冲洗剂在适宜条件下目测应澄清。冲洗剂容器应符合注射剂容器的规定。

(3) 除另有规定外,冲洗剂应严封储存。

(二) 冲洗剂的临床应用与注意事项

1. 临床应用 主要用于冲洗开放性伤口或腔体,如鼻腔冲洗剂可用于慢性鼻窦炎,鼻腔肿瘤放、化疗后的清洗,各种鼻炎引发的鼻塞、分泌物过多等的鼻腔冲洗。如妇炎洁可以起到消炎、杀菌和清洁作用。

2. 注意事项 冲洗剂应为等渗、无菌溶液,生产时需注意灭菌。冲洗剂不能用于注射,并注明该制剂仅能使用1次,开启后应立即使用,未用完的均应弃去。大体积的灌肠剂用前应将药液热至体温。

(三) 典型冲洗剂实例分析

例:伤口消炎冲洗剂

本品消炎生肌,用于体外创伤、伤口感染、烫伤、烧伤、疥疮溃疡、缝合后的伤口外洗,可防止伤口感染、促进愈合。

[处方] 七叶一枝花 10份 白芨 2份 千里光 25份
一扫光 5份 冰片 10份

[注解] 七叶一枝花清热解毒、消肿止痛,息风定惊。白芨主治痈肿、恶疮、败疽。千里光清热、解毒、杀虫、明目。一扫光祛风除湿、清热解毒、止痒。冰片开窍醒神、清热止痛。

八、烧伤及严重创伤用外用制剂

(一) 烧伤及严重创伤用溶液剂、软膏剂

用于烧伤部位的溶液剂和软膏剂属于灭菌制剂,必须在无菌条件下制备,注意防止微生物污染,所用的基质、药物、器具、包装等均应严格灭菌。成品中不得检出金黄色葡萄球菌和铜绿假单胞菌。对于伤口、眼部手术用的溶液和软膏剂的无菌检查,按照《中国药典》(2015年版)通则无菌检查法检查,应符合规定。其微生物限度检查也应符合规定。

硼酸溶液为消毒防腐剂,抑菌作用弱,无刺激性。用于皮肤、黏膜及伤口的消毒。也可用于渗出性皮肤湿疹、急性皮炎及压疮等的清洗或湿敷。

(二) 烧伤及严重创伤用气雾剂、粉雾剂

粉雾剂、气雾剂可用于保护创面(如烧伤面)、清洁消毒、局部麻醉和止血等。用途不同,其要求亦不相同,用于创面保护和治疗的气雾剂,必须无刺激性,防止吸收中毒,有利于创面修复、抗菌且具有良好的透气性,如灼伤涂膜气雾剂。

(三) 烧伤及严重创伤用外用制剂的临床应用与注意事项

1. 临床应用 主要用于烧伤及严重外伤。例如10%聚维酮碘软膏主要用于治疗烧伤。

2. 注意事项 用于烧伤及外伤的溶液剂和软膏剂必须无菌,而气雾剂必须无刺激性。

知识链接

其他无菌制剂——手术用制剂

1. 止血海绵 海绵剂(spongia,sponge)系指亲水性胶体溶液,经冷冻或其他方法处理后制得的质轻、疏松、坚韧而又具有极强的吸湿性能的海绵状固体灭菌制剂。海绵剂的原料有糖类和蛋白质,如淀粉、明胶、纤维素、蛋白等。海绵剂主要用于外伤止血,故属于灭菌制剂范畴。止血海绵临用前自乙醇中取出,挤去乙醇,浸于灭菌温热生理盐水中洗净,然后用灭菌纱布吸干。应用时先用灭菌纱布将出血面吸干,立即用海绵覆盖,另用纱布在海绵上均匀轻压,使其不移动,即可止血。

2. 骨蜡 本品为骨科止血剂,用于骨科手术及脑手术时骨出血的止血。在无菌状况下密封保存于玻璃瓶或铁盒中。使用时,用75%乙醇及生理盐水冲洗出血部位,加热软化本品,涂于骨上渗

血处。

3. 硫酸鱼精蛋白注射液　硫酸鱼精蛋白注射液是从深海鱼类精巢中分离出的一种抗肝素生物制剂，是在心脏外科体外循环手术中必须用到的医药用生物蛋白胶的组成成分：鱼精蛋白是从鱼类新鲜成熟精子中提取的一种碱性蛋白质的硫酸盐，用于因注射肝素过量所引起的出血，尤其对于心脏手术中采用了体外循环的患者而言，术后必须使用，且无其他药品可替代。血液疾病类止血药和抗肝素药，用于因注射肝素过量所引起的出血。

注射剂的等渗与等张调节

一、注射剂的等渗调节

（一）等渗溶液的含义

等渗溶液(isoosmotic solution)属于物理化学概念，临床上等渗溶液系指与血浆、泪液等体液渗透压相等的溶液。

（二）渗透压的测定与调节

两种不同浓度的溶液被一理想的半透膜隔开，由于溶剂分子可通过半透膜，而溶质分子不能通过半透膜，溶剂从低浓度一侧向高浓度一侧转移，此动力即为渗透压，溶液中质点数相等者为等渗。0.9%的氯化钠溶液、5%的葡萄糖溶液与血浆具有相同的渗透压，为等渗溶液。除甘露醇等临床特殊要求具有较高渗透压的输液外，一般输液都要求具有等渗性。

人体可耐受的渗透压，肌内注射为0.45%～2.7%的氯化钠溶液的渗透压，相当于0.5～3倍等渗浓度的溶液。静脉滴注的大输液，若大量输入低渗溶液，水分子可迅速进入红细胞内，使红细胞破裂而发生溶血。若输入大量高渗溶液，红细胞可皱缩而形成血栓。若输入缓慢且量不大，机体可自行调节，不致产生不良反应。按我国相关规定，对静脉输液、营养液、电解质或渗透利尿药(如甘露醇注射液)，应在标签上注明溶液的渗透压摩尔浓度，以供临床医生参考。一些药物水溶液的冰点降低值与氯化钠等渗当量见表5-6。

表5-6　一些药物水溶液的冰点降低值与氯化钠等渗当量

名　称	1%水溶液(kg/L)冰点降低值/℃	1 g药物氯化钠等渗当量(*E*)	等渗浓度溶液的溶血情况		
			浓度/(%)	溶血/(%)	pH值
硼酸	0.28	0.47	1.9	100	4.6
盐酸乙基吗啡	0.19	0.15	6.18	38	4.7
硫酸阿托品	0.08	0.1	8.85	0	5.0
盐酸可卡因	0.09	0.14	6.33	47	4.4
氯霉素	0.06	—	—	—	—
依地酸钙钠	0.12	0.21	4.50	0	6.1
盐酸麻黄碱	0.16	0.28	3.2	96	5.9
无水葡萄糖	0.10	0.18	5.05	0	6.0
葡萄糖(含H_2O)	0.091	0.16	5.51	0	5.9
氢溴酸后马托品	0.097	0.17	5.67	92	5.0
盐酸吗啡	0.086	0.15	—	—	—

续表

名　称	1%水溶液(kg/L)冰点降低值/℃	1 g 药物氯化钠等渗当量(E)	等渗浓度溶液的溶血情况		
			浓度/(%)	溶血/(%)	pH 值
碳酸氢钠	0.381	0.65	1.39	0	8.3
氯化钠	0.58	—	0.9	0	6.7
青霉素 G 钾	—	0.16	5.48	0	6.2
硝酸毛果芸香碱	0.133	0.22	—	—	—
吐温 80	0.01	0.02	—	—	—
盐酸普鲁卡因	0.12	0.18	5.05	91	5.6
盐酸丁卡因	0.109	0.18	—	—	—

等渗调节计算方法如下。

1）冰点下降数据法

人的血浆与泪液的冰点均为－0.52 ℃，根据物理化学原理，任何溶液其冰点降至－0.52 ℃，即与血浆等渗，计算公式见式(5-1)。

$$W/(\mathrm{g}/100\ \mathrm{mL}) = \frac{0.52 - a}{b} \tag{5-1}$$

式中：W 为配制 100 mL 等渗溶液需加等渗调节剂的量(g)；a 为未调节的药物溶液的冰点下降度数(℃)，若溶液中含有两种或两种以上的物质时，则 a 为各物质冰点降低值的总和，b 为 1%(g/mL)等渗调节剂的冰点下降度数(℃)。

实例解析

等渗调节计算(冰点下降数据法)

例：1%氯化钠的冰点下降度数为 0.58，血浆的冰点下降度数为 0.52 ℃，求等渗氯化钠溶液的浓度。

已知 $b=0.58$，纯水 $a=0$，按式计算得 $W=0.9\%$，即 0.9%氯化钠为等渗溶液，配制 100 mL 氯化钠溶液需用 0.9 g 氯化钠。

例：配制 2%盐酸普鲁卡因溶液 100 mL，用氯化钠调节等渗，求所需氯化钠的加入量。

由表 5-6 可知：2%盐酸普鲁卡因溶液的冰点下降度数(a)为 0.12×2＝0.24，1%氯化钠溶液的冰点下降度数(b)为 0.58，代入上式得：

$W=(0.52-0.24)/0.58=0.48\%$，即配制 2%盐酸普鲁卡因溶液 100 mL 需加入氯化钠 0.48 g。

2）氯化钠等渗当量法

与 1 g 药物呈等渗效应的氯化钠量称为氯化钠等渗当量，用 E 表示，可按式(5-2)计算：

$$X = 0.009V - EW \tag{5-2}$$

式中：X 为配成 V mL 的等渗溶液需加的氯化钠量(g)；V 为欲配制溶液的体积(mL)；E 为药物的氯化钠等渗当量(可查表或测定)；W 为配液用药物的重量(g)。

实例解析

等渗调节计算(氯化钠等渗当量法)

例：配制 1000 mL 葡萄糖等渗溶液，需加无水葡萄糖多少 g(W)?

查表 5-6 可知，1 g 无水葡萄糖的氯化钠等渗当量为 0.18，根据 0.9%氯化钠为等渗溶液，因此：$W=(0.9/0.18)\times1000/100\ \mathrm{g}=50\ \mathrm{g}$，即 5%无水葡萄糖溶液为等渗溶液。

例：配制2%盐酸麻黄碱溶液200 mL，欲使其等渗，需加入多少g氯化钠或无水葡萄糖？

由表5-6可知，1 g盐酸麻黄碱的氯化钠等渗当量为0.28，无水葡萄糖的氯化钠等渗当量为0.18。

设所需加入的氯化钠和葡萄糖量分别为X和Y。

$$X=(0.9-0.28\times 2)\times 200/100\ \text{g}=0.68\ \text{g}$$

$$Y=0.68/0.18\ \text{g}=3.78\ \text{g} \quad 或 \quad Y=(5\%/0.9\%)\times 0.68\ \text{g}=3.78\ \text{g}$$

二、注射剂的等张调节

（一）等张溶液的含义

等张溶液（isotonic solution）属于生物学概念，临床上等张溶液系指渗透压与红细胞膜张力相等的溶液。

（二）等张调节

有一些药物如盐酸普鲁卡因、甘油、丙二醇等，即使根据等渗浓度计算出来而配制的等渗溶液注入体内，还会发生不同程度的溶血现象。因为等渗概念是从物理化学的依数性出发考虑的，即半透膜两边的粒子数相等，则渗透压相等，但对生物体的细胞膜来说，尚应考虑生物因素。红细胞对它们来说并不是一理想的半透膜，它们能迅速自由地通过细胞膜，同时促使膜外的水分进入细胞，从而使得红细胞胀大破裂而溶血。这类溶液虽是等渗溶液但不是等张溶液。一般需加入氯化钠、葡萄糖等等渗调节剂，常可得到等张溶液。如2.6%的甘油与0.9%的氯化钠具有相同渗透压，但它100%溶血，如果制成10%甘油、4.6%木糖醇、0.9%氯化钠的复方甘油注射液，实验表明不产生溶血现象，红细胞也不胀大变形。

由于等渗和等张溶液定义不同，等渗溶液不一定等张，等张溶液亦不一定等渗。因此在新产品的试制中，即使所配制的溶液为等渗溶液，为安全用药，亦应进行溶血试验，必要时加入葡萄糖、氯化钠等等渗调节剂调节成等张溶液。

项目小结

教学提纲		主要内容简述
一级	二级	
一、概述	（一）灭菌与无菌制剂概述	灭菌与无菌制剂的概念；无菌制剂的分类
	（二）医药工业洁净室与空气净化技术	洁净室的洁净度等级；洁净室的净化管理；空气净化技术
二、注射剂	（一）概述	注射剂的概念、分类、特点、质量要求
	（二）注射剂的常用溶剂	注射用原料；注射用溶剂（注射用水、注射用油、其他注射用非水溶剂）
	（三）注射剂的常用附加剂	注射剂的常用附加剂（缓冲剂、增溶剂、抑菌剂、等渗调节剂、局麻剂、抗氧化剂）
	（四）热原	热原的含义与性质、去除方法
	（五）注射剂的临床应用与注意事项	注射剂的临床应用；注射剂的注意事项
	（六）注射剂的制备	注射用水的制备（原水处理、注射用水的制备）；注射剂的制备（原、辅料的准备，常用注射剂容器的处理，注射剂的配制与过滤，注射剂的灌封，注射剂的灭菌、检漏）；注射剂的印字与包装
	（七）典型注射剂实例分析	维生素B_2注射液、板蓝根注射液、柴胡注射液

续表

教学提纲		主要内容简述
一级	二级	
三、输液	(一)概述	输液的概念、分类、质量要求
	(二)输液的临床应用与注意事项	临床应用、注意事项
	(三)输液的制备	输液容器及其他包装材料的处理;输液的配制和滤过;输液的灌封和灭菌
	(四)输液主要存在的问题及解决办法	输液剂生产中存在的问题及解决办法、可见异物与微粒问题及解决办法
	(五)输液的包装与储存	包装容器、贴签、装箱
	(六)典型输液实例分析	葡萄糖输液、静脉注射用脂肪乳、右旋糖酐输液
四、注射用无菌粉末	(一)概述	概念、分类、质量要求
	(二)注射用无菌粉末的临床应用与注意事项	临床应用、注意事项
	(三)注射用无菌粉末的制备	注射用无菌分装产品的制备(药物的准备,分装,灭菌及异物检查,贴签与包装);注射用冻干制品的制备(配液、过滤和灌装,冷冻干燥,封口,轧盖)
	(四)注射用无菌粉末制备中常见问题及解决方法	无菌分装工艺中存在的问题及解决办法;冷冻干燥中存在的问题及解决办法
	(五)典型注射用无菌粉末实例分析	注射用苯巴比妥钠;注射用辅酶 A
五、眼用液体制剂	(一)概述	概念,分类;质量要求;原、辅料
	(二)滴眼剂的临床应用与注意事项	临床应用、注意事项
	(三)滴眼剂的制备	滴眼剂的生产工艺流程;容器的处理;配制;过滤;无菌灌装;质量检查
	(四)典型眼用液体制剂实例分析	醋酸可的松滴眼液;氯霉素滴眼液;人工泪液;依地酸二钠洗眼液
六、植入剂	(一)概述	概念、特点、分类
	(二)植入剂的临床应用与注意事项	临床应用、注意事项
	(三)典型植入剂实例分析	地塞米松植入剂
七、冲洗剂	(一)概述	概念、质量要求
	(二)冲洗剂的临床应用与注意事项	临床应用、注意事项
	(三)典型冲洗剂实例分析	伤口消炎冲洗剂
八、烧伤及严重创伤用外用制剂	(一)烧伤及严重创伤用溶液剂、软膏剂	质量要求
	(二)烧伤及严重创伤用气雾剂、粉雾剂	质量要求
	(三)烧伤及严重创伤用外用制剂的临床应用与注意事项	临床应用、注意事项

达标检测题

一、选择题

(一) 单项选择题

1. 下列有关注射剂的叙述哪一项是错误的?( )

A. 注射剂均为澄明液体,必须热压灭菌　　B. 适用于不宜口服的药物

C. 适用于不能口服给药的患者　　D. 疗效确切可靠,起效迅速

E. 产生局部定位及靶向给药作用

2. 下列关于注射用水的叙述哪条是错误的？（　　）

A. 应为无色的澄明溶液，不含热原

B. 经过灭菌处理的纯化水

C. 本品应采用带有无菌滤过装置的密闭系统收集，制备后 12 h 内使用

D. 采用 80 ℃以上保温、65 ℃保温循环或 4 ℃以下无菌状态下存放

E. 注射用水为配制注射剂用的溶剂，多为蒸馏水或去离子水经蒸馏所得的水

3. 将青霉素钾制为粉针剂的目的是(　　)。

A. 免除微生物污染　　B. 防止水解　　C. 防止氧化分解

D. 易于保存　　E. 便于携带

4. 热原的主要成分是(　　)。

A. 蛋白质　　B. 胆固醇　　C. 脂多糖　　D. 磷脂　　E. 脂肪酸

5. 配制注射剂的环境区域划分哪一条是正确的？（　　）

A. 精滤、灌装、封口、灭菌为洁净区　　B. 配液、粗滤、蒸馏、注射用水为控制区

C. 配液、粗滤、灭菌、灯检为控制区　　D. 精滤、灌封、封口、灭菌为洁净区

E. 配制、精滤、灌封、灯检为洁净区

6. 垂熔玻璃滤器使用后用水抽洗，然后用下面哪一种洗液浸泡为好？（　　）

A. 重铬酸钾-浓硫酸溶液　　B. 硝酸钠-浓硫酸溶液　　C. 硝酸钾-浓硫酸溶液

D. 浓硫酸溶液　　E. 30% H_2O_2 溶液

7. 下列给药途径中存在吸收过程的是(　　)。

A. 肌内注射　　B. 静脉滴注　　C. 静脉注射

D. 先静脉注射，后静脉滴注　　E. 动脉注射

8. (　　)为配制注射剂用的溶剂。

A. 灭菌蒸馏水　　B. 注射用水　　C. 纯化水　　D. 灭菌注射用水　　E. 制药用水

9. 对热原性质的叙述正确的是(　　)。

A. 溶于水，不耐热　　B. 溶于水，有挥发性　　C. 耐热，不挥发

D. 可耐受强酸、强碱　　E. 不挥发，不被吸附

10. 不属于注射剂附加剂的是(　　)。

A. 矫味剂　　B. 乳化剂　　C. 助悬剂　　D. 抑菌剂　　E. pH 值调节剂

11. 注射液中加入焦亚硫酸钠的作用是(　　)。

A. 抑菌　　B. 抗氧化　　C. 止痛　　D. 乳化　　E. 调 pH 值

12. 滴眼剂的质量要求中，与注射剂不同的是(　　)。

A. 无菌　　B. 有一定的 pH 值　　C. 与泪液等渗

D. 无热原　　E. 可见异物符合要求

13. 某含钙注射剂中为防止氧化通入的气体应该是(　　)。

A. O_2　　B. H_2　　C. CO_2　　D. N_2　　E. 空气

14. 滴眼剂允许的 pH 值范围为(　　)。

A. 6～8　　B. 5～9　　C. 4～9　　D. 5～10　　E. 4～8

15. 一般注射剂的 pH 值范围应为(　　)。

A. 3～8　　B. 3～10　　C. 4～9　　D. 5～9　　E. 4～10

16. 活性炭吸附力最强时，所需 pH 值范围为(　　)。

A. 4～6　　B. 3～5　　C. 5～5.5　　D. 5～6　　E. 7.8～8

17. 注射剂灭菌后应立即检查(　　)。

A. 热原　　B. 漏气　　C. 可见异物　　D. pH 值　　E. 含量

18. 灭菌后的安瓿存放柜应有净化空气保护，安瓿存放时间不应超过(　　)。

A. 4 h　　B. 8 h　　C. 12 h　　D. 24 h　　E. 16 h

（二）配伍选择题

题 1～5

A. 皮下注射剂　B. 皮内注射剂　C. 肌内注射剂　D. 静脉注射剂　E. 脊椎腔注射剂

1. 注射于真皮和肌肉之间的软组织内，剂量为 1～2 mL 的是(　　)。
2. (　　)多为水溶液，剂量可达几百毫升。
3. (　　)主要用于皮试，剂量在 0.2 mL 以下。
4. (　　)可为水溶液、油溶液、混悬液，剂量为 1～5 mL。
5. (　　)为等渗水溶液，不得加抑菌剂，注射量不得超过 10 mL。

题 6～10

A. 维生素 C　104 g　B. $NaHCO_3$　49 g　C. $NaHSO_3$　3 g

D. EDTA-Na_2　0.05 g　E. 注射用水　加至 1000 mL

6. (　　)为注射剂的溶剂。
7. (　　)为 pH 值调节剂。
8. (　　)为抗氧化剂。
9. (　　)为主药。
10. (　　)为金属螯合剂。

题 11～13

A. 纯化水　B. 灭菌蒸馏水　C. 注射用水

D. 灭菌注射用水　E. 制药用水

11. 用于配制普通药物制剂的溶剂或试验用水的是(　　)。
12. 为配制注射剂用的溶剂，经蒸馏所得的无热原水是(　　)。
13. 用作注射用灭菌粉末的溶剂或注射液的稀释剂的是(　　)。

题 14～17

A. 采用棕色瓶密封包装　B. 制备过程中充入氮气　C. 产品冷藏保存

D. 处方中加入 EDTA 钠盐　E. 调节溶液的 pH 值

14. 所制备的药物溶液对热极为敏感，故(　　)。
15. 为避免氧气的存在而加速药物的降解，故(　　)。
16. 光照射可加速药物的氧化，故(　　)。
17. 金属离子可加速药物的氧化，故(　　)。

题 18～22

A. 醋酸氢化可的松微晶 25 g，注射用水加至 1000 mL　B. 氯化钠 3 g，注射用水加至 1000 mL

C. 羧甲基纤维素钠 5 g，注射用水加至 1000 mL　D. 硫柳汞 0.01 g，注射用水加至 1000 mL

E. 聚山梨酯 80 1.5 g，注射用水加至 1000 mL

18. (　　)为药物。
19. (　　)为抑菌剂。
20. (　　)为助悬剂。
21. (　　)为润湿剂。
22. (　　)为等渗调节剂。

（三）多项选择题

1. 热原污染途径是(　　)。

A. 从溶剂中带入　B. 从原料中带入

C. 从容器、用具、管道和装置等带入　D. 制备过程中的污染

E. 从输液器具中带入

2. 注射剂的玻璃容器的质量要求是(　　)。

A. 无色、透明、洁净、不得有气泡、麻点及砂粒等　B. 优良的耐热性

C. 足够的物理强度　D. 高度的化学稳定性

E. 熔点较低，易于熔封

3.《中国药典》规定的无菌检查法有(　　)。

A. 直接接种法　B. 薄膜滤过法　C. 鲎试验法　D. 家兔法　E. 显微镜法

4. 关于滴眼剂的叙述,正确的是(　　)。

A. 滴眼剂是指药物制成供滴眼用的澄明溶液、混悬液或乳剂

B. 滴眼剂一般应在无菌环境下配制

C. 滴眼剂如为混悬液,混悬的颗粒应易于摇匀,其最大颗粒不得超过 100 μm

D. 供角膜创伤或外科手术用的滴眼剂应以无菌制剂操作配制,分装于单剂量灭菌容器内严封

E. 每一容器的装量,一般不超过 10 mL

5. 适用于除去药液中热原的方法是(　　)。

A. 高温法　B. 酸碱法　C. 活性炭吸附法

D. 微孔薄膜滤过法　E. 蒸馏法

6. 下列有关冷冻干燥制品的叙述正确的是(　　)。

A. 适合对热不稳定的药物　B. 适合在水溶液中不稳定的药物

C. 杂质微粒少　D. 产品质地疏松,溶解性好

E. 利用水在低温低压下具有的升华性质制备而成

7. 下列药品既能作抑菌剂又能作止痛剂的是(　　)。

A. 苯甲醇　B. 苯乙醇　C. 苯氧乙醇

D. 三氯叔丁醇　E. 乙醇

8. 注射液机械灌封中可能出现的问题是(　　)。

A. 药液蒸发　B. 出现鼓泡　C. 安瓿长短不一

D. 焦头　E. 剂量不正确

二、填空题

1. 注射剂的质量要求有________、________、________、________、________、________、________。

2. 热原是由________、________、________组成的复合物。

3. 原水处理(纯化水的制备)方法有________、________、________,注射用水的制备方法有________、________。

4. 营养输液剂包括________、________、________。

三、简答题

1. 注射剂的质量要求有哪些?

2. 在注射剂生产过程中应如何避免污染热原?简述除去热原的方法。

3. 写出小容量(安瓿)注射剂的生产工艺流程。

4. 注射液配液与过滤过程中应如何控制其质量?

四、实例分析题

1. 维生素 C 注射剂处方如下:

维生素 C	104 g
$NaHCO_3$	49 g
$NaHSO_3$	3 g
EDTA-Na_2	0.05 g
注射用水	加至 1000 mL

根据处方回答下列问题:

(1) 写出处方中各成分的作用。

(2) 简述制备注意事项。

2. 注射用辅酶 A(coenzyme A 的无菌冻干制剂)处方如下:

辅酶 A	56.1 U	水解明胶	5 mg
甘露醇	10 mg	葡萄糖酸钙	1 mg
半胱氨酸	0.5 mg		

根据处方回答下列问题：

(1) 写出处方中各成分的作用。

(2) 简述制备注意事项。

(杨凤琼)

模块三 固体制剂

项目六 散剂、颗粒剂与胶囊剂

学习目标

能力目标

能进行散剂、颗粒剂、胶囊剂典型处方分析。

能根据散剂、颗粒剂、胶囊剂的制剂特点、临床应用与注意事项合理指导用药。

能熟练进行散剂、颗粒剂、胶囊剂的制备和质量控制。

会设计散剂、颗粒剂的生产工艺流程。

知识目标

掌握:药物粉碎、过筛、混合的方法及注意事项;散剂、颗粒剂、胶囊剂的概念、分类、特点、一般质量要求、临床应用与注意事项、典型处方分析和制备方法。

熟悉:软胶囊剂的制备方法;散剂、颗粒剂、胶囊剂的质量评定方法。

了解:粉碎、过筛、混合的常用设备;固体粉粒密度与流动性的表示方法及影响粉粒流动性的因素;肠溶胶囊。

操作任务

Ⅰ 散剂的制备

一、操作目的

(1) 能分析散剂的处方并完成散剂的制备。

(2) 学会用配研法混合药物的操作。

(3) 学会散剂的质量评定方法。

二、器材与药品

乳钵、药筛、天平、放大镜等;薄荷脑、樟脑、麝香草酚、薄荷油、水杨酸、硼酸、升华硫、氧化锌、淀粉、滑石粉、硫酸阿托品、1%胭脂红乳糖、乳糖等。

三、操作内容

(一) 痱子粉的制备

痱子粉有散风祛湿、清凉止痒及收敛作用。可用于治疗痱子、汗疹等。本品为外用制剂,使用时涂撒于患处。

[处方] 薄荷脑　　6 g　　樟脑　　6 g

麝香草酚	6 g	薄荷油	6 mL
水杨酸	11 g	硼酸	85 g
升华硫	40 g	氧化锌	60 g
淀粉	100 g	滑石粉	680 g
共制	1000 g		

［制法］ 取薄荷脑、樟脑、麝香草酚混合研磨至全部液化，并与薄荷油混匀；另将水杨酸、硼酸、升华硫、氧化锌、淀粉、滑石粉研细，过七号筛；将共熔物与混合细粉按配研法研磨混匀，过七号筛，即得。

［注解］

(1) 薄荷脑、樟脑与麝香草酚一起研磨混合时，可产生共熔现象。由于共熔后，药理作用几乎无变化，处方中其他固体成分较多，故先将其共熔，再用处方中其他固体组分吸收均匀。

(2) 由于水杨酸与硼酸均为结晶性物料，颗粒较大，应先研细后，再与升华硫、氧化锌、淀粉研磨混合，最后与滑石粉按配研法研磨混合均匀。

(3) 共熔物与粉料要按配研法混合均匀。

(二) 硫酸阿托品倍散的制备

本品为抗胆碱药，可解除平滑肌痉挛。常用于胃肠道绞痛、肾绞痛、胆绞痛等。本品口服，需要时服一包。

［处方］				
	硫酸阿托品	1.0 g	1%胭脂红乳糖	1.0 g
	乳糖	98 g	共制	100 g

［制法］ 取少量乳糖置乳钵中研磨，使乳钵内壁饱和后倾出，加入处方量的硫酸阿托品与1%胭脂红乳糖研匀，然后按配研法逐渐加入所需量乳糖，研磨混匀至色泽一致，过六号筛，分装，每包0.1 g，即得。

［注解］

(1) 硫酸阿托品为毒药，因剂量小，称量、分装困难，因此常添加适量稀释剂制成倍散，本处方为100倍散。

(2) 硫酸阿托品及稀释剂乳糖均为白色，难以判断是否混匀，因此为辨别混匀程度，加入胭脂红进行着色，成品用10倍放大镜检查，应无花纹和色斑。

(3) 1%胭脂红乳糖的配制：取胭脂红1 g置于乳钵中，加90%乙醇10～20 mL研磨使溶解，加少量乳糖吸收并研匀，再按等量递加法加入全部乳糖(共99 g)，研磨至颜色均匀，在50～60 ℃下干燥，过100目筛，即得。

(三) 散剂的质量检查

1. 外观均匀度 取供试品适量，置于光滑纸上，平铺约5 cm^2，将其表面压平，在亮处观察，应呈现均一色泽，无花纹与色斑。

2. 装量差异 单剂量包装的散剂，应检查装量差异，符合下列有关规定。方法如下：取散剂10包(瓶)，除去包装，分别精密称定每包(瓶)内容物的重量，求出内容物的装量与平均装量。每包(瓶)与平均装量(凡无含量测定的散剂，每包装量应与标示装量比较)相比应符合规定，超出装量差异限度(表6-1)的散剂不得多于2包(瓶)，并不得有1包(瓶)超出装量差异限度的1倍。

凡规定检查含量均匀度的散剂，可不进行装量差异的检查。

表6-1 散剂装量差异限度

平均装量或标示装量	装量差异限度
≤0.1 g	±15%
0.1～0.3 g	±10%
0.3～1.5 g	±8%
1.5～6.0 g	±7%
≥6.0 g	±5%

将以上质量检查结果记录于表6-2中。

表 6-2　散剂质量检查结果

制剂	外观	均匀度	装量差异
痱子粉			
硫酸阿托品倍散			

四、思考题

(1) 小剂量药物散剂为保证剂量准确、含量均匀，应采用什么方法配制？

(2) 含共熔组分的散剂，制备时有哪些处理方法？

Ⅱ　颗粒剂的制备

一、操作目的

1. 能完成颗粒剂的制备。
2. 学会中药的提取、精制过程。
3. 学会颗粒剂的质量评定方法。

二、器材与药品

乳钵，药筛，尼龙筛，烘箱，天平等；维生素 C，板蓝根，糊精，糖粉，酒石酸，乙醇等。

三、操作内容

(一) 维生素 C 颗粒剂的制备

本品为维生素类药，用于防治坏血病及其他由维生素 C 缺乏引起的疾病。

[处方]

维生素 C	1.0 g	糊精	10.0 g
糖粉	9.0 g	酒石酸	0.1 g
50%乙醇	适量	制成 10 包	

[制法] 将维生素 C、糊精、糖粉分别置于乳钵中研磨粉碎，过 100 目筛，按等量递加法将维生素 C 与辅料混匀；将酒石酸溶于 50%乙醇中，加入到上述混合物中，混匀，制软材，过 16 目尼龙筛制粒，60 ℃以下干燥，整粒后用塑料袋包装，每袋 2 g，含维生素 C 100 mg。

[注解]

(1) 维生素 C 用量较小，故混合时应采用等量递加法，以保证混合均匀。

(2) 维生素 C 易氧化变色，制粒时间应尽量缩短，并用稀乙醇作润湿剂制粒；在较低温度下干燥，应避免与金属器皿接触，同时加入酒石酸或枸橼酸作为金属离子螯合剂。

(二) 板蓝根颗粒剂的制备

本品具有清热解毒、凉血利咽、消肿功效。用于病毒性感冒、咽喉肿痛等。口服，一次 1～2 袋，一日 3～4次。

[处方]

板蓝根	1400 g	蔗糖粉	适量
糊精	适量	共制	1000 g

[制法] 取板蓝根 1400 g，加适量水浸泡 1 h，煎煮两次，第一次 2 h，第二次 1 h，煎液滤过；滤液合并，浓缩至相对密度约为 1.2(50 ℃)，加乙醇使含醇量为 60%，静置过夜；取上清液回收乙醇，并浓缩至相对密度为 1.30～1.33(80 ℃)的浸膏。取板蓝根浸膏，加入适量蔗糖粉及糊精，制成软材，过 16 目筛制成颗粒，干燥即得。

[注解]

(1) 煎液浓缩时，应先浓缩第二次煎液至一定稠度后，再加入第一次煎液合并浓缩，以尽量减少有效成分的损失。

(2) 浸膏与蔗糖粉、糊精混合制软材时，浸膏的温度在 40 ℃左右。温度过高蔗糖粉熔化，软材黏性太强，颗粒坚硬；温度过低，难以混合。制粒时用金属筛网更易于制粒。

(三) 颗粒剂的质量检查

1. 颗粒剂的粒度检查 除另有规定外，取单剂量包装的颗粒剂 5 包(瓶)或多剂量包装的颗粒剂 1 包(瓶)，称定重量，置药筛中，保持水平状态过筛，左右往返，边筛动边拍打 3 min。不能通过 1 号筛与能通过 5 号筛的颗粒和粉末的总和，不得超过供试量的 15%。

2. 溶化性检查 除另有规定外，取供试品颗粒剂 10 g，加热水 200 mL，搅拌 5 min，立即观察。可溶性颗粒剂应全部溶化或轻微混浊，但不得有焦屑等异物。本实验中维生素 C 颗粒剂和板蓝根颗粒剂均为可溶性颗粒剂，应符合规定。

3. 装量差异检查 取供试品 10 袋(瓶)，除去包装，分别精密称定每袋(瓶)内容物的重量，求出每袋(瓶)内容物的装量与平均装量。每袋(瓶)装量与平均装量相比较(凡无含量测定的颗粒剂，每袋(瓶)装量应与标示装量比较)，超出装量差异限度(表 6-3)的颗粒剂不得多于 2 袋(瓶)，并不得有 1 袋(瓶)超出限度的 1 倍。

表 6-3 颗粒剂装量差异限度

平均装量或标示装量	装量差异限度
0.1～0.1 g	±10%
0.1～1.5 g	±8%
1.5～6.0 g	±7%
≥6.0 g	±5%

将以上质量检查结果记录于表 6-4 中。

表 6-4 颗粒剂质量检查结果

制剂	粒度	溶化性	装量差异
维生素 C 颗粒剂			
板蓝根颗粒剂			

四、思考题

(1) 颗粒剂的质量要求与散剂有何异同?

(2) 制备颗粒剂时应注意哪些问题?

(3) 中药颗粒剂与化学药物颗粒剂在制备工艺上有何不同?

相关知识

一、概述

常用的固体剂型有散剂、颗粒剂、胶囊剂、片剂、滴丸剂、膜剂等，在药物制剂中约占 70%。固体制剂的共同特点是：①与液体制剂相比，物理化学稳定性好，生产制造成本较低，服用与携带方便；②制备过程的前处理经历相同的单元操作，以保证药物的均匀混合与准确剂量，而且剂型之间有着密切的联系；③药物要先在体内溶解后才能透过生物膜被吸收入血液循环中。

(一) 固体剂型的制备工艺

固体剂型的制备工艺流程见图 6-1。

在固体剂型的制备过程中，首先要将药物进行粉碎与过筛后才能加工成各种剂型。如粉碎、过筛后与其他组分均匀混合后直接分装，可获得散剂；如将混合均匀的物料进行造粒、干燥后分装，即可得到颗粒剂；如将制备的颗粒压缩成形，可制备成片剂；如将混合的粉末或颗粒分装入胶囊中，可制备成胶囊剂。对于固体制剂来说物料的混合度、流动性、充填性显得非常重要，故粉碎、过筛、混合是保证药物含量均匀度的主要

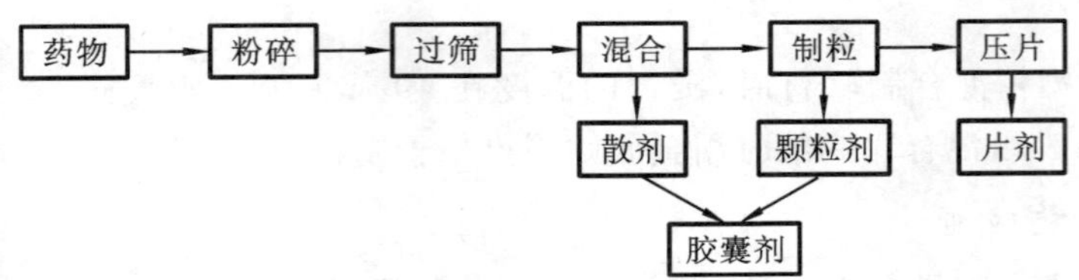

图 6-1　固体剂型的制备工艺流程

单元操作，是几乎所有固体制剂都要经历的制备过程，现介绍如下。

1. 粉碎　粉碎主要是指借助机械力将大块固体药物破碎成适宜程度的颗粒或粉末的操作过程。但现代粉碎技术也可借助其他方法如超声波、超声气流等将固体药物破碎成微粉的程度。粉碎操作对制剂过程有一系列的意义：①增加药物的表面积，促进药物的溶解与吸收，提高药物的生物利用度；②便于制成多种剂型，如散剂、颗粒剂、丸剂、片剂、浸出制剂等；③加速药材中有效成分的溶解；④便于各成分混合均匀和服用。

通常把粉碎前药物的平均直径(Φ)与粉碎后药物的平均直径(Φ_1)的比值称为粉碎度(n)。

$$n = \frac{\Phi}{\Phi_1} \tag{6-1}$$

由此可知，粉碎度与粉碎后的药物颗粒平均直径成反比，即粉碎度越大，颗粒越小。粉碎度的大小，取决于药物本身的性质、制备的剂型及临床使用要求。如内服散剂中不溶或难溶性药物用于治疗胃溃疡时，必须将药物制成细粉，以利于分散，充分发挥药物的保护和治疗作用；而易溶于胃肠液的药物则不必粉碎成细粉。浸出中药材时过细的粉末易于形成糊状物而达不到浸出目的。用于眼黏膜的外用散剂需要极细粉，以减轻刺激性。因此，固体药物的粉碎应根据需要而选择适当的粉碎度。

粉碎过程常用的外力有：剪切力、冲击力、研磨力、挤压力等。被粉碎物料的性质、粉碎程度不同，所需施加的外力也不同。冲击力、研磨力作用对脆性物料有效；纤维状物料用剪切力更有效；粗碎以冲击力和挤压力为主，细碎以剪切力和研磨力为主；要求粉碎产物能产生自由流动时，用研磨法较好。实际上多数粉碎过程是上述几种力综合作用的结果。

1) 粉碎的方法　根据物料的性质和产品粒度的要求，结合实际的设备条件，可采用下列不同的粉碎方法，其选用原则以能达到粉碎效果及便于操作为目的。

(1) 循环粉碎与开路粉碎　粉碎的产品中，如含有未充分粉碎的物料，一般通过筛分或分级后，粗颗粒重新返回到粉碎机中进行二次粉碎，称为循环粉碎。开路粉碎则是物料只通过粉碎设备一次，即将产品排出。循环粉碎得到的粒子粒径分布更为均一，更适合于药物制剂的加工。

(2) 混合粉碎　混合粉碎是指两种或两种以上药物放在一起同时粉碎的操作方法。药物经过粉碎后，表面积增加，引起了表面能的增加，故体系不稳定。因表面能有趋于最小的倾向，故已粉碎的粉末有重新聚结的趋势，随着粒度的增加，重新聚结的趋势变为现实时，粉碎与聚结同时进行，粉碎便停止在一定阶段，表观上不再往下进行，使粉碎过程达到一种动态平衡。若用混合粉碎的方法，在其粉碎过程中加入一种内聚力小的药物，这种药物的粉末吸附于前者药物粉末的表面，使其表面能显著降低，并且在其表面形成了机械隔离层，从而阻止了聚结，使粉碎能继续进行。因此若处方中某些药物的性质及硬度相似，可将它们掺和在一起进行粉碎，混合粉碎可避免一些黏性药物单独粉碎的困难，又可将粉碎与混合操作结合进行。

知识链接

混合粉碎前的特殊处理

若处方中含有大量油性、黏性较大的药物或含有新鲜动物药，应进行特殊处理。特殊处理的主要方法有以下几种。

1. 串油法　处方中含有大量油脂性的药物，如桃仁、枣仁、柏子仁等，粉碎时先将处方中易粉碎的药物粉碎成细粉，再将油脂性药物研成糊状，然后与已粉碎的药物掺研粉碎，让药粉充分吸收油脂，以便于粉碎和过筛。

2. 串料法　处方中含有大量黏液质、糖分等黏性药物，如熟地、黄精、玉竹、天冬、麦冬等，粉碎时先将处方中黏性小的药物混合粉碎成粗末，然后陆续掺入黏性大的药物，粉碎成不规则的粉块或颗粒，60 ℃以下充分干燥后再粉碎。

3. 蒸罐法 处方中含有新鲜动物药，如乌鸡、鹿肉等，粉碎时将药物加入黄酒及其他药汁等液体辅料蒸煮后，与其他药物混合、干燥、再粉碎。

(3) 单独粉碎 单独粉碎是指将一种药物单独进行粉碎的操作方法。此法既可按待粉碎物料的性质选择合适的粉碎设备，又可避免粉碎时因不同物料损耗不同而引起含量不准确的现象出现。宜单独粉碎的药物为：①氧化性药物与还原性药物：若混合粉碎，可引起爆炸，如氯酸钾、高锰酸钾、碘等氧化性物料忌与硫、淀粉、甘油等还原性物料混合粉碎；②贵重细料药物：为减少损耗，宜单独粉碎，如羚羊角、麝香、牛黄等；③毒性药物、刺激性大的药物：为便于劳动保护，防止中毒和交叉污染，宜单独粉碎，如雄黄、蟾酥、马钱子等。

(4) 干法粉碎 干法粉碎是指物料处于干燥状态下进行粉碎的操作方法。在药物制剂生产中大多数物料采用干法粉碎。

(5) 湿法粉碎 湿法粉碎是指在药物中加入适量液体（水或有机溶剂）进行研磨粉碎的方法。由于加入的液体可以渗入药物颗粒的裂隙中，降低了分子间的内聚力而有利于粉碎。加入液体的选用以药物遇湿不膨胀、两者不起变化、不影响药效为原则。根据粉碎时加入液体种类和体积的不同，湿法粉碎可分为加液研磨法和水飞法。①加液研磨法：药物中加入少量液体进行研磨粉碎的方法。液体用量以能湿润药物成糊状为宜。此法粉碎度高，避免粉尘飞扬，减轻毒性或刺激性药物对人体的危害，减少贵重药物的损耗，如樟脑、冰片、薄荷脑、牛黄等加入少量挥发性液体（乙醇等）研磨粉碎。②水飞法：药物与水共置乳钵或球磨机中研磨，使细粉飘浮于液面或混悬于水中，倾出此混悬液，余下的药物再加水反复研磨，至全部药物研磨完毕，将所得混悬液合并，静置沉降，倾去上清液，将湿粉干燥即得极细粉。此法适用于矿物药、动物贝壳的粉碎，如朱砂、炉甘石、滑石、雄黄等。

(6) 低温粉碎 低温粉碎是指将药物或粉碎机进行冷却的粉碎方法。由于药物在低温时脆性增加，韧性与延展性降低，故可提高粉碎效果。此法适用于弹性大的药物或高温时不稳定的药物的粉碎，如动物药（甲鱼、蛇）、树脂、树胶、干浸膏、含挥发性成分的物料及抗生素类药物等。

低温粉碎一般有下列四种方法：①物料先行冷却，迅速通过高速冲击式粉碎机粉碎，物料在机内停留的时间短暂；②粉碎机壳通入低温冷却水，在循环冷却下进行粉碎；③将干冰或液化氮与物料混合后进行粉碎；④组合应用上述三种方法进行粉碎。

(7) 流能粉碎 流能粉碎是利用高压气流（空气、蒸汽或惰性气体）使药物的粗粒之间相互碰撞而产生强烈的粉碎作用。用流能粉碎时，由于气流在粉碎室中膨胀时的冷却效应，故被粉碎物料的温度不升高，因此本法适用于抗生素、酶、低熔点或其他对热敏感的药物的粉碎。在粉碎的同时就可进行分级，所以可得到 5 μm 以下的微粉。

2) 粉碎设备 为了达到良好的粉碎效果，应根据药物的性质和所要求的粉碎度选择适宜的粉碎设备，常用的粉碎设备简述如下。

(1) 万能粉碎机 万能粉碎机是一种应用较广的冲击式粉碎机，如图 6-2、图 6-3 所示，它在高速旋转的转盘上固定有若干圈钢齿（冲击柱），另一与转盘相对应的固定盖上也固定有若干圈钢齿。药物由加料斗进入粉碎室，由于惯性离心作用，药物从中心部位被抛向外壁，在此过程中受到钢齿的冲击而被粉碎。细粉通过环状筛板，自粉碎机底部的出粉口收集，粗粉继续在机内粉碎。

图 6-2 万能粉碎机

万能粉碎机适用范围广，宜用于粉碎各种干燥的非组织性的药物及中药的根、茎、皮等，故有“万能”之称。但由于在粉碎过程中发热，故不宜用于含有大量挥发性成分、低熔点及黏性药物的粉碎。

由于在粉碎过程中，能产生大量粉尘，故现在的粉碎机要求配置吸尘辅助设备，解决药物在粉碎过程中的粉尘飞扬问题。由于粉碎过程中发热，故现在有很多粉碎机附带水冷却系统，一般在粉碎室的夹层带水冷却，可避免药材因粉碎时间加长导致温度升高使药材中的有效成分挥发，保持生药原有的特殊药性。

(2) 柴田式粉碎机　这是目前中药厂普遍应用的冲击式粉碎机，如图 6-4、图 6-5 所示，在粉碎机的水平轴上装有打板、挡板、风叶三部分，由电动机带动旋转。药物由加料斗进入粉碎室，在转轴高速旋转时，药物受到打板的打击、剪切和挡板的撞击作用而粉碎，经风叶将细粉吹至出口排出。

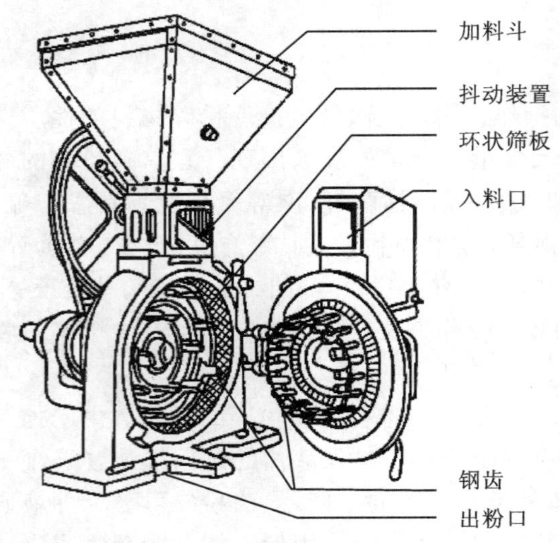

图 6-3　万能粉碎机结构示意图

图 6-4　柴田式粉碎机

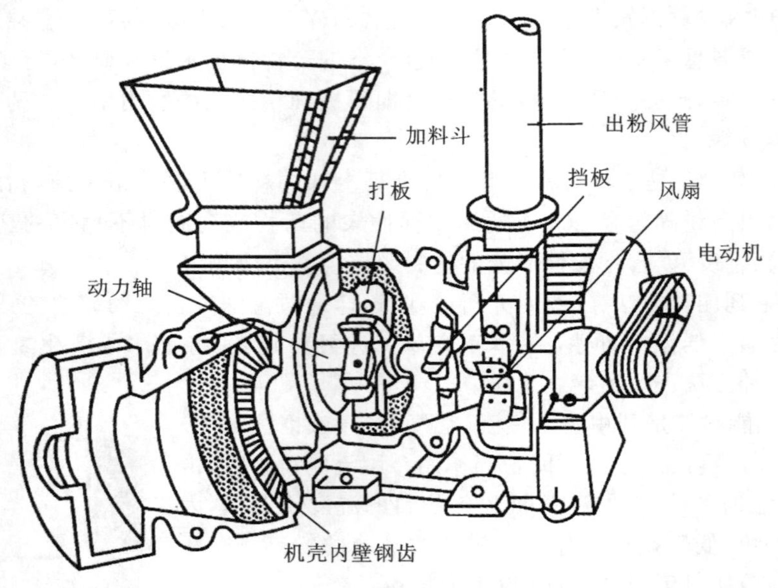

图 6-5　柴田式粉碎机结构示意图

风选法是利用高速的气流将粉末吹出而分离，粗粉可回粉碎机中继续粉碎，如此反复进行可得到极细的粉末。在空气中粗细不同的粉末的下沉速度不同，因此通过适当调整风选器高度和风量可获得不同粒度的药粉。此法在中草药的粉碎加工中已经广泛应用。

(3) 球磨机　球磨机是兼有冲击力和研磨力的粉碎设备，由不锈钢或瓷制的圆筒和内装有一定数量和大小的圆形钢球或瓷球构成，如图 6-6 所示。粉碎时将药物装入圆筒密盖后，开动机器，圆筒转动，使筒内圆球在一定速度下滚动，药物借筒内圆球起落的冲击作用和圆球与筒壁及球与球之间的研磨作用而被粉碎。球磨机要有适当的转速才能使球达到一定高度并在重力和惯性的作用下呈抛物线抛下而产生撞击和研磨的联合作用，粉碎效果好。若转速过慢，圆球不能达到一定高度即沿壁滚下，此时仅发生研磨作用，粉碎效果较差；若转速较快，圆球受离心力作用沿筒壁做圆周运动而不能落下，失去物料与球体的相对运动，粉碎效果差。球磨机转速示意图见图 6-7。

球磨机结构简单、密闭操作、粉尘少，适用于毒性药物、贵重药物以及刺激性药物的粉碎，还可在通入惰性气体的条件下，密闭粉碎易氧化药物或爆炸性药物。球磨机除广泛用于干法粉碎外，还可用于湿法粉碎。

图 6-6 球磨机

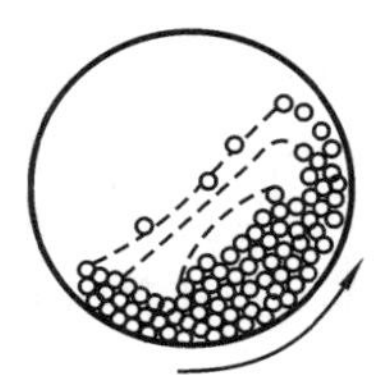

(a) 转速太慢

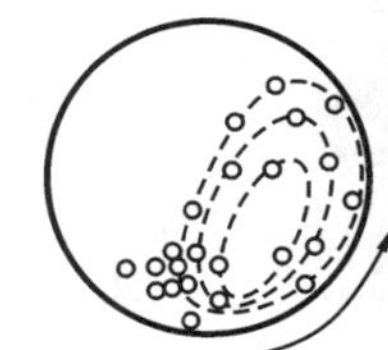

(b) 转速适当

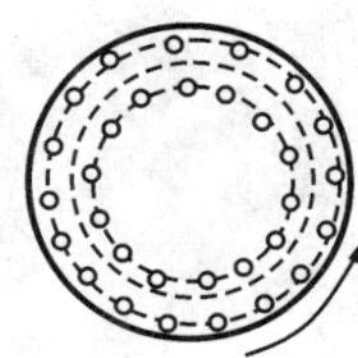

(c) 转速太快

图 6-7 球磨机转速示意图

(4) 流能磨 流能磨亦称气流粉碎机,结构如图 6-8 所示。其粉碎机制完全不同于其他粉碎机,物料被压缩空气引射进入粉碎室,7～10 个气压的压缩空气通过喷嘴沿切线进入粉碎室时产生超音速气流,物料被气流带入粉碎室被气流分散、加速,并在粒子与粒子间、粒子与器壁间发生强烈撞击、冲击、研磨而得到粉碎。压缩空气夹带的细粉由出料口进入旋风分离器或袋滤器进行分离,较大颗粒由于离心力的作用沿器壁外侧重新带入粉碎室,重复粉碎过程。粉碎程度与喷嘴的个数和角度、粉碎室的几何形状、气流的压缩压力以及进料量等有关。一般进料量越多,所获得粉碎物的粒度越大。

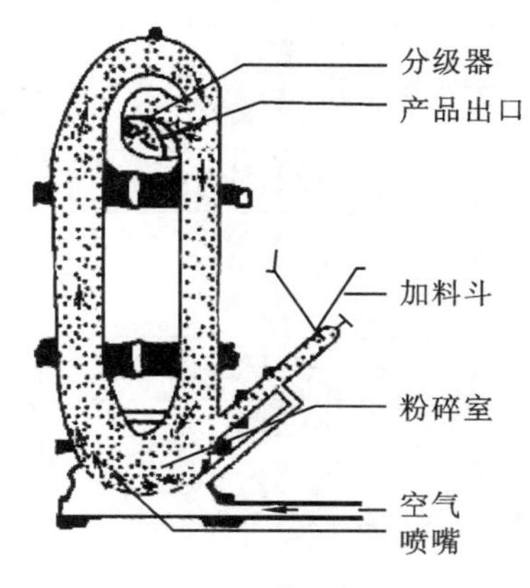

图 6-8 流能磨

流能磨粉碎药物的过程中,由于气流在粉碎室中膨胀时的冷却效应抵消了粉碎时产生的热量,因此特别适用于抗生素、酶、低熔点或其他对热敏感的药物的粉碎。应用流能磨粉碎药物的同时也就进行了分级,所以可得 5 μm 以下均匀的极细粉末。

(5) 乳钵 乳钵是以研磨力为主的粉碎设备,主要用于少量药物的粉碎。乳钵以瓷制和玻璃制为常用。瓷制乳钵内壁较粗糙,适用于结晶性及脆性药物的粉碎,但吸附作用大,不宜用于粉碎少量药物。对于毒性药物或贵重药物的粉碎宜采用玻璃乳钵。

用乳钵进行粉碎时,每次所加药量一般不超过乳钵容积的四分之一,以防研磨时药物溅出或影响粉碎效能。研磨时,杵棒由乳钵中心按螺旋方式逐渐向外旋转,到达最外层后再逆向旋转至中心,如此反复以提高研磨效率。

3) 粉碎操作注意事项 各种粉碎设备的性能不同,作用力不同,可以根据被粉碎药物的性质和粒度要求选择适宜的粉碎设备。在使用和保养粉碎设备时应注意以下几点。

(1) 通常高速旋转的粉碎机开动后,待其转速稳定时再加料。否则因药物先进入粉碎室后,机器难以启动,引起发热,会损坏电机或因过热而停机。

(2) 药物中不应夹杂硬物,以免卡塞转子而引起电动机发热或烧坏。粉碎前应对物料进行精选以除去夹杂的硬物(如铁钉等)。应在粉碎机的加料斗上附有电磁除铁装置,当物料通过电磁区时,所含铁块即被吸除。

(3) 各种粉碎机在每次使用后,应检查机件是否完整,且清洗内外各部分,添加润滑油后罩好。

(4) 操作时注意安全,要严格遵守操作规程,严禁在开机的情况下向机器中伸手,以免发生安全事故。

(5) 粉碎毒性药物、刺激性较强药物时,应特别注意劳动保护,以免中毒,同时也要做好防止药物交叉污染的预防工作。

说一说下列药物应如何粉碎:珍珠、板蓝根、冰片、龙眼肉、山茱萸、乳香、没药。

2. 过筛 过筛是指粉碎后的物料通过一种网孔工具以使粗粉与细粉分离的操作。这种网孔工具称为药筛。药物粉碎后所得粉末的粒度是不均匀的,过筛的目的主要是将粉碎后的物料按粒度大小加以分等,从而获得较均匀的粉末,以适应医疗和制备制剂的需要。通过筛分可使粗细不匀的药粉混合均匀,以保证组分的均一性,同时还能及时将合格的药粉筛出以减少能量的消耗,将不合要求的粗粉进行再粉碎。

1) 药筛及粉末的分等

(1) 药筛的分等 药筛按制作方法不同分为冲制筛和编织筛两种。药筛的性能、标准主要取决于筛网。

图 6-9 编织筛

冲制筛又称模压筛，是在金属板上冲压出圆形的筛孔而制成的。此筛坚固耐用，筛孔不易变形，多用作粉碎机上的筛板。编织筛（图 6-9）是以金属丝（不锈钢丝、铜丝等）或非金属丝（尼龙丝、绢丝等）编织而成。用尼龙丝制成的筛网具有一定的弹性，比较耐用，且对一般药物较稳定，在制剂生产中应用较多，但使用时筛线易移位致筛孔变形，分离效率下降。

药筛的分等有两种方法：一种是以筛孔内径大小（μm）为依据，共规定了九种筛号，一号筛的筛孔内径最大，九号筛的筛孔内径最小；另一种是以每一英寸（2.54 cm）长度上所含筛孔的数目来表示，即用“目”表示，例如，每一英寸有 100 个孔的筛称为 100 目筛，筛目数越大，筛孔内径越小。具体规定见表 6-5 所示。

表 6-5 《中国药典》(2015 年版)药筛分等表

筛号	筛孔内径(平均值)	目号
一号筛	2000±70μm	10 目
二号筛	850±29μm	24 目
三号筛	355±13μm	50 目
四号筛	250±9.9μm	65 目
五号筛	180±7.6μm	80 目
六号筛	150±6.6μm	100 目
七号筛	125±5.8μm	120 目
八号筛	90±4.6μm	150 目
九号筛	75±4.1μm	200 目

（2）粉末的分等　药物粉末的分等是按通过相应规格的药筛而定的。《中国药典》（2015 年版）规定了六种粉末等级，具体见表 6-6 所示。

表 6-6 《中国药典》(2015 年版)粉末等级标准

等级	分等标准
最粗粉	指能全部通过一号筛，但混有能通过三号筛不超过 20%的粉末
粗粉	指能全部通过二号筛，但混有能通过四号筛不超过 40%的粉末
中粉	指能全部通过四号筛，但混有能通过五号筛不超过 60%的粉末
细粉	指能全部通过五号筛，并含能通过六号筛不少于 95%的粉末
最细粉	指能全部通过六号筛，并含能通过七号筛不少于 95%的粉末
极细粉	指能全部通过八号筛，并含能通过九号筛不少于 95%的粉末

2）过筛设备

过筛设备种类很多，应根据对粉末粗细要求、粉末性质和数量选择。在药厂大量生产中，多用粉碎、筛分、风选、集尘联动装置，对提高粉碎与过筛效率、保证产品质量尤为重要，亦可单用筛分设备进行过筛。生产上常用旋涡式振荡筛，实验室中用手摇筛。

（1）旋涡式振荡筛　旋涡式振荡筛是现在生产上常用的筛分粗细不等粉状、颗粒物料的设备，如图 6-10、图 6-11 所示，由加料斗、振荡室、联轴器、电机组成。可调节的偏心重锤经电动机驱动传递到主轴中心线，在不平衡状态下，产生离心力，使物料在筛内形成轨道旋涡，从而达到需要的筛分效果。重锤调节器的振幅大小可根据不同物料和筛网进行调节。可设几层筛网，实现两级、三级甚至四级分离。适用于筛分无黏性的植物药、化学药物，毒性、刺激性及易风化或潮解的药物粉末。

（2）手摇筛　手摇筛是由筛网固定在圆形的金属圈上制成的，并按筛号大小依次叠成套，最底层为接收器，最上为筛盖。使用时取所需号数的药筛套在接受器上，细号在下，粗号在上，上面用筛盖盖好，用手摇动过筛。手摇筛适用于少量、毒性、刺激性或质轻药粉的筛分，亦常用于粉末粒度分析。

3）过筛操作注意事项　影响过筛效率的因素有很多，为了提高过筛效率，过筛操作时应注意以下几点。

（1）加强振动　在静止情况下，由于药粉相互摩擦及表面能的影响，药粉易形成粉堆而不易通过筛孔。

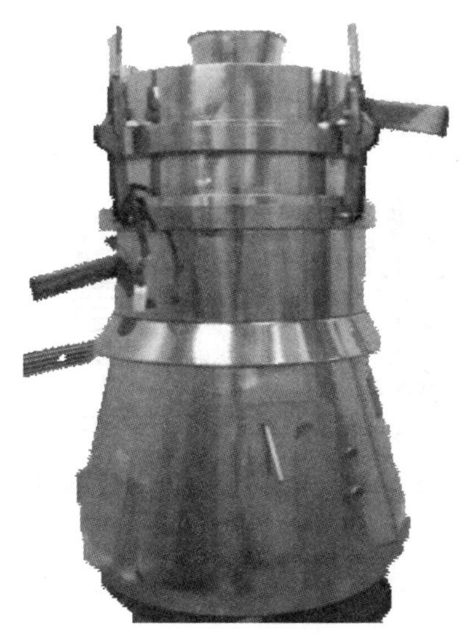

图 6-10 旋涡式振荡筛

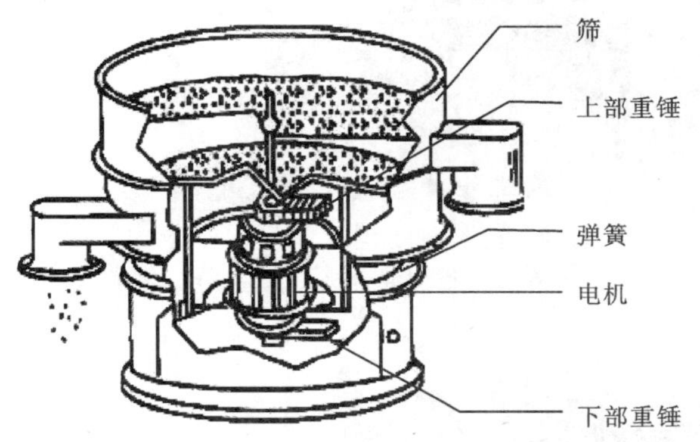

图 6-11 振荡筛结构示意图

当外加力振动迫使药粉移动时，各种力的平衡受到破坏，小于筛孔的粉末才能通过筛孔，故过筛时需要不断振动。振动时药粉在筛网上运动的方式有滑动和跳动两种，跳动能有效地增加粉末间距，且粉末的运动方向几乎与筛网成直角，筛孔得到充分暴露而使过筛操作能够顺利进行。滑动虽不能增大粉末间距，但粉末运动方向几乎与筛网平行，能增加粉末与筛孔接触的机会。所以，当滑动与跳动同时存在时有利于过筛进行。粉末运动速度不宜过快，这样可使更多的粉末有落于筛孔的机会，但运动速度过慢会降低过筛效率。

(2) 粉末应干燥　粉末的湿度越大，越易黏结成团而堵塞筛孔，故含水量大的物料应事先适当干燥后再过筛。易吸潮的物料应及时过筛或在干燥环境中过筛。黏性、油性较强的药粉应掺入其他药粉一同过筛。

(3) 粉层厚度要适中　药筛内的药粉不宜堆积过厚，让粉末有足够的余地在较大范围内移动，以利于过筛。但粉层太薄又影响过筛效率。

3. 混合　混合是将两种或两种以上组分的物料均匀混合的操作。混合的目的是使制剂中各组分分布均匀、含量均一，以保证用药剂量准确、安全有效。固体的混合是以固体粒子作为分散单元，在实际混合过程中要达到互溶液体的混合效果几乎办不到。为了满足混合样品中各成分含量的均匀分布，尽量减小各成分的粒度，常以微细粉体作为混合的主要对象。

1) 混合方法

(1) 搅拌混合　将各药粉置于适当大小容器中搅匀的操作。此法简便但不易混匀，多作为初步混合之用。

(2) 研磨混合　将各药粉置于乳钵中，边研磨边混合的操作。此法适用于少量尤其是结晶性药物的混合。

(3) 过筛混合　将各药粉先搅拌做初步混合，再通过适宜孔径的筛网使之混匀的操作。由于较细、较重的粉末先通过筛网，故在过筛后仍须进行适当的搅拌，才能混合均匀。

大生产中，多采用搅拌混合或容器旋转方式使物料产生整体或局部移动的对流运动的混合方式而达到混合目的。

2) 混合设备　大生产中，混合过程一般在混合筒中完成。混合筒的形状及运动轨迹直接影响到药粉的混合均匀度，混合筒的形状从最初的滚筒型发展到目前常用的槽型、V 型、双锥型，运动轨迹从简单的单向旋转发展到空间立体旋转，使混合设备得到了较大的发展，出现了一批混合均匀度高、效率高、能耗小的新型混合机。

(1) 槽型混合机　亦称捏合机，如图 6-12、图 6-13 所示，其主要部分有混合槽、搅拌桨、水平轴。搅拌桨呈 S 形装于槽内轴上，开机使搅拌桨转动以混合物料。此机除适合于混合各种粉料外，还常用于片剂、丸剂的制软材。

(2) V 型混合机　如图 6-14、图 6-15 所示，V 型混合机由两个圆柱形筒相交成一个尖角状，并安装在一个与两筒体对称垂直的圆轴上，两个圆柱筒一长一短。使用时圆柱形筒围绕轴旋转，带动物料向上运动，物料在重力作用下自上向下翻滚进行混合。容器不停转动时物料经多次分开、掺和，能在较短时间内混合均

图 6-12 槽型混合机

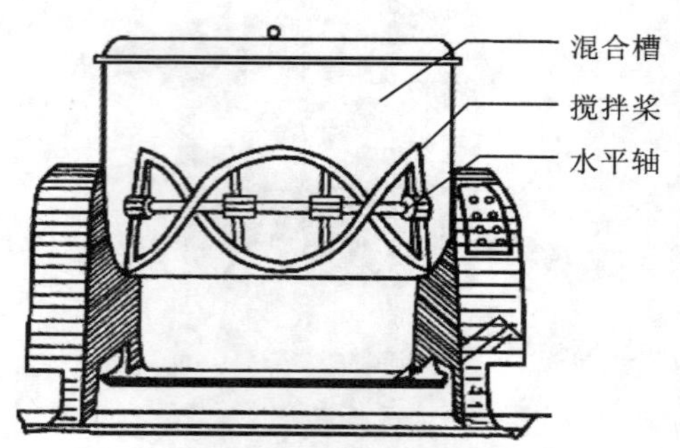

图 6-13 槽型混合机结构示意图

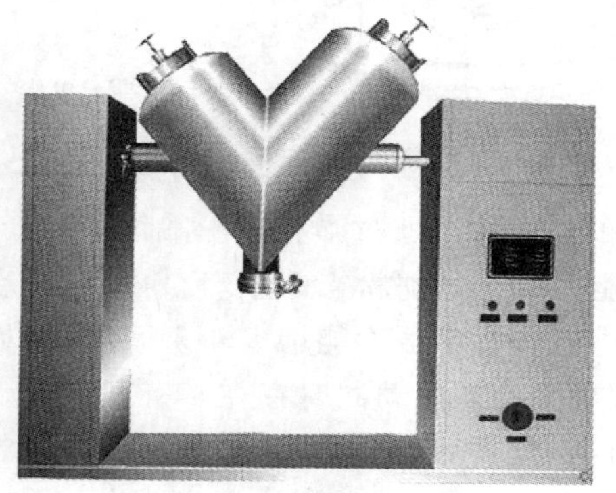
图 6-14 V 型混合机

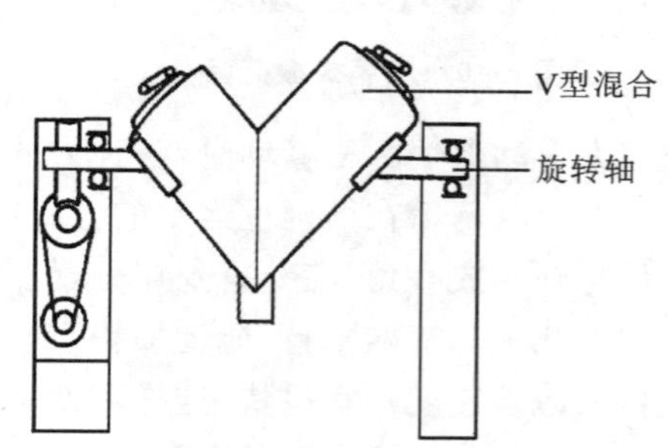

图 6-15 V 型混合机结构示意图

匀。圆口经盖密闭，有利于生产流程安排和改善劳动环境。

(3) 三维混合机 该机由筒体和机身两部分组成，如图 6-16、图 6-17 所示。装料的筒体在主动轴的带动下做平行移动及摇滚等复合运动，促使物料沿着筒体做环向、径向和轴向的三向复合运动，从而实现多种物料的相互流动扩散、掺杂，以达到高均匀度混合的目的。该机特点是筒体各处为圆弧过渡，经过精密抛光处理，物料装料率大(最高可达 80%，普通混合机仅为 40%)，效率高，混合时间短，物料无离心力作用，无密度偏析及分层、积聚现象，各组分可有悬殊的密度差，混合率达 99.9%以上，是目前各种混合机中的一种较理想产品。

图 6-16 三维混合机

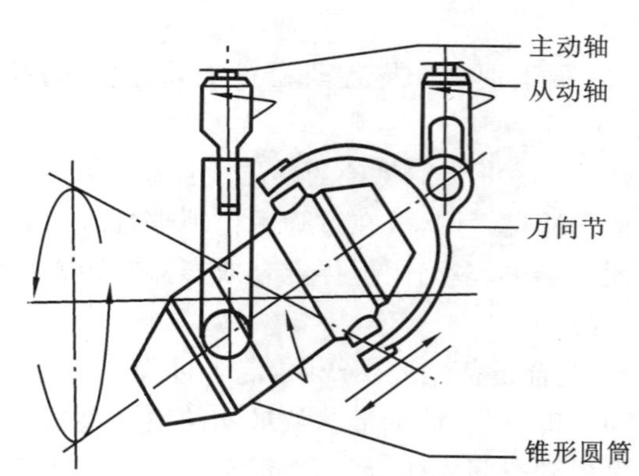

图 6-17 三维混合机结构示意图

3) 影响混合均匀性的因素 药粉混合均匀性与各组分的比例量、密度、粒度、形状和混合时间等均有关。

(1) 各组分的比例量 各组分比例量相差过大时，不易混合均匀，此时应采用配研法(又称等量递加法)进行混合，即先用量大的组分饱和混合容器后，倾出，然后取量小的组分，加入等体积量大的组分混匀后，再加入与此混合物等量的量大组分混匀，如此倍量增加量大的组分，直至全部混合均匀。此法尤其适用于含毒性药物、贵重药物和小剂量药物的混合。

知识链接

倍 散

含小剂量药物的散剂，如毒性药品、麻醉药品、精神药品等一般用药剂量小，称取、使用不方便，且易损耗。为便于临时配方和服用，常在这些特殊药品中添加一定比例量的稀释剂制成稀释散，亦称倍散。常用的稀释散有五倍散、十倍散、百倍散和千倍散等。十倍散是由 1 份药物加 9 份稀释剂均匀混合制成。

倍散的比例可按药物的剂量定，如剂量在 0.01～0.1 g 者，可配成十倍散，如剂量在 0.01 g 以下者，则可配成百倍散或千倍散。配制倍散时，应采用配研法将药物和稀释剂混合。为了保证倍散的均匀性，常加入一定量的着色剂如胭脂红、亚甲蓝等着色，十倍散着色应深一些，百倍散稍浅些，这样可以根据倍散颜色的深浅判别倍散的浓度。

制作倍散常用的稀释剂有乳糖、淀粉、糊精、蔗糖、葡萄糖及一些无机物如沉降碳酸钙、沉降磷酸钙、碳酸镁、白陶土等，其中以乳糖较为常用。

取用倍散时，应按倍散的倍数与处方所需的药物总量，经折算后再称取。

(2) 各组分的粒度与密度　各组分粒度相差较大时，先加粒径大的物料，后加粒径小的物料则易混合均匀。各组分密度相差较大时，在混合过程中存在自然分离的趋势，一般宜将质轻的组分先放入混合容器中，再加入质重者混合，这样可避免轻质组分浮于上部或飞扬，而重质组分沉于底部则不易混匀。

(3) 含低共熔组分　当两种或两种以上药物按一定比例混合后，产生熔点降低而出现润湿和液化的现象称为共熔现象(简称共熔)。常见产生共熔的药物有樟脑与苯酚、麝香草酚、薄荷脑，阿司匹林与对乙酰氨基酚和咖啡因等。共熔现象在研磨混合时通常出现较快，其他方式的混合有时需若干时间后才能出现。

含共熔组分的制剂是否需混合使其共熔，应根据共熔后对药理作用的影响而采用不同的措施，一般原则：①若药物共熔后，药理作用增强，则宜采用共熔混合，例如氯霉素与尿素、灰黄霉素与聚乙二醇 6000 等，形成共熔混合物比其单独成分吸收快、疗效高；②若药物共熔后，药理作用减弱，应设法避免共熔混合，如阿司匹林、对乙酰氨基酚和咖啡因三种药物混合制粒及干燥时，易产生共熔现象，应采取分别制粒的方法；③若药物共熔后，药理作用几乎无变化，可将共熔组分先共熔，再用处方中其他组分或加入适量的赋形剂吸收混合，使分散均匀。

(4) 混合时间　并非混合时间越长混合的均匀性越好，要通过试验确定合适的混合时间。

(5) 其他　含液体成分时，可采用处方中其他固体成分吸收；若液体量较大时，可另加赋形剂吸收；若液体为无效成分且量过大时，可采取先蒸发后加赋形剂吸收的方法。

课堂互动

讨论：如何将 1 g 朱砂与 20 g 滑石粉混合均匀？

要求：1. 分组讨论混合方法；2. 将讨论结果与全班分享；3. 按照通过的讨论方案进行混合操作；4. 比较混合结果；5. 写出结论。

(二) 固体制剂的分类和体内吸收

1. 固体制剂的分类　按不同的剂型分类，固体制剂可分为散剂、颗粒剂、胶囊剂、片剂、丸剂等。按照药物释放速度的快慢分类，可以将固体制剂分为速释固体制剂(如速崩片、速溶片、固体分散片等)、缓控释固体制剂(如渗透泵片、缓控释片、缓控释胶囊等)和普通固体制剂。

2. 固体制剂的体内吸收　药物从用药部位进入血液循环的过程称为吸收。固体制剂共同的吸收路径是：固体制剂口服给药后，经过药物的崩解或分散，然后溶解，经胃肠道上皮细胞膜吸收进入血液循环。对一些难溶性药物来说，药物的溶出过程就是药物吸收的限速过程。若溶出速度小，吸收慢，则血药浓度难以达到治疗的有效浓度。固体剂型和不同剂型在口服后的吸收路径见图 6-18 和表 6-7 所示。

固体剂型 → 崩解或分散 → 溶出 → （经生物膜）吸收

图 6-18 固体剂型在体内的吸收路径

表 6-7 不同剂型在体内的吸收路径

剂　型	崩解或分散过程	溶解过程	吸收过程
片　剂	○	○	○
胶囊剂	○	○	○
颗粒剂	×	○	○
散　剂	×	○	○
混悬剂	×	○	○
溶液剂	×	×	○

注：○—需要此过程；×—不需要此过程

片剂和胶囊剂口服后首先崩解成细颗粒状，然后药物分子从颗粒中溶出，药物通过胃肠黏膜吸收进入血液循环中。颗粒剂或散剂口服后没有崩解过程，迅速分散后具有较大的表面积，因此药物的溶出、吸收和奏效较快。混悬剂的颗粒较小，因此药物的溶解与吸收过程更快，而溶液剂口服后没有崩解与溶解过程，药物可直接被吸收进入血液循环当中，从而使药物的起效时间更短。口服制剂吸收的快慢顺序一般是：溶液剂＞混悬剂＞散剂＞颗粒剂＞胶囊剂＞片剂＞丸剂。

固体制剂在体内首先分散成细颗粒是提高溶解速度以加快吸收速度的有效措施之一。

知识链接

Noyes-Whitney **方程**

各种口服固体剂型在到达生物膜被吸收之前，都需要经过溶出过程，对于多数固体剂型来说，药物的溶出速度直接影响药物的吸收速度，溶出过程可用 Noyes-Whitney 方程描述（见式(6-2)）：

$$dC/dt = kS(C_s - C) \tag{6-2}$$

式中：dC/dt 为溶出速度；k 为溶出速度常数；S 为药物粒子的表面积；C_s为固体表面药物的饱和浓度；C 为溶液主体药物的浓度。

在受溶出速度限制的吸收过程中，由于溶出了的药物往往立即被吸收，即为漏槽状态，当 C 趋近于 0 时，则上式可以简化为式(6-3)：

$$dC/dt = kSC_s \tag{6-3}$$

Noyes-Whitney 方程解释了影响药物溶出速度的各个因素，表明药物从固体剂型中的溶出速度与溶出速度常数 k、药物粒子的表面积 S、药物的饱和浓度 C_s成正比。故可采取以下措施来改善药物的溶出速度：①增大药物的溶出面积，通过粉碎减小粒径以促进崩解；②增大溶解速度常数，加强搅拌，以减少药物扩散边界层厚度或提高药物的扩散系数；③提高药物的溶解度，提高温度、改变晶型、制成固体分散物等。

对于固体制剂在体内的吸收，提高溶出速度的有效方法是增大药物的溶出表面积或提高药物的溶解度。粉碎技术、药物的固体分散技术、药物的包合技术等可以有效地提高药物的溶解度或溶出表面积。

二、散剂

（一）概述

1. 散剂的概念与特点　散剂(powder)系指药物或与适宜辅料经粉碎、均匀混合制成的干燥粉末状制剂，可供内服或外用。散剂是我国中药传统剂型之一，早在《五十二病方》中即有散剂的记载，此后许多医药典籍中均有不少记载，至今散剂仍是中医常用的一种剂型。散剂除作为剂型直接使用外，也是制备其他剂型的原料,其制备技术也是制备其他剂型的基本操作。因此,散剂的制备技术与要求在制剂生产中具有普遍意义。

散剂具有以下特点:①散剂比表面积大、容易分散、起效快;②制备工艺简单,运输、储存、携带比较方便;③剂量易于控制,便于婴幼儿服用;④外用散的覆盖面积大,可同时发挥保护和收敛等作用。但也要注意,由于分散度大而造成吸湿性、化学活性、刺激性等也相应增大,一些挥发性成分也容易散失,所以一些刺激性强,对光、热、湿不稳定的药物一般不宜制成散剂。一些剂量较大的散剂,不如片剂、胶囊剂或丸剂等剂型容易服用。

2. 散剂的分类 散剂可按以下三种方法分类。

(1) 按用途分类 可分为内服散剂和外用散剂。内服散剂一般溶于或分散于水、稀释液或者其他液体中服用,也可直接用水送服;外用散剂可供皮肤、口腔、咽喉、腔道等处应用。

(2) 按组成分类 可分为单散剂和复方散剂。单散剂由一种药物组成;复方散剂由两种或两种以上药物组成。

(3) 按剂量分类 可分为分剂量散剂和不分剂量散剂。分剂量散剂系按一次剂量包装,由患者按包服用,此类散剂内服者较多;不分剂量散剂以多次使用的总剂量包装,由患者按医嘱自取,此类散剂外用者较多。

散剂在生产和储藏期间均应符合下列有关规定。

(1) 供制散剂的原料药物均应粉碎。除另有规定外,内服散剂应为细粉,儿科用及外用散剂应为最细粉。

(2) 散剂应干燥、疏松、混合均匀、色泽一致。制备含毒性药、贵重药或药物剂量小的散剂时,应采用配研法混合并过筛。

(3) 散剂可单剂量包装,也可多剂量包装,多剂量包装者应附分剂量的用具。含有毒性药的口服散剂应单剂量包装。

(4) 散剂中可含有或不含辅料,根据需要可加矫味剂、芳香剂和着色剂等。

(5) 除另有规定外,散剂应密闭储存,含挥发性原料药物或吸潮原料药物的散剂应密封储存。生物制品应采用防潮材料包装。

(6) 为防止胃酸对生物制品散剂中活性成分的破坏,散剂稀释剂中可调配中和胃酸的成分。

(7) 散剂用于烧伤治疗如为非无菌制剂的,应在标签上标明"非无菌制剂";产品说明书中应注明"本品为非无菌制剂",同时在适应证下应明确"用于程度较轻的烧伤(Ⅰ或浅Ⅱ)";注意事项下规定"应遵医嘱使用"。

(二) 散剂的临床应用与注意事项

1. 临床应用 外用或局部外用散剂适宜于溃疡、外伤的治疗;内服散剂一般为细粉,以便儿童以及老人服用,服用时不宜过急,单次服用剂量适量,服药后不宜过多饮水,以免药物过度稀释导致药效差等。

2. 注意事项 外用散剂的使用主要有撒敷法和调敷法。撒敷法是将外用散剂直接撒布于患处,调敷法则需用茶、黄酒、香油等液体将散剂调制成糊状敷于患处。内服散剂应温水送服,服用后半小时内不可进食,服用剂量过大时应分次服用以免引起呛咳;服用不便的中药散剂可加蜂蜜调和送服或装入胶囊吞服。对于温胃止痛的散剂不需用水送服,应直接吞服以利于延长药物在胃内的滞留时间。

(三) 散剂的制备

散剂的一般制备工艺流程见图 6-19 所示。

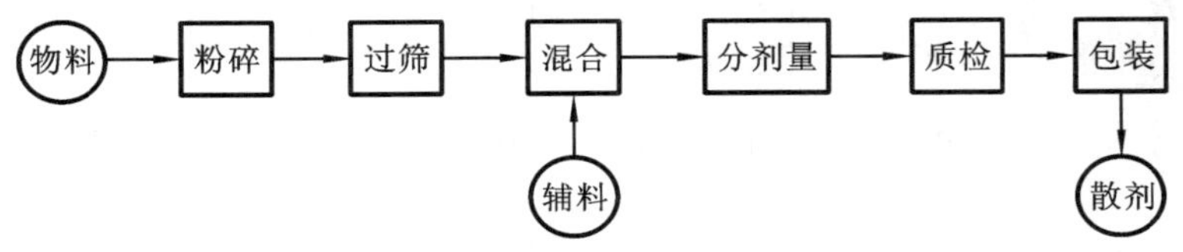

图 6-19 散剂的制备工艺流程图

有些散剂因成分或数量不同,可将其中的几步操作结合进行。一般情况下将固体物料进行粉碎前先对物料进行前处理,所谓物料的前处理是指将物料加工成符合粉碎所要求的粒度和干燥程度等。化学药品应将原、辅料充分干燥，以满足粉碎要求；中药材应根据其性质进行处理，使之干燥成净药材以供粉碎。

1. 粉碎与过筛 制备散剂的固体药物均需粉碎，药物粉碎的粒度应根据药物的性质、作用及给药途径而定。在内服散剂中，易溶于水的药物不必粉碎得太细；在胃中不稳定的药物、有不良臭味的药物及刺激性强的药物也不必粉碎得太细；难溶性药物为加速其溶解和吸收，应粉碎成极细粉或微粉；用于治疗胃溃疡的不溶性药物，必须粉碎成最细粉，以利于发挥其保护作用及药效；用于皮肤或伤口的外用散剂，一般要求粉碎成最细粉，以减轻对组织或黏膜的机械性刺激作用，利于药效的发挥。

粉碎时视药物的性质和粒度要求选择适宜的粉碎方法和设备，并及时过筛，保证产品的细度和均匀性。

2. 混合 混合是制备散剂的重要工艺过程之一，其目的是使散剂中各组分分散均匀、色泽一致，以保证剂量准确、用药安全有效。混合时要注意设备能力、加料顺序、混合时间等，保证混合效率。

3. 分剂量 分剂量是将混合均匀的药粉按需要的剂量分成等重份数的过程。分剂量后装入合适的内包装材料中。常用的分剂量方法如下。

1）容量法 用固定容量的容器进行分剂量的方法。此法效率较高，但准确性稍差，在操作过程中，要注意保持操作条件的一致性，以减少误差。目前大量生产散剂使用的散剂定量分包机和医院制剂室大量配制散剂所用的散剂分量器都是采用容量法分剂量的。

2）目测法（估分法） 将一定重量的散剂用目测分成若干等份的方法。此法操作简便，但准确性差。医院药房临时调配少量一般药物散剂和中药调配可用此法。

3）重量法 用衡器（天平为主）逐份称重的方法。此法分剂量准确，但操作比较麻烦，效率低，难以机械化，主要用于含毒性药物、贵重药物散剂的分剂量。该法必须严格控制散剂的含水量，否则容易造成误差。

4. 包装 由于散剂的表面积较大，故容易吸湿、风化及挥发。若由于包装不当而吸湿，则常发生潮解、结块、变色、分解、霉变等一系列变化，严重影响散剂的质量及用药的安全性。所以，散剂在包装与储存中主要应解决好防潮的问题。包装时应选择适宜的包装材料和包装方法。

1）包装材料 主要有塑料薄膜袋、铝塑复合膜袋、玻璃瓶（管）等。

（1）塑料薄膜袋：质软透明，有透气、透湿性，应用受到一定限制。

（2）铝塑复合膜袋：防气、防湿性能较好，硬度较大，密封性、避光性好，目前应用广泛。

（3）玻璃瓶（管）：性质稳定，阻隔性好，特别适用于含芳香挥发性成分、毒性药物以及吸湿性成分的散剂。

2）包装方法 分剂量散剂一般用袋包装，包装后需热封严密。不分剂量散剂多用瓶（管）包装，应将药物填满压紧，避免在运输过程中因组分密度不同而分层，以致破坏散剂的均匀性。

散剂应密闭储存，含挥发性药物或吸潮药物的散剂应密封储存。

知识链接

散剂的质量检查

除另有规定外，散剂应进行以下相应检查。

1. 粒度 除另有规定外，化学药局部用散剂和用于烧伤或严重创伤的中药局部用散剂及儿科用散剂，照下述方法检查，应符合规定。

取供试品 10 g，精密称定，置七号筛，照粒度和粒度分布测定法（《中国药典》（2015 年版）通则 0982 第二法双筛分法）测定，精密称定通过筛网的粉末重量，不得少于 95%。

2. 外观均匀度 取供试品适量，置光滑纸上平铺约 5 cm^2，将其表面压平，在亮处观察，应色泽均匀、无花纹与色斑。

3. 水分 中药散剂照水分测定法（《中国药典》（2015 年版）通则 0832）测定，除另有规定外，不得过 9.0%。

4. 干燥失重 化学药和生物制品散剂，除另有规定外，取供试品，照干燥失重测定法（《中国药典》（2015 年版）通则 0831）测定，在 105 ℃干燥至恒重，减失重量不得超过 2.0%。

5. 装量差异 单剂量包装的散剂，应符合相关的规定，具体见操作任务。

6. 装量 除另有规定外，多剂量包装的散剂，照最低装量检查法（《中国药典》（2015 年版）通则0942)检查,应符合规定。

7. 无菌 除另有规定外,用于烧伤、严重创伤或临床必须无菌的局部用散剂,照无菌检查法(《中国药典》(2015年版)通则1101)检查,应符合规定。

此外,还应按《中国药典》(2015年版)通则中的"微生物限度检查法"作卫生学检查。

(四)典型散剂实例分析

例:脚气粉

[处方] 硼酸 140 g　　枯矾 30 g　　氧化锌 140 g
　　水杨酸 60 g　　樟脑 10 g　　滑石粉加至 1000 g

[制法] ①樟脑用50 mL 95%乙醇溶解,备用;②其余5种药品分别过80~100目筛,备用;③先将樟脑醇与氧化锌混合均匀,再与其余药品混合均匀,分装即得。

[注解]

(1) 硼酸、枯矾、氧化锌、水杨酸、樟脑均为药用成分,滑石粉为稀释剂。

(2) 枯矾是明矾($KAl(SO_4)_2 \cdot 12H_2O$)的烘干去水物。

[临床适应证]

本品对脚气有收敛、吸湿、止痒等作用。外用,一日1~2次,将药物散布于患处。

例:冰硼散

[处方] 冰片 50 g　　硼砂(煅) 500 g
　　朱砂 60 g　　玄明粉 500 g

[制法] 以上四味药,朱砂水飞成极细粉,硼砂粉碎成细粉,并与研细的冰片、玄明粉混匀,将朱砂与上述混合粉末配研法混匀,过筛即得。

[注解]

(1) 朱砂主含硫化汞,为粒状或块状集合体,色鲜红或暗红,有光泽,质重而脆,水飞法可获极细粉。玄明粉是芒硝经风化干燥所得,含硫酸钠99%。

(2) 本品朱砂有色,易于观察混合的均匀性。本品用乙醚提取,重量法测定,冰片含量为3.5%。

[临床适应证]

本品具有清热解毒,消肿止痛作用。适用于热毒蕴结所致的咽喉疼痛、牙龈肿痛、口舌生疮。吹敷患处,每次少量,一日数次。

例:益元散

[处方] 滑石 30 g　　甘草(炙) 5 g　　朱砂 1.5 g

[制法] 称取以上三味药,朱砂水飞成极细粉;滑石、甘草粉碎成细粉。将少量滑石粉放于乳钵内先行研磨,再称取朱砂极细粉1.5 g置乳钵中,逐渐加入等容积滑石粉研匀,倒出。取甘草置乳钵中再加入上述混合物研匀。按每包3 g分包。

[注解]

(1) 将少量滑石粉放于乳钵内先行研磨,是为了饱和乳钵的表面能。

(2) 因滑石、朱砂组分比例相差过大时,不易混合均匀,故采用配研法(又称等量递加法)进行混合。

[临床适应证]

本品清暑利湿,用于治疗暑湿、身热心烦、口渴喜饮、小便短赤。调服或煎服,一次6 g,一日1~2次。

三、颗粒剂

(一)概述

1. 颗粒剂的概念及特点 颗粒剂(granules)是指药物与适宜的辅料混合制成具有一定粒度的干燥颗粒状制剂,供口服用。颗粒剂可分散或溶解在水中或其他适宜的液体中服用,也可直接吞服。

颗粒剂是在汤剂、散剂、糖浆剂等基础上发展起来的一种剂型,具有以下特点:①与片剂、胶囊剂相比,分散度大,有利于药物的吸收和发挥疗效;②与散剂相比,飞散性、附着性、团聚性、吸湿性等均较少;③性质稳定,运输、携带、储存方便;④服用方便,根据需要可加入着色剂、芳香剂、矫味剂等制成色、香、味俱全的颗粒剂，使患者容易接受，适合小儿服用；⑤必要时可对颗粒进行包衣，根据包衣材料的性质可使颗粒具有防潮性、缓释性或肠溶性等；⑥由于颗粒大小不一，有时分剂量不易准确，尤其组分间密度不同、数量不同时，容易分层。

2. 颗粒剂的分类 颗粒剂可分为可溶颗粒、混悬颗粒、泡腾颗粒、肠溶颗粒、缓释颗粒和控释颗粒等。

(1) 可溶颗粒 绝大多数为水溶性颗粒，用水冲服，如头孢氨苄颗粒、板蓝根颗粒等；另外还有酒溶性颗粒，加一定量的饮用酒溶解后服用，如木瓜颗粒等。

(2) 混悬颗粒 难溶性药物与适宜辅料混合制成的颗粒剂。临用前加水或其他适宜的液体振摇即可分散成混悬液，如头孢拉定颗粒、小儿感冒颗粒等。

(3) 泡腾颗粒 含有碳酸氢钠和有机酸，遇水可放出大量气体而呈泡腾状的颗粒剂。泡腾颗粒中的原料药物应是易溶性的，加水产生气泡后应能溶解。有机酸一般用枸橼酸、酒石酸等。泡腾颗粒应溶解于水中后服用，如维生素C泡腾颗粒。

(4) 肠溶颗粒 采用肠溶材料包裹颗粒或其他适宜方法制成的颗粒剂。肠溶颗粒耐胃酸，而在肠液中释放活性成分或控制药物在肠道内定位释放，可防止药物在胃内分解失效，避免药物对胃的刺激。

(5) 缓释颗粒 在水或规定的释放介质中缓慢地非恒速释放药物的颗粒剂。

(6) 控释颗粒 在水或规定的介质中缓慢地恒速释放药物的颗粒剂。

3. 颗粒剂的质量要求 颗粒剂在生产与储藏期间应符合下列规定。

(1) 药物与辅料应均匀混合。含药量小或含剧毒药的颗粒剂，应根据原料药物的性质采用适宜方法使其分散均匀。

除另有规定外，中药饮片应按各品种项下规定的方法进行提取、纯化、浓缩成规定相对密度的清膏，采用适宜的方法干燥并制成细粉，加适量辅料(不超过干膏量的2倍)或饮片细粉，混匀并制成颗粒；也可将清膏加适量辅料(不超过清膏量的5倍)或饮片细粉，混匀并制成颗粒。

(2) 凡属挥发性原料药物或遇热不稳定的药物在制备过程中应注意控制适宜的温度条件，凡遇光不稳定的原料药物应遮光操作。挥发油应均匀喷入干燥颗粒中，密闭至规定时间或用包合等技术处理后加入。

(3) 颗粒剂应干燥、颗粒均匀、色泽一致，无吸潮、结块、潮解等现象。

(4) 根据需要颗粒剂可加入适宜的辅料，如稀释剂、黏合剂、分散剂、着色剂和矫味剂等。

(5) 为了防潮、掩盖原料药物的不良气味等需要，也可对颗粒进行包薄膜衣。必要时，包衣颗粒应检查残留溶剂。

(6) 颗粒剂的微生物限度应符合要求。

(7) 根据原料药物和制剂的特性，除来源于动、植物多组分且难以建立测定方法的颗粒剂外，溶出度、释放度、含量均匀度等应符合要求。

(8) 除另有规定外，颗粒剂应密封，置干燥处储存，防止受潮。生物制品原液、半成品和成品的生产及质量控制应符合相关品种要求。

(二) 颗粒剂的临床应用与注意事项

1. 临床应用 适用于老年人和儿童用药以及吞咽困难的患者。普通颗粒剂冲服时应使药物完全溶解，充分发挥有效成分的治疗作用；肠溶、缓释、控释颗粒剂服用时应保证制剂释药结构的完整性。

2. 注意事项 可溶颗粒、泡腾颗粒应加温开水冲服，切忌放入口中用水送服；混悬颗粒冲服如有部分药物不溶解也应该一并服用；中药颗粒剂不宜用铁质或铝制容器冲服，以免影响疗效。

(三) 颗粒剂的制备

颗粒剂的制备工艺流程如图6-20所示。

药物的粉碎、过筛、混合操作完全与散剂的制备过程相同。

1. 制软材 向药物中加入适量的稀释剂(如淀粉、蔗糖或乳糖等)、崩解剂(如淀粉、纤维素衍生物等)充分混匀，加入适量的水或其他黏合剂制成硬度适中的软材。大量生产用槽型混合机进行混合制软材，小量生产时可用手工搓混制备软材。制软材是传统湿法制粒的关键技术，黏合剂的加入量可根据经验以“握之成团，触之即散”为准。由于淀粉和纤维素衍生物兼具黏合和崩解两种作用，所以常用做颗粒剂的黏合剂。

2. 制湿粒 将软材挤压通过适宜的筛网即能得到需要的颗粒，此法称为挤压制粒。通过筛网挤出的湿粒应无长条状、无块状、无粉末，均匀的颗粒为佳。如软材黏附在筛网中很多，或挤出的不成粒状而是条状

辅料

物料 → 粉碎 → 过筛 → 混合 → 制软材 → 制湿粒 → 干燥 → 整粒与分级 → 质检与分剂量 → 颗粒剂

图 6-20 颗粒剂的制备工艺流程图

物，表明黏合剂或润湿剂的选择不当或用量过多。若通过筛网后呈疏松的粉粒或细粉多，则表示黏合剂或润湿剂用量不足。为得到较好的颗粒可采用多次制粒，一般过筛次数越多则所制得的湿粒越紧而坚硬。

(1) 摇摆式制粒机制粒　这是传统制粒多用的方法。摇摆式制粒机(图 6-21 所示)由加料斗、带有六角形棱柱的滚轴及筛网组成，制粒时滚轴借助机械力做往复运动，使软材挤压通过筛孔而成颗粒。该设备结构简单，操作容易，广泛用于制药生产中，但生产能力低，对筛网的摩擦力较大，筛网易破损。

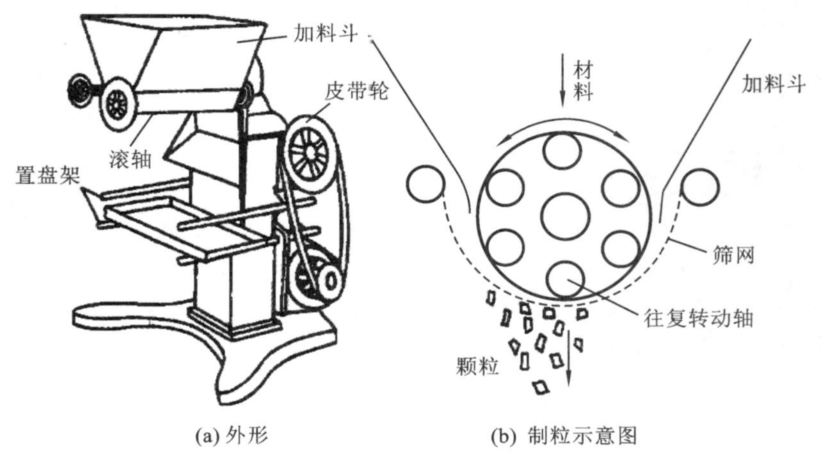

图 6-21 摇摆式制粒机

(2) 高速搅拌制粒机制粒　高速搅拌制粒机(图 6-22、图 6-23 所示)，由混合筒、搅拌桨和切割刀组成，药物与辅料(包括黏合剂)在高速搅拌桨的作用下混合、翻动、分散而甩向器壁后向上运动，形成较大颗粒，在切割刀的作用下将大块颗粒绞碎、剪切，并和搅拌桨的搅拌作用相呼应，使颗粒得到强大的挤压、滚动而形成致密且均匀的颗粒。也可通过改变搅拌桨的结构、调剂切割刀的位置和黏合剂用量制得大小和致密性

图 6-22 高速搅拌制粒机

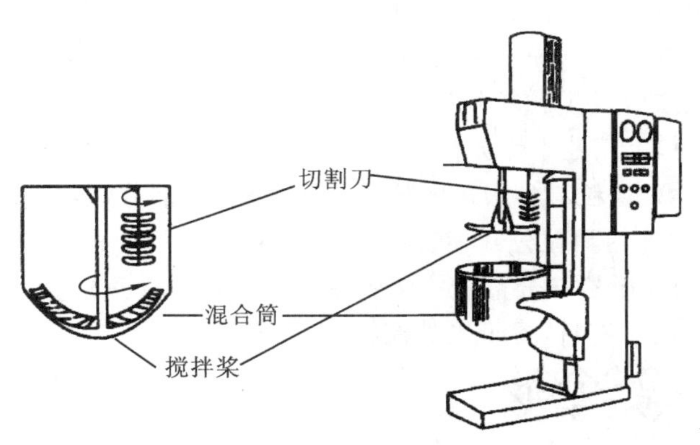

图 6-23 高速搅拌制粒机结构示意图

不同的颗粒。此法的特点是在同一密闭容器内完成混合、制软材、制粒过程，避免了粉尘飞扬和交叉污染，生产效率高，制得颗粒均匀、质地结实。

(3) 流化喷雾制粒　又称沸腾制粒，如图 6-24、图 6-25 所示，利用物料粉末粒子在原料容器中呈环形流化状态，受到经过净化后的加热空气的预热和混合，将黏合剂溶液雾化喷入，使若干粒子聚集成含有黏合剂的团粒，由于热空气对物料的不断干燥，使团粒中水分蒸发，黏合剂凝固，形成理想的、均匀的多微孔球状颗粒。该方法将物料的混合、制粒与干燥等在同一设备内完成，因此又称为一步制粒。

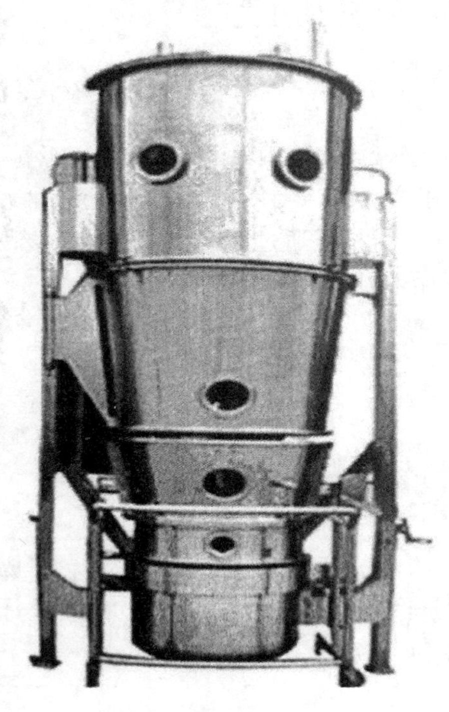

图 6-24　流化床制粒机

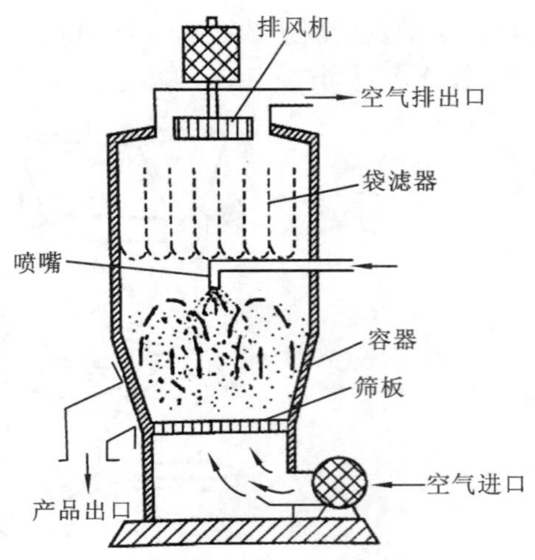

图 6-25　流化床制粒机结构示意图

3. 湿粒的干燥　除一步制粒可得到干燥的颗粒外，其他方法制得的湿粒必须迅速干燥，以免发生变形和结块。常用的方法有以下几种。

(1) 箱式干燥器(烘箱)和干燥室干燥法　将湿粒铺在烘盘中(盘底铺一层纸或布)，厚度以不超过 2.5 cm为宜，容易变质的药物宜更薄些。干燥温度一般为 50～60 ℃；中药湿粒为 60～80 ℃；芳香性、挥发性以及含苷成分的中药，应控制在 60 ℃以下，以免有效成分散失；不受高热影响的药物，可提高到 80～100 ℃，以缩短干燥时间。干燥时以逐渐升高温度为宜，以免湿粒中的淀粉或糖类因高温而糊化或融化，或颗粒表面先干而结成膜，内部水分不易扩散，造成“外干内湿”的现象。待湿粒基本干燥时要定时进行翻动，使颗粒烘干均匀，但不要过早翻动，以免破坏湿粒结构，使细粉增加。小量干燥可在烘箱中进行；大量干燥则利用烘房或沸腾干燥床，但不宜置于室外用阳光曝晒，以避免颗粒被污染或使药物质量受损。

(2) 流化床干燥法　将待干燥的湿颗粒置于流化床底部的筛网上后，当干燥的热空气以较快的速度流经筛网而进入流化床时，颗粒便随气流上下浮动而处于流化状态(沸腾状态)，与此同时进行热交换和干燥。进入的热空气最后经旋风分离器排出或供循环使用。在整个干燥过程中颗粒和粉粒没有紧密接触，所以可溶性成分发生颗粒间迁移的机会较少，故有利于保持均匀状态。

(3) 其他干燥方法　有微波加热干燥、远红外线加热干燥、离心式喷雾干燥等。

4. 整粒与分级　颗粒在干燥过程中，部分颗粒互相黏结成块，所以必须对干燥后的颗粒给予整理，使结块、粘连的颗粒分开，获得具有一定粒度的均匀颗粒。一般采用过筛的办法整粒和分级。

5. 质检与分剂量　将制得的颗粒进行含量检查与粒度测定等，按剂量装入适宜袋中。除另有规定外，颗粒剂应密封，置干燥处储存，防止吸潮。

颗粒剂处方及制备工艺分析

阿司匹林颗粒处方如下：

乙酰水杨酸	60.0 g	淀粉	600.0 g
酒石酸	0.75 g	10%淀粉浆	适量

根据处方讨论并回答下列问题：

(1) 处方中各成分有何作用？

(2) 写出其制备工艺流程。

知识链接

颗粒剂的质量检查

除另有规定外，颗粒剂应进行以下检查。

1. 粒度　除另有规定外，照粒度和粒度分布测定法(《中国药典》(2015 年版)通则 0982 第二法双筛分法)测定，不能通过一号筛与能通过五号筛的总和不得超过 15%。

2. 水分　中药颗粒剂照水分测定法(《中国药典》(2015 年版)通则 0832)测定，除另有规定外，水分不得超过 8.0%。

3. 干燥失重　除另有规定外，化学药品和生物制品颗粒剂照干燥失重测定法(《中国药典》(2015 年版)通则 0831)测定，于 105 ℃干燥(含糖颗粒应在 80 ℃减压干燥)至恒重，减失重量不得超过 2.0%。

4. 溶化性　除另有规定外，颗粒剂照下述方法检查，溶化性应符合规定。

①可溶颗粒检查法　取供试品 10 g(中药单剂量包装取 1 袋)，加热水 200 mL，搅拌 5 min，立即观察，可溶颗粒应全部溶化或可允许有轻微混浊。

②泡腾颗粒检查法　取供试品 3 袋，将内容物分别转移至盛有 200 mL 水的烧杯中，水温为 15～25 ℃，应迅速产生气体而呈泡腾状，5 min 内颗粒均应完全分散或溶解在水中。

颗粒剂按上述方法检查，均不得有异物，中药颗粒还不得有焦屑。

混悬颗粒以及已规定检查溶出度或释放度的颗粒剂，可不进行溶化性检查。

5. 装量差异　单剂量包装的颗粒剂按下述方法检查，应符合规定。

检查方法　取供试品 10 袋(瓶)，除去包装，分别精密称定每袋(瓶)内容物的重量，求出每袋(瓶)内容物的装量与平均装量。每袋(瓶)装量与平均装量相比较(凡无含量测定的颗粒剂或有标示装量的颗粒剂，每袋(瓶)装量应与标示装量比较)，超出装量差异限度的颗粒剂不得多于 2 袋(瓶)，并不得有 1 袋(瓶)超出装量差异限度的 1 倍。

凡规定检查含量均匀度的颗粒剂，一般不再进行装量差异检查。

6. 装量　多剂量包装的颗粒剂，照最低装量检查法(《中国药典》(2015 年版)通则 0942)检查，应符合规定。

7. 微生物限度　以动物、植物、矿物质来源的非单体成分制成的颗粒剂，生物制品颗粒剂，照《中国药典》(2015 年版)非无菌产品微生物限度检查：微生物计数法(通则 1105)和控制菌检查法(通则 1106)及非无菌药品微生物限度标准(通则 1107)检查，应符合规定。规定检查杂菌的生物制品颗粒剂，可不进行微生物限度检查。

(四) 典型颗粒剂实例分析

例：感冒颗粒

[处方]	金银花	33.4 g	大青叶	80 g
	桔梗	43 g	连翘	33.4 g
	紫苏叶	16.7 g	甘草	12.5 g
	板蓝根	80 g	芦根	33.4 g
	防风	25 g	共制成	10 袋

[制法]　①连翘、紫苏叶加 4 倍水，提取挥发油备用；②其余 7 种药材与第①项残渣、残液混合在一起，

并凑足 6 倍量水，浸泡 30 min，加热煎煮 2 h；第 2 次加 4 倍量水，煎煮 1.5 h；第 3 次加 2 倍量水，煎煮 45 min；合并 3 次煎煮液，静置 12 h，上清液过 200 目筛，滤液待用；③滤液减压蒸发浓缩至稠膏状，停止加热，向稠膏中加入 2 倍量 75%乙醇，搅匀，静置过夜，上清液过滤，滤液待用；④滤液减压回收乙醇，并浓缩至稠膏状，加入 5 倍量的糖粉，混合均匀，加入 70%乙醇少许，制成软材，过 14 目尼龙筛制粒，湿颗粒于 60 ℃干燥，干颗粒过 14 目筛整粒，再过四号筛(65 目)筛去细粉，在缓慢的搅拌下，将第①项挥发油和乙醇混合液(约 200 mL)喷入干颗粒中，并焖 30 min，然后分装、密封、包装即得。

[临床适应证]

本品具有抗感冒作用。可用于治疗感冒、发烧、咳嗽、咽喉炎、急性扁桃体炎等。开水冲服，一日 3 次，一次 1 袋。

例：布洛芬泡腾颗粒

[处方]				
	布洛芬	60 g	交联羧甲基纤维素钠	3 g
	聚维酮	1 g	糖精钠	2.5 g
	微晶纤维素	15 g	蔗糖细粉	350 g
	苹果酸	165 g	碳酸氢钠	50 g
	无水碳酸钠	15 g	橘型香料	14 g
	十二烷基硫酸钠	0.3 g	共制成	100 袋

[制法] 将布洛芬、微晶纤维素、交联羧甲基纤维素钠、苹果酸和蔗糖细粉过 16 目筛后，置混合器内与糖精钠混合。混合物用聚维酮异丙醇溶液制粒，干燥，过 30 目筛整粒后与剩余处方成分混匀。混合前，碳酸氢钠过 30 目筛，无水碳酸钠、十二烷基硫酸钠和橘型香料过 60 目筛。制成的混合物装于不透水的袋中，每袋含布洛芬 600 mg。

[注解]

处方中微晶纤维素、交联羧甲基纤维素钠为不溶性亲水聚合物，可改善布洛芬的混悬性。十二烷基硫酸钠可加快药物的溶出。

[临床适应证]

本品有消炎、解热、镇痛作用，用于类风湿性和风湿性关节炎。口服，一日 2～3 次，一次 1 袋。

例：复方维生素 B 颗粒

[处方]				
	维生素 B_1	1.20 g	维生素 B_2	0.24 g
	维生素 B_6	0.36 g	烟酰胺	1.20 g
	混旋泛酸钙	0.24 g	苯甲酸钠	4.0 g
	枸橼酸	2.0 g	橙皮酊	20 mL
	蔗糖粉	986 g		

[制法] 将维生素 B_2 加蔗糖粉混合粉碎，过 80 目筛；将维生素 B_6、混旋泛酸钙、橙皮酊、枸橼酸、苯甲酸钠溶于纯化水中作润湿剂；另将维生素 B_1、烟酰胺等与上述稀释的维生素 B_2 混合均匀后制粒，在 60～65 ℃干燥、整粒、分级即得。

[注解]

(1) 处方中维生素 B_2 带有黄色，须与辅料充分混匀；加入枸橼酸使颗粒呈弱酸性，以增加药物的稳定性。

(2) 维生素 B_2 等对光敏感，操作时应尽量避光。

[临床适应证]

本品主要用于营养不良、厌食、脚气病及因缺乏 B 族维生素所致的各种疾病的辅助治疗。一日 3 次，一次 1 袋，开水冲服。

四、胶囊剂

(一) 概述

1. 胶囊剂的概念与特点 胶囊剂(capsule)是指将药物或与适宜辅料充填于空心胶囊或密封于软质囊材中制成的固体制剂，主要供口服用，也有用于其他部位的，如直肠、阴道等。

胶囊剂已成为使用广泛的口服制剂之一，许多国家胶囊剂的产量、产值仅次于片剂和注射剂而居第三位。胶囊剂具有以下特点。

(1) 能掩盖药物的不良臭味　奎宁、氯霉素、鱼肝油等具有不良臭味，制成胶囊剂可得到有效改善。

(2) 可提高药物的稳定性　对光敏感或对湿、热不稳定的药物，装入胶囊中，可避免水分、空气、光线的影响，从而提高药物的稳定性。

(3) 起效快，生物利用度较高　胶囊剂中的药物是以粉末或颗粒状填充于囊壳中，不受压力等因素的影响，所以在胃肠道中迅速分散、溶出和吸收，起效高于丸剂、片剂等剂型。

(4) 液态药物固体化　含油量高的药物或液态药物难以制成丸剂、片剂等，但可制成软胶囊，将液态药物固体化，服药方便。

(5) 可定时定位释放药物　可先将药物制成颗粒，然后用不同释放速度的高分子材料或肠溶材料包衣，按需要的比例混匀后装入明胶空心胶囊中，可制成缓控释、肠溶等多种类型的胶囊剂。

(6) 便于识别　具有多种颜色，可印字，利于识别。

胶囊剂虽有较多优点，但下列情况不适宜制成胶囊剂：①能使胶囊壁溶解的液体药物，如药物的水溶液或乙醇溶液；②易溶性及小剂量的刺激性药物，如溴化物、碘化物等，因其在胃中溶解后局部浓度过高会刺激胃黏膜；③容易风化的药物，可使胶囊壁变软；④吸湿性强的药物，可使胶囊壁干燥变脆。

2. 胶囊剂的分类　胶囊剂按胶囊壳的硬度不同，可分为硬胶囊和软胶囊；按释放药物部位和速度不同，可分为肠溶胶囊、缓释胶囊和控释胶囊。

(1) 硬胶囊　通称胶囊，指采用适宜的制剂技术，将原料药物或加适宜辅料制成的均匀粉末、颗粒、小片、小丸、半固体或液体等，充填于空心胶囊中而制成。

(2) 软胶囊　又称胶丸，是将一定量的液体原料药物直接包封，或将固体原料药物溶解或分散在适宜的辅料中制备成溶液、混悬液、乳状液或半固体，密封于软质囊材中制成的胶囊剂。

(3) 缓释胶囊　在规定的释放介质中缓慢地非恒速释放药物的胶囊剂。

(4) 控释胶囊　在规定的释放介质中缓慢地恒速释放药物的胶囊剂。

(5) 肠溶胶囊　用肠溶材料包衣的颗粒或小丸充填于空心胶囊而制成的硬胶囊，或用适宜的肠溶材料制备而得的硬胶囊或软胶囊。肠溶胶囊不溶于胃液，但能在肠液中崩解而释放活性成分。

3. 胶囊剂的质量要求　胶囊剂在生产与储藏期间应符合下列有关规定。

(1) 胶囊剂的内容物不论是原料药物还是辅料，均不应造成囊壳的变质。

(2) 小剂量原料药物应用适宜的稀释剂稀释，并混合均匀。

(3) 胶囊剂应整洁，不得有黏结、变形、渗漏或囊壳破裂现象，并应无异臭。

(4) 胶囊剂的微生物限度应符合要求。

(5) 根据原料药物和制剂的特性，除来源于动、植物多组分且难以建立测定方法的胶囊剂外，溶出度、释放度、含量均匀度等应符合要求。必要时，内容物包衣的胶囊剂应检查残留溶剂。

(6) 除另有规定外，胶囊剂应密封储存，其存放环境温度不高于 30 ℃，湿度应适宜，防止受潮、发霉、变质。生物制品原液、半成品和成品的生产及质量控制应符合相关品种要求。

(二) 胶囊剂的临床应用与注意事项

1. 临床应用　胶囊剂服用方便，疗效确切，适用于大多数患者。服用时的最佳姿势为站着服用、低头咽，且须整粒吞服。所用的水一般为不能超过 40 ℃的温开水，水量在 100 mL 左右较为适宜，避免由于胶囊药物质地轻，悬浮在会咽上部，引起呛咳。

2. 注意事项　干吞胶囊剂易导致胶囊的明胶吸水后附着在食管上，造成局部药物浓度过高危害食管，造成黏膜损伤甚至溃疡。服用胶囊剂时，送服水温度不宜过高。温度过高，会使以明胶为主要原料的胶囊壳软化，甚至破坏，影响药物在体内的生物利用度。

胶囊剂须整粒吞服，避免被掩盖的异味散发，确保服用剂量准确，在提高患者顺应性的同时，发挥最佳药效。尤其在服用缓释、控释胶囊时，胶囊壳有时会起到缓释或控释的作用，整粒服用才会发挥最佳疗效，若剥去囊壳会造成突释等不良效果。

(三) 胶囊剂的制备

1. 硬胶囊剂的制备　胶囊剂的制备一般分为空心胶囊的制备、内容物的准备、填充等工艺过程。其一般工艺流程见图 6-26 所示。

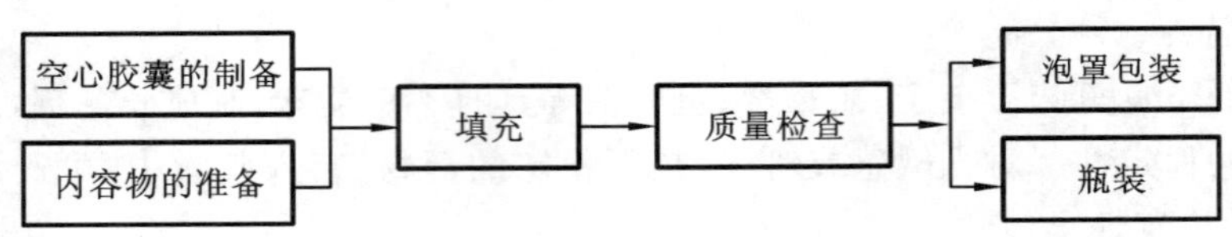

图 6-26 硬胶囊剂的制备工艺流程图

1）空心胶囊的制备

（1）空心胶囊的组成　空心胶囊由明胶加辅料制成。明胶是由骨、皮或腱加工成胶原，经水解后浸出的一种复杂蛋白质（由酸水解制得的明胶称为 A 型明胶，由碱水解制得的明胶称为 B 型明胶）。以骨骼为原料制得的骨明胶，质地坚硬，性脆且透明度差；以猪皮为原料制得的猪皮明胶，富有可塑性，透明度好。为兼顾囊壳的强度和塑性，采用骨、皮混合胶较为理想。

由于明胶的性质不能完全满足空心胶囊的要求，为改善空心胶囊的性能，可根据需要加入下列附加剂：①增加空心胶囊韧性与可塑性的增塑剂，如甘油、山梨醇等；②减小明胶液流动性、增加冻胶力的增稠剂，如琼脂等；③增加美观和便于识别的着色剂，如柠檬黄、胭脂红等；④增加对光敏感药物稳定性的遮光剂，如二氧化钛等；⑤防止胶囊霉变的防腐剂，如尼泊金等；⑥调整胶囊口感的芳香矫味剂，如香精等；⑦增加空胶囊表面光洁度的表面活性剂，如十二烷基硫酸钠等。

（2）空心胶囊的规格与选用　空心胶囊由可套合和锁合的囊帽和囊体组成，囊帽与囊体之间有闭合用槽圈，套合后不易松开，保证硬胶囊制剂在生产、运输和储存过程中不易漏粉。空心胶囊共有八种规格，即 000、00、0、1、2、3、4、5 号，随着号数由小到大，容积由大到小，详细见表 6-8，其中最常用的为 0～3 号。由于药物填充多用容积控制剂量，而各种药物的相对密度、晶型、粒度以及剂量不同，所占的容积也不同，故必须选用适宜大小的空心胶囊。一般凭经验或试装后选用适当号数的空心胶囊。

表 6-8　空心胶囊的编号、重量和容积

编号	000	00	0	1	2	3	4	5
重量/mg	162	142	92	73	53.3	50	40	23.3
容积/mL	1.37	0.95	0.68	0.50	0.37	0.30	0.21	0.13

（3）空心胶囊的制备工艺　空心胶囊的生产目前普遍采用的是栓模法，即将不锈钢制的栓模浸入明胶溶液形成囊壳的方法。其生产工艺包括溶胶、蘸胶（制坯）、干燥、拨壳、切割、整理几个过程，一般由自动化生产线完成，生产环境洁净度应达 10000 级，温度 10～25 ℃，相对湿度 35%～45%。为便于识别，空胶囊壳上还可用食用油墨印字。

知识链接

药用空心胶囊

毒胶囊事件：2012 年 4 月 15 日，央视《每周质量报告》曝光河北一些不法企业，用生石灰处理皮革废料，熬制成工业明胶，卖给一些绍兴新昌胶囊生产企业制成明胶空心胶囊，再流入药品生产企业，做成各种胶囊制剂，供患者使用。由于皮革在工业加工时，要使用含铬的鞣制剂，因此这样制成的胶囊制剂，往往重金属铬超标。六价铬对人体的毒性非常强，容易进入人体细胞，对肝、肾等内脏器官和 DNA 造成损伤，在人体内蓄积具有致癌性并可能诱发基因突变。

2）内容物的准备　若单纯药物粉碎至适宜粒度就能满足硬胶囊剂的填充要求，即可直接填充，但多数药物由于流动性差等原因，需加入一定的稀释剂、润滑剂等辅料才能满足填充（或临床用药）的要求。一般可加入蔗糖、乳糖、微晶纤维素、改性淀粉、二氧化硅、硬脂酸镁、滑石粉、HPC 等改善流动性或避免分层。也可加入辅料制成颗粒后进行填充。

3）填充　胶囊剂的填充方法有手工填充和全自动胶囊充填机填充两种。手工填充方法仅适合小量实验；大量生产一般采用全自动胶囊充填机填充。

(1) 手工填充　小量试制可用胶囊充填板充填药物。具体操作如下：先将囊体摆在胶囊充填板上，调节充填板高度使囊体上口与板面相平，将内容物撒在充填板上使均匀填满囊体，调低充填板以露出囊体，盖上囊帽并压紧，使囊体与囊帽完全封合，取下胶囊。填充好的胶囊可用洁净的纱布包起，轻轻搓滚，以拭去胶囊外面黏附的药粉。如在纱布上喷少量液体石蜡，滚搓后可使胶囊光亮。此充填法重量差异大，且效率低。

(2) 全自动胶囊充填机填充　全自动胶囊充填机(图 6-27 所示)主要由机架、传动系统、回转台部件、胶囊送进结构、胶囊分离结构、颗粒充填结构、粉末充填组件、废胶囊剔除结构、胶囊封合结构、成品胶囊排出结构等组成。填充时可根据内容物的状态和流动性选择合适的填充方式和机型，填充过程一般都包括以下五步(如图 6-28 所示)：①空胶囊的定向排列；②囊帽和囊体分离；③充填；④囊帽和囊体套合；⑤排出成品。

图 6-27　全自动胶囊充填机

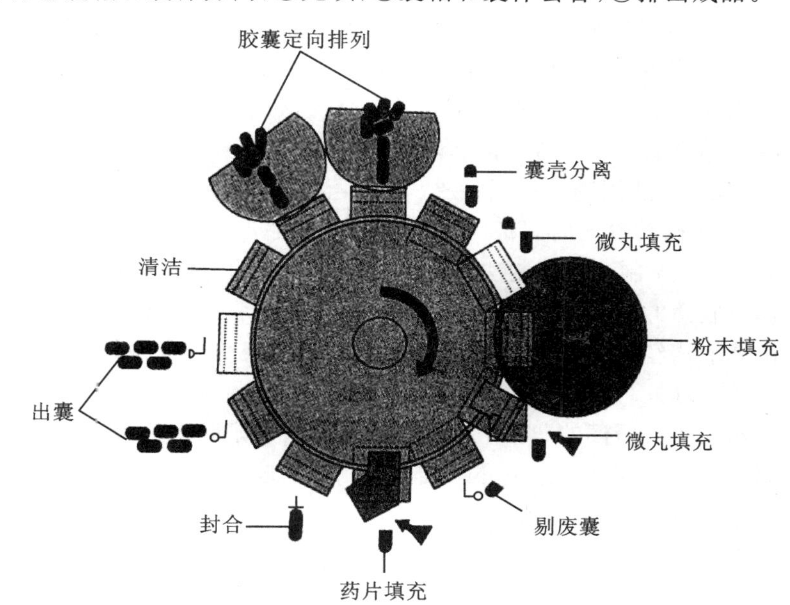

图 6-28　全自动胶囊充填机工作过程示意图

根据填充原理的不同，全自动胶囊充填机的填充方法一般有 5 种类型(如图 6-29 所示)：a 型是螺状钻推动药物进入囊体；b 型是柱塞上下往复运动将药物压进囊体；c 型是药物粉末或颗粒自由流入囊体；d 型是在填充管内先将药物压成单剂量的小圆柱，再进入囊体中。从填充原理看，a、b 型充填机促进药粉流动，避免分层，适于复方组分或流动性差的物料；c 型充填机适于颗粒状、流动性好的物料；d 型充填机适于聚集性较强的结晶性或易吸湿的物料。

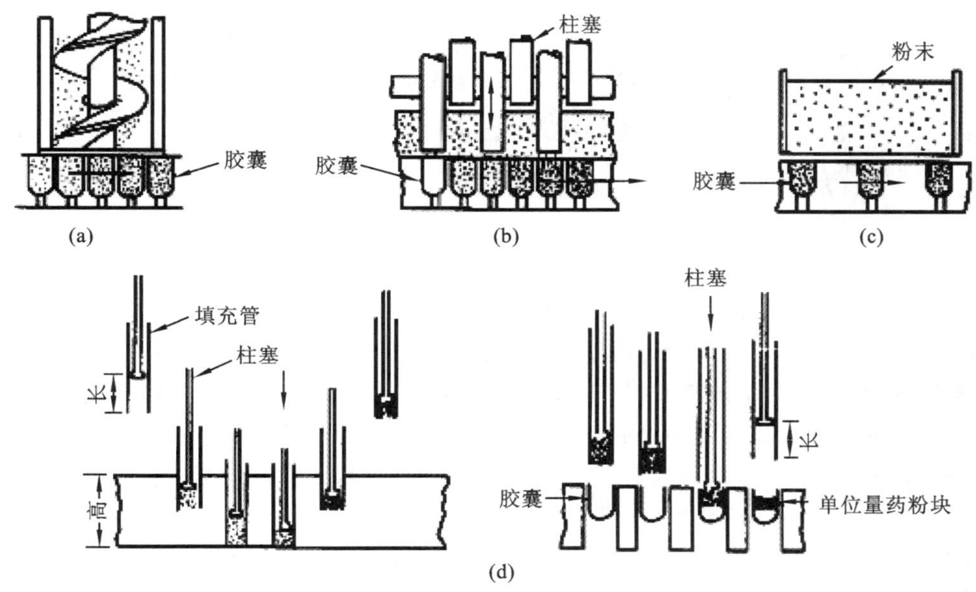

图 6-29　硬胶囊药物充填类型示意图

填充好的胶囊可使用胶囊抛光机清除黏附在胶囊外壁上的细粉，使胶囊光洁。充填、封口后，取样进行含量测定、崩解时限、装量差异等项目的检查，合格后包装。

2. 软胶囊剂的制备

1）囊材与内容物的要求

（1）囊材　囊材具有可塑性与弹性是软胶囊剂的特点，也是软胶囊剂成形的基础，因此囊材中需要加入较多的增塑剂。组成囊材的明胶、增塑剂、水三者比例要适宜，通常明胶、增塑剂、水的比例为1：(0.4～0.6)：1。增塑剂的用量与软胶囊囊壳的硬度有关，若增塑剂用量过低，则囊壳会过硬，反之，囊壳会过软。常用的增塑剂有甘油、山梨醇或二者的混合物。配制时，将按比例准备好的囊材物料置于适宜的容器中，使明胶充分溶胀后，加热至70～80 ℃，同时搅拌使其溶解，静置保温1～2 h，保温过滤成胶浆备用。

（2）内容物　由于软质囊材以明胶为主，因此对蛋白质性质无影响的药物和附加剂才能填充，而且填充物多为液体，如各种油类和液体药物、药物溶液、混悬液，少数为固体物。值得注意的是：液体药物若含5%的水或为水溶性、挥发性、小分子有机物，如乙醇、酮、酸、酯等，能使囊材软化或溶解；醛可使明胶变性等，这些均不宜制成软胶囊。液态药物pH值以2.5～7.5为宜，否则易使明胶水解或变性，导致泄漏或影响崩解和溶出，可选用磷酸盐、乳酸盐等缓冲溶液调整。

2）软胶囊剂的制备　常用方法为压制法和滴制法。

（1）压制法　压制法是将胶液制成厚薄均匀的胶片，再将药液置于两个胶片之间，用钢板模或旋转模压制软胶囊的一种方法。目前生产上主要采用自动旋转模压法，其制囊机及模压过程参见图6-30所示。药液由储液槽经导管流入楔形注射器，两条由相反方向向两侧送料轴传送过来的软胶带相对地进入两个轮状模子的夹缝处。此时，药液借填充泵的推动，定量地落入两胶带之间，由于旋转的轮状模子连续转动，将胶片与药液压入两模的凹槽中，使胶带呈两个半球形将药液包裹，形成一个球形囊状物，剩余的胶带被切断分离。填充的药液量由填充泵准确控制。软胶囊的形状由轮状模子的形状控制，目前主要有圆柱形、球形、橄榄形、管形、栓形、鱼形等。

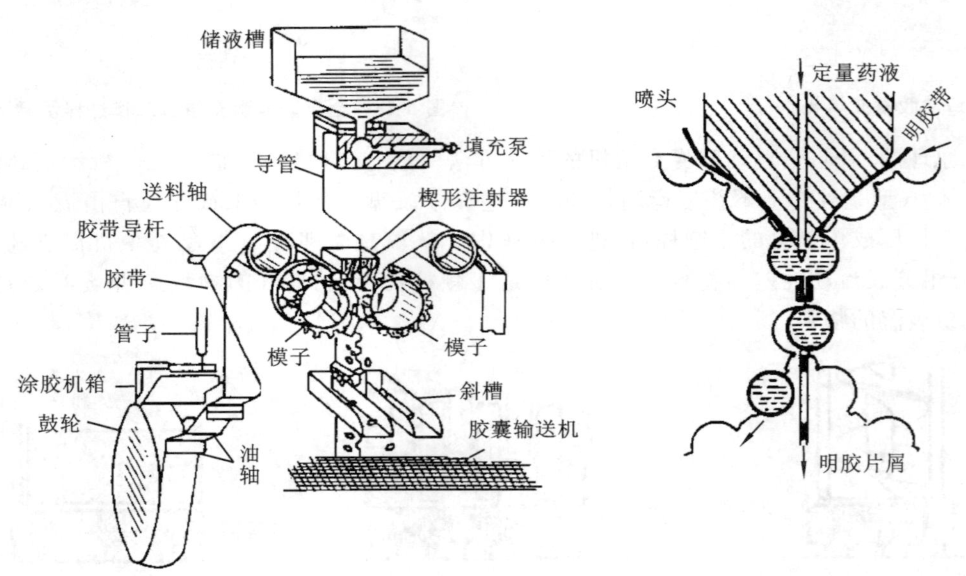

图6-30　压制法制备软胶囊剂示意图

（2）滴制法　采用滴丸机制备软胶囊的方法，滴丸机的结构如图6-31所示，由储液槽、定量控制器、滴头、冷却箱等部分组成。制备时，明胶液与药液分别盛装于储液槽中，两液经定量控制器通过同心管状的双层滴头以不同速度滴出，使一定量的胶液将一定量的药液包裹后，滴入另一种不相溶的冷却液（常用液体石蜡）中，胶液接触冷却液后因表面张力作用收缩成球形，并逐渐凝固而成胶丸。此法制软胶囊时，胶液与药液的温度、滴头的大小、滴制速度、冷却液的温度等因素均会影响软胶囊的质量，应通过实验考察筛选适宜的工艺条件。

3. 肠溶胶囊剂的制备　目前肠溶胶囊剂的制备方法主要是在明胶表面包肠溶衣料，如用PVP作底衣层，然后用蜂蜡等作外层包衣，也可用丙烯酸Ⅱ号、CAP等包衣，其肠溶性较为稳定。此外，制备肠溶胶囊也可以将内容物用肠溶衣材料包衣后充填于空心胶囊中。

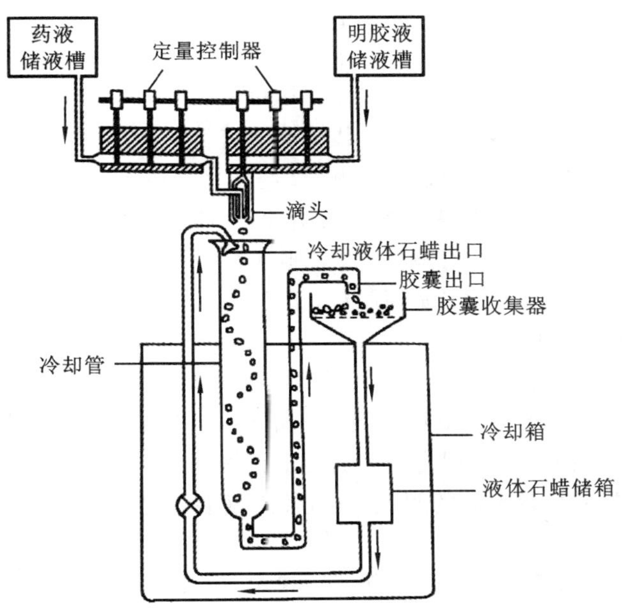

图 6-31 软胶囊(胶丸)滴制法生产过程示意图

知识链接

胶囊剂的质量检查

除另有规定外,胶囊剂应进行以下相应检查。

1. 水分　中药硬胶囊剂应进行水分检查。

取供试品内容物,照水分测定法(《中国药典》(2015 年版)通则 0832)测定。除另有规定外,不得超过 9.0%。

硬胶囊内容物为液体或半固体者不检查水分。

2. 装量差异　除另有规定外,取供试品 20 粒(中药取 10 粒),分别精密称定重量,倾出内容物(不得损失囊壳),硬胶囊囊壳用小刷或其他适宜的用具拭净;软胶囊或内容物为半固体或液体的硬胶囊囊壳用乙醚等易挥发性溶剂洗净,置通风处使溶剂挥尽,再分别精密称定囊壳重量,求出每粒内容物的装量与平均装量。每粒装量与平均装量相比较(有标示装量的胶囊剂,每粒装量应与标示装量比较),超出装量差异限度的不得多于 2 粒,并不得有 1 粒超出限度的 1 倍。

凡规定检查含量均匀度的胶囊剂,一般不再进行装量差异的检查。

3. 崩解时限　按崩解时限检查法(《中国药典》(2015 年版)通则 0921)测定,取供试品 6 粒,置崩解仪吊篮的玻璃管中进行检查,硬胶囊应在 30 min 内全部崩解,软胶囊应在 1 h 内全部崩解,以明胶为基质的软胶囊可改在人工胃液中进行检查。如有 1 粒不能完全崩解,应另取 6 粒复试,均应符合规定。肠溶胶囊,除另有规定外,取供试品 6 粒,用上述装置与方法,先在盐酸(9→1000)中不加挡板检查 2 h,每粒的囊壳均不得有裂缝或崩解现象;然后将吊篮取出,用少量水洗涤后,每管加入挡板,再按上述方法,改在人工肠液中进行检查,1 h 内应全部崩解。如有 1 粒不能完全崩解,应另取 6 粒复试,均应符合规定。

凡规定检查溶出度或释放度的胶囊剂,一般不再进行崩解时限的检查。

4. 微生物限度　以动物、植物、矿物质来源的非单体成分制成的胶囊剂、生物制品胶囊剂,照《中国药典》(2015 年版)非无菌产品微生物限度检查:微生物计数法(通则 1105)和控制菌检查(通则 1106)及非无菌药品微生物限度标准(通则 1107)检查,应符合规定。规定检查杂菌的生物制品胶囊剂,可不进行微生物限度检查。

(四) 典型胶囊剂实例分析

例:速效感冒胶囊

［处方］ 对乙酰氨基酚 300 g　维生素 C 100 g
胆汁粉 100 g　咖啡因 3 g
扑尔敏 3 g　10%淀粉浆 适量
食用色素 适量　共制成硬胶囊剂 1000 粒

［制法］ ①取上述各药物，分别粉碎，过 80 目筛；②将 10%淀粉浆分为 A、B、C 三份，A 加入少量食用胭脂红制成红糊，B 加入少量食用橘黄(最大用量为万分之一)制成黄糊，C 不加色素为白糊；③将对乙酰氨基酚分为三份，一份与扑尔敏混匀后加入红糊，一份与胆汁粉、维生素 C 混匀后加入黄糊，一份与咖啡因混匀后加入白糊，分别制成软材后，过 14 目尼龙筛制粒，于 70 ℃干燥至水分 3%以下；④将上述三种颜色的颗粒混合均匀后，填入空心胶囊中，即得。

［注解］

(1) 本品为一种复方制剂，所含成分的性质、数量各不相同，为防止混合不均匀和填充不均匀，采用适宜的制粒方法使制得颗粒的流动性良好，经混合均匀后再进行填充。

(2) 加入食用色素可使颗粒呈现不同的颜色，可直接观察混合的均匀程度。

［临床适应证］

本品用于感冒引起的鼻塞、头痛、喉咙痛、发热等。口服，一日 3 次，一次 1～2 粒。

例：维生素 AD 胶丸(软胶囊)

［处方］ 维生素 A 3000 U　维生素 D 300 U
明胶 100 份　甘油 55～66 份
水 120 份　鱼肝油或精炼食用植物油 适量

［制法］ 取维生素 A 与维生素 D，加鱼肝油或精炼食用植物油(在 0 ℃左右脱去固体脂肪)，溶解，并调整浓度使每丸含维生素 A 为标示量的 90.0%～120.0%、含维生素 D 应为标示量的 85.0%以上，作为药液待用；另取甘油及水加热到 70～80 ℃，加入明胶，搅拌溶化，保温 1～2 h，除去上浮的泡沫，过滤(维持温度)，加入滴丸机滴制，以液体石蜡为冷却液，收集冷凝的胶丸，用纱布拭去黏附的冷却液，在室温下吹冷风 4 h，放于 25～35 ℃下烘 4 h，再经石油醚洗涤两次(每次 3～5 min)，除去胶丸外层液体石蜡，再用 95%乙醇洗涤一次，最后在 30～35 ℃烘干约 2 h，筛选，质检，包装，即得。

［注解］

在制备胶液的“保温 1～2 h”过程中，可采取适当的抽真空方法以便尽快除去胶液中的气泡、泡沫。

［临床适应证］

本品主要用于防治夜盲、角膜软化、眼干燥、表皮角化及佝偻病和软骨病等，亦用以增长体力，助长发育。口服，一日 3～4 次，一次 1 丸。

 **拓展知识**

粉体学简介

一、概述

制备散剂、颗粒剂与胶囊剂的原料多为粉体状态。固体细小粒子的集合体称为粉体。组成粉体的每个粒子的大小、粒度分布以及粒子形状不同，使粉体整体的性质发生变化。粉体学是研究固体粒子集合体性质及其应用的科学。

粉体学是药物制剂学科的基本理论之一，对固体制剂的处方设计、制备、质量控制以及产品包装等提供重要的理论依据和技术方法。如粉体的可压性会影响片剂成型及崩解的难易，粉体粒子的大小会影响溶出度和生物利用度，粉体的流动性、相对密度等性质会影响散剂、颗粒剂、胶囊剂等按容积分剂量的准确性，粉体的分散度、密度、形态等会影响药物混合的均匀性。

二、粉体的密度与孔隙率

（一）粉体的密度

粉体的密度指单位体积粉体的质量。由于粉体的颗粒内部和颗粒间存在空隙，粉体的体积具有不同含义。粉体的密度根据所指的体积不同分为真密度、粒密度、松密度三种。计算公式如式(6-4)，式(6-5)，式(6-6)所示。

1. 真密度(true density)ρ_t 粉体质量(W)除以不包括颗粒内外空隙的体积(真体积 V_t)所求得的密度。

$$\rho_t = W/V_t \tag{6-4}$$

2. 粒密度(granule density)ρ_g 粉体质量除以包括开口细孔与封闭细孔在内的颗粒体积(粒体积 V_g)所求得的密度。

$$\rho_g = W/V_g \tag{6-5}$$

3. 松密度(bulk density)ρ_b 粉体质量除以该粉体所占容器的体积(松体积 V_b)求得的密度，亦称堆密度。

$$\rho_b = W/V_b \tag{6-6}$$

测定堆密度时，可将粉体装入量筒内，并经多次振动直至体积不再改变，此时测定体积而求得的密度又称为振实密度。

若颗粒致密，无细孔和空洞，则 $\rho_t = \rho_g$；几种密度的大小顺序在一般情况下为 $\rho_t \geqslant \rho_g \geqslant \rho_b$。常见物质的真密度参见表 6-9。

表 6-9 常见物质的真密度

物质名称	真密度/(g/cm^3)	物质名称	真密度/(g/cm^3)
氧化铝	4.0	蜡	0.9
苯甲酸	1.3	碳酸钾	2.29
次碳酸铋	6.86	氯化钾	1.98
碳酸钙	2.72	硝酸银	4.35
氧化钙	3.3	硼酸钠	1.73
软木	0.24	溴化钠	3.2
明胶	1.27	氯化钠	2.16
白陶土	2.2～2.5	蔗糖	1.6
碳酸镁	3.04	沉降硫黄	2.0
氧化镁	3.65	滑石粉	2.6～2.8
硫酸镁	1.65	氧化锌(六方晶)	5.59

（二）粉体的孔隙率

孔隙率是粉体层中空隙所占有的比率。由于颗粒内、颗粒间都有空隙，相应地将孔隙率分为颗粒内孔隙率、颗粒间孔隙率、总孔隙率等。颗粒的充填体积(V)是粉体的真体积(V_t)、颗粒内部空隙体积($V_{内}$)与颗粒间空隙体积($V_{间}$)之和，即 $V=V_t+V_{内}+V_{间}$。根据定义，颗粒内孔隙率 $\varepsilon_{内}=V_{内}/(V_t+V_{内})$；颗粒间孔隙率 $\varepsilon_{间}=V_{间}/V$；总孔隙率 $\varepsilon_{总}=(V_{内}+V_{间})/V$。也可以通过相应的密度计算求得，如式(6-7)，式(6-8)，式(6-9)表示。

$$\varepsilon_{内} = \frac{V_g - V_t}{V_g} = 1 - \frac{\rho_g}{\rho_t} \tag{6-7}$$

$$\varepsilon_{间} = \frac{V - V_g}{V} = 1 - \frac{\rho_b}{\rho_g} \tag{6-8}$$

$$\varepsilon_{总} = \frac{V - V_t}{V} = 1 - \frac{\rho_b}{\rho_t} \tag{6-9}$$

孔隙率的测定方法还有压汞法、气体吸附法等，可参阅有关文献及说明书。

三、粉体的流动性

粉体的流动性(flow ability)与粒子的形状、大小、表面状态、密度、孔隙率等因素有关，加上颗粒之间的内摩擦力和黏附力等的复杂关系，粉体的流动性无法用单一指标来表达。然而粉体的流动性对颗粒剂、胶囊剂、片剂等制剂的装量差异或重量差异影响较大。粉体的流动性常用休止角、流出速度和压缩度来表示。

(一) 粉体流动性的表示方法

1. 休止角 休止角是静止状态粉体堆积层的自由斜面与水平面所形成的最大角，用 θ 表示。常用的测定方法有注入法、排出法、容器倾斜法等，如图 6-32 所示。休止角不仅可以直接测定，而且可以通过测定粉体层的高度和圆盘半径后计算而得，即 $\tan\theta$=高度/半径。

图 6-32 休止角的测定方法

休止角是检验粉体流动性好坏的最简便的方法。休止角越小，粉体流动性越好，一般认为 $\theta\leqslant30°$时，流动性好；$\theta\leqslant40°$时，可以满足生产过程中流动性的需求。黏性粉体(sticky powder)或粒径小于 100 μm 的粉体粒子间相互作用力较大而流动性差，相应地所测休止角较大。值得注意的是，测量方法不同所得数据有所不同，重现性差，所以不能把它看作粉体的一个物理常数。

2. 流出速度 流出速度是将粉体加入漏斗中，用全部粉体流出所需的时间来描述，测定装置如图 6-33 所示。如果粉体的流动性很差而不能流出时加入粒径 100 μm 的玻璃球助流，测定自由流动所需玻璃球的量(w%)，以表示流动性。加入量越多，流动性越差。

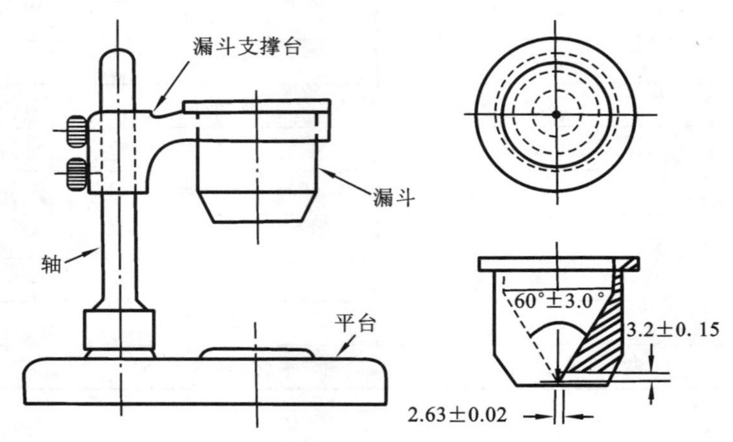

图 6-33 粉体的流动性试验装置

3. 压缩度 将一定量的粉体轻轻装入量筒后测量最初松体积；采用轻敲法(tapping method)使粉体处于最紧状态，测量最终的体积；计算最松密度 ρ_0 与最紧密度 ρ_f；根据式(6-10)计算压缩度 C。

$$C=\frac{\rho_f-\rho_0}{\rho_f}\times100\% \tag{6-10}$$

压缩度是粉体流动性的重要指标，其大小反映粉体的凝聚性、松软状态。压缩度小于 20%时流动性较好，压缩度增大时流动性下降，当压缩度达到 40%～50%时，粉体很难从容器中自动流出。

(二) 影响粉体流动性的因素

影响粉体流动性的主要因素有粉粒大小、粉粒形状与表面粗糙性、含湿量等。

1. 粉粒大小 粉粒流动性与粉粒大小有关，一般来说，粒径大于 200 μm，休止角较小，流动性良好；粒径在 100～200 μm 之间，随着粒径的减小，粉粒间的内聚力和摩擦力逐渐增大，流动性随之减小；粒径小于 100 μm，粉粒间的内聚力和摩擦力大于重力，粉粒易聚集，流动性变差。因此，增加粒径可减小粉粒间的凝聚力，通常是将粉末制成颗粒，增加其流动性，以满足制剂生产的需要。

2. 粉粒形状及表面粗糙性 粉粒若呈球形或接近球形，表面光滑，在流动时多发生滚动，粒子间的摩擦力小，流动性好；粉粒形状越不规则，表面越粗糙，流动性越差。为改善粉体流动性，可加入助流剂如0.5%～2%滑石粉、微粉硅胶等，在粉体的粒子表面填平粗糙面而形成光滑表面，减少阻力，减少静电力等，但过多的助流剂反而增加阻力。

3. 含湿量 粉体含湿量高，粒子表面吸附的水分会增加粒子间黏着力，从而减小粉体流动性。因此可根据需要控制粉粒含湿量，减弱粒子间作用力，保证其流动性，同时防止粉粒过干引起的粉尘飞扬、分层等。

项目小结

教学提纲		主要内容简述
一级	二级	
一、概述	（一）固体剂型的制备工艺	粉碎（方法、设备、注意事项）；过筛（药筛及粉末分等、设备、操作注意事项）；混合（方法、设备、影响因素）
	（二）固体制剂的分类和体内吸收	固体制剂的分类；固体制剂的体内吸收
二、散剂	（一）概述	散剂的概念与特点；散剂的分类
	（二）散剂的临床应用与注意事项	临床应用；注意事项
	（三）散剂的制备	粉碎与过筛；混合；分剂量；包装
	（四）典型散剂实例分析	脚气粉；冰硼散；益元散
三、颗粒剂	（一）概述	颗粒剂的概念及特点；颗粒剂的分类；颗粒剂的质量要求
	（二）颗粒剂的临床应用与注意事项	临床应用；注意事项
	（三）颗粒剂的制备	制软材；制湿粒；湿粒的干燥；整粒与分级；质检与分剂量
	（四）典型颗粒剂实例分析	感冒颗粒；布洛芬泡腾颗粒；复方维生素B颗粒
四、胶囊剂	（一）概述	胶囊剂的概念与特点；胶囊剂的分类；胶囊剂的质量要求
	（二）胶囊剂的临床应用与注意事项	临床应用；注意事项
	（三）胶囊剂的制备	硬胶囊剂的制备：空心胶囊的制备、内容物的准备、填充。软胶囊剂的制备：囊材与内容物的要求、软胶囊剂的制备（压制法、滴制法）；肠溶胶囊剂的制备
	（四）典型胶囊剂实例分析	速效感冒胶囊；维生素AD胶丸

达标检测题

一、选择题

（一）单项选择题

1. 以下关于粉碎方法的叙述中，错误的是（ ）。

A. 毒性药物应单独粉碎　B. 氧化性及还原性药物必须单独粉碎

C. 贵重药物应单独粉碎　D. 含共熔成分时，不能混合粉碎

E. 性质及硬度相近的药物可掺合在一起粉碎

2. 不必单独粉碎的药物是（ ）。

A. 氧化性药物　B. 性质相同的药物　C. 贵重药物

D. 还原性药物　E. 毒性药物

3.《中国药典》（2015年版）规定的标准筛中下列筛号中孔径最小的是（ ）。

A. 五号筛　B. 六号筛　C. 七号筛　D. 八号筛　E. 九号筛

4. 我国工业用标准筛号常用“目”表示，“目”指（ ）。

A. 以每 1 英寸长度上的筛孔数目表示
B. 以每 1 平方英寸面积上的筛孔数目表示
C. 以每 1 市寸长度上的筛孔数目表示
D. 以每 1 平方寸面积上的筛孔数目表示
E. 以每 1 cm 长度上的筛孔数目表示

5. 关于散剂的说法正确的是(　　)。
A. 药味多的药物不宜制成散剂
B. 含液体组分的处方不能制成散剂
C. 散剂可供内服,也可外用
D. 剧毒药物不能制成散剂
E. 含共熔组分的药物不能制成散剂

6. 关于散剂的特点,叙述错误的是(　　)。
A. 散剂易分散,奏效快
B. 制法简便
C. 挥发性成分适宜制成散剂
D. 制成散剂后药物的化学活性也相应增加
E. 挥发性成分不适宜制成散剂

7. 倍散的稀释倍数由剂量决定,通常十倍散是指(　　)。
A. 10 份稀释剂与 1 份药物均匀混合的散剂
B. 100 份稀释剂与 10 份药物均匀混合的散剂
C. 9 份稀释剂与 1 份药物均匀混合的散剂
D. 90 份稀释剂与 10 份药物均匀混合的散剂
E. 99 份稀释剂与 1 份药物均匀混合的散剂

8. 易发生共熔现象的药物是(　　)。
A. 安替比林和巴比妥
B. 乙酰水杨酸与苯巴比妥
C. 水合氯醛与硫酸镁
D. 樟脑与薄荷脑
E. 安替比林与碳酸氢钠

9. 颗粒剂的粒度检查结果要求不能通过一号筛与能通过五号筛总和不得超过供试量的(　　)。
A. 15%　B. 10%　C. 7%　D. 8%　E. 5%

10. 关于颗粒剂的叙述错误的是(　　)。
A. 专供内服的颗粒状制剂
B. 制备工艺与片剂类似
C. 只能用水冲服,不可以直接吞服
D. 溶出和吸收较快
E. 颗粒剂又称细粉剂

11. 关于胶囊剂的特点,叙述错误的是(　　)。
A. 能掩盖药物的不良味道
B. 可避免肝脏的首过效应
C. 可提高药物的稳定性
D. 可延缓药物的释放
E. 适合油性液体药物

12. 关于硬胶囊剂制备的叙述错误的是(　　)。
A. 若纯药物粉碎至适宜粒度能满足填充要求,可直接填充
B. 药物的流动性较差,可加入硬脂酸镁、滑石粉改善
C. 药物可制成颗粒后进行填充
D. 可用滴制法与压制法制备
E. 应根据规定剂量所占的容积选择最小的空胶囊

13. 下列不属于胶囊剂的质量要求的是(　　)。
A. 外观　B. 装量差异　C. 溶出度　D. 崩解度　E. 水分含量

14. 宜制成胶囊的药物是(　　)。
A. 对光敏感的药物
B. 水溶性的药物
C. 稀乙醇溶解的药物
D. 吸湿性的药物
E. 易风化药物

15. 制备空胶囊的主要原料是(　　)。
A. 明胶　B. 阿拉伯胶　C. 虫胶　D. 虫蜡　E. 玉米朊

16. 下列药物不宜制成胶囊剂的是(　　)。
A. 阿莫西林　B. 氯霉素　C. 鱼肝油　D. 溴化钠　E. 黄连素

17.《中国药典》(2015 年版)规定硬胶囊的崩解时限是(　　)。

A. 15 min　B. 30 min　C. 45 min　D. 1 h　E. 2 h

18. 粉体密度的大小顺序正确的是(　　)。

A. 松密度＞粒密度＞真密度　B. 松密度＞真密度＞粒密度

C. 真密度＞粒密度＞松密度　D. 真密度＞松密度＞粒密度

E. 粒密度＞真密度＞松密度

(二) 配伍选择题

题 1～5

A. 质轻者先加入混合容器中,质重者后加入

B. 采用等量递加法混合

C. 先形成低共熔混合物,再与其他固体组分混匀

D. 添加一定量的稀释剂制成倍散

E. 用固体组分或辅料吸收至不显湿润,充分混匀

1. 比例相差悬殊的组分,(　　)。

2. 密度差异大的组分,(　　)。

3. 处方中含有薄荷油,(　　)。

4. 处方中含有薄荷和樟脑,(　　)。

5. 处方中药物是硫酸阿托品,(　　)。

题 6～10

空心胶囊组成中

A. 山梨醇　B. 十二烷基硫酸钠　C. 琼脂

D. 二氧化钛　E. 尼泊金

6. (　　)属于增稠剂。

7. (　　)属于增塑剂。

8. (　　)可增加光泽。

9. (　　)属于遮光剂。

10. (　　)属于防腐剂。

题 11～13

A. 肠溶胶囊剂　B. 硬胶囊剂　C. 软胶囊剂　D. 微丸　E. 滴丸剂

11. 将药物细粉或颗粒填装于空心硬质胶囊中称为(　　)。

12. 将油性液体药物密封于球形或橄榄形的软质胶囊中称为(　　)。

13. 必须整粒服用的制剂称为(　　)。

题 14～16

A. 吸湿　B. 风化　C. 溶解　D. 共熔　E. 絮凝

14. 药物混合后出现液化现象称为(　　)。

15. 药物在干燥空气中失去结晶水的现象称为(　　)。

16. 药物在溶液中呈分子状态分散的现象称为(　　)。

(三) 多项选择题

1. 粉碎的方法有(　　)。

A. 湿法粉碎　B. 混合粉碎　C. 干法粉碎　D. 低温粉碎　E. 水飞法

2. 影响混合均匀性的主要因素有(　　)。

A. 各组分的比例　B. 各组分的粒度与密度

C. 含低共熔组分　D. 混合速度

E. 混合时间

3. 复方散剂混合不均匀的原因可能是(　　)。

A. 药物的比例相差悬殊　B. 粉末的粒径差别大

C. 药物的密度相差大　D. 混合的时间不充分

E. 混合的方法不当

4. 下列关于混合的叙述正确的是(　　)。

A. 数量差异悬殊、组分比例相差过大,则难以混合均匀

B. 倍散一般采用配研法制备

C. 若密度差异较大,应将密度大者先放入混合容器中,再放入密度小者

D. 有的药物粉末对混合器械具吸附性,一般应将剂量大且不易吸附的药粉或辅料垫底,量少且易吸附者后加入

E. 散剂中若含有液体组分,应将液体和辅料混合均匀

5. 关于过筛操作的叙述正确的是(　　)。

A. 含水量大的物料应适当干燥后再过筛

B. 物料在筛网上堆积厚度要适宜

C. 物料在筛网上运动速度愈快,过筛效率愈好

D. 黏性、油性较强的药粉应掺入其他药粉一同过筛

E. 过筛时需要不断振动

6. 下列关于口服固体剂型吸收快慢的顺序正确的是(　　)。

A. 颗粒剂＞散剂＞胶囊剂

B. 散剂＞颗粒剂＞胶囊剂

C. 胶囊剂＞片剂＞丸剂

D. 片剂＞胶囊剂＞丸剂

E. 散剂＞颗粒剂＞片剂

7. 有关颗粒剂叙述正确的是(　　)。

A. 颗粒剂是将药物与适宜的辅料配合而制成的颗粒状制剂

B. 颗粒剂一般可分为可溶性颗粒剂、混悬型颗粒剂

C. 颗粒剂需要检查崩解时限

D. 颗粒剂可以直接吞服,也可以用水冲服

E. 应用携带比较方便

8. 不适合填充硬胶囊的物料是(　　)。

A. 油类液体药物

B. 药物的油溶液

C. 药物的水溶液

D. 药物的乙醇溶液

E. 药物的 PEG400 混悬液

9. 下列关于硬胶囊壳的叙述错误的是(　　)。

A. 胶囊壳主要由明胶组成

B. 制囊壳时加入山梨醇作抑菌剂

C. 加入二氧化钛使囊壳易于识别

D. 必要时可以加入矫味剂

E. 囊壳编号数值越大,其容量越大

10. 下列关于胶囊剂的叙述正确的是(　　)。

A. 可以掩盖药物不适的苦味及臭味

B. 生物利用度较丸剂、片剂高

C. 提高药物的稳定性

D. 弥补其他固体剂型的不足

E. 药物不能制成缓控释制剂

二、填空题

1. 散剂的制备一般需要通过________、________、________、________、________以及________等过程。散剂分剂量的方法有________、________、________。

2. 含毒、麻、精神药品的散剂,如剂量在 0.01 g 以下可配成________或________。

3. 能全部通过五号筛,并含有能通过六号筛不少于 95%的粉末称为________。

4. 软胶囊剂制备方法有________和________。

三、简答题

1. 简述粉碎的设备及其适用的物料。

2. 简述混合方法及影响混合的因素。

3. 简述颗粒剂的生产工艺流程。

4. 胶囊剂有何特点?哪些药物不宜制成胶囊剂?

5. 为改善明胶的性能，制备空胶囊通常需要加入哪些附加剂？

四、实例分析题

1. 硫酸阿托品处方如下：

硫酸阿托品	10.0 g 1%	胭脂红乳糖	10 g
乳糖加至	1000 g		

根据处方回答下列问题：

(1) 该倍散为几倍散？

(2) 简述制备方法与过程。

2. 复方B族维生素颗粒剂处方如下：

维生素 B_1	1.20 g	维生素 B_2	0.24 g
维生素 B_6	0.36 g	烟酰胺	1.20 g
混旋泛酸钙	0.24 g	苯甲酸钠	4.0 g
枸橼酸	2.0 g	橙皮酊	20 mL
蔗糖粉	986 g		

根据处方回答下列问题：

(1) 处方中各成分有何作用？

(2) 写出其制备工艺流程。

(黄翠翠)

项目七　片　　剂

学习目标

能力目标

能进行典型片剂的小试制备，并能正确使用单冲压片机和旋转式压片机。

会设计湿法制粒压片法的生产工艺流程。

能根据各类片剂特点合理指导用药。

知识目标

掌握：片剂的概念、特点、分类与质量要求；片剂的辅料和湿法制粒压片法。

熟悉：片剂的包衣目的、类型；粉末直接压片法；片剂生产过程中常出现的问题和解决的方法；片剂的质量检查。

了解：片剂包衣方法与包衣过程；压片机的结构；片剂的包装与储存。

操作任务……

Ⅰ　单冲压片机的装卸与调节

一、操作目的

(1) 熟悉压片机的基本结构。

(2) 会装卸、调试、使用单冲压片机。

二、器材

单冲压片机、扳手、螺丝刀等。

三、操作内容

1. 单冲压片机主要部件

1) 上、下冲头及模圈　上、下冲头一般为圆形，有凹冲与平面冲，还有三角形、椭圆形等异形冲头。

2) 加料斗　用于储藏颗粒，以不断补充颗粒，便于连续压片。

3) 饲料靴　用于将颗粒填满模孔，将下冲头顶出的片剂拨入收集器中。

4) 出片调节器(上调节器)　用于调节下冲头上升的高度。

5) 片重调节器(下调节器)　用于调节下冲头下降的深度，调节片重。

6) 压力调节器　可使上冲头上下移动，用于调节压力的大小，调节片剂的硬度。

7) 冲模台板　用于固定模圈。

2. 单冲压片机的装卸

(1) 首先装好下冲头，旋转固定螺丝，旋转片重调节器，使下冲头在较低的部位。

(2) 将模圈装入冲模平台，然后小心地将模板装在机座上，注意不要损坏下冲头。调节出片调节器，使下冲头上升到恰与模圈齐平。

(3) 装好上冲头并旋紧固定螺丝，转动压力调节器，使上冲头处在压力较低的部位，用手缓慢地转动压片机的转轮，使上冲头逐渐下降，观察其是否在冲模的中心位置，如果不在中心位置，应上升上冲头，稍微转动平台固定螺丝，移动平台位置直至上冲头恰好在冲模的中心位置，旋紧平台固定螺丝。

(4) 装好饲料靴、加料斗，用手转动压片机转轮，如上、下冲头移动自如，则安装正确。

(5) 压片机的拆卸与安装顺序相反，拆卸顺序如下：

加料斗→饲料靴→上冲头→冲模平台→下冲头

3. 单冲压片机的使用

(1) 单冲压片机安装完毕，加入颗粒，用手摇动转轮，试压数片，称其片重，调节片重，调节片重调节器，使压出的片重与设计的片重相等，同时调节压力调节器，使压出的片剂有一定的硬度。调节适当后，再开动电动机进行试压，检查片重、硬度、崩解时限等，达到要求后方可正式压片。

(2) 压片过程应经常检查片重、硬度等，发现异常，应立即停机进行调整。

[注意事项]

(1) 装好各部件后，在摇动飞轮时，上、下冲头应无阻碍地进出冲模，且无特殊噪音。

(2) 调节出片调节器时，使下冲头上升到最高位置与冲模平齐，用手指抚摸时应略有凹陷的感觉。

(3) 在装平台时，固定螺丝不要旋紧，带上、下冲头装好后，并在同一垂直线上，而且在模孔中能自由升降时，再旋紧平台固定螺丝。

(4) 装上冲头时，在冲模上放一块硬纸板，以防止上冲头突然落下时，碰坏冲模。

(5) 装上、下冲头时，一定要把上、下冲头插入冲芯底，并用螺丝和锥形帽螺丝旋紧，以免开动机器时，上、下冲杆不能上升、下降，而造成叠片、松片并碰坏冲头等现象。

四、思考题

(1) 单冲压片机的主要部件有哪些？

(2) 在压片时如果出现片重差异超限或松片现象应如何调节机器？

Ⅱ 空白片的制备

一、操作目的

(1) 能正确使用压片机。

(2) 熟悉湿法制粒压片操作。

(3) 能分析片剂处方中各辅料的作用。

(4) 能对普通片剂进行质量检查。

二、器材与药品

压片机、烘箱、不锈钢盆、托盘、药筛、快速水分测定仪、崩解仪、天平；蓝淀粉、淀粉、糖粉、糊精、硬脂酸镁、50%乙醇等。

三、操作内容

空白片的制备

[处方]	蓝淀粉(代主药)	10 g	糖粉	33 g
	淀粉	50 g	糊精	12.5 g
	50%乙醇	22 mL	硬脂酸镁	1 g
	共制	1000 片		

[制法]

1. 制颗粒

1) 备料　按处方量称取物料，物料要求能通过 80 目筛。称量时，应注意核对物料的品种、规格、数量，并做好记录。

2) 混合　将蓝淀粉与糖粉、糊精、淀粉分别采用等量递加法混匀，然后将两者混合均匀，最后过 60 目药筛 2～3 次。

3) 制软材　在迅速搅拌状态下喷入适量 50% 乙醇溶液制备软材，软材以“握之成团，触之即散”为度。

4) 制湿颗粒　将制好的软材用 14 目筛手工挤压过筛制粒。

5) 干燥　将制好的湿颗粒放入烘箱内，于 60 ℃进行干燥，在干燥过程中每小时将上下盘互换位置，将颗粒翻动一次，以保证均匀干燥，干燥约 2 h 后，取样用快速水分测定仪测量含水量，当颗粒含水量小于 3% 时便可结束干燥。

6) 整粒　干燥后的颗粒采用 10 目筛挤压整粒，整粒后加入硬脂酸镁进行搅拌总混。

7) 计算片重　将以上制得颗粒称重，计算片重。

2. 压片

(1) 单冲压片机的安装：依次安装下冲头、冲模和上冲头；安装加料斗。

(2) 转动手轮，观察设备运行情况，若无异常现象，方可进行下一步操作。

(3) 空机运转，观察设备运行情况，如无异常现象，进行下一步操作。

(4) 将颗粒加入加料斗进行试压片，试压时先调节片重调节器至片重符合要求，再调节压力调节旋钮至硬度符合要求。

(5) 试压后，进行正式压片。

(6) 压片期间做好各种数据的记录。

(7) 压片结束，停机。

3. 质量检查

1) 外观检查　取样品 100 片平铺白底板上，置于 75 W 白炽灯的光源下 60 cm 处，在距离片剂 30 cm 处用肉眼观察 30 s 进行检查。根据实验结果，判断是否合格。

2) 重量差异检查　选外观合格的片剂 20 片，按《中国药典》(2015 年版)第四部通则进行检查。根据实验结果，判断是否合格。

3) 崩解时限检查　从上述重量差异检查合格的片剂中取出 6 片，按《中国药典》(2015 年版)第四部通则进行检查。根据实验结果，判断是否合格。

4) 脆碎度检查　从上述重量差异检查合格的片剂中取出(若片重小于或等于 0.65 g，取若干片，使总重约为 6.5 g；若片重大于 0.65 g 取 10 片)，按《中国药典》(2015 年版)第四部通则进行检查。根据实验结果，判断是否合格。

[注解]

(1) 蓝淀粉与辅料一定要混合均匀，以免压出的片剂出现色斑、花斑等现象。

(2) 乙醇的使用量在不同的季节、不同的地区会有所变化。

(3) 压片过程中应经常检查片剂重量、硬度等，发现异常情况应立即停机进行调整。

四、思考题

(1) 试分析处方中各辅料的作用。

(2) 试分析影响片剂的硬度、崩解时限和重量差异的因素有哪些。

相关知识

一、概述

(一) 片剂的概念与特点

片剂是指原料药与适宜的辅料混匀压制成的圆形或异形片状(如椭圆形、三角形、菱形、动物模型等)固体制剂。其中，原料药可以为药物，也可以为中药材提取物、提取物加饮片细粉或饮片细粉。片剂生产新技术与新设备的应用、片剂新辅料的开发，极大改善了片剂的生产条件，提高了片剂的质量。目前，片剂已成为现代药物制剂中临床应用最为广泛的剂型之一。

知识链接

片剂的起源与发展

片剂是在丸剂使用基础上发展起来的，它创始于十九世纪四十年代，到十九世纪末随着压片机械的出现和不断改进，片剂的生产和应用得到了迅速的发展。目前，片剂是各国药典收载最多的剂型。近十几年来，片剂生产技术、机械设备、质量控制等方面也有较大的发展，其中流化喷雾制粒、全粉末直接压片、全自动高速压片机、全自动程序控制高效包衣机等新工艺、新技术和新设备已经广泛地应用于片剂生产。目前片剂已成为品种多、产量大、用途广、使用和储运方便、质量稳定的剂型之一。

1. 片剂的优点

(1) 剂量准确，片剂内药物含量均匀差异较小。

(2) 质量稳定，片剂为干燥致密的固体，外界空气、水分及光线对其影响较小。

(3) 体积小，携带、运输、服用方便。

(4) 生产过程机械化、自动化程度高，产量大，成本低，卫生标准易达到。

(5) 可以满足不同临床医疗需求。可通过各种制剂技术制成各种类型的片剂，如分散片、缓释片、控释片、包衣片、多层片等，以达到速效、长效、控释、肠溶等目的。

2. 片剂不足之处

(1) 片剂中药物的溶出速率较散剂和胶囊剂慢，其生物利用度稍差一些。

(2) 儿童及昏迷患者不宜吞服。

(3) 含挥发性成分的片剂储存较久时含量下降。

(二) 片剂的分类与质量要求

根据给药途径分为口服片剂、口腔用片、外用等其他给药途径的片剂。

1. 口服片剂

(1) 普通片　药物与适宜的辅料混合均匀后压制而成的片剂，如复方新诺明片。

(2) 包衣片　在普通片剂的外面包上一层衣膜的片剂。根据包衣材料的不同，又分为：①糖衣片：以蔗糖为主要包衣材料进行包衣而制成的片剂。对药物起保护或掩盖药物的不良气味的作用，如小檗碱糖衣片；②薄膜衣片：以丙烯酸树脂、羟丙基甲基纤维素等高分子成膜材料为主要包衣材料进行包衣而制得的片剂，如头孢呋辛酯片等；③肠溶衣片：以在胃液中不溶，但在肠液中可以溶解的物质为主要包衣材料进行包衣而制得的片剂，如阿司匹林肠溶片，可有效防止药物对胃部的刺激。

(3) 咀嚼片　在口腔中咀嚼碎后吞服的片剂。咀嚼片一般应选择甘露醇、山梨醇、蔗糖等水溶性辅料作填充剂和黏合剂。咀嚼片硬度应适中。一般在胃肠道中发挥作用或经胃肠道吸收发挥全身作用。如氢氧化铝凝胶片、碳酸钙咀嚼片、酵母片等治疗胃部疾病。口中咀嚼或使片剂溶化后吞服，故可不加崩解剂，且利于一些崩解困难的药物吸收。通常加入蔗糖、薄荷、食用香料等以调整口味，适合于小儿服用和治疗胃部疾病。

(4) 泡腾片　片剂含有碳酸氢钠和有机酸，遇水时反应可产生大量二氧化碳气体呈泡腾状，使片剂迅速崩解。如维生素 C 泡腾片。

(5) 分散片　在水中能迅速崩解并均匀分散的片剂(在(21±1) ℃的水中 3 min 即可崩解分散并通过 180 μm 孔径的筛网)。分散片加水分散后口服，也可将分散片含于口中吮服或吞服。其中所含的药物主要是难溶性的，也可以是易溶性的。如雷尼替丁分散片。

(6) 缓释片　在规定的释放介质中缓慢地非恒速释放药物的片剂。该片剂具有血药浓度平稳、服用次数少且作用时间长等优点。如硫酸沙丁醇缓释片。

(7) 控释片　在规定的释放介质中缓慢地恒速释放药物的片剂。该片剂具有药物释放平稳，接近零级速度过程；吸收可靠，血药浓度平稳；药物作用时间长，副作用小，并可减少服药次数等优点，如硫酸吗啡控释片、硝苯地平控释片。

(8) 多层片　由两层或多层组成的片剂，一般由两次或多次加压而制成，各层可含有不同的药物或各层的药物相同而辅料不同。多层片可避免复方制剂中不同药物之间的配伍变化；也可采用多层片制成缓释片剂，如由速释和缓释两种颗粒压制成的双层复方氨茶碱片。

2. 口腔用片

(1) 口含片　又称含片，是指含在口腔中缓慢溶化产生局部或全身作用的片剂。含片中的药物是易溶性的，主要起局部消炎、杀菌、收敛、止痒或局部麻醉作用。如复方草珊瑚含片。

(2) 舌下片　置于舌下能迅速溶化，药物经舌下黏膜吸收发挥全身治疗作用的片剂。舌下片中的原料药物应易于直接吸收，主要用于急症的治疗。如硝酸甘油舌下片等。

(3) 口腔贴片　粘贴于口腔，经黏膜吸收后起局部或全身作用的片剂。口腔贴片应进行溶出度或释放度(《中国药典》(2015 年版)四部通则 0931)检查。

(4) 口崩片　在口腔内不需要用水即能迅速崩解或溶解的片剂。一般适合于小剂量原料药物，常用于吞咽困难或不配合服药的患者。可采用直接压片和冷冻干燥法制备。口崩片应在口腔内迅速崩解或溶解、口感良好、容易吞咽，对口腔黏膜无刺激性。

3. 其他给药途径的片剂

(1) 可溶片　临用前能溶解于水的非包衣片或薄膜包衣片剂。可溶片应溶解于水中，溶液可呈轻微乳光。可供口服、外用、含漱等用。如供滴眼用的白内停片、供漱口用的复方硼砂漱口片等。

(2) 阴道片与阴道泡腾片　置于阴道内使用的片剂。阴道片和阴道泡腾片的形状应易置于阴道内，可借助器具将阴道片送入阴道。阴道片在阴道内应易溶化、溶散或融化、崩解并释放药物，主要起局部消炎、杀菌、杀精子及收敛等作用，如克霉唑阴道片、甲硝唑泡腾片。具有局部刺激性的药物，不得制成阴道片。

(3) 注射用片　临用前溶解后供注射用的无菌片剂，供皮下或肌内注射。因难以保证溶液完全无菌，已经很少应用。

(4) 植入片　用特殊注射器或手术埋植于皮下产生持久药效(数周、数月甚至数年)的无菌片剂，适用于需要长期使用的药物。一般为长度不大于 8 mm 的圆柱体，灭菌后单片包装，由于生产技术的难度较大以及相关辅料的限制，该制剂目前在国内的生产和应用较少。如避孕药制成的植入片。

《中国药典》(2015 年版)四部制剂通则 0101 片剂中规定，对片剂的质量要求主要有以下几个方面：药物的含量准确；片剂的重量差异小；小剂量的药物或作用比较剧烈的药物，应符合含量均匀度的要求；有适宜的硬度；色泽均匀，外观完整光洁；在规定储藏期内不得变质；一般口服片剂的崩解度、溶出度(或释放度)应符合要求；符合微生物检查的要求等。对于某些片剂还有各自的要求，例如，小剂量药物片剂应符合含量均匀度检查要求，注射用片和植入片应无菌，口含片、舌下片、咀嚼片应有良好的味觉等。

(三) 片剂常见问题及原因

片剂质量问题表现多样，常见问题及原因如表 7-1 所示。

表 7-1　片剂常见问题及原因

常见问题	问题解释	原因
①变色和色点或色斑	变色是片面颜色改变；色点指有明显的黑点；色斑指片面色泽不均	颗粒过硬、混料不匀；接触金属离子；沾污润滑油；辅料质量差，有杂质，清场不彻底，带入异物
②麻面	片面粗糙不光滑	衣料用量不当，温度过高或吹风过早
③裙边	飞边，药片的边缘高于片面而突出，形成不整齐的薄边	压片设备陈旧，调试不当
④裂片片面有裂纹，糖衣片脱落	片剂受到振动或储存时出现从片剂腰际裂开的现象	选择黏合剂不当，细粉过多，压力过大和冲头与模圈不符等
⑤露边与麻面	片子的边没有包衣外漏；片面不光洁完整	糖衣包衣衣料用量不当，温度过高或吹风过早

续表

常见问题	问题解释	原　因
⑥瘪片	片型凹凸不平，异型片	黏合剂用量过大，物料含水量过高，冲头不干净，不光滑，冲头不合规格
⑦潮解	自发引入的空气中水分使药片表面形成饱和溶液状态	生产或储存环境湿度大，包装不严

（四）临床应用与注意事项

1. 临床应用

（1）口服片剂：①只有裂痕片和分散片可分开使用，其他片如糖衣片、包衣片和缓控释片均不宜分劈服用；②剂型有利于疗效的发挥，片剂粉碎或联合其他药外用是不正确的。

（2）口腔用片剂：①舌下片适用于立即起效或避免肝脏首过效应的情况；②口含片适用于缓解咽干、咽痛等不适，但不宜长期服用。

（3）阴道片及阴道泡腾片：适用于治疗阴道炎症及相关疾病，应遵医嘱和药品说明。

2. 注意事项

（1）口服片剂：①服用方法，与剂型有关；②服药次数及时间，应遵医嘱和药品说明；③服药，用白开水送服最佳；④服药姿势，坐或站。

（2）口腔用片剂：①舌下片，置于舌下，迅速溶于唾液，不可掰开、吞服。10 min 内禁止饮水或饮食。②口含片，置于舌底，使其自然溶化分解。

（3）阴道片及阴道泡腾片：①使用前清洗双手及阴道内、外分泌物；②临睡前使用；③给药后 1～2 h 内尽量不排尿，以免影响药效；④用药期间避免性生活；⑤避开经期使用。

二、片剂的辅料

片剂是由药物与辅料两个部分组成。辅料是指主药以外的一切物料的总称，亦称赋型剂。片剂的辅料主要包括填充剂、黏合剂、崩解剂、润滑剂等；根据需要还可加入着色剂、矫味剂等，以提高患者的适应性。辅料不仅可促使片剂成型，同时又利于片剂崩解释放药物。

片剂在生产过程中所用的辅料应无生理活性；其性质应稳定而不与主药发生任何物理和化学反应；对人体无毒、无刺激性，不影响主药的疗效和含量测定，对药物的溶出和吸收无不良影响；来源广泛，价格便宜。但是实际上完全惰性的辅料很少，辅料对片剂的性质甚至药效有时可产生较大的影响，因此，要重视辅料的选择，应根据主药的性质和用药目的来选择。根据片剂辅料所起的作用，片剂中常用辅料主要分为四大类，即填充剂、润湿剂或黏合剂、崩解剂、润滑剂。

（一）填充剂

填充剂分为稀释剂和吸收剂。稀释剂是指用以增加片剂的重量或体积，或分散主药以降低物料的黏性，利于片剂成型和分剂量的辅料；吸收剂是指用以吸收物料中液体成分的辅料。为了应用和机械化生产，片剂的直径一般不小于 6 mm，每片重量一般都在 100 mg 以上，然而，不少药物的剂量小于 100 mg 或不能满足片剂大小的要求，此时必须加入稀释剂方能成型。加入稀释剂不但可以保证片剂有一定的体积，还可减少主药成分的剂量偏差，改善药物的可压性等。片剂中若含有一定比例的挥发油或其他液体成分时，需加入适当的吸收剂将其吸收后再加入其他成分压片。

常用填充剂主要有以下几种。

1. 淀粉　最常用的片剂辅料。制药工业中比较常用的是玉米淀粉和马铃薯淀粉，应用最广泛的当属玉米淀粉，因其杂质少、色泽好、吸湿性弱、产量大、价格也便宜。淀粉为白色细微粉末，无味，在冷水或乙醇中均不溶解。在空气中很稳定，与大多数药物不起反应，价格也比较便宜，吸湿性小，外观色泽好，但遇水膨胀。遇酸或碱在潮湿的状态及加热情况下，逐渐被水解而失去膨胀作用。淀粉在水中加热至 68～70 ℃则糊化。单独使用可压性较差，片剂较为松散，因此制药生产中常与可压性好的适量糖粉、糊精等混合使用，以增加其黏合性和片剂的硬度。

2. 糖粉　糖粉是指结晶性蔗糖经低温干燥粉碎后而制成的白色粉末，味甜、黏合力强、干燥情况下仍具有黏合能力，可用来增加片剂的硬度，使片剂的表面光滑美观，但是糖粉吸湿性较强，用量过多会使制粒、压片困难，长期储存，会使片剂的硬度加大、崩解时限超限。除口含片和可溶性片剂外，一般不单独使用，常与糊精、淀粉配合使用。

3. 糊精 为淀粉的不完全水解产物，微溶于冷水，能溶于热水成黏胶状溶液，不溶于乙醇。药用糊精为白色或淡黄色粉末，多作为稀释剂或干燥黏合剂。糊精具有较强的黏合性，使用不当会使片剂表面出现麻点、水印或造成片剂崩解或溶出迟缓；其次在含量测定时会影响测定结果的准确性和重现性，故常与糖粉、淀粉混合使用。

4. 乳糖 由牛乳清中提取制得，是一种优良的片剂填充剂，是由一分子葡萄糖和一分子半乳糖缩合而成，为白色带甜味的结晶性粉末。常用的乳糖为含有一分子结晶水的 α-乳糖。其性质稳定、易溶于水、无吸湿性，流动性、可压性好，可供粉末直接压片使用。乳糖在国外应用非常广泛，但价格昂贵，国内很少单独使用。

5. 可压性淀粉 亦称为预胶化淀粉，是由淀粉部分水解而得。具有良好的流动性、可压性、自身润滑性和干黏合性，并有较好的崩解作用。

6. 微晶纤维素 由纤维素部分水解而制得的聚合度较小的结晶性纤维素，白色或类白色，是由多孔微粒组成的晶体粉末，无臭，无味，在水、乙醇、丙酮或甲苯中不溶，微溶于 200 g/L 的碱溶液。具有良好的可压性和较强的黏合力，可作为粉末直接压片的干燥黏合剂使用。但是本品不适用于包衣片，因其具有吸湿性会使片剂膨胀和变软。

7. 无机盐类 主要是一些无机钙盐如硫酸钙、磷酸氢钙及药用碳酸钙等。最为常用的为硫酸钙，其性质稳定，无臭，无味，微溶于水，在乙醇中不溶，与多种药物可以配伍，制成的片剂外观光洁，硬度、崩解度均好，对药物也无吸附作用。常用作片剂的稀释剂和挥发油的吸收剂。但要注意钙盐虽可与多种药物配伍，但对某些药物的吸收和含量测定有干扰。

8. 甘露醇 一种己六醇，为白色结晶性粉末，清凉味甜，易溶于水，可溶于甘油，在乙醇或乙醚中几乎不溶。性质稳定、无吸湿性，但流动性差，价格稍贵，常与蔗糖配合使用，较适于制备咀嚼片、口含片。

（二）润湿剂或黏合剂

1. 润湿剂 润湿剂是指本身无黏性，但可诱发待制粒物料的黏性，以利于制粒的液体。常用的润湿剂有纯化水和不同浓度的乙醇溶液。

（1）纯化水 制粒中最常用的润湿剂，无毒、无味、价廉，但是干燥温度高、干燥时间长，对于水敏感的药物不利。在处方中水溶性成分较多时可能出现发黏、结块、润湿不均匀、干燥后颗粒发硬等现象，此时最好选择适当浓度的乙醇，以克服不足。

（2）乙醇 可用于遇水易分解的药物或遇水黏性较大的药物。随着乙醇浓度的增大，润湿后所产生的黏性降低，因此，乙醇的浓度要视原辅料的性质而定，一般为 30%～70%。中药浸膏片常用乙醇作润湿剂，但应注意迅速操作，以免乙醇挥发而产生强黏性的团块。

2. 黏合剂 黏合剂是指能使无黏性或黏性不足的物料黏结成颗粒或压缩成型的具有黏性的固体粉末或黏稠液体。常用黏合剂如下。

（1）淀粉浆 淀粉浆是片剂中最常用的黏合剂，常用的浓度为 8%～15%，其中 10%的淀粉浆最为常用。若颗粒的可压性较差，可再适当提高淀粉浆的浓度到 20%，相反，也可降低淀粉浆的浓度，如氢氧化铝片即用 5%淀粉浆作黏合剂。淀粉浆的制法主要有煮浆法和冲浆法两种。煮浆法是将淀粉混悬于全部量的水中，在夹层容器中加热并不断搅拌，直至糊化。冲浆法是将淀粉混悬于少量（1～1.5 倍）水中，然后根据浓度冲入一定量的沸水，不断搅拌成糊状。由于淀粉价廉易得且黏性良好，因此是目前我国片剂生产中使用最多的黏合剂。

（2）糖粉与糖浆 糖粉常用作干燥黏合剂，糖浆则为液体黏合剂。其黏性较淀粉浆强，适合于纤维性及质地疏松、弹性较强的植物性药物。强酸、强碱性药物能引起蔗糖的转化而增加引湿性，不利于制粒和压片，故不宜采用。

（3）甲基纤维素（MC）和乙基纤维素（EC） 二者分别是纤维素的甲基或乙基醚化物，含甲氧基 26.0%～33.0%或乙氧基 44.0%～51.0%。其中，甲基纤维素具有良好的水溶性，可形成黏稠的胶体溶液而作为黏合剂使用，但应注意：当蔗糖或电解质达到一定浓度时本品会析出沉淀。乙基纤维素不溶于水，溶于乙醇等有机溶剂，可作为对水敏感性药物的黏合剂，由于黏性较强，且在胃肠液中不溶解，目前常用作缓释、控释制剂的包衣材料。

(4) 羧甲基纤维素钠(CMC-Na) 纤维素的羧甲基醚化物，不溶于乙醚、氯仿等有机溶媒。用作黏合剂时的浓度一般为 1%～2%，黏性较强，常用于可压性差的药物，但应注意是否造成片剂硬度过大或崩解超限。

(5) 羟丙纤维素(HPC)和羟丙甲纤维素(HPMC) 两者性质稳定均易溶于甲醇、乙醇、异丙醇和丙二醇中。既可作湿法制粒的黏合剂，也可作粉末直接压片的干燥黏合剂。

(6) 聚维酮(PVP) 既可溶于水，又可溶于乙醇，因此既可用于水溶性或不溶性物料以及对水敏感性药物的制粒，还可用作直接压片的干燥黏合剂。常用于泡腾片及咀嚼片的制粒。但是本品吸湿性较强。

(7) 其他黏合剂 海藻酸钠溶液、5%～20%明胶浆、阿拉伯胶浆、西黄蓍胶、聚乙烯醇(PVA)、丙烯酸树脂、玉米朊、桃胶、麦芽糖醇、泊洛沙姆、单月桂酸酯等。

(三) 崩解剂

崩解剂是指能促使片剂在胃肠道中迅速裂碎成细小粒子的辅料。在压制片中除了缓(控)释片以及某些特殊用途的片剂(如口含片、植入片、缓控释片)外，一般均需加入崩解剂。

1. 片剂崩解的机理 崩解剂的主要作用是克服由黏合剂或由压制成片剂时形成的结合力，从而使片剂崩解。其作用机理与所用崩解剂及所含药物的性质有关，主要有以下几点。

(1) 毛细管作用 一些崩解剂和填充剂，特别是直接压片用辅料，多为圆球形亲水性聚集体，在加压下形成了无数孔隙和毛细管，具有强烈的吸水性，使水迅速进入片剂中，将整个片剂润湿而崩解。大部分片剂崩解剂属于此类型。

(2) 膨胀作用 崩解剂多为高分子亲水性物质，压制成片后，遇水易于被润湿并通过自身膨胀，降低片剂的结合力，使片剂崩解。如羧甲基淀粉及其钠盐。

(3) 产气作用 在片剂中加入泡腾崩解剂，遇水即发生化学反应产生气体，借助气体的膨胀使片剂崩解。某些药物在水中溶解时产生热(湿润热)，使气体膨胀。泡腾崩解剂常用枸橼酸或酒石酸，与碳酸氢钠或碳酸钠组成的酸-碱系统。

(4) 酶解作用 一些酶对片剂中某些辅料有作用，当将它们配制在同一片剂中时，遇水即能迅速崩解。如将淀粉酶加入到干颗粒中，由此压制的片剂遇水即能崩解。

2. 崩解剂的加入方法

(1) 内加法 在制粒过程中加入一定量崩解剂，因此，片剂的崩解将发生在颗粒的内部。

(2) 外加法 在压片之前将崩解剂加入到干颗粒中，因此，片剂崩解发生在颗粒之间。

(3) 内外加法 将崩解剂分成两份，一份按内加法加入，另一份按外加法加入，可以使片剂的崩解既发生在颗粒内部又发生在颗粒之间，从而达到良好的崩解效果。内外加法集中了前两种方法的优点，相同用量时，其崩解速率顺序为：外加法>内外加法>内加法；但药物的溶出速率顺序为：内外加法>内加法>外加法。

表面活性剂作为辅助崩解剂，加入方法有：①溶于黏合剂中；②与崩解剂混匀后加入干颗粒中；③制成醇溶液喷入干颗粒中。

3. 常用的崩解剂

(1) 干淀粉 一种最为经典的崩解剂。将淀粉干燥处理，使含水量在 8%～10%之间。干淀粉吸水性较强且遇水具有较大的膨胀特性，较适用于水不溶性或微溶性药物的片剂，但对易溶性药物的崩解作用较差。在生产中，淀粉作为崩解剂一般采用内外加法。

(2) 羧甲基淀粉钠(CMS-Na) 一种白色无定形的粉末，具有显著的吸水、膨胀作用，吸水后体积可膨胀至原体积的 200～300 倍，价格较低，是一种性能优良的崩解剂。由于其流动性和可压性良好，增加片剂的硬度不会影响其崩解性，既可用于湿法制粒压片，又适于粉末直接压片。

(3) 羟丙基淀粉(HPS) 本品无臭、在水中膨胀性能良好，崩解较快。具有良好的润滑性、不黏冲；具有良好的可压性，本片作为崩解剂不易出现裂片，是目前较为优良的崩解剂之一。

(4) 低取代羟丙基纤维素(L-HPC) 国内近年来应用较多的一种崩解剂。本品具有很大的空隙率和比表面积，有很大的吸水速度和吸水量。其吸水膨胀率在 500%～700%，崩解后的颗粒也较细小，故有利于药物的溶出。用量一般为片重的 4%～6%(质量分数)。

(5) 交联聚乙烯吡咯烷酮(PVPP) 流动性良好的白色粉末，有极强的吸湿性，在水中可迅速溶胀形成无黏性的胶体溶液，崩解效果好，作为水不溶性的片剂崩解剂，在直接压片和干法或湿法制粒压片工艺中使用的浓度为2%～5%(质量分数)。

(6) 交联羧甲基纤维素钠(CCNa) 为白色细颗粒状粉末，无臭无味，不溶于水、乙醇。具有较好的崩解作用，与CMS-Na合用，崩解效果更好，但与干淀粉合用作用降低。适用于直接压片和湿法制粒压片工艺。

(7) 泡腾崩解剂 一种专用于泡腾制剂的特殊崩解剂。主要成分是"酸源"和"二氧化碳源"，当与水接触时，迅速反应生成二氧化碳气体，借助气体的膨胀，使片剂在短时间内崩解。酸源：柠檬酸、酒石酸、富马酸、己二酸、苹果酸、水溶性氨基酸。二氧化碳源有：碳酸钠、碳酸氢钠、碳酸钾、碳酸氢钾、碳酸钙。其中最常用碳酸钠：碳酸氢钠＝1：9。此类片剂应妥善包装，避免受潮，以免崩解失效。

(8) 表面活性剂 为崩解辅助剂，能增加疏水性片剂的润湿性，促进水分渗透到片芯的速度加快，加速片剂的崩解和溶出，常用的表面活性剂有聚山梨酯80、十二烷基硫酸钠等。

(四) 润滑剂

润滑剂在片剂的制备过程中兼有润滑、抗黏附、助流三种作用，是助流剂、抗黏附剂和润滑剂的统称。助流剂是指降低颗粒之间的摩擦力，从而改善粉粒流动性、缩短填充时间、减少重量差异的辅料。抗黏附剂是指能减轻颗粒对冲模的黏附性的辅料。其作用是防止压片物料黏着于冲模表面，增加片剂的光洁度。润滑剂是指能降低颗粒(或片剂)与冲模孔壁之间摩擦力的辅料。其作用是增加颗粒、片剂的滑动性，利于出片。

在生产实践中很难找到独具一方面作用的辅料，往往是兼具这三方面的作用，因此将它们统称为润滑剂。在选用润滑剂时，可根据其性能有针对性地选择。润滑剂的用量一般不超过1%，其粒度要求至少100目，粉末越细，表面积越大，润滑性越好。

1. 常用润滑剂

(1) 硬脂酸镁 本品为疏水性润滑剂，白色粉末，细腻疏松，有良好的附着性，易与颗粒混合均匀而不易分离，压片后片面光滑美观，应用较为广泛。用量一般为0.3%～1%，用量过大时，会造成片剂崩解迟缓，但加入适量的十二烷基硫酸钠等表面活性剂可改善。硬脂酸镁呈碱性反应，某些在碱性环境中不稳定的药物，如阿司匹林、某些抗生素等不宜使用。

(2) 滑石粉 其成分为含水硅酸镁($3MgO \cdot 4SiO_2 \cdot H_2O$)，为白色结晶性粉末，滑动性好，能降低颗粒间的摩擦力，改善颗粒流动性，为优良的助流剂。常用量一般为0.1%～3%，最多不超过5%。滑石粉附着力差且比重大，在压片过程中因机械震动易与颗粒分层，导致在颗粒中分布不匀。

(3) 微粉硅胶 本品为优良的片剂助流剂。可用作粉末直接压片的助流剂。其性状为轻质白色污水粉末，无臭无味，比表面积大，常用量为0.1%～0.3%，特别适合于油类和浸膏类等药物。

(4) 氢化植物油 润滑性能良好，应用时将其溶于轻质液体石蜡或己烷中，喷于干颗粒表面混匀。凡不宜用碱性润滑剂的药物均可用本品代替。

(5) 聚乙二醇类 水溶性润滑剂，目前主要使用聚乙二醇4000和聚乙二醇6000。

(6) 十二烷基硫酸钠(镁) 水溶性表面活性剂，具有良好的润滑作用，能提高片剂的机械强度，促进片剂的崩解和药物的溶出。

常用润滑剂的性能见表7-2。

表7-2 常用润滑剂的性能

辅料名称	常用浓度/(%)	助流性	抗黏性	润滑性
硬脂酸镁	0.1～1	不好	好	很好
滑石粉	1～5	好	很好	不好
微粉硅胶	0.1～3	很好	—	—

2. 润滑剂使用中应注意的问题 因为润滑作用与润滑剂的比表面积有关，所以固体润滑剂粒度应愈细愈好，应能通过九号筛。

3. 润滑剂的加入方法

(1) 直接加到待压的干颗粒中，此法不能保证分散混合均匀。

(2) 用 60 目筛筛出颗粒中部分细粉，与润滑剂充分混匀后再加到干颗粒中。

(3) 将润滑剂溶于适宜的溶剂中或制成混悬液或乳浊液，喷入颗粒中混匀后将溶剂挥发，液体润滑剂常用此法。

三、片剂的制备

片剂制备的三大要素是流动性、压缩成型性和润滑性。流动性好，可以保证粉体的流动、充填等操作顺利进行，减小片重差异；压缩成型性好，可防止裂片、松片等不良现象；润滑性好，可防止片剂不黏冲，可以得到完整、光洁的片剂。因此，片剂的生产处方应根据药物的理化性质和临床用药要求来设计，生产工艺应根据药物的性质、辅料的性质以及药物与辅料的相互作用来选择。

片剂的制备方法按制备工艺可分为两大类或四小类：

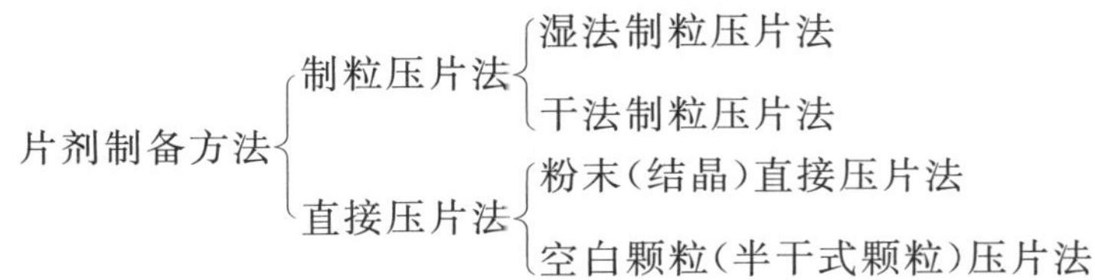

片剂生产中应用最为广泛的是制粒压片法，制粒的目的如下。

(1) 增加物料的流动性和可压性　粉末物料的流动性差，不易均匀地填充于模孔中，易引起片重差异超限。

(2) 增加物料的堆密度　粉末物料中含有很多的空气，在压片时部分空气不能及时逸出，易产生松片、裂片现象。

(3) 防止各成分的分层，使片剂中药物的含量准确　由于片剂中各成分的密度不同，粉末物料直接压片易因机器振动而分层，致使主药含量不均匀。

(4) 防止粉末飞扬及粉末黏附于冲头表面造成黏冲、挂模现象。

(一) 湿法制粒压片法

湿法制粒压片法是将药物与适宜的辅料粉末混合后加入适量的黏合剂或润湿剂制备颗粒，经干燥后压制成片的工艺方法。本法可以较好地解决粉末流动性差、可压性差的问题，对湿、热比较稳定的药物，一般可选用湿法制粒压片法，其工艺流程如图 7-1 所示。

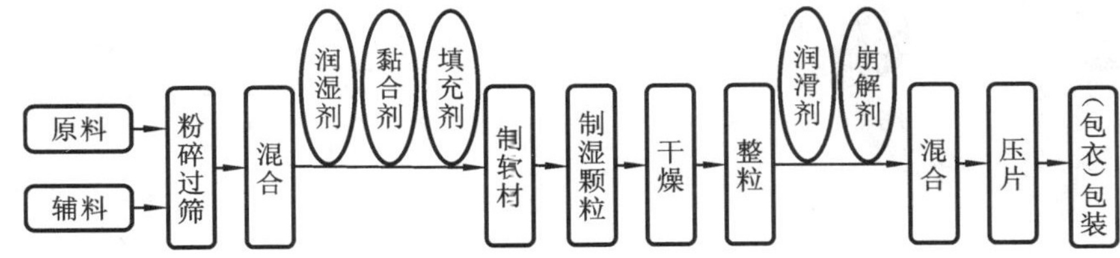

图 7-1　湿法制粒压片法工艺流程图

1. 原辅料的准备与处理　原料(主药)与辅料在投料前须经过鉴定、含量测定等质量检查，合格的物料经干燥、粉碎、过筛等加工处理间，其细度以通过 80～100 目筛为宜。领取的原辅料，在指定地方拆包，擦拭洁净后，放入配料室。对于医疗用毒性药品、贵重药品和有色原辅料应粉碎得更细些，以便混合均匀，含量准确，并避免压片时出现裂片、黏冲和花斑等现象。对于某些储藏时易受潮结块的原辅料，必须经过干燥后再粉碎过筛。然后按照处方称取药物和辅料。检查各种设施和设备运转是否正常，发现问题应及时维修，使设备处于完好状态。

2. 制颗粒

1) 湿法制粒法　传统的生产工艺主要过程包括制软材、制湿颗粒、湿颗粒干燥、整粒、批混等几个过程。

(1) 制软材　将处方量的主药与辅料粉碎混合均匀后，置于混合机内，加入适量的润湿剂或黏合剂，搅拌均匀，制成湿度、黏度适宜的软材。软材的干湿程度应适宜，生产中多凭生产操作者的经验，即“握之成团，触之即散”。制药生产中常采用槽型混合机、V 形混合桶、三维运动混合机等混合设备制软材。润湿剂或黏合剂的用量应根据物料的性质而定，如粉末细、质地疏松、干燥和黏性较差的粉末，应酌量多加，反之，用量应减少。黏合剂的用量及混合条件等对制得的颗粒密度和硬度有一定影响，一般黏合剂的用量多，混合强度大，干燥时间长，得到的颗粒硬度大。近年来，随着生产技术的提高，通过仪表可测出混合机中颗粒的动量扭矩，这样就能自动地控制软材的软硬程度，从而使软材的干湿程度可控。

(2) 制湿颗粒　将软材通过筛网即制成湿颗粒。一般软材通过一次筛网制成颗粒称单次制粒，通过两次或三次制得颗粒称多次制粒。多次制成的颗粒质量好，色泽均匀，且细粉少。颗粒的大小可以通过筛网的孔径调节。筛网孔径的大小可根据制成片剂的重量(片重)和大小来选择，见表 7-3。

表 7-3　片重和筛网的选择

片重/mg	筛目数(制粒)	筛目数(干粒)	冲头直径/mm
50	18	16～20	5～5.5
100	16	14～20	6～6.5
150	16	14～20	7～8.0
200	14	12～16	8～8.5
300	12	10～16	9～10.5
500	10	10～12	12

少量生产时可用手将软材握成团块，用手掌轻轻压过筛网即得。在工厂生产中均使用制粒机制粒。常用的制粒机是摇摆式颗粒机和高速搅拌制粒机，摇摆式颗粒机的外形及工作原理如图 7-2 所示，是将软材置于不锈钢的料斗中，其下部装有六条绕轴而往复转动的六角形棱柱，棱柱之下有筛网，由固定器固定并紧靠棱柱，当棱柱做往复运动时，将软材压、搓过筛孔而成湿颗粒。筛网常用尼龙丝、镀锌铁丝或不锈钢丝等制成。尼龙筛网不影响药物的稳定性，有弹性，当软材较黏时，过筛慢，软材经反复搅拌，制成的颗粒硬度较大。镀锌铁丝则无上述缺点，但易有金属屑带入颗粒中，还可能影响某些药物的稳定性，不锈钢丝网较好。

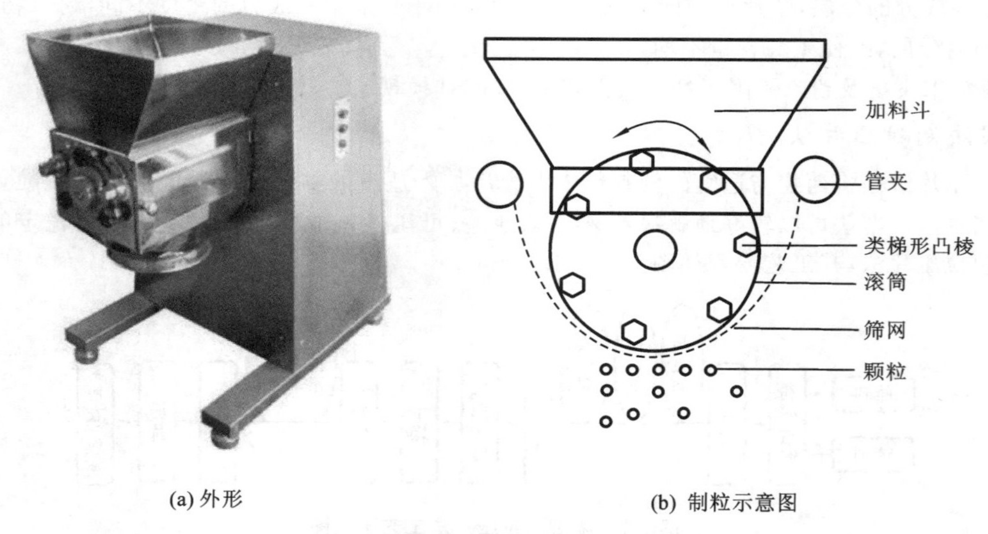

(a) 外形　　(b) 制粒示意图

图 7-2　摇摆式颗粒机的外形及工作原理

高速搅拌制粒机是摇摆式颗粒机的替代产品。其结构主要由容器、搅拌浆、切割刀等所组成。药粉、辅料和黏合剂加入容器后，靠高速旋转的搅拌器的作用迅速完成混合和制粒操作。

(3) 湿颗粒干燥　湿颗粒制成后，应立即干燥，以免结块或受压变形。干燥的温度应根据原料性质而定，一般以 50～60 ℃为宜，一些对湿热稳定的药物为缩短干燥时间，干燥温度可适当增高到 80～100 ℃。含结晶水的药物，干燥温度不宜过高，时间不宜过长，否则因失去过多的结晶水可使颗粒松脆而影响压片及崩解。干燥时温度应逐渐升高，以免颗粒表面干燥后结成一层硬膜而影响内部水分的蒸发，造成“假干”现象，即外干内湿。颗粒的干燥程度应适当，颗粒应具有适当的含水量，含水量太多，容易发生黏冲，含水量太少则不利于压片。颗粒的含水量可直接用水分快速测定仪进行测定。

湿颗粒干燥的方法很多，常用箱式干燥法、沸腾干燥法、微波干燥法、红外线干燥法等。

2) 流化喷雾制粒法　当物料粉末在容器内自下而上的气流作用下保持悬浮的流化状态时液体黏合剂向流化层喷入，使粉末聚结成颗粒的方法。流化喷雾制粒法是将沸腾混合、喷雾制粒和气流干燥等工序合并在一套设备中完成，实现了一步制粒，所以有“一步制粒”之称。流化喷雾制粒设备如图 7-3 所示。

此种制粒方法把物料的混合、制粒、干燥等过程合并在一个设备中完成，简化了工序与设备，便于生产过程的自动化，减少了粉尘飞扬污染，有利于劳动保护。此法制得的颗粒大小均匀、外观圆整、流动性好，压出的片剂质量也好。

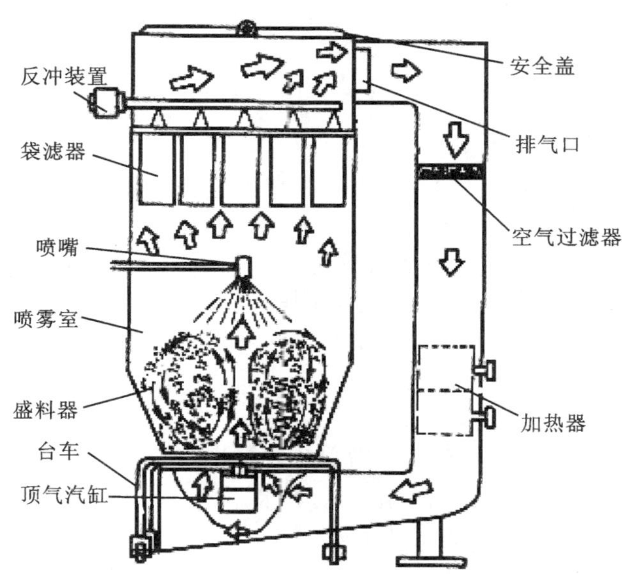

图 7-3 流化喷雾制粒设备示意图

3）喷雾制粒法　将用于制粒的原、辅料与黏合剂先行混合均匀，在不断搅拌下制成含固体量为50%～60%的均匀混悬液，再用泵将此混悬液通过高压喷嘴或甩盘输入到特殊的雾化器中，使在热气流中雾化形成细微的液滴，干燥后可得近似球形的细小颗粒。

3. 压片

1）压片前干颗粒的处理

（1）过筛整粒　颗粒在干燥过程中，部分湿颗粒会彼此粘连结块，因此须过筛整粒，使颗粒均匀，便于压片。小剂量制备时一般通过过筛来整粒。整粒时筛网孔径应根据干颗粒的松紧程度适当调节。目前制药生产中一般使用专用整粒剂或颗粒剂整粒。用摇摆式颗粒机进行整粒时，应选用质硬的金属筛网（如镀锌的铁丝网），由于颗粒干燥时体积缩小，故整粒时筛网的孔径一般比制粒时要小一级。整粒常用筛网一般为12～20目。

（2）挥发油或挥发性物质　挥发油可加在润滑剂与颗粒混合后筛出的部分细粒中，或加入直接从干颗粒中筛出的部分细粉中，再与全部干颗粒混匀。若挥发性药物为固体（如薄荷脑）或量较少时，可用适量乙醇溶解，或与其他成分混合研磨共熔后喷入干颗粒中，混匀后，密闭数小时，使挥发性药物渗入颗粒。

（3）加润滑剂与崩解剂　润滑剂常在整粒后用细筛筛入干颗粒中混匀。崩解剂应先干燥过筛，再加入干颗粒中（外加法）充分混匀，也可将崩解剂及润滑剂与干颗粒一起加入混合器中进行总混合。然后抽样检查，测定主药含量，计算片重。

2）片重计算

片重计算主要有以下两种方法。

（1）据颗粒中主药含量计算片重　药物制成干颗粒时，因经过了一系列的操作过程，原料药必将有所损耗，所以应对颗粒中主药的实际含量进行测定，然后按照下式计算片重：

$$每片颗粒重=\frac{每片主药含量}{测得颗粒中主药的百分含量}$$

实例解析

据颗粒中主药含量计算片重

例：乙酰螺旋霉素片中每片含乙酰螺旋霉素0.1 g，制成颗粒后，测得颗粒中的主药含量为48.5%，现计算理论片重范围。

解：

$$片重=\frac{每片主药含量}{测得颗粒中主药的百分含量}=0.1/0.485\ g=0.206\ g$$

按《中国药典》(2015 年版)要求，0.3 g 以下的片剂的重量差异限度为±7.5%，所以该片理论重量范围为：

$$(0.206\pm0.206\times7.5\%)\ g=0.191\ g(下限)\sim0.221\ g(上限)$$

(2) 按干颗粒总重计算片重　在大生产时，根据生产中主、辅料的损耗，适当增加了投量，片重按下式计算。

$$片重=\frac{干颗粒重+压片前加入的辅料重}{预定压片总数}$$

实例解析

按干颗粒总重计算片重

例：欲制备每片含四环素 0.25 g 的片剂，今投料 50 万片，共制得干颗粒 178.9 kg，在压片前又加入润滑剂硬脂酸镁 2.5 kg，则片重应为多少？

$$片重=\frac{干颗粒重+压片前加入的辅料重}{应压片数}=\frac{178900+2500}{500000}\ g=0.36\ g$$

3) 压片机及压片过程

将各种颗粒状或粉状物料置于模孔内，用冲头压制成片剂的机器称为压片机。

目前常用的压片机按结构主要有撞击式(单冲)压片机和旋转式(多冲)压片机；按压缩次数分为一次压制压片机和二次或三次压制压片机；按片层分为双层压片机、有芯片压片机；按压制片形分为圆形片压片机和异形片压片机等。其压片过程基本相同：填料、压片、出片。

(1) 单冲压片机

单冲压片机主要由加料器、调节装置、压缩部件三部分组成。基本结构如图 7-4 所示，一般为手动和电动兼用。①加料器：由加料斗和饲粉器构成。②调节装置：分压力调节器、推片调节器和片重调节器三部分。压力调节器用于调节上冲下降的深度，上冲下降越多，上下冲间距离越近，压力越大；反之，则压力越小。推片调节器是调节下冲抬起的高度，使其恰好与模圈的上缘相平，使压出的片剂顺利顶出模孔。片重调节器调节下冲下降的深度，以调节模孔的容积，从而使片重符合要求。③压缩部件：由上冲、下冲、模圈构成，是片剂成型部分，并决定片剂的大小、形状。

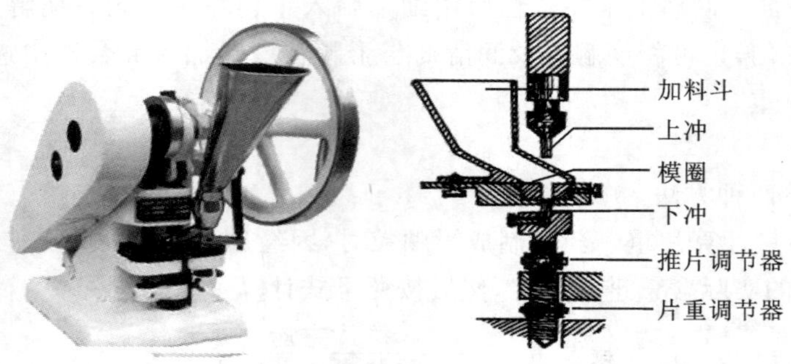

图 7-4　单冲压片机及其基本结构示意图

单冲压片机的压片过程如图 7-5 所示。①填料：上冲抬起，饲粉器移动到模孔之上，下冲下降到适宜的深度，饲粉器在模孔上面移动，颗粒填满模孔。②压片：饲粉器由模孔上移开，使模孔中的颗粒与模孔的上缘相平，上冲下降并将颗粒压缩成片，此时下冲不移动。③出片：上冲抬起，下冲随之上升至与模孔上缘相平，将药片由模孔中顶出；饲粉器再次移到模孔之上将压成之药片推开并落入接收器，并进行第二次填料，如此反复进行。

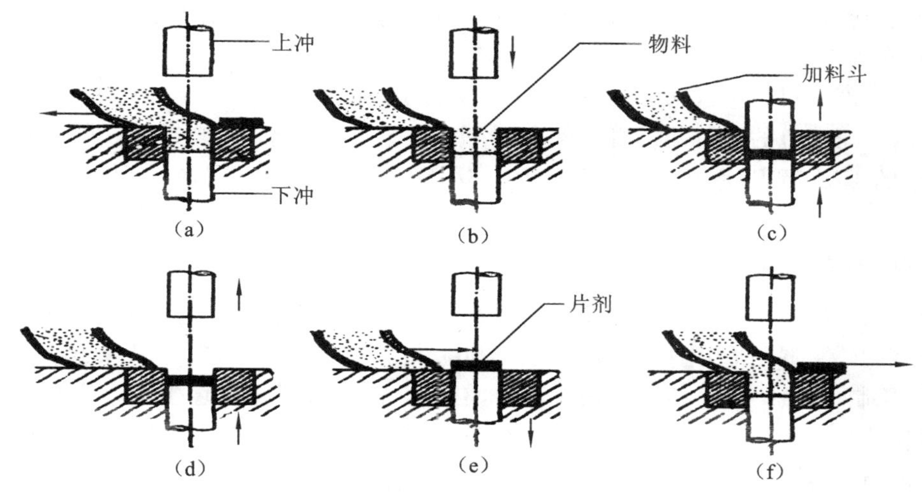

图 7-5 单冲压片机压片过程示意图

单冲压片机的生产能力约 100 片/分，适用于新产品试制或小量生产。压片时由于是单侧受压，受压时间短，压力分布不均匀，易发生松片、裂片或片重差异大等问题，且噪音较大。

(2) 旋转式压片机

旋转式压片机是目前片剂生产中广泛使用的一类压片机，主要工作部分有机台、压轮、片重调节器、压力调节器、加料斗、饲粉器、吸尘装置、保护装置等。其设备图及压片流程示意图如图 7-6 所示。机台可以绕轴旋转，分为三层，机台的上层装有若干上冲，中层装模圈，下层的对应位置装着下冲。机器转动时，上冲与下冲各自随机台转动并沿着固定的上、下冲轨道有规律地升、降运动；当上冲和下冲分别经过彼此对应的上、下压轮时，上下冲头距离最短，上冲向下、下冲向上运动并对模孔中的颗粒加压；机台中层装有一个固定的饲粉器，颗粒由处于饲粉器上方的加料斗不断地通过饲粉器流入模孔；压力调节器装在下压轮的下方，通过调节下压轮的高低位置，改变上、下冲头在模圈中的相对距离，当下压轮升高时，上、下冲头间的距离缩短，压力加大，反之压力减小。片重调节器装在下冲轨道上，用来调节下冲经过刮粉器时的高度，以调节模孔的容积而改变片重。

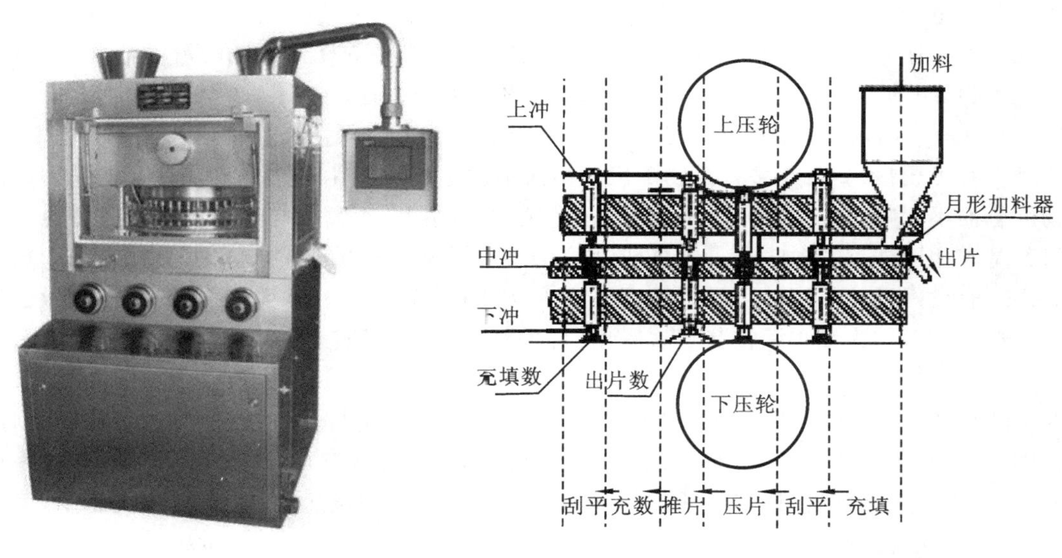

(a) 旋转式压片机外形　　(b) 旋转式压片机压片流程示意图

图 7-6 旋转式压片机设备图

旋转式压片机的压片流程如下：①填料：下冲转到饲粉器之下时，颗粒填入模孔，当下冲转动到片重调节器上面时，再上升到适宜高度，经刮粉器将多余的颗粒刮去。②压片：当下冲转动至下压轮的上面，上冲转动到上压轮的下面时，两冲之间的距离最小，将颗粒压缩成片。③出片：压片后，上、下冲分别沿轨道上升和下降，当下冲转动至出片调节器的上方时，下冲抬起并与转台中层的上缘相平，药片被刮粉器推出模孔导入容器中，如此反复进行。

普通型旋转式压片机有19冲、27冲、33冲、55冲、75冲等多种型号，按流程分有单流程及双流程等。单流程压片机如国产ZP-19型仅有一套压轮（上、下压轮各一个），旋转一周每个模孔仅压制出一个药片；双流程压片机如国产ZP-33型机台中盘每旋转一周可进行两次压制工序，即每副冲模在中盘旋转一周时可压制出两个药片。旋转式压片机的饲粉方式相对合理，片重差异较小，由上、下相对加压，压力分布均匀，生产效率较高，如55冲的双流程压片机的生产能力高达50万片/小时。目前，压片机的最大产量可达60万片/小时。

（二）干法制粒压片法

干法制粒压片法是将干法制粒的颗粒经添加适宜辅料后压片的成型工艺。干法制粒压片法的基本工艺是将药物与适宜的辅料混匀后，用适宜的设备压成块状或大片状，然后再粉碎成大小适宜的颗粒，制成的颗粒经计算片重，压制成片。凡药物对湿、热不稳定，有吸湿性或采用粉末直接压片法流动性差的情况下，多采用干法制粒压片法。干法制粒压片法可分为滚压法和重压法。滚压法是将药物与辅料混合均匀，通过特殊的滚压机压成薄片，然后通过摇摆式颗粒机制粒，再加入润滑剂混合后压片的方法。目前国内使用的滚压式干法制粒机可将滚压、碾碎、整粒一次进行，直接将粉末挤压成颗粒，工艺简便且制得的颗粒质量好。重压法系将药物与辅料的混合物用重型压片机制成大片，冲模直径一般为19 mm或更大些，然后再破碎成一定大小的颗粒的方法，又称大片法。此法虽工序少，操作简单，但是由于压片机需要较大的压力，冲模等部件容易损耗，且细粉也较多，目前已少应用。

（三）粉末（结晶）直接压片法

粉末直接压片法是将药物粉末与适宜的辅料混合后，不经制粒而直接压片的成型工艺。对湿、热不稳定的药物可选用粉末直接压片法，其工艺流程如图7-7所示。

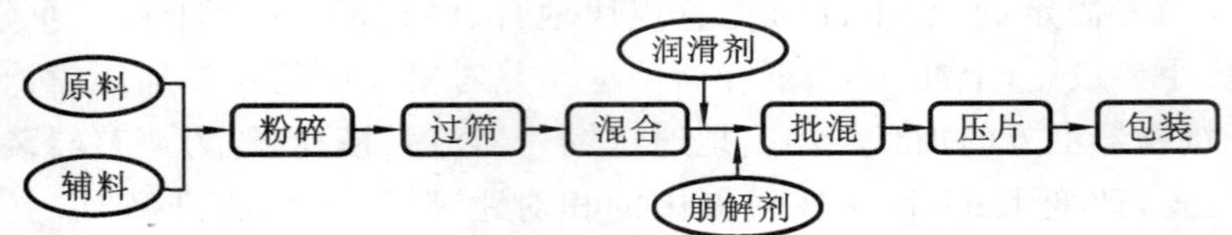

图7-7　粉末直接压片法流程图

粉末直接压片法与制粒压片法比较，具有工艺过程简单、工序少的特点，有利于生产的连续化和自动化。但本法在生产上还存在一些问题，如绝大多数药物粉末或辅料不具备良好的流动性和可压性，国产压片机的精度不理想，制约了该工艺的应用。可以从以下两个方面改进。

（1）辅料的改进　加入具有良好流动性和可压性的辅料。粉末压片的辅料，应符合下列基本条件：①具有良好的流动性和可压性；②可与多种药物配伍使用而不发生化学变化；③有较大的“容纳量”（即能与百分比较高药物配合而不影响压片性能），且不影响主药的生物利用度；④粒度与大多数药物相近等。除所用崩解剂和润滑剂基本相同外，尚需加入：①黏合剂：均为干燥黏合剂，常用的有糖粉、微晶纤维素和羧甲基纤维素钠等。其中具有良好助流作用的微晶纤维素钠更适合粉末直接压片。②助流剂：常用的有微粉硅胶和氢氧化铝凝胶干粉。二者均为细小颗粒状物，具有良好的流动性。微粉硅胶还具有较强的亲水性，故兼有崩解作用。

（2）压片机的改进　为适应粉末直接压片的需要，压片机械应进行如下改进：①改善饲粉装置：因粉末的流动性比颗粒差，为了防止粉末在饲粉器内不能顺利流动，形成空洞或流动时快时慢，造成片重差异增大，常在饲粉器上加上振荡装置，或其他适应的强制饲粉装置。②加预压机构：改为二次压制，第一次先初步压制（预压），第二次终压制成片。由于增加了受压的时间，克服了可压性不足的困难，并有利于排出粉末中的空气，既减少了裂片现象，又增加了片剂的硬度。③改善除尘机构：由于粉末直接压片产生的粉尘较多，有时有漏粉现象，可安装吸粉器加以回收。也可安装自动密闭加料设备，以避免药粉加入料斗时粉尘飞扬。

某些结晶性或颗粒性药物，具有适宜的流动性和可压性，只需经粉碎、过筛选用适宜大小的颗粒，再加入适量干燥黏合剂、崩解剂和润滑剂混合均匀，即可直接压片。如氯化钾、溴化钾、硫酸亚铁等无机盐和维生素C等有机药物，均可直接压片。

（四）空白颗粒（半干式颗粒）压片法

空白颗粒压片法是指主药的剂量很小或对湿、热很不稳定，可先制成不含药的空白干颗粒，将药物溶解到乙醇等有机溶剂中喷洒到干颗粒中，混匀，干燥压片。

半干式颗粒压片法是将药物粉末和预先制好的辅料颗粒（空白颗粒）混合均匀进行压片的方法。适用于对湿热敏感、不宜制粒，而且压缩成型性差的药物，也可用于含药较少物料。应注意颗粒粒径的大小，因为大颗粒的孔隙率较高，小颗粒的孔隙率较低，所以吸收的药物溶液量有较大差异，由此而引起片剂的含量不均。此外，挥发性成分（如中药挥发油、香精等）的加入与之类似，先将处方中的其他成分制粒干燥后，再加入。

（五）片剂制备中可能发生的问题及解决办法

由于片剂的处方设计的缺陷、生产工艺不完善、机械设备失常、环境不适及操作不当等原因，在制备过程中可能导致片剂出现一些问题，需要具体问题具体分析，查找原因，加以解决。常见的问题如下。

1. 裂片 片剂受到振动或在储存过程中从腰间裂开的现象称为裂片。如果裂开的位置发生在药片的顶部或底部，习惯上称为顶裂，它是裂片的一种常见形式。产生裂片的原因有：黏合剂选择不当或用量不足、颗粒中细粉太多、压力过大、冲头与模圈不符等。而最主要的原因是压片时压力分布不均匀和片剂的弹性复原。解决的主要措施是选用弹性小、塑性大的辅料，选用适宜的制粒方法，选用适宜压片机和操作参数以延长压缩时间，都有助于克服顶裂现象。发现裂片现象，应及时处理解决。

2. 松片 片剂硬度不够，受振动即出现松散破碎的现象称为松片。主要原因是物料的结合力低，压缩力不足而导致片剂硬度不够。松片问题可通过选月黏性较强的黏合剂、调整压片颗粒的含水量、减少润滑剂的用量或更换润滑剂的品种、增大压片机的压力等方法来解决。

3. 黏冲 片剂的表面被冲头黏去一薄层或一小部分，造成片面粗糙不平或有凹痕的现象称为黏冲；若片剂的边缘粗糙或有缺痕则可相应地称为黏壁。造成黏冲或黏壁的主要原因有：颗粒不够干燥或物料易于吸湿，润滑剂选用不当或用量不足以及冲头表面锈蚀或刻字粗糙不光等，应根据实际情况，查找原因加以解决。

4. 片重差异超限 片重差异超限是指片重差异超过药典规定的限度范围。产生的原因可能是颗粒内的细粉太多、颗粒大小相差悬殊、加料斗内的颗粒时多时少等。应采用加入适宜的助流剂如微粉硅胶等的方法来改善颗粒流动性或重新制粒。

5. 崩解迟缓 崩解迟缓是指片剂不能在药典规定的时限内完全崩解或溶解。其原因可能是崩解剂用量不当或用量不足、润滑剂用量过多、黏合剂的黏性太强、压力过大和片剂硬度过大等所致，需针对原因处理。

6. 溶出超限 片剂在规定的时间内未能溶解出规定量的药物，称为溶出超限。影响药物溶出超限的主要原因有片剂不崩解、药物的溶解度差、崩解剂用量不足、润滑剂用量过多、黏合剂的黏性太强、压力过大和片剂的硬度过大等，应根据情况予以解决。

7. 变色和色斑 变色和色斑是指片剂表面的颜色变化或出现色泽不一的斑点，导致外观不合格。产生的原因有颗粒过硬、混料不匀、接触金属离子、润滑油污染压片机等，需针对原因处理解决。

8. 叠片 叠片是指两个片剂叠在一起的现象。其原因主要有出片调节器调节不当、上冲黏片、加料斗故障等。出现叠片时，应立即停止生产，进行检修，针对原因进行处理。

知识链接

片剂的质量评定与质量检查

为了保证片剂的疗效，需要对片剂的质量进行评定。一般涉及对片剂进行物理、化学和生物学三方面的检查。物理方面包括外观、重量差异、硬度、脆碎度、崩解时限等；化学方面的检查，包括主药的含量测定、含量均匀度检查；生物学方面的检查应符合国家制定的药品卫生标准。

片剂的质量检查项目如下。

1. 外观 片剂外观应完整光洁、色泽均匀，有适宜的硬度和耐磨性，以免包装、运输过程中发生磨损或破碎，非包衣片应符合片剂脆碎度检查法的要求。

2. 片重差异　取供试品20片，精密称定总重量，求得平均片重后，再分别精密称定每片的重量，每片重量与平均片重比较（凡无含量测定的片剂或有标示片重的中药片剂，每片重量应与标示片重比较），按表中的规定，超出重量差异限度的不得多于2片，并不得有1片超出限度的1倍。

平均片重或标示片重	重量差异限度
0.3 g以下	±7.5%
0.3 g及0.3 g以上	±5%

3. 含量均匀度　片剂每片含量符合标示量的程度。每片标示量不大于10 mg或主药含量小于每片重量5%的片剂均应检查含量均匀度。凡检查含量均匀度的片剂，一般不再进行重量差异检查。

4. 硬度与脆碎度　硬度一般是指片剂的径向破碎力，单位是牛顿（N），也有采用千克作为力的单位的，但千克是质量的单位，不是力的单位。一般认为用孟山都测定片剂的硬度以不低于40 N为理想，实际上也会因片剂的大小、种类和应用要求不同而有较大的变异范围。如要求药物释放快的片剂，所需硬度比较低（10～20 N），含片及包衣片则要求比较高（40～60 N或大于60 N）。

片剂脆碎度用于检查非包衣片的粗碎情况及其他物理强度，如压碎强度等。

检查法：片重为0.65 g或以下者取若干片，使其重量约为6.5 g；片重大于0.65 g者取10片。用电吹风吹去脱落的粉末，精密称重，置圆筒中以每分钟（25±1）转的转速转动100次。取出，同法除去粉末，精密称重，减失重量不得超过1%（质量分数），且不得检出断裂、龟裂及粉碎的片剂。

5. 崩解时限　除另有规定外，照崩解时限检查法（通则0921）检查，一般采用吊篮法，即将药片置于底部有适宜孔径的筛网的玻璃管中，将玻璃管（连同片剂）置于37 ℃的规定介质中，并按规定幅度和频率做上下运动，测定片剂破碎且全部粒子都能通过筛网所需的时间，除另有规定外，素片供试品6片均应在15 min内全部崩解。薄膜衣片在盐酸（9→1000）中，应在30 min内全部崩解。而糖衣片6片应在1 h内全部崩解。

6. 溶出度与释放度

溶出度系指活性药物成分从片剂等制剂在规定条件下的溶出速率和程度，即将某一固体制剂的一定量置于溶出仪的吊篮中，在规定的时间内测定溶出的量。

释放度系指测定药物如缓释制剂、控释制剂、肠溶制剂及透皮贴剂等在规定条件下释放的速率和程度。

凡检查溶出度或释放度的制剂，不再进行崩解时限的检查。

7. 微生物限度检查　微生物限度检查系指检查非规定灭菌制剂及其原料、辅料微生物污染的程度。检查项目包括细菌数、霉菌数、酵母菌数及控制菌数。

四、片剂的包衣

（一）概述

片剂的包衣是指在压制片表面均匀地包裹上适宜材料的工艺操作。被包裹的压制片称片芯或素片，包裹层的材料称为衣料，包成的片剂称包衣片。

1. 包衣的目的

（1）掩盖药物的不良气味，增加患者的顺应性。如具有苦味、腥味的药物可包成糖衣片，如盐酸小檗碱片、氯霉素片等。

（2）防潮、避光、隔绝空气以增加药物的稳定性。如氯化钾片、多酶片、硫酸亚铁片等易吸潮，用高分子材料包以薄膜衣后，可有效防止片剂吸潮变质。

（3）改变药物释放的位置。如阿司匹林对胃有强刺激性，可以制成肠溶衣片，使药物在小肠部位释放。

（4）控制药物释放的速度。如阿米替林包衣片通过调整包衣膜的厚度和通透性，即可达到缓释的目的。

（5）防止药物的配伍变化。如将一种药物压成片芯，另一种药物加于包衣材料中包于隔离层外；或将两种药物分别制成颗粒，包衣后混合压片，以减少接触机会。

(6) 改善片剂的外观和便于识别等。

2. 对包衣片芯的要求 用于包衣的压制片(片芯)，在弧度、硬度和崩解度等方面应与一般压制片有不同的要求。①弧度：在外形上必须具有适宜的弧度，一般选用深弧度，尽可能减小棱角，以利于减少片重增重幅度，防止衣层包后在边缘处断裂。②硬度：片芯的硬度应较一般压制片高，不低于 5 kg/cm^2，脆碎度也应较一般压制片低，不得超过 0.5%。必须能承受包衣过程的滚动、碰撞和摩擦。③崩解度：为达到包衣片的崩解要求，压制片芯时一般宜选用崩解效果好而量少的崩解剂，如羧甲基淀粉钠等。

3. 包衣的种类与片剂包衣的质量要求 根据包衣材料性质的不同，片剂的包衣通常分糖衣、薄膜衣、肠溶衣三类。

片剂包衣后衣层应均匀、牢固，与主药不起作用，崩解时限应符合药典规定，经较长时间储存，仍能保持光洁、美观、色泽一致，并无裂片现象，且不影响药物的溶出与吸收。

(二) 包衣方法及设备

常用的包衣方法有：滚转包衣法、流化床包衣法、压制包衣法等。

1. 滚转包衣法 又称为锅包衣法，是片剂最常用的包衣方法。根据包衣锅性能不同，又可分为普通滚转包衣法、埋管包衣法及高效包衣法等数种。

(1) 普通滚转包衣法 设备为倾斜式普通包衣锅，如图 7-8 所示。由莲蓬形或荸荠形的包衣锅、动力部分和加热鼓风、吸粉装置等几部分组成。包衣锅的中轴与水平面一般成 30°～45°，在设定转速下，片剂在锅内借助于离心力和摩擦力的作用，随锅内壁向上移动，然后沿弧线滚落而下，在包衣锅口附近形成旋涡状的运动。包衣锅内如采用加挡板的方法可改善药片的运动状态，使药片具有均衡的翻转运动，达到较佳的混合状态。但由于锅内空气交换效率低，干燥慢，粉尘及有机溶剂污染环境等问题不易克服。

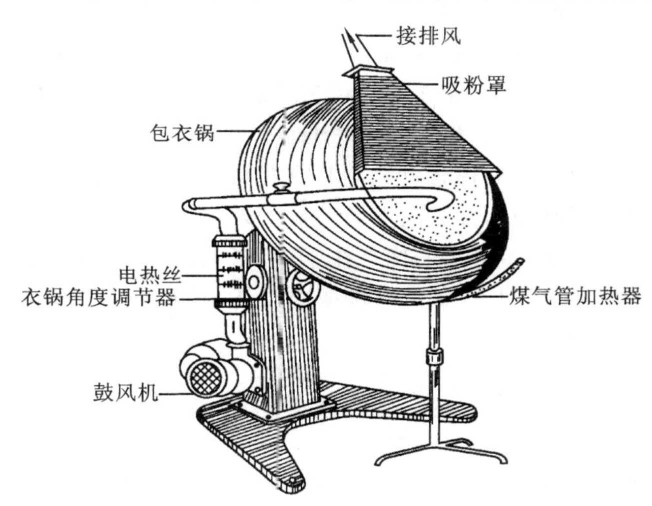

图 7-8 倾斜式普通包衣锅的示意图

(2) 埋管包衣法 采用有气喷雾包衣形式。埋管包衣机如图 7-9 所示，在普通包衣锅的底部装有通入包衣溶液、压缩空气和热空气的埋管。包衣时，包衣用浆液由气流式喷嘴喷洒到翻动着的片床内，干热空气也伴随着雾化过程同时从埋管吹出，穿透整个片床进行干燥，湿空气从排出口经集尘器过滤后排出。由于雾化过程可连续进行，故包衣时间缩短，不但可避免包衣时粉尘飞扬，而且减轻劳动强度。

(3) 高效包衣法 采用无气喷雾包衣形式，可以进行全封闭的喷雾包衣。高效包衣机结构如图 7-10 所示。包衣锅为短圆柱形并沿水平轴旋转，锅壁为多孔壁，壁内装有带动颗粒向上运动的挡板，喷雾器装于颗粒层斜面上方，热风从转锅前面的空气入口引入，透过颗粒层从锅的夹层排出。该方法适用于包制薄膜衣和肠溶衣，缺点是小粒子的包衣易粘连。

2. 流化床包衣法 包衣的基本原理与流化制粒法相类似：快速上升的空气流入包衣室内，使流化床上的片剂上下翻腾处于流化(沸腾)状态，悬浮于空气流中，与此同时，喷入包衣溶液，使其均匀地分布于片剂的表面，通入热空气使溶剂迅速挥散，从而在片剂的表面留下薄膜状的衣层。按此法包制若干层，即可制得薄膜衣片剂。

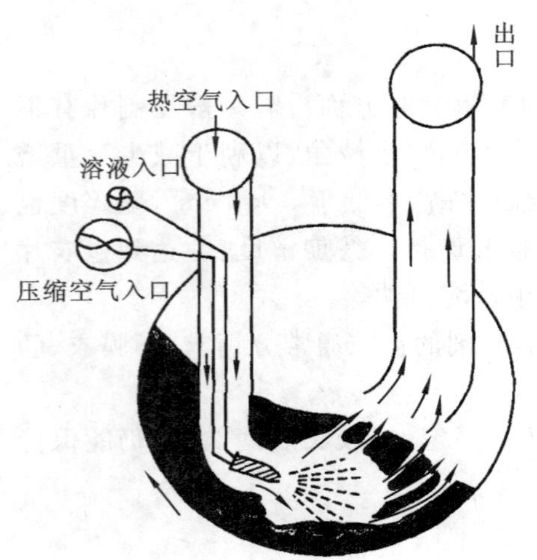

图 7-9 埋管包衣机的示意图

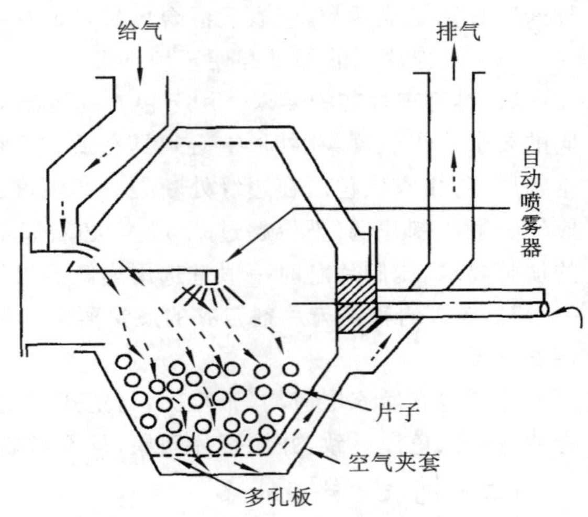

图 7-10 高效包衣机的示意图

具体的操作方法如下：①由进料口装入一定数量的片剂，关闭进料口，开启鼓风机，调节风量，使片剂在包衣室内呈现有规律的悬浮运动状态；②开启包衣溶液桶的活塞，使包衣溶液流入喷嘴，同时通入喷嘴的压缩空气将包衣溶液呈雾状喷入包衣室，附着于片剂表面；③关闭包衣溶液的进口，开启空气预热管，吹入加热的空气，使包衣室内达到 50～60 ℃，片剂被迅速干燥，然后再包第二层、第三层，直到合格为止。在实际工作中，由进气和排气的温差就可以判断和控制溶剂的蒸发速度，从而合理地调节包衣溶液的喷入量；如果排气温度过低，说明包衣室内溶剂量过大，应减少包衣溶液的喷入量；反之，表示喷入量不足。

流化床包衣法包衣速度快、时间短、工序少，当喷入包衣溶液的速度恒定时，则喷入时间与衣层增重呈线性关系，容易实现自动控制；整个生产过程在密闭的容器中进行，无粉尘，环境污染小。但采用流化床包衣法包衣时，要求片芯的硬度稍大一些，以免在沸腾状态时造成缺损。该方法特别适合小粒子的包衣。

3. 压制包衣法 一般采用两台压片机联合起来压制包衣片，两台压片机以特制的传动器连接配套使用。一台压片机专门用于压制片芯，然后由传动器将压成的片芯输送至包衣转台的模孔中（此模孔内已填入包衣材料作为底层），随着转台的转动，片芯的上面又被加入约等量的包衣材料，然后加压，使片芯压入包衣材料中间而形成压制的包衣片剂。本方法的优点在于：可以避免水分、高温对药物的不良影响，生产流程短、自动化程度高、劳动条件好，但对压片机械的精度要求较高，目前国内采用得较少。

（三）包衣材料与包衣过程

1. 糖衣

1）糖衣包衣常用材料

（1）隔离层材料 常用的品种有 10%～15%明胶浆、35%阿拉伯胶浆、4%白芨胶浆、10%玉米朊乙醇溶液、15%～20%虫胶乙醇溶液、10%醋酸纤维素酞酸酯(CAP)乙醇溶液。

（2）粉衣层材料 最常用的是滑石粉，65%或 85%糖浆为黏合剂，也可在滑石粉中加入 10%～20%的碳酸钙、碳酸镁或淀粉等。

（3）糖衣层材料 常用 65%或 85%糖浆。

（4）有色糖衣层材料 常用着色糖浆（在糖浆中添加色素如苋菜红、柠檬黄等，色泽由浅到深）。

（5）打光剂 如虫蜡，又名白蜡，用前应精制，即加热至 80～100 ℃熔化后过 100 目筛，去除悬浮杂质，并加 2%硅油混匀，冷却后制成 80 目细粉备用。

2）包衣过程 包糖衣（含肠溶衣）工艺流程如下：

片芯→包隔离层→包粉衣层→包糖衣层→包有色糖衣层→打光→干燥。根据不同品种具体要求，有的工序可以省略，有的也可以合并。

（1）隔离层 凡含引湿性、易溶性或酸性药物的片剂，包隔离层将片芯与糖衣隔离，形成一层能延缓水分进入或不透水的屏障，阻止糖浆中的水分浸入片芯，可防止药物吸潮变质及糖衣破坏。包隔离层的物料主要为胶浆剂，所以隔离层亦称胶衣层。

操作方法是将一定量素片放入包衣锅中，随着包衣锅的运转，加入适量胶浆，以能使片芯全部润滑为度，迅速搅拌，低温(40～50 ℃)下使衣层充分干燥。一般需包 4～5 层，直至片芯全部包严为止。因为包隔离层的材料大都为有机溶剂，所以应注意防爆防火。

(2) 粉衣层　目的是消除片剂的棱角，多采用交替加入糖浆和滑石粉的办法，在隔离层的外面包上一层较厚的粉衣层。操作时一般采用洒一次浆、撒一次粉，然后热风(40～55 ℃)干燥 20～30 min，重复以上操作 15～18 次，直到片剂的棱角消失。为了增加糖浆的黏度，也可在糖浆中加入 10%的明胶或阿拉伯胶。

(3) 糖衣层　目的是使片面平整、坚硬、光洁。操作时，分次加入 60%～70%的糖浆，并逐次减少用量，以湿润片面为度，在低温(40 ℃)下缓缓吹风干燥，一般包裹 10～15 层。

(4) 有色糖衣层　目的是为了片剂的美观和便于识别。包有色糖衣层与上述包糖衣层的工序完全相同，区别仅在于在糖浆中添加食用色素。每次加入的有色糖浆中色素的浓度应由低到高，以免产生花斑，一般需包制 8～15 层。

(5) 打光　目的是增加片面的光泽和疏水性。打光剂一般使用川蜡。川蜡用前需精制，即加热至 80～100 ℃熔化后过 100 目筛，去除悬浮杂质，并掺入 2%的硅油混匀、冷却、粉碎、过 80 目筛，每万片约用川蜡细粉 3～5 g。

2. 薄膜衣

1) 薄膜包衣常用材料　薄膜包衣材料由高分子成膜材料、溶剂与添加剂三部分组成。

(1) 高分子成膜材料　①纤维素衍生物类：以羟丙基甲基纤维素(HPMC)最为常用，这是一种常用的薄膜衣材料。本品溶于 60 ℃以下的水，不溶于热水和无水乙醇，在 70%乙醇中和丙酮中易溶。其成膜性能好，无味、柔软，制成的膜在一定温度下抗裂、稳定。羟丙基纤维素(HPC)溶解性能类似羟丙基甲基纤维素，有良好的成膜性能，但其 2%的水溶液包衣形成的膜黏性较强，操作及干燥较为困难。②聚丙烯酸树脂类：常用聚丙烯酸树脂Ⅳ号，本品对介质的 pH 值较为灵敏，膜的溶解性能随溶液的 pH 值上升而减小，在 pH 值为 1.5～5.0 的溶液中迅速溶解，在 pH 值为 5.0～8.0 的溶液中溶胀。本品易溶于乙醇、丙酮、二氯甲烷，不溶于水，有优良的成膜性能，形成无色透明的衣膜。③乙烯聚合物：聚维酮(PVP)，本品易溶于水、乙醇、氯仿、异丙酮等，不溶于丙酮、乙醚，形成衣膜坚硬光亮，添加适量的聚乙二醇 6000 可增加膜的柔韧性，成膜后有吸湿软化现象，可与虫胶、甲基纤维素或乙基纤维素等合用增加其抗湿性能。常用 5%的聚维酮水溶液包衣。④其他天然高分子材料：如玉米朊等。

(2) 溶剂　应能溶解或分散高分子包衣材料及增溶剂，并使包衣材料均匀分布在片剂表面。常用的溶剂有有机溶剂如乙醇、丙酮和水。有机溶剂包衣时包衣材料用量最少、形成包衣片表面光滑、均匀，但易燃并有一定的毒性，故应严格控制有机溶剂的残留量；水作包衣用溶剂，克服了有机溶剂的缺点，适于不溶性高分子，通常是将不溶性高分子材料制成水分散体进行包衣。

(3) 常用的添加剂　主要有增塑剂、着色剂、蔽光剂、增光剂、释放速度调节剂等。①增塑剂：能增加包衣材料可塑性的物料。加入增塑剂可降低聚合物分子之间的作用力，增加柔韧性，减少衣膜裂纹发生率。常用的增塑剂有两类，水溶性增塑剂有丙二醇、甘油、聚乙二醇；非水溶性增塑剂有甘油三醋酸酯、乙酰化甘油酸酯、玉米油、邻苯二甲酸酯、硅油等。②着色剂与蔽光剂：包薄膜衣时，应用着色剂和蔽光剂除了易于识别不同类型的片剂及改善产品外观外，还可遮盖某些有色斑的片芯或不同批号的片芯色调差异。着色剂有水溶性、水不溶性等两类。水溶性着色剂的遮盖能力不强，在片剂干燥过程中易发生色素的“迁移”；水不溶性着色剂如色淀(lakes)则可防止色素迁移。色淀是由吸附剂氧化铝、滑石粉或硫酸钙吸附色素而制成。蔽光剂可提高片芯对光的稳定性，一般选用散射率较大的无机染料，如二氧化钛(钛白粉)。③释放速度调节剂：又称致孔剂。如蔗糖、氯化钠、聚乙二醇、聚山梨酯、脂肪酸山梨坦等水溶性物质都可选作某些纤维素衣料的致孔剂。其原理是：将纤维素衣料与一定比例的致孔剂混合，在胃肠环境中，水溶性材料迅速溶解，薄膜溶蚀后形成具有一定直径和数量孔隙的多孔膜，使药物溶液按一定速度扩散。

2) 包衣过程　包薄膜衣工艺流程如图 7-11。

包薄膜衣可用滚转包衣法，但包衣锅应有可靠的排气装置，以排除有毒、易燃的有机溶剂，包衣时溶液以细流或喷雾加入，在片芯表面均匀地分布，通过热风使溶剂蒸发，反复若干次即得。也可用空气悬浮包衣法，用热空气流直接通入包衣室后，把片芯向上吹起呈悬浮状态，然后用雾化系统将包衣液喷洒于片芯表面进行包衣。

滚转包衣法包薄膜衣具体操作程序如下。

(1) 在包衣锅内装入适当形状的挡板，以利于片芯的转动与翻转。

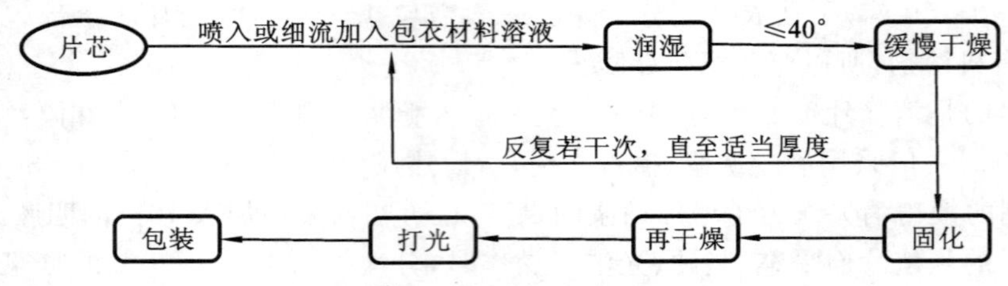

图 7-11　包薄膜衣工艺流程图

(2) 将片芯放入锅内，喷入一定量的薄膜衣材料的溶液，使片芯表面均匀润湿。

(3) 吹入缓和的热风使溶剂蒸发(温度最好不超过 40 ℃，以免干燥过快，出现“皱皮”或“起泡”现象；也不能干燥过慢，否则会出现“粘连”或“剥落”现象)。如此重复上述操作若干次，直至达到一定厚度。

(4) 大多数的薄膜衣需要一定固化期，一般是在室温或略高于室温下自然放置 6～8 h 使之固化完全。

(5) 为使残余的有机溶剂完全除尽，一般还要在 50 ℃下干燥 12～24 h。

目前大多数薄膜衣需要有机溶剂溶解，带来很多不安全因素及环境污染等问题。若采用高效包衣机或流化床包衣设备，可避免这些问题，同时还可以提高生产效率和降低生产成本。

3. 肠溶衣

1) 肠溶衣材料

肠溶衣材料必须具有在不同 pH 值溶液中溶解度不同的特性，可抵抗胃液酸性(pH 值为 2.0～3.0)的侵蚀，而到达小肠(最高 pH 值约为 7.4)时能迅速溶解或崩解。常用的肠溶衣物料主要有以下品种。

(1) 聚丙烯酸树脂Ⅰ号、Ⅱ号、Ⅲ号：Ⅰ号为低黏度的水分散体，系乳浊液，pH 值为 6.5 以上可成盐溶液，本品形成薄膜过程必须使水分完全快速蒸发，需要配合使用快速干燥设备。包衣片表面光滑且具有一定的硬度，但是与水接触易使片面变粗糙，粉末脱落，可加入增塑剂以增强薄膜的韧性。

Ⅱ号、Ⅲ号不溶于水和酸，可溶于乙醇、丙酮、异丙酮或等量的异丙酮和丙酮的混合溶剂中。包衣液的配制以异丙醇和丙酮的混合溶剂为宜。

(2) 羟丙基甲基纤维素酞酸酯(HPMCP)：本品性质稳定，不溶于酸液，易溶于混合有机溶剂中，在 pH 值为 5～6 之间能溶解，一般用量为片重的 5%～10%，常用浓度为 8.5%，本身具有可塑性，可少用或不用增塑剂，包衣时黏度适当，不粘连，易于操作。肠溶性能良好，为优良的肠溶材料。

(3) 邻苯二甲酸醋酸纤维素(CAP)：本品可溶于丙酮及丙酮与水、丙酮与乙醇的混合溶剂中，一般用 8%～12%丙酮与乙醇混合溶液喷雾包衣，成膜性能良好，但是本品具有一定的吸湿性，容易受温度和湿度的影响而水解，故常与疏水性增塑剂苯二甲酸二乙酯配合使用，可增加韧性和抗透湿性，添加量在 30%以下。其肠溶性受到衣膜的影响，包衣时需要用大量的有机溶剂，故已不常用。

(4) 聚乙烯酞酸酯(PVPP)：本品溶于丙酮、乙醇和丙酮的混合溶液，衣膜不具有半透性，其肠溶性不受膜厚度影响。本品是由聚合度为 700～7000 的聚乙烯醇与邻苯二甲酸作用而成的单酯。

2) 包衣过程　包肠溶衣的工艺流程基本同糖衣片。

(四) 包衣过程中可能出现的问题和解决方法

包衣质量可直接影响产品的外观和内在质量，如果包衣片芯的质量(如形状、水分、硬度等)较差，所用包衣物料或配方组成不合适、包衣工艺或操作不当等，均可造成包衣片在生产过程中或储存过程中发生问题。包衣过程常出现的问题和解决的方法见表 7-4、表 7-5 和表 7-6。

表 7-4　包糖衣容易出现的问题及解决方法

常见问题	原因	解决方法
①糖浆不粘锅	锅壁上蜡未除尽	洗净锅壁，或再涂一层热糖浆，或撒一层滑石粉
②色泽不均	片面粗糙，有色糖浆用量过少且未搅匀；温度太高，干燥过快，糖浆在片面上析出过快，衣层未干就加蜡打光	可用浅色糖浆，增加所包层数，“勤加少上”，控制温度，情况严重时，洗去衣层，重新包衣
③片面不平	撒粉太多、温度过高、衣层未干就包第二层	改进操作方法，做到低温干燥，勤加料，多搅拌

续表

常见问题	原　因	解决方法
④龟裂或爆裂	糖浆与滑石粉用量不当、片芯太松、温度太高、干燥过快、析出粗糖晶，使片面留有裂缝	控制糖浆和滑石粉用量，注意干燥时的温度与速度，更换片芯
⑤露边与麻面	衣料用量不当，温度过高或吹风过早	注意糖浆和粉料的用量，糖浆以均匀润湿片芯为度，粉料以能在片面均匀黏附一层为宜，片面不见水分和产生光亮时，再吹风
⑥粘锅	加糖浆过多，黏性大，搅拌不匀	糖浆的含量应恒定，一次用量不宜过多，锅温不宜过低
⑦膨胀磨片或剥落	片芯或糖衣层未充分干燥，崩解剂用量过多	注意干燥，控制胶浆或糖浆的用量

表 7-5　包薄膜衣过程中可能出现的问题及解决方法

常见问题	原　因	解决方法
①起泡	固化条件不当，干燥速度过快	控制成膜条件，降低干燥温度和速度
②皱皮	选择衣料不当或用量太多，干燥条件不当	更换衣料或控制用量，改善成膜温度
③剥落	选择衣料不当，两次包衣间隔时间太短	更换衣料，调节间隔时间，调节干燥温度和适当降低包衣液的浓度
④花斑	增塑剂、色素等选择不当，喷雾不均匀，色素在包衣浆中分布不匀	改变包衣处方、调节空气温度和流量，减慢干燥速度，将薄膜材料配成稀溶液，少量多次喷几次或色素与包衣材料混匀后再喷
⑤片面粗糙	干燥温度高，溶剂蒸发快或包衣液混入杂质	降低干燥温度，使用合适的包衣膜材料

表 7-6　肠溶衣片过程中可能出现的问题及解决方法

常见问题	原　因	解决方法
①不能安全通过胃部	衣料选择不当，衣层太薄或没有将片芯全部包裹上，衣层机械强度不够	注意选择适宜的衣料，重新调整包衣处方，增加包衣层数
②肠内不溶解	衣料选择不当，衣层太厚，诸存变质不溶解	选择适宜的包衣材料，衣层适宜，合理储存

五、典型片剂实例分析

例：复方磺胺甲基异噁唑片（复方新诺明片）

本品为广谱抗菌药，用于敏感菌引起的呼吸道、肠道感染和败血症等。

［处方］	磺胺甲基异噁唑（SMZ）	400.0 g	甲氧苄胺嘧啶（TMP）	80.0 g
	淀粉	40.0 g	淀粉浆（10%）	240.0 g
	硬脂酸镁	5.0 g	共制	1000 片

［制法］　将磺胺甲基异噁唑和甲氧苄胺嘧啶混合均匀后，过 80 目筛，再加入淀粉混匀，然后分次加入淀粉浆制成软材，过 12～14 目筛制粒，在 70～80 ℃温度下干燥，过 12 目筛整粒，加硬脂酸镁混匀后，压片即得。

［注解］

(1) 处方中 SMZ 和 TMP 为主药，淀粉为填充剂，同时也兼有内加崩解剂的作用，淀粉浆为黏合剂，硬脂酸镁为润滑剂。

(2) 这是最一般的湿法制粒压片的实例，崩解剂采用内加法制备。本品也可采用崩解剂内外加法进行制备。如将淀粉作为内加崩解剂，干淀粉为外加崩解剂进行本品的制备。

(3) 甲氧苄胺嘧啶常与磺胺类药物联合应用，以使药物对革兰阴性杆菌(如痢疾杆菌、大肠杆菌等)有更强的抑菌作用，可增强抗菌效果。

例：阿司匹林肠溶片

本品为非甾体抗炎药，具有解热、镇痛、抗炎、抗风湿等作用。

[处方]				
	阿司匹林	300.0 g	淀粉	40.0 g
	枸橼酸	15.0 g	干淀粉	70.0 g
	淀粉浆(10%)	适量	滑石粉	10.0 g
	共制	1000 片		

[制法] 将阿司匹林及淀粉混合均匀，加入10%淀粉浆(含枸橼酸)制成软材，用14目尼龙筛网制粒，60～70 ℃通风干燥，12目筛整粒，并加入干淀粉、滑石粉混匀，压片，包肠溶衣，分装，即得，每片含主药0.3 g。

[注解]

(1) 阿司匹林为主药，淀粉为稀释剂兼有内加崩解剂的作用，淀粉浆为黏合剂，干淀粉为外加崩解剂，滑石粉为润滑剂。

(2) 阿司匹林的可压性极差，若制粒应采用10%淀粉浆作黏合剂；阿司匹林遇水易水解成水杨酸和醋酸，10%淀粉浆中加枸橼酸，可增加阿司匹林的稳定性。

(3) 硬脂酸镁能促进乙酰水杨酸的水解，故采用滑石粉作润滑剂。

例：维生素C泡腾片

本品为泡腾片，用于发热、疼痛及类风湿性关节炎等。

[处方]				
	维生素C	100.0 g	酒石酸	450.0 g
	碳酸氢钠	650.0 g	蔗糖粉	1600.0 g
	糖精钠	20.0 g	氯化钠	适量
	色素	适量	香精	适量
	单糖浆	适量	聚乙二醇6000	适量
	共制	1000 片		

[制法] 取维生素C、酒石酸分别过100目筛，混匀，以95%乙醇和适量色素溶液制成软材，过14目筛制湿粒，于50～55 ℃干燥，备用；另取碳酸氢钠、蔗糖粉、氯化钠、糖精钠和色糖浆适量制成软材，过12目筛，于50～55 ℃干燥，与上述干颗粒混合，16目筛整粒，加适量香精的醇溶液，密闭片刻，加适量聚乙二醇6000混匀，压片。片重0.3 g。

[注解]

(1) 本例为泡腾片剂的制备。处方中维生素C为主药，碳酸氢钠和酒石酸为泡腾崩解剂，蔗糖粉为黏合剂，氯化钠、糖精钠、香精为矫味剂，聚乙二醇6000为水溶性润滑剂。

(2) 泡腾片处方设计中也可以用碳酸氢钾、碳酸钙等代替碳酸氢钠，以适应某些不宜多食钠的患者。

例：维生素B_2片

本品为维生素类药，临床主要用于防治维生素B_2缺乏所导致的疾病。

[处方]				
	核黄素	5.0 g	淀粉	26.0 g
	糊精	42.0 g	50%乙醇	适量
	硬脂酸镁	0.7 g		
	共制	1000 片		

[制法] 取核黄素按等量递加法分次加入淀粉混合后，过筛混合均匀，再加入糊精混合均匀，加入适量的50%乙醇制成软材，过16目筛制粒，在55 ℃干燥，干颗粒过16目筛整粒，加入硬脂酸镁混匀后，压片即可。

[注解]

(1) 本品主药含量小，片内有大量的填充剂，制备时要特别注意均匀度问题，因此，采用等量递加法混合。

(2) 核黄素本身为橙黄色，在制粒时要注意色泽一致，必要时可进行二次过筛制粒。

(3) 干燥温度宜低(55 ℃左右)，因乙醇挥发太快可使表面颗粒形成深色。干粒保持水分在3%～6%，防止裂片。

(4) 核黄素为结晶性粉末,亦可选用微晶纤维素作干燥剂,微粉硅胶作助流剂采用直接压片法制备。

例:银翘解毒片

本品具有辛凉解毒、辛凉解表作用,主治风热感冒、头痛、发热、咳嗽、口干、咽喉疼痛等症。

[处方]	金银花	200.0 g	连翘	200.0 g
	桔梗	120.0 g	荆芥	80.0 g
	牛蒡子(炒)	120.0 g	淡豆豉	100.0 g
	甘草	100.0 g	淡竹叶	80.0 g
	薄荷	120.0 g	硬脂酸镁	适量
	共制	1000 片		

[制法] 金银花、桔梗分别粉碎成细粉,过筛;薄荷、荆芥提取挥发油,纯化后的水溶液另器收集;药渣与连翘、牛蒡子、淡竹叶、甘草加水煎煮 2 次,每次 2 h,合并煎液,滤过;淡豆豉加水煮沸后,于 80 ℃温浸 2 次,每次 2 h,合并浸出液,滤过,合并以上各药液,浓缩成稠膏,加入金银花、桔梗细粉及辅料,混匀,制成颗粒,干燥,放冷,喷加薄荷等挥发油,混匀,压片即可。

[注解]

(1) 桔梗因含有淀粉较多,故磨成细粉作吸收剂、崩解剂。薄荷、荆芥含有挥发油,要先提取挥发油后煎煮。淡竹叶、淡豆豉和甘草等含纤维素等弹性物质较多,故宜提取浓缩成稠膏作黏合剂。硬脂酸镁作润滑剂。

(2) 挥发油加入到颗粒中,应密闭储藏,使颗粒充分吸收,可避免压片时产生松片、裂片等现象。

拓展知识

口服速释给药系统

一、概述

(一) 口服速释片的含义、分类及特点

口服速释给药系统是一大类速释给药系统的统称,这些速释口服药物经口服后迅速崩解或溶解,通过口腔或胃肠黏膜迅速释放并吸收。

口服速释制剂指服用后能快速崩解或快速溶解的固体制剂。

根据释药机制和使用特点分类如下。

(1) 水中分散型 分散片、泡腾片、自乳化或自微乳化释药制剂、干凝胶和干酏剂等。

(2) 口腔分散型 口腔速释片、速液化咀嚼片、口含片及舌下片。

(3) 其他 固体分散技术的滴丸剂、膜剂、β-环糊精包合技术。

口服速释片,它的名称国内尚未统一,其译名包括:口溶片(orally dissolving tablet)、口腔速溶片(fast dissolving tablet)、速溶剂型(fast dissolving drug form,FDDF)、速崩片(rapidly disintegrating tablet)、速液化咀嚼片(quick-liquifying chewable tablet)、分散片(dispersible tablet)。

此类口服速释片的特点是吸收快、生物利用度高,由于难溶药物吸收的限速步骤主要是溶解,故制成速释片可提高生物利用度。对小剂量成分或相对分子质量小的水难溶性药物,经过调节,也可以提高其生物利用度;也可以通过速释技术减少药物对食管和胃肠道的刺激作用。速释片不必用水送服,唾液即可溶解,非常适合老年人和小孩以及吞咽有困难的患者服用;片剂在舌下即吸收,避免了肝脏的首过效应,硝酸甘油、睾酮、孕酮等舌下片是最早的产品。

制备口服速释片的材料中有羧甲基淀粉钠、十二烷基硫酸钠、聚乙烯吡咯烷酮等水中溶解性能良好或遇水迅速膨胀的辅料,如:交联羧甲基纤维素钠、交联聚乙烯吡咯烷酮、交联羧甲基淀粉钠、微晶纤维素、低取代羟丙基纤维素。交联羧甲基纤维素钠、交联聚乙烯吡咯烷酮、交联羧甲基淀粉钠由于崩解性能优良,也被称为超级崩解剂。

（二）口服速释片的质量要求

外观完整光洁，色泽均一，无色斑，片面无起毛现象；含量准确，重量差异小；崩解时限严格符合规定，溶出度符合短时溶出率高要求；含药量小的片剂要检查含量均匀度；符合微生物限度检查要求。

二、速释技术与释药原理

速释制剂根据类型分为速崩型和速溶型两类：服用后能迅速崩解的片剂为速崩型制剂；以口腔速溶片为代表的速溶固体制剂是 20 世纪 70 年代后期发展起来的速释制剂。其中，速溶片其主要制备技术有冷冻干燥法、直接压片法及微粒载体技术等。

口服速释片剂主要有速崩片、分散片和口腔速崩片等。其中口腔速崩片是近年来发展起来的新型速释制剂。其采用优质的崩解剂，吸水膨胀度大于 5 mL/g、孔隙率和强溶胀性是此类崩解剂最重要的崩解机理。某些崩解剂，如交联羧甲基，当含量约为 7.6%时，可能将获得最短的崩解时间，此时，片剂孔径分布成最合理的细孔结构，此种细孔机构总孔隙率达到饱和，所产生的压力能导致有效的崩解，溶胀过程成为主要的崩解机理；一般，当崩解剂量≥8%时，片剂内部毛细管变粗，水的快速渗透反而隔离了周围的细孔结构区，使其中的空气不能及时逸出，阻止水分进入细孔结构区域，崩解效果反而不佳。

（一）冷冻干燥法

速溶片常用冷冻干燥法制备，近年来采用真空干燥和固态溶液技术来制备这种制剂。速崩片多采用喷雾干燥工艺，制备的片剂中由于多孔，水分可以迅速渗入到片剂的内部，导致药物迅速溶解释放。近年来也有用直接压片法制备速溶片的报道，只要选好优良的崩解剂也可以起到速崩和速溶的目的。

将药物与水溶性基质如多糖、明胶、多肽等及混悬剂、润湿剂和着色剂等在搅拌下定量分装于模具中，冷冻干燥后得到高孔隙率的固体制剂，即是速溶片剂。真空干燥法是为了解决冷冻干燥速溶片硬度不够以及冷冻干燥过程中的回融问题而提出来的。在初次干燥时去掉非结合的溶剂，使用很低的气压保持温度在平衡冷冻点以下，并在崩塌温度以上，使非结合溶剂不是由固态直接升华，而是由固态经液态再转为气态，故而得到的产品孔隙率比冷冻干燥法的产品孔隙率小而密度大的速溶片。这种速溶片硬度较大，不易脆碎，溶解时间略长。固体溶液法是将明胶、果胶、豆纤维等混合物及氨基乙酸等作为骨架，加入药物、抗氧化剂、防腐剂、矫味剂等溶解于一种特定的溶剂中，然后降低温度至这种溶剂成为固态，此时加入第二种和第一种溶剂可以互溶但与骨架不能互溶的溶剂，将第一种溶剂置换出来，然后升高温度使第二种溶剂挥发，得到药物的骨架。此种药物骨架硬度较冷冻干燥法和真空干燥法产品的大，且可在几秒钟内溶解。

采用喷雾干燥工艺制备速崩片时，第一步是制备多孔性颗粒作为片剂的支持骨架，骨架中聚合物所带的静电荷与增溶剂和膨胀剂的静电荷相同，将骨架成分与上述辅料喷雾干燥，挥发除去乙醇等溶剂，制成多孔性颗粒，然后加入药物及黏合剂、填充剂、矫味剂等直接压片，也可以最后包一层薄膜衣。这种速崩片遇唾液后，水分可迅速进入片剂内芯，由于颗粒中同性静电荷的排斥而立即崩解，一般 20 s 左右。

（二）直接压片法

直接压片法需要使用崩解性能优良的崩解剂，如交联 PVP(PVPP)、交联 CMC-Na(cCMC-Na)等，所得的片剂可以迅速崩解，口腔速崩片制备工艺相对简单，工业化生产难度较小。但是，口感问题是影响其广泛应用的重要原因，主要是服用时有砂砾感，通过采用特殊的口服速释技术解决了上述问题，现将药物以天然或合成的高分子聚合物明胶、纤维素、丙烯酸聚合物或乙烯共聚物等包裹成微米级的小颗粒，以改善药物的不良味道。

（三）闪流(flash flow) 技术

Fuisz 公司采用该技术使闪热(flash heat)以及闪切状态存在，在结晶引发剂的作用下使骨架剪切，同时添加助流剂，从而形成流动性好、适于直接压片的微小颗粒，再以较小的压力进行压片，达到口腔速溶的目的。

三、口服速释片剂临床应用与注意事项

口服速释片为急症治疗开辟了新的途径，同时也为难溶性药物的口服吸收提供了一个新方法。但是，

口腔速崩片也存在以下主要问题。

1. 药物的剂量问题 口腔速崩片除要求崩解迅速以外，还需要其口感好，因而在压片时需要加入大量的优良崩解剂和矫味剂，往往制得的片剂的片重和片型太大，服用不便。要求选用剂量小的模型药物来制备口腔速崩片。

2. 药物的口感问题 由于口腔速崩片在口腔内释放，药物若有苦涩感或刺激性味道较重则不宜制成该类制剂，对于苦味较大的药物仅仅加芳香剂或矫味剂是不足以改善口感的。将药物与树脂混合后制成颗粒掩盖药物苦味，然后以 MCC/L-HPC 为填充剂，以直接压片法制成口腔崩解片，在口腔内 30 s 即可完全崩解并达到掩盖苦味的目的。

3. 制备工艺问题 以前生产口腔速崩片常用冷冻干燥、喷雾干燥等设备，有的工艺步骤多、耗时长，有的还需要使用有机溶剂等，由此产生了一系列劳动保护及环境污染问题，使口腔速崩片的成本大大提高，限制了此种剂型的发展。随着新辅料的研发，通过粉末直接压片制备崩解快、口感良好的口腔崩解制剂成为可能。

四、典型口服速释片剂实例分析

例：灯盏花素口服速释片

［处方］

灯盏花素	220 g	PVPP	24 g	cCMC-Na	24 g
微晶纤维素	115 g	预胶化淀粉	57 g	硬脂酸镁	2 g
50%乙醇	适量				

［制法］ 称取灯盏花素和崩解剂（PVPP 与 cCMC-Na 的比例为 1∶1）、填充剂（微晶纤维素与预胶化淀粉的比例为 2∶1）等辅料，过 100 目筛，充分混合均匀，加入黏合剂制软材，过 20 目筛制湿颗粒，60 ℃鼓风干燥约 0.5 h，30 目筛网整粒，加入适量硬脂酸镁，充分混合均匀，以直径 12 mm 浅弧型冲头压制成 1000 片，即得。

［注解］

PVPP 与 cCMC-Na 的比值为 1∶1，作为崩解剂；微晶纤维素与预胶化淀粉的比例为 2∶1，作为填充剂；以适量 50%乙醇为制备湿颗粒的润湿剂；以略小于或等于 0.05%的硬脂酸镁为润滑剂。

项目小结

教学提纲		主要内容简述
一级	二级	
一、概述	（一）片剂的概念和特点	片剂的概念；特点：优点、缺点
	（二）片剂的分类和质量要求	片剂的分类、质量要求
	（三）片剂常见问题及原因	片剂常见变色、色点、色斑、麻面、裙边、裂片、露边、瘪片及潮解等问题及引起的原因
	（四）临床应用与注意事项	临床应用与注意事项
二、片剂的辅料	（一）填充剂	淀粉、糖粉、糊精、乳糖、可压性淀粉、微晶纤维素、无机盐类、甘露醇
	（二）润湿剂或黏合剂	润湿剂：纯化水、乙醇；黏合剂：淀粉浆、糖粉与糖浆、甲基纤维素（MC）和乙基纤维素（EC）、羧甲基纤维素钠（CMC-Na）、羟丙基纤维素（HPC）和羟丙甲纤维素（HPMC）、聚维酮（PVP）
	（三）崩解剂	作用机理；加入方法；常用的崩解剂：干淀粉、羧甲基淀粉钠（CMS-Na）、羟丙基淀粉（HPS）、低取代羟丙基纤维素（L-HPC）、交联聚乙烯吡咯烷酮（PVPP）、交联羧甲基纤维素钠（CCNa）、泡腾崩解剂、表面活性剂
	（四）润滑剂	常用润滑剂、使用中应注意的问题、加入方法

续表

教学提纲		主要内容简述
一级	二级	
三、片剂的制备	(一)湿法制粒压片法	原辅料的准备与处理→制软材→制湿颗粒→干燥→整粒→压片
	(二)干法制粒压片法	药物与适宜的辅料混匀后,用适宜的设备压成块状或大片状,然后再粉碎成大小适宜的颗粒,制成的颗粒经计算片重,压制成片
	(三)粉末直接压片法	粉末直接压片法:药物粉末与适宜的辅料混合直接压片;药物直接压片法:结晶性或颗粒性药物,经粉碎、过筛,再加入适量干燥黏合剂、崩解剂和润滑剂混合均匀,直接压片
	(四)空白颗粒(半干式颗粒)压片法	药物粉末和预先制好的辅料颗粒(空白颗粒)混合均匀压片
	(五)片剂制备中可能发生的问题及解决办法	裂片、松片、黏冲、片重差异超限、崩解迟缓、溶出超限、变色和色斑、叠片,针对原因进行处理
四、片剂的包衣	(一)概述	包衣的目的、对包衣片芯的要求、包衣的种类与片剂包衣的质量要求
	(二)包衣方法及设备	滚转包衣法:普通滚转包衣法、埋管包衣法、高效包衣法;流化床包衣法;压制包衣法
	(三)包衣材料及包衣过程	糖衣材料与包衣过程、薄膜包衣材料与包衣过程、肠溶衣材料与包衣过程
	(四)包衣过程中可能出现的问题和解决方法	包糖衣、包薄膜衣、包肠溶衣容易出现的问题及解决方法
五、典型片剂实例分析		复方磺胺甲基异噁唑片;阿司匹林肠溶片;维生素C泡腾片;维生素 B_2 片;银翘解毒片

达标检测题

一、选择题

(一) 单项选择题

1. 下列关于片剂的叙述,错误的为(　　)。

A. 片剂为药物与辅料均匀混合后压制而成的片状制剂

B. 片剂的生产机械化,自动化程度较高

C. 片剂的生产成本及售价较高

D. 片剂运输、储存、携带及应用方便

E. 片剂制备方法有湿法制粒压片、干法制粒压片及粉末直接压片

2. 崩解剂是(　　)。

A. 有助于润湿性的物质

B. 有助于片剂黏结的物质

C. 有助于物料流动的物质

D. 能促使片剂在胃肠液中迅速碎裂成细小颗粒的物质

E. 有助于压片后片剂从模圈中推出的物质

3. 下列有关片剂的正确表述是(　　)。

A. 口含片是专用于舌下的片剂

B. 咀嚼片是指含有碳酸氢钠和枸橼酸作为崩解剂的片剂

C. 缓释片是指能够延长药物作用时间的片剂

D. 多层片是指含有碳酸氢钠和枸橼酸作为崩解剂的片剂
E. 薄膜衣片是以丙烯酸树脂或蔗糖为主要包衣材料的片剂
4. 湿法制粒压片的目的是改善药物的(　　)。
A. 可压性和流动性　B. 崩解性和溶出性　C. 防潮性和稳定性
D. 润滑性和高黏着性　E. 流动性和崩解性
5. 片剂辅料中的崩解剂是(　　)。
A. 乙基纤维素　B. 交联聚乙烯吡咯烷酮　C. 微粉硅胶
D. 甲基纤维素　E. 甘露醇
6. 片剂中加入适量(1%)的微粉硅胶,其作用为(　　)。
A. 崩解剂　B. 润滑剂　C. 抗氧化剂　D. 助流剂　E. 崩解剂
7. 下列哪种片剂是以碳酸氢钠与枸橼酸为崩解剂的?(　　)
A. 泡腾片　B. 分散片　C. 缓释片　D. 舌下片　E. 植入片
8. 下列哪种片剂要求在(21±1) ℃的水中 3 min 即可崩解分散(　　)。
A. 泡腾片　B. 分散片　C. 舌下片　D. 普通片　E. 溶液片
9. 下列哪种片剂可避免肝脏的首过作用?(　　)
A. 泡腾片　B. 分散片　C. 舌下片　D. 普通片　E. 溶液片
10. 为增加片剂的体积和重量,应加入(　　)。
A. 稀释剂　B. 崩解剂　C. 黏合剂　D. 润滑剂　E. 润湿剂
11. 片剂辅料中的崩解剂是(　　)。
A. 乙基纤维素　B. 羟丙基甲基纤维素　C. 滑石粉
D. 羧甲基淀粉钠　E. 糊精
12. 下列属于湿法制粒压片的方法是(　　)。
A. 结晶直接压片　B. 软材挤压制粒压片　C. 粉末直接压片
D. 物料滚压制粒压片　E. 药物和微晶纤维素混合压片
13. 常作为粉末直接压片中的助流剂是(　　)。
A. 淀粉　B. 糊精　C. 糖粉　D. 微粉硅胶　E. 滑石粉
14. 淀粉在片剂中的作用,除哪项外均是正确的?(　　)
A. 填充剂　B. 淀粉浆为黏合剂　C. 崩解剂
D. 润滑剂　E. 稀释剂
15. 粉末直接压片时,既可作稀释剂,又可作黏合剂,还兼有崩解作用的辅料是(　　)。
A. 甲基纤维素　B. 微晶纤维素　C. 乙基纤维素
D. 羟丙基甲基纤维素　E. 羟丙基纤维素
16. 乙醇作为片剂的润湿剂一般浓度为(　　)。
A. 30%～70%　B. 1%～10%　C. 10%～20%　D. 75%～95%　E. 100%
17. 羧甲基淀粉钠一般可作片剂的哪类辅料?(　　)
A. 稀释剂　B. 崩解剂　C. 黏合剂　D. 抗黏着剂　E. 润滑剂
18. 片剂中加入过量的哪种辅料,很可能会造成片剂的崩解迟缓?(　　)
A. 硬脂酸镁　B. 聚乙二醇　C. 乳糖　D. 微晶纤维素　E. 滑石粉
19. 关于片剂崩解剂的正确叙述是(　　)。
A. 用淀粉作崩解剂,通常制成 10%的淀粉浆应用
B. 常见崩解剂为聚维酮、交联聚维酮、羧甲基纤维素钠、低取代羟丙基纤维素
C. 除特殊规定外,一般片剂的崩解时限不得超过 30 min
D. 崩解剂的作用是使药片吞服后在胃肠立即崩解,以利用迅速吸收发挥疗效
E. 干燥糖粉为一种优良的崩解剂
20. 下列包糖衣顺序正确的是(　　)。
A. 隔离层→粉衣层→色衣层→糖衣层→打光
B. 粉衣层→糖衣层→隔离层→色衣层→打光

C. 粉衣层→隔离层→糖衣层→色衣层→打光
D. 粉衣层→隔离层→色衣层→糖衣层→打光
E. 隔离层→粉衣层→糖衣层→色衣层→打光

21. 单冲压片机调节片重的方法为（　　）。
A. 调节下冲下降的位置　B. 调节下冲抬起的高度
C. 调节上冲下降的位置　D. 调节上冲上升的高度
E. 调节饲料器位置

22. 有关湿法制粒的叙述中，错误的是（　　）。
A. 软材要求"捏之成团，触之即裂"　B. 按片重大小来选择制粒的筛网孔径大小
C. 有色或黏性强的药物采用单次制粒为好　D. 湿粒无长条、无块状
E. 易氧化药物避免用金属筛

23. 湿法制粒压片工艺流程为（　　）。
A. 原辅料→混合→制软材→制湿粒→干燥→整粒→混合→压片
B. 原辅料→混合→制软材→制湿粒→干燥→混合→压片
C. 原辅料→混合→制软材→制干粒→整粒→混合→压片
D. 原辅料→混合→制湿粒→干燥→整粒→混合→压片
E. 原辅料→混合→制软材→制湿粒→干燥→整粒→压片

24. 在一步制粒机中可完成的工序是（　　）。
A. 粉碎→混合→制粒→干燥　B. 混合→制粒→干燥
C. 过筛→制粒→混合→干燥　D. 过筛→制粒→混合
E. 制粒→混合→干燥

25. 适合包肠溶性薄膜衣的材料是（　　）。
A. 羧甲基纤维素钠　B. 聚乙二醇　C. 微晶纤维素
D. 羟丙基甲基纤维素　E. 邻苯二甲酸醋酸纤维素

26. 压片用干颗粒的含水量宜控制在（　　）。
A. 1%　B. 2%　C. 3%　D. 4%　E. 5%

27. 压片的工作过程为（　　）。
A. 混合→饲料→压片→出片　B. 混合→压片→出片
C. 压片→出片　D. 饲料→压片
E. 饲料→压片→出片

28. 关于压片时造成黏冲原因的错误表述是（　　）。
A. 压力过大　B. 颗粒含水量过多　C. 冲头表面粗糙
D. 颗粒吸湿　E. 润滑剂用量不当

29. 造成片剂崩解迟缓的可能原因是（　　）。
A. 压力过大　B. 原辅料的弹性强　C. 颗粒吸湿受潮
D. 颗粒大小不一　E. 崩解剂用量过大

30. 冲头表面粗糙将主要造成片剂的（　　）。
A. 黏冲　B. 硬度不够　C. 花斑　D. 裂片　E. 崩解迟缓

31. 黄连素片包薄膜衣的主要目的是（　　）。
A. 防止氧化变质　B. 防止胃酸分解　C. 控制定位释放
D. 避免刺激胃黏膜　E. 掩盖苦味

32. 下列叙述不是包衣目的的是（　　）。
A. 改善外观　B. 防止药物配伍变化　C. 控制药物释放速度
D. 药物进入体内分散程度大，增加吸收，提高生物利用度
E. 增加药物稳定性

33. 片剂储存的关键为（　　）。
A. 防潮　B. 防热　C. 防冻　D. 防虫　E. 防光

34. 包糖衣时,包粉衣层的目的是(　　)。
A. 形成一层不透水的屏障,防止糖浆中的水分侵入片芯
B. 尽快消除片剂的棱角
C. 使其表面光滑平整、细腻坚实
D. 为了片剂的美观和便于识别
E. 增加片剂的光泽和表面的疏水性

35.《中国药典》(2015 年版)规定普通片剂的崩解时限为(　　)。
A. 15 min　B. 30 min　C. 45 min　D. 60 min　E. 120 min

36.《中国药典》(2015 年版)规定糖衣片的崩解时限为(　　)。
A. 15 min　B. 30 min　C. 45 min　D. 60 min　E. 120 min

37.《中国药典》(2015 年版)规定薄膜片的崩解时限为(　　)。
A. 15 min　B. 30 min　C. 45 min　D. 60 min　E. 120 min

38. 已检查含量均匀度的片剂,不必再检查(　　)。
A. 硬度　B. 脆碎度　C. 崩解度　D. 片重差异限度　E. 溶解度

39. 下列关于片剂辅料叙述,不正确的有(　　)。
A. 片剂辅料指除主药以外的一切物料　B. 辅料往往对片剂性质及疗效产生影响
C. 所有的片剂中均需加崩解剂　D. 大多数片剂中不需加稀释剂
E. 润滑剂都具有助流性和润滑性的双重作用

(二) 配伍选择题

1～5 题
A. 松片　B. 均匀度不合格　C. 黏冲
D. 色斑　E. 片重差异超限

1. 混合不均匀或可溶性成分迁移可产生(　　)。
2. 颗粒粒度相差悬殊或流动性差时会产生(　　)。
3. 药物辅料色差较大,制粒时未混合均匀,压片时会产生(　　)。
4. 颗粒不够干燥或药物易吸潮,压片时会产生(　　)。
5. 颗粒黏性力差,压片时压缩力不足会产生(　　)。

6～10 题
A. 助流剂　B. 抗黏剂　C. 润滑剂　D. 润湿剂　E. 填充剂

6. 用来增加片剂的重量或体积的辅料为(　　)。
7. 辅料本身没有黏性,但能增加制粒物料黏性的为(　　)。
8. 防止压片时物料黏着于冲头与冲模表面,以保证压片操作的顺利进行以及片面光洁的辅料为(　　)。
9. 降低压片和推出片与冲模之间的摩擦力,与保证压片时应力分布均匀,防止裂片的辅料为(　　)。
10. 降低颗粒之间摩擦力,从而改善粉体流动性,减少重量差异的辅料为(　　)。

11～15 题
A. 挤压制粒　B. 转动制粒　C. 喷雾制粒　D. 高速搅拌制粒　E. 流化床制粒

11. (　　)是利用强制加压的方式使物料通过筛网制粒的过程。
12. (　　)是利用悬浮技术在一台设备内完成混合、制粒、干燥的过程。
13. (　　)是物料加入黏合剂,在转动、摇动、搅拌作用下使粉末集结成球形粒子的过程。
14. (　　)是可以进行料液的浓缩、干燥、制粒的方法。
15. (　　)的混合、捏合和制粒过程是在一个容器内完成的。

(三) 多项选择题

1. 下列属于口服片剂的有(　　)。
A. 咀嚼片　B. 可溶片　C. 分散片　D. 泡腾片　E. 肠溶片

2. 舌下片的特点包括(　　)。

A. 属于黏膜给药方式
B. 可以避免肝脏的首过作用
C. 局部给药发挥全身治疗作用
D. 一般片大而硬，味道适口
E. 吸收迅速、显效快

3. 制粒的最主要目的是改善原辅料的(　　)。
A. 流动性　B. 可压性　C. 吸水性　D. 膨胀性　E. 崩解性

4. 片剂的湿法制粒方法有(　　)。
A. 挤出制粒　B. 一步制粒　C. 球晶制粒　D. 搅拌制粒　E. 大片制粒

5. 压片时，造成黏冲的因素有(　　)。
A. 崩解剂用量过少　B. 润滑剂用量不足　C. 黏合剂用量不足
D. 颗粒含水量过多　E. 压力过小

6. 制备片剂时发生松片的原因有(　　)。
A. 黏合剂用量过多　B. 选用黏合剂不当　C. 颗粒含水量不当
D. 润滑剂用量过少　E. 崩解剂用量过多

7. 崩解剂的作用机理是(　　)。
A. 膨胀作用　B. 产气作用　C. 毛细管作用　D. 薄层绝缘作用　E. 融桥作用

8. 崩解剂的加入方法有(　　)。
A. 内加法　B. 外加法　C. 内、外加入法　D. 喷入法　E. 筛入法

9. 压片时以下哪些因素能造成片重差异超限？(　　)
A. 颗粒干燥不足　B. 颗粒流动性差　C. 黏合剂用量过多
D. 压力过大　E. 加料斗内颗粒过多或过少

10. 关于片剂的下列描述，正确的有(　　)。
A. 外加崩解剂的片剂较内加崩解剂崩解速度快，而内外加法片剂的溶出度较外加法快
B. 润滑剂按其作用可分为三类，即助流剂、抗黏剂和润滑剂，抗黏剂主要降低颗粒对冲模的黏附性
C. 十二烷基硫酸钠也可用作片剂的崩解剂
D. 薄膜衣包衣时除成膜材料外，尚需加入增塑剂，加入增塑剂的目的使成膜材料的玻璃化温度升高
E. 糖衣片制备时常用蔗糖作为包衣材料，但粉衣层的主要材料为淀粉

11. 片剂包衣的目的有(　　)。
A. 掩盖片剂的不良气味
B. 防潮、避光、隔绝空气以增加药物
C. 控制药物的释放部位
D. 控制药物的释放速度
E. 防止复方成分发生配伍禁忌

12. 片剂中药物含量不均匀的主要原因是(　　)。
A. 混合不均匀　B. 干颗粒中含水量过多　C. 可溶性成分的迁移
D. 含有较多的可溶性成分　E. 疏水性润滑剂过量

二、填空题

1. 根据辅料的作用特点，片剂的四种基本辅料为________、________、________、________。
2. 片剂制备中，淀粉可用作________和________，淀粉浆可作________。
3. 滑石粉在片剂辅料中的作用有________、________。
4. 压片过程的三要素为________、________、________。
5. 可供粉末直接压片的填充剂有________、________、________等。
6. 制粒过程中常用的润湿剂主要有________、________。
7. 淀粉浆的制备方法有________、________两种。
8. 崩解剂的加入方法有________、________和________。
9. 广义的润滑剂包括________、________、________三种。
10. 片剂制备方法有________、________、________。
11. 片剂中根据崩解剂的种类不同其崩解的作用机理有________、________、________。
12. 包衣片主要有________、________、________。

13. 微晶纤维素在直接压片中，可作为________、________、________。

三、简答题

1. 什么是片剂？片剂有什么优点和不足？
2. 简述片剂种类。
3. 简述片剂的质量要求。
4. 简述片剂辅料中的填充剂或稀释剂的定义，并列举出 3 个辅料。
5. 制粒的目的是什么？常用的制粒方法有哪些？各有何特点？
6. 简述片剂包衣的目的与种类。
7. 压片时可能发生哪些问题？原因何在？怎样解决？

四、实例分析题

1. 复方阿司匹林片处方如下：

乙酰水杨酸	268 g
乙酰氨基酚	136 g
咖啡因	33.4 g
淀粉	266 g
淀粉浆(15%)	85 g
酒石酸	2.7 g
滑石粉	25 g
轻质液体石蜡	2.5 g

根据处方回答下列问题：

(1) 写出处方中各成分的作用。

(2) 请简要叙述处方制备过程中乙酰水杨酸的注意事项。

2. 苷菊环烃泡腾片处方如下：

苷菊环烃	200 mg	碳酸氢钠	25.6 g
糖精钠	1.0 g	羟丙基纤维素	0.5 mg
乙醇	适量	酒石酸	6.7 g
蔗糖	4.8 g	蒸馏水	适量
聚乙二醇 6000	0.2 g	薄荷油	1.0 g

根据处方回答下列问题：

(1) 写出处方中各成分的作用。

(2) 能否将碳酸氢钠和酒石酸混在一起采用湿法制粒法？为什么？

（崔春利）

项目八 滴丸剂与中药丸剂

学习目标

能力目标

能对滴丸剂、中药丸剂制备处方中各成分进行分析。

正确使用滴丸机、中药制丸机、智能崩解仪等设备。

能够收集实训现象,正确分析处理实训中出现的问题。

能根据滴丸剂和中药丸剂特点合理指导用药。

知识目标

掌握:滴丸剂、中药丸剂的概念、类型、特点、制备方法。

熟悉:滴丸剂的基质和冷凝液、中药丸剂的常用辅料。

了解:滴丸剂、中药丸剂的质量要求和质量评定方法。

操作任务

Ⅰ 滴丸剂的制备和质量检查

一、操作目的

(1) 能进行滴丸剂的小试制备。

(2) 会用滴制法进行滴丸剂制备的基本操作。

(3) 能正确使用滴丸机、智能崩解仪等设备。

(4) 熟悉滴丸剂的质量评价方法。

二、器材与药品

量筒、烧杯、滴管、滤纸;冰块、液体石蜡、冰片、聚乙二醇 6000。

三、操作内容

(一) 制备冰片滴丸

冰片滴丸临床上用于芳香开窍,理气止痛。可用于治疗冠心病,胸闷,心绞痛,心肌梗死等。口服,常用量为一次 2～4 粒,一日 3 次;发病时可含服或吞服。

[处方] 冰片 2.0 g 聚乙二醇 6000 7.0 g

[制法]

1. 安装仪器 冷却柱中加液体石蜡,外壁通凉水加碎冰块冷却。

2. 药物分散 将聚乙二醇 6000 置蒸发皿中,于水浴上加热至全部熔融,加入冰片搅拌至熔化。

3. 滴制成丸 将上述药液于 80～85 ℃保温,调节滴管出口与冷凝液间的距离,控制滴速为每分钟 30～

35 滴，每粒重 50 mg。待滴丸完全冷却后，取出滴丸，摊于滤纸上，擦取表面附着的液体石蜡，装于瓶中，即得。

［注解］ 滴丸剂主要供口服，也可外用(如眼、耳、鼻、直肠、阴道用滴丸)。这种滴法制丸的过程，实际上是将固体分散体制成滴丸的形式。一般的工艺流程为：药物＋基质→均匀分散→滴制→冷却→洗丸→干燥→选丸→质量检查→包装。

(二) 质量检查

1. 溶散时限 照崩解时限检查法检查，除另有规定外，应符合以下规定。

将吊篮通过上端的不锈钢轴悬挂于金属支架上，浸入温度为 37±1 ℃的恒温水浴中，调节水位高度使吊篮上升时筛网在水面下 15 mm 处，下降时筛网距烧杯底部 25 mm，支架上下移动的距离为 55±2 mm，往返频率为每分钟 30～32 次。

按上述装置，不锈钢丝网的筛孔内径应为 0.425 mm；除另有规定外，取滴丸 6 粒，分别置于上述吊篮的玻璃管中，每管各加一粒，启动崩解仪进行检查。各丸应在 30 min 内溶散并通过筛网。如有 1 粒不能完全溶散，应取 6 粒复试，均应符合规定。

2. 重量差异 根据《中国药典》(2015 年版)(通则 0108)规定。

取供试品 20 丸，精密称定总量，求得平均丸重后，再分别精密称定每丸的重量，每丸重量与平均丸重相比较，超出限度的不得多于 2 丸，并不得有 1 丸超出限度的 1 倍。

(三) 实验记录与结果

实验记录与结果见表 8-1。

表 8-1 实验记录与结果

<table>
<tr><td>外观性状</td><td colspan="7"></td></tr>
<tr><td rowspan="2">溶散时限/min</td><td>1</td><td>2</td><td>3</td><td>4</td><td>5</td><td>6</td><td>结论</td></tr>
<tr><td></td><td></td><td></td><td></td><td></td><td></td><td></td></tr>
</table>

四、思考题

(1) 滴丸为什么属高效、速效制剂？

(2) 制备滴丸时应注意些什么？

Ⅱ 中药丸剂的制备和质量检查

一、操作目的

(1) 能进行中药丸剂的小试制备。

(2) 会炼糖或炼蜜的基本操作。

(3) 能正确使用中药制丸机等设备。

二、器材与药品

中药制丸机、研钵、40 目筛、80 目筛、电炉、烧杯、天平；熟地黄、山茱萸(制)、牡丹皮、山药、茯苓、泽泻。

三、操作内容

(一) 制备六味地黄丸

六味地黄丸临床上用于肾阴亏损，头晕耳鸣，腰膝酸软，骨蒸潮热，盗汗遗精，消渴。口服，水蜜丸一次 6 g，小蜜丸一次 9 g，大蜜丸一次一丸，一日 2 次。本品为棕黑色的水蜜丸、黑褐色的小蜜丸或大蜜丸；味甜而酸。

[处方] 熟地黄 8 g 山茱萸(制) 4 g
牡丹皮 3 g 山药 4 g
茯苓 3 g 泽泻 3 g

[制法]

(1) 以上六味除熟地黄、山茱萸外，其余山药等 4 味共研成粗粉，取其中一部分与熟地黄、山茱萸共研成不规则的块状，放入烘箱内于 60 ℃以下烘干，再与其他粗粉混合研成细粉，过 80 目筛混匀备用。

(2) 炼蜜 取适量生蜂蜜置于适宜容器中，加入适量清水，加热至沸后，用 40～60 目筛过滤，除去死蜂、蜡、泡沫及其他杂质。然后，继续加热炼制，至蜜表面起黄色气泡，手拭之有一定黏性，但两手指离开时无长丝出现(此时蜜温约为 116 ℃)即可。

(3) 制丸块 将药粉置于搪瓷盘中，每 100 g 药粉加入炼蜜(70～80 ℃)90 g 左右，混合揉搓制成均匀滋润的丸块。

(4) 搓条、制丸 根据搓丸板的规格将以上制成的丸块用手掌或搓条板做前后滚动搓捏，搓成适宜长短粗细的丸条，再置于搓丸板的沟槽底板上(需预先涂少量润滑剂)手持上板使两板对合，然后由轻至重前后搓动数次，直至丸条被切断且搓圆成丸。每丸重 9 g。

[注解]

(1) 蜂蜜炼制时应不断搅拌，以免溢锅。炼蜜程度应掌握恰当，过嫩时含水量高，使粉末黏合不好，成丸易霉坏；过老时丸块发硬，难以搓丸，成丸难崩解。

(2) 药粉与炼蜜应充分混合均匀，以保证搓条、制丸的顺利进行。

(3) 为避免丸块、丸条黏着搓条、搓丸工具及双手，操作前可在手掌和工具上涂擦少量润滑油。

(4) 由于本方既含有熟地黄等滋润性成分，又含有茯苓、山药等粉性较强的成分，所以宜用中蜜，下蜜温度为 70～80 ℃。

(5) 本实验是采用搓丸法制备大蜜丸，亦可采用泛丸法(即将每 100 g 药粉用炼蜜 35～50 g 和适量的水，泛丸)制成小蜜丸。

(6) 润滑剂可用麻油 1000 g 加蜂蜡 120～180 g 熔融制成。

（二）质量检查

1. 性状 本品为棕红色或褐色的大蜜丸，味酸、甜。

2. 检查

(1) 外观 应圆整均匀、色泽一致，细腻滋润、软硬适中。

(2) 水分 取本品照《中国药典》(2015 年版)水分测定法(通则 0832)测定。除另外规定外，六味地黄丸中所含水分不得过 15%。

(3) 重量差异检查 取供试品 10 份，分别称定重量，再与标示总量(一次服用最高丸数×每丸标示量)或标示重量比较，应符合下表规定。超出重量差异限度的不得多于 2 份，并不得有 1 份超出限度的 1 倍。

(4) 装量差异检查 取供试品 10 袋(瓶)，分别称定每袋(瓶)内容物的重量，每袋(瓶)装量与标示装量相比较，应符合表中规定。超出装量差异限度的不得多于 2 袋(瓶)，并不得有 1 袋(瓶)超出装量差异限度的 1 倍。

(5) 微生物检查 不得检出大肠杆菌，不得检出活螨，含细菌数不得过 50000 个/克，霉菌数不得过 500 个/克。

四、思考题

(1) 炼蜜的目的是什么？如何根据药物的性质选择炼蜜的程度、用蜜量及合药时温度？

(2) 中药丸剂分为哪几类？

相关知识

一、滴丸剂

（一）概述

滴丸剂是指固体或液体药物与基质加热熔融后熔解、乳化或混悬于基质中，再滴入不相混溶、互不作用的冷凝液中，由于表面张力的作用使液滴收缩成球状而制成的制剂(图 8-1)。滴丸剂主要供口服，也可外用(如眼、耳、鼻、直肠、阴道用滴丸)，亦可制成缓控释制剂。

图 8-1 滴丸

知识链接

1. 滴丸的发展史

早在 1933 年，丹麦首次制成了维生素甲丁滴丸，相继报道的有维生素 A、AD、ADB_1 及 ADB_1C，苯巴比妥及酒石酸锑钾等滴丸。此后由于制备工艺、制造理论尚不成熟，不能解决生产上的问题，无法保证产品质量，因此销声匿迹了。直到 20 世纪 60 年代末我国药学工作者受到西药倍效灰黄霉素制成滴丸的启示，作了大量的研究工作后，滴丸剂的理论、应用范围和生产设备等有了很大的进展，并具备了工业化生产的条件。1971 年我国上市了芸香油滴丸，1977 年我国药典开始收载滴丸剂型，使《中国药典》成为国际上第一个收载滴丸剂的药典，滴丸剂已成为我国独有的剂型。

2. 复方丹参滴丸简介

复方丹参滴丸是治疗冠心病、心绞痛的舌下含服中成药，1992 年由闫希军和吴乃峰夫妇研制成功，1993 年获得国家食品药品监督管理局生产批文，1994 年正式投产上市，自上市起连续快速增长，自 2002 年起成为国内药品市场单品种销售额最大的品种，迄今为止一直保持这一绝对优势地位。

滴丸剂有如下种类。

1. 速效高效滴丸 滴丸是利用固体分散体的技术进行制备。当基质溶解时，体内药物以微细结晶、无定形微粒或分子形式释出，所以溶解快、吸收快、作用快、生物利用度高。

2. 缓释、控释滴丸 缓释是使滴丸中的药物在较长时间内缓慢溶出，而达长效；控释是使药物在滴丸中以恒定速度溶出，其作用可达数日以上，如氯霉素控释眼用滴丸。

3. 溶液滴丸 片剂所用的润滑剂、崩解剂多为水不溶性，所以通常不能用片剂来配制澄明溶液。而滴丸可用水溶性基质来配制，在水中可崩解为澄明溶液，如洗比泰滴丸可用于饮水消毒。

4. 栓剂滴丸 滴丸同水溶性栓剂一样可用聚乙二醇等水溶性基质，用于腔道时由体液溶解产生作用。如氟哌酸耳用滴丸、甲硝唑牙用滴丸等。滴丸可同样用于直肠，也可由直肠吸收而直接作用于全身，具有生物利用度高、作用快的特点。

5. 硬胶囊滴丸 硬胶囊中可装入不同溶出度的滴丸，以组成所需溶出度的缓释小丸胶囊，如联苯双酯的硬胶囊滴丸。

6. 包衣滴丸 同片剂、丸剂一样需包糖衣、薄膜衣等，如联苯双酯滴丸。

7. 脂质体滴丸 脂质体为混悬液体，用聚乙二醇可制成固体剂型。将脂质体在不断搅拌下加入熔融的聚乙二醇 4000 中形成混悬液，倾倒于模型中冷凝成型。

8. 肠溶衣滴丸 用在胃中不溶解的基质，如酒石酸锑钾滴丸是用明胶溶液作基质成丸后，用甲醛处理，使明胶的氨基在胃液中不溶解，在肠中溶解。

9. 干压包衣滴丸 以滴丸为中心，压上其他药物组成的衣层，融合了两种剂型的优点，如镇咳祛痰的咳必清、氯化钾干压包衣片，前者为滴丸，后者为衣层。

从滴丸剂的组成、制法看，它具有如下特点。

(1) 生物利用度高、疗效迅速：因药物以分子、胶体或微粉状态高度分散在基质中，提高了药物的溶出速度和吸收速度。如灰黄霉素滴丸的剂量是微粉片的1/2。

(2) 增加药物的稳定性：因药物与基质融合后，与空气接触的面积变小，从而减少了药物的氧化和挥发，若基质为非水溶性的，还可避免水解。工艺条件易于控制，受热时间短。

(3) 液体药物可制成固体滴丸，便于携带和服用，如芸香油滴丸、牡荆油滴丸等。

(4) 可根据药物性质与临床需要，选用不同的基质及辅料，制成不同给药途径的滴丸或具有缓释、控释性能的滴丸。如用于耳腔内治疗的氯霉素控释滴丸可起长效作用。

(5) 设备简单、操作容易；质量稳定、剂量准确；工艺周期短、生产效率高；车间无粉尘，利于劳动保护。

(6) 目前可供选择的基质较少，且载药量有限，难以制成大丸（丸重一般在100 mg以下），因而只能应用于剂量小的药物。

(二) 滴丸剂的处方组分

滴丸剂的处方组分主要有基质、冷凝液。滴丸剂中除药物以外的赋形剂一般称为基质，用于冷却滴出的液滴，使之收缩冷凝成为滴丸的液体称为冷凝液。基质与冷凝液对滴丸的形成以及溶出速度、稳定性等密切相关。

1. 基质

(1) 理想基质的条件

与药物不发生化学反应，不影响药物的疗效与检测；熔点较低，在60～160 ℃条件下能熔化成液体，遇骤冷又能冷凝为固体，与药物混合后仍能保持以上物理性状；对人体无害。

(2) 常用基质

滴丸剂基质分为水溶性与非水溶性（脂肪性）基质两大类：水溶性基质常用的有聚乙二醇类（PEG）、泊洛沙姆、硬脂酸聚烃氧(40)酯、硬脂酸钠以及甘油明胶等；脂肪性基质常用的有硬脂酸、单硬脂酸甘油酯、氢化植物油、虫蜡等。选择基质时应根据“相似者相溶”的原则，尽可能选用与药物极性或溶解度相近的基质。但在实际应用中，亦有采用水溶性与非水溶性基质的混合物作为滴丸的基质，如国内常用PEG6000与适量硬脂酸混合，可得到较好的滴丸。

2. 冷凝液 冷凝液不是滴丸剂的组成部分，但参与滴丸剂制备中的一个工艺过程，如果处理不彻底，仍可能产生毒性，因此冷凝液应具备下列条件：①安全无害，或虽有毒性，但易于除去；②与药物和基质不相混溶、不起化学反应；③有适宜的相对密度，一般应略高于或略低于滴丸的相对密度，使滴丸（液滴）缓缓上浮或下沉，便于充分凝固，丸形圆整。

常用的冷凝液有两种：①水溶性基质可用液体石蜡、植物油、甲基硅油等；②非水溶性基质可用水、不同浓度的乙醇、酸性或碱性水溶液等。

知识拓展

新型冷凝液

二甲基硅油表面张力小于液体石蜡，相对密度为0.965～0.970，与药液的比重差小，可减少黏滞力，有利于滴丸的成型，黏度较大，可显著改善滴丸的圆整度；玉米油作为冷凝液其表面张力近似于二甲基硅油，但黏度较小，故作为冷凝液时常与二甲基硅油合用。

在滴丸中加入其他成分，如崩解剂或增(助)溶剂等，有助于增加药物与载体在熔融状态时的互溶度，以提高药物的溶出度。

(三) 滴丸剂的制备

1. 滴丸剂的制备方法及设备 滴丸剂是采用滴制法进行制备，其生产工艺流程见图8-2。滴丸剂的制备设备常用滴丸机，基质的熔化可在滴丸机中或熔料锅中进行，冷凝方式有静态冷凝与动

原料、基质 → 混合 → 滴制 → 冷凝 → 干燥 → 筛选 → 包装 → 质检 → 成品

图 8-2 滴丸剂生产工艺流程图

态冷凝两种，滴出方式有下沉和上浮两种，见图 8-3。

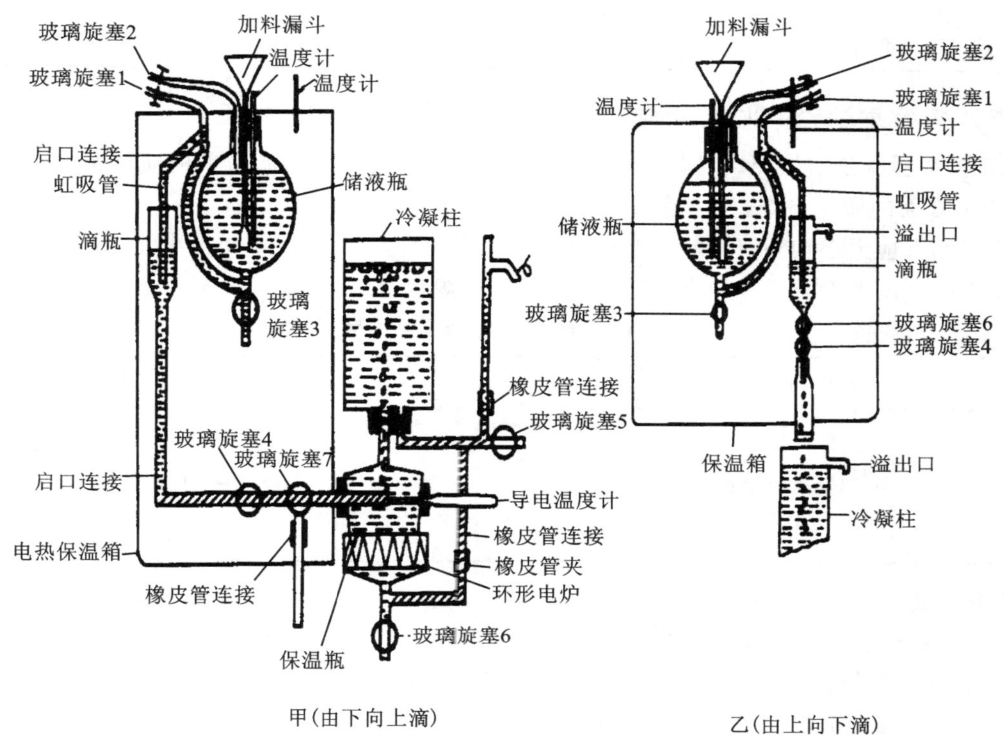

图 8-3 滴制法制备滴丸设备示意图

2. 滴丸剂制备时的影响因素

1）影响滴丸重量（丸重）的因素

（1）滴管口径：在一定范围内，管径大则滴制的丸也大，反之则小。

（2）温度：温度上升时表面张力下降，丸重减小；反之亦然。因此，操作中要保持恒温。

（3）滴管口与冷凝液液面的距离：两者之间距离过大时，液滴会因重力作用被跌散而产生细粒，因此两者距离不宜超过 5 cm。

注：为了加大滴丸的重量，可采用滴出口浸在冷却液中滴制，滴液在冷凝液中滴下必须克服因产生浮力的同体积的冷凝液的重量，故丸重增大。

2）影响滴丸圆整度的因素

（1）液滴在冷却液中移动速度：液滴与冷凝液的密度相差大、冷凝液的黏滞度小都能增加移动速度。移动速度愈快，受的力愈大，其形愈扁。

（2）液滴的大小：液滴越小，液滴收缩成球体的力越大，因而小丸的圆整度比大丸好。

（3）冷凝液性质：适当增加冷凝液和液滴亲和力，使液滴中空气尽早排出，保护凝固时滴丸的圆整度。

（4）冷凝液温度：最好是梯度冷却，有利于滴丸充分成型冷却，但使用甲基硅油作冷凝液不必分步冷却，只需控制滴丸出口温度（40 ℃左右），如苏冰滴丸。

滴丸剂岗位操作关键点及质量控制点见表 8-2。

表 8-2 滴丸剂岗位操作关键点及质量控制点

岗位	操作关键点	质量控制关键点
配液	①崩解剂或增(助)溶剂等,有助于增加药物与载体在熔融状态的互溶度,以提高药物的溶出度 ②加入少量聚山梨酯 80 可提高甲硝唑-PEG 滴丸主药的溶出度	温度 溶剂的纯度
制丸	①控制管径 ②滴出口与冷凝液液面的距离不宜超过 5 cm ③表面积大的液滴收缩成球体的力量较强,圆整度较好 ④调节冷凝剂的温度	丸重 圆整度

（四）滴丸剂的质量检查与包装储存

1. 滴丸剂的质量检查 按照《中国药典》(2015 年版)(通则 0108)对滴丸剂的质量检查有关规定,滴丸剂需要进行如下方面的质量检查。

(1) 外观 滴丸应大小均匀,色泽一致,表面的冷凝液应除去。

(2) 重量差异 滴丸剂重量差异限度应符合表 8-3 中规定。

表 8-3 滴丸剂的重量差异限度

平均重量	重量差异限度
0.03 g 以下或 0.03 g	±15%
0.03 g 以上至 0.3 g	±10%
0.3 g 以上	±7.5%

检查法:取供试品 20 丸,精密称定总重量,求得平均丸重后,再分别精密称定每丸的重量。每丸重量与平均丸重相比较,超出限度的不得多于 2 丸,并不得有 1 丸超出限度的 1 倍。

包糖衣的滴丸应在包衣前检查丸芯的重量差异,符合表中规定后,方可包衣,包衣后不再检查重量差异。

(3) 溶散时限 参照崩解时限检查法进行检查,除另有规定外,应符合规定。

(4) 微生物限度 参照微生物限度检查法进行检查,应符合规定。

2. 滴丸剂的包装储存 滴丸剂包装应严密,一般采用玻璃瓶或瓷瓶包装,亦有用铝塑复合材料等包装的。除另有规定外,滴丸剂应密封储存,防止受潮、发霉、变质。

（五）典型滴丸剂实例分析

例:芸香油滴丸的制备

[处方] 芸香油 8.35 g 硬脂酸钠 1 g

虫蜡 0.25 g 纯化水 1 mL

[制法] 将以上三种物料放入烧瓶中,摇匀,加水后再摇匀,水浴加热回流,时时振摇,使熔化成均匀的溶液,移入储液罐内。药液保持 65 ℃由滴管滴出(滴头内径 4.9 mm,外径 8.04 mm,滴速约 120 丸/分,滴入含 1%硫酸的冷却水溶液中,滴丸形成后取出,用冷水洗除吸附的酸液,用滤纸吸干水迹后即得。

[注解]

(1) 由于芸香油的相对密度小,故本品采用上浮式滴制设备和方法制备。

(2) 冷凝液中硫酸与滴丸表面硬脂酸钠反应生成硬脂酸,形成掺有虫蜡的薄壳,在肠中溶解度较胃中大,避免了芸香油对胃的刺激性,减少了恶心、呕吐等副作用。

例:苏冰滴丸

[处方] 苏合香 0.5 g 冰片 1.0 g

聚乙二醇 6000 3.5 g

[制法] 取聚乙二醇 6000 置蒸发皿中,于水浴上加热至全部熔融,加入苏合香及冰片,搅拌至熔化。将熔融的药液转移至储液器中,通入 80～85 ℃循环水保温,打开储液器下端开关,调节滴出口与冷凝液间的距离,控制滴速为每分钟 30～50 滴,待滴丸完全冷却后,取出滴丸,摊于滤纸上,擦去表面附着的液体石蜡,装

于瓶中，即得。每粒重 50 mg。

[注解] 见冰片滴丸。

比较冰片滴丸与芸香油滴丸制法上的差异。

二、中药丸剂

(一) 概述

中药丸剂，俗称丸药，系指药材细粉或药材提取物加适宜的黏合剂或其他辅料制成的球形或类球形制剂。主要供内服。

中药丸剂是我国传统剂型之一，在继承祖国传统医学的基础上，从传统的手工生产发展到机械化生产，并逐步实现自动化生产。中药丸剂的品种在《中国药典》(2015 年版)中药成方制剂中约占 40%，比例最大。

知识链接

新型丸剂

新型丸剂如浓缩丸、滴丸、微丸等因服用量小，疗效较好，受到患者的欢迎。中药丸剂可根据不同需要制成速释、缓释或控释微丸，是国际上迅速发展的一种新剂型。中药微丸外形美观，流动性好，含药量大，服用剂量小，释放药物稳定，生物利用度高，局部刺激性小，常袋装，可直接服用；化学药微丸一般将微丸填充于硬胶囊内应用，也可加工制成片剂。

中药丸剂类型如下。

1. 根据赋形剂分类 中药丸剂可分为蜜丸、水蜜丸、水丸、浓缩丸、糊丸和蜡丸等。

(1) 蜜丸 蜜丸为药物细粉用蜂蜜作黏合剂制成的丸剂。根据药丸的大小和制法的不同，又可分为大蜜丸(每丸在 0.5 g 以上的丸)，小蜜丸(每丸在 0.5 g 以下的丸)，如“安宫牛黄丸”“琥珀抱龙丸”“八珍益母丸”“人参养荣丸”等。

(2) 水蜜丸 水蜜丸是指药物细粉以蜂蜜和水为黏合剂制成的丸剂。

(3) 水丸 水丸也叫水泛丸，是指将药物细粉用冷开水、药汁或其他液体(黄酒、醋或糖液)为黏合剂制成的球形干燥小丸剂。因其黏合剂为水溶性的，服用后易崩解吸收，显效较快。如“木香顺气丸”、“加味保和丸”等。

(4) 浓缩丸 浓缩丸又称“膏药丸”，是指将部分药物的提取液浓缩成膏与某些药物的细粉，以水、蜂蜜或蜂蜜和水为黏合剂制成的丸剂。如“安神补心丸”、“舒肝止痛丸”等。

(5) 糊丸 糊丸是指药物细粉以米粉、米糊或面糊等为黏合剂制成的丸剂。

(6) 蜡丸 蜡丸是指药物细粉以蜂蜡为黏合剂制成的丸剂。

2. 根据制法分类 中药丸剂可分为塑制丸、泛制丸和滴制丸。

(1) 塑制丸：系指药物细粉与适宜的黏合剂混合制成软硬适度的可塑性丸块，然后再分割成丸粒。如蜜丸、糊丸、部分浓缩丸、蜡丸等。

(2) 泛制丸：系指以药物细粉用适宜的液体为黏合剂泛制成球形的小丸剂。如水丸、水蜜丸、部分浓缩丸、糊丸等。

(3) 滴制丸：此法又称滴聚法。系利用一种熔点较低的脂肪性基质或水溶性基质，将主药溶解、混悬，乳化后利用适当装置滴入一种不相混溶的液体冷却剂中而制成的丸剂。

丸剂的特点如下。

(1) 传统的丸剂作用迟缓，多用于慢性病的治疗，如蜜丸、水蜜丸等。

(2) 可缓和某些药物的毒副作用，如糊丸、蜡丸等。

(3) 可减缓某些药物成分的挥散，如水丸、糊丸等。

(4) 丸剂的缺点：服用剂量大，小儿服用困难，尤其是水丸溶散时限难以控制，原料多以原粉入药，微生物易超标。

（二）中药丸剂的常用辅料

中药丸剂常用的辅料主要有黏合剂、润湿剂、吸收剂或稀释剂。

1. 黏合剂 一些含纤维、油脂较多的药材细粉，需加适当的黏合剂才能成型。常用的黏合剂有蜂蜜、米糊或面糊、药材清(浸)膏、糖浆等。

(1) 蜂蜜 为《中国药典》(2015 年版)收载的药材。蜂蜜有滋补、润肺止咳、润畅通便、解毒调味的功效。同时，蜂蜜中的还原糖可防止药物氧化。但生蜂蜜中含有杂质、酶及较多的水分，黏性不足，成丸易虫蛀和生霉变质，服用后又会产生泻下等副作用。故生蜂蜜在使用之前必须加热炼制，以除去过多的水分，增加黏性，杀死微生物及破坏酶，制成炼蜜以保证其稳定性及纯化。

(2) 米糊或面糊 系以黄米、糯米、小麦及神曲等的细粉制成的糊，用量为药材细粉的40%左右，可用调糊法、煮糊法、冲糊法制备。所制得的丸剂一般较坚硬，胃内崩解较慢，常用于含剧毒药和刺激性药物的制丸。

(3) 药材清(浸)膏 植物性药材用浸出方法制备得到的清(浸)膏，大多具有较强的黏性。因此，可以同时兼作黏合剂使用，与处方中其他药材细粉混合后制丸。

(4) 糖浆 常用蔗糖糖浆或液状葡萄糖，既具黏性，又具有还原作用，适用于黏性弱、易氧化药物的制丸。

2. 润湿剂

(1) 水 系指纯化水。能润湿药粉中的黏液质、糖及胶类，诱发药粉的黏性。

(2) 酒 常用白酒与黄酒两种。酒能溶解药材中的树脂、油脂而增加药材细粉的黏性，但其黏性比经水润湿后的黏性程度低，若用水作润湿剂黏性太强、制丸有困难时，可以酒代之。此外，酒兼有一定的药理作用，具有舒筋活血功效的丸剂常用酒作润湿剂。

(3) 醋 常用米醋(含醋酸量为3%～5%)。具有散瘀止痛功效的丸剂常用醋作润湿剂。醋还有助于药材中碱性成分的溶解，提高药效。

(4) 水蜜 一般以炼蜜 1 份加水 3 份稀释而成，兼具润湿与黏合作用。

(5) 药汁 处方中某些药材不易制粉，可将其煎汁或榨汁作为其他药粉成丸的辅料，既有利于保存药性、提高药效，又节省了其他辅料的用量。

3. 吸收剂(稀释剂) 中药丸剂中，外加其他稀释剂或吸收剂的情况较少，一般是将处方中出粉量高的药材制成细粉，作为浸出物、挥发油的吸收剂，这样可避免或减少其他辅料的用量。亦可用惰性无机物如氢氧化铝、碳酸钙、甘油磷酸钙、氧化镁或碳酸镁等作吸收剂。

（三）中药丸剂的制备

常用的丸剂制备方法包括塑制法和泛制法，中药滴丸则采用滴制法。

1. 塑制法 塑制法是将药材粉末与适宜的辅料(主要是润湿剂或黏合剂)混合制成可塑性的丸块，再经搓条、分割及搓圆制成丸剂的方法。

塑制法制备中药丸剂的生产工艺流程如图 8-4 所示。

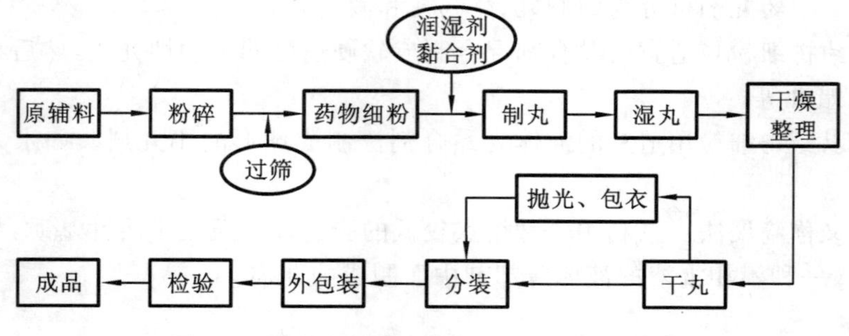

图 8-4 塑制法制备中药丸剂生产工艺流程图

(1) 配料 按处方将已炮制合格的药材称好、配齐。通过粉碎、过筛(除另有规定外，供制丸剂用的药粉应为细粉或最细粉)、混合均匀后备用。

(2) 合药 将已混合均匀的药粉，加入适量炼蜜，充分混匀，使成软硬适宜、可塑性好的丸块的操作过程称为合药。

丸块的软硬程度及黏稠程度直接影响丸粒成型和在储存中是否变形。优良的丸块以软硬适宜、里外一致、无可见性粉末、不粘手、不黏附器壁为宜。

知识链接

影响丸块质量的因素

1. 炼蜜的程度　应根据处方中药材的性质、粉末粗细、含水量高低、当时的气温及湿度，决定所需黏合剂的黏性强度，炼制蜂蜜。蜜过嫩则粉末黏合不好，丸粒表面不光滑；过老则丸块发硬，难以搓圆。

2. 下蜜温度　应根据处方中药物性质而定。除另有规定外，炼蜜应趁热加入药粉中；处方中含有树脂类、胶类及挥发性成分药物时，炼蜜应在 60 ℃左右加入。

3. 用蜜量　药粉与炼蜜的比例是影响丸块质量的重要因素。一般比例是 1∶(1～1.5)，但也有偏高或偏低的，主要取决于下列因素：①药粉的性质：黏性强的药粉用蜜量宜少；含纤维较多，黏性极差的药粉，用蜜量宜多。②气候季节：夏季用蜜量应少，冬季用蜜量宜多。③合药方法：手工合药用蜜量较多，机械合药用蜜量较少。

(3) 搓丸条　丸块软材制成后必须放置一定时间，使炼蜜渗透到药粉内，诱发丸块的黏性和可塑性，有利于搓条和成丸。丸条一般要求粗细均匀、表面光滑、无裂缝、内面充实而无空隙，以便分粒和搓圆。

(4) 成丸　小量生产时，可将丸条等量截切后用搓丸板做圆周运动使丸粒搓圆；或用带沟槽的切丸板分割、搓圆。

目前，大生产多采用可以直接将丸块制成丸剂的机器制丸，整个过程全封闭操作，减小药物的染菌概率，并且性能稳定，操作简单，一次成丸无须筛选，无须二次整形。中药自动制丸机如图 8-5 所示，主要由加料斗、推进器、自控轮、导轮、制丸刀轮等组成。操作时，将混合均匀的药料投入到具有密封装置的药斗内，以不溢出加料斗又不低于加料斗高度的 1/3 为宜，通过进药腔的压药翻板，在螺旋推进器的挤压下，推出多条相同直径的药条，在导轮控制下，丸条同步进入相对方向转动的制丸刀轮中，由于制丸刀轮的径向和轴向运动，将丸条切割并搓圆，连续制成大小均匀的药丸。

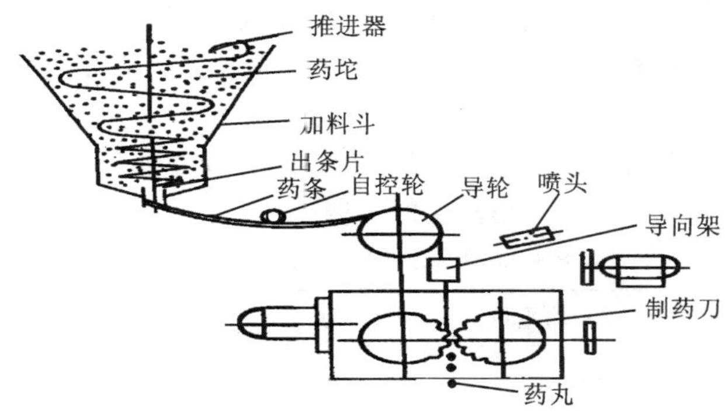

图 8-5　中药自动制丸机设备

2. 泛制法　泛制法是将药物粉末与润湿剂或黏合剂交替加入适宜的设备内，使药丸逐层增大的方法。泛制法工艺流程如图 8-6 所示。

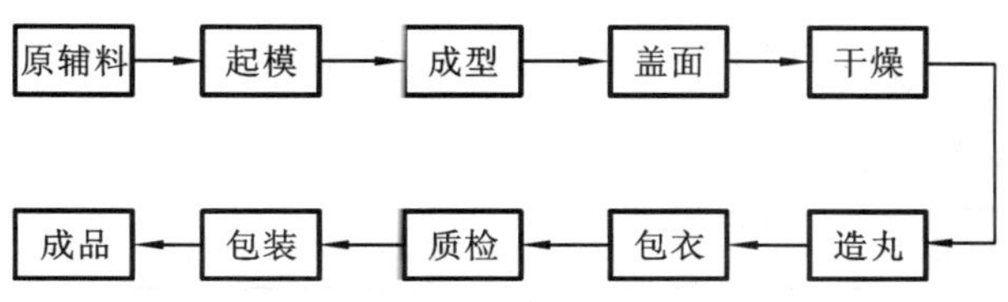

图 8-6　泛制法制备中药丸剂生产工艺流程图

(1) 原料处理　按要求将处方中药材粉碎成细粉，过五号筛或六号筛，混合均匀。需制成药汁的药材应按规定处理。

(2) 起模　起模是将部分药粉制成大小适宜丸模的操作过程，是制备水丸的关键环节。起模法是将少许药粉置泛丸匾或转动的包衣锅内，喷刷少量水或其他润湿剂，使药粉黏结形成小粒，再喷水、撒粉，配合揉、撞、翻等的泛丸动作，反复多次，使体积逐渐增大形成直径 0.5～1 mm 的球形小颗粒，经过筛分等即得丸模。也可使用软材过筛制粒的方法起模。

(3) 成型　成型是将丸模逐渐加大至接近成品的操作。操作时将丸模置包衣锅内，开动包衣锅，反复喷水润湿和加药粉，使丸粒的体积逐渐增大，直至形成外观圆整光滑、坚实致密、大小适合的丸剂。

(4) 盖面　将成型后的丸剂经过筛选，剔除过大或过小的丸粒，置于包衣锅内转动，加入留出的药粉（最细粉）或清水或浆头（即将药粉或废丸加水混合制成的稠厚液体），继续滚动至丸面光洁、色泽一致、外形圆整。

(5) 干燥　除另有规定外，水蜜丸、水丸、浓缩水蜜丸和浓缩水丸均应在 80 ℃以下进行干燥；含挥发性成分或淀粉较多的丸剂（包括糊丸）应在 60 ℃以下进行干燥；不宜加热干燥的应采用其他适宜的方法进行干燥。

(6) 筛选　泛丸法制备的水丸，大小常有差异，干燥后须经筛选，以保证丸粒圆整、大小均匀、剂量准确。

(7) 包衣与打光　需要进行包衣、打光的丸剂在转动的包衣锅内，不断滚动，经交替喷水或喷入适宜黏合剂、撒入包衣物料（如朱砂、滑石、雄黄、青黛、甘草、黄柏、百草霜以及礞石粉等），包衣物料可均匀黏附在丸面上。包衣完成后，撒入川蜡，继续转动 30 min，即完成包衣和打光工序。

除水丸外，蜜丸、水蜜丸、糊丸和浓缩丸等都可根据需要进行包衣。衣层尚可选用糖衣、薄膜衣和肠溶衣，包衣方法与片剂相同。

（四）中药丸剂的质量检查与包装储存

1. 中药丸剂的质量检查　《中国药典》(2015 年版)对丸剂的质量检查项目规定主要如下。

(1) 外观　应圆整均匀、色泽一致。大蜜丸和小蜜丸应细腻滋润、软硬适中。蜡丸表面应光滑无裂纹，丸内不得有蜡点和颗粒。

(2) 水分　取供试品按照《中国药典》(2015 年版)四部通则中水分测定法项下的方法检查。除另有规定外，大蜜丸、小蜜丸、浓缩蜜丸中所含水分不得过 15.0%；水蜜丸、浓缩水蜜丸不得过 12.0%；水丸、糊丸和浓缩水丸不得过 9.0%；微丸按其所属丸剂类型的规定判定。蜡丸不测定水分。

(3) 重量差异　按丸数服用的丸剂照第一法检查，按重量服用的丸剂照第二法检查。需包糖衣的丸剂应在包衣前检查丸芯的重量差异，符合规定后，方可包糖衣。包糖衣后不再检查重量差异。

第一法：以一次服用量最高丸数为 1 份（丸重 1.5 g 以上的丸剂以 1 丸为 1 份），取供试品 10 份，分别称定重量，再与标示总量（一次服用最高丸数×每丸标示量）或标示重量相比较，应符合表 8-4 规定。超出重量差异限度的不得多于 2 份，并不得有 1 份超出限度的 1 倍。

表 8-4　按丸服用的丸剂重量差异限度

标示总量或标示重量(或平均重量)	重量差异限度
0.05 g 或 0.05 g 以下	±12%
0.05 g 以上至 0.1 g	±11%
0.1 g 以上至 0.3 g	±10%
0.3 g 以上至 1.5 g	±9%
1.5 g 以上至 3 g	±8%
3 g 以上至 6 g	±7%
6 g 以上至 9 g	±6%
9 g 以上	±5%

第二法：取供试品 10 丸为 1 份，共取 10 份，分别称定重量，求得平均重量，每份重量与平均重量相比较，应符合表 8-5 规定，超出重量差异限度的不得多于 2 份，并不得有 1 份超出重量差异限度的 1 倍。

表 8-5 按重量服用的丸剂重量差异限度

每份标示重量或平均重量	重量差异限度
0.05 g 及 0.05 g 以下	±12%
0.05 g 以上至 0.1 g	±11%
0.1 g 以上至 0.3 g	±10%
0.3 g 以上至 1 g	±8%
1 g 以上至 2 g	±7%
2 g 以上	±6%

(4) 装量差异　单剂量分装的丸剂，装量差异限度应符合表 8-6 规定。

表 8-6 单剂量分装的丸剂装量差异限度

标示装量	装量差异限度
0.5 g 及 0.5 g 以下	±12%
0.5 g 以上至 1 g	±11%
1 g 以上至 2 g	±10%
2 g 以上至 3 g	±8%
3 g 以上至 6 g	±6%
6 g 以上至 9 g	±5%
9 g 以上	±4%

检查方法　取供试品 10 袋(瓶)，分别称定每袋(瓶)内容物的重量，每袋(瓶)装量与标示装量相比较，应符合规定。超出装量差异限度的不得多于 2 袋(瓶)，并不得有 1 袋(瓶)超出装量差异限度的 1 倍。

装量以重量标识的多剂量包装的丸剂照《中国药典》(2015 年版)四部(通则 0952)最低装量检查法检查，应符合规定。

(5) 溶散时限　除另有规定外，取供试品 6 丸，选择适当孔径筛网的吊篮(丸剂直径在 2.5 mm 以下的用孔径约 0.42 mm 的筛网，在 2.5～3.5 mm 之间的用孔径 1.0 mm 的筛网，在 3.5 mm 以上的用孔径约 2.0 mm 的筛网)，照《中国药典》(2015 年版)四部(通则 0921)项下的方法加挡板进行检查。除另有规定外，小蜜丸、水蜜丸和水丸应在 1 h 内全部溶散；浓缩丸和糊丸应在 2 h 内全部溶散；微丸的溶散时限按所属丸剂类型的规定判定。如操作过程中供试品黏附挡板妨碍检查时，应另取供试品 6 丸，不加挡板进行检查。

上述检查应在规定时间内全部通过筛网，如有细小颗粒状物未通过筛网，但已软化无硬心者可作合格论。

蜡丸照《中国药典》(2015 年版)四部(通则 0921)项下的肠溶衣片检查法检查，应符合规定。

除另有规定外，大蜜丸及研碎、嚼碎后或用开水、黄酒等分散后服用的丸剂不检查溶散时限。

(6) 微生物限度　按照《中国药典》(2015 年版)四部(通则 1105)和控制菌检查法(通则 1106)及非无菌药品微生物限度标准(通则 1107)检查，应符合规定。

2. 中药丸剂的包装储存　丸剂制成后若包装储存条件不当，常引起丸剂的霉烂、虫蛀及挥发性成分散失。各类丸剂性质不同，其包装储存方法亦不相同。大、小蜜丸及浓缩丸常装于塑料球壳内，壳外再用蜡层固封或用蜡纸包裹，装于蜡浸过的纸盒内，盒外再浸蜡，密封防潮。含芳香挥发性或贵重细料药可采用蜡壳固封，再装入金属、帛或纸盒中。大蜜丸也可选月泡罩式铝塑材料包装。一般小丸常用玻璃瓶或塑料瓶密封，水丸、糊丸及水蜜丸等如按粒服用，应以数量分装；如为按重量服用，则以重量分装。含芳香性药物或较贵重药物的微丸，多用瓷制的小瓶密封。

除另有规定外，丸剂应密封储存，蜡丸应密封并置阴凉干燥处储存，以防止吸潮、微生物污染以及丸剂中所含挥发性成分损失而降低药效。

(五) 典型中药丸剂实例分析

例：保和丸(水丸)

本品临床用于消食、导滞、和胃。可用于治疗食积停滞，脘腹胀痛，嗳腐吞酸，不欲饮食。口服，一次6～9 g，一日 2 次，小儿酌减。

[处方]

山楂(焦)	300 g	六神曲(炒)	100 g
半夏(制)	100 g	茯苓	100 g
陈皮	50 g	连翘	50 g
莱菔子(炒)	50 g	麦芽(炒)	50 g

[制法] 以上 8 味，取处方量的 1/2，混合粉碎成细粉，过六号至七号筛，混匀。用冷开水或蒸馏水泛丸，干燥，即得。

[注解]

(1) 泛丸时，交替加水加粉，整个基本动作即是揉团、撞翻、交替进行，以加强丸粒硬度与圆整度，直至丸粒逐渐加大成型，符合要求为止。

(2) 选丸是用适宜的药筛筛选均匀一致的丸粒，过小的丸粒再泛大，过大的畸形的应分离出来作适当处理。

(3) 盖面的目的是使丸粒表面致密、光洁，色泽一致。常用的方法有干粉盖面、清水盖面和清浆盖面三种。因水丸水量较大，应及时干燥(60 ℃以下)。干燥时应逐渐升温，并不断翻动，以免产生阴阳面。

例：大山楂丸(水蜜丸)

本品临床用于开胃消食。用于食积内停所致的食欲不振，消化不良，脘胀腹闷。口服。一次 1～2 丸，一日 1～3 次，小儿酌减。

[处方] 山楂 100 g 六神曲(麸炒) 15 g 麦芽(炒) 15 g

[制法] 以上三味药，取处方量的 1/4，粉碎成细粉，过七号筛，混匀；另取蔗糖 15 g，加水 7 mL 与炼蜜 15 g，混合，炼至相对密度约为 1.38(70 ℃)时，滤过，与上述细粉混匀，制丸块，搓丸条，制丸粒，每丸重 9 g，即得。

[注解] 为避免药团粘手和粘器具，操作时可用适量的润滑剂。润滑剂可用甘油或麻油(花生油)500 g，蜂蜡 95 g，加热熔化而成。夏季蜂蜡可适当多加一点。

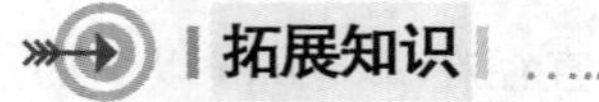

蜜丸制作工艺及质量控制

一、蜜丸的炼蜜方法

制作蜜丸所用蜂蜜须经炼制后方能使用。其目的是除去其中的杂质，蒸发部分水分，破坏酵素，杀死微生物，增强黏合力。

1. 优质蜂蜜的选择 炼蜜前应选取无浮沫、死蜂等杂质的优质蜂蜜，若蜂蜜中含有这类杂质，就须将蜂蜜置锅内，加少量清水(蜜水总量不超过锅的 1/3，以防加热时外溢)加热煮沸，再用四号筛滤过，除去浮沫、死蜂等杂质，再入锅内加热，炼至需要的程度即可。优质蜂蜜就不需滤过这一环节。

炼蜜程度分嫩、中、老三种。这三种程度的确定，过去老一辈的中医是采取眼观、手捻、冷水测试等“看火色”的方法，没有多次的实践是难以准确掌握的。现在加用检测炼蜜温度的方法就容易掌握了。

2. 不同程度的炼蜜工艺

(1) 嫩蜜 嫩蜜是指蜂蜜加热至 105～115 ℃而得的制品。嫩蜜含水量在 20%以上，色泽无明显变化，稍有黏性。适用于黏性较强的药物制丸。

(2) 中蜜 中蜜是指蜂蜜加热至 116～118 ℃，满锅内出现均匀淡黄色细气泡的制品。炼蜜含水量为 10%～13%，用手指捻之多有黏性，但两手指分开时无长白丝出现。中蜜适用于黏性适中的药物制丸。

(3) 老蜜 老蜜是指蜂蜜加热至 119～122 ℃，出现有较大的红棕色气泡时的制品。老蜜含水量仅为 4%以下，黏性强，两手指捻之出现白丝，滴入冷水中成边缘清楚的团状。老蜜多用于黏性差的矿物或纤维较重的药物制丸。

二、蜜丸制作工艺及质量控制

蜜丸制作中经常出现的一些问题及解决办法如下。

1. 炼蜜不当 炼蜜是丸块法制蜜丸的关键环节之一。如何根据药物性质、气温高低，把蜜炼得恰到好处，既需要经验，又要细心，在实际工作中，有时会出现炼蜜偏嫩或偏老的情况。炼蜜偏嫩，在制作丸块、搓条、割丸等工序中，会出现黏腻或黏附器皿、操作台及搓丸板等现象，丸黏表面亦不光洁。要避免上述问题，可先取少量炼蜜与少许药粉混匀（小样丸块），发现炼蜜偏老，亦会给其后的操作带来困难，尤其是冬季，气温低，丸块冷却快，搓条极为困难，此时，可在丸块中加入少量热开水重新混合均匀。

2. 蜜粉比例不当 蜜粉比例即药粉和蜜的比例，蜜粉比例不当即用蜜过多（可称伤蜜）或用蜜不足（习称欠蜜）。伤蜜时制得的丸块塑性好而弹性差，搓成的丸条、分割的丸粒容易变形和粘连，出现伤蜜有时是对药粉用量估计不足，但还是粗心所致。避免伤蜜可采用分次加蜜的方法。若已伤蜜，在没有药粉加时，可酌加适量。出现欠蜜时，不要勉强做下去，可在丸块中添加适量炼蜜重新混匀以求丸块的质量。

3. 下蜜温度不当 一般为粉多趁热下蜜，因炼蜜温度高、流动性好、渗透好，易于丸块的制作。但在有些情况下蜜温不可太高，如处方中有树脂药物，如乳香、没药、血竭等，蜜温过高可使这些药粉熔化，冷却后硬结成块（嫌称骨头），于搓条制丸及吞服均为不利。还有芳香药物亦不可下热蜜，以防有效成分的损失。上述情况下蜜温应当控制在 60 ℃以下为宜。

4. 胶类药物的处理 有些处方胶类药物比例过大，影响制丸。实际工作中常常采用炒胶珠的方法解决。按照中医治病的要求，以补见长的胶类药物，应烊化服用为宜。因此不能采用逢胶炒珠的办法。此时，可将胶加水熔化并进行适当浓缩，再根据药物的多少，加入适量炼蜜继续热熔，然后与药粉混合。但须注意，加入的炼蜜既不可过量，又不宜偏老。炼蜜偏老加上胶冷却后易凝固，搓条制丸是十分困难的。

5. 草类药物的处理 处方中草类药物过多，粉碎困难和用蜜量大是其弊端。可采用煎煮浓缩取汁的办法来处理这类药物。这样可便于粉碎，也可减少用蜜。

6. 油脂类药物的处理 此类药物制得的丸块在搓条、割丸时容易打滑，甚至形不成丸粒。此时，可采取临时脱脂法，即将搓好的丸条用湿毛巾盖 2～3 min，使丸粒表面的油脂脱去一部分。如处方中油过多，则此法亦不能解决。

此外，有些处方中含有贵重药物如麝香、牛黄、梅片等，实际生产中常常取少许合格的药物细粉与炼蜜混合，在丸块即将形成时徐徐撒入贵重药粉，进一步混合均匀，制成合格丸块，再进行搓条制丸。

项目小结

教学提纲		主要内容简述
一级	二级	
一、滴丸剂	（一）概述	滴丸剂的概念、分类、特点
	（二）滴丸剂的处方组分	水溶性基质：聚乙二醇类（PEG）、泊洛沙姆、硬脂酸聚烃氧(40)酯、硬脂酸钠以及甘油明胶等； 脂肪性基质：硬脂酸、单硬脂酸甘油酯、氢化植物油、虫蜡等； 冷凝液
	（三）滴丸剂的制备	工艺流程、设备、滴丸制备时的影响因素（影响滴丸重的因素、影响滴丸圆整度的因素）
	（四）滴丸剂的质量检查与包装储存	滴丸剂的质量检查：外观、重量差异、溶散时限、微生物限度；滴丸剂的包装与储存
	（五）典型滴丸剂实例分析	芸香油滴丸、苏冰滴丸

续表

教学提纲		主要内容简述
一级	二级	
二、中药丸剂	(一)概述	中药丸剂的概念、分类、特点
	(二)中药丸剂的常用辅料	黏合剂、润湿剂、吸收剂或稀释剂
	(三)中药丸剂的制备	塑制法、泛制法
	(四)中药丸剂的质量检查与包装储存	中药丸剂的质量检查:外观、水分、重量差异、装量差异、溶散时限、微生物限度、中药丸剂的包装储存
	(五)典型中药丸剂实例分析	保和丸(水丸);大山楂丸(水蜜丸)

达标检测题

一、选择题

(一)单项选择题

1. 丸剂的优点是(　　)。
A. 奏效快　B. 生物利用度高　C. 作用缓和、持久
D. 服用量大　E. 微生物不易超标

2. 含有毒性及刺激性强的药物宜制成(　　)。
A. 水丸　B. 蜜丸　C. 水蜜丸　D. 浓缩丸　E. 蜡丸

3. 制备水溶性滴丸时用的冷凝液是(　　)。
A. PEG6000　B. 水　C. 液体石蜡　D. 硬脂酸　E. 石油醚

4. 滴丸常用的水溶性基质有(　　)。
A. 硬脂酸钠　B. 硬脂酸　C. 单硬脂酸甘油酯
D. 虫蜡　E. 氢化植物油

5. 下列哪项是塑制法制备蜜丸的关键工序?(　　)
A. 物料的准备　B. 制丸块　C. 制丸条　D. 分粒　E. 干燥

6. 滴丸剂的制备工艺流程一般为(　　)。
A. 药物+基质—混悬或熔融—滴制—洗丸—冷却—干燥—选丸—质检—分装
B. 药物+基质—混悬或熔融—滴制—冷却—干燥—洗丸—选丸—质检—分装
C. 药物+基质—混悬或熔融—滴制—冷却—洗丸—选丸—干燥—质检—分装
D. 药物+基质—混悬或熔融—滴制—洗丸—选丸—冷却—干燥—质检—分装
E. 药物+基质—混悬或熔融—滴制—冷却—洗丸—干燥—选丸—质检—分装

7. 滴丸剂的优点是(　　)。
A. 每丸的含药量较小　B. 生物利用度高　C. 起效快
D. 服用量大　E. 作用缓和、持久

8. 含有大量纤维素和矿物黏性差的药粉制备丸剂时应该选用的黏合剂是(　　)。
A. 原蜜　B. 中蜜　C. 嫩蜜　D. 水蜜　E. 老蜜

9. 关于蜜丸的叙述错误的是(　　)。
A. 蜜丸是以炼蜜为黏合剂制成的丸剂　B. 大蜜丸是指重量在 6 g 以上者
C. 蜜丸一般用于慢性病的治疗　D. 蜜丸一般用塑制法制备
E. 易长菌

10. 可以采用塑制法制备的丸剂是(　　)。
A. 水丸　B. 蜜丸　C. 浓缩丸
D. 蜜丸+浓缩丸　E. 水丸+浓缩丸

11. 关于蜂蜜炼制目的的叙述错误的是(　　)。

A. 除去蜡质　B. 杀死微生物　C. 破坏淀粉酶
D. 增加黏性　E. 促进蔗糖酶解为还原糖

12. 滴丸与胶丸的共同点是(　　)。
A. 均为丸剂　B. 均可用滴制法制备
C. 所用制造设备完全一样　D. 均以 PEG(聚乙二醇)类为辅料
E. 分散体系相同

13. 关于滴丸丸重的叙述错误的是(　　)。
A. 滴丸滴速越快丸重越大　B. 温度高丸重小
C. 温度高丸重大　D. 滴管口与冷却剂之间的距离应不超过 5 cm
E. 滴管口径大丸重也大,但不宜太大

14. 可以采用泛制法制备的丸剂是(　　)。
A. 水丸　B. 蜜丸　C. 浓缩丸
D. 蜜丸+浓缩丸　E. 水丸+浓缩丸

15.《中国药典》(2015 年版)四部规定,水蜜丸的溶散时限为(　　)。
A. 15 min 内溶散　B. 30 min 内溶散　C. 45 min 内溶散
D. 60 min 内溶散　E. 120 min 内溶散

16. 含淀粉较多的药物制备蜜丸需要采用何种蜜为辅料?(　　)
A. 嫩蜜　B. 中蜜　C. 老蜜　D. 中蜜或老蜜
E. 上述均可以

(二) 配伍选择题

题 1～3
A. 微丸　B. 微球　C. 滴丸　D. 软胶囊　E. 脂质体
1. 可用固体分散技术制备,具有疗效迅速、生物利用度高等特点的是(　　)。
2. 常用包衣材料包衣制成不同释放速度的小丸的是(　　)。
3. 可用滴制法制备、囊壁由明胶及增塑剂等组成的是(　　)。

题 4～7
A. 成型材料　B. 增塑剂　C. 增稠剂　D. 遮光剂　E. 溶剂
4. 明胶是(　　)。
5. 山梨醇是(　　)。
6. 琼脂是(　　)。
7. 二氧化钛是(　　)。

题 8～11
A. PEG6000　B. 水　C. 液体石蜡　D. 硬脂酸　E. 石油醚
8. 制备水溶性滴丸时用的冷凝液是(　　)。
9. 制备水不溶性滴丸时用的冷凝液是(　　)。
10. 滴丸的水溶性基质是(　　)。
11. 滴丸的非水溶性基质是(　　)。

(三) 多项选择题

1. 滴丸剂具有下列哪些优点?(　　)
A. 起效迅速　B. 可掩盖药物的不良气味　C. 每丸的含药量较大
D. 可增加药物稳定性　E. 生物利用度高

2. 滴丸剂的特点是(　　)。
A. 液体药物可制成固体滴丸剂　B. 含药量大,服用量小
C. 生物利用度高　D. 生产设备简单,操作简便
E. 可增强药物稳定性

3. 滴丸基质应具备的条件是(　　)。
A. 不与主药发生作用　B. 不影响主药的疗效

C. 对人体无害

D. 熔点较低，在一定的温度(60～100 ℃)下

E. 加热下能熔化成液体，而遇骤冷又能凝固成固体

4. 制备滴丸剂时的影响因素有(　　)。

A. 滴制温度　B. 滴制速度　C. 滴头口径

D. 滴距　E. 冷凝柱的高度

5. 为改善滴丸的圆整度，可采取的措施是(　　)。

A. 液滴不宜过大

B. 液滴与冷却液的密度差应相近

C. 液滴与冷却剂间的亲和力要小

D. 液滴与冷却剂间的亲和力要大

E. 冷却剂要保持恒温，温度要低

6. 固体药物在滴丸的基质中分散的状态可以是(　　)。

A. 形成固体溶液　B. 形成固态凝胶　C. 形成微细结晶

D. 形成无定型状态　E. 形成固态乳剂

7. 选用脂溶性好的基质制备滴丸时，可以选用的冷凝剂是(　　)。

A. 水

B. 植物油

C. 液体石蜡与植物油的混合物

D. 液体石蜡

E. 酒精

8. 丸剂制备炼蜜的目的有(　　)。

A. 杀死微生物　B. 增加甜味　C. 除去杂质

D. 破坏酶　E. 增加黏性

9. 关于浓缩丸的叙述正确的是(　　)。

A. 浓缩丸又称为"药膏丸"

B. 浓缩丸又称为"浸膏丸"

C. 浓缩丸是采用泛制法制备的

D. 浓缩丸是采用塑制法制备的

E. 浓缩丸与蜜丸相比减少了体积和服用量

10. 可以用做制备丸剂的辅料的是(　　)。

A. 水　B. 酒　C. 蜂蜜　D. 药汁　E. 面糊

11. 关于塑制法制备蜜丸叙述正确的是(　　)。

A. 含有糖、黏液质较多

B. 所用炼蜜与药粉的比例应为 1∶(1～1.5)

C. 一般含糖类较多的药材可以用蜜量多些

D. 夏季用蜜量宜少

E. 手工用蜜量宜多

12. 制丸块是塑制蜜丸的关键工序，那么优良的丸块应(　　)。

A. 可塑性非常好，可以随意塑形

B. 表面润泽，不开裂

C. 丸块被手搓捏较为黏手

D. 较软者为佳

E. 握之成团、按之即散

13. 影响丸块质量的因素(　　)。

A. 炼蜜的程度　B. 下蜜温度　C. 用蜜量

D. 药粉的性质　E. 合药方法

二、简答题

1. 滴丸剂有何特点？写出滴丸剂生产的工艺流程。

2. 滴丸剂的基质与冷凝剂的选择有何要求？

3. 中药丸剂有何作用特点？制备方法有哪些？

4. 中药丸剂在制备时，针对不同性质的药材如何对炼蜜进行选择？

三、实例分析题

1. 冰片滴丸的处方如下：

冰片　　　　2.0 g

聚乙二醇 6000　　　　7.0 g

根据处方回答下列问题：

(1) 冰片滴丸基质为何种类型？如何选择冷凝剂？

(2) 制备滴丸时应注意些什么？

2. 六味地黄丸处方和制法如下：

［处方］				
	熟地黄	160 g	山茱萸(制)	80 g
	牡丹皮	60 g	山药	80 g
	茯苓	60 g	泽泻	60 g

［制法］ 以上六味除熟地黄、山茱萸外，其余山药等 4 味共研成粗粉，取其中一部分与熟地黄、山茱萸共研成不规则的块状，放入烘箱内于 60 ℃以下烘干，再与其他粗粉混合研成细粉，过 80 目筛混匀备用。每 100 g 粉末加炼蜜 80～110 g 制成小蜜丸或大蜜丸。或加炼蜜 35～50 g 与适量的水，泛丸，干燥，制成水蜜丸，即得。

根据处方和制法回答下列问题：

(1) 六味地黄丸选择何种程度的炼蜜？合药时温度范围为多少？

(2) 写出丸剂的制备工艺流程。

（兰小群）

模块四　其他制剂

项目九　乳膏剂与凝胶剂

学习目标

能力目标

能进行典型乳膏剂与凝胶剂制备操作。

会设计乳膏剂的生产工艺流程;能进行乳膏剂的处方分析。

知识目标

掌握:乳膏剂常用基质的种类;不同类型、不同基质乳膏剂的制法、操作要点及操作注意事项。

熟悉:乳膏剂中药物与基质的混合方法。

了解:乳膏剂与凝胶剂的质量检查方法。

操作任务……

乳膏剂与凝胶剂的制备

一、操作目的

(1) 能完成不同类型、不同基质乳膏剂的制法操作。

(2) 会进行乳膏剂与凝胶剂的质量评定。

二、器材与药品

1. 药品　醋酸地塞米松,单硬脂酸甘油酯,硬脂酸,白凡士林,液体石蜡,甘油,十二烷基硫酸钠,三乙醇胺,羟苯乙酯,红霉素,黄凡士林,羊毛脂,水杨酸,羧甲基纤维素钠等。

2. 器材　蒸发皿,水浴,电炉,温度计,显微镜等。

三、操作内容

(一) 醋酸地塞米松乳膏

本品用于消炎,止痒及抗过敏。用于过敏性皮炎、神经性皮炎、慢性湿疹、局限性瘙痒症等。

[处方]				
	醋酸地塞米松	0.3 g	单硬脂酸甘油酯	25 g
	硬脂酸	50 g	白凡士林	25 g
	液体石蜡	75 g	甘油	50 g
	十二烷基硫酸钠	1 g	三乙醇胺	1 mL
	羟苯乙酯	0.5 g	纯化水	加至 500 mL

[制法]　取单硬脂酸甘油酯、硬脂酸、白凡士林、液体石蜡加热熔化,搅匀,水浴,保持温度约 80 ℃,另取

十二烷基硫酸钠、三乙醇胺、纯化水加热至约 80 ℃，加羟苯乙酯溶解搅匀，在等温下，缓缓加入油相中，以同一方向不断搅拌至冷凝。取醋酸地塞米松加纯化水浸润研细，加入上述乳剂型基质内，继续按同一方向研磨均匀，即得。

[注解]

(1) 药物颗粒大小对药物的透皮吸收有影响，配制时应将药物研细。

(2) 本品易失水干缩或发霉变质，若大量配制时应加防腐剂。

(3) 胺皂和十二烷基硫酸钠均为 O/W 型乳化剂，二者合用可增加制品的稳定性。

(二) 凝胶剂基质

[处方]	水杨酸	1.3 g	羧甲基纤维素钠	1.2 g
	甘油	3.0 g	纯化水	加至 20 g

[制法] 将羧甲基纤维素钠置乳钵中，加入适量纯化水溶胀，待完全溶解后，加入甘油适量，研匀。称取水杨酸适量，用水溶解，然后分次加入至上述基质中，研磨混匀即可。

羧甲基纤维素钠等高分子物质制备溶液时，可先将其撒在水面上，静置数小时，使慢慢吸水充分溶胀后，再加热即溶解。若搅动则易成团块，水分难以进入而很难得到溶液。若先用甘油研磨分散开后，再加入水时则不会结成团块，能较快溶解。

四、思考题

(1) 分析乳剂型基质处方，写出制备工艺流程及应注意哪些问题。

(2) 油、水两相的混合方法有几种？操作关键是什么？

(3) 归纳药物加入基质的注意事项。

相关知识

一、乳膏剂

(一) 概述

乳膏剂系指原料药物溶解或分散于乳状液型基质中形成的均匀半固体制剂。乳膏剂由于基质不同，可分为水包油型乳膏剂和油包水型乳膏剂。

乳膏剂具有触变性和热敏性的特点。热敏性表现为遇热熔化而流动，触变性表现为施加外力时黏度降低，静止时黏度升高，不利于流动。这些性质可以使乳膏剂能在长时间内紧贴、黏附或铺展在用药部位，可以起到局部治疗或全身治疗的作用。乳膏剂主要用于抗感染、消毒、止痒、止痛和麻醉等局部疾病的治疗。

知识链接

软 膏 剂

软膏剂系指药物与适宜基质均匀混合制成的具有适当稠度的半固体外用制剂。

软膏剂临床应用很早，是一古老的剂型，我国汉代张仲景所著的《金匮要略》中就记载有软膏剂的制法和使用，所用基质多为植物油，故又称“油膏剂”；国外远在三千年前的《伊伯氏纸本草》中就有软膏剂的记载。

软膏剂的发展与基质的改进十分相关.最初使用天然来源的动、植物油脂。近代，由于石油工业的发展，烃类被广泛用作基质。随着药用高分子材料学的迅速发展，性能较好的乳剂型基质和凝胶基质在很大程度上取代了油脂性基质，从而制成较为理想的软膏剂。

(二) 乳膏剂的基质

乳膏剂主要由药物和基质两部分组成。基质不仅是乳膏剂的赋形剂，同时也是药物的载体。基质占乳膏剂组成的大部分，而使乳膏剂具有一定的理化性质，对保证乳膏剂的质量和疗效的发挥起着重要的作用，因此合理选用基质是制备品质优良的乳膏剂的关键。

知识链接

乳膏剂基质的质量要求

理想的乳膏剂基质应符合下列要求：①润滑、无刺激性和过敏性；②性质稳定，不与主药或附加剂等其他物质发生配伍变化；③具有吸水性，能吸收伤口分泌物；④不妨碍皮肤的正常功能，具有良好的释药性能；⑤容易清洗，不污染皮肤和衣物等。

乳膏剂基质的组成、形成基质的类型及原理与乳剂相似，其组成为油相、水相及乳化剂三部分，但所用油相物质多为半固体或固体，故在一定温度下混合乳化后形成半固体基质。常用的油相有硬脂酸、石蜡、蜂蜡、高级脂肪醇、凡士林、液体石蜡、植物油等，用量一般为软膏总量的15%～30%。常用纯化水作为水相。

乳膏剂基质的类型有O/W和W/O两类。O/W型乳剂基质（称雪花膏）色白如雪、易于清洗，涂抹在皮肤上，几乎不留痕迹。W/O型乳剂比不含水的油脂性基质油腻性小，易涂布，由于水分的慢慢蒸发而具有冷却作用，故有“冷霜”之称。

请举例说明日常生活中与乳膏剂相关的日用品。

因乳化剂的作用，一般乳膏剂基质中药物的释放、穿透、吸收较快；乳剂型基质不阻止皮肤表面分泌物的分泌及水分的蒸发，对皮肤的正常功能影响较小。O/W型乳剂基质能与大量水混合，含水量较高，但所吸收的分泌物可重新透入皮肤（反向吸收）而使炎症恶化，故不适宜用于分泌物较多的皮肤病，如润湿性湿疹，忌用于糜烂、溃疡、水疱及脓疱病等。通常乳剂型基质适用于亚急性、慢性、无渗出液的皮肤损伤和皮肤瘙痒症。

常用的乳膏剂基质和乳化剂有以下几类。

1. 肥皂类

(1) 一价皂　一般用钠、钾、铵的氢氧化物及硼酸盐或三乙醇胺等有机碱与脂肪酸（如硬脂酸或油酸）作用，生成的一价新生皂为O/W型乳化剂，与水相、油相混合时降低水相界面张力的能力强于油相，可形成O/W型乳剂基质。一价皂的乳化能力，随脂肪酸分子中碳原子数12到18递增，在18以上这种能力又下降。故硬脂酸是常用的脂肪酸，其用量常为基质总量的10%～25%，其中75%～85%的硬脂酸并未皂化而是作为油相被乳化后形成分散相，除能增加基质的稠度外，还使成品带有珠光，施用于皮肤时，当水分蒸发后留有一层硬脂酸薄膜而有保护性。单用硬脂酸作为油相，制成的基质润滑作用较小，所以常加入凡士林、液体石蜡等油脂性基质加以调节。

此类基质应避免用于酸、碱类药物。尤其不宜与含钙、镁、铝等离子的药物配伍，以免形成不溶性的皂类而破坏其乳化作用。一价皂是阴离子型乳化剂，忌与阳离子型表面活性剂及阳离子药物如醋酸洗必泰、硫酸庆大霉素等配伍。

实例解析

以一价皂为乳化剂的乳剂型软膏基质举例

［处方］	油相	单硬脂酸甘油酯	35 g	硬脂酸	120 g
		凡士林	10 g	液体石蜡	60 g
		羊毛脂	50 g		
	水相	甘油	50 g	三乙醇胺	4 g
		羟苯乙酯	1 g	纯化水	加至1000 g

［制法］　油相：取硬脂酸、单硬脂酸甘油酯、凡士林、羊毛脂、液体石蜡水浴加热至80 ℃左右使熔化，保持温度。水相：取甘油、三乙醇胺、羟苯乙酯加入纯化水中，加热至80 ℃左右，将油相加至

水相中,依同一方向不断搅拌至冷凝,即得。

[注解]

(1) 本品系三乙醇胺与部分硬脂酸作用生成有机胺肥皂,为 O/W 型乳化剂,此乳化剂的乳化力强(HLB 约 12);单硬脂酸甘油酯系非离子型表面活性剂,一般用作乳剂基质的稳定剂或增稠剂,并有滑润作用;羊毛脂增加油相的吸水性和对药物的穿透性;凡士林的主要作用是减少基质中水分散失,可使皮肤角质层水合能力增强,使皮肤润滑,防止干裂及软化痂皮;液体石蜡用于调节乳剂基质的稠度,或用于研磨粉状药物,以利于基质均匀混合;甘油作保湿剂;羟苯乙酯作防腐剂。

(2) 本基质的化学稳定性较差,酸性药物,钙、镁等重金属离子,阳离子型乳化剂或药物等不宜配合应用。

(2) 多价皂　系由二、三价的金属(钙、镁、锌、铝)氧化物与脂肪酸作用形成的多价皂,其 HLB 值小于 6,形成 W/O 型乳剂基质。

实例解析

以多价皂为乳化剂的乳剂型软膏基质举例

[处方]	油相	单硬脂酸甘油酯	17 g	硬脂酸	13 g
		白凡士林	70 g	液体石蜡	450 g
		石蜡	75 g	蜂蜡	5 g
		双硬脂酸铝	10 g		
	水相	氢氧化钙	1 g	羟苯乙酯	1.5 g
		纯化水	加至 1000 g		

[制法]　取硬脂酸、单硬脂酸甘油酯、石蜡、蜂蜡在水浴上加热熔化,再加入白凡士林、液体石蜡、双硬脂酸铝加热至 85 ℃,保温。取氢氧化钙(上清液)、羟苯乙酯加入纯化水中,加热至 85 ℃,逐渐加入油相中,依同一方向不断搅拌至冷凝,即得。

[注解]

处方中的氢氧化钙与部分硬脂酸反应生成的新生钙肥皂及双硬脂酸铝均为 W/O 型乳化剂。

2. 脂肪醇硫酸钠类　常用品种为十二烷基硫酸钠,为优良的 O/W 型乳化剂,易溶于水,水溶液为中性,对皮肤刺激作用小,常用十六醇、十八醇、单硬脂酸甘油酯、司盘等作辅助乳化剂。本品不宜与阳离子型表面活性剂及阳离子型药物(如盐酸苯海拉明、盐酸普鲁卡因等)配伍。

实例解析

以脂肪醇硫酸钠类为乳化剂的乳剂型软膏基质举例

[处方]	油相	十六醇(或十八醇)	76.5 g	白凡士林	150 g
		液体石蜡	60 g		
	水相	十二烷基硫酸钠	8.5 g	甘油	50 mL
		羟苯乙酯	1 g	纯化水	加至 1000 g

[制法]　取十六醇、白凡士林、液体石蜡加热熔化,保持温度 80 ℃左右,另取十二烷基硫酸钠、甘油、羟苯乙酯溶于水中,保持同样温度,缓缓加入油相中,不断搅拌至冷凝,即得。

[注解]

(1) 十二烷基硫酸钠为主要的乳化剂,形成 O/W 型乳剂基质。

(2) 溶液的 pH 值会影响其乳化作用,pH 值在 8 以上时乳化受到影响,pH 值在 4 以下不能发生乳化作用。

(3) 十二烷基硫酸钠与氯化钠有配伍禁忌,乳剂中有 1.5%的氯化钠就可丧失乳化性;与聚山梨酯 80 混合使用能增强乳化作用。十六醇既是油相，增加基质的稠度，又作辅助乳化剂，增加 O/W乳剂基质的稳定性和质量。甘油作保湿剂。羟苯乙酯作防腐剂。

3. 高级脂肪醇及多元醇酯类

(1) 十六醇及十八醇　十六醇即鲸蜡醇，十八醇即硬脂醇，均不溶于水，但有一定的吸水能力，既可以作油相，增加稠度，使乳剂基质柔软；又是一种较弱的乳化剂，与油脂性基质及水接触时形成 W/O 型乳剂基质，增加乳剂基质的稳定性。

(2) 脂肪酸山梨坦与聚山梨酯类　均为非离子型乳化剂，常用的有聚山梨酯 20、60、80 和脂肪酸山梨坦 40、60、80。脂肪酸山梨坦为 W/O 型乳化剂，聚山梨酯类为 O/W 型乳化剂。

实例解析

以聚山梨酯类为乳化剂的乳剂型软膏基质举例

［处方］					
	油相	硬脂酸	60 g	白凡士林	60 g
		硬脂醇	60 g	液体石蜡	90 g
		油酸山梨坦	16 g		
	水相	聚山梨酯 80	44 g	甘油	100 g
		山梨酸	2 g	纯化水	加至 1000 g

［制法］　将油相成分与水相成分分别加热至 80 ℃，将油相加入水相中，边加边搅拌至冷凝，即得。

［注解］　本基质的主要乳化剂是聚山梨酯 80，加相反类型的油酸山梨坦制成混合乳化剂，以便调节适宜的 HLB 值，利于形成复合膜，更增加产品的稳定性。本基质耐酸、碱，能与多数药物配伍。

4. 聚氧乙烯醚的衍生物类

(1) 平平加　又名匀染剂，为烷基(芳基)聚乙二醇醚型非离子型表面活性剂的商品名，其 HLB 值为 15.9～17.0 之间，系非离子型 O/W 型乳化剂。国内已生产有多种型号的产品，如平平加-O，平平加-OS，平平加-OP，平平加-102 等。

实例解析

以平平加类为乳化剂的乳剂型软膏基质举例

［处方］					
	油相	十六醇	100 g	液体石蜡	100 g
		白凡士林	100 g		
	水相	平平加-O	25 g	甘油	50 g
		羟苯乙酯	1 g	纯化水	加至 1000 g

［制法］　将油相成分与水相成分分别加热至 80 ℃，将油相加入水相中，边加边搅拌至冷凝，即得。

［注解］

①本品的主要乳化剂为平平加-O，系以单十八(烯)醇聚乙二醇 800 醚为主要成分的混合物。

②本品在冷水中溶解度比在热水中大，水溶液澄清透明，能与熔融的石蜡烃混合，pH 值为 6～7，对皮肤无刺激性，性质稳定，耐酸、碱、硬水，耐热，耐金属盐。

③HLB 值为 16.5，有良好的乳化、分散性能。其用量一般为油相重量的 5%～10%(一般搅拌)，或 2%～5%(高速搅拌)。

④本品不宜配伍某些羟基或羧酸类药物如苯酚、水杨酸、间苯二酚等，因能与羟基或羧基化合物形成配合物。

(2) 乳化剂OP 为烷基酚聚氧乙烯醚类的混合物,HLB值为14.5,亦为非离子O/W型乳化剂。在冷水中溶解度比在热水中大,在室温中25%水溶液仍澄清,1%水溶液的pH值为5~7,对皮肤黏膜无刺激性。本品耐酸、碱、还原剂及氧化剂,对盐类亦甚稳定;但水溶液中如有大量金属离子如铁、锌、铝、铜等时,其表面活性将降低。本品不宜与酚羟基类化合物,如苯酚、间苯二酚、麝香草酚、水杨酸等配伍,因能形成配合物,破坏形成的乳剂型基质。其用量一般为油相总量的5%~10%。常与其他乳化剂合用。

实例解析

以乳化剂OP为乳化剂的乳剂型软膏基质举例

[处方]	油相	单硬脂酸甘油酯	40 g	石蜡	40 g
		液体石蜡	200 g	白凡士林	20 g
		司盘80	1 g		
	水相	乳化剂OP	2 g	羟苯乙酯	1 g
		纯化水	加至100 g		

[制法] 分别将油相成分与水相成分混合,加热至同温(80 ℃以上),将油、水两相混合,制成O/W型乳剂基质。

[注解] 本处方中主要乳化剂是乳化剂OP,为棕黄色的膏状物,易溶于水,本品性质稳定,耐酸、碱,对盐类较稳定。1%水溶液的pH值为5~7。适于制备外用O/W型乳剂和乳膏基质。加入司盘以调整基质的HLB值。

乳膏剂的质量控制和疗效的发挥与基质的正确选择有十分密切的关系。基质的选择应考虑的问题有:药物的性质;乳膏剂的临床应用;产品的稳定性;基质对药物释放和穿透皮肤的作用;基质对药物亲和力的大小;基质的pH值;基质对皮肤的水合作用。

知识链接

影响乳膏剂中药物的释放、穿透和吸收的因素

(一) 药物的理化性质

1. 药物的溶解性 表皮细胞膜具有类脂膜的通透性,一般脂溶性药物较水溶性药物易穿透角质层,脂溶性越大,吸收量也越多。但药物穿过角质层后,还有需分配进入活性表皮继而被吸收的过程。而既具有一定的油溶性并具有适当水溶性的药物穿透作用最大。酸性和碱性药物的解离度与基质的pH值有关,当药物以不解离的分子型存在时,能优先透过表皮吸收,而离子型往往很难吸收。

2. 药物浓度 药物在基质中的溶解度决定其在吸收部位的浓度,溶于基质中的药物浓度愈高,透皮速率愈大。

3. 药物在基质中的分散状态 一般粉末状药物比颗粒状药物有利于药物的透皮吸收;细颗粒比粗颗粒有利于药物的透皮吸收,增加分散度可增加药物与皮肤的接触面积,并能增加难溶性药物的溶解速率。

(二) 基质的性质

1. 基质对皮肤的水合作用 皮肤外层角蛋白或降解产物具有与水结合的能力,称为水合作用。水合作用能引起角质层细胞膨胀而降低紧密结构的密度,使皮肤间隙增大,降低皮肤屏障对药物扩散的阻力,且增加了药物在角质层中扩散的速度,大大促进了药物的透皮吸收。

2. 基质对药物分子的亲和力 基质对药物分子的亲和力不应太大,否则将影响药物的释放,从而影响药物向皮肤组织的分配。一般来说,药物和基质的亲和力小,药物从基质中释放容易,释放量也多,吸收率较高。

3. 基质的pH值的影响 基质的pH值能影响酸性药物与碱性药物的解离程度,因而影响药

物的吸收。

（三）透皮吸收促进剂(促渗剂)

皮肤对大部分药物形成一道难以渗透的屏障，加入某些透皮吸收促进剂，能增加药物渗透皮肤屏障的效力。

（三）乳膏剂的附加剂

乳膏基质含大量水分，在储藏过程中可能霉变，常需加入羟苯酯类、山梨酸类、三氯叔丁醇等作防腐剂；同时水分易蒸发而使软膏变硬，常需加入甘油、丙二醇、山梨醇等作保湿剂，一般用量为5%～20%；可根据需要加入蜂蜡、石蜡作为增稠剂，用以调节乳膏的硬度和稠度；为防止乳膏中的药物被氧化，可选用亚硫酸钠、亚硫酸氢钠、焦亚硫酸钠和硫代硫酸钠等作为抗氧剂；癸基甲基亚砜和氮酮则为常用的透皮促进剂，用以增强乳膏剂中药物的透皮吸收作用。

（四）乳膏剂的临床应用与注意事项

1. 临床应用 清洗皮肤，擦干，按说明涂药，并轻轻按摩给药部位，使药物进入皮肤，直到药膏或乳剂消失。同时在使用过程中注意均不可多种药物联合使用。

2. 注意事项 避免接触眼睛及黏膜(如口、鼻黏膜)；用药部位如有烧灼感、红肿等情况应停药，并将局部药物洗净；在药物性状发生改变时禁止使用等。

乳膏剂应在外用后多加揉搽，对局限性苔藓化肥厚皮损可采用封包疗法，以促进药物吸收，提高疗效。用药要考虑患者年龄、性别、皮损部位，以及是否为儿童和孕妇及哺乳期妇女禁用的药品。在皮肤病患处使用，用药量和用药次数应适宜，用药疗程应根据治疗效果确定，不宜长期用药。

（五）乳膏剂的制备

乳膏剂的制备方法分为研和法、熔融法和乳化法三种。

乳膏剂生产环境的空气洁净度级别要求是：①外用乳膏的配料、灌装需在D级净化空气条件下操作。②眼膏及除直肠外的腔道用乳膏需在C级下操作。③凡士林等基质需经消毒和过滤处理。④乳膏管灌装前需检验消毒。

制备的工艺过程如图9-1所示。

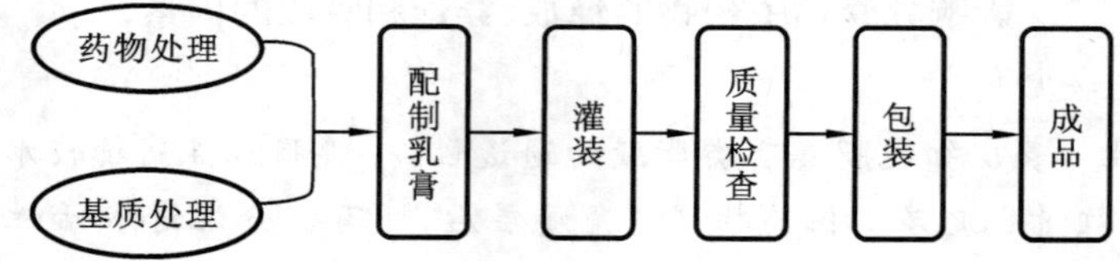

图9-1 乳膏剂制备工艺流程图

1. 基质的处理 凡士林、石蜡、硬脂酸等作为油相用作乳剂型基质时，若混有机械性异物或工厂大量生产时，需要加热滤过及灭菌处理，可用反应罐夹套加热至150 ℃保持1 h，起到灭菌和蒸除水分作用。过滤采用多层细布抽滤或压滤方法，去除各种异物。固体药物原料可直接加入配制罐内或经气流粉碎机处理，使粒度达到规定要求。

2. 药物加入基质中的方法

(1) 不溶于基质的药物，如氧化锌、硫黄等，应采用适宜的方法粉碎成细粉。研和法制备时，药粉先用液体石蜡、植物油甘油或水研磨成糊状，再加入其余基质。熔融法制备时，在不断搅拌下将药物粉末加入到基质中，继续搅拌至冷凝。

(2) 能溶于基质中的药物，宜溶解在基质组分中制成溶液型乳膏。混合时油溶性药物溶于油相，水溶性药物溶于水或水相，再与基质混合均匀。

(3) 处方中含共熔性成分，如薄荷脑、樟脑、麝香草酚等，可先使其共熔，再加入基质中混合。

(4) 半固体黏稠性药物，可先加少量能与基质混合或吸收的成分如植物油或羊毛脂混合后，再加入到油相中混匀。

(5) 中药浸出物为液体时，可先浓缩成稠膏状，再加入基质中混合。

(6) 受热易破坏及挥发性药物，应视性质不同，或如上法研磨，或可以直接或间接溶解后逐渐加入，随加随搅拌，直至乳膏冷却定形，制备时采用熔融法或乳化法时应在 40 ℃以下再加入，以减少破坏或损失。

3. 制备方法

1) 研和法　此法适宜于在室温条件下为半固体的基质的制备，且药物不耐热，也不溶于基质中(在常温下药物与基质可均匀混合)。先将药物粉碎过筛，再加入少量基质研磨混合，用等量递加法加入其余基质，研匀即得。少量药物的粉碎可用研磨或加液研磨法研匀。常用工具是乳钵杵棒、软膏板及软膏刀，大量制备时用软膏机。

2) 熔融法　适宜于处方中含不同熔点的基质，尤其常温下不能与药物均匀混合。通常先将熔点较高基质在水浴上加温熔化(如室温为固体的石蜡、蜂蜡)，然后依熔点高低加入其余的基质，最后加入液体成分。

3) 乳化法　操作时，将处方中油脂性组分合并，加热成液体作为油相，保持油相温度在 80 ℃左右；另将水溶性组分溶于水中，并加热至与油相同温或略高于油相温度(可防止两相混合时油相中的组分过早凝结)，均匀混合油、水两相并使之乳化完全，冷凝成膏状物即得。

乳化法操作注意事项。

(1) 乳化法中油、水两相的混合方法有三种：①分散相逐渐加入到连续相中，适用于含小体积分散相的乳剂系统。②连续相逐渐加入到分散相中，适用于多数乳剂系统。此种混合方法的最大特点是混合过程中乳剂会发生转型，从而使分散相粒子更细小。③两相同时掺合，适用于连续或大批量生产，需要有一定的设备，如输送泵、连续混合装置等。

(2) 在油、水两相中均不溶解的组分最后加入。

(3) 大量生产时，因油相温度不易控制均匀，或两相搅拌不均匀，常致成品不够细腻，因此在乳膏温度冷至 30 ℃左右时，可再用胶体磨或软膏机研磨使其更均匀细腻。

知识链接

乳膏剂的质量检查

良好的乳膏剂应符合以下要求：(1)选用基质应根据该剂型的特点、药物的性质以及疗效而定，基质应细腻，涂于皮肤或黏膜上应无刺激性。(2)有适宜的黏稠度且不易受季节变化影响，应易于软化、涂布而不融化。(3)性质稳定，有效期内无酸败、异臭、变色、变硬等变质现象。(4)必要时可加入防腐剂、抗氧化剂、增稠剂、保湿剂及透皮促进剂；保证其有良好的稳定性、吸水性与药物的释放性、穿透性。(5)无刺激性、过敏性；无配伍禁忌；用于烧伤、创面与眼用乳膏剂应无菌。

《中国药典》(2015 年版)规定，乳膏剂应进行粒度、装量、微生物限度检查。乳膏剂的质量检查还包括主药的含量，乳膏剂的物理性状、刺激性、稳定性等的检测以及乳膏中药物释放、穿透、吸收等项目的评定。

(六) 典型乳膏剂实例分析

例：盐酸达克罗宁乳膏

本品止痒、止痛、杀菌。用于皮肤瘙痒症。

[处方]	盐酸达克罗宁	5 g	十六醇	45 g
	液体石蜡	30 g	白凡士林	70 g
	十二烷基硫酸钠	5 g	甘油	25 g
	纯化水	加至 500 g		

[制法]　取十六醇、液体石蜡、白凡士林，置水浴上加热至 75～80 ℃使其熔化；另取盐酸达克罗宁、十二烷基硫酸钠依次溶解于纯化水中，加入甘油混匀，加热至约 75 ℃，缓缓加至上述油相中，随加随搅拌，使乳化完全，放至冷凝，即得。

[注解]

(1) 本品为白色的乳膏。

(2) 盐酸达克罗宁对皮肤各症的止痛、止痒功效明显，并有杀菌作用，作用迅速，穿透力强。凡火伤、皮肤擦烂、痒疹、虫咬伤、痔瘘痔核、溃疡压疮，均可使用，也可用于喉镜、气管镜、膀胱镜检查前的准备。多制成1%的软膏、乳膏或0.5%溶液使用。

(3) 盐酸达克罗宁在水中溶解度较小(1∶50)，制备时也可加适量甘油研磨，使分散均匀，再与基质混合，使其混悬在基质中搅匀即可得。

知识链接

糊　剂

糊剂系指大量的固体粉末(一般25%以上)均匀地分散在适宜的基质中所组成的半固体外用制剂。可分为单相含水凝胶性糊剂和脂肪糊剂。

糊剂含有较大比例粉末，具有较高的硬度和较大的吸收水分的能力，在体温下软化而不熔化，可在皮肤上保留较长时间。适用于皮肤表面分泌物较多的病变部位。糊剂的基质有脂肪性基质，如凡士林、液体石蜡、植物油等；水溶性基质如明胶、甘油。典型的粉末组分为氧化锌、碳酸钙、淀粉、滑石粉。这些粉末也可作为基质骨架，故糊剂比一般的软膏剂要稠厚得多。医疗上应用糊剂是因为其有较多固体成分，能更好地吸收皮肤渗出物(但是粉末如果被烃类物质包裹就不太可能吸收水性液体)，并可形成厚的、不易损坏的、不易渗透的膜，此膜可是不透明的，对阳光有较好的滤过作用。滑雪运动员在脸部使用糊剂来减轻风对脸部损伤(过度失水)和防止光线直射。

糊剂常用热熔法和研磨法制备，由于含淀粉或挥发性药物，配制温度应在60 ℃以下，基质温度一般不超过70 ℃，否则淀粉易糊化，成品粗糙发乌。处方中的固体成分都应研细过100目筛。

二、凝胶剂

(一) 概述

凝胶剂系指药物与能形成凝胶的辅料制成均一、混悬或乳状液型的稠厚液体或半固体制剂。除另有规定外，凝胶剂限局部用于皮肤及体腔如鼻腔、阴道和直肠。

凝胶剂在生产与储藏期间应符合下列有关规定。①混悬型凝胶剂中胶粒应分散均匀，不应下沉结块。②凝胶剂应均匀、细腻，在常温时保持胶状，不干涸或液化。③凝胶剂根据需要可加入保湿剂、防腐剂、抗氧化剂、乳化剂、增稠剂和透皮促进剂等。④凝胶剂基质不应与药物发生理化作用。⑤除另有规定外，凝胶剂应遮光密封，宜置25 ℃以下储藏，并应防冻。⑥混悬型凝胶剂在标签上应注明“用前摇匀”。

凝胶剂有单相凝胶和双相凝胶两类：①双相凝胶：小分子无机药物(如氢氧化铝)凝胶剂是由分散的药物胶体小粒子以网状结构存在于液体中，属双相分散系统，也称混悬型凝胶剂。混悬型凝胶剂可有触变性，静止时形成半固体而搅拌或振摇时成为液体。②单相凝胶：局部应用的凝胶剂属单相分散系统，又分为水性凝胶剂与油性凝胶剂：水性凝胶基质一般由水、甘油或丙二醇、纤维素衍生物、卡波姆、海藻酸盐、西黄蓍胶、明胶、淀粉等构成；油性凝胶基质由液体石蜡与聚乙烯或脂肪油与胶体硅或铝皂、锌皂构成。在临床常用的是水性凝胶剂，故以下主要讨论水性凝胶剂。

(二) 凝胶基质

水溶性凝胶基质，一般包括天然来源和合成凝胶两类。天然来源的有西黄耆胶、果胶、海藻酸、明胶、琼脂等，也包括天然物质纤维素的衍生物如甲基纤维素(MC)、羧甲基纤维素钠(CMC-Na)、羟乙基纤维素(HEC)、羟丙基甲基纤维素(HPMC)等；合成的聚合物有卡波姆等。本类基质的特点是大多在水中溶胀成水性凝胶而不溶解，并具有脱水收缩性、透过性或黏合性。局部外用制剂中，往往利用凝胶的这些性质来控制药物的释放及其对皮肤的黏附性来经皮传递药物。一般易涂展和洗除，无油腻感，能吸收组织渗出液，不妨碍皮肤正常功能。还由于黏滞度小而利于药物，特别是水溶性药物的释放。本类基质的缺点是润滑作用较差，易失水和霉变，常需添加保湿剂和防腐剂，用量较其他基质大。

1. 甘油明胶　用明胶(一般用量1%～3%)、甘油(10%～30%)及水加热制成。本品有弹性，使用时较舒适。

2. 海藻酸钠 主要是由海藻酸的钠盐组成，为黄白色粉末，缓缓溶于水可形成黏稠性凝胶，常用浓度为1%～10%。加入少量的可溶性钙盐后，即可形成稠厚的稳定的凝胶剂。例如在基质中加入30%的枸橼酸钙可形成稳定的水溶性的凝胶基质。此类基质中常需加入保湿剂、防腐剂以防止制品失水、霉败。

3. 卡波姆 卡波姆是新型的凝胶基质，在外用制剂和化妆品工业中占有重要地位。卡波姆是由丙烯酸与丙烯基蔗糖交联的高分子聚合物，商品名为卡波普(Carbopol)，按黏度可分为934、940、941等规格。卡波姆940可供口服(苯含量小于0.01%)，其他规格如卡波姆940、941和1300系列仅供外用。呈亲水性和吸湿性，比天然的树胶更加黏稠。由于分子中存在大量的羧酸基团，与聚丙烯酸有非常类似的理化性质，可以在水中迅速溶胀，但不溶解。其分子结构中的羧酸基团使其水分散液呈酸性，1%水分散液的pH值约为3.11，黏性较低，加入NaOH或胺类物质(如三乙醇胺)或弱无机碱(如氨水)，可中和卡波姆的酸性，诱发出其黏性形成凝胶，浓度低时形成澄明溶液，在浓度较大时形成半透明的凝胶。在pH值为6～11时有最大的黏度和稠度，中和使用的碱以及卡波普的浓度不同，其溶液的黏度变化也有所区别。一般情况下，中和1 g卡波普约消耗1.35 g三乙醇胺或400 mg氢氧化钠。本品制成的基质无油腻感，无毒、无刺激性，可促进某些药物的透皮吸收；对热耐受性好，可反复热压灭菌；使用润滑舒适，尤其适宜于治疗脂溢性的皮肤病。但盐类、强酸可使其黏性下降，碱土金属离子及阳离子聚合物与之结合成不溶性盐，使用时必须避免引起配伍变化。

例：外用凝胶剂(润滑凝胶)

[处方] 羟丙基甲基纤维素(黏度4000 MPa·s) 0.8%　　卡波姆940 0.24%
丙二醇16.7%　　羟苯甲酯 0.015%

氢氧化钠适量调至pH值为7，纯化水适量加至100%。

[制法] 将羟丙基甲基纤维素分散于80%～90%热水中，置冰箱过夜冷却使成澄明溶液，另将卡波姆940分散于20 mL水中，加足够量1%NaOH溶液调到pH值为7，加入纯化水至40 mL，将羟苯甲酯溶于丙二醇中，将上述各溶液混合，避免混入气泡。

4. 纤维素的衍生物 某些纤维素的衍生物可在水中溶胀或溶解为胶性物，调节适宜的稠度可形成水溶性软膏基质。此类基质有一定的黏度，随着相对分子质量、取代度和介质的不同而具有一定的稠度。因此，其用量也应根据上述不同规格和条件进行调整。常用的品种有甲基纤维素(MC)、羧甲基纤维素钠(CMC-Na)，两者常用浓度为2%～6%，1%的水溶液pH值均在6～8。MC在pH值范围为2～12中均稳定，而CMC-Na在pH值低于5或高于10时其黏度下降(可增加用量克服)。制成水溶性基质均需加适量防腐剂，常用0.2%～0.5%的羟苯乙酯，但MC能与羟苯酯类形成复合物，常加硝酸苯汞、苯甲醇、三氯叔丁醇等作防腐剂。CMC-Na无此禁忌，但遇酸及汞、铁等重金属离子可生成不溶物，与阳离子型药物配伍也可产生沉淀使药效下降。羟乙基纤维和羟丙基甲基纤维素(A4M,E4M,F4M,K4M)等也可用于凝胶制剂。

例：纤维素的衍生物基质

[处方] 羧甲基纤维素 60 g　　甘油 150 g
羟苯乙酯 2 g　　纯化水 加至1000 g

[制法] 将羧甲基纤维素与甘油混匀，然后加入适量热纯化水，放置待溶胀成凝胶后，再加入羟苯乙酯水溶液，加水至足量。

(三) 凝胶剂的临床应用与注意事项

1. 临床应用 根据给药途径不同，凝胶剂的具体使用方法也不同，凝胶剂在临床上的合理使用需要掌握正确的方法并严格按照说明使用。例如，口服凝胶剂服用前要充分摇匀，否则有效成分可能分布不均，会影响给药剂量，从而影响药效发挥；外用凝胶剂，适量涂患处，一日2～3次。

2. 注意事项

(1) 皮肤破损处不宜使用。

(2) 避免接触眼睛和其他黏膜(如口、鼻等)。

(3) 用药部位如有烧灼感、瘙痒、红肿等情况应停药，并将局部药物洗净，必要时向医师咨询。

(4) 如正在使用其他药品，使用本品前请咨询医师或药师。

(5) 根据药品说明书规定的用药途径和部位正确使用凝胶剂。

(6) 皮肤外用凝胶剂使用前需先清洁皮肤表面患处，按痛处面积使用剂量，用手指轻柔反复按摩直至均匀涂展开。

(7) 当凝胶剂性质发生改变时禁止使用。

(四) 凝胶剂的制备

水凝胶剂的一般制法是:药物溶于水者先溶于部分水或甘油中,必要时加热,其余处方成分按基质配制成水凝胶基质,再与药物溶液混合加水至足量即得。药物不溶于水者,可先用少量水或甘油研细,分散,再混入基质中搅匀即得。

(五) 典型凝胶剂实例分析

例:盐酸克林霉素凝胶剂

盐酸克林霉素对厌氧性痤疮杆菌有较强的杀灭作用;卡波姆基质尤其适用于脂溢性皮肤病的治疗,可用于痤疮。

[处方]	盐酸克林霉素	10 g	卡波姆 940	10 g
	羟苯乙酯	0.5 g	甘油	50 g
	三乙醇胺	10 g	纯化水	加至 1000 g

[制法] 将羟苯乙酯、卡波姆 940 加至热纯化水中,于 80 ℃水浴上加热溶解,冷却后加入甘油及盐酸克林霉素使溶解,最后加入三乙醇胺,搅匀即得透明凝胶。

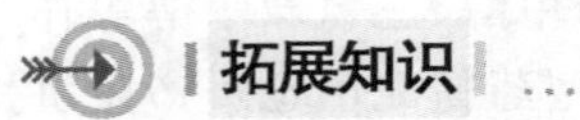

凝胶剂的质量检查与包装

除另有规定外,凝胶剂应进行以下检查:①粒度:除另有规定外,混悬型凝胶剂取适量的供试品,涂成薄层,薄层面积相当于盖玻片面积,共涂三片,照粒度和粒度分布测定法(附录ⅨE 第一法)检查,均不得检出大于 180μm 的粒子。②装量:照最低装量检查法(附录ⅩF)检查,应符合规定。③无菌:用于严重创伤的凝胶剂,照无菌检查法(附录Ⅺ H)检查,应符合规定。④微生物限度:除另有规定外,照微生物限度检查法(附录Ⅺ J)检查,应符合规定。

凝胶剂所用内包装材料不应与药物或基质发生物理、化学反应。

拓展知识

眼 膏 剂

一、概述

眼膏剂系指由药物与适宜基质均匀混合,制成无菌溶液型或混悬型膏状的眼用半固体制剂。

根据基质种类的不同,亦包括眼用乳膏剂和眼用凝胶剂,眼用乳膏剂系指由药物与适宜基质均匀混合,制成无菌乳膏状的眼用半固体制剂;眼用凝胶剂系指由药物与适宜辅料制成无菌凝胶状的眼用半固体制剂,其黏度大,易与泪液混合。

与一般滴眼剂相比,眼膏剂的作用缓和持久,并能减轻眼睑对眼球的摩擦,常用于眼部感染性、损伤性病变。眼膏剂的缺点是有油腻感,并能模糊视力,因此夜间使用眼膏剂,白天使用滴眼剂较为适宜。

知识链接

眼膏剂的质量要求

眼膏剂、眼用乳膏剂、眼用凝胶剂应均匀、细腻、对眼部无刺激,稠度适当,易涂布于眼部;无微生物污染，成品不得检出金黄色葡萄球菌和铜绿假单胞菌。必要时可酌加抑菌剂，每个包装的装量应不超过 5 g。用于眼部手术或创伤的眼膏剂应灭菌或按无菌操作法配制，按《中国药典》(2015 年版)二部附录(Ⅺ H)无菌检查法检查应符合规定，且不得加抑菌剂或抗氧化剂。

二、眼膏剂的制备

眼膏剂的制备工艺与一般的软膏剂基本相同，但眼膏剂对其原材料要求、生产工艺及储藏条件要求比较高。眼膏剂要求原料药纯度高，不得染菌；配制与分装须在清洁、无菌条件下操作，严防微生物污染；所用容器洗净并灭菌；对调制好的半成品进行灭菌。

1. 制备用具和包装容器等的灭菌 眼膏剂所用的基质、药物、器具、包装容器等均应严格灭菌，用具及包装容器等均须清洗干净，并根据物料性质及用量等情况尽可能采用最安全可靠的灭菌方法。制备用具如研钵、滤器、软膏板、软膏刀、玻璃器具及称量用具等，用前必须以 70% 乙醇擦洗，或洗净后 150 ℃干热灭菌 1 h。大量生产所用器械如搅拌机、研磨机、填充器等预先洗净干燥后，用前须再用 70% 乙醇擦洗干净。包装容器如玻璃瓶、点眼棒、耐热塑料盒、耐热塑料盖等也可用干热灭菌。盛装眼膏用的锡管可先刷洗干净，再用 70% 乙醇或 1%～2% 苯酚溶液浸泡，用前用纯化水冲洗，已涂漆的锡管置于不超过 60 ℃的烘箱中干燥，未涂漆锡管洗净后用干热灭菌法灭菌；有的生产单位用紫外线灯照射灭菌，简便易行。包装用的不耐热的塑料软管可采用环氧乙烷或甲醛蒸气灭菌。在条件许可下，眼膏剂的灌装区应安装局部层流装置，以达到无菌的环境要求。

2. 眼膏剂常用的基质及灭菌 除另有规定外，眼膏剂常用的基质一般为黄凡士林 8 份，液体石蜡、羊毛脂各 1 份，或凡士林 85 g、羊毛脂 10 g、石蜡 5 g 的混合物。可根据气温适当增减液体石蜡(或石蜡)的用量以调节基质的稠度。此种基质由于羊毛脂的吸水性强，较单用黄凡士林易于与泪液及水性药液混合，也容易附着在眼黏膜上，有利于药物的释放与吸收。基质应过滤灭菌，基质加热熔化后用细布或粗滤纸保温过滤，并经 150 ℃干热灭菌至少 1 h，放冷备用。使用的基质应便于药物的分散和吸收，基质与药物应比较纯净而极细腻，不溶性药物应预先制成极细粉，不得有粒径大于 75 μm 的颗粒。

3. 主药的加入方法 易溶于水且性质稳定的药物，可先用少量灭菌纯化水溶解，再分次加入灭菌基质研匀制成。主药溶于基质时，可加热使之溶于基质，但挥发性成分则应在 40 ℃以下加入，以免受热损失。主药不溶于水或不宜用水溶解又不溶于基质中时，可用适宜方法研制成极细粉末，再加入少量灭菌基质或灭菌液体石蜡研成糊状，然后分次加入剩余灭菌基质中研匀，灌装于灭菌容器中，严封。

眼膏剂适用于配制对水不稳定的药物。因其不影响角膜上皮或角膜基质损伤的愈合，常作为眼科手术用药。

三、眼膏剂的质量检查

《中国药典》(2015 年版)要求眼用制剂应进行以下相应检查。

1. 粒度 除另有规定外，混悬型眼用半固体制剂照下述方法检查，粒度应符合规定。

混悬型眼用半固体制剂检查法：取供试品 10 个，将内容物全部挤于合适的容器中，搅拌均匀，取适量(相当于主药 10 μg)置于载玻片上，涂成薄层，薄层面积相当于盖玻片面积，共涂三片，照粒度和粒度分布测定法检查，每个涂片中大于 50 μm 的粒子不得超过 2 个，且不得检出大于 90 μm 的粒子。

2. 金属性异物 除另有规定外，眼用半固体制剂照下述方法检查，金属性异物应符合规定。

检查法：取供试品 10 个，分别将全部内容物置于底部平整光滑、无可见异物和气泡、直径为 6 cm 的平底培养皿中，加盖，除另有规定外，在 85 ℃保温 2 h，使供试品摊布均匀，室温放冷至凝固后，倒置于适宜的显微镜台上，用聚光灯从上方以 45°角的入射光照射皿底，放大 30 倍，检视不小于 50 μm 且具有光泽的金属性异物数。10 个中每个内含金属性异物数超过 8 粒者，不得超过 1 个，且其总数不得过 50 粒；如不符合上述规定，应另取 20 个复试；初试、复试结果合并计算，30 个中每个内含金属性异物数超过 8 粒者，不得超过 3 个，且其总数不得超过 150 粒。

3. 装量 眼用半固体制剂照最低装量检查法检查，应符合规定。

4. 无菌 供手术、伤口、角膜穿透伤用的眼月半固体制剂照无菌检查法检查，应符合规定。

5. 微生物限度 眼用半固体制剂除另有规定外，照微生物限度检查法检查，应符合规定。

要求眼用制剂在启用后最多可使用 4 周。眼用制剂应遮光密封储藏，温度不宜过高或过低，以免药物降解或基质分层而影响疗效。

项目小结

教学提纲		主要内容简述
一级	二级	
一、乳膏剂	(一)概述	乳膏剂的定义；乳膏剂的作用特点
	(二)乳膏剂的基质	乳膏剂的基质类型和常用的乳化剂
	(三)乳膏剂的附加剂	乳膏剂常用的附加剂
	(四)乳膏剂的临床应用与注意事项	乳膏剂的临床应用和注意事项
	(五)乳膏剂的制备	乳膏剂的制备方法及注意事项
	(六)典型乳膏剂实例分析	盐酸达克罗宁乳膏
二、凝胶剂	(一)概述	凝胶剂的定义、种类
	(二)凝胶剂基质	凝胶剂的常用基质
	(三)凝胶剂的临床应用与注意事项	凝胶剂的临床应用与注意事项
	(四)凝胶剂的制备	凝胶剂的制备方法
	(五)典型凝胶剂实例分析	盐酸克林霉素凝胶剂

达标检测题

一、选择题

(一) 单项选择题

1. 甘油在乳膏剂中的作用是(　　)。

A. 乳化　　B. 防腐　　C. 分散　　D. 保湿　　E. 溶剂

2. 关于乳剂型基质中乳化剂的错误叙述为(　　)。

A. 制备乳剂型基质时，乳化剂常混合使用以调节适宜的 HLB 值

B. 一价皂为阳离子型表面活性剂

C. 十二烷基硫酸钠在广泛的 pH 值范围内稳定

D. 多价皂是 W/O 型基质的乳化剂

E. 硬脂酸可作为油相

3. 关于 O/W 型乳剂基质的错误叙述为(　　)。

A. O/W 型基质含水量大、易霉变，故需加入防腐剂

B. O/W 型基质具有反向吸收作用，忌用于化脓性创面

C. 用硬脂酸制成的乳剂基质外观光滑美观

D. 含有乳化剂，可比油脂性基质易于用水洗除

E. O/W 型基质可促进药物透皮吸收

4. 关于水性凝胶剂的错误叙述是(　　)。

A. 水性凝胶剂基质易于涂展与清除，无油腻感

B. 水性凝胶剂基质能吸收组织液，不妨碍皮肤正常生理

C. 水性凝胶剂基质对药物释放快

D. 水性凝胶剂基质润滑性好

E. 水性凝胶基质无油腻感，不妨碍皮肤正常生理

5. 关于凝胶剂的错误叙述是(　　)。
A. 外用凝胶剂是药物与适宜的辅料制成的均一或混悬的半固体制剂
B. 临床应用较多的是水性凝胶剂
C. 构成水性凝胶基质的高分子材料可分为天然、半合成与人工合成三大类
D. 卡波姆属于纤维素衍生物
E. 水性凝胶剂基质易于涂层与清除,不妨碍皮肤正常生理
6. 用于创伤面的乳膏剂的特殊要求是(　　)。
A. 不得加防腐剂、抗氧化剂　　B. 均匀细腻　　C. 无菌
D. 无刺激性　　E. 不妨碍皮肤正常生理
7. 下列除哪项外均为 O/W 型乳化剂?(　　)
A. 吐温 80　　B. 三乙醇胺皂　　C. 十二烷基硫酸钠
D. 胆固醇　　E. 一价皂
8. 下列关于乳膏剂基质的叙述中,错误的是(　　)。
A. 由水相、油相和乳化剂三者组成
B. O/W 型释药性强,易洗除
C. O/W 型易发霉,常需加保湿剂和防腐剂
D. 系借助乳化剂的作用,将一种液相均匀分散于另一种液相中形成的液态分散系统
E. 硬脂酸可作为油相
9. 凝胶剂所用的基质通常是(　　)。
A. 滑石粉　　B. 松香　　C. 生橡胶
D. 亲水性的高分子　　E. 甘油
10. 可用作水性凝胶剂基质的是(　　)。
A. 凡士林　　B. 硅酮　　C. 硬脂酸钠　　D. 卡波姆　　E. 甘油
11. 以下不属于凝胶剂基质的是(　　)。
A. 十六醇　　B. 西黄蓍胶　　C. 海藻酸钠　　D. 卡波姆　　E. 液体石蜡

(二) 配伍选择题

题 1～4
A. 可可豆脂　　B. 十二烷基硫酸钠　　C. 卡波姆
D. 羊毛脂　　E. 丙二醇
1. (　　)为潜溶剂。
2. (　　)为凝胶基质。
3. (　　)为栓剂基质。
4. 属于阴离子型表面活性剂,常用作乳膏剂的乳化剂的是(　　)。

题 5～6
A. 硬脂酸　　B. 液体石蜡　　C. 吐温 80　　D. 羟苯乙酯　　E. 甘油
5. 可用作乳剂型基质防腐剂的是(　　)。
6. 可用作乳剂型基质保湿剂的是(　　)。

题 7～9
A. 硝酸甘油　　B. 月桂醇硫酸钠　　C. 羟苯酯类　　D. 甘油　　E. 硬脂酸
在硝酸甘油乳膏中
7. 乳化剂是(　　)。
8. 保湿剂是(　　)。
9. 防腐剂是(　　)。

(三) 多项选择题

1. 下列可作为凝胶剂基质的是(　　)。
A. 甘油明胶　　B. 海藻酸钠　　C. 羟丙基甲基纤维素
D. 卡波姆　　E. 羟苯乙酯

2. 下列关于乳膏剂的质量要求叙述中，错误的是（　　）。

A. 乳膏剂应均匀、细腻　　B. 易于涂布皮肤或黏膜上熔化

C. 用于创面的乳膏剂应无菌　　D. 乳膏剂应无酸败、异臭、变色等现象

E. 乳膏剂不得加任何防腐剂和抗氧剂

3. 可以作乳剂型基质的油相成分是（　　）。

A. 凡士林　　B. 硬脂酸　　C. 甘油　　D. 三乙醇胺　　E. 羟苯乙酯

4. 下列处方组分经配制后属于乳剂型基质的有（　　）。

A. 豚脂、蜂蜡、花生油　　B. 羊毛脂、凡士林、水

C. 脂肪酸、三乙醇胺　　D. CMC-Na、水、甘油

E. 白蜂蜡、石蜡、硼砂、液体石蜡、水

二、填空题

1. 乳剂型基质是由________、________和________三种组分组成，可分为________型与________型两类。

2. 乳膏剂的制备方法分为________、________和________。

3. 凝胶剂有________和________两类。

三、简答题

1. 乳膏剂有什么特点？

2. 乳膏剂的制备方法有哪些？

3. 凝胶剂的常用基质有哪些？

四、实例分析题

1. 盐酸达克罗宁乳膏处方如下：

盐酸达克罗宁	10 g	十六醇	90 g
液体石蜡	60 g	白凡士林	140 g
十二烷基硫酸钠	10 g	甘油	50 g
纯化水	加至 1000 g		

根据处方回答下列问题：

(1) 本品为何种类型的乳剂型基质？为什么？

(2) 写出处方中各成分的作用及制备方法。

2. 液体石蜡乳膏处方如下：

单硬脂酸甘油酯	35 g	硬脂酸	120 g
凡士林	10 g	液体石蜡	60 g
羊毛脂	50 g	甘油	50 g
三乙醇胺	4 g	羟苯乙酯	1 g
纯化水	加至 1000 g		

根据处方回答下列问题：

(1) 本品为何种类型的乳剂型基质？为什么？

(2) 写出处方中各成分的作用及制备方法。

（王　峰）

项目十　栓　　剂

学习目标

能力目标

能进行栓剂的制备操作和质量检查。

会设计栓剂的生产工艺。

知识目标

掌握：栓剂的概念、类型、特点、基质种类、制备方法，质量检查项目。

熟悉：栓剂的质量要求，栓剂的附加剂种类。

了解：栓剂中药物的吸收途径和影响吸收的因素。

操作任务

栓剂的制备和质量检查

一、操作目的

(1) 能用热熔法进行栓剂的制备。

(2) 会进行重量差异和融变时限的检查。

(3) 能正确使用栓剂栓模。

二、器材与药品

甘油、硬脂酸钠、鞣酸、可可豆脂、无水碳酸钠、硬脂酸、纯化水；栓模。

三、操作内容

(一) 甘油栓制备

[处方]	甘油	16 g	无水碳酸钠	0.4 g
	硬脂酸	1.6 g	纯化水	2 mL

[制法] 取无水碳酸钠置烧杯中，加纯化水，搅拌溶解后加甘油混合，在水浴上加热，缓缓加入研细的硬脂酸，随加随搅拌，至泡沸停止，溶液澄明时，迅速倒入涂有脱模剂的栓模内，冷却后，用刀片削去模上多余部分，开启栓模，取出栓剂，用蜡纸包装即得。

[注解]

(1) 水浴要保持沸腾，且烧杯底部应接触水面，使硬脂酸细粉（少量分次加入）与碳酸钠充分反应，直至泡沸停止、溶液澄明、皂化反应完全，才能停止加热。其化学反应如下：

$$2C_{17}H_{35}COOH+Na_2CO_3 \longrightarrow 2C_{17}H_{35}COONa+CO_2\uparrow+H_2O$$

产生的二氧化碳必须除尽，否则所制得的栓剂内含有气泡，有损美观。

(2) 水量不宜过多,否则成品混浊,也有主张不加水的。

(3) 栓模预热至 80 ℃左右,浇模后缓慢冷却,有利于栓剂获得较好的外观。

(二) 醋酸洗必泰栓剂制备

[处方] 醋酸洗必泰 0.1 g　吐温 80 0.4 g　冰片 0.02 g
乙醇 1 mL　甘油 12 g　明胶 6 g　纯化水 40 mL

[制法] 取处方量的明胶,置于烧杯中,加纯化水 40 mL,浸泡约 30 min,使之膨胀变软,再加甘油在水浴上加热使明胶溶解。

取醋酸洗必泰加入吐温 80,混匀,将冰片溶于乙醇中,在搅拌下与药液混合后再加入制好的甘油明胶中,搅拌均匀,趁热灌入已涂好润滑剂的栓模中,冷却后,用刀片削去模上多余部分,开启栓模,取出栓剂,包装即得。

[注解]

(1) 醋酸洗必泰与吐温 80 混匀,否则影响成品含量。

(2) 将冰片溶于乙醇。

(3) 成品应为淡黄色透明阴道栓剂。

(4) 处方中吐温 80 为表面活性剂,可以使醋酸洗必泰均匀散于甘油明胶基质中。

(三) 质量检查

1. 重量差异检查 取栓剂 10 粒,精密称定总重量,求得平均粒重后,再分别精密称定各粒的重量。每粒重量与平均粒重相比较,超出重量差异限度的药粒不得多于 1 粒,并不得超出限度一倍。

2. 融变时限检查 取栓剂 3 粒,在室温放置 1 h 后,分别放在融变时限检测仪的 3 个金属架下层板上,装入各自的套筒内,并用挂钩固定。除另有规定外,将上述装置分别垂直浸入盛有不少于 4 L 水的容器中,其上端位置应在水面下 90 mm 处。容器中的转动器每隔 10 min 在溶液中翻转此装置 1 次,应符合规定。

结果判断:除另有规定外,脂肪性基质的栓剂 3 粒均应在 30 min 内全部融化、软化或触压时无硬心;水溶性基质的栓剂 3 粒均应在 60 min 内全部溶解。如有 1 粒不合格,应另取 3 粒复试,均应符合规定。

(四) 实训结果和实训过程问题分析

实训结果和实训过程问题分析分别填写于表 10-1、表 10-2 中。

表 10-1 实训结果记录表

项　目	结　果
外观	
硬度	
气泡	
重量差异	
融变时限	
结论	

表 10-2 实训过程问题分析表

项　目	出现的问题原因分析与采取的处理措施
可可豆脂融化	
药物与基质混合	
灌注	
冷却	
取栓	
质量检查	

四、思考题

(1) 本实训选用的基质是何类型?

(2) 如何评定栓剂的质量?

相关知识

一、概述

(一) 栓剂的含义与发展

栓剂系指药物与适宜基质制成的具有一定形状的供腔道给药的固体外用制剂。栓剂在常温下为固体,塞入人体腔道后,在体温下能软化熔融或溶解于分泌液,逐渐释放出药物而产生局部或全身作用。

知识链接

栓剂的发展

栓剂应用的历史悠久,在公元前1550年的埃及《伊伯氏纸草本》中即有记载。在中国古代的《史记·仓公列传》有类似栓剂的早期记载,后汉张仲景的《伤寒论》中载有蜜煎导方,就是用于通便的肛门栓;晋葛洪的《肘后备急方》中有用兰夏和水为丸纳入鼻中的鼻用栓剂和用巴豆鹅脂制成的耳用栓剂等;其他如《千金方》、《证治准绳》等亦载有类似栓剂的制备与应用。但都作为肛门、阴道等部位的局部用药,产生润滑、收敛、抗菌、杀虫、局麻等作用,而后研究发现栓剂通过直肠给药可以避免肝首过作用和不受胃肠道的影响而起全身作用,以治疗各种疾病,如:镇痛、镇静、兴奋、扩张支气管和血管、抗菌等作用。由于新基质的不断出现和使用机械大量生产,以及应用新型的单个密封包装技术等,近几十年来国内外栓剂生产的品种和数量显著增加,中药栓剂不断涌现,有关栓剂的研究报道也日益增多,这种剂型又重新被重视起来。

(二) 栓剂的类型

1. 按给药途径分类 栓剂的品种较多,按使用腔道不同可分为:直肠栓、肛门栓、阴道栓、尿道栓、喉道栓、耳用栓和鼻用栓等,常用的是直肠栓和阴道栓。直肠栓的形状有鱼雷形、圆锥形、圆柱形等,每粒重量约2 g,长3~4 cm,其中鱼雷形较常用,此形状的栓剂塞入肛门后,由于括约肌的收缩容易压入直肠内;阴道栓的形状有鸭嘴形、球形、卵形等,阴道栓重2~5 g,直径1.5~2.5 cm,其中鸭嘴形较适宜,其表面积较大;尿道栓呈笔形,一端稍尖;栓剂形状如图10-1所示。

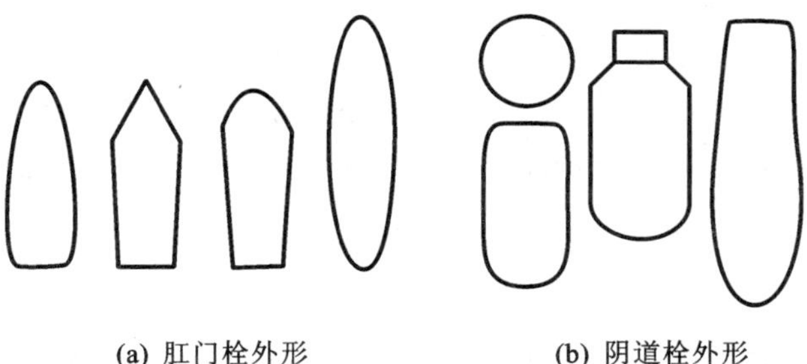

(a) 肛门栓外形　　(b) 阴道栓外形

图10-1　常用栓剂外形图

2. 按制备工艺与释药特点分类

(1) 泡腾栓　在栓剂中加入了泡腾崩解剂(多由碳酸氢钠或碳酸钠与有机酸组成),使用时借助泡腾崩解剂的产气作用加速药物释放,有利于药物快速分散和渗入黏膜襞襞,多用于阴道给药。

(2) 中空栓　中空栓其外壳为空白或含药基质,中空部分填充液体或固体药物。中心是液体药物的中空栓剂放入体内后外壳基质迅速熔融破裂,药物以溶液形式一次性释放,达峰时间短、起效快,较普通栓剂有更高的生物利用度。

(3) 双层栓　双层栓一般有三种:第一种为内、外两层栓,内外两层含有不同药物,可先后释药而达到特定的治疗目的;第二种为上、下两层栓,其下半部的基质可迅速释药,上半部基质起到缓释作用,使血药浓度保持平稳;第三种也是上、下两层栓,不同的是其上半部为空白基质层,下半部是含药栓层,空白基质可阻止药物向上扩散，减少药物经直肠上静脉吸收进入肝脏而发生的首过效应，提高了药物的生物利用度。有的双层栓后端基质吸收水分能迅速膨润形成凝胶塞而抑制栓剂向上移动，可避免栓剂在直肠逐渐自动进入深部，达到避免肝首过效应的目的。

(4) 渗透泵栓剂　采用渗透泵原理研制的一种长效栓剂，栓剂的最外层为一可透过水分不能透过药物的半透膜，半透膜内部包含有药物和渗透压产生剂，在半透膜上有一个药物释放微孔。该栓剂塞入体内后，水分进入栓剂内部产生渗透压，压迫储药库使药液透过半透膜上的小孔慢慢释放出来，因而可较长时间缓慢、持续地释放药物，是一种较理想的控释型栓剂。

(三) 栓剂的特点

栓剂与其他剂型比较起来，其优点主要有：非口服给药可不受胃肠道 pH 值、酶的破坏而失活，可降低胃肠道反应，可减少药物的首过效应及对肝脏的毒性，可用于不能口服或不愿吞服药物的成人，也可用于伴有呕吐的患者。缺点主要在于给药后易引起患者感觉不适，而且制造成本高。

(四) 栓剂的质量要求

栓剂在生产与储存期间均应符合下列有关规定。

(1) 除另有规定外，供制栓剂用的固体药物，应预先用适宜方法制成细粉。根据施用腔道和使用目的的不同，制成各种适宜的形状。

(2) 栓剂中的药物与基质应混合均匀，栓剂外形要完整光滑；塞入腔道后应无刺激性，应有适宜的硬度，以免在包装或储存时变形。

(3) 栓剂所用内包装材料应无毒性，并不得与药物或基质发生理化作用，除另有规定外，应在 30 ℃以下密闭保存，防止因受热、受潮而变形、发霉、变质。

(4) 栓剂的融变时限、栓剂重量差异限度应符合药典有关规定。

二、栓剂的处方组成

栓剂主要由药物和基质组成，也需酌情加入少量附加剂。栓剂基质不仅可使药物成型，而且对剂型的特性和药物的释放均有重要影响，通常分油脂性基质和水溶性基质两大类。

知识链接

栓剂基质的质量要求

优良的基质应具备下列要求：①室温时应具有适宜的硬度，当塞入腔道时不变形、不破碎，在体温下易软化、融化，能与体液混合或溶于体液；②具有润湿或乳化能力；③不因晶型软化而影响栓剂的成型；④基质的熔点与凝固点的间距不宜过大，油脂性基质的酸价在 0.2 以下，皂化值在 200～245 之间，碘值低于 7；⑤适用于冷压法和热熔法制备栓剂，且易于脱模。

(一) 油脂性基质

1. 可可豆脂　本品是由梧桐科植物可可树的种仁，经烘烤、压榨而得的脂肪油精制而成。常温下为黄白色固体，性质稳定，可塑性好，无刺激性，熔点为 31～34 ℃，加热至 25 ℃时即开始软化，在体温下能迅速熔化。

可可豆脂为同质多晶型物质，有 α、β、β′、γ 四种晶型，其中 β 型最稳定，熔点为 34 ℃，各种晶型可因温度不同而转变，通常应缓缓升温加热待熔化至 2/3 时，停止加热，让余热使其全部熔化，以避免晶体转型。

本品在 10～20 ℃时易粉碎成粉末，若含 10%以下羊毛脂时能增加其可塑性；可可豆脂 100 g 可吸收 20～30 g 水，加入乳化剂可制成 W/O 或 O/W 型乳化基质，可增加吸水量，加快药物的释放；有些药物如樟脑、薄荷脑、冰片、水合氯醛、酚等能使可可豆脂熔点降低，可加入适量的固化剂如蜂蜡、鲸蜡等提高其熔点。

可可豆脂虽是优良栓剂基质，但需进口，成本较高。乌桕脂、香果脂等天然油脂和各种半合成、全合成的脂肪酸酯等品种，可以在一定程度上替代可可豆脂。

2. 香果脂　由樟科植物香果树的成熟种仁压榨提取得到的固体脂肪，或成熟种仁压榨提取的油脂经氢化后精制而成。本品为白色结晶性粉末或淡黄色固体，嗅味佳，熔点 30～36 ℃，碘价 1～5，酸价小于 3.0，皂化值为 255～280。

香果脂与半合成基质比较，熔点较低，抗热性能差，酸值、碘值、过氧化值较高，较不稳定，目前国内很少生产。

与可可豆脂、香果脂类似的天然油脂性基质还有乌桕脂，亦可作为栓剂基质，因其熔点较高，故目前较少使用。

3. 半合成或全合成脂肪酸甘油酯 由天然植物油水解、分馏所得 C_{12}～C_{18} 游离脂肪酸，经部分氢化再与甘油酯化而成的甘油三酯、甘油二酯、甘油一酯混合物。这类基质有适宜熔点，抗热性能好；乳化能力强，可用于制备乳剂型基质；所含不饱和基团少，性质稳定，不易酸败，因此已逐渐代替天然的油脂性基质，是目前较理想的一类栓剂基质。目前国内品种有以下几类。

（1）半合成椰油酯 椰子油加硬脂酸与甘油经酯化而成。为乳白色块状物，具油脂臭，水中不溶。熔点：33～41 ℃。凝固点：31～36 ℃。抗热能力强，刺激性小。

（2）半合成山苍子油酯 月桂酸、硬脂酸与甘油酯化而成的油酯。为黄色或乳白色蜡状固体；具有油脂臭；在水或乙醇中几乎不溶；三种单酯混合比例不同，成品的熔点也不同，规格有 34 型（33～35 ℃）、36 型（35～37 ℃）、38 型（37～39 ℃）、40 型（39～41 ℃）等，目前应用最多的是 36 型。

（3）半合成棕榈油酯 以棕榈仁油经碱处理而得皂化物，再经酸化得棕榈油酸，加入不同比例的硬脂酸、甘油经酯化而得到的油脂。本品为乳白色固体，熔点分别为 33.2～33.6 ℃、38.1～38.3 ℃和 39～39.8 ℃。对直肠和阴道黏膜均无不良影响，抗热能力强，酸值和碘值低，为较好的半合成脂肪酸甘油酯。

（4）硬脂酸丙二醇酯 由硬脂酸与 1,2-丙二醇经酯化而成，是硬脂酸丙二醇单酯与双酯的混合物，为乳白色或微黄色蜡状固体，略有脂肪臭。水中不溶，遇热水可膨胀。熔点 36～38 ℃，无明显刺激性，安全、无毒。

（二）水溶性基质

1. 甘油明胶 由明胶、甘油与水组成，有弹性，不易折断，且在体温下不融化，但塞入腔道后可缓慢溶于分泌液中，延长药物的疗效。溶出速度可随水、明胶、甘油三者比例改变，甘油与水含量愈高愈易溶解，且甘油能防止栓剂干燥变硬。通常明胶与甘油约等量，水的含量在 10%以下。明胶为蛋白质，凡与蛋白质能产生配伍禁忌的药物，如鞣酸、重金属盐等均不能用甘油明胶作为基质。

2. 聚乙二醇类 乙二醇的高分子聚合物的总称。本类基质具有不同聚合度、相对分子质量以及物理性状。其平均相对分子质量为 200、400 及 600 者为无色透明液体。PEG1000、PEG4000、PEG6000 三种的熔点顺序为 37～40 ℃、53～56 ℃、55～63 ℃。通常将两种以上的不同相对分子质量的聚乙二醇加热熔融，可制得所要求的栓剂基质。

本品无生理作用，体温下不熔化，但能缓缓溶于体液中而释放药物。吸湿性强，对黏膜有一定刺激性，加入约 20%的水，则可减轻刺激性；为避免刺激还可在纳入腔道前先用水湿润，亦可在栓剂表面涂一层鲸蜡醇或硬脂醇薄膜。因其吸湿性强，受潮吸湿后易变形，因此在包装、储藏过程中应注意防潮。

聚乙二醇基质不能与银盐、鞣酸、奎宁、水杨酸、阿司匹林、磺胺类等配伍，例如高浓度的水杨酸能使聚乙二醇软化为软膏状，乙酰水杨酸能与聚乙二醇生成复合物，巴比妥钠等许多药物在聚乙二醇中析出结晶。

3. 聚氧乙烯(40)单硬脂酸酯类 商品代号“S-40”，系聚乙二醇的单硬脂酸酯和二硬脂酸酯的混合物，并含有游离乙二醇，为白色或淡黄色蜡状固体，熔点为 39～45 ℃，可用作肛门栓、阴道栓基质。缺点是有吸湿性。S-40 还可以与 PEG 混合应用，可制得性质较稳定、药物释放较好的栓剂。

4. 泊洛沙姆 聚氧乙烯-聚氧丙烯的聚合物，本品型号有多种，随聚合度增大，物态从液体、半固体至蜡状固体，易溶于水，可用作栓剂基质。较常用的型号为 188 型，商品名普郎尼克，熔点为 52 ℃。能促进药物的吸收并起到缓释与延效作用。已上市的栓剂有复方甲硝唑栓、吲哚美辛栓、乙酰水杨酸栓等。

知识链接

栓剂制备中常用附加剂

栓剂制备时可根据需要选择使用以下附加剂。

1. 吸收促进剂　如氮酮、聚山梨酯80等。

2. 吸收阻滞剂　如海藻酸、羟丙基甲基纤维素等。

3. 增塑剂　如聚山梨酯80、甘油等。

4. 抗氧化剂　如没食子酸、抗坏血酸等。

5. 润滑剂　若为油脂型基质的栓剂可选用软肥皂、甘油各1份与90%乙醇5份制成的醇溶液做润滑剂；水溶性或亲水性基质的润滑剂可以选用液体石蜡、植物油等。

三、栓剂的临床应用与注意事项

（一）临床应用

常用的栓剂有直肠栓、阴道栓和尿道栓。

(1) 直肠栓的临床应用　直肠栓常用于治疗痔疮。使用时要注意：①使用前尽量排空大小便，并清洗肛门内外。②剥去栓剂外裹的铝箔或塑料膜，在栓剂顶端蘸少许凡士林、植物油或润滑油。③塞入时患者取侧卧位，小腿伸直，大腿向前屈曲，贴着腹部。④放松肛门，把栓剂的尖端向肛门插入，并用手指缓缓推进，插入深度为距肛门口幼儿约2 cm，成人约3 cm，合拢双腿并保持侧卧姿势15 min，以防栓剂被压出。⑤在给药后1～2 h内尽量不要大小便，以保持药效。

(2) 阴道栓的临床应用　阴道栓用于治疗妇科炎症。使用时除了严格按照医嘱的要求外，还应该掌握一些用药技巧：①在使用栓剂前，先清洗阴道内外，清除过多分泌物，以利于药物与阴道黏膜接触，快速起效。有些患者分泌物过多，可在使用栓剂前进行1～2次阴道冲洗，但不可过度清洗，过度冲洗会破坏阴道菌群，反而更易感染。②患者仰卧床上，双膝屈起并分开，露出会阴部，将药栓向阴道口塞入，并用手以向下、向前的方向轻轻推入阴道深处大约一指深。送入栓剂后，患者要合拢双腿，保持仰卧姿势20 min，以利于栓剂更好地发挥作用。③一般栓剂要求戴上指套操作，以保证卫生和安全。如果一些栓剂允许用裸露的手指直接放置栓剂，那么之前要注意手部的清洁，以免感染其他疾病。应尽量避免使用辅助送药工具。④在给药后1～2 h尽量不排尿，以免影响药效。精神紧张反而可能会让简单轻松的用药过程变得困难。⑤建议睡前用药，以使药物充分吸收，并防止药栓遇热熔解后外流，最好用一片卫生护垫，可以避免污染内衣裤。⑥少数人在使用栓剂的最初一两天感到阴道内有轻微的不适，此时应坚持用药，这些感觉会随着症状的好转而减轻直至消失。⑦月经期停用，有过敏史者慎用。

(3) 尿道栓　尿道栓与阴道栓类似，只是使用腔道不同。另外，因尿道栓可引起轻微的尿道损伤和出血，故应用抗凝治疗者慎用。

（二）注意事项

使用栓剂要注意：①气温高时，使用前将栓剂置于冷水或冰箱中冷却后再剪开取用；②栓剂性状发生改变时禁止使用；③用药部位如有烧灼感、红肿等情况应停药，并将局部药物洗净；④用药期间注意个人卫生，防止重复污染。

四、栓剂的制备

（一）栓剂制备方法

栓剂的制备基本方法有两种，即冷压法和热熔法，其中热熔法最为常用。

1. 冷压法　冷压法是将药物与基质粉碎，并通过六号筛，共置于冷却的容器内混合均匀，然后装入栓剂模型机内压成一定形状栓剂的方法。

冷压法制备栓剂工艺流程如图10-2所示。

2. 热熔法　热熔法是先将计算量的基质加热熔化，然后根据药物性质以不同方法加入，混合均匀，迅速注入涂有润滑剂的模型中至稍微溢出模口为度，放冷，待完全凝固后，削去溢出部分，开模，取出，制得栓剂的方法。

热熔法应用较广泛，工厂生产一般采用机械自动化操作来完成，但要注意加热的问题。

栓模孔内涂的润滑剂通常有两类：①油脂性基质的栓剂，常用软肥皂、甘油与95%乙醇混合所得；②水

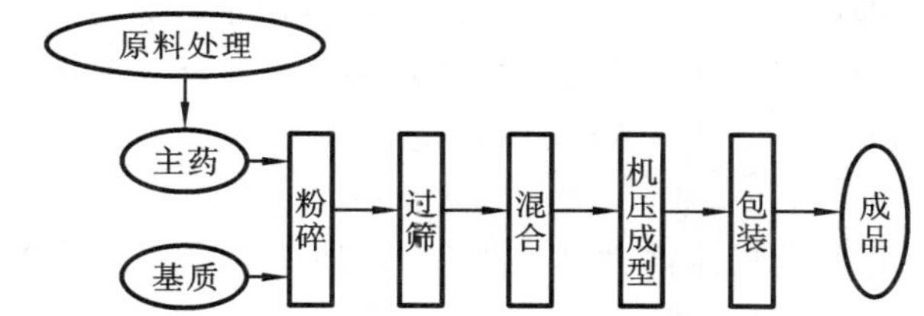

图 10-2 冷压法制备栓剂的工艺流程

溶性或亲水性基质的栓剂，则用油性润滑剂，如液体石蜡或植物油等。

热熔法制备栓剂工艺流程如图 10-3 所示。

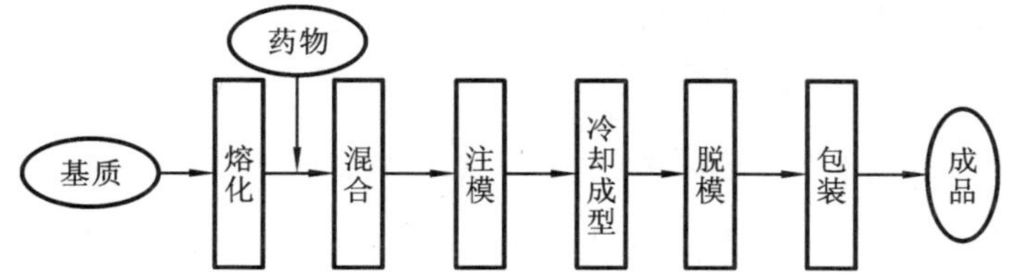

图 10-3 热熔法制备栓剂的工艺流程

（二）常用设备

1. 实验室制备模具 实验室制备或小量生产栓剂中，通常使用金属模具。常用的有子弹形栓模（图 10-4）、扁形栓模（图 10-5）及圆形栓模。

图 10-4 子弹形栓模　　图 10-5 扁形栓模

2. 工业生产设备 工业生产栓剂，目前多采用全自动栓剂灌封机组（图 10-6）。机组设备由栓剂制壳机、栓剂灌装机、栓剂冷冻机、栓剂封切机组成。能自动完成栓剂的制壳、灌注、成形、封口、打批号、打撕口线、切底边、齐上边、计数剪切全部的工序。

全自动栓剂灌封机组生产能力：6000～15000 粒/小时，高速全自动栓剂灌封机组生产能力达 20000 粒/小时左右；灌装温度控制范围：30～80 ℃，栓剂重量可通过计量装置调节在 0～4.6 g，并且具有瘪泡不灌装并自动剔除功能，对色标自动纠偏功能及灌装量检测功能。

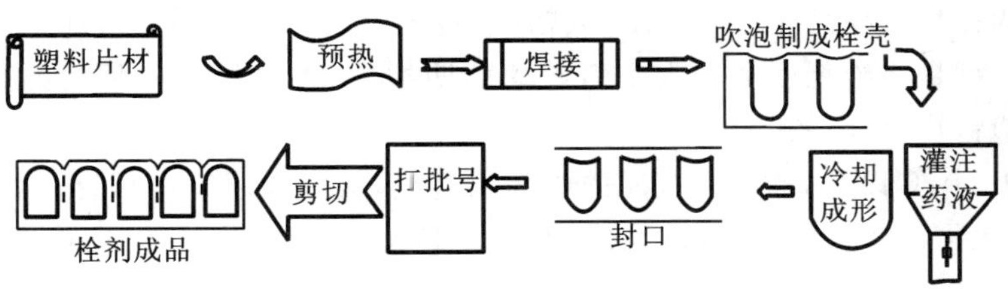

图 10-6 全自动栓剂灌封机组原理示意图

（三）栓剂中药物的处理及加入方法

栓剂中药物与基质应有适宜比例，中药栓剂中的中药饮片应经过提取、分离、精制成中间提取物，以使栓剂易于成型且含药量高。

栓剂中药物的加入方法主要有以下几种。

1. 不溶性药物 如药物粉末，一般应粉碎成细粉或最细粉，能全部通过六号筛，再与基质混匀。

2. 脂溶性药物 中药挥发油或冰片等可直接溶解于已熔化的油脂性基质中，若药物用量大而降低基质的熔点或使栓剂过软，可加适量蜂蜡、鲸蜡调节；或以适量乙醇溶解加入水溶性基质中；或加乳化剂乳化分散于水溶性基质中。

3. 水溶性药物 可直接与已熔化的水溶性基质混匀；或加少量水用适量羊毛脂吸收后，与油脂性基质混匀；或将提取浓缩液制成干浸膏粉，直接与已熔化的油脂性基质混匀。

（四）置换价

通常栓剂模型的容量是固定的，而栓模上所标示的容纳重量是指以可可豆脂为代表的基质重量，由于基质或药物的密度不同，栓模可容纳不同重量的药物和基质。当加入不同密度药物和使用不同基质时，为了保证栓剂的主药含量，基质用量应加以调整，故引入置换价的概念。

置换价系指药物的重量与同体积的基质重量之比。可以用式(10-1)求得某药物对某基质的置换价：

$$\mathrm{DV}=\frac{W}{G-(M-W)} \tag{10-1}$$

式中：G 为纯基质栓的平均栓重；W 为每个栓剂的平均含药重量；M 为含药栓的平均栓重。

测定方法：取基质作空白栓，称得平均重量为 G，另取基质与药物定量混合做成含药栓，称得平均重量为 M，每粒栓剂中药物的平均重量为 W，将这些数据代入上式，即可求得某药物对某基质的置换价。

用测定的置换价可按式(10-2)方便地计算出制备这种含药栓需要基质的重量 X：

$$X=(G-y/\mathrm{DV})n \tag{10-2}$$

式中：y 为处方中药物的剂量；n 为拟制备栓剂的枚数。

药物以可可豆脂为基质的置换价，可从表 10-3 查到。

表 10-3 常用药物的可可豆脂置换价

药　　物	置换价	药　　物	置换价
硼酸	1.5	蓖麻油	1.0
没食子酸	2.0	盐酸可卡因	1.3
鞣酸	1.6	鱼石脂	1.1
氨茶碱	1.1	盐酸吗啡	1.6
巴比妥	1.2	薄荷脑	0.7
次碳酸铋	4.5	苯酚	0.9
次没食子酸铋	2.7	苯巴比妥	1.2
樟脑	2.0	水合氯醛	1.3

（五）栓剂的包装与储存

栓剂的包装形式很多，通常是内、外两层包装。原则上是要求每个栓剂都要包裹，不外露，栓剂之间有间隔，不接触，目的是防止在运输和储存过程中因撞击而碎破，或因受热而黏着、熔化造成变形等。目前普遍使用的包装形式有两种。一种是先用硫酸纸，或蜡纸、锡箔、铝箔，或塑料薄膜小袋逐个包裹栓剂，然后再装入外层包装盒。另一种是将栓剂逐个嵌入塑料硬片的凹槽中，再将另一张配对的塑料硬片盖上，然后用高频热合器将两张硬塑料片热合一起。

一般栓剂应储存于 30 ℃以下，油脂性基质的栓剂应避热，最好在冰箱中保存。甘油明胶类水溶性基质的栓剂，既要防止受潮软化、变型、发霉、变质，又要避免干燥失水、变硬或收缩，所以应该密闭、低温储存。

五、栓剂的质量评价

栓剂的外观应完整光滑，色泽一致，均匀性要适当，无不正常的斑点、龟裂、气味、气泡等现象。《中国药典》规定，栓剂应进行下列各项检查。

1. 重量差异 取栓剂 10 粒，精密称定总重量，求得平均粒重后，再分别精密称定各粒的重量。每粒重量与平均粒重相比较，超出重量差异限度的药粒不得多于 1 粒，并不得超出限度一倍。栓剂重量差异限度表见表 10-4。

表 10-4 栓剂重量差异限度表

平均重量	重量差异限度
1.0 g以下至1.0 g	±10%
1.0 g以上至3.0 g	±7.5%
3.0 g以上	±5%

2. 融变时限 取栓剂3粒，在室温放置1 h后，照《中国药典》规定的装置和方法检查，除另有规定外，脂肪性基质的栓剂3粒均应在30 min内全部融化、软化或触压时无硬心；水溶性基质的栓剂3粒均应在60 min内全部溶解。如有1粒不合格，应另取3粒复试，均应符合规定。

缓释栓剂应进行释放度检查，不再进行融变时限检查。

3. 微生物限度 照微生物限度检查法检查，应符合规定。

六、典型栓剂处方

例：甘油栓

［处方］ 甘油 32 mL 硬脂酸 3 g

干燥碳酸钠 1 g 纯化水 4 mL

［制法］ 取干燥碳酸钠与纯化水置于烧杯中，搅拌溶解，加甘油混合，置水浴上加热，加热同时缓缓加入硬脂酸细粉并随加随搅拌，待泡沸停止，直至溶液澄明。在栓模擦上润滑剂，将配制好的甘油栓溶液趁热灌入栓模中，速度稍快，防止产生气泡。冷却凝固后削去模口多余的部分，脱模包装即得。

［注解］

(1) 本品以硬脂酸为基质，另加甘油与纯化水混合，使之硬化呈凝胶状。

(2) 本品为无色或几乎无色的透明或半透明栓剂。

(3) 制备时栓模中涂液体石蜡作润滑剂。

例：克霉唑栓

本品有抗真菌作用，用于真菌性阴道炎。

［处方］ 克霉唑 1.5 g 聚乙二醇400 12 g

聚乙二醇4000 12 g 共制 10粒

［制法］ 取克霉唑研细，过六号筛，备用。另取聚乙二醇400及聚乙二醇4000于水浴上加热熔化，加入克霉唑细粉，搅拌至溶解，并迅速倾入已涂润滑剂的阴道栓模内，至稍微溢出模口，冷后削平，取出包装即得。

［注解］

(1) 克霉唑又名三苯甲咪唑，白色结晶或结晶性粉末，难溶于水，易溶于有机溶剂。

(2) 处方中聚乙二醇混合物熔点45～50 ℃，加热时勿使温度过高，并防止混入水分。两种聚乙二醇用量可随季节、地区进行调整。

拓展知识

栓剂药物直肠吸收途径与影响因素

一、药物吸收途径

栓剂在直肠内的吸收有三个途径，既有血液途径，也有淋巴途径。在直肠内的血液吸收途径与栓剂塞入肛门的深度有关，栓剂塞入直肠时，愈靠近直肠下部，栓剂吸收时不经过肝脏的量就越多，当栓剂距肛门2 cm时，给药总量的50%～70%不经过肝脏；当栓剂距肛门6 cm时，药物在此部位的吸收，大部分要经过直肠上静脉进入门肝系统。直肠血液吸收途径如图10-7所示。

1. 门肝系统 通过直肠上静脉，经门静脉进入肝脏，经肝脏代谢后再由肝脏进入大静脉。

2. 非门肝系统 通过直肠下静脉和肛门静脉，经髂内静脉绕过肝脏，进入下腔大静脉，进入大循环。

3. 淋巴系统 淋巴系统对直肠药物的吸收与血液有同样重要的地位，直肠淋巴系统也是栓剂中药物吸收的一条重要途径。

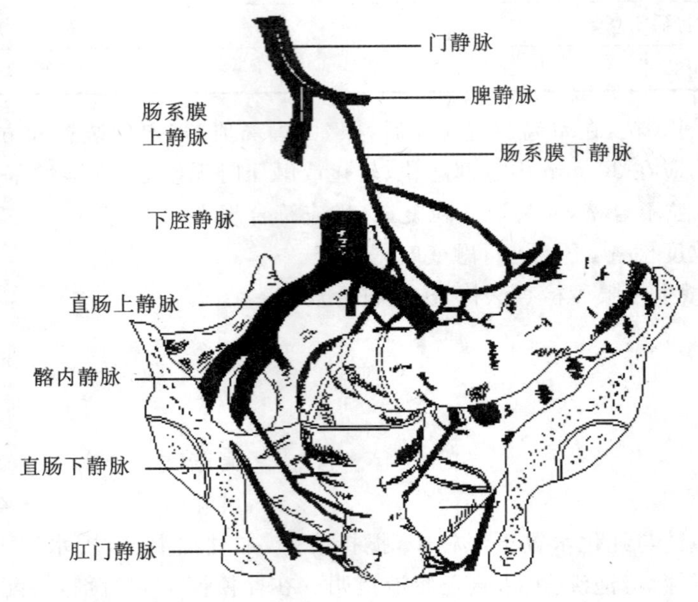

图 10-7 栓剂直肠给药的吸收途径

二、影响因素

直肠黏膜是类脂膜的结构，能起到屏障和保护的作用。药物在直肠中的吸收过程极其复杂，机理尚未完全阐明。影响栓剂中药物直肠吸收的主要因素有以下几个方面。

1. 生理因素 直肠中有粪便存在时，可以影响药物的扩散及药物与直肠吸收表面的接触。一般情况下，有粪便的直肠比空直肠吸收少，因此在使用栓剂前应先排便或通便。栓剂在直肠中的保留时间也影响栓剂的吸收，保留时间越长，吸收越趋完全。另外，腹泻、组织脱水及结肠梗塞等均能影响药物从直肠部位吸收的速度和程度。

2. 药物因素 药物的溶解度、溶解性与解离度及粒径大小等均可影响药物的直肠吸收。因为直肠黏膜的类脂膜特性，所以脂溶性药物及非解离型的药物较解离型药物在直肠内容易吸收，水溶性药物吸收亦较好。不易溶解的药物由于直肠部位的体液量少，不足以使药物很快溶解，可用其盐类或可溶性化合物制成栓剂以利于吸收。难溶性药物宜减小粒径以增加溶出和吸收。

3. 基质因素 栓剂塞入腔道后，药物需从基质中释放出来，再分散或溶解于分泌液中，最后才被吸收利用。药物从基质中释放得快，则局部浓度大而作用强；否则，则作用缓慢而持久。水溶性药物分散在油脂性基质中，脂溶性药物分散在水溶性基质中，药物能很快释放于分泌液中，故吸收较快。脂溶性药物分散于油脂性基质，药物须由油相转入水性分泌液中方能被吸收，这种转相与药物在油和水两相中的分配系数有关。表面活性剂能增加药物的亲水性，能加速药物向分泌液中转入，有助于药物的释放。

项目小结

教学提纲		主要内容简述
一级	二级	
一、概述	(一)栓剂的含义与发展	栓剂的定义；栓剂作用特点
	(二)栓剂的类型	按给药途径与制备工艺分类
	(三)栓剂的特点	与其他剂型的区别
	(四)栓剂的质量要求	栓剂的质量要求

续表

教学提纲		主要内容简述
一级	二级	
二、栓剂的处方组成	(一)油脂性基质	可可豆脂;香果脂;半合成或全合成脂肪酸甘油酯
	(二)水溶性基质	甘油明胶;聚乙二醇;聚氧乙烯(40)单硬脂酸酯类;泊洛沙姆
三、栓剂的制备	(一)栓剂制备方法	冷压法;热熔法
	(二)栓剂中药物的处理及加入方法	栓剂制备时,不溶性、脂溶性及水溶性药物的处理方法
	(三)置换价	置换价的定义;置换价的实际意义;置换价的计算方法
	(四)栓剂的包装与储存	栓剂的包装方法;栓剂的储存方法
四、栓剂的质量评定	按《中国药典》规定进行各项检查	重量差异;融变时限;微生物限度

达标检测题

一、选择题

(一) 单项选择题

1. 下列关于栓剂的概念正确的叙述是(　　)。
A. 栓剂系指药物与适宜基质制成的具有一定形状的供口服给药的固体制剂
B. 栓剂系指药物与适宜基质制成的具有一定形状的供人体腔道给药的固体制剂
C. 栓剂系指药物与适宜基质制成的具有一定形状的供人体腔道给药的半固体制剂
D. 栓剂系指药物制成的具有一定形状的供人体腔道给药的固体制剂
E. 栓剂系指药物与适宜基质制成的具有一定形状的供外用的固体制剂

2. 下列关于栓剂的概述错误的是(　　)。
A. 栓剂系指药物与适宜基质制成的具有一定形状的供人体腔道给药的固体制剂
B. 栓剂在常温下为固体,塞入人体腔道后,在体温下能迅速软化、熔融或溶解于分泌液
C. 栓剂的形状因使用腔道不同而异
D. 栓剂因使用腔道不同而有不同的名称
E. 目前,常用的栓剂有直肠栓和尿道栓

3. 下列关于全身作用栓剂的特点叙述错误的是(　　)。
A. 可部分避免口服药物的首过效应,降低副作用,发挥疗效
B. 不受胃肠 pH 值或酶的影响
C. 可避免药物对胃肠黏膜的刺激
D. 对不能吞服药物的患者可使用此类栓剂
E. 栓剂的劳动生产率较高,成本比较低

4. 下列属于栓剂水溶性基质的有(　　)。
A. 可可豆脂　　B. 甘油明胶　　C. 硬脂酸丙二醇酯
D. 半合成脂肪酸甘油酯　　E. 羊毛脂

5. 下列属于栓剂油脂性基质的有(　　)。
A. 甘油明胶　　B. 半合成棕榈酸酯　　C. 聚乙二醇类
D. S-40　　E. Poloxamer

6. 栓剂制备中,模型栓孔内涂软肥皂润滑剂适用于哪种基质?(　　)
A. Poloxamer　　B. 聚乙二醇类　　C. 半合成棕榈酸酯
D. S-40　　E. 甘油明胶

7. 关于栓剂包装材料和储藏叙述错误的是(　　)。
A. 栓剂应于 0 ℃以下储藏

B. 栓剂应于干燥阴凉处 30 ℃以下储藏
C. 甘油明胶栓及聚乙二醇栓可室温阴凉处储存
D. 甘油明胶栓及聚乙二醇栓宜密闭于容器中以免吸湿
E. 栓剂储藏应防止因受热、受潮而变形、发霉、变质
8. 栓剂制备中,模型栓孔内涂液体石蜡润滑剂适用于哪种基质?( )
A. 甘油明胶　　B. 可可豆脂　　C. 半合成椰子油酯
D. 半合成脂肪酸甘油酯　　E. 硬脂酸丙二醇酯
9. 全身作用的栓剂在应用时塞入距肛门口约多少为宜?( )
A. 2 cm　　B. 4 cm　　C. 6 cm　　D. 8 cm　　E. 10 cm
10. 下列关于栓剂的叙述中正确的为( )。
A. 栓剂使用时塞得深,药物吸收多,生物利用度好
B. 局部用药应选释放快的基质
C. 置换价是药物的重量与同体积基质重量的比值
D. 粪便的存在有利于药物的吸收
E. 水溶性药物选择油脂性基质不利于发挥全身作用
11. 下列关于局部作用的栓剂叙述错误的是( )。
A. 痔疮栓是局部作用的栓剂
B. 局部作用的栓剂,药物通常不吸收,应选择熔化或溶解、释药速度慢的栓剂基质
C. 水溶性基质制成的栓剂因腔道中的液体量有限,使其溶解速度受限,释放药物缓慢
D. 脂肪性基质较水溶性基质更有利于发挥局部药效
E. 甘油明胶基质常用于起局部杀虫、抗菌的阴道栓基质
(二) 配伍选择题
A. 可可豆脂　　B. 半合成脂肪酸甘油酯　　C. 甘油明胶
D. 聚乙二醇　　E. 香果脂
1. ( )为同质多晶型物质,有 α、β、β′、γ 四种晶型。
2. ( )为白色结晶性粉末或淡黄色固体,嗅味佳,熔点 30~36 ℃,碘价 1~5,酸价小于 3.0,皂化价 255~280。
3. ( )有适宜熔点,抗热性能好;乳化能力强,可用于制备乳剂型基质;所含不饱和基团少,性质稳定,不易酸败。
4. 不能与银盐、鞣酸、奎宁、水杨酸、阿司匹林、磺胺类等配伍的是( )。
5. 不能与鞣酸、重金属盐等配伍的是( )。
(三) 多项选择题
1. 下列关于栓剂质量要求的叙述中正确的是( )。
A. 栓剂中药物与基质应混合均匀
B. 固体药物应制成细粉,并全部通过六号筛
C. 所使用的内包装材料应无毒性
D. 塞入腔道后应无刺激性,并能融化、软化或溶化
E. 融变时限、栓剂重量差异限度应符合《中国药典》有关规定
2. 关于栓剂基质的叙述,正确的是( )。
A. 栓剂基质分为水溶性和油脂性两大类　　B. 在体内液化时间以脂肪性基质为快
C. 聚乙二醇基质对黏膜无刺激　　D. 常用甘油明胶作阴道栓基质
E. 可可豆脂为国内常用栓剂基质
3. 下列栓剂的作用特点正确的为( )。
A. 药物从直肠吸收可发挥全身作用
B. 避免对胃的刺激性
C. 栓剂塞入距肛门约 2 cm,则 50%~75%的药物可避免首过效应
D. 有利于呕吐患者治疗

E. 可开发为缓释或其他部位用栓剂

二、填空题

1. 栓剂系指药物与适宜________制成供________用的制剂。
2. 常用的栓剂基质可分为________和________两大类。
3. 工业制备栓剂有两种方法，即________和________。

三、简答题

1. 试述栓剂直肠吸收的主要途径。
2. 理想的栓剂基质应符合哪些要求？

（周振华）

项目十一　膜剂与涂膜剂

学习目标

能力目标

能采用涂膜法小量生产膜剂；能根据膜剂、涂膜剂临床上的不同需求正确选用成膜材料和附加剂。

会设计膜剂、涂膜剂的生产工艺；能对膜剂、涂膜剂生产中出现的问题进行分析判断，找出原因，提出解决方法。

知识目标

掌握：膜剂、涂膜剂的含义、特点、分类、生产工艺流程。

熟悉：膜剂的质量要求。

了解：膜剂成膜材料的种类与性质。

操作任务 ……

膜剂的制备和质量检查

一、操作目的

(1) 能进行膜剂的小试制备。

(2) 会对膜剂进行质量检查。

二、器材与药品

烧杯、平板玻璃；替硝唑、氧氟沙星、聚乙烯醇($PVA_{17\sim88}$)、羧甲基纤维素钠、甘油、糖精钠等。

三、操作内容

(一) 硝酸钾牙用膜剂

[处方]	硝酸钾	1.0 g	2%CMC-Na	40 mL
	吐温 80	0.2 g	甘油	0.5 g
	糖精钠	0.1 g	纯化水	10 mL

[制法]　取处方量的甘油、吐温 80、糖精钠、硝酸钾溶解于 10 mL 纯化水中，必要时可稍微加热溶解，然后与 2%CMC-Na 胶浆搅拌混匀，保温 40 ℃，待气泡消除，立即倾于涂有少量液体石蜡、面积为 $20\times20\ cm^2$ 的玻璃板上，振荡，摊匀，使成薄膜，于 80 ℃干燥 15 min，脱膜即得。

[注解]

(1) 硝酸钾、糖精钠应完全溶解于水中后再与胶浆混匀。

(2) 制膜后应立即烘干，以免硝酸钾等析出结晶，造成药膜中有粗大结晶及药物含量不均匀。

（二）复方替硝唑口腔膜剂

［处方］

替硝唑	0.2 g	氧氟沙星	0.5 g
聚乙烯醇($PVA_{17\sim88}$)	3.0 g	羧甲基纤维素钠	1.5 g
甘油	2.5 g	糖精钠	0.05 g
纯化水	加至 100 mL		

［制法］ 先将聚乙烯醇、羧甲基纤维素钠分别浸泡过夜，溶解。将替硝唑溶于 15 mL 热纯化水中，氧氟沙星加适量聚乙烯醇溶解后加入，加糖精钠、纯化水补至足量。放置，待气泡除尽后，涂膜，干燥分格，每格含替硝唑 0.5 mg，氧氟沙星 1 mg。

［注解］

(1) 替硝唑为新一代硝基咪唑类化合物，有抗天氧菌谱广，疗效显著，不良反应小等优点，已有多种剂型用于临床。

(2) 在制备过程中，放置，待气泡除尽后，在玻璃板上铺成 20 cm×20 cm 的膜，于 50 ℃左右干燥箱内干燥后脱膜。切成 1 cm×1 cm 的药膜，分装于塑料袋中(每片含替硝唑 0.5 mg，氧氟沙星 1 mg)。

(3) 本品采用紫外线灭菌，在紫外灯下照射 15 min 灭菌为宜。

（三）质量检查

(1) 外观检查：应完整光洁，厚度一致，色泽均匀，无明显气泡。

(2) 重量差异应符合要求。

四、思考题

(1) 聚乙烯醇、羧甲基纤维素钠为什么要浸泡过夜？

(2) 简述膜剂的处方组成及膜剂的制备方法。

相关知识

一、膜剂

（一）概述

1. 含义 膜剂(films)系指药物与适宜的成膜材料经加工制成的膜状制剂。膜剂可供口服、口含、舌下给药，也可用于眼结膜囊内或阴道内；外用可作皮肤和黏膜创伤、烧伤或炎症表面的覆盖。膜剂的形状、大小和厚度等视用药部位的特点和含药量而定。一般膜剂的厚度为 0.1～0.2 μm，面积为 1 cm^2 的可供口服，0.5 cm^2 的供眼用。

知识链接

膜剂的发展

膜剂是在 20 世纪 60 年代开始研究并应用的一种新型制剂；70 年代国内对膜剂的研究应用已有较大发展，并投入生产。目前国内正式投入生产的膜剂有 30 余种。其很受临床欢迎，可用于口腔科、眼科、耳鼻喉科、创伤、烧伤、皮肤科及妇科等，供口服、口含、舌下、眼结膜囊内、阴道内给药，皮肤或黏膜创伤表面的贴敷等。一些膜剂尤其是鼻腔、皮肤用药膜亦可起到全身作用，加之膜剂本身体积小、重量轻，随身携带极为方便，故在临床应用上有取代部分片剂、软膏剂和栓剂的趋势。

2. 类型 按结构特点可将膜剂分为：单层膜剂、多层膜剂(又称复合膜剂)和夹心膜剂(缓控释膜剂)等；按给药途径可将膜剂分为：内服膜剂、口腔用膜剂(包括口含、舌下给药及口腔内局部贴敷)、眼用膜剂、皮肤及黏膜用膜剂等。

3. 主要特点 ①工艺简单，生产中没有粉末飞扬；②成膜材料较其他剂型用量小；③含量准确；④稳定性好；⑤吸收快；⑥膜剂体积小，质量轻，应用、携带及运输方便。采用不同的成膜材料可制成不同释药速度的膜剂，既可制备速释膜剂，又可制备缓释或恒释膜剂。缺点是载药量小，只适合于小剂量的药物，膜剂的重量差异不易控制，收率不高。

（二）膜剂的处方组成

膜剂一般由主药、成膜材料和附加剂三部分组成，附加剂主要有增塑剂（甘油、山梨醇、苯二甲酸酯等）和着色剂（TiO_2、色素等），必要时还可加入填充剂（$CaCO_3$、SiO_2、淀粉、糊精等）及表面活性剂（聚山梨酯 80、十二烷基硫酸钠、豆磷脂等）。

成膜材料的性能、质量不仅对膜剂的成型工艺有影响，而且对膜剂的质量及药效产生重要影响。理想的成膜材料应具有下列条件：①生理惰性，无毒、无刺激；②性能稳定，不降低主药药效，不干扰含量测定，无不适臭味；③成膜、脱膜性能好，成膜后有足够的强度和柔韧性；④用于口服、腔道、眼用膜剂的成膜材料应具有良好的水溶性，能逐渐降解、吸收或排泄；外用膜剂应能迅速、完全释放药物；⑤来源丰富、价格便宜。

膜剂常用的成膜材料有以下几种。

1. 天然的高分子化合物 天然的高分子材料有明胶、虫胶、阿拉伯胶、琼脂、淀粉、糊精等。此类成膜材料多数可降解或溶解，但成膜性能较差，故常与其他成膜材料合用。

2. 聚乙烯醇(PVA) PVA 为白色或淡黄色粉末或颗粒，由醋酸乙烯在甲醇溶剂中进行聚合反应生成聚醋酸乙烯，再与甲醇发生醇解反应而得。其性质主要取决于相对分子质量和醇解度，相对分子质量越大，水溶性越小，水溶液的黏度大，成膜性能好。一般认为醇解度为 88％时，水溶性最好，在冷水中能很快溶解；当醇解度为 99％以上时，在温水中只能溶胀，在沸水中才能溶解。目前国内常用两种规格的 PVA，即 $PVA_{05\sim88}$ 和 $PVA_{17\sim88}$，其平均聚合度分别为 500～600 和 1700～1800（用前两位数字 05 和 17 表示），醇解度均为 88％（用后两位数字 88 表示），相对分子质量分别为 22000～26200 和 74800～79200。这两种 PVA 均能溶于水，但 $PVA_{05\sim88}$ 聚合度小，水溶性大，柔韧性差；$PVA_{17\sim88}$ 聚合度大，水溶性小，柔韧性好。常将二者以适当比例（如 1：3）混合使用，能制成很好的膜剂。

PVA 是目前较理想的成膜材料，它对眼黏膜及皮肤无毒性、无刺激性，眼用时能在角膜表面形成一层保护膜，且不阻碍角膜上皮再生，是一种安全的外用辅料；口服后在消化道吸收很少，80％的 PVA 在 48 h 内由直肠排出体外。

3. 乙烯-醋酸乙烯共聚物(EVA) EVA 是乙烯和醋酸乙烯在过氧化物或偶氮异丁腈引发下共聚而成的水不溶性高分子聚合物，为透明、无色粉末或颗粒。EVA 的性能与其相对分子质量及醋酸乙烯含量有很大关系。随相对分子质量增加，共聚物的玻璃化温度和机械强度均增加。在相对分子质量相同时，则醋酸乙烯比例越大，材料溶解性、柔韧性和透明度越大。EVA 无毒，无臭，无刺激性，对人体组织有良好的相容性，不溶于水，能溶于二氯甲烷、氯仿等有机溶剂。本品成膜性能良好，膜柔软，强度大，常用于制备眼、阴道、子宫等控释膜剂。

其他尚有聚乙烯醇缩醛、甲基丙烯酸酯-甲基丙烯酸共聚物、羟丙基纤维素、羟丙基甲基纤维素、聚维酮等。

知识链接

膜剂的处方组成

主药 0～70％
成膜材料（PVA 等） 30％～100％
增塑剂（甘油、山梨醇等） 0～20％
表面活性剂（聚山梨酯 80、十二烷基硫酸钠、豆磷脂等） 1％～2％
填充剂（$CaCO_3$、SiO_2、淀粉） 0～20％
着色剂（色素、TiO_2等） 0～2％
脱膜剂（液体石蜡） 适量

（三）膜剂的制备

膜剂的制备方法有匀浆制膜法、热塑制膜法和复合制膜法。

1. 匀浆制膜法 又称涂膜法、流涎法，是目前国内制备膜剂常用的方法。这种方法是将膜材料溶解于适当溶剂中，再将药物及附加剂溶解或分散在上述成膜材料溶液中制成均匀的药浆，静置除去气泡，经涂膜、干燥、脱膜、主药含量测定、剪切包装等，最后制得所需膜剂。

小量制备时倾于平板玻璃上涂成宽厚一致的涂层，大量生产可用涂膜机涂膜，涂膜机示意图见图11-1。烘干后根据主药含量计算单剂量膜的面积，剪切成单剂量的小格。

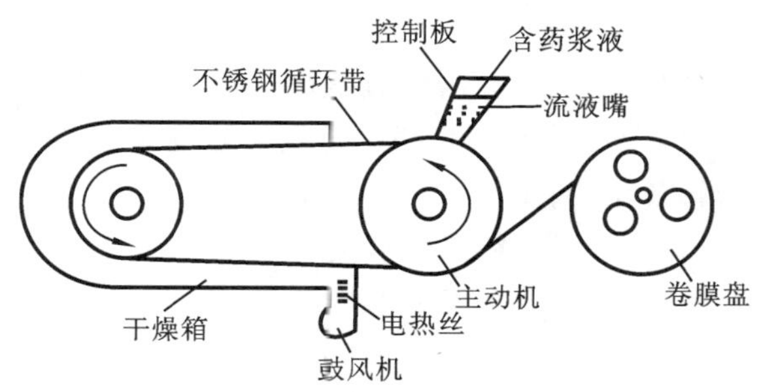

图 11-1 涂膜机示意图

膜剂制备工艺流程如图 11-2。

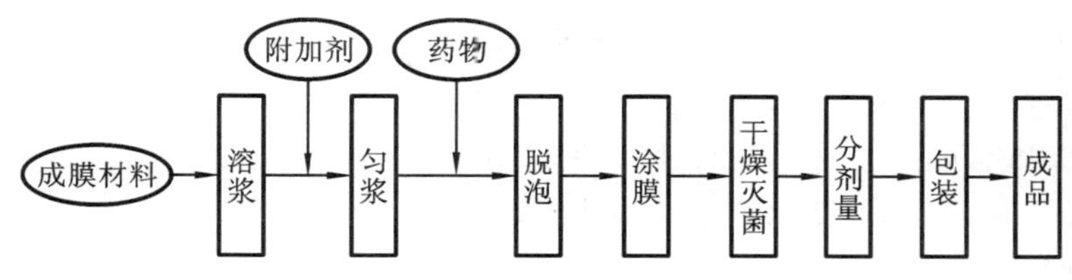

图 11-2 膜剂制备工艺流程图

2. 热塑制膜法 将药物细粉和成膜材料，如 EVA 颗粒相混合，用橡皮滚筒混炼，热压成膜；或将热融的成膜材料，如聚乳酸、聚乙醇酸等在热融状态下加入药物细粉，使溶入或均匀混合，在冷却过程中成膜。

3. 复合制膜法 以不溶性的热塑性成膜材料（如 EVA）为外膜，分别制成具有凹穴的底外膜带和上外膜带，另用水溶性的成膜材料（如 PVA 或海藻酸钠）用匀浆制膜法制成含药的内膜带，剪切后置于底外膜带的凹穴中。也可用易挥发性溶剂制成含药匀浆，以间隙定量注入的方法注入底外膜带的凹穴中。经吹风干燥后，盖上上外膜带，热封即成。此法一般用机械设备制作，常用于缓释膜的制备，如眼用毛果芸香碱膜剂（缓释一周）在国外即用此法制成。与单用匀浆制膜法制得的毛果芸香碱眼用膜剂相比具有更好的控释作用。

知识拓展

膜剂的质量检查

《中国药典》对膜剂的质量有明确的规定，主要包括以下几点。

（1）成膜材料及辅料应无毒、无刺激性、性质稳定，与药物不起作用，不影响药效，成膜性能好。

（2）水溶性药物应溶于成膜材料中，制成具有一定黏度的溶液；水不溶性药物应粉碎成极细粉，并与成膜材料均匀混合。

（3）膜剂应完整光洁，厚度一致，色泽均匀，无明显气泡；多剂量膜剂的分格压痕应均匀清晰，并能按压痕撕开。

（4）除另有规定外，膜剂宜密封保存，防止受潮、发霉、变质，卫生学检查也应符合规定。

（5）重量差异：应符合规定。

（四）典型膜剂实例分析

例：复方替硝唑口腔膜剂

［处方］ 替硝唑　　0.2 g　　氧氟沙星　　0.5 g

聚乙烯醇($PVA_{17\sim88}$)	3.0 g	羧甲基纤维素钠	1.5 g
甘油	2.5 g	糖精钠	0.05 g
纯化水	加至 100 g		

[制法] 先将聚乙烯醇($PVA_{17\sim88}$)、羧甲基纤维素钠分别浸泡过夜,溶解。将替硝唑溶于 15 mL 热蒸馏水中,氧氟沙星加适量稀醋酸溶解后加入,加糖精钠、纯化水补至足量。放置,待气泡除尽后,涂膜,干燥分格,每格含替硝唑 0.5 mg,氧氟沙星 1 mg。

[注解] ①替硝唑是新一代硝基咪唑类化合物,有抗厌氧菌谱广、疗效显著、不良反应小等优点,已有多种剂型用于临床。②按处方量取 $PVA_{17\sim88}$、CMC-Na,分别加适量纯化水浸泡 12 h,先将 $PVA_{17\sim88}$ 水浴加热溶解,再加入 CMC-Na,搅拌溶解备用,制成膜材料。③称取替硝唑、氧氟沙星、糖精钠置于乳钵中加液研磨,加入甘油,研磨混匀,加入已溶解的成膜材料浆液混匀,置于 60±5 ℃水浴保温 30 min,脱去气泡,手工玻璃板制膜。④干燥脱膜,于紫外灯下两面分别灭菌 15 min,剪成 2 cm×2 cm 即得。

例:毛果芸香碱膜剂

[处方]				
	硝酸(或盐酸)毛果芸香碱	15 g	聚乙烯醇($PVA_{05\sim88}$)	28 g
	甘油	2 g	纯化水	30 mL

[制法] 称取聚乙烯醇($PVA_{05\sim88}$),加纯化水、甘油,搅拌溶胀后于 90 ℃水浴上加热溶解,趁热将溶液用 80 目筛网滤过,滤液放冷后加入硝酸(或盐酸)毛果芸香碱,搅拌使溶解,然后涂膜,经含量测定后划痕分格,每格内含硝酸(或盐酸)毛果芸香碱 2.5 mg。

[注解] ①毛果芸香碱膜剂为眼用膜剂,用于治疗青光眼等眼疾。②按处方量取聚乙烯醇$_{05\sim88}$加适量蒸馏水浸泡 12 h,充分溶胀后于 90 ℃水浴上加热溶解。

例:硝酸甘油膜剂

[处方]				
	硝酸甘油乙醇溶液(10%)	100 mL	聚乙烯醇($PVA_{17\sim88}$)	78 g
	聚山梨酯 80	5 g	二氧化钛	3 g
	甘油	5 g	纯化水	400 mL

[制法] 取聚乙烯醇($PVA_{17\sim88}$)、聚山梨酯 80、甘油、纯化水在水浴上加热搅拌使溶解,再加入二氧化钛研磨,过 80 目筛,放冷。在搅拌下逐渐加入硝酸甘油乙醇溶液,放置过夜以消除气泡。次日用涂膜机在 80 ℃下制成厚 0.05 mm、宽 10 mm 的膜剂,用铝箔包装,即得。

[注解] ①硝酸甘油可直接松弛血管平滑肌,扩张小静脉和冠状动脉,主要用于治疗心绞痛;二氧化钛为遮光剂,增加硝酸甘油的稳定性;聚山梨酯 80 为增溶剂,甘油为增塑剂,同时可增加硝酸甘油稳定性。②硝酸甘油微溶于水,故应配成 10%乙醇溶液应用;当乙醇溶液被稀释后,硝酸甘油以极细的油滴析出,因聚乙烯醇本身是良好的分散剂,因而使硝酸甘油均匀地分散在膜料中。③硝酸甘油膜剂的稳定性远比其片剂好,约高 5 倍。其稳定的主要原因之一是聚乙烯醇对硝酸甘油物理的包覆作用而减少挥发损失。④本品应用铝箔包装,在储存过程中要避光、密闭保存。

二、涂膜剂

(一) 概述

涂膜剂系指药物溶解或分散于成膜材料溶液中涂搽患处后形成薄膜的外用液体制剂。用时涂于患处,溶剂挥发后形成薄膜以保护创面,同时逐渐释放所含药物而起治疗作用。一般用于治疗慢性无渗出液的皮损、过敏性皮炎、牛皮癣和神经性皮炎。

涂膜剂制备工艺简单,不用裱褙材料,无需特殊机械设备,使用方便,对某些皮肤病的治疗有良好的效果。

(二) 涂膜剂的处方组成

涂膜剂的处方由三部分组成,即药物(包括化学药品或中草药)、成膜材料(高分子化合物)、挥发性有机溶剂(如乙醇、丙酮、醋酸乙酯及乙醚等)。常用的成膜材料有聚乙烯醇缩甲乙醛、聚乙烯醇缩甲丁醛、聚乙烯醇、火棉胶、玉米朊、羧甲基纤维素钠、聚乙烯吡咯烷酮等。涂膜剂中经常加入增塑剂,常用的有邻苯二甲酸二丁酯、甘油、丙二醇、山梨醇等。

（三）涂膜剂的制备

涂膜剂一般用溶解法制备，具体操作视药物溶解情况而定。如药物能溶于溶剂中，则直接加入溶解；如为中药，则应先制成乙醇提取液或中药提取物的乙醇-丙酮溶液，再加入到成膜材料溶液中。

涂膜剂在生产与储藏期间应符合下列有关规定。

(1) 药材应按各品种项规定的方法进行提取、纯化或用适宜的方法粉碎成规定细度的粉末；

(2) 涂膜剂常用乙醇等易挥发的有机溶剂为溶剂；

(3) 涂膜剂的成膜材料等辅料应无毒、无刺激性，常用的成膜材料有聚乙烯醇、聚乙烯吡咯烷酮、丙烯酸树脂类等，一般宜加入增塑剂、保湿剂等；

(4) 涂膜剂一般应检查 pH 值和相对密度；以乙醇为溶剂的应检查乙醇量；

(5) 除另有规定外，涂膜剂应密封储存，并注意避热、防火；

(6) 最低装量检查及微生物限度检查应符合规定。

（四）典型处方分析

例：癣净涂膜剂

[处方]	水杨酸	400 g	苯甲酸	400 g
	硼酸	40 g	鞣酸	300 g
	苯酚	20 g	薄荷脑	10 g
	月桂氮䓬酮	10 mL	甘油	100 mL
	聚乙烯醇-124	40 g	纯化水	400 mL
	95%乙醇	加至 1000 mL		

[制法] 取聚乙烯醇-124 加入纯化水和甘油中充分膨胀后，在水浴上加热使完全溶解；另取水杨酸、苯甲酸、硼酸、鞣酸、苯酚及薄荷脑依次溶于适量 95%的乙醇中，加入月桂氮䓬酮，再添加乙醇使其容量为 500 mL，搅匀后缓缓加至聚乙烯醇-124 溶液中，随加随搅拌，搅匀后迅速分装，密闭，即得。

[注解] ①本品用于治疗手、足、股癣。②金属离子能使处方中所含鞣酸、水杨酸、苯酚变色，故制备及使用时应避免与金属器具接触。

拓展知识

影响膜剂释药速度的因素

膜剂中药物的释放速度，直接影响药效发挥的快慢，有时也会影响到生物利用度。因此，在设计、制备、评价、使用及开发膜剂的过程中，了解影响其释药速度的因素是很重要的。影响膜剂释药速度的因素很多，主要有以下几个方面。

一、溶解度

药物的溶解度包括药物在成膜材料中的溶解度和在释放介质中的溶解度。在膜剂中药物在不溶性成膜材料中的释放过程可分为几个阶段：①药物分子从晶格中解脱出来；②解脱出来的药物分子进入成膜材料的结构中，并通过膜向膜外扩散；③药物进入膜周围的释放介质中。所以药物在成膜材料中的溶解度控制着药物的释放速度，药物在成膜材料中的溶解度越大，释放速度也快。为了增加药物的溶解度，可在难溶性材料中掺入不同的水溶性成分如 PEG、PVP 等。水溶性成分的加入可明显增加药物的穿透率。同一组成的膜，药物的穿透率与水溶性成分的比例成正比。药物在释放介质中的溶解度也影响药物的释放速度，通常药物在释放介质中的溶解度增大，释放速度也大。

二、分配系数

分配系数大小也影响药物的释放速度。分配系数等于药物在释放介质中的溶解度与药物在成膜材料中的溶解度之比。用公式(11-1)表示。

$$K=C_s/C_p \tag{11-1}$$

式中：K 为分配系数；C_s 为药物在释放介质中的溶解度；C_p 为药物在成膜材料中的溶解度。则药物的释放速度与分配系数无关，分配系数变化不影响药物的释放速度，药物的释放速度只取决于扩散系数。药物的分配系数与其结构有关。因此，制备膜剂时，当成膜材料为不溶性聚合物，分配系数很小时，药物的释放为零级释放，即释放速度保持不变，这时分配系数与释放速度是直线关系。当分配系数增大并超过一定值时，成膜材料可根据临床对释放量和释放速度的要求，结合分配系数加以选择。

三、扩散系数

药物的扩散系数指两方面而言：一是指在成膜材料中的扩散系数，二是指在释放介质中的扩散系数。药物在不溶性成膜材料中的扩散速度，取决于药物在膜表面的浓度和膜内部的浓度差，这是扩散的动力，也取决于药物相对分子质量大小和扩散系数。扩散系数大小与成膜材料的种类有关，又与成膜材料中加入的交联剂、增塑剂及溶剂有关。交联剂和增塑剂能导致膜剂的孔隙率降低，结果降低了扩散系数。有些填充剂还可以吸附药物使扩散速度降低。药物的相对分子质量或分子体积增大，扩散系数减小，但据药物通过微孔扩散的情况，如果药物的分子体积太大就有可能不易透过膜。药物分子在释放介质中的扩散系数大小也与释放介质的黏度有关。

四、药物量与膜厚度

制备膜剂时，加入药物量多少直接影响药物的释放速度。释放速度随膜剂中的药物量的增加而增加。因此增加膜剂中的药物量能改变药物释放速度，也改变药物治疗所维持的时间。

膜剂的厚度对药物的释放速度也有影响。根据扩散定律，扩散速度与膜的厚度成反比。增加膜剂的厚度，可使药物分子扩散途径增加，因此释药速度变慢。

项目小结

教学提纲		主要内容简述
一级	二级	
一、膜剂	（一）概述	膜剂的概念、分类、特点
	（二）膜剂的成膜材料	天然的高分子化合物、聚乙烯醇、乙烯-醋酸乙烯共聚物
	（三）膜剂的制备	匀浆制膜法、热塑制膜法、复合制膜法
	（四）典型膜剂实例分析	复方替硝唑口腔膜剂、毛果芸香碱膜剂、硝酸甘油膜剂
二、涂膜剂	（一）概述	涂膜剂的概念、特点
	（二）涂膜剂的成膜材料	常用的成膜材料
	（三）涂膜剂的制备	涂膜剂的一般制备方法
	（四）典型处方举例	癣净涂膜剂

达标检测题

一、选择题

（一）单项选择题

1. 下列关于膜剂的叙述，错误的是（　　）。

A. 膜剂是药物与适宜的成膜材料加工制成的膜状制剂

B. 膜剂的大小与形状可根据临床需要及用药部位而定

C. 膜剂使用方便，适合多种途径给药

D. 膜剂载药量大，适用于剂量较大的中药复方制成膜剂

E. 膜剂载药量小，适用于小剂量药物制成膜剂

2. 下列膜剂的成膜材料中，其成膜性、抗拉性、柔韧性、吸湿性及水溶性最好的是（　　）。

A. 羧甲基纤维素　　B. 玉米朊　　C. 聚乙烯醇
D. PVC　　E. 明胶

3. 膜剂常用的成膜材料不包括（　　）。

A. 明胶　　B. 聚乙烯醇　　C. 羧甲基纤维素钠
D. 甘油　　E. 植物油

4. 山梨醇在膜剂中起的作用是（　　）。

A. 增塑剂　　B. 着色剂　　C. 遮光剂　　D. 填充剂　　E. 抗氧化剂

5. 膜剂的质量要求检查项中不包括（　　）。

A. 外观性状　　B. 熔融时间　　C. 微生物限度　　D. 含量均匀度　　E. 硬度

（二）配伍选择题

题 1～4

A. 成膜材料　　B. 增塑剂　　C. 遮光剂　　D. 抗氧化剂　　E. 填充剂

1. 聚乙二醇在膜剂中用作（　　）。
2. 二氧化钛在膜剂中用作（　　）。
3. PVA 在膜剂中用作（　　）。
4. 淀粉在膜剂中用作（　　）。

（三）多项选择题

1. 下列关于膜剂常用辅料的叙述，错误的是（　　）。

A. 膜剂中甘油起增塑剂作用　　B. 聚山梨酯 80 起润湿剂作用
C. 二氧化硅起遮光剂作用　　D. 甜叶菊苷起矫味作用
E. 二氧化钛起填充剂作用

2. 下列可作为膜剂附加剂的是（　　）。

A. 糖浆剂　　B. 增塑剂　　C. 着色剂　　D. 填充剂　　E. 矫味剂

3. 膜剂的优点是（　　）。

A. 工艺简单　　B. 生产时无粉尘飞扬
C. 节省辅料和包装材料　　D. 多层复方膜剂便于解决药物间的配伍禁忌
E. 可制成速效或缓释性长效制剂

二、简答题

1. 膜剂的特点有哪些？
2. 成膜材料应满足哪些要求？
3. 试述膜剂的一般处方组成及制备方法。

（周振华）

项目十二　气雾剂、喷雾剂与粉雾剂

学习目标

能力目标

能进行气雾剂装量与泡沫稳定性操作。

会设计气雾剂的生产工艺流程；能根据气雾剂、喷雾剂与粉雾剂特点合理指导用药。

知识目标

掌握：气雾剂、喷雾剂与粉雾剂的概念、特点与用途。

熟悉：熟悉气雾剂的处方组成及制备工艺。

了解：气雾剂、喷雾剂与粉雾剂的质量要求。

操作任务

气雾剂的制备和质量检查

一、操作目的

(1) 会设计气雾剂的生产工艺流程。

(2) 能进行气雾剂装量与泡沫稳定性测定。

(3) 能合理指导用药。

二、器材与药品

托盘天平、量筒、烧杯等；沙丁胺醇、磷脂、Myrj-52、HFA-134a 等。

三、操作内容

(一) 制备沙丁胺醇气雾剂

本品主要作用于支气管平滑肌的 β 受体，用于治疗支气管哮喘。气雾剂吸入的副作用小于口服。

[处方]	沙丁胺醇	1.313 g	磷脂	0.368 g
	Myrj-52	0.263 g	HFA-134a	998.060 g
	共制	1000 g		

[制法]　将沙丁胺醇、磷脂、Myrj-52 与溶剂混合在一起后进行超声，直到平均粒子大小达到 0.1～5 μm。然后通过冷冻干燥或喷雾干燥得到干燥粉末，再将该粉末悬浮在 HFA-134a 中即得。

[注解]　该气雾剂为混悬型气雾剂，水分不超过 5×10^{-5}。药物用磷脂和至少再加一种表面活性剂包裹制成 0.1～5 μm 的微粒，目的有：①调节药物微粒的密度，使其与抛射剂的密度相当，以减少混悬颗粒的上浮或沉降；②使药物颗粒具有适宜的极性和表面张力，避免颗粒聚结，从而获得稳定的药物悬浮液。

（二）检查装量及泡沫稳定性

1. 气雾剂的装量测定 ①将已知质量的容器灌注后，重新称重，两次质量的差数等于装量。②精密称量装满药物的容器，将药物取出，再称容器的质量，二者的差值即为装量。

2. 泡沫稳定性测定 采用目测法测定泡沫的寿命，依据处方不同泡沫的寿命可以从几秒钟到 1 h 或更长。

四、思考题

（1）操作中各应注意哪些问题？

（2）本处方中的抛射剂可以更改吗？

相关知识

一、气雾剂

（一）概述

气雾剂系指药物溶液、乳状液或混悬液与适宜的抛射剂共同装封于具有特制阀门系统的耐压容器中制成的制剂。使用时，借助抛射剂的压力将药物喷出，多为雾状气溶胶，其雾滴一般小于 50 μm。气雾剂可在呼吸道、皮肤或其他腔道起局部或全身治疗作用。

1. 气雾剂的特点

（1）气雾剂的主要优点 ①具有速效和定位作用；②药物密闭于容器内可增加药物的稳定性；③使用方便，一揿（吸）即可；④可避免药物在胃肠道的破坏和肝脏首过作用；⑤可以用定量阀门准确控制剂量；⑥外用气雾剂使用时对创面的机械刺激性小。

（2）气雾剂的主要缺点 ①因气雾剂需要耐压容器、阀门系统和特殊的生产设备，所以生产成本较高；②抛射剂高度挥发具有致冷效应，可引起不适与刺激；③遇热或受撞击可能发生爆炸；④抛射剂的泄漏可导致失效；⑤吸入气雾剂给药时存在手揿和吸气的协调问题，直接影响到达有效部位的药量，尤其对老年人或儿童患者影响更为显著。

2. 气雾剂的分类

1）按分散系统分类

（1）溶液型气雾剂 药物（固体或液体）溶解在抛射剂中，形成均匀溶液，喷出后抛射剂汽化，药物以固体或液体微粒状态达到作用部分。

（2）混悬型气雾剂 药物（固体）以微粒状态分散在抛射剂中形成混悬液，喷出后抛射剂挥发，药物以固体微粒状态达到作用部位。此类气雾剂又称为粉末气雾剂。

（3）乳剂型气雾剂 药物水溶液和抛射剂按一定比例混合形成 O/W 型或 W/O 型乳剂。O/W 型乳剂以泡沫状态喷出，因此又称为泡沫气雾剂。W/O 型乳剂喷出时形成液流。

2）按处方组成分类

（1）二相气雾剂 一般指溶液型气雾剂，由气液两相组成。气相是抛射剂所产生的蒸气；液相为药物与抛射剂所形成的均相溶液。

（2）三相气雾剂 一般指混悬型气雾剂与乳剂型气雾剂，由气-液-固、气-液-液三相组成。在气-液-固相中，气相是抛射剂所产生的蒸气，液相是抛射剂，固相是不溶性药粉；在气-液-液相中，两种不溶性液体形成两相，即 O/W 型或 W/O 型。

3）按医疗用途分类

（1）呼吸道吸入用气雾剂 吸入气雾剂系指药物与抛射剂呈雾状喷出时随呼吸入肺部的制剂，可发挥局部或全身治疗作用。

（2）皮肤和黏膜用气雾剂 皮肤用气雾剂主要起保护创面、清洁消毒、局部麻醉及止血等作用；阴道黏膜用的气雾剂，常用 O/W 型泡沫气雾剂，主要用于治疗微生物、寄生虫等引起的阴道炎，也可用于节制生育；鼻黏膜用气雾剂主要适用于蛋白类药物的全身作用。

（3）空间消毒与杀虫用气雾剂 主要用于杀虫、驱蚊及室内空气消毒。喷出的粒子极细（直径不超过 50

μm)，一般在 10 μm 以下，能在空气中悬浮较长时间。

3. 气雾剂的质量要求

(1) 加入溶剂、潜溶剂、抗氧化剂等附加剂应对皮肤或黏膜无刺激性、无毒性，抛射剂应为适宜的低沸点液体；

(2) 气雾剂的容器应能耐受气雾剂所需的压力，每揿压一次，必须喷出均匀的细雾状雾滴(粒)，并释出准确的主药含量；

(3) 制成的气雾剂应进行泄漏和爆破检查，确保安全使用；

(4) 烧伤、创伤、溃疡用气雾剂应无菌；

(5) 气雾剂应保存于凉暗处，并避免暴晒、受热、敲击、撞击。

(二) 气雾剂的组成

气雾剂是由抛射剂、药物与附加剂、耐压容器和阀门系统所组成。

1. 抛射剂 抛射剂是喷射药物的动力，有时兼有药物的溶剂作用。抛射剂多为液化气体。在常压下沸点低于室温。因此，需装入耐压容器内，由阀门系统控制。在阀门开启时，借抛射剂的压力将容器内药液以雾状喷出达到用药部位。

抛射剂的喷射能力的大小直接受其种类和用量的影响，同时也要根据气雾剂用药的要求加以合理的选择。对抛射剂的要求是：①在常温下的蒸气压力大于大气压；②无毒、无致敏反应和刺激性；③惰性，不与药物发生反应；④不易燃、不易爆炸；⑤无色、无臭、无味；⑥价廉易得。但一个抛射剂不可能同时满足以上各个要求，应根据用药目的适当选择。

(1) 氢氟烷烃类 被认为是最合适的氟利昂替代品。它不含氯，不破坏大气臭氧层，对全球气候变暖的影响明显低于氟氯烷烃(表 12-1)。并且在人体内残留少，毒性小，化学性质稳定，几乎不与任何物质产生化学反应，也不具可燃性，在室温和大气压下以任何比例与空气混合不会形成爆炸性混合物。目前，FDA 注册的氢氟烷烃类抛射剂有四氟乙烷(HFA-134a)和七氟丙烷(HFA-227)。

表 12-1 氢氟烷烃与氟氯烷烃性质比较

名　称	三氯一氟甲烷	二氯二氟甲烷	二氯四氟乙烷	四氟乙烷	七氟丙烷
代码	F_{11}	F_{12}	F_{114}	HFA-134a	HFA-227
分子式	$CFCl_3$	CF_2Cl_2	CF_2ClCF_2Cl	CF_3CFH_2	CF_3CHFCF_3
蒸气压/(kPa)(20 ℃)	−1.8	67.6	11.9	4.71	3.99
沸点/℃	−23.7	−29.8	3.6	−26.1	−15.6
液态密度/(g/mL)	1.49	1.33	1.74	1.23	1.41
介电常数	2.33	2.04	2.13	9.51	3.94
水中溶解度/(mg/kg)	130(30 ℃)	120(30 ℃)	110(30 ℃)	2200(25 ℃)	610(25 ℃)
臭氧破坏作用	1	1	0.7	0	0
温室效应 *	1	3	3.9	0.22	0.7
大气生命周期/年	75	111	7200	15.5	33

注：三氯一氟甲烷为参照

(2) 二甲醚 又称甲醚，简称 DME。在常温常压下是一种无色气体或压缩液体，具有轻微醚香味。作为一类替代氟利昂的新型抛射剂，有以下优点：①常温下稳定，不易自动氧化；②无腐蚀性，无致癌性，低毒性；③压力适宜，易液化；④对极性和非极性物质的高度溶解性，使其兼具推进剂和溶剂的双重功能，可以改变和简化气雾剂的配方；⑤水溶性好，尤其适用于水溶性的气雾剂；⑥与不燃性物质混合能够获得不燃性物质。因其易燃性问题，FDA 目前尚未批准其用于定量吸入气雾剂。

(3) 碳氢化合物 作抛射剂的主要品种有丙烷、正丁烷和异丁烷。此类抛射剂虽然稳定，毒性不大，密度低，沸点较低，但易燃、易爆，不宜单独应用，常与本类或其他类抛射剂合用。

(4) 压缩气体 用作抛射剂的主要有二氧化碳、氮气和一氧化氮等。其化学性质稳定，不与药物发生反应，不燃烧。但液化后的沸点较低，常温时蒸气压过高，对容器耐压性能的要求高(需小钢球包装)。若在常温下充入非液化压缩气体，则压力容易迅速降低，达不到持久的喷射效果，主要用于喷雾剂。

2. 药物与附加剂

(1) 药物　液体、半固体或固体粉末均可制备气雾剂，目前应用较多的药物有呼吸道系统用药、心血管系统用药、解痉药及烧伤用药等。

(2) 附加剂　药物通常在 HFA 抛射剂中不能达到治疗剂量所需的溶解度，为制备质量稳定的溶液型、混悬型或乳剂型气雾剂应加入附加剂，如潜溶剂、润湿剂、乳化剂、稳定剂，必要时还添加矫味剂、抗氧化剂和防腐剂等。

3. 耐压容器　气雾剂的容器必须不与药物和抛射剂起作用、耐压并有一定的安全系数和冲击耐压力、轻便、价廉等。耐压容器有金属容器、玻璃容器和塑料容器。玻璃容器化学性质稳定，但耐压和耐撞击性差。因此，在玻璃容器外裹一层塑料防护层，以弥补这种缺点。金属容器包括铝、不锈钢等容器，耐压性强，但对药液不稳定，需内涂聚乙烯或环氧树脂等。塑料容器一般由热塑性好的聚丁烯对苯甲二酸树脂和乙缩醛共聚树脂等制成。质地轻、牢固耐压，具有良好的抗撞击性和抗腐蚀性，但通透性高，其添加剂可能会影响药物的稳定性。

4. 阀门系统　气雾剂的阀门系统是用来控制药物和抛射剂从容器喷出的主要部件，其中设有供吸入用的定量阀门，或供腔道或皮肤等外用的特殊阀门系统。阀门系统坚固、耐用和结构稳定与否，直接影响到制剂的质量。阀门材料必须对内容物为惰性，其加工应精密。下面主要介绍目前使用最多的定量型吸入气雾剂阀门系统的结构与组成部件(图 12-1)。

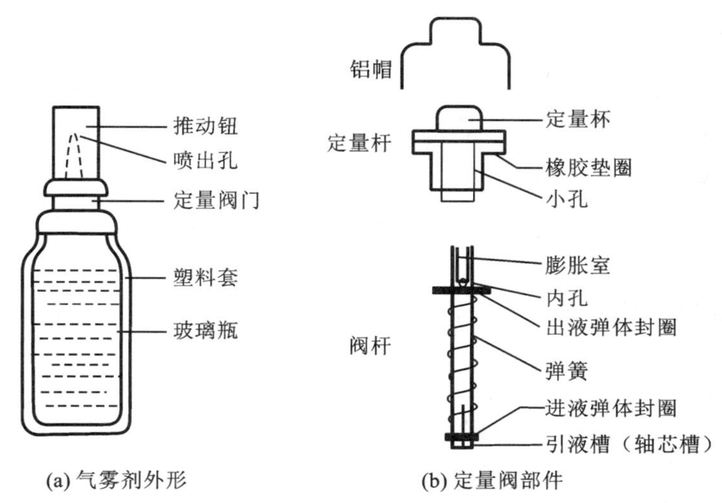

图 12-1　气雾剂的定量阀门系统装置外形及部件图

(a)气雾剂外形　(b)定量阀部件

1) 封帽　通常为铝制品，将阀门固封在容器上，必要时涂上环氧树脂等薄膜。

2) 阀杆(轴芯)　常用尼龙或不锈钢制成。顶端与推动钮相接，其上端有内孔和膨胀室，下端还有一段细槽或缺口以供药液进入定量室。

(1) 内孔(出药孔)　阀门连接容器内外的极细小孔，其大小关系到气雾剂的喷射雾滴的粗细。内孔位于阀杆之侧，平常被橡胶封圈封在定量杯之外，使容器内外不沟通。当揿下推动钮时内孔进入定量杯与药液相通，药液即通过它进入膨胀室，然后从喷嘴喷出。

(2) 膨胀室　在阀杆内，位于内孔之上，药液进入此室时，部分抛射剂因汽化而骤然膨胀，以致药液雾化，并从喷嘴喷出形成微细雾滴。

3) 橡胶封圈　通常由丁腈橡胶制成，具有良好的弹性，分进液弹体封圈和出液弹体封圈两种。进液弹体封圈紧套于阀杆下端，在弹簧之下，它的作用是托住弹簧，同时随着阀杆的上下移动而使进液槽打开或关闭，且封闭定量杯下端，使杯内药液不致倒流。出液弹体封圈紧套于阀杆上端，位于内孔之下，弹簧之上，它的作用是随着阀杆的上下移动而使内孔打开或关闭，同时封闭定量杯的上端，使杯内药液不致溢出。

4) 弹簧　由不锈钢制成，套于阀杆，位于定量杯内，提供推动钮上升的弹力。

5) 定量杯(室)　由塑料或金属制成，其容量一般为 0.05～0.2 mL，它决定了剂量的大小。由上下橡胶封圈控制药液不外溢，使喷出剂量准确。

6) 浸入管　由塑料制成，浸入管的作用是将容器内药液向上输送到阀门系统的通道，向上的动力是容器的内压(图 12-2)。

国产药用吸入气雾剂将容器倒置不用浸入管(图 12-3)。使药液通过阀杆上的引液槽进入阀门系统的定量杯。喷射时按下揿钮,阀杆在揿钮压力下顶入,弹簧受压,内孔进入出液弹体封圈以内,定量杯内的药液由内孔进入膨胀室,部分汽化后自喷嘴喷出。同时引液槽全部进入瓶内,封圈封闭了药液进入定量杯的通道。揿钮压力除去后,在弹簧作用下,又使阀杆恢复原位,药液再进入定量室,再次使用时,又重复这一过程。

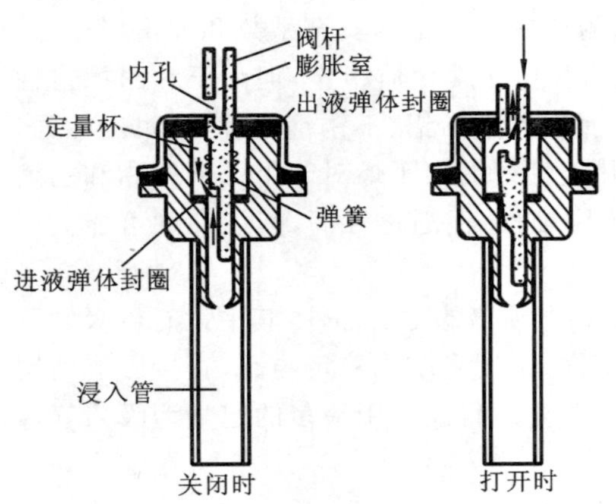

图 12-2 浸入管的定量阀门

图 12-3 气雾剂阀门启闭示意图

7) 推动钮 常用塑料制成,装在阀杆的顶端,它的作用是推动阀杆开启和关闭气雾剂阀门,上有喷嘴,控制药液喷出方向。不同类型的气雾剂,选用不同类型喷嘴的推动钮。

(三) 气雾剂的临床应用与注意事项

1. 临床应用 气雾剂可用于呼吸道吸入给药,或直接喷至腔道黏膜、皮肤给药,也可用于空间消毒。

2. 注意事项

(1) 使用前应充分摇匀储药罐,使罐中药物和抛射剂充分混合。首次使用前或距上次使用超过 1 周时,先向空中试喷一次。

(2) 患者吸药前需张口、头略后仰、缓慢地呼气,直到不再有空气可以从肺中呼出。垂直握住雾化吸入器,用嘴唇包绕住吸入器口,开始深而缓慢吸气并按动气阀,尽量使药物随气流方向进入支气管深部,然后闭口并屏气 10 s 后用鼻慢慢呼气。如需多次吸入,休息 1 min 后重复操作。

(3) 吸入结束后用清水漱口,以清除口腔残留的药物。如使用激素类药物应刷牙,避免药物对口腔黏膜和牙齿的损伤。

(4) 气雾剂药物使用耐压容器、阀门系统,有一定的内压。抛射剂多为液化气体,在常压下沸点低于室温,常温下蒸气压高于大气压。因此气雾剂药物遇热和受撞击有可能发生爆炸,储存时应注意避光、避热、避冷冻、避摔碰,即使药品已用完的小罐也不可弄破、刺穿或燃烧。

(四) 气雾剂的制备

气雾剂应在避菌条件下配制,各种用具、容器等须用适宜的方法清洁、灭菌,整个操作过程都应注意防止微生物的污染。其制备过程可分为:容器阀门系统的处理与装配,药物的配制、分装和充填抛射剂三部分,最后经质量检查合格后为气雾剂成品。定量型吸入气雾剂的生产工艺流程见图 12-4。

1. 容器、阀门系统的处理与装配

(1) 玻璃搪塑 先将玻璃瓶洗净烘干,预热至 120～130 ℃,趁热浸入塑料黏浆中,使瓶颈以下黏附一层塑料液,倒置,在 150～170 ℃烘干 15 min,备用。对塑料涂层的要求是:能均匀地紧密包裹玻璃瓶,万一爆瓶不致玻片飞溅,外表平整、美观。

(2) 阀门系统的处理与装配 将阀门的各种零件分别处理:①橡胶制品可在 75%乙醇中浸泡 24 h,以除去色泽并消毒,干燥备用;②塑料、尼龙零件洗净再浸在 95%乙醇中备用;③不锈钢弹簧在 1%～3%氢氧化钠碱液中煮沸 10～30 min,用水洗涤数次,再用蒸馏水洗至无油腻,然后浸泡在 95%乙醇中备用。最后将上述已处理好的零件按照阀门系统的结构组合装配。

2. 药物的配制与分装 按处方组成及所要求的气雾剂类型进行药物配制。溶液型气雾剂应制成澄清

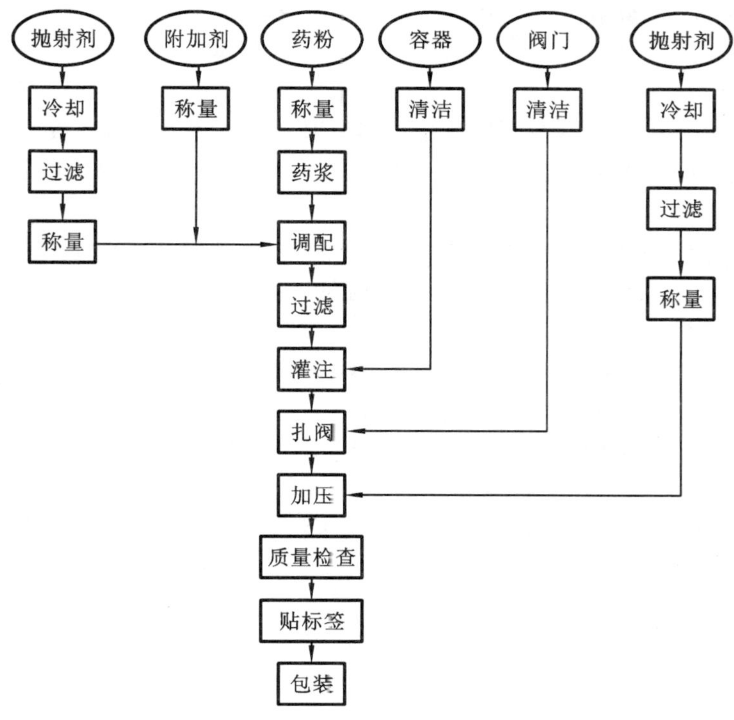

图 12-4 定量型吸入气雾剂的生产工艺流程图

药液；混悬型气雾剂应将药物微粉化并保持干燥状态，严防药物微粉吸附水蒸气；乳剂型气雾剂应制成稳定的乳剂。将上述配制好的合格药物分散系统，定量分装在已准备好的容器内，安装阀门，轧紧封帽。易吸湿的药物应快速调配、分装。

3. 抛射剂的填充 抛射剂的填充方法有压灌法和冷灌法两种。

(1) 压灌法 先将配好的药液在室温下灌入容器内，再将阀门装上并轧紧，然后通过压装机压入定量的抛射剂(最好先将容器内空气抽去)，操作压力以 68.65～105.97 kPa 为宜。此设备简单，不需要低温操作，抛射剂损耗较少，目前我国多用此法生产。但生产速度较慢，且在使用过程中压力的变化幅度较大。目前，我国气雾剂的生产主要采用高速旋转压装抛射剂的工艺，产品质量稳定，生产效率大为提高。

(2) 冷灌法 药液借助冷却装置冷却至－20 ℃左右，抛射剂冷却至沸点以下至少 5 ℃。先将冷却的药液灌入容器中，随后加入已冷却的抛射剂(也可两者同时进入)，并立即将阀门装上并轧紧，操作必须迅速完成，以减少抛射剂损失。此法速度快，对阀门无影响，成品压力较稳定，但需致冷设备和低温操作，抛射剂损失较多。由于是在抛射剂沸点之下工作，故含水产品不宜用此法。

知识链接

气雾剂的质量评定

《中国药典》(2015 年版)四部规定气雾剂的质量检查主要项目有：每瓶总揿次、递送剂量均一性、每揿主药含量、喷射速率、喷出总量、每揿喷量、粒度、装量、无菌和微生物限度。

(五) 气雾剂的处方类型及举例

设计气雾剂处方时，除选择适宜的抛射剂外，主要根据药物的理化性质，选择适宜附加剂，配制成一定类型的气雾剂，以满足临床用药的要求。

1. 溶液型气雾剂 将药物溶于抛射剂中形成的均相分散体系。为配制澄明溶液，常在抛射剂中加入适量乙醇或丙二醇作潜溶剂，使药物和抛射剂混溶成均相溶液，喷射后抛射剂汽化，使药物成为极细的雾滴，形成气雾，主要用于吸入治疗。

例：溴化异丙托品气雾剂

［处方］	溴化异丙托品	0.374 g	无水乙醇	150.000 g
	HFA-134a	844.586 g	柠檬酸	0.040 g
	蒸馏水	5.000 g	共制	1000 g

［制法］ 将溴化异丙托品、柠檬酸和水溶解在乙醇中而制备活性组分浓缩液。将活性组分浓缩液装入气雾剂容器中。容器的上部空间用氮气或 HFA-134a 蒸气填充并用阀门密封。然后将 HFA-134a 加压充填入密封的容器内即得。

［注解］ ①该制剂为溶液型气雾剂，无水乙醇作为潜溶剂增加药物和赋形剂在制剂中的溶解度，使药物溶解达到有效治疗量；②柠檬酸调节体系 pH 值，抑制药物分解；③加入少量水可以降低药物因脱水引起的分解。

2. 混悬型气雾剂 将不溶于抛射剂的药物以细微粒状分散于抛射剂中形成的非均相体系。常需加入表面活性物质作为润湿剂、分散剂和助悬剂，以便分散均匀并稳定。

3. 乳剂型气雾剂 由药物、抛射剂与乳化剂等形成的乳剂型非均相分散体系。药物可溶解在水相或油相中，形成 O/W 型或 W/O 型。如外相为药物水溶液，内相为抛射剂，则可形成 O/W 型乳剂。当乳剂经阀门喷出后，分散相中的抛射剂立即膨胀汽化，使乳剂呈泡沫状态喷出，故称泡沫气雾剂。乳化剂的选择很重要，其乳化性能好坏的指标为：在振摇时应完全乳化成很细的乳滴，外观白色，较稠厚，至少在 1～2 min内不分离，并能保证抛射剂与药液同时喷出。

二、喷雾剂

（一）概述

喷雾剂系指含药溶液、乳状液或混悬液填充于特制的装置中，使用时借助手动泵的压力、高压气体、超声振动或其他方法将内容物以雾状等形态喷出的制剂。用于肺部吸入或直接喷至腔道黏膜、皮肤及空间消毒。由于喷雾剂中不含有抛射剂，对大气环境无影响，目前已成为氟氯烷烃类气雾剂的主要替代途径之一。

1. 喷雾剂的特点

(1) 药物呈细小雾滴能直达作用部位，局部浓度高，起效迅速；

(2) 给药剂量准确，给药剂量比注射或口服剂量小，因此毒副作用小；

(3) 药物呈雾状直达病灶，形成局部浓度，可减少疼痛，且使用方便；

(4) 随着使用次数的增加，内容物的减少，容器压力也随之降低，致使喷出的雾滴大小及喷射量不能维持恒定。因此药效强、安全指数小的药物不宜制成喷雾剂。

2. 喷雾剂的分类

(1) 按使用方法分类：分为单剂量和多剂量喷雾剂。

(2) 按雾化的原理分类：分为喷射喷雾剂和超声喷雾剂。

(3) 按用药途径分类：分为吸入喷雾剂、非吸入喷雾剂及外用喷雾剂。

(4) 按给药定量与否分类：分为定量喷雾剂和非定量喷雾剂。

(5) 按分散系统分类：分为溶液型、乳剂型和混悬型。

3. 喷雾剂的质量要求

(1) 溶液型喷雾剂药液应澄明；乳剂型喷雾剂乳滴在液体介质中应分散均匀；混悬型喷雾剂应将药物细粉和附加剂充分混匀，制成稳定的混悬剂。吸入喷雾剂的雾滴（粒）大小应控制在 10 μm 以下，其中大多数应在 5 μm 以下。

(2) 配制喷雾剂时，可按药物的性质添加适宜的附加剂，如溶剂、抗氧化剂、表面活性剂等。所加入附加剂应对呼吸道黏膜、纤毛或皮肤等无刺激性、无毒性。烧伤、创伤用喷雾剂应采用无菌操作或灭菌。

(3) 喷雾剂装置中各组成部件均应采用无毒、无刺激性、性质稳定、与药物不起作用的材料制造。

(4) 单剂量吸入喷雾剂应标明：①每剂药物含量；②液体使用前置于吸入装置中吸入，而非吞服；③有效期；④储藏条件。多剂量喷雾剂应标明：①每瓶的装量；②主药含量；③总喷次；④每喷主药含量；⑤储藏条件。

(5) 喷雾剂应置凉暗处储存，防止吸潮等。

（二）喷雾剂的装置

1. 普通喷雾装置 普通喷雾装置的主要结构由两部分组成，一部分是起喷射药物作用的喷雾装置（手动泵),另一部分是承装药物溶液的容器。手动泵主要由泵杆、支持体、密封垫、固定杯、弹簧、活塞、泵体、弹簧帽、活动垫或舌状垫及浸入管等基本元件组成。容器常用的有塑料瓶和玻璃瓶两种,前者一般由不透明的白色塑料制成,质轻、强度较高,便于携带;后者一般由不透明的棕色玻璃制成,强度差些。对于不稳定的药物溶液,还可以封装在一种特制的安瓿中,在使用前打开,装上一种安瓿泵,即可进行喷雾给药。

2. 新型喷雾装置 20世纪90年代以来,世界各大医药公司都积极研发了新型的喷雾器。与传统喷雾器相比,新型喷雾技术大大提高了雾化传递效率,且使用方便、便于携带、较干粉吸入剂、MDI更易于应用,可避免患者吸气与喷射给药不协调的问题等。目前开发应用的主要有:①智能型喷雾装置;②超声波雾化器;③Respimat喷雾器。

(三)喷雾剂的临床应用与注意事项

1. 临床应用 喷雾剂多数是根据病情需要临时配制而成,既可作局部用药,亦可治疗全身性疾病。

2. 注意事项

(1) 喷雾剂用于呼吸系统疾病或经呼吸道黏膜吸收治疗全身性疾病,药物是否能达到或留置在肺泡中,抑或能否经黏膜吸收,主要取决于雾粒的大小。对肺的局部作用,其雾化粒子以3~10 μm大小为宜,若要迅速吸收发挥全身作用,其雾化粒径最好为0.1~0.5 μm大小。

(2) 喷雾剂多为临时配制而成,保存时间不宜过久,否则容易变质,吸入剂因肺部吸收干扰因素较多,往往不能充分吸收。

知识链接

喷雾剂的质量评定

《中国药典》(2015年版)四部规定喷雾剂的质量检查项目有:每瓶总喷次、每喷主药含量、每喷喷量、递送剂量均一性、微细粒子剂量、装量差异、装量、无菌和微生物限度等。

(四)喷雾剂的处方举例

例:鲑降钙素鼻喷雾剂

[处方]	鲑降钙素	0.275 g	氯化钠	1.5 mg
	枸橼酸钠	20.0 mg	苯扎氯铵	0.2 mg
	PVP-K30	20 mg	枸橼酸(柠檬酸)	20 mg
	吐温80	60 mg	注射用水	2 mL

[制法] 精确称取鲑降钙素与所有辅料,分别溶于适量的注射用水,溶解后,将两溶液合并,充分混匀,加注射用水至所需配制量,测pH值(3.7~4.1)。用0.22 μm微膜过滤器过滤。灌装,充氮气,加泵阀。

[注解] 由于多肽类药物易吸附在容器表面,在制备时需按标示量的10%对鲑降钙素进行追加投料。温度和光照对鲑降钙素鼻喷雾剂的稳定性有较大影响。因此,鲑降钙素鼻喷雾剂需避光,2~8 ℃储存。

三、吸入粉雾剂

(一)概述

粉雾剂是指一种或一种以上的药物粉末,装填于特殊的给药装置,以干粉形式将药物喷雾于给药部位,发挥全身或局部治疗作用的一种给药系统。因其具有使用方便,不含抛射剂,药物呈粉状,稳定性好,干扰因素少等优点,日益受到人们的重视。

粉雾剂按用途可分为吸入粉雾剂、非吸入粉雾剂和外用粉雾剂。本节主要介绍吸入粉雾剂。

1. 吸入粉雾剂的概念及分类 吸入粉雾剂系指微粉化药物或与载体以胶囊、泡囊或多剂量储库形式,采用特制的干粉给药装置,由患者主动吸入雾化药物至肺部的制剂,亦称为干粉吸入剂。根据吸入部位的不同,可分为经鼻吸入粉雾剂和经口吸入粉雾剂。

2. 吸入粉雾剂特点

(1) 药物到达肺部后直接进入血液循环,达到全身治疗目的。

(2) 药物吸收迅速，给药后起效快，无肝脏首过效应。

(3) 无胃肠道刺激或降解作用。

(4) 小分子药物尤其适用于呼吸道吸入或喷入给药，大分子药物的生物利用度可以通过吸收促进剂或其他方法的应用来提高。

(5) 起局部作用的药物，给药剂量明显降低，毒副作用小。

(6) 可用于胃肠道难以吸收的水溶性大的药物(代替注射剂)。

(7) 药物以胶囊或泡囊等形式给药，剂量准确。

(8) 患者主动吸入药粉，不存在给药协同配合困难，因此患者的顺应性好，特别适用于需进行长期治疗的患者。

3. 吸入粉雾剂质量要求

(1) 为改善吸入粉雾剂的流动性，可加入适宜的载体和润滑剂，所有附加剂均应为生理可接受物质，且对呼吸道黏膜或纤毛无刺激性。

(2) 粉雾剂给药装置使用的各组成部件均应采用无毒、无刺激性、性质稳定、与药物不起作用的材料制备。

(3) 吸入粉雾剂中的药物粒度大小应控制在 10 μm 以下，其中大多数应在 5 μm 左右。

(4) 胶囊型、泡囊型粉雾剂应标明：①每粒胶囊或泡囊中药物含量；②胶囊应置于吸入装置中吸入，而非吞服；③有效期；④储藏条件。多剂量储库型吸入粉雾剂应标明：①每瓶的装量；②主药含量；③总吸次；④每吸主药含量。

(5) 粉雾剂易吸潮，应置于凉暗处保存，有助于防止粉末的吸湿，以保持粉末细度、分散性和良好流动性。

(二) 吸入粉雾剂的组成

1. 药物与附加剂

(1) 药物　将药物微粉化是吸入粉雾剂取得成功的关键。采用的粉碎方法有气流粉碎、球磨粉碎、超临界粉碎等。

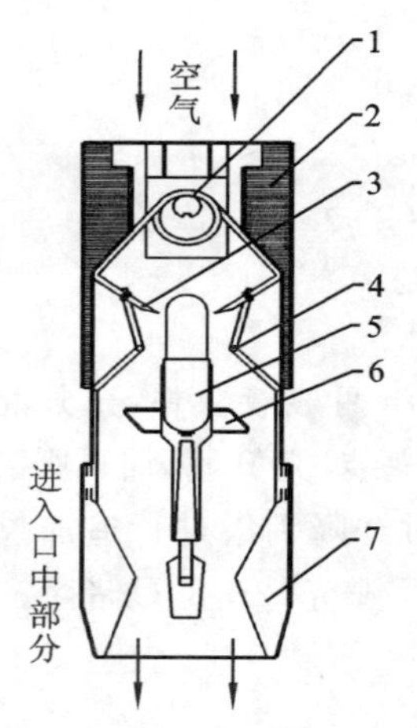

图 12-5　胶囊型粉末雾化器结构示意图

注：1—弹簧杆；2—主体；3—致孔针；4—不锈钢弹簧节；5—药物胶囊；6—扇叶推进器；7—口吸器

(2) 附加剂　药物经微粉化后，粉粒容易发生聚集，粉末的电性和吸湿性也对分散性造成影响。因此为了得到流动性和分散性良好的粉末，使吸入的剂量更加准确，常加入适宜的载体，如乳糖、木糖醇等，将药物附着在其上。

2. 给药装置　吸入粉雾剂由粉末吸入装置和供吸入用的干粉组成。根据干粉的计量形式，将吸入装置分为三种类型：胶囊型、泡囊型与多剂量储库型。本节主要介绍胶囊型给药装置。

胶囊型给药装置的药物干粉装于硬胶囊中，使用时载药胶囊被小针刺破，患者用力吸入，药粉便从胶囊中吸进给药室中，并在气流的作用下经口吸入肺部。这种给药装置的结构主要由雾化器的主体、扇叶推进器和口吸器三部分组成(图 12-5)。在主体外套有能上下移动的套筒，套筒内上端装有不锈钢针；口吸器的中心也装有不锈钢针，作为扇叶推进器的轴心及胶囊一端的致孔针。使用时，将组成的三部分卸开，先将扇叶套于口吸器的不锈钢针上，再将装有极细粉的胶囊的深色盖端插入扇叶的中孔中，然后将三部分组成整体，并旋转主体使与口吸器连接并试验其牢固性。压下套筒，使胶囊两端刺入不锈钢针；再提起套筒，使胶囊两端的不锈钢针脱开，扇叶内胶囊的两端已致孔，并能随扇叶自由转动，即可供患者应用。夹于中、拇指间，在接嘴吸用前先呼气。然后接口于唇齿间，深吸并屏气 2～3 s 后再呼气。当吸嘴端吸引时，空气由另一端进入，经过胶囊将粉末带出，并由推进器扇叶，扇动气流，将粉末分散成气溶胶后吸入患者呼吸道起治疗作用。反复操作 3～4 次，使胶囊内粉末充分吸入，以提高治疗效果。最后应清洁粉末雾化器，并保持干燥状态。

吸入装置的设计原则是增加湍流的产生，以提高装置释放的可供吸入的药物量。理想的干粉给药装置应为：装置内预先装入一些剂量，使患者易于使用；在底气流量时，仍易吸入；小剂量时，粉末剂量准确；对湿不敏感;处方流动性许可时,无附加剂的纯药物也可工作;计数装置可提示患者吸入了多少剂量,无过量的危险。

吸入装置的选择应根据主药特性选择适宜的给药装置,需要长期给药的宜选用多剂量储库型装置,主药性质不稳定的则选择单剂量给药装置。

(三)粉雾剂的处方举例

例:醋酸奥曲肽鼻用粉雾剂

[处方] 醋酸奥曲肽 1.39 mg

微晶纤维素(Avicel PH101,粒径 38~68 μm) 18.61 mg

[制备] 先将醋酸奥曲肽与四分之一量的纤维素混合,将混合物过筛;然后加入剩余的纤维素,并将物料完全混匀;最终将粉末粒径控制在 20~25 μm 范围内,将粉末填装到胶囊中,这种鼻腔用粉末局部和全身耐受良好。

拓展知识

吸入制剂的吸收

吸入制剂系指原料药物溶解或分散于合适介质中,以蒸气或气溶胶形式递送至肺部发挥局部或全身作用的液体或固体制剂。气雾剂、喷雾剂和粉雾剂均可通过肺部吸入给药,药物吸收速度很快,几乎与静脉注射相当。肺吸收的途径如图 12-6 所示。

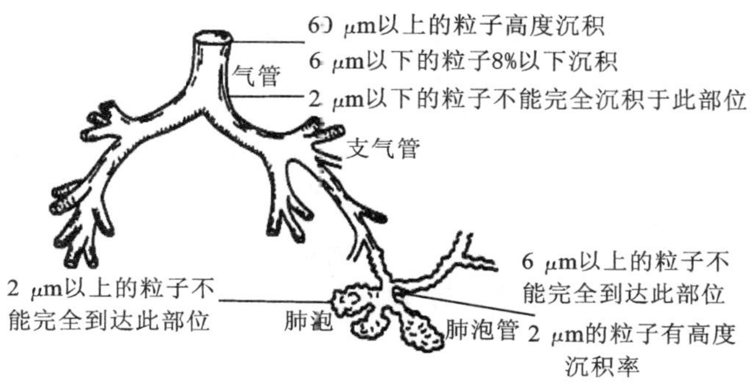

图 12-6 肺吸收的途径结构示意图

一、肺部吸入药物的吸收特点

肺由气管、支气管、细支气管、肺泡管和肺泡囊组成,肺泡囊是气体与血液进行快速扩散交换的部位,药物的吸收也是在肺泡部位进行。药物在肺部吸收迅速的原因有:①肺泡囊的数目达 3 亿~4 亿个,总表面积可达 70~100 m^2,为体表面积的 25 倍;②肺泡囊壁由单层上皮细胞所构成,这些细胞紧靠着致密的毛管血管网(毛细血管总表面积约为 90 m^2,且血流量大),细胞壁和毛细管壁的厚度只有 0.5~1 μm。由于肺部具有巨大的可供吸收的表面积和十分丰富的毛细血管,而且从肺泡表面到毛细血管的转运距离极短,因此药物在肺部的吸收十分迅速,药物到达肺泡囊即可迅速被吸收。

此外,肺部的酶活性较胃肠道低,也无胃肠道苛刻的酸、碱环境,且药物直接入血避开了肝脏的首过效应,这些因素都利于药物的吸收。

二、药物在呼吸系统分布吸收的影响因素

1. 呼吸的气流 正常人每分钟呼吸 15~16 次,每次吸气量为 500~600 cm^3,其中约有 200 cm^3 存在于咽、气管及支气管之间,气流常呈湍流状态,呼气时可被呼出。空气进入支气管以下部位时,气流速度逐渐减慢,多呈层流状态,易使气体中所含药物细粒沉积。通常药物粒子在呼吸系统的沉积率与呼吸量成正比,而与呼吸频率成反比。

2. 微粒的大小 粒子大小是影响药物能否深入肺泡囊的主要因素。直径大于 10 μm 的微粒大部分落在上呼吸道黏膜上，因而吸收慢；而直径小于 0.5 μm 的微粒，进入肺泡囊后大部分由呼气排出，在肺部的沉积率也很低。因此吸入制剂的微粒大小以在 0.5～5 μm 范围内最适宜。

3. 药物的性质 吸入的药物最好能溶解于呼吸道的分泌液中，否则成为异物，对呼吸道产生刺激。药物从肺部吸收是被动扩散，吸收速率与药物的相对分子质量及脂溶性有关。①小分子化合物易通过肺泡囊表面细胞壁的小孔，因而吸收快，而相对分子质量大的糖、酶、高分子化合物等，难以由肺泡囊吸收；②脂溶性药物经肺泡上皮细胞的脂质双分子膜扩散吸收，少部分由小孔吸收，故油/水分配系数大的药物，吸收速度也快；③若药物吸湿性大，微粒通过湿度很高的呼吸道时会聚集、变大和沉积，影响药物粒子进入肺泡，从而妨碍药物吸收。

4. 其他因素 制剂的处方组成、给药装置的结构直接影响药物雾滴或粒子的大小和性质、粒子的喷出速度等，进而影响药物的吸收。气雾粒子喷出的初速度对药物粒子的停留部位影响很大，初速度愈大，在咽喉部的截留愈多，从而影响药物在肺部的吸收。因此，应选择适宜的抛射剂种类和用量、加入适宜的附加剂以及设计合理的给药装置，以满足气雾剂的给药需要，达到良好的吸收效果。

此外，将药物制成脂质体、微球或固体脂质纳米粒用于吸入给药，能够增加药物在肺部的滞留时间或延缓药物的释放，从而使药物在肺部达到缓慢吸收的效果。

项目小结

教学提纲		主要内容简述
一级	二级	
一、气雾剂	（一）概述	(1)气雾剂的特点：优点、缺点 (2)气雾剂的分类 (3)气雾剂的质量要求
	（二）气雾剂的组成	气雾剂是由抛射剂、药物与附加剂、耐压容器和阀门系统所组成
	（三）气雾剂的临床应用与注意事项	(1)临床应用：气雾剂可用于呼吸道吸入给药，或直接喷至腔道黏膜、皮肤给药，也可用于空间消毒 (2)注意事项
	（四）气雾剂的制备	制备过程可分为：容器阀门系统的处理与装配，药物的配制、分装和充填抛射剂三部分，最后经质量检查合格后为气雾剂成品
	（五）气雾剂的处方类型及举例	溶液型气雾剂（溴化异丙托品气雾剂）；混悬型气雾剂（沙丁胺醇气雾剂）；乳剂型气雾剂
二、喷雾剂	（一）概述	(1)喷雾剂的特点 (2)喷雾剂的分类 (3)喷雾剂的质量要求
	（二）喷雾剂的装置	(1)普通喷雾装置的主要结构由两部分组成，一是起喷射药物作用的喷雾装置（手动泵），另一部分是承装药物溶液的容器 (2)新型喷雾装置：目前开发应用的主要有：①智能型喷雾装置；②超声波雾化器；③Respimat 喷雾器
	（三）喷雾剂的临床应用与注意事项	(1)临床应用：喷雾剂多数是根据病情需要临时配制而成，既可作局部用药，亦可治疗全身性疾病 (2)注意事项
	（四）喷雾剂的处方举例	鲑降钙素鼻喷雾剂

续表

教学提纲		主要内容简述
一级	二级	
三、吸入粉雾剂	(一)概述	(1)吸入粉雾剂的概念及分类 (2)吸入粉雾剂特点 (3)吸入粉雾剂质量要求
	(二)吸入粉雾剂的组成	(1)药物与附加剂 (2)给药装置:吸入粉雾剂由粉末吸入装置和供吸入用的干粉组成
	(三)粉雾剂的处方举例	醋酸奥曲肽鼻用粉雾剂

达标检测题

一、选择题

(一) 单项选择题

1. 下列有关气雾剂特点的叙述,正确的是(　　)。

A. 只起局部治疗作用　B. 具有长效作用

C. 吸收快,作用迅速　D. 容器内压高,影响药物的稳定性

E. 供吸入用气雾剂吸收完全

2. 定量阀门能准确控制吸入气雾剂的喷出剂量主要依靠阀门系统中的(　　)。

A. 阀杆　B. 封帽　C. 浸入管　D. 定量杯(室)　E. 弹簧

3. 下列属于气雾剂阀门系统的是(　　)。

A. 橡胶封圈　B. 耐压容器　C. 抛射剂　D. 药物　E. 附加剂

4. 与气雾剂雾粒大小无关的因素是(　　)。

A. 抛射剂类型　B. 抛射剂用量　C. 抛射剂压力　D. 阀门的类型　E. 容器的种类

5. 下列关于气雾剂的叙述,错误的是(　　)。

A. 气雾剂喷出的药物均为气态　B. 吸入气雾剂吸收速率快

C. 增加了药物稳定性　D. 起全身作用者还可避免胃肠道的不良反应

E. 能减少局部给药的机械刺激

(二) 配伍选择题

题 1～5

A. 吸入气雾剂　B. 非吸入气雾剂　C. 外用气雾剂　D. 粉雾剂　E. 喷雾剂

1. 配有定量阀门,直接喷至腔道黏膜的气雾剂是(　　)。

2. 采用特制的干粉给药装置,将雾化药物喷出的制剂是(　　)。

3. 配有非定量阀门,用于皮肤和黏膜及空气消毒的气雾剂是(　　)。

4. 配有定量阀门,供肺部吸入的气雾剂是(　　)。

5. 不含抛射剂、借助手动泵的压力将内容物以雾状等形态释出的制剂是(　　)。

(三) 多项选择题

1. 下列有关气雾剂的叙述,正确的是(　　)。

A. 气雾剂由药物与附加剂、抛射剂、耐压容器和阀门系统组成

B. 气雾剂按分散系统分为溶液型、混悬型和乳剂型

C. 气雾剂用药剂量难以控制

D. 气雾剂只能吸入给药

E. 抛射剂的用量可影响喷雾粒子的大小

2. 下列可制成气雾剂的药物是(　　)。

A. 抗组胺药　B. 支气管扩张药　C. 心血管药　D. 抗生素　E. 解痉药

3. 气雾剂普遍采用的耐压容器有（　　）。

A. 金属容器　B. 橡胶容器　C. 塑料容器　D. 玻璃容器　E. 搪瓷容器

4.《中国药典》(2010 年版)规定气雾剂的质量检查包括（　　）。

A. 泄漏和爆破检查
B. 每瓶总揿次、每揿主药含量
C. 微生物限度
D. 喷射速率、喷出总量
E. 无菌检查

二、名词解释

1. 气雾剂
2. 喷雾剂
3. 粉雾剂

三、填空题

1. 根据医疗用途不同，气雾剂可分为三大类，即________、________、和________。
2. 气雾剂由________、________、________和________组成。
3. 气雾剂的抛射剂可分为________、________、________。
4. 抛射剂的填充方法主要有________、和________。
5. 根据制备气雾剂的药物是液体、半固体和固体粉末的不同，可分别添加适宜的附加剂制成________气雾剂、________气雾剂和________气雾剂。

四、简答题

1. 简述气雾剂的特点。
2. 简述气雾剂临床应用的注意事项。

五、实例分析题

1. 大蒜油气雾剂

大蒜油	10 mL
聚山梨酯 80	30 g
油酸山梨酯	35 g
十二烷基硫酸钠	20 g
甘油	50 mL
纯化水　加至	400 mL
二氯二氟甲烷	962.5 g

根据处方回答下列问题：

(1) 处方中各组分的作用是什么？

(2) 采用哪一种制备方法？

2. 盐酸异丙肾上腺素气雾剂

盐酸异丙肾上腺素	2.5 g
乙醇	296.5 g
维生素 C	1.0 g
柠檬油	适量
二氯二氟甲烷	适量
制成	1000 g

根据处方回答下列问题：

(1) 处方中各成分的作用是什么？

(2) 本品用途是什么？长期使用存在的问题是什么？

（李雪倩）

模块五　制剂新技术与新剂型

项目十三　药物制剂新技术

学 习 目 标

能力目标

能采用常用的制备方法制备包合物和微囊。

能验证包合物的形成，能对微囊、微球进行正确的质量评价。

知识目标

掌握：包合物、微囊、微球的概念、特点、制备方法。

熟悉：包合物的验证，微囊、微球的质量评价内容；微囊与微球中药物的释放及体内转运。

了解：包合物、微囊、微球制备的常用材料。

操作任务……

Ⅰ　布洛芬固体分散体的制备与溶出

一、操作目的

(1) 能进行固体分散体的处方分析和小试制备。

(2) 会对固体分散体的溶出速率进行简单的测定。

(3) 能正确使用真空干燥箱、溶出仪和紫外-可见分光光度计等仪器设备。

二、器材与药品

蒸发皿、水浴锅、100 目筛、真空干燥箱、溶出仪、紫外-可见分光光度计、电子天平、磷酸盐缓冲液、pH 计、布洛芬、聚乙烯吡咯烷酮(PVP-k30)等。

三、操作内容

(一) 制备布洛芬固体分散体

布洛芬具有抗炎、镇痛、解热作用，是 WHO 和 FDA 唯一共同推荐的儿童退烧药，亦用于治疗风湿性关节炎、类风湿性关节炎、骨关节炎和神经炎等。市售制剂主要包括布洛芬普通片、布洛芬缓释片、布洛芬泡腾片、布洛芬缓释胶囊、布洛芬搽剂等。布洛芬虽然在乙醇、丙酮、三氯甲烷或乙醚中易溶，但在水中几乎不溶，这影响了布洛芬从制剂中的释放和在体内的吸收，采用固体分散体技术可以增加布洛芬在水中的溶解度和溶出速率，进而提高其生物利用度。

[处方]	布洛芬	0.2 g	无水乙醇	15 mL
	PVP-k30	2.0 g		

［制法］ 取 PVP-k30 2.0 g 置于蒸发皿中，加入无水乙醇 15 mL，60～80 ℃水浴加热使溶解，加入布洛芬 0.2 g，搅匀使溶解，在搅拌下蒸去乙醇，取下蒸发皿在 60 ℃真空干燥箱里继续干燥除尽乙醇，取出，研磨，过 100 目筛，即得。

［注解］

(1) PVP 是一种无定型物，在蒸去无水乙醇后仍然以无定型状态存在。PVP 与布洛芬之间形成共沉淀物时，药物与 PVP 之间的相互作用(如微弱的氢键)抑制了药物的结晶过程。

(2) PVP 相对分子质量越小，形成氢键的能力越强，越容易形成固体分散体，药物的溶出速率越高，次序为：PVP-k15(平均相对分子质量约 10000)＞ PVP-k30(平均相对分子质量约 50000)＞ PVP-k90(平均相对分子质量约 360000)。

(3) 固体分散体蒸去无水乙醇后，取出迅速降温(如迅速放入冰箱冷冻 10 min)，有利于提高固体分散体的溶出速度。

(二) 布洛芬固体分散体的溶出试验

精密称取布洛芬固体分散体约 1.1 g，照《中国药典》(2015 年版)第四部溶出度测定法第一法，以磷酸盐缓冲溶液(pH＝7.2)900 mL 为溶出介质，转速为每分钟 120 转，依法操作，经 5 min、10 min、15 min、20 min、30 min 取样，取溶液 5 mL，滤过，精密量取续滤液 2 mL，加溶出介质稀释至 25 mL，摇匀，照紫外-可见分光光度法，在 222 nm 波长处测定吸光度 A，按 $C_{13}H_{18}O_2$ 的吸收系数 $E=449$ 计算溶出率，将数据填入表 13-1，并根据溶出百分率绘制溶出曲线。将布洛芬原料过 100 目筛，与 PVP-k30 以 1∶10 的比例混合，称取混合物约 1.1 g，同法操作，计算溶出率并绘制溶出曲线。

提示：溶出百分率≈$2.27\times A\times m\times 100\%$，式中：$A$ 为吸光度；m 为样品称样量。

表 13-1 布洛芬固体分散体的溶出试验

样品	吸光度					溶出百分率				
	5 min	10 min	15 min	20 min	30 min	5 min	10 min	15 min	20 min	30 min
固体分散体										
布洛芬原粉末										

四、思考题

(1) 提高药物的溶解度在制剂上有什么意义？

(2) 本案例中，在制备固体分散体过程中为什么要迅速降温？

Ⅱ 包合物的制备及其验证

一、操作目的

(1) 掌握饱和水溶液法制备包合物的工艺。

(2) 学会验证包合物形成的方法。

(3) 会正确使用恒温磁力搅拌器等仪器。

二、器材与药品

架盘天平、恒温磁力搅拌器、恒温水浴箱、量筒(5 mL、10 mL、50 mL)、真空抽滤泵、薄荷油、β-环糊精、无水乙醇、蒸馏水等。

三、操作内容

(一) 薄荷油-β-环糊精包合物的制备

［处方］ 薄荷油 1 mL β-环糊精 4 g

无水乙醇 5 mL 蒸馏水 50 mL

[制法]

(1) β-环糊精饱和水溶液的制备：称取β-环糊精4 g，置于100 mL具塞三角瓶中，加蒸馏水50 mL，加热溶解，降温至60 ℃，即得，备用。

(2) 薄荷油-β-环糊精包合物的制备：称取薄荷油1 mL，缓慢滴入到β-环糊精饱和水溶液中，待出现混浊逐渐有白色沉淀析出，不断搅拌2.5 h，待沉淀析出完全，抽滤至干，用无水乙醇5 mL洗涤3次至表面无油渍为止，即得。

(3) 将包合物置于干燥器中干燥，称重，计算。

[注解]

(1) β-环糊精饱和水溶液要在60 ℃保温，否则水溶液不澄明。

(2) 在包合物制备过程中温度应控制在60±1 ℃，搅拌时间应充分，析出沉淀应完全，否则影响包合物收率。

(二) 质量检查

1. 验证包合物形成 薄层色谱法(TLC)。

(1) 硅胶G板的制作：称取硅胶G与0.3%羧甲基纤维素钠水溶液按1 g∶3 mL的比例混合调匀，铺板，110 ℃活化1 h，备用。

(2) 样品的制备：取薄荷油-β-环糊精包合物0.5 g，加95%乙醇2 mL溶解，过滤，滤液为样品$a_{薄}$，薄荷油2滴，加无水乙醇2 mL溶解，为样品$b_{薄}$。

(3) TLC条件：取样品$a_{薄}$、$b_{薄}$各10 μL，点于同一硅胶G板上，用含15%石油醚的乙酸乙酯为展开剂，展开前将板置于展开槽中饱和5 min，上行展开，展距15 cm，1%香草醛浓硫酸溶液为显色剂，喷雾后烘干显色。

2. 包合物中含油量的测定

(1) 精密量取薄荷油1 mL，置于圆底烧瓶中，加蒸馏水100 mL，用挥发油测定法提取薄荷油，并计量。

(2) 称取相当于1 mL薄荷油的包合物置于圆底烧瓶中，加水100 mL，按(1)法提取陈皮油并计量。根据所测数值，利用公式(13-1)、式(13-2)、式(13-3)计算包合物的含油率、油的收率及包合物的收率。

$$含油率=\frac{包合物中实际含油量(g)}{包合物量(g)}\times 100\% \tag{13-1}$$

$$油的收率=\frac{包合物中实际含油量(mL)}{投油量(mL)}\times 100\% \tag{13-2}$$

$$包合物的收率=\frac{包合物实际量(g)}{投入的环糊精量(g)+投油量(g)}\times 100\% \tag{13-3}$$

四、思考题

(1) 本实验以什么为包合物的主分子？它有何特点？

(2) 除TLC外，还有哪些方法可以用于包合物形成的验证？

Ⅲ 微囊的制备

一、操作目的

(1) 掌握制备微囊的复凝聚或单凝聚工艺。

(2) 掌握光学显微镜目测法测定微囊粒径的方法。

二、器材与药品

恒温水浴、电动搅拌器、烧杯、冰浴、液体石蜡、明胶、甲醛、Schiff试剂、醋酸、NaOH、$Na_2SO_4 \cdot 10H_2O$等。

三、操作内容

（一）液体石蜡微囊制备（单凝聚工艺）

［处方］ 液体石蜡 2 g
明胶 2 g
10％醋酸溶液 适量
60％硫酸钠溶液 适量
36％甲醛溶液 3 mL
蒸馏水 适量

［制法］

1. 明胶水溶液的制备 称取明胶 2 g，加水 10 mL，浸泡膨胀后，微热助其溶解，50 ℃保温，即得，备用。

2. 液体石蜡乳状液的制备 称取液体石蜡 2 g，加入明胶水溶液，置于研钵中研磨成初乳，加水稀释至 60 mL，用 10％醋酸调节 pH 值至 4，即得，备用。

3. 60％硫酸钠溶液的配制 称取 $Na_2SO_4 \cdot 10H_2O$ 晶体 15 g，加水 25 mL 混匀，于 50 ℃溶解并保温即得，备用。

4. 硫酸钠稀释液的配制 根据成囊后系统中所含的硫酸钠浓度（如为 a％），再增加 1.5％［成为（a＋1.5）％］，配成该浓度后于 15 ℃放置即得，备用。

5. 微囊的制备 将液体石蜡乳状液置于烧杯中，于恒温水浴中维持 50～55 ℃，量取一定量的 60％硫酸钠溶液，缓慢滴入搅拌的乳状液中，至显微镜观察已凝聚成囊为度，并计算出系统中的硫酸钠百分浓度，从而得硫酸钠稀释液。将体积为成囊系统 3 倍的稀释液倒入成囊系统中，使凝聚囊分散，静置使凝聚囊沉降完全，倾去上清液，用硫酸钠稀释液洗 2～3 次后，将凝聚囊混悬于 300 mL 硫酸钠稀释液中，加 36％甲醛 3 mL，搅拌 15 min，加 20％NaOH 调节 pH 值至 8～9，继续搅拌 1 h，静置待微囊沉降完全，倾去上清液，抽滤，多次用纯水抽洗，至无甲醛味且用 Schiff 试剂检查洗出液至不显色为止，抽干，即得。

［注解］

(1) 所用的水均为纯水，以免离子干扰凝聚。

(2) 液体石蜡乳状液中的明胶，既是囊材又是乳化剂，因此，可以用组织捣碎机乳化 1～2 min 代替研钵，克服其乳化力不强的缺点。

(3) 60％硫酸钠溶液温度低时会析出晶体，配好后应加盖于 50 ℃保温备用。

(4) 硫酸钠稀释液的浓度至关重要，在凝聚成囊并不断搅拌下，立即计算出稀释液的浓度。例如，成囊已经用去 60％硫酸钠溶液 21 mL，而原液体石蜡乳状液体积为 60 mL，则凝聚系统中硫酸钠浓度为（60％×21 mL）/81 mL＝15.6％，则（15.6＋1.5）％即 17.1％就是稀释液的浓度。浓度过高或过低时可使凝聚囊粘连成团或溶解。

(5) 用稀释液反复洗涤凝聚囊的目的是洗去未凝聚的明胶，否则在交联固化时形成胶状物。

（二）质量检查

(1) 在光学显微镜下考察制得微囊的性状。

(2) 粒径及其分布。

四、思考题

(1) 用单凝聚工艺制备微囊时，药物必须具备什么条件？为什么？

(2) 使用交联剂的目的和条件是什么？用 Schiff 试剂检查时的显色反应是什么？

相关知识

新药被批准上市的难度越来越大，且新发现的药物约 90％都面临着溶解度不高、溶出速率太慢的问题。如何提高难溶性药物的溶解度和溶出速率呢？除了成盐、增溶、助溶和更换溶剂等传统手段外，制剂上用得越来越多的是采用超微粉碎技术、固体分散技术、脂质体技术和包合物技术等新技术。超微粉碎技术和固体分散技术均可降低药物的粒径，进而增加药物的溶解度（图 13-1）。上述新技术均可增加药物的生物利用度，图 13-2 是利用固体分散技术和包合物技术增加达那唑生物利用度的例子。制剂新技术的采用不仅可以提高制剂的溶出速率，在改善药物的体内分布、提高药物的稳定性和掩盖药物的不良气味等方面也发挥着重要作用。

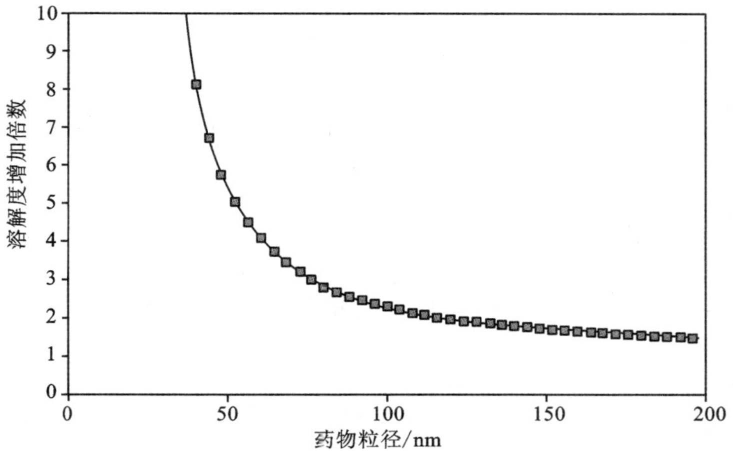

图 13-1　粒径对布洛芬溶解度的影响

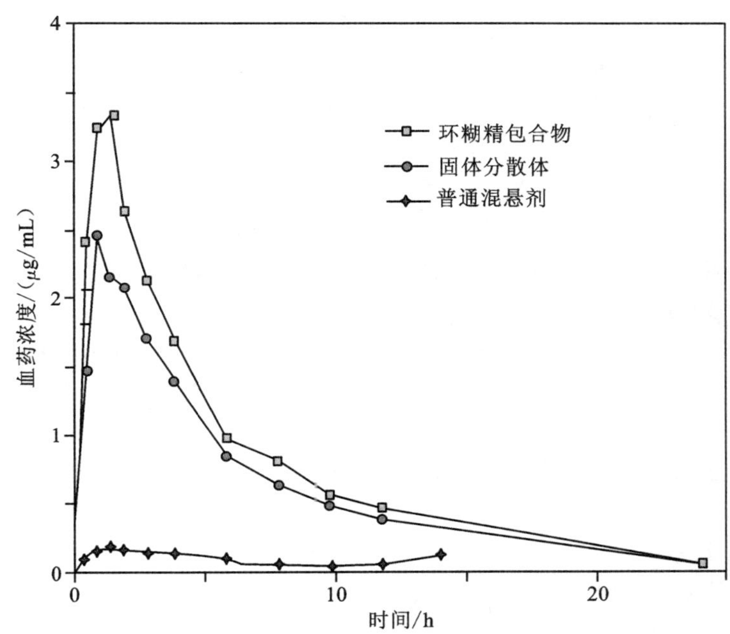

图 13-2　不同形式的达那唑生物利用度之比较

一、固体分散技术

固体分散技术（solid dispersion）是指将药物制成固体制剂或混悬剂等剂型时，药物（特别是难溶性药物）高度分散在另一种固体载体中的一种技术。之前学过的片剂、胶囊剂、散剂等固体制剂中，药物在制剂中的分散程度并不是很高，药物粒径一般在几十微米以上。但是在固体分散体中，药物通常以分子、微晶或无定型状态分散在载体中，药物粒径通常为纳米级。

虽然将药物制成固体分散体通常是为了增加难溶性药物的溶解度和溶出速率，进而提高药物的生物利用度，但也可利用固体分散技术来延缓或控制药物释放，甚至利用载体严实的包避作用来延缓药物的水解和氧化或掩盖药物的不良气味。制成固体分散体的例子非常多，比如：①将难溶性药物灰黄霉素用 PEG 6000 为载体制成滴丸，大大提高了药物的溶出速率和生物利用度，比普通制剂提高了 1 倍多；②将磺胺嘧啶用乙基纤维素为载体制成固体分散体，体外溶出可达到零级释放；③将硝苯地平以肠溶材料邻苯二甲酸羟丙基甲基纤维素（HPMCP）制成固体分散体，可防止药物在胃液中释放并促进其在肠液中释放。表 13-2 列出了 5 种应用固体分散体技术的上市药品。

表 13-2 5 种应用固体分散体技术的药品及其相关信息

商品名	活性成分	主要载体	制备方法	上市时间/年
Zotress	依维莫司	羟丙基甲基纤维素	喷雾干燥	2010
Onmel	伊曲康唑	羟丙基甲基纤维素	熔融挤出	2010
Cesamet	纳比隆	聚乙烯吡咯烷酮	溶剂挥发	1995
Zelboraf	维罗非尼	醋酸羟丙基甲基纤维素琥珀酸酯	共沉淀	2011
Norvir	利托那韦	共聚乙烯吡咯烷酮/醋酸乙烯酯	熔融挤出	2010

（一）固体分散体常用载体

根据不同目的，将药物制成不同类型的固体分散体，比如上述的速释型固体分散体、缓释型固体分散体和肠溶型固体分散体。这些不同类型的固体分散体，实际上取决于载体的类型和性质，亦即水溶性载体、水不溶性载体和肠溶性载体。

1. 水溶性载体 多为水溶性的高分子辅料、有机酸类和糖类等，一般用于增加药物的溶出速率。

1）聚乙二醇（PEG）类 水溶性较好，且能溶于多种极性和半极性有机溶剂。最常用的是 PEG 4000 和 PEG 6000，熔点较低（55～60 ℃），毒性小，化学性质稳定，能显著增加药物的溶出速率。药物为油类时，宜选用相对分子质量更高的 PEG 作为载体，如 PEG 12000、PEG 20000 等。

2）聚乙烯吡咯烷酮（PVP）类 PVP 能溶于水和多种有机溶剂，熔点较高。药物与 PVP 制成固体分散体时，由于氢键作用或配合作用而抑制药物晶核的形成及长大，但储存过程中易吸潮而析出药物，导致固体分散体老化。PVP 常用的规格有：PVP-k30（平均相对分子质量约 50000）、PVP-k15（平均相对分子质量约 10000）、PVP-k90（平均相对分子质量约 360000）。

3）泊洛沙姆（Poloxamer）188 乙烯氧化物和丙烯氧化物的嵌段聚合物，易溶于水，为一种表面活性剂。增加药物溶出的效果比 PEG 明显，是较好的速效固体分散体载体。

4）有机酸类 呈酸性，易溶于水，不溶于有机溶剂。常用的有枸橼酸、琥珀酸、酒石酸、胆酸和去氧胆酸等。不适于作为对酸敏感的药物的载体。

5）尿素 极易溶于水，稳定性好，具有利尿作用。主要用于利尿药或增加排尿量的难溶性药物的载体。

6）糖类 常用的有右旋糖酐、半乳糖及蔗糖等，亦包括甘露醇、木糖醇和山梨醇等糖醇类。特点是相对分子质量小，溶解迅速。

2. 水不溶性载体 包括乙基纤维素、聚丙烯酸树脂和脂质类，主要用于延缓药物的释放速度。

1）乙基纤维素（EC） 性质稳定，无毒，软化点为 152～162 ℃，溶于乙醇、苯、丙酮和四氯化碳等有机溶剂，广泛用于缓释固体分散体。

2）含季铵基团的聚丙烯酸树脂（Eudragit） 包括 Eudragit E、Eudragit RL 和 Eudragit RS 等，此类聚丙烯酸树脂在胃液中溶胀，肠液中不溶。

3）脂质类 包括胆固醇、棕榈酸甘油酯、巴西棕榈蜡和蓖麻油蜡等。

3. 肠溶性载体 主要包括肠溶性纤维素类和丙烯酸树脂类等。

1）肠溶性纤维素类 常用的包括邻苯二甲酸羟丙基甲基纤维素（HPMCP，有 HP-55 和 HP-50 两种型号）、邻苯二甲酸醋酸纤维素（CAP）和丙烯酸树脂类。

2）丙烯酸树脂类 常用的有 Eudragit L 和 Eudragit S，前者相当于国内的Ⅱ号丙烯酸树脂，在 pH＝6 以上的介质中溶解；后者相当于国内的Ⅲ号丙烯酸树脂，在 pH＝7 以上的介质中溶解。

（二）固体分散体的制备方法

固体分散体常用的制备方法包括熔融法、溶剂法、溶剂-熔融法、喷雾干燥法、研磨法和挤出法等。采用何种制备方法，取决于药物的性质、载体的性质和可用的仪器设备条件。

1. 熔融法 将药物与载体混匀，用水浴或油浴加热至熔融，在剧烈搅拌下迅速冷却至固态，放置一定时间使之变碎而易于粉碎。熔融法制备固体分散体的制剂，最适宜的剂型是直接制成滴丸，市售品如复方丹参滴丸。

2. 溶剂法 也称之为共沉淀法或共蒸发法。将药物和载体溶解于有机溶剂中，混匀后采用蒸发、喷雾干燥等方式除去溶剂而得到固体分散体。常用的溶剂有乙醇、丙酮和氯仿。该法的主要缺点是有机溶剂不易除尽，有可能导致药物重结晶，且对人体也有危害。

3. 溶剂-熔融法 将药物以少量的有机溶剂溶解后，再与熔融的载体混匀，除去有机溶剂，冷却固化而得。本法适用于热敏性药物，也适用于鱼肝油、维生素 E 等液体药物。

知识链接

固体分散体的速释与缓释原理

1. 速释原理 ①增加药物的分散度：根据 Noyes-Whitney 方程，溶出速率与药物的表面积成正比。固体分散体中药物以超细微粒状态存在，如胶体状态、微晶状态甚至分子状态，药物的比表面积可增加成千上万倍。②形成高能状态：在固体分散体中，特别是熔融法制备的固体分散体中，药物分子有时会以高能状态的无定型或亚稳态晶型存在。药物分子能量越高，扩散能量高，溶出速率也越快。

2. 缓释原理 药物采用疏水性载体制成的固体分散体一般具有缓释作用，这是由于药物被包埋于其疏水性骨架内，一方面溶出介质难以渗透进入骨架，另一方面药物即便被渗入的介质溶解后也难以扩散出来。比如乙基纤维素固体分散体、肠溶材料固体分散体和脂质材料固体分散体等，经常用以制备缓释制剂。

（三）固体分散体的评定

固体分散体中药物分散状态到底如何，是关系到固体分散体制备成功与否的最重要的评定项目。药物可能以分子状态、无定型状态、亚稳定状态、胶体状态、微晶状态或微粉状态存在，目前只有粗略地鉴别这些状态的方法，如差示扫描量热法、X 射线粉末衍射法和红外光谱法等。这些方法都是通过对比药物在形成固体分散体前后谱图的变化来进行评定的，比如在差示扫描量热法中药物制成固体分散体后吸热峰可能消失，也可能变小或位移。

比较简单的评定方法是溶出速率测定法。难溶性药物制成固体分散体后其溶出速率一般会增加，比如有人研究发现，双炔失碳酯(AD)-PVP 共沉淀物可提高 AD 的溶出速率，当 PVP 用量为 AD 的 8 倍时，溶出可提高近 40 倍。

知识链接

固体分散体的老化现象

实验表明，吲哚美辛固体分散体在存放 1 年之后，溶出明显降低。固体分散体存放过程中，出现硬度变大、析出结晶和药物溶出度降低等现象，称为老化现象。老化现象是由于载体选用不适宜、储存条件不当和药物浓度过高等原因所致。

除了老化现象外，固体分散体还可能出现药物含量下降等化学不稳定现象。比如氨苄西林-PEG 固体分散体、可的松-PEG 固体分散体在存放过程中会出现降解产物，可能是由于固体分散体系中载体与药物紧密接触、载体的不利影响被凸显。

二、分子包合技术

（一）概述

分子包合技术是指一种分子被全部或部分包入另一种分子内，形成分子胶囊状的包合物的技术。具有包合作用的外层分子称为主分子，被包合到主分子空穴中的小分子称为客分子。主分子需具有一定的形状和大小的空洞、笼格或洞穴，以容纳客分子。常用的包合材料有环糊精、纤维素和蛋白质等，最常用的是环糊精及其衍生物。

知识链接

包合物在制剂中的应用

1. 增加药物的溶解度和溶出度　如难溶性药物吲哚美辛、洋地黄毒苷和氯霉素等制成包合物之后，溶解度、溶出度和生物利用度均可显著增加。

2. 掩盖药物的不良臭味、降低刺激性　有的药物具有苦味、涩味等不良臭味，甚至还具有较强的刺激性。药物饱和后可掩盖不良臭味，降低刺激性。比如大蒜精油具有臭味，对胃肠道的刺激性也比较大，有研究者用环糊精将其制成包合物后显著降低了臭味和刺激性。

3. 提高药物的稳定性　环糊精可以包合许多容易氧化或光解的药物，提高药物的稳定性。如前列腺素 PEG2 在 40 ℃紫外光照射 3 h 下其活性就降低一半，而包合物在相同条件下照射 24 h 其活性未见降低。当然，也有制成包合物稳定性降低的情况，比如阿司匹林制成包合物后反而更容易水解。

4. 液体药物粉末化　中药中的许多挥发油，如薄荷油、生姜挥发油和紫苏油等，容易挥发，一般也不溶于水。传统的做法是用吸收剂将挥发油吸附后再压片或装胶囊等，生产过程容易挥发损失。比如羌活油在制成感冒冲剂时，不易混匀，且制成颗粒剂后极易挥发影响疗效，制成包合物后羌活油液态变固态，容易混匀并降低挥发性。

包合物在制剂中应用较为广泛，表 13-3 中列出了上市药品中含有包合物的一些品种。

表 13-3　采用包合技术的一些市售药品

商品名	包合物:环糊精	剂型	生产国家
Stada reisepastille	苯海拉明:β-CYD	片剂	德国
Glymeason®	地塞米松:β-CYD	软膏剂	日本
Brexin®,Cieladol®	吡罗昔康:β-CYD	片剂、栓剂	巴西、法国
Ulgut®,Lonmiel®	贝奈克酯:β-CYD	胶囊	日本
Prostandin 500®,prostavasin®	前列腺素 E1:α-CYD	粉针	意大利、日本、德国
Prostarmon E®	前列腺素 E2:α-CYD	舌下片	日本
Sporanox®	伊曲康唑:HP-β-CYD	注射剂	美国

(二) 包合材料

常用的包合材料有环糊精、淀粉、纤维素、核酸、蛋白质等，其中以环糊精及其衍生物最为常用，本节重点介绍。

1. 环糊精　环糊精(cyclodextrin,CYD)是将淀粉用嗜碱性芽胞杆菌酶解后得到的、由 6～12 个葡萄糖分子连接而成的环状化合物。该环状化合物内腔性质疏水，外围亲水，因此能够将难溶性药物的疏水基团包合而增溶。常见的有 α、β、γ 三种环糊精，分别由 6、7、8 个葡萄糖分子连接而成，其基本性质见表13-4。环糊精对酸较不稳定，对碱、热和机械作用都相当稳定。

表 13-4　几种环糊精的基本性质

项目	α-CYD	β-CYD	γ-CYD
葡萄糖单体个数	6	7	8
相对分子质量	973	1135	1297
分子空洞内径/nm	0.45～0.6	0.7～0.8	0.85～1.0
空洞深度/nm	0.7～0.8	0.7～0.8	0.7～0.8
比旋度	+150.5°	+162.5°	+177.4°
25 ℃溶解度/(g/L)	145	18.5	232
结晶形状	针状	棱柱状	棱柱状
碘配合物颜色	蓝色	黄色	紫褐色

三种环糊精的空洞内径及物理性质差别很大，α-环糊精、β-环糊精和 γ-环糊精的分子结构与立体结构示意图如图 13-3 所示，其中以 β-CYD 空洞大小适中，β-CYD 的空间结构模型及包合物示意图如图 13-4，水中溶解度最小，制备包合物后易于从水中分离出来，而且其溶解度随着温度的升高而增大，当温度由 20 ℃升高至 80 ℃时，溶解度由 18 g/L 增加至 183 g/L。这些性质对 β-CYD 包合物的制备，提供了有利条件。目前国内外供应最充分的就是 β-CYD，其价格低廉，应用研究较多，因此它是首选的包合材料。β-CYD的空间结构见图 13-4，铂类金刚烷的疏水基团被包合于 β-CYD 的空洞而被增溶。近年来对 β-CYD 的分子结构进行修饰，将甲基、乙基、羟乙基、羟丙基等基团引入 β-CYD 中，制备成羟乙基-β-CYD、羟丙基-β-CYD 和磺丁基-β-CYD 等环糊精衍生物，对其理化性质进行改善，比如提高环糊精的水溶性和包合能力。

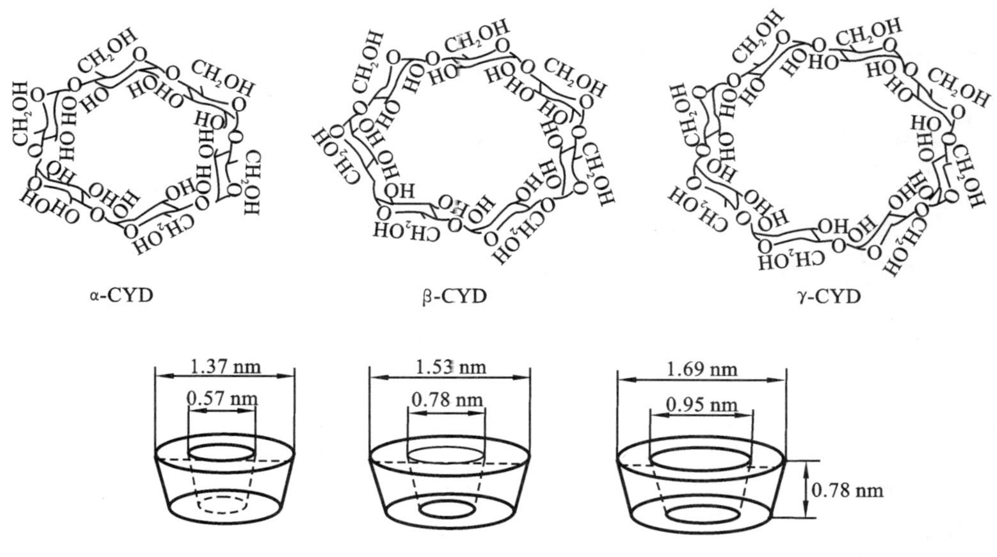

图 13-3　α-环糊精、β-环糊精和 γ-环糊精的分子结构与立体结构示意图

图 13-4　β-CYD 的空间结构模型及包合物示意图

制备包合物时为什么常常采用 β-环糊精作为包合材料?

2. 环糊精衍生物　β-CYD 具有空穴适中的特点，适宜于药物包合，但其在水中溶解度较低，所形成的包合物最大溶解度也仅为 1.85%，使它在药剂学中的应用受到一定限制。近年来，主要对 β-CYD 的分子结构进行修饰，已研制出一系列环糊精衍生物供研究应用。

1）水溶性环糊精衍生物　常用的有葡萄糖衍生物、羟丙基衍生物、羟乙基衍生物和甲基衍生物等，该类衍射物在水中的溶解度均比 β-CYD 大大增加（表 13-5）。药物经其包合后可提高溶解度，毒性和刺激性降低。葡萄糖衍生物包括葡糖基-β-环糊精（G_1-β-CYD）、二葡糖基-β-环糊精（$2G_1$-β-CYD）和麦芽糖基-β-环糊精（G_2-β-CYD），为难溶性药物常用的包合材料。包合后可使难溶性药物增大溶解度，促进药物的吸收，溶血活性降低，还可作为注射用的包合材料，如雌二醇-葡糖基-β-环糊精。羟丙基衍生物又分为 2-羟丙基-β-环糊精（2HP-β-CYD）和 3-羟丙基-β-环糊精（3HP-β-CYD）两种，其中：2HP-β-CYD 水中溶解度大，达 750 g/L，是难溶性药物的理想增溶剂，能大幅度增加多种药物的溶解度；3HP-β-CYD 的水溶性极佳，在水溶液中其表面活力随浓度的增加而降低，形成的包合物性质相当稳定，对肌肉几乎无刺激性，可作为肌肉注射用的包合材料。甲基-β-环糊精分为 2,6-二甲基-β-环糊精（DM-β-CYD）和 2,3,6-三甲基-β-环糊精（TM-β-CYD），均溶于

水和有机溶剂中，在水中溶解度均大于β-CYD，使形成的包合物水溶性增加，提高药物的溶出速率。β-CYD甲基化后，使分子内羟基受阻而抑制了药物的不稳定反应。

表 13-5　环糊精及其衍生物在水中的溶解度(25 ℃)

CYD	葡萄糖数	溶解度/(g/L)
α-CYD	6	180
β-CYD	7	18.5
DM-β-CYD	7	570
TM-β-CYD	7	310
HP-β-CYD	7	750
G_1-β-CYD	8	970
G_2-β-CYD	9	1040
$2G_1$-β-CYD	9	1400
γ-CYD	8	260

药剂研究者用2HP-β-CYD对多种药物进行包合，其溶解度在包合后大幅度增加，结果见表13-6。

表 13-6　一些药物在水中和 2HP-β-CYD 包合后的溶解度(25 ℃,g/L)

药　物	水中	2HP-β-CYD 包合后
阿昔洛韦	1.7	3.9
氯氮䓬	0.01	147.8
地塞米松	0.008	44.3
地西泮	0.05	7.4
17-β-雌二醇	0.004	40.5
17-α-炔雌醇	0.008	68.2
炔雌醇-3-甲醚	0.001	13.3
美达西泮	0.01	8.3
甲氨蝶呤	0.045	10.0
炔诺酮	0.005	19.0
醋炔诺酮	0.0002	19.5
炔诺孕酮	0.002	4.9
奥沙西泮	0.03	4.2
苯妥英	0.02	9.3
维生素 A	0.001	4.6

注：2HP-β-CYD的浓度为50%

2）疏水性环糊精衍生物　β-环糊精中的羟基经乙基化后水溶性降低，可用作水溶性药物的包合材料，使药物具有缓释性。乙基取代程度愈高，产物在水中的溶解度愈低。另外，乙基-β-CYD的吸湿性较β-CYD小，具有表面活性，在酸性条件下比β-CYD稳定。

知识链接

包合作用的影响因素

包合作用是主分子将客分子包合的过程，是单纯的物理过程，两者相互之间不发生化学反应。包合物能否形成主要取决于主、客分子的立体结构及两者的极性。包合物形成之后的稳定性则依赖于主、客分子范德华引力的强弱。影响包合作用的因素如下。

1. 主、客分子的立体适应性　若主分子要将客分子包裹于其中，则必须具有一定大小和形状的空穴来容纳客分子。只有当主分子提供与客分子相适应的空间，主、客分子在空间立体上相匹配，两者分子间隙小，才能产生足够强度的范德华力，形成稳定的包合物。

2. 客分子的极性　环糊精的空洞内部是由碳氢键和醚键所构成的疏水区，而空洞洞口是由羟基构成的亲水区。因此，非极性脂溶性客分子以疏水键和空洞的疏水区相互作用形成包合物，但形成的包合物水溶性较小；极性客分子则以氢键与洞口的亲水区相结合形成包合物，所得包合物水溶解度大。

3. 包合物中主、客分子的比例　一般来讲，环糊精与药物组成物质的量之比 1：1 形成稳定的单分子包合物。但体积大的客分子情况比较复杂，当主分子环糊精用量过大，包合物包合率高，但客分子药物含量低；而环糊精用量过小，可使包合物不易形成。

4. 包合条件　实验室条件下饱和水溶液法和研磨法较为常见，其中研磨法能否形成包合物取决于研磨时所加溶剂是否足够和药物加入时是否以分子状态完全溶解，研磨法包合率较低；饱和水溶液法中有一部分药物留在液体中，包合率也较低。用超声法省时且收率较高；喷雾干燥法快速高效，适宜于大工业生产；冷冻干燥法所得产品疏松美观，适宜于注射用包合物的生产。

另外，包合工艺条件，如包合温度、搅拌时间和速率、干燥过程中的工艺参数条件等均会影响包合作用。

（三）包合物的制备方法

常用的包合物的制备方法有饱和水溶液法、研磨法、超声法、冷冻干燥法和喷雾干燥法等，可根据药物的性质、选用的包合材料和实验条件来选择适宜的制备方法。

1. 饱和水溶液法　饱和水溶液法亦称为共沉淀法或重结晶法。首先将 β-CYD 制成饱和水溶液，加入药物(若为难溶性药物可用少量异丙醇或丙酮等有机溶剂溶解)混合 30 min 以上，使药物与 β-CYD 形成包合物，这种包合作用通常不可能达到完全包合，一些药物(尤其是水溶性较大的药物)仍会溶解在水溶液中，此时可加入某些有机溶剂使形成的包合物析出，将析出的包合物过滤，再根据药物的性质选择适宜的溶剂洗涤，干燥即可得到包合物。例如解热镇痛药双氯芬酸钠在水中的溶解性差，采用饱和水溶液法制备双氯芬酸钠-β-CYD 包合物，将该药的乙醇溶液缓缓加至 β-CYD 饱和水溶液中，80 ℃恒温水浴搅拌 1 h，冷却后得白色沉淀，置于冰箱冷藏后抽滤，将沉淀干燥，即得。所得包合物中药物的包合率为 65%，包合物的溶解度比原料药增大 1.77 倍。

若中药的挥发油是由水蒸气蒸馏法提取得到的，则可将挥发油蒸馏液直接加入 β-CYD 饱和水溶液中，再搅拌混合，如上述方法制得挥发油包合物。

2. 研磨法　研磨法也称为捏合法，先取 β-CYD 加入 2～5 倍量的水混合、研匀，加入药物客分子(难溶性药物可先溶于有机溶剂中)，充分研磨至糊状，低温干燥后再用适当的有机溶剂洗净，再干燥，即可得包合物。此法操作简单，但研磨程度难控制，包合率重复性较差。例如，采用研磨法制备维 A 酸-β-CYD 包合物，主、客分子按 5：1 物质的量之比称量，将 β-CYD 置于 50 ℃水浴中用适量蒸馏水研磨呈糊状，维 A 酸用适量乙醚溶解再加入上述糊状液中，充分研磨至半固体，避光减压干燥，即得。

3. 超声法　将药物加到饱和 β-CYD 溶液中，混合溶解后选择适宜的超声强度和时间，用超声波清洗仪或超声波破碎仪超声至沉淀物完全析出，即可得包合物沉淀，再按饱和水溶液法对包合物进行过滤、洗涤、干燥等处理即得包合物。例如超声法制备穿心莲内酯 β-环糊精包合物，穿心莲内酯及 β-环糊精的物质的量之比为 1：3，加入适量蒸馏水及乙醇，置于超声波发生器中，选择一定的温度、时间、功率进行超声包合，产物于冰箱中放置 48 h，过滤，滤饼用适量的蒸馏水洗涤，50 ℃干燥，干燥物用适量无水乙醇洗涤，50 ℃干燥，即得。

4. 冷冻干燥法　先将 β-CYD 制成饱和水溶液，加入药物客分子，对于难溶性药物可加少量适当有机溶剂(如乙醇或丙酮等)溶解后，混合搅拌 30 min 以上，使药物客分子被 β-CYD 包合，再置于冷冻干燥机中冷冻干燥。另外，若所选择的包合材料为水溶性环糊精衍生物，如羟丙基-β-CYD，则制得的包合物溶于水，不易析出结晶沉淀，或在加热干燥时药物易分解、变色，此时可采用冷冻干燥法干燥。冷冻干燥法制备的包合物外形疏松美观，溶解性能好，适宜制成粉针剂，但冷冻干燥所需时间较长。例如盐酸异丙嗪易被氧化，可用该法制成 β-CYD 包合物。先将 β-CYD 与盐酸异丙嗪按 1：1 物质的量之比称量，其中β-CYD用热水(约

60 ℃)溶解,加入药物搅拌 30 min,置于冰箱过夜再冷冻干燥,用氯仿洗去未包合的游离药物,最后去除残留氯仿,即得。所得包合物稳定性较原料药提高。

5. 喷雾干燥法 先用丙酮或乙醇将药物溶解,再与β-CYD饱和水溶液充分混合后,经喷雾干燥即得。喷雾干燥法采用喷雾干燥机来制备,干燥温度高,药物受热时间短,产率高,适合大批量生产。该法制得的包合物易溶于水,适用于难溶性、疏水性药物的制备。例如地西泮与β-CYD采用本法制备包合物,提高了地西泮的溶解度和生物利用度。

同一种药物采用不同的制备方法所得包合物的包合率、得率也不尽相同。例如采用饱和水溶液法、研磨法和超声法三种方法来制备苯佐卡因-β-CYD包合物,得率大小顺序为研磨法＞超声法＞饱和水溶液法,而包合率大小顺序为饱和水溶液法＞超声法＞研磨法。

知识链接

包合物的验证

环糊精与药物是否形成包合物,可根据药物的性质选用适当的方法进行验证。

(1) 电镜扫描法,利用包合物形成前后形状的变化进行判断。

(2) 薄层色谱法,利用药物在形成包合物前后展开行为的差异进行判断。

(3) 光谱法,包括紫外-可见分光光度法和荧光光谱法等,利用药物在形成包合物前后吸收曲线与吸收峰的位置及高度进行判断。

(4) 热分析法,利用包合物形成前后热分析曲线的变化进行判断。

(5) 分配系数法,利用药物在形成包合物前后分配系数的变化进行判定。

三、微囊化技术

(一) 概述

微型包囊与微型成球是近40年来应用于药物的新技术、新工艺,其制备过程通称为微型包囊术,简称为微囊化,系利用天然或合成的高分子材料(统称为囊材)为囊膜或成球材料,将固态或液态药物(统称为囊心物)作为囊心物包裹而成药库型微型胶囊,简称微囊;或使药物溶解或分散在成球材料中形成基质型微型球状实体的固体骨架物,简称微球。一般微囊和微球的粒径范围在1～250 μm之间,属于微米级,故将微囊和微球统称为微粒。微囊化技术系指将药物微囊化形成微囊或微球的技术。

通常将药物微囊化的目的有:①掩盖药物的不良气味及口味,例如氯贝丁酯、鱼肝油、生物碱类及磺胺类等;②提高药物的稳定性,例如易水解药物阿司匹林、易氧化药物β-胡萝卜素及易挥发的挥发油等;③减少药物对胃的刺激性或防止药物在胃内失活,例如吲哚美辛、氯化钾等对胃有较强的刺激性,易引起胃溃疡,红霉素、尿激酶及胰岛素等药物易在胃内失活,将这些药物微囊化后可克服上述缺点,且能提高药物的生物利用度;④可使液态药物固态化,有利于制剂的工业生产,例如挥发油类、脂溶性维生素、液态香料等;⑤减少复方药物的配伍变化,例如阿司匹林与氯苯那敏配伍后可加速阿司匹林的水解,若将两者分别包囊后可得以改善;⑥可制备缓释或控释制剂,采用惰性基质、生物降解材料、惰性或依赖pH值的薄膜或亲水性凝胶等制成缓释或控释微囊、微球,可降低药物毒性、延长药效。例如将阿司匹林用乙基纤维素微囊化后可缓慢释药达8 h;⑦可使药物浓集于靶区,例如抗癌药或治疗指数低的药物制成微球靶向制剂,可使药物浓集于肝脏或肺等靶区,提高疗效,降低毒副作用;⑧除药物之外,亦可将活细胞或生物活性物质进行包囊,例如血红蛋白、胰岛素等,在体内能保持较高的生物活性并具有很好的稳定性和生物相容性。

知识链接

微囊的发展

微囊化技术的发展经历了几个阶段。20世纪70年代主要应用于粒径为5～2 mm之间的粒子,应用目的主要是掩盖药物不良气味或口味,80年代发展了粒径更小的第二代产品,例如1～10

μm 的微囊、微球和 10 μm～1000 nm 的纳米粒、亚微囊和亚微球，这类产品能显著延长药效、降低毒性和提高生物利用度。第三代产品主要是纳米级粒子的靶向制剂，此类产品以微球、纳米囊或纳米球等形式被动或主动地将药物引导到体内特定部位再被吸收发挥药效。目前，尽管微囊化药物制剂产品数量还不多，但是药物微囊化技术的研究却是突飞猛进，成为药物制剂研究的热点之一。

（二）微囊与微球的载体材料

载体材料决定微囊和微球的各种理化性质。微囊、微球中除主药和载体材料外，亦可加入提高微囊化质量的附加剂，例如稀释剂、稳定剂、控制释药速率的阻滞剂和促进剂，改善囊膜可塑性的增塑剂等。

微囊化技术对载体材料的一般要求是不起有害反应，应有成膜性、可塑性，与药物不能有化学反应等。具体要求有：①性质稳定；②有适宜的释药速率或靶向性能；③无毒、无刺激性；④能与药物配伍，不影响药物的药效发挥和含量测定；⑤具有一定的强度和可塑性，能完全包裹药物；⑥具有符合要求的黏度、亲水性、溶解性、生物相容性和降解性等性能。

常用的载体材料从来源可分为下列三大类。

1. 天然高分子材料 此类因无毒、稳定、成膜性或成球性好，是最常用的载体材料。缺点是规格难定，批与批之间差异较大。

1）明胶　明胶是氨基酸与肽交联形成的直链聚合物，不同的聚合度有不同的相对分子质量，平均相对分子质量 M_{av} 在 15000～25000 之间。因制备时水解方法的不同，明胶可分为酸法明胶（A 型）和碱法明胶（B 型）。A 型明胶的等电点为 7～9，10 g/L 溶液 25 ℃的 pH 值为 3.8～6.0；B 型明胶稳定、不易长菌，等电点为 4.7～5，10 g/L 溶液 25 ℃的 pH 值为 5.0～7.4。两者的成囊性或成球性没有明显差别，溶液的黏度均在 0.2～0.75 cPa·s 之间，可生物降解，几乎无抗原性，一般可根据药物对酸碱性的要求选择 A 型或 B 型明胶，用作微囊的用量为 20～100 g/L，用作微球的量可达 200 g/L。明胶亦常与阿拉伯胶等量配合使用，用量常为 20～100 g/L。

2）阿拉伯胶　一般常与明胶等量配合使用，用作微囊的用量为 20～100 g/L，亦可与白蛋白配合用作复合材料。

3）海藻酸盐　海藻酸盐系多糖类化合物，通常用稀碱从褐藻中提取而得到。其中，海藻酸钠可溶解于不同温度的水中，不溶于乙醇、乙醚及其他有机溶剂；不同 M_{av} 海藻酸钠产品的黏度有差异。亦可与聚赖氨酸合用作复合材料。由于海藻酸钙不溶于水，故海藻酸钠可用 $CaCl_2$ 固化成微囊或微球。研究各种灭菌方法对海藻酸盐稳定性的影响，发现低温加热（80 ℃，30 min）几个循环时灭菌效果差，反而促进海藻酸盐逐步断键；用环氧乙烷灭菌也会降低黏度并发生断键；膜过滤除菌后的产物，其黏度和 M_{av} 均不变。

4）壳聚糖　壳聚糖是有甲壳素脱乙酰化后制得的一类天然聚阳离子多糖，其中的—NH_2 能结合水溶液中的 H^+，故可溶于酸或酸性水溶液，无毒、无抗原性，在体内能被溶菌酶等酶解，具有优良的黏附性、成膜性和生物降解性，在体内可溶胀成水凝胶。

5）蛋白类　常用的有白蛋白（如小牛血清白蛋白、人血清白蛋白等）、玉米蛋白、酪蛋白、鸡蛋白等，无抗原性，可生物降解。通常采用不同温度加热交联固化或化学交联剂（如甲醛或戊二醛）固化。

6）淀粉衍生物与葡聚糖类　常用作载体材料的淀粉衍生物有羧甲淀粉、羟乙淀粉和马来酸酯化淀粉-丙烯酸共聚物等。常用的葡聚糖相对分子质量由数千到数万不等，也可使用 2-甲丙烯酰葡聚糖衍生物作为载体材料。

2. 半合成高分子材料 此类载体材料多为纤维素衍生物，其特点是黏度大、毒性小、成盐后溶解度增大。

1）羧甲基纤维素盐　羧甲基纤维素（CMC）的盐，属阴离子型的高分子电解质，如羧甲基纤维素钠（CMC-Na），遇水溶胀，体积可增大 10 倍，在酸性溶液中不溶。水溶液黏度大，具有抗盐能力和一定的热稳定性，不会发酵。通常与明胶配合用作复合材料，一般分别配制 1～5 g/L CMC-Na 及 30 g/L 明胶，再按 2∶1 体积比混合，另外也可以制成铝盐 CMC-Al 单独作载体材料使用。

2）纤维醋法酯　俗称 CAP，在强酸中不溶解，但可溶于 pH＞6 的水溶液，分子中含游离羧基，其相对含量决定其水溶液的 pH 值及能溶解 CAP 的溶液最低 pH 值。用作材料时可单独使用，用量一般为 30 g/L，亦可和明胶配合使用。

3) 乙基纤维素(EC) 不溶于水、甘油和丙二醇,可溶于乙醇,遇强酸易水解,故对强酸性药物不适宜。化学稳定性高,适用于多种药物的微囊化。

4) 甲基纤维素(MC) 用作微囊材料的用量为 10～30 g/L,也可与 CMC-Na、明胶、聚维酮(PVP)等配合作复合材料。

5) 羟丙基甲基纤维素(HPMC) 不溶于热水,能溶于冷水成为黏性溶液,长期储存稳定,有表面活性。

3. 合成高分子材料 此类材料可分为生物不降解的和生物降解的两类。生物不降解并且不受 pH 值影响的材料有聚酰胺、硅橡胶等。生物不降解但是可在一定 pH 值条件下溶解的材料有聚乙烯醇和聚丙烯酸树脂等。目前,生物降解材料发展快速。所谓生物降解材料是指可以通过水解或酶解使大分子材料降解,在体内释药后无残留物的一类材料。常用的有聚乳酸(PLA)、聚碳酯、聚氨基酸、聚乳酸-聚乙二醇嵌断共聚物(PLA-PEG)、丙交酯乙交酯共聚物(PLGA)、ε-己内酯与丙交酯嵌段共聚物等,其特点是成膜性好、化学稳定性高,无毒,可用于注射给药。

聚酯类是迄今应用最广、研究最多的生物降解合成高分子材料,结构上基本都是羟基酸或其内酯的聚合物。常用的羟基酸是乳酸和羟基乙酸。其中,乳酸缩合得到的聚酯用 PLA 表示,由羟基乙酸缩合得到的聚酯用 PGA 表示,由乳酸与羟基乙酸直接缩合的用 PLGA 表示。这些聚合物都表现出一定的降解溶蚀的特性,结晶度低的降解较快。聚合比例不同,相对分子质量不同,具有不同的降解速率。聚乳酸的 M_{av} 范围在 1 万～40 万,降解周期为 2～12 个月,$M_{av}=90000$ 的在体内 6 个月降解。聚 3-羟基丁酸酯(PHB)为材料制成胰岛素微囊注射剂,在体内 3 个月降解。又如消旋丙交酯乙交酯共聚物在共聚时有各种比例,若以丙交酯、乙交酯比例为 75∶25 的共聚物为材料,在体内 1 个月可降解,如为 85 ∶ 15 的材料,在体内 3 个月降解。FDA 批准的体内可降解材料有 PLA 和 PLGA 两种,且均有产品上市。

(三) 微囊的制备

微囊的制备方法可分为物理化学法、物理机械法和化学法三大类。一般可根据药物和囊材的性质、所需微囊的粒径、释放性能和靶向要求等来选择适宜的制备方法。

1. 物理化学法 本法在液相中进行,由于药物与囊材在一定条件下形成新相析出,故又称为相分离法。相分离工艺现已成为药物微囊化的主要工艺之一,所用设备简单,高分子材料来源广泛,可将多种类别的药物微囊化。其微囊化步骤大体可分为囊心物的分散、囊材的加入、囊材的沉积和囊材的固化四步,见图 13-5。

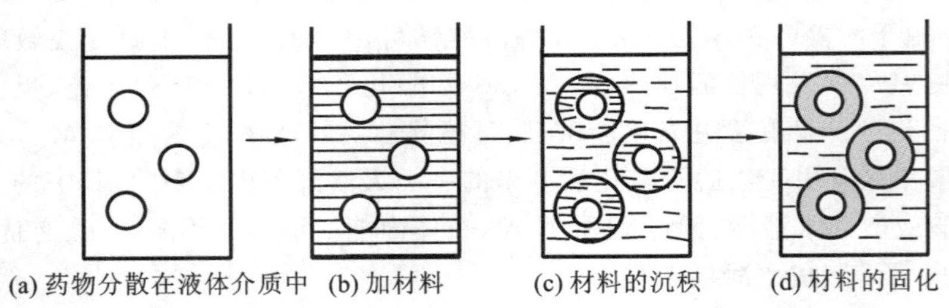

图 13-5 相分离微囊化步骤示意图

根据形成新相的方法不同,相分离法又可分为单凝聚法、复凝聚法、溶剂-非溶剂法、改变温度法和液中干燥法。

1) 单凝聚法 相分离法中较常用的一种,它是在高分子囊材溶液中加入凝聚剂以降低高分子的溶解度使之凝聚成囊的方法。

(1) 基本原理 凝聚剂是强亲水性物质,可以为电解质,如硫酸钠或硫酸铵的水溶液,亦或强亲水性的非电解质物质,如丙酮或乙醇。如果将药物分散在明胶材料溶液中,然后加入凝聚剂,由于明胶溶于水时在明胶分子周围形成水合膜。当加入凝聚剂时,这些强亲水性的凝聚剂将强烈夺取明胶分子水合膜中的水分子,从而使明胶的溶解度急剧降低,分子间形成氢键,最后从溶液中析出而凝聚形成凝聚囊。但这种凝聚是可逆的,一旦解除凝聚的条件(例如加入大量水稀释),就可发生解凝聚,使凝聚囊很快消失。这种可逆性在制备过程中可反复利用,经过几次凝聚与解凝聚,直到在光学显微镜观察凝聚囊形成满意的形状为止。最后再加以交联固化,使之成为不凝结、不粘连、不可逆的球形微囊。

（2）工艺　本法以明胶为囊材的工艺流程如图 13-6。

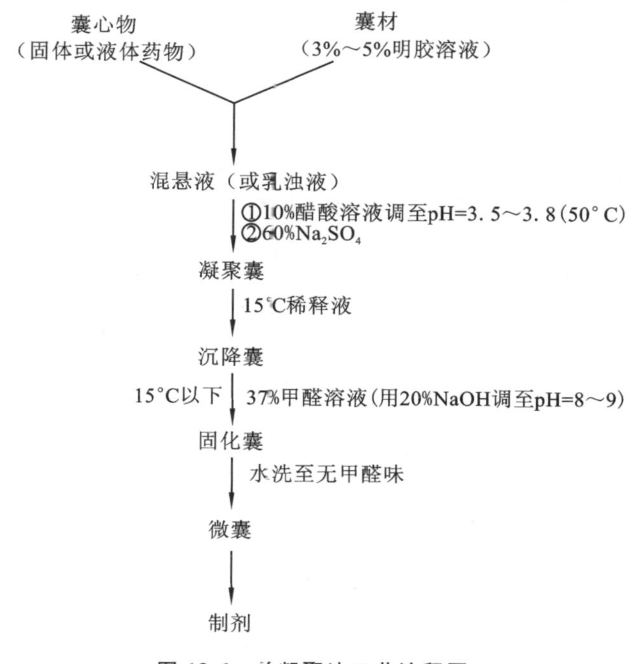

图 13-6　单凝聚法工艺流程图

知识链接

单凝聚法稀释液的配法

稀释液亦为 Na_2SO_4，其浓度由凝聚囊系统中的 Na_2SO_4 浓度（如为 α%）加 1.5%，即（α+1.5）%；加入的体积为凝聚囊系统总体积的 3 倍，稀释液的温度为 15 ℃。所用稀释液浓度过高或过低，可使凝聚囊粘连成团或溶解消失。

例如甲地孕酮微囊的制备：称取甲地孕酮微粉 2 g，混悬于 3.3%明胶溶液 60 mL 中，加 10%醋酸调 pH 值至 3.5～3.8，置于 50 ℃水浴中搅拌一定时间，滴加 60%硫酸钠溶液，在显微镜下观察直至凝聚囊形成后，在搅拌条件下立即倒入稀释液中，待凝聚囊沉降后，倾去上清液，用稀释液 2～3 次除去未凝聚的囊材。再将沉降囊混悬于适量稀释液中，加入 37%甲醛溶液 2～4 mL，搅拌，滴加 20%NaOH 溶液调节 pH 值至 8～9，低温放置过夜，过滤，用水洗涤至无甲醛味，即得。

（3）影响成囊的因素　①凝聚剂的种类和 pH 值：常用的凝聚剂有各种电解质和醇类。用电解质作凝聚剂时，阴离子对胶凝起主要作用，强弱次序为枸橼酸＞酒石酸＞硫酸＞醋酸＞氯化物＞硝酸＞溴化物＞碘化物；阳离子亦有胶凝作用，其电荷数愈高的胶凝作用愈强。当用相对分子质量分别为 3 万、4 万、5 万及 6 万的 A 型明胶配成 5%溶液，调 pH 值分别达到 2、4、6、8、10 及 12 时，各加入一定量药物，在搅拌下分别加入六种不同的凝聚剂，倒入冰水中胶凝，静置、分离，用冷异丙醇洗涤后，用 10%甲醛的异丙醇溶液交联固化并脱水，再真空干燥，即得含药的粉末状微囊。结果发现，这六种不同 pH 值条件下制备得到的产品微囊，有的能凝聚成囊，有的则不能。另外，如用甲醇作凝胶剂，仅相对分子质量 M 在 3 万～5 万的明胶在 pH＝6～8 能凝聚成囊；用乙醇作凝聚剂，明胶 M＝3 万的在 pH＝6～10、4 万～5 万的在 pH＝6～8、6 万的在 pH＝8 时，均可成囊；用异丙醇作凝聚剂时，明胶 M 为 3 万～5 万的在 pH＝4～12、6 万的在 pH＝8～12 时，均可成囊；用叔丁醇作凝聚剂时，明胶 M 为 3 万～5 万的在 pH＝2～12、6 万的在 pH＝6～12 时，均可成囊；而用硫酸钠作凝聚剂，M 为 3 万～6 万的明胶，在 pH＝2～12 均能凝聚成囊。

②药物的性质：药物与材料要有亲和力，且吸附材料的量要达到一定程度才能包裹成囊。

③增塑剂的影响：为了使制得的微囊具有良好的可塑性，分散性好、不粘连，常常须加入增塑剂，如甘油、丙二醇、山梨醇、聚乙二醇等。有研究表明，在单凝聚法制备明胶微囊时加入增塑剂，可以有效减少微囊的聚集，降低囊膜厚度，且加入增塑剂的量同释药半衰期 $t_{1/2}$ 之间呈现负相关。

单凝聚法中影响成囊的因素有哪些?

2）复凝聚法　使用带相反电荷的两种高分子材料作为复合材料，在一定条件下交联且与药物凝聚成囊的方法。复凝聚法是经典的微囊化方法，它操作简便，容易掌握，适合于难溶性药物的微囊化。可作复合材料的有明胶与阿拉伯胶、海藻酸盐与聚赖氨酸（或壳聚糖）、海藻酸与白蛋白、白蛋白与阿拉伯胶等。

现以明胶与阿拉伯胶为例来说明复凝聚法的基本原理。将溶液 pH 值调至明胶的等电点以下使其带正电，而阿拉伯胶仍带负电，由于相反电荷互相吸引，交联形成正、负离子的配合物，因溶解度降低而凝聚成囊，加水稀释，甲醛交联固化，洗尽甲醛，即得。

复凝聚法的工艺流程如图 13-7。

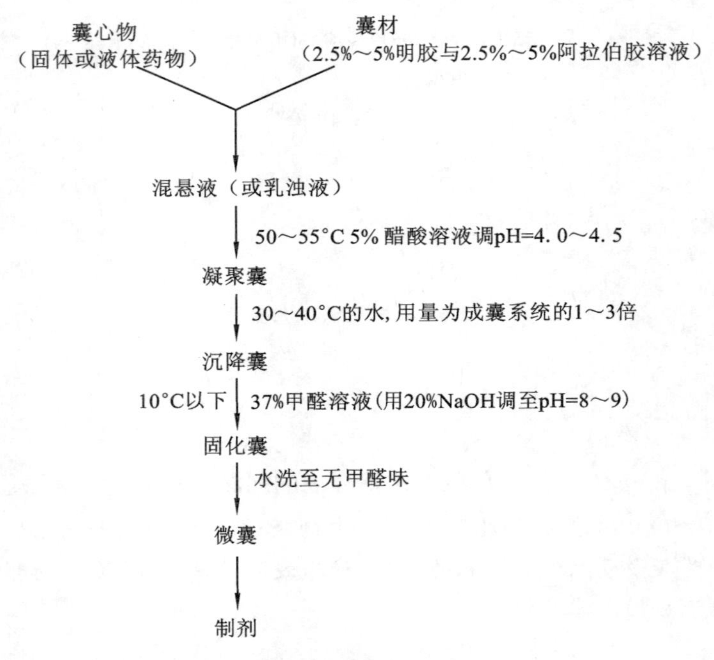

图 13-7　复凝聚法工艺流程图

对于固态或液态的难溶性药物均可用复凝聚法或单凝聚法得到满意的微囊。但药物表面都必须被材料的凝聚相所润湿，从而使药物混悬或乳化于该凝聚相中，才能随凝聚相分散而成囊。因此可根据药物性质（如过分疏水）适当加入润湿剂。此外凝聚相还必须保持一定的流动性，如加水稀释或控制温度等，这些都是保证囊形良好的必要条件。

凝聚法中使用甲醛或戊二醛的目的是什么?

3）溶剂-非溶剂法　本法是先用一种溶剂将囊材溶解，然后在材料溶液中加入另一种对囊材不溶的溶剂（即非溶剂），使囊材溶解度降低而从溶液中分离出来（相分离），而将药物包裹成囊的方法。被包裹的药物必须对溶剂和非溶剂均不溶解。常用材料的溶剂和非溶剂的组合见表 13-6。疏水材料要用有机溶剂溶解，疏水性药物可与材料溶液混合，亲水性药物不溶于有机溶剂，可混悬或乳化在材料溶液中。加入争夺有机溶剂的非溶剂，使材料降低溶解度而从溶液中分离，除去有机溶剂即得。

表 13-6　常用材料的溶剂与非溶剂

材　料	溶剂	非溶剂
乙基纤维素	四氯化碳（或苯）	石油醚
苄基纤维素	三氯乙烯	丙醇
醋酸纤维素丁酯	丁酮	异丙醚

续表

材　　料	溶剂	非溶剂
聚氯乙烯	四氢呋喃(或环己烷)	水(或乙二醇)
聚乙烯	二甲苯	正己烷
聚醋酸乙烯酯	氯仿	乙醇
苯乙烯马来酸共聚物	乙醇	醋酸乙酯
纤维醋法酯	丙酮/乙醇	氯仿

实例解析

氢溴酸莨菪胺微囊的制备

[制法]　将微粉化的氢溴酸莨菪胺分散在5%醋酸纤维素丁酯的丁酮溶液中，将此混合物加热至55 ℃，在搅拌下将非极性溶剂异丙醚缓慢加入，当发生凝聚相分离时即将混悬的药物包成微囊，慢慢冷却至室温，离心分离得到微囊，用异丙醚洗涤，真空干燥，即得产品微囊。

4）改变温度法　本法是通过控制温度成囊，不需加入凝聚剂。常用乙基纤维素(EC)作囊材，先在高温下将其溶解，然后降低温度使囊材溶解度下降而凝聚成囊。使用聚异丁烯(PIB)作稳定剂可改善微囊间的粘连。例如用PIB作稳定剂，与EC、环己烷组成三元系统，在80 ℃溶解成均匀溶液，缓慢冷至45 ℃，再迅速冷至25 ℃，EC即可凝聚成囊。

5）液中干燥法　本法是从乳状液中除去分散相中的挥发性溶剂以制备微囊的方法，亦称为乳化-溶剂挥发法。本法包括两个基本过程：溶剂萃取过程和溶剂蒸发过程。按操作可分为连续干燥法、间歇干燥法和复乳法。前两种方法应用O/W型、W/O型及O/O型乳状液，复乳法应用W/O/W型或O/W/O型复乳。此三种方法都要先制备囊材的溶液，乳化后囊材溶液处于乳状液中的分散相，与连续相不易混溶，但囊材溶剂对连续相应有一定的溶解度，否则萃取过程无法实现。连续干燥法及间歇干燥法中，如使用的囊材溶剂亦能溶解药物，则制得的是实体状微球，否则得到的是微囊，复乳法制得的是微囊。

连续干燥法的基本工艺流程如下：将囊材溶解在易挥发的溶剂中→将药物溶解或分散在囊材溶液中→加连续相及乳化剂制成乳浊液→连续蒸发除去囊材的溶剂→分离得到微囊。

2. 物理机械法　物理机械法是将固态或液态药物在气相中进行微囊化的方法，需要一定的设备条件。

1）喷雾干燥法　将药物与囊材的混合溶液喷雾到惰性热气流中，在溶剂迅速蒸发的同时，囊材收缩成膜并包裹药物得到近似球状的微囊。本法可用于固态或液态药物的微囊化，粒径范围通常为5～600 μm，成品质地疏松，流动性良好。若药物不溶于囊材溶液，得到的为微囊；若药物溶于囊材溶液，则得微球。

2）喷雾凝结法　本法是将药物分散于熔融的囊材，再喷于冷气流中凝聚而成囊的方法。常用的囊材有脂肪酸和脂肪醇、蜡类等，这些囊材在室温均为固体，在较高温度下则能熔融。例如乙烯雌酚微囊的制备：将囊材硬脂酸、聚异丁基丙烯酸酯等与乙烯雌酚按一定组成混合，溶于乙醇和醋酸乙酯溶液中，再将此混合液喷射于搅拌的冰水中，形成的微囊从水中析出，过滤，干燥、灭菌，即得成品微囊。

3）流化床包衣法　本法采用喷流型流化包衣装置。先用强热气流使药物处于流化悬浮状态，再将囊材溶液喷雾到药物表面，随着溶剂迅速挥干，囊材在药物表面形成薄膜，形成微囊，所得产品直径一般在40 μm。包衣材料可以是多聚糖、明胶、树脂、蜡、纤维素衍生物及合成聚合物。为了防止微粒间互相粘连，先采用预制粒方法。虽然药物已被粉碎成微粒状，但在流化床包衣过程中还是可能会黏结，若适当加入第三种成分(如滑石粉或硬脂酸镁等)，则可有效地克服微粒之间的黏结。例如，称取100 g乙基纤维素，加1.5 L二氯甲烷和适量环己烷至10 L使溶解，保持溶液温度20 ℃，作为囊材溶液。将乙酰水杨酸微晶作药物置于流化床中，用上述囊材溶液流化包衣，即得乙酰水杨酸微囊。

4）多孔离心法　使药物经圆筒的高速旋转产生离心力，高速穿过囊材溶液形成的液态膜形成微囊，再经过不同的方法(用非溶剂、凝结或挥去溶剂等)使之固化，即可得微囊。

5) 超临界流体法　超临界流体是指处于液态和气态之间的一种状态。利用的介质通常是二氧化碳。在接近临界状态时，二氧化碳温度、压力的微小变化就可以改变其密度，从而改变其溶解能力，可用于多成分药物中某特定成分的分离、聚合物与单体的分离或残余有机溶剂的去除。该法能一步完成微囊的制备，且溶剂等能够循环使用，具有明显的经济效益和环保价值。应用超临界流体增强溶解和分散能力，可以制备微球。材料可以用聚己内酯(PCL)、P(DL)LGA(50∶50)、P(L)LA 或 P(DL)LA。材料的有机溶液(可以含药物)通过超临界流体装置的喷头用超临界 CO_2 分散并原子化，有机溶剂溶解于 CO_2 故被萃取，即形成微球。其中有机溶剂残留量通常低于 3 ng/g。

以上五种物理机械法均可用于固态或液态、脂溶性和水溶性的药物的微囊化，其中以喷雾干燥法最常用。一般而言，采用物理机械法制备微囊时药物有一定损失且微囊有粘连(药物损失在 5%左右、粘连在 10%左右)，生产中都认为是合理的。

3. 化学法　化学法是利用溶液中的单体高分子化合物的聚合反应(或缩合反应)产生囊膜而制成微囊的方法。本法的特点是不加凝聚剂，常先制成 W/O 型乳状液，再利用化学反应交联或用射线辐照固化。

1) 界面缩聚法　亦称界面聚合法，系在分散相(水相)与连续相(有机相)的界面上发生单体的缩聚反应而形成囊膜的方法。例如，水相中含有 1,6-己二胺和碱(如硼砂)，有机相为含对苯二甲酰氯的环己烷/氯仿溶液，将以上两相混合搅拌时，1,6-己二胺和对苯二甲酰氯在水滴两相界面上发生缩聚反应。由于缩聚反应的速率超过 1,6-己二胺向有机相扩散的速率，故所生成聚酰胺几乎完全沉积于液滴界面，即包裹药物形成球形膜壳型微囊。由于该缩聚反应在碱性条件下进行，所以只适合用于对碱稳定的药物。例如门冬酰胺酶微囊的制备：先将门冬酰胺酶及门冬酸溶于人体 O 型血红蛋白液，加 1,6-己二胺的硼酸钠溶液和 pH＝8.4 硼酸钠缓冲液，置于反应瓶中，然后加 Span 的环己烷/氯仿溶液，置于冰/水浴中搅拌，再加对苯二甲酰氯继续搅拌，最后加环己烷/氯仿混合溶剂，继续搅拌，在显微镜下观察已形成微囊。将此微囊离心分离，加聚山梨酯 20 的水溶液，搅拌，再加 50 mL 蒸馏水后倾去上清液，即得。

2) 辐射交联法该法　此法是将 PVP 或明胶在乳化状态下，经 γ 射线照射发生交联而制得球形实体空白微囊，然后将此微囊浸泡在药物的水溶液中，使其吸收，待水分干燥后，即得含有药物的微囊。该工艺的特点是工艺简单，容易成型，不引入其他成分。例如门冬酰胺酶明胶微囊的制备：将含乳化剂硬脂酸钙的液体石蜡与明胶溶液混合搅拌，形成 W/O 型乳状液，通氮气除氧，用 ^{60}Co 源照射后，超速离心破乳，倾去液体石蜡，所得微囊分别用乙醚、乙醇洗涤，真空干燥即得粉末状空白微囊，浸吸门冬酰胺酶水溶液后，置保干器中除水，即得含药微囊。由于囊材是水溶性的，交联后能被水溶胀，因此本法适用于水溶性药物，并必须有辐射条件配套，目前应用不多。

(四) 微球的制备

微球的制备方法与微囊制备有相似之处。根据药物和材料的性质可以采用不同的微球制备方法。现将微球的几种常见制备方法简介如下。

1. 明胶微球　若用明胶等天然高分子作微球材料，可采用乳化交联法制备微球。以药物和材料的混合水溶液为水相，用含乳化剂的油为油相，混合搅拌乳化，形成稳定的 W/O 型乳状液，加入化学交联剂(如甲醛或戊二醛等)，可得载药明胶微球。油相可采用液体石蜡、蓖麻油或橄榄油等。所用油相不同，制得的微球粒径也不同。另外，采用不同交联剂对微球质量亦有影响，例如用甲醛交联形成的明胶微球表面光滑，而戊二醛交联形成的微球表面则有裂缝。这些可能会对微球的释药性能产生不同的影响。乳化交联法制备微球粒径通常在 1～100 μm 范围内。

例如，莪术油肝动脉栓塞明胶微球的制备：以莪术油明胶初乳为分散相，液体石蜡为连续相，加入乳化剂，制得 O/W/O 型复乳，用甲醛交联，分离除油，异丙醇脱水干燥，即得。微球粒径在 40～160 μm 范围的占 97.16%，微球平均收率 89.73%，微球中药物收率 19.36%，载药量 2.13%。又如卡铂肺靶向明胶微球的制备：以药物的明胶水溶液为分散相，以液体石蜡为连续相，加入乳化剂搅拌乳化一定时间，得稳定的乳状液，用甲醛交联，洗尽甲醛，干燥，得圆整粉末状、在水中分散性好的微球，载药量 23.76%，粒径 5.0～28.6 μm 范围的微球占总数的 91.8%。

2. 磁性微球　首先用共沉淀反应制备磁流体。分别称取一定量 $FeCl_3$ 和 $FeCl_2$ 溶于适量水中，过滤，将两滤液混合，用水稀释，加入适量的分散剂，置于超声波清洗器中振荡并同时搅拌，在 40 ℃下以 5 mL/min 滴速加入适量 NaOH 溶液(亦可用尿素代替 NaOH)，反应结束后 40 ℃保温 30 min。将所得混悬液置于磁铁上使磁性氧化铁粒子沉降，倾去上清液后，加适量分散剂搅匀，再在超声波清洗器中处理 20 min，过筛，弃去筛上物，得黑色胶体，即为磁流体。其反应式为：$Fe^{2+}+2Fe^{3+}+8OH^{-}\longrightarrow Fe_3O_4+4H_2O$

制得磁流体后再进一步制备含药磁性微球。例如称取一定量明胶溶液与磁流体混匀，作为水相，含 Span 85 的液体石蜡作为油相(若药物溶于水相则加入水相，溶于油相则加入油相)，在搅拌条件下缓慢将水相滴加至油相中，经乳化、甲醛交联后，用异丙醇洗脱甲醛、过滤，用适宜的有机溶剂多次洗去微球表面的液体石蜡，再真空干燥，即得粒径为 8～88 μm 的微球。

由于药物的性质或工艺等原因难以制得满意的微球时，可以考虑采用两步法，即先制得空白微球，再将药物溶液浸吸(包括吸附和吸入)的方法。两步法适用于对水相和油相都有一定溶解度的药物，优点是药物溶液可反复使用，提高药物收率，并能提高微球的载药量。例如用乳化交联法制得的米托蒽醌明胶微球的载药量小于 1%，改用两步法，载药量可达 8.17%。

3. 白蛋白微球 白蛋白微球常用喷雾干燥法或液中干燥法制备。喷雾干燥法是将药物与白蛋白的混合溶液经喷嘴喷入干燥室内，干燥室的热空气流使雾滴中的水分迅速蒸发、干燥，即得微球。但这样制备的微球几乎无缓释性。如将喷雾干燥得的微球再进行热变性处理，由于热变性后白蛋白的溶解度降低，所以微球的释药速率亦相应降低，缓释性增强，就可得到缓释微球。例如采用喷雾干燥和热变性法制备汉防己甲素肺靶向缓释微球：用牛血清白蛋白作材料，将微粉化的汉防己甲素混悬于牛血清白蛋白溶液中，超声分散，喷雾干燥得粉末状微球，再于 120 ℃处理 6 h，置于干燥器中放置 72 h，即得。电镜观察为呈窝陷的圆球形，平均粒径 7.42 μm，有利于肺靶向。

制备白蛋白微球的液中干燥法用加热交联代替化学交联，使用的加热交联温度不同(100～180 ℃)，微球平均粒径不同，在中间温度(125 ℃或 145 ℃)时粒径较小。

4. 聚酯类微球 聚酯类微球常用液中干燥法制备。以药物和聚酯材料作为挥发性有机相，加至含有乳化剂的水相中搅拌乳化，形成稳定的 O/W 型乳状液，加水萃取，挥发除去有机相，即得微球。采用本法制备的有氟尿嘧啶聚乳酸微球、醋酸地塞米松聚丙交酯微球、疫苗(破伤风、白喉、痢疾等)PLGA 微球、胰岛素聚 3-羟基丁酸酯微球、左炔诺孕酮 PLA-PEG 微球、醋酸亮丙瑞林 PLGA 微球、霍乱疫苗 PLA-PEG 微球等。

5. 淀粉微球 淀粉微球是由淀粉水解再经乳化聚合制得。该微球在水中能膨胀而具有凝胶的特性，粒径在 1 μm 以上，降解时间从数分钟到几小时不等。

例如，以 Span 60 为乳化剂，将药物亚甲蓝和碱性淀粉混悬在甲苯、氯仿或液体石蜡的油相，形成W/O型乳状液，升温至 50～55 ℃，加入适量交联剂环氧丙烷，反应一定时间后，除去油相，用乙醇、丙酮多次洗涤干燥，即得蓝色粉末球状微球，粒径范围在 2～50 μm 之间。

知识链接

影响粒径的因素

粒径会直接影响药物的载药量、释放性能、生物利用度、有机溶剂残留量和体内分布与靶向性等，因此粒径是微囊、微球的重要质量指标。影响微囊、微球粒径的因素如下。

1. 药物的粒径 用固态药物制备微囊时，药物粉末的粒径影响微囊粒径，即药粉粒径较大时只能制得大粒径微囊，欲制备小粒径微囊时应选择小粒径药粉。

2. 制备方法 制备方法影响微囊的粒径，例如相分离法制备的微囊在 2 μm 以上，喷雾干燥法制备的微囊在 5 μm 以上，而流化床包衣法制得的微囊粒径较大，在 100 μm 以上。

3. 制备时的搅拌速率 在一定范围之内，搅拌速率越大，粒径越小，低速搅拌粒径较大。但值得注意的是，过高的搅拌速率会使微囊、微球因碰撞合并而粒径变大。另外，搅拌速率还取决于制备工艺的需要。如以明胶为材料时，以相分离法制备微囊的搅拌速率不宜太高，因高速搅拌产生大量气泡会降低微囊的产量和质量。

4. 制备温度 制备温度不同，所得微囊粒径不同。以乙基纤维素为材料制备茶碱微囊，成囊温度分别用 0 ℃、40 ℃，所得两种微囊粒径相差较大。

5. 材料相的黏度 一般地，微囊的平均粒径随最初囊材相黏度的增大而增大，降低黏度可以降低平均粒径。若在制备时加入少量滑石粉，可降低囊材相黏度，有效减小粒径与粘连。

6. 载体材料的用量　一般来讲，药物粒子越小，其表面积越大，则制成囊膜或骨架厚度相同的微囊或微球，所需载体材料就越多。

7. 附加剂的浓度　采用界面缩聚法，在一定搅拌速率下，分别加入浓度为 0.5%与 5%的 Span 85，前者可得小于 10 μm 的微囊，后者则得小于 20 μm 的微囊。

（五）微囊、微球的质量评定

微囊、微球的质量评价应符合《中国药典》(2010 年版)二部附录ⅪⅩ E 的规定。

1. 形态、粒径及其分布　通常采用扫描、透射电子显微镜或光学显微镜观察形态并提供照片。微囊形态应为整圆球形或椭圆形的封闭囊状物，微球应为整圆球形或椭圆形的实体，见图 13-8(a)、(b)。

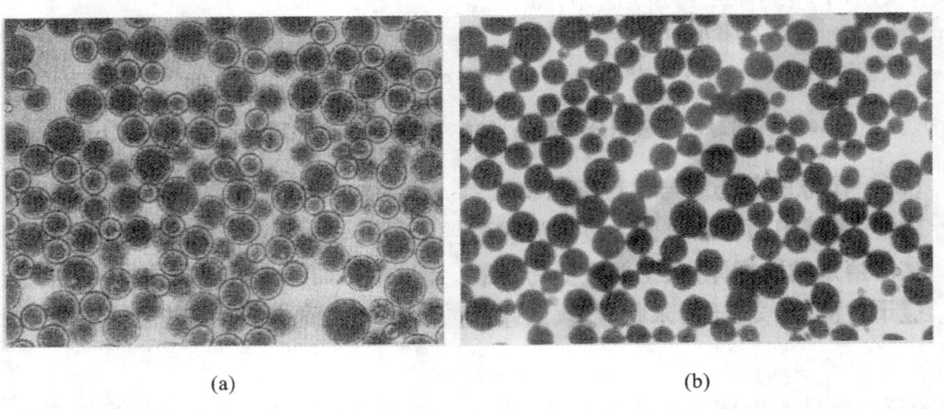

(a)　　(b)

图 13-8　左炔诺孕酮/雌二醇明胶微囊(×100,a)与左炔诺孕酮 PHB 微球(×100,b)的光镜照片

粒径的测定有多种方法，如光学显微镜法、扫描或透射电子显微镜法、激光衍射法等。值得注意的是，不同制剂对粒径有不同的要求，例如注射剂的微囊、微球粒径应符合《中国药典》(2015 年版)中混悬注射剂的规定；用于静脉注射起靶向作用时，应符合静脉注射的规定。

此外，还应提供微囊、微球粒径平均值及其分布数据或图形。

粒径分布除用粒径分布图表示外，亦可用跨距表示，如式(13-4)，跨距越小分布越窄，表示大小越均匀：

$$跨距 = (D_{0.9} - D_{0.1})/D_{0.5} \tag{13-4}$$

式中：$D_{0.1}$、$D_{0.5}$、$D_{0.9}$ 分别表示在粒径累积分布图（以累积频率为纵坐标、以粒径为横坐标绘得的 S 形曲线，见图 13-9(a)）中相应于累积频率 10%、50%、90%处的粒径。如图 13-9(a)的微球跨距＝(40－20)/32＝0.625。

此外，粒径分布也常用多分散指数(PDI)表示，如式(13-5)：

$$\mathrm{PDI} = \frac{\mathrm{SD}}{d} \tag{13-5}$$

式中：d 为平均粒径；SD 为粒径的标准偏差。PDI 通常在 0.1～0.5 之间，愈小表示大小愈均匀，在 0.1 以下则是非常均匀。在激光粒度分析仪中 PDI 可由仪器自动计算而得。

例如氟尿嘧啶聚乳酸微球用 Stastistica 5.0 统计软件处理，得跨距(0.45)和粒径分布图，见图 13-9(b)。

2. 微球的载药量与包封率　微囊、微球中药物的百分含量称为载药量。测定药物含量时，一般先要将囊膜破坏，再选择适宜的溶剂将药物从囊材中提取出来（提取溶剂的选择原则：主要应使药物最大限度溶出而最少溶解载体材料，溶剂本身也不应干扰测定），再进行含量测定。若囊膜破坏不完全，药物提取可能不彻底，影响药物含量测定的准确性。因此，根据囊材及药物的性质，可采取不同的处理方法。例如用明胶为囊材的微囊，常用胃蛋白酶或胰酶消化破坏囊膜，并用超声波提取进行处理，能解决溶剂提取不完全的问题，再进行含量测定，使药物含量显著提高。又如用明胶-阿拉伯胶复凝聚法制备的微囊，可采用皂化法破坏胶质囊膜。

对于粉末状微囊、微球，可以仅测定载药量；对混悬于液态介质中的微囊、微球，可将其分离，分别测定液体介质和微囊(球)的含药量后，计算其载药量和包封率，如式(13-6)和式(13-7)：

$$载药量 = \frac{微囊(球)中含药量}{微囊(球)的总重量} \times 100\% \tag{13-6}$$

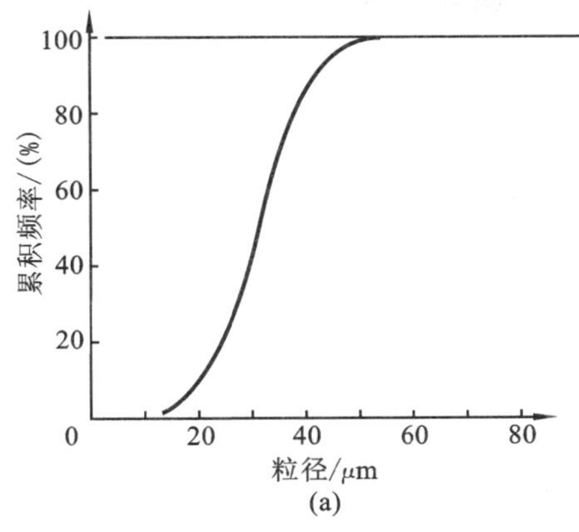

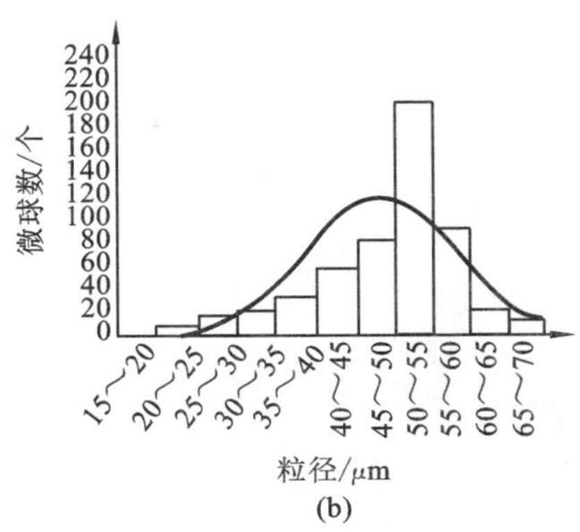

图 13-9 微球粒径累积分布图(a)和氟尿嘧啶聚乳酸微球的粒径分布图(b)

$$包封率=\frac{微囊(球)中包封的含药量}{微囊(球)中包封和未包封的总药量}\times 100\% \tag{13-7}$$

此外，还可计算包封产率(即药物的收率)，如式(13-8)：

$$包封产率=\frac{微囊(球)中含药量}{投药总量}\times 100\% \tag{13-8}$$

包封产率通常可用于评价工艺，但不作为质量评价指标。包封产率取决于制备采用的工艺。用喷雾干燥法和流化床法制得的微囊、微球的包封产率可达 95%以上，但用相分离法制得的微囊、微球的包封产率常为 20%～80%。

3. 药物的释放速率 微囊、微球中药物的释放速率可采用《中国药典》的方法进行测定。亦可将试样置于薄膜透析管内进行测定。开始 0.5 h 的释放量要求小于 40%。

4. 有机溶剂残留量 若微囊或微球制备工艺中使用有机溶剂，按《中国药典》的方法测残留量，应符合规定的限度。

5. 其他 将微囊、微球制成制剂后，应符合该制剂的质量要求。

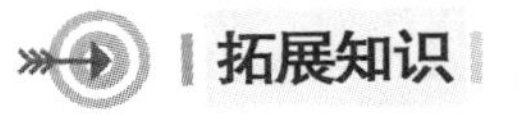
拓展知识

微囊与微球中药物的释放及体内转运

一般要求药物微囊或微球化后能定时定量地释放出来，达到临床预定的要求，以下简单介绍微囊与微球中药物的释放及在体内的转运。

一、微囊中药物的释放速率与机理

微囊中药物释放的规律根据微囊的种类和药物的性质不同而有所不同，有的是零级释放，有的是一级释放，还有的符合 Higuchi 方程。研究微囊和微球的释药机理有助于深入了解其释药速率规律，释药机理通常有以下三种。

1. 扩散 药物透过囊壁扩散，即微囊进入体内之后，体液向其中渗透而逐渐使微囊中的药物溶解并扩散到介质中，这基本上属于物理过程，囊壁不溶解。已溶解或黏附在囊壁表面上的少量药物发生短暂的快速释放，称为突释效应，然后药物才溶解成饱和溶液而扩散出微囊。例如当制备的氯贝丁酯微囊囊壁较厚(10.4 μm)时，药物的释放可分为四个阶段(见图 13-10)：①初期的突释阶段，来自溶解在囊壁中的药物；②慢速释放阶段，来自囊中药物的溶解并扩散透过囊壁；③较快速的稳态释放阶段，来自囊中药物的饱和溶液，维持时间也最长；④最后较缓慢的释放阶段，来自微囊中药物残留部分的溶解，此时已不足维持所需浓度。其全过程不能用一根直线表示为零级释放。

2. 囊壁的溶解 囊壁的溶解(不包括酶的作用)属于物理化学过程。其速率主要取决于囊材的性质、体液的体积、组成、pH 值以及温度等。此外，压力、磨损、剪切力等可导致囊壁的破裂，引起药物的释放。

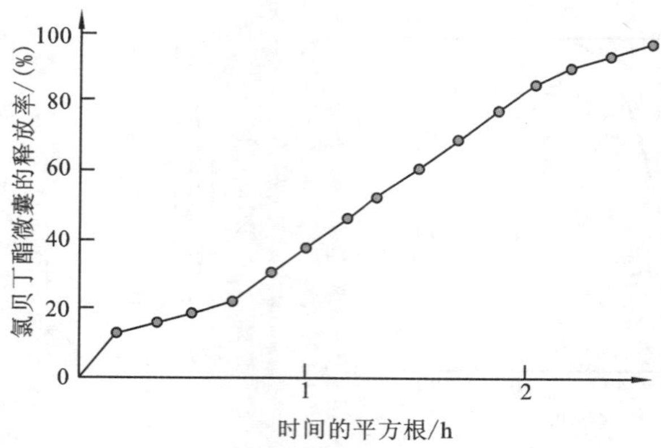

图 13-10 氯贝丁酯微囊的释放率与时间平方根的关系

3. 囊壁的消化与降解 当微囊或微球进入体内后，囊壁受胃蛋白酶或其他酶的消化与降解成为体内的代谢产物，同时释放出药物，但仍需经溶解和扩散才能进入体液，此过程属于化学或生化过程。

二、影响药物释放速率的因素

1. 微囊与微球的粒径 一般在囊壁材料和厚度相同的条件下，粒径越小，表面积越大，释放速率亦越高。例如磺胺嘧啶微囊，其释放速率随粒径的减小而增高。

2. 囊壁的厚度 若囊材相同时，囊壁越厚，释药越慢；由于囊壁厚度与重量成正比，故药物与囊壁的重量比愈小，释药愈慢。主要原因是囊壁厚时，药物释放的路径会延长，导致释药时间延长。

3. 囊材的物理化学性质 不同的囊材具有不同的物理化学性质。孔隙率较小的囊材形成的微囊释药慢。例如聚酰胺形成的囊壁空隙较小，药物释放较慢；明胶所形成的囊壁具有网状结构，孔隙很大，药物嵌入网状孔隙中，因此药物能较快释放。常用的几种囊材形成的微囊、微球释放速率的次序如下：明胶＞乙基纤维素＞苯乙烯-马来酐共聚物＞聚酰胺。

若在囊材中加入附加剂，则可能改变囊材的性质，从而导致释放速率有所改变。例如用明胶-阿拉伯胶复凝聚法成囊时，如欲延缓药物释放，可加入适量低黏度的乙基纤维素，使其沉积在囊壁孔隙内堵塞部分孔隙而降低释放速率。又如制备磺胺嘧啶乙基纤维素微囊时，采用不同量的硬脂酸为阻滞剂，随着阻滞剂含量的增加，药物释放速率降低。

不同组合的复合囊材其释药速率亦有不同。例如制备磺胺噻唑微囊时，以明胶-海藻酸钠形成的囊壁释药最快，而明胶-果胶形成的囊壁释药最慢。

4. 药物的性质 药物的溶解度及分配系数与药物释放速率密切相关。在囊材相同条件下，溶解度大的药物释放较快。例如用乙基纤维素为囊材，分别制成巴比妥钠、苯甲酸及水杨酸微囊。这三种药物在 37 ℃水中溶解度分别为 255 g/L、9 g/L、0.63 g/L，可见巴比妥钠的溶解度最大，而药物的释放速率也正是巴比妥钠最大。另外，药物在囊壁与水之间分配系数的大小也反映了水中的溶解度大小，亦会影响释药速率。如材料为乙基纤维素的巴比妥钠、苯甲酸及水杨酸微囊，其乙基纤维素/水的分配系数分别为0.67、58、151，结果释药 $t_{1/2}$ 分别为 22 min、70 min、80 min，也是以巴比妥钠释放最快。因此欲制备缓释微囊，可考虑将药物先制成溶解度较小的衍生物。

5. 工艺条件与剂型 成囊过程中采用的工艺条件对释放速率有明显的影响。若采用相同工艺，仅干燥条件不同，则释放速率也不相同。例如冷冻干燥或喷雾干燥的微囊、微球，其释放速率比烘箱干燥的要大，原因可能是烘箱干燥时微囊、微球粘连，使表面积减小。

6. 介质的 pH 值 在不同 pH 值条件下微囊、微球的释放速率也可能不同。如以壳聚糖-海藻酸盐为囊材的尼莫地平微囊，在 pH＝7.2 时释药速度明显快于 pH＝1.4 时，这是由于囊材中海藻酸盐在 pH 值较高时可缓慢溶解。有时药物的溶解度在不同的 pH 值条件下会有所不同，导致其释放速率也就不同。

7. 介质的离子强度 在介质其他条件相同，但离子强度不同时，微囊释放药物的速率也不同。如将荧光素尼龙微囊 50 mg 分别混悬在 4 L pH＝7.4 的离子强度为 0.8、1.0、1.2 的磷酸盐缓冲液中，其 1 h 体外释药结果分别为 38.78％、64.35％、71.99％。

三、微囊与微球的体内转运

本节仅介绍口服微囊与微球在胃肠道内的转运。由于 γ 闪烁镜的应用,人们对药物在胃肠内的转运有了进一步的了解。药物在胃内的排空作用变化极大,取决于药物剂型、身体姿势、进食还是禁食状态及食物的种类等。液体排空很快,且与进食情况关系不大。微囊、微球或随饮食中的液体较快排空,或成团块进入十二指肠。排空快慢与进食情况关系很大,进食愈多,排空愈慢。在禁食状态则取决于胃周期运动的阶段,如在周期运动的前阶段服药则排空快,在后阶段服药则排空慢。药物在小肠中的转运速率比较恒定,与剂型及进食状态关系不大。一般从离开胃到回肠、盲肠结合部需 3±1 h。回肠、盲肠结合部像一个阀门,控制食物进入直肠的速率,高度分散的药物可能在回肠、盲肠结合部又积集。药物进入直肠的速率取决于微囊与微球大小,大的前进较快。禁食状态微囊、微球可以不在胃内分散,而呈团块排空,当有一定液体时,微囊、微球才在胃内分散,排空时间延长。在进入结肠时微囊、微球可呈积集态,随即在上升结肠及横结肠中分散。

人服用放射标记的试验微粒(粒径 700～1200 μm)后用 γ 闪烁镜研究,进食大量早餐(3600 kJ)或进食少量早餐(1500 kJ)的胃排空一半时间分别为 285±45 min 及 119±15 min,小肠转运一半时间分别为 202±28 min 及 188±28 min。

一般微囊在胃肠道内的转运应与微球相似。如微囊表面性质或粒径大小的不同,或可与胃肠道相互作用,则可能不一样。微囊在小肠内转运速率比较恒定,可应用于在直肠释药。有人将柳氮磺胺吡啶微囊化,成功地使其主要在结肠释药。

此外,微囊与微球可作为生物黏附系统,延长在胃肠内的时间。

项目小结

教学提纲		主要内容简述
一级	二级	
一、固体分散技术	(一)固体分散体常用载体	水溶性载体有 PEG、PVP 和泊洛沙姆等;水不溶性载体有乙基纤维素、聚丙烯酸树脂和脂质类肠溶性载体有 HPMCP、CAP 和丙烯酸树脂等
	(二)固体分散体的制备方法	包括熔融法、溶剂法、溶剂-熔融法、喷雾干燥法、研磨法和挤出法等
	(三) 固体分散体的评定	差示扫描量热法、X 射线粉末衍射法、红外光谱法和溶出速率测定法等
二、分子包合技术	(一)概述	包合物的概念、分类、特点
	(二)包合材料	环糊精分子结构和性质;水溶性和疏水性环糊精衍生物的性质
	(三)包合物的制备方法	制备方法有饱和水溶液法、研磨法、超声法、冷冻干燥法、喷雾干燥法
三、微囊化技术	(一)概述	微囊与微球的概念;微囊化目的、意义;微囊的发展
	(二)微囊与微球的载体材料	载体材料的一般要求和分类
	(三)微囊的制备	制备方法有物理化学法、物理机械法和化学法三大方法
	(四)微球的制备	明胶微球、磁性微球、白蛋白微球、聚酯类微球、淀粉微球的制备
	(五)微囊、微球的质量评定	形态、粒径及其分布;微球的载药量与包封率;药物的释放速率;有机溶剂残留量;制剂的质量要求

达标检测题

一、选择题

(一) 单项选择题

1. 下列关于药物在固体分散体的存在状态的描述,错误的是(　　)。

A. 分子　B. 离子　C. 无定形　D. 胶态　E. 微晶

2. 下列关于β-环糊精包合作用的描述,错误的是(　　)。

A. 液体药物粉末化　B. 减少药物的刺激性　C. 降低药物的溶解度
D. 调节药物的释放速度　E. 提高药物的稳定性

3. β-环糊精连接的葡萄糖分子数是(　　)。

A. 5个　B. 6个　C. 7个　D. 8个　E. 9个

4. 聚乙二醇在固体分散体中的主要作用是(　　)。

A. 增塑剂　B. 促进其溶化　C. 载体　D. 黏合剂　E. 润滑剂

5. 脂质体所用的囊膜材料是(　　)。

A. 磷脂-明胶　B. 明胶-胆固醇　C. 胆固醇-海藻酸
D. 胆固醇-磷脂　E. 白芨胶-壳聚糖

6. 下列可用作肠溶性固体分散体的基质是(　　)。

A. 聚乙二醇类　B. 泊洛沙姆 188
C. 羟丙基甲基纤维素酞酸酯　D. 乙基纤维素
E. 聚维酮类

7. β-环糊精与挥发油制成的固体粉末为(　　)。

A. 固体分散体　B. 包合物　C. 脂质体　D. 微球　E. 微囊

8. 固体分散体中药物溶出速率的大小顺序为(　　)。

A. 无定型>微晶>分子态　B. 微晶>分子态>无定型
C. 无定型>分子态>微晶　D. 微晶>无定型>分子态
E. 分子态>无定型>微晶

9. 应用固体分散技术制备的剂型是(　　)。

A. 散剂　B. 胶囊剂　C. 微丸　D. 滴丸　E. 颗粒剂

10. 下列有关环糊精叙述中,错误的是(　　)。

A. 环糊精是由环糊精葡萄糖转位酶作用于淀粉后形成的产物
B. 是由6～10个葡萄糖分子结合而成的环状低聚糖化合物
C. 结构为中空圆筒形
D. 以β-环糊精溶解度最大
E. 包合物由主分子和客分子两种组分组成

11. 下列关于包合物的叙述,错误的是(　　)。

A. 包合物是一种分子被包藏在另一种分子的空穴结构内的复合物
B. 包合物是一种药物被包藏在高分子材料中形成的核-壳型结构
C. 包合物能增加难溶性药物的溶解度
D. 包合物能使液态药物粉末化
E. 通常以环糊精作为包合材料

12. 下列关于β-CYD包合物优点的表述不正确的是(　　)。

A. 增大药物的溶解度　B. 提高药物的稳定性　C. 使液态药物粉末化
D. 使药物具靶向性
E. 掩盖药物的不良臭味

13. β-环糊精与挥发油制成的固体粉末为(　　)。

A. 微囊　B. 化合物　C. 微球　D. 包合物　E. 散剂

14. 维生素 D_3 与 β-CYD 制成包合物后，维生素 D_3 的(　　)。

A. 稳定性降低　B. 稳定性增加　C. 挥发性降低

D. 熔点升高　E. 化学结构发生变化

15. 构成 β-环糊精包合物的葡萄糖分子数是(　　)。

A. 5 个　B. 6 个　C. 7 个　D. 8 个　E. 9 个

16. 下列制备方法可用于环糊精包合物制备的是(　　)。

A. 界面缩聚法　B. 饱和水溶液法　C. 单凝聚法

D. 改变温度法　E. 冷冻干燥法

17. 包合物能提高药物稳定性，是由于(　　)。

A. 药物进入主分子空穴中　B. 主、客分子间发生化学反应

C. 主分子很不稳定　D. 主分子溶解度大

E. 形成了稳定的共价键

18. 药物制剂中最常用的包合材料是(　　)。

A. 环糊精　B. PEG　C. 聚丙烯酸树脂

D. 胆固醇　E. 羟丙基甲基纤维素

19. 以下对包合物的叙述，不正确的是(　　)。

A. 主分子同客分子形成的化合物称为包合物

B. 客分子的几何形状是不同的

C. 包合物可以提高药物溶解度，但不能提高其稳定性

D. 维生素 A 被 β-CYD 包合后可以形成固体

E. 包合物的包合材料可以是 β-CYD 的化学修饰物

20. 挥发油与 β-CYD 制成包合物后(　　)。

A. 稳定性降低　B. 稳定性增加　C. 挥发性降低

D. 熔点降低　E. 可以因为包合作用除掉挥发油中的热原

21. 以下不是包合物制备方法的为(　　)。

A. 饱和水溶液法　B. 研磨法　C. 冷冻干燥法

D. 乳化法　E. 喷雾干燥法

22. 下列关于微囊特点的描述错误的是(　　)。

A. 微囊能掩盖药物的不良味道

B. 制成微囊能提高药物的稳定性

C. 微囊能防止药物在胃内失活或减少对胃的刺激性

D. 微囊提高药物溶出速率

E. 微囊能使液体药物固体化

23. 微囊质量评价不包括(　　)。

A. 形态与粒径　B. 载药量　C. 包封率　D. 含量均匀度　E. 粒度分布

24. 以明胶为囊材用单凝聚法制备微囊时，常用的交联固化剂是(　　)。

A. 甲醛　B. 硫酸钠　C. 乙醇　D. 丙酮　E. 阿拉伯胶

25. 关于凝聚法制备微囊，下列叙述错误的是(　　)。

A. 单凝聚法是在高分子囊材溶液中加入凝聚剂以降低高分子溶解度凝聚成囊的方法

B. 适合于水溶性药物的微囊化

C. 复凝聚法系指使用两种带相反电荷的高分子材料作为复合囊材，在一定条件下，与囊心物凝聚成囊的方法

D. 必须加入交联固化剂，同时还要求微囊的粘连越少越好

E. 制备过程中囊材发生了化学反应

26. 将大蒜素制成微囊的目的是(　　)。

A. 减少药物的配伍变化

B. 掩盖药物的不良味道

C. 使药物浓集于靶区

D. 防止药物在胃肠道内失活，减少药物对胃肠道的刺激性

E. 提高治疗效果

27. 单凝聚法制备微囊时，加入的硫酸钠水溶液或丙酮是作为(　　)。

A. 凝聚剂　B. 稳定剂　C. 阻滞剂　D. 增塑剂　E. 润湿剂

28. 可用于复凝聚法制备微囊的材料是(　　)。

A. 阿拉伯胶-琼脂　B. 西黄蓍胶-阿拉伯胶　C. 阿拉伯胶-明胶

D. 西黄蓍胶-果胶　E. 明胶-甲醛

29. 在体外磁场引导下，到达靶位的药物磁性微球中含有的物质是(　　)。

A. 单克隆抗体　B. 白蛋白　C. 脱氧核糖核酸

D. 铁磁性物质　E. 叶酸

30. 制备以明胶-阿拉伯胶为复合囊材的微囊的操作要点包括(　　)。

A. 浓度适当的明胶与阿拉伯胶溶液混合后调节 pH 值至 4 以下，使两者结合成不溶性复合物

B. 成囊过程系统温度应保持在 50～55 ℃

C. 成囊后在 10 ℃以下，加入 37%甲醛溶液使囊固化

D. 以上均是

E. 以上均不是

31. 以一种高分子化合物为囊材，将囊心物分散在囊材溶液中，然后加入凝聚剂，使囊材凝聚成囊，经进一步固化制备微囊，该方法是(　　)。

A. 单凝聚法　B. 复凝聚法　C. 溶剂-非溶剂法

D. 改变温度法

E. 一步制粒法

32. 关于微囊特点，以下叙述正确的是(　　)。

A. 微囊无法掩盖药物的不良味道　B. 制成微囊能使药物缓释

C. 微囊是一种新的药物剂型　D. 微囊用于口服没有意义

E. 微囊其实就是散剂

33. 以下属于化学法制备微囊的方法是(　　)。

A. 凝聚法　B. 溶剂-非溶剂法　C. 辐射交联法

D. 喷雾干燥法　E. 冷冻干燥法

34. 不能用复凝聚法与明胶合用来制备微囊的高分子化合物有(　　)。

A. 壳聚糖　B. 阿拉伯胶　C. 甲基纤维素　D. CMC-Na　E. 以上均不是

35. 下列属于天然高分子材料的是(　　)。

A. 明胶　B. 羧甲基纤维素　C. 乙基纤维素

D. 聚维酮　E. 羟丙基纤维素

36. 关于单凝聚法制备微囊，下列叙述错误的是(　　)。

A. 可选择明胶-阿拉伯胶为复合囊材

B. 为物理化学的制备微囊的方法

C. 合适的凝聚剂是成囊的重要因素

D. 如果囊材是明胶，制备中可加入甲醛为交联固化剂

E. 以上均不对

37. 关于复凝聚法制备微型胶囊，下列叙述错误的是(　　)。

A. 可选择明胶-阿拉伯胶为囊材

B. 不适用于对温度敏感的药物

C. pH 值和浓度均是成囊的主要因素

D. 如果囊材是明胶，制备中可加入甲醛为交联固化剂

E. 以上均不对

38. 微囊的制备方法不包括(　　)。

A. 凝聚法　B. 液中干燥法　C. 界面缩聚法　D. 薄膜分散法　E. 以上均包括

39. 微囊、微球的粒径范围为(　　)。

A. 5～10 μm　B. 10～30 μm　C. 30～100 μm　D. 1～250 μm　E. 1～100 nm

40. 下列方法属于微囊制备的物理化学法的是(　　)。

A. 喷雾干燥法　B. 研磨法　C. 单凝聚法　D. 薄膜超声法　E. 冷冻干燥法

(二) 配伍选择题

题 1～5

A. 研磨法　B. 凝聚法　C. 注入法　D. 复凝聚法　E. 脂质体

1. 固体分散体制备最适宜的方法是(　　)。
2. 微囊制备最适宜的方法是(　　)。
3. 纳米囊制备最适宜的方法是(　　)。
4. 脂质体制备最适宜的方法是(　　)。
5. 将药物包封于类脂双分子层内形成的微型囊泡的是(　　)。

(三) 多项选择题

1. 关于包合物以下描述正确的是(　　)。

A. 一种分子被包嵌于另一种分子的空穴结构内就形成包合物
B. 包合过程是化学过程
C. 主分子具有空穴结构
D. 客分子全部或部分和主分子的空穴形状和大小相适应
E. 包合物为客分子被包嵌于主分子的空穴结构内形成的共价化合物

2. 适合制备包合物的材料是(　　)。

A. 糊精　B. β-环糊精　C. 羟丙基-β-环糊精
D. 乙基-β-环糊精　E. 羟乙基淀粉

3. 包合物在药剂学中常用于(　　)。

A. 降低药物的刺激性与毒副作用　B. 防止挥发性成分的挥发
C. 调节药物的释放速率　D. 制备靶向制剂
E. 避免肝脏的首过效应

4. 将药物制成包合物的主要目的是(　　)。

A. 增大药物的溶解度　B. 减少药物的副作用和刺激性
C. 掩盖药物不良味道　D. 能使液态药物粉末化
E. 防止药物挥发

5. 可用作包合材料的是(　　)。

A. 羟丙基-β-环糊精　B. α-环糊精　C. γ-环糊精
D. 乙基-β-环糊精　E. 聚维酮

6. 下列关于 β-CYD 包合物叙述正确的是(　　)。

A. β-CYD 作材料比较价廉　B. 可提高药物的稳定性
C. β-CYD 的溶解度比其他的 CYD 大　D. 使液体药物粉末化
E. 可提高药物的释放度

7. 常用的环糊精包合物的制备方法有(　　)。

A. 重结晶法　B. 研磨法　C. 冷冻干燥法
D. 复凝聚法　E. 溶剂-熔融法

8. 影响微囊微球中药物释放速率的因素有(　　)。

A. 微囊微球的粒径　B. 药物的性质
C. 囊膜或骨架的厚度　D. 囊膜或骨架的物理化学性质
E. 制备微囊时的干燥条件

9. 下列属于微囊制备方法的有(　　)。

A. 复凝聚法　　B. 界面缩聚法　　C. 研磨法
D. 溶剂-熔融法　　E. 饱和水溶液法

10. 下列关于单凝聚法制备微囊的表述中，正确的是(　　)。
A. 微囊化难易取决于材料(如明胶)同药物的亲和力，亲和力强则易被微囊化
B. 明胶不需调节 pH 值即可成囊
C. 若药物不宜在碱性环境，可改用戊二醛使明胶交联固化
D. 药物过分亲水或过分疏水，均不能成囊
E. 加凝聚剂形成微囊后，加水可以解凝聚使微囊消失

11. 下述高分子材料可作为生物降解性材料的是(　　)。
A. 乙基纤维素　B. 壳聚糖　C. 聚乳酸　D. HPMC　E. 聚乙烯

12. 关于微球特点，叙述正确的是(　　)。
A. 微球能掩盖药物的不良味道
B. 制成微球能提高药物的稳定性
C. 微球能防止药物在胃内失活或减少对胃的刺激性
D. 微球能使药物浓集于靶区
E. 微球使药物高度分散而加速释药

13. 液体药物固态化的方法有(　　)。
A. 制成微囊　　B. 制成微球　　C. 制成包合物
D. 制成固体分散体　　E. 制成纳米乳

14. 微囊的制备方法包括(　　)。
A. 逆相蒸发法　　B. 喷雾干燥法　　C. 界面缩聚法
D. 液中干燥法　　E. 薄膜干燥法

15. 下面关于复凝聚法叙述正确的是(　　)。
A. 调节 pH 值使明胶带负电荷，与带正电荷的阿拉伯胶结合成为不溶性复合物
B. 调节 pH 值使明胶带正电荷，与带负电荷的阿拉伯胶结合成为不溶性复合物
C. 明胶是一种蛋白质，其带电性受 pH 值影响
D. 阿拉伯胶是一种多糖，不带电荷
E. 形成不溶性复合物的量与明胶、阿拉伯胶的比例无关

16. 下列关于影响微囊微球中药物释放速率的叙述正确的是(　　)。
A. 同等条件下溶解度大的药物释药慢　　B. 同等条件下溶解度大的药物释药快
C. 囊膜、骨架的特性不影响释放　　D. 交联固化时间影响释放速率
E. 微囊释药都符合一级动力学

17. 以下关于微球的叙述正确的是(　　)。
A. 微球可使药物缓释　　B. 微球载体材料可用白蛋白
C. 微球可以作为靶向给药的载体　　D. 微球属于核-壳型
E. 药物制成微球能改善在体内的吸收和分布

18. 下列一些剂型中，哪些为固体分散体？(　　)
A. 低共熔混合物　　B. 气雾剂　　C. 固体溶液
D. 复方片剂　　E. 共沉淀物

二、填空题

1. CYD 具有环状结构，常见的 CYD 是由________、________和________个葡萄糖分子连接而成的环状化合物，分别称为 α-CYD、β-CYD 和 γ-CYD。

2. 环糊精包合的主要方法有________、________、________、________和________；影响环糊精包合的因素有________、________、________、________等。

3. 微囊的制备方法可归纳为________、________和________三大类。

4. 采用聚乳酸等高分子聚合物为载体材料，将固态或液态药物溶解和(或)分散在高分子材料中，形成

骨架型、粒径在 1～250 μm 的微小球状实体，称为________。

5. 微囊的囊材可分为________、________和________三类。

6. 与明胶作复合囊材通过复凝聚法制备微囊的囊材有________和________等带________电荷的聚合物。

7. 制备微囊的单凝聚法和复凝聚法的主要区别是________。

8. 化学法制备微囊的方法包括________和________。

9. 复凝聚法用的经典囊材为________和________。

10. 影响微囊、微球粒径大小的因素有________、________、________、________和________等。（任写 5 种）

三、名词解释

1. 固体分散体
2. 包合物
3. 微囊
4. 微球

四、简答题

1. 简述固体分散体的应用与制备方法。
2. 简述脂质体的应用与制备方法。
3. 简述包合物的应用与制备方法。

五、实例分析题

请指出下列穿心莲内酯明胶微球处方中明胶和 Span 80 的作用。

穿心莲内酯　适量
明胶　适量
Span 80　适量

（江荣高）

项目十四　缓释、控释制剂

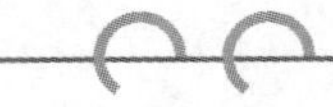

学习目标

能力目标

能进行缓释片的制备。

会设计缓释、控释制剂的生产工艺流程；能根据缓释、控释制剂的特点合理指导用药。

知识目标

掌握：缓释、控释制剂概念、特点、类型、制备方法及质量要求。

熟悉：缓释、控释制剂的适应范围，生产中常见问题及解决方法。

了解：缓释、控释制剂的设计及释药原理，口服定时和定位释药系统。

操作任务

缓释制剂的制备

一、操作目的

(1) 掌握缓释制剂的制备方法。

(2) 能进行缓释制剂的体外释放度测定操作。

二、器材与药品

溶出度测定仪、紫外分光光度计、压片机、药筛（100 目、80 目、18 目）；茶碱、丙烯酸树脂Ⅲ号、硬脂酸镁、羟丙基甲基纤维素等。

三、操作内容

（一）茶碱缓释片的制备

茶碱缓释片临床上主要用于支气管哮喘、喘息型支气管炎、阻塞性肺气肿等缓解喘息症状；也可用于心力衰竭时喘息。口服，成人或 12 岁以上儿童，起始剂量为 0.1～0.2 g，一日 2 次，剂量可视病情或疗效调整，但日剂量不得超过 0.9 g，分 2 次服用。

［处方］

茶碱	10 g	丙烯酸树脂Ⅲ号	1 g
羟丙基甲基纤维素	0.05 g	硬脂酸镁	0.14 g

制成 100 片

［制法］　取茶碱与丙烯酸树脂Ⅲ号（细粉原料），过 80 目筛混匀，将羟丙基甲基纤维素溶于 2 mL 70% 乙醇中制成胶浆，加入上述混合物中，制软材，过 18 目筛制颗粒，在 60 ℃下干燥，并以 18 目筛整粒，加入硬脂酸镁混匀后，称重，压片，每片含茶碱 100 mg。

［注解］

(1) 选用的丙烯酸树脂Ⅲ号应为细粉原料，否则应预先粉碎过100目筛，若粒度过大，将影响缓释效果。

(2) 制软材时，胶浆应少量分多次加入，迅速混匀制软材。反之若一次加入，将使丙烯酸树脂溶解，黏度增大，造成制粒困难，若胶浆量不足，可再加适量70%乙醇作黏合剂。

(3) 制得的干燥颗粒应有适宜的硬度，细粉量不能太多，否则难以制得硬度适宜的片剂。

(4) 茶碱在湿热条件下遇金属离子易变黄，应选用不锈钢器具或尼龙筛网，干燥温度不宜过高。

(二) 茶碱缓释片释放度测定

1. 标准曲线的制备 精密称取茶碱 50 mg，置于 500 mL 容量瓶中，加蒸馏水溶解并稀释至刻度，配成 100 mg/L 的标准溶液。精密吸取此液 0.5 mL、1 mL、2 mL、3 mL、4 mL 置于 25 mL 量瓶中，以蒸馏水稀释至刻度，摇匀，配成 2 mg/L、4 mg/L、8 mg/L、12 mg/L、16 mg/L 的标准溶液。以蒸馏水为空白，于紫外分光光度计 270 nm 波长处测定吸收度(A)，记入表 14-1 中。并以 A 为纵坐标，C(标准溶液浓度，mg/L)为横坐标绘制标准曲线，并求出标准曲线回归方程，备用。

表 14-1 标准曲线测定数据

标准溶液浓度/(mg/L)	2	4	8	12	16
A					

2. 释放度测定 按《中国药典》(2015 年版)二部附录ⅩC 第一法测定。量取蒸馏水(释放介质)900 mL，注入操作容器内，介质温度保持在 37±0.5 ℃，调整转篮转速为 100 r/min。取茶碱缓释片 1 片，精密称定，投入转篮内，将转篮降入容器中并立即开始计时。分别于 1 h、2 h、3 h、4 h、6 h、8 h 取样 5 mL，同时补加同体积预热至 37 ℃的释放介质，样品经 0.8 μm 微孔滤膜过滤，精密量取续滤液 2 mL，置于 25 mL 量瓶中，用蒸馏水稀释至刻度，以蒸馏水为空白，于 270 nm 波长处测吸收度(A)，记入表 14-2 中。并按标准曲线计算样品浓度。按式(14-1)计算累积释药量，并将结果记录于表 14-2 中。

$$累积释药量(\%)=\frac{C\times V\times 稀释倍数}{W}\times 100 \tag{14-1}$$

式中：C 为 t 时间被测样品浓度(mg/L)，V 为介质体积(L)，W 为投药量(mg)，稀释倍数正常情况下为 12.5。

表 14-2 茶碱缓释片释放度测定结果

时间 t/h	1	2	3	4	6	8
A						
C/(mg/L)						
累积释药量/(%)						

四、思考题

(1) 缓释制剂与普通制剂相比有何优点？

(2) 缓释制剂体外释药研究有何意义？

相关知识

一、概述

(一) 缓释、控释制剂的定义与特点

1. 缓释、控释制剂的定义 缓释制剂(sustained-release preparations)是指用药后能在较长时间内持续释放药物以达到长效作用的制剂。《中国药典》(2015 年版)定义缓释制剂系指在规定释放介质中，按要求缓慢地非恒速释放药物。其中药物释放主要是一级速度过程，对于注射型缓释制剂，药物释放可持续数天至数月；口服缓释制剂的持续时间根据其在消化道的滞留时间，一般以小时计。

控释制剂(controlled-release preparations)是指药物能在设定的时间内自动以设定速度释药，使血药浓度长时间恒定维持在有效浓度范围内的制剂。《中国药典》(2015 年版)定义控释制剂系指在规定释放介质

中，按要求缓慢地恒速释放药物，其与相应的普通制剂比较，给药频率比普通制剂减少一半或给药频率比普通制剂有所减少，血药浓度比缓释制剂更加平稳，且能显著增加患者的依从性的制剂。广义地讲，控释制剂包括控制释药的速度、部位和时间，故靶向制剂、透皮吸收制剂等都属于控释制剂的范畴。狭义的控释制剂则一般是指在预定时间内以零级或接近零级速率释放药物的制剂。

知识链接

液体控释给药系统

液体控释给药系统(liquid controlled drug release system，LCDRS）属多相复合体系，是通过乳剂或液体混悬形式给药的控释剂型。其分散介质可为糖浆、水或其他可供服用的油性液体；分散的微粒可为乳滴、微球或微囊。

LCDRS除了具有胶囊和控释片剂的某些优点，还具有下列独特的优越性：①便于口服，可以改善患者的服药顺从性，特别适合吞咽困难的患者(如儿童和老人)；②流动性好，可以根据个体对剂量需求的不同进行分剂量；③口服后在胃肠道分布面积大，吸收彻底，生物利用程度高；④粒度很小，可减少对胃肠道的刺激，且体内过程受胃排空的影响小；⑤可以满足将大剂量药物制成缓控释制剂的要求。

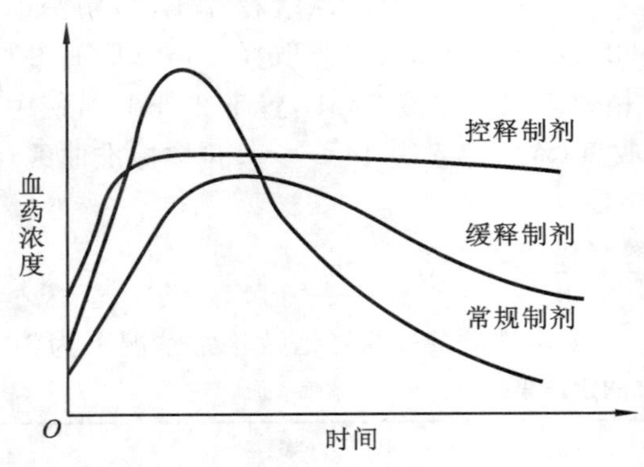

图 14-1 缓释、控释制剂与常规制剂的血药浓度比较图

2. 缓释、控释制剂的特点 普通制剂，不论口服或注射，常需一日几次给药，不仅使用不便，而且血药浓度起伏很大，有峰谷现象。血药浓度高(峰)时可产生副作用甚至中毒，血药浓度低时(谷)可能在有效治疗浓度以下，以致不能发挥疗效。而缓释、控释制剂可较缓慢、持久地传递药物，减少用药频率，避免或减少“峰谷”现象，如图 14-1，能提供平衡持久的有效血药浓度。这对于需长期用药的患者，如心血管疾病和糖尿病患者，其临床意义尤其显著。

缓释、控释制剂近年来有了很大的发展，主要是由于其具有以下特点。

(1) 对半衰期短的或需要频繁给药的药物，可以减少服药次数。如普通制剂每天服用 3 次，制成缓释或控释制剂可改为每天一次。这样可大大提高患者服药的依从性，使用方便。特别适用于需要长期服药的慢性疾病患者，如心血管疾病、高血压、心绞痛患者等。

(2) 血药浓度波动小，较平稳，可避免或减少峰谷现象，有利于降低药物的毒副作用。特别对于治疗指数较窄的药物，制成缓释、控释制剂后，可避免频繁用药引起中毒的危险。根据关系式 $\tau \leqslant t_{1/2}(\ln TI/\ln 2)$，其中 TI 为治疗指数(therapeutic index)，$t_{1/2}$ 为药物的生物半衰期，τ 为给药间隔时间。若药物 $t_{1/2}=3$ h、TI=2，用普通制剂要求每 3 h 给药 1 次，1 天服药 8 次，才能避免血药浓度过高或过低；若制成 12 h 释药 50%的缓释制剂，每 12 h 服药 1 次，1 天仅需服药 2 次，也能保证药物的安全性和有效性。

(3) 可减少用药的总剂量，因此可用最小剂量达到最大药效。

虽然缓释、控释制剂有其优越性，但在选择药物研制缓释、控释制剂时，还需考虑缓释、控释制剂不利的一面：①在临床应用中对剂量调节的灵活性降低，如果遇到某种特殊情况(如出现较大副反应)，往往不能立刻停止治疗，可通过增加缓释制剂规格来缓解这种特点；②制备缓释、控释制剂所用的设备和工艺费用较普通制剂昂贵；③某些药物不宜制成缓释或控释制剂等。如剂量很大(大于 1 g)、半衰期很短(小于 1 h)、半衰期很长(大于 24 h)的药物，一般不适宜制成缓释、控释制剂。

(二) 缓释、控释制剂的设计

1. 影响口服缓释、控释制剂设计的因素

1) 药物的理化因素

(1) 剂量大小　缓释、控释制剂一次治疗剂量不宜太大。一般认为在 0.5～1.0 g 的单剂量为最大剂量是适用的，治疗指数窄的药物设计成缓释制剂应注意剂量与毒副作用。随着制剂技术的发展和异型片的出现，目前上市的口服片剂中已有很多超过此限。有时可采用一次服用多片的方法降低每片含量。

(2) 药物的理化性质　包括药物的溶解度、药物的解离度、pK_a和油水分配系数。①药物的溶解度：药物要吸收，首先要溶出，只有在溶解状态的药物才能吸收。因此，就固体药物而言，水溶性较大的适合制成缓释、控释制剂。溶解度<0.01 mg/mL 的药物本身具有内在的缓释作用。设计缓释制剂时药物溶解度<0.1 mg/mL 不适宜。②药物的解离度、pK_a：因为非解离型药物容易通过脂质生物膜，而对弱酸性或弱碱性药物来说，药物能否解离取决于吸收环境的 pH 值。因此了解药物的 pK_a 和吸收环境之间的关系对于设计口服缓释、控释制剂很重要。胃肠道的 pH 值差别较大，胃中呈酸性，小肠趋于中性，结肠呈微碱性，所以必须了解药物的 pK_a，考虑 pH 值对药物释放过程的影响。③药物的油/水分配系数：药物口服进入胃肠道后，必须穿过各种生物膜到达作用部位产生治疗作用。由于这些膜为脂质膜，药物的油/水分配系数对其能否有效通过膜起决定性的作用。分配系数过高的药物，其脂溶性太大，能与脂质膜产生强结合力而不能进入血液循环；分配系数过低的药物则不易透过生物膜，从而造成其生物利用度较差。由此，药物必须有适宜的油、水分配系数，既能透过脂质膜又能进入血液循环中。

(3) 稳定性　口服给药的药物要同时经受酸和碱的水解以及酶降解作用。对固体药物而言，其降解速度较慢，因此，对于存在稳定性问题的药物应选用固体制剂；在胃中不稳定的药物，可延长其在胃肠道的整个运行过程，将制剂的释药推迟至到达小肠后再开始更加有利；在小肠中不稳定的药物，服用缓释制剂后，其生物利用度可能降低，这是因为较多的药物在小肠释放，使降解药量增加所致。如丙胺太林和普鲁苯辛等。

2) 生物因素

(1) 生物半衰期　对于半衰期短的药物，制成缓释制剂可以减少用药频率。但要维持其缓释作用，单位药量必须很大，必然使剂型本身增大，不利于服用。一般半衰期很短的药物($t_{1/2}$<1 h)，如呋塞米等不适宜制成缓释制剂；半衰期长的药物($t_{1/2}$>24 h)，如华法林等也不宜制成缓释制剂，因为其本身已有药效较持久的作用。此外大多数药物在胃肠道的运行时间为 8～12 h，因此要求药物吸收时间超过 8～12 h 较为困难。可采用结肠定位给药，增加药物在结肠部位的吸收，则可能使药物释放时间增至 24 h。

(2) 吸收　药物的吸收特性对缓释制剂设计影响很大。制备缓释制剂的目的是对制剂的释药进行控制，以控制药物的吸收。因此缓释制剂的释药速率必须比吸收速率慢。假定大多数药物在胃肠道的运行时间为 8～12 h，则吸收的最大半衰期为 3～4 h；否则，药物还未释放完，制剂已离开吸收部位。因此对于本身吸收速率常数低的药物，不太适宜制成缓释、控释制剂。此外，药物若是通过主动转运机制吸收，或者转运局限于小肠的某一特定部位进行，则制成缓释制剂不利于药物的吸收。如硫酸亚铁的吸收在十二指肠和空肠上端进行，因此药物应在通过这一区域前释放药物，否则不利于吸收。这类药物可制备成胃内漂浮型缓释制剂，其可漂浮于胃液内，延迟制剂到达小肠的时间，另一方法是制成生物黏附制剂，其原理是利用黏附性聚合物材料对胃表面的黏蛋白有亲和性，从而增加其在胃中的滞留时间。此法适于在胃部吸收较好或用于治疗胃部疾病；但在小肠段吸收好的药物采用延长胃排空时间的制剂不适合。另外，对吸收较差的药物，除延长其在胃肠道的滞留时间外，还可加入吸收促进剂以改变生物膜的性能而促进吸收。如可选用毒性较低的非离子表面活性剂，加以改善。

(3) 代谢　若将在吸收前有代谢作用的药物制成缓释剂型，生物利用度会大大降低。大多数肠壁酶系统对药物的代谢作用具有饱和性，当药物缓慢地释放到这些部位，由于酶代谢过程没有达到饱和，可使较多量的药物转换成代谢物。如阿普洛尔制成缓释制剂服用后，药物在肠壁代谢的程度增加。多巴-脱羧酶在肠壁浓度高，可对左旋多巴产生肠壁代谢。如果将左旋多巴与能够抑制多巴脱羧酶的化合物一起制成缓释制剂，既能使吸收增加，又能延长其治疗作用。

2. 缓释、控释制剂的设计

1) 药物选择　缓释、控释制剂一般适用于半衰期较短的药物($t_{1/2}$为 2～8 h)，如 5-单硝酸异山梨醇($t_{1/2}$为 5 h)、茶碱($t_{1/2}$为 3～8 h)、伪麻黄碱($t_{1/2}$为 6.9 h)、普萘洛尔($t_{1/2}$为 3.1～4.5 h)等可制成缓释制剂。半衰期小于 1 h 或大于 12 h 的药物，一般不宜制成缓释、控释制剂。个别情况例外，如硝酸甘油半衰期很短，也可制成每片 2.6 mg 的缓释片。另外如剂量很大、药效很剧烈以及溶解吸收很差的药物、剂量需要精密调节的药物，一般也不宜制成缓释或控释制剂。抗生素类药物，由于其抗菌效果依赖于峰浓度，故一般也不宜制成缓释、控释制剂。下列类型药物适于制备缓释、控释制剂，如抗心律失常药、抗心绞痛药、降压药、抗组胺药、支气管扩张药、抗哮喘药、解热镇痛药、抗溃疡药、铁盐、KCl 等。

2）设计要求

（1）生物利用度　缓释、控释制剂的相对生物利用度一般应在普通制剂80%～120%的范围内。若药物吸收部位主要在胃及小肠，宜设计每12 h服一次的缓释、控释制剂；如药物在结肠也有一定吸收，可考虑设计每24 h口服一次的缓释、控释制剂。为了保证缓释、控释制剂的生物利用度，根据药物的理化性质，处方设计时可选用适宜的缓释、控释阻滞剂，控制药物在胃肠道中的释放速度，以延缓药物的体内吸收时间，获得满意的生物利用度。

（2）峰浓度与谷浓度之比　缓释、控释制剂达稳态时峰浓度（C_{max}）与谷浓度（C_{min}）之比应小于普通制剂，缓释、控释制剂的C_{max}应小于普通制剂；缓释、控释制剂的平均滞留时间（MRT）延长，且C_{min}应大于普通制剂。根据以上要求，一般半衰期短、治疗指数窄的药物，可设计12 h服一次，而半衰期适中、治疗指数宽的药物可设计24 h服一次。若设计零级释放剂型，如渗透泵，其峰谷浓度比显著低于普通制剂，此类制剂血药浓度平稳。

（3）缓释、控释制剂的剂量计算　缓释、控释制剂的剂量可根据普通制剂的剂量进行换算，如普通制剂，每日三次，每次服10 mg，设计成缓释、控释制剂，则可24 h给药一次，剂量调整为30 mg。另外有些药物可根据临床需要，设计多种规格或不同剂型的缓释、控释制剂。也可根据药物动力学方法进行计算，因体内涉及因素很多，故计算结果仅作为参考。

3. 缓释、控释制剂的常用辅料　缓释、控释制剂，需要采用适宜的辅料，使制剂中药物的释放速率和释放量达到设计要求，确保药物以一定速度输送到病患部位并在组织中或体液中维持一定浓度，获得预期疗效，减小药物的毒副作用。一般缓释、控释制剂中主要起缓释、控释作用的辅料多为高分子聚合物，有骨架材料、缓释或控释包衣材料、致孔剂和增塑剂等。

1）骨架材料　常用骨架材料主要有如下三种类型。

（1）亲水凝胶骨架材料　遇水或消化液骨架膨胀，形成凝胶屏障而控制药物释放的物质。选择不同性能的材料及其与药物的比例等可调节制剂的释药速率。常用的材料有羟丙基甲基纤维素（HPMC）、羟丙基纤维素（HPC）及壳聚糖、海藻酸钠、聚乙烯醇和聚羧乙烯等。

（2）水不溶性骨架材料　不溶于水或水溶性极小的高分子聚合物或无毒塑料等。药物溶解后通过骨架中错综复杂的极细孔径的通道，缓缓向外扩散而释放，在药物的整个释放过程中，骨架几乎没有改变，最后随大便排出。常用的材料有无毒聚氯乙烯、聚乙烯、乙基纤维素、聚硅氧烷、硅橡胶、乙烯-醋酸乙烯共聚物和聚甲基丙烯酸甲酯（PMMA）等。

（3）生物降解骨架材料　主要包括脂肪酸、蜡质或酯类。由于材料逐渐降解，药物从骨架中释放。常用的材料有硬脂酸、蜂蜡、巴西棕榈蜡、氢化植物油、硬脂醇、聚乙二醇单脂酸酯、甘油三酯和单硬脂酸甘油酯等。

2）缓释、控释包衣材料　用包衣技术制成的缓释、控释制剂是通过包衣膜来控制和调节剂型中药物在体内释放速率，因此包衣材料的选择、包衣膜的组成在很大程度上决定了制剂缓控释作用的成败。常用的包衣材料有不溶性和肠溶性材料两类。

（1）不溶性高分子材料　此类包衣材料都是一些高分子聚合物，不溶于水或难溶于水，但水气可穿透，无毒，不受胃肠内液体的干扰，具有良好的成膜性能和机械性能，常用的材料有乙基纤维素、醋酸纤维素、乙烯-醋酸乙烯共聚物（EVA）等。

（2）肠溶性高分子材料　在胃中不溶，在小肠偏碱性条件下溶解的高分子材料，常用的材料有如肠溶型Ⅱ号丙烯酸树脂（EudragitL100）、肠溶型Ⅲ号丙烯酸树脂（EudragitS100）、羟丙基甲基纤维素酞酸酯（HPMCP）、羟丙基甲基纤维素琥珀酸酯（HPMCAS）。

3）致孔剂　常用的致孔剂为水溶性高分子聚合物有聚维酮（PVP）、聚乙烯醇（PVA）、羟丙甲纤维素HPMC、羧甲基纤维素钠（CMC-Na）、甲基纤维素（MC）和表面活性剂，如十二烷基硫酸钠（SLS）和泊洛沙姆（Poloxamer）等。

4）增塑剂　如丙二醇、聚乙二醇、蓖麻油、吐温80、邻苯二甲酸二乙酯和柠檬酸三乙酯等。

二、缓释、控释制剂释药方法和评价

（一）缓释、控释制剂释药原理和方法

1. 溶出原理　由于药物释放受溶出速率的限制，根据Noyes-Whitney溶出速率公式，通过减少药物的

溶解度，降低药物的溶出速率可以使药物缓慢释药，达到长效目的。

利用溶出原理达到缓释作用的方法很多，常用的方法如下。

(1) 制成溶解度小的盐类或酯类　溶解度大的固体药物在体内吸收快，排泄也迅速，显效时间短。如果将其制成难溶性的盐或酯类，可延长药物在体内的作用时间，达到长效的目的。如临床上常用的抗菌药红霉素，普通药物一天给药 4 次(6 h 给药一次)，每次 0.2～0.5 g，制成红霉素乳糖酸盐注射液后，12 h 给药一次，每次剂量为 0.1～0.2 g。

(2) 与高分子化合物生成难溶性盐类　鞣质、蛋白质等均为高分子材料，均可与生物碱类形成难溶性盐，其药效比母体药物延长。碱性蛋白(如鱼精蛋白)与胰岛素结合成溶解度较小的鱼精蛋白胰岛素，加入锌盐生成鱼精蛋白锌胰岛素，药效从 6 h 延长到 18～24 h。

(3)控制颗粒大小　药物的表面积与溶出速率有关已如前述，如难溶性药物的颗粒直径增加可使药物吸收及排泄减慢。例如超慢性胰岛素中所含胰岛素锌晶粒大部分超过 10 μm，其作用时间可达 30 h，半慢性胰岛素中所含胰岛素锌晶粒大部分较小，在 2 μm 左右，作用时间仅为 12～14 h。再如口服微粉化的阿司匹林 8 h 后排泄到尿中的水杨酸的量为 203.4 mg，而服用相同剂量未经微粉化的阿司匹林 8 h 后排泄到尿中的水杨酸的量仅为 149.9 mg。

2. 扩散原理　药物以扩散作用为主释放药物的过程可用 Fick's 第一扩散定律表示，见式(14-2)。

$$\frac{\mathrm{d}M}{\mathrm{d}t}=\frac{ADK\Delta C}{L} \tag{14-2}$$

式中：$\frac{\mathrm{d}M}{\mathrm{d}t}$为释放速率；$A$ 为表面积；D 为扩散系数；K 为药物在膜与囊心之间的分配系数；L 为包衣层厚度；ΔC 为膜内外药物浓度之差。

药物扩散包括三个方面：①通过水不溶性膜扩散；②通过含水性孔道的膜扩散；③通过聚合物骨架扩散。利用扩散原理达到缓释、控释作用的方法有：包衣、制成微囊、制成不溶性骨架片、增加黏度以减小扩散速率、制成乳剂和制成植入剂等。

(1) 包衣　随着辅料行业突飞猛进的发展，高分子材料不断引入制剂工业，使用包衣法制备缓释、控释片剂或胶囊剂越来越趋向合理化，释药速率更理想化。将药物或小丸用阻滞材料包衣。阻滞材料有肠溶材料和阻滞剂。

(2) 制成微囊　微囊是由囊材和囊心物组成的，囊膜相当于半透膜，在胃肠道中水分可进入囊膜内，溶解囊内药物形成饱和溶液，通过扩散作用释放药物。释药速率由囊膜厚度、孔径及微孔的弯曲程度决定。

(3) 制成不溶性骨架片　以不溶性的无毒塑料如聚氯乙烯、聚乙烯、硅橡胶等为骨架材料与药物制成片剂，通过胃肠道将所含的药物释出，难溶性药物释放太慢，药物释放完后，骨架随粪便排出。水溶性药物较适于制备此类骨架片。

(4) 增加黏度以减小扩散速率　增加黏度以延长药物作用的方法主要用于注射剂、滴眼剂或其他液体制剂。如 1% CMC 用于 3%盐酸普鲁卡因注射液，可使作用时间延长至 24 h；将 1.4%PVA 用于 2%毛果芸香碱滴眼剂中，作用时间由 28 min 延长至 50 min 等。

(5) 制成乳剂　将水溶性药物制成 W/O 型乳剂，在体内水相中的药物先向油相扩散，再由油相分配到体液，从而达到长效作用。

(6) 制成植入剂　植入剂为固体灭菌制剂。将不溶性药物熔融后倒入模型中形成，一般不加赋形剂，用外科手术埋藏于皮下，药效可长达数月甚至数年，如孕激素的植入剂。

3. 溶蚀与扩散、溶出结合　严格来讲，释药系统不可能只取决于溶出或扩散，只是因为其作为主要的释药机理，故将其归类于溶出控制型或扩散控制型。但是某些骨架型制剂，如生物学溶蚀骨架系统、亲水凝胶骨架系统，不仅药物可从骨架中扩散出来，而且骨架本身也处于溶蚀过程，由于骨架的溶解，药物需经过扩散才能进入体液。如亲水凝胶骨架片其释药过程包含以下几个步骤：骨架片遇消化液，表面润湿、吸水后膨胀形成凝胶层；表面药物向消化液中扩散；凝胶层继续水化，骨架溶胀，凝胶层增厚，延缓药物释放；骨架同时溶蚀，水分继续向片芯渗透，骨架完全溶蚀，药物全部释放。

4. 渗透压原理　利用渗透压原理制成的控释制剂，能均匀、恒速地释放药物，比骨架型缓释制剂更为优越。现以口服片剂为例说明：片芯为水溶性药物和其他辅料制成，外面用水不溶性聚合物包裹，成为半渗透膜壳，水可渗入到此膜，但药物不能。一端壳顶用适当方法开一个细孔。当与水接触时，水通过半透膜进入片芯，使药物溶解成为饱和溶液，由于膜内外渗透压的差别，药物由细孔流出，其量与渗透进膜内的水量相等，直至片芯内药物溶解殆尽为止。

5. 离子交换作用 离子交换作用通过树脂交换进行。常用的树脂由水不溶性交联聚合物组成，聚合物链的重复单元上含有成盐基团，药物可结合在树脂上。当带有适当电荷的离子与离子交换基团接触时，通过交换将药物游离释放出来。

$$\text{树脂}^{+}\text{-药物}^{-} + X^{-} \longrightarrow \text{树脂}^{+}\text{-}X^{-} + \text{药物}^{-}$$

$$\text{树脂}^{-}\text{-药物}^{+} + Y^{+} \longrightarrow \text{树脂}^{-}\text{-}Y^{+} + \text{药物}^{+}$$

X^{-}和Y^{+}为消化道中的离子，交换后，游离的药物从树脂中扩散出来。药物从树脂中的扩散速率受扩散面积、扩散路径长度和树脂的刚性(为树脂制备过程中交联剂用量的函数)的控制。阳离子交换树脂与有机胺类药物的盐交换，或阴离子交换树脂与有机酸盐交换，即成药树脂。干燥的药树脂制成胶囊剂或片剂供口服，在胃肠液中，药物再被交换而释放于消化液中。只有解离型的药物才适用于制成药树脂。离子交换树脂的交换容量甚少，故剂量大的药物不适于制成药树脂。药树脂外面还可包衣，最后制成混悬型缓释制剂。

(二) 缓释、控释制剂体内、体外评价

《中国药典》(2015 年版)附录ⅩⅨD“缓释、控释和迟释制剂指导原则”对此类制剂的体外药物释放度试验、体内试验及体内-体外相关性有具体的指导和要求。

1. 体外药物释放度试验 《中国药典》(2015 年版)二部附录规定缓释、控释制剂的体外药物释放度试验可用溶出度测定仪进行。

(1) 释放度试验方法 以脱气的新鲜蒸馏水为最佳的释放溶剂，或根据药物的溶解特性、处方要求、吸收部位，使用稀盐酸(0.001～0.1 mol/L)或 pH 值为 3～8 的磷酸盐缓冲溶液，对难溶性药物不宜采用有机溶剂，可加少量表面活性剂(如十二烷基硫酸钠等)，释放介质的体积应符合漏槽条件。一般要求不少于形成药物饱和溶液量的 3 倍。鉴于过去某些产品如葡萄糖酸奎尼丁，采用相同 pH 值(0.1 mol/L 盐酸)的介质测定两个不同厂家的产品(BE 厂和 BO 厂)、体外释放均为 80%(8 h)，而体内生物利用度 BE 厂为 90%，BO 厂为 41%。故在此 pH 值条件下，两种产品体内外明显不相关。后改为 pH 值为 5.4 的缓冲溶液，BE 厂产品释放 80%(8 h)，而 BO 厂只释放 40%。这说明只有在此条件下才能用体外释放度表征体内吸收特性，区别两种产品的质量，故释放度试验最好做三维图，即时间、pH 值与释放量。

(2) 取样点的设计与释放标准 除迟释制剂外，体外释放速率试验应能反映出受试制剂释药速率的变化特征，且能满足统计学处理的需要，释药全过程的时间不应低于给药的时间间隔，且累积释放率要求达到 90%以上。除另有规定外，通常将释药全过程的数据作累积释放百分率-时间的释药速率曲线图，制订出合理的释放度方法和限度。

缓释制剂从释药速率曲线图中至少选出 3 个取样时间点：第一点为开始 0.5～2 h 的取样时间点(累积释放率约 30%)，用于考察药物是否有突释；第二点为中间的取样时间点(累积释放率约 50%)，用于确定释药特性；最后的取样时间点 t(累积释放率＞75%)，用于考察释药量是否基本完全。此 3 点可用于表示体外药物释放度。控释制剂除以上 3 点外，还应增加 2 个取样时间点。此 5 点可用于表征体外控释制剂药物释放度。释放百分率的范围应小于缓释制剂。如果需要可以再增加取样时间点。

释药数据可用 3 种常用数学模型拟合，即零级方程、一级方程和 Higuchi 方程。

2. 体内生物利用度和生物等效性试验 生物利用度(bioavailability)是指剂型中的药物吸收进入人体血液循环的速率和程度。生物等效性是指一种药物的不同制剂在相同实验条件下，给以相同的剂量，反映其吸收速率和程度的主要药没有明显差异。《中国药典》(2015 年版)规定缓释、控释制剂的生物利用度与生物等效性试验应在单次给药与多次给药两种条件下进行。

单次给药(双周期交叉)试验目的在于比较受试者于空腹状态下服用缓释、控释受试制剂与参比制剂的吸收速率和吸收程度的生物等效性，并确认受试制剂的缓释、控释药物动力学特征。多次给药是比较受试制剂与参比制剂多次连续用药达稳态时，药物的吸收程度、稳态血药浓度和波动情况。

对生物样品分析方法的要求、对受试者的要求和选择标准、参比制剂、试验设计、数据处理、生物利用度及生物等效性评价，《中国药典》(2015 年版)都有明确规定，此处不再赘述。

3. 体内-体外相关性 体内-体外相关性指的是由制剂产生的生物学性质或由生物学性质衍生的参数

（如 t_{max}、C_{max}或 AUC），与同一制剂的物理化学性质（如体外释放行为）之间，建立了合理的定量关系。

缓释、控释制剂要求进行体内-体外相关性的试验，它应反映整个体外释放曲线与整个血药浓度-时间曲线之间的关系。只有当体内-体外具有相关性，才能通过体外释放曲线预测体内情况。

体内-体外相关性可归纳为三种：①体外释放与体内吸收曲线（即由血药浓度数据去卷积而得到的曲线）上对应的各个时间点应分别相关，这种相关简称点对点相关，表明两条曲线可以重合；②应用统计矩分析原理建立体外释放的平均时间与体内平均滞留时间之间的相关，由于能产生相似的平均滞留时间，可有很多不同的体内曲线，因此体内平均滞留时间不能代表体内完整的血药浓度-时间曲线；③将一个释放时间点（$t_{50\%}$、$t_{90\%}$）与一个药代动力学参数（如 AUC、C_{max}或 t_{max}）之间单点相关，但它只说明部分相关。

《中国药典》的指导原则中缓释、控释制剂体内-体外相关性系指体内吸收相的吸收曲线与体外释放曲线之间对应的各个时间点回归，得到直线回归方程的相关系数符合要求，即可认为具有相关性。

1）体内-体外相关性的建立

（1）体外累积释放率-时间的体外释放曲线　如果缓释、控释制剂的释放行为随外界条件变化而变化，就应该另外制备两种供试品（一种比原制剂释放更慢；另一种更快），研究影响其释放快慢的外界条件，并按体外释放度试验的最佳条件，得到体外累积释放率-时间的释放曲线。

（2）体内吸收率-时间的体内吸收曲线　根据单剂量交叉试验所得血药浓度-时间曲线的数据，对在体内吸收呈现单室模型的药物，可换算成体内吸收百分率-时间的体内吸收曲线，体内任一时间药物的吸收百分率（F_a）可按以下 Wagner-Nelson 方程计算，见式（14-3）。

$$F_a = \frac{C_t + k\mathrm{AUC}_{0\sim t}}{k\mathrm{AUC}_{0\sim\infty}} \times 100\% \qquad (14\text{-}3)$$

式中：C_t为 t 时间的血药浓度；k 为由普通制剂求得的消除速率常数。

双室模型药物可用简化的 Loo-Riegelman 方程计算各时间点的吸收百分率。

2）体内-体外相关性检验　当药物释放为体内药物吸收的限速因素时，可利用线性最小二乘法回归原理，将同批试样体外释放曲线和体内吸收相吸收曲线上对应的各个时间点的释放百分率和吸收百分率回归，得直线回归方程。

如果直线的相关系数大于临界相关系数（$P<0.01$），可确定体内外相关。

当血药浓度（或主药代谢物浓度）与临床治疗浓度（或有害浓度）之间的线性关系明确或可预计时，可用血药浓度测定法，否则可用药理效应法评价缓释、控释制剂的安全性与有效性。

三、缓释、控释制剂的临床应用与注意事项

（一）缓释、控释制剂的临床应用

目前在临床上使用的有：①治疗高血压、心绞痛的硝苯地平缓释片（伲福达）、硝苯地平控释片（拜新同）、盐酸维拉帕米缓释片（缓释异搏定）、盐酸尼卡地平缓释微丸、地尔硫缓释胶囊、单硝酸异山梨酯缓释片（依姆多）等；②治疗糖尿病的格列吡嗪控释片（瑞怡宁）、格列齐特缓释片（达美康）；③起镇痛作用的盐酸羟考酮控释片（奥施康定）、吗啡控释片、盐酸曲马多缓释片（奇曼丁）、缓释胶囊、芬太尼透皮贴剂（多瑞吉）；④治疗抑郁症的盐酸文拉法辛缓释胶囊；⑤治疗慢性胃炎的硫酸庆大霉素缓释片（瑞斯达）；⑥口服抗菌药、头孢氨苄缓释片及胶囊等。

国外上市的还有治疗糖尿病的二甲双胍胃滞留片；治疗儿童注意缺陷障碍伴多动症（ADHD）的盐酸哌甲酯缓释胶囊；治疗哮喘的沙丁胺醇（舒喘灵）渗透泵片等缓释、控释制剂。

1. 治疗高血压、心绞痛的缓释、控释制剂　硝苯地平缓释片通过其控释技术使作用持久而平稳，能持久扩张肺动脉，降低肺动脉高压，从而减轻右心室后负荷，长期应用硝苯地平缓释片对右室功能有良好的保护作用。美托洛尔缓释片以独特的缓释剂型，采用多单位的独特微囊系统，缓释片由数百至数千个微囊组成，药物进入胃内迅速崩解，在十二指肠、小肠、整个升结肠吸收迅速，保证 24 h 平稳的血药浓度，药物以近恒速持续释放，并可掰开服用，剂量调整更为方便。单硝酸异山梨酯缓释片主要药理作用：松弛血管平滑肌，使外周动脉、静脉扩张。对静脉扩张作用更强，降低心脏前负荷，同时使冠状动脉扩张，增加冠脉灌注，总的效应是减少心肌耗氧量，增加心肌供氧量，缓解心绞痛，其口服后完全吸收，无肝脏首过效应，因而生物利用度高，同时药物代谢后无活性产物产生，因此确保单硝酸异山梨酯缓释片良好的临床疗效和较小的个体差异。

非洛地平缓释片是一种对血管有极高选择性的长效二氢吡啶类钙离子拮抗剂，其半衰期为 25 h，口服后 2～5 h 起效，作用持续 24 h，不引起体位性低血压，不引起体内水钠潴留。由于其剂型的特点，通过改变溶解及吸收速率，使血药浓度维持较长时间，因而能在 24 h 内平衡控制血压而不激活交感神经，避免了血药浓度的迅速波动，此药无首过效应，且长期服用停药后无反跳现象。

2. 治疗糖尿病的缓释、控释制剂 格列吡嗪控释剂系利用一种新的渗透膜技术，相对稳定持久地释放药物，且不受胃肠道 pH 值或蠕动的影响，每日只需服药 1 次，具有高效、长效、用药量小、毒性低和降糖效果好等优点。格列美脲为一种排泄缓慢的长效药，能抑制胰高血糖素的分泌；恢复细胞对葡萄糖的吸收和利用，克服胰岛素抵抗，增加胰岛素受体数目和亲和力。格列吡嗪缓释片和格列齐特控释片具有缓慢释放和定量释放的特点，能使血药浓度缓慢平稳地增加，因而其降糖作用平稳而持久，血糖值波动小。控释格列吡嗪的有效浓度范围是 50～300 μg/L，低于此范围达不到最佳疗效，高于此范围疗效并不增加。每天 1 次控释格列吡嗪，能够在 24 h 用药间期维持上述范围内的有效血药浓度，故可在餐后良好地控制血糖。

3. 治疗慢性疼痛的缓释、控释制剂 硫酸吗啡控释片和盐酸吗啡缓释片用于治疗中、重度癌痛患者，在镇痛强度上无明显差异，但盐酸吗啡缓释片的消化道反应（恶心、呕吐、便秘）较硫酸吗啡控释片发生率高，这两种药物可作为癌痛的第三阶梯用药，对控制中、重度癌痛有较好的疗效，且安全、方便。对老年患者及有消化道疾病的患者，推荐使用硫酸吗啡控释片。芬太尼透过透皮缓释给药系统特殊的微孔缓释膜渗透入皮肤，在真皮层经毛细血管吸收。初次用药后，6～12 h 内达血药峰浓度，12～24 h 达稳定血药浓度，半衰期平均为 17 h(13～22 h)。芬太尼透皮贴剂的不良反应发生率较口服吗啡控释片低，使用方便，患者对芬太尼透皮贴剂满意度高，更有利于患者生活质量的改善。盐酸曲马朵缓释片是非阿片类中枢性镇痛药，能非选择性地激动阿片受体，并能抑制去甲肾上腺素的再摄取，达到镇痛的作用，还具有一定的镇咳作用。该药经胃肠道吸收显效，生物利用度较高，但是吸收过程会受胃肠道 pH 值变化的一定影响，口服后 4～6 h 达峰值，维持时间大于 10 h；主要是经肝脏代谢，原药及代谢产物经肾脏排出，消除半衰期为 7～9 h。本药与常规药物比较具有较多优点，如药物作用维持时间较长，血药浓度的波动较小，维持镇痛效果较稳定。

4. 治疗抑郁症的缓释、控释制剂 据盐酸文拉法辛药物自身的理化特性，采用群孔释放渗透泵控释片技术，无需激光打孔，控释片的控释膜上存在的致孔剂遇水后溶解，在控释衣膜上形成无数肉眼不可见的微孔或弯曲小道，使得控释膜变为微孔膜。微孔膜可以通过水和可溶性成分，为文拉法辛的释放提供通道，通过扩散力、药物分子与水分子交换而渗透释药。群孔释放渗透泵控释片的药物释放速率恒定，血药浓度平稳，因此不良反应减少，患者服药时具有良好的顺应性。帕罗西汀肠溶缓释片 1999 年 2 月经美国 FDA 批准在美国上市治疗抑郁症，此后在美国取得治疗惊恐障碍、经前期紧张综合征和社交焦虑障碍的适应证，2007 年完成治疗中国抑郁症患者的注册研究。帕罗西汀肠溶缓释片具有独特的剂型优势：稳定的 4～7 h 吸收滞后，血浆药物峰谷浓度波动小，可有效减少不良反应的发生，特别是恶心的发生率，提高患者治疗的依从性；多次给药生物利用度变异不大，个体差异不影响帕罗西汀肠溶缓释片临床治疗（常规治疗）；稳态 AUC 和最大血浆药物浓度在 P450 酶 CYP2D6 慢代谢型与正常代谢型、快代谢型个体间相似，与帕罗西汀速释片相似，给患者服用帕罗西汀肠溶缓释片时，可不考虑 P450 酶 CYP2D6 的不同表现型，对重度抑郁症、老年期抑郁疗效确切，耐受性良好；与其他速释制剂相比有较低的治疗中断率和换药风险，可以获得更好的预后。

5. 治疗慢性胃炎的缓释、控释制剂 法莫替丁胃内漂浮型缓释片的释药速率符合零级模型，比普通片降低，长效作用明显，成为临床上治疗消化性溃疡病每天 1 次的新剂型药物。硫酸庆大霉素缓释片用于治疗慢性浅表性胃炎及消化性溃疡，对临床症状、内镜观察、组织活检的改善及 Hp 菌的转阴有明显效果，在胃内滞留作用时间长，用药次数少，服用方便。

6. 用于抗菌的缓释、控释制剂 一些半衰期较短（1～3 h）每天需服药 3～4 次或半衰期中等（4～6 h）、每天需服药 2 次的药物，如首过效应（first pass effect）不强的口服抗菌药，如头孢菌素类的头孢氨苄、头孢克洛，大环内酯类的克拉霉素及氟喹诺酮类的环丙沙星、氧氟沙星均具有制成缓释制剂的条件。头孢氨苄是较早上市的缓释制剂，其体内动力学特征表现：达峰时间比普通制剂延长且呈单峰的药时曲线，单次口服头孢氨苄缓释胶囊（500 mg）后，峰浓度为（4.94±0.77）μg/mL，3～8 h 内血药浓度变化小，这种缓释胶囊血药浓度曲线与普通制剂有一定差异，但头孢氨苄属时间依赖型的抗生素，其缓释胶囊的 T>MIC 时间，为 4.2 h，比普通胶囊 T>MIC 时间（1.8 h），约长 2 倍，除减少用药次数外，更有利于提高治疗效果。克拉霉素缓释片（clarithromycin sustained-release tablets）每片含克拉霉素 500 mg，每天用量 1000 mg(500 mg×2)，稳态下，5～8 h 达峰，峰浓度 2～3 μg/mL，其活性代谢物 14-OH 克拉霉素达峰时间 6～9 h，峰浓度约 0.8

μg/mL，其峰浓度比服克拉霉素普通片(500 mg/12 h，峰浓度 3～4 μg/mL)略低。

（二）缓释、控释制剂的注意事项

1. 剂量突释 缓释、控释制剂在释放初期出现的药物大剂量释放现象。有几种情况可导致剂量突释：一是制剂工艺不合格，没有达到规定的释放速率标准；为防止这种情况发生，《中国药典》自 1995 年版开始增加了体外释放检查，规定在释放实验开始后 0.5～2 h 取样测定，以考察是否有突释。第二种情况是服药方法不当，比如在咀嚼或辗碎后服用；由缓释、控释制剂的工艺和释药原理可知，这种服药方式将破坏用于控制药物释放的包衣膜、骨架或渗透泵结构，从而造成药物快速释放。由于缓释、控释制剂的剂量通常是普通制剂的 2 倍以上，因此突释造成的血药浓度升高有可能导致患者中毒。

2. 服用间隔 缓释、控释制剂的服用间隔一般为 12 h 或 24 h。为维持有效血药浓度，避免不良反应，患者应注意不要漏服，以免血药浓度过低不能控制症状；也不要随意增加剂量，否则血药浓度太高，会增加毒性反应。服用时间必须间隔一致。

3. 形似完整的药片的“整排”问题 需注意的是，某些缓释、控释制剂的部分结构在胃肠道中不会被破坏，最后随粪便排出体外，例如微孔膜包衣片的包衣膜、不溶性骨架片的骨架及渗透泵片的生物学惰性组分，后两者形似完整的药片。因此须提前告知患者，以免其产生误解。

4. 中毒救治 与普通剂型相比，缓释、控释制剂多吸收滞后、达峰时间延长、血药浓度维持时间也较长。因此，当因摄入过量缓释和控释制剂而中毒时，药物的毒性反应发作较迟、症状持续较久。

四、缓释、控释制剂的处方和制备工艺

（一）骨架型缓释、控释制剂

骨架型缓释、控释制剂是指药物和一种或多种惰性固体骨架材料通过压制或融合技术制成片状、小粒或其他形式的制剂。大多数骨架材料不溶于水，其中有的可以缓慢地吸水膨胀。骨架型制剂主要用于控制制剂的释药速率，一般起控释、缓释作用。多数的骨架型缓释、控释制剂可用常规的生产设备、工艺制备，也有用特殊的设备和工艺。例如微囊法、熔融法等。

采用不同性质的骨架材料制成不溶性骨架片、亲水凝胶骨架片和生物溶蚀性骨架片等，处方和工艺亦不同。

1. 不溶性骨架片 采用不溶于水或水溶性极小的高分子聚合物或无毒塑料等材料与药物混合制成的片剂。此类骨架片药物释放后整体从粪便排出。制备方法可将缓释材料粉末与药物混匀直接压片。如用乙基纤维素则可用乙醇溶解，然后按湿法制粒。适于制备不溶性骨架片的有氯化钾、氯苯那敏、茶碱和曲马唑嗪等水溶性药物。

实例解析

呋喃妥因赖氨酸片

［处方］	呋喃妥因赖氨酸盐	90 mg	乳糖	180 mg
	聚甲基丙烯酸甲酯	25 mg	微晶纤维素	84 mg
	PVP	20 mg	硬脂酸镁	1 mg

聚甲基丙烯酸甲酯骨架材料的缓释作用，显著增加生物利用度，并可减轻胃肠道反应。

2. 亲水凝胶骨架片 这类骨架片主要骨架材料为羟丙基甲基纤维素(HPMC)，其规格应在 4000 mPa·s 以上，常用的 HPMC 为 K_4M(4000 mPa·s)和 $K_{15}M$(15000 mPa·s)。HPMC 遇水后形成凝胶，水溶性药物的释放速率取决于药物通过凝胶层的扩散速率，而水中溶解度小的药物，释放速率由凝胶层的逐步溶蚀速率所决定，不管哪种释放机制，凝胶骨架最后完全溶解，药物全部释放，故生物利用度高。研究表明，如果在此类骨架片中添加致孔剂(如 PVP、PEC 或低黏度的 HPMC)，则释药速率可随其添加量的增大而加快。凝胶骨架片多数可用常规的生产设备和工艺制备，机械化程度高、生产成本低、重现性好，适合工业大生产。制备工艺主要有直接压片或湿法制粒压片。

3. 生物溶蚀性骨架片 将药物与蜡质、脂肪酸及其酯等物质混合制备的缓释片。这类骨架片是通过孔道扩散与溶蚀控制药物释放，部分药物被不穿透水的蜡质包裹，药物从骨架中的释放是由于这些材料的逐渐溶蚀，可加入表面活性剂以促进药物释放。胃肠道的 pH 值、消化酶能明显影响脂肪酸酯的水解。

此类骨架片的制备工艺有三种。①溶剂蒸发技术：将药物与辅料的溶液或分散体加入熔融的蜡质相中，然后将溶剂蒸发除去，干燥、混合制成团块，再制成颗粒，然后装胶囊或制备成片剂。②熔融技术：将药物与辅料直接加入熔融的蜡质中，温度控制在略高于蜡质熔点处，熔融的物料铺开冷凝、固化、粉碎，或者倒入一旋转的盘中使其成薄片，再研磨过筛制成颗粒。若加入聚维酮(PVP)或聚乙烯月桂醇醚，则可呈表观零级释放。③混合技术：将药物与十六醇在 60 ℃混合，团块用玉米朊乙醇溶液制粒，此法得到的片剂释放性能稳定。

4. 缓释、控释颗粒压制片 缓释、控释颗粒压制片在胃中崩解后，作用类似于胶囊剂，具有缓释胶囊的特点，并兼有片剂的优点。以下介绍缓释、控释颗粒压制片的三种制备工艺。

(1) 制备具有不同释药速率的颗粒 将三种不同释药速率的颗粒混合后，压片。如一种是以明胶为黏合剂制备的颗粒，另一种是以醋酸乙烯为黏合剂制备的颗粒，第三种是用虫胶为黏合剂制备的颗粒，药物释放受颗粒在肠中的溶蚀作用所控制。溶蚀释药速率比较：明胶制颗粒＞醋酸乙烯制颗粒＞虫胶制颗粒。

(2) 微囊压制片 如将阿司匹林结晶，以乙基纤维素为囊材进行微囊化，制成微囊，再压制成片剂。此法特别适用于处方中药物含量高的情况。

(3) 将药物制备成小丸 制成小丸后再压制成片剂，最后包薄膜衣。如先将药物与淀粉、糊精或微晶纤维素混合，滚成小丸，用乙基纤维素水分散体包衣，必要时还可用熔融的十六醇与十八醇的混合物处理，再压片。再用 HPMC(5 mPa·s)与 PEG400 的混合物水溶液包制薄膜衣，也可在包衣料中加入二氧化钛，使片子更加美观。

5. 胃内滞留片 一类能滞留于胃液中，延长药物释放时间，改善药物吸收的骨架片剂。目前多数口服缓释或控释片剂在其吸收部位的滞留时间仅有 2～3 h，而制成胃内滞留片后可在胃内滞留时间达 5～6 h，具有骨架片释药的特性。此类片剂由药物、一种或多种亲水胶体及其他辅助材料组成制得的口服片剂，又称胃漂浮片，即为一种不崩解的亲水性骨架片，口服后可以维持自身密度小于胃内容物，而于胃中呈漂浮状态，从而延缓胃排空时间。为提高滞留或漂浮能力，可加入具有疏水性而相对密度较小的酯类、脂肪醇类、脂肪酸类或蜡类，使滞留于胃内，直至所有的负荷剂量药物释放完为止。药物的释放速率受亲水性材料骨架种类和浓度的影响。

实验证明，本品体外以零级速率或 Higuchi 方程规律释药。在人胃内滞留时间为 4～6 h，明显长于普通片(1～2 h)。初步试验表明，其对幽门弯曲菌清除率为 70%，胃窦黏膜病理炎症的好转率为 75%。

6. 生物黏附片 采用具有生物黏附性的聚合物作为辅料制备的片剂，这种片剂能黏附于生物黏膜，缓慢释放(或输送)药物并由黏膜吸收以达到治疗目的。应用于口疮治疗的生物黏附片是生物黏附性聚合物与药物混合组成片芯，然后由此聚合物围成外周，再加覆盖层而成。常用的生物黏附性高分子聚合物有卡波普、羟丙基纤维素、羧甲基纤维素钠等。

采用具有生物黏附性的此类片剂可应用于口腔、鼻腔、眼眶、阴道及胃肠道的特定区段，通过该处上皮黏膜细胞输送药物。剂型的特点是加强药物与黏膜接触的紧密性及持续性，因而有利于药物的吸收；而且容易控制药物吸收的速率及吸收量。生物黏附片既可安全、有效地用于局部治疗，也可用于全身治疗。口腔、鼻腔等局部给药可使药物直接进入体循环而避免首过效应。

例如普萘洛尔生物黏附片，是将 HPC(相对分子质量为 3×10^5；粒度为 190～460 μm)与卡波普 940(粒度 2～6 μm)以 1∶2 磨碎混合。取不同量的普萘洛尔加入以上混合聚合物制成含主药 10 mg、15 mg 及 20 mg 三种黏附片。分别于 pH＝3.5 及 pH＝6.8 两种缓冲溶液中研究其释放速率，均能起到长效缓释作用。

7. 骨架型小丸 采用骨架型材料与药物混合，或再加入一些其他成型辅料如乳糖等；或加入调节释药速率的辅料如 PEG 类、表面活性剂等，经适当方法制成光滑圆整、硬度适当、大小均一的小丸，即为骨架型小丸。骨架型小丸材料与骨架片所用材料相同，同样有三种不同类型的骨架型小丸，此处不再重复。亲水胶体材料制成的小丸，常可通过包衣获得更好的缓(控)释效果。与包衣小丸相比，骨架型小丸的制备工艺简单，根据处方性质，可采用旋转滚动制丸法、挤压-滚圆制丸法和离心-流化制丸法制备。

(二) 膜控型缓释、控释制剂

膜控型缓释、控释制剂主要是将含药核芯，用适宜的包衣液，采用一定的工艺制成均一的包衣膜，达到缓释、控释目的。

1. 微孔膜包衣片 微孔膜包衣片的处方组成及其制备如下。①片芯的制备：按常规制备水溶性药物的片芯并要求具有一定硬度和较快的溶出速率。②膜控释包衣过程：将醋酸纤维素、乙基纤维素等包衣材料用溶剂乙醇或丙酮溶解，加入水溶性致孔剂材料，亦可加入一些水不溶性的粉末如滑石粉、二氧化硅等，甚至将药物加在包衣膜内作为速释部分，用此包衣液包在制成的片芯上，即成微孔膜包衣。

例如磷酸丙吡胺缓释片，先按常规制成每片含丙吡胺 100 mg 的片芯（硬度 4～6 kg，20 min 内药物溶出 80%），然后以低黏度乙基纤维素、醋酸纤维素及聚甲基丙烯酸酯为包衣材料，PEG 类为致孔剂，蓖麻油、邻苯二甲酸二乙酯为增塑剂，以丙酮为溶剂配制包衣液包衣，通过控制形成的微孔膜的厚度（膜增重）来调节释药速率。人体血药浓度研究表明各种包衣材料制成的包衣片均有缓释效果，其中以乙基纤维素包衣的缓释血药浓度最平稳。

2. 膜控释小片 将药物与辅料按常规方法制粒，压制成小片，其直径约为 3 mm，用缓释膜包衣后装入硬胶囊使用。每粒胶囊可装几片至 20 片，在同一胶囊内的小片可包上具不同缓释作用的包衣或不同厚度的衣膜。此类制剂无论在体外还是体内均可获得恒定的释药速率，生产工艺也比控释小丸简便，质量也易于控制。

3. 肠溶膜控释片 将药物压制成片芯，外包肠溶衣，再包上含药的糖衣层而得。含药糖衣层在胃液中释药，起速效作用。当片剂进入肠道后，肠溶衣膜溶解，片芯中的药物释出，因而延长了释药时间。

例如普萘洛尔控释片是将 60%的药物加入 HPMC 压制成骨架型片芯，外包肠溶衣，其余 40%的药物掺在外层糖衣中，包在肠溶衣外面。此片基本以零级速率在肠道缓慢释药，可维持药效 12 h 以上。肠溶衣材料可用羟丙基纤维素酞酸酯，也可与不溶性膜材料如乙基纤维素混合包衣，制成在肠道中释药的微孔膜包衣片，在肠道中肠溶衣溶解，包衣膜上形成微孔，药物的释放则由乙基纤维素微孔膜控制。

4. 膜控释小丸 由丸芯与芯外包裹的控释薄膜衣两部分组成。丸芯含药物、稀释剂、黏合剂等辅料，所用辅料与平常大致相同。包衣膜亦有亲水薄膜衣、不溶性薄膜衣、微孔膜衣和肠溶衣。

例如酮洛芬小丸，丸芯由微晶纤维素与药物组粉，以 1.5%CMC-Na 溶液为黏合剂，用挤压滚圆法制成。包衣材料为等量的 Eudragit RL 和 Eudragit RS，溶剂为异丙醇-丙酮（混合比例为 60∶40），加入相当于聚合物量 10%的增塑剂组成的包衣液，将上述干燥丸芯置于流化床内包衣，得酮洛芬控释小丸。

（三）渗透泵型控释制剂

渗透泵片由药物、半透膜材料、渗透压活性物质和推动剂等组成。常用的半透膜材料有醋酸纤维素、乙基纤维素等。渗透压活性物质起调节药室内渗透压的作用，其用量多少往往关系到零级释药时间的长短，常用乳糖、果糖、葡萄糖、甘露醇的不同混合物。推动剂亦称促渗透聚合物或助渗剂，能吸水膨胀，产生推动力，将药物层的药物推出释药小孔，常用相对分子质量为 3 万～500 万的聚羟甲基丙烯酸烷基酯、相对分子质量为 1 万～36 万的 PVP、相对分子质量为 110 万～500 万的聚环氧乙烷等。药室中除上述组成外，还可加入致孔剂（膜通透性调节剂）、助悬剂、黏合剂、润滑剂、润湿剂等。

渗透泵片有单室和双室两种（图 14-2），双室渗透泵片适于制备水溶性大或难溶于水的药物的渗透泵片。维拉帕米渗透泵片为一种单室渗透泵片，每日仅需服用 1～2 次。

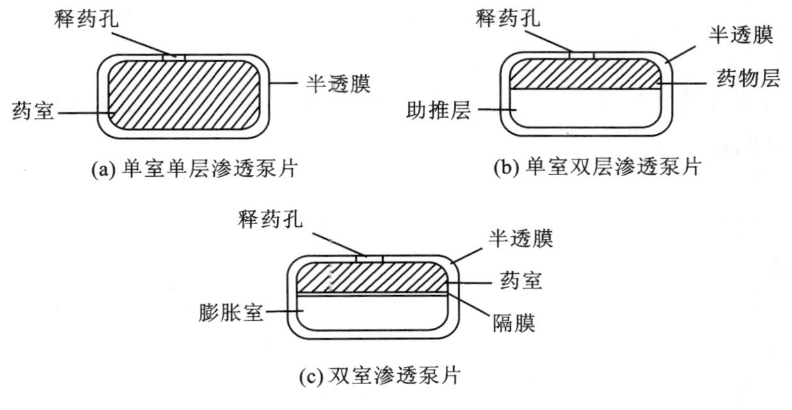

图 14-2 渗透泵片结构示意图

(四) 植入剂

植入剂为固体灭菌制剂,系将不溶性药物熔融后倒入模型中成型,或将药物密封于硅橡胶等高分子材料制成的小管中,通过外科手术埋植于皮下,药效可长达数月甚至数年,如孕激素的避孕植入剂。植入剂按其释药机制可分为膜控型、骨架型、渗透压驱动释放型。主要用于避孕、抗肿瘤、治疗关节炎、补充激素等。

如左炔诺酮植入剂,商品名为 Norplant,系将左炔诺酮微晶密封装入医用硅橡胶管内,经环氧乙烷灭菌制得。每组 6 根,总药量 216 mg。通常植入妇女的左上臂或前臂内侧,6 根呈扇形排列,有效期为 5 年。此类制剂的特点:①用皮下埋植方式给药,药物很容易到达体循环,生物利用度较高;②应用控释给药方式,给药剂量较小,血药浓度比较平稳且持续时间可长达数月甚至数年;③皮下组织较疏松,神经分布少,植入后刺激、疼痛较小;④一旦取出植入物,机体可以恢复,这种给药的可逆性对于避孕药物给药非常有用。其不足之处是硅橡胶类植入剂材料需要在植入部位作一小的切口,用特殊注射器将植入剂推入,在治疗终了时仍需手术取出。使用生物可降解材料制备的植入剂,经使用后,聚合物材料可以在体内酶的作用下降解成为小分子单体,被机体吸收,从而无需再将其取出。由于骨架材料在体内不断降解、破碎,使包藏的药物得以释放,释药速率甚至可以接近零级。

五、典型处方分析

例:阿米替林缓释片(50 mg/片)

本品用于治疗各型抑郁症或抑郁状态。

[处方] 阿米替林 50 mg　枸橼酸 10 mg
HPMC(K_4M) 160 mg　乳糖 180 mg
硬脂酸镁 2 mg

[制法] 将阿米替林与 HPMC 混匀,枸橼酸溶于乙醇中作润湿剂制成软材,制粒,干燥,整粒,加硬脂酸镁混匀,压片即得。

[注解] 本品属于亲水凝胶骨架片,HPMC 遇水后形成凝胶,水溶性药物的释放速率取决于药物通过凝胶层的扩散速率,而水中溶解度小的药物,释放速率由凝胶层的逐步溶蚀速率所决定,不管哪种释放机制,凝胶骨架最后完全溶解,药物全部释放。

例:硝酸甘油缓释片

本品用于治疗心绞痛、急性心肌梗死、慢性心力衰竭。

[处方] 硝酸甘油 0.26 g(10%乙醇溶液 2.95 mL)　硬脂酸 6.0 g
十六醇 6.6 g　聚维酮 3.1 g
微晶纤维素 5.88 g　微粉硅胶 0.54 g
乳糖 4.98 g　滑石粉 2.49 g
硬脂酸镁 0.15 g　共制 100 片

[制法] ①将 PVP 溶于硝酸甘油乙醇溶液中,加微粉硅胶混匀,加硬脂酸与十六醇,水浴加热到 60 ℃,使熔化。然后,将微晶纤维素、乳糖、滑石粉混匀后加入到上述熔化的系统中搅拌 1 h;②将上述黏稠的混合物摊于盘中,室温放置 20 min,待成团块时,用 16 目筛制粒。30 ℃干燥,整粒,加入硬脂酸镁,压片。本品开始 1 h 释放 23%,以后释放接近零级,12 h 释放 76%。

[注解] 这是采用混合技术制成的生物溶蚀性骨架片:将硝酸甘油的乙醇溶液与十六醇在 60 ℃混合,此法得到的片剂释放性能稳定。

例:呋喃唑酮胃漂浮片

本品用于治疗幽门螺杆菌引起的慢性胃炎和消化道溃疡。

[处方] 呋喃唑酮 100 g　HPMC 43 g
十六醇 70 g　丙烯酸树脂 40 g
十二烷基硫酸钠 适量　硬脂酸镁 适量

[制法] 精密称取药物和辅料,充分混合后用 2%HPMC 水溶液制软材,过 18 目筛制粒,于 40 ℃干燥,整粒,加硬脂酸镁混匀后压片。每片含主药 100 mg。

[注解] 十六醇的相对密度较小,与其他辅料一同制成一种不崩解的亲水性骨架片,口服后可以维持

本品密度小于胃内容物，而于胃中呈漂浮状态，使药物滞留于胃内，直至所有的负荷剂量药物释放完为止。

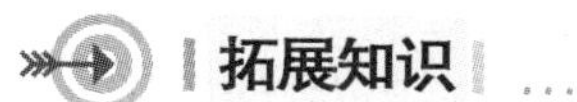

拓展知识

口服定时和定位释药系统

口服定时和定位释药系统主要属于《中国药典》所定义的迟释制剂的范畴（胃定位释药系统除外）。近年来，随着临床治疗的需要和释药技术的不断提高，对此类释药系统研究较多。

一、口服定时释药系统

定时治疗（择时治疗）是根据疾病发作的时间规律及药物的特性来设计不同的给药时间和剂量方案，选用合适的剂型，从而降低药物的毒副作用，达到最佳疗效。口服定时给药系统或称择时释药系统，就是根据人体的这些生物节律变化特点，按照生理和治疗的需要而定时定量释药的一种新型给药系统，已成为药物新剂型研究开发的热点之一。

按照制备技术不同，可将口服定时释药系统分为渗透泵定时释药系统、包衣脉冲系统和柱塞型定时释药胶囊等。

（一）渗透泵定时释药系统

渗透泵定时释药系统是用渗透泵技术制备的定时释药制剂，如美国上市的产品 Covera-HS，其主药为盐酸维拉帕米，片芯药物层选用聚氧乙烯（相对分子质量 30 万）、PVP K-29-32 等作促渗剂，渗透物质层则包括聚氧乙烯（相对分子质量 700 万）、氯化钠、HPMCE-5 等，外层包衣用醋酸纤维素、HPMC 和 PEG 3350。用激光在靠近药物层的半透膜上打释药小孔。这样制备的维拉帕米定时控释片在服药后间隔特定的时间（5 h）释放药物。治疗实践表明高血压患者最佳给药时间为清晨 3：00 左右。当患者醒来时体内的儿茶酚胺水平增高，因而收缩压、舒张压、心率增高，因此心血管意外事件（心肌梗死、心血管猝死）多发生于清晨。Covera-HS 晚上临睡前服用，次日清晨可释放出一个脉冲剂量的药物，十分符合该病节律变化的需要。

（二）包衣脉冲系统

1. 膜包衣技术

（1）膜包衣定时爆释系统　用外层膜和膜内崩解物质来控制水进入膜内的时间，并以崩解物质膨胀而胀破膜的时间来控制药物的释放时间。

如双氯芬酸钠定时爆释系统为多层包衣制剂，其核心是蔗糖颗粒，在核心上首先包药物，再利用 HPMC 作黏合剂将崩解剂 L-HPC 包于药物层外，最外层用带有致孔剂的不溶性包衣材料（乙基纤维素与滑石粉的比例为 1：1）作控释膜。包衣液的溶剂用乙醇-CH_2Cl_2（4：1）。研究表明控释膜的用量不同可以决定其释药时滞的长短。膜厚 35 μm，释放时滞为 3 h；膜厚 53 μm，6 h 开始释药。正常狗体内动力学研究证实了该制剂的体内定时释药效果。

（2）薄膜包衣片　可采用普通片薄膜包衣技术制成，如 Pozzi 等采用此法制备了硫酸沙丁胺醇定时释药系统。

片芯：硫酸沙丁胺醇 4.8 mg，乳糖 6.12 mg，PVP 3 mg，玉米淀粉 30 mg，硬脂酸镁 1 mg，混合制粒后压成直径为 5.5 mm、片重为 100 mg 的片芯。

包衣：将巴西棕榈醋（3.5%）、蜂醋（1.5%）、吐温 80（0.5%）、HPMC（5%）和去离子水制成混悬液，采用普通薄膜衣技术包衣。

在溶出介质中，外层膜首先溶蚀分散后片芯崩解，药物释出。体外释放试验显示一定时滞后，药物迅速释放。体内外试验揭示，药物释放可用包衣厚度调节，由于药物片芯由水溶性成分组成，外面包衣的溶解成为控制时滞的关键因素。其药物释放与正常生理条件（如 pH 值、消化状态及释药时的解剖位置）无关，平均 3.5 h 后药物在 30 min 内快速释出。

2. 压制包衣技术　压制包衣脉冲制剂按其外层材料可分为半渗透型、溶蚀型和膨胀型三类。半渗透型脉冲制剂的包衣材料主要是蜡类加致孔剂，如用异烟肼作模型药物。片芯由 75 mg 药物和 25 mg CMC-Na

作崩解剂组成，外层由 195 mg 氢化蓖麻油（HCO）和 50 mg PEG 组成的片剂在体外 4 h 释药，外层由 390 mg HCO 和 100 mg PEG 组成的片剂在体外 8 h 释药，外层由 352 mg HCO 和 40 mg PEG 组成的片剂在体外 12 h 释药，表明通过改变包衣厚度或包衣材料中的疏水性、亲水性物质比例都可以调节释药的间隔时间。

溶蚀型脉冲制剂的常用材料为低黏度羟丙基甲基纤维素，如 HPMC E-5、HPMC E-3、HPMC E-50 等。膨胀型脉冲压制包衣片选用的材料主要有高黏度的 HPMC、羟乙基纤维素（HEC）等，但采用 HPMC K_4M 或 HPMC $K_{100}M$ 作包衣材料的压制片开始释药至释放完全需要的时间较长，呈零级释放过程，以 HEC 为包衣材料的脉冲制剂开始释药后能迅速释放完全。

3. 柱塞型定时释药胶囊　柱塞型定时释药胶囊主要由以下几部分组成：水不溶性胶囊壳体、药物储库、定时塞、水溶性胶囊帽。柱塞有膨胀型、溶蚀型和酶可降解型等。当定时脉冲胶囊与水性液体接触时，水溶性胶囊帽溶解，定时塞遇水膨胀，脱离胶囊体，或溶蚀，或在酶作用下降解，使储库中药物快速释出（呈脉冲式释出）。

二、口服定位释药系统

口服定位释药系统是指口服后能将药物选择性地输送到胃肠道的某一特定部位，以速释或缓释、控释释放药物的剂型。其目的：①改善药物在胃肠道的吸收，避免其在胃肠生理环境下失活，如蛋白质、肽类药物制成结肠定位释药系统；②治疗胃肠道的局部疾病，可提高疗效、减少剂量、降低全身性副作用；③改善缓释、控释制剂因受胃肠运动影响而造成的药物吸收不完全、个体差异大等现象。根据药物在胃肠道的释药部位不同可分为胃定位释药系统、小肠定位释药系统和结肠定位释药系统。

（一）胃定位释药系统

胃定位释药系统主要是口服胃滞留给药系统，对于易在胃中吸收的药物或在酸性环境中溶解的药物，在小肠上部吸收率高的药物和治疗胃、十二指肠溃疡等疾病的药物适宜制成此类制剂。具体有胃内滞留片和采用生物黏附材料制成的胃黏附微球等。

（二）小肠定位释药系统

为了防止药物在胃内失活或对胃的刺激性，可制成小肠定位释药系统。此类释药系统口服后，在胃内保持完整，进入小肠后，能按设计要求释放药物，达到速释和缓释的目的，主要是包肠溶衣的释药系统，有关肠溶衣材料见片剂一章。可根据要求，选用适宜 pH 值范围溶解的聚合物，也可以采用定时释药系统，通过改变释药系统时滞的长短控制药物释放的时间和位置。由于胃排空时间的影响，仅控制释药系统的时滞不一定完全达到小肠定位释药的目的，可将控制释药时间的技术和采用肠包衣的技术结合，以保证药物只在小肠释放。

（三）结肠定位释药系统

结肠定位释药系统（简称 OCDDS）是采用适当方法，使口服后不是在胃、十二指肠、空肠和回肠前端释放药物，而是运送到回盲部后释放药物发挥局部和全身治疗作用的一种给药系统，是一种定位在结肠释药的制剂。近年来这种给药系统普遍受到关注，人们逐渐认识到结肠在药物吸收及局部治疗方面所体现的优势。与胃和小肠的生理环境比较，结肠的运转时间较长，而且酶的活性较低，因此药物的吸收增加，这种生理环境对结肠定位释药很有利，而且结肠定位释药可延迟药物吸收时间，对于受时间节律影响的疾病，如哮喘、高血压等有一定意义。

结肠定位释药系统的优点：①提高结肠局部药物浓度，提高药效，有利于治疗结肠局部病变，如 Crohn's 病、溃疡性结肠炎、结肠癌和便秘等；②结肠给药可避免首过效应；③有利于多肽、蛋白质类大分子药物的吸收，如激素类药物、疫苗、生物技术类药物等；④固体制剂在结肠中的运转时间很长，可达 20～30 h，因此 OCDDS 的研究对缓释、控释制剂，特别是日服一次制剂的开发具有指导意义。

根据释药原理可将 OCDDS 分为以下几种类型。

1. 时控型 OCDDS　根据制剂口服后到达结肠所需时间，用适当方法制备具有一定时滞的时间控制型制剂，即口服后 5～12 h 开始释放药物，可达到结肠靶向运转的目的。大多数此类 OCDDS 由药物储库和外面包衣层或控制塞组成，此包衣或控制塞可在一定时间后溶解、溶蚀或破裂，使药物从储库内芯中迅速释放发挥疗效。

2. pH 敏感型 OCDDS　利用在结肠较高 pH 值环境下溶解的 pH 依赖性高分子聚合物，如聚丙烯酸树脂、醋酸纤维素酞酸酯等，使药物在结肠部位释放发挥疗效。有时可能因为结肠病变或细菌作用，其 pH 值低于小肠，使药物在结肠不能充分释药，因此此类系统可与时控型系统结合，以提高结肠定位释药的效果。

3. 生理降解型 OCDDS 结肠中大量微生物的存在是该系统的释药机制，生物降解型系统是利用结肠中细菌产生的酶对某些材料具有转移的降解性能制成，结肠中的菌丛产生的偶氮还原酶、葡萄糖醛酸糖苷酶以及糖苷酶等可以降解前体药物和以多糖为载体的药物系统，达到结肠释放的目的。

4. 复合型 OCDDS 复合型 OCDDS 是根据不同的生理学基础，结合实践依赖型 OCDDS 和 pH 依赖型 OCDDS 或者时间依赖型 OCDDS 和生物降解型 OCDDS 的特点而制得。如 Watanabes 设计的 CODESTM (colonic-specific drug delivery system)是一种独特的结肠定位释药技术，它是利用某些多糖只能被结肠内的细菌降解的特点，同时采用 pH 敏感性聚合物包衣，增强结肠释药的稳定性和可靠性，避免 pH 依赖型和时滞型给药系统存在的问题。

项目小结

教学提纲		主要内容简述
一级	二级	
一、概述	(一)缓释、控释制剂的定义与特点	缓释、控释制剂的定义、特点
	(二)缓释、控释制剂的设计	影响口服缓释、控释制剂设计的因素；缓释、控释制剂的设计；缓释、控释制剂的常用辅料
二、缓释、控释制剂释药方法和评价	(一)缓释、控释制剂释药原理和方法	由于药物释放受溶出速率的限制，根据 Noyes-Whitney 溶出速率公式，通过减少药物的溶解度，降低药物的溶出速率可以使药物缓慢释药，达到长效目的
	(二)缓释、控释制剂体内、体外评价	缓释、控释制剂的体外释放度试验可用溶出度测定仪进行
三、缓释、控释制剂的临床应用与注意事项	(一)缓释、控释制剂的临床应用	目前，在临床上使用的有：治疗高血压、心绞痛、糖尿病、镇痛、抑郁症、慢性胃炎、用于抗菌的缓释和控释制剂
	(二)缓释、控释制剂的注意事项	缓释和控释制剂使用过程中要注意突释、用药间隔、中毒解救等事项
四、缓释、控释制剂的处方和制备工艺	(一)骨架型缓释、控释制剂	不溶性骨架片、亲水凝胶骨架片、生物溶蚀性骨架片、缓释、控释颗粒(微囊)压制片、胃内滞留片、生物黏附片、骨架型小丸处方和制备工艺
	(二)膜控型缓释、控释制剂	微孔膜包衣片、膜控释小片、肠溶膜控释片、膜控释小丸处方和制备工艺
	(三)渗透泵型控释制剂	单室和双室渗透泵片处方和制备工艺
	(四)植入剂	膜控型、骨架型、渗透压驱动释放型植入剂的处方和制备工艺

达标检测题

一、选择题

(一) 单项选择题

1. 渗透泵片控释基本原理是(　　)。

A. 减少溶出　　B. 减慢扩散

C. 片外渗透压大于片内，将片内药物压出　　D. 片内渗透压大于片外，将药物从细孔压出

E. 慢渗透

2. 缓释、控释制剂不包括下列哪种？(　　)

A. 分散片　　B. 胃内漂浮片　　C. 渗透泵片　　D. 骨架片　　E. 植入剂

3. 以明胶为囊材用单凝聚法制备微囊时，常用的固化剂是（　　）。

A. 甲醛　B. 硫酸钠　C. 乙醇　D. 丙酮　E. 氯化钠

4. 可用于复凝聚法制备微囊的材料是（　　）。

A. 阿拉伯胶-琼脂　B. 西黄蓍胶-阿拉伯胶　C. 阿拉伯胶-明胶

D. 西黄蓍胶-果胶　E. 阿拉伯胶-羧甲基纤维素钠

5. 微囊化方法中属化学法的是（　　）。

A. 复凝聚法　B. 溶剂-非溶剂法　C. 辐射交联法

D. 喷雾干燥法　E. A 和 B

6. 微囊的制备方法不包括（　　）。

A. 薄膜分散法　B. 改变温度法　C. 凝聚法　D. 液中干燥法　E. 界面缩聚法

7. 可用作渗透泵片渗透压活性物质是（　　）。

A. 醋酸纤维素　B. 氯化钠

C. 聚氧乙烯（相对分子质量 20 万～500 万）　D. 硝苯地平

E. 聚乙二醇

8. 在一种高分子囊材溶液中加入凝聚剂以降低囊材溶解度而凝聚成微囊的方法是（　　）。

A. 界面缩聚法　B. 辐射交联法　C. 喷雾干燥法　D. 液中干燥法　E. 单凝聚法

9. 从乳浊液中除去分散相挥发性溶剂以制备微囊的方法是（　　）。

A. 界面缩聚法　B. 辐射交联法　C. 喷雾干燥法　D. 液中干燥法　E. 单凝聚法

（二）多项选择题

1. 下列哪些属缓释、控释制剂？（　　）

A. 胃内滞留片　B. 植入剂　C. 分散片　D. 骨架片　E. 渗透泵片

2. 骨架型缓释、控释制剂包括（　　）。

A. 骨架片　B. 压制片　C. 泡腾片　D. 生物黏附片　E. 骨架型小丸

3. 口服缓释制剂可采用的制备方法有（　　）。

A. 增大水溶性药物的粒径　B. 与高分子化合物生成难溶性盐

C. 包衣　D. 微囊化

E. 将药物包藏于溶蚀性骨架中

4. 属于天然高分子微囊材的有（　　）。

A. 乙基纤维素　B. 明胶　C. 阿拉伯胶　D. 聚乳酸　E. 壳聚糖

5. 不具有靶向性的制剂是（　　）。

A. 静脉乳剂　B. 毫微粒注射液　C. 混悬型注射液

D. 脂质体注射液　E. 口服芳香水剂

二、简答题

1. 服用普通制剂和缓释、控释制剂后相应的药时曲线的区别是什么？

2. 影响口服缓释、控释制剂设计的因素有哪些？

3. 缓释、控释制剂的设计要求有哪些？

4. 缓释、控释制剂的类型及处方工艺有哪些？

三、实例分析题

1. 维拉帕米渗透泵片处方如下：

1）片芯处方

盐酸维拉帕米（40 目）	2850 g
甘露醇	2850 g
聚环氧乙烷	60 g
聚乙烯吡咯酮	120 g
乙醇	1930 mL
硬脂酸	115 g

2）包衣液处方（用于每片含 120 mg 的片芯）

醋酸纤维素（乙酰基值 39.8%） 47.25 g

醋酸纤维素（乙酰基值 32%） 15.75 g

羟丙基纤维素 22.5 g

聚乙二醇 3350 4.5 g

二氯甲烷 1755 mL

甲醇 735 mL

根据处方回答下列问题：

（1）处方中各成分有何作用？

（2）制备工艺是怎样的？

（王 琳）

项目十五　经皮吸收制剂

学习目标

能力目标

能根据经皮吸收制剂特点合理指导用药，并能对经皮吸收制剂进行简单的处方分析。

知识目标

掌握：经皮吸收制剂的概念、特点、类型及组成。

熟悉：经皮吸收制剂的设计；促进药物经皮吸收的方法与技术；经皮吸收制剂的制备方法。

了解：经皮吸收制剂的处方材料及质量评价方法。

操作任务

经皮吸收制剂的制备

一、操作目的

(1) 掌握制备经皮吸收制剂的方法，并能对经皮吸收制剂进行简单的处方分析。
(2) 熟悉经皮吸收制剂制备的基本原理。
(3) 了解经皮吸收制剂的处方材料。

二、器材与药品

架盘天平、分析天平、机械涂布-干燥-覆膜一体机、烘箱、烧杯、量筒、玻璃棒、东莨菪碱、聚异丁烯 MML-100、聚异丁烯 LM-MS、液体石蜡、氯仿、聚丙烯膜、铝塑膜、硅化纸等。

三、操作内容

东莨菪碱经皮吸收制剂的制备。

[处方]　见表 15-1。

表 15-1　东莨菪碱经皮吸收制剂处方组成(每片用量)

成　分	药库层	黏胶层
东莨菪碱/mg	15.7	4.6
聚异丁烯 MML-100/g	29.2	31.8
聚异丁烯 LM-MS/g	36.5	39.8
液体石蜡/g	58.4	63.6
氯仿/mL	860.2	360.2

背衬层：铝塑膜。

控释膜：聚丙烯控释膜。

防黏层：硅化纸。

［制法］

1. 药库层的制备 称取处方量的药库层处方中各成分，溶解后制成药库层基质，将药库层基质铺在 65 μm 厚的背衬层上，烘干或自然干燥，制成约 50 μm 厚的药库层。

2. 黏胶层的制备 称取处方量的黏胶层处方中各成分，溶解后制成黏胶层基质，将黏胶层基质铺在 200 μm 厚的硅化纸上，烘干或自然干燥，制成约 50 μm 厚的黏胶层。

3. 复合、冲切 将 25 μm 厚的聚丙烯控释膜复合在药库层上后再将黏胶层复合在控释膜的另一面，切成 1 cm^2 的圆形贴片。

［注解］

(1) 东莨菪碱为 M 胆碱受体阻断剂，对晕动病的临床治疗效果较好，但存在口干、面红、散瞳、视力模糊、心率加快等不良反应，控制释药速率可以在一定程度上避免不良反应的发生。

(2) 该贴剂属于膜控释型系统，共分为五层：第一层为背衬层，由铝塑膜或其他非渗透性聚合物构成；第二层为药库层，药物以一定浓度溶解或分散在高分子材料胶浆中；第三层为控释膜层，用于控制药物从药库层中释放的速率；第四层为黏胶层，内含少量的药物，并用与储库层组成相似的胶浆溶解或分散，该层可提供首剂量并能粘贴于皮肤表面；第五层为保护层（即防黏层），在制剂的储存过程中起保护作用，使用时即拆去。

四、思考题

(1) 简述经皮吸收制剂的制备工艺流程。

(2) 试分析东莨菪碱经皮吸收制剂中各成分的作用。

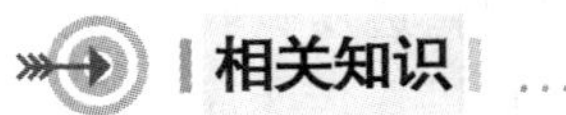

一、概述

（一）经皮吸收制剂的概念、发展与特点

经皮吸收制剂又称为经皮给药系统（transdermal drug delivery system，简称 TDDS）或经皮治疗系统（transdermal therapeutic system，简称 TTS）系指药物以一定的速率由皮肤经毛细血管吸收进入全身血液循环并达到有效血药浓度，从而产生治疗或预防疾病作用的一类制剂。狭义的 TDDS 主要是指经皮吸收新剂型，即贴剂，而广义的 TDDS 还包括软膏剂、硬膏剂、巴布剂、涂剂等。

通过皮肤给药的方式治疗和预防疾病的理念由来已久，在大约公元前 1300 年的甲骨文中就曾记载了中药经皮给药的相关内容。美国上市的第一个 TDDS 即东莨菪碱贴剂，自上市以来，其特有的优点就备受医药界的关注。随着经皮给药技术的发展，目前已有多种经皮吸收制剂获准上市使用，如硝酸甘油、芬太尼、雌二醇、硝酸异山梨酯、可乐定、睾酮、妥洛特罗、丁丙诺啡等。

近几年来，随着经皮给药技术的不断开发，新型合成的高分子聚合物和渗透促进剂的不断应用以及人们对皮肤结构、功能以及角质层屏障作用的研究的不断深入，相信在不久的将来，会有更多安全、有效的经皮吸收制剂成功问世，为治疗及预防全身性疾病和皮肤局部及深部的疾病提供一种简单、方便的给药方式。

课堂互动

通过阅读药品说明书，简述下列几种常用贴剂的治疗用途、使用方法及作用时间。

1. 硝酸甘油贴剂　　2. 可乐定透皮贴剂　　3. 芬太尼透皮贴剂
4. 尼古丁透皮贴剂　　5. 吡罗昔康贴片

经皮给药制剂可以实现无创伤性给药，与传统剂型如口服片剂、胶囊剂或注射剂等相比具有以下优点。

(1) 可避免口服给药可能发生的肝脏首过效应及胃肠灭活效应，药物的吸收不受胃肠道酶、消化液、pH 值等诸多因素的干扰，从而提高生物利用度。

(2) 可长时间维持恒定的最佳血药浓度或生理效应，增强了治疗效果的同时，避免血药浓度的峰谷现象，从而降低了胃肠给药的副作用。

(3) 延长药物作用时间，减少给药次数，提高患者用药的顺应性。如硝酸甘油舌下含片用于冠心病、心绞痛的治疗及预防，舌下给药 2～3 min 起效、5 min 达到最大效应，作用持续仅 10～30 min，需要反复给药，并伴有不良反应发生，治疗剂量可发生明显的低血压反应，剂量过大可引起剧烈头痛；改用贴剂后，每日只需贴用一张，疗效便可维持 24 h，且能减少不良反应，更适用于预防夜间心绞痛发作。

(4) 用药方便，通过改变给药面积调节给药剂量，减少个体间和个体内差异，且患者可以自主用药，发现副作用时，也可以随时中断用药，尤其适合于婴儿、老人及不宜口服给药的患者及需要长期用药患者。

尽管 TDDS 作为一种新剂型具有超越一般给药方式的独特优点，但 TDDS 也有其局限性。由于皮肤是限制体外物质吸收进入体内的强大生理屏障，通常药物透过该屏障的速率很小，给药后需经过几小时才能起效，由于起效慢，要求迅速起效的药物不适合制成经皮给药制剂，且多数药物不能达到有效治疗浓度。尤其是水溶性药物由于皮肤透过率非常低，即使可以通过增加给药面积或多次给药来提高药物的透过率，但大面积给药可能会对皮肤产生刺激性和过敏性，降低患者顺应性。一些本身对皮肤有强烈刺激性和致敏性的药物不宜制成 TDDS。此外，TDDS 存在皮肤的代谢与储库作用，药物吸收的个体差异和给药部位的差异较大。

简述将硝酸甘油分别制成口服制剂、舌下含片、透皮贴剂三种不同剂型的制剂后，在治疗心绞痛方面各有何特点。

(二) 经皮吸收制剂的类型及组成

经皮吸收制剂通常是由不同性质和功能的数层高分子薄膜层叠而成，大致可分为以下五层。①背衬层：多为复合铝箔，具有屏障的作用以及对药库或压敏胶的支撑作用。②药物储库层：主要起到储存药物的作用，药物释放的同时提供释药的能量，其组成比较复杂，主要包括药物、高分子基质材料、透皮吸收促进剂等成分。③控释膜：为经皮吸收制剂的关键部分，主要起到控制药物释放速率的作用，也可兼作药库。④胶黏膜：通常起粘贴作用，有时也可起到药库、控释作用等，是由无刺激和无过敏性的黏合剂（如天然树胶、合成树脂类等）构成，常用的胶黏膜材料为压敏胶。⑤保护膜（防黏层）：主要对 TDDS 胶黏膜起保护作用，是一种可剥离的衬垫膜，用时拆去。

经皮吸收制剂按其结构不同可分为储库型和骨架型两大类。储库型 TDDS 是指将药物和透皮吸收促进剂等包裹在控释膜或其他控释材料中制成药物储库，药物的释放速率由控释膜或高分子包裹材料的性质来控制。骨架型 TDDS 又可分为两类：一类是胶黏剂骨架型，即将药物均匀分散或溶解在压敏胶中，贴于背衬层上，加黏胶层制得；另一类是聚合物骨架型，是指药物均匀分散或溶解在聚合物骨架中，分剂量成固定面积及厚度的药膜后，贴于背衬层上，加黏胶层、防黏层制得，可以通过调节骨架的组成来控制药物的释放。

根据目前生产及临床应用情况，经皮吸收制剂大致可分为四类。

1. 膜控释型 膜控释型 TDDS 的基本构造如图 15-1 所示，基本组成分为无渗透性的背衬层、药物储库、控释膜、黏胶层和防黏层五部分。如硝酸甘油、东莨菪碱、雌二醇、catapres-TTS（可乐定）均为膜控释型 TDDS。

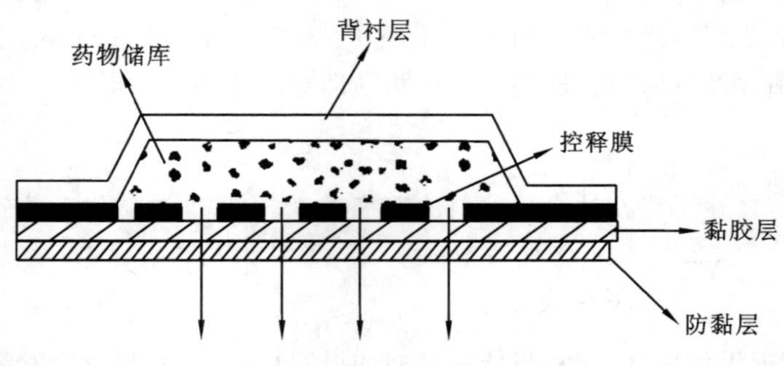

图 15-1 膜控释型 TDDS 示意图

2. 黏胶分散型 将药物分散或溶解在压敏胶中制成药物储库，均匀铺于不渗透的背衬材料上，加防黏层即得，与皮肤接触的表面均可以输出药物，如黏胶分散型奥昔布宁贴剂。基本构造如图 15-2 所示，其中，药库层及控释层均由压敏胶组成。

这种给药方式生产成本低、生产方便，但是由于药物通过含药胶层的扩散厚度随给药时间的延长而不断增加，药物的释放速率随之减慢，容易引起给药剂量不足而影响疗效。为了克服这一缺点，保证药物以恒定的速率释放，可以采用多层含药膜结构，根据与皮肤接触距离的远近按照适宜浓度梯度制成含药量不同的多层压敏胶层，与皮肤距离最近的一层含药量低，最远的一层含药量高，从而使药物释放的速率趋于恒定。

3. 骨架扩散型 药物均匀溶解或分散于高分子的聚合物骨架中，通常选择亲水性高分子聚合物作为骨架材料，如聚乙烯醇、聚乙烯吡咯烷酮等，骨架中还可以加入一定量的润湿剂如水、丙二醇或者聚乙二醇等，然后将制得的含药骨架分剂量成一定面积及厚度的药膜并粘贴在背衬材料上，在骨架层上涂压敏胶，并加防黏层即成为骨架型贴剂，也可以将含药骨架与压敏胶层、背衬层及防黏层复合后再进行分割。基本构造如图 15-3 所示。

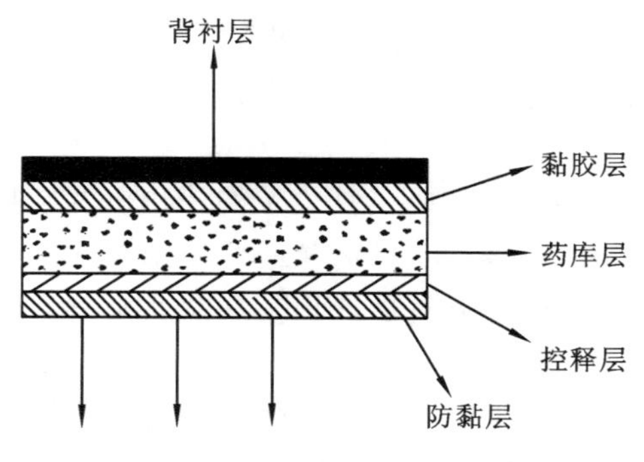

图 15-2 黏胶分散型 TDDS 示意图

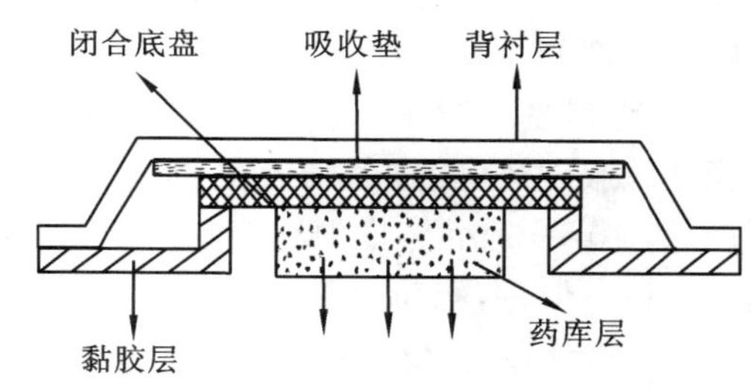

图 15-3 骨架扩散型 TDDS 示意图

4. 微储库型 微储库型 TDDS 兼有膜控释型和骨架型的特点，如图 15-4。

其一般制备方法是先将药物均匀分散在亲水性高分子聚合物（如聚乙二醇）的水溶液中，再将该溶液或者混悬液均匀分散在疏水性聚合物中，在高切变机械力的作用下，使其形成微小的球状液滴，然后迅速与疏水性聚合物分子交联形成稳定的包含有球状液滴药库的分散体系，将此体系制成一定面积及厚度的药膜，涂于黏胶层中心，加防黏层即得。

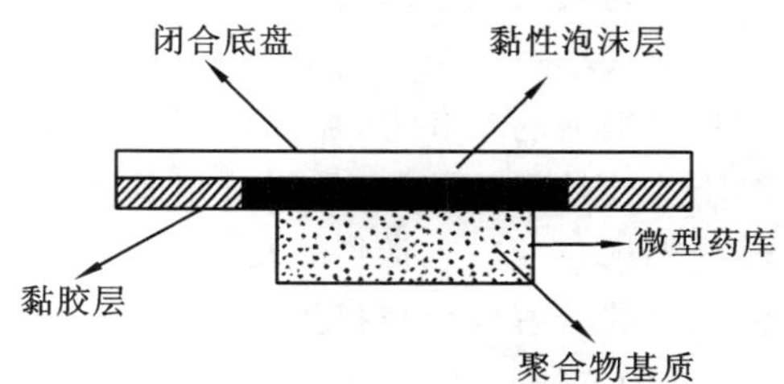

图 15-4 微储库型 TDDS 示意图

经皮吸收制剂也可按其基质不同分为贴剂和凝胶膏剂（又称巴布剂）两大类，其中，贴剂通常是以压敏胶作为基质，而巴布剂则通常是以亲水性高分子材料作为载药基质。

对比四种经皮给药制剂在组成上的差异，并简述影响其释药速率的因素。

二、影响药物经皮吸收的因素

影响药物经皮吸收的因素主要包括生理因素、剂型因素以及药物的性质。

（一）影响药物经皮吸收的生理因素

1. 皮肤的水合作用 皮肤含水量较正常状态多的现象称为皮肤的水合作用，它能引起角质细胞的膨胀而降低其结构的致密程度。水合作用可使药物的渗透作用变得更加容易，继而使药物的经皮吸收显著增加，皮肤的水合作用对促进水溶性药物的经皮吸收较对脂溶性药物显著。

2. 角质层的厚度 人体不同部位角质层的厚度存在差异，不同药物的渗透也可能存在着部位选择性。例如，东莨菪碱经皮吸收制剂首选耳后用药，然而，对于硝酸甘油这类渗透性很强的药物来说，其在人体许多部位的透过性没有显著性差异。角质层厚度的差异也与种属、年龄、性别等多种因素有关。

3. 皮肤条件 皮肤的角质层在受到机械、物理或者化学等损伤时，其屏障功能也相应受到不同程度的破坏，从而导致药物对皮肤的渗透性显著增加。湿疹、溃疡或烫伤等创面上药物很容易被吸收。采用有机溶剂对皮肤进行预处理亦能获得类似效果，这可能与角质层中类脂的溶解或被提取后形成扩散通路有关。

角质层的屏障作用在皮肤病变时也会发生破坏。另外，温度也能影响药物的透皮速率，随着皮肤温度的升高，药物的透皮速率也随之升高。

4. 皮肤的结合作用与代谢作用 药物与皮肤蛋白质或脂质等的可逆性结合。皮肤的结合作用能够延长药物渗透的时间，也可能进一步在皮肤内形成药物储库。药物与皮肤组织间的结合力愈强，时滞与储库的持续时间也愈长。

皮肤的代谢作用是指药物在皮肤内酶的作用下发生氧化、还原、结合和水解等反应。但是由于皮肤内酶含量很低，其血流量也仅为肝脏的7%，并且TDDS的面积很小，因此，酶代谢对大多数药物的透皮吸收不产生明显的首过效应。

（二）影响药物经皮吸收的剂型因素与药物的性质

1. 剂型 剂型能够通过影响药物的释放行为而影响药物的经皮吸收，提高药物的释放速率有助于促进其经皮吸收。通常半固体制剂中药物的释放速率较快，而骨架型贴剂中药物的释放速率相对较慢。此外，给药系统的处方组成对药物经皮吸收的影响也很大，处方中各成分如表面活性剂、渗透促进剂等的不同都会影响到制剂的经皮吸收。

2. 药物剂量 TDDS通常选择剂量小、作用强的药物或者半衰期短、需要反复给予的药物以及常规给药途径如口服或注射给药的药效不佳或产生严重副作用的药物作为模型药物，日剂量最好控制在几毫克的范围内，为10～15 mg。增加给药面积在一定程度上可以提高药物的经皮吸收量，因此，贴剂通常都有几种不同的规格。但是，给药面积过大会降低患者用药的依从性。

3. 分子大小及分配系数 药物的分子体积较小时对扩散系数影响不大，而相对分子质量与分子体积存在着线性关系，当药物的相对分子质量较大时，药物的相对分子质量与扩散系数呈负相关，相对分子质量大于600的物质已较难透过角质层。同样，药物从TDDS至皮肤的转运也是药物的分配过程，药物的油/水分配系数的大小也影响药物的经皮吸收。假如TDDS中的介质或者处方中某组分（如黏胶或骨架材料等）对药物具有很强的亲和力，那么，随着药物的油/水分配系数的降低，药物透过角质层的量也随之减少。

脂溶性较大的药物，易透过角质层而进入活性真皮并被吸收，但由于活性表皮是水性组织，脂溶性过大的药物很难分配进入活性表皮。因此，用于经皮吸收的药物在水相和油相中最好均有较大的溶解度，并且在两相中的溶解度比较接近。

4. pH值与pK_a 很多药物属于有机弱酸或有机弱碱，当药物以分子型存在时，透过系数大，即药物有较大的经皮透过能力，而当药物以离子型存在时，透过系数小，一般不易透过角质层，因此，给药系统内的pH值能够影响其解离程度进而影响药物的经皮吸收。此外，皮肤表面的pH值条件对药物的经皮吸收也有一定的影响。表皮内为弱酸性环境，其pH值为4.2～5.6，而真皮内的pH值约为7.4，在经皮吸收过程中，药物溶解在皮肤表皮的液体后可能发生解离。因此，可根据药物的pK_a调节TDDS介质的pH值，使药物离子型和分子型的比例有所改变，从而提高药物的透过量。

5. TDDS中药物的浓度 大部分药物在皮肤中的扩散属于依赖于浓度梯度的被动扩散，其扩散的动力是皮肤两侧的浓度梯度，因此，给药系统中的药物浓度对维持该浓度梯度具有一定的作用，提高基质中的药物浓度，药物的经皮吸收量可相应提高。但增加浓度的方法仅在一定浓度范围内有效，当浓度超过此范围时，吸收量不再增加。

6. 熔点与热力学活度 在通常情况下，低熔点药物很容易穿透皮肤，这是由于低熔点药物的晶格能较低，在介质（或基质）中的热力学活度较大。

知识链接

熔点与热力学活度

一般情况下，在极性相同的药物中，低熔点的药物在溶液中的浓度较高，药物在皮肤中的扩散依赖于皮肤两侧浓度梯度，因此，低熔点的药物按照浓度梯度变化的方向扩散的速率最快，很容易穿透皮肤。此外，药物的经皮透过速率直接依赖于药物在溶剂中的热力学活度。一般情况下溶液中药物的浓度与活度成正比，活度＝浓度×活度系数。溶液的活度在饱和状态下最大，与溶剂的种类无关，因此，在达到饱和状态以前，药物的透皮速率随着基质中药物浓度的增加成正比例的增加。可以通过对药物进行结构改造从而改变基质中药物的活度来改变药物的透过性。例如，将药物制成衍生物的方法，提高基质中药物的活度，从而提高药物的经皮透过量(Jss)。

简述影响TDDS设计的剂型因素与药物性质。

三、促进药物的经皮吸收的方法

对于大多数药物来说，皮肤是一道很难透过的天然屏障，许多药物经皮给药的透过速率难以满足临床治疗的需要，因此，如何寻找促进药物经皮吸收的方法已成为当前TDDS研究的重点。

(一) 渗透促进剂在TDDS中的应用

经皮吸收促进剂(penetration enhancers)又名渗透促进剂，是指那些能够降低药物穿透皮肤的阻力，加速药物透过皮肤的物质。经皮吸收促进剂能够提高药物的经皮渗透速率，甚至可以实现通过皮肤局部给药而发挥全身治疗作用的目的。理想的药物经皮吸收促进剂应具有对皮肤无毒、无刺激性、无过敏性、无药理活性、理化性质稳定、与药物及其他辅料无配伍禁忌、具有良好的相容性、起效迅速以及作用时间长等特点。

目前在临床上常用的经皮吸收促进剂可分为如下几类。

1. 表面活性剂 在药剂中应用较为广泛，常用作增溶剂、湿润剂、乳化剂等。表面活性剂自身可以透过皮肤并可能与皮肤成分发生相互作用从而改善其渗透性质，增加药物的渗透速率。表面活性剂可分为阳离子型、阴离子型、非离子型和两性离子型。其中，离子型表面活性剂与皮肤间的相互作用较强，但在连续使用后可引起皮肤红肿、干燥或粗糙化而损伤皮肤。非离子型表面活性剂主要增加角质层类脂的流动性。

1) 阴离子型表面活性剂 能渗透皮肤，与皮肤发生相互作用。在经皮吸收制剂中应用较多的是十二烷基硫酸钠(SDS)，又名月桂醇硫酸钠，它能够促进水、氯霉素、萘普生和纳洛酮等药物的经皮吸收。

2) 非离子型表面活性剂 对皮肤的刺激性比离子型表面活性剂小，但对皮肤渗透性的促进作用也较弱，常用吐温类。例如，吐温80能增加氯霉素、氢化可的松和利多卡因的透皮流量。聚氧乙烯脂肪醇醚和聚氧乙烯脂肪酸酯能改善纳洛酮、灰黄霉素、乙酸二氟拉松、氟芬那酸的经皮吸收。

3) 两性离子型表面活性剂 卵磷脂对于一些药物具有促透作用。此外，卵磷脂是构成脂质体的主要组成成分，脂质体作为一种皮肤外用药物传递系统，采用脂质体包裹药物后可提高药物在皮肤中的浓度并减少其在全身血液循环中的浓度，从而降低药物的全身副作用，显示出特有的优越性。开发皮肤局部用药的脂质体制剂是改进药物经皮吸收的新趋向。

2. 有机溶剂类 低级醇类主要作为TDDS的溶剂，它们既可提高药物的溶解度，又常能改善药物的经皮吸收。如乙醇以及其他直链醇类等均有一定的促透作用，其促透效果与其所含有的碳链长度有关，随着碳原子数的增加，其促透作用也相应增加，直至一个最大值后，其促透效果又逐渐减弱。

多元醇类主要在皮肤外用制剂中作为保湿剂等，其促透作用较弱。用作溶剂时，能增加并用的其他渗透促进剂在皮肤角质层中的分配或者减少其刺激性。丙二醇(PG)在经皮给药制剂中最常用作溶剂，此外，还可用作潜溶剂、保湿剂和防腐剂等。PG对很多药物具有促透作用，其促透作用强度与浓度有关。丙二醇对许多亲水性以及亲脂性药物均有较好的溶解性，对亲脂性药物所产生的促透优于亲水性药物。PG单独使用时促透效果不佳，若与其他促进剂合用，可以增加很多渗透促进剂(如Azone、油酸、萜类)的溶解度，同时发挥协同作用。

二甲基亚砜(DMSO)是最早、最广泛应用于研究的渗透促进剂，对亲水性和亲脂性药物均具有较强的促透作用。其促透机制主要为与角质层蛋白相互作用而改变角蛋白构象以及与角质层脂质双分子层相互作用而提取脂质并能增加脂质双分子层的流动性。其促透作用对浓度有依赖性，通常在60%或者更高浓度时才能发挥较强的促进渗透作用。DMSO的缺点是对皮肤具有刺激性如使皮肤红肿、有灼烧感或产生风疹等，此外，DMSO的代谢产物在呼气时会发出恶臭，长期大量使用DMSO可引起皮肤严重刺激性，少数人还出现系统综合征，甚至能引起肝损伤和神经毒性等。二甲基亚砜衍生物癸基甲基亚砜(DCMS)是一种新的渗透促进剂，毒性较小，用量较少，对亲水性药物的促透能力大于亲脂性药物。

3. 氮酮类化合物 月桂氮䓬酮，又名氮酮，国外商品名为Azone。Azone用量较少，对皮肤的毒性和刺激性较低，是一种高效、安全、优良的渗透促进剂。我国卫生部于1987年以辅料一类批准其生产，并定名为月桂氮䓬酮。本品为无色澄明液体，在水中几乎不溶，能与多数有机溶剂如无水乙醇、丙二醇等混溶，与药物水溶液混合振摇能形成乳浊液。本品对于亲水性药物和亲脂性药物均具有良好的促透作用，且对于亲水性药物的促透作用更强。Azone能够进入皮肤角质层部分，使细胞间脂质的排列有序性降低，增加其流动性，并通过其羟基上的氧原子与神经酰胺(ceramide)头部的氢键结合，破坏神经酰胺之间的氢键来形成渗透孔道从而发挥渗透促进作用。Azone的促透作用具有浓度依赖性，有效浓度常在1%～6%，再提高Azone的浓度并不能显著地增加渗透促进作用，甚至会产生降低作用。Azone的促透作用起效较为缓慢，视药物的不同，药物透过皮肤的滞后时间从2～10 h不等，但一旦发生作用，则作用时间可长达几天，这可能是Azone自身在角质层中蓄积的结果。Azone常常与极性溶剂丙二醇(PG)并用，从而产生协同作用，同时还可以有效地缩短滞后时间。

该类促透剂还包括以下化合物：α-吡咯酮(NP)，N-甲基吡咯酮(1-NMP)，5-甲基吡咯酮(5-NMP)，1,5-二甲基吡咯酮(1,5-NMP)，N-乙基吡咯酮(1-NEP)，5-羧基吡咯酮(5-NCP)等。此类渗透促进剂用量较大时对皮肤产生红肿、疼痛等刺激作用。

4. 有机酸、脂肪醇类 某些有机酸与脂肪醇在适当的溶剂中，能提高很多药物的皮肤渗透性。其促透效果与结构中碳链长度、双键数目有关，其中，十二个碳原子的脂肪酸或脂肪醇促透作用最大，增加双键数目能增强其促透作用。

油酸是一种很常用的渗透促进剂，本品为无色油状液体，微溶于水，易溶于乙醇、乙醚、氯仿和油类等。油酸可能与细胞间脂质结构相似，能够插入到脂质中，使角质层细胞间脂质分子排列发生变化，增加膜脂的流动性，并能在脂质层形成新的渗透区域。油酸常与丙二醇、乙醇等并用而产生协同作用，后者能够增加油酸在皮肤角质层中的分配量，从而延长其对角质层的作用时间和提高作用强度。

5. 角质保湿剂 尿素具有促进角质层水化的作用，长期接触后可引起角质溶解并在角质层上形成亲水性扩散孔道。尿素作为渗透促进剂在制剂中浓度一般较低。临床应用的制剂中，如一些激素类霜剂，尿素的常用浓度为10%。

吡咯酮类衍生物能增加角质层的水含量，2-吡咯烷酮和N-甲基吡咯烷酮有较强的促透作用。它们能促进激素类、咖啡因、布洛芬、阿司匹林等药物的经皮吸收。其作用机制可能是通过扰乱或溶解角质层细胞间的脂质层，促进药物在角质层中分配。

6. 其他 萜烯类化合物广泛存在于挥发油(如薄荷油、桉叶油、松节油等)中，具有较强的促透能力，能够增加药物在皮肤脂质层中的溶解度，并能促进脂质流动，创造新的渗透孔道，同时，还能够刺激皮下毛细血管的血液循环。

氨基酸以及一些水溶性蛋白质能促进药物的经皮吸收，其促透机制可能是松弛皮肤的角蛋白，扰乱角质层脂质排列的有序性，增加皮肤角质层脂质的流动性。氨基酸的促透作用在等电点时最佳。

使用单个化学促透剂往往达不到理想的促透效果，实践中可以采用两种或者两种以上的化学促透剂组成混合促透剂以提高促透效果，同时减少对皮肤的刺激性。

试归纳各种常用的渗透促进剂的促透机制。

（二）离子导入技术在TDDS中的应用

1. 离子导入技术的原理 离子导入技术(iontophoresis)是在外加电场的作用下，利用电流将离子型药物经由电极定位导入皮肤，进入局部组织或体循环的一种经皮给药物理促渗方法。一些不解离的中性药物分子在溶液中如果呈胶体微粒状态，或者因为分子结构中所带的基团或电负性不同而带电荷形成带电胶体粒子也可采用这一技术给药。

1) 离子导入 药物通过皮肤吸收进入体内主要有三种途径，即通过细胞内途径、经由皮肤细胞间脂质途径以及经由皮肤附属器(如毛囊、汗腺、皮脂腺等)。而对于离子型药物而言，经皮吸收的途径主要是通过皮肤附属器。皮肤的角质层由角蛋白、脂质以及附属器组成，其中，脂质不导电，角蛋白为电的不良导体，而附属器可导电，这些亲水性孔道及其内容物是电的良导体。当施加电场于皮肤并导入电流时，电流经由这些通道透过皮肤在两电极间形成回路，皮肤两侧电位差即为药物离子通过皮肤转运的主要动力，离子型药物通过电性相吸原理,从电性相反电极进入皮肤。

2）电渗(溶剂对流) 在一个带电的多孔膜上施加一定电压时,多孔膜两侧的液体将会产生定向移动,这种现象称为电渗。而在生理 pH 值下,皮肤就相当于一个带负电的多孔膜,当在皮肤上施加电压时,皮肤两侧的液体将发生定向移动,产生电渗现象,液体中的离子即随之输入皮肤。同时,在生理 pH 值下,外加电压时,水化阳离子比水化阴离子获得更大的动量,在阳离子移动方向上引起净体积流,从而引起渗透压差,形成药物扩散的又一推动力。

3）电流诱导 当电流施加于皮肤上时,由于皮肤中存在孔道,孔道处的电流密度相对皮肤要高很多,能够引起皮肤组织结构的改变,形成可逆性的孔道,从而引起皮肤渗透性的增加。

2. 影响药物经皮离子导入有效性的因素

1）药物的解离性质 离子导入的主要作用对象是离子型药物,因此,药物的解离状态对离子导入的效果影响很大。一般情况下,药物的导电性能越好,离子导入的效率越高。在相同浓度下,一价离子较多价离子在电场中迁移的速率快,从而获得更高的离子导入效率。在离子导入过程中,如果药物产生的离子浓度不足以形成适宜的电流时,有必要外加电解质以增加其导电性,同时,为避免水电离引起溶液 pH 值改变,往往也需要向介质中加入缓冲溶液,这些外加离子在电场作用下通常比药物离子更易迁移而发生电流竞争,从而大大降低药物的经皮流量。

2）药物浓度 在离子导入过程中,多数药物的稳态流量随着药物浓度的增加而呈线性增加。因此,在临床应用中,应该考虑选择适宜浓度的药物溶液。此外,一些药物在水中溶解度很小,如果选择适宜的溶剂以使药物获得更大溶解度且药物能解离,则有利于提高药物离子导入的效率。

3）介质 pH 值 能够影响药物的解离状态,还能够影响药物的导电率,从而影响药物离子的导入效率。例如,纤维蛋白溶酶在 pH 值为 8.6 时有最佳导入效果。对于多肽与蛋白质类药物,药物溶液的 pH 值在等电点时的导入效果最差,在等电点以下时导入效果最佳。

4）电流 根据法拉第定律,在电场作用下,离子型药物的离子导入的稳态流量与电流强度成正比。在临床应用中,可以通过改变电流强度来控制药物经皮流量的大小,但需要考虑到皮肤耐受性,皮肤耐受阈值为 0.5 mA/cm^2,所以一般使用的直流电流密度在 0.5 mA/cm^2 以下,此外,还要考虑药物的电化学稳定性等因素的影响。

5）离子导入电极 电极在水溶液中发生电化学反应生成 H^+ 与 OH^-,在改变电极周围 pH 值的同时也会与药物离子发生电流竞争。Ag/AgCl 电极由于其电化学反应不产生 H^+ 与 OH^-,能够控制电解和电极溶液的 pH 值,因而被广泛应用。但该电极存在一定缺点,即必须加入 Cl^-,一般为 NaCl,而 Na^+ 会干扰阳极离子导入给药。同时,在阴极产生的 Cl^- 也会影响阴离子药物导入皮肤。

此外,皮肤的状况、药物储库的组成以及渗透促进剂的选择也会影响药物离子经皮导入的效果。渗透促进剂与离子导入的联合应用可能产生协同作用,优化处方,降低毒副作用,实现经皮药物离子导入的最优化。

(三) 超声波技术在 TDDS 中的应用

超声波技术即超声导入技术,是指采用具有高能量和高穿透率的超声波促进药物经皮穿透(或吸收)的方法。超声波是指频率在 20 kHz 以上,不能够引发正常人听觉反应的机械振动波。最初,超声波主要用于物理治疗,利用超声波的致热作用、促进血液循环或局部按摩等作用的物理特性,治疗肌肉、关节炎和软组织损伤等疾病。1954 年,Fellinger 和 Schmid 应用氢化可的松软膏和超声波技术成功地治疗了多发性手指关节炎,开创了超声波技术作为物理方法应用于促进药物经皮吸收的新纪元。

超声波法促进药物经皮吸收的作用机制可分为:①致热作用,引起血管扩张,加快血流,增加药物的溶解度,改变细胞膜通透性;②机械作用,引起角质层脂质双分子层有序结构的改变;③声致微流作用,有助于促使药物向皮肤及其附属器(如毛囊、汗腺等)的通道流动和转运;④空化作用,引起角质层脂质双分子层的无序化,形成暂时性水性通道从而改变药物的通透性。

影响超声波经皮给药的因素很多也很复杂,主要包括超声波的频率、能量密度、药物性质及药物浓度、应用程序等。

知识链接

其他促进经皮吸收的方法——无针喷射给药系统

无针喷射给药系统是指通过高速射流喷射的方式将药物溶液或者药物粉末穿透皮肤以达到局部或者全身治疗目的的给药系统。因无需针头刺破皮肤，减轻疼痛感和出血，避免由注射针头刺破皮肤而带来的病毒、微生物等物质的感染，使用方便，提高患者的顺应性。

无针喷射给药系统有两种，即无针粉末喷射系统和无针液体喷射系统。无针粉末喷射系统是利用超高速无针喷射系统（如粉末注射器）将固体药物高速经皮导入，该方法利用压缩氦气迅速膨胀形成的超高速流体对药物固体粒子微粉进行加速，将药物粉末穿透角质层释放到表皮和真皮表面。该系统适用于一系列的药物，除小分子药物外，还可以把不易透过皮肤的大分子物质、多肽和蛋白质类、基因等固体粉末直接打入到皮肤中产生吸收。

无针液体喷射系统是在压力的作用下，经液体无针注射器中的微小细孔把药物溶液以"液体针"的形式打入到皮下或皮内，形成药物储库以达到缓慢释放和吸收的目的。无针液体喷射系统产品可分为弹簧动力系统和压缩气体动力系统两类。该系统适用于各种可注射的药物，包括小分子药物、多肽和蛋白质类、单克隆抗体和疫苗等。

随着经皮给药系统研究的不断深入，TDDS的促透方法的研究取得了很大进步。除了传统的物理和化学促渗方法外，新型纳米载体以其促透性强、稳定性好等优点在经皮给药系统中被广泛应用。具有透皮促渗作用的纳米载体包括脂质体、醇质体、传递体、类脂质体、固体脂质纳米粒、微乳、聚合物胶束等。此外，还可以尝试将纳米载体与传统的物理或者化学促渗方法联用，通过协同作用提高药物的经皮渗透量和透皮速率。

四、经皮吸收制剂的制备

经皮给药系统的制备工艺复杂，类型不同，其生产工艺也有所不同，但一般都包括膜材的加工方法、膜材的改性和膜材的复合与成型三个步骤。

（一）膜材的加工和改性

1. 膜材的加工方法 膜材根据所用高分子成膜材料的性质不同可分别用作TDDS中的控释膜、药库、防黏层和背衬层等。膜材的常用加工方法包括涂膜法和热熔法两类。涂膜法是一种简便的制备膜材的方法，但由于所选择的高分子成膜材料通常为水不溶性的材料，制备时需要选择适宜的有机溶剂将其溶解后涂膜，而有机溶剂的蒸发易污染环境，因此，涂膜法通常仅适用于实验室小量试制。热熔法是将高分子成膜材料加热形成黏流态或高弹态，使其变形为给定尺寸膜材的方法，包括挤出法和压延法两种，该法适合于工业生产。

2. 膜材的改性 为了获得具有适宜膜孔大小或一定通透性的膜材，在膜材的生产过程中，需要对已制得的膜材进行特殊处理。

1）溶蚀法 将膜材用适宜溶剂浸泡，其中可溶性成分如小分子增塑剂等会溶解在溶剂中，从而形成具有一定大小膜孔的膜材，也可以在加工薄膜时就加入一定量的可溶性成分作为致孔剂，如聚乙二醇、聚乙烯醇等。此法操作简单，膜孔大小及均匀性取决于这些可溶性成分的用量以及高分子材料与这些成分间的相容性。尽量选择水溶性材料以避免使用有机溶剂而造成环境污染。

2）拉伸法 该法利用拉伸工艺制备单轴取向和双轴取向的薄膜。

3）核辐射法 该法是在电子加速器中用带电粒子对通过一般方法制得的膜材进行核照射，然后把敏化膜浸泡在腐蚀溶液中（如强碱溶液），敏化轨迹较易被腐蚀而形成膜孔。

3. 膜材的复合与成型

1）涂布 涂布工序通常是在特殊设计的涂布机中完成的，涂布机基本上包括三个单元，即涂布装置、干燥隧道以及层合设备，此外还包括卷绕机等辅助单元。在涂布过程中，硅纸或类似有防黏剂处理的基质材料，被均匀的涂布上基质液或混悬液，在加热段，有机溶剂蒸发并用强力的引风机除去。

2）干燥　经涂布后的多个基质层，需要进一步除去基质溶液中的有机溶媒，让已涂布基质的硅纸或基材通过一定长度的干燥通道后实现干燥。

3）复合　收放卷与层合系统将各储库层或将储库层控释膜、控释压敏胶层等层合在一起并完成收卷工序。

（二）制备工艺流程

经皮给药系统根据其类型与组成有不同的制备方法，主要分为涂膜复合工艺、充填热合工艺及骨架黏合工艺三种。

1. 复合型经皮给药系统的制备工艺流程　如图 15-5 所示。

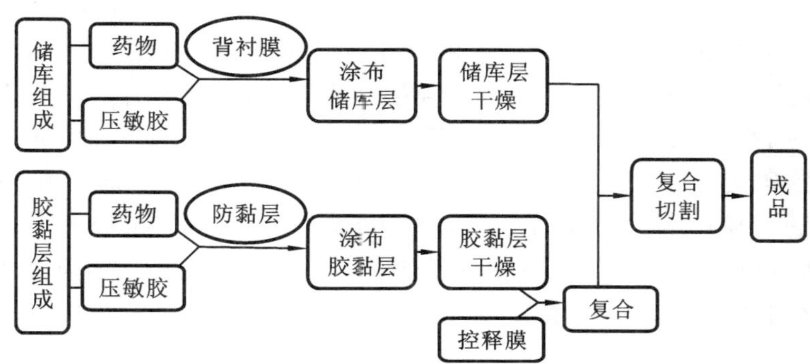

图 15-5　复合型经皮给药系统的制备工艺流程示意图

2. 充填封闭型经皮给药系统的制备工艺流程　如图 15-6 所示。

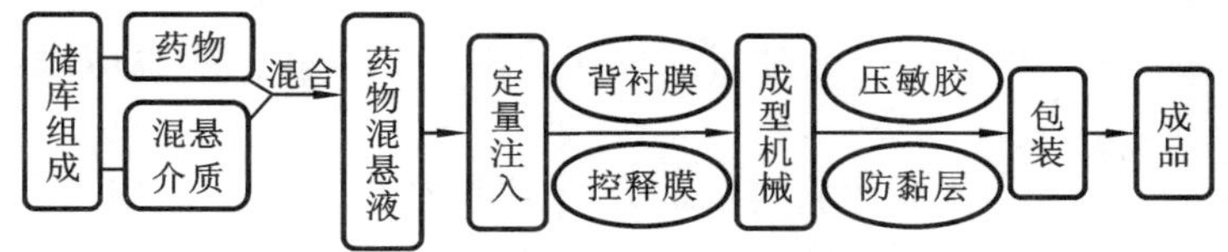

图 15-6　充填封闭型经支给药系统的制备工艺流程示意图

3. 聚合物骨架型经皮给药系统的制备工艺流程　如图 15-7 所示。

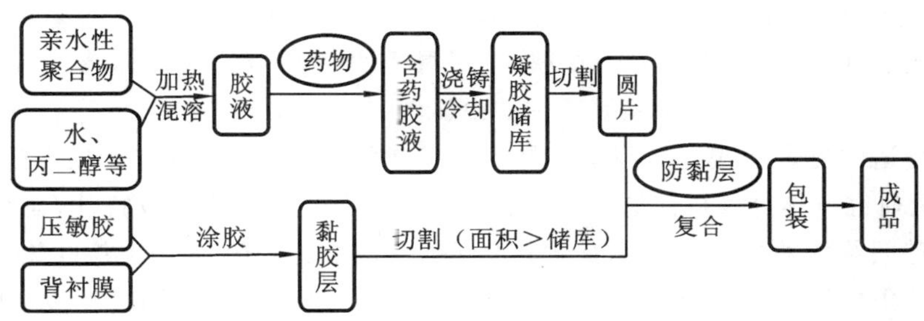

图 15-7　聚合物骨架型经皮给药系统的制备工艺流程示意图

4. 胶黏剂骨架型经皮给药系统的制备工艺流程　如图 15-8 所示。

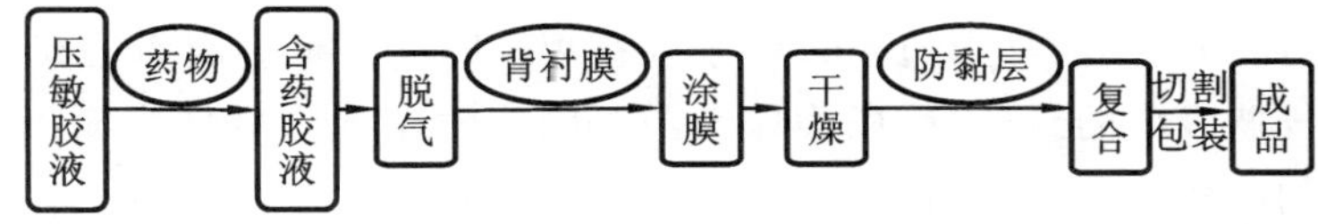

图 15-8　胶黏剂骨架型经皮给药系统的制备工艺流程示意图

（三）透皮吸收制剂的质量控制

1. 经皮吸收制剂释放度测定法　TDDS 中药物的释放方式主要分为从储库中直接释放及经控释膜等间接释放等。药物的透皮速率大小、作用时间长短往往与释药速率有关。根据 TDDS 的设计要求，TDDS 释放速率应小于药物透皮速率。相反，如果释药速率大于透皮速率，则 TDDS 在一定程度上将依赖皮肤作为限速屏障，此时，TDDS 就变成了皮肤控释的，而非装置控释的。TDDS 的释放度是指药物从 TDDS 中在规定条件下释放的速率和程度，释放度是评价制剂质量的内在指标，是控制制剂质量的重要手段。在释放度与透皮速率及释药速率之间可能存在一定的相关性，或者也可以通过 TDDS 的人体生物利用度测定及体内-体外相关性研究来确定释放度指标。

TDDS 释放度测定按照溶出度与释放度测定法（《中国药典》（2015 年版）四部通则 0931 第四、五法）的规定进行测定。其中，第四法为浆碟法，仪器装置中所用的搅拌浆、溶出杯按第二法，所不同的是需要向溶出杯中放入用于放置贴片的不锈钢网碟组成的浆碟装置；第五法为转筒法，仪器装置中所用的溶出杯按第二法，但搅拌浆另外用不锈钢转筒装置替代。

测定方法与判断标准详见《中国药典》（2015 年版）四部通则 0931。

2. 黏附力 TDDS 作为敷贴于皮肤表面的制剂，其黏附力的大小直接影响到其与皮肤接触的紧密程度和释药情况，从而影响到制剂的安全性和有效性，因此，应对 TDDS 的黏附力加以控制。通常，TDDS 的压敏胶与皮肤作用的黏附力可通过初黏力、持黏力、剥离强度及黏着力四个指标加以衡量。TDDS 黏附力测定按照黏附力测定法（《中国药典》（2015 年版）四部通则 0952 第一、二、三、四法）的规定进行测定。

1）初黏力 压敏胶和皮肤在轻微压力下快速接触时所产生的剥离抵抗力。《中国药典》（2015 年版）采用第一法（滚球斜坡停止法）测定贴剂的初黏力。该法是以厚约 2 mm 的不锈钢作为倾斜板（倾斜角为 15°、30°或 45°），板上绘有两条相隔 10 mm 的水平线，取供试品 3 片，分别将贴剂黏性面朝上，用双面胶带固定在倾斜板上两条水平线之间，将适宜大小的系列钢球分别滚过平放在板上的黏性面，根据供试品的黏性面能够粘住的最大球号钢球，判断其初黏性的大小。

2）持黏力 压敏胶粘贴后抵抗持久性外力时所引起变形或断裂的能力，它反映了压敏胶本身的分子间的结合力。《中国药典》（2015 年版）采用第二法（平板牵引试验）测定贴剂持黏力。将贴剂粘贴于不锈钢板材质的试验板表面，垂直放置，沿贴剂的长度方向悬挂一规定重量的砝码，其牵引方向与平板平行，记录贴剂从试验板上滑移直至脱落的时间或在一定时间内位移的距离。位移量或脱落时间应符合《中国药典》各品种项下的规定。

3）剥离强度 反映了压敏胶与皮肤的剥离抵抗力。《中国药典》（2015 年版）采用第三法（180°剥离强度试验法）进行剥离强度的测定，即将压敏胶带固定在不锈钢材质的试验板上，以 180°角方向由拉力试验机以（300±10）mm/min 的下降速率连续剥离，并由自动记录仪绘出剥离曲线。检查平板上有无残留压敏胶。剥离强度应符合《中国药典》各品种项下的规定。

4）黏着力 表示贴剂的黏性表面与皮肤附着后对皮肤产生的黏附力。制订黏着力限值的两个原则：一是贴膏剂、贴剂在用药期间，应能独立附着于皮肤；二是黏着力大小应在人体体感可接受范围内。《中国药典》（2015 年版）采用第四法加以测定，试验装置主要由压辊、拉杆、支架、夹具、传感器、传动装置和电机等部分组成，测定时选择合适的测定模式进行测定。测定值应符合《中国药典》各品种项下的规定。

3. 体外经皮渗透研究 体外经皮渗透研究的目的是预测药物的经皮吸收特性，为经皮吸收制剂的处方设计及优化、渗透促进剂及压敏胶的选择等提供试验依据。该研究一般是将剥离的皮肤或者高分子材料膜夹在扩散池中，于皮肤角质层一侧给予药物，在一定时间间隔测定皮肤另一侧接受液中的药物浓度，通过对试验数据的分析，可获得药物经皮传递信息，如稳态速率、扩散系数、透过系数、时滞参数等，从而有可能估计药物体内吸收特性。

4. 含量、含量均匀度与生物利用度 TDDS 是吸收不完全的制剂，即在规定给药时间内仅有部分药量由系统释放和经皮吸收，而剩余的药物则随 TDDS 系统在用药时间后被剥离而丢弃，因此，TDDS 系统中药物的含量总是大于透过皮肤吸收的给药量，以确保给药时间内恒定的浓度梯度而提供足够的扩散动力，用以维持预先设计的恒定的释药速率。例如，每 24 h 用药 1 次的标示量为 25 mg 的硝酸甘油 TDDS 系统，约有 5 mg 药物被吸收。除另有规定外，透皮贴剂应检查含量均匀度，按照含量均匀度检查法（《中国药典》（2015 年版）四部通则 0941）进行测定，限度应为±25%。

TDDS 的生物利用度测定方法分为血药法、尿药法、血药加尿药法三种，其中，血药法较为常用，通过对受试者分别给予经皮吸收制剂与静脉注射剂，测定相应的血药浓度，绘制血药浓度-时间曲线，并求出曲线下面积（AUC），计算生物利用度。

此外，TDDS 还应进行微生物限度检查，除另有规定外，照非无菌产品微生物限度检查：微生物计数法（通则 1105）和控制菌检查法（通则 1106）及非无菌药品微生物限度标准（通则 1107）检查，应符合规定。

实例解析

例：芬太尼 TDDS

芬太尼常用枸橼酸盐，为强效麻醉性镇痛药，镇痛强度约为吗啡的 80 倍，体内半衰期为 2～3 h，芬太尼对皮肤刺激性小，非常适合制备透皮贴剂。

美国 ALZA 公司开发的芬太尼 TDDS，商品名 Duragesic，由 Janssen Pharmaceutica 公司生产，它是一个充填封闭型给药系统。基本组成：背衬层为由聚乙烯、铝、聚酯、EVA 等组成的多层结构复合膜，药物储库层由芬太尼、30％乙醇、2％羟乙基纤维素、适量甲苯组成，乙醇作为芬太尼的渗透促进剂，每 10 cm^2 释药表面积内含乙醇 0.1 mL，限速膜为乙烯-醋酸乙烯共聚物（EVA），压敏胶层为含药的聚硅氧烷压敏胶，防黏层为硅化纸。

另一个芬太尼 TDDS 为胶黏剂骨架型给药系统，基本组成：背衬层为 6.5 μm 厚的聚酯膜，在其上有 75 μm 厚的胶黏层，胶黏层由聚硅氧烷压敏胶组成，内含 7.8％的芬太尼、1.2％～5％的丙二醇单月桂酸酯以及 2％硅油，胶黏层上覆盖的防黏层为硅化氟碳聚酯膜。

例：硝酸甘油 TDDS

硝酸甘油 TDDS 为黏胶剂骨架型贴剂，基本组成：压敏胶层内含 6％的硝酸甘油、10％的薄荷醇、84％的聚丙烯酸酯压敏胶（Duro Tak 87-2194）；背衬层为聚乙烯膜；防黏层为经硅酮处理的聚酯膜。制备方法：将硝酸甘油和薄荷醇加入丙烯酸树脂类压敏胶的乙酸乙酯溶液中，混合均匀，采用机械涂布机将药物的压敏胶混合液均匀涂布在防黏层上，将涂好的防黏层置于烘箱中进行干燥，挥去溶剂；将聚乙烯背衬膜压到含有硝酸甘油的黏性基体的干燥黏性表面上，用模具切成规定尺寸，单独密封包装于箔片袋中，即得。

拓展知识

经皮给药系统的高分子材料

（一）膜聚合物和骨架聚合物

1. 控释膜材料 经皮给药系统的控释膜包括均质膜和微孔膜两种，主要用于控制药物的释放。其中，常用作均质膜的高分子材料主要包括乙烯-醋酸乙烯共聚物（EVA）、聚硅氧烷等，控释膜中的微孔膜常经过聚丙烯拉伸而成，另外，也可经高能重粒子照射制成核孔膜（核径迹微孔膜）。

1）乙烯-醋酸乙烯共聚物（EVA） 目前透皮贴剂中使用较为广泛的高分子材料。本品无毒、无刺激性，与人体有良好的生物相容性，性质稳定，但耐油性较差。通常为透明至半透明、略带弹性的颗粒，其性质与相对分子质量和共聚物中醋酸乙烯（VA）的含量有关。EVA 可用热熔法或溶剂法制备膜材。

2）聚氯乙烯（PVC） 本品为热塑性塑料，不溶于一般有机溶剂，化学稳定性好，机械性能强，制备薄膜时，常向其中加入 30％～70％的增塑剂制成软质聚氯乙烯。聚氯乙烯渗透性较低，加入增塑剂有助于提高其渗透性。

3）聚丙烯（PP） 一种有较高结晶度和较高熔点的热塑性高聚物，吸水性很差，透气性和透湿性均较聚乙烯小，抗拉强度则较聚乙烯高。PP 薄膜的透明性、强度和耐热性等均较好，具有很高的耐化学药品性能，PP 用于制备一般薄膜时的相对分子质量较低，而用于双向拉伸薄膜制备时的相对分子质量较高。

4）聚乙烯（PE） 一种具有优良的耐低温性能和耐化学腐蚀性能的热塑性高分子聚合物，安全无毒、无臭、无味，有很好的防水性能，但气密性较差，根据生产中使用的压力不同，PE 可分为高压聚乙烯和低压聚乙烯两种，前者主要用于塑胶袋、农业用膜等；后者具有较高的耐热性、耐油性以及良好的电绝缘性、抗冲击性及耐寒性能，渗透性也较低。PE 的性能也与其相对分子质量有关，高相对分子质量 PE 制备的薄膜强度高，但透明度低，相反，低相对分子质量 PE 制备的薄膜则更为柔软和透明。

5）聚对苯二甲酸乙二醇酯（PET） 化学性质稳定，耐光、耐磨，有较好的耐化学试剂性能，在薄膜加工时，可以采用双向拉伸工艺制成具有适宜结晶度、透气性很小和高拉伸性能的薄膜产品。在加工过程中很少需要加入辅助剂，故安全性很高。

2. 骨架材料 聚合物骨架经皮给药系统是采用高分子材料作为骨架来承载药物，高分子骨架材料应该性质稳定，能够控制药物的释放速率，且对皮肤无刺激性，最好能黏附于皮肤上。一些天然和合成的高分子材料均可作为聚合物骨架材料。

1）聚乙烯醇（PVA） 具有较强的亲水性和成膜性。PVA的高浓度溶液在冷却后能够形成凝胶，但形成的凝胶机械强度较差。TDDS需要的是高含水率以及高机械强度的凝胶。向PVA溶液中加入硼酸或硼砂，或者对高聚合度的PVA溶液进行反复冷冻处理后，可得到水不溶性的凝胶。

2）微孔骨架材料 合成高分子材料几乎均可作微孔骨架材料，TDDS中常用三乙酸纤维素作为微孔骨架材料或者微孔膜材料。三乙酸纤维素具有生物相容性，对皮肤无刺激性及致敏性，性质稳定，能与多种药物辅料配伍，能够吸留各种液体。三乙酸纤维素超微孔膜对药物有很高的通透性，该骨架系统能使液体短时间内迅速扩散进入或离开而使药物在膜中迅速达到平衡，这有助于保持恒定的释药速率。

（二）压敏胶

压敏胶（pressure sensitive adhesive，PSA）是TDDS的关键材料之一，它是指那些在轻微压力下即可实现与皮肤表面粘贴并且同时又易于剥离的一类胶粘材料，起着保证释药面与皮肤表面紧密而柔软的接触以及药库、控释等作用。药用TDDS压敏胶应具有良好的生物相容性，对皮肤无刺激性及致敏性、与药物相容且具有防水性能，化学性质稳定，黏度适宜，能够容纳一定量的药物和渗透促进剂而不影响其化学稳定性与黏附力。在具有控释膜的TDDS中，压敏胶不应影响释药速率；在胶黏剂骨架型TDDS中，压敏胶应能控制释药速率。

1. 聚异丁烯（PIB）类压敏胶 本品系无定形线性聚合物，可溶解于烃类、醋酸乙酯等有机溶剂中，通常以溶剂型压敏胶使用，本品性质稳定，可以采用不同比例的高、低相对分子质量的聚异丁烯作为原料，通常加入增黏剂、增塑剂、填料或者稳定剂等制成。其中，低相对分子质量规格的PIB为黏性半流体，起着增黏以及改善柔软性、润湿性和韧性的作用，高相对分子质量规格的PIB则具有较高的剥离强度和内聚强度，可用作压敏胶的高强度骨架。

2. 丙烯酸类压敏胶 该类压敏胶可分为溶液型和乳剂型两类。溶液型压敏胶一般由30%～50%的丙烯酸酯共聚物及有机溶剂如醋酸乙酯、醇类或酮类等组成，对各种膜材具有良好的涂布性能和密着性能，剥离强度和初黏性也较好，但其黏合力及耐溶剂性较差。

乳剂型压敏胶系指以水为分散介质将各种丙烯酸酯单体进行乳液聚合后加入增稠剂和中和剂等制成的产品。优点是无有机溶剂，生产安全性高；缺点是耐水耐湿性差，易滋生微生物，要注意防腐。此外，这类压敏胶对聚乙烯和聚酯等低能表面基材不能很好地润湿，需加入润湿剂如丙二醇、丙二醇单丁醚等加以改善。

3. 硅橡胶压敏胶 该类压敏胶是通过将低相对分子质量硅树脂与线性聚二甲基硅氧烷流体经缩合生成稳定的硅氧烷键而形成的聚合物，可以通过调节硅氧烷的含量以及硅树脂的用量来调整压敏胶的柔软性以及黏性。本品性质稳定，耐水、耐高温和耐低温，一般以烃类有机溶剂溶解，是一种比较好的压敏胶材料，但价格较高。

（三）背衬材料、防黏材料与药库材料

1. 背衬材料 背衬材料系指对药物、胶液、溶剂、湿气和光线等起屏障作用，用来避免药物的挥发及流失，同时还有支撑药库或压敏胶等作用的薄膜。理想的背衬材料应柔软舒适，无毒且耐辅料侵蚀，质地结实且光滑，并有良好的撕裂强度。常用多层复合铝箔，即由铝箔、聚乙烯或聚丙烯等膜材复合而成的双层或三层复合膜。此外，还可使用PET、高密度PE、聚苯乙烯等作为背衬材料。

2. 防黏材料 这类材料主要对TDDS黏胶层起保护作用，常用的防黏材料包括聚乙烯、聚苯乙烯、聚丙烯、聚碳酸酯等高聚物的膜材，可也采用表面经石蜡或甲基硅油处理过的光滑厚纸。

3. 药库材料 药库材料可供选择的很多，可以是单一材料，也可采用多种材料配制的软膏、水凝胶、溶液等，如卡波姆、HPMC、PVA等均为较常用的药库材料，各种压敏胶和骨架膜材也同时可以是药库材料。

项目小结

教学提纲		主要内容简述
一级	二级	
一、概述	(一)TDDS 的概念、发展与特点	通过皮肤贴敷方式给药;发展情况;可实现无创伤性给药;避免口服给药可能发生的肝首过效应及胃肠灭活等
	(二)经皮吸收制剂的类型及组成	膜控释型;黏胶分散型;骨架扩散型;微储库型
二、影响药物经皮吸收的因素	(一)影响药物经皮吸收的生理因素	皮肤的水合作用;角质层的厚度;皮肤条件;皮肤的结合作用与代谢作用
	(二)影响药物经皮吸收的剂型因素与药物的性质	剂型;药物剂量;分子大小及分配系数;pH 值与 pK_a;TDDS 中药物的浓度;熔点与热力学活度
三、促进药物的经皮吸收的方法	(一)渗透促进剂在 TDDS 中的应用	表面活性剂:阴离子型、非离子型和两性离子型;有机溶剂类:乙醇、丙二醇,二甲亚砜及其衍生物;月桂氮䓬酮及其同系物;有机酸、脂肪醇类:油酸、亚油酸及月桂醇;角质保湿与软化剂:尿素、水杨酸及吡咯酮类;萜烯类:薄荷油等;氨基酸
	(二)离子导入技术在 TDDS 中的应用	离子导入技术的原理;影响药物经皮离子导入有效性的因素
	(三)超声波技术在 TDDS 中的应用	作用机制可分为:致热作用、机械作用、声致微流作用、空化作用
四、经皮吸收制剂的制备	(一)膜材的加工和改性	膜材的加工方法;膜材的改性:溶蚀法,拉伸法,核辐射法;膜材的复合与成型
	(二)制备工艺流程	复合型经皮给药系统的制备;充填封闭型经皮给药系统的制备;聚合物骨架型经皮给药系统的制备;胶黏剂骨架型经皮给药系统的制备
	(三)透皮吸收制剂的质量控制	经皮吸收制剂释放度测定法;黏附力;体外经皮渗透研究;含量、含量均匀度与生物利用度

达标检测题

一、选择题

(一) 单项选择题

1. 下列有关经皮给药制剂的表述,不正确的是(　　)。

A. 可避免肝脏的首过效应　　B. 可以减少给药次数

C. 不存在皮肤的代谢与储库作用　　D. 可以维持恒定的血药浓度

E. 使用方便,可随时中断给药

2. 聚合物骨架型经皮吸收制剂中有一层不易渗透的铝塑合膜,其作用是(　　)。

A. 润湿皮肤促进吸收　　B. 吸收过量的汗液

C. 降低对皮肤的刺激　　D. 减少压敏胶对皮肤的黏附性

E. 防止药物的流失

3. 有关经皮吸收制剂的优点不正确表述是(　　)。

A. 可避免肝脏的首过效应

B. 可延长药物作用时间,减少给药次数

C. 使用方便,可随时中断给药

D. 适用于给药剂量较大、药理作用较弱的药物

E. 可维持恒定的血药浓度，避免口服给药引起的峰谷现象

4. 药物经皮吸收是指(　　)。

A. 药物通过表皮到达深层组织

B. 药物通过表皮在用药部位发挥作用

C. 药物主要通过毛囊和皮脂腺到达体内

D. 药物通过表皮，被毛细血管和淋巴吸收进入体循环的过程

E. 药物通过破损的皮肤，进入体内的过程

5. 不属于经皮吸收促进剂的材料是(　　)。

A. 月桂硫酸钠　B. 丙二醇　C. Azone　D. 硬脂酸钠　E. 油酸

6. 不是经皮吸收制剂药库材料的是(　　)。

A. 卡波姆　B. HPMC　C. 聚氯乙烯　D. 压敏胶　E. PVA

(二) 配伍选择题

题 1～5

A. 控释膜材料　B. 压敏胶　C. 骨架材料　D. 背衬材料　E. 防黏材料

经皮给药制剂的处方材料中

1. 聚乙烯醇是(　　)。

2. 聚丙烯酸酯是(　　)。

3. 乙烯-醋酸乙烯共聚物是(　　)。

4. 聚乙烯是(　　)。

5. 铝箔是(　　)。

题 6～9

A. 单硬脂酸甘油酯　B. 无毒聚丙烯　C. 硅橡胶类压敏胶

D. 乙烯-醋酸乙烯共聚物　E. 丙二醇

6. TDDS 的背衬层的材料是(　　)。

7. TDDS 的控释膜的材料是(　　)。

8. TDDS 的控释黏胶层的材料是(　　)。

9. TDDS 的渗透促进剂是(　　)。

(三) 多项选择题

1. 经皮吸收制剂常用的压敏胶有(　　)。

A. 聚异丁烯　B. 聚乙烯醇　C. 聚丙烯酸酯　D. 聚硅氧烷　E. 聚乙二醇

2. 在经皮给药系统(TDDS)中，可作为防黏材料的有(　　)。

A. 聚乙烯醇　B. 醋酸纤维素　C. 聚苯乙烯　D. 聚乙烯　E. 羟丙基甲基纤维素

3. 膜控释型 TDDS 的基本结构主要包括(　　)。

A. 背衬层　B. 药物储库层　C. 控释膜层　D. 黏胶层　E. 保护层

4. TDDS 的优点是(　　)。

A. TDDS 一般药物的剂量小，适于大多数药物的制备

B. 可避免口服给药可能发生的首过效应

C. 延长作用时间，减少用药次数，不能改善患者用药顺应性

D. 避免口服给药胃肠灭活

E. 患者可以自行用药，也可随时终止用药

5. 常用的经皮吸收促进剂包括(　　)。

A. 表面活性剂　B. 氮酮类化合物　C. 无机酸类化合物

D. 高分子凝胶　E. 醇类化合物

二、填空题

1. 经皮吸收制剂可分为四类，分别是________、________、________、________。

2. TDDS 中常用的经皮吸收促进剂包括________、________、________、________、________、________。

3. 经皮吸收制剂常用的压敏胶有 3 类，如________、________和________。

三、简答题

1. 简述经皮吸收制剂的特点、组成及分类。
2. 简述影响药物经皮吸收的生理因素。
3. 简述影响 TDDS 设计的剂型因素及药物性质。

（王莉楠）

项目十六　靶向制剂

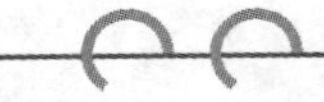

学习目标

能力目标

能进行脂质体的制备。

能根据靶向制剂的特点合理指导用药。

知识目标

掌握：靶向制剂的概念、特点及类型。

熟悉：被动靶向制剂，主动靶向制剂，物理化学靶向制剂的概念、特点，常用高分子材料及临床应用；熟悉被动靶向制剂中脂质体、微球、微囊的质量评价方法。

了解：物理化学靶向制剂的作用机制；主动靶向制剂中的修饰的药物载体、前体药物的作用机制。

操作任务

脂质体的制备及包封率的测定

一、操作目的

(1) 掌握薄膜分散法制备脂质体的工艺。

(2) 熟悉脂质体形成原理、作用特点。

二、器材和药品

磷酸氢二钠、磷酸二氢钠、磷脂、胆固醇、无水乙醇、50 mL 烧杯、磁力搅拌器、水浴锅、显微镜等。

三、实验内容和操作

(一) 空白脂质体的制备

[处方] 注射用豆磷脂　　0.9 g

胆固醇　　0.3 g

无水乙醇　　1～2 mL

磷酸盐缓冲溶液　　适量制成 30 mL 脂质体

[制法]

(1) 磷酸盐缓冲溶液(PBS)的配制：称取磷酸氢二钠($Na_2HPO_4 \cdot 12H_2O$)0.37 g 与磷酸二氢钠($NaH_2PO_4 \cdot 2H_2O$)2.0 g，加蒸馏水适量，溶解并稀释至 1000 mL(pH 值约为 5.7)。

(2) 称取处方量磷脂、胆固醇于 50 mL 小烧杯中，加无水乙醇 1～2 mL，置于 65～70 ℃水浴中，搅拌使溶解，旋转该小烧杯使磷脂的乙醇液在杯壁上成膜，用吸耳球轻吹风，将乙醇挥去。

(3) 另取磷酸盐缓冲溶液 30 mL 于小烧杯中,同置于 65～70 ℃水浴中,保温,待用。

(4) 取预热的磷酸盐缓冲溶液 30 mL,加至含有磷脂和胆固醇脂质膜的小烧杯中,65～70 ℃水浴中搅拌水化 10 min。随后将小烧杯置于磁力搅拌器上,室温,搅拌 30～60 min,如果溶液体积减小,可补加水至 30 mL,混匀,即得。

(5) 取样,在油镜下观察脂质体的形态,画出所见脂质体结构,记录最多和最大的脂质体的粒径;随后将所得脂质体溶液通过 0.8 μm 微孔滤膜两遍,进行整粒,再于油镜下观察脂质体的形态,画出所见脂质体结构,记录最多和最大的脂质体的粒径。

[注解]

(1) 在整个实验过程中禁止用火。

(2) 磷脂和胆固醇的乙醇溶液应澄清,不能在水浴中放置过长时间。

(3) 磷脂、胆固醇形成的薄膜应尽量薄。

(4) 60～65 ℃水浴中搅拌水化 10 min 时,一定要充分保证所有脂质水化,不得存在脂质块。

(二) 脂质体外观、粒径检查

(1) 绘制显微镜下脂质体的形态图,从形态上看,"脂质体""乳剂"及"微囊"有何差别。

(2) 记录显微镜下可测定的脂质体的粒径。包括最大粒径(μm)和最多粒径(μm)。

四、思考题

(1) 简述脂质体作为药物载体的机理和特点。

(2) 简述脂质体制备方法的选择并讨论影响脂质体形成的因素。

相关知识

一、概述

(一) 靶向制剂的定义与分类

1. 定义 靶向制剂又称靶向给药系统(targeting drug system,TDS),系指借助载体、配体或抗体将药物通过局部给药、胃肠道给药或全身血液循环而选择性地浓集定位于靶组织、靶器官、靶细胞或细胞内结构的给药系统。1906 年由 Ehrlich 最先提出靶向制剂概念,靶向制剂作为第四代药物剂型,一直被认为是抗癌药的最适宜的剂型。

2. 分类 根据靶向原动力,可将靶向制剂分为以下几种。

1) 被动靶向制剂(passive targeting preparation) 亦称自然靶向,靶向载体药物微粒在体内被单核-巨噬细胞系统的巨噬细胞(尤其是肝的 Kupffer 细胞)摄取,这种自然吞噬的倾向使药物选择性地浓集于病变部位而产生特定的体内分布特征。

静脉注射的被动靶向制剂在体内靶部位的分布取决于载药微粒的粒径大小。通常小于 50 nm 的纳米粒被网状内皮系统(RES)的巨噬细胞吞噬,转运至肝脏 Kupffer 细胞的溶酶体;小于 7 μm 的微粒一般被肝、脾中的单核巨噬细胞摄取,肝和脾是小微粒主要积聚的部位;7～12 μm 的微粒被肺机械性滤阻而被摄取至肺组织或肺泡中;大于 12 μm 的微粒可阻滞于毛细血管床,到达肝、肾;大于 15 μm 的微粒可被肠、肝或肾完全摄取,运送至肠系膜动脉、门静脉或肾动脉。

2) 主动靶向制剂(active targeting preparation) 用修饰的药物载体作为"导弹",将药物定向地运送到靶区浓集发挥药效;药理惰性物修饰成前体药物后在特定靶区被激活发挥作用。

主动靶向制剂的分类及机制:①修饰的药物,一般以载体结构修饰或抗体识别、受体识别、免疫识别等生物识别作用将药物定向运送至病变部位发挥作用,从而避免被单核-巨噬细胞系统的巨噬细胞所摄取。②前体药物,通过改变药物的理化性质及立体结构使其体内无活性或活性很低,经酶促或非酶促作用又释放出原药而发挥药理效应。如治疗青光眼的前体药物双戊酰肾上腺素,给药后脂溶性增强能迅速到达角膜,并在角膜和玻璃体内释放出肾上腺素,使效价提高 100 倍,而副作用减少。

3) 物理化学靶向制剂(physical targeting preparation) 应用某些物理化学方法使靶向制剂在特定部位发挥药效。①热敏感靶向制剂:在体外局部热疗作用下,使热敏感制剂发生物理或化学的变化,其释药特征发生改变，从而达到定位给药的一类制剂。②磁导向制剂：在足够强的体外磁场引导下，载药微粒通过血液循环定向分布于特定靶区。③pH 值敏感制剂：根据体内不同生理环境或疾病部位 pH 值的变化而设计靶向定位给药系统，如炎症或肿瘤组织等。④栓塞制剂：在动脉血管内注入一定大小载药微球，阻断治疗部位的血液及营养供应，并释放药物，从而发挥栓塞和靶向化疗的双重作用的制剂，如肝癌患者的介入治疗。

（二）靶向性评价指标和参数

相比于非靶向药物，靶向药物在体内药物代谢过程具有显著的特殊性。当 PD/PK 模型建好后，药物制剂在血样中的浓度可采用 HPLC 法、酶联免疫法、紫外分光光度法、荧光分光光度法、同位素标记示踪等方法进行定量分析。药物制剂靶向性可由以下三个药物动力学参数来衡量。

1. 相对摄取率 见式(16-1)。

$$\text{相对摄取率}\ r_e = (AUC_i)_p/(AUC_i)_s \tag{16-1}$$

式中：r_e 大于 1 表示药物制剂在该器官或组织有靶向性；r_e 越大靶向效果越好，等于或小于 1 表示无靶向性；AUC_i 为由浓度-时间曲线求得的第 i 个器官或组织的药时曲线下面积；脚标 p 和 s 分别表示药物制剂及药物普通溶液。

2. 靶向效率 见式(16-2)。

$$\text{靶向效率}\ t_e = (AUC)_{\text{靶}}/(AUC)_{\text{非靶}} \tag{16-2}$$

式中：t_e 值表示药物制剂对靶器官的选择性，t_e 值大于 1 表示药物制剂对靶器官比非靶器官更具有选择性；t_e 值越大，选择性越强；$(AUC)_{\text{靶}}$、$(AUC)_{\text{非靶}}$ 分别表示由浓度-时间曲线求得的靶器官或组织和非靶器官或组织的药时曲线下面积。药物制剂的 t_e 值与药物普通溶液的 t_e 值的比值，说明药物制剂靶向性增强的倍数。

3. 峰浓度比 见式(16-3)。

$$\text{峰浓度比}\ C_e = (C_{max})_p/(C_{max})s \tag{16-3}$$

式中：C_e 值越大，表明改变药物分布的效果越明显；C_{max} 为峰浓度，每个组织或器官中的 C_e 值表明药物制剂改变药物分布的效果。

（三）靶向制剂的作用特点

相比于普通制剂和缓释、控释制剂，靶向制剂具有以下特点：①药物选择性浓集定位于病变组织、器官、细胞，最大限度地增加靶区的血药浓度；②减少药物的用量，提高靶向制剂的生物利用度，例如将具肝靶向的载体和药物偶联，使药物定向转运到肝脏，提高肝脏的血药浓度，从而增强疗效；③降低药物在非靶部位的浓度以减少对正常组织或细胞的毒性，如对心、肾有较强毒性的阿霉素等制成脂质体后，可明显降低其心、肾毒性；④靶向制剂能依据时辰药理的特点定时、定量释药；无毒及生物可降解。

二、被动靶向制剂

被动靶向制剂是进入体内的载药微粒被巨噬细胞作为外来异物所吞噬而实现靶向的制剂，这种自然吞噬的倾向使药物选择性地浓集于病变部位而产生特定的体内分布特征。

被动靶向制剂包括脂质体、微球、微囊等。

（一）脂质体

知识链接

脂质体的发现

1965 年英国学者 Bangham 等将少量的磷脂混入水溶液中，他们在电镜下发现磷脂形成数量很多的球形类脂小体，这种磷脂分子的疏水尾部倾向于聚集在一起，避开水相，而亲水头部暴露在水相，形成具有双分子层结构的封闭囊泡，称为脂质体。

脂质体(liposome)或称类脂小球，是将药物包封于脂质双分子层形成的薄膜中间所制成的超微型球状体。

1. 脂质体的组成、结构 脂质体主要是由磷脂与胆固醇分子相互间隔定向排列的双分子层组成，因其结构类似生物膜，故又称人工生物膜(artificial biological membrane)。成膜材料磷脂(卵磷脂、脑磷脂、豆磷脂)和胆固醇的结构中都含有亲水基团和疏水基团。形成脂质体时，磷脂分子的两条疏水链指向内部，亲水基在膜的内、外两个表面上，构成一个双层封闭小室。这种结构使得脂质体对亲水性药物和疏水性药物均具有包载能力，可将药物粉末或溶液包裹在水相或镶嵌在磷脂膜中，是一种优良的药物载体。

2. 脂质体的分类

1）按脂质体的结构和粒径分类

(1) 单室脂质体(unilamelar vesicles，ULV)：球径≤25 nm，药物的溶液只被一层类脂质双分子层所包封，见图 16-1(a)。

(2) 多室脂质体(multilamelar vesicles，MLV)：球径≤500 nm，药物的溶液被几层类脂质双分子层所隔开，形成不均匀的聚集体，见图 16-1 (b)。

(3) 大多孔脂质体(multivesicular vesicles，MMV)：直径(130±6) nm，单层状，为细胞的良好模型，比单室脂质体多包封 10 倍的药物，多用于抗癌药物、酶制剂、锑剂及不耐酸抗生素类药物的载体。

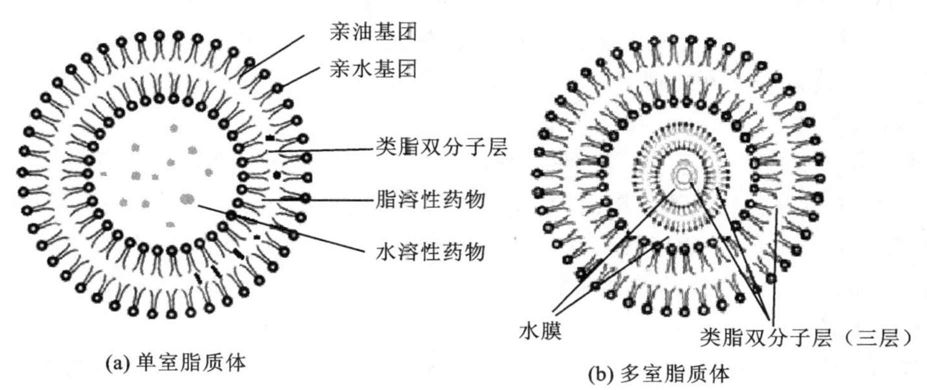

(a) 单室脂质体 (b) 多室脂质体

图 16-1 单室和多室脂质体结构示意图

2）按脂质体性能分类　可分为普通脂质体和新型靶向脂质体。

(1) 普通脂质体　以传统的方法(如注入法、薄膜分散法、冷冻干燥法、逆相蒸发法、水化法)制备而成的脂质体。

(2) 新型靶向脂质体　该类脂质体的组成及表面进行大量修饰后能专一作用于靶细胞并提高其稳定性，如 pH 敏感脂质体、热敏脂质体、长循环脂质体、前体脂质体、光敏脂质体、磁靶向脂质体和免疫脂质体等新型靶向脂质体。

3. 脂质体的特点

1）靶向性　针对特定部位的靶向的给药能力，普通脂质体具有天然的被动靶向作用，修饰的脂质体可具有更加高效的主动靶向作用。静脉注射载药脂质体时，可被巨噬细胞吞噬产生靶向性，用于治疗肝肿瘤以及防治肝寄生虫病、利什曼病等网状内皮系统疾病。如抗肝利什曼原虫药锑剂被脂质体包裹后，药物在肝脏中的浓度可提高 200～700 倍。

2）缓释性　载药脂质体可有效避免药物不被酶降解，减少肾排泄，延迟释放能力。如按 6 mg/kg 剂量分别静脉注射阿霉素和阿霉素脂质体，两者在体内过程均符合三室模型，两者消除半衰期分别为 17.3 h 和 69.3 h，表明脂质体的缓释性好。

3）降低药物毒性　载药脂质体在肝、脾和骨髓等网状内皮细胞较丰富的器官中聚集，使药物在心、肾中累积量比游离药物明显降低。如盐酸多柔比星脂质体可以显著降低心毒性和骨髓抑制等副作用。

4）细胞亲和性和组织相容性　由于脂质体具有天然类细胞膜结构，具有良好的组织相容性和细胞亲和性，可长时间吸附于靶细胞周围，使药物透过靶细胞靶组织，也可通过融合进入细胞内，经溶酶体消化释放药物。如将抗结核药物包封于脂质体中，可将药物载入细胞内杀死结核菌，提高疗效。

5）提高药物稳定性　不稳定的药物被脂质体包封后受到脂质体双层膜的保护，可提高稳定性。如青霉素 G 或 V 的钾盐是酸不稳定的抗生素，口服易被胃酸破坏，制成脂质体可提高其稳定性和口服吸收效果。

知识链接

首例脂质体药物的上市

1990 年底治疗真菌感染的两性霉素 B 制剂(Ambeisome,美国 Nexstar 制药公司)首先在爱尔兰得到批准上市销售,随后在欧洲上市;1995 年初两性霉素 B 脂质体(Abelcet,美国脂质体公司)在欧洲上市,这类制剂在治疗过程中主要积聚于网状内皮系统,可以有效地降低游离两性霉素 B 在治疗过程中对真菌感染患者引起的急性肾毒性。两性霉素 B 脂质体的研究成功,鼓舞了脂质体载药体系的研究与开发。

4. 脂质体的制备

1) 薄膜分散法　这是最早而至今仍常用的方法。将磷脂、胆固醇等类脂质及脂溶性药物溶于氯仿(或其他有机溶剂)中,然后将氯仿溶液在烧瓶中旋转蒸发,使其在内壁上形成一层薄膜;将水溶性药物溶于磷酸盐缓冲溶液中,加入烧瓶中不断搅拌,即得脂质体。大药物在水溶液中的浓度愈高,则包封率愈高。该法形成的脂质体一般大多为室脂质体,其粒径范围 1～5 μm。

例如氟尿嘧啶脂质体的制备:用磷脂(卵磷脂或脑磷脂)、胆固醇与磷酸二鲸蜡酯,其物质的量之比为 7∶2∶1或 4.8∶2.8∶1,混合配成氯仿溶液,真空蒸发除去氯仿,使其在器壁上形成一层薄膜,加入等渗的缓冲溶液(pH=6.0,0.01 mol/L 磷酸盐),其中含氟尿嘧啶 0.077 mol/L,加入的比例为 50～70 mmol/mL 类脂质缓冲溶液。加 0.5 mm 直径的玻璃珠数枚,搅拌 2 min,在 25 ℃放置 2 h,使薄膜吸胀;再在 25 ℃搅拌 2 h,得到脂质体,粒径为 0.5～5.0 μm。

2) 逆相蒸发法　本法系将磷脂等膜材溶于有机溶剂(如氯仿或乙醚),加入待包封的药物水溶液(水溶液与有机溶剂的体积比为 1∶(3～6))进行短时超声,直到形成稳定 W/O 型乳状液,然后减压蒸发除去有机溶剂,达到胶态后,滴加缓冲溶液,旋转使器壁上的凝胶脱落,在减压下继续蒸发,制得的水性混悬液通过凝胶色谱法或超速离心法,除去未包入的药物,即得单室脂质体(200～1000 nm)。此法适用于大部分磷脂的混合物。一般,有机相与水相比为 2∶1 或 4∶1 为宜,两者混合进行乳化,再减压除去有机溶剂即可形成脂质体。采用本法制备时适当调节磷脂质、有机溶剂、含药缓冲溶液三者比例,可获得较高包封率。本法特点为可包裹较大体积的水溶液(约 60%,大于超声分散法约 30 倍),它适合于包裹水溶性药物及大分子生物活性物质如各种抗生素、碱性磷脂酶、免疫球蛋白、核酸、胰岛素等。

例如制备超氧化物歧化酶脂质体时,将卵磷脂 100 mg 和胆固醇 50 mg 溶于乙醚,加入 4 mmol/L PBS 配成的超氧化物歧化酶(SOD)溶液,超声处理 2 min(每处理 0.5 min,间歇 0.5 min),在水浴中减压旋转蒸发至呈现凝胶状,旋涡振荡使凝胶转相。继续蒸发除尽乙醚,超速离心除去游离 SOD,沉淀用水洗,离心得沉淀,用 10 mmol/L PBS 稀释,即得。

3) 注入法　将磷脂与胆固醇等类脂质及脂溶性药物共溶于有机溶剂中(油相),将此油相经注射器缓缓、匀速地注入于搅拌下的 50 ℃磷酸盐缓冲溶液水相(可含有水溶性药物)中,加完后,不断搅拌至有机溶剂除尽为止,即制得多室脂质体,其粒径较大,不适宜静脉注射。可将所得脂质体混悬液通过高压乳匀机 2 次,则成品大多为单室脂质体。注入法常用溶剂有乙醚和乙醇等。根据溶剂不同可分为乙醚注入法和乙醇注入法。乙醚注入法的优点是类脂质在乙醚中的浓度不影响脂质体大小,缺点是使用有机溶剂和高温,会使大分子物质变性和对热敏感的药物灭活,脂质体粒度不均匀。乙醇注入法的优点是操作过程迅速、重现性好,但包裹药物百分率不高。一般而言,在相同条件下,乙醚注入法形成的脂质体大于乙醇注入法。

例如唐松草新碱脂质体的制备,取药物、油酸、大豆磷脂、胆固醇及非离子表面活性剂共溶于乙醚中,另取 PVP 的 PBS 溶液过滤,滤液在 60 ℃搅拌下,匀速滴加乙醚溶液,加完后继续搅拌挥尽乙醚。通过高压乳匀机 2 次后过滤、灌封、灭菌,即得。

4) 冷冻干燥法　将磷脂(亦可加入胆固醇)高度分散于缓冲盐溶液中,经超声波处理与冷冻干燥,再将干燥物分散到含药物的水性介质中,即得。如制备维生素 B_{12}脂质体,取卵磷脂 2.5 g 分散于 67 mmol/L 磷酸盐缓冲溶液(pH=7)与 0.9%氯化钠溶液(1∶1)混合液中,超声处理,然后与甘露醇混合,真空冷冻干燥,用含 12.5 mg 维生素 B_{12} 的上述缓冲盐溶液分散,进一步超声处理,即得。

5）超声波分散法　本法将水溶性药物在磷酸盐缓冲溶液中溶解，加至磷脂、胆固醇与脂溶性药物的有机溶液中，搅拌蒸发除去有机溶剂，残液经超声波处理，然后分离出脂质体，再混悬于磷酸盐缓冲溶液中，即得。例如肝素脂质体的制备，取肝素溶于 pH 值为 7.2 的磷酸盐缓冲溶液中，在氮气流下加入到由磷脂、胆固醇、磷酸二鲸蜡酯溶于氯仿制成的溶液中，蒸发除去氯仿、残液，经超声波分散，分离出脂质体，重新混悬于磷酸盐缓冲溶液中，即得。

6）主动包封法　如何提高包封率是脂质体制备中的最大难题。主动包封法使得制备高包封率的脂质体成为可能。该法又称为遥控包封装载技术，对于弱碱性药物可采用 pH 梯度法、硫酸铵梯度法等，对于弱酸性药物可采用醋酸钙梯度法等。该法的优点是包封率特别高；缺点是主动包封技术的应用与药物的结构密切相关，不能推广到任意结构的药物，因而受到限制。

例如阿霉素脂质体的制备，先用逆相蒸发法或薄膜分散法制备内水相为枸橼酸溶液（pH＝4）的空白脂质体。再将脂质体混悬液的外水相 pH 值调节至 7.8，将阿霉素用 Hepes 缓冲溶液（pH＝7.8）溶解并保温于 60 ℃，将空白脂质体混悬液倒入，60 ℃孵育 15 min，即得。在外水相 pH＝7.8 的条件下，阿霉素呈中性分子状态而易进入脂质体膜被包封，进入 pH＝4 的内水相后，阿霉素同 H^+ 结合成为离子型，就难以从脂质体膜穿透出来。所制备的阿霉素脂质体包封率可高达 90％以上。阿霉素脂质 TEM 照片见图 16-2。

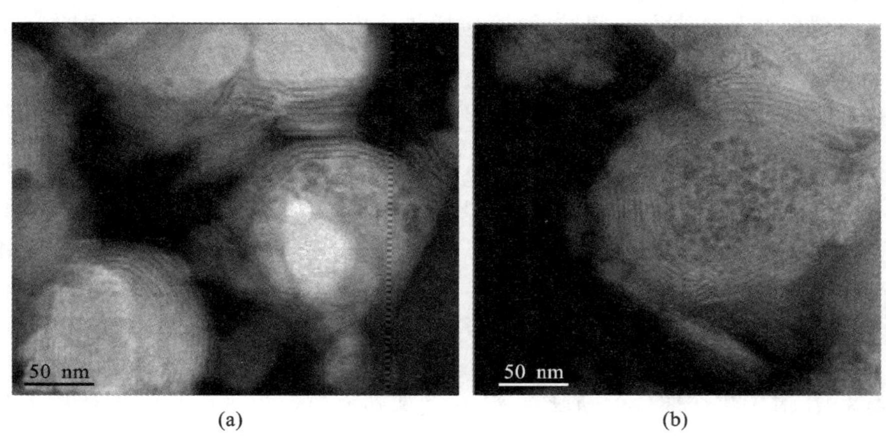

图 16-2　TAT-Fe_3O_4-阿霉素脂质 TEM 照片

5. 脂质体的质量评价　脂质体的粒径大小及分布、包封率、载药量和稳定性等可直接影响脂质体在体内的分布与代谢，最终影响疗效及毒副作用，因此需要密切关注并加以严格控制。

1）形态、粒径及其分布　脂质体的形态为封闭的多层囊状物，其粒径大小可采用扫描电镜、激光散射法或激光扫描法测定。根据给药途径不同其粒径要求不同。如注射给药脂质体的粒径应小于 200 nm，且分布均匀，呈正态性，跨距宜小。

2）包封率　脂质体重要的考察项目，通常要求载药脂质体包封率达 80％以上。可利用凝胶色谱法、微柱离心法、透析法、荧光淬灭反应法或电子自旋共振光谱法进行测定，包封率计算公式见式(16-4)。

$$包封率 = \frac{脂质体中的药量}{介质中的药量 + 脂质体中的药量} \times 100\% \tag{16-4}$$

3）载药量　载药量的大小直接影响到药物的临床应用剂量，故载药量愈大，愈易满足临床需要。载药量与药物的性质有关，通常亲脂性药物或亲水性药物较易制成脂质体。载药量按式(16-5)计算。

$$载药量 = \frac{脂质体中的药量}{脂质体中的药量 + 载体总量} \times 100\% \tag{16-5}$$

4）脂质体的稳定性

(1) 渗漏率　表示脂质体产品在储藏期间包封率的变化情况，是脂质体不稳定性的主要指标，在膜材中加入一定量的胆固醇可提高脂质双层膜稳定性，减少膜流动，降低渗漏率。渗漏率按式(16-6)计算。

$$渗漏率 = \frac{储藏后渗漏到介质中的药量}{储藏前包封的药量} \times 100\% \tag{16-6}$$

(2) 磷脂氧化指数　脂质体中的磷脂易被氧化，因为氧化偶合后的磷脂在波长 230 nm 左右具有特殊的紫外吸收峰。测定时将磷脂溶于无水乙醇配成一定浓度的澄明溶液，分别在波长 233 nm 及 215 nm 处测定吸光度，按式(16-7)计算氧化指数，一般规定磷脂氧化指数应小于 0.2。

$$氧化指数 = A_{233\ nm}/A_{215\ nm} \tag{16-7}$$

6. 脂质体给药途径及举例

(1) 脂质体的给药途径主要包括:①静脉注射给药;②肌内和皮下注射给药;③口服给药;④眼部给药;⑤肺部给药;⑥经皮给药;⑦鼻腔给药。

(2) 脂质体举例

例:两性霉素 B 脂质体冻干制品

[处方]	两性霉素 B	50 mg	氢化大豆卵磷脂(HSPC)	213 mg
	胆固醇(Chol)	52 mg	二硬脂酰磷脂酰甘油(DSPG)	84 mg
	α-维生素 E	640 mg	蔗糖	1000 mg
	六水琥珀酸二钠	30 mg		

[注解] 两性霉素为主药,氢化大豆卵磷脂与二硬脂酰磷脂酰甘油为脂质体骨架材料,胆固醇用于改善脂质体膜流动性,提高制剂稳定性。蔗糖配制成溶液用于制备脂质体。维生素 E 为抗氧化剂,六水琥珀酸二钠用作缓冲溶液。

[临床适应证] 适用于系统性真菌感染者;病情呈进行性发展或其他抗真菌药治疗无效者,如败血症、心内膜炎、脑膜炎(隐球菌及其他真菌)、腹腔感染(包括与透析相关者)、肺部感染、尿路感染等。

(二) 微球

微球是指药物分子分散或被吸附在白蛋白、明胶、聚丙交酯等高分子聚合物载体中而形成的微粒分散系统。其粒径大小不等,一般为 1～500 μm,在制剂上多数产品为冻干的流动性粉末,亦有混悬剂。目前微球的研究用药多为抗癌药,也有抗生素、抗结核药、抗寄生虫药、平喘药、疫苗等。

1. 微球的分类、特点

1) 微球的分类

(1) 普通注射微球:1～15 μm 微球静脉或腹腔注射后,可被网状内皮系统巨噬细胞吞噬或被肺有效截留。

(2) 栓塞性微球:注射于癌变部位的动脉血管内,微球随血流可以被阻止在瘤体周围的毛细管内,甚至可以使小动脉暂时栓塞,既可切断肿瘤的营养供给,也可使载药的微球滞留在病变部位,提高局部浓度,延长作用时间。因此,栓塞性微球一般粒径较大,依据栓塞的部位不同,粒径大小可为 30～800 μm。

(3) 磁性微球:由磁性材料包裹于微球中,给药后在外磁场作用下,能选择性地集中在病灶部位,有效干扰细胞的有丝分裂,使 DNA 合成降低,肿瘤细胞生物膜的功能发生变化,有助于增加肿瘤细胞对抗癌药物的通透性,增强抗癌药物的细胞毒作用。

(4) 免疫微球:抗体抗原被包裹或吸附于聚合物微球上而具有免疫活性的微球。应用很广,除可用于抗癌药物的靶向给药外,还可以用来标记和分离细胞。

2) 微球的作用特点　静脉注射给药是微球被动靶向的给药方式,主要是通过控制其粒径来实现药物的靶向性。注入静脉内的微球混悬液随着血流运输,首先与肺部毛细血管网接触,肺部毛细血管网的直径为 3～11 μm,因此粒径大于 3 μm 的微球将被肺有效截获;而 3 μm 以下的微球会很快被网状内皮系统的巨噬细胞清除,故主要集中于肝、脾等网状内皮系统丰富的组织,最终到达肝脏细胞的溶酶体中。粒径达 12 μm 以上的微球可暂时或永久地被阻滞于毛细血管床;而小于 0.1 μm 的微球可以透过血管细胞的间隙离开血液循环。如恩诺沙星明胶微球静脉注射后可以被肺毛细血管机械性滤取而表现为肺靶向性,提高了呼吸道疾病的治疗效果,降低了毒性和副作用。

2. 微球的载体材料和用途

1) 微球的载体材料　作为埋植型或注射型缓释微球制剂的生物可降解的骨架材料主要有两大类。

(1) 天然聚合物:如淀粉、白蛋白、明胶、壳聚糖、葡聚糖等。

(2) 合成聚合物:如聚乳酸(PLA)、聚丙交酯、聚乳酸-羟乙酸(PLGA)、聚丙交酯乙交酯(PLCG)、聚己内酯、聚羟丁酸等。

2) 微球的用途　多肽、蛋白质等生物大分子以微球为载体可制成长效注射剂、鼻腔给药或口服给药微球制剂,克服了这类药物在体内易酶解或水解失活、半衰期短等缺点;免疫微球常用于抗癌药物的靶向给药;磁性微球给药后在外磁场作用下,能选择性地集中在病灶部位,大大提高治疗指数,在乳腺癌、食管癌、皮肤癌等癌症的治疗方面有一定的优势；某些药物如呋塞米、维生素 B_2 等仅在小肠上段有很窄的吸收部位，口服给药生物利用度很低，采用聚乙烯为载体制成生物黏附性微球。呋塞米黏附性微球的药时曲线下面积是非黏附性微球对照组的 118 倍，维生素 B_2 尿液回收率提高了 211 倍；注射 10～20 μg 的前列地尔脂微球载体靶向制剂，能特异性地作用于缺血局部，明显扩张病变后狭窄的血管，改变脑组织缺血缺氧状况，是预防和治疗蛛网膜下腔出血后脑血管痉挛的药物。

3. 微球的质量要求

1）粒子大小与粒度分布

①微球的外观、粒径及其分布的要求：形态为球形，圆整，表面光滑，粒径分布在较窄范围内。微球的外观、粒径及其分布见图 16-3。

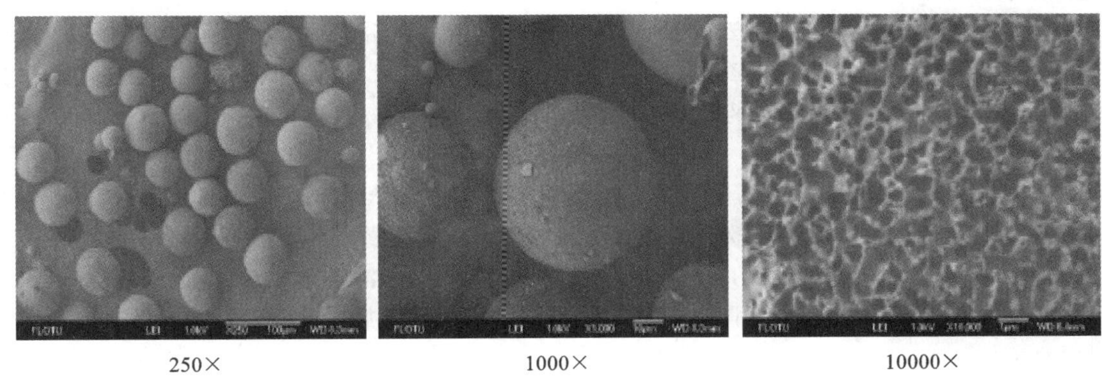

250×　　1000×　　10000×

图 16-3 PLGA-mPEG 载药微球的 SEM 照片

②粒径的测定有多种方法，如光学显微镜法、扫描或透射电子显微镜法、激光衍射法等。粒径分布的表示方法有质量分布、体积分布、数目分布及跨度评价(Span)等。

跨度评价的计算公式见式(16-8)。

$$\text{Span} = (D90\% - D10\%)/D50\% \tag{16-8}$$

式中：D90%、D10%、D50%分别指一定体积百分率的微球的粒径；Span 越大，粒径分布越广。

2）载药量　载药量是指单位重量或单位体积微球所负载的药量，其中能释放的药量为有效载药量。除药物与机制发生不可逆结合外，载药量可看成是微球的含药量。

3）有机溶剂残留检查　残留其中的有机溶剂可以导致毒副作用，需控制微球中残留的有机溶剂量。

4）体外释放度　微球体外释放度的测定，目前没有统一规范的方法。目前常用的方法：连续流动系统、动态渗析系统、浆法等。

4. 典型处方分析

例：注射用利培酮微球

本品用于治疗急性和慢性精神分裂症及其他各种精神病性状态的明显阳性症状和明显阴性症状。可减轻与精神分裂症有关的情感症状。

[处方]　利培酮　1 g　　PLGA　适量

[注解]　利培酮为主药，PLGA 为生物可降解载体材料。

（三）微囊

微囊(微型胶囊)系指固态或液态药物(称为囊心物)包裹在天然的或合成的高分子材料(称为囊材)中形成的微型囊状物，粒径在 1～250 μm。粒径在 0.1～1 μm 之间的称亚微囊；粒径在 10～100 nm 的称纳米囊。制备微型胶囊的过程简称为微囊化，这种技术称为微型包囊技术。微囊可进一步制成片剂、胶囊、注射剂等制剂，用微囊制成的制剂称为微囊化制剂。

知识链接

微囊技术的发展

微囊的制备技术起源于 20 世纪 50 年代，美国的 NCR 公司在 1954 年首次向市场投放了利用微囊制造的第一代无碳复印纸，开创了微囊新技术的时代。20世纪60年代，由于利用相分离技术将物质包囊于高分子材料中，制成了能定时释放药物的微囊，推动了微囊技术的发展；20世纪70年代微囊制备技术的工艺日益成熟，应用范围也逐渐扩大，微囊产品直径一般在5～250 μm间；20世纪80年代以来，微囊技术的研究取得更大的进展，不仅发表了许多微囊合成技术新专利，而且开发出粒径在纳米范围的纳米胶囊。微囊的应用范围已从最初的药物包覆和无碳复写纸扩展到医药、食品、农药、饲料、涂料、油墨、黏合剂、化妆品、洗涤剂、感光材料、纺织等行业。

1. 药物微囊化的特点

1）掩盖药物的不良臭味　如氯贝丁酯、鱼肝油、生物碱类及磺胺类等。

2）提高药物的稳定性　如易水解药物阿司匹林、易氧化药物β-胡萝卜素及易挥发的挥发油等。

3）减少药物对胃的刺激性或防止药物在胃内失活　如吲哚美辛、氯化钾等对胃有较强的刺激性，易引起胃溃疡，红霉素、尿激酶及胰岛素等药物易在胃内失活，将这些药物微囊化后可克服上述缺点，且能提高药物的生物利用度。

4）控制药物的释放　采用惰性基质、生物可降解材料、惰性或依赖pH薄膜或亲水性凝胶等制成缓释或控释微囊，可降低药物毒性、延长药效。如将阿司匹林用乙基纤维素微囊化后可缓慢释药达8 h。

5）使液态药物固态化　有利于制剂的工业生产，如挥发油类、脂溶性维生素、液态香料等。

6）减少复方药物的配伍变化　如阿司匹林与氯苯那敏配伍后可加速阿司匹林的水解，若将两者分别包囊后可得以改善。

7）使药物浓集于靶区　如抗癌药或治疗指数低的药物制成微球靶向制剂，可使药物浓集于肝脏或肺等靶区，提高疗效，降低毒副作用。

8）活细胞或生物活性物质进行包囊　如血红蛋白、胰岛素等，在体内能保持较高的生物活性并具有很好的稳定性和生物相容性。

2. 药物微囊化的材料

1）囊心物　微囊的囊心物除主药外可以加入附加剂，如稳定剂、稀释剂及控制释放速度的阻滞剂、促进剂、改善囊膜可塑性的增塑剂等。囊心物可以是固体，也可以是液体。通常是将主药与附加剂混匀后进行微囊化，亦可将主药单独微囊化，然后再加附加剂。

2）囊材　常用的囊材可分为天然、半合成或合成高分子材料三大类。

（1）天然高分子材料　此类载体材料稳定、无毒、成膜性好。

①明胶。氨基酸与肽交联形成的直链聚合物，不同的聚合度有不同的相对分子质量，平均相对分子质量在15000～25000之间。因制备时水解方法的不同，明胶可分为酸法明胶（A型）和碱法明胶（B型）。两者的成囊性或成球性没有明显差别，溶液的黏度均在0.2～0.75 cPa·s之间，可生物降解，几乎无抗原性，一般可根据药物对酸碱性的要求选择A型或B型明胶，用作微囊的用量为20～100 g/L。

②阿拉伯胶。由糖苷酸及阿拉伯酸的钾、钙、镁盐所组成。一般常与明胶等量配合使用，用作微囊的用量为20～100 g/L，亦可与白蛋白配合用作复合材料。

③海藻酸盐。多糖类化合物，通常用稀碱从褐藻中提取而得到。其中，海藻酸钠可溶解于不同温度的水中，不溶于乙醇、乙醚及其他有机溶剂；不同平均相对分子质量海藻酸钠产品的黏度有差异。亦可与聚赖氨酸合用作复合材料。因海藻酸钙不溶于水，故海藻酸钠可用$CaCl_2$固化成微囊或微球。研究各种灭菌方法对海藻酸盐稳定性的影响，发现低温加热（80 ℃，30 min）几个循环后灭菌效果差，反而促进海藻酸盐逐步断键；用环氧乙烷灭菌也会降低黏度并发生断键；膜过滤除菌后的产物，其黏度和平均相对分子质量均不变。

④壳聚糖。甲壳素脱乙酰化后制得的一类天然聚阳离子多糖，其中的—NH_2能结合水溶液中的H^+，故可溶于酸或酸性水溶液，无毒、无抗原性，在体内能被溶菌酶等酶解，具有优良的黏附性、成膜性和生物降解性，在体内可溶胀成水凝胶。

⑤淀粉衍生物与葡聚糖类。常用作载体材料的淀粉衍生物有羧甲淀粉、羟乙淀粉和马来酸酯化淀粉-丙烯酸共聚物等。常用的葡聚糖相对分子质量由数千到数万不等，也可使用2-甲基丙烯酰葡聚糖衍生物作为载体材料。

（2）半合成高分子材料　此类载体材料多为纤维素衍生物，其特点是黏度大、毒性小、成盐后溶解度增大。

①羧甲基纤维素(CMC)盐:属阴离子型的高分子电解质,如羧甲基纤维素钠(CMC-Na),遇水溶胀,体积可增大 10 倍,在酸性溶液中不溶。水溶液黏度大,具有抗盐能力和一定的热稳定性,不会发酵。通常与明胶配合用作复合材料,一般分别配制 1~5 g/L CMC-Na 及 30 g/L 明胶,再按 2:1 体积比混合,另外也可以制成铝盐 CMC-Al,单独作载体材料使用。

②醋酸纤维素酞酸酯:俗称 CAP,略有醋酸味,在强酸中不溶解,但可溶于 pH>6 的水溶液,分子中含游离羧基,其相对含量决定其水溶液的 pH 值及能溶解 CAP 的溶液的最低 pH 值。用作材料时可单独使用,用量一般为 30 g/L,亦可和明胶配合使用。

③乙基纤维素(EC):不溶于水、甘油和丙二醇,可溶于乙醇,遇强酸易水解,故对强酸性药物不适宜。化学稳定性高,适用于多种药物的微囊化。

④甲基纤维素(MC):用作微囊材料的用量为 10~30 g/L,也可与 CMC-Na、明胶、聚维酮(PVP)等配合作复合材料。

⑤羟丙基甲基纤维素(HPMC):不溶于热水,能溶于冷水成为黏性溶液,长期储存稳定,有表面活性。

(3) 合成高分子材料　此类材料可分为生物不降解的和生物降解的两类。生物不降解并且不受 pH 值影响的材料有聚酰胺、硅橡胶等。生物不降解可在一定 pH 值条件下溶解的材料有聚乙烯醇和聚丙烯酸树脂等。目前,生物降解材料发展快速。所谓生物降解材料是指可以通过水解或酶解使大分子材料降解,在体内释药后无残留物的一类材料。聚酯类是迄今应用最广的生物降解合成高分子材料,结构上基本都是羟基酸或其内酯的聚合物,如聚乳酸(PLA)、聚碳酯、聚氨基酸、聚乳酸-聚乙二醇嵌段共聚物(PLA-PEG)、丙交酯乙交酯共聚物(PLGA)、ε-己内酯与丙交酯嵌段共聚物等,其特点是成膜性好、化学稳定性高,无毒,可用于注射给药。其中 PLA 和 PLGA 是被 FDA 批准的体内可降解材料,且均已有产品上市。

3. 微囊的质量评价

1) 微囊的囊形　微囊形态应为圆球形或类球形的密封囊状物,可采用光学显微镜、电子显微镜观察形态并提供照片。谷维素-壳聚糖缓释微囊(×100)光镜照片见图 16-4。

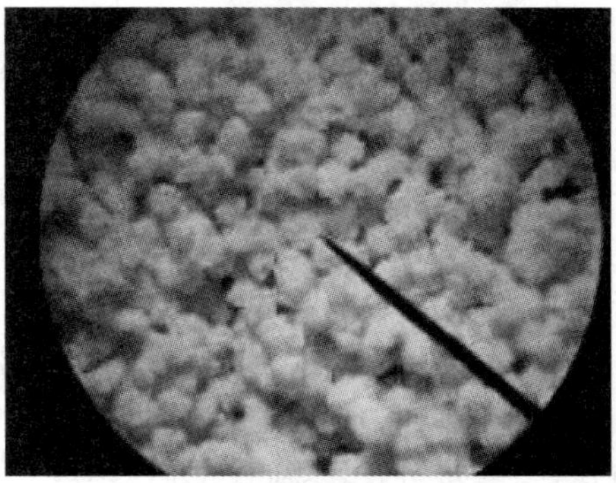

图 16-4　谷维素-壳聚糖缓释微囊(×100)光镜照片

2) 粒径　不同微囊制剂对粒径的要求不同,如供肌内注射的微囊粒径应符合混悬注射剂的规定;用于静脉注射应符合静脉注射的规定;供口服的胶囊或片剂,粒径可在数十至数百微米之间。

3) 载药量与包封率　微囊中所含药物的重量百分率称为载药量,一般通过溶剂提取法测定药量。对处于液态介质中的微囊,可采用离心或滤过等方法分离微囊。

载药量公式见式(16-9)。

$$\text{微囊的载药量} = \frac{\text{微囊内的药量}}{\text{微囊的总重量}} \times 100\% \qquad (16\text{-}9)$$

包封率公式见式(16-10)。

$$\text{包封率} = \frac{\text{微囊内的药量}}{\text{微囊内的药量} + \text{介质中的药量}} \times 100\% \qquad (16\text{-}10)$$

4) 微囊中药物释放速率　为了有效控制制备微囊中药物的释放速率、起效部位,必须进行释放速率的测定。一般采用浆法进行测定,亦可将试样置薄膜透析管内用转篮法测定或采用流通池法测定。

4. 典型处方分析

例:吲哚美辛微囊

吲哚美辛是一种传统的非甾体抗炎药,具有强大的镇痛、消炎作用,目前主要用于风湿病的治疗,特别是强直性脊柱炎的治疗。

[处方]	吲哚美辛	1.2 g	明胶	1 g
	阿拉伯胶	1 g	10%醋酸溶液	适量
	37%甲醛溶液	1.6 mL		

[注解]　吲哚美辛为主药,明胶和阿拉伯胶是两种常见的天然高分子囊材。使用醋酸溶液将明胶溶液调至等电点下(pH 值为 3.8~4.0),使明胶所带电荷为正电,与负电荷的阿拉伯胶相互凝聚,包裹主药形成

微囊。最后使用甲醛溶液作为固化剂，使囊膜变性固化制得成品。

三、主动靶向制剂

主动靶向给药系统中的载药微粒经表面修饰后，不被巨噬细胞识别；连接有特定的配体可与靶细胞的受体结合；连接单克隆抗体成为免疫微粒；将药物修饰成前体药物，使其变为能在活性部位被激活的药理惰性物，在特定靶区被激活发挥作用，从而避免巨噬细胞的摄取，防止在肝内浓集，改变微粒在体内的自然分布而到达特定的靶部位发挥作用。

修饰的药物载体有修饰脂质体、长循环脂质体、免疫脂质体、修饰微乳、修饰微球、修饰纳米球、免疫纳米球等；前体药物有抗癌物的前体药物、脑部位和结肠部位的前体药物等。

（一）修饰的药物微粒载体系统

由于巨噬细胞的摄取，载药微粒被迅速消除，药物不能充分发挥疗效。经表面修饰后，可使微粒载体不易被巨噬细胞识别和摄取，从而明显地增加所载药物的体内循环时间，并达到主动靶向作用。

1. 主动靶向脂质体

1）长循环脂质体　1998 年，Hirofumi takenchi 用聚乙二醇（PEG）衍生物修饰脂质体，发现载药脂质体脂膜与血浆蛋白的相互作用减少，在体内循环时间延长，故称为长循环脂质体。长循环脂质体具有延长体内半衰期的作用，有利于对肝脾以外组织器官的靶向作用。Crosasso 制备了用 PEG 修饰的紫杉醇空间稳定脂质体（SSL），该脂质体较传统的脂质体更稳定。抗癌药阿霉素的主要不良反应是心脏毒性和皮肤毒性。与传统的阿霉素剂型相比，先灵葆雅公司开发的甲氧基聚乙二醇（MPEG）修饰的长循环脂质体阿霉素（Caelyx）体内分布容积降低了约 200 倍，清除速率降低了约 1400 倍，半衰期延长了约 100 倍，降低了心脏毒性，扩大了阿霉素的适应证范围。Caelyx 于 2000 年在英国上市。

2）抗体修饰的脂质体　将抗体直接连接在脂质体表面，也可连接在修饰脂质体的 PEG 末端，又称为免疫脂质体（IL）。免疫脂质体能够提高靶细胞分子水平的识别能力，具有载药量大、体内滞留时间长、靶向性专一、减少用药剂量、降低不良反应的优点。如以人胃癌细胞 M85 表面抗原的单克隆抗体 3G 为靶分子制备的丝裂霉素（MMC）脂质体；以转铁蛋白抗体（OX26）单抗的 PEG2000 制备的柔红霉素空间稳定免疫脂质体；以抗 HER2 单克隆抗体制备的多柔比星脂质体；Herceptin（何塞亭）是一种人化的单克隆抗体类药物，对于人类表皮生长因子受体 2（HER-2）阳性的转移性乳腺癌有较好的疗效等。

3）多糖（糖脂）被覆的脂质体　在脂质体双分子层中掺入多糖或糖脂后成为多糖（糖脂）被覆的脂质体。掺入糖基的物质有唾液糖蛋白、N-十八酰二氢乳糖脑苷、神经节苷岩藻糖、半乳糖、甘露（聚）糖衍生物、右旋糖苷、支链淀粉、出芽短梗孢糖（CHP）等。多糖被覆的脂质体具有改变其组织分布、调节肿瘤坏死因子的释放、提高其血液中的稳定性和靶向性等特点。多糖被覆脂质体有多柔比星半乳糖化脂质体，易被肝实质细胞所摄取；牛血清酯化出芽短梗孢糖脂质体在血液中不易被吞噬细胞吞噬；氟尿嘧啶壳聚糖脂质体等。

4）受体修饰的脂质体　受体介导的主动靶向脂质体借助受体与特异配体的专一结合，将药物与配体制成共轭物，将药物导向特定靶组织的药物转运系统。

大致分两类：①蛋白质和多肽修饰的脂质体：蛋白质和多肽对于各种不同细胞膜受体的选择性高且亲和力强。Yokoe 制备的白蛋白-PEG 多柔比星脂质体，延长了多柔比星在血液中的循环时间，在肝和脾的清除率明显减少，提高了药物的治疗指数，其心脏毒性明显减少。②酸修饰的脂质体：处于分裂期的肿瘤细胞较正常细胞分泌过量的叶酸受体，叶酸修饰的脂质体通过受体-配体间的结合就可以靶向到肿瘤细胞。Gabizon 等合成含叶酸-PEG-二硬脂酸磷脂酰乙醇胺（DSPE）脂质体，在体外分别用含高密度叶酸受体的 M 109 细胞（鼠肺癌细胞）和含低密度叶酸受体的表皮癌进行研究。实验证明，叶酸脂质体可作为靶向肿瘤载体，且稳定性也有所提高。

2. 免疫纳米球　将单克隆抗体与含药纳米球结合，注入体内后可实现主动靶向。先将单抗与载体材料结合后再交联载药的方法，与药物直接同单抗结合相比，因单抗受到保护而较少失活，且载药量较大。此外，用聚合物将抗原或抗体吸附或交联形成的微球，称为免疫微球，除可用于抗癌药的靶向治疗外，既可用于标记和分离细胞，也可用于诊断和治疗。

（二）前体药物

前体药物是母药分子不活泼的衍生物，需要在体内自发或酶促转化以释放活性的母体药物。因此，对母药进行局部的化学修饰后，促使药物仅在靶器官或靶组织发挥正常的药理作用。常用的前体药物的类型如下。

1）抗癌药前体药物　某些抗癌药制成磷酸酯或酰胺类前体药物可在癌细胞定位，因为癌细胞比正常细胞含较高浓度的磷酸酯酶和酰胺酶；若干肿瘤能产生大量的纤维蛋白溶酶原活化剂，可活化血清纤维蛋白溶酶原成为活性纤维蛋白溶酶，故将抗癌药与合成肽连接，成为纤维蛋白溶酶的底物，可在肿瘤部位使抗癌药再生。

2）脑部靶向前体药物　只有强脂溶性药物可穿过血脑屏障，而强脂溶性前体药物对其他组织的分配系数也很高，从而引起明显的毒副作用。故必须采取一定措施，使药物仅在脑部发挥作用。

3）结肠靶向前体药物　口服结肠定位给药系统可避免口服药物在消化道上段的破坏或释放，而到人体结肠释药发挥局部或全身治疗作用。结肠释药对治疗结肠局部病变特别有用。

4）其他前体药物　如戊环尿苷与月桂酸酰氯和棕榈酰氯分别生成亲脂性前体药物——戊环尿苷月桂酸酯和戊环尿苷棕榈酸酯，再分别制成脂质体。体外抗疱疹病毒实验表明，前体药物进入细胞的量增加，从而使抗病毒的能力增强。

目前上市的品种较多，有脑部释药的多巴胺前体药物 L-多巴，眼部释药的二叔戊酰肾上腺素，肾脏释药的 7-谷氨酰-L-多巴，结肠释药的 β-D-葡萄糖苷地塞米松和氢化泼尼松衍生物，对红细胞释药的维生素 B-四氢呋喃二硫化物以及对癌细胞释药的柔红霉素及阿西维辛等。在研发的前体药物有 Mhaka 等制备的 5-氟尿嘧啶脱氧核苷前体药物，可增加前列腺癌细胞的靶向性；苏敏等在皮质激素泼尼松龙分子上引入 N-乙酰基谷氨酰基，合成的 N-乙酰基 L-谷氨酸-泼尼松龙酯可提高药物的肾靶向性；前药甲氨蝶呤-α-苯丙氨酸(MTX-α-Phe)用羧肽酶 A 可完全水解成 MTX，在体外能很好地抑制前列腺癌的生长；Sharma 等利用含氮前体药物技术，成功制备甲氨蝶呤、吉西他滨和奥沙利铂同型物的前体药物。这些药物在酸性(pH＝1.2)和碱性(pH＝7.4)缓冲溶液中均稳定，在胃肠道上部环境中不溶解，到达回盲肠部经偶氮还原酶降解释放药物并发挥疗效。长效西林是一种青霉素 G 的长效制剂，为一种青霉素的二苄基乙二胺盐与缓冲剂及悬浮剂适量混合制成的无菌粉末。药物吸收后逐渐水解为活性物青霉素 G，使其作用时间延长，肌内注射以后，药效可以维持 2～4 周。

四、物理化学靶向制剂

（一）磁性微球

磁性药物微球是将抗癌药物和铁磁性物质共包于或分散于载体(骨架) 材料中，通过加热固化或交联固化后形成的微米级微球。1978 年，Widder 等首先采用白蛋白作为载体材料，用加热固化法制备阿霉素白蛋白磁性微球，在足够强的体外磁场引导下，该磁性微球在鼠靶部位的阿霉素含量明显高于非靶部位。王文等以壳聚糖作为万古霉素的载体，用乳化交联法成功制备万古霉素微球，其平均载药量为 32.36%，平均包封率为 80.9%，小鼠尾静脉注射的万古霉素微球具有磁场顺应性，聚集在病灶区，可明显抑制骨感染，该方法中万古霉素的实际使用剂量仅为全身应用的 1/3。Dai 等制备的磁性高分子微球，以果胶涂层的 Fe_3O_4 纳米微球为药物模型，以超声化学法研制合成的果胶涂层的 Fe_3O_4 纳米微球具有超顺磁性，及较高的饱和磁化强度、生物相容性和生物降解性。

（二）栓塞微球

动脉栓塞是将导管插入病灶部位的动脉中，通过注射将含药物的微球输送到靶组织，微球可以阻断对靶区的供血和营养，使靶区的肿瘤细胞缺血坏死；同时微球逐渐释放药物，杀死肿瘤。如以白蛋白作为载体，包封或吸附抗癌药物(阿霉素、氟尿嘧啶、巯基嘌呤等)制备成 40～200 μm 的白蛋白微球，通过肝动脉给药，产生靶向化疗和栓塞的双重作用。Goodwin 等研究了阿霉素磁微球肝动脉栓塞和药物抗肿瘤疗法的毒性，建立了猪的肝癌模型。结果显示肝癌细胞的坏死程度与栓塞程度成正比，阿霉素不能在全身自由循环而成功地被控制在肿瘤区域引起栓塞，从而截断肿瘤的营养供应，使肿瘤停止生长甚至萎缩。

（三）热敏感脂质体

热敏感脂质体，也称温度敏感型脂质体，是由具有特定相变温度的磷脂制成。在正常体温下(即环境温度低于脂质体的相变温度)，热敏脂质体中脂质体膜呈致密的胶晶态排列，故药物很难扩散出来；而当脂质体随血液循环经过被加热的靶器官时，只要达到磷脂液晶态相变温度，则局部的高温即可使磷脂的磷脂酰基链紊乱、活动度增强,从而引起脂质体膜的结构发生变化,使其磷脂双分子层由排列整齐且致密的胶晶态变为疏松混乱的液晶态,膜流动性增强,最终导致脂质体膜的通透性发生改变,脂质体内部包裹的药物大量扩散到靶器官中,在靶部位形成较高的药物浓度。如制备相变温度为 42 ℃的阿霉素脂质体,在体外血脑屏障模型中,温敏阿霉素脂质体 42 ℃时的渗透率达到 90%。注射热敏脂质体脑部肿瘤大鼠脑内的药物最高浓度比游离阿霉素和普通阿霉素脂质体分别高出 6.4 倍和 3.7 倍。同时胶质瘤大鼠的生存期最长达到 44 天,显著高于其他组。将热敏脂质体与热疗技术相结合,在加热条件下不仅可以促进脂质体跨越血脑屏障,也可达到脑部靶向给药的目的。

(四) pH 值敏感脂质体

pH 值敏感脂质体是用含有 pH 值敏感基团的脂质制备,加入含可滴定酸性基团的物质,应用不同的膜材或通过调节脂质组成比例,可获得具不同 pH 值敏感性的脂质体。1990 年,Chul J,Dijkstra J 试验中 pH 值从 7.4 减至 5.3~6.3 时,pH 值敏感性脂质体膜发生结构改变,促使脂质体膜与核内溶酶体膜融合,将包封的物质导入胞浆及主动靶向病变组织。利用这种机制构建 pH 值敏感脂质体可以治疗对不同 pH 值敏感的肿瘤,选择对 pH 值敏感的类脂材料,如二棕榈酸磷脂或十七烷酸磷脂为膜材,可制备载药的 pH 值敏感性脂质体。当脂质进入肿瘤部位时,pH 值的降低导致脂肪酸羧基的质子化,形成六方晶相的非相层结构,从而使膜融合,加速释药。

 拓展知识 ……

靶向乳剂与纳米粒

一、靶向乳剂

乳剂包括普通乳、复乳、微乳、纳米乳等。应用乳化技术制成乳剂作为药物载体有以下优点:能增加易水解物质的稳定性;可改善药物对皮肤、黏膜的渗透性并减少对组织的刺激性;增加药物吸收,提高生物利用度,降低毒副作用;可使药物缓释、控释,延长药效;使药物具有靶向性,提高靶部位浓度,并具有淋巴亲和性。

靶向乳剂的应用如下。①亲脂性药物制成 O/W 型乳剂及 O/W/O 型复乳经静脉或动脉注射后,在正常情况下,80%~90%的乳滴很快被肝、脾、肺、骨髓的网状内皮系统(RES)巨噬细胞清除,在 RES 中持续 12 h 以上,作为被动靶向制剂。例如抗炎药物制成的乳剂静脉注射后,容易聚集于巨噬细胞大量吞噬的炎症部位。将醋酸地塞米松制备成乳剂能够提高炎症抑制率,增加在脾、肺、炎症组织内的分布,提高抗炎活性,减少不良反应。两性霉素 B 的常规剂型在治疗抗真菌的过程中常出现肾毒性,制成两性霉素 B 静脉注射乳剂可提高药物靶向性,有效降低肾毒性。结果表明,两性霉素 B 在肝、脾内聚集,而在肾内的蓄积明显降低。②水溶性药物制成 W/O 型乳剂及 W/O/W 型复乳经肌内或皮下注射后易浓集于淋巴系统,因此可达到被动靶向的作用。③微乳可以增加药物对脑组织的靶向性,其原因在于微乳粒径小、容易逃避网状内皮系统的捕获和吞噬;另一方面微乳中的油相组分增强了药物与脑组织的亲和性。如对比尼莫地平乙醇液、胶束液及微乳剂在脑组织中的靶向性时发现,三种制剂在血浆、肝脏中的分布无显著性差异,而在脑组织的分布差异显著,微乳剂使脑内药物浓度明显高于乙醇液和胶束液。④微乳可增加眼组织中的靶向作用,可避免眼用混悬液中较大微粒引发的刺激性,且借助微乳的黏附性增加了药物通过角膜和巩膜的吸收、降低药物毒性。目前上市的靶向乳剂有瑞士的环孢素口服微乳,国内的鸦胆子油乳剂、5-氟尿嘧啶乳剂等品种。⑤纳米乳粒径范围非常窄,能改善组织对药物的耐受性,改善药物吸收转运,不会产生排异反应,可用作口服、经皮、注射、鼻用、眼用等药物制剂载体。

二、纳米粒

纳米粒(nanoparticle)是指由天然或合成高分子材料制成的粒径在 1~1000 nm 的固态胶体微粒纳米粒,可分为聚合物纳米粒和固体脂质纳米粒。

聚合物纳米粒所用载体材料主要分为天然大分子材料(如白蛋白、明胶等)和合成聚合材料(如聚乳酸、聚乳酸复合甘油酸、邻苯二甲酸醋酸纤维素等)。早在 20 世纪 70 年代已有制备白蛋白纳米粒的相关报道，最初仅将其作为诊断剂。目前，白蛋白纳米粒已成为一种相对成熟的药物传递系统，常被作为药物及反义寡核苷酸的载体，具有生物相容性良好、毒性及刺激性低、无抗原性等多种优点。白蛋白纳米粒能够包裹的药物有抗肿瘤药、抗结核药、降血糖药、抗生素、激素、支气管扩张剂等近 100 多种，并可通过静脉注射、肌内注射、关节腔内注射、口服、呼吸系统等多途径给药。目前白蛋白纳米粒最引人注目的应用还是将其作为抗肿瘤药物的载体，增加靶向性，减小毒副作用，提高疗效。

固体脂质纳米粒(solid lipid nanoparticles，SLN)是以固态的天然或合成的类脂为载体，将药物包裹于类脂核中制成的固体胶体给药体系。固体脂质是指广义的脂质，包括三甘酯(如三硬脂酸甘油酯)、单甘酯(如 Imwitor)、脂肪酸(如硬脂酸)、蜡类和磷脂等。SLN 采用生理相容耐受性好的类脂材料为载体，可采用高压乳匀法进行工业化生产。同时，固体基质又使它具有聚合物纳米粒的优点，如可以控制药物的释放、避免药物的降解或泄漏、良好的靶向性等，主要适合于亲脂性药物，亦可将亲水性药物通过酯化等方法制成脂溶性强的前体药物后，再制备 SLN。张志荣等用乳化聚合法制备了万乃洛韦(VACV)聚氰基丙烯酸正丁酯纳米粒，该纳米粒静脉注射后 15 minVACV 有 74.49%集中在肝脏，较 VACV 注射液高 2.99 倍，而肾脏的分布量降低了 5.46 倍，表明万乃洛韦纳米粒对于提高万乃洛韦对病毒性乙型肝炎的治疗效果和降低其对肾脏的毒性有意义。

纳米粒的作用：①靶向作用：纳米粒具有被动靶向性。载药纳米粒作为异物被巨噬细胞吞噬，可到达与网状内皮系统相关的肝、脾、肺、骨髓、淋巴等靶部位，或者到达连接有配基、抗体、酶底物所在的靶位。②缓释、控释作用：药物通过化学或物理作用，分散于纳米粒内部或吸附于纳米粒表面，其中吸附于表面的药物释放较快，而分散于基质中的药物会通过基质材料的小孔或随着基质的降解达到缓慢释放药物的目的。③改善吸收：纳米中药具有黏附性，可提高药物口服吸收的生物利用度。纳米中药还可改变膜运转机制，增加药物对生物膜的透过性，有利于药物透皮吸收与细胞内药效发挥。纳米化矿物类中药材(如钙、铁、锌制剂)的口服吸收率大幅提高，可达 98%。④增加新功能：将中药加工至纳米量级时，其物理、化学特性的改变可使中药呈现出新功能，从而拓宽了原药适应证。⑤防止水解：将中药制成纳米颗粒剂后，可防止其在胃酸条件下水解，降低其与胃蛋白酶等消化酶接触的机会，从而提高药物在胃肠道中的稳定性。

项目小结

教学提纲		主要内容简述
一级	二级	
一、概述	(一)靶向制剂的定义与分类	靶向制剂的定义与分类
	(二)靶向性评价指标和参数	相对摄取率、靶向效率、峰浓度比
	(三)靶向制剂的作用特点	定位浓集、控制释药、生物可降解等
二、被动靶向制剂	(一)脂质体	脂质体的定义、组成、结构、分类及特点；脂质体的制备和质量评价；脂质体的给药途径及举例
	(二)微球	微球的定义、分类、特点；微球的载体材料和用途；微球的质量要求及典型处方分析
	(三)微囊	微囊的定义、特点；药物微囊化的特点、材料；微囊的质量评价及处方举例
三、主动靶向制剂	(一)修饰的药物微粒载体系统	长循环脂质体；抗体修饰的脂质体；多糖(糖脂)被覆的脂质体；受体修饰的脂质体；免疫纳米球
	(二)前体药物	抗癌药前体药物；脑部靶向前体药物；结肠靶向前体药物；其他前体药物

续表

教学提纲		主要内容简述
一级	二级	
四、物理化学靶向制剂	(一)磁性微球	定义、作用机制
	(二)栓塞微球	定义、作用机制
	(三)热敏感脂质体	定义、作用机制
	(四)pH 值敏感脂质体	定义、作用机制

达标检测题

一、选择题

(一)单项选择题

1. 下列不属于靶向制剂的是(　　)。

A. 药物-抗体结合物　　B. 纳米囊　　C. 微球
D. 环糊精包合物　　E. 脂质体

2. 下列属于被动靶向给药系统的是(　　)。

A. 磁性微球　　B. DVA 药物结合物　　C. 药物毫微粒
D. 药物-单克隆抗体结合物　　E. pH 值敏感脂质体

3. 下列属于主动靶向制剂的是(　　)。

A. 动脉栓塞制剂　　B. 前体药物　　C. 环糊精包合物制剂
D. 固体分散体制剂　　E. 微囊制剂

4. 脂质体是指(　　)。

A. 将药物包封于类脂质双分子层内而形成的微型泡囊
B. 将药物包封于类脂质单分子层内而形成的微型泡囊
C. 将药物包封于磷脂的单分子层内而形成的微型泡囊
D. 将药物包封于明胶的单分子层内而形成的微型泡囊
E. 将药物包封于胆固醇双分子层内而形成的微型泡囊

5. 目前将抗癌药物运送至淋巴器官最有效的是(　　)。

A. 脂质体　　B. 微囊制剂　　C. 微球　　D. 靶向乳剂　　E. 纳米

6. 成功的靶向制剂不需具备的特点是(　　)。

A. 定位于靶器官　　B. 缓慢释药　　C. 减少药物用量
D. 主动靶向　　E. 增加非靶部位的毒性

(二)配伍选择题

题 1～5

A. 单室脂质体　　B. 微球　　C. pH 值脂质体　　D. 前体药物　　E. 毫微粒

1. 用适宜高分子材料制成的含药球状实体是(　　)。
2. 以天然或合成高分子物质为载体制成的载药微细粒子称为(　　)。
3. 超声波分散法制备的脂质体为(　　)。
4. 体外惰性,体内能恢复活性而发挥药效的是(　　)。
5. 经过修饰能提高靶向性的脂质体是(　　)。

题 6～7

A. 肽类与蛋白质类　　B. 复合乳剂　　C. 微球
D. 磷脂与胆固醇　　E. TDDS 生物

6. 属于技术药物的是(　　)。
7. 属于脂质体的膜材的是(　　)。

(三) 多项选择题

1. 下列属于靶向制剂的是(　　)。

A. 微丸　B. 纳米囊　C. 微囊　D. 微球　E. 固体分散体

2. 下列不具备靶向性的制剂是(　　)。

A. 纳米囊注射液　B. 脂质体注射液　C. 口服乳剂
D. 混悬型注射剂　E. 静脉乳剂

3. 脂质体的靶向性有(　　)。

A. 被动靶向性　B. 物理靶向性　C. 化学靶向性　D. 主动靶向性　E. 天然靶向性

4. 使被动靶向制剂成为主动靶向制剂的修饰方法还有(　　)。

A. PEG 修饰　B. 前体药物　C. 糖基修饰　D. 磁性修饰　E. 免疫修饰

5. 根据脂质体制剂的特点,其质量控制应在哪几个方面进行?(　　)

A. 脂质体形态观察,粒径和粒度分度测量　B. 主药含量测定
C. 体外释放度测定　D. 脂质体包封率的测定
E. 渗漏率的测定

二、填空题

1. 药物的靶向从到达的部位来分可以分为三级:第一级指到达特定的________,第二级指到达特定的________,第三级指到达________。

2. 从方法上讲,靶向制剂可以分为________、________、________三类。

3. 脂质体的膜材主药由________、________和胆固醇组成。

4. 药物制成微球后具有________、缓释性和________的特点。

三、简答题

1. 目前,临床上哪些疾病需要靶向制剂治疗?

2. 需要靶向传递系统负载的药物包括哪几类?

3. 哪些药物传递系统可以实现靶向传递作用?

(汤　洁)

项目十七　生物技术药物制剂

学习目标

能力目标

知道生物技术药物制剂的概念、特点及发展。认识国内外已批准上市的常用生物技术药物制剂。

知识目标

掌握：生物技术药物的概念、特点及其制剂的现状。

熟悉：多肽/蛋白质类药物常用注射给药系统的处方、工艺、制备要点、存在的问题。

了解：蛋白质类药物的结构特点、理化性质及新的给药系统及评价方法。

相关知识

一、概述

21世纪生物技术的飞速发展为新药的研制开创了一条崭新的道路。如预防乙型肝炎的基因重组疫苗、治疗严重贫血症的红细胞生长素、治疗糖尿病的人胰岛素、治疗侏儒症的人生长激素、治疗血友病的凝血因子等特效药都是现代生物技术药物的新产品，它们正在改变医药科技界的面貌，为人类解决疑难病症提供了最有希望的途径。

基因、核糖核酸、酶、蛋白质、多肽、多糖等生物技术药物普遍具有活性强、剂量小、治疗各种疑难病症的优点，但同时具有相对分子质量大、稳定性差、吸收性差、半衰期短等问题。因此寻找和发现适合于这类药物的长效、安全、稳定、使用方便的新剂型是摆在药学工作者面前的新任务。

（一）基本概念

生物技术又称生物工程，是应用生物体（包括微生物、动物细胞、植物细胞）或其组成部分（细胞器和酶），在最适条件下，生产有价值的产物或进行有益过程的技术。现代生物技术主要包括基因工程、细胞工程与酶工程。此外还有发酵工程（微生物工程）与生化工程。

生物技术药物广义上是指综合利用物理学、化学、生物化学、生物技术、药学等学科的原理和方法，以生物体、生物组织、细胞、体液等为原料制造的一类用于人类预防、治疗和诊断的制品，包括氨基酸及其衍生物类、多肽及蛋白质类、酶与辅酶类、核酸及其降解物和衍生物类、糖类、脂类等药物，也称为生物药物。

狭义的生物技术药物仅仅包括生物药物中基因工程药物和基因药物两大类。

（二）生物技术药物的特性

与其他药物相比，生物技术药物具有以下特性。

（1）生物技术药物起源于体内天然的活性成分，活性强，毒副作用小，安全性高；

（2）生物技术药物存在种属特异性。许多生物技术药物的药理学活性与动物种属有关，药物本身，药物的作用受体、代谢酶的结构与活性，都可能存在种属差异。如人源性多肽或蛋白，其序列与其他动物可能有明显的不同，造成对某些动物不敏感，甚至无药理活性；

（3）生物技术药物往往具有复杂的分子结构，相对分子质量大；

（4）生物技术药物理化性质不稳定，活性容易被破坏；

(5) 生物技术药物容易受到生产条件和生产工艺的变化，而引起结构和构型的差异，导致产生免疫原性；

(6) 生物技术药物的体内半衰期一般较短，降解部位广泛；

(7) 生物技术药物生产工艺复杂，质量要求高。

(三) 生物技术药物制剂的研究概况

生物技术药物产品，目前国内外已批准上市的约 40 种，见表 17-1，正在研究的有数百种之多，这些药物均属肽类与蛋白质类药物。

表 17-1　已批准上市的部分生物技术药物产品

药 品 名 称	用　　途	批准时间/年
人胰岛素	糖尿病治疗药	1982
人生长激素(hGH)	治疗侏儒症	1985
α-2b 干扰素	治疗毛细胞白血病、乙型肝炎	1986
OKT_3 单抗(小鼠抗 T 细胞单抗)	急性肝移植排斥反应	1986
乙型肝炎疫苗	预防乙型肝炎	1986
组织溶纤酶原激活素	急性心肌梗死	1987
人促红细胞生成素(EPO)	慢性肾功能衰竭、贫血	1987
γ-1b 干扰素	慢性肉芽肿疾病	1990
GM-集落刺激因子(GM-CSF)	骨髓移植后中性粒细胞、白细胞减少症	1991
G-集落刺激因子(G-CSF)	肿瘤化学辅助治疗、白血病、艾滋病	1991
白细胞介素-2	肾细胞癌	1992
凝血Ⅷ因子	血友病	1992
人肿瘤坏死因子突变体	肺、胃、结肠肿瘤	1995
幼畜腹泻疫苗	预防仔猪腹泻	上市
α-n_3 干扰素	生殖器疣	1989
小鼠抗 CD_3 抗体	肾移植排斥反应	1986
单克隆抗体(诊断剂)	结肠、直肠、卵巢癌诊断	1992
重组 DNA 酶 α	囊性纤维变性，改进肺功能	1994
抗血小板凝聚单克隆抗体	防动脉突然关闭高危性血管成形术患者	1995
重组葡糖脑苷脂酶	戈谢病(各器官积聚葡萄糖脑苷脂)	1994
重组 β-16 干扰素	缓解上皮癌、肾癌、多发性骨髓瘤	1993
环孢素 A	抑制 T 淋巴细胞功能	1996
降钙素	治疗骨质疏松	1996
重组 γ 干扰素	免疫功能障碍、癌症、感染性疾病	1992
奥曲肽(octreotide)	胃肠胰内分泌肿瘤、消化性溃疡出血、肢端肥大症、垂体瘤、库欣综合征、糖尿病等	1998

随着生物技术药物的发展，肽和蛋白质类药物制剂的研究与开发，已成为医药工业中一个重要的领域，同时给药物制剂带来了新的挑战。由于生物技术产品多为多肽和蛋白质类，性质很不稳定，极易变质，因此如何将这类药物制成安全、有效、稳定的制剂，就是摆在我们面前的一大难题。另一方面这类药物对酶敏感又不易穿透胃肠黏膜，故只能注射给药，使用很不方便。因此，运用制剂手段将这类药物制成口服制剂或通过其他途径给药，以提高其稳定性和患者使用的顺应性，是一项非常有意义的工作，具有潜在的研究价值和广阔的应用前景。

列举出你所知道的生物技术药物制剂。

二、蛋白质类药物制剂的制备

生物技术药物多为多肽类及蛋白质类药物，这些药物的化学结构相当复杂，理化性质具有一定的特殊性，因此设计这类药物的给药系统时必须首先了解其结构特性与理化性质。

（一）蛋白质的结构特点

1. 蛋白质的组成和一般结构 蛋白质是由许多氨基酸按一定顺序排列，通过肽键相连而成的多肽链。蛋白质相对分子质量很大，一般在 $5\times10^3\sim5\times10^6$。蛋白质的肽链结构包括氨基酸组成、氨基酸排列顺序、肽链数目、末端组成和二硫键的位置等。

组成蛋白质的氨基酸有 20 多种，一个氨基酸的羧基可以和另一个氨基酸的氨基缩合失去 1 分子水而生成肽，两个氨基酸缩合成的肽称为二肽，由十个以上氨基酸组成的肽称为多肽。连接氨基酸之间的键称为酰胺键，又称肽键，是蛋白质中氨基酸之间连接最基本的共价键。蛋白质多肽链中许多氨基酸按一定的顺序排列，每种蛋白质都有特定的氨基酸排列顺序。蛋白质结构可分为一级、二级、三级、四级结构。一级结构为初级结构，指蛋白质多肽链中的氨基酸排列顺序，包括肽链数目和二硫键位置；二级、三级、四级结构为高级结构或空间结构。高级结构和二硫键对蛋白质的生物活性有重要影响。

2. 蛋白质的高级结构 蛋白质的高级结构包括二级、三级与四级结构。二级结构指蛋白质分子中多肽链骨架的折叠方式，即肽链主链有规律的空间排布，一般有α螺旋结构与β折叠形式。三级结构是指一条螺旋肽链，即已折叠的肽链在分子中的空间构型，即分子中的三维空间排列或组合方式（一条多肽链中所有原子的空间排布）。四级结构是指具有三级结构的蛋白质各亚基聚合而成的大分子蛋白质。四级结构可以由两个以上的小亚基聚合而成。所谓亚基，就是含有两条或多条多肽链的蛋白质，这些多肽链彼此以非共价键相连，每一条多肽链都有自己的三级结构，此多肽链就是该蛋白质分子的亚单位（亚基）。

（二）蛋白质的理化性质

1. 蛋白质的一般理化性质

1）旋光性 蛋白质分子总体旋光性由构成的氨基酸的各个旋光度的总和决定，通常是右旋，它由螺旋结构引起。蛋白质变性，螺旋结构松开，则其左旋性增大。

2）紫外吸收性 大部分蛋白质均含有带苯核的苯丙氨酸、酪氨酸与色氨酸，苯核在紫外 280 nm 处有最大吸收峰。氨基酸在紫外 230 nm 处显示强吸收。

3）两性本质与电学性质 蛋白质除了肽链 N-末端有自由的氨基和 C-末端有自由的羧基外，在氨基酸的侧链上还有很多解离基团，如赖氨酸的ε-氨基、谷氨酸的 γ 羧基等。这些基团在一定 pH 值条件下都能发生解离而带电。因此蛋白质是两性电解质，在不同 pH 值条件下蛋白质会解离为阳离子、阴离子或两性离子。

2. 蛋白质的不稳定性 蛋白质的稳定性对于蛋白质类药物制剂的研究、生产、储存等极为重要。引起蛋白质不稳定的原因很多，如前所述，共价键与非共价键的破坏与生成，均可引起蛋白质类药物的不稳定。

1）由共价键引起的不稳定性 共价键改变引起蛋白质不稳定的化学反应有水解、氧化和消旋化，此外还有蛋白质的特有反应，即二硫键的断裂与交换，有时几种反应同时进行。虽然大多数降解过程在升高温度时发生，但是蛋白质稳定性监测数据表明其降解过程不符合 Arrhenius 方程，故蛋白质类药物稳定性的加速实验中应慎重选择其最高温度。蛋白质的降解途径如下。

(1) 蛋白质的水解 蛋白质可被酸、碱和蛋白酶催化水解，使蛋白质分子断裂，相对分子质量逐渐变小，成为相对分子质量大小不等的肽段和氨基酸。水解分完全水解与不完全水解。完全水解是在 5.7 mol/L 盐酸中，于 110 ℃高温 20 h 可完全变成氨基酸。在此条件下，能使色氨酸破坏，谷氨酰胺变为谷氨酸，天冬酰胺变为天冬氨酸，后二者的水解作用也叫脱酰胺作用。酸水解可使胱氨酸变成半胱氨酸，丝氨酸、苏氨酸也有不同程度的破坏。不完全水解是在酶或稀酸等较温和的条件下进行，水解产物有肽段与氨基酸。蛋白质在 4.2 mol/L NaOH 溶液中水解 10 h，使蛋白质完全水解，碱溶液对半脱氨酸、丝氨酸、苏氨酸、精氨酸等有破坏作用，同时使各种氨基酸发生消旋。

(2) 蛋白质的氧化 蛋白质中具有芳香侧链的氨基酸如甲硫氨酸、半胱氨酸，可以在一些氧化剂的作用下氧化，甲硫氨酸可氧化成甲硫氨酸亚砜而使一些多肽类激素和蛋白质失去活性。半胱氨酸的巯基根据不同的反应条件，可依次氧化为次磺酸（RSOH）、二硫化物（RSSH）、亚磺酸（RSO_2H），最后成磺酸（RSO_3H）、半胱氨酸即半胱磺酸。

(3) 外消旋作用　某些旋光性物质在化学反应过程中，由于不对称碳原子上的基团在空间位置上发生转移，使 D-型或 L-型化合物转变为 D-型和 L-型各 50%的混合物，彼此旋光值抵消，失去旋光性，这种现象称为外消旋作用。当蛋白质用碱水解时往往会使某些氨基酸产生消旋作用。影响氨基酸消旋作用的因素有温度、pH 值、离子强度和金属离子螯合作用。蛋白质中氨基酸的消旋作用一般能使氨基酸成为非代谢的形式。

(4) 二硫键断裂及其交换　二硫键(—S—S—)又叫二硫桥或硫硫桥，是很强的化学键。它是由两个半胱氨酸侧链上的—SH 巯基脱氢相连而成。二硫键把同一肽链(肽链内)或不同肽链(肽链间)的不同部分连接起来，对稳定蛋白质的构象起重要作用。在某些蛋白质中，二硫键一旦被破坏，蛋白质的生物活性即丧失，蛋白质分子中二硫键数目愈多，则结构稳定性和抗拒外界因素的能力也愈强。

2) 由非共价键引起的不稳定性　引起蛋白质不可逆失活的反应主要包括聚集、宏观沉淀、表面吸附与蛋白质变性，这些都是由于与空间构象有关的非共价键引起，这些现象在开发蛋白质与多肽类药物制剂中常会带来许多困难。

(三) 蛋白质类药物制剂的处方与工艺

蛋白质类药物制剂的研制关键是解决这类药物的稳定性问题。对于注射给药则采用适当的辅料，设计合理的处方与工艺，而非注射给药还需解决生物利用度问题。这里主要讨论它的注射剂型。

1. 蛋白质类药物的一般处方组成　目前临床上应用的蛋白质类药物注射剂，一类为溶液型注射剂，另一类是冻干粉注射剂。溶液型使用方便，但需在低温(2～8 ℃)下保存。冻干粉型比较稳定，但工艺较为复杂。

2. 液体剂型中蛋白质类药物的稳定化　在液体剂型中蛋白质类药物的稳定化方法分为两类：①改造其结构；②加入适宜辅料。通过加入各类辅料改变蛋白类药物溶剂的性质是药物制剂中最常用的稳定化方法，我们将重点介绍。蛋白类药物的稳定剂有以下几类。

1) 缓冲溶液　因为蛋白质的物理化学稳定性与 pH 值有关，通常蛋白质稳定则 pH 值范围很窄，应采用适当的缓冲系统，以提高蛋白质在溶液中的稳定性。例如红细胞生成素采用枸橼酸钠-枸橼酸为缓冲剂，而 α-N_3 干扰素则用磷酸盐缓冲系统，人生长激素在 5 mmol/L 的磷酸盐缓冲溶液可减少聚集。

2) 表面活性剂　由于离子型表面活性剂会引起蛋白质的变性，所以在蛋白质药物，如 α-2b 干扰素、G-CSF、组织溶纤酶原激活素等制剂中均加入少量非离子型表面活性剂，如吐温 80 来抑制蛋白质的聚集。

3) 糖和多元醇　糖和多元醇属于非特异性蛋白质稳定剂。蔗糖、海藻糖、甘油、甘露醇、山梨醇(浓度 1%～10%)最常用。

4) 盐类　盐可以起到稳定蛋白质的作用，有时也可以破坏蛋白质的稳定性，这主要取决于盐的种类、浓度、离子相互作用的性质及蛋白质的电荷。低浓度的盐通过非特异性静电作用提高蛋白质的稳定性。如 SO_4^{2-}、HPO_4^{2-}、$CHCOO^-$、$(CH_3)N^+$、NH_4^+、K^+、Na^+ 等能增加溶液的离子强度，提高疏水作用，降低疏水基团的溶解度，使蛋白质发生盐析。此外它们使水分子聚集在蛋白质周围被优先水化，所有这些都使蛋白质更加紧密稳定。

5) 聚乙二醇类　高浓度的聚乙二醇类常作为蛋白质的低温保护剂和沉淀结晶剂。研究表明不同相对分子质量的 PEG 作用不同，如 PEG300 浓度为 0.5%或 2%时可抑制重组人角化细胞生长因子(rhKGF)的聚集；PEG200、PEG400、PEG600 和 PEG1000 可稳定 BSA 和溶菌酶。

6) 金属离子　一些金属离子，如钙、镁、锌与蛋白质结合，使整个蛋白质结构更加紧密、结实、稳定。不同金属离子的稳定作用视离子的种类、浓度不同而不同，应通过稳定性实验选择金属离子的种类和浓度。

3. 固体状态蛋白质药物的稳定性与工艺　蛋白质类药物的非注射给药存在生物利用度低等问题，因此目前多以注射途径给药。在一些蛋白质类药物不能采用溶液型制剂时，往往用冷冻干燥与喷雾干燥的工艺使其形成固体状态以提高这类制剂的稳定性。

(1) 冷冻干燥蛋白质类药物制剂　用冷冻干燥法制备蛋白质类药物制剂时主要考虑两个问题：一是选择适宜的辅料，优化蛋白质类药物在干燥状态下的长期稳定性；二是考虑辅料对冷冻干燥过程中一些参数的影响，如最高与最低干燥温度、干燥时间、冷冻干燥产品的外观等。

虽然冻干可以使蛋白质类药物稳定，但不应忽略有些蛋白质药物在冻干过程中反而失去活性，因此在蛋白质类药物冻干过程中常加入某些冻干保护剂来改善产品的外观和稳定性，如甘露醇、山梨醇、蔗糖、葡萄糖、右旋糖酐等。

溶液中的成分也可以影响冷冻干燥过程中与热有关的工艺参数。冻干过程中与热有关的性质：制剂的冷冻温度、有可能使饼状物熔化或坍塌的温度及有可能使产品发生降解的温度。控制这些参数，使产品冷冻适度，饼状物不融化、不坍塌也不降解，DSC 是表征与优化冻干工艺有用的技术。在冻干过程中还应考虑药物的含水量与饼状物的物理状态（无定性或晶形）。其物理状态与冷冻过程的温度及添加剂有关。无定形的水分含量一般较高，这是因为在干燥过程中水蒸气的蒸发减慢。水分的增加会降低饼状物的物理稳定性并可能导致储藏过程中饼状物的坍塌。此外水分也可以影响蛋白质的化学稳定性。因此，严格控制产品的含水量，对保证产品的质量是十分重要的。

（2）喷雾干燥蛋白质类药物制剂　喷雾干燥工艺广泛应用于蛋白质类药物的控释制剂、吸入剂、微球制剂等新型给药系统的研制中。在喷雾干燥过程中可加入稳定剂，如蔗糖能提高氧血红蛋白的稳定性。喷雾干燥的缺点是操作过程中损失大（特别是小规模生产），水分含量高。但只要精心控制工艺参数，选择合适的稳定剂，可生产出粒径为 3～5 μm、水分含量为 5%～6%的活性产品。

三、蛋白质类药物新型给药系统

（一）注射（植入）给药系统

由于很多蛋白质类药物在体内血浆半衰期短、清除率高，因而为延长其在体内的平均停留时间，或改变蛋白质在体内的药物动力学性质，有时需要制成非零级脉冲式释药系统（如疫苗）。为满足这些要求，既可以对蛋白质分子进行化学修饰，也可以控制蛋白质进入血流的释放速率等。目前已有用 PEG 修饰蛋白质分子以延长蛋白质药物在血浆中的半衰期。例如 PEG 与蛋白质连接分子变大而不易被肾小球滤过，或者由于蛋白质的代谢和排泄所需的细胞受体的相互作用受到空间位阻。

1. 控释微球制剂　为了达到蛋白质类药物控制释放，可将其制成生物可降解的微球制剂，目前已经实际应用的生物可降解材料有聚乳酸（PLA）或聚丙交酯-乙交酯（PLGA）。PLGA 也可叫聚乳酸乙醇酸共聚物，改变丙交酯与乙交酯的比例或相对分子质量，可得到不同时间生物可降解性质的材料。首次经 FDA 批准的蛋白质类药物微球制剂是醋酸亮丙瑞林聚丙交酯-乙交酯微球。此种微球供肌内注射，用于治疗前列腺癌，可控制释放达 30 天之久，改变了普通注射剂需每天注射的传统，使用方便。

用于制备生物大分子药物控释微球的方法很多，根据不同性质的载体材料可选择不同的制备方法。如复乳液中干燥法、喷雾干燥法以及超临界萃取法等。以下介绍几种常用于制备多肽、蛋白质等生物大分子药物微球的方法。

1）复乳液中干燥法　将药物与保护剂（多为水溶性高分子聚合物）溶于水作为水相，将聚酯（如 PLA、PLGA 等）类高分子材料溶于二氯甲烷作为油相，两者在一定温度下（低于 40 ℃）高速搅拌得 W/O 型初乳，冰浴冷却至 10 ℃以下，倒至一定浓度的 PVA 水溶液中，经高速搅拌得 W/O/W 型复乳，一定温度下搅拌蒸去有机溶剂固化微球（或减压去有机溶剂），离心水洗，真空干燥即得。该方法是制备多肽、蛋白质等生物大分子药物微球的常用方法，其特点为药物包封率较高，药物活性损失小，设备和工艺简单，但首日突释明显，较难扩大生产，目前用此法研究制备的药物有 γ 干扰素、白细胞介素、亮丙瑞林、人生长激素、环孢素以及促红细胞生长素（EPO）等。

2）喷雾干燥法　将生物大分子药物及其稳定剂的混合粉末（或水溶液）与溶有高分子聚合物的有机溶液混合形成混悬液（或乳浊液），将此混悬液（或乳浊液）经喷嘴雾化干燥制得微球。

3）超临界萃取法　超临界萃取技术是从 20 世纪 80 年代逐渐发展起来的一门新技术。近年来，超临界萃取技术已在化工、冶金、食品、医药、生物等领域得到广泛应用。超临界流体既具有对溶质有较大溶解度的特点，又具有气体易于扩散和运动的特性。更重要的是在临界点附近，压力和温度微小的变化都可以引起流体密度很大的变化，并相应地表现为溶解度的变化。因此，人们可以利用压力、温度的变化来实现萃取和分离的过程而成为实现药物多组分分离的一种有效方法。人们将此技术应用于微粒给药系统、制备药物的控释聚合物微球、药物结晶的粉末、控释脂质体药物等。制备微粒中主要采用超临界溶液快速膨胀（RESS）技术，RESS 技术的操作过程：将固体物质在一定的温度和压力下溶解在超临界流体中形成溶液，然后将此高压溶液从一个细小的喷嘴（一般喷嘴的内径为几十微米，长约几毫米）喷射到常压的空间中，由于超临界流体在减压的过程中变成了气体，溶解在其中的溶质就沉淀析出，产生直径从几百纳米到几微米左右的颗粒。

2. 脉冲式给药系统 肝炎、破伤风、白喉等疾病所用预防药物，即疫苗或类毒素均为抗原蛋白，使用这些疫苗全程免疫至少要进行三次接种，才能确保免疫效果。由于种种原因，全世界不能完成全程免疫接种而发生的辍种率达70%，因此为了提高免疫接种的覆盖率，减少重大疾病的死亡率，采用脉冲式给药系统将多剂量疫苗发展为单剂量控释疫苗，例如将破伤风类毒素制成PLGA脉冲式控释微球制剂，可根据PLGA中乳酸和羟乙酸的比例不同、相对分子质量不同以及制备的微球大小不同，1～14天、1～2个月与9～12个月内分三次脉冲释放，可达到全程免疫的目的。

（二）非注射给药系统

研究非注射途径的给药系统，将有益于增加患者的顺应性。蛋白质和多肽类药物的非注射给药方式包括鼻腔给药、口服给药、直肠给药、口腔给药、透皮给药和肺部给药。目前最有应用前景的属鼻腔给药，然而口服给药还是最受欢迎的给药途径，但难度很大。

蛋白质类药物非注射给药系统存在的主要问题是药物穿透黏膜能力差，易受酶的降解，以致生物利用度很低。为了提高这类药物制剂的生物利用度，一般采用以下方法：①对药物进行化学修饰或制成前体药物；②应用吸收促进剂；③使用酶抑制剂；④采用离子电渗法皮肤给药。

1. 鼻腔给药系统 由于鼻腔黏膜中动静脉和毛细淋巴管分布十分丰富，鼻腔呼吸区细胞表面具有大量微小绒毛，鼻腔黏膜的穿透性较高而酶相对较少，对蛋白质类药物的分解作用比胃肠道黏膜低，因而有利于药物的吸收并直接进入体内血液循环。

目前已有一些蛋白质和多肽类药物的鼻腔给药制剂上市并用于临床，主要剂型有滴鼻剂、喷鼻剂等。相关药物如降钙素、催产素、胰岛素等。为了提高蛋白质类药物鼻腔给药的生物利用度，可利用吸收促进剂。常用的鼻腔黏膜促进剂有甘胆酸盐、胆酸盐、去氧胆酸盐、牛磺胆酸盐、葡萄糖胆酸盐、鹅去氧胆酸盐、乌索去氧胆酸盐等。

鼻腔给药系统当前存在的主要问题是有些相对分子质量大的药物透过性差，生物利用度低，有些药物制剂存在吸收不规则，且产生局部刺激性、妨碍纤毛运动以及存在长期给药所引起的毒性，因而其应用受到限制。随着制剂处方与工艺的改进，这类给药系统的发展前景被看好。

2. 口服给药系统 蛋白质药物口服给药主要存在四个问题：①被胃内酸催化降解；②被胃肠道内的酶水解；③对胃肠道黏膜的透过性差；④在肝的首过效应。

胰岛素口服给药是人们关注的热点，因为胰岛素目前主要靠注射给药，而且每天需频繁注射（3～4次），某些患者需终身给药，给患者带来很大的痛苦与不便，为此研制口服胰岛素给药制剂十分必要。比如现在应用比较成功的微乳制剂，以蛋黄磷脂、甘油单油酸酯、胆固醇、油酸及一些抗氧化剂与防腐剂为油相，用胰岛素、枸橼酸、抑肽酶溶于乙醇为水相，乳化剂主要为聚氧乙烯（40）硬脂酸酯（溶于水），用高压乳匀机乳化为W/O型微乳，或将微乳喷于羟丙基纤维素或羧甲基纤维素上干燥后装于胶囊中。以1 U/kg的剂量用于3个糖尿病患者约半年，血中胰岛素水平上升而血糖明显下降，取得了较好的疗效。

3. 直肠给药系统 由于直肠内水解酶活性比胃肠道低，而且pH值接近中性，所以药物破坏较少，且药物吸收后基本上可避免肝的首过效应，直接进入全身血液循环，同时也不像口服药物受到胃排空及食物的影响，因此多肽类与蛋白质类药物直肠给药不失为一条理想的给药途径。

为了提高胰岛素类直肠吸收效果，一般采用吸收促进剂，常用的直肠吸收促进剂有水杨酸、5-甲氧基水杨酸、去氧胆酸钠、聚氧乙烯（PEO-9-月桂基醚）、烯胺衍生物（如D-甘氨酸钠、D-亮氨酸钠、D-苯丙氨酸钠等）。

拓展知识

生物制品

一、概念

生物制品是指以微生物、寄生虫、动物毒素和生物组织作为起始材料，采用生物学工艺或分离纯化技术制备,并以生物学技术和分析技术控制中间产物和成品质量制成的生物活性制剂。根据应用对象,生物制品可以分为3类:用于人类的医用生物制品、用于动物的动物生物制品和用于植物的植物生物制品。通常所说的生物制品是指医用生物制品。

二、生物制品的分类

(一) 按所采用的材料、制法或用途不同分类

1. 菌苗 这类制品用细菌、螺旋体制成。

1) 活菌苗 用经物理、化学或生物学方法处理后,其毒力减弱或无毒的病原菌制成,如卡介苗、鼠疫活菌苗、人用炭疽活菌苗、人用布氏菌病活菌苗等。

2) 灭活菌苗 用物理或化学方法将病原菌杀死后制成。使细菌失去毒力,但仍保留其免疫原性。如伤寒菌苗、霍乱菌苗、百日咳菌苗和钩端螺旋体菌苗等。

3) 化学菌苗 用化学方法提取病原菌中的有效成分制成的菌苗,如A群脑膜炎球菌多糖菌苗、伤寒Vi多糖菌苗和无细胞百日咳菌苗等。

2. 疫苗 这类制品用病毒、立克次体制成。

1) 减毒活疫苗 病毒经物理、化学或生物学方法处理后,成为失去致病性而保留免疫原性的弱毒株后再经制备而得,也有一些弱毒株是从自然界分离到的。如口服脊髓灰质炎活疫苗、麻疹活疫苗、流行性乙型脑炎活疫苗、流行性腮腺炎活疫苗和黄热病活疫苗等。

2) 灭活疫苗 用化学方法将病毒灭活后制成,使病毒失去致病性而仍保留免疫原性。如流行性乙型脑炎灭活疫苗、狂犬病疫苗和流行性出血热疫苗等。

3) 亚单位疫苗 除去病原体中对激发保护性免疫无用的甚至有害的成分,保留其有效抗原成分所制成的疫苗。如乙型肝炎HBsAg疫苗、流感亚单位疫苗等。

3. 类毒素 由有关细菌产生的外毒素经脱毒使其类毒化后制成。如白喉类毒素、破伤风类毒素等。

以上3种制品接种机体后,能引起免疫系统的特异性应答,自动产生相应的免疫力,所以又称为自动免疫制品。

4. 免疫血清 抗毒素、抗菌和抗病毒血清的总称。这种制品既能用于特异性治疗,又能用于短期内的特异性预防,所以又称为被动免疫制品。

1) 抗毒素 通常指用类毒素或外毒素免疫马而得到的免疫血清,含有能中和相应外毒素的抗毒素抗体。如白喉抗毒素、破伤风抗毒素、气性坏疽抗毒素和肉毒抗毒素等。

2) 抗血清 用细菌或病毒免疫动物后得到的含有特异性抗体的血清。如抗炭疽血清、抗狂犬病血清等。

5. 诊断制品 用于诊断疾病、检测机体免疫状态以及鉴别病原微生物的生物制品。诊断制品按学科分类如下。

1) 细菌学诊断制品 通常包括诊断用抗原、诊断用抗体、诊断用噬菌体等。如诊断用伤寒、副伤寒及变形菌OX19、OX2、OXk菌液,沙门氏菌属诊断血清,钩端螺旋体诊断血清,诊断用霍乱弧菌噬菌体液,白喉锡克试验毒素,旧结核菌素和结核菌素纯蛋白衍生物等。

2) 病毒学诊断制品 如流行性乙型脑炎病毒补体结合抗原、流行性乙型脑炎病毒诊断血清和乙型肝炎表面抗原诊断血清等。

3) 免疫学诊断制品、肿瘤诊断制品及其他诊断制品 如人IgG、IgM、IgA、IgD、IgE诊断血清,甲胎蛋白诊断血清,A型和B型标准血清等。

6. 其他生物制品 包括血液制品、组织制品、非特异性免疫制品及微生态制品等。如人血白蛋白、人血丙种球蛋白、干扰素、胸腺肽和促菌生等。

以上分类是根据我国生物制品现行规程划分的,欧美等国把预防用生物制品统称为疫苗(vaccine)。

(二) 按制备方法及物理性状分类

生物制品根据制备方法有粗制品与精制品之分,单价、多联多价制品与混合制剂之分;按制品的物理性状有液体制品与冻干制品之分,吸附制品与不吸附制品之分。

1. 精制品 将原制品(一般为粗制品)用物理或化学方法除去无效成分,进行浓缩提纯制成精制品。如

精制破伤风类毒素及抗毒素、精制人白细胞干扰素等。

2. 多联多价制品 一种剂型的成分包括几个同类制品者称多联制品；一种剂型的成分包括同一制品的不同群、型别者称多价制品。如伤寒、副伤寒甲、乙三联菌苗和多价精制气性坏疽抗毒素等。

3. 混合制剂 一种剂型的成分包括不同类制品，同时可以起到预防几种疾病的作用。如百日咳菌苗、白喉和破伤风类毒素混合制剂等。

4. 冻干制品 将液体制品经真空冷冻干燥制成的固体制品。这类制品有利于保存、运输和使用，几乎所有活菌苗、减毒活疫苗都为冻干制品。

5. 吸附制品 在液体制剂中加入氢氧化铝或磷酸铝等吸附后制成。这类制品具有延长刺激时间、增强免疫效果和减少注射次数及剂量等优点。

三、生物制品的用途

生物制品主要用于传染病的预防、治疗及诊断 3 个方面。

实践证明，应用菌苗、疫苗及类毒素等预防用生物制品施行预防接种，提高人群免疫水平，降低易感性，对于预防某些传染病的效果是很显著的。典型例子是种痘预防天花。天花曾对人类的威胁极大，墨西哥历史上的一次大流行曾导致 300 多万人病死。而种痘的推广普及使无数人免于患天花或病死。在 1870—1871 年的普法战争中，法国军队由于未施行种痘，60 万人的军队中患天花的高达 125000 人，病死 23470 人，而普鲁士军队由于施行过 2 次种痘，又采取其他防疫措施，总共只有 459 人病死于天花。

新中国成立以来，由于普遍推行种痘，20 世纪 60 年代初就消灭了天花。世界卫生组织于 1967 年在世界各国推行普种牛痘，在 1977 年索马里发生最后一例天花，在全球无传染源存在的基础上于 1979 年宣布全球消灭了天花。

传染病流行实际上是传染源对易感人群的传播过程。对易感人群施行预防接种，接种率一般应达到 70%以上才有可能在社会人群中形成免疫屏障，使传染病的流行受到控制。因此，生物制品首先必须对个体有效，其次是必须达到一定的接种率才能对群体有效。如果有个别集体和单位漏种，虽然就整个社会人群来说已达到一定的接种百分率，但由于易感者比较集中，一旦传染源袭来，仍不免造成该单位传染病的暴发或局部流行。

我国根据世界卫生组织扩大免疫规划的内容和当前的实际情况，在一定年龄范围内的儿童中进行计划免疫。其中包括基础免疫，即每个儿童普遍需要接种卡介苗、百白破混合制剂、麻疹活疫苗和口服脊髓灰质炎活疫苗来预防结核病、百日咳、白喉、破伤风、麻疹和脊髓灰质炎等 6 种疾病。此外在某些地区，流行性脑脊髓膜炎、乙型肝炎、流行性乙型脑炎等也纳入计划免疫工作范畴。近年来，我国计划免疫工作成绩卓著，疫苗接种率逐年提高，计划免疫针对的疾病的发病率持续下降。总之，通过计划免疫手段，最终消灭相应传染病是极有可能的。

项目小结

教学提纲		主要内容简述
一级	二级	
一、概述	（一）基本概念	生物技术及生物技术药物
	（二）生物技术药物的特性	活性强，毒副作用小，安全性高、理化性质不稳定等
	（三）生物技术药物制剂的研究概况	目前国内外已批准上市的约 40 种
二、蛋白质类药物制剂的制备	（一）蛋白质的结构特点	蛋白质结构可分为一、二、三、四级结构。一级结构为初级结构，二、三、四级结构为高级结构
	（二）蛋白质的理化性质	具有旋光性、紫外吸收性、两性本质与电学性质及蛋白质的不稳定性
	（三）蛋白质类药物制剂的处方与工艺	蛋白质类药物的一般处方组成，液体剂型中蛋白质类药物的稳定化，固体状态蛋白质药物的稳定性与工艺

续表

教学提纲		主要内容简述
一级	二级	
三、蛋白质类药物新型给药系统	(一)注射(植入)给药系统	包括控释微球制剂、脉冲式给药系统等
	(二)非注射给药系统	包括鼻腔给药系统、口服给药系统、直肠给药系统等

达标检测题

一、选择题

(一)单项选择题

1. 以下哪一种不是常用的蛋白质类药物的稳定剂?( )

A. 吐温 80　B. 蔗糖　C. 阿拉伯胶　D. 聚乙二醇　E. 盐类

2. 蛋白质的高级结构是指蛋白质的( )。

A. 一、二、三、四级结构　B. 二、三、四级结构　C. 三、四级结构

D. 四级结构　E. 一级结构

3. 所谓蛋白质的初级结构是指蛋白质的( )。

A. 一级结构　B. 二级结构　C. 三级结构　D. 四级结构　E. 零级结构

4. 人生长激素注射用冷冻干燥产品中加入甘露醇是作( )。

A. 保湿剂　B. 稳定剂　C. 填充剂　D. 助溶剂　E. 抗氧化剂

5. 组织纤溶酶原激活素在最稳 pH 值条件下,加入带正电的精氨酸以增加蛋白质的( )。

A. 保湿性　B. 稳定性　C. 溶解性　D. 安全性　E. 活性

6. 常会产生肝脏首过效应的给药系统是( )。

A. 鼻腔给药　B. 口服给药　C. 透皮给药　D. 口腔黏膜给药　E. 注射给药

7. 某些药物制成栓剂直肠给药疗效优于口服给药,这是因为( )。

A. 药物口服不吸收

B. 避免了溶出过程

C. 药物吸收后在进入人体循环前有部分药物不经过肝脏

D. 栓剂中辅料不干扰直肠吸收

E. 栓剂直肠给药影响吸收条件少

8. 根据生物技术药物结构性质,目前主要的给药途径是( )。

A. 鼻腔给药　B. 口服给药　C. 注射给药　D. 经皮给药　E. 直肠给药

(二)配伍选择题

题 1~4

A. 舌下片　B. 粉针　C. 肠溶衣片　D. 糖衣片　E. 植入片

1. 硝酸甘油宜制成( )。

2. 辅酶 A 宜制成( )。

3. 氯霉素宜制成( )。

4. 红霉素宜制成( )。

(三)多项选择题

1. 圆二色谱可以测定蛋白质的( )。

A. 一级结构　B. 二级结构　C. 三级结构　D. 四级结构　E. 零级结构

二、填空题

1. 现代生物技术主要包括________、________、________与________。

2. 生物技术药物主要有________和________。

3. 蛋白质分子旋光性通常是________,蛋白质变性,螺旋结构松开,则其________增大。

4. 由于共价键引起的蛋白质不稳定性主要包括________、________、________和________。

5. 液体剂型中蛋白质药物的稳定剂有________、________、________和________等类型。

6. 蛋白质类药物冻干过程中常加入某些冻干保护剂，如________、________、________、________等，以改善产品的外观和稳定性。

7. 蛋白质和多肽类药物的非注射给药方式主要包括________、________、________、________等给药。

三、简答题

1. 液体制剂中蛋白质类药物的稳定化方法有哪些？

2. 为什么说鼻腔给药是蛋白质、多肽类药物比较有前景的给药途径？

四、实例分析题

处方	辅酶 A	56.1 单位
	甘露醇	10 mg
	水解蛋白	5 mg
	葡萄糖酸钙	1 mg
	半胱氨酸	0.5 mg

根据处方回答下列问题：

(1) 处方中各成分有何作用？

(2) 简述制备注意事项。

（杨凤琼）

模块六　医院药学与药学服务

项目十八　生物药剂学

学习目标

能力目标

学会运用所学知识指导药物剂型的正确选择和方案设计。

知识目标

掌握：生物药剂学的概念及其研究内容；药物经胃肠道吸收的影响因素。

熟悉：熟悉药物在体内的分布、代谢及排泄过程。

了解：药物非胃肠道吸收的影响因素。

相关知识……

一、概述

（一）生物药剂学的概念

自20世纪60年代以来，随着医药科学技术的发展，人们对药品的质量与疗效的关系有了新的认识。认识到含有相同量的同种化学结构药物的制剂，并不一定有相同的疗效。临床上发现，不同厂家生产的同一制剂，甚至同一厂家生产的不同批号的同一药品，都有可能产生不同的疗效。例如，曾有报道不同药厂生产的相同剂量的泼尼松片，一种临床应用有效，另一种无效。这两种片剂的崩解时限都未超过6 min，后经溶出速率测定，临床上有效片剂药物溶出一半所需的时间是3～6 min，而无效片则需50～150 min。又如澳大利亚曾报道抗癫痫药苯妥英钠胶囊中毒事件，是生产厂家将赋形剂从原来的硫酸钙改为乳糖，药物的吸收增加，使苯妥英钠血药浓度超过了安全浓度引起的中毒。因此，研究药物在体内过程的各种机制和理论，研究各种剂型和生物因素对药效的影响，对控制药物制剂的内在质量，确保药品的安全有效，为新药开发和临床用药提供科学依据都具有重要意义。因此自20世纪60年代以来，生物药剂学作为药剂学的一门新的分支学科得到了迅速发展。

生物药剂学（biopharmaceutics）是研究药物及其制剂在体内的吸收、分布、代谢与排泄过程，阐明药物的剂型因素、机体的生物因素和药物疗效三者之间关系的一门学科。它着重于探讨药物及其制剂在体内过程所面临的生物学和化学变化规律问题，即研究药物体内的量变规律及影响这些量变规律的因素。它对指导给药方案的设计，探讨人体生理及病理状态对药物体内过程的影响，疾病状态时的剂量调整，剂量与药理效应间的相互关系及对药物相互作用的评价等有着重要的作用。

（二）生物药剂学的研究内容

1. 剂型因素与药效关系的研究　研究药物剂型因素和药效之间的关系。这里所指的剂型不仅是指片剂、注射剂、软膏剂等药剂学中的剂型概念，而且广义地包括与剂型有关的各种因素，如药物的理化性质（粒径、晶型、溶解度、溶解速率、化学稳定性等）、药物的剂型与用药方法、制剂处方（辅料、附加剂的性质及用量）、制备工艺、储存条件以及处方中药物配伍及相互作用等。

2. 生物因素与药效关系的研究　研究机体的生物因素（如年龄、种族、性别、遗传、生理及病理条件等）

与药效之间的关系。

3. 体内过程机制与药效关系的研究 研究药物在体内的吸收、分布、代谢和排泄的机制对药效的影响，确保制剂的生物利用度和安全有效。

生物药剂学涉及的知识面很广，它与生物化学、药理学、药剂学、药物动力学等有密切关系，并相互渗透、相互补充。但生物药剂学作为药剂学的一个分支，着重研究的是给药后药物在体内的过程，它与药理学、生物化学在研究重点上有所区别。它既不像药理学那样主要研究药物对机体某些部位的作用方式和机制，也不像生物化学那样把药物如何参加机体复杂的生化过程作为中心内容。生物药剂学与药剂学的关系更为密切。药剂学中新剂型的开发，需要生物药剂学研究作基础。药剂学的发展向生物药剂学提出新的要求。生物药剂学研究为处方筛选、工艺设计及保证制剂质量提供依据。

二、药物的吸收

药物的吸收(absorption)是指药物从给药部位进入体循环的过程。除了血管内给药不存在吸收过程外，非血管内给药的不同途径(如胃肠道给药、肌内注射、腹腔注射、透皮给药和其他黏膜给药等)都需经吸收过程。而胃肠道给药应用最多，影响因素也最为复杂，因此本节重点探讨药物在胃肠道的吸收机制与影响因素。

(一) 药物的膜转运与胃肠道吸收

1. 生物膜的结构 药物到达作用部位之前必须经过许多屏障，而这些屏障即是互相联系的生物膜。因此了解和掌握生物膜的结构与功能，对研究药物的吸收特征，改善药物的吸收性质，提高药物的临床疗效有重要指导作用。

生物膜主要由脂质、蛋白质和多糖组成。脂质主要包括磷脂、糖脂和胆固醇三种类型，细胞膜是以脂质双分子层为基本骨架，其中镶嵌着或漂浮着具有各种生理功能(如酶、泵或受体等)的蛋白质；此外，膜上分布有许多带电荷的小孔，允许一些小分子化合物如水、尿素等通过(图 18-1)。生物膜具有如下性质：①膜的流动性：构成的脂质双分子层是液态的，具有流动性。②膜结构的不对称性：膜的蛋白质、脂类及糖类物质分布不对称。③膜结构的半透性：膜结构具有半透性。某些药物能顺利通过，另一些药物则不能通过。由于膜的液体脂质结构特征，脂溶性药物容易透过，脂溶性很小的药物难以通过；镶嵌在膜内的蛋白质具有不同的结构和功能，能与药物可逆性结合，起到药物载体转运的作用；小分子水溶性药物可经含水小孔透过。膜结构的流动性、不对称性及半透性与物质转运、细胞融合、细胞分裂、细胞表面受体功能等有密切的关系。

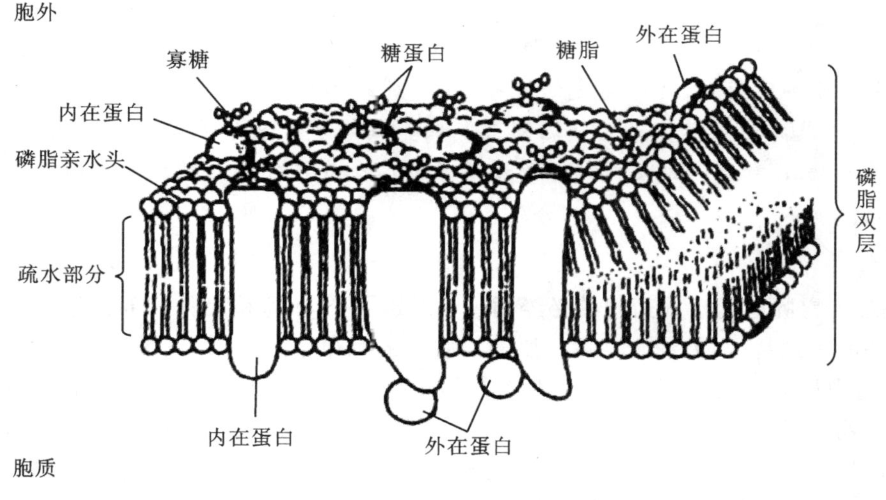

图 18-1 生物膜的液态镶嵌模型

2. 药物转运机制 药物通过生物膜(或细胞膜)的现象称为膜转运，膜转运是重要的生命现象之一，在药物的体内吸收、分布及排泄过程中起着十分重要的作用。常见的膜转运方式主要有以下几种。

1) 被动转运 药物从高浓度一侧通过生物膜向低浓度一侧转运的过程，大多药物都以此种机制吸收。被动转运的特点：顺浓度梯度转运，不需要载体，不消耗能量，无饱和现象和竞争抑制现象。被动转运可分为单纯扩散和膜孔转运两种形式。

(1) 单纯扩散　由于生物膜为脂质双分子层,非解离型的脂溶性药物可以溶于液态脂质膜中,因此更容易穿过生物膜。单纯扩散属于一级速率过程,服从 Ficks 扩散定律,如式(18-1)。

$$\frac{dC}{dt}=-\frac{DAk(C_{GI}-C)}{h} \tag{18-1}$$

式中:$\frac{dC}{dt}$为扩散速度;D 为扩散系数;A 为扩散表面积;k 为分配系数;h 为膜厚度;$(C_{GI}-C)$为膜两侧的浓度梯度。

(2) 膜孔转运　生物膜上有许多含水的微孔,是水溶性小分子药物的吸收途径。分子小于微孔的药物吸收快,如水、乙醇、尿素、糖类等。大分子药物或与蛋白质结合的药物不能通过含水微孔吸收。此外,离子所带电荷对微孔扩散也有影响。膜孔内含有带正电荷的蛋白质或吸附有阳离子(如钙离子),其正电荷形成的球形静电空间电场能排斥阳离子,有利于阴离子通过。

2) 主动转运　借助载体蛋白的帮助,药物由低浓度一侧向高浓度一侧转运的过程。机体必需的一些物质如 K^+、Na^+、葡萄糖、氨基酸等均以此机制吸收。主动转运的特点:逆浓度梯度转运,需载体参与,消耗能量,有饱和现象和竞争抑制性作用。主动转运还具有部位专属性,某种药物只限在某一部位吸收,如胆酸和维生素 B_2 的主动转运只在小肠上段进行,而维生素 B_{12} 则在回肠末端被吸收。

3) 促进扩散　又称易化扩散,是指药物在载体蛋白的帮助下,由生物膜的高浓度一侧向低浓度一侧转运的过程。因其转运需要载体参与,所以具有载体转运的各种特征,该转运方式的特点:顺浓度梯度转运,需要载体,不消耗能量,有饱和现象和竞争抑制性作用等。如 D-木糖、某些季铵盐类的转运即属此类。通常载体转运的速率大大快于被动扩散。

4) 膜动转运　通过细胞膜的主动变形而将某些药物摄入细胞内的转运过程。膜动转运可分为胞饮和吞噬作用两种方式。摄取的药物为溶解物或液体时称为胞饮作用。摄取的物质为大分子或固体颗粒状物时称为吞噬作用。它是机体转运大分子化合物(如多肽和蛋白质)的重要转运方式。膜动转运也有部位特异性,如蛋白质和脂质颗粒在小肠下端吸收较为明显。

总之,药物的转运机制比较复杂,具体药物究竟以何种机制吸收与药物的特性、吸收部位生理特征等密切相关。某种药物可以通过一种特定的转运机制吸收,也可以通过多种形式进行。由于机体的防御特性,绝大多数药物可视为机体异物,往往以单纯扩散的被动吸收形式为主。

知识链接

载体蛋白的功能简介

载体蛋白位于细胞膜上,具有高度的特异性,一种载体蛋白只能与特定的分子和离子结合起来,并将这些分子或离子从膜的一侧转运到另一侧。载体蛋白与分子或离子的结合又是可逆的,即它转运到另一侧后,就会与所运载的分子或离子分离。载体蛋白的转运效率与分子在膜两侧的浓度梯度有关。

3. 胃肠道生理　胃肠道是口服药物的必经通道,主要由胃、小肠和大肠三部分组成。了解其结构与功能以及与吸收有关的生理特征,有利于掌握口服药物吸收的规律。

1) 胃　消化道中最为膨大的部分,与食管相接的部位为贲门,与十二指肠相连的为幽门,中间部分为胃体部。胃控制内容物向肠管转运。食物由胃排入十二指肠的过程称为排空,影响胃排空的因素可影响药物的吸收。此外,胃黏膜下分布有胃腺,成人每天分泌约 2 L 胃液。胃液含有以胃蛋白酶为主的酶类和 0.4%～0.5%的盐酸,具有稀释、消化食物的作用。胃的主要功能是储存和消化食物,口服的药物在胃内的停留过程中大部分崩解、分散和溶解。胃黏膜表面虽然有许多皱襞,但由于缺少绒毛,所以胃的吸收面积十分有限,且食物在胃部的停留时间较短,故胃不是药物主要的吸收部位。因此除一些弱酸性药物有较好吸收外,大多数药物吸收较差。

2) 小肠　消化道中最长的一部分,由十二指肠、空肠和回肠组成,全长 2～3 m。小肠黏膜表面分布有许多环状皱襞,并拥有大量指状突起的绒毛,绒毛内含丰富的血管、毛细血管及乳糜淋巴管,是物质吸收的部位。每一根绒毛还可伸出大量微绒毛。由于环状皱襞、绒毛和微绒毛的存在,使小肠拥有与药物接触的广大表面积，约 200 m^2。其中绒毛和微绒毛最多的是十二指肠，向下逐渐减少，故食物和药物一般在小肠的上部吸收。药物通过微绒毛后，进入毛细血管、淋巴管以及神经纤维的固有层。药物吸收的途径可以通过毛细血管被血液带走，也可通过乳糜淋巴管到达淋巴管。由于绒毛中的血流速度比淋巴液快 500～1000 倍，故淋巴系统在整个药物吸收中只占一小部分，但对于大的乳糜的吸收来说，小滴形式存在的甘油三酯是十分重要的通路，尤其是近年来，随着微粒给药系统的发展，与微粒吸收相关的淋巴系统越来越受到重视。有文献报道聚苯乙烯纳米粒口服后主要经肠道淋巴系统吸收，且随粒径减小，摄取增加。

总之，小肠是药物的主要吸收部位，也是药物主动转运吸收的特异性部位。小肠液的 pH 值为 5～7.5，是弱碱性药物吸收的最佳环境。

3）大肠　约长 1.7 m，由直肠、结肠（升结肠、横结肠、降结肠、乙状结肠）组成。与胃一样，大肠黏膜上也无绒毛，有效吸收面积比小肠少得多，药物吸收也比小肠差。大肠的主要功能是吸收水分、无机盐以及形成和储存粪便。除直肠给药和结肠定位给药外，只有一些吸收很慢的药物，在通过胃、小肠未被吸收时，才呈现药物吸收功能。

结肠是特殊的给药部位，是治疗结肠疾病的作用部位，多肽类药物主要以结肠作为口服的吸收部位。在结肠中分泌液量少，因而药物释放后可得较高的浓度梯度，有利于药物的吸收。影响结肠运动的因素很多，富含纤维的食物成分使内容物通过结肠的时间缩短。一般认为，结肠的 pH 值在整个肠道中最高，可达 7.5～8.0。但研究发现，进入回盲连接处的碳水化合物有一部分被结肠菌群分解，生成大量的短链脂肪酸，使结肠的 pH 值从回肠的 7.5 降至 6.4 左右，这些脂肪酸又可被结肠上皮细胞吸收或代谢，因此，末端结肠的 pH 值又有所回升。

另外，直肠下端接近肛门部分，血管相当丰富，是直肠给药的良好吸收部位，且部分药物可不经肝脏即进入大静脉，从而避免了肝脏的首过效应。

（二）影响药物胃肠道吸收的生理因素

大多数药物在胃肠中的吸收是被动转运，而药物吸收的速率和程度受多方面因素的影响。除了药物自身的因素外，凡是能影响胃肠活动的因素均会影响药物经胃肠道的吸收。在此主要探讨生理因素对药物胃肠道吸收的影响。

1. 胃肠道 pH 值的影响　胃液的 pH 值通常为 1～3，空腹为 1.2～1.8，进食后可增至 3 或更高，十二指肠的 pH 值为 5，空肠 pH 值为 6～7，大肠为 7～8。某些疾病和用药会影响胃肠液的 pH 值，如十二指肠溃疡患者胃液的 pH 值比正常人低，服用抑制胃酸分泌及中和胃酸的药物（如西咪替丁、阿司匹林等）能使胃液的 pH 值升高。

吸收部位的 pH 值对药物的吸收有重要影响。首先，pH 值影响药物的溶解度，由于大部分的药物为弱酸性或弱碱性药物，其溶解受到 pH 值的影响；其次，pH 值还影响许多固体制剂的溶出度；再次，pH 值影响药物的解离度，由于大多药物的吸收属于被动扩散过程，故只有以分子形式存在的才易透过生物膜吸收，而胃肠道的 pH 值和药物的 pK_a 决定了分子型药物的比例。

需要指出的是胃肠道各区域的吸收与 pH 值之间虽有一定的规律性，但变动因素较多。胃肠道的 pH 值往往只影响被动扩散吸收，对主动转运的影响较小。

2. 胃肠运动的影响

1）胃排空速率　单位时间内胃内容物的排出量称胃排空速率，其反映了药物在胃中停留的时间和达到小肠的快慢。胃排空速率慢，药物在胃中停留时间延长，对主要在胃中吸收的药物（弱酸性药物）的吸收机会增加，故吸收好。但对大多数药物，吸收的主要部位在小肠，胃排空速率加快，到达小肠部位所需的时间缩短，有利于药物吸收，产生药效的时间也加快。另外，胃排空速率的增加对在胃中不稳定的药物和希望速效的药物更有利，但对存在部位特异性主动转运的药物（如维生素 B_2）吸收量降低。

影响胃排空速率的因素主要有：①食物的组成和性质，固体食物的排空比液体食物慢，含大量脂肪的饮食能延迟胃排空 3～6 h，而淀粉类食物胃排空时间为 1.5～3.5 h；②内容物的黏度和渗透压，随着内容物的黏度和渗透压的增高，胃排空速率减小；③胃内容物的体积，胃排空速率随胃内容物的增多而增大，当胃中充满胃内容物时，对胃壁产生较大的压力，胃所产生的张力也大，因而促进胃排空，但是由于内容物的体积大，全部排空所需的时间也要延长；④一些药物对胃排空速率有很大的影响，如普鲁本辛抑制胃排空，而灭吐灵促进胃排空；⑤身体所处的姿势，向右侧横卧胃排空速率快，左侧横卧胃排空速率慢，走动时胃排空速率更快。

2）肠运动　主要有两种形式：推进和混合。推进运动亦即蠕动，它决定肠内容物的运行速率，从而影响药物在肠中的滞留时间，运行速率越快，药物在肠内滞留时间越短，则制剂中药物溶出与吸收的时间越短。肠内的运行速率对于缓释、控释制剂的药物吸收有重要的影响。混合运动是小肠收缩的结果，使内容物与分泌液充分混合，并为药物与肠表面上皮接触提供条件。肠皱襞上绒毛随混合运动产生“挤压作用”，可使淋巴液从中央乳糜淋巴管进入淋巴系统。混合运动有助于难溶性药物的溶出。

3）食物　可在多方面对药物的吸收造成影响。首先，食物影响胃排空速率。其次，食物影响胃肠道中的水分，常使胃肠内的体液减少，增加胃肠道的黏度和渗透压，妨碍药物向胃肠道壁的扩散，并使固体制剂的崩解、药物的溶出变慢，从而使药物的吸收变慢。再次，食物中含有的一些成分可能影响药物的吸收，如食物中的脂肪可促进胆酸的分泌，可增加难溶性药物的吸收。

4）血流速率的影响　循环系统包括血液循环和淋巴循环。淋巴液的流速很慢，远小于血液流速，故淋巴循环对一般药物的胃肠道吸收所起作用不大。但对大分子药物或与脂肪类似药物的吸收，淋巴系统可能发挥重要作用。淋巴液由胸导管注入左锁骨下静脉进入全身循环，因此经淋巴系统吸收的药物不经门静脉，故无肝脏的首过效应，这对在肝中易代谢的药物具有很大的临床意义。脂肪能加速淋巴循环，使药物的淋巴系统转运量增加。

通常药物在消化道中的吸收主要通过毛细血管向循环系统转运，因此消化道黏膜血流与药物的吸收有较为复杂的关系。血流速率下降，吸收部位运走药物的能力降低，膜两侧浓度梯度下降，药物吸收减慢。对一些难吸收药物，其膜透过速率比血流转运速率小，吸收为膜限速过程，血流速率对其影响较小；而对一些高脂溶性和可自由通过膜孔的小分子药物，其膜透过速率比血流转运速率大，吸收为血流限通过程，血流速率对其影响较大。由于小肠血流丰富，药物血流转运能力较大，血流量的少量增减对吸收速率影响不大。但胃血流的改变对药物在胃中的吸收影响较大，如饮酒能加快胃黏膜的血流速率，从而增加对巴比妥酸等药物的吸收。

5）胃肠分泌物　胃肠液中含有胆盐、酶类及黏蛋白等物质，它们可能影响药物的吸收。一般黏蛋白对大多数药物的吸收没有明显的影响，但某些药物可与之结合，使吸收不完全（如链霉素）或不能吸收（如庆大霉素）。胆汁中的胆酸盐对一些难溶性药物有增溶作用，可促进吸收，但也能与一些药物（如新雷素和卡那霉素等）生成不溶性物质而影响吸收，还可使制霉菌素、多黏菌素和万古霉素失效。胃肠液中含有各种酶类，催化药物发生各种代谢和转化，从而影响进入体循环的药物量。

6）其他　胃肠道黏膜表面存在大量糖蛋白，具有增加药物吸附和保护黏膜的作用。但某些药物可与之结合，使吸收不完全（如链霉素）或不能吸收（如庆大霉素）。此外药物在胃肠道的吸收还与疾病、首过效应及肠上皮的外排机制等因素有关，在此不再赘述。

（三）影响药物胃肠道吸收的剂型因素

广义的剂型因素包括药物的理化性质（如溶解度、溶解速率、粒径、晶型等）、制剂处方（如辅料、附加剂、配伍等）、制备工艺、稳定性、剂型等。

1. 药物解离常数和脂溶性　胃肠道上皮细胞膜为类脂膜，它是药物吸收的屏障。通常脂溶性较大，未解离型分子容易通过，而解离后的离子型分子不易通过，难以吸收。对大多数弱酸性或弱碱性药物而言，由于受到胃肠道内 pH 值的影响，药物以未解离型（分子型）和解离型两种形式存在，两者所占比例由药物的解离常数 pK_a 和吸收部位 pH 值所决定。这种药物的吸收取决于药物在胃肠道中的解离状态和油/水分配系数的学说，称为 pH-分配学说。

胃肠液中未解离型与解离型药物浓度之比是药物解离常数 pK_a 与消化道 pH 值的函数，其关系式可用以下 Handerson-Hasselbach 方程式来表达，见式(18-2)与式(18-3)。

弱酸性药物
$$pK_a - pH = \lg \frac{C_u}{C_i} \tag{18-2}$$

弱碱性药物
$$pK_a - pH = \lg \frac{C_i}{C_u} \tag{18-3}$$

式中：C_u 和 C_i 分别表示未解离型和解离型药物的浓度。从式(18-2)、式(18-3)可知，酸性药物在酸性溶液中（$pH<pK_a$）的吸收较好，而碱性药物在碱性溶液中（$pH>pK_a$）的吸收较好。例如弱酸性药物水杨酸的 $pK_a=3.0$，在胃液中（pH＝1.0）按式(18-1)计算，$C_u/C_i=100/1$，即 99%以上的药物为未解离型，故在胃中吸收良好。又如弱碱性药物奎宁的 $pK_a=8.4$，在胃液中（pH＝1.0）按式(18-1)计算，$C_i/C_u=2.5\times10^7/1$，在胃中的未解离型只有千万分之一，几乎全部呈解离状态，故在胃中不被吸收。随着胃肠道 pH 值的增加，未解离型的比例大大增加，在 pH＝6.0 的肠液中，未解离型和解离型的比例为 250∶1，远远大于胃中的浓度，所以奎宁在小肠中有较好的吸收。

某些药物口服后，即使以大量的未解离型存在时，吸收仍然不佳，原因是药物的脂溶性差。pK_a 大小相仿的药物，脂溶性大的易被吸收。评价药物脂溶性大小的参数是油/水分配系数（$K_{o/w}$）。通常药物的 $K_{o/w}$ 大，说明该药物的脂溶性好，其吸收较好。但 $K_{o/w}$ 与药物的吸收率不成简单的比例关系。脂溶性太强的药物进入生物膜后可与磷脂强烈结合，不易转运至水性体液中，使吸收率下降。药物的相对分子质量大小也与吸收相关，相对分子质量较小的药物更易穿透生物膜而被吸收。主动转运药物的吸收与药物脂溶性不相关，通过细胞旁路转运吸收的药物，脂溶性大小也与其吸收没有直接相关性。

2. 溶出速率 在一定条件下，单位时间药物溶解的量。口服固体药物在吸收前，必须先溶解于胃肠液中。因而药物溶解的快慢直接影响药物吸收的速率和程度，对难溶性药物而言，药物溶出速率很慢，尽管药物崩解分散过程很快，但其吸收过程往往受到药物溶出速率的限制，溶出是难溶性药物吸收的限速过程。可溶性药物溶解速率快，吸收的限速步骤是生物膜的通透过程，故溶出速率对吸收影响较少。

药物的溶出速率可用 Noyes-Whitney 方程表示，见式(18-4)。

$$\frac{dC}{dt}=\frac{DS}{Vh}(C_s-C) \tag{18-4}$$

式中：$\frac{dC}{dt}$ 为溶出速率；S 为固体药物的表面积；D 为扩散系数（与介质温度成正比，与介质黏度成反比）；h 为扩散层的厚度；C_s 为药物在液体介质中的溶解度；C 为 t 时间药物在溶出介质中的浓度。

从上式可知影响药物溶出速率的因素主要有：①粒径：粒径越小，表面积越大，溶出越快，因此，为了增加某些难溶性药物的溶出速率和吸收，可采用微粉化、固体分散体等方法。②溶解度：溶解度增加则溶出量增加，可用成盐的方法，增加弱酸性或弱碱性药物的溶解度，也可选择多晶型药物中的亚稳定型、无定型或选择无水物等来增加药物的溶出。③降低介质的黏度或升高温度，有利于药物的溶出。

3. 多晶型 化学结构相同的药物，可因结晶条件不同而得到数种晶格排列不同的晶型，这种现象称为多晶型。多晶型中有稳定型、亚稳定型和无定型。各种晶型虽然化学性质相同，但它们的物理性质如密度、硬度、熔点、溶解度、溶出速率等可能不同，因而呈现不同的生物活性及稳定性。一般稳定型的结晶熔点高、溶解度小、溶出速率慢；无定型溶解时不必克服晶格能，溶出最快，但在储存过程中甚至在体内转化成稳定型；亚稳定型介于上述二者之间，其熔点较低，具有较高的溶解度和溶出速率，亚稳定型可以逐渐转变为稳定型，但这种转变速率比较缓慢，在常温下较稳定，有利于制剂的制备。因此药物可因晶型不同而呈现不同的生物利用度，进而反映到药理活性上，因此在药物制剂原料的选择上要注意这一性能。在保证药物储存稳定的前提下，对一些难溶性的药物，选用亚稳定型为制剂原料，常能取得较高的溶出速率和较好的治疗效果。如无定型新生霉素的溶解度和溶出速率比结晶型大 10 倍，口服结晶型新生霉素无效，而无定型有显著的活性。氯霉素棕榈酸酯有 A、B、C 三种晶型及无定型，其中 B 型和无定型有效，而 A 型及 C 型无效。因此在制剂的设计、制备和储存过程中应特别注意晶型转换和亚稳定型稳定化的问题。

药物结晶含有溶剂者称为溶剂化物。溶剂为水的称为水合物，不含水的为无水物，若溶剂为有机溶剂，则称有机溶剂化物。通常情况下，溶剂化物的溶出速率：有机溶剂化物＞无水物＞水合物。在原料药生产时，将药物制成无水物或有机溶剂化物，有利于溶出和吸收。例如氨苄西林无水物比水合物的溶解度大，在 30 ℃时无水物和三水物的溶解度分别为 12 mg/mL 和 8 mg/mL，口服 250 mg 氨苄西林无水物与三水物混悬液后，前者的血药浓度较高。

4. 药物在胃肠道中的稳定性 某些药物在胃肠道中不稳定。一方面是由于胃肠道 pH 值的影响，如红霉素在胃液中 5 min 仅存 3.5%的活性。另一方面是由于药物在胃肠道中受各种酶的酶解作用而失活，如胰岛素。前者可利用肠溶材料包衣等方法来防止药物在胃中的降解和失活，后者则可通过与酶抑制剂合用或制成前体药物而避免失活。如将青霉素衍生为氨苄青霉素，则在胃酸中较稳定，可口服给药。

5. 剂型的影响 药物的剂型对药物的吸收及生物利用度有很大的影响。因为不同的剂型、给药部位及吸收途径各异，药物被吸收的速率与量亦可能不同，这种差异必然会影响到药物的起效时间、作用强度、作用持续时间、不良反应等。少数药物由于剂型不同，药物的作用目的也不一样，如硫酸镁口服溶液剂可作泻药，因其可形成高渗压而阻止肠内水分吸收，扩张肠道，刺激肠壁，促进肠蠕动；而硫酸镁注射剂则用于治疗惊厥、子痫等。

剂型中药物的吸收和生物利用度情况取决于剂型释放药物的速率和数量。一般认为，口服剂型生物利用度高低的大致顺序：溶液剂＞混悬液＞散剂＞胶囊剂＞片剂＞包衣片。

1）溶液剂　溶液剂中药物以分子或离子状态分散，所以口服溶液剂的吸收是口服剂型中最快且较完全的，因此生物利用度较高。影响药物从溶液中吸收的因素有溶液的黏度、渗透压、络合物的形成、增溶作用及药物稳定性等。对于难溶性药物，常通过采用混合溶剂、成盐、加入助溶剂或增溶剂等方法以增加溶解度。当服用此类制剂时，由于胃肠内容物的稀释或胃酸的影响，药物可能会析出，但一般析出的粒子药物极细，可迅速溶解，对药物的吸收影响不大。若析出的粒子较大，则会延缓药物的吸收。

2）乳剂　口服乳剂具有生物利用度较高的优点。例如难溶于水的抗炎解热药吲哚克素制成混悬剂或胶囊剂，吸收不完全。若将其制成 O/W 型乳剂，药物的吸收量可提高 2～3 倍。乳剂促进药物吸收可能有以下几方面的原因：①乳剂分散作用好，有效表面积大，有利于药物的释放、溶解和吸收；②乳剂中含有乳化剂，有表面活性作用，可改善胃肠黏膜性能，促进药物吸收；③乳剂中的油脂吸收后可促进胆汁分泌，增加血液和淋巴液的流速，有助于药物溶解和吸收等。另外溶于油的药物制成 O/W 乳剂，分配到水相中的药物量是影响药物吸收的主要因素。

3）混悬剂　在吸收前，药物颗粒必须溶解，溶解过程是否为吸收的限速过程取决于药物的溶解度和溶出速率。混悬剂中药物颗粒小，与胃肠液接触面积大，所以混悬剂的吸收速率比胶囊剂和片剂快。影响混悬剂中药物溶出速率的因素主要有药物颗粒大小、晶型、附加剂、分散溶媒种类、黏度及各组分间的相互作用等。为了增加混悬液动力学稳定性，常加亲水性高分子物质作为助悬剂以增加黏度，但黏度增大，扩散系数减小，从而影响了药物的溶解和吸收。如含甲基纤维素的呋喃妥因水混悬液，其吸收程度和速率均比不含甲基纤维素的要低。

4）散剂　比表面积大，易分散，服用后不经崩解过程和分散过程，因此溶出和吸收较其他固体制剂快，生物利用度较高。散剂的粒子大小、溶出速率、药物和其他组分间的相互作用、储存条件等都可能影响散剂中药物的吸收。由于散剂比表面积较大，容易吸湿或风化，常会发生湿润、结块、失去流动性等物理变化，有的还会发生变色、分解或效价降低等化学变化，因此影响药物的有效性。

5）胶囊剂　由于胶囊剂制备时不需加压力，服用后在胃中崩解快，囊壳破裂后，药物可迅速地分散，故药物的释放速率快，吸收好。影响胶囊剂吸收的因素较多，如胃内容物、药物颗粒大小、晶型、附加剂（稀释剂、润滑剂等）种类、药物与附加剂的相互作用、空胶囊的质量及储藏条件等。但对胶囊剂，特别是含有疏水性药物的胶囊剂，影响药物吸收的主要因素是稀释剂。疏水性的稀释剂能阻碍水和吸收部位体液对药物的润湿，而水溶性和亲水性稀释剂能增大体液透入胶囊内速率，减少药物粉粒与体液接触后结块的现象，使粉粒的有效面积增大，从而促进药物的释放和吸收。

另外，胶囊剂的保存时间和条件对药物的释放有一定的影响，储藏时相对湿度和温度对胶囊的崩解性有很大的影响。胶囊剂在高温、高湿条件下不稳定，若长期储存，其崩解时限明显延长，溶出度有很大的变化。储存温度一般不应超过 25 ℃，相对湿度不超过 45%。过分干燥可因胶囊中的水分丢失而易脆碎。

6）片剂　应用最为广泛，也是存在生物利用度问题最多的一种制剂。其主要原因是片剂表面积较小，含有大量辅料，并经制粒、压片、包衣等工艺，使得药物的释放过程减慢，从而影响药物的吸收。片剂经口服，首先在胃肠道中崩解，分散成细小颗粒，等药物溶出后，才能被吸收。因此，片剂的崩解和溶出对药物的吸收起重要作用。而影响片剂崩解和溶出速率的因素很多，主要有药物的颗粒大小、压力、处方组成、制备工艺、储存条件等。

包衣片剂比一般片剂更复杂。糖衣片中药物溶解之前，首先是衣层的溶解，而砂糖的结晶强烈抵抗这种溶解过程，因而需一定时间药物才能崩解，继而溶出或溶解。薄膜衣片，其衣料的性质及厚度均可影响药物的溶出速率。肠溶衣片，在给药后的前 1～3 h 内几乎无药物吸收，主要受包衣材料、胃排空速率及食物种类、生理病理条件等因素的影响。肠溶衣片涉及的因素较多，因而药物吸收的波动较大，在个体之间甚至同一个人体内的吸收相差较大。

6. 辅料对吸收的影响　为了增加主药的均匀性、有效性和稳定性，制剂中常需添加各种辅料。许多辅料对药物的吸收可能会有影响，无生理活性的辅料几乎不存在。辅料对药物吸收的影响主要表现在两个方面。①辅料可以影响药物的理化性状，从而影响药物在体内的释放、溶解、扩散、渗透及吸收过程。如某些稀释剂可增加药物与体液的接触面积，加快药物的吸收，但有些稀释剂吸附药物后，延缓药物的释放和吸收；片剂制粒过程中加入的黏合剂增加粒子间的黏结能力，有时会降低药物的溶出速率；疏水性润滑剂的加入，可阻止药物与体液的接触，妨碍药物的润湿，延缓药物的崩解、释放和吸收。②辅料与药物之间可能会发生某些物理、化学或生物方面的作用。如以硬脂酸镁作为阿司匹林片的润滑剂可使其分解，苯丙胺与羧甲基纤维素形成难溶性的络合物，使其生物利用度大大降低。

表面活性剂广泛应用于许多制剂中，其对药物吸收的影响较为复杂，既可促进药物的吸收，也可延续药物的吸收。如表面活性剂能降低药物与体液间的界面张力，增进难溶性药物的润湿和溶出，从而促进吸收。当表面活性剂在溶液中的浓度达到临界胶团浓度以上时，可形成胶团，脂溶性药物可进入胶团中，使游离的药物浓度降低，使药物的吸收下降，但如果药物从胶团相向水相的分配过程很快，也能使吸收量增加。另外，表面活性剂能溶解消化道上皮细胞膜的脂质，改变其通透性，使本来难以吸收的药物，由于添加表面活性剂而使其吸收量增加。

7. 制备工艺对吸收的影响 药物制剂的制备工艺对药物的溶出和吸收有很大的影响。如在制粒操作中，黏合剂的性质与用量、颗粒的大小与密度、物料与黏合剂的混合时间、制粒方法、湿颗粒的干燥温度与时间等都可影响片剂的崩解、溶出和吸收。在压片过程中，因压力能使物料聚结成片，增加密度，减少颗粒总表面积，通常压力增加，溶出速率减慢，但当压力太大时颗粒也可能被压碎成更小的粒子，甚至暴露出药物结晶，导致表面积增加而溶出增加。

三、药物的分布

分布(distribution)是指药物吸收进入血液循环后，随着血液向组织器官转运的过程。药物在体内的分布与药物的作用速率、强度、毒副作用及在体内的蓄积性密切相关。如果药物分布的主要器官和组织正是药物的作用部位，则药物分布与药效之间有密切联系；如果药物分布于非作用部位，则往往与药物在体内的蓄积和毒性有密切关联。因此，掌握药物的体内分布规律，对于预测药物的药理作用、体内滞留程度和毒副作用，保证安全用药和新药开发等都具有十分重要的意义。

(一) 表观分布容积

表观分布容积(apparent volume of distribution，V)是用来描述药物在体内分布状况的重要参数，是将全血或血浆中的药物浓度与体内药量联系起来的比例常数，也是药物动力学的一个重要参数，其单位为 L 或 L/kg。通常用式(18-5)表示。

$$V=\frac{D}{C} \tag{18-5}$$

式中：D 表示体内药物量；C 表示相应的血药浓度。它是指假设在药物充分分布的前提下，体内全部药物按血中同样浓度溶解时所需的体液总容积。

表观分布容积是假定药物在体内均匀分布情况下求得的药物分布容积，是通过理论计算得到的，而实际上药物在各组织中的浓度和血液浓度并不相等，因此，表观分布容积不是机体的真实容积，不具有生理学和解剖学意义，仅表示药物在体内的分布程度。如果 V 值大，则表明药物在体内分布范围广；反之，则分布窄。如果药物不向组织分布时，其值等于血浆容积；倘若药物向组织液均匀分布时，其值等于体液总容积；大多数药物向组织液呈中、低程度分布，其值介于血浆和体液总容积之间；有些药物在组织中高度分布，其值可大于体液总容积，如地高辛的表观分布容积可达 600 L(而一般体重 60 kg 的成人总体液约为 36 L)。

(二) 影响分布的因素

1. 血液循环及血管通透性的影响 血液循环对分布的影响主要取决于组织的血流量。进入血液循环的药物须随左心室输出的血流转运至不同的组织器官中，所以流经各组织器官的动脉血流量是影响分布的一个重要因素。血流量大、血液循环好，血液到达组织的药物量多，药物从血液向组织液的扩散较快捷、方便，药物转运量也相应较大。反之，血流量少的组织或器官，药物转运速率较慢，转运量也相应减少。

毛细血管的通透性是影响药物组织分布的另一重要因素。药物要进入组织器官中，必须先通过血管壁进入组织液，再通过细胞膜进入组织细胞。毛细血管的通透性主要取决于管壁的类脂质屏障和管壁上的微孔。大多数药物以被动扩散方式通过毛细血管壁，小分子的水溶性药物可通过微孔转运。毛细血管的通透性因脏器不同而存在差异。如肝脏中的肝窦分布着不连续性毛细血管，管壁上有许多缺口，即使对相对分子质量较大的分子也比较容易通过。而脑和脊髓的毛细血管的内壁结构致密，细胞间隙极少，水溶性药物及极性药物很难透入。

2. 药物与血浆蛋白结合率的影响 进入血液中的药物，一部分与血浆蛋白结合成为结合型药物，另一部分在血液中呈非结合的游离型状态存在。通常只有游离型药物才能透过毛细血管向各组织器官分布，因此药物的血浆蛋白结合是影响体内分布的重要因素。药物与血浆蛋白的结合是一种可逆过程，血浆中药物的游离型和结合型之间保持着动态平衡。当游离型药物浓度降低时，一部分结合型药物就转变成游离型药物，使血浆及作用部位在一定时间内保持一定的浓度。

药物与血浆蛋白结合的程度，可用血浆蛋白结合率来表示。药物与血浆蛋白的结合存在饱和现象、竞争抑制现象。当血液中药物浓度较低时，蛋白结合率高的药物几乎都以结合型存在，当血浆中药物浓度增加到某一值时，游离型药物急剧增加，此时蛋白结合出现饱和现象；当同时服用两种或两种以上血浆蛋白结合率较高的药物时，会产生竞争抑制现象，导致结合型药物减少，游离型药物急剧增加，从而使药理作用显著增强，甚至出现毒副作用，易产生用药安全问题。影响蛋白结合率的因素较多。除了药物的理化性质、给药剂量、药物与蛋白质的亲和力及药物相互作用外，还与种族、性别、年龄、生理和病理状态等因素有关。

3. 药物与组织亲和力的影响 药物与组织的亲和力也是影响体内分布的重要因素之一。在体内药物除能与血浆蛋白结合外，还能与组织细胞内的蛋白质、脂肪、酶以及黏多糖等高分子物质发生非特异性结合，其原理与药物和血浆蛋白结合的原理相同，组织结合一般也是可逆的，药物在组织与血液间仍保持着动态平衡关系。由于结合物不易透出细胞膜，因此当药物与组织蛋白结合程度高于与血浆蛋白结合程度时，其组织中浓度就可能比血浆中浓度高。在大多数情况下，药物的组织结合起着储存药物的作用，可延长作用时间，但如果储存组织不是药物发挥疗效的部位，长期蓄积，可导致蓄积中毒。如吩噻嗪、氯喹及砷沉积在头发中，四环素沉积在骨骼和牙齿中。

4. 特殊屏障的影响

1）血脑屏障 脑和脊髓毛细血管的内皮细胞被一层致密的神经胶质细胞包围，细胞间连接致密，细胞间隙极小，形成了连续性无膜孔的毛细血管壁，对外来物质的摄取具有高度的选择性。脑组织的这种对外来物质的选择能力被称为血脑屏障，其功用在于保护中枢神经系统使其具有更加稳定的内环境。药物从血液向脑内转运的机制与其他组织一样，仍以被动扩散为主，扩散速率与其脂溶性和解离度有关。脂溶性强、未解离的药物容易向脑脊液转运，如吩噻嗪类药能迅速转运至脑内，而水溶性的、在血浆 pH 值为 7.4 时能大量解离的抗生素不能进入脑脊液。但当脑内感染如脑膜炎存在时，膜通透性变大，使氨苄青霉素、青霉素G、头孢噻吩钠等都能透入脑脊液，达到治疗浓度。

2）胎盘屏障 药物从母体向胎儿的转运受到胎盘的屏障作用，从而使胎儿尽可能少地接触母体的药物或毒物。胎盘屏障与血脑屏障有类似的性质，大多数药物以被动扩散方式通过胎盘，但葡萄糖等可按促进扩散的方式转运，而一些金属离子（如 Na^+、K^+ 等）、氨基酸、维生素及代谢抑制剂可按主动转运的方式通过胎盘。影响药物通过胎盘的因素，主要有药物的理化性质，诸如脂溶性、解离度、相对分子质量等；药物的蛋白结合率；用药时胎盘的功能状况，如胎盘血流量、胎盘代谢、胎盘生长等功能；以及药物在孕妇体内的分布特征等。在妊娠后期，绝大多数药物可通过胎盘到达胎儿体内。当孕妇患有严重感染、中毒或其他疾病时，胎盘的正常功能受到破坏，药物的透过性也发生改变，甚至可使正常情况下不能渗透到胎儿体内的许多微生物和其他物质进入胎盘内。

5. 其他因素 药物在体内的分布还受肝脏首过效应、药物的理化性质、淋巴系统转运等的影响，在此不再赘述。

四、药物的代谢

（一）代谢过程

代谢（metabolism）是指药物在体内发生化学结构变化的过程，也称为生物转化（biotransformation）。药物在体内吸收、分布的同时，经常伴随着化学结构上的转变即药物代谢，它是在酶参与之下的生物转化过程。药物代谢产物通常比原药物的极性增大，更易被排泄。多数药物代谢后活性减弱或丧失，但有些药物经代谢后活性增强，如非那西丁在体内转化为对乙酰氨基酚，还有一些药物本身无活性，经代谢后产生药理活性物质，前体药物就是利用该原理设计而成。

药物代谢主要在肝脏内进行，因此，许多经胃肠道给药的药物经吸收后，经门静脉系统首先进入肝脏，部分药物被代谢，最终进入体循环的原形药物量减少，这种现象称为首过效应。药物的代谢过程可分为两个阶段：第一阶段通常是在药物分子中引入极性基团的反应，是药物通过氧化、还原和水解等途径引入羟基、氨基、羧基等极性基团的过程。第二阶段往往是结合反应，即上述的极性基团与体内的葡萄糖醛酸、硫酸、甘氨酸等结合，形成水溶性更大、极性更强的化合物，以使药物有效地被排出体外。某些药物如杜冷丁等经第一阶段代谢后，其水溶性足以使之排泄，则不发生第二阶段反应。但大多数药物须经第二阶段的结合反应，才能使药物分子的水溶性满足排泄的要求。当然，也有不少药物不经代谢以原形排泄。除肝脏之外，药物代谢也可能发生在胃肠道、肺、皮肤等部位。

（二）影响代谢的因素

机体内药物的代谢几乎都是在酶参与下完成的，很多化合物可影响酶的作用，从而影响药物的代谢。现已发现，当机体长时间使用某一药物时，会使药酶的活性增加，使自身（或其他药物）的代谢加快，药效降低，停药后可恢复，这种作用称为酶诱导作用，具有这种作用的药物称为酶诱导剂。如连续使用苯巴比妥后，其疗效显著下降，还能促进口服抗凝药的代谢。还有些药物能抑制药物代谢酶，尤其是细胞色素 P450 的活性，使药物的代谢速率减慢，这种现象称为酶抑作用，具有这种作用的药物称酶抑制剂。如双香豆素等可使甲苯磺丁脲的半衰期延长。由于代谢酶具有饱和现象，当药物剂量增加到一定程度时，血药浓度会异常上升，导致中毒。另外药酶的多种底物共存时也可出现竞争性抑制现象。这些在合并用药时必须充分重视。

用药对象的生理因素如种族、性别、年龄、生理病理等差异对药物的代谢也有不同程度的影响。如不同种族的人药物代谢酶的活性可能有较大的差异；女性多数比男性对药物较为敏感；老年人由于各种器官功能逐渐衰减而对药物的代谢、排泄能力下降，正处在生长发育时期的少年儿童，尤其是幼儿，其代谢酶的活性比成人要低得多；肝功能不全时将会降低药物的代谢与解毒功能；还有饮食等对药物的代谢也有一定的影响。

另外，剂型因素也会影响药物的代谢。同一药物不同的给药途径和方法往往因有无首过效应而产生代谢过程的差异，如盐酸普萘洛尔以不同途径给药于大鼠，结果是鼻腔给药和静脉注射给药两种给药途径由于避免了首过效应，效果都较好，而口服效果极差。

五、药物的排泄

排泄（excretion）是指体内药物或其代谢物排出体外的过程，它与生物转化统称为药物消除。肾排泄、胆汁排泄是最重要的途径。某些药物也可从肠、肺、唾液腺、乳腺、呼吸道及汗腺等排泄，但排泄量较少。药物排泄过程的正常与否直接关系到药物在体内的浓度和持续时间，从而影响到药物的药理效应。

（一）药物的肾排泄

药物肾排泄是许多药物的主要消除途径。水溶性药物、相对分子质量小的药物以及肝生物转化慢的药物均由肾排泄消除。肾排泄药物主要是通过肾小球滤过、肾小球分泌和肾小管重吸收三个过程。

1. 肾小球的滤过 肾小球是动静脉交汇的毛细血管团，其毛细血管内皮极薄，其上分布着很多直径为 6～10 nm 的小孔，通透性较高，药物可以以膜孔扩散方式滤过，滤过率高。但药物如与血浆蛋白结合，则不能滤过。因此，药物血浆蛋白结合率会在很大程度上影响到以肾排泄为主的药物的排泄速率。

2. 肾小管的分泌 将药物转运至尿中排泄，是主动转运过程。肾小管和集合管上皮细胞除了重吸收机体需要的物质外，还可将自身代谢产生的物质，以及进入体内的某些物质通过分泌过程排入小管液，以保证机体内环境的相对恒定。许多有机弱酸性和弱碱性药物都可通过这种机制转运到尿中，如青霉素、呋塞米和依他尼酸等药物都可经肾小管分泌排泄。由于这一过程是主动转运过程，是逆浓度梯度转运，需要载体和能量，有饱和现象与竞争抑制现象。故临床联合用药时要注意药物的相互作用。

3. 肾小管的重吸收 肾小管的毛细血管膜具有类脂膜的特性，因此药物从肾小管远曲小管的重吸收是以被动扩散方式进行的。脂溶性药物、未解离型药物易于吸收，故排泄量减少。此外，尿液的 pH 值和尿量等因素也产生影响。

4. 影响药物肾排泄的主要因素

1）药物的血浆蛋白结合　药物血浆蛋白结合率高，则肾排泄速率下降。另外，如配伍使用其他药物与血浆蛋白竞争性结合，会使非结合型药物增多，从而影响肾排泄速率。

2）尿液pH值和尿量　弱酸性和弱碱性药物的解离度随尿液的pH值而变化，从而影响药物在肾小管近曲小管的重吸收，尿量的多少影响到药物浓度，也会影响排泄速率。

3）合并用药　如果同时使用在肾近曲小管中经同一转运系统主动分泌的药物时，出于竞争性抑制，可使肾小管分泌功能下降，如丙磺舒对有机酸药物的主动分泌是较强的抑制剂。

4）肾脏疾病　对药物的肾排泄影响较大。如肾脏疾病加重，会使肾小管的主动分泌功能下降，从而使排泄速率明显下降。

（二）药物的胆汁排泄

胆汁排泄也是药物排泄的重要途径，某些药物如脂溶性维生素、性激素、甲状腺素等药物及其代谢产物在胆汁中的排泄非常显著。其转运机制有被动扩散和主动转运两种。被动扩散排泄的药物，其速率受药物分子大小、脂溶性等因素的影响。胆汁排泄的主动转运也存在饱和现象和竞争性抑制现象。

某些药物或代谢物经胆汁进入十二指肠后，可在小肠重吸收返回肝脏，形成肠肝循环。这些药物多数以葡萄糖醛酸结合物的形式从胆汁中排泄，在肠道内被细菌丛的β-葡萄糖醛酸水解酶水解，成为原形药物，脂溶性增大，故在小肠中被重新吸收。由于肠肝循环的存在，药物在血中持续时间延长，因此在给药方案设计时应充分给予考虑，否则可能产生毒性。如果使用抗生素（如林可霉素）抑制肠道菌群，可以影响到药物的肠肝循环。

（三）药物的其他途径排泄

除了上述途径外，尚有唾液、汗腺、眼泪、呼吸道和肠道排泄等，这些途径排出药量较少，在药物消除中作用不大。一般唾液排泄对药物的消除没有临床意义，但可以利用唾液和血浆药物浓度比相对稳定的规律，以唾液药物浓度作为血药浓度的指标，研究药物的代谢动力学。绝大多数药物在乳汁中排出的量是很小的，但由于婴儿的肝肾功能未发育完全，对药物的代谢和排泄能力低，有可能造成一些药物在婴儿体内蓄积，发生严重的毒副作用，因此，哺乳期妇女应禁用或慎用某些药物，在新药的开发中常需进行乳汁排泄试验。

拓展知识

药物的非胃肠道吸收

一、注射部位的吸收

口服不吸收、在胃肠道降解、首过效应大、胃肠道刺激性大的药物常以注射给药。注射给药是一种重要的给药方法，起效迅速，常用于一些急救或无法口服药物的患者。注射给药的吸收是药物由注射部位向循环系统的转运过程。

最常见的注射给药途径：静脉注射、动脉注射、皮内注射、皮下注射、肌内注射、关节腔注射和脊髓腔注射等。注射的途径和方式不同，药物的吸收情况也有差异。

1. 静脉注射　将药物直接注入静脉血管而进入血液循环，不存在吸收过程，作用迅速，生物利用度高。药物到达肺之后可能被巨噬细胞吞噬或被代谢酶降解，被肺呼出排泄或被储存，因此静脉注射的药物不一定能够完全到达作用部位，这种现象称为“肺首过效应”。但是这种首过效应的影响远远小于肝首过效应。因此，仍然认为静脉注射的生物利用度是100％。

2. 肌内注射　将药物注射到骨骼肌中，通常选择臀部肌肉作为注射部位。肌内注射存在吸收过程，药物先经注射部位的结缔组织扩散，再经毛细血管吸收进入血液循环，所以药物的起效比静脉注射稍慢。

3. 皮下与皮内注射

1）皮下注射　将药物注射到疏松的皮下组织中。皮下结缔组织内间隙多，药物皮下注射后通过结缔组织扩散进入毛细血管吸收。皮下注射后药物吸收较肌内注射慢，有时甚至比口服吸收还慢。

需延长作用时间的药物可采用皮下注射，如治疗糖尿病的胰岛素等。一些油混悬型注射液或植入剂可注射或埋藏于皮下，以发挥长效作用。身体不同部位皮下注射后药物吸收速率不同，如胰岛素以大腿皮下注射降低血糖效果最显著，且持续时间最长，其次为上臂皮下注射，而腹部皮下注射血糖几乎无改变。这可能与注射部位的血流速率有关。

2）皮内注射　将药物注入真皮下，此部位血管细小，药物吸收差。注射容量仅为 0.1～0.2 mL，一般用于皮肤诊断和过敏试验。这种给药途径的药物很难进入血液循环。

4. 其他部位注射　动脉注射是将药物直接注入动脉血管内，不存在吸收过程和肺首过效应，而且可使药物直接靶向输送至作用部位，如抗癌药物经靶位的动脉血管注射，可提高治疗效果，降低毒副作用。鞘内注射是将药物直接注射到椎管内，可用于克服血脑屏障，如治疗结核性脑膜炎时可鞘内注射异烟肼和激素等药物。腹腔内注射以门静脉为主要吸收途径，药物首先通过肝脏再向全身组织分布，此种给药途径多用于动物实验。

二、肺部吸收

用于肺部给药的剂型主要为气溶胶剂，包括气雾剂、喷雾剂和粉末吸入剂。这些剂型主要经口腔给药，通过咽喉直接进入呼吸道的中、下部位。

肺部给药能够产生局部或全身治疗作用。肺部给药的吸收面积大，肺泡上皮细胞膜薄，渗透性高；吸收部位的血流丰富，酶的活性相对较低，能够避免肝脏的首过效应，生物利用度高。肺部给药主要通过口腔吸入，经过咽喉进入呼吸道，到达吸收或作用部位。

对于口服给药在胃肠道易受破坏或具有较强肝脏首过效应的药物，肺部给药可显著提高其生物利用度，尤其是蛋白质和多肽类药物经肺部给药，是最有前景的非静脉注射研究领域之一。

三、黏膜吸收

黏膜吸收主要包括口腔给药和鼻腔给药后的黏膜吸收。

1. 口腔给药　药物经口腔黏膜吸收后直接进入循环系统的给药方法。药物经口腔黏膜给药可发挥局部或全身作用，局部作用的剂型多为溶液型或混悬型漱口剂、气雾剂、膜剂、口腔片剂等，可用于治疗口腔溃疡、细菌和真菌感染，以及其他口腔科或牙科疾病。全身作用常用舌下片、黏附片、贴膏等剂型。口腔给药的主要优点：能避开肝脏首过效应，无胃肠道的降解作用，给药方便，起效迅速，无痛无刺激，患者耐受性好。

2. 鼻腔给药　不仅用于鼻腔局部疾病的治疗，也是全身疾病治疗的新型给药途径之一。鼻腔给药的药物吸收是药物透过鼻黏膜向循环系统的转运过程，与鼻腔黏膜的解剖、生理以及药物本身的剂型因素和理化性质等有关。一些甾体类激素、抗高血压、镇痛、抗生素类以及抗病毒药物经鼻腔给药，通过鼻黏膜吸收可以获得比口腔更好的生物利用度，某些蛋白多肽类药物经鼻黏膜吸收均能达到较高的生物利用度。

鼻腔给药的主要优点：①鼻黏膜内血管丰富，鼻黏膜渗透性高，有利于全身吸收；②可避开肝脏首过效应、消化道内代谢和药物在胃肠液中的降解；③吸收程度和速率有时可与静脉注射相当；④鼻腔内给药方便易行。因此，口服给药个体差异大、生物利用度低的药物以及口服易破坏或不吸收、只能注射给药的药物，可以考虑鼻腔给药。

四、皮肤吸收

皮肤给药可以用于局部皮肤病的治疗，也可以经皮肤吸收后治疗全身性疾病。对于皮肤病，由于病灶部位的深浅不同，某些药物需要透过角质层以后才能起效；对于全身性疾病，药物必须通过角质层，被皮下毛细血管吸收进入血液循环以后才能起效。因此，皮肤给药涉及药物的透皮和吸收问题。

皮肤给药，先从制剂中释放药物至皮肤表面，溶解的药物进入角质层，扩散并通过角质层到达活性表皮，继续扩散到达真皮，被毛细血管吸收进入血液循环。

药物渗透通过皮肤进入血液循环的主要途径是通过角质层和活性表皮进入真皮被毛细血管吸收进入血液循环，即表皮途径。药物可以穿过角质层细胞到达活性表皮，也可以通过角质层细胞间隙到达活性表皮。由于角质层细胞扩散阻力大，药物分子主要由细胞间隙扩散通过角质层。

皮肤的附属器毛囊、皮脂腺和汗腺是药物通过皮肤的另一条途径。药物通过皮肤附属器的速度比表皮途径快，但皮肤附属器在皮肤表面所占的面积约为 0.1%，因此不是药物经皮吸收的主要途径。离子型药物及水溶性大分子药物难以通过富含类脂的角质层，则皮肤附属器途径显得尤为重要。

项目小结

教学提纲		主要内容简述
一级	二级	
一、概述	(一)生物药剂学的概念	研究药物及其制剂在体内的吸收、分布、代谢与排泄过程,阐明药物的剂型因素、机体的生物因素和药物疗效三者之间关系的一门学科
	(二)生物药剂学的研究内容	剂型因素与药效关系的研究;生物因素与药效关系的研究;体内过程机制与药效关系的研究
二、药物的吸收	(一)药物的膜转运与胃肠道吸收	生物膜的结构;药物转运机制(被动转运、主动转运、促进扩散、膜动转运);胃肠道生理
	(二)影响药物胃肠道吸收的生理因素	胃肠道 pH 值的影响;胃肠运动的影响
	(三)影响药物胃肠道吸收的剂型因素	药物解离常数和脂溶性;溶出速率;多晶型;药物在胃肠道中的稳定性;剂型的影响;辅料对吸收的影响;制备工艺对吸收的影响
三、药物的分布	(一)表观分布容积	假设在药物充分分布的前提下,体内全部药物按血中同样浓度溶解时所需的体液总容积
	(二)影响分布的因素	血液循环及血管通透性的影响;药物与血浆蛋白结合率的影响;药物与组织亲和力的影响;特殊屏障的影响;其他因素
四、药物的代谢	(一)代谢过程	药物在体内发生化学结构变化的过程,也称为生物转化,主要在肝脏内进行
	(二)影响代谢的因素	在酶参与下完成:酶诱导作用;酶抑作用
五、药物的排泄	(一)药物的肾排泄	肾小球的滤过、分泌和肾小管的重吸收三个过程;影响药物肾排泄的主要因素
	(二)药物的胆汁排泄	转运机制有被动扩散和主动转运两种;肠肝循环
	(三)药物的其他途径排泄	唾液、汗腺、眼泪、呼吸道和肠道排泄等

达标检测题

一、选择题

(一)单项选择题

1. 关于促进扩散的错误表述是(　　)。

A. 又称中介转运或易化扩散　　B. 不需要细胞膜载体的帮助

C. 有饱和现象　　D. 存在竞争抑制现象

E. 转运速率大大超过被动扩散

2. 关于药物通过生物膜转运的特点的正确表述是(　　)。

A. 被动扩散的物质可由高浓度区向低浓度区转运,转运的速率为一级速率

B. 促进扩散的转运速率低于被动扩散

C. 主动转运借助于载体进行,不需消耗能量

D. 被动扩散会出现饱和现象

E. 胞饮作用对于蛋白质和多肽的吸收不是十分重要

3. 不是药物胃肠道吸收机理的是(　　)。

A. 主动转运　　B. 促进扩散　　C. 渗透作用　　D. 胞饮作用　　E. 被动扩散

4. 大多数药物吸收的机理是（　　）。

A. 逆浓度差进行的消耗能量过程

B. 消耗能量，不需要载体的高浓度向低浓度侧的移动过程

C. 需要载体，不消耗能量的高浓度向低浓度侧的移动过程

D. 不消耗能量，不需要载体的高浓度向低浓度侧的移动过程

E. 有竞争转运现象的被动扩散过程

5. 一般认为在口服剂型中，药物吸收的快慢顺序大致是（　　）。

A. 散剂＞水溶液＞混悬液＞胶囊剂＞片剂＞包衣片剂

B. 包衣片剂＞片剂＞胶囊剂＞散剂＞混悬液＞水溶液

C. 水溶液＞混悬液＞散剂＞胶囊剂＞片剂＞包衣片剂

D. 片剂＞胶囊剂＞散剂＞水溶液＞混悬液＞包衣片剂

E. 水溶液＞混悬液＞散剂＞片剂＞胶囊剂＞包衣片剂

6. 不影响药物胃肠道吸收的因素是（　　）。

A. 药物的解离常数与脂溶性　　B. 药物从制剂中的溶出速率

C. 药物的粒度　　D. 药物旋光度

E. 药物的晶型

7. 有肝脏首过效应的是（　　）。

A. 舌下给药　　B. 口服肠溶片　　C. 静脉滴注给药

D. 鼻黏膜给药　　E. 肌内注射

8. 静脉注射某药，$X_0=60$ mg，若初始血药浓度为 15 μg/mL，其表观分布容积 V 为（　　）。

A. 20 L　　B. 4 mL　　C. 30 L　　D. 4 L　　E. 15 L

9. 下列有关药物表观分布容积的叙述中，叙述正确的是（　　）。

A. 表观分布容积大，表明药物在血浆中浓度小

B. 表观分布容积表明药物在体内分布的实际容积

C. 表观分布容积不可能超过体液量

D. 表观分布容积的单位是“L/h”

E. 表观分布容积具有生理学意义

（二）多项选择题

1. 影响胃排空速率的因素是（　　）。

A. 空腹与饱腹　　B. 药物因素　　C. 食物的组成和性质

D. 药物的多晶型　　E. 药物的油/水分配系数

2. 影响药物胃肠道吸收的因素有（　　）。

A. 药物的解离度与脂溶性　　B. 药物溶出速率

C. 药物在胃肠道中的稳定性　　D. 胃肠液的成分与性质

E. 胃排空速率

3. 与药物吸收有关的生理因素是（　　）。

A. 胃肠道的 pH 值　　B. 药物的 pK_a

C. 食物中的脂肪量　　D. 药物的分配系数

E. 药物在胃肠道的代谢

4. 影响药物从血液向其他组织分布的因素有（　　）。

A. 药物与组织结合率　　B. 血液循环速度

C. 给药途径　　D. 血管透过性

E. 药物血药蛋白结合率

二、填空题

1. 药物的体内过程包括________、________、________、________四个过程。

2. 药物排泄的主要器官是________，药物代谢的主要器官是________。

三、简答题

1. 何谓生物药剂学，研究它有什么意义？
2. 简述药物膜转运机制，主动转运有哪些特点？
3. 简述影响药物吸收的因素。
4. 药物的解离度与脂溶性对药物通过生物膜有何影响？
5. 何谓表现分布容积，它有何意义？
6. 药物代谢与药物疗效有什么关系？且举例说明之。
7. 简述影响药物排泄的因素。
8. 何谓肠肝循环？其意义如何？

（秦春梅）

项目十九　药物动力学

学习目标

能力目标

了解血药浓度与药效的关系；了解药物动力学基本概念与参数。

知识目标

掌握：生物利用度、血药峰值浓度、血浆半衰期、表观分布容积、清除率和房室模型等基本概念。

熟悉：各种房室模型的应用。

了解：临床给药方案设计与个体化给药的理论与实际意义。

相关知识

一、药物动力学参数及其临床意义

药物动力学(pharmacokinetics,PK)是应用动力学的原理与数学处理方法，定量地描述药物在体内动态变化规律的学科。它主要研究体内药物存在位置、数量与时间之间的关系，并提出解释这些数据所需要的数学关系式。

(一) 房室模型

药物进入机体后，在随血液运输到各个器官和组织的过程中，不断地被吸收、分布、代谢，最终排出体外。药物在血液中的浓度，随时间和空间而变化。血药浓度的大小直接影响到药物的疗效，浓度太低不能达到预期的效果，浓度太高又可能导致药物中毒、副作用太强或造成浪费。

建立房室模型(compartment Model)是运用药物动力学研究上述动态过程的基本步骤之一。房室概念是将机体视为一个系统，系统内部按动力学特点分为若干房室，房室被视为一个假设空间，它的划分与解剖学部位或生理学功能无关，但房室的划分也不是随意的，而是根据组织、器官血液供应多少和药物分布转运速率的快慢而确定的，只要体内某些部位的转运速率相同，均视为同一室。

(二) 药物动力学参数

1. 血药浓度(plasma concentration)　药物吸收后在血浆内的总浓度，包括与血浆蛋白结合的或在血浆游离的药物，有时也可泛指药物在全血中的浓度。药物作用的强度与药物在血浆中的浓度成正比，药物在体内的浓度随着时间而变化。

药物须以一定速率和足够浓度达到作用部位(受体部位)才能产生其治疗作用。一般来说，受体部位的药物浓度与其药物效应呈正相关。但因目前科技水平的限制，受体部位的药物浓度难以直接测定。对多数药物来说，受体部位的药物浓度与血药浓度存在平行关系，血药浓度与药效的关系比剂量与药效之间的关系密切得多。

2. 药时曲线和药时曲线下面积($AUC_{0\to\infty}$)　药时曲线是以时间为横坐标、血药浓度为纵坐标，得到反映血浆中药物浓度动态变化的曲线，即时量曲线。

$AUC_{0\to\infty}$指药物从零时间至所有原形药物全部消除这一段时间的药时曲线下总面积，可以反映药物进入血液循环的总量。药时曲线下面积(AUC)代表药物的生物利用度(药物在人体中被吸收利用的程度)，可反映药物在血液中的总量，也反映药物的吸收程度，对于同一受试者，AUC 大则药物吸收程度高。药时曲线示意图见图 19-1。

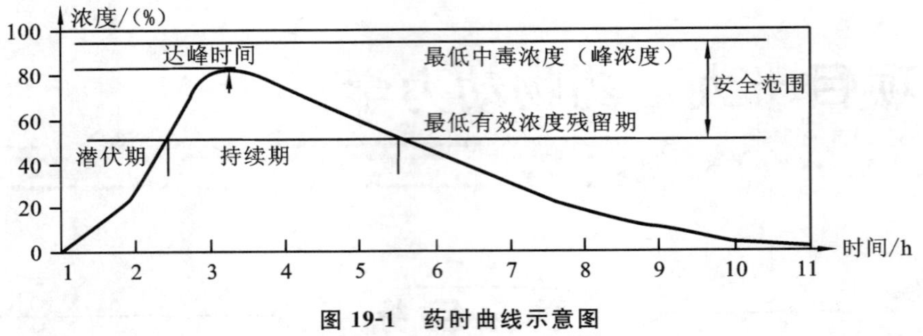

图 19-1 药时曲线示意图

3. 生物半衰期(biological half life, $t_{1/2}$) 药物在体内的量或血药浓度消除一半所需要的时间。单位通常以"h"或"min"表示。见式(19-1)。

$$t_{1/2}=0.693/k \tag{19-1}$$

式中：k 为反应速率常数；$t_{1/2}$是衡量药物从体内消除快慢的指标。代谢快、排泄快的药物，$t_{1/2}$短；代谢慢、排泄慢的药物，$t_{1/2}$长。

在药物剂型选择与设计、临床用药方法确定、指导给药方案设计等过程中，$t_{1/2}$具有非常重要的意义，如 $t_{1/2}$越长，药物消除越慢，持效时间越长，给药间隔越长。同时它也是一个特征参数，主要与个体消除器官的功能状态有关。$t_{1/2}$的变化提示肝肾功能的变化。

4. 消除速率常数(k) 消除是指体内药物不可逆失去的过程，它主要包括代谢和排泄两个过程。其速率与药量之间的比值常数 k 称为表观一级消除速率常数，简称消除速率常数，其单位为时间的倒数，k 值大小可衡量药物从体内消除的快与慢。k 值为消除速率与体内药量或血药浓度间的比例常数，见式(19-2)，即单位时间内药物消除的百分数。单位：h^{-1}。

$$k=\frac{-\mathrm{d}x/\mathrm{d}t}{x}=\frac{-\mathrm{d}c/\mathrm{d}t}{c} \tag{19-2}$$

药物从体内的消除途径：肝脏代谢、肾脏排泄、胆汁排泄及肺部呼吸排泄等，所以药物消除速率常数具有加和性。即 k 等于各代谢和排泄过程的速率常数之和，见式(19-3)。

$$k=k_b+k_e+k_{bi}+k_{lu}+\cdots \qquad F_e=k_e/k, \quad F_b=k_b/k \tag{19-3}$$

消除速率常数具有加和性，所以可根据各个途径的速率常数与 k 的比值，求得各个途径消除药物的分数。

5. 表观分布容积(apparent volume of distribution, v_d) 表观分布容积是体内药量与血浆药物浓度之间的比例常数，也就是假设药物在体内各组织和体液中均匀分布时，药物分布所需要的空间，见式(19-4)，单位：L 或 L/kg。

$$v=\frac{x}{c} \tag{19-4}$$

v_d 是药物的特征常数，对于一具体药物来说，v_d 是个确定的值。

v_d 不具备直接的生理意义，但反映药物的分布情况，即表示药物在组织中的分布范围和结合程度。v_d 值的大小与血药浓度有关，v_d 值越大，说明药物亲脂性高，在组织中的分布广；v_d 值越小，说明药物极性大，水溶性高，透膜能力差，组织分布少，而在血液中的分布广，或血浆蛋白结合率高即血药浓度高。

6. 清除率(CL) 单位时间内有多少毫升血中的药物被清除，也就是消除的药物表观分布容积，反映药物从体内的清除情况。CL 是正确估算药物从体内消除速率的唯一参数。计算公式见式(19-5)。

$$\mathrm{CL}=kVd \tag{19-5}$$

7. 速率过程 (rate processes) 零级速率过程：药物在体内某部位的转运速率在任何时间都是恒定的，与药物量或浓度无关。恒速静滴给药，$t_{1/2}$随 X_0增大。

知识链接

时量关系和时效关系

时量关系是指血药浓度随时间变化的关系。药物在体内吸收、分布、代谢、排泄是一个连续变化的动态过程，此过程决定药物作用强度、起效快慢和维持时间长短。这种药物效应随给药后时间变化而变化的关系，称为时效关系。

二、房室模型

（一）单室模型

即药物进入体循环后，迅速地分布于各个组织、器官和体液中，并立即达到分布上的动态平衡，成为动力学上的所谓“均一”状态，因而称为单房室模型或单室模型。

知识链接

单室模型静脉注射给药

静脉注射给药后，由于药物的体内过程只有消除，而消除过程是按一级速率过程进行的，所以药物消除速率与体内药量的一次方成正比。

$$\mathrm{d}X/\mathrm{d}t = -KX$$

$$X = X_0 \mathrm{e} - Kt$$

$$\lg X = (-K/2.303)t + \lg X_0$$

单室单剂量静脉注射给药后体内药量随时间变化的关系式：

$$\lg C = (-K/2.303)t + \lg C_0$$

由此可求得 K 值。

（二）双室模型

二房室模型是把机体看成药物分布速率不同的两个单元组成的体系，一个单元称为中央室，另一个单元称为周边室。中央室是由血液和血流非常丰富的组织、器官等组成，药物在血液与这些组织间的分布速率达到分布上的平衡；周边室（外室）是由血液供应不丰富的组织、器官等组成，体内药物向这些组织的分布较慢，需要较长时间才能达到分布上的平衡。

二房室以上的模型称为多房室模型，它把机体看成药物分布速率不同的多个单元组成的体系。

（三）多剂量给药

临床用药过程中，像镇痛药、催眠药、止喘药等药物一次用药就可以获得满意的疗效，我们可以采用单剂量给药的方案。但多数疾病是需要多次给药才能达到治疗目的，也就是要采用多剂量给药方案。多剂量给药又称重复给药，是指按一定剂量、一定给药间隔、多次重复给药，才能达到并保持在一定有效治疗血药浓度范围内的给药方法。

多剂量给药方案中，通常将最小有效血药浓度（MEC）定为稳态最小血药浓度；最低中毒浓度（MTC）定为稳态最大血药浓度，在 MEC 和 MTC 之间的血药浓度范围称为安全有效治疗浓度。

1. 单室模型

（1）静脉注射　见式（19-6）。

$$\tau = 1.44 t_{1/2} \ln \frac{C^{ss}_{max}}{C^{ss}_{min}} \tag{19-6}$$

（2）血管外给药　见式（19-7）。

$$\tau = \frac{FX_0}{\bar{C}_{ss} Vk} \tag{19-7}$$

2. 双室模型 见式(19-8)。

$$\tau = \frac{FX_0}{C_{\overline{ss}} V_\beta \beta} \tag{19-8}$$

(四) 非线性药物动力学

1. 非线性药物动力学现象 线性药物动力学的基本特征是血药浓度 C_p 与体内药物剂量成正比，药物在机体内的动力学过程可用线性微分方程组来描述，见图 19-2。

有些药物在体内的过程(吸收、分布、代谢、排泄)有酶或载体参加，而体内的酶或载体数量均有一定限度，当给药剂量及其所产生的体内浓度超过一定限度时，酶的催化能力和载体转运能力即达到饱和，故其动力学呈现明显的剂量(浓度)依赖性。表现为一些药物动力学参数随剂量不同而改变，也称为剂量依赖药物动力学、容量限制动力学或饱和动力学。见图 19-3。

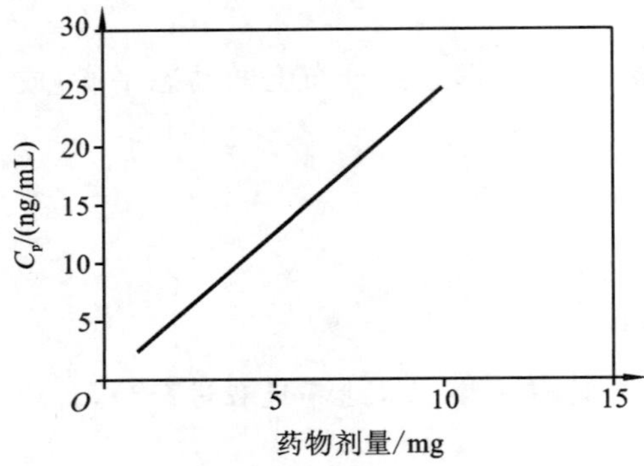

图 19-2 药物在机体内的动力学过程

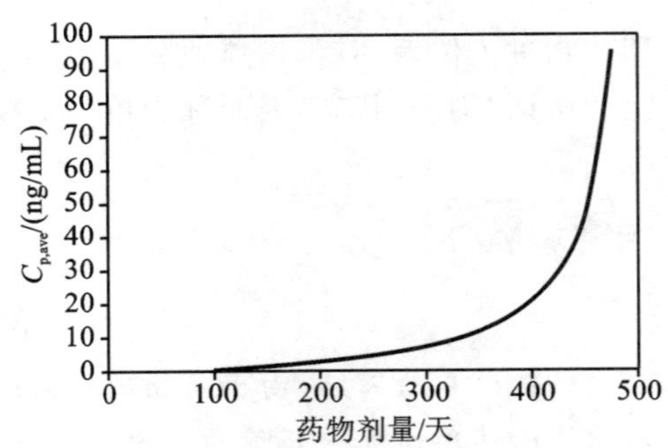

图 19-3 剂量依赖药物动力学过程

例：水杨酸盐

剂量：0.5 g/8 h→1.0 g/8 h　C_{ss}：1 倍 → 6 倍　达稳态所需时间：2 天→7 天

临床上由于非线性药物动力学所引起的这些问题，应引起足够的重视，否则会造成药物中毒。

知识链接

引起非线性药物动力学的原因

(1) 与药物代谢或生物转化有关的可饱和酶代谢过程；

(2) 与药物吸收、排泄有关的可饱和载体转运过程；

(3) 与药物分布有关的可饱和血浆/组织蛋白结合过程；

(4) 酶诱导及代谢产物抑制等其他特殊过程。

2. 非线性药物动力学特点与识别

(1) 特点　①药物消除为非一级动力学，遵从米氏方程。②消除半衰期随剂量增大而延长，剂量增加到一定程度时，半衰期急剧增大。③AUC 和 C 与剂量不成正比。④动力学过程可能会受到合并用药的影响。⑤代谢物的组成比例受剂量的影响。

(2) 非线性药物动力学方程　米氏(Michaelis-Menten)方程见式(19-9)。

$$-\frac{\mathrm{d}C}{\mathrm{d}t} = \frac{V_m C}{K_m + C} \tag{19-9}$$

式中：$-\frac{\mathrm{d}C}{\mathrm{d}t}$为血药浓度在 t 时间的下降速率，表示消除速率的大小；V_m 为药物在体内消除过程中理论上的最大消除速率；K_m 为 Michaelis 常数，是指消除速率为最大消除速率一半时的血药浓度，见式(19-10)。

$$-\frac{\mathrm{d}C}{\mathrm{d}t} = \frac{V_m}{2}, \quad K_m = C \tag{19-10}$$

注意：非线性药物动力学对于临床用药安全性和有效性有较大的影响。首过效应、代谢、结合、排泄等任何过程被饱和，产生非线性药物动力学，都会导致显著的临床效应和毒副作用，中毒后的解毒过程也会较缓慢。大多数药物在治疗剂量范围内，一般不会出现非线性药物动力学现象，但由于患者的生理病理情况如肝功能损害、肾功能衰竭等，可能会在治疗剂量范围内出现非线性药物动力学现象的情况。

具有非线性药物动力学特征的药物体内的消除能力有一定限度，即体内消除药物的能力易被药物用量所饱和。当出现饱和限速时，剂量稍有增加其血药浓度可超比例增加，半衰期也随着剂量增加而延长，药物易在体内蓄积而发生中毒。如苯妥英钠、水杨酸类、茶碱、保泰松等。

三、非房室模型

药物动力学参数分析用房室模型，亦可用非房室模型。采用非房室模型方法不需要设定专门的房室。事实上，只要药物符合线性药物动力学，那不管它属于什么样的房室模型，都可用此种方法。

1. 房室模型缺点

(1) 适用有局限性，前提是分布迅速，不适合分布非常缓慢的药物；

(2) 计算烦琐，隔室模型的确定受实验设计和血药浓度测定方法的影响较大，因此会在一定程度上影响数据处理结果的可靠性和可比性；

(3) 有一些药物，比如吡罗昔康等，体内过程中存在肠肝循环，从药时曲线上就反映出双峰现象；而有些缓释制剂，甚至存在多峰现象，这时也很难用房室模型处理。

2. 非房室模型方法 常用统计矩原理(也称为矩量法)，其源于概率统计理论，将药物的体内转运过程视为随机过程。药时曲线可看作是药物的统计分布曲线，用于统计矩分析。主要优点：不受数学模型的限制，适用于线性药物动力学的任何隔室模型。阶矩方程见式(19-11)、式(19-12)、式(19-13)、式(19-14)。

$$\mu_m = \int_0^{\infty} t^k f(t)\,\mathrm{d}t \tag{19-11}$$

式中：t 为变量；$f(t)$ 为概率密度函数。

零阶矩 $k=0$
$$\mu_0 = \int_0^{\infty} f(t)\,\mathrm{d}t \tag{19-12}$$

一阶矩 $k=1$
$$\mu_1 = \int_0^{\infty} t f(t)\,\mathrm{d}t \tag{19-13}$$

二阶矩 $k=2$
$$\mu_2 = \int_0^{\infty} t^2 f(t)\,\mathrm{d}t \tag{19-14}$$

将药时曲线下面积定义为零阶矩，见式(19-15)、式(19-16)。

$$\mathrm{AUC} = \int_0^{\infty} C\mathrm{d}t = \int_0^{n} C\mathrm{d}t + \int_n^{\infty} C\mathrm{d}t = \int_0^{n} C\mathrm{d}t + \frac{C_n}{\lambda} \tag{19-15}$$

$$\mathrm{AUC} = \sum_{i=1}^{n} \frac{C_i + C_{i-1}}{2}(t_i - t_{i-1}) + \frac{C_n}{\lambda} \tag{19-16}$$

式中：λ 为药时曲线末端直线部分的 $\ln C$ 对 t 线性回归的斜率；C_n 为最末测定的血药浓度值。

用矩量估算药物动力学参数的前提条件：体内过程符合线性过程。

四、临床给药方案设计与个体化给药

(一) 临床给药方案设计

1. 决定给药方案的因素与原则 药物治疗的成功与否很大程度上依赖于给药方案设计。合理的给药方案能够使药物在靶部位达到最佳的治疗浓度，从而产生最佳的治疗效果和最小的副作用。药物动力学和药效学方面的个体差异往往会使给药方案设计十分困难，因此应用药物动力学进行给药方案设计必须与临床效果评价和临床监测相结合。

给药方案设计和调整，常常需要进行血药浓度监测。但是只有在血药浓度与临床疗效相关或血药浓度与药物副作用相关时，进行血药浓度监测才有意义。对于那些血药浓度与临床疗效不相关的药物，应监测其药效学指标。例如癌症患者主要根据药物的副作用以及患者对药物的耐受能力来进行剂量调整。

并不是所有的药物都需要严格的给药方案个体化。例如青霉素、头孢菌素等抗生素，安全范围广，药物剂量常常根据医生的临床判断，只要将血药浓度维持在最低有效血药浓度以上即可。对于治疗指数小的药物，如地高辛、抗心律失常药、平喘药等，则要求血药浓度的波动范围在最低中毒浓度与最小有效浓度之间，而患者的吸收、分布、消除的个体差异又常常影响血药浓度水平，因此对这些药物必须实行个体化给药。此外，对于在治疗剂量即表现出非线性动力学特征的药物，如苯妥英钠等，剂量的微小改变，可能会导致治疗效果的显著差异，甚至会产生严重毒副作用，此类药物也需要实行个体化给药。一般治疗窗较宽的药物，常常根据药物的半衰期或平均稳态血药浓度等设计给药方案。

2. 制定给药方案的步骤 患者病情病因诊断清楚，确定适宜用药后设计给药方案。首先考虑那些与药物的有效性和安全性有关的因素，即药物的效应与毒性，如治疗窗与毒副作用。其次考虑人体对所用药物制剂的反应，即药物动力学因素，如药物的吸收、分布、代谢和排泄规律和特点。然后，考虑患者的生理状态如年龄、性别、体重，有无肝、肾功能异常或心功能疾病等导致药物动力学性质改变。最后还要考虑给药剂型、给药途径、遗传差异、耐药性及药物相互作用、患者的顺从性及其他环境，如饮酒、吸烟。

大致步骤如下：

确定靶浓度（C_p）

⇓

找出清除率 CL 和 V_d 的正常值

⇓

校正 CL 和 V_d（根据体重、肝肾功能等）

⇓

确定负荷量（DL）和维持量（DM）

⇓

观察患者的血药浓度和生理指标

⇓

根据血药浓度或生理指标修正 CL 和 V_d

⇓

调整维持量（DM），完善治疗方案

3. 治疗药物监测 下列情况可进行治疗药物监测。

（1）治疗指数低的药物。

（2）具有非线性动力学特征的药物。

（3）治疗作用与毒性反应难以区分。

（4）肝、肾、心功能不全。

（5）合并用药。

（二）个体化给药

传统的治疗方法是平均剂量给药，其结果是仅一些患者得到有效治疗，另一些则未能达到预期的疗效，而有一些则出现毒性反应。显然，不同的患者对剂量的需求是不同的。

这一不同源于下列多种因素：①个体差异（年龄、性别、遗传学、身体状况及病史等）。②药物剂型、给药途径及生物利用度。③合并用药引起的药物相互作用等。

个体化用药，就是药物治疗“因人而异”“量体裁衣”，在充分考虑每个患者的遗传因素（即药物代谢基因类型）、性别、年龄、体重、生理病理特征以及正在服用的其他药物等综合情况的基础上制定安全、合理、有效、经济的药物治疗方案。推进个体化差异化用药理念，促进临床安全、有效、经济地用药，主要是以临床诊断和药物基因组学为依据进行个体化用药。

知识链接

清除率计算公式

药物从机体内消除的情况，除用 k、$t_{1/2}$ 及其他一些速率常数来表示之外，清除率 CL 也是表示药物从机体内消除的一个重要的药物动力学参数，其计算公式见式(19-17)至式(19-25)。

1. 单室模型药物清除率公式

$$CL = kV \tag{19-17}$$

2. 双室模型药物清除率公式

$$\mathrm{CL}=\beta V_{\beta} \tag{19-18}$$

由于机体的总体清除率等于每一个隔室的清除率，故利用此关系可求出多室模型药物的总体表观分布容积。如双室模型见式(19-19)。

$$V_{\beta}\beta=V_{c}k_{10} \tag{19-19}$$

无论对于单室还是双室模型的药物，其清除率也可按式(19-20)计算。

$$\mathrm{CL}=\frac{X_0}{\mathrm{AUC}} \tag{19-20}$$

3．静脉滴注给药时清除率公式

$$\mathrm{CL}=\frac{k_0}{C_{ss}} \tag{19-21}$$

4．多次静脉注射给药清除率公式

$$\mathrm{CL}=\frac{X_0}{\overline{C_{ss}}\tau} \tag{19-22}$$

5．肾清除率 CL_r 是总体清除率中很重要的部分，其公式如下。

$$\mathrm{CL}_r=\frac{\Delta X_u/\Delta t}{C_t} \tag{19-23}$$

式中：$\Delta X_u/\Delta t$ 为平均尿药排泄速率；C_t 为 t 的中点时间血药浓度。

$$\mathrm{CL}_r=\frac{X_u^{\infty}}{\mathrm{AUC}} \tag{19-24}$$

$$\mathrm{CL}_r=k_eV \tag{19-25}$$

（三）治疗药物监测

治疗药物监测(therapeutic drug monitoring，TDM)是通过测定血液中药物的浓度，并利用药代动力学的原理和公式使给药方案个体化，以提高疗效，避免或减少毒性反应，同时也可为药物过量中毒的诊断和处理提供有价值的实验室依据，将临床用药从传统的经验模式提高到比较科学的水平。

平均稳态血药浓度与给药方案设计如下。

临床上根据平均稳态血药浓度设计给药方案，主要是指调整给药剂量 X_0 或给药间隔时间 τ。

单室模型药物多剂量口服给药平均稳态血药浓度公式见式(19-26)及式(19-27)。

$$\overline{C}_{ss}=\frac{FX_0}{kV\tau}=\frac{FX_0}{\mathrm{CL}\tau} \tag{19-26}$$

整理得

$$\frac{X_0}{\tau}=\frac{\overline{C}_{ss}\mathrm{CL}}{F} \tag{19-27}$$

式中：$\frac{X_0}{\tau}$ 为稳态时平均给药速率。对于正常人，清除率 CL 是一个确定值，因此根据平均稳态血药浓度设计临床给药方案，主要是指调整给药剂量或给药周期。

由式(19-27)可知，当改变给药剂量和给药间隔时间时，若给药速率 $\left(\frac{X_0}{\tau}\right)$ 保持不变，则平均稳态血药浓度不变。但给药后的稳态最大血药浓度和稳态最小血药浓度将随着 X_0 和 τ 的变化而改变。给药间隔时间越长，稳态血药浓度的波动性越大，这对于治疗窗较窄的药物(如氨茶碱等)是不利的。因此，根据稳态血药浓度制定给药方案时必须选择最佳给药间隔时间。给药间隔时间的设计，除了考虑药物的半衰期 $t_{1/2}$ 外，还要考虑有效血药浓度范围。对于一般药物，给药间隔为 1～2 个半衰期。对于治疗窗较窄的药物，给药间隔应限制在 1 个半衰期以内，或采取静脉滴注给药，以减少血药浓度波动。对于治疗窗非常窄的药物，必须以小剂量多次给药或静脉滴注给药。对于治疗窗非常窄且半衰期又很短的药物，为减少血药浓度波动，每日须多次给药，治疗起来很不方便。最好采用药物的缓释或控释制剂，使给药次数减少到每日 1～2 次。给药间隔确定后可根据以上公式计算每次的给药剂量。对于治疗指数很小的药物，临床上常采用将稳态最大血药浓度和稳态最小血药浓度控制在一定范围内的给药方案。

（四）典型实例分析

例1：甲氨蝶呤血药浓度监测在儿童ALL治疗中的应用。

大剂量甲氨蝶呤（HD-MTX）：治疗儿童急性淋巴细胞白血病和预防髓外白血病。MTX：细胞毒作用。甲酰四氢叶酸钙（CF）：减少MTX对正常细胞的毒性，但在一定程度上抵消了MTX抗白血病细胞的作用。适时、适量地给予CF，其依据就是MTX血药浓度。

[MTX给药方案]

(1) 先用MTX总量的1/6（最大不超过500 mg）作为突击剂量在30 min内快速静脉滴入，余量在剩余24 h内滴完。突击量MTX滴入后0.5～2 h内，行三联鞘注（MTX＋Dex＋Ara-C）1次。

(2) 开始滴入MTX 36 h后用CF解救，q6 h，首剂静脉注射，以后口服或肌内注射，共6～8次。

(3) 如监测中MTX血药浓度过高（44 h＞1.0 μmol/L或68 h＞0.1 μmol/L），则追加CF解救，并继续监测MTX血药浓度。

例2：已知普鲁卡因胺胶囊的生物利用度F为0.85，半衰期$t_{1/2}$为3.5 h，表观分布容积V为2.0 L/kg。①若患者每4 h服药一次，剂量为7.45 mg/kg，求平均稳态血药浓度$\overline{C}_{ss}$；若要维持$\overline{C}_{ss}$为6 μg/mL，求给药剂量X_0。②若患者体重为76 kg，给药剂量X_0为500 mg，要维持$\overline{C}_{ss}$为4 μg/mL，求给药周期τ和负荷剂量X_0^*。

[解析]

①根据式（19-26），得

$$\overline{C}_{ss}=\frac{FX_0}{kV\tau}=\frac{0.85\times 7.45}{\frac{0.693}{3.5}\times 2\times 4}\ \mu g/mL=4\ \mu g/mL$$

又因为

$$X_0=\frac{\overline{C}_{ss}\overline{k}V\tau}{F}=\frac{6\times\frac{0.693}{3.5}\times 2\times 4}{0.85}\ mg/kg=11.18\ mg/kg$$

②根据式（19-26），得

$$\tau=\frac{FX_0}{\overline{C}_{ss}kV}=\frac{0.85\times 500}{4\times\frac{0.693}{3.5}\times 2\times 76}\ h=3.5\ h$$

因为$\tau=t_{1/2}$，则

$$X_0^*=2X_0=2\times 500\ mg=1000\ mg$$

例3：地高辛的清除率与肾肌酐清除率的关系：$CL=23+0.88CL_{ct}$。今有50岁的一位男性患者，测得$C_g=1.0\ mg\%$，现欲使$\overline{C}_{ss}=0.0015\ mg/L$，$t=1$ d，则地高辛维持剂量多少为宜？已知地高辛片$F=0.53$。

[解析]

该患者的清除率为

$$CL_{病}=23+0.88\times\left[\frac{98-0.8\times(50-20)}{1}\right]\ mL/min=88.12\ mL/min=126.9\ L/d$$

根据公式（19-26），维持剂量应为

$$\frac{X_0}{\tau}=\frac{\overline{C}_{ss}CL}{F}=\frac{0.0015\times 126.9}{0.53}\ mg/d=0.36\ mg/d$$

知识链接

TDM的临床意义

(1) 使给药方案个体化。

理论上讲，所有药物都有一个治疗浓度范围。治疗浓度范围窄、个体差异大的药物需要TDM指导用药。

我国主要用于下列药物。

①器官移植用抗排斥药。

②抗癫痫药。

③某些抗肿瘤药。

(2) 诊断和处理药物过量中毒。

需大剂量用药的患者，监测血药浓度对于防止过量中毒十分必要。

老年心力衰竭患者地高辛中毒率由44%降至5%。

(3) 节省患者治疗时间，提高治疗成功率。

癫痫发作的控制率从47%提高到74%。

(4) 进行临床药代动力学和药效学的研究，探讨新药的给药方案。

(5) 降低治疗费用。

(6) 避免法律纠纷。

拓展知识

生物利用度与生物等效性

一、概念及临床应用

1. 生物利用度的概念及临床应用 生物利用度(bioavailability，BA)是指药物被吸收进入体循环的速率与程度。一般分为绝对生物利用度与相对生物利用度。绝对生物利用度是药物吸收进入体循环的量与给药剂量的比值，在实际工作中常以静脉给药制剂为参比制剂获得的药物吸收进入体循环的相对量。相对生物利用度又称为比较生物利用度，是以其他非静脉给药的制剂(如片剂或口服溶液等)为参比制剂获得的药物吸收进入体循环的相对量，是同一种药物不同制剂之间比较吸收程度与速率而得到的生物利用度。两者的计算公式如式(19-28)、式(19-29)。

$$\text{相对生物利用度} = \frac{AUC_t \times X_r}{AUC_r \times X_t} \times 100\% \tag{19-28}$$

$$\text{绝对生物利用度} = \frac{AUC_t \times X_{iv}}{AUC_{iv} \times X_t} \times 100\% \tag{19-29}$$

式中：X 为给药剂量；AUC 为药时曲线下面积；t 与 r 分别代表受试制剂与参比制剂；iv 表示静脉注射给药。制剂的处方与制备工艺等因素能影响药物的疗效，含有等量相同药物的不同制剂，不同药厂生产的同一种制剂，甚至同一制剂不同批号的药物的临床疗效都有可能不一样。生物利用度就是衡量制剂疗效差异的重要指标。

生物利用度研究是新药研究和开发工作中的一个重要内容。当一个新药完成制剂工艺、质量标准、药理毒理和稳定性等研究工作后，往往需要进行生物利用度研究。对口服液制剂进行剂型改革而不改变给药途径时，可用生物利用度研究代替临床研究。仿制产品和改变制剂处方或生产工艺都要进行与原制剂比较的生物利用度研究。用于预防或治疗严重疾病的药物，生物利用度差异可能会造成严重的后果，治疗指数小的药物，生物利用度差异也可能会引起中毒或治疗无效。因此，对这两类药物进行生物利用度研究特别必要。

2. 生物等效性的概念及临床应用 生物等效性(bioequivalence，BE)是指一种药物的不同制剂在相同的试验条件下，服用相同剂量，反映其吸收程度和速度的主要药物动力学参数，无统计学差异。通常意义的生物等效性研究是指采用生物利用度的研究方法，以药物动力学参数为终点指标，根据预先确定的等效标准和限度进行的比较研究。在药物动力学方法确实不可行时，也可以考虑以临床综合疗效、药效学指标或体外试验指标等进行比较性研究，但需充分证实所采用的方法具有科学性和可行性。

二、生物等效性研究方法

目前，生物等效性研究方法包括体内和体外的方法。国家食品药品监督管理总局(CFDA)推荐的按方法的优先考虑程度从高到低排列：药物动力学研究方法、药效动力学研究方法、临床比较试验法、体外研究方法。

1. 药物动力学研究方法 采用人体生物利用度比较研究的方法。通过测量不同时间点的生物样本（如全血、血浆、血清或尿液）中药物浓度，获得药时曲线来反映药物从制剂中释放吸收到体循环中的动态过程。药物动力学研究已经证明，多数药物的临床效应都与给药后的血药浓度有关，而药物吸收的速率与程度直接影响着血药浓度的变化，因此选择能描述药时曲线特征的适宜药物动力学参数，如曲线下面积（AUC）、达峰浓度（C_{max}）、达峰时间（t_{max}）等，通过统计学分析比较以上参数，可以判断两种制剂是否生物等效。

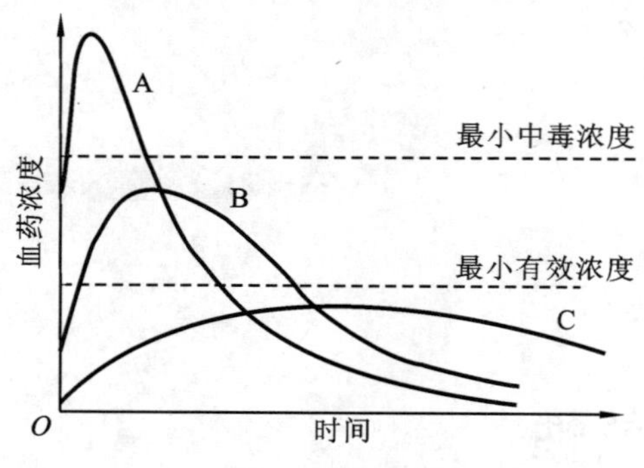

图 19-4 三种制剂的药时曲线比较

药物制剂的疗效不仅与药物吸收量有关，而且也与吸收速率有关。如果一种药物的吸收速率太慢，在体内不能达到足够高的治疗浓度，即使药物全部被吸收，也不能达到治疗效果。如图 19-4 中，A、B、C 三种制剂具有相同的 AUC，制剂 A 的吸收快，达峰时间短，峰浓度大，已经超过最小中毒浓度，因此，临床应用时出现中毒反应的概率较大。制剂 B 达峰时间比 A 稍慢，血药浓度在较长时间内落在最小中毒浓度和最小有效浓度之间，因此可以有较好的临床治疗效果与安全性。制剂 C 的血药浓度一直在最小有效浓度以下，临床应用时无效的概率较大。因此，以生物利用度进行制剂间生物等效性评价时，应该用峰浓度 C_{max}、达峰时间 t_{max} 和药时曲线下面积 AUC 来全面评价，它们是制剂间生物等效性评价的最主要的药物动力学参数。

在无可行的药物动力学研究方法（如无灵敏的血药浓度检测方法、浓度和效应之间不存在线性相关）进行生物等效性研究时，可以考虑用明确的可分级定量的人体药效学指标通过效应-时间曲线与参比制剂比较来确定生物等效性。

2. 临床比较试验法 当无适宜的药物浓度检测方法，也缺乏明确的药效学指标时，也可以通过以参比制剂为对照的临床比较试验法，以综合的疗效终点指标来验证两制剂的等效性。药物的临床试验通常所需受试者例数多（≥100 例），药物临床疗效与毒副反应影响因素众多，试验方法不易克服个体差异对结果的影响，同时有实验周期长、成本高等问题。

3. 体外研究方法 一般不提供用体外的方法来确定生物等效性，但在某些情况下，如根据生物药剂学分类证明属于高溶解度、高渗透性、快速溶出的口服制剂，可采用体外溶出度比较研究的方法验证生物等效性，因为该类药物的溶出、吸收已经不是药物进入体内的限速步骤。对于难溶性但高渗透性的药物，如已建立良好的体内外相关关系，也可用体外溶出的研究来替代体内研究。

三、生物利用度的研究方法

生物利用度的研究方法有血药浓度法、尿药浓度法和药理效应法等，方法选择取决于研究目的、测定药物的分析方法和药物的药代动力学特征。

1. 血药浓度法 生物利用度研究最常用的方法。受试者分别给予试验制剂和参比制剂后，测定血药浓度，估算生物利用度。药物的吸收量应等于给药剂量乘以吸收分数 f，见式(19-30)。

$$fX_0 = kV\int_0^{\infty} C\mathrm{d}t \tag{19-30}$$

制剂的生物利用度 F 见式(19-31)。

$$F = \frac{f_{\mathrm{t}}}{f_{\mathrm{r}}} = \frac{\mathrm{AUC_t} \times (kV)_{\mathrm{t}} \times X_{\mathrm{r}}}{\mathrm{AUC_r} \times (kV)_{\mathrm{r}} \times X_{\mathrm{t}}} \times 100\% \tag{19-31}$$

如果给予试验制剂与参比制剂后机体的清除率不变，所给剂量相等，则生物利用度 F 见式(19-32)。

$$F = \frac{\mathrm{AUC_t}}{\mathrm{AUC_r}} \times 100\% \tag{19-32}$$

如果剂量不同，则生物利用度 F 见式(19-33)。

$$F = \frac{f_{\mathrm{t}}}{f_{\mathrm{r}}} = \frac{\mathrm{AUC_t} \times X_{\mathrm{r}}}{\mathrm{AUC_r} \times X_{\mathrm{t}}} \times 100\% \tag{19-33}$$

如果药物吸收后很快生物转化成代谢产物(如前体药物),无法测定原形药物的药时曲线。则可以通过测定血中代谢产物浓度来进行生物利用度研究,见式(19-34)。但测定的代谢产物最好为活性代谢产物。

$$F=\frac{\mathrm{AUC}_{m(t)}}{\mathrm{AUC}_{m(r)}}\times 100\% \tag{19-34}$$

式中:AUC_m 为血中活性代谢产物浓度-时间曲线下面积。

2. 尿药浓度法 如果体内药物或其代谢产物的全部或大部分(>70%)经尿排泄,且排泄量与药物吸收量的比值恒定时,则药物的吸收程度可通过尿中排泄量进行计算,从而进行药物制剂生物等效性评价。利用尿中药物或其代谢物的浓度测定进行药物动力学研究或生物等效性评价,具有取样无伤害、样品量大及无蛋白质影响等优点。但尿药浓度法需要收集 7 个半衰期以上的尿样,如果药物半衰期较大,则收集尿样时间较长。因此对多数药物而言,采用尿药浓度法进行生物等效性评价是较血药浓度法更间接的方法,加之影响的结果因素多,在新药研究开发中很少使用尿药浓度法,只有当不能用血药浓度法时才采用该法。

3. 药理效应法 如果药物的吸收程度与速率采用血药浓度法与尿药浓度法均不便评价,而药物的效应与药物体内存留量有定量相关关系,且能较容易地进行定量测定时,可以通过药理效应测定结果进行药物动力学研究和药物制剂生物等效性评价,此方法称药理效应法。用药理效应法测定生物利用度的第一步是测定剂量-效应曲线。在最小效应量与最大安全剂量之间给予不同剂量,选定给药后某一固定时间(一般选药理效应强度峰值的时间)测定药理效应强度,得剂量-效应曲线。第二步是测定时间-效应曲线,给予一定剂量,测定不同时间的药理效应,得时间-效应曲线;将不同时间点的效应强度经剂量-效应曲线转换成不同时间的剂量,即得剂量-时间曲线,比较试验制剂与参比制剂的剂量-时间曲线,估算生物利用度。药理效应法实施中,效应的测定时间通常应大于药物 $t_{1/2}$ 的 3 倍。

项目小结

教学提纲		主要内容简述
一级	二级	
一、药动学参数及其临床意义	(一)房室模型	房室模型的概念
	(二)药动学参数	血药浓度、药时曲线和药时曲线下面积、生物半衰期、消除速率常数、表观分布容积、清除率、速率过程
二、房室模型	(一)单室模型	单室模型的概念
	(二)双室模型	双室模型的概念
	(三)多剂量给药	多剂量给药的概念
	(四)非线性动力学	非线性药物动力学现象,非线性药物动力学特点与识别
三、非房室模型	房室模型缺点、非房室模型方法	局限性、计算烦琐、举例;统计矩原理
四、临床给药方案设计与个体化给药	(一)临床给药方案设计	决定给药方案的因素与原则,制定给药方案的步骤,治疗药物监测
	(二)个体化给药	个体化给药的含义,清除率计算公式
	(三)治疗药物监测	平均稳态血药浓度与给药方案设计
	(四)典型实例分析	例 1:甲氨蝶呤血药浓度监测在儿童 ALL 治疗中的应用等

达标检测题

一、选择题

（一）单项选择题

1. 药物的消除速率主要取决于（　　）。

A. 最大效应　　B. 不良反应的大小
C. 作用持续时间　　D. 起效的快慢

2. 药物剂型与体内过程密切相关的是（　　）。

A. 吸收　　B. 分布　　C. 代谢　　D. 排泄

3. 药物生物半衰期指的是（　　）。

A. 药效下降一半所需要的时间　　B. 进入血液循环所需要的时间
C. 吸收一半所需要的时间　　D. 血药浓度消失一半所需要的时间

4. 下列有关药物表观分布容积的叙述中，叙述正确的是（　　）。

A. 表观分布容积大，表明药物在血浆中浓度小
B. 表观分布容积表明药物在体内分布的实际容积
C. 表观分布容积不可能超过体液量
D. 表观分布容积的单位是“L/h”

5. 血药浓度监测的缩写是（　　）。

A. TFA　　B. TDM　　C. PVP　　D. TMD

6. 药物与血浆蛋白结合（　　）。

A. 是永久性的　　B. 对药物的主动转运有影响
C. 是可逆的　　D. 加速药物在体内的分布

7. 药物的消除半衰期主要取决于哪个因素？（　　）

A. 用药时间　　B. 消除的速率　　C. 给药的途径　　D. 药物的用量

（二）配伍选择题

题1～4

A. 肠肝循环　　B. 生物利用度　　C. 生物半衰期
D. 表观分布容积　　E. 单室模型

1. 药物在体内消除一半的时间称为（　　）。
2. 药物在体内各组织器中迅速分布并迅速达到动态分布平衡的是（　　）。
3. 药物随胆汁进入小肠后被小肠重新吸收的现象的是（　　）。
4. 体内药量与血药浓度的比值是（　　）。

题5～8

A. $CL=KV$　　B. $t_{1/2}=0.693/K$　　C. GFR
D. $V=X_0/C_0$　　E. AUC

5. 生物半衰期是（　　）。
6. 曲线下的面积是（　　）。
7. 表观分布容积是（　　）。
8. 清除率是（　　）。

（三）多项选择题

1. 药物通过生物膜的方式有（　　）。

A. 主动转运　　B. 被动转运　　C. 促进扩散　　D. 胞饮　　E. 吞噬

2. 对生物利用度的说法正确的是（　　）。

A. 要完整表述一个生物利用度需要 AUC、T_m 两个参数
B. 程度是指与标准参比制剂相比，试验制剂中被吸收药物总量的相对比值

C. 溶解速率受粒子大小，多晶型等影响的药物应测生物利用度

D. 生物利用度与给药剂量无关

E. 生物利用度是药物进入大循环的速度和程度

3.《中国药典》规定的无菌检查法有(　　)。

A. 直接接种法　　B. 薄膜滤过法　　C. 鲎试验法

D. 家兔法　　E. 显微镜法

二、填空题

1. 多剂量给药又称重复给药，是指________、________、________，才能达到并保持在一定有效治疗血药浓度范围内的给药方法。

2. 下列情况可进行治疗药物监测

1) ________；2)________；3)________；4)肝肾心功能不全；5)合并用药。

三、简答题

1. 药物动力学研究内容有哪些？

2. TDM 在临床药学中有何应用？

3. TDM 的目的是什么？哪些情况下需要进行血药浓度监测？

4. 请阐述生物利用度与生物等效性之间的关系。

(舒洁倩)

项目二十　药学服务与药品调剂

学习目标

能力目标

通过本项目的学习，对药学服务和药品调剂有比较全面的了解。

能运用相关的专业知识、能力与技巧来实施药学服务。

能熟练掌握药品调剂的基本操作技能。

知识目标

掌握：药学服务的含义、目标及具备的素质；处方的结构与书写要求；处方调剂的概念；处方调配的步骤及注意事项；处方调配过程的差错防范与处理。

熟悉：开展药学服务的基本要求及步骤。

了解：药学服务与临床药学的关系；沟通的意义、处方的意义。

社会实践

首先，学生每3～5人为一小组分别到住院药房、门诊西药房、门诊中药房和社会药店进行参观见习。见习内容包括药师药学服务的主要内容、药房调剂的流程、医院药房常用的药物、处方管理制度、住院药房的主要职责、药品摆放等。

其次，设计并完成药学服务现状问卷调查表(见样表)。

最后，根据见习参观和问卷调查完成当地药学服务及处方调配的调研报告，字数不少于2000。

当地医院药学服务现状问卷调查表

性别________　年龄________　教育程度________　付费方式________

1. 您对所就医医院药学服务的总体评价(　　)。

A. 满意　　B. 较满意　　C. 一般　　D. 不满意

2. 您在所就医的医院获得的药学服务包括(　　)。

A. 药品调剂(门诊和病房)

B. 处方审核

C. 向您提供口述用药信息和指导

D. 向您提供打印用药信息和指导

E. 药品质量管理

F. 用药安全教育

G. 开设药品咨询窗口或咨询台

H. 向您提供用药信息资料(如宣传单、宣传栏、宣传片和用药手册)

I. 开展药品不良反应监测

J. 建立药历

3. 您得到了哪些实用的药学服务？(　　)

A. 用法、用量　　B. 药品相互作用

C. 注意事项、饮食禁忌　　　　　　　　D. 药品储藏

4. 您希望通过哪些方式得到详细的药学服务内容？(　　)

A. 网络

B. 小便签(随药品一起交给患者或消费者)

C. 短信(取药品时，手机能接收到相关信息)

D. 口头交代(发药时药师当面交代)

5. 您希望药师应加强哪些方面的药学服务？

6. 您觉得药师应如何提高处方审查技能？

相关知识

一、药学服务

(一) 概述

1. 药学服务的目标与基本要素　药学服务(pharmaceutical care，PC)，也称为药学保健或药疗保健，有时也作全程化药学服务(简称 IPC)。1987 年由美国的 Hepler 和 Strand 提出 PC，很快得到世界许多国家学者一致认可，在 1988 年新德里世界药学大会加以明确并特别作了推荐。药学服务是在临床药学工作的基础上发展起来的，与传统的药学基础服务(供应、调剂)有极大的区别。药学服务的目标是以患者为中心，提高药物治疗的安全性、有效性、经济性与适宜性，改善和提高人类生活质量。药学服务最基本的要素是“与药物有关”的“服务”。所谓服务，即不仅以实物形式服务，还要以提供信息和知识的形式满足患者在药物治疗上的特殊需要。药学服务中的“服务”不同于一般行为上的功能，它包含的是一个群体(药师)对另一个群体(患者)的关怀和责任，由于这种服务与药物有关，其服务的对象为广大公众，包括患者及家属、医护人员和健康人群。因此，药学服务具有很强的社会属性。药学服务的社会属性还表现在不仅服务于治疗性用药(治疗药物监测)，而且还要服务于预防性用药(ADR 监测)、保健性用药(健康教育)等方面。

药学服务是一种更高层次的临床实践，在完成传统的处方调剂、药品检验、药品供应外，必须在患者药物治疗全过程中实施并获得效果，涵盖患者用药相关的全部需求，包括选药、用药、疗效跟踪、用药方案与剂量调整、不良反应规避、疾病防治和公众的健康教育等全过程。药学服务主要由药学监护、药学干预和药学咨询三个部分组成。

(1) 药学监护　以患者为中心，药师在参与药物治疗中，负责患者与用药相关的各种需求并为之承担责任。药师应从专业角度满足患者的药学需求，权衡利弊，规避用药风险，制定药学监护计划。药学监护计划是药师为个体患者制订的一个或多个监护计划，包括药学监护点、期望结果及为达结果而采取的药学干预措施。

(2) 药学干预　对医师处方的规范性和适宜性进行监测。依据《处方管理办法》《中国国家处方集》《中华人民共和国药典临床用药须知》和《临床诊疗指南》，对处方的规范性(前记、正文、后记的完整性)逐项检查；对处方的适宜性(诊断与用药)、安全性、经济性进行干预；对长期药物治疗方案的合理性进行干预；对药品用法用量、疗程、不良反应、禁忌证、有害的药物相互作用和配伍禁忌等进行监控。

(3) 药学咨询　承接公众、患者和医护人员有关用药的咨询，解答与用药相关的各种问题，普及用药常识，指导合理用药，同时提供与药物有关的信息等。

2. 药学服务的能力要求　从事药学服务应具备的能力包括职业道德、专业知识和专业技能。药师应忠于职守，以对药品质量负责、保证人民用药安全有效为基本准则，决不允许调配、发出没有达到质量标准要求的药品和缺乏疗效的药品。药师应有良好的人文道德素养，遵循和严守社会伦理规范，尽力为患者提供专业、真实、准确的信息，并尊重患者隐私，严守伦理道德。药师应具有药学与中药学专业背景，具备扎实的药学专业知识和一定的医学专业知识。药学服务的专业技能包括调剂、咨询与用药教育、药品管理、药品警戒、沟通、药历书写、投诉与应对等能力，详细见表 20-1。

表 20-1 药学服务专业技能一览表

项 目	内 容
药品调剂技能	药师的基本工作：依据医师处方或医嘱，调配药品并进行用药交代，回答患者咨询，特别对患者选购非处方药提供用药指导或提出寻求医师治疗的建议
沟通技能	沟通是建立、维持并增进药师与患者的专业性关系的途径，具有双向交流的作用：患者获得有关用药的指导，药师获取患者的用药感受、问题及用药规律
投诉与应对能力	正确、妥善地处理患者的投诉可改善药师的服务，增进患者对工作的信任；反之，对患者的失信和伤害会产生爆炸链式的反应，甚至导致纠纷
咨询与用药教育技能	提供药品咨询，给医护人员、患者给出建议，提供用药的说明及宣教等；用药教育，即以患者听懂并愿意遵照执行的语言或图示及文字表达，提高用药的顺应性
药历书写技能	“药历”是药师发现、分析和解决药物相关问题的技术档案，是个体化药物治疗的重要依据。药历书写要客观真实，完整、清晰、易懂，不用判断性语句
药品管理技能	从药品的验收（逐件、逐批核对）、标识清晰到验收合格后按储存要求上架、定位摆放；按法规等要求对药品进行相关的养护和管理，以保证储存和发出的药品质量合格
药品警戒技能	主动收集药品不良反应，注意药品定期安全性更新报告、警示信息等，接到药品不良事件报告后先进行行之有效的处置、安抚和解疑；警惕与防范用药错误与药品质量缺陷
自主学习能力	重视继续教育，善于向同行、医疗团队学习取经，具有从各种书籍、文献及网络工具中获取药品资讯的能力

1）药学服务沟通的意义和技巧

（1）沟通的意义　沟通是指信息凭借一定的符号载体，在人与人之间或群体之间传递信息，并获取理解的过程。药师与患者之间的良好沟通是建立和保持药患关系、审核药物相关问题和治疗方案、监测药物疗效以及开展患者健康教育的基础。沟通的意义包括：①使患者获得有关用药的指导，以利于疾病的治疗，提高用药的有效性、依从性和安全性，减少药疗事故的发生。同时，沟通是了解患者心灵的窗口，药师从中可获取患者的信息、问题。②可通过药师科学、专业、严谨、耐心的回答，解决患者在药物治疗过程中的问题。③伴随着沟通的深入、交往频率的增加，药师和患者的情感和联系加强，药师的服务更贴近患者，患者对治疗的满意度增加。④可确立药师的价值感，树立药师形象，提高公众对药师的认知度。⑤有助于减少药疗事件的发生。

（2）沟通的技巧

①认真聆听：药师要仔细听取并分析患者表述的内容和意思，不要轻易打断对方的谈话，以免影响说话者的思路和内容的连贯性。沟通过程中要既表达尊重和礼节，同时也表示关注和重视，以体现药学服务人员的素质。

②注意语言的表达：与患者沟通时注意多使用服务用语和通俗易懂的语言，尽量避免使用专业术语，谈话时尽量使用短句子，以便于患者理解和领会。使用开放式的提问方式，比如“关于这种药大夫都跟你说了什么？”而不是封闭式的提问（如“是”、“不是”或简单一句话就可以答复的问题）。开放式的提问可以使药师从患者那里获得更多、更详细的信息内容。

③注意非语言的运用：与患者交谈时，眼睛要始终注视着对方，注意观察对方的表情变化，从中判断其对谈话的理解和接受程度。

④注意掌握时间：与患者的谈话时间不宜过长，提供的信息也不宜过多，可以事先准备好一些宣传资料，咨询时发给患者，这样既可以节省谈话时间，也方便患者认真阅读、充分了解。

⑤关注特殊人群：对特殊人群，如婴幼儿、老年人、少数民族和国外来宾等，需要特别详细提示服用药品的方法。对婴幼儿应将药品使用方法及注意事项告知其监护人或陪伴人。对老年人应反复交代药品的用法、禁忌证和注意事项，直至患者完全明白。对少数民族患者和国外来宾尽量注明少数民族语言或各种外语，同时注意各民族的生活习惯，选择适合他们服用的药品。

让学生 2 人一小组分组扮演药师与患者，进行 5～10 min 的药学服务。

2）药历的作用、主要内容和格式

（1）药历的作用　药历（medication history）是记载患者或消费者用药状况的文书，由药师填写，作为动态、连续、客观、全程掌握用药情况的记录。药历是客观记录患者用药史和药师为保证患者用药安全、有效、经济所采取的措施，是药师以药物治疗为中心，发现、分析和解决药物相关问题的技术档案，也是开展个体化药物治疗的重要依据。书写药历是药师进行规范化药学服务的具体体现。书写药历要客观真实地记录药师实际工作的具体内容、咨询的重点及相关因素。药历的内容应该完整、清晰、易懂，不用判断性的语句。药历的作用在于保证患者用药安全、有效、经济，便于药师开展药学服务。

（2）药历的主要内容和格式　药历的内容包括所监护患者在用药过程中的用药方案、用药经过、用药指导、药学监护计划、药效表现、不良反应、治疗药物监测、各种实验室检查数据、药师对药物治疗的建设性意见和对患者的健康教育忠告。药历分为门诊药历、住院药历和交给患者使用的药历，国内尚未对药历具体内容和格式做统一的规定。美国卫生系统药师协会推荐 SOAP 模式（患者主诉信息、体检信息、评价和提出治疗方案）；TITRS 模式（主题、诊疗的介绍、正文部分、提出建议、签字）。中国药学会医院药学专业委员会推荐模式为基本情况＋病历摘要＋用药记录＋用药评价，表 20-2 列出了国内推荐药历模式与内容，参照《中国药历书写原则与推荐格式》（2012 年版），表 20-3 和表 20-4 列出了部分药历推荐格式。

表 20-2　国内推荐的药历模式与内容一览表

序号	模式组成	细　目
1	基本情况	患者姓名、性别、年龄、出生年月、职业、体重或体重指数、婚姻状况、病案号或病区病床号、医疗保险和费用支付情况、生活习惯和联系方式
2	病历摘要	既往病史、体格检查、临床诊断、非药物治疗情况、既往用药史、药物过敏史、主要实验室检查数据、出院或转归
3	用药记录	药品名称、规格、剂量、给药途径、起始时间、停药时间、联合用药、进食与嗜好、不良反应与解救措施、药品短缺品种记录
4	用药评价	用药问题与指导、药学监护计划、药学干预内容、药学检测（TDM）数据、药物治疗建设性意见、结果评价

表 20-3　门诊患者药历推荐格式

<table>
<tr><td colspan="2">姓名：</td><td>性别：</td><td>年龄：</td><td>病历号：</td><td>药历号：</td></tr>
<tr><td colspan="4">家庭住址：</td><td>电话：</td><td>医师：</td></tr>
<tr><td>临床
诊断</td><td></td><td colspan="4">患者对药物治疗和使用中的疑问：</td></tr>
<tr><td rowspan="2">处方中
药物
名称、
数量、
用法</td><td rowspan="2"></td><td colspan="4">服药指导特别事项：</td></tr>
<tr><td colspan="4">指导内容：□用法用量　□药效说明　□处方变更
□不良反应　□相互作用　□保管方法
□重复用药　□联合用药　□漏服对策
□依从性　□其他
指导对象：□患者本人　□患者家属　□其他</td></tr>
<tr><td colspan="2">药师签名：
年　月　日</td><td colspan="4">患者/家属签名：
年　月　日</td></tr>
</table>

表 20-4　住院患者药历推荐格式(初学者使用)

建立日期：____年____月____日　　　　建立人：________

姓名		性别		出生日期		年龄		住院号	
入院日期			出院日期				住院天数		共　　天
民族			籍贯				工作单位		
邮编			联系地址				联系电话		
高/cm			体重/kg				体重指数/(kg/m^2)		
血型			血压/mmHg				体表面积/m^2		
不良嗜好(烟、酒、药物依赖)									
主诉和现病史：									
既往病史(填写本次入院以前的内容,包括预防接种及传染病史、手术外伤史、输血史、既往健康状况及疾病的系统回顾)：									
既往用药史：									
家族史：									
伴发疾病与用药情况：									
过敏史(含药物、食物及其他物品过敏史)：									
药物不良反应及处置史(本次入院治疗中发生的药物不良反应与处置手段、结果)：									
入院诊断：									
出院诊断：									
初始药物治疗方案分析：									
初始药物治疗监护计划：									
主要治疗药物方案分析：									
其他主要治疗药物：									
药物治疗日志									
药物治疗总结									

备注：①主诉和现病史：主诉是对患者入院原因的概况性陈述,应包括临床表现和时间。现病史是对主诉的进一步扩展,较详细地描述患者的起病情况、病情发展、治疗过程、治疗反应及不良反应。药物治疗史是指患者此次起病后经过的药物治疗以及患者对治疗的反应,应当具体叙述药物的用法用量、治疗疗程、疗效及不良反应等。②既往用药史：填写本次入院以前患者所有药物使用的情况,包括药店购买的非处方药及偶尔使用的中草药制剂。尽量包括用药的途径及剂量。③家族史：记录与疾病及药物治疗相关的内容,包括：明确家族性疾病的危险因素;职业和工作环境有无毒物、粉尘、放射性物品接触史;生活习惯及嗜好(烟、酒、麻醉毒品使用量及年限);婚史,配偶健康状况,性生活状况;月经史,生育史。④伴发疾病与用药情况：入院时仍需治疗的伴随疾病的症状、时间及演变过程,以及用药情况,各伴随症状之间尤其是与主要症状之间的关系。⑤药物治疗日志：记录内容应反映治疗方案实施、监测和修改的过程。其内容包括药学监护结果、临床药师参与情况及效果、治疗方案的修改等。每次记录应有签名,并注明记录时间(危重患者要记录时刻)。一般每3天书写记录1次,危重患者或特殊需要时随时书写记录。⑥药物治疗总结：应包括出院时对完整治疗过程的总结性分析意见;药师对本次治疗中参与药物治疗工作的总结;患者出院后继续治疗方案和用药的指导;治疗需要的随访计划和应自行检测的指标。

3）药学服务中的投诉与应对

(1) 投诉的类型

①服务态度和质量：药房调剂服务质量的优劣直接影响着药物治疗的安全性和有效性,影响着患者的心情。

②药品数量：对确属药品数量有问题的,应立即予以查明原因,多退少补。

③药品质量：对确属药品质量有问题的,应立即予以退换。对包装改变或更换品牌等导致患者疑问的,应耐心细致地予以解释,使患者恢复对药物治疗的信心。

④退药：要求退药投诉的原因比较复杂,有证据显示,由于医师对药物的作用、不良反应、适应证、禁忌证、规格、剂量、用法等信息不够了解,从而导致处方不当,造成此类投诉越来越多。因此对投诉应依据相关退药管理办法处理,既要考虑医院和药店的利益,也应对患者的特殊要求给予充分尊重,同时也应规范医师的处方行为,从根源上减少此类投诉的发生。

⑤用药后发生严重不良反应：对这类投诉应同临床医师共同应对，原则上应先处理不良反应，减轻对患者的伤害。

⑥价格异议：如因招标或国家药品价格调整而涨价，应认真、耐心地向患者解释。确因价格或收费有误的，应查明原因并退还多收费用。

（2）患者投诉的应对

①选择合适的地点：一般的原则是如果投诉即时发生（即刚刚接受服务后便发生投诉），则应尽快将患者带离现场，以缓和患者的情绪，转移其注意力，不使事件对其他服务对象造成影响。接待患者的地点宜选择办公室、会议室等场所，有利于谈话和沟通。

②选择合适的人员：无论是即时或事后患者的投诉，均不宜由当事人来接待患者。一般的投诉，可由当事人的主管或同事接待。事件比较复杂或患者反映的问题比较严重，则应由店长、经理或科主任亲自接待。特别提示：接待投诉的人须有亲和力，要善于沟通，要有一定经验。

③接待时的举止行为要点：接待患者投诉时，接待者的举止行为要点：第一是尊重、第二是微笑。特别提示：接待时，应该向患者让座，先请患者坐下，然后自己再坐下，并注意坐姿应端正。必要时可为患者倒上一杯水或沏上一杯茶，以缓解患者的情绪，拉近双方的距离。

④适当的方式和语言：可采用换位思考的方式，要通过适当的语言使患者站在医院、药店或药师的立场上，理解、体谅我们的服务工作，使双方在一个共同的基础上达成谅解。

⑤证据原则（强调有形证据）：应当注意保存有形的证据，如处方、清单、病历、药历或电脑存储的相关信息，以应对患者的投诉。

（二）药学服务的内涵

药学服务的是药师应用药学专业知识向公众提供直接的、负责任的、与药物有关的服务。无论是预防性的、治疗性的还是恢复性的，无论是在医院药房还是在社区药房，无论是住院患者还是门诊患者、急诊患者，药学服务要直接面向需要服务的患者，渗透到日常工作和医疗保健行为的每个环节。

药学服务的主要实施内容包括：把医疗、药学、护理有机地结合在一起，让医师、药师、护士齐心协力，共同承担医疗责任；既为患者个人服务，又为整个社会的国民健康教育服务；积极参与疾病的预防、治疗和保健；指导、帮助患者合理地使用药物；协助医护人员制定和实施药物治疗方案；定期对药物的使用和管理进行科学评估。

1. 药学服务的具体工作 药学服务的主要内容包含患者用药相关的全部需求，因此，现代药学服务的具体工作，除传统的处方审核、调剂工作以外，还包括参与临床药物治疗、治疗药物监测（TDM）、进行药物利用研究与评价、开展药学信息服务、不良反应监测与报告以及健康教育等。

（1）处方审核　审核处方的合法性、规范性和完整性，病情诊断与用药的适宜性、合理性。

（2）处方调剂　药学服务的核心是要求药师直接面向患者，对患者的药物治疗负责。现代药学服务要求药学工作以调剂为主向以临床为主转移，从保证药品供应向药学技术服务转移。但是调剂仍是药师直接面向患者的工作，提供正确的处方审核、调配、复核和发药并提供用药指导是对药物治疗最基础的保证，也是药师所有工作中最重要的内容，是联系与沟通医师、药师、患者最重要的纽带。值得注意的是，随着药师工作的转型，调剂工作要由“具体操作经验服务型”向“药学知识技术服务型”转变。

（3）参与临床药物治疗　药学服务要求药师在药物治疗全过程中为患者争取最好的结果，为患者提供全程化的药学服务。这也就要求药师积极参与药物治疗过程，运用其药物知识和专业特长，以及所掌握的最新药物信息和药物检测手段，结合临床实际，参与制定用药方案。药物治疗的对象是患者，在目前药物临床治疗的实践中，仍较偏重于依赖临床用药的经验，重诊断、轻治疗的倾向仍较严重，不合理用药的事件屡有发生，药物资源的浪费较为严重。药师应与临床医师和护士一起，把医疗、药学、护理学有机地结合在一起，以疾病为纲，运用药物治疗学的知识，结合疾病的病因和临床发展过程，研究药物治疗实践中药物合理应用的策略和技巧，制定和实施合理的个体化药物治疗方案，选好药和用好药，以获得最佳的治疗效果，承受最低的治疗风险，与医师共同承担医疗责任。

（4）治疗药物监测　在药代动力学原理指导下，应用现代先进的分析技术进行 TDM，在 TDM 指导下，根据患者的具体情况，监测患者用药全过程，分析药代动力学参数，与临床医师一起制定和调整合理的个体化用药方案，是药物治疗发展的必然趋势，也是药师参与临床药物治疗、提供药学服务的重要方式和途径。

(5) 药物利用研究和评价　对全社会的药品市场、供给、处方及其使用进行研究，重点研究药物引起的医药、社会和经济后果，以及各种药物和非药物因素对药物利用的影响。其目的就是用药的合理化，包括从医疗方面评价药物的治疗效果，以及从社会、经济等方面评价其合理性，以期获得最大的社会、经济效益。

(6) 药品不良反应监测和报告　药品不良反应是一个关系到人民生命与健康的全局性问题。药品不良反应的监测和报告是把分散的不良反应、病例资料汇集起来，并进行因果关系的分析和评价。其目的是及时发现、正确认识不良反应，采取相应的防治措施，减少药源性疾病的发生，并保证不良反应信息渠道畅通和准确，保证科学决策，以发挥药品不良反应监测工作的"预警"作用。

(7) 药学信息服务　提供药学服务、保证药物治疗的合理性，必须建立在及时掌握大量和最新药物信息的基础上。提供信息服务是药学服务的关键，药师在提供药学服务时应经常收集整理国内外药物治疗方面的研究进展和经验总结等药学信息，包括各类药品的不良反应、合理用药、药物相互作用、药物疗效、药物研究和评价信息，以便针对药物治疗工作中的问题，提供药学信息服务。通过开展用药咨询、提供药学信息服务，可以促进医、药合作，保证患者用药的安全、有效和经济。

(8) 参与健康教育　健康教育是指医务人员通过有计划、有目的的教育活动，向人们介绍健康知识，进行健康指导，促进人们自觉地实行有益于健康的行为和生活方式，消除或减轻影响健康的危险因素，预防疾病，促进健康，提高生命质量。对公众进行健康教育是药学服务工作的一项重要内容。药师开展药学服务，既为患者个人服务，又为整个社会的健康教育服务。在为患者治疗疾病提供药物的同时，还要为患者及社区居民的健康提供服务。通过开展健康知识讲座、提供科普教育材料以及提供药学咨询等方式，讲授相应的自我保健知识，重点宣传合理用药的基本常识，目的是普及合理用药的理念和基本知识，提高用药依从性。药师应当不断丰富自身的专业知识和实践经验，不断提高沟通能力，开展各项具体的药学服务实践，保证患者用药安全、有效、经济，为药品发挥最理想的作用提供保障。

2. 药学服务的对象　药学服务的对象是广大公众，包括患者及家属、医护人员和卫生工作者、药品消费者和健康人群。其中药学服务的重要人群包括：用药周期长的慢性病患者或需长期甚至终生用药者；病情和用药复杂、患有多种疾病，需同时合并应用多种药品者；用药后易出现明显药品不良反应者；用药效果不佳，需要重新选择药品或调整用药方案、剂量、方法者；特殊人群，如特殊体质者、肝肾功能不全者、血液透析者、过敏体质者、小儿、老年人、妊娠及哺乳期妇女等；应用特殊剂型、特殊给药途径，药物治疗窗窄需做监测者。

另外，医师在为患者制定给药方案及护士在临床给药时，针对药物的配伍、注射剂溶媒的选择、溶解和稀释浓度、滴注速度、不良反应、禁忌证、药物相互作用等各种问题，需要得到药师的帮助。

3. 药学服务的效果　药学服务的效果体现在提高药物治疗的安全性、有效性、依从性和经济性，即降低和节约药物治疗费用，合理利用医药资源等方面。具体表现如下。

(1) 改善病情或症状，如疼痛、发热、哮喘、高血压、高血脂、高血糖等。

(2) 减少和降低发病率、复发率、并发症和死亡率。

(3) 缩短住院时间，减少急诊次数和住院次数。

(4) 提高治疗依从性，帮助患者按时、按量、按疗程用药。

(5) 指导药品的正确使用方法。

(6) 预防药品不良反应的发生率，减少药源性疾病的发生率。

(7) 节约治疗费用，提高治疗效益/费用值，减少医药资源的浪费。

(8) 帮助提高公众的健康意识，普及康复的方法。

药学服务的宗旨是提高患者的生命质量和生活质量，不能单纯针对疾病症状用药，而需综合考虑患者的年龄、职业、既往病史、遗传和基因组学、家族史、经济状况等，既要治疗病症，同时又要从预防疾病发展和避免用药不良后果等多方面来综合选择治疗方案。

(三) 用药咨询服务

用药咨询服务是应用药师所掌握的药学知识和药品信息，包括药理学、药效学、药代动力学、毒理学、商品学、药品不良反应、安全信息等，承接公众、患者、医师、护士对药物治疗和合理用药的咨询服务。药师开展用药咨询，是药师参与全程化药学服务的重要环节，也是药学服务的突破口，对临床合理用药具有关键性作用，对保证合理用药有重要意义。根据药物咨询对象的不同，可以将其分为患者、医师、护士和公众的用药咨询。

1. 患者用药咨询 医药领域是专业性非常强的特殊领域，绝大多数患者是不可能全面掌握医学和药学知识的，药师作为药学专业技术人员，应利用自己掌握的专业知识指导患者用药，最大限度地提高患者的药物治疗效果，提高患者用药的依从性，保证其用药安全、有效。

1）咨询环境

（1）紧邻门诊药房或药店大堂 咨询处宜紧邻门诊药房或药店大堂，处于明显位置，目的是方便患者向药师咨询与用药相关的问题。

（2）标志明确 药师咨询的位置应明确，显而易见，使患者可清晰地看到咨询药师。

（3）环境舒适 咨询环境应舒适，并相对安静，较少受外界干扰，应创造一个让患者感觉舒适的咨询环境。如咨询时间较长或是老年患者、站立不便的患者，应请患者坐下。

（4）适当隐秘 对大多数患者可采用柜台式面对面咨询的方式（但对某些特殊患者如计划生育、妇产科、泌尿科、皮肤病及性病患者应单设一个比较隐蔽的咨询环境，以使患者放心，能大胆地提出问题）。

（5）必备设备 咨询台应准备药学、医学的参考资料或书籍以及向患者发放的医药科普宣传资料。有条件的单位可以配备装有数据库的计算机及打印机，可当场打印患者所需文件。

2）咨询方式 分主动方式和被动方式。无论是医院药师还是药店药师，都应当主动向购药的患者讲授安全用药知识，向患者发放一些合理用药宣传材料，或通过医院、药店的网站向大众宣传促进健康的小知识，这些都是主动咨询的一部分。另外，药师日常承接的咨询内容以被动咨询居多，往往采用面对面的方式或借助其他通信工具，比如电话、网络或来信询问等。由于患者情况千差万别，咨询所涉及的专业角度不同，希望了解问题的深度也各不相同。因此，药师在接受咨询时要尽量了解患者全面的信息，应首先问明患者希望咨询的问题，还可以通过开放式提问了解患者更多的背景资料，从中判断患者既往用药是否正确，存在哪些问题，然后告知其正确的用药信息。

3）咨询内容 药师承接咨询的内容广泛多样，患者咨询的内容一般可分为以下几种。

（1）药品名称：包括通用名、商品名、别名。

（2）适应证：药品适应证是否与患者病情相对应。

（3）用药方法：包括口服药品的正确服用方法，服用时间和用药前的特殊提示（栓剂、滴眼剂、气雾剂等外用剂型的正确使用方法；缓释制剂、控释制剂、肠溶制剂等特殊剂型的用法；如何避免漏服药物，以及漏服后的补救方法）。

（4）用药剂量：包括首服剂量、维持剂量；每日用药次数、间隔；疗程。

（5）服药后预计疗效及起效时间、维持时间。

（6）药品不良反应与药物相互作用。

（7）是否有替代药物或其他疗法。

（8）药品的鉴定辨识、储存和有效期。

（9）药品价格是否进入医疗保险报销目录等。

4）药师在特殊情况下的提示

（1）患者同时使用两种或两种以上含同一成分的药品时；或合并用药较多时。

（2）患者用药后出现不良反应时；或既往曾有过不良反应史。

（3）患者依从性不好时；或患者认为疗效不理想，剂量不足以奏效时。

（4）病情需要，处方中配药剂量超过规定剂量时；处方中用法用量与说明书不一致时；或非药品说明书中所指示的用法、用量、适应证时（需医师双签字）。

（5）超越药品说明书范围的适应证或超过药品说明书范围的使用剂量（需医师双签字）。

（6）患者正在使用的药物中有配伍禁忌或配伍不当时（如有明显配伍禁忌时，应在第一时间联系医师，确认是否应更改处方，以避免发生纠纷）。

（7）需要进行 TDM 的患者。

（8）近期药品说明书有修改（如商品名、适应证、剂量、安全性、有效期、储存条件、药品不良反应等）。

（9）患者所用的药品近期发现严重或罕见的不良反应。

（10）使用麻醉药品、精神药品的患者（或应用特殊药物，抗生素、抗真菌药、激素、镇静催眠药、抗精神病药等）者。

(11) 当同一种药品有多重适应证或用药剂量范围较大时。

(12) 药品被重新分装,而包装的标识物不清晰时。

(13) 使用需特殊储存条件的药品时,或使用临近有效期药品时。

药师向患者主动提供用药咨询的案例

1. 自我介绍

药师:您好,我是咨询台的药师,想占用一点时间跟您谈谈如何合理使用这种药物(指患者手中的非洛地平缓释片)。您了解这种药吗?

患者:医生说我血压高,吃这种药可以降低血压。

2. 药品说明(侧重于安全性和有效性内容)

药师:是的,这是一种长效抗高血压药,每天清晨服用一次,可维持 24 h 的降压作用,但需要注意按说明书要求口服,嚼碎后服用则无抗高血压作用。一定要注意认真阅读药品说明书,如果您在服药期间发生不良反应,或有其他异常情况出现,请马上向医师或药师咨询。

3. 利用书面材料

药师:这是一份有关该药合理使用的宣传资料,上面提到的内容是患者在用药中经常遇到的问题。请您带回去好好阅读一下,我相信对您的用药是会有帮助的。

4. 进一步问询和聆听

药师:您还有什么问题吗?

患者:我有一个问题,这种药必须在早晨服用吗?可以在睡前服吗?

药师:医学研究表明,血压在清晨呈现持续上升趋势,上午 6:00～10:00 达到高峰,然后逐渐下降,到下午 3:00 左右再次升高,随着夜幕降临,血压再次降低,入睡后呈持续下降趋势,午夜后至睡醒前这段时间,血压又有少许波动,但总的趋势是低平的。晚上用药,会使夜间血压下降得更为明显,严重时可诱发脑梗死。所以,我们一般不主张在睡前服用抗高血压药。长效抗高血压药每天只服用一次,应清晨醒后即服。经研究发现,这种服法可使白天的血压得到良好的控制,又不使夜间的血压过度下降,从而起到稳定 24 h 血压的目的。

5. 结束谈话(强调用药的依从性)

药师:抗高血压药也叫"维持药",需长期按时服用。即便是您感觉良好,认为不需要用药的时候,也要坚持用药,这样才能使血压长期稳定、达标。

5) 需要特别关注的问题　药师向患者提供咨询服务时,要注意到不同患者对信息的要求及解释上存在种族、文化背景、性别以及年龄上的差异,要有针对性地使用适宜的方式、方法,并注意尊重患者的个人意愿。

(1) 对特殊人群需注意的问题:老年人由于认知能力下降,因此向他们做解释时语速宜慢,还可以适当多用文字、图片形式,以方便他们理解和记忆。对于女性患者,还要注意问询是否已经妊娠或有无准备怀孕的打算,是否正在哺乳,这些都是需要在解答问题中要特别注意的地方。患者的疾病状况也是不能忽视的问题。比如,患者有肝、肾功能不全,会影响药物的代谢和排泄,容易导致药品不良反应的发生和中毒。

(2) 解释的技巧:对于一般患者的咨询,要以容易理解的医学术语来解释。应精确使用描述性语言,以便使患者能正确理解,还可以口头与书面解释方式并用。尽量不用带数字的术语来表示。

(3) 尽量为特殊患者提供书面材料,如首次用药的患者;使用治疗窗较窄药物的患者;用药依从性不好的患者。

(4) 尊重患者的意愿,保护患者的隐私。在药学实践工作中,一定要尊重患者的意愿,保护患者的隐私,尤其不得将咨询档案等患者的信息资料用于商业目的。

(5) 及时回答不拖延:对于患者咨询的问题,能够当场给予解答的就当场解答,不能当场答复的,或者不十分清楚的问题,不要冒失地回答,要问清对方何时需要答复,待进一步查询相关资料后尽快给予正确的答复。应注意,拖延太久的答案往往会失去意义。因此,如何有效地利用资源,用较短的时间回答问题,不仅受条件、设施的影响,还与药师自身的知识结构和专业素质有关。

2. 医师用药咨询　医师的用药咨询主要集中在提高药物治疗效果和降低药物治疗风险两方面,具体包括:与本专业有关的药物相互作用和不良反应,药物的药效学与药物动力学,处方药和非处方药,药品的选择,同一药品不同生产厂家、品牌的效价比,替代品的评价,国内外新药动态,开发新药的知识,国外报道的新药在我国是否已进口,药品、食品与化学品及其中毒鉴别与解救等。目前,药师可从以下几个方面向医师提供用药咨询服务。

(1) 新药信息。

(2) 合理用药信息。

(3) 药物相互作用。

(4) 药品不良反应。

(5) 禁忌证。

3. 护士用药咨询 护理的工作特点决定了护士需要更多地获得有关药物的剂量、用法、注射剂配制溶媒、浓度和输液滴注速度,以及输液药物的稳定性和配伍的理化性质变化、配伍禁忌等信息。

4. 公众用药咨询 随着社会的快速发展,文明程度的不断提高和医学知识的逐渐普及,公众的自我保健意识也与日俱增。药师需要承担起新的责任,在接受公众药物用药咨询(药品的用法、适宜给药时间、注意事项、禁忌证、不良反应与相互作用等)的同时,在减肥、补钙、补充营养素等方面也不断地给予科学的用药指导。此外,药师应主动承接公众自我保健的咨询,积极提供健康教育,增强公众健康意识,减少影响健康的危险因素。

二、药品调剂

(一) 处方的意义

处方是由注册的执业医师和执业助理医师(以下简称"医师")在诊疗活动中为患者开具的,由药学专业技术人员审核、调配、核对,并作为发药凭证的医疗用药的医疗文书。药剂人员按照处方配药、发药,并告诉患者或家属药物的用法。处方是医疗工作中医师和药剂人员共同对患者负责的一项重要的书面文件,关系到患者的康复和生命安全,也是追查医疗事故的重要证据之一。医务人员必须以对患者高度负责的精神和严肃认真的态度对待处方。医生正确开写处方,不仅应具有丰富的临床医学知识,而且要熟悉药物的药理作用、适应证、毒性、剂量、用法、禁忌证和配伍禁忌等必要的药理学、药剂学等知识。

处方一般分为法定处方、协定处方、医师处方、时方、经方、验方等。法定处方主要是指《中国药典》、局颁标准收载的处方,具法律约束力。协定处方是医院药剂科和临床医师根据医院日常医疗用药的需要,共同协商制订的处方,仅限于在其所在单位使用。医师处方是指医师为患者诊断、治疗和预防所开具的处方。医师处方按部门分为门诊处方、急诊处方和病房处方;按门诊性质分为普通门诊处方、专家门诊处方、专科门诊处方;按药物分为普通处方、麻醉药品处方和第一类精神药品处方、第二类精神药品处方、毒性药品处方、放射性药品处方。

知识链接

处方的标识管理

白色:普通处方。

白色:第二类精神药品处方,右上角标注"精二"。

淡黄色:急诊处方,右上角标注"急诊"。

淡绿色:儿科处方,右上角标注"儿科"。

淡红色:麻醉药品和第一类精神药品处方,右上角标注"麻、精一"。

知识链接

电子处方

患者在挂号时,刷电子就诊卡后,电脑屏幕上马上显示患者的姓名、性别、年龄、联系电话以及既往病史等基本资料,然后患者被"分诊"到各位医师的电脑终端,医生可以通过电脑看到患者的信息，根据检查诊断结果，用电脑为患者开处方。电子处方格式规范，字迹清楚，符合《处方管理办法》中规定的书写规则和使用药品通用名称的规定，可以避免因医生书写潦草而难以辨认的现象，可大大降低配方的差错率，如遇缺药，系统会自动提示，以便及时补充药品。

（二）处方的结构与书写要求

根据《处方管理办法》，处方标准由国家卫生和计划生育委员会统一规定，处方格式由省、自治区、直辖市卫生行政部门统一制定，处方由医疗机构按照规定的标准和格式印制。因此，一般医疗单位都有印好的统一处方笺（各类处方见图 20-1、图 20-2），便于应用和保存，开处方时只需把应写的项目填好即可。完整的处方可分为三部分，其排列顺序如下。

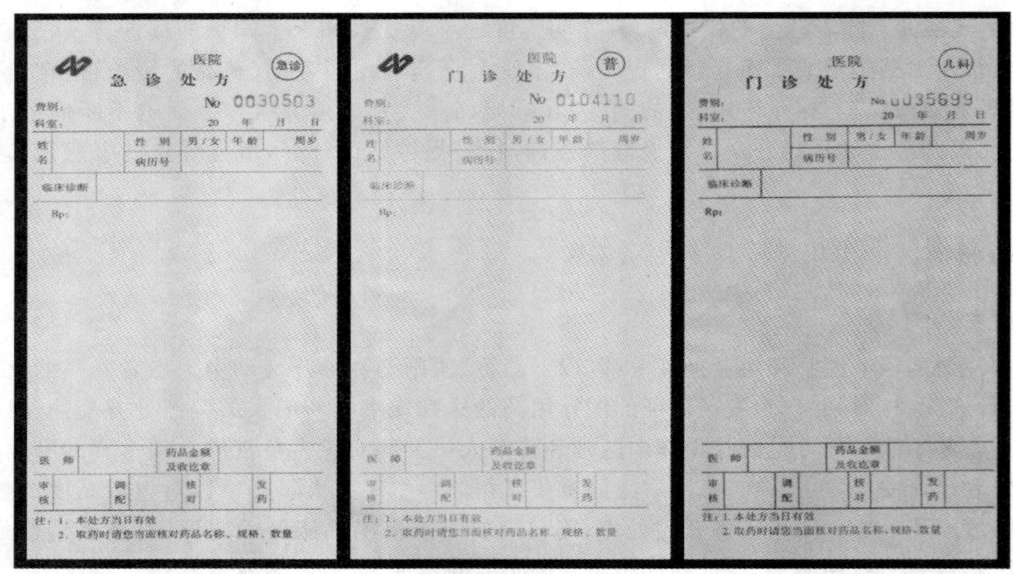

图 20-1　急诊、普通和儿科处方

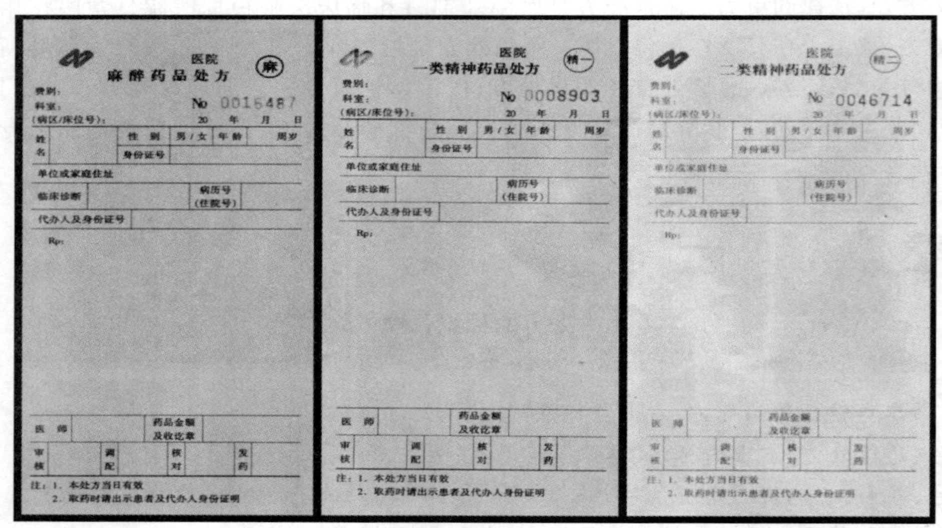

图 20-2　特殊管理类药物处方

1. 处方前记　包括医疗机构名称、费别，患者的姓名、年龄、性别、住院病历号或门诊号、科别或病区和病床号、临床诊断、处方日期等，并可添列特殊要求的项目。麻醉、一类精神药品处方还应当包括患者身份证证明编号，代办人姓名、身份证明编号。

2. 处方正文

（1）凡写处方都以 R 或 Rp 起头。R 为拉丁文 Recipe 的缩写，是“请取”的意思。此部分已印在处方笺上，不必另写。

(2) 处方的主要部分,包括制剂和药量。制剂为药名、剂型及规格的全称。如果一张处方开写两种或两种以上的药物,则每种药物均应另起一行书写。药品数量一律用阿拉伯数字表示,药量应写在各药的后面,纵横对齐。处方中的药量单位一律按《中华人民共和国药典》规定的公制单位开写。固体或半固体药物以 g 或 mg 为单位,液体药物以 mL 为单位,其他单位如国际单位(IU 或 U)等。小数点前如无整数,必须加零,如 0.5,以免出错。

(3) 用法 应告诉患者用药的方法,通常以 sig 或 S. 标志(拉丁文 signa 或 signature 的缩写);内容包括:每次用量、给药途径、给药时间、给药次数等。如为口服,可省去给药途径;饭后服用,可省去给药时间。除每次用量外,其余各项常用外文缩写表示。一般药物以开 3 天量为宜,最多不超过 7 天量(慢性病或特殊情况可适当增加)。限剧药总量一般不超过 2 天极量。麻醉成瘾药品一般不超过 3 天用量,并应单独以专用处方笺(红色)书写。如果病情需要超过限用量或极量时,医师在剂量或总剂量旁边加示惊叹号,如 2.0!,并在此总剂量处盖章或签名,以示负责。

3. 处方后记

(1) 医生签名(或盖章)书写处方时,字迹要工整、清楚。不得用铅笔书写。急诊处方须立即取药者,一般用急诊处方笺书写,或在处方左上角加"急!"字。需做过敏试验的药物应注明"皮试!"。写完处方应仔细核对保证无误,并向患者做适当说明后交给患者(或护士)到药房取药。药师有责任检查处方,如发现错误,有权退还医师改正。确认无误后,才能进行配制和发药,并在处方笺上签名。

(2) 药品金额、审核、调配、核对及发药的药学技术人员签名或盖章。

(三) 处方类型及中、英文处方实例

处方类型主要有完整处方和简化处方两大类。完整处方包括主药、佐药、赋形药、矫味药等,还必须有配制法和剂型要求,配制后的药量是一个总量。考虑到当前国内的实际情况,这里只介绍简化处方,简化处方是开写已经制成各种剂型的药物,在处方正文中,药物的名称、剂型、规格、取用量一行即可写完。简化处方目前又可分为单量处方和总量处方两类。

1. 单量处方 有些药物剂型每次用量独立可分,如片剂,每片单量是一定的。注射剂、胶囊剂亦然。格式如下。

Rp:剂型及药名 单量×总个数(片、支等)

用法 每次用量 给药途径 给药时间 给药次数

实例解析

例 1:Rp:四环素片 0.25 g×14 片

用法:0.25 g 口服 4 次/日

Rp:Tab. Tetracycline 0.25 g×14

Sig. 0.25 g q.i.d

例 2:Rp:盐酸肾上腺素注射剂 1.0 mg/mL×1.0

Sig. 立即皮下注射

Rp:Adrenaline Hydrochloride Inj. 1.0 mg/mL×1.0

Sig. 1.0 mg S.C. st!

2. 总量处方 处方时开总量,用法上注明每次剂量。以总量开写的剂型有溶液剂(含糖浆剂)、合剂、软膏剂、浸出制剂(酒剂、酊剂、浸膏)等。格式如下。

Rp:剂型 药名 浓度-总需要量(浓度也可写在药名前面)

用法:每次用量 给药途径 给药时间 每日次数

实例解析

例 1:Rp:胃蛋白酶合剂 100.0 mL

S. 每次 10.0 mL 3 次/日

Rp:Pepsin Mixt. 100.0

S. 10.0 mL t. i. d.

例 2:Rp 氯化钾溶液 10%-100.0 mL

S. 每次 10.0 mL 3 次/日

Rp:Potassium Chloride Sol. 10%-100.0 mL

S. 10.0 t. i. d

知识链接

极量处方

极量处方指药物用量超出极量时开写的处方，既可见于单量处方中，又可见于总量处方中，因此未将其算为一类。与上述两类处方的区别：医师在剂量或总剂量旁边加示惊叹号，表示我认为病情需要超过极量，并在此总剂量处盖章或签名，以示负责。

《处方管理办法》中明确提出，在调剂处方过程中必须做到“四查十对”，四查十对是指什么？

（四）处方调配的步骤

药学专业技术人员应按操作规程调剂处方药品，一般包括以下流程：认真审核处方（检查处方），准确调配药品，正确书写药袋或粘贴标签，包装，核对检查后向患者交付处方药品并对患者进行用药说明与指导。处方调剂的一般流程见图 20-3。

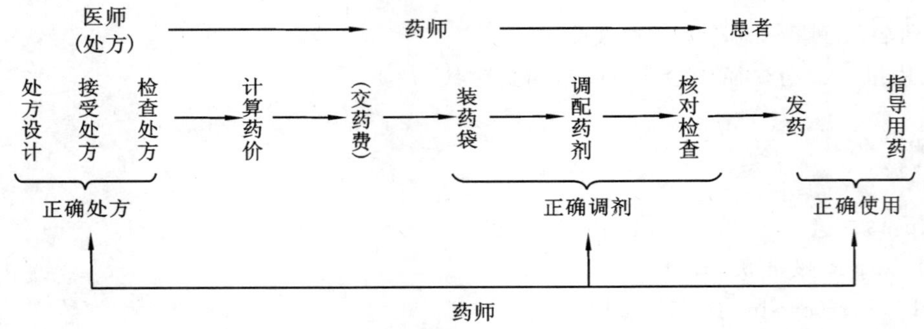

图 20-3 处方调剂的一般流程图

1. 收方 药学技术人员在门诊调剂室（或零售药店）从患者处接受由医师开具的处方，以及在住院部调剂室从病区医护人员处接受医师处方。

2. 审核处方(检查处方) 收到处方后，根据《处方管理办法》的规定做到“四查十对”（查处方，对科别，对姓名，对年龄；查药品，对药名，对剂型，对规格，对数量；查配伍禁忌，对药品性状，对用法用量；查用药合理性，对临床诊断），并根据医疗机构处方制度的规定作如下审查。

(1) 处方填写的完整性。认真逐项检查处方前记、正文和签名是否有缺项，字迹是否清楚。

(2) 处方用量与临床诊断的相符性；选用剂型与给药途径的合理性。

(3) 药品名称、规格书写的正确性；用药剂量的准确合理性，用法的恰当性。

(4) 对规定必须做皮试的药物，处方医师是否注明过敏试验及结果的判定。

(5) 是否有重复给药现象。

(6) 是否有潜在临床意义的药物相互作用和配伍禁忌。

(7) 处方中药品是否缺货，药房是否有其他替代品。

(8) 特殊管理药品，如麻醉药品、精神药品、医疗用毒性药品等，是否符合有关规定。

3. 调配药剂及核对检查

(1) 仔细阅读处方,按照药品顺序逐一调配。

(2) 对贵重药品及麻醉药品等分别登记账卡。

(3) 药品配齐后,与处方逐条核对药名、剂型、规格、数量和用法,准确规范地书写标签。

(4) 调配好一张处方的所有药品后再调配下一张处方,以免发生差错。

(5) 对需要特殊保存的药品加贴醒目的标签提示患者注意。

(6) 尽量在每种药品外包装上分别贴上用法、用量、储存条件等的标签,并正确书写药袋或粘贴标签。特别注意标识以下几点:药品通用名或商品名、剂型、剂量和数量;用法用量;患者姓名;调剂日期;处方号或其他识别号;药品储存方法和有效期;有关服用注意事项(如餐前、餐后、冷处保存、驾车司机不宜服用、需振荡混合后服用等);调剂药房的名称、地址和电话。

(7) 核对后签名或盖名章。

(8) 法律、法规、医保、制度等有关规定的执行情况。

特殊调剂:根据患者个体化用药的需要,药师应在药房中进行特殊剂型或剂量的临时调配,如稀释液体、磨碎片剂并分包、分装胶囊、制备临时合剂、调制软膏等,应在清洁环境中操作,并作记录。

4. 发药

(1) 核对患者姓名,最好询问患者所就诊的科室以帮助确认患者身份。

(2) 逐一核对药品与处方相符性,检查规格、剂量、数量,并签字。

(3) 发现配方错误时,应将药品退回配方人,并及时更正。

(4) 向患者说明每种药品的服用方法和特殊注意事项,同一药品有两盒以上时要特别说明。

(5) 发药时应注意尊重患者隐私。

(6) 尽量做好门诊用药咨询工作。

知识链接

正确使用剂型的注意事项

1. 滴丸　口服用,亦可外用和局部(如眶、耳、鼻、直肠、阴道等)使用。滴丸多用于病轻急重者。注意:①剂量不能过大;②宜以少量温开水送服,有些可直接含于舌下;③保存中不易受热。

2. 泡腾片剂　注意:①供口服的泡腾片一般宜用 100～150 mL 凉开水或温水浸泡;②不宜让幼儿自行服用;③严禁直接服用或口含;④药液中有不溶物、沉淀、絮状物时不宜服用。

3. 舌下片　注意:①给药时宜迅速;②一般控制在 5 min 左右;③不要咀嚼或吞咽药物;④含后 30 min 内不宜吃东西或饮水。

4. 咀嚼片　常用于维生素类、解热药和治疗胃部疾病的氢氧化铝、硫糖铝、三硅酸镁等制剂。注意:①在口腔内的咀嚼时间宜充分;②咀嚼后可用少量温开水送服;③用于中和胃酸时,宜在餐后 1～2 h 服用。

5. 软膏剂、乳膏剂　注意:①涂敷前将皮肤清洗干净;②对有破损、溃烂、渗出的部位一般不用;③若涂敷部位有反应,应立即停药,并将药物洗净;④部分药物涂后可封包;⑤涂敷后轻轻按摩可提高疗效;⑥不宜涂敷口腔、眼结膜。

6. 含漱剂　注意:①不宜咽下或吞下;②对幼儿、恶心、呕吐者不宜含漱;③按说明书的要求稀释浓溶液;④含漱后不宜马上饮水和进食。

7. 滴眼剂　注意:①清洁双手,将头部后仰,眼向上望,用食指轻轻将眼睑拉开成一钩袋状;②将药液从眼角侧滴入眼眶内,一次滴 1～2 滴。滴药时应距眼睑 2～3 cm,勿使滴管口触及眼睑或睫毛,以免污染;③滴后轻轻闭眼 1～2 min,同时用手指轻轻压鼻梁,用药棉或纸巾擦拭流溢在眼外的药液;④用手指轻轻按压眼内眦,以防药液分流降低眼内局部药物浓度及药液经鼻泪管流入口腔而引起不适;⑤若同时使用 2 种药液,宜间隔 10 min;⑥若滴入阿托品、氢溴酸毒扁豆碱、硝酸毛果芸香碱等有毒性的药液,滴后应用棉球压迫泪囊区 2～3 min,以免药液经泪道流入泪囊和鼻腔,经黏膜吸收后引起中毒反应,对儿童用药时尤应注意;⑦一般先滴右眼后滴左眼,以免用错药,如左眼病较轻,应先左后右,以免交叉感染。角膜有溃疡或眼部有外伤、眼球手术后,滴药后不可压迫眼球,也不可拉高上眼睑;⑧如眼内分泌物过多,应先清理分泌物,再滴入或涂敷,否则会影响疗效;⑨滴眼剂不宜多次打开使用,如药液混浊或变色时,切勿再用;⑩白天宜用滴眼剂滴眼,反复多次,临睡前应用眼膏剂涂敷,以利于保持夜间的局部药物浓度。

8. 滴耳剂　主要用于耳道感染等疾病。注意:①将滴耳剂用手捂热以使其接近体温;②一般一次滴入 5~10 滴,一日 2 次;③滴入后稍事休息 5 min,更换另耳;④滴耳后用少许药棉塞住耳道;⑤注意观察滴耳后是否有刺痛感或烧灼感;⑥连续用药 3 日患耳仍然疼痛,应停止用药,及时就诊。

9. 滴鼻剂　注意:①滴鼻前先呼气;②使头部后仰;③一次滴入 2~3 滴,儿童 1~2 滴,一日 3~4 次或间隔 4~6 h 1 次;④滴后保持后仰 1 min 后坐直;⑤如滴鼻液流入口腔,可将其吐出;⑥若连续用药 3 日以上,症状未缓解时应向执业医师咨询;⑦同时使用几种滴鼻剂时,首先滴用鼻腔黏膜血管收缩剂,再滴入抗菌药物;⑧含毒剧药的滴鼻剂尤应注意不得过量,以免引起中毒。

10. 鼻用喷雾剂　专供鼻腔外用的气雾剂。注意:①喷鼻前先呼气;②头部稍向前倾斜,保持坐位;③用力摇气雾剂并将尖端塞入一个鼻孔,同时用手堵住另一个鼻孔并闭上嘴;④一次喷入 1~2揿,儿童 1 揿,一日 3~4 次;⑤喷药后将头尽量向前倾,10 s 后坐直;⑥更换另一个鼻孔重复前一过程,用毕后用凉开水冲洗喷头。

11. 栓剂　因施用腔道的不同,分为直肠栓、阴道栓和尿道栓。

(1) 直肠栓　应用时要依次进行:①栓剂基质的硬度易受气候的影响而改变,在夏季,炎热的天气会使栓剂变得松软而不易使用,应用前宜将其置入冰水或冰箱中 10~20 min,待其基质变硬;②剥去栓剂外裹的铝箔或聚乙烯膜,在栓剂的顶端蘸少许液体石蜡、凡士林、植物油或润滑油;③塞入时患者取侧卧位,小腿伸直,大腿向前屈曲,贴着腹部;儿童可趴伏在大人的腿上;④放松肛门,把栓剂的尖端插入肛门,并用手指缓缓推进,深度距肛门口幼儿约 2 cm,成人约 3 cm,合拢双腿并保持侧卧姿势 15 min,以防栓剂被压出;⑤用药前先排便,用药后 1~2 h 尽量不解大便(刺激性泻药除外)。因为栓剂在直肠的停留时间越长,吸收越完全;⑥有条件的话,在肛门外塞一点脱脂棉或纸巾,以防基质熔化漏出而污染衣被。

(2) 阴道栓　注意:①洗净双手,除去栓剂外封物。如栓剂太软,则应将其带着外包装放在冰箱的冷冻室或冰水中冷却片刻,使其变硬,然后除去外封物,放在手中捂暖以消除尖状外缘。用清水或水溶性润滑剂涂在栓剂的尖端部。②患者仰卧床上,双膝屈起并分开,可利用置入器或戴手套,将栓剂尖端部向阴道口塞入,并用手以向下、向前的方向轻轻推入阴道深处。置入栓剂后患者应合拢双腿,保持仰卧姿势约 20 min。③在给药后 1~2 h 内尽量不排尿,以免影响药效。④应于入睡前给药,以便药物充分吸收,并可防止药栓遇热熔解后外流;月经期停用,有过敏史者慎用。

12. 透皮贴剂　注意:①贴敷前将皮肤清洗干净;②取出贴片时,不要触及含药部位;③贴于皮肤上,轻轻按压,不宜热敷;④皮肤有破溃、渗出、红肿的部位不要贴敷;⑤不要贴在皮肤的皱褶处、四肢下端和紧身底下;⑥每日更换 1 次或遵医嘱。

13. 气雾剂　注意按步骤进行:①尽量将痰液咳出,将口腔内的食物咽下;②用前将气雾剂摇匀;③将双唇紧贴近喷嘴,头稍微后倾,缓缓呼气尽量让肺部的气体排尽;④深呼吸的同时揿下气雾剂阀门,使舌头向下;准确掌握剂量,明确 1 次给药揿压几下;⑤屏住呼吸 0~15 s,后用鼻子呼气;⑥用温水清洗口腔或用 0.9%氯化钠溶液漱口,喷雾后及时擦洗喷嘴。

14. 缓释、控释制剂　注意:①服药前一定要看说明书或请示医师,缓释型口服药的特性可能不同,另有些药用的是商品名,未标明缓释或控释字样,若在其外文药名中带有 SR、ER 时,则属于缓释剂型;②一般应整片或整丸吞服,严禁嚼碎和击碎分次服用;③缓、控释剂每日仅用 1~2 次,服药时间宜在清晨起床后或睡前。

(五) 中药调剂的步骤

中药调剂的一般程序分审方、计价、调配、复核、包装、发药六个程序。前四个程序具体如下。

1. 审方　审方是指药房审方人员审查医师为患者开写的处方。合格的处方经审方人签字后即可交计价员计价收费,对于有疑问或不合格的处方,应立即与处方医师联系,问明原因,协商处理。审方着重审查以下项目：

(1) 患者姓名、年龄、性别、处方日期、医师签字等是否清楚，公费者需查验公费证与号码。

(2) 药名书写是否清楚准确，剂量是否超出正常量，对儿童及年老体弱者尤需注意。

(3) 毒、麻药品处方是否符合规定，处方中是否有“十八反”“十九畏”“妊娠禁忌”等配伍禁忌药存在。

(4) 需特殊处理的药物有否“脚注”，“并开药”(指处方中 2～3 味药物合并开在一起，多半是疗效基本相同，如二冬即指天冬和麦冬；或是常用配伍使用，如知柏即指知母和黄柏)是否明确等。

(5) 处方中药物本调剂室是否备全等。

2. 计价 计价必须准确、迅速，以缩短患者取药时间。

3. 调配 调剂人员根据已有审方人签字并已交款的医师处方，准确地调配药物的操作。配方时按处方药物顺序逐味称量；需特殊处理的药物如先煎、后下、包煎、另煎等应单独包装，并注明处理方法；若调配中成药处方，则按处方规定的品名、规格、药量调配；调配人员必须精神集中，认真仔细，切勿拿错药品或称错用量；处方应逐张调配，以免混淆；急诊处方应优先调配；保持配方室的工作台、称量器具及用具等整齐清洁等。总之，必须采取积极措施，保证配方质量。调配完毕，自查无误后签名盖章，交核对员核对。

4. 复核 包装与发药时，为保证患者用药有效安全，防止调配差错与遗漏，对已调配好的药剂在配方自查基础上，再由有经验的中药师，进行一次全面细致核对，重点核对调配的药物和用量与处方是否相符；需特殊处理的药物是否按要求做了特殊处理；配制的药物有无虫蛀和发霉等质量问题；毒性药和有配伍禁忌药及贵重细料药的应用是否得当；调配者有无签字等。经核对无误后复核人员签名盖章，即可装袋发药。包装的药袋上写明患者的全名。中成药还须写明用法与用量。发药是调剂工作中最后一环，按取药牌发药，发药时要与患者核对姓名、剂数，无误后再向患者耐心地交代煎服法和注意事项，务必使患者完全明了，以保证患者用药有效。

知识链接

中药“十八反、十九畏”

古人曾把重要的配伍禁忌药物进行了总结，即“十八反、十九畏”歌诀：

本草明言十八反，半蒌贝蔹芨攻乌。藻戟遂芫俱战草，诸参辛芍叛藜芦。

硫黄原是火中精，朴硝一见便相争。水银莫与砒霜见，狼毒最怕密陀僧。

巴豆性烈最为上，偏与牵牛不顺情。丁香莫与郁金见，牙硝难合京三棱。

川乌草乌不顺犀，人参最怕五灵脂。官桂善能调冷气，若逢石脂便相欺。

大凡修合看顺逆，炮爁炙煿莫相依。

解释：甘草反甘遂、京大戟、海藻、芫花；乌头贝母、瓜蒌、反半夏、白蔹、白芨；藜芦反人参、南沙参、丹参、玄参、细辛、芍药。

硫黄畏朴硝，水银畏砒霜，狼毒畏密陀僧，巴豆畏牵牛，丁香畏郁金，川乌、草乌畏犀角，牙硝畏三棱，官桂畏赤石脂，人参畏五灵脂。

歌诀总结了性味功能相反相畏的药物，很大程度上保证了中药的用药安全，直至今日仍被大多数中医药工作者当做临床中药配伍禁忌。

知识链接

临床常用药物配伍禁忌的处理原则

(1) 改变服药间隔时间　凡有不合理配伍变化的内用药物制剂，不要同时服用，应间隔一定时间分别服用。

(2) 分别注射　凡有不合理配伍变化的注射剂应分别注射。

(3) 注射剂稀释后再与输液混合　凡注射剂与输液配伍使用时，注射剂需要用输液稀释后，再与输液混合，一般要求 4 h 内滴注完。

(4) 改变注射剂的混合顺序　改变混合顺序常能克服一些不合理的配伍变化。

(5) 更换处方中的药物　处方中有配伍禁忌的药物，应与处方医师联系更换药物，但更换的药物疗效应力求与原药物相近，用法也尽量与原处方一致。

目前，临床工作者经过长期实践已编制了多种药物配伍变化表，也有将药物制剂产生配伍变化的现象及处理方法的经验编成计算机软件，供使用者随时查对与参考。

(六) 处方调配差错的防范与处理

《中华人民共和国药品管理法》规定，医疗机构审核和调配处方的药剂人员必须是依法经资格认定的药学技术人员。调配处方，是医疗机构向患者提供药品的行为。在实际工作中，医院门诊发药，注射室打针，病房给患者发药、打针等，在与调配处方有关的环节中时差错有发生，对患者的安全、合理用药构成威胁。为此，我们要重视处方调配，防范出现差错，出现差错要做好及时的处理。

1. 处方调配差错的类型和原因

1) 差错类型

(1) 审方错误：医师因不了解药品名称、剂量、用法、规格、配伍变化或因匆忙开具处方等原因导致书写错误的处方，而调配及发药者未能审核出错误处方，依照错误处方调配药品给患者使用。

(2) 调配错误：处方无误，但调配者的调配出现错误，包括规格错误、剂量错误、剂型错误，或者是将 A 药发成了 B 药。

(3) 标示错误：调配者在瓶子、药袋等容器上标示患者姓名、药品品名、用法用量时发生错误，或张冠李戴，导致患者错拿他人的药品。

(4) 其他：如配发变质失效的药品；或特殊管理药品未按国家有关规定执行，造成流失者；或擅自离岗，延误急重患者的抢救等行为。

2) 发生差错的原因

(1) 规章制度落实不严：调配者没有严格按处方调配规程操作，核对不认真，调配程序混乱，分工不明确。

(2) 工作责任心不强：调配工作时精神不集中，工作粗心，责任意识不强。

(3) 专业知识欠缺：专业知识不扎实，不熟悉本职业务。

(4) 药品摆放不合理：不按药品分类要求摆放药品，陈列不定位，药品摆放混乱等导致调配错误。

(5) 调配环境：调剂室内光线太暗，候药患者拥挤、嘈杂等也易引起差错。

2. 差错的防范和处理

(1) 在调配处方过程中严格遵守有关法律、法规以及医疗单位有关医疗行为的各项规定。

(2) 严格执行有关处方调配各项管理及工作制度，熟知工作程序及工作职责。

(3) 建立“差错、行为过失或事故”登记(时间、地点、差错或事故内容与性质、原因、后果、处理结果及责任人等)，对差错及时处理，严重时及时报告。

(4) 建立首问负责制。无论所发生的差错是否与己有关，第一个接到患者询问、投诉的药师必须负责接待患者或其家属，就有关问题进行耐心细致的解答，并立即处理或向上级药师报告。

知识链接

为减少和预防差错的发生，需遵守的规则

1. 药品储存　①药品的摆放应有利于调配，可以按字母顺序或按药理作用系统分类。②只允许受过训练并被授权的人员往药架上摆放药品(确保药品与药架上的标签标有的药名及规格严格对应)。③同品种不同规格的药品分开摆放。④包装相似或读音相似的药品分开摆放。⑤在易发生差错的药品摆放位置上可加贴醒目的警示标签以便药师配方时注意。

2. 调配处方　①配方前先读懂处方上所有药品的名称、规格和数量，有疑问时不要凭空猜测，可咨询上级药师或电话联系处方医师。②配齐一张处方的药品后再取下一张处方，以免发生混淆。③贴服药标签时再次与处方逐一核对。④如果核对人发现调配错误应将药品退回配方人，并提醒配方人注意。

3. 发药 ①确认患者的身份，以确保药品发给相应的患者。②对照处方逐一向患者交代每种药的使用方法，可帮助发现并纠正配方及发药差错。③对理解服药标签有困难的患者或老年人，需耐心仔细地说明用法并辅以服药标签。④在咨询服务中确认患者或家属已了解用药方法。

4. 制定明确的差错防范措施 ①制定并公示标准调配操作规程有助于提醒工作人员在工作中注意操作要点。②保证轮流值班人员的数量，减少由于疲劳而导致的调配差错。③及时让工作人员掌握药房中新药的信息。④发生差错后，分析和检讨出现差错的原因，及时让所有工作人员了解如何避免类似差错发生。⑤定期召开工作人员会议，接受关于差错隐患的反馈意见，讨论提出改进建议。⑥合理安排人力资源，工作高峰时适当增加调配人员。管理工作应安排在非高峰时间。

（七）调配差错的应对原则和报告制度

1. 报告制度 所有调配差错必须及时向部门负责人报告，进行登记，明确责任，并由部门负责人向药房主任或药店值班经理报告，及时与患者的家属联系更正错误，并致歉，如发生严重的不良反应或事故，应及时通报医院主管领导并采取相应措施。部门负责人应调查差错发生的经过、原因、责任人，分析出现差错危害的程度和处理结果。

2. 差错的处理应遵循下列步骤

（1）建立本单位的差错处理预案。

（2）当患者或护士反映药品差错时，必须立即核对相关的处方和药品（如果是发错了药品或发错患者，药师应立即按照本单位的差错预案迅速处理并上报部门负责人）。

（3）根据差错后果的严重程度，分别采取救助措施，如请相关的医师帮助救治或治疗，到病房或患者家中更换药品，致歉、随访，取得谅解。

（4）若遇到患者自己用药不当、请求帮助，应积极提供救助指导，并提供用药教育。

3. 调配差错的调查 进行彻底的调查并向药房主任或药店经理提交一份药品调配差错报告，报告应涵盖以下内容。

（1）差错的事实。

（2）发现差错的经过。

（3）确认差错发生的过程细节。

（4）经调查确认导致差错发生的原因。

（5）事后对患者的安抚与差错处理。

（6）保存处方的复印件。

4. 改进措施

（1）对杜绝再次发生类似差错提出建议。

（2）药房主任或药店经理应修订处方调配工作流程，以利于防止或减少类似差错的发生。

（3）药房主任或药店经理应将发生的重大差错向医疗机构、药政管理部门报告，由医疗机构管理部门协同相关科室，共同杜绝重大差错的发生。

（4）填写“药品调配差错报告表”，见表 20-5。

表 20-5 药品调配差错报告表

差错发生日期： 年 月 日 发现差错日期： 年 月 日

差错内容：□药名 □剂量 □剂型 □给药途径 □给药时间 □疗程 □配伍 其他________

差错药品是否发给患者： □是 □否 其他________

患者是否使用了差错药品：（包括错误的药名、剂量、剂型、给药途径等） □是 □否 其他________

差错类别：□ A 类：客观环境或条件可能引发差错（差错未发生）

□ B 类：发生差错但未发给患者

□ C 类：差错发给患者但未造成伤害

□ D 类：需要监测差错对患者的后果，并根据后果判断是否需要采取措施预防和减少伤害

□ E 类：差错造成患者暂时性伤害，需要采取预防措施

□ F类:差错对患者的伤害可导致或延长患者住院

□ G类:差错导致患者永久性伤害

□ H类:差错导致患者生命垂危

□ I类:差错导致患者死亡

□ 其他________

患者伤害情况:□ 死亡(直接死因): 死亡时间: 年 月 日

□ 抢救(措施):

□ 残疾(部位、程度):

□ 暂时伤害(部位、程度):

(恢复过程):□住院治疗 □门诊随访治疗 □自行恢复 □ 无明显伤害

引发差错的因素:□选错药 □处方辨认不清 □缩写 □药名相似 □外观相似

□分装 □稀释 □标签 □其他:

发生差错的场所:□病房药房 □门诊或社区药房 □诊所 □护士站 □患者家中 其他________

引起差错的工作人员职位:□初级药师 □中级药师 □高级药师 □护士 □医师 其他________

其他与差错相关的工作人员:□初级药师 □中级药师 □高级药师 □护士 □医师 其他________

发现差错的人员职位:□初级药师 □中级药师 □高级药师 □护士 □医师 □患者 其他________

差错是如何发现或避免的:

患者年龄: 性别: □男 □女 诊断:

差错相关药品: 商品名: 通用名: 生产厂家: 剂型:

剂量/浓度: 包装类型: 包装容器大小:

是否能够提供药品标签、处方复印件等资料: □是 □否 其他________

差错发生的经过:请简述事件经过、后果、相关人员职位、工作环境(如药品条形码、工作人员换班、缺少24 h制药房、药品存放条件等)

对预防类似差错发生的建议:

报告人: 联系电话: 传真: e-mail: 邮编: 联系地址:

制表:中国药学会医院药学专业委员会

拓展知识

老幼用药剂量计算法

一、按年龄计算法

年龄剂量计算表如表20-6所示。

表20-6 年龄剂量计算表

年龄	剂量	年龄	剂量
初生~1个月	成人剂量的1/18~1/14	6~9岁	成人剂量的2/5~1/2
1个月~6个月	成人剂量的1/14~1/7	9~14岁	成人剂量的1/2~2/3
6个月~1岁	成人剂量的1/7~1/5	14~18岁	成人剂量的2/3~全量
1~2岁	成人剂量的1/5~1/4	18~60岁	全量~成人剂量的3/4
2~4岁	成人剂量的1/4~1/3	60岁以上	成人剂量的3/4
4~6岁	成人剂量的1/3~2/5		

注:本表供参考,使用时可根据患者体质、病情及药物性质等多方面因素酌情决定。此法较简单,但计算结果对婴幼儿可能略低,年长儿则偏高,可视情况调整。

二、按小儿体重(kg) 计算法

(1) 若已知小儿每千克体重剂量，直接乘以小儿体重即可得每日或每次剂量。

(2) 若不知小儿每千克体重剂量，可按下式计算：

小儿剂量＝(成人剂量/60)×小儿体重(kg)

小儿体重计算公式：1～6 个月小儿体重(kg)＝月龄×0.6＋3

7～12 个月小儿体重(kg)＝月龄×0.5＋3

4 岁以上小儿体重(kg)＝年龄×3＋8

三、按体表面积计算法

按体表面积计算法为较合理的计算方法，它可适用于各年龄包括新生儿及成人的整个阶段，即不论任何年龄，其每平方米体表面积的剂量是相同的。某些特殊治疗药，如抗肿瘤药均应以体表面积计算。

(1) 若已知每平方米剂量，直接乘以小儿体表面积即可。

(2) 若不知每平方米体表面积的剂量，可按下式计算。

小儿剂量＝成人剂量×小儿体表面积(m^2)/成人体表面积(1.73 m^2)

(3) 根据体重计算体表面积。

体表面积(m^2)＝[4×体重(kg)＋7]/90

用体表面积计算法计算小儿用药剂量比较准确，但较麻烦，可用上面所列简易计算法算出体表面积，或查表 20-7 得知。

表 20-7 体重与体表面积粗略折算表

体重/kg	体表面积/m^2	体重/kg	体表面积/m^2	体重/kg	体表面积/m^2
3	0.21	8	0.42	16	0.70
4	0.25	9	0.46	18	0.75
5	0.29	10	0.49	20	0.80
6	0.33	12	0.56	25	0.90
7	0.39	14	0.62	30	1.10

项目小结

教学提纲		主要内容简述
一级	二级	
一、药学服务	(一)概述	药学服务的目标与基本要素；药学服务的能力要求(沟通的意义和技巧；药历的作用、主要内容和格式；药学服务中的投诉与应对)
	(二)药学服务的内涵	药学服务的具体工作：处方审核与调剂；参与临床药物治疗；治疗药物监测；药物利用研究和评价；药品不良反应监测和报告；药学信息服务；参与健康教育。药学服务的对象；药学服务的效果
	(三)用药咨询服务	患者用药咨询：咨询环境；咨询方式；咨询内容；药师在特殊情况下的提示；需要特别关注的问题。医师用药咨询：新药信息、合理用药信息、治疗药物监测、药物相互作用、药品不良反应、禁忌证。护士用药咨询：获得有关药物的剂量、用法，注射剂配制溶媒、浓度和输液滴注速度，以及输液药物的稳定性和配伍的理化性质变化、配伍禁忌等信息。公众用药咨询：接受公众用药咨询

续表

教学提纲		主要内容简述
一级	二级	
二、药品调剂	(一)处方的意义	含义、作用及要求
	(二)处方的结构与书写要求	处方前记;处方正文;处方后记
	(三)处方类型及中、英文处方实例	单量处方;总量处方;极量处方
	(四)处方调配的步骤	收方、审核处方;调配药剂及核对检查;发药
	(五)中药调剂的步骤	审方、计价、调配、复核(包装、发药)
	(六)处方调配差错的防范与处理	处方调配差错的类型和原因;差错的防范和处理
	(七)调配差错的应对原则和报告制度	报告制度;差错的处理应遵循的步骤;调配差错的调查;改进措施

达标检测题

一、选择题

(一) 单项选择题

1. 药学服务的目标是(　　)。

A. 改善药品的质量　　B. 为医生提供合理用药信息
C. 改善和提高人类生活质量　　D. 指导护士合理用药
E. 以上均是

2. 药学服务的最基本要素是(　　)。

A. 与药物有关的服务　　B. 药学知识　　C. 用药咨询服务
D. 调配　　E. 以上均是

3. 药学服务的对象是(　　)。

A. 公众　　B. 医护人员　　C. 患者　　D. 以上均是　　E. 以上均不是

4. 关于沟通的技巧正确的是(　　)。

A. 尽量用封闭式提问,以获得患者的准确回答
B. 交谈时,为了提高效率,可一边听患者谈,一边查阅相关文献
C. 对特殊人群应特别详细提示服用药物的方法
D. 在患者表述时,对表述不清的问题应随时打断予以询问
E. 以上均不是

5. 以下患者用药咨询环境设置中,不合理的是(　　)。

A. 标志明确　　B. 均采用开放式柜台　　C. 环境舒适
D. 咨询处紧邻门诊药房　　E. A、C、D 描述均合理

6. 以下属于处方后记部分的是(　　)。

A. 审核药师签名　　B. 患者姓名　　C. 临床诊断
D. 药品用量　　E. 患者年龄

7. 急诊处方的格式是(　　)。

A. 印刷纸为淡绿色,右上角标准“急诊”　　B. 印刷纸为淡红色,右上角标准“急诊”
C. 印刷纸为淡黄色,右上角标准“急诊”　　D. 印刷纸为淡绿色,右上角标准“急诊”
E. 印刷纸为淡蓝色,右上角标准“急诊”

8. Rp 的含义是(　　)。

A. 请取　　B. 药品名　　C. 顺序　　D. 处方　　E. 非处方药

9. 药学专业技术人员调剂处方药品的过程一般是(　　)。

A. 调配→核对→审方→发药→用药指导
B. 审方→核对→调配→发药→用药指导
C. 核对→调配→审方→发药→用药指导
D. 审方→调配→核对→发药→用药指导
E. 调配→发药→审方→核对→用药指导

10. 处方中“用法”的缩写词是（ ）。

A. p. o B. co. C. Sig. D. s. o. s E. OTC

（二）多项选择题

1. 沟通的技巧包括（ ）。

A. 认真聆听 B. 注意语言的表达 C. 注意掌握时间
D. 关注特殊人群 E. 以上均不是

2. 药学服务中的投诉类型包括（ ）。

A. 药品数量和质量 B. 服务态度和质量
C. 用药后发生严重不良反应 D. 价格异议
E. 以上均不是

3. 中国药学会医院药学专业委员会推荐的药历模式包括（ ）。

A. 基本情况 B. 病历摘要 C. 月药记录 D. 用药评价 E. 以上均不是

4. 下列药学服务中的投诉应对正确的是（ ）。

A. 由当事人接待患者 B. 应采用换位思考的方式
C. 在现场解决患者投诉的问题 D. 二作中应注意保存证据以应对患者的投诉
E. 以上均不是

5. 药学服务的具体工作包括（ ）。

A. 处方审核和调剂 B. 参与临床药物治疗 C. 治疗药物检测
D. 药物利用研究和评价 E. 以上均不是

二、简答题

1. 如何做好医院投诉接待工作？
2. 如何提高患者对治疗的满意度？
3. 简述处方调剂的主要流程。
4. 如何熟练地开展对患者的用药咨询服务？
5. 简述处方调配“四查十对”规定的主要内容。

三、实例分析题

1. 患者，女，32 岁。感冒头痛，浑身乏力，体温 39.1 ℃，咳嗽，黄痰。患者到药店买药，药师向其推荐了抗感冒药，为预防感染，药师指导该患者服用抗生素头孢克洛胶囊 0.8 g tid。请问药师指导用药是否合理？

2. 某心绞痛患者，应用硝酸甘油治疗，有一次发作时用了 5 片后心绞痛仍未缓解，请分析可能的原因？

（王立青）

综合实训项目

综合实训项目一　液体类制剂综合实训

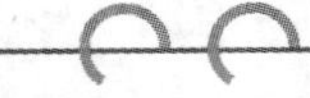

学习目标

能力目标

会设计液体类制剂的生产工艺流程；能根据制剂特点合理指导用药。

能够充分利用实训室药品、辅料及仪器设备进行现场实训操作。

知识目标

掌握：液体类制剂的概念、类型、特点、质量要求、制备方法。

熟悉：液体类制剂的常用溶剂、附加剂。

了解：液体类制剂的质量检查方法。

 **操作任务**

液体类制剂综合实训

一、操作目的

(1) 会设计液体类制剂的生产工艺流程。

(2) 能根据制剂特点合理指导用药。

(3) 能够充分利用实训室药品、辅料及仪器设备进行现场实训操作。

二、器材与药品

学生自选实训室器材和药品。

三、操作内容

以橙皮、丹参、板蓝根、薄荷等为主药，查找相关资料，制备单方或含有原药材有效成分的复方液体类制剂。

具体要求如下。

(1) 分组：每 5～6 人为一小组，选出小组长。

(2) 制备剂型、规格如下。①酊剂：100 mL。②糖浆剂：100 mL。③口服液：10 mL/瓶，10 瓶。④合剂：100 mL。⑤流浸膏剂：100 mL。⑥浸膏剂 30 g。⑦煎膏剂：100 mL。⑧混悬剂：100 mL。⑨乳剂：100 mL。⑩注射剂：10 mL/瓶，10 瓶。

(3) 每组应对上述剂型中的一种进行设计与操作，具体完成项目经抽签决定。

(4) 所有的小组完成实训后，每组成员上台总结，并进行产品介绍、现场展示和推广。

(5) 考核结束，每组成员要提交一份设计方案、一份实训报告及成品(含说明书、包装)。

四、成绩评定与评分标准

(1) 各小组得分由教师评分与各小组评分(除本组外)的平均分两部分组成，各占 50%；

(2) 组长得分由教师根据小组得分确定，组员得分是在小组得分基础上由组长评定加或减分后评定。教师评分与各小组评分均按如下评分标准评定(实训项目表 1-1)。

实训项目表 1-1　成绩评定与评分标准

项目/分组	处方设计10分	操作步骤设计10分	称量操作5分	实训操作15分	操作结果15分	说明书设计10分	包装设计10分	清洁操作5分	团队合作10分	小组总结10分	总得分

相关知识

一、浸出制剂

(一) 基本制剂技术

浸出制剂系指用适当的浸出溶剂(溶媒)和方法，从动植物药材或饮片中浸出有效成分，经适当精制与浓缩得到的供内服或外用的一类制剂。常用浸出制剂主要有汤剂、酊剂、流浸膏剂、浸膏剂、煎膏剂。

浸出制剂常采用煎煮法、浸渍法和渗漉法。

煎煮法一般操作工艺流程如下(实训项目图 1-1)。

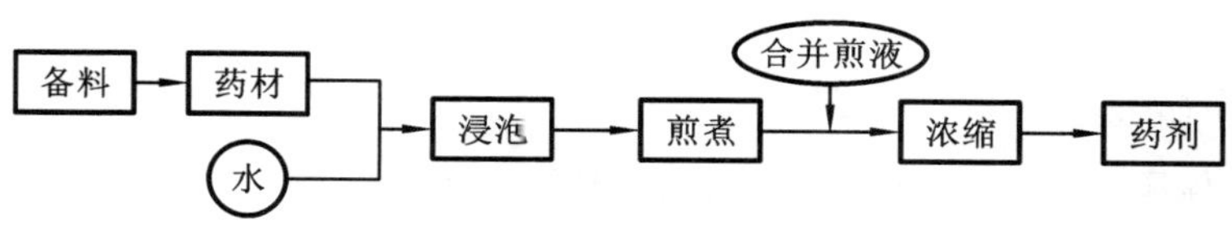

实训项目图 1-1　煎煮法

浸渍法一般操作工艺流程如下(实训项目图 1-2)。

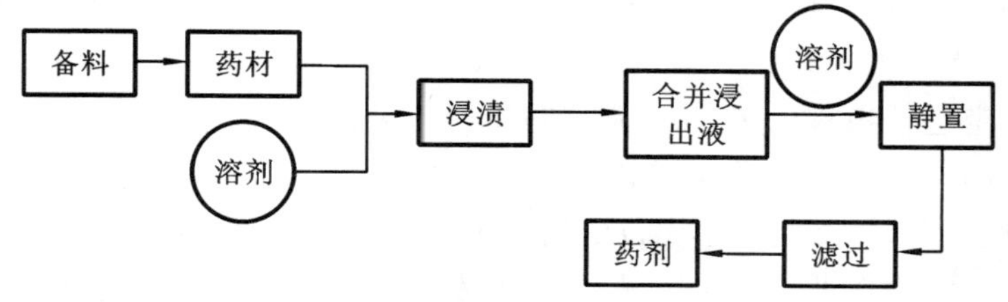

实训项目图 1-2　浸渍法

渗漉法一般操作工艺流程如下(实训项目图 1-3)。

实训项目图 1-3　渗漉法

（二）制剂岗位情况介绍

1. 岗位需求

1）药材前处理岗位　中药材验收员、中药炮制工、中药饮片质量检查工、工艺员。

中药材验收员是指依据相关标准，采用相关设备对中药材的真假、优劣等进行检验的操作人员，并核对产地、数量、规格等。

中药炮制工是指利用刀、锤、锅、粉碎机、切药机等工具和机械设备将药材通过净制、切制、炮炙处理，制成一定规格的饮片的操作人员。适用于中药材净制、切制、炮炙等岗位。

中药饮片质量检查工是指依据《中华人民共和国药典》、《全国中药炮制规范》及《地方炮制规范》对中药饮片的数量、水分、切片、切段、色泽等规定质量指标进行检查、判断的操作人员。适用于各类中药饮片的质量检查岗位。

2）煎煮岗位　煎煮工、煎煮质量检查工、工艺员。

煎煮工是指利用煎煮设备将中药材加工成浸出液的操作人员。适用于煎煮操作、浸出液自检等。

煎煮质量检查工是指对中药材的煎煮全过程的各工序质量控制点的现场监督和对规定质量指标进行检查、判断的操作人员。适用于煎煮全过程的质量监督（QA、工艺管理）。

3）浸渍岗位　浸渍工、浸渍质量检查工、工艺员。

浸渍工是指利用浸渍设备将中药材加工成浸出液的操作人员。适用于浸渍操作、浸出液自检等。

浸渍质量检查工指对中药材的浸渍全过程的各工序质量控制点的现场监督和对规定质量指标进行检查、判断的操作人员。适用于浸渍全过程的质量监督（QA、工艺管理）。

4）渗漉岗位　渗漉工、渗漉质量检查工、工艺员。

渗漉工指利用渗漉设备将中药材加工成渗漉液的操作人员。适用于渗漉操作、渗漉液自检等岗位。

渗漉质量检查工指对中药材的渗漉全过程的各工序质量控制点的现场监督和对规定质量指标进行检查、判断的操作人员。适用于渗漉全过程的质量监督（QA、工艺管理）。

5）浓缩岗位　浓缩工、浓缩质量检查工、工艺员。

浓缩工利用浓缩设备将中药材加工成浓缩液的操作人员。适用于浓缩操作、浓缩液自检等岗位。

浓缩质量检查工是指对中药浸出液、渗滤液等进行浓缩全过程的各工序质量控制点的现场监督和对规定质量指标进行检查、判断的操作人员。适用于浓缩全过程的质量监督（QA、工艺管理）。

2. 岗位职责

1）药材前处理岗位职责

（1）进岗前按标准程序进行更衣，做好操作前的一切准备工作；

（2）按照标准操作规程，准备所需物资，清洁、消毒生产环境，调节、操作生产机器，按时、保质保量完成工作工段长分配的任务；

（3）根据生产指令填写领料单，领取需要处理的中药材，放在设备旁，并核对所加工的药材品名、批号、规格、数量、质量，严格按标准操作规程对中药材原料进行净制、切制、干燥、粉碎、灭菌等加工处理，并保证达到中医用药要求和中药制剂要求；

（4）生产完毕，按规定进行物料移交，并认真填写工序记录及生产记录；

（5）工作期间，严禁串岗、脱岗，不得做与本岗位无关之事；

（6）工作结束或更换品种时，严格按本岗位清场 SOP 进行清场，经质监员检查合格后，挂标识牌；

（7）注意设备保养，经常检查设备运转情况，操作室发现故障及时排除并上报。

2）煎煮岗位职责

（1）进岗前按标准程序进行更衣，做好操作前的一切准备工作；

（2）按照标准操作规程，准备所需物资，清洁、消毒生产环境，调节、操作生产机器，检查计量器具，按时、保质保量完成工作工段长分配的任务；

（3）根据生产指令填写领料单，领取前处理合格的中药材，放入煎煮区域，并核对药材品名、批号、规格、数量、质量，无误后严格按标准操作规程进行操作，利用煎煮设备加工成浸出液；

（4）生产完毕，按规定进行物料移交，并认真填写工序记录及生产记录；

（5）工作期间，严禁串岗、脱岗，不得做与本岗位无关之事；

(6) 工作结束或更换品种时，严格按本岗位清场 SOP 进行清场，经质监员检查合格后，挂标识牌；

(7) 注意设备保养，经常检查设备运转情况，操作室发现故障及时排除并上报。

3) 浸渍岗位职责

(1) 进岗前按 30 万级洁净区标准程序进行更衣，做好操作前的一切准备工作；

(2) 按照标准操作规程，准备所需物资，清洁、消毒生产环境，调节、操作生产机器，检查计量器具，按时、保质保量完成工作工段长分配的任务；

(3) 根据生产指令填写领料单，领取前处理合格的中药材，放入浸渍生产区域，并核对药材品名、批号、规格、数量、质量，无误后严格按标准操作规程进行操作；

(4) 生产完毕，按规定进行物料移交，并认真填写工序记录及生产记录；

(5) 工作期间，严禁串岗、脱岗，不得做与本岗位无关之事；

(6) 工作结束或更换品种时，严格按本岗位清场 SOP 进行清场，经质监员检查合格后，挂标识牌；

(7) 注意设备保养，经常检查设备运转情况，操作室发现故障及时排除并上报。

4) 渗漉岗位职责

(1) 进岗前按标准程序进行更衣，进入操作间，做好操作前的一切准备工作；

(2) 按照标准操作规程，准备所需物资，清洁、消毒生产环境，调节、操作生产机器，检查计量器具，按时、保质保量完成工作工段长分配的任务；

(3) 根据生产指令填写领料单，领取前处理合格的中药材，放入渗漉生产区域，并核对药材品名、批号、规格、数量、质量，无误后严格按标准操作规程进行操作；

(4) 生产完毕，按规定进行物料移交，并认真填写工序记录及生产记录；

(5) 工作期间，严禁串岗、脱岗，不得做与本岗位无关之事；

(6) 工作结束或更换品种时，严格按本岗位清场 SOP 进行清场，经质监员检查合格后，挂标识牌；

(7) 注意设备保养，经常检查设备运转情况，操作室发现故障及时排除并上报。

5) 浓缩岗位职责

(1) 进岗前按标准程序进行更衣，进入操作间，做好操作前的一切准备工作；

(2) 按照标准操作规程，准备所需物资，清洁、消毒生产环境，调节、操作生产机器，检查计量器具，按时、保质保量完成工作工段长分配的任务；

(3) 根据生产指令填写领料单，领取药液，放入浓缩生产区域，并核对药材品名、批号、规格、数量、质量，无误后严格按标准操作规程进行操作；

(4) 生产完毕，按规定进行物料移交，并认真填写工序记录及生产记录；

(5) 工作期间，严禁串岗、脱岗，不得做与本岗位无关之事；

(6) 工作结束或更换品种时，严格按本岗位清场 SOP 进行清场，经质监员检查合格后，挂标识牌；

(7) 注意设备保养，经常检查设备运转情况，操作室发现故障及时排除并上报。

3. 职业态度

1) 安全意识　操作过程中注意观察设备运转情况，发现温度异常升高或出现异常噪声时，应停机检查原因并进行处理。任何异常情况的处理都必须在停机状态下进行，禁止操作人员在设备运转状态下处理各类异常情况。设备的开关均应安装在操作室外，避免失误操作。生产区域禁止有明火。煎煮完毕后，应先放置降温，再分离药液与药渣，避免烫伤。回收乙醇要防火防爆。

2) 责任意识　操作人员需要随时检查物料的洁净程度，以防止金属类杂质混入物料，使温度异常升高或造成设备损坏。为避免负荷过大，加料时应控制加料量与加料速度。炮制工序，要认真按照炮制规程操作，保证中药材的有效性。煎煮岗位工作前要严格检查管路的流向标志和阀门等状态，蒸汽管路、冷水管路的畅通情况。严格控制煎煮过程。浸渍岗位应经常巡视，禁止生产区域有明火。温浸应注意监控温度。渗漉岗位要防止跑、冒、漏、滴等现象发生，保证药液质量。浓缩岗位要防止跑液。各岗位均应严格按照相应的操作规程进行操作，及时填写相应的生产记录、设备运行记录、交接班记录等。生产结束要关好水、电、气开关和门。

3) 卫生意识　为防止药品的污染和混药的发生，操作人员每次操作结束后均必须彻底清场。注意个人卫生防护，避免吸入粉尘。工作场所不得进食，不得存放与作业无关的物品和私人杂物，防止产品被污染。

（三）岗位操作关键点及质量判断（实训项目表1-2）

实训项目表1-2 岗位操作关键点及质量判断

岗位	操作工艺关键点	质量控制关键点	质量判断
药材前处理	①要鉴别药材的真、伪、优、劣、规格、等级等； ②净制要去除杂质、虫蛀和霉变品，去除非药用部分； ③水制要控制水量，做到“少泡多润”“药透汁尽”； ④炮制应控制时间、温度和程度； ⑤干燥要定时翻盘和翻料，防止糊化	色泽、外观、气味； 水分、时间； 温度、湿度； 粒度、尺寸(厚度)	色泽、外观、气味、水分、粒度、尺寸(厚度)
煎煮	①煎煮前不清洗，防止有效成分丢失； ②煎煮前先浸泡；煎煮时加热至沸，保持微沸； ③注意提取罐内温度的变化，蒸汽阀门、冷水阀门是否失灵	浸泡时间和每次煎水量； 煎煮时的温度、压力和时间； 煎出液总量	密度、色泽、不溶物
浸渍	①适当粉碎药材； ②控制浸渍温度、时间、次数	防止溶剂挥发； 浸渍时间、温度； 定期搅拌	浓度、乙醇量、总固体、甲醇量、装量、微生物限度
渗漉	①药粉不得超过渗漉罐的2/3； ②尽量排尽药粉间的空气； ③药粉先润湿，再充分润湿膨胀	溶剂浓度、加入量； 浸渍时间； 渗漉时间、温度、速度	颜色、气味
浓缩	①控制好蒸发室或蒸馏室内的压力； ②防止跑液； ③防止产生焦屑	真空度、蒸汽压力、温度、进料速度、时间、浓度、药液温度、数量、pH值、性状	不溶物、相对密度、澄明度、微生物限度

（四）常见质量问题及预防措施（实训项目表1-3）

实训项目表1-3 常见质量问题及预防措施

序号	常见质量问题	预防措施
1	药材成分流失	淘洗或漂洗中控制用水量和时间
2	药材疗效改变	要按各炮制操作规程操作
3	药材与铁反应	避免煎煮时用铁锅
4	浸出液浓度不合格	掌握好溶剂量
5	含醇量不足	生产过程及储存中注意密封
6	澄明度不够	药液静置一段时间后再过滤
7	有效成分含量降低	浸渍、煎煮时要加以搅拌，压出药渣中的药液，并可采用多次浸渍或煎煮
8	渗漉液流出困难	药粉不能过细，药材要先润湿膨胀，装料不要过紧，要先排尽气泡，选择合适的渗漉容器
9	溶剂用量多而渗漉不完全	药粉粉碎到一定细度，装填松紧适宜，浸渍时间适宜，药柱长度适宜，渗漉容器比例适当
10	跑液	选择适宜的操作条件及设备；控制蒸汽压力、真空度及药液浓度
11	产生焦屑	浓缩时控制温度、进料速度、药液浓度

二、液体类制剂

（一）基本制剂技术

液体制剂系指药物分散在适宜的分散介质中制成的液体形态的制剂。通常是将药物，以不同的分散方法和不同的分散程度分散在适宜的分散介质中制成的液体分散体系，可供内服或外用。液体制剂的品种多，临床应用广泛。按分散系统可分为溶液剂、溶胶剂、乳剂、混悬剂等。

制备溶液剂一般有溶解法、稀释法和化学反应法。溶解法多先取处方量3/4的溶剂加入药物，搅拌使溶解、滤过，再自滤器上添加溶剂至全量，最后搅匀即得。处方中如有助溶剂、增溶剂、pH 值调节剂、稳定剂、防腐剂及抗氧剂等，应先以适量溶剂溶解，再加入药物；其中对热稳定而溶解缓慢的药物，可加热促进溶解；挥发性或不耐热的药物则应在 40 ℃以下时加入，以免挥发或破坏损失。制备芳香水剂时，用分散剂（一种惰性不溶性物质的细粉）分散或剧烈振摇，使油水充分接触加速溶解。稀释法适用于制备高浓度溶液或易溶性药物的浓储备液。化学反应法系指将两种或两种以上的药物，通过化学反应而制成新的药物溶液的制备方法，待化学反应完成后，滤过，自滤器上添加蒸馏水至全量即得。适用于原料药物缺乏或质量不符合要求的情况。

胶体溶液按胶粒与分散媒之间的亲和力不同可分为亲液胶体与疏液胶体，若以水为分散体则称为亲水胶体和疏水胶体。亲水胶体的制备，药物溶解要经过溶胀过程，宜将其分次撒布于水面上，使之自然吸水膨胀，然后搅拌或加热使溶解。疏水胶体的制备采用分散法或凝聚法。处方中如含具有脱水作用的电解质、高浓度醇、糖浆、甘油等物质时，宜先行溶解或稀释后再加入，而且用量不宜过大。如需滤过时，所用滤材应与胶体溶液的荷电性相适应，最好采用不带电荷的滤器，以免凝聚。

混悬剂的制备方法有分散法（如研磨粉碎）和凝聚法（如化学反应和微粒结晶）。一般制备原则如下。①粉碎药物或加液研磨：先干研至一定程度，再加液研磨。亲水性药物加入蒸馏水或亲水胶体，疏水性药物可加入亲水性胶体或表面活性剂。加入定量是关键，通常取药物 1 份加液体 0.4～0.6 份研磨，同时加入适量润湿剂，能产生很好的分散效果。②改变溶媒或浓度：溶剂改变的速度愈剧烈，析出的沉淀愈细，所以常在以含醇制剂为原料时应用。多将酊剂等含醇制剂以细流状加到水中，并不断搅拌，防止析出大块沉淀。③采用高分子助悬剂作稳定剂：应先将这些高分子物质配制成一定浓度的胶浆使用。④盐类的加入：处方中如有盐类，宜先制成稀溶液加入，防止发生脱水作用。

制备乳剂有干胶法、湿胶法、新生皂法、两相交替加入法、机械法等。干胶法先将胶粉与油混合均匀，加入一定量水，乳化成初乳，再逐渐加水稀释至全量。湿胶法则将胶先溶于水中制成胶浆作为水相，将油相分次加入水相中，研磨制成初乳，再加水至全量。乳剂中药物的添加方法，需根据药物的溶解性采用不同的方法加入。制备时需加入能降低油水界面张力的乳化剂，使乳浊液得以稳定。

干胶法制备乳剂的一般生产工艺流程如下（实训项目图 1-4）：

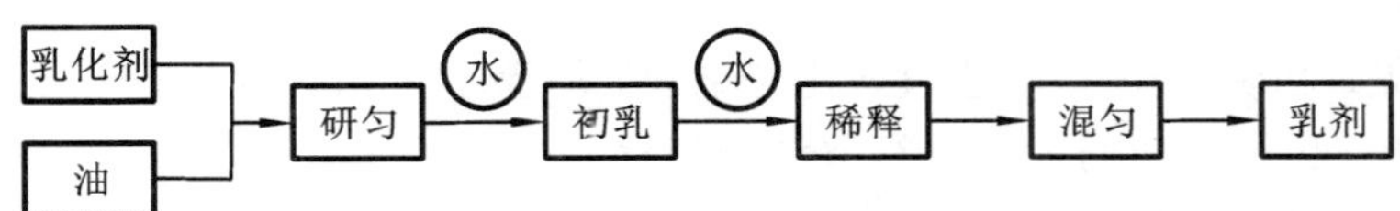

实训项目图 1-4　干胶法制备乳剂

湿胶法制备乳剂的一般生产工艺流程如下（实训项目图 1-5）：

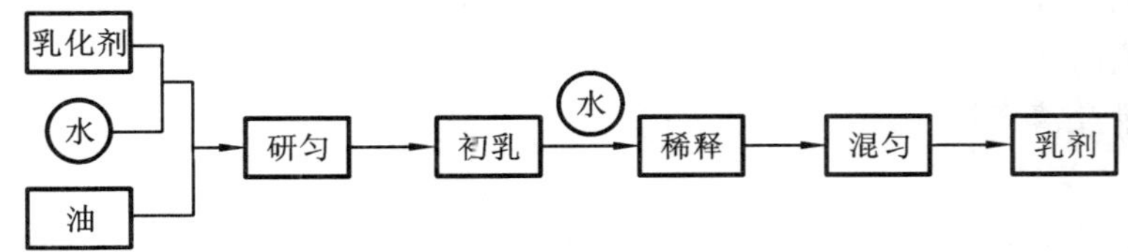

实训项目图 1-5　湿胶法制备乳剂

新生皂法制备乳剂的一般生产工艺流程如下（实训项目图 1-6）：

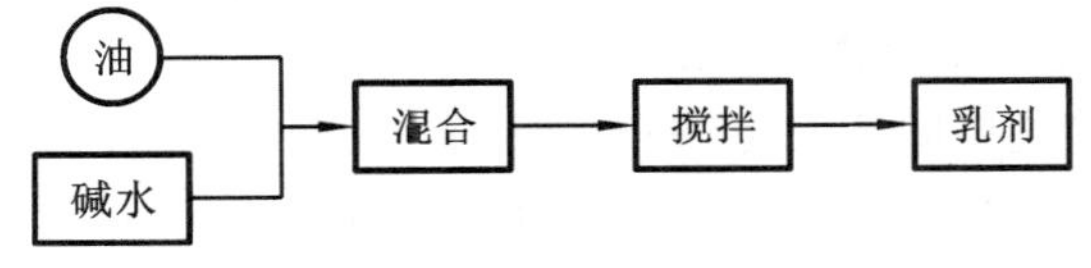

实训项目图 1-6　新生皂法制备乳剂

（二）制剂岗位情况介绍

1. 岗位需求

1）配液岗位　配液工、配液质量检查工、工艺员。

配液工是指将符合要求的原料药及辅料利用相关设备按工艺要求配制成溶液剂、混悬剂、乳剂等的操作人员。适用于溶液剂、混悬剂、乳剂等液体类制剂的配液操作岗位。

配液质量检查工是指对配液全过程的各工序质量控制点的现场监督和对规定质量指标进行检查、判断的操作人员。适用于配液全过程的质量监督(QA、工艺管理)。

2) 过滤岗位　过滤工,过滤质量检查工,工艺员。

过滤工是指将经过质量检查符合要求的药液利用过滤设备进行过滤的操作人员。适用于溶液型液体制剂的过滤岗位。

过滤质量检查工是指对过滤全过程的各工序质量控制点的现场监督和对规定质量指标进行检查、判断的操作人员。适用于过滤全过程的质量监督(QA、工艺管理)。

3) 灌封岗位　灌封工,灌封质量检查工,工艺员。

灌封工是指将经质量检查合格的溶液剂、混悬剂、乳剂等利用相关设备灌装于相应的容器内并进行封口的操作人员。适用于溶液剂、混悬剂、乳剂等制剂的灌封操作岗位。

灌封质量检查工是指对灌封全过程的各工序质量控制点的现场监督和对规定质量指标进行检查、判断的操作人员。适用于灌封全过程的质量监督(QA、工艺管理)。

2. 岗位职责

1) 配液岗位职责

(1) 按 10 万级(或 1 万级)洁净室规程进入生产岗位,执行洗手、消毒程序;

(2) 按规定对生产岗位的环境与设备进行清洁和消毒;

(3) 对所用容器、衡器进行校正,对所用溶剂、附加剂进行检查,应符合规定;

(4) 对原辅料的品名、规格、数量等进行检查,应符合规定;

(5) 严格按照配制程序和岗位标准操作规程进行配液操作,并对配制液体的体积、浓度或分散度与均匀度等负责;

(6) 按配液设备标准操作规程、清洁规程、保养规程对设备进行操作、清洁、保养;

(7) 负责配液岗位的清场与卫生;

(8) 做好生产记录及清场记录。

2) 过滤岗位职责

(1) 按 10 万级(或 1 万级)洁净室规程进入生产岗位,执行洗手、消毒程序;

(2) 按规定对生产岗位的环境与设备进行清洁和消毒;

(3) 按规定检查滤器、管道状态,应符合规定;

(4) 严格按照过滤程序和岗位标准操作规程进行过滤操作,对过滤过程中的工艺参数实施控制,并对滤液的质量负责;

(5) 按过滤设备标准操作规程、清洁规程、保养规程对设备进行操作、清洁、保养;

(6) 负责过滤岗位的清场与卫生;

(7) 做好生产记录及清场记录。

3) 灌封岗位职责

(1) 按相应级别洁净室规程进入生产岗位,执行洗手、消毒程序;

(2) 按相应级别的操作规程对灌封室进行清洁和消毒,并对各种生产用具、容器进行清洁和消毒处理;

(3) 药液滤过经检查合格后灌后立即封存,以免药液被污染;

(4) 灌封前检查核对药液的品种、规格、数量等是否与生产指令相符,检查检验报告单,确保合格,严格按照灌封程序和岗位标准操作规程进行灌封操作;

(5) 按规定的方法和频率检查中间体质量,并对灌封后中间体的装量,密封性及清洁度等质量负责;

(6) 灌封过程,如发现异常应立即停机,待查明原因方可继续灌封,以确保灌装质量;

(7) 按灌封设备标准操作规程、清洁规程、保养规程对设备进行操作、清洁、保养;

(8) 负责灌封岗位的清场与卫生;

(9) 做好生产记录及清场记录。

3. 职业态度

1) 安全意识　严格遵守《岗位标准操作规程》,操作过程中注意观察设备运转情况,发现温度异常升高或出现异常噪声时,应停机检查原因并进行处理。任何异常情况的处理都必须在停机状态下进行,禁止操作人员在设备运转状态下处理各类异常情况。

2）责任意识　配液岗位操作人员要严格控制投料的顺序、配液的温度、搅拌等工艺条件的设置。过滤岗位操作人员要随时检查滤器、管道的状态，以防止杂质混入药液，要注意过滤温度、压力等工艺条件的设置以保证药液质量。灌封岗位应按规定定时检查罐装量、药液澄明度。各岗位均应严格按照相应的操作规程进行操作，及时填写相应的生产记录、设备运行记录、交接班记录等。生产结束要关好水、电、气开关和门。

3）卫生意识　为保证液体制剂的卫生质量，操作人员应严格遵循各生产洁净区（室）的要求，物料、器具等按照各生产洁净区（室）的规定做好相应的清洁工作，并严格按照各生产洁净区（室）的规定传递。操作人员每次操作结束后均必须彻底清场。注意个人卫生防护。工作场所不得进食，不得存放与作业无关的物品和私人杂物，防止产品被污染。

（三）岗位操作关键点及质量判断（实训项目表 1-4）

实训项目表 1-4　岗位操作关键点及质量判断

岗位	操作工艺关键点	质量控制关键点	质量判断
配液	①原辅料的计算和称量严格执行双人负责制； ②采用溶解、分散（凝聚）、乳化法配制溶液型、混悬型、乳剂型液体制剂； ③混悬剂控制研磨时间，药物与液体的比例一般为 1∶（0.4～0.6）； ④疏水性药物制成混悬剂应加润湿剂或助悬剂共同研磨； ⑤乳剂先制成初乳； ⑥应检查配液罐是否密闭，搅拌器是否正常； ⑦乳化锅应先预热	温度、时间、能量	含量、粒度、pH 值
过滤	①应对过滤设备及其管道进行检查； ②滤器及管道应安装牢固； ③药液需经含量、pH 值检查合格才能实施过滤； ④澄清度不合格的药液需对滤器和管道进行清洗处理后，再进行过滤	操作压力、过滤面积、滤浆的黏度、滤饼的厚度	澄明度
灌封	①操作前 2 h 开启空气净化系统，操作前 1 h，采用紫外线对室内空气及表面进行消毒； ②玻璃瓶按洗涤、烘干、灭菌三步骤处理； ③灌封机试运行正常后才能使用； ④灌装机应调试至规定装量范围，运行至装量稳定后开始正式灌装	选瓶、装量、漏气、封口质量；贴标操作	装量差异检查、漏气检查、“泡头”“瘪头”“尖头”

（四）常见质量问题及预防措施（实训项目表 1-5）

实训项目表 1-5　常见质量问题及预防措施

序号	常见质量问题	预防措施
1	药液的浓度不合格	浓度偏高，补足溶剂至合格；浓度偏低，控制温度，修订工艺，确保投料准确
2	分散度不合格	增加均化时间，修订工艺或修改处方
3	滤速过慢	控制温度、压力
4	澄清度不合格	结合制剂类型选择滤器和滤材；控制温度和压力；严格按操作规程执行
5	包装容器破碎	停车清除碎玻璃和药液，查明原因，排除故障后才可开车生产
6	装量不均	定时检查，保证计量器正常及输送管道畅通、单相活塞关闭
7	漏气	加强对轧盖质量检查
8	通气	不稳定药物，通入惰性气体

三、无菌制剂

（一）基本制剂技术

注射剂系指药物制成的可供注入人体的灭菌溶液或乳状液，以及供临用前配成溶液或混悬液的无菌粉末或浓溶液。注射剂是一类供皮下、肌内、静脉、脊髓等注射的灭菌溶液。具有奏效迅速等优点。注射剂的要求更为严格，以保证用药安全、有效。

小容量注射剂的一般工艺流程如下(实训项目图 1-7)：

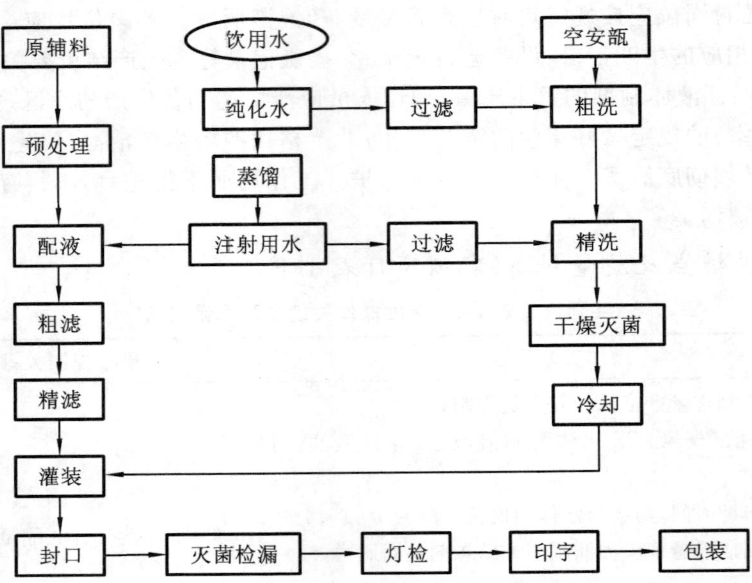

实训项目图 1-7 小容量注射剂的一般工艺流程

大容量注射剂的一般工艺流程如下(实训项目图 1-8)：

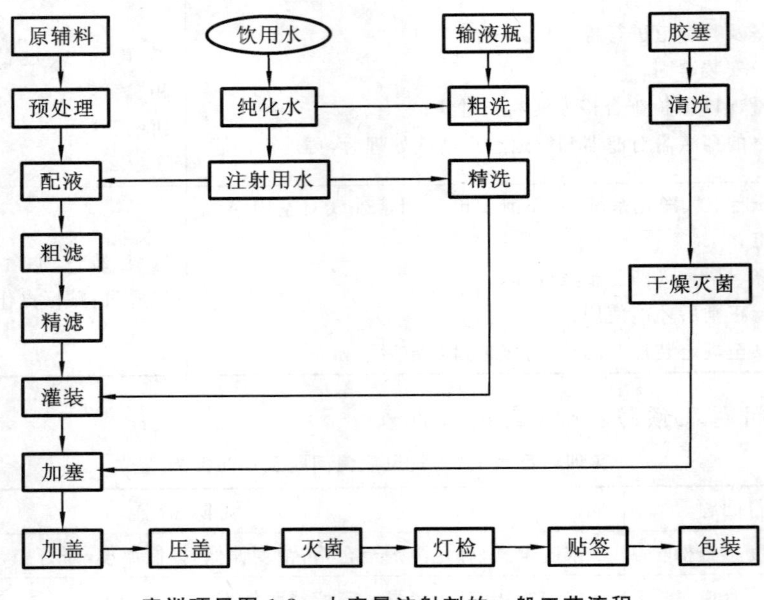

实训项目图 1-8 大容量注射剂的一般工艺流程

(二) 制剂岗位情况介绍

1. 岗位需求

1) 安瓿洗涤岗位　小容量安瓿清洁工、安瓿清洗质量检查工、工艺员。

小容量安瓿清洁工是指使用各种洗瓶联动设备，对药品内保装容器进行挑选、洗涤、干燥、灭菌，使其达到药品包装容器要求的操作人员。适用于玻璃瓶外观质量检查、机器清理洗瓶机灭菌。

安瓿清洗质量检查工是指对安瓿洗涤及灭菌全过程质量控制点的现场监督和对规定的质量指标进行检查、判断的操作人员。适用于安瓿洗涤全过程的质量监督(工艺管理、QA)。

2) 注射剂配液岗位　注射剂配液工、注射剂质量检查工、工艺员。

注射剂配液工是指将符合注射液要求的原料药、营养素、电解质、血浆及附加剂溶解于注射用水或其他非水溶剂中，经过滤制成专供注射用的溶液、混悬液或乳浊液状制剂的操作人员。适用于浓配和稀配罐操作、过滤设备操作、质量自检。

注射剂质量检查工是指从事注射液配制全过程的各工序质量控制点的现场监督和对规定质量指标进行检查、判断的操作人员。适用于注射液配制全过程的质量监督（QA、工艺管理）。

3）注射剂灌封岗位　注射剂灌封人员、注射剂灌封质量检查人员、工艺员。

注射剂灌封人员是指操作注射液灌装、封口专用设备及附加装置，将配制合格的药液按规定的剂量，封装在达到洁净要求的安瓿中的操作人员。适用于灌封联动机操作、压缩空气、充气系统控制、质量自检。

注射剂灌封质量检查人员是指从事注射液灌封全过程质量控制点的现场监督和对规定的质量指标进行检查、判断的操作人员。适用于液灌封全过程的质量监督（工艺管理、QA）。

2. 岗位职责

1）安瓿洗涤岗位职责

（1）严格执行《洗瓶岗位操作法》及安瓿清洁、干燥标准操作规程；

（2）负责洗瓶所用设备安全使用及日常保养，防止事故发生；

（3）自觉遵守工艺纪律，保证洗瓶、干燥、灭菌、冷却符合工艺要求，质量达到要求；

（4）做到岗位生产状态标志、设备所处状态标志、清洁状态标志清晰明了、准确无误；

（5）按洗瓶岗位标准保养规程对设备进行保养；

（6）负责洗瓶岗位的清场与卫生；

（7）做好生产记录及清场记录。

2）注射剂配液岗位职责

（1）严格执行《注射剂配液岗位操作法》和《注射液配液设备标准操作规程》；

（2）负责配液、滤过所用设备安全使用及日常保养，防止事故发生；

（3）严格执行生产指令，保证配制所用物料名称、数量、质量准确无误，如发现物料的包装不完整，需报告 QA 人员，停止使用；

（4）自觉遵守工艺纪律，保证配制、滤过岗位不发生混药、错药或对药品造成污染；

（5）做到岗位生产状态标志、设备所处状态标志、清洁状态标志清晰明了、准确无误；

（6）负责洗配液岗位的清场与卫生；

（7）做好生产记录及清场记录。

3）注射剂灌封岗位职责

（1）严格执行《灌封岗位操作法》和《灌封机标准操作规程》；

（2）负责灌封所用设备安全使用及日常保养，防止事故发生；

（3）严格执行生产指令，保证灌封质量达到规定质量要求；

（4）自觉遵守工艺纪律，保证灌封装量及封口质量达到规定要求，避免药品污染；

（5）做到岗位生产状态标志、设备所处状态标志、清洁状态标志清晰明了、准确无误；

（6）负责灌封岗位的清场与卫生；

（7）做好生产记录及清场记录。

3. 职业态度

1）安全意识　严格遵守《岗位标准操作规程》，操作过程中注意观察设备运转情况，发现温度异常升高或出现异常噪声时，应停机检查原因并进行处理。任何异常情况的处理都必须在停机状态下进行，禁止操作人员在设备运转状态下处理各类异常情况。

2）责任意识　配液岗位操作人员要严格控制投料的顺序、配液的温度、搅拌等工艺条件的设置。过滤岗位操作人员要随时检查滤器、管道的状态，以防止杂质混入药液，要注意过滤温度、压力等工艺条件的设置以保证药液质量。灌封岗位应按规定定时检查罐装量、药液澄明度。各岗位均应严格按照相应的操作规程进行操作，及时填写相应的生产记录、设备运行记录、交接班记录等。生产结束要关好水、电、气开关和门。

3）卫生意识　为保证注射剂的卫生质量，操作人员应严格遵循各生产洁净区（室）的要求，物料、器具等按照各生产洁净区（室）的规定做好相应的清洁工作，并严格按照各生产洁净区（室）的规定传递。操作人员每次操作结束后均必须彻底清场。注意个人卫生防护。工作场所不得进食，不得存放与作业无关的物品和私人杂物，防止产品被污染。

（三）岗位操作关键点及质量判断（实训项目表 1-6）

实训项目表 1-6 岗位操作关键点及质量判断

岗 位	操作工艺关键点	质量控制关键点	质量判断
安瓿洗涤	①洗瓶操作室洁净度按 10 万级要求，灭菌后安瓿在 1 万级洁净度下保存； ②洗瓶机使用后应保持干燥，避免生锈； ③洗瓶过程中应经常检查洗涤质量	外观检查，洁净度检查、无菌度检查	外观、洁净度、无菌度、安瓿破损率
注射剂配液	①注射剂浓配间洁净度按 10 万级、稀配间按 1 万级要求，精滤后药液在 1 万级洁净度下存放，室内相对室外正压； ②配制所用器具及其原料附加剂要求尽可能无菌，以减少污染； ③对于不易滤清的药液可加 0.1%～0.3%活性炭处理，浓配脱碳要冷却到 50 ℃左右再过滤，避免脱吸附； ④如使用非水溶剂，设备、工具、容器必须干燥后才能使用； ⑤投料后搅拌时间严格按工艺规定执行； ⑥微孔滤膜要做起泡点检查	色泽、含量、pH 值、澄明度	色泽、含量、pH 值、澄明度
注射剂灌封	①灌封操作室洁净度按 1 万级要求，灌封部位局部达到 100 级，室内相对室外正压，温度 18～26 ℃，相对湿度 45%～65%； ②灌封时要经常抽查装量及封口质量，封口不得有炭化、封口不严等；QA 定时抽查澄明度； ③收集灌封后安瓿的容器应有标签，标签上应标明品名、规格、批号、生产日期、灌封人、灌封序号，防止发生混药、混批	外观、装量、澄明度	外观、装量、澄明度

（四）常见质量问题及预防措施（实训项目表 1-7）

实训项目表 1-7 常见质量问题及预防措施

序号	常见质量问题	预防措施
1	装量不准	适当增加药液量；根据药液的黏稠程度不同，在灌装前，应用精确的小量筒校正注射器的吸液量，试装若干支，经检查合格后再行灌装
2	注器针头“挂水”	活塞中心有毛细孔，可使针头挂的水滴缩回并调节灌装速度
3	漏气	加强对轧盖质量检查
4	焦头	①灌药室给药不要太急，避免溅起药液在安瓿瓶壁上；②针头往安瓿里灌药应能立即回缩，安装调正针头；③压药与打药行程应配合
5	瘪头、爆头	充 CO_2 时应调整好充气量和充气速度

（兰小群）

综合实训项目二　固体类及其他类制剂综合实训

学习目标

能力目标

会设计固体类及其他类制剂的生产工艺流程；能根据制剂特点合理指导用药。

能够充分利用实训室药品、辅料及仪器设备进行现场实训操作。

知识目标

掌握：固体类及其他类制剂的概念、类型、特点、质量要求、制备方法。

熟悉：固体类及其他类制剂的常用辅料、附加剂。

了解：固体类及其他类制剂的质量检查方法。

操作任务

固体类及其他类制剂综合实训

一、操作目的

(1) 会设计固体类及其他类制剂的生产工艺流程；能根据制剂特点合理指导用药。

(2) 能够充分利用实训室药品、辅料及仪器设备进行现场实训操作。

二、器材与药品

学生自选实训室设备，药品。

三、操作内容

以橙皮、丹参、板蓝根、薄荷、山楂等为主药，查找相关资料，制备单方或含有原药有效成分的复方制剂。具体要求如下。

(1) 分组：每5～6人为一小组，选出小组长。

(2) 制备剂型、规格如下：①散剂：7克/包，20包。②颗粒剂：7克/包，20包。③硬胶囊剂：0号，300颗。④片剂：圆形片，0.2克/颗，300颗。⑤丸剂：大蜜丸或大水蜜丸，9克/丸，6丸。⑥丸剂：小蜜丸/小水蜜丸，0.1克/丸，100丸。⑦软膏剂：50 mL。⑧滴丸剂：0.05克/丸，100丸。⑨栓剂：0.2克/颗，12颗。⑩喷雾剂：0.2克/喷，100 mL。

(3) 每组应对上述剂型中的一种进行设计与操作，具体完成项目经抽签决定。

(4) 所有的小组完成实训后，每组成员上台总结，并进行产品介绍、现场展示和推广。

(5) 考核结束，每组成员要提交一份设计方案、一份实训报告及成品(含说明书、包装)。

四、成绩评定与评分标准

(1) 各小组得分由教师评分与各小组评分(除本组外)的平均分两部分组成，各占50%；

（2）组长得分由教师根据小组得分确定，组员得分是在小组得分基础上由组长评定加分或减分后评定。教师评分与各小组评分均按如下评分标准评定。

五、实训要求（实训项目表 2-1）

实训项目表 2-1 实训要求

项目 分组		处方设计10分	操作步骤设计10分	称量操作5分	实训操作15分	操作结果15分	说明书设计10分	包装设计10分	清洁操作5分	团队合作10分	小组总结10分	总得分

相关知识……

一、散剂

（一）基本制剂技术

散剂系指药物或与适宜辅料经粉碎均匀混合而制成的干燥粉末状剂型，供内服或外用。按药物性质分为一般散剂、含毒性成分散剂、含液体成分散剂、含共熔成分散剂。其外观应干燥、疏松、混合均匀、色泽一致且装量差异限度、水分及微生物限度应符合规定。

散剂的制备工艺一般生产工艺流程如下（实训项目图 2-1）：

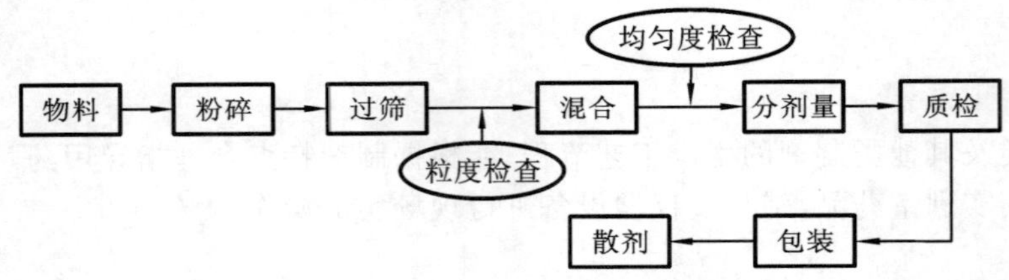

实训项目图 2-1 散剂的制备工艺

（二）制剂岗位情况介绍

1. 岗位需求

1）粉碎岗位　粉碎工、物料粉碎质量检查工、工艺员。

粉碎工是指使用规定的粉碎设备选择安装适宜孔径的筛板将固体物料粉碎成符合粒度要求的粉状物料的操作人员；主要工作为粉碎机操作、筛板、粉碎机部件的保管和质量自检。

物料粉碎质量检查工是指从事物料粉碎生产全过程的各工序质量控制点的现场监督和对规定的质量指标进行检查、判定的人员；主要是负责粉碎全过程的质量监督（工艺管理、QA）。

2）筛分岗位　筛分工、物料筛分质量检查工、工艺员。

筛分工是使用规定的筛分设备，选择安装适宜孔径的筛网，将固体物料分离成符合粒度要求的粉状物料的操作人员；主要工作为筛分机操作、筛网保管、质量自检。

物料筛分质量检查工是指从事物料粉碎及筛分生产全过程的各个工序质量控制点的现场监控和对规定的质量指标进行检查、判定的人员；主要工作为筛分全过程的质量监督（工艺管理、QA）。

3）混合岗位　混料工、物料混合质量检查工、工艺员。

混料工是使用规定的混合物设备将固体物料搅拌控制备出符合分散要求的粉状物料的操作人员；主要

工作为混合机操作、质量自检。

物料混合质量检查工是指从事物料混合生产全过程的各工序质量控制点的现场监督和对规定的质量指标进行检查、判定的人员；主要工作为混合全过程的质量监督(工艺管理、QA)。

2. 岗位职责

1) 粉碎岗位职责

(1) 进岗前按规定着装，做好操作前的一切准备工作；

(2) 根据生产指令按规定程序领取原辅料，核对所粉碎物料的品名、规格、产品批号、数量、生产企业名称、物理外观、检验合格等，应准确无误，粉碎产品色泽均匀、粒度符合要求；

(3) 严格按工艺规程及粉碎标准操作程序进行原辅料处理；

(4) 生产完毕，按规定进行物料移交，并认真填写工序记录及生产记录；

(5) 工作期间，严禁串岗、脱岗，不得做与本岗位无关之事；

(6) 工作结束或更换品种时，严格按本岗位清场 SOP 进行清场，经质监员检查合格后，挂标识牌；

(7) 注意设备保养，经常检查设备运转情况，操作室发现故障及时排除并上报。

2) 筛分岗位职责

(1) 进岗前按规定着装，做好操作前的一切准备工作；

(2) 根据生产指令按规定程序领取原辅料，核对所粉碎物料的品名、规格、产品批号、数量、生产企业名称、物理外观、检验合格等，应准确无误，粉碎产品色泽均匀、粒度符合要求；

(3) 严格按工艺规程及粉碎标准操作程序进行原辅料处理；

(4) 按工艺规程要求对需要进行分筛的物料选用规定数目的筛网，严格按《旋振筛标准操作规程》进行操作；

(5) 生产完毕，按规定进行物料移交，并认真填写工序记录及生产记录；

(6) 工作期间，严禁串岗、脱岗，不得做与本岗位无关之事；

(7) 工作结束或更换品种时，严格按本岗位清场 SOP 进行清场，经质监员检查合格后，挂标识牌；

(8) 注意设备保养，经常检查设备运转情况，操作室发现故障及时排除并上报。

3) 混合岗位职责

(1) 严格执行《混合岗位操作法》、《混合设备标准操作规程》；

(2) 进岗前按规定着装，做好操作前的一切准备工作；

(3) 根据生产指令按规定程序领取原辅料，核对所粉碎物料的品名、规格、产品批号、数量、生产企业名称、物理外观、检验合格等，应准确无误，粉碎产品色泽均匀、粒度符合要求；

(4) 自觉遵守工艺规律，保证混合岗位不发生差错和污染。发现问题及时上报；

(5) 严格按工艺规程及粉碎标准操作程序进行原辅料处理；

(6) 生产完毕，按规定进行物料移交，并认真填写工序记录及生产记录；

(7) 工作期间，严禁串岗、脱岗，不得做与本岗位无关之事；

(8) 工作结束或更换品种时，严格按本岗位清场 SOP 进行清场，经质监员检查合格后，挂标识牌；

(9) 注意设备保养，经常检查设备运转情况，操作室发现故障及时排除并上报。

3. 职业态度

1) 安全意识　操作过程中注意观察设备运转情况，发现温度异常升高或出现异常噪声时，应停机检查原因并进行处理。任何异常情况的处理都必须在停机状态下进行，禁止操作人员在设备运转状态下处理各类异常情况。

2) 责任意识　操作人员需要随时检查物料的洁净程度，以防止金属类杂志混入物料，使温度异常升高或造成设备损坏。为避免负荷过大，加料时应控制加料量与加料速度。粉碎间粉尘较多，易引起燃烧，故操作间内需要避免明火，设备的开关均应安装在操作室外。

3) 卫生意识　为防止粉尘造成药品的污染，操作间应安装除尘装置，并保证其性能的有效性。操作人员每次操作结束后均必须彻底清场。粉碎、过筛及混合设备选型最好均选择封闭性的设备。

(三) 岗位操作关键点及质量判断(实训项目表 2-2)

实训项目表 2-2 岗位操作关键点及质量判断

岗位	操作工艺关键点	质量控制关键点	质量判断
粉碎	①物料严禁混有金属物； ②物料含水分不应超过 5%； ③筛板与内腔的间隙	异物、粒度	色泽、粒度均匀
筛分	①筛分操作间必须保持干燥，室内呈负压，须有捕尘装置； ②筛分设备可用清洁布擦拭，筛可用水洗； ③筛分过程随时注意设备声音； ④生产过程所有物料均应有标示，防止发生混药、混批	粒度	色泽、粒度均匀
混合	①筛分操作间必须保持干燥，室内呈正压，须有捕尘装置； ②混合设备的混合缸可以用水清洁，其他部分用清洁布擦拭干净； ③混合过程随时注意设备声音； ④生产过程所有物料均应有标示，防止发生混药、混批	混合均匀度	色泽、粒度均匀

(四) 常见质量问题及预防措施(实训项目表 2-3)

实训项目表 2-3 常见质量问题及预防措施

序号	常见质量问题	预防措施
1	粒度不合格	选择适合规格的筛网，及时分离出符合要求的细粉，适当调整风速大小，细度没达要求的物料要返回粉碎
2	粉碎过程中温度升高	控制温度，控制进料量，及时清除物料中的杂质
3	过筛困难	调节过筛间空气湿度，调节药筛运转速度，选用不同规格筛网进行分次过筛
4	均匀度不合格	将粉状末进行整粒，按均匀度检查法进行朝阳检查。保证混合时间，控制中间体质量
5	混合物液化或变湿	控制操作间的相对湿度，加入适量的吸收剂

二、颗粒剂

(一) 基本制剂技术

颗粒剂系指药物或药材提取物与适宜的辅料或药材细粉制成的干燥颗粒状制剂。一般可分为可溶性颗粒剂、混悬型颗粒剂和泡腾性颗粒剂，若粒径在 105～500 μm 范围内，又称为细粒剂。

中药颗粒剂是指药材提取物或药材细粉与糖粉、糊精、淀粉、乳糖等辅料制成的颗粒状或块状制剂。药材的提取物为药材用水提醇沉法制成的提取液或药材的水煎液浓缩而成的稠膏，也可以提取药材的有效部位供制软材用。

颗粒剂应干燥均匀，色泽一致，无吸潮、软化、结块、潮解等现象，粒度、水分、溶化性、装量差异、微生物限度检查应符合药典规定。

颗粒剂(西药)的制备工艺流程如下(实训项目图 2-2)：

颗粒剂(中药)的制备工艺流程如下(实训项目图 2-3)：

(二) 制剂岗位情况介绍

1. 岗位需求

制粒岗位：制粒工、制粒质量检查工、工艺员。

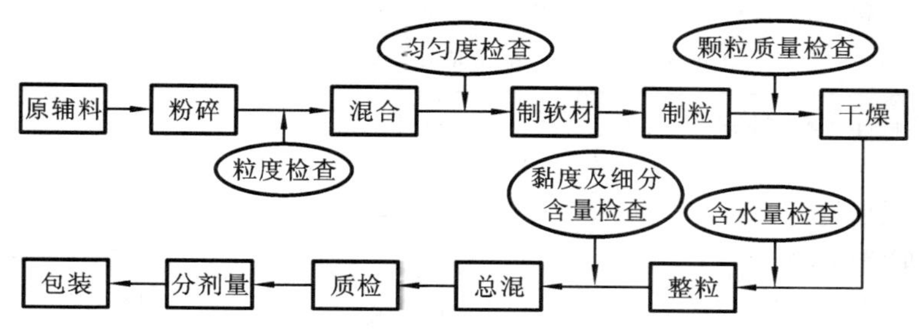

实训项目图 2-2　颗粒剂(西药)的制备工艺流程

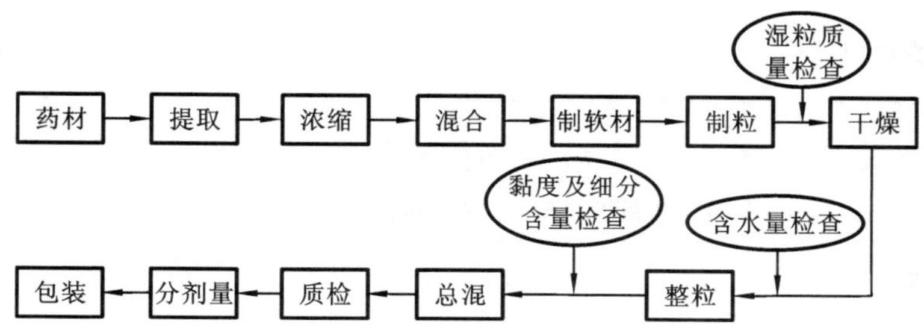

实训项目图 2-3　颗粒剂(中药)的制备工艺流程

制粒工是指使用规定的制粒设备将固体物料制出符合粒度要求并加以干燥的粒状物料的操作人员；主要工作为制粒机操作、质量自检。

制粒质量检查工是指从事物料制粒生产全过程的各个工序质量控制点的现场监督和对规定的质量指标进行检查、判定的操作人员；主要工作为制粒全过程的质量监督(工艺管理、QA)。

2. 岗位职责

(1) 严格执行《制粒岗位操作法》、《制粒设备标准操作规程》、《沸腾干燥岗位操作法》。

(2) 负责制粒设备的安全使用及日常保养，防止发生安全事故。严格执行生产指令，保证制粒所有物料名称、数量、规格、质量准确无误、制粒产品质量达到规定要求。

(3) 进岗后做好生产间、设备清洁卫生，并做好操作前的一切准备工作。

(4) 工作期间严禁串岗，离岗，不得做与本岗无关之事。

(5) 生产完毕，按规定进行物料移交，并认真填写各项记录。

(6) 工作结束或更换品种时应及时做好清洁卫生并按有关 SOP 进行清场工作，认真填写相应记录。

(7) 做到岗位生产状态标识、设备所处状态标识、清洁状态标识清晰明了。

(8) 经常检查设备运转情况，注意设备保养，操作时发现故障应及时上报。

3. 职业态度

1) 安全意识　在颗粒生产操作过程中，必须严格遵守《制粒岗位标准操作规程》及生产设备有关 SOP。生产前注意检查设备是否完好，设备的电源、气源等是否正常，设备运行是否异常等。生产中操作人员不得擅自离开作业现场，密切注意观察设备运转情况.发现异常应立即停机检查处理，严禁操作人员在设备运行状态处理各类异常情况。

2) 责任意识　使用生产设备时，应采取有效的措施防止金属类异物混入。为避免设备负荷过大，加料时严格控制加料量与加料的速度。不锈钢筛网在使用前、后均应仔细检查其完整性，如有破损不得使用，使用期间或者使用后发现筛网破损时应及时追查原因，并对所加工的原辅料或者制得的颗粒做不要的处理，消除质量隐患。

3) 卫生意识　为防止药品的污染和混药的发生，岗位操作人员应按区域要求着装，佩戴劳动防护用品，在生产前检查生产环境是否符合净化级别要求；生产现场是否符合工艺卫生的要求。工作结束后必须严格按《清场管理规程》进行彻底的清场。

（三）岗位操作关键点及质量判断（实训项目表 2-4）

实训项目表 2-4 岗位操作关键点及质量判断

岗位	操作工艺关键点	质量控制关键点	质量判断
制粒	①物料需有合格证； ②按生产指令的要求投料； ③粉末的细度符合要求； ④软材在混合器内能"翻滚成浪"； ⑤湿粒应粒度均匀、完整、无长条或过多的细粉； ⑥控制好干燥温度与时间	①干燥后颗粒含水量； ②颗粒中各组分均匀程度和粒度大小	①颗粒水分应符合工艺要求（一般控制在 3%～5%）； ②颗粒均匀度应符合生产工艺要求； ③颗粒的粒度应符合要求（一般细粉比例占 25%～40%）

（四）常见质量问题及预防措施（实训项目表 2-5）

实训项目表 2-5 常见质量问题及预防措施

序号	常见质量问题	预防措施
1	颗粒粒度不合格	改变黏合剂或者润湿剂的用量或浓度，改进制粒方法如改挤压制粒为沸腾制粒等
2	颗粒黏性不合格	在制粒时改变黏合剂的品种和用量，或在制软材时延长搅拌时间（增加颗粒黏性）或者缩短搅拌时间（降低颗粒黏性）
3	颗粒水分不合格	改变制粒时润湿剂或者黏合剂的浓度或用量，延长或缩短干燥时间，或改进干燥方法；沸腾制粒时控制出锅颗粒水分；或与其他含水量相反的颗粒混合均匀后压片
4	颗粒含量均匀度	改进混合方法如使用倍增法混合，或延长搅拌时间

三、硬胶囊剂

（一）基本制剂技术

硬胶囊剂是将药物填装于硬胶囊中制成的固体剂型。中药硬胶囊剂的制备关键在于药材的处理与填装。根据药材性质及体积的不同，可将药材全部粉碎成细粉或将药材制成半浸膏与浸膏粉，直接填充用，也可将药粉制成颗粒或微丸供填装用。

硬胶囊的制备工艺流程如下（实训项目图 2-4）：

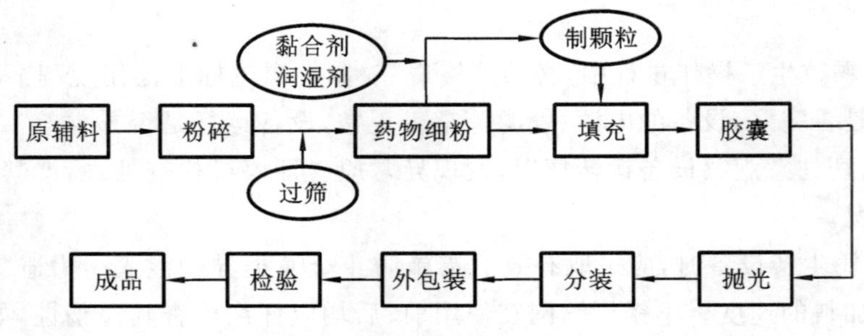

实训项目图 2-4 硬胶囊的制备

填装的操作要点在于填装均匀，对于流动性差的药粉，可加入适宜的辅料或制成颗粒，以增加其流动性，减少药物分层，保证装量准确。填装的方法有手工填充与机械灌装两种。

（二）制剂岗位情况介绍

1. 岗位需求 胶囊填充工、胶囊填充质量检查工、工艺员。

胶囊填充工是指将药物粉末或颗粒，使用半自动或全自动胶囊填充机，充填于空心胶囊中，抛光成为合格胶囊剂的操作人员；主要工作为胶囊填充机操作、质量自检。

胶囊填充质量检查工是指从事胶囊填充全过程的各工序质量控制点的现场监督和对规定的质量指标进行检查、判定的人员；主要工作为胶囊填充全过程的质量监督(工艺管理、QA)。

2. 岗位职责

(1) 严格执行《胶囊填充岗位操作法》、《胶囊填充设备标准操作规程》。

(2) 负责胶囊填充所用设备的安全使用及日常保养，防止发生生产安全事故。

(3) 严格执行生产指令，保证胶囊填充所有物料名称、数量、规格、质量准确无误，胶囊质量符合规定质量要求。

(4) 自觉遵守工艺纪律，保证胶囊填充岗位不发生混药、错药或对药品造成污染。

(5) 认真如实填写生产记录，做到字迹清晰、内容真实，数据完整，不得任意涂改和撕毁，做好交接记录，顺利进入下道工序。

(6) 工作结束或更换品种时应及时做好清洁卫生并按有关 SOP 进行清场工作，认真填写相应记录。做到岗位生产状态标识、设备所处状态标识、清洁状态标识清晰明了。

3. 职业态度

1) 责任意识　胶囊成型过程是胶囊剂生产的核心岗位，工作质量对产品质量有直接的影响，产品外观、装量差异等质量指标与操作人员的工作有密切的关系。在操作中要严密的监测。要求本岗位操作人员必须熟悉设备性能与操作方法，严格按照操作规程中规定的频率实施质量监测，以便及时的调整设备运行的参数，保证产品质量。

2) 卫生意识　生产中注意环境、生产用具及人员卫生；工作结束后必须严格按《清场管理规程》进行彻底的清场。

(三) 岗位操作关键点及质量判断(实训项目表 2-6)

实训项目表 2-6　岗位操作关键点及质量判断

岗位	操作工艺关键点	质量控制关键点	质量判断
胶囊填充	①操作室 30 万级要求，室内相对室外呈正压，温度 18～26 ℃，相对湿度 45%～65%； ②认真检查和核对物料均符合质量要求； ③填充过程随时检测胶囊重量，及时调整； ④胶囊套合应到位，锁口整齐，松紧合适，防止有叉口或者凹顶现象； ⑤抛光要控制速度，及时更换摩擦布，保证胶囊洁净	①外观； ②装量差异； ③水分； ④含量； ⑤均匀	①外观套合到位，锁口整齐，松紧合适，无叉口或者凹顶； ②装量差异符合内控标准要求； ③水分与空间温湿、物料及时密封有关，应做好相关的工作使其符合内控标准要求； ④含量应符合内控标准要求； ⑤均匀度应符合内控标准要求

(四) 常见质量问题及预防措施(实训项目表 2-7)

实训项目表 2-7　常见质量问题及预防措施

序号	常见质量问题	预防措施
1	装量差异不合格	保证料斗中的刮板、耙料器及刮粉器的运转正常，并及时向料斗添加物料
2	变形与粘连	空胶囊壳需密封、防潮保管，生产时严格监控温度和湿度
3	破裂与泄露	生产囊壳时考虑加入甘油，生产前调试设备，调整压合部位胶片的厚度或温度

四、片剂

(一) 基本制剂技术

片剂系指药物与适宜的辅料均匀混合，通过制剂技术压制而成片状的固体制剂。片剂由药物和辅料两部分组成。片剂中常用的辅料包括填充剂、润湿剂、黏合剂、崩解剂及润滑剂等。

中药片剂系指药材细粉或药材提取物加药材细粉或辅料压制而成的片状或异形片状的制剂。分为药材原粉片和浸膏(半浸膏)片等。

片剂要求含量准确,重量差异小,崩解时间或者溶出度符合规定,硬度适当,外观美,色泽好,符合卫生检查标准,在规定储藏期性质稳定等。

片剂的制法分为直接压片、干法制粒压片和湿法制粒压片。除对湿、热不稳定的药物之外,多数药物采用湿法制粒压片。

片剂湿法制粒压片生产工艺流程如下(实训项目图 2-5):

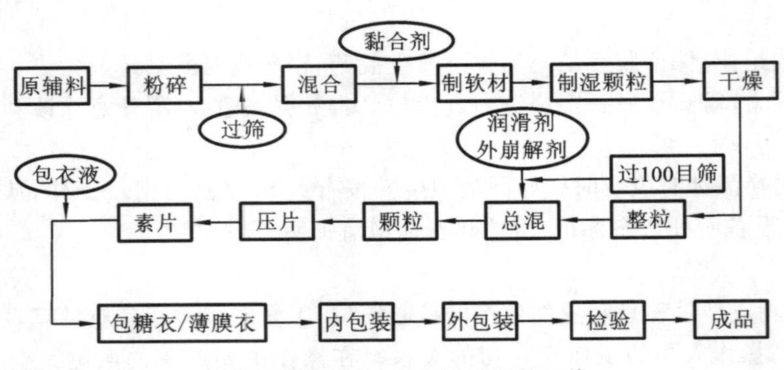

实训项目图 2-5 片剂湿法制粒压片

(二) 制剂岗位情况介绍

1. 岗位需求 压片岗位:压片工、片剂质量检查工、工艺员。

压片工是指将合格的药物颗粒或粉末,使用规定的模具和专用压片设备,压制成合格片剂的操作人员;主要工作为压片机操作、冲模保管、质量自检。

片剂质量检查工是指从事压片全过程的各工序质量控制点进行现场监控和对规定的质量指标进行检查、判定的操作人员;主要工作为压片全过程的质量监督(工艺管理、QA)。

2. 岗位职责

(1) 严格执行《压片岗位操作法》、《压片设备标准操作规程》。

(2) 负责压片所用设备的安全使用及日常保养,保障设备的良好状态,防止安全事故发生。

(3) 严格按生产指令,核对压片所有物料名称、数量、规格、形状无误,达规定质量要求。

(4) 认真检查压片机是否清洁干净,清场状态是否符合规定。

(5) 自觉遵守车间纪律,监控压片机的正常运行,确保不发生混药、错药或对药品造成污染。发现偏差及时上报。

(6) 认真如实填好生产记录,做到字迹清晰、内容真实、数据完整,不得任意涂改和撕毁,做好交接记录,不合格产品不能进入下道工序。

(7) 工作结束或更换品种时应及时做好清洁卫生并按有关 SOP 进行清场工作,认真填写相应记录。做到岗位生产状态标识、设备所处状态标识、清洁状态标识清晰明了。

3. 职业态度

1) 安全意识 在片剂生产操作过程中,必须严格遵守《片剂岗位标准操作规程》,熟悉压片设备的性能,严格执行压片机的安装、调试和使用,在压片的过程中对压片机的压力、片重等进行调整,以控制片剂质量,防止出现片重差异超限或者硬度、崩解度、溶出速度不合格的现象。操作人员不得擅自离开作业现场,密切注意观察设备运转情况,发现异常应立即停机检查处理,严禁操作人员在设备运行状态处理各类异常情况。

2) 责任意识 压片机对物料的性能有一定的要求,但实际生产中,各种物料的性能千差万别,即使中间检查各项指标都符合标准的要求,但压片时难免遇到问题,需要操作人员根据工作经验和技巧进行适当的处理。操作人员要有强烈的事业心和责任感,注意收集、整理、总结经验,以应对各种可能出现的问题。

3) 卫生意识 为防止药品的污染和混药的发生,岗位操作人员应按区域要求着装,佩戴劳动防护用品,在生产前检查生产环境是否符合净化级别要求及生产现场是否符合工艺卫生的要求。工作结束后必须严格按《清场管理规程》进行彻底的清场。

(三) 岗位操作关键点及质量判断(实训项目表 2-8)

实训项目表 2-8　岗位操作关键点及质量判断

岗位	操作工艺关键点	质量控制关键点	质 量 判 断
压片	①压片操作室 30 万级要求; ②压片机不能用水洗,以免短路; ③压片过程中经常观察片剂外观,定时测片重; ④生产过程中所有物料均应有标示,防止发生混药、混批	①外观; ②片重及片重差异; ③崩解度及硬度; ④含量、均匀度	①外观整洁、色泽均匀; ②片重差异符合要求(0.30 g 以下+7.5%,0.30 g 或以上+5.0%); ③崩解时限合格; ④硬度适中

(四) 常见质量问题及预防措施(实训项目表 2-9)

实训项目表 2-9　常见质量问题及预防措施

序号	常见质量问题	预 防 措 施
1	裂片	选择适合的黏合剂,或适当控制细粉的含量,调整压力等
2	松片	调整压力和增加适当的黏合剂
3	黏冲	减少颗粒含水量,更换润滑剂或者检查冲头表面是否光洁等
4	崩解迟缓	调整崩解剂、润滑剂用量,更换黏合剂,调整压力等
5	叠片	调节出片调节器,检查上冲和加料斗等
6	片重差异过大	调整颗粒粒度大小,检查下冲升降和加料斗加料情况
7	变色或表面斑点	调节颗粒硬度,检查混料均匀度,检查是否有接触金属离子,检查压片机是否有污染
8	麻点	更改润滑剂和黏合剂用量,检查颗粒是否受潮,颗粒大小是否均匀,粗粒和细粉量,机器是否异常发热等
9	卷边	更换冲头或者重新调节机器

五、滴丸剂

(一) 基本制剂技术

滴丸剂是指固体或液体药物与基质加热熔融后先溶解、乳化或混悬于基质中,然后滴入不相混溶、互不作用的冷凝液中,由于表面张力的作用使液滴收缩成球状而制成的制剂。主要供口服,也可外用(如眼、耳、鼻、直肠、阴道用滴丸)。这种滴法制丸的过程,实际上是将固体分散体制成滴丸的形式。

常用的基质有聚乙二醇 6000、聚乙二醇 400C、硬脂酸钠和甘油明胶等。有时也用脂肪性基质,如用硬脂酸、单硬脂酸甘油酯、氢化油及植物油等制备成缓释长效滴丸。

冷却剂必须对基质和主药均不溶解,其比重轻于基质,但两者应相差极微,使滴丸滴入后逐渐下沉,给予充分的时间冷却。否则,如冷却剂比重较大,滴丸浮于液面;反之则急剧下沉,来不及全部冷却,滴丸会变形或合并。

滴丸剂的制备一般生产工艺流程如下(实训项目图 2-6):

(二) 制剂岗位情况介绍

1. 岗位需求

1) 配液岗位　配液工、配液质量检查工、工艺员。

配液工是使用规定的配液罐,将固体、半固体等辅料按照一定比例溶解到溶剂中,经过混合溶解配制成

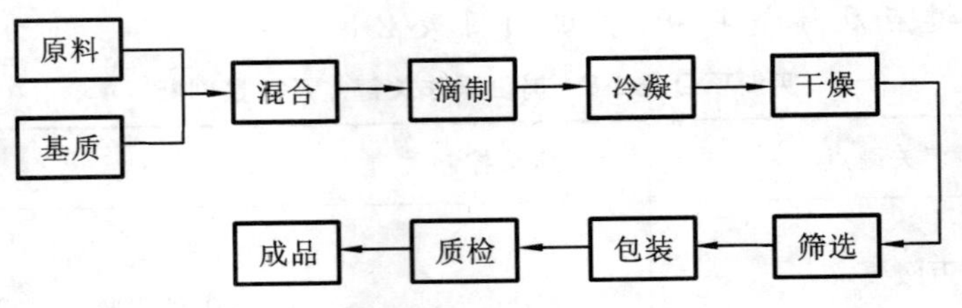

实训项目图 2-6 滴丸剂的制备

溶液的操作人员；主要工作为配液罐操作、质量自检。

配液质量检查工是指从事配液生产全过程的各个工序质量控制点的现场监控和对规定的质量指标进行检查、判定的人员；主要工作为配液全过程的质量监督(工艺管理、QA)。

2) 滴丸岗位 本工艺操作适用于滴丸工、滴丸质量检查工、工艺员。

滴丸工是指将固体或液体药物与基质加热熔化混匀后，使用规定的设备。将药液滴入不相混溶的冷凝液中，使其收缩冷凝成球状制剂的操作人员。适用范围：滴丸机操作、质量自检。

滴丸质量检查工是指从事滴丸生产全过程的各工序质量控制点的现场监督和对规定的质量指标进行检查、判定的人员；主要是负责滴丸全过程的质量监督(工艺管理、QA)。

2. 岗位职责

1) 配液岗位职责

(1) 配液前应检查配料罐及物料管道是否清洁，阀门连接是否紧密。

(2) 检查微孔滤膜是否安装合理、清洁。计量器是否合格。

(3) 按产品工艺规程及处方量要求，严格配料 SOP 进行准确称取，并做到一人称量，一人复核，绝不可单人进行，核对无误后方可将物料投入配液罐中，并双方在原始记录上签字。

(4) 操作时应小心谨慎，防止物料散落造成含量及经济损失。

(5) 操作结束后按洁净区清洁 SOP 对作业现场进行清洗、消毒。

(6) 认真填写配液生产记录。

2) 制丸岗位职责

(1) 按照滴丸剂工段班长安排的工作计划进行生产，并保证生产是在 GMP 条件下进行，在生产过程中防止一切可能发生的差错、混药和交叉污染。

(2) 生产中严格按照滴丸剂干燥岗位 SOP 及设备 SOP 执行，当生产中出现不能按照 GMP 要求进行的异常情况，应立即停止生产，并通知本工段班长，请求处理。

(3) 生产中要保持本岗位的环境及个人卫生，严格执行洁净区更衣标准操作程序和生产车间工艺卫生管理规程，确保文明卫生制度的实施。

(4) 生产过程中对设备和工器具的使用要做到有效、爱护、安全。生产中严格执行生产车间安全生产管理规程。

(5) 生产结束后，按照滴丸剂干燥岗位清场标准规程进行清场。

(6) 严格执行本公司的各项管理规定和奖惩制度。

3. 职业态度

1) 安全意识 操作过程中注意观察设备运转情况，发现温度异常升高或出现异常噪声时，应停机检查原因并进行处理。任何异常情况的处理都必须在停机状态下进行，禁止操作人员在设备运转状态下处理各类异常情况。

2) 责任意识 操作人员需要随时检查物料的料温，料温过低，易出现拖尾，圆整度差；料温过高，挥发性药物可能会产生挥发现象，并可能发生局部焦糊现象，而且料温过高易使滴丸表面皱折严重，圆整度降低，这时可以减少每次的投料量，以缩短药液受热时间。

3) 卫生意识 为防止粉尘造成药品的污染，操作间应安装除尘装置，并保证其性能的有效性。操作人员每次操作结束后均必须彻底清场。制丸设备选型最好均选择封闭性的设备。

（三）岗位操作关键点及质量判断（实训项目表 2-10）

实训项目表 2-10 岗位操作关键点及质量判断

岗位	操作工艺关键点	质量控制关键点	质量判断
配液	①崩解剂或增(助)溶剂等，有助于增加药物与载体在熔融状态的互溶度，以提高药物的溶出度； ②加入少量聚山梨酯 80 可提高甲硝唑-PEG 滴丸主药的溶出度	温度、 溶剂的纯度	降低容积消耗、减少物料需求量
制丸	①控制管径； ②滴出口与冷凝剂液面的距离不宜超过 5 cm； ③表面积大的液滴收缩成球体的力量较强，圆整度较好； ④调节冷凝剂的温度	丸重、 圆整度	丸重、圆整度均匀

（四）常见质量问题及预防措施（实训项目表 2-11）

实训项目表 2-11 常见质量问题及预防措施

序号	常见质量问题	预防措施
1	丸重不合格	选择合适滴管口径：在一定范围内管径大则滴制的丸也大，反之则小。 温度亦与丸重有关，温度上升，表面张力减小，丸重减小；温度下降，表面张力增大，丸重亦增大。 滴出口与冷凝剂液面的距离：距离过大时，液滴会因重力作用被跌散而产生细粒，因此两者的距离不宜超过 5 cm
2	圆整度的影响因素	液滴在冷凝剂中的移动速度。 料温过低，易出现拖尾，圆整度差；料温过高，挥发性药物可能会产生挥发现象
3	溶散时限或溶出度的影响因素	用丸重适宜、外观圆整的滴丸测溶散时限，或测溶出度，不符合该滴丸的规格时，就需调整处方使之合格，溶散时限或溶出度慢的，要增加水溶性基质或减少水不溶性基质

六、中药丸剂

（一）基本制剂技术

中药丸剂，俗称丸药，系指药材细粉或药材提取物加适宜的黏合剂或其他辅料制成的球形或类球形制剂。丸剂根据赋形剂不同可分为蜜丸、水蜜丸、水丸、糊丸、浓缩丸和微丸等。根据制法可分为泛制丸、塑制丸和滴制丸。

常用的丸剂的制法有塑制法、泛制法和滴制法。

塑制法是将药材粉末与适宜的辅料（主要是润湿剂或黏合剂）混合制成可塑性的丸块，再经搓条、分割及搓圆制成丸剂的方法。

塑制法生产丸剂的一般工艺流程如下（实训项目图 2-7）：

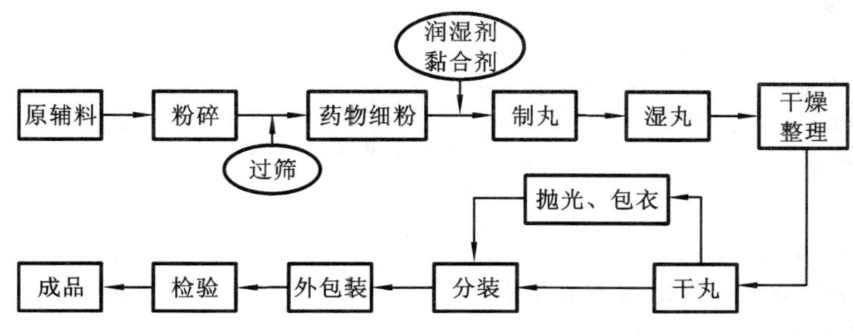

实训项目图 2-7 塑制法生产丸剂

泛制法是将药物粉末与润湿剂或黏合剂交替加入适宜的设备内，使药丸逐层增大的方法。

泛制法生产丸剂的一般工艺流程如下（实训项目图 2-8）：

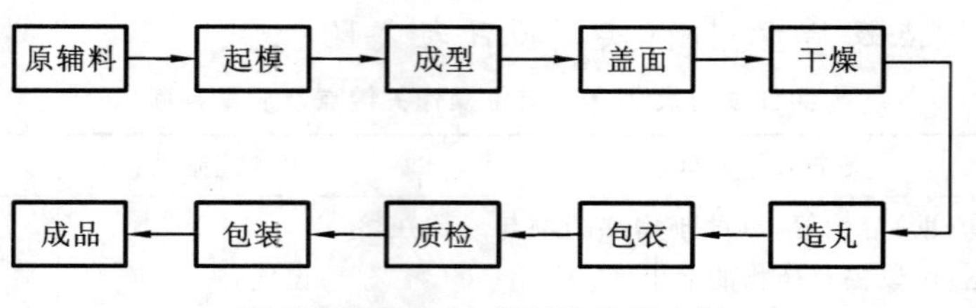

实训项目图 2-8 泛制法生产丸剂

（二）制剂岗位情况介绍

1. 岗位需求 丸剂制备岗位：丸剂制备工、丸剂质量检查工、工艺员。

丸剂制备工系指将药物细粉和药材提取物中加适宜的黏合剂或辅料用泛制法或塑制法制成丸剂的操作人员；主要工作为中药丸剂的制备、质量自检。

丸剂质量检查工是指从事丸剂生产全过程的各工序质量控制点的现场监督和对规定的质量指标进行检查、判定的人员；主要工作为制剂全过程的质量监督（工艺管理、QA）。

2. 岗位职责

(1) 严格执行《丸剂制备岗位操作法》、《丸剂生产设备标准操作规程》。

(2) 负责丸剂所用设备的安全使用及日常保养，防止发生安全事故。

(3) 严格执行生产指令，保证丸剂制备所有物料名称、数量、规格、质量准确无误，丸剂质量达到规定要求。

(4) 自觉遵守工艺纪律，保证丸剂制备岗位不发生混药、错药。

(5) 认真如实填好生产记录，做到字迹清晰、内容真实、数据完整，不得任意涂改和撕毁，做好交接记录，顺利进入下道工序。

(6) 工作结束或更换品种时应及时做好清洁卫生并按有关 SOP 进行清场工作，认真填写相应记录；做到岗位生产状态标识、设备所处状态标识，清洁状态标识清晰明了。

3. 职业态度

1) 责任意识 丸剂成型岗位工作人员需对制备丸粒重量差异限度、外观、硬度、崩解时限、均匀度、卫生等项目符合标准规定负责。

2) 卫生意识 因多数的丸剂含水量较高，且富含糖、蛋白质、水、矿物质等营养物质，易滋长微生物，生产中要特别注意环境、生产用具及人员卫生；工作结束后必须严格按《清场管理规程》进行彻底的清场。

（三）岗位操作关键点及质量判断（实训项目表 2-12）

实训项目表 2-12 岗位操作关键点及质量判断

岗位	操作工艺关键点	质量控制关键点	质量判断
丸剂的制备	①操作室 30 万级要求，室内相对室外呈正压，温度 18～26 ℃。 ②操作前应开紫外线灯 30 min 进行空间消毒，设备工具按要求进行消毒。 ③炼蜜的温度和时间，润湿剂或黏合剂的浓度对配制软材的质量有较大影响，应根据不同原辅料的性质进行控制。 ④控制软材的干湿度，掌握适当的混合时间，使软材干湿度合适，可塑性强。 ⑤调节制条的搓丸同步，使制丸顺利进行。 ⑥制丸过程经常检查丸剂外观，发现有粘连或裂痕、圆整性不好应及时进行调整。 ⑦生产出来的药丸应及时干燥，控制干燥温度和时间，防止过干影响崩解。 ⑧生产过程中所有物料均应有标示，防止发生混药、混批	①外观； ②重量差异； ③水分； ④崩解时限； ⑤微生物污染	①外观：应圆整均匀，色泽一致，无裂缝。蜜丸应细腻滋润，软硬适中。 ②重量差异应符合内控标准或药典要求。 ③水分应符合内控标准或药典要求。 ④取供试品 6 丸照片剂崩解项下，加挡板检查方法检查，在规定的时间内应全部溶散。 ⑤根据规定不得检出活螨、螨卵、大肠杆菌；中药蜜丸、水丸含杂菌数每克不得超过 10000 个，霉菌总数每克不得超过 500 个；中药浓缩丸含杂菌总数每克不得超过 1000 个，霉菌总数每克不得超过 100 个

（四）常见质量问题及预防措施（实训项目表 2-13）

实训项目表 2-13　常见质量问题及预防措施

序号	常见质量问题	预防措施
1	微生物污染	①严格执行中药材前处理规程，通过清洗、干燥、灭菌等流程的设置减少原料导致的污染。 ②对生产环境洁净度与工作人员操作规范的控制，避免生产过程的污染。 ③对蜜丸进行适当灭菌，以控制成品中微生物的数量

七、软膏剂

（一）基本制剂技术

软膏剂系指药物与油脂性或水溶性基质混合制成的均匀半固体外用制剂，主要起润滑皮肤、保护创面和局部治疗作用；某些药物透皮吸收后，亦能产生全身治疗作用。其主要由药物与基质组成，但还可选用抗氧剂、防腐剂、保湿剂及皮肤促进剂来改善软膏的性质。软膏剂常用的基质有水溶性的、油脂性的和乳剂型的。水溶性基质的软膏俗称水膏；油脂性基质的软膏俗称油膏；乳剂基质的软膏亦称为乳膏，乳膏又可分为 O/W 与 W/O 两类。

软膏基质的制备，可根据药物及基质的性质选用研和法、熔和法及乳化法制备。

软膏剂的一般生产工艺流程如下（实训项目图 2-9）：

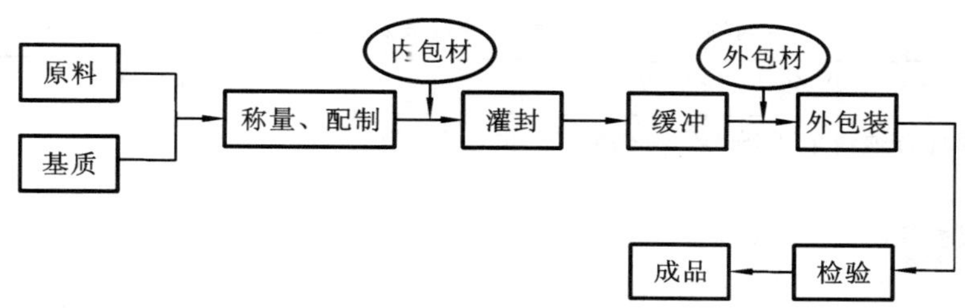

实训项目图 2-9　软膏剂的一般生产工艺流程

（二）制剂岗位情况介绍

1. 岗位需求

1）配制岗位　软膏剂配制工、工艺员。

软膏剂配制工是将药物或中药材有效成分提取物与适宜基质采用一定的制作工艺制成外用的半固体制剂操作人员。主要工作为软膏剂配制操作、搅拌机清洁维护、质量自检。

2）质量检查岗位　软膏剂质量检查工。

软膏剂质量检查工是指从事软膏剂生产全过程的各工序质量控制点的现场监督和规定的质量指标进行检查、判定的操作人员。主要工作为质量管理、质量监督、QA。

3）灌封岗位　软膏剂灌封工。

软膏剂灌封工是指将制备合格的软膏使用软膏灌封机等专用装置将其灌入金属或塑料内经密封制成符合药典要求的软膏剂的操作人员。主要工作为软膏剂灌封、灌封机清洁维护、质量自检。

2. 岗位职责

1）配制岗位职责

（1）进岗前按规定着装，做好操作前的一切准备工作；

（2）根据生产指令按规定程序领取原辅料，核对原辅料的品名、规格、产品批号、数量、生产企业名称、物理外观、检验合格等，应准确无误；

（3）严格按工艺规程及配置标准操作程序进行处理；

（4）生产完毕，按规定进行物料移交，并认真填写工序记录及生产记录；

（5）工作期间，严禁串岗、脱岗，不得做与本岗位无关之事；

（6）工作结束或更换品种时，严格按本岗位清场 SOP 进行清场，经质监员检查合格后，挂标识牌；

(7) 注意设备保养，经常检查设备运转情况，操作室发现故障及时排除并上报。

2) 质量检查岗位职责

(1) 进岗前按规定着装，做好操作前的一切准备工作。

(2) 根据生产程序对各岗位进行检查监督，对生产产品进行质量检验；

(3) 工作期间，严禁串岗、脱岗，不得做与本岗位无关之事。

3) 灌封岗位

(1) 进岗前按规定着装，做好操作前的一切准备工作。

(2) 严格执行生产指令，保证软膏剂灌封所有物料名称、数量、规格、质量准确无误，灌封质量达规定质量要求。

(3) 工作期间，严禁串岗、脱岗，不得做与本岗位无关之事。

3. 职业态度

1) 安全意识　操作过程中注意观察设备运转情况，发现设备状态异常时，应停机检查原因并进行处理。任何异常情况的处理都必须在停机状态下进行，禁止操作人员在设备运转状态下处理各类异常情况。

2) 责任意识　操作人员需要随时检查物料的洁净程度和混合的均匀程度，防止金属类杂志混入物料，造成设备损坏。

3) 卫生意识　为防止粉尘、杂物造成药品的污染，操作间应安装除尘装置，并保证其性能良好。操作人员每次操作结束后均必须彻底清场。

(三) 岗位操作关键点及质量判断(实训项目表 2-14)

实训项目表 2-14　岗位操作关键点及质量判断

岗位	操作工艺关键点	质量控制关键点	质量判断
配置	①配制容器、用具必须清洁干燥，必要时用 75%的乙醇溶液进行消毒。 ②配制油相，温度控制在 70 ℃，油相开始熔化时开动搅拌至完全熔化。 ③配制水相，将水相基质投入处方量的纯水中，加热搅拌使溶解完全。 ④乳化，保持上述油相、水相温度，将泊相、水相通过带油滤网的管路压入乳化锅，启动搅拌器、真空泵、加热装置，乳化完全后降温、停止搅拌、真空静置。 ⑤根据药物性质在配制油相、水相或乳化操作中加入药物	清洁、干燥、混合完全	色泽、粒度均匀、易于涂布
质量检查	①外观。 ②粒度、装量、无菌、微生物限度等，均应符合规定。 ③黏稠度。 ④性质稳定，无酸败、变色、变硬、异臭、油水分离等变质现象，能保持药物固有的疗效	外观、粒度、装量、无菌、微生物限度、黏稠度、稳定性	色泽、粒度均匀、易于涂布，其他项目需借助相关仪器检查
灌封	①密封性。 ②软管外观。 ③装量	密封性、软管外观、装量	密封性，软管不变形、尾部折叠整齐、严密，装量

(四) 常见质量问题及预防措施(实训项目表 2-15)

实训项目表 2-15　常见质量问题及预防措施

序号	常见质量问题	预防措施
1	产品装量差异大	物料搅拌要均匀，赶走气泡，用灌装设备时注意料筒内物料高度的变化
2	不易涂布	注意基质的选用，药物和基质的性质
3	有粗糙感	加强原料的粉碎程度，必要时可过筛

八、栓剂

（一）基本制剂技术

栓剂是指药物与适宜基质制成的供腔道给药的固体制剂。常用的有肛门栓和阴道栓。

栓剂由药物和基质两部分组成，常用基质有脂肪性基质和水溶性基质两类，栓剂中的药物与基质应混合均匀，栓剂无刺激性，外形完整光滑，塞入腔道内应能融化，软化或融化并和分泌液混合释放出药物，产生局部或全身作用，并应有适宜的硬度，以免在包装和储存中变形。

栓剂的制法有三种：搓捏法、冷压法（挤压法）和热熔法。脂肪性基质的栓剂其制备可采用三法的任一种，而水溶性基质的栓剂多采用热熔法制备。大生产多采用热熔法。

栓剂的制备工艺流程如下（实训项目图 2-10）：

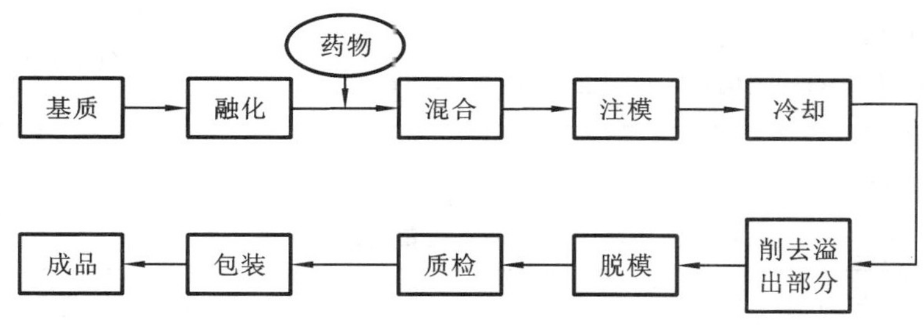

实训项目图 2-10 栓剂的制备

（二）制剂岗位情况介绍

1. 岗位需求

1）栓剂配制岗位　配制工、配制质量检查工、工艺员。

配制工是指将药物或中药材有效成分提取物与适宜的基质，在适宜的融化设备进行均匀混合，达到乳化目的的操作；主要工作为融化设备操作、质量自检。

配制质量检查工是指从事栓剂配制生产全过程的各个工序质量控制点的现场监督和对规定的质量指标进行检查、判定的操作人员；主要工作为栓剂配制全过程的质量监督（工艺管理、QA）。

2）栓剂灌封岗位　制壳、灌封工和制壳、灌封质量检查工以及工艺员。

制壳、灌封工是指使用规定的制栓设备将配得的药液制出符合要求的栓剂的操作人员；主要工作为制栓机操作、质量自检。

制壳、灌封质量检查工是指从事栓剂制壳、灌封生产全过程的各个工序质量控制点的现场监督和对规定的质量指标进行检查、判定的操作人员；主要工作为栓剂灌封全过程的质量监督（工艺管理、QA）。

2. 岗位职责

(1) 严格执行《配制岗位操作法》、《制栓设备标准操作规程》、《灌封岗位操作法》。

(2) 负责配料、制栓设备的安全使用及日常保养，防止发生安全事故。严格执行生产指令，保证制粒所有物料名称、数量、规格、质量准确无误、制粒产品质量达到规定要求。

(3) 进岗后做好生产间、设备清洁卫生，并做好操作前的一切准备工作。

(4) 工作期间严禁串岗、离岗，不得做与本岗无关之事。

(5) 生产完毕，按规定进行物料移交，并认真填写各项记录。

(6) 工作结束或更换品种时应及时做好清洁卫生并按有关 SOP 进行清场工作，认真填写相应记录。

(7) 做到岗位生产状态标识、设备所处状态标识、清洁状态标识清晰明了。

(8) 经常检查设备运转情况，注意设备保养，操作时发现故障应及时上报。

3. 职业态度

1）安全意识　在栓剂生产操作过程中，必须严格遵守《灌封岗位标准操作规程》及生产设备有关 SOP。生产前注意检查设备是否完好，设备的电源、气源等是否正常，设备运行是否异常等。

2）责任意识　使用配料罐、制栓机等生产设备时，应采取有效的措施防止金属类异物混入。生产中操作人员不得擅自离开作业现场，密切注意观察设备运转情况，发现异常应立即停机检查处理，严禁操作人员在设备运行状态处理各类异常情况。

3）卫生意识　为防止药品的污染和混药的发生，岗位操作人员应按区域要求着装，佩戴劳动防护用品，在生产前检查生产环境是否符合净化级别要求；生产现场是否符合工艺卫生的要求。工作结束后必须严格按《清场管理规程》进行彻底的清场。

（三）岗位操作关键点及质量判断（实训项目表 2-16）

实训项目表 2-16　岗位操作关键点及质量判断

岗位	操作工艺关键点	质量控制关键点	质量判断
制栓	①洁净室洁净度不低于 10 万级，室内相对室外呈正压； ②物料需有合格证，按生产指令的要求投料； ③基质用量的计算； ④药物与基质混合均匀； ⑤灌封前应先试机确保无误后再开机； ⑥生产中所有的物料应有明显的标示，以免发生混药	①密封性； ②外观； ③装量； ④融变时限	①外观：表面均匀光泽，无斑点、龟裂、气泡、孔洞； ②强度、长度、气味符合要求，形状恒定； ③重量差异、融变时限等符合要求

（四）常见质量问题及预防措施（实训项目表 2-17）

实训项目表 2-17　常见质量问题及预防措施

序号	常见质量问题	预防措施
1	栓剂韧度不合格，有龟裂	改变基质或者调整基质的用量比例
2	栓剂有斑点、气泡、孔洞	检查是否有异物混入，降低保温罐的搅拌速度
3	重量差异不合格	检查制栓剂灌封喷头是否有松动等现象
4	压合不紧密	检查制栓机的预热、压合板的温度设置及加热设备是否出现故障

九、喷雾剂

（一）基本制剂技术

喷雾剂是指不含抛射剂，借助手动泵的压力将内容物以雾状等形态释出的制剂，可分为单剂量和多剂量喷雾剂。抛射药液的动力是压缩在容器内的气体，但并未液化。当阀门打开时，压缩气体膨胀将药液压出，药液本身不汽化，挤出的药液呈细滴或较大液滴。使用后器内的压力随之下降，不能保持恒定压力。内服的喷雾剂大多采用氮气或二氧化碳气体等压缩气体为抛射药液的动力。

（二）制剂岗位情况介绍

1. 岗位需求

1）粉碎岗位　粉碎工、物料粉碎质量检查工、工艺员。

粉碎工是指使用规定的粉碎设备选择安装适宜孔径的筛板将固体物料粉碎成符合粒度要求的粉状物料的操作人员；主要工作为粉碎机操作，筛板、粉碎机部件的保管和质量自检。

物料粉碎质量检查工是指从事物料粉碎生产全过程的各工序质量控制点的现场监督和对规定的质量指标进行检查、判定的人员；主要是负责粉碎全过程的质量监督（工艺管理、QA）。

2）筛分岗位　筛分工、物料筛分质量检查工、工艺员。

筛分工是使用规定的筛分设备，选择安装适宜孔径的筛网，将固体物料分离成符合粒度要求的粉状物料的操作人员；主要工作为筛分机操作、筛网保管、质量自检。

物料筛分质量检查工是指从事物料粉碎及筛分生产全过程的各个工序质量控制点的现场监控和对规定的质量指标进行检查、判定的人员；主要工作为筛分全过程的质量监督（工艺管理、QA）。

3）提取岗位　有效成分提取工。

有效成分提取工是使用规定的提取有效成分设备将物料按设备操作要求提取出所需成分的操作人员；主要工作为提取设备的操作、质量自检。

2. 岗位职责

1）粉碎岗位职责

（1）进岗前按规定着装，做好操作前的一切准备工作；

（2）根据生产指令按规定程序领取原辅料，核对所粉碎物料的品名、规格、产品批号、数量、生产企业名称、物理外观、检验合格等，应准确无误，粉碎产品色泽均匀、粒度符合要求；

（3）严格按工艺规程及粉碎标准操作程序进行原辅料处理；

（4）生产完毕，按规定进行物料移交，并认真填写工序记录及生产记录；

（5）工作期间，严禁串岗、脱岗，不得做与本岗位无关之事；

（6）工作结束或更换品种时，严格按本岗位清场 SOP 进行清场，经质监员检查合格后，挂标识牌；

（7）注意设备保养，经常检查设备运转情况，操作室发现故障及时排除并上报。

2）筛分岗位职责

（1）进岗前按规定着装，做好操作前的一切准备工作；

（2）根据生产指令按规定程序领取原辅料，核对所要筛分物料的品名、规格、产品批号、数量、生产企业名称、物理外观、检验合格等，应准确无误，产品色泽均匀、粒度符合要求；

（3）严格按工艺规程及粉碎标准操作程序进行原辅料处理；

（4）按工艺规程要求对需要进行分筛的物料选用规定数目的筛网，严格按《旋振筛标准操作规程》进行操作；

（5）生产完毕，按规定进行物料移交，并认真填写工序记录及生产记录；

（6）工作期间，严禁串岗、脱岗，不得做与本岗位无关之事；

（7）工作结束或更换品种时，严格按本岗位清场 SOP 进行清场，经质监员检查合格后，挂标识牌；

（8）注意设备保养，经常检查设备运转情况，操作室发现故障及时排除并上报。

3）提取岗位职责

（1）严格执行《提取岗位操作法》、《提取设备标准操作规程》；

（2）进岗前按规定着装，做好操作前的一切准备工作；

（3）根据生产指令按规定程序领取原辅料，核对物料的品名、规格、产品批号、数量、生产企业名称、物理外观、检验合格等，应准确无误；

（4）自觉遵守工艺规律，保证提取岗位不发生差错和污染。发现问题及时上报；

（5）严格按工艺规程及提取标准操作程序进行原辅料处理；

（6）生产完毕，按规定进行物料移交，并认真填写工序记录及生产记录；

（7）工作期间，严禁串岗、脱岗，不得做与本岗位无关之事；

（8）工作结束或更换品种时，严格按本岗位清场 SOP 进行清场，经质监员检查合格后，挂标识牌；

（9）注意设备保养，经常检查设备运转情况，操作室发现故障及时排除并上报。

（三）岗位操作关键点及质量判断（实训项目表 2-18）

实训项目表 2-18　岗位操作关键点及质量判断

岗位	操作工艺关键点	质量控制关键点	质量判断
粉碎	①物料严禁混有金属物； ②物料含水分不应超过 5%； ③筛板与内腔的间隙	异物、粒度	色泽、粒度均匀
筛分	①筛分操作间必须保持干燥，室内呈负压，须有捕尘装置； ②筛分设备可用清洁布擦拭，筛可用水洗； ③筛分过程随时注意设备声音； ④生产过程所有物料均应有标示，防止发生混药、混批	粒度	色泽、粒度均匀
提取	①提取操作间必须保持干燥，室内呈正压，须有捕尘装置； ②提取过程随时注意设备声音； ③生产过程所有物料均应有标示，防止发生混药、混批	含量	含量达要求，须借助一定检测仪器检测

（四）常见质量问题及预防措施（实训项目表 2-19）

实训项目表 2-19　常见质量问题及预防措施

序号	常见质量问题	预防措施
1	雾化程度不合格	选择适宜的表面活性剂
2	使用过程中剂量控制不准确	可用定量阀门控制剂量

（兰小群）

附录

FULU

附录 A　常用药物配伍禁忌表

常用药物	与之有化学配伍禁忌的药物（不能放在同一输液中）											
青霉素钠	头孢拉定	头孢呋辛	氨曲南	卡那霉素	庆大霉素	丁卡	妥布霉素	红霉素	克林霉素	磷霉素钠	万古霉素	两性霉素 B
	精氨酸	辅酶 A	维生素 B_6	胞磷胆碱	地西泮	氯丙嗪	西地兰	毒毛花苷 K	维生素 C	甘露醇	垂体后叶素	麦角新碱
	阿托品	异丙嗪	甲强龙	胰岛素	碳酸氢钠							
氨苄西林	卡那霉素	庆大霉素	丁卡	妥布霉素	红霉素	克林霉素	万古霉素	两性霉素 B	胞磷胆碱	地西泮	氯丙嗪	西地兰
	毒毛花苷 K	精氨酸	辅酶 A	维生素 B_6	维生素 C	酚妥拉明	异丙嗪	甲强龙	胰岛素	垂体后叶素	麦角新碱	
哌拉西林钠	卡那霉素	万古霉素	氟康唑	氯丙嗪	异丙嗪	酚妥拉明	胰岛素	西索米星				
哌拉西林钠-三唑巴坦	卡那霉素	妥布霉素	万古霉素	两性霉素 B	氯丙嗪	法莫替丁	异丙嗪	多巴胺	多巴酚丁胺	胰岛素	阿昔洛韦	更昔洛韦
	林格氏液											
阿莫西林钠-克拉维酸钾	妥布霉素	氯丙嗪	地西泮	毒毛花苷 K	维拉帕米	异丙嗪	亚叶酸钙	碳酸氢钠				
头孢呋辛	卡那霉素	庆大霉素	丁卡	妥布霉素	红霉素	磷霉素钠	万古霉素	环丙沙星	氟康唑	胞磷胆碱	氯丙嗪	多巴酚丁胺
	氯化钙	低分子右旋糖酐	垂体后叶素									
头孢哌酮钠	卡那霉素	庆大霉素	丁卡	环丙沙星	硫酸镁	氨茶碱	氟康唑	西咪替丁	维生素 B_6	维生素 C	氯丙嗪	异丙嗪
	氢考	多巴酚丁胺	多巴胺	氯化钙	呋塞米							

续表

常用药物	与之有化学配伍禁忌的药物(不能放在同一输液中)											
头孢哌酮钠-舒巴坦	丁卡	庆大霉素	妥布霉素	环丙沙星	卡那霉素	地西泮	硫酸镁	西咪替丁	胃复安	异丙嗪	低分子右旋糖酐	胞磷胆碱
	碳酸氢钠	利多卡因	林格氏液									
头孢他啶	万古霉素	氟康唑	氯丙嗪	异丙嗪	氨茶碱	多巴胺	多巴酚丁胺					
头孢曲松钠	卡那霉素	庆大霉素	丁卡	妥布霉素	万古霉素	氟康唑	硫酸镁	氨茶碱	法莫替丁	林格氏液	氯化钙	葡萄糖酸钙
头孢吡肟	万古霉素	氧氟沙星	环丙沙星	甲硝唑	氯丙嗪	硫酸镁	西咪替丁	法莫替丁	地西泮	甘露醇	胃复安	异丙嗪
	碳酸氢钠	阿昔洛韦	多巴胺	多巴酚丁胺								
丁卡	青霉素	氨苄西林	头孢呋辛	环丙沙星	两性霉素 B	氨茶碱	奥美拉唑	ATP	肝素	胰岛素	阿奇霉素	
克林霉素	氨苄西林	妥布霉素	红霉素	氯丙嗪	氨茶碱	奥美拉唑	谷氨酸钾	谷氨酸钠	异丙嗪	酚妥拉明	氢化可的松	
	酚妥拉明	氢化可的松	促皮质素	胰岛素	碳酸氢钠							
万古霉素	青霉素	氨苄西林	头孢他啶	红霉素	硫酸镁	氨茶碱	辅酶 A	ATP	维生素 C	能量合剂	异丙嗪	呋塞米
	新斯的明	止血敏	肝素	氢化可的松	地塞米松	甲强龙	氯化钙	碳酸氢钠				
氟康唑	氨苄西林	头孢呋辛	头孢他啶	法莫替丁	尿激酶	葡萄糖酸钙						
利巴韦林	氨茶碱	喘定										
亚胺培南	氨曲南	氟康唑	哌替啶	甘露醇	乳酸钠	碳酸氢钠						
美洛培南	苯唑西林	甲硝唑	两性霉素 B	地西泮	葡萄糖酸钙	阿昔洛韦						
盐酸洛美沙星	头孢哌酮钠	丁卡	氨茶碱	呋塞米	肝素钠	氢化可的松	硝酸甘油					
甲硝唑	氯丙嗪	氨茶碱	西咪替丁	异丙嗪	止血敏	肝素钠	甲强龙	碳酸氢钠				

续表

常用药物	与之有化学配伍禁忌的药物(不能放在同一输液中)											
胞磷胆碱	抗感染药物都不宜与之配伍		美西律	利血平	氨茶碱	甘露醇	异丙嗪	垂体后叶素	甲强龙	葡萄糖酸钙	碘解磷定	甲氨蝶呤
去乙酰毛花苷	谷氨酸钙	甘露醇	新斯的明	肾上腺素	酚妥拉明	氢化可的松	地塞米松	氢化可的松	甲强龙	胰岛素	氯化钙	葡萄糖酸钙
毒毛花苷 K	氨茶碱	奥美拉唑	辅酶 A	ATP	能量合剂	呋塞米	新斯的明	肾上腺素	肝素钠	氢化可的松	地塞米松	甲强龙
	葡萄糖酸钙	氯化钙	碳酸氢钠									
硫酸镁	头孢呋辛	头孢哌酮	万古霉素	氨茶碱	奥美拉唑	谷氨酸钠	新斯的明	肾上腺素	维生素 K_1	止血芳酸	氢化可的松	地塞米松
	甲强龙	葡萄糖酸钙	氯化钙	碳酸氢钠								
喘定	利巴韦林	利多卡因	法莫替丁									
西咪替丁	甲硝唑	喘定	氨茶碱	氯丙嗪	ATP	呋塞米	多巴酚丁胺	氢化可的松	异丙嗪			
法莫替丁	头孢呋辛	氢化可的松	喘定	呋塞米	氟康唑	与其他药物的配伍缺少临床资料						
奥美拉唑	应单独用药为宜											
胃复安	应单独用药为宜											
辅酶 A	氨茶碱	毒毛花苷 K	毛花苷	妥布霉素	万古霉素	红霉素						
ATP	卡那霉素	庆大霉素	丁卡	万古霉素	氯丙嗪	西咪替丁	氨茶碱	异丙嗪	氯化钙	葡萄糖酸钙	林格氏液	碳酸氢钠
维生素 C	头孢他啶	头孢哌酮钠	头孢呋辛	两性霉素 B	万古霉素	红霉素	呋塞米	青霉素	精氨酸	氨茶碱	肾上腺素	去甲肾上腺素
	维生素 K_1	肝素钠	低分子右旋糖酐	胰岛素	乳酸钠	碳酸氢钠	新斯的明					

续表

常用药物	与之有化学配伍禁忌的药物(不能放在同一输液中)											
维生素 B_6	青霉素	舒他西林	头孢哌酮钠	两性霉素 B	红霉素	氨茶碱	呋塞米	甘露醇	654-2	甲强龙	地塞米松	氢化可的松
	新斯的明	葡萄糖酸钙	碳酸氢钠									
呋塞米	头孢拉定	头孢呋辛	环丙沙星	万古霉素	红霉素	妥布霉素	丁卡	庆大霉素	卡那霉素	胃复安	西咪替丁	法莫替丁
	维生素 C	维生素 B_6	氯丙嗪									
阿托品	间羟氨	多巴酚丁胺	碳酸氢钠	头孢拉定	氯丙嗪	两性霉素 B	青霉素	肾上腺素	新斯的明	异丙嗪	胃复安	谷氨酸钠
	谷氨酸钾	氨茶碱										
多巴胺	抗感染药物都不宜与之配伍		酚妥拉明	新斯的明	呋塞米	胃复安	氯丙嗪	肝素钠	氢化可的松	胰岛素	碳酸氢钠	
多巴酚丁胺	抗感染药物都不宜与之配伍		阿托品	甘露醇	呋塞米	西咪替丁	氨茶碱	氯丙嗪	肝素钠	氢化可的松	甲强龙	胰岛素
	氯化钾	维生素 K_1	碳酸氢钠	硝普钠								
维生素 K_1	低分子右旋糖酐	去甲肾上腺素	复方氨基酸	维生素 C	青霉素	氨茶碱	两性霉素 B	氧氟沙星	卡那霉素	庆大霉素	硫酸镁	
止血敏	新斯的明	甲硝唑	尿激酶	氯丙嗪	谷氨酸钾	辅酶 A	异丙嗪	地塞米松	万古霉素	氨苄西林		
止血芳酸	呋塞米	硫酸镁	氢化可的松	甲强龙	新斯的明	异丙嗪	头孢哌酮钠					
低分子右旋糖酐	头孢呋辛	氧氟沙星	卡那霉素	庆大霉素	丁卡	妥布霉素	新斯的明	异丙嗪	维生素 K_1	维生素 C	氢化可的松	碳酸氢钠
肝素	丁卡	红霉素	庆大霉素	环丙沙星	甲硝唑	甲强龙	多巴酚丁胺	新斯的明	异丙嗪	维生素 C	毒毛花苷 K	胺碘酮
硝酸甘油	奥美拉唑	多巴酚丁胺	洛美沙星	替硝唑	左氧氟沙星							

续表

常用药物	与之有化学配伍禁忌的药物（不能放在同一输液中）										
胰岛素	抗感染药物都不宜与之配伍		氯丙嗪	西地兰	呋塞米	地塞米松	碳酸氢钠	氢化可的松	甲强龙	酚妥拉明	维生素 C	
	异丙嗪	新斯的明	去甲肾上腺素	异丙肾上腺素	肾上腺素	多巴胺	多巴酚丁胺	氨茶碱				
垂体后叶素	青霉素	头孢呋辛	头孢哌酮钠	卡那霉素	地塞米松	甲强龙	碳酸氢钠	肝素钠	氨甲环酸	新斯的明	肾上腺素	氨茶碱
	胞磷胆碱											
地塞米松	头孢呋辛	庆大霉素	万古霉素	两性霉素 B	盐酸氯丙嗪	西地兰	毒毛花苷 K	辅酶 A	精氨酸	硫酸镁	苯唑西林	
	维生素 B_6	呋塞米	异丙嗪	新斯的明	东莨菪碱	止血敏	鱼精蛋白	垂体后叶素	氯化钙	葡萄糖酸钙	林格氏液	
氢化可的松	氨苄西林	头孢他啶	头孢拉定	氧氟沙星	万古霉素	克林霉素	庆大霉素	丁卡	妥布霉素	两性霉素 B	低分子右旋糖酐	氨甲环酸
	止血芳酸	异丙嗪	氯丙嗪	能量合剂	谷氨酸钠	谷氨酸钾	多巴胺	去甲肾上腺素	毒毛花苷 K	西地兰	新斯的明	呋塞米
	西咪替丁	葡萄糖酸钙	乳酸钠	胰岛素	碳酸氢钠	辅酶 A	硫酸镁	氨茶碱				
甲强龙	青霉素	氨苄西林	甲硝唑	两性霉素 B	万古霉素	氯化钾	氯化钙	葡萄糖酸钙	硫酸镁	氨茶碱	西地兰	毒毛花苷 K
	胞磷胆碱	异丙嗪	酚妥拉明	多巴酚丁胺	止血芳酸	呋塞米	甘露醇	胰岛素	氯丙嗪	维生素 B_6	去甲肾上腺素	肝素钠
	尿激酶	垂体后叶素										
0.9%氯化钠	甘露醇	能量合剂	两性霉素 B	红霉素								
复方氯化钠	红霉素	头孢哌酮钠	头孢拉定	碳酸氢钠	能量合剂	甘露醇						
5%葡萄糖	氨苄西林	舒他西林	异戊巴比妥	普鲁卡因	硫喷妥钠	碳酸氢钠	呋塞米	不宜与青霉素配伍				
氯化钾	甲强龙	多巴酚丁胺	扑尔敏	地西泮	红霉素	阿奇霉素	新斯的明	异丙嗪	甘露醇	两性霉素 B		

续表

常用药物	与之有化学配伍禁忌的药物(不能放在同一输液中)											
氯化钙	头孢呋辛	头孢拉定	头孢唑林钠	头孢哌酮钠	头孢曲松	头孢噻肟	头孢他啶	红霉素	妥布霉素	庆大霉素	新斯的明	硫酸镁
	毒毛花苷 K	西地兰	甲强龙	氢化可的松	地塞米松	扑尔敏	甘露醇	ATP	氨茶碱	维拉帕米	两性霉素 B	环丙沙星
	碳酸氢钠	卡那霉素	万古霉素									
葡萄糖酸钙	ATP	维生素 B_6	维生素 C	胃复安	甲强龙	氢化可的松	地塞米松	新斯的明	甘露醇	能量合剂	硫酸镁	氨茶碱
	两性霉素 B	氟康唑	红霉素	头孢哌酮钠	头孢唑林	青霉素	氨苄西林	头孢曲松	毒毛花苷 K	西地兰	胞磷胆碱	维拉帕米
林格氏液	头孢拉定	妥布霉素	新斯的明	扑尔敏	呋塞米	ATP	地塞米松	碳酸氢钠	甘露醇			
胺碘酮	氨茶碱	呋塞米	肝素钠	碳酸氢钠	头孢他啶	亚胺培南	哌拉西林					

附录B 处方常用拉丁文缩写词

缩写字	拉丁文	中文
aa.	ana	各
a. c.	ante cibos	饭前
a. h.	alternis horis	每 2 h,隔 1 h
a. j.	ante jentaculum	早饭前
a. m.	ante meridiem	上午
a. p.	ante prandium	午饭前
a. u. agit	ante usum agitetur	使用前振荡
abs. febr	absente febri	不发热时
ac. ;acid_	acidum	酸
ad.	ad	到、为、至_
ad lib	ad libitum	随意,任意量
ad us.	ad usum	应用
ad us. ext.	ad usum externum	外用
ad us. int.	ad usum internum	内服
alt. die. (a. d.)	alternis diebus(alternodie)	隔日
amp.	ampulla	安瓿
ant. coen	ante coenam	晚饭前

续表

缩写字	拉丁文	中文
aq.	aqua	水
aq. bull.	aqua bulliens	开水、沸水
aq. cal.	aqua calida	热水
aq. com.	aqua communis	普通水
aq. dest.	aqua destillata	蒸馏水
aq. ferv.	aqua fervens	热水
aq. font	aqua fontana	泉水
aq. steril.	aqua sterilisata	无菌水
b. i. d.	bis in die	每日 2 次
cap.	cape,capiat	应服用
caps. amyl.	capsula amylacea	淀粉囊
caps. gelat.	capsula gelatinosa	胶囊
caps. dur.	capsula dura	硬胶囊
caps. moll.	capsula mollis	软胶囊
catapl.	cataplasma	泥剂
cit.	cito	快
collun.	collunarium	洗鼻剂
collut.	collutorium	漱口剂
collyr.	collyrium	洗眼剂
co.	compositus	复方的
coen.	coena	晚饭
cons.	conspersus	撒布剂
cort.	cortex	皮
C. T.	cutis testis	皮试
d.	dadentur	给
d. in. amp	da in ampullis	给安瓿
d. in. caps	da in capsulis	给胶囊
dec.	decoctum	煎剂
dest.	destillatus	蒸馏的
dg.	decigramma	分克
dil.	dilue,dilutus	稀释、稀的
dim.	dimidius	一半
div. in p.	divide in. . . partes	分……次服用
em. ;emuls.	emulsum,emulsio	乳剂
emp.	emplastrum	硬膏
ext.	externus	外部的
extr.	extractum	浸膏

续表

缩写字	拉丁文	中文
feb. urg.	febri urgente	发热时
fl.	flos,flose	花
fol.	folium folia	叶
fr.	fructus	果实
garg.	gargarisma	含漱剂
g.	gramma,grammata	克
h.	hora	小时
hb.	herba	草
h. d.	hora decubitus	睡觉时,就寝时
h. s.	hora somni	睡觉时
h. s. s.	hora somni(sumendus)	睡觉时服用
hod.	hodie	今日
ind.	in die	每日
inf.	infusum	浸剂
inj.	injectio	注射剂
i. h.	injectio hypodermatica	皮下注射
i. m.	injectio musculosa	肌内注射
i. v.	injectio venosa	静脉注射
lin.	linimentum	擦剂
liq.	liquor,liquidus	溶液,液体的
lit.	litrum	升
lot.	1otio	洗剂
mL.	millilitrum	毫升
mg.	milligramma	毫克
muc.	mucilage	胶浆剂
n.	nocte	夜晚
neb.	nebula	喷雾剂
O. D.	Oculus Dexter	右眼
O. L.	Oculus Laevus	左眼
O. U.	Ocuili Utrigue	双眼
ol.	oleum	油
om. bid.	omni biduo	每 2 天
om. hor. (o. h.)	omni hora	每小时
om. man.	omni mane	每天早晨
om. noc. (o. n.)	omni nocte	每天晚上
p. c.	post cibos	饭后
p. o.	per os	口服
pil.	pilula	丸剂

续表

缩写字	拉丁文	中文
p. j.	post jentachlum	早饭后
p. prand.	post prandium	午饭后
p. coen.	post coenam	晚饭后
pro. us. ext.	pro usu externo	外用
pro. us. int.	pro usu interno	内用，内服
pro. us. med.	pro usu medicinali	药用
prous. vet.	pro usu veterinario	兽医用
pulv.	pulvis	粉剂、散剂
pt.	partes	部分
p. r. n.	pro re nata	必要时
q. h.	quaque hora	每 1 h
q. 4. h.	quaque 4 hora	每 4 h
q. l.	quantum libet	任意量
q. n.	quaque nocte	每天晚上
q. s.	quantum sufficit(quantumsatis)	足够量
q. i. d.	quarter in die	每日 4 次
r；rad.	radix	根
rec.	recens	新鲜的
Rp.	Recipe	取
rhiz.	rhizoma	根茎
s，；sig.	signa，signetur	标记，指示
s. i. d.	semel in die	每天 1 次
s. l.	saccharum lactis	乳糖
s. o. s	si opus(est) sit	需要时
sem.	semen	种子
sir；syr.	sirupu，syrupus	糖浆
solut.	solutio	溶液
semih.	semihora	半小时
sp.	spiritus	醑剂
stat，；st.	statim	立刻
supp.	suppositorium	栓剂
t. i. d.	ter in die	每天 3 次
t，；tr.	tinctura	酊剂
troch.	trochiscus	锭剂
tab.	tabella	片剂
us.	usus	应用，用途
ug，；ung.	unguentum	软膏
us. ext.	usus externus	外用
us. int.	usus internus	内服
vesp.	vespere	晚上

附录C　部分制剂操作技能考核标准

一、复方碘溶液的制备操作技能考核标准

姓名　　　　学号　　　　得分

序号	考核内容	考核要点	分值	评分标准	得分
1	科学作风	(1)服装整齐 (2)卫生习惯好 (3)安静、礼貌	5 5 5	未达到要求者扣除此分	
2	药物称量 处方： 碘　2.5 g 碘化钾　5.0 g 纯化水　适量 共制　50 mL	(4)天平调零 (5)器材选择 (6)器材刷洗 (7)碘化钾的称取 (8)碘的称取 (9)天平休止 (10)纯化水的量取	5 5 5 5 5 5 5	未按要求操作者扣除此分	
3	药液配制	(11)配制碘化钾饱和溶液 (12)碘的溶解 (13)纯化水加入	5 5 5	未按要求操作者扣除此分	
4	成品质量	(14)复方碘溶液的定量 (15)溶液色泽 (16)全部溶解	5 5 5	未按要求达标扣除此分	
5	实验报告	(17)书写工整 (18)制法正确 (19)结论准确	5 5 5	未按要求书写扣除此分	
6	操作时间	(20)按时完成	5	未按要求完成者扣除此分	
合计			100		
否定项	成品中有碘未溶				

二、薄荷水的制备操作技能考核标准

姓名　　　　学号　　　　得分

序号	考核内容	考核要点	分值	评分标准	得分
1	量器的选择	(1)滴管	5	错误选择扣除此分	
		(2)分别选择 5 mL 量筒、100 mL 量筒	5	错误选择扣除此分	
2	辅料的量取、称取	(3)滴数确定	5	未数 1 mL 滴数扣除此分	
		(4)原料的量取	10	量筒量取扣除此分	
		(5)手持量筒	5	未三指持量筒扣除此分	
		(6)开启瓶塞	5	瓶塞离手扣除此分	
		(7)正确拿取药瓶	5	标签未对掌心扣除此分	
		(8)辅料的量取	5	视线与切线未对齐扣除此分	
		(9)天平的正确使用	5	未按要求操作扣除此分	

续表

序号	考核内容	考核要点	分值	评分标准	得分
3	薄荷水的制备	(10)取薄荷油与聚山梨酯 80 置烧杯中	10	选取 100 mL 烧杯错误扣除 5 分	
		(11)混合均匀	10	未混合操作扣除此分	
		(12)加纯化水至 100 mL	10	加入 100 mL 纯化水扣除此分	
		(13)混合均匀	10	未混合操作扣除此分	
4	台面整洁	(14)玻璃量器的选择	5	未进行此操作扣除此分	
		(15)台面整洁	2	未进行此操作扣除此分	
5	着装情况	(16)白大衣整洁,符合个人卫生要求	3	未穿白大衣或个人卫生较差者扣除此分	
合计			100		
否定项:违反操作规程,造成制剂成品出现浑浊、沉淀等质量不合格现象,制剂制备失败					

三、糖浆剂的制备操作技能考核标准

姓名　　　　　学号　　　　　得分

序号	考核内容	考核要点	分值	评分标准	得分
1	操作前	(1)工作服穿戴是否整齐	5	有一项不符合要求将此项分值扣除	
		(2)个人卫生(洗手等)是否符合	5		
		(3)对制剂所需仪器、器具的选用是否正确	10	有一项不符合要求将此项分值扣除	
		(4)有否进行必要的清洗,是否符合制剂卫生要求	5		
		(5)所取的药物是否正确	5		
2	操作时	(6)天平使用:零点调整、砝码使用、称量操作、读数等	15	使用仪器不符合操作规程,方法不正确扣 8 分;操作仪器动作不准确、不熟练扣 2 分,扣完为止,不倒扣分	
		(7)量具使用:取液操作、数值读取	15	使用仪器不符合操作规程,方法不正确扣 6 分;操作仪器动作不准确、不熟练扣 2 分,扣完为止,不倒扣分	
		(8)药物溶解、搅拌、过滤等方法	15	使用仪器不符合操作规程,方法不正确扣 6 分;操作仪器动作不准确、不熟练扣 2 分,扣完为止,不倒扣分	
3	操作后	(9)对所制备的制剂是否进行适当的包装,标签书写是否正确	15	有一项不符合要求将此项分值扣除	
		(10)是否做好操作后的清场工作	10	有一项不符合要求将此项分值扣除	
合计			100		

四、硼酸甘油的制备操作技能考核标准

姓名　　　　　　　学号　　　　　　　得分

序号	考核内容	考核要点	分值	评分标准	得分
1	称器的选择	(1)选托盘天平	5	错误选择扣除此分	
2	蒸发皿的选择	(2)选择适宜蒸发皿	5	错误选择扣除此分	
3	原辅料的称量	(3)天平调零	5	未调零称量扣除此分	
		(4)正确取放砝码	5	砝码位置错误扣除此分	
		(5)调停点	5	未调停点扣除此分	
		(6)天平还原	5	天平未还原扣除此分	
4	硼酸甘油的制备	(7)取甘油 4.6 g 置称定重量的蒸发皿中	5	蒸发皿未称定重量扣除此分	
		(8)砂浴中加热至 140～150 ℃	5	操作错误扣除此分	
		(9)分次加入硼酸粉	5	操作错误扣除此分	
		(10)随加随搅拌	5	未搅拌扣除此分	
		(11)溶解后继续用同温加热	5	停止加热扣除此分	
		(12)时时搅拌	5	未搅拌扣除此分	
		(13)破开液面上结成的薄膜	5	操作错误扣除此分	
		(14)待重量减至 5.2 g 时	5	操作错误扣除此分	
		(15)再缓缓加入适量甘油	5	一次加入甘油扣除此分	
		(16)随加随搅拌，使全量成 10 g	5	未搅拌扣除此分	
		(17)及时倾入适宜的干燥瓶中	10	未及时倾入扣 5 分、瓶未干燥扣 5 分	
5	台面整理	(18)玻璃量器的洗涤	5	未进行此操作扣除此分	
		(19)台面整洁	2	未进行此操作扣除此分	
6	着装情况	(20)白大衣整洁，符合个人卫生要求	3	未穿白大衣或个人卫生较差者扣除此分	
		合计	100		

备注："待重量减至 5.2 g"此步骤时间略长，监考老师可酌情掌握时间。

五、胃蛋白酶合剂的制备操作技能考核标准

姓名　　　　　　　学号　　　　　　　得分

序号	考核内容	考核要点	分值	评分标准	得分
1	操作前	(1)工作服穿戴是否整齐 (2)个人卫生(洗手等)是否符合	5 5	有一项不符合要求将此项分值扣除	
		(3)对制剂所需仪器、器具的选用是否正确 (4)有否进行必要的清洗，是否符合制剂卫生要求 (5)所取的药物是否正确	10 5 5	有一项不符合要求将此项分值扣除	

续表

序号	考核内容	考核要点	分值	评分标准	得分
2	操作时	(6)天平使用：零点调整、砝码使用、称量操作、读数等	15	使用仪器不符合操作规程，方法不正确扣8分；操作仪器动作不准确、不熟练扣2分，扣完为止，不倒扣分	
		(7)量具使用：取液操作、数值读取；pH值调节：pH计的使用	15	使用仪器不符合操作规程，方法不正确扣6分；操作仪器动作不准确、不熟练扣2分，扣完为止，不倒扣分	
		(8)胃蛋白酶的有限溶胀和无限溶胀	15	未将胃蛋白酶分次撒布在液面上，此项不得分	
3	操作后	(9)对所制备的制剂是否进行适当的包装，标签书写是否正确	15	有一项不符合要求将此项分值扣除	
		(10)是否做好操作后的清场工作	10	有一项不符合要求将此项分值扣除	
合计			100		

否定项：违反操作规程，造成制剂成品出现浑浊、沉淀等质量不合格现象，制剂制备失败

六、炉甘石洗剂的制备操作技能考核标准

姓名　　　　学号　　　　得分

序号	考核内容	考核要点	分值	评分标准	得分
1	称器的选择	(1)选择扭力天平	5	错误选择扣除此分	
	量器的选择	(2)分别选择5 mL量筒	5	错误选择扣除此分	
2	原辅料的称量与量取	(3)天平调零	5	未调零称量扣除此分	
		(4)正确取放砝码	5	砝码位置错误扣除此分	
		(5)调停点	5	未调停点扣除此分	
		(6)天平还原	5	天平未还原扣除此分	
		(7)手持量筒	5	未三指持量筒扣除此分	
		(8)辅料的量取	5	视线与切线未对齐扣除此分	
3	炉甘石洗剂的制备	(9)取炉甘石、氧化锌研细	5	操作错误扣除此分	
		(10)过7号筛	5	操作错误扣除此分	
		(11)加甘油及适量纯化水研磨成糊状	10	操作错误扣除此分	
		(12)另取羧甲基纤维素钠加入纯化水加热使之溶解	5	未溶解扣除此分	
		(13)分次加入上述糊状液中	10	一次加入扣除此分	
		(14)随加随研磨	5	操作错误扣除此分	
		(15)再加入纯化水使成100 mL	5	加入纯化水100 mL扣除此分	
		(16)搅拌均匀	5	未搅匀扣除此分	

续表

序号	考核内容	考核要点	分值	评分标准	得分
4	台面整理	(17)玻璃量器的洗涤	5	未进行此操作扣除此分	
		(18)台面整洁	2	未进行此操作扣除此分	
5	着装情况	白大衣整洁,符合个人卫生要求	3	未穿白大衣或个人卫生较差者扣除此分	
合计			100		

七、鱼肝油乳剂的制备操作技能考核标准

姓名　　　　学号　　　　得分

序号	考核内容	考核要点	分值	评分标准	得分
1	称器的选择	(1)选择扭力天平	5	错误选择扣除此分	
	量器的选择	(2)分别选择 100 mL 量筒	5	错误选择扣除此分	
2	原辅料的称量与量取	(3)天平调零	5	未调零称量扣除此分	
		(4)正确取放砝码	5	砝码位置错误扣除此分	
		(5)调停点	5	未调停点扣除此分	
		(6)天平还原	5	天平未还原扣除此分	
		(7)手持量筒	5	未三指持量筒扣除此分	
		(8)辅料的量取	5	视线与切线未对齐扣除此分	
3	鱼肝油乳剂的制备	(9)取阿拉伯胶研细	5	操作错误扣除此分	
		(10)过 7 号筛	5	操作错误扣除此分	
		(11)加鱼肝油研磨成均匀的油胶混悬液	10	操作错误扣除此分	
		(12)将 15 mL 蒸馏水一次加入,迅速沿同一方向研磨,制成初乳	5	未沿同一方向研磨扣除此分	
		(13)将初乳倾入量杯中,分次用少量蒸馏水冲洗研钵,加入量杯中,最后加蒸馏水至全量	10	一次加入扣除此分	
		(14)随加随研磨	5	操作错误扣除此分	
		(15)再加入纯化水使成 60 mL	5	加入纯化水 60 mL 扣除此分	
		(16)搅拌均匀	5	未搅匀扣除此分	
4	台面整理	(17)玻璃量器的洗涤	5	未进行此操作扣除此分	
		(18)台面整洁	2	未进行此操作扣除此分	
5	着装情况	(19)白大衣整洁,符合个人卫生要求	3	未穿白大衣或个人卫生较差者扣除此分	
合计			100		

八、气雾剂的制备操作技能考核标准

姓名　　　　　　学号　　　　　　得分

序号	考核内容	考核要点	分值	评分标准	得分
1	操作前	(1)工作服穿戴是否整齐 (2)个人卫生(洗手等)是否符合	5 5	有一项不符合要求将此项分值扣除	
		(3)对制剂所需仪器、器具的选用是否正确 (4)有否进行必要的清洗,是否符合制剂卫生要求 (5)所取的药物是否正确	5 5 5	有一项不符合要求将此项分值扣除	
2	操作时	(6)天平使用及药物称量 沙丁胺　1.313 g 磷脂　0.368 g Myrj-52　0.263 g HFA-134a　998.060 g	20	使用仪器不符合操作规程,方法不正确扣6分;操作仪器动作不准确、不熟练扣2分,扣完为止,不倒扣分	
		(7)药物溶解、搅拌、过滤、超声、干燥等方法	20	使用仪器不符合操作规程,方法不正确扣6分;操作仪器动作不准确、不熟练扣2分,扣完为止,不倒扣分	
		(8)装量测定 (9)泡沫稳定性测定	15	测定方法不正确扣6分;操作动作不准确、不熟练扣2分,扣完为止,不倒扣分	
3	操作后	(10)实验报告	15	要求书写工整、制法正确、结论准确。未按要求书写扣除此分	
		(11)有否做好操作后的清场工作	5	有一项不符合要求将此项分值扣除	
合计			100		

附录D　达标检测题部分参考答案

项目一　药物制剂工作依据

一、名词解释

略

二、选择题

(一) 单项选择题

1. D　2. D　3. D　4. B　5. C　6. C　7. C　8. C　9. B　10. D

(二) 配伍选择题

1. A　2. C　3. E　4. B　5. D　6. A　7. B　8. E　9. D　10. C

(三) 多项选择题

1. AB　2. ABCD　3. ABCD　4. ABD　5. BD　6. CD

三、填空题

1. 凡例　正文　索引

2. 人　生产环境　制剂生产全过程

四、简答题

略

项目二　药物制剂稳定性与安全性

一、选择题

(一) 单项选择题

1. B　2. C　3. B　4. C　5. B　6. C　7. D　8. A　9. A　10. C　11. B　12. B　13. E　14. A　15. D

(二) 配伍选择题

1. D　2. E　3. A　4. B　5. C　6. E　7. D　8. B　9. B　10. C　11. E

(三) 多项选择题

1. AE　2. BCE　3. ABE　4. ABD　5. ACDE　6. ABC　7. ABC　8. BD　9. ABDE　10. BD

二、填空题

1. 物理　化学　生物学

2. 水解　氧化

3. 温度　光线　空气　金属离子　温度水分

4. pH 值　广义酸碱催化　溶剂　离子强度　表面活性剂

5. 协同作用增强疗效　提高疗效减少副作用　克服某些药物的毒副作用　预防或治疗合并症

6. 疗效学　物理化学

7. 温度　空气　光线

三、简答题

略

项目三　中药浸出制剂

一、选择题

(一) 单项选择题

1. B　2. B　3. D　4. C　5. D　6. D　7. D　8. A　9. A　10. C　11. A　12. C

(二) 配伍选择题

1. E　2. D　3. A　4. C　5. B

(三) 多项选择题

1. ABCDE　2. ABCD　3. BCDE　4. ABCDE　5. ABCD

二、填空题

1. 煎煮法　浸渍法　渗漉法

2. 有效成分含量低　毒性　贵重　高浓度浸出

3. 浸渍法　渗漉法　溶解法　稀释法

4. 烊化　后下　先煎

5. 1　2～5

三、简答题

略

项目四　液体制剂

一、选择题

(一) 单项选择题

1. D　2. D　3. A　4. C　5. C　6. D　7. B　8. D　9. D　10. B　11. D　12. D　13. B　14. E

15. B 16. C 17. B 18. D 19. E 20. E 21. C 22. C 23. E 24. B 25. A 26. D 27. A 28. B 29. D 30. E 31. B 32. D 33. E 34. C

(二) 配伍选择题

1. A 2. B 3. C 4. A 5. B 6. C 7. B 8. A 9. A 10. C 11. D 12. C 13. B 14. A 15. B 16. C 17. A 18. D 19. D 20. E

(三) 多项选择题

1. AB 2. AB 3. BCD 4. ABD 5. ABC 6. BCDE 7. ABCD 8. ACE 9. ACDE 10. ABDE 11. ABCE 12. ABCDE 13. ABDE 14. BDE 15. CDE

二、填空题

略

三、简答题

略

四、实例分析题

略

项目五 灭菌制剂与无菌制剂

一、选择题

(一) 单项选择题

1. A 2. B 3. B 4. C 5. D 6. B 7. A 8. B 9. C 10. A 11. B 12. D 13. D 14. B 15. C 16. C 17. B 18. D

(二) 配伍选择题

1. A 2. D 3. B 4. C 5. E 6. E 7. B 8. C 9. A 10. D 11. A 12. C 13. D 14. C 15. B 16. A 17. D 18. A 19. D 20. C 21. E 22. B

(三) 多项选择题

1. ABCDE 2. ABCDE 3. AB 4. ABDE 5. CD 6. ABCDE 7. AD 8. BDE

二、填空题

略

三、简答题

略

四、实例分析题

略

项目六 散剂、颗粒剂与胶囊剂

一、选择题

(一) 单项选择题

1. D 2. B 3. D 4. A 5. C 6. C 7. C 8. D 9. A 10. C 11. B 12. D 13. B 14. A 15. B 16. D 17. B 18. C

(二) 配伍选择题

1. B 2. A 3. E 4. C 5. D 6. C 7. A 8. B 9. D 10. E 11. B 12. C 13. A 14. D 15. B 16. C

(三) 多项选择题

1. ABCD 2. ABCE 3. ABCDE 4. ABDE 5. ABCDE 6. BCE 7. ABDE 8. ABCDE 9. BCE 10. ABCD

二、填空题

1. 粉碎 过筛 混合 分剂量 质检 包装 容量法 目测法 重量法

2. 百倍散 千倍散

3. 细粉

4. 滴制法　压制法

三、简答题

略

四、实例分析题

略

项目七　片　　剂

一、选择题

(一) 单项选择题

1. C 2. D 3. C 4. A 5. B 6. D 7. A 8. B 9. C 10. A 11. D 12. B 13. D 14. D 15. B 16. D 17. B 18. A 19. C 20. B 21. A 22. B 23. E 24. B 25. E 26. E 27. A 28. A 29. A 30. A 31. E 32. D 33. D 34. B 35. A 36. D 37. B 38. D 39. B

(二) 配伍选择题

1. B 2. E 3. D 4. C 5. A 6. E 7. C 8. B 9. D 10. A 11. A 12. E 13. B 14. C 15. D

(三) 多项选择题

1. ABCDE 2. ABCE 3. AB 4. ABC 5. BD 6. BCE 7. ABC 8. ABC 9. B 10. ABC 11. ABCDE 12. AC

二、填空题

1. 填充剂　润湿剂或黏合剂　崩解剂　润滑剂。

2. 填充剂　吸收剂　黏合剂

3. 助流　抗黏

4. 混合　制粒　压片

5. 乳糖　预胶化淀粉　微晶纤维素

6. 纯化水　乙醇。

7. 煮浆　冲浆

8. 内加法　外加法　内外加法

9. 助流剂　抗黏剂　润滑剂

10. 湿法制粒压片　干法制粒压片　粉末直接压片

11. 毛细管作用　膨胀作用　产气作用

12. 糖衣片　薄膜衣片　肠溶衣片

13. 填充剂　黏合剂　崩解剂

三、简答题

略

四、实例分析题

略

项目八　滴丸剂与中药丸剂

一、选择题

(一) 单项选择题

1. C 2. E 3. E 4. B 5. B 6. E 7. E 8. E 9. B 10. D 11. E 12. B 13. C 14. E 15. D 16. B

(二) 配伍选择题

1. C 2. A 3. D 4. A 5. B 6. C 7. D 8. C 9. B 10. A 11. D

(三) 多项选择题

1. ABD 2. ACDE 3. ABCDE 4. ABCDE 5. AB 6. ABCDE 7. AE 8. ACDE 9. ABCDE 10. ABCDE 11. BDE 12. AB 13. ABCDE

二、简答题

略

三、实例分析题

略

项目九　乳膏剂与凝胶剂

一、选择题

（一）单项选择题

1. D　2. B　3. C　4. D　5. E　6. C　7. D　8. D　9. D　10. D　11. D

（二）配伍选择题

1. E　2. C　3. A　4. B　5. D　6. E　7. B　8. D　9. C

（三）多项选择题

1. ABCD　2. ACD　3. AB　4. BC

二、填空题

1. 水相　油相　乳化剂　O/W　W/O

2. 研合法　融合法　乳化法

3. 单相凝胶　双相凝胶

三、简答题

略

四、实例分析题

略

项目十　栓　剂

一、选择题

（一）单项选择题

1. B　2. D　3. D　4. B　5. B　6. C　7. A　8. C　9. C　10. C　11. B

（二）配伍选择题

1. A　2. E　3. B　4. D　5. C

（三）多项选择题

1. ABCDE　2. ABD　3. ABCDE

二、填空题

1. 基质　外

2. 油脂性　水溶性

3. 冷压法　热熔法

三、简答题

略

项目十一　膜剂与涂膜剂

一、选择题

（一）单项选择题

1. D　2. C　3. D　4. A　5. B

（二）配伍选择题

1. A　2. C　3. A　4. A

（三）多项选择题

1. CE　2. BCDE　3. ABDE

二、简答题

略

项目十二　气雾剂、喷雾剂与粉雾剂

一、选择题

（一）单项选择题

1. C　2. D　3. A　4. E　5. A

（二）配伍选择题

1. B　2. D　3. C　4. A　5. E

（三）多项选择题

1. ABE　2. ABCDE　3. ACD　4. ABCDE

二、名词解释

略

三、填空题

1. 吸入气雾剂　非吸入气雾剂　外用气雾剂

2. 耐压容器　阀门系统　抛射剂　药物与附加剂

3. 氢氟烷烃类　碳氢化合物　压缩气体

4. 压灌法　冷灌法

5. 溶液　乳剂　混悬

四、简答题

略

五、实例分析题

略

项目十三　药物制剂新技术

一、选择题

（一）单项选择题

1. B　2. C　3. C　4. C　5. D　6. C　7. B　8. E　9. D　10. D　11. B　12. D　13. D　14. B　15. C　16. B　17. A　18. A　19. C　20. C　21. D　22. D　23. D　24. A　25. B　26. B　27. A　28. C　29. D　30. D　31. A　32. B　33. C　34. C　35. A　36. A　37. B　38. D　39. D　40. C

（二）配伍选择题

1. A　2. D　3. B　4. C　5. E

（三）多项选择题

1. ACD　2. BCD　3. ABC　4. ABCDE　5. ABCD　6. ABD　7. ABC　8. ABCDE　9. AB　10. ACDE　11. BC　12. ABCD　13. ABCD　14. BCD　15. BC　16. BD　17. ABCE　18. ACD

二、填空题

1. 6　7　8

2. 饱和水溶液法　研磨法　超声法　冷冻干燥法　喷雾干燥法　主、客分子的立体适应性　客分子的极性　包合物中主、客分子的比例　包合条件

3. 物理化学法　物理机械法　化学法

4. 微球

5. 天然高分子材料　半合成高分子材料　合成高分子材料

6. 阿拉伯胶　CMC 或 CAP(任写两种)　负

7. 单凝聚法必须加凝聚剂　复凝聚法由两种电荷相反的材料产生凝聚　不另加凝聚剂

8. 界面缩聚法　辐射交联法

9. 明胶　阿拉伯胶

10. 药物的粒径　载体材料的用量　制备方法　制备温度　制备时的搅拌速率　附加剂的浓度　材料相的黏度(任写 5 种)

三、名词解释

略

四、简答题

略

五、实例分析题

略

项目十四　缓释、控释制剂

一、选择题

（一）单项选择题

1. D　2. A　3. A　4. C　5. C　6. A　7. C　8. B　9. E

（二）多项选择题

1. ABDE　2. ADE　3. CDE　4. BCE　5. CE

二、简答题

略

三、实例分析题

略

项目十五　经皮吸收制剂

一、选择题

（一）单项选择题

1. C　2. E　3. D　4. D　5. D　6. C

（二）配伍选择题

1. C　2. B　3. A　4. E　5. D　6. B　7. D　8. C　9. E

（三）多项选择题

1. ACD　2. CD　3. ABCDE　4. BDE　5. ABE

二、填空题

1. 膜控释型　黏胶分散型　骨架扩散型　微储库型

2. 表面活性剂　有机溶剂类　月桂氮䓬酮及其同系物　有机酸　脂肪醇类　角质保湿与软化剂

3. 聚异丁烯类压敏胶　丙烯酸类压敏胶　硅橡胶压敏胶

三、简答题

略

项目十六　靶向制剂

一、选择题

（一）单项选择题

1. A　2. C　3. B　4. A　5. D　6. E

（二）配伍选择题

1. B　2. E　3. A　4. D　5. C　6. A　7. D

（三）多项选择题

1. BD　2. CD　3. ABCD　4. ABCE　5. ABCDE

二、填空题

略

三、简答题

略

项目十七　生物技术药物制剂

一、选择题

(一) 单项选择题

1. C　2. B　3. A　4. B　5. D　6. B　7. C　8. C

(二) 配伍选择题

1. A　2. B　3. D　4. C

(三) 多项选择题

1. BCD

二、填空题

1. 基因工程　细胞工程　酶工程　生化工程
2. 基因工程药物　基因药物
3. 右旋性　左旋性
4. 水解　氧化　消旋化　蛋白质的特有反应
5. 缓冲溶液　表面活性剂　糖和多元醇　盐类和聚乙二醇类
6. 甘露醇　山梨醇　蔗糖　右旋糖酐
7. 鼻腔给药　口服给药　直肠给药　口腔给药

三、简答题

略

四、实例分析题

略

项目十八　生物药剂学

一、选择题

(一) 单项选择题

1. B　2. A　3. C　4. D　5. C　6. D　7. B　8. B　9. D　10. A

(二) 多项选择题

1. ABC　2. ABCDE　3. ACE　4. ABDE　5. CD

二、填空题

1. 吸收　分布　代谢　排泄
2. 肾脏　肝脏
3. 制剂疗效差异的重要指标;相对生物利用度;绝对生物利用度

三、简答题

略

项目十九　药物动力学

一、选择题

(一) 单项选择题

1. C　2. A　3. D　4. B　5. B　6. C　7. B

(二) 配伍选择题

1. C　2. E　3. A　4. D　5. B　6. E　7. D　8. A

(三) 多项选择题

1. ABCDE　2. BCD　3. CD

二、填空题

略

三、简答题

略

项目二十　药学服务与药品调剂

一、选择题

（一）单项选择题

1. C　2. A　3. D　4. C　5. B　6. A　7. C　8. A　9. D　10. C

（二）多项选择题

1. ABCD　2. ABCD　3. ABCD　4. BD　5. ABCD

二、简答题

略

三、实例分析题

略

参考文献

CANKAOWENXIAN

[1] 国家药典委员会.中华人民共和国药典[M].2015年版.北京:中国医药科技出版社,2015.

[2] 杨风琼,甘柯林,张平平.药物制剂[M].武汉:华中科技大学出版社,2012.

[3] 尤启冬,张岫美.2015国家执业药师考试指南:药学专业知识(一)[M].7版.北京:中国医药科技出版社,2015.

[4] 执业药师资格认证中心组织编写.药学综合知识与技能[M].北京:中国医药科技出版社,2015.

[5] 杨风琼.实用药物制剂技术[M].北京:化学工业出版社,2009.

[6] 张健泓.药物制剂技术[M].2版.北京:人民卫生出版社,2013.

[7] 张琦岩.药剂学[M].2版.北京:人民卫生出版社,2013.

[8] 张明淑,蔡晓虹.医院药学概要[M].2版.北京:人民卫生出版社,2013.

[9] 执业药师资格认证中心组织编写.2015国家执业药师考试指南:药学综合知识与技能[M].北京:中国医药科技出版社,2015.

[10] 张平平.药剂学[M].江苏:江苏凤凰科学技术出版社,2015.

[11] 周金彩,张炳盛.药剂学[M].北京:化学工业出版社,2013.

[12] 毕殿洲.药剂学[M].4版.北京:人民卫生出版社,1999.

[13] 崔福德,药剂学实验指导[M].2版.北京:人民卫生出版社,2007.

[14] 陆丹玉,封家福.药物制剂技术[M].南京:江苏凤凰科学技术出版社,2015.

[15] 周建平.药剂学[M].南京:东南大学出版社,2007.

[16] 邓才彬,王泽.药物制剂设备[M].北京:人民卫生出版社,2009.

[17] 解玉岭.药物制剂技术[M].北京:人民卫生出版社,2015.

[18] 崔福德.药剂学[M].7版.北京:人民卫生出版社,2013.

[19] 朱照静.药剂学[M].北京:科学出版社,2010.

[20] 韦超,侯飞燕.药剂学[M].2版.河南:河南科学技术出版社,2012.

[21] 常忆凌.药剂学[M].北京:化学工业出版社,2012.

[22] 胡兴娥,刘素兰.药剂学[M].北京:高等教育出版社,2006.

[23] 郑俊民.经皮给药新剂型[M].北京:人民卫生出版社,2006.

[24] 俞文英,张亮,陈国神,等.混合促进剂在经皮给药中的应用研究进展[J].中国临床药理学与治疗学,2013,18(1):103-109.

[25] 张超,韩丽,张定堃,等.经皮给药系统促透方法及其联用研究进展[J].中国实验方剂学杂志,2014,20(7):231-235.

[26] Crosasso P, Ceruti M, Brusa P, et al. Prepatation, characterization and properties of stabilized paclitazel-containing liposomes[J]. J Control Release, 2000, 63(1-2):19-30.

[27] 胡兰荣,吴健.丝裂霉素靶向免疫脂质体对胃癌M85的体外杀伤作用[J].生物化学杂志,1991,7(3):381.

[28] Huwyler J, Wu D, Pardridge W M. Brain drug delivery of small molecules using immu—noliposomes[J]. Proc Natl Acad Sci USA, 1996, 93(24):14164.

[29] Parj J W, Hong K, Kirpotind B, et a1. Anti-HER, immunoliposomes: enhanced efficacy attributable totargeted delivery[J]. Clin Cancer Res, 2002, 8(4):1172.

[30] 王碧芸.Herceptin对转移性乳腺癌的靶向治疗作用[J].中华肿瘤杂志,2003,25(2):204.

[31] Yokoe J Sakuragi S, Yamamoto K, et al. Albumin-conjugated PEG liposome enhances tumor distribution of liposomal doxorubicin in rats[J]. Int J Pharm,2008,353(1-2):28-34.

[32] Gabizon A, Tzemach D, Gorin J, et al. Improved therapeutic activity of folate-targeted liposomal doxorubicin in folate receptor-expressing tumor models [J]. Cancer Chemother Pharmacol,2010,66(1):43-52.

[33] Mhaka A, Denmeade SR, Yao W, et al. A 5-fluorodeoxyuridine prodrug as targeted therapy for prostate cancer[J]. Bioorg Med Chem Lett,2002,12(17):2459.

[34] 苏敏,何勤,张志荣,等. N-乙酰基-L-谷氨酰基-泼尼松龙肾靶向前体药物研究[J]. 药学学报,2003,38(8):627.

[35] Sharma R, Rawal RK, Gaba T, et al. Design, synthesis and ex vivo evaluation of colon-specific azo based prodrugs of anticancer agents[J]. Bioorg Med Chem Lett,2013,23 (19):5332-5338.

[36] Widder KJ, Senyei AE, Scarpelli DG, et al. Magnetic microshperes: A model system for site specific drug delivery in vivo [J]. Proc Soc Exp Biol Med,1978,58:141-145.

[37] Widder KJ, Senyei AE, Ranney DF, et al. In vitro release of biologically active adriamycin by magnetically responsive albumin microspheres [J]. Cancer Res,1980,40:3512-3517.

[38] 王文,蔡锦方,曹学成,等. 外部磁场介导下万古霉素磁性微球靶向治疗大鼠骨感染[J]. 中国组织工程研究与临床康复,2010,14(38):7108-7111.

[39] Dai J, Wu S, Jiang W, et al. Facile synthesis of pectin coated Fe_3O_4 nanospheres by the sonochemical method[J]. J Magn Magn Mater,2013,331:62-66.

[40] Goodwin S C, Bittner C A, Peterson C L, et al. Single-dose Toxicity Study of Hepatic Intra-arrerial Infusion of Doxorubicin Coupled to a Novel Magnetically Targeted Drug Carrier[J]. Toxicol Sci, 2001,60(1):177-183.

[41] W Gong, Z Wang, N Liu. Improving Efficiency of Adriamycin Crossing Blood Brain Barrier by Combination of Thermosensitive Liposomes and Hyperthermia[J]. Biol Pharm Bul,2011,34(7):1058-1064.